TURING 图灵数学经典 · 04

MATRIX COMPUTATIONS, FOURTH EDITION

矩阵计算

第4版

[美] 吉恩 · 戈卢布 [美] 查尔斯 · 范洛恩 ——著

程晓亮 ——译

人 民 邮 电 出 版 社

北 京

图书在版编目（CIP）数据

矩阵计算：第 4 版 /（美）吉恩 · 戈卢布（Gene H. Golub），（美）查尔斯 · 范洛恩（Charles F. Van Loan）著；程晓亮译. — 北京：人民邮电出版社，2020.11

（图灵数学经典）

ISBN 978-7-115-54735-4

I. ①矩… II. ①吉… ②查… ③程… III. ①矩阵—计算方法 IV. ①O241.6

中国版本图书馆 CIP 数据核字（2020）第 158427 号

内 容 提 要

本书是数值计算领域的名著，系统介绍了矩阵计算的基本理论和方法. 内容包括：矩阵乘法、矩阵分析、线性方程组、正交化和最小二乘法、特征值问题、Lanczos 方法、矩阵函数及专题讨论等. 书中的许多算法都有现成的软件包实现，每节后附有习题，并有注释和大量参考文献. 第 4 版增加约四分之一内容，反映了近年来矩阵计算领域的飞速发展.

本书可作为高等院校数学系高年级本科生和研究生教材，亦可作为计算数学和工程技术人员参考书.

♦ 著 [美] 吉恩 · 戈卢布 查尔斯 · 范洛恩
译 程晓亮
责任编辑 傅志红
责任印制 周昇亮
♦ 人民邮电出版社出版发行 北京市丰台区成寿寺路 11 号
邮编 100164 电子邮件 315@ptpress.com.cn
网址 https://www.ptpress.com.cn
北京盛通印刷股份有限公司印刷
♦ 开本：700 × 1000 1/16
印张：45.5 2020 年 11 月第 1 版
字数：841 千字 2024 年 12 月北京第 17 次印刷
著作权合同登记号 图字：01-2013-3656 号

定价：169.00 元

读者服务热线：(010)84084456－6009 印装质量热线：(010)81055316
反盗版热线：(010)81055315
广告经营许可证：京东市监广登字 20170147 号

版 权 声 明

Matrix computations, Fourth Edition by Gene H. Golub, Charles F. Van Loan, ISBN 978-1-4214-0794-4.

谨以此书献给

奥尔斯顿·豪斯霍尔德

詹姆斯·威尔金森

译 者 序

《矩阵计算》是已故美国科学院院士、美国工程院院士吉恩 · 戈卢布（Gene H. Golub）等人的经典巨著，是矩阵计算领域的标准性参考文献. 该书紧跟矩阵计算领域前沿，已经再版了 3 次，此次翻译的是该书的第 4 版.

《矩阵计算》一书的第 3 版由我国著名计算数学家袁亚湘院士等翻译，译者在读书期间曾作为重要参考书来学习，此次翻译过程中，又做了参阅，在此对翻译该书第 3 版的各位前辈表示真诚的感谢. 也要感谢图灵公司数学编辑的信任和辛苦的工作，感谢我的同事和学生的大力支持和帮助.

翻译这样一部具有国际影响力的传世之作，深感力不从心，书中肯定会有诸多不足甚至错误之处，恳请读者批评指正，共同努力完善中译本，以飨矩阵计算领域的后学者.

程晓亮

2019 年 3 月

前 言

我与吉恩·戈卢布合作著书已有30年了,我们的合作始于1977年在约翰斯·霍普金斯大学举办的矩阵计算研讨会. 在我的学术生涯之初,他对我的工作很感兴趣,这促成了本书第1版的写作. 令人悲伤的是,吉恩于2007年11月16日去世了. 当时,我们刚刚开始讨论这个第4版. 在写此版过程中,我每天都会想起他的深远影响和广博的专业视野. 谨以此版纪念吉恩,纪念我们的合作以及友好的研究团体,他那独特的个人品质给创作带来了极大的帮助.

自第3版出版以来已经有16年了,16等于2的4次幂,这提醒我们,需要知道的有关矩阵计算的知识正在呈指数增长! 当然,一本书不可能对所有重大的新进展和研究趋势进行深度覆盖. 然而,在最近出版的诸多优秀教材与著作的帮助下,我们能够补充一些简短的论述. 也就是说,第4版的特色如下.

内容

篇幅上增加了大约四分之一. 新增的节包括: 快速变换(1.4节),并行LU分解(3.6节),循环方程组和离散泊松方程组的快速解法(4.8节),哈密顿和乘积特征值问题(7.8节),伪谱(7.9节),矩阵符号、平方根和对数函数(9.4节),Lanczos方法和求积法(10.2节),大规模SVD方法(10.4节),Jacobi-Davidson算法(10.6节),稀疏矩阵直接法(11.1节),多重网格法(11.6节),低位移秩方法(12.1节),结构矩阵秩系统(12.2节),克罗内克积问题(12.3节),张量缩并(12.4节)和张量分解(12.5节).

新增以下小节: 递归分块LU分解(3.2.11节),行列选主元消去法(3.4.7节),锦标赛选主元(3.6.3节),对角占优(4.1.1节),递归分块结构(4.2.10节),带状矩阵逆性质(4.3.8节),分块三对角分而治之法(4.5.4节),叉积和各种点(面)最小二乘问题(5.3.9节),多项式特征值问题(7.7.9节)和带结构二次特征值问题(8.7.9节).

实质性改写包括: 浮点运算(2.7节),LU舍入误差分析(3.3.1节),LS问题的敏感度(5.3.6节),广义奇异值分解(6.1.6节和8.7.4节)和CS分解(8.7.6节).

参考文献

注释与参考文献仍放在每节末尾.① 由于篇幅所限，以前版本中包含的主要书目现在可以在本书网站获取. 历史上重要的文献被保留下来，因为传统思想有一种自我改进的能力. 另外，我们绝不能忘记 20 世纪五六十年代！如上所述，我们有不断丰富的矩阵计算方面的参考书库可利用. 一个基于助记法的引文体系已被构建，支撑着这些文献之间的联系.

例子

删除了意义不明显的低阶数值例子. 取而代之的是一系列简单的 MATLAB 演示脚本，可以通过运行这些脚本来洞察关键定理和算法. 我们相信这是一种更有效的建立直觉的方法. 这些脚本可以在本书网站获得.

算法细节

对高性能矩阵计算来说，算法感和鉴赏力很重要. 毕竟，正是对高级体系架构的巧妙开发，才使得该领域取得了巨大的成功. 然而，我们在书中"正式"介绍的算法绝不能被视为蓝本. 算法全貌的清晰交流决定了我们陈述算法的详细程度. 尽管针对特定机器如何选择特定策略超出了本书的范围，但我们仍然希望读者通过阅读本书能够提高对内存开销和数据局部性的重要性进行思考的能力.

致谢

我要感谢这些年来指出本书排印错误和提出建议的每一个人. 特别感谢康奈尔大学修读 CS 4220、CS 6210 和 CS 6220 课程的学生，期间我使用了第 4 版的手初稿授课. Harry Terkelson 利用我欠考虑的"每发现一处排印错误获得 5 美元奖励"的规定赚了很多钱！

诸多同事和学生在写作过程中提供了反馈和鼓励. 其他人通过其研究和著作也为本书提供了写作灵感. 感谢所有这些人：Diego Accame, David Bindel, Åke Björck, Laura Bolzano, Jim Demmel, Jack Dongarra, Mark Embree, John Gilbert, David Gleich, Joseph Grcar, Anne Greenbaum, Nick Higham, Ilse Ipsen, Bo Kågström, Vel Kahan, Tammy Kolda, Amy Langville, Julian Langou, Lek-Heng Lim, Nicola Mastronardi, Steve McCormick, Mike McCourt, Volker Mehrmann, Cleve Moler, Dianne O'Leary, Michael Overton, Chris Paige, Beresford Parlett, Stefan Ragnarsson, Lothar Reichel, Yousef Saad, Mike Saunders, Rob Schreiber, Danny Sorensen, Pete Stewart, Gil Strang, Francoise Tisseur, Nick

① 由于篇幅所限，每节末尾的注释与参考文献请到图灵社区本书网页（网址见"本书网站和常用软件"）获取.
——编者注

Trefethen, Raf Vandebril 和夏建林.

在第 10、11 章的编辑中，Chris Paige 和 Mike Saunders 给了特别的帮助.

出版过程中，约翰斯·霍普金斯大学出版社的 Vincent Burke、Jennifer Mallet 和 Juliana McCarthy 提供了极好的支持. Jennifer Slater 做了非常出色的文字编辑工作. 当然，所有的错误和疏忽都应该由我本人负责.

最后，如果没有家人的支持和我凌晨 4 点的写作伙伴——小猫亨利，本书是不可能完成的!

查尔斯·范洛恩

2012 年 7 月于纽约伊萨卡

一般性参考文献

大量矩阵计算领域的一般性书籍被多次引用，我们以注记的方式加以标明并引用. 一般性参考文献的详情见随后的“其他书籍”一节.

AEP	**Wilkinson:**	*Algebraic Eigenvalue Problem*
ANLA	**Demmel:**	*Applied Numerical Linear Algebra*
ASNA	**Higham:**	*Accuracy and Stability of Numerical Algorithms*, second edition
EOM	**Chatelin:**	*Eigenvalues of Matrices*
FFT	**Van Loan:**	*Computational Frameworks for the Fast Fourier Transform*
FOM	**Higham:**	*Functions of Matrices*
FMC	**Watkins:**	*Fundamentals of Matrix Computations*
IMC	**Stewart:**	*Introduction to Matrix Computations*
IMK	**van der Vorst:**	*Iterative Krylov Methods for Large Linear Systems*
IMSL	**Greenbaum:**	*Iterative Methods for Solving Linear Systems*
ISM	**Axelsson:**	*Iterative Solution Methods*
IMSLE	**Saad:**	*Iterative Methods for Sparse Linear Systems*, second edition
LCG	**Meurant:**	*The Lanczos and Conjugate Gradient Algorithms: From Theory to Finite Precision Computations*
MA	**Horn and Johnson:**	*Matrix Analysis*
MABD	**Stewart:**	*Matrix Algorithms: Basic Decompositions*
MAE	**Stewart:**	*Matrix Algorithms Volume II: Eigensystems*
MEP	**Watkins:**	*The Matrix Eigenvalue Problem: GR and Krylov Subspace Methods*
MPT	**Stewart and Sun:**	*Matrix Perturbation Theory*
NLA	**Trefethen and Bau:**	*Numerical Linear Algebra*
NMA	**Ipsen:**	*Numerical Matrix Analysis: Linear Systems and Least Squares*
NMLE	**Saad:**	*Numerical Methods for Large Eigenvalue Problems*, revised edition
NMLS	**Björck:**	*Numerical Methods for Least Squares Problems*
NMSE	**Kressner:**	*Numerical Methods for General and Structured Eigenvalue Problems*
SAP	**Trefethen and Embree:**	*Spectra and Pseudospectra*
SEP	**Parlett:**	*The Symmetric Eigenvalue Problem*
SLAS	**Forsythe and Moler:**	*Computer Solution of Linear Algebraic Systems*
SLS	**Lawson and Hanson:**	*Solving Least Squares Problems*
TMA	**Horn and Johnson:**	*Topics in Matrix Analysis*

`LAPACK` *LAPACK Users' Guide*, third edition

E. Anderson, Z. Bai, C. Bischof, S. Blackford, J. Demmel, J. Dongarra, J. Du Croz, A. Greenbaum, S. Hammarling, A. McKenney, and D. Sorensen.

`scaLAPACK` *ScaLAPACK Users' Guide*

L.S. Blackford, J. Choi, A. Cleary, E. D'Azevedo, J. Demmel, I. Dhillon, J. Dongarra, S. Hammarling, G. Henry, A. Petitet, K. Stanley, D. Walker, and R. C. Whaley.

`LIN_TEMPLATES` *Templates for the Solution of Linear Systems: Building Blocks for Iterative Methods*

R. Barrett, M.W. Berry, T.F. Chan, J. Demmel, J. Donato, J. Dongarra, V. Eijkhout, R. Pozo, C. Romine, and H. van der Vorst.

`EIG_TEMPLATES` *Templates for the Solution of Algebraic Eigenvalue Problems: A Practical Guide*

Z. Bai, J. Demmel, J. Dongarra, A. Ruhe, and H. van der Vorst.

其他书籍

以下是关于矩阵计算和相关领域的一些专著，此类专著正在不断推陈出新．从这些文献可以看到矩阵计算领域的历史发展脉络和所涉猎的广度．更专业的文献在各节末尾的“注释与参考文献”[①]中给出．

早期的代表性著作

V.N. Faddeeva (1959). *Computational Methods of Linear Algebra*, Dover, New York.

E. Bodewig (1959). *Matrix Calculus*, North-Holland, Amsterdam.

J.H. Wilkinson (1963). *Rounding Errors in Algebraic Processes*, Prentice-Hall, Englewood Cliffs, NJ.

A.S. Householder (1964). *Theory of Matrices in Numerical Analysis*, Blaisdell, New York. Reprinted in 1974 by Dover, New York.

L. Fox (1964). *An Introduction to Numerical Linear Algebra*, Oxford University Press, Oxford.

J.H. Wilkinson (1965). *The Algebraic Eigenvalue Problem*, Clarendon Press, Oxford.

矩阵计算的一般性著作

G.W. Stewart (1973). *Introduction to Matrix Computations*, Academic Press, New York.

R.J. Goult, R.F. Hoskins, J.A. Milner, and M.J. Pratt (1974). *Computational Methods in Linear Algebra*, John Wiley and Sons, New York.

W.W. Hager (1988). *Applied Numerical Linear Algebra*, Prentice-Hall, Englewood Cliffs, NJ.

P.G. Ciarlet (1989). *Introduction to Numerical Linear Algebra and Optimisation*, Cambridge University Press, Cambridge.

P.E. Gill, W. Murray, and M.H. Wright (1991). *Numerical Linear Algebra and Optimization, Vol. 1*, Addison-Wesley, Reading, MA.

A. Jennings and J.J. McKeowen (1992). *Matrix Computation*, second edition, John Wiley and Sons, New York.

L.N. Trefethen and D. Bau III (1997). *Numerical Linear Algebra*, SIAM Publications, Philadelphia, PA.

J.W. Demmel (1997). *Applied Numerical Linear Algebra*, SIAM Publications, Philadelphia, PA.

A.J. Laub (2005). *Matrix Analysis for Scientists and Engineers*, SIAM Publications, Philadelphia, PA.

① 见第 vii 页脚注①．——编者注

B.N. Datta (2010). *Numerical Linear Algebra and Applications*, second edition, SIAM Publications, Philadelphia, PA.

D.S. Watkins (2010). *Fundamentals of Matrix Computations*, John Wiley and Sons, New York.

A.J. Laub (2012). *Computational Matrix Analysis*, SIAM Publications, Philadelphia, PA.

线性方程和最小二乘问题

G.E. Forsythe and C.B. Moler (1967). *Computer Solution of Linear Algebraic Systems*, Prentice-Hall, Englewood Cliffs, NJ.

A. George and J.W-H. Liu (1981). *Computer Solution of Large Sparse Positive Definite Systems*. Prentice-Hall, Englewood Cliffs, NJ.

I.S. Duff, A.M. Erisman, and J.K. Reid (1986). *Direct Methods for Sparse Matrices*, Oxford University Press, New York.

R.W. Farebrother (1987). *Linear Least Squares Computations*, Marcel Dekker, New York.

C.L. Lawson and R.J. Hanson (1995). *Solving Least Squares Problems*, SIAM Publications, Philadelphia, PA.

Å. Björck (1996). *Numerical Methods for Least Squares Problems*, SIAM Publications, Philadelphia, PA.

G.W. Stewart (1998). *Matrix Algorithms: Basic Decompositions*, SIAM Publications, Philadelphia, PA.

N.J. Higham (2002). *Accuracy and Stability of Numerical Algorithms*, second edition, SIAM Publications, Philadelphia, PA.

T.A. Davis (2006). *Direct Methods for Sparse Linear Systems*, SIAM Publications, Philadelphia, PA.

I.C.F. Ipsen (2009). *Numerical Matrix Analysis: Linear Systems and Least Squares*, SIAM Publications, Philadelphia, PA.

特征值问题

A.R. Gourlay and G.A. Watson (1973). *Computational Methods for Matrix Eigenproblems*, John Wiley & Sons, New York.

F. Chatelin (1993). *Eigenvalues of Matrices*, John Wiley & Sons, New York.

B.N. Parlett (1998). *The Symmetric Eigenvalue Problem*, SIAM Publications, Philadelphia, PA.

G.W. Stewart (2001). *Matrix Algorithms Volume II: Eigensystems*, SIAM Publications, Philadelphia, PA.

L. Komzsik (2003). *The Lanczos Method: Evolution and Application*, SIAM Publications, Philadelphia, PA.

D. Kressner (2005). *Numerical Methods for General and Structured Eigenvalue Problems*, Springer, Berlin.

D.S. Watkins (2007). *The Matrix Eigenvalue Problem: GR and Krylov Subspace Methods*, SIAM Publications, Philadelphia, PA.

Y. Saad (2011). *Numerical Methods for Large Eigenvalue Problems*, revised edition, SIAM Publications, Philadelphia, PA.

迭代方法

R.S. Varga (1962). *Matrix Iterative Analysis*, Prentice-Hall, Englewood Cliffs, NJ.

D.M. Young (1971). *Iterative Solution of Large Linear Systems*, Academic Press, New York.

L.A. Hageman and D.M. Young (1981). *Applied Iterative Methods*, Academic Press, New York.

J. Cullum and R.A. Willoughby (1985). *Lanczos Algorithms for Large Symmetric Eigenvalue Computations, Vol. I Theory*, Birkhaüser, Boston.

J. Cullum and R.A. Willoughby (1985). *Lanczos Algorithms for Large Symmetric Eigenvalue Computations, Vol. II Programs*, Birkhaüser, Boston.

W. Hackbusch (1994). *Iterative Solution of Large Sparse Systems of Equations*, Springer-Verlag, New York.

O. Axelsson (1994). *Iterative Solution Methods*, Cambridge University Press.

A. Greenbaum (1997). *Iterative Methods for Solving Linear Systems*, SIAM Publications, Philadelphia, PA.

Y. Saad (2003). *Iterative Methods for Sparse Linear Systems*, second edition, SIAM Publications, Philadelphia, PA.

H. van der Vorst (2003). *Iterative Krylov Methods for Large Linear Systems*, Cambridge University Press, Cambridge, UK.

G. Meurant (2006). *The Lanczos and Conjugate Gradient Algorithms: From Theory to Finite Precision Computations*, SIAM Publications, Philadelphia, PA.

专题

L.N. Trefethen and M. Embree (2005). *Spectra and Pseudospectra—The Behavior of Non-normal Matrices and Operators*, Princeton University Press, Princeton and Oxford.

R. Vandebril, M. Van Barel, and N. Mastronardi (2007). *Matrix Computations and Semiseparable Matrices I: Linear Systems*, Johns Hopkins University Press, Baltimore, MD.

R. Vandebril, M. Van Barel, and N. Mastronardi (2008). *Matrix Computations and Semiseparable Matrices II: Eigenvalue and Singular Value Methods*, Johns Hopkins University Press, Baltimore, MD.

N.J. Higham (2008) *Functions of Matrices*, SIAM Publications, Philadelphia, PA.

文集

R.H. Chan, C. Greif, and D.P. O'Leary, eds. (2007). *Milestones in Matrix Computation: Selected Works of G.H. Golub, with Commentaries*, Oxford University Press, Oxford.

M.E. Kilmer and D.P. O'Leary, eds. (2010). *Selected Works of G.W. Stewart*, Birkhauser, Boston, MA.

算法实现

B.T. Smith, J.M. Boyle, Y. Ikebe, V.C. Klema, and C.B. Moler (1970). *Matrix Eigensystem Routines: EISPACK Guide*, second edition, Lecture Notes in Computer Science, Vol. 6, Springer-Verlag, New York.

J.H. Wilkinson and C. Reinsch, eds. (1971). *Handbook for Automatic Computation, Vol. 2, Linear Algebra*, Springer-Verlag, New York.

B.S. Garbow, J.M. Boyle, J.J. Dongarra, and C.B. Moler (1972). *Matrix Eigensystem Routines: EISPACK Guide Extension*, Lecture Notes in Computer Science, Vol. 51, Springer-Verlag, New York.

J.J. Dongarra, J.R. Bunch, C.B. Moler, and G.W. Stewart (1979). *LINPACK Users' Guide*, SIAM Publications, Philadelphia, PA.

K. Gallivan, M. Heath, E. Ng, B. Peyton, R. Plemmons, J. Ortega, C. Romine, A. Sameh, and R. Voigt (1990). *Parallel Algorithms for Matrix Computations*, SIAM Publications, Philadelphia, PA.

R. Barrett, M.W. Berry, T.F. Chan, J. Demmel, J. Donato, J. Dongarra, V. Eijkhout, R. Pozo, C. Romine, and H. van der Vorst (1993). *Templates for the Solution of Linear Systems: Building Blocks for Iterative Methods*, SIAM Publications, Philadelphia, PA.

L.S. Blackford, J. Choi, A. Cleary, E. D'Azevedo, J. Demmel, I. Dhillon, J. Dongarra, S. Hammarling, G. Henry, A. Petitet, K. Stanley, D. Walker, and R.C. Whaley (1997). *ScaLAPACK Users' Guide*, SIAM Publications, Philadelphia, PA.

J.J. Dongarra, I.S. Duff, D.C. Sorensen, and H.A. van der Vorst (1998). *Numerical Linear Algebra on High-Performance Computers*, SIAM Publications, Philadelphia, PA.

E. Anderson, Z. Bai, C. Bischof, S. Blackford, J. Demmel, J. Dongarra, J. Du Croz, A. Greenbaum, S. Hammarling, A. McKenney, and D. Sorensen (1999). *LAPACK Users' Guide*, third edition, SIAM Publications, Philadelphia, PA.

Z. Bai, J. Demmel, J. Dongarra, A. Ruhe, and H. van der Vorst (2000). *Templates for the Solution of Algebraic Eigenvalue Problems: A Practical Guide*, SIAM Publications, Philadelphia, PA.

V.A. Barker, L.S. Blackford, J. Dongarra, J. Du Croz, S. Hammarling, M. Marinova, J. Wasniewski, and P. Yalamov (2001). *LAPACK95 Users' Guide*, SIAM Publications, Philadelphia.

MATLAB 软件

D.J. Higham and N.J. Higham (2005). *MATLAB Guide*, second edition, SIAM Publications, Philadelphia, PA.

R. Pratap (2006). *Getting Started with Matlab 7*, Oxford University Press, New York.

C.F. Van Loan and D. Fan (2009). *Insight Through Computing: A Matlab Introduction to Computational Science and Engineering*, SIAM Publications, Philadelphia, PA.

矩阵代数与分析

R. Horn and C. Johnson (1985). *Matrix Analysis*, Cambridge University Press, New York.

G.W. Stewart and J. Sun (1990). *Matrix Perturbation Theory*, Academic Press, San Diego.

R. Horn and C. Johnson (1991). *Topics in Matrix Analysis*, Cambridge University Press, New York.

D.S. Bernstein (2005). *Matrix Mathematics, Theory, Facts, and Formulas with Application to Linear Systems Theory*, Princeton University Press, Princeton, NJ.

L. Hogben (2006). *Handbook of Linear Algebra*, Chapman and Hall, Boca Raton, FL.

科学计算/数值分析

G.W. Stewart (1996). *Afternotes on Numerical Analysis*, SIAM Publications, Philadelphia, PA.

C.F. Van Loan (1997). *Introduction to Scientific Computing: A Matrix-Vector Approach Using Matlab*, Prentice Hall, Upper Saddle River, NJ.

G.W. Stewart (1998). *Afternotes on Numerical Analysis: Afternotes Goes to Graduate School*, SIAM Publications, Philadelphia, PA.

M.T. Heath (2002). *Scientific Computing: An Introductory Survey*, second edition, McGraw-Hill, New York.

C.B. Moler (2008) *Numerical Computing with MATLAB*, revised reprint, SIAM Publications, Philadelphia, PA.

G. Dahlquist and Å. Björck (2008). *Numerical Methods in Scientific Computing, Vol. 1*, SIAM Publications, Philadelphia, PA.

U. Ascher and C. Greif (2011). *A First Course in Numerical Methods*, SIAM Publications, Philadelphia, PA.

本书网站和常用软件

《矩阵计算（第 4 版）》

MATLAB 演示脚本和函数，主要书目，勘误表.

原书网站：`http://www.cs.cornell.edu/cv/GVL4/golubandvanloan.htm`

图灵社区本书页面：`https://www.ituring.com.cn/book/1153`

图灵社区本书页面“随书下载”栏目提供下述常用软件的网址，以及本书每节末尾的注释与参考文献. 读者也可在图灵社区本书页面提交/查看中译本勘误.

Netlib

包括 LAPACK 的庞大的数值软件库.

矩阵市场

矩阵算法的测试示例.

MATLAB 中心

MATLAB 函数，演示，分类，工具箱，视频.

佛罗里达大学稀疏矩阵问题集

数千种不同格式的稀疏矩阵示例.

伪谱入门

伪谱作图工具.

ARPACK 软件

关于大型稀疏特征值问题的软件.

创新计算实验室

最先进的高性能矩阵计算.

通用记号

$\mathbb{R}$, $\mathbb{R}^n$, $\mathbb{R}^{m\times n}$	实数集、实向量集、实矩阵集	2
$\mathbb{C}$, $\mathbb{C}^n$, $\mathbb{C}^{m\times n}$	复数集、复向量集、复矩阵集	13
a_{ij}, $A(i,j)$, $[A]_{ij}$	矩阵在 (i,j) 的元素	2
$\mathbf{u}$	单位舍入	94
$\mathsf{fl}(\cdot)$	浮点运算	94
$\Vert \boldsymbol{x} \Vert_p$	向量的 p-范数	68
$\Vert \boldsymbol{A} \Vert_p$, $\Vert \boldsymbol{A} \Vert_F$	矩阵的 p-范数和 F-范数	70
$\mathsf{length}(\boldsymbol{x})$	向量的维数	225
$\kappa_p(\boldsymbol{A})$	p-范数条件数	87
$\vert \boldsymbol{A} \vert$	矩阵的绝对值	90
$\boldsymbol{A}^{\mathrm{T}}$, $\boldsymbol{A}^{\mathrm{H}}$	转置和共轭转置	2, 13
$\mathsf{house}(\boldsymbol{x})$	Householder 向量	225
$\mathsf{givens}(a,b)$	余弦-正弦对	230
x_{LS}	极小范数最小二乘解	248
$\mathsf{ran}(\boldsymbol{A})$	矩阵的值域	63
$\mathsf{null}(\boldsymbol{A})$	矩阵的零空间	63
$\mathsf{span}\{\boldsymbol{a}_1,\cdots,\boldsymbol{a}_n\}$	向量的张成空间	63
$\mathsf{dim}(S)$	子空间的维数	63
$\mathsf{rank}(\boldsymbol{A})$	矩阵的秩	63
$\mathsf{det}(\boldsymbol{A})$	矩阵的行列式	65
$\mathsf{tr}(\boldsymbol{A})$	矩阵的迹	309
$\mathsf{vec}(\boldsymbol{A})$	矩阵的向量化	29
$\mathsf{reshape}(\boldsymbol{A},p,q)$	矩阵的重塑	29
$\mathrm{Re}(\boldsymbol{A})$, $\mathrm{Im}(\boldsymbol{A})$	矩阵的实部和虚部	13
$\mathsf{diag}(d_1,\cdots,d_n)$	对角矩阵	18
$\boldsymbol{I}_n$	$n\times n$ 单位矩阵	19
$\boldsymbol{e}_i$	单位矩阵的第 i 列	19
$\mathcal{E}_n$, $\mathcal{D}_n$, $\mathcal{P}_{p,q}$	交换、下移和完全洗牌置换	21
$\sigma_i(\boldsymbol{A})$	第 i 大的奇异值	76
$\sigma_{\max}(\boldsymbol{A}), \sigma_{\min}(\boldsymbol{A})$	最大和最小奇异值	76
$\mathsf{dist}(S_1,S_2)$	两个子空间之间的距离	81
$\mathsf{sep}(\boldsymbol{A}_1,\boldsymbol{A}_2)$	两个矩阵之间的分离度	341
$\lambda(\boldsymbol{A})$	特征值的集合	65
$\lambda_i(\boldsymbol{A})$	对称矩阵的第 i 大的特征值	66
$\lambda_{\max}(\boldsymbol{A}), \lambda_{\min}(\boldsymbol{A})$	对称矩阵的最大和最小特征值	66
$\rho(\boldsymbol{A})$	谱半径	329
$\mathcal{K}(\boldsymbol{A},q,j)$	Krylov 子空间	505

目录

第 1 章　矩阵乘法

从各种矩阵乘法问题出发来研究矩阵计算再恰当不过了. 尽管这些计算在数学上很简单，但其足够发展为更广泛意义上的基本的算法技巧.

在 1.1 节中，我们讨论了矩阵乘法更新问题 $\boldsymbol{C}=\boldsymbol{C}+\boldsymbol{AB}$ 的几个公式. 引入分块矩阵，并将其用来描述计算中涉及的线性代数的“级”.

如果一个矩阵具有特殊性质，那么通常可能带来某些方便. 例如，与一般矩阵相比较，对称矩阵可以节省一半的存储空间. 如果一个矩阵有许多零元，那么计算矩阵与向量的乘法可能需要更少的时间. 这些问题在 1.2 节考虑.

分块矩阵是指其元素亦为矩阵的矩阵. 分块矩阵的“语言”在 1.3 节建立. 它为矩阵分解提供了简单推导，使我们能够以标量水平发现隐藏于计算中的模式. 在矩阵乘法中富含分块算法，这是许多高性能计算环境下所选择的操作. 有时矩阵的块结构是递归的，这意味着块元与整个矩阵具有可利用的相似性.

这种关系作为“快速”矩阵与向量乘积算法的基础，应用于如各种快速傅里叶变换、三角变换和小波变换中. 这些计算是所有科学计算中最重要的，将在 1.4 节讨论. 它们为开发块矩阵和递归算法提供了绝佳机会.

最后两节为有效的高阶矩阵计算奠定了基础. 在这种情况下，数据局部化对于效率的影响高于实际的计算量. 具有推断存储器层次结构和多处理器计算的能力是必不可少的. 1.5 节和 1.6 节的任务是，在不深入系统相关细节的情况下，构建对相应问题的评估.

阅读说明

本章各节之间的相互依赖关系如下：

$$
\begin{array}{ccccccc}
1.1\text{ 节} & \rightarrow & 1.2\text{ 节} & \rightarrow & 1.3\text{ 节} & \rightarrow & 1.4\text{ 节} \\
 & & & & \downarrow & & \\
 & & & & 1.5\text{ 节} & \rightarrow & 1.6\text{ 节}
\end{array}
$$

为了学习后面各章内容，先学习 1.1 节、1.2 节和 1.3 节是必要的. 1.4 节中学习的快速变换思想在 4.8 节和第 11、12 章会用到. 1.5 节和 1.6 节的学习可以推迟到考虑线性方程高性能求解或者特征值计算时.

1.1 基本算法和记号

矩阵计算是建立在线性代数运算基础上的. 点积是涉及加法和乘法的标量运算. 矩阵与向量的乘法是由点积构成的，矩阵与矩阵的乘法相当于一系列矩阵与向量乘法的组合. 所有这些运算都可以用算法形式或线性代数的语言来描述. 我们的目标之一是展示这两种表现方式是如何相互补充的. 基于此，我们先给出一些记号，使读者熟悉并以其来思考问题，为了解矩阵计算打下基础. 讨论围绕矩阵乘法展开，这种计算可以通过多种方式进行.

1.1.1 矩阵记号

令 $\mathbb{R}$ 表示实数集，$\mathbb{R}^{m\times n}$ 表示所有 m 行 n 列矩阵组成的向量空间:

$$\boldsymbol{A}\in\mathbb{R}^{m\times n} \iff \boldsymbol{A}=(a_{ij})=\begin{bmatrix} a_{11} & \cdots & a_{1n} \\ \vdots & & \vdots \\ a_{m1} & \cdots & a_{mn} \end{bmatrix}, \quad a_{ij}\in\mathbb{R}.$$

如果我们用 $\boldsymbol{A}$, $\boldsymbol{B}$, $\boldsymbol{\Delta}$ 等大写字母表示一个矩阵，则带下标 ij 的小写字母（如 $a_{ij}, b_{ij}, \delta_{ij}$）表示矩阵在 (i,j) 的元素. 适当时，我们也用 $[A]_{ij}$ 和 $A(i,j)$ 表示矩阵元素.

1.1.2 矩阵运算

基本矩阵运算包括转置（$\mathbb{R}^{m\times n}\to\mathbb{R}^{n\times m}$），

$$\boldsymbol{C}=\boldsymbol{A}^{\mathrm{T}} \implies c_{ij}=a_{ji},$$

加法（$\mathbb{R}^{m\times n}\times\mathbb{R}^{m\times n}\to\mathbb{R}^{m\times n}$），

$$\boldsymbol{C}=\boldsymbol{A}+\boldsymbol{B} \implies c_{ij}=a_{ij}+b_{ij},$$

标量与矩阵的乘法（$\mathbb{R}\times\mathbb{R}^{m\times n}\to\mathbb{R}^{m\times n}$），

$$\boldsymbol{C}=\alpha\boldsymbol{A} \implies c_{ij}=\alpha a_{ij},$$

矩阵与矩阵的乘法（$\mathbb{R}^{m\times p}\times\mathbb{R}^{p\times n}\to\mathbb{R}^{m\times n}$），

$$\boldsymbol{C}=\boldsymbol{A}\boldsymbol{B} \implies c_{ij}=\sum_{k=1}^{p}a_{ik}b_{kj}.$$

逐点矩阵运算偶尔也有用，特别是逐点乘法（$\mathbb{R}^{m\times n}\times\mathbb{R}^{m\times n}\to\mathbb{R}^{m\times n}$），

$$\boldsymbol{C}=\boldsymbol{A}.*\boldsymbol{B} \implies c_{ij}=a_{ij}b_{ij}$$

和逐点除法（$\mathbb{R}^{m\times n}\times\mathbb{R}^{m\times n}\to\mathbb{R}^{m\times n}$），

$$\boldsymbol{C}=\boldsymbol{A}./\boldsymbol{B} \implies c_{ij}=a_{ij}/b_{ij}.$$

当然，为了使逐点除法有意义，“分母矩阵”必须都是非零元素.

1.1.3 向量记号

设 $\mathbb{R}^n$ 表示 n 维实向量空间:

$$\boldsymbol{x} \in \mathbb{R}^n \quad \Longleftrightarrow \quad \boldsymbol{x} = \begin{bmatrix} x_1 \\ \vdots \\ x_n \end{bmatrix} \quad x_i \in \mathbb{R}.$$

我们记 x_i 为 $\boldsymbol{x}$ 的第 i 个分量. 根据内容需要，我们有时用 $[x]_i$ 和 $x(i)$ 表示 x_i.

注意，$\mathbb{R}^n$ 等于 $\mathbb{R}^{n\times 1}$，所以 $\mathbb{R}^n$ 中的元素是列向量. 另外，$\mathbb{R}^{1\times n}$ 中的元素是行向量:

$$\boldsymbol{x} \in \mathbb{R}^{1\times n} \quad \Longleftrightarrow \quad \boldsymbol{x} = [x_1, \cdots, x_n].$$

如果 $\boldsymbol{x}$ 是列向量，那么 $\boldsymbol{y} = \boldsymbol{x}^{\mathrm{T}}$ 是行向量.

1.1.4 向量运算

设 $a \in \mathbb{R}$, $\boldsymbol{x} \in \mathbb{R}^n$ 和 $\boldsymbol{y} \in \mathbb{R}^n$. 基本向量运算包括标量与向量的乘法，

$$\boldsymbol{z} = a\boldsymbol{x} \quad \Longrightarrow \quad z_i = ax_i,$$

向量加法，

$$\boldsymbol{z} = \boldsymbol{x} + \boldsymbol{y} \quad \Longrightarrow \quad z_i = x_i + y_i,$$

点积（或称内积），

$$c = \boldsymbol{x}^{\mathrm{T}}\boldsymbol{y} \quad \Longrightarrow \quad c = \sum_{i=1}^{n} x_i y_i .$$

另一个非常重要的运算是 saxpy，它具有修正形式:

$$\boldsymbol{y} = a\boldsymbol{x} + \boldsymbol{y} \quad \Longrightarrow \quad y_i = ax_i + y_i,$$

这里，符号“=”用来表示赋值，而不是数学上的等号. 此运算中向量 $\boldsymbol{y}$ 被修正. 其名称 saxpy 来自于 LAPACK 包，这个软件包实现了本书中的许多算法. saxpy 是“标量 a 乘 $\boldsymbol{x}$ 加 $\boldsymbol{y}$”（scalar a x plus y）的缩写. 参见 LAPACK.

逐点向量运算也很有用，包括向量乘法，

$$\boldsymbol{z} = \boldsymbol{x}.*\boldsymbol{y} \quad \Longrightarrow \quad z_i = x_i y_i$$

和向量除法，

$$\boldsymbol{z} = \boldsymbol{x}./\boldsymbol{y} \quad \Longrightarrow \quad z_i = x_i / y_i .$$

1.1.5 点积和 saxpy 运算

本书中的算法使用 MATLAB 语言来表达. 这是我们的第一个例子.

算法 1.1.1 (点积) 给定 $\boldsymbol{x}, \boldsymbol{y} \in \mathbb{R}^n$，算法计算点积 $c = \boldsymbol{x}^{\mathrm{T}}\boldsymbol{y}$.

$c = 0$

for $i = 1:n$

  $c = c + x(i)y(i)$

end

从求和过程可以清楚地看出，两个 n 维向量的点积涉及 n 次乘法和 n 次加法. 所以点积是 $O(n)$ 运算，这意味着工作量线性依赖于维数. saxpy 运算也是 $O(n)$ 运算.

算法 1.1.2 (saxpy) 给定 $\boldsymbol{x}, \boldsymbol{y} \in \mathbb{R}^n$ 和 $a \in \mathbb{R}$，算法用 $\boldsymbol{y} + a\boldsymbol{x}$ 覆盖 $\boldsymbol{y}$.

for $i = 1:n$

  $y(i) = y(i) + ax(i)$

end

必须强调的是，本书所给出的算法是关键计算思想的概要，而不能作为“成品代码”.

1.1.6 矩阵与向量的乘法和 gaxpy 运算

假设 $\boldsymbol{A} \in \mathbb{R}^{m\times n}$, $\boldsymbol{x} \in \mathbb{R}^n$, $\boldsymbol{y} \in \mathbb{R}^m$，我们需要计算修正形式

$$\boldsymbol{y} \;=\; \boldsymbol{y} + \boldsymbol{A}\boldsymbol{x}\,.$$

这是广义的 saxpy（generalized saxpy）运算，称为 gaxpy. 此计算的标准方式是计算过程中每次修正一个分量：

$$y_i \;=\; y_i \;+\; \sum_{j=1}^{n} a_{ij}x_j, \qquad i = 1:m\,.$$

这就给出了以下算法.

算法 1.1.3 (行型 gaxpy) 设 $\boldsymbol{A} \in \mathbb{R}^{m\times n}$, $\boldsymbol{x} \in \mathbb{R}^n$, $\boldsymbol{y} \in \mathbb{R}^m$，算法用 $\boldsymbol{A}\boldsymbol{x} + \boldsymbol{y}$ 覆盖 $\boldsymbol{y}$.

for $i = 1:m$

  for $j = 1:n$

    $y(i) = y(i) + A(i,j)x(j)$

  end

end

注意，这涉及 $O(mn)$ 的工作量. 如果 $\boldsymbol{A}$ 的每一个维度都加倍，那么运算量就是原来的 4 倍.

如果我们将 $\boldsymbol{Ax}$ 视为 $\boldsymbol{A}$ 的列向量的线性组合，那么就产生一种替代算法，例如：

$$\begin{bmatrix} 1 & 2 \\ 3 & 4 \\ 5 & 6 \end{bmatrix} \begin{bmatrix} 7 \\ 8 \end{bmatrix} = \begin{bmatrix} 1\times 7+2\times 8 \\ 3\times 7+4\times 8 \\ 5\times 7+6\times 8 \end{bmatrix} = 7\begin{bmatrix} 1 \\ 3 \\ 5 \end{bmatrix} + 8\begin{bmatrix} 2 \\ 4 \\ 6 \end{bmatrix} = \begin{bmatrix} 23 \\ 53 \\ 83 \end{bmatrix}.$$

算法 1.1.4 (列型 gaxpy) 设 $\boldsymbol{A} \in \mathbb{R}^{m\times n}$, $\boldsymbol{x} \in \mathbb{R}^n$, $\boldsymbol{y} \in \mathbb{R}^m$，算法用 $\boldsymbol{Ax}+\boldsymbol{y}$ 覆盖 $\boldsymbol{y}$.

```
for j = 1 : n
    for i = 1 : m
        y(i) = y(i) + A(i, j)x(j)
    end
end
```

注意，这两个 gaxpy 算法的内层循环都是执行 saxpy 运算. 列型算法是在向量层次重新思考矩阵与向量的乘法导出的，但它也可由简单地交换行型算法的循环顺序而得到.

1.1.7 矩阵划分成行和列

算法 1.1.3 和 1.1.4 分别按行和列使用 $\boldsymbol{A}$ 的数据. 为了更清楚地说明问题，我们引入**矩阵划分**的思想.

一方面，矩阵是由其行向量组成的：

$$\boldsymbol{A} \in \mathbb{R}^{m\times n} \quad \Longleftrightarrow \quad \boldsymbol{A} = \begin{bmatrix} \boldsymbol{r}_1^{\mathrm{T}} \\ \vdots \\ \boldsymbol{r}_m^{\mathrm{T}} \end{bmatrix}, \quad \boldsymbol{r}_k \in \mathbb{R}^n. \tag{1.1.1}$$

这称为 $\boldsymbol{A}$ 的**行划分**. 因此，当我们行划分

$$\begin{bmatrix} 1 & 2 \\ 3 & 4 \\ 5 & 6 \end{bmatrix}$$

时，就是把 $\boldsymbol{A}$ 视为由行向量

$$\boldsymbol{r}_1^{\mathrm{T}} = [\,1\ \ 2\,], \qquad \boldsymbol{r}_2^{\mathrm{T}} = [\,3\ \ 4\,], \qquad \boldsymbol{r}_3^{\mathrm{T}} = [\,5\ \ 6\,]$$

组成的. 利用行划分 (1.1.1)，算法 1.1.3 可表示为

for $i = 1:m$

  $y_i = y_i + r_i^{\mathrm{T}} x$

end

另一方面，矩阵也是由其列向量组成的：

$$\boldsymbol{A} \in \mathbb{R}^{m\times n} \quad\Longleftrightarrow\quad \boldsymbol{A} = [\,\boldsymbol{c}_1 \,|\cdots|\, \boldsymbol{c}_n\,], \quad \boldsymbol{c}_k \in \mathbb{R}^m. \tag{1.1.2}$$

这称为 $\boldsymbol{A}$ 的列划分. 在上面的 3×2 矩阵的例子中，我们可以令 $\boldsymbol{c}_1$ 和 $\boldsymbol{c}_2$ 分别是 $\boldsymbol{A}$ 的第一列和第二列，其形式如下：

$$\boldsymbol{c}_1 = \begin{bmatrix} 1 \\ 3 \\ 5 \end{bmatrix}, \qquad \boldsymbol{c}_2 = \begin{bmatrix} 2 \\ 4 \\ 6 \end{bmatrix}.$$

利用列划分 (1.1.2)，我们看到算法 1.1.4 是一个用到 $\boldsymbol{A}$ 的列向量的 saxpy 运算：

for $j = 1:n$

  $y = y + x_j c_j$

end

在这个过程中，$\boldsymbol{y}$ 可视为重复的 saxpy 修正向量依次求和.

1.1.8 冒号记号

冒号记号是刻画矩阵的一行或一列的一种简洁方式. 如果 $\boldsymbol{A} \in \mathbb{R}^{m\times n}$，那么 $A(k,:)$ 表示 $\boldsymbol{A}$ 的第 k 行，即

$$A(k,:) = [a_{k1}, \cdots, a_{kn}].$$

第 k 列表示为

$$A(:,k) = \begin{bmatrix} a_{1k} \\ \vdots \\ a_{mk} \end{bmatrix}.$$

利用这些方便的记号，我们可将算法 1.1.3 和算法 1.1.4 分别改写为

for $i = 1:m$

  $y(i) = y(i) + A(i,:)x$

end

和

for $j = 1:n$

  $y = y + x(j)A(:,j)$

end

利用冒号记号，我们能够忽略内循环细节，从向量层次来思考问题.

1.1.9 外积修正

作为冒号记号的初级应用，我们用它来理解外积修正

$$A = A + xy^{\mathrm{T}}, \qquad A \in \mathbb{R}^{m\times n},\ x \in \mathbb{R}^{m},\ y \in \mathbb{R}^{n}.$$

外积算子 xy^{T} 看似滑稽，但完全合法．例如

$$\begin{bmatrix} 1 \\ 2 \\ 3 \end{bmatrix} \begin{bmatrix} 4 & 5 \end{bmatrix} = \begin{bmatrix} 4 & 5 \\ 8 & 10 \\ 12 & 15 \end{bmatrix}.$$

这是因为 xy^{T} 不但是两个"瘦长"矩阵的乘积，而且左边矩阵 x 的列数与右边矩阵 y^{T} 的行数相等．外积修正中的元素描述如下

for $i = 1 : m$
  for $j = 1 : n$
    $a_{ij} = a_{ij} + x_i y_j$
  end
end

这涉及 $O(mn)$ 的算术运算量．对 j 的循环是将 y^{T} 的倍数加到 A 的第 i 行，即

for $i = 1 : m$
  $A(i,:) = A(i,:) + x(i)y^{\mathrm{T}}$
end

另外，如果我们把对 i 的循环换成内循环，那么就是将 x 的倍数加到 A 的第 j 列：

for $j = 1 : n$
  $A(:,j) = A(:,j) + y(j)x$
end

注意，这两个外积修正算法都是由一组 saxpy 运算组成的．

1.1.10 矩阵与矩阵的乘法

考虑 2×2 矩阵与矩阵的乘法问题．在点积形式下，每个元素都按点积计算：

$$\begin{bmatrix} 1 & 2 \\ 3 & 4 \end{bmatrix} \begin{bmatrix} 5 & 6 \\ 7 & 8 \end{bmatrix} = \begin{bmatrix} 1\times 5 + 2\times 7 & 1\times 6 + 2\times 8 \\ 3\times 5 + 4\times 7 & 3\times 6 + 4\times 8 \end{bmatrix}.$$

在 saxpy 形式下，乘积的每列可看成是左边矩阵的列的线性组合：

$$\begin{bmatrix} 1 & 2 \\ 3 & 4 \end{bmatrix} \begin{bmatrix} 5 & 6 \\ 7 & 8 \end{bmatrix} = \left[\, 5\begin{bmatrix} 1 \\ 3 \end{bmatrix} + 7\begin{bmatrix} 2 \\ 4 \end{bmatrix},\ 6\begin{bmatrix} 1 \\ 3 \end{bmatrix} + 8\begin{bmatrix} 2 \\ 4 \end{bmatrix} \right].$$

最后，在外积形式下，矩阵相乘可视为一组外积之和：

$$\begin{bmatrix} 1 & 2 \\ 3 & 4 \end{bmatrix}\begin{bmatrix} 5 & 6 \\ 7 & 8 \end{bmatrix} = \begin{bmatrix} 1 \\ 3 \end{bmatrix}\begin{bmatrix} 5 & 6 \end{bmatrix} + \begin{bmatrix} 2 \\ 4 \end{bmatrix}\begin{bmatrix} 7 & 8 \end{bmatrix}.$$

这几种矩阵相乘的形式虽然在数学上等价，但事实证明，由于不同矩阵乘法的内存开销不同，计算表现上会有巨大差异. 对此，我们将在 1.5 节继续讨论. 在此，值得详细介绍矩阵乘法的各种方法，是因为它让我们有机会复习记号，并在不同线性代数级别上进行思考. 为了巩固这个讨论，我们重点关注矩阵之间的修正计算：

$$\boldsymbol{C} = \boldsymbol{C} + \boldsymbol{AB}, \qquad \boldsymbol{C} \in \mathbb{R}^{m\times n}, \boldsymbol{A} \in \mathbb{R}^{m\times r}, \boldsymbol{B} \in \mathbb{R}^{r\times n}.$$

考虑修正 $\boldsymbol{C} = \boldsymbol{C} + \boldsymbol{AB}$，而不仅仅是 $\boldsymbol{C} = \boldsymbol{AB}$，因为这是实践中更典型的情况.

1.1.11 标量级说明

我们以如下熟悉的三重嵌套循环算法开始.

算法 1.1.5 (ijk 形式的矩阵乘法) 给定 $\boldsymbol{A} \in \mathbb{R}^{m\times r}$, $\boldsymbol{B} \in \mathbb{R}^{r\times n}$, $\boldsymbol{C} \in \mathbb{R}^{m\times n}$, 算法用 $\boldsymbol{C} + \boldsymbol{AB}$ 覆盖 $\boldsymbol{C}$.

```
for i = 1 : m
    for j = 1 : n
        for k = 1 : r
            C(i, j) = C(i, j) + A(i, k)B(k, j)
        end
    end
end
```

此计算涉及 $O(mnr)$ 的运算量. 如果矩阵的每一个维度都加倍，那么运算量就是原来的 8 倍.

算法 1.1.5 中的每个循环下标都有特定的作用. 下标 i 表示行，j 表示列，k 处理点积. 然而，循环的顺序可以是任意的. 下面是（数学上等价的）jki 形式：

```
for j = 1 : n
    for k = 1 : r
        for i = 1 : m
            C(i, j) = C(i, j) + A(i, k)B(k, j)
        end
    end
end
```

一共有 $3! = 6$ 种可能性：

$$ijk,\quad jik,\quad ikj,\quad jki,\quad kij,\quad kji.$$

每个都有一个内层循环运算（点积或 saxpy），每个都有自己的数据流模式. 例如，在 ijk 形式中，内层循环需要计算 $\boldsymbol{A}$ 的行和 $\boldsymbol{B}$ 的列的点积. jki 形式涉及 saxpy，需要访问 $\boldsymbol{C}$ 的列和 $\boldsymbol{A}$ 的列. 表 1.1.1 总结了每种情况的性质.

表 1.1.1 矩阵乘法：循环顺序和性质

循环顺序	内层循环	中层循环	内层数据存取
ijk	点积	向量乘矩阵	$\boldsymbol{A}$ 的行，$\boldsymbol{B}$ 的列
jik	点积	矩阵乘向量	$\boldsymbol{A}$ 的行，$\boldsymbol{B}$ 的列
ikj	saxpy	行的 gaxpy	$\boldsymbol{B}$ 的行，$\boldsymbol{C}$ 的行
jki	saxpy	列的 gaxpy	$\boldsymbol{A}$ 的列，$\boldsymbol{C}$ 的列
kij	saxpy	行的外积	$\boldsymbol{B}$ 的行，$\boldsymbol{C}$ 的行
kji	saxpy	列的外积	$\boldsymbol{A}$ 的列，$\boldsymbol{C}$ 的列

中层循环和内层循环合在一起考虑. 每种形式都包含相同数量的算术运算，但对 $\boldsymbol{A}, \boldsymbol{B}, \boldsymbol{C}$ 数据的存取却是不同的. 我们在 1.5 节讨论其影响.

1.1.12 点积形式

通常的矩阵乘法程序将 $\boldsymbol{AB}$ 视为一个点积数组，以从左到右、从上到下的顺序一次计算一个点积. 这就是算法 1.1.5 背后的思想，我们使用冒号记号重写算法，以突出最内层循环的任务：

算法 1.1.6 (点积形式的矩阵乘法) 给定 $\boldsymbol{A} \in \mathbb{R}^{m\times r}$, $\boldsymbol{B} \in \mathbb{R}^{r\times n}$, $\boldsymbol{C} \in \mathbb{R}^{m\times n}$, 算法用 $\boldsymbol{C} + \boldsymbol{AB}$ 覆盖 $\boldsymbol{C}$.

```
for i = 1 : m
   for j = 1 : n
      C(i, j) = C(i, j) + A(i, :)B(:, j)
   end
end
```

在矩阵划分语言中，记

$$\boldsymbol{A} = \begin{bmatrix} \boldsymbol{a}_1^{\mathrm{T}} \\ \vdots \\ \boldsymbol{a}_m^{\mathrm{T}} \end{bmatrix}, \qquad \boldsymbol{B} = [\, \boldsymbol{b}_1 \,|\, \cdots \,|\, \boldsymbol{b}_n \,],$$

则算法 1.1.6 可表示为

for $i = 1:m$
  for $j = 1:n$
    $c_{ij} = c_{ij} + a_i^{\mathrm{T}} b_j$
  end
end

注意，对 j 循环的目的是计算修正的第 i 行. 为强调这一点，我们写成

for $i = 1:m$
  $c_i^{\mathrm{T}} = c_i^{\mathrm{T}} + a_i^{\mathrm{T}} B$
end

其中

$$\boldsymbol{C} = \begin{bmatrix} \boldsymbol{c}_1^{\mathrm{T}} \\ \vdots \\ \boldsymbol{c}_m^{\mathrm{T}} \end{bmatrix}$$

是 $\boldsymbol{C}$ 的行划分. 用冒号记号来表示这一运算，可写为

for $i = 1:m$
  $C(i,:) = C(i,:) + A(i,:)B$
end

无论那种形式,我们都能看到,ijk 形式的内部两层循环定义了一个基于行的 gaxpy 运算.

1.1.13 saxpy 形式

假定 $\boldsymbol{A}$ 和 $\boldsymbol{C}$ 列划分为

$$\boldsymbol{A} = [\,\boldsymbol{a}_1 \,|\cdots|\, \boldsymbol{a}_r\,], \qquad \boldsymbol{C} = [\,\boldsymbol{c}_1 \,|\cdots|\, \boldsymbol{c}_n\,].$$

比较 $\boldsymbol{C} = \boldsymbol{C} + \boldsymbol{AB}$ 两边的第 j 列，我们有

$$\boldsymbol{c}_j = \boldsymbol{c}_j + \sum_{k=1}^{r} \boldsymbol{a}_k b_{kj}, \qquad j = 1:n.$$

这些向量求和能用一系列 saxpy 修正运算集中起来.

算法 1.1.7 (saxpy 形式的矩阵乘法) 给定 $\boldsymbol{A} \in \mathbb{R}^{m\times r}$, $\boldsymbol{B} \in \mathbb{R}^{r\times n}$, $\boldsymbol{C} \in \mathbb{R}^{m\times n}$, 算法用 $\boldsymbol{C} + \boldsymbol{AB}$ 覆盖 $\boldsymbol{C}$.

for $j = 1:n$
  for $k = 1:r$

$$C(:,j) = C(:,j) + A(:,k)B(k,j)$$

end

end

注意，k 循环实质上是 gaxpy 运算：

for $j = 1:n$

$C(:,j) = C(:,j) + AB(:,j)$

end

1.1.14 外积形式

考虑算法 1.1.5 的 kji 形式：

for $k = 1:r$

for $j = 1:n$

for $i = 1:m$

$C(i,j) = C(i,j) + A(i,k)B(k,j)$

end

end

end

内部两层循环就是外积修正运算

$$\boldsymbol{C} = \boldsymbol{C} + \boldsymbol{a}_k \boldsymbol{b}_k^{\mathrm{T}},$$

其中 $\boldsymbol{a}_k \in \mathbb{R}^m$, $\boldsymbol{b}_k \in \mathbb{R}^n$ 且

$$\boldsymbol{A} = [\, \boldsymbol{a}_1 \mid \cdots \mid \boldsymbol{a}_r \,], \quad \boldsymbol{B} = \begin{bmatrix} \boldsymbol{b}_1^{\mathrm{T}} \\ \vdots \\ \boldsymbol{b}_r^{\mathrm{T}} \end{bmatrix}. \tag{1.1.3}$$

这个过程实现如下.

算法 1.1.8 (外积形式的矩阵乘法) 给定 $\boldsymbol{A} \in \mathbb{R}^{m\times r}$, $\boldsymbol{B} \in \mathbb{R}^{r\times n}$, $\boldsymbol{C} \in \mathbb{R}^{m\times n}$, 算法用 $\boldsymbol{C} + \boldsymbol{AB}$ 覆盖 $\boldsymbol{C}$.

for $k = 1:r$

$C = C + A(:,k)B(k,:)$

end

矩阵和矩阵相乘是外积的和.

1.1.15 flop

一种量化计算量的方法就是计算运算中的 flop[①] 数. 一个 flop 就是一次浮点加、减、乘或除运算. 矩阵计算中的 flop 数，通常是对最深层嵌套语句相关联的运算量求和来获得的. 对于矩阵与矩阵的乘法，例如算法 1.1.5，这里有一条含有 2 个 flop 的语句

$$C(i,j) = C(i,j) + A(i,k)B(k,j).$$

如果 $\boldsymbol{A} \in \mathbb{R}^{m\times r}$, $\boldsymbol{B} \in \mathbb{R}^{r\times n}$, $\boldsymbol{C} \in \mathbb{R}^{m\times n}$，那么该语句执行 mnr 次. 表 1.1.2 总结了上述常用运算所需的 flop 数.

表 1.1.2 重要的 flop 数

运　算	维　数	flop 数
$\alpha = \boldsymbol{x}^{\mathrm{T}}\boldsymbol{y}$	$\boldsymbol{x}, \boldsymbol{y} \in \mathbb{R}^n$	$2n$
$\boldsymbol{y} = \boldsymbol{y} + a\boldsymbol{x}$	$a \in \mathbb{R}$, $\boldsymbol{x}, \boldsymbol{y} \in \mathbb{R}^n$	$2n$
$\boldsymbol{y} = \boldsymbol{y} + \boldsymbol{A}\boldsymbol{x}$	$\boldsymbol{A} \in \mathbb{R}^{m\times n}$, $\boldsymbol{x} \in \mathbb{R}^n$, $\boldsymbol{y} \in \mathbb{R}^m$	$2mn$
$\boldsymbol{A} = \boldsymbol{A} + \boldsymbol{y}\boldsymbol{x}^{\mathrm{T}}$	$\boldsymbol{A} \in \mathbb{R}^{m\times n}$, $\boldsymbol{x} \in \mathbb{R}^n$, $\boldsymbol{y} \in \mathbb{R}^m$	$2mn$
$\boldsymbol{C} = \boldsymbol{C} + \boldsymbol{A}\boldsymbol{B}$	$\boldsymbol{A} \in \mathbb{R}^{m\times r}$, $\boldsymbol{B} \in \mathbb{R}^{r\times n}$, $\boldsymbol{C} \in \mathbb{R}^{m\times n}$	$2mnr$

1.1.16 大 O 记号和观点

在某些情况下，当需要估计的运算量的数量级足够大时，使用“大 O”记号来衡量是方便的.（我们在 1.1.1 节中这样做了.）点积是 $O(n)$ 的，矩阵与向量相乘是 $O(n^2)$ 的，矩阵与矩阵相乘是 $O(n^3)$ 的. 因此，要使一个混合运算的算法更有效，通常应该关注其中的最高阶运算，这种运算在整个计算中起主导作用.

1.1.17 级的概念和基本线性代数子程序

点积和 saxpy 运算是 1 级运算的例子. 1 级运算涉及的数据量和运算量都是运算维数的线性函数. $m\times n$ 的外积修正和 gaxpy 运算涉及二次数据量（$O(mn)$）和二次运算量（$O(mn)$），它们都是 2 级运算. 矩阵乘法修正运算 $\boldsymbol{C} = \boldsymbol{C} + \boldsymbol{A}\boldsymbol{B}$ 是 3 级运算. 3 级运算涉及二次数据量和三次运算量.

BLAS 中涉及重要的 1 级、2 级和 3 级运算，BLAS 是“基本线性代数子程序”（Basic Linear Algebra Subprograms）的缩写. 参见 LAPACK. 与数据重用（见 1.5 节）有关的涉及 3 级 BLAS 运算的矩阵算法设计是该领域的主要关注点.

---

① flop 表示“浮点运算”，是 floating point operation 的缩写. ——编者注

1.1.18 矩阵方程

为更好地通过外积来理解矩阵乘法，我们实际上建立了矩阵方程

$$\boldsymbol{AB} = \sum_{k=1}^{r} \boldsymbol{a}_k \boldsymbol{b}_k^{\mathrm{T}}, \tag{1.1.4}$$

其中 $\boldsymbol{a}_k$ 和 $\boldsymbol{b}_k$ 是由 (1.1.3) 中的划分所定义的.

后面的章节中会出现大量的矩阵方程. 有时它们是以上述算法形式建立的，而其他时候它们是在 ij 元素这个层次上来证明的，例如，

$$\left[\sum_{k=1}^{r} \boldsymbol{a}_k \boldsymbol{b}_k^{\mathrm{T}}\right]_{ij} = \sum_{k=1}^{r} \left[\boldsymbol{a}_k \boldsymbol{b}_k^{\mathrm{T}}\right]_{ij} = \sum_{k=1}^{r} a_{ik} b_{kj} = [AB]_{ij}.$$

像上面这样的标量水平的证明通常没有新思想，但有时却是唯一的方式.

1.1.19 复矩阵

有时我们会关注复矩阵的计算. $m \times n$ 的复矩阵的向量空间记为 $\mathbb{C}^{m\times n}$. 复矩阵的标量乘法、加法和乘法与实矩阵完全相对应. 但是，在复情形下，转置变成共轭转置:

$$\boldsymbol{C} = \boldsymbol{A}^{\mathrm{H}} \quad \Longrightarrow \quad c_{ij} = \bar{a}_{ji}.$$

n 维复向量的向量空间记为 $\mathbb{C}^n$. n 维复向量 $\boldsymbol{x}$ 和 $\boldsymbol{y}$ 的点积是

$$s = \boldsymbol{x}^{\mathrm{H}} \boldsymbol{y} = \sum_{i=1}^{n} \bar{x}_i y_i.$$

假定 $\boldsymbol{A} = \boldsymbol{B} + \mathrm{i}\boldsymbol{C} \in \mathbb{C}^{m\times n}$，我们把 $\boldsymbol{A}$ 的实部与虚部分别记为 $\mathrm{Re}(\boldsymbol{A}) = \boldsymbol{B}$ 和 $\mathrm{Im}(\boldsymbol{A}) = \boldsymbol{C}$. $\boldsymbol{A}$ 的共轭矩阵记为 $\bar{\boldsymbol{A}} = (\bar{a}_{ij})$.

习 题

1. 给定 $\boldsymbol{A} \in \mathbb{R}^{n\times n}$ 和 $\boldsymbol{x} \in \mathbb{R}^r$. 给出计算 $\boldsymbol{M} = (\boldsymbol{A} - x_1\boldsymbol{I}) \cdots (\boldsymbol{A} - x_r\boldsymbol{I})$ 的第一列的算法.

2. 在通常的 2×2 矩阵相乘 $\boldsymbol{C} = \boldsymbol{AB}$ 中有 8 种乘法:

$$a_{11}b_{11},\ a_{11}b_{12},\ a_{21}b_{11},\ a_{21}b_{12},\ a_{12}b_{21},\ a_{12}b_{22},\ a_{22}b_{21},\ a_{22}b_{22}.$$

对 ijk, jik, kij, ikj, jki, kji 形式的矩阵乘法算法，列表给出这些乘法的顺序.

3. 给出计算 $\boldsymbol{C} = \left(\boldsymbol{x}\boldsymbol{y}^{\mathrm{T}}\right)^k$ 的 $O(n^2)$ 算法，其中 $\boldsymbol{x}$ 和 $\boldsymbol{y}$ 是 n 维向量.

4. 假设 $\boldsymbol{D} = \boldsymbol{ABC}$，其中 $\boldsymbol{A} \in \mathbb{R}^{m\times n}$, $\boldsymbol{B} \in \mathbb{R}^{n\times p}$, $\boldsymbol{C} \in \mathbb{R}^{p\times q}$. 比较使用 $\boldsymbol{D} = (\boldsymbol{AB})\boldsymbol{C}$ 计算 $\boldsymbol{D}$ 的算法的 flop 数和使用 $\boldsymbol{D} = \boldsymbol{A}(\boldsymbol{BC})$ 计算 $\boldsymbol{D}$ 的算法的 flop 数. 在什么情况下前者比后者更高效?

5. 假定 $\boldsymbol{C}$, $\boldsymbol{D}$, $\boldsymbol{E}$, $\boldsymbol{F}$ 是 $n \times n$ 实矩阵. 说明如何只使用三次 $n \times n$ 实矩阵乘法就可求出 $n \times n$ 实矩阵 $\boldsymbol{A}$ 和 $\boldsymbol{B}$，使得

$$\boldsymbol{A} + \mathrm{i}\boldsymbol{B} = (\boldsymbol{C} + \mathrm{i}\boldsymbol{D})(\boldsymbol{E} + \mathrm{i}\boldsymbol{F}).$$

提示：计算 $\boldsymbol{W} = (\boldsymbol{C} + \boldsymbol{D})(\boldsymbol{E} - \boldsymbol{F})$.

6. 假定 $\boldsymbol{W} \in \mathbb{R}^{n \times n}$ 由

$$w_{ij} = \sum_{p=1}^{n}\sum_{q=1}^{n} x_{ip}y_{pq}z_{qj}$$

定义，其中 $\boldsymbol{X}, \boldsymbol{Y}, \boldsymbol{Z} \in \mathbb{R}^{n \times n}$. 如果我们对每个 w_{ij} 使用这个公式，那么需要 $O(n^4)$ 运算量来构建 $\boldsymbol{W}$. 另外，

$$w_{ij} = \sum_{p=1}^{n} x_{ip}\left(\sum_{q=1}^{n} y_{pq}z_{qj}\right) = \sum_{p=1}^{n} x_{ip}u_{pj},$$

其中 $\boldsymbol{U} = \boldsymbol{YZ}$. 因此，$\boldsymbol{W} = \boldsymbol{XU} = \boldsymbol{XYZ}$，只需要 $O(n^3)$ 的运算量.

使用这种方法设计 $O(n^3)$ 程序，用于计算由下式定义的 $n \times n$ 矩阵 $\boldsymbol{A}$

$$a_{ij} = \sum_{k_1=1}^{n}\sum_{k_2=1}^{n}\sum_{k_3=1}^{n} E(k_1, i)F(k_1, i)G(k_2, k_1)H(k_2, k_3)F(k_2, k_3)G(k_3, j),$$

其中 $\boldsymbol{E}, \boldsymbol{F}, \boldsymbol{G}, \boldsymbol{H} \in \mathbb{R}^{n \times n}$. 提示：涉及转置和逐点乘法.

1.2　结构和效率

矩阵算法的效率是和许多因素相关的. 最明显的，也是本节我们要考虑的，是算法的运算量和存储量. 通过考虑涉及三角矩阵、对角矩阵、带状矩阵、对称矩阵和置换矩阵的例子，可以很好地说明这些方面重要的原因. 这些矩阵都是在实践中出现的最重要的结构化矩阵，利用它们可节省许多运算量和存储量.

1.2.1　带状矩阵

如果一个矩阵的大部分元素是零，就称它是稀疏的. 一个重要的特例是带状矩阵. 如果对任何 $i > j + p$ 都有 $a_{ij} = 0$，就称 $\boldsymbol{A} \in \mathbb{R}^{m \times n}$ **具有下带宽** p；如果对任何 $j > i + q$ 都有 $a_{ij} = 0$，那么称 $\boldsymbol{A} \in \mathbb{R}^{m \times n}$ **具有上带宽** q. 这里有一个 8×5 矩阵的例子，它有下带宽 1 和上带宽 2：

$$A = \begin{bmatrix} \times & \times & \times & 0 & 0 \\ \times & \times & \times & \times & 0 \\ 0 & \times & \times & \times & \times \\ 0 & 0 & \times & \times & \times \\ 0 & 0 & 0 & \times & \times \\ 0 & 0 & 0 & 0 & \times \\ 0 & 0 & 0 & 0 & 0 \\ 0 & 0 & 0 & 0 & 0 \end{bmatrix}.$$

记号 $\times$ 表示任意非零元素. 这个记号表示矩阵的结构很方便，我们会广泛使用. 常见的带状结构在表 1.2.1 中列出.

表 1.2.1 $m \times n$ 特殊带状矩阵

矩阵类型	下带宽	上带宽
对角矩阵	0	0
上三角矩阵	0	$n-1$
下三角矩阵	$m-1$	0
三对角矩阵	1	1
上双对角矩阵	0	1
下双对角矩阵	1	0
上 Hessenberg 矩阵	1	$n-1$
下 Hessenberg 矩阵	$m-1$	1

1.2.2 三角矩阵乘法

为引入带状矩阵"思想"，我们考虑矩阵相乘修正问题 $C = C + AB$，其中 A, B, C 都是 $n \times n$ 上三角矩阵. 3×3 矩阵的情形为:

$$AB = \begin{bmatrix} a_{11}b_{11} & a_{11}b_{12} + a_{12}b_{22} & a_{11}b_{13} + a_{12}b_{23} + a_{13}b_{33} \\ 0 & a_{22}b_{22} & a_{22}b_{23} + a_{23}b_{33} \\ 0 & 0 & a_{33}b_{33} \end{bmatrix}.$$

上式表明，这个积是上三角矩阵，且上三角的元素是简化了的内积结果. 事实上，对任何 $k < i$ 或 $j < k$，都有 $a_{ik}b_{kj} = 0$，我们可看到修正形式

$$c_{ij} = c_{ij} + \sum_{k=i}^{j} a_{ik}b_{kj}$$

其中的 i 和 j 满足 $i \leqslant j$. 这就产生了如下算法.

算法 1.2.1 (三角矩阵乘法) 给定上三角矩阵 $\boldsymbol{A},\boldsymbol{B},\boldsymbol{C}\in\mathbb{R}^{n\times n}$，算法用 $\boldsymbol{C}+\boldsymbol{AB}$ 覆盖 $\boldsymbol{C}$.

```
for i = 1 : n
   for j = i : n
      for k = i : j
         C(i,j) = C(i,j) + A(i,k)B(k,j)
      end
   end
end
```

1.2.3　再论冒号记号

如果我们把 1.1.8 节引入的冒号记号加以推广，那么算法 1.2.1 中 k 循环的点积可简洁地叙述. 如果 $\boldsymbol{A}\in\mathbb{R}^{m\times n}$，整数 p,q,r 满足 $1\leqslant p\leqslant q\leqslant n$ 且 $1\leqslant r\leqslant m$，那么

$$A(r,p:q)=\left[\,a_{rp}\,|\cdots|\,a_{rq}\,\right]\in\mathbb{R}^{1\times(q-p+1)}.$$

同样，如果 $1\leqslant p\leqslant q\leqslant m$ 且 $1\leqslant c\leqslant n$，那么

$$A(p:q,c)=\begin{bmatrix}a_{pc}\\ \vdots\\ a_{qc}\end{bmatrix}\in\mathbb{R}^{q-p+1}.$$

利用上述记号，算法 1.2.1 可以重写为

```
for i = 1 : n
   for j = i : n
      C(i,j) = C(i,j) + A(i,i:j)B(i:j,j)
   end
end
```

这就突出了由最内层循环计算内积.

1.2.4　计算评价

显然，上三角矩阵相乘所涉及的运算量要比满矩阵相乘少. 在算法 1.2.1 中我们看到，如果 $i\leqslant j$ 则 c_{ij} 需要 $2(j-i+1)$ 个 flop. 使用近似

$$\sum_{p=1}^{q}p=\frac{q(q+1)}{2}\approx\frac{q^2}{2}$$

和

$$\sum_{p=1}^{q} p^2 = \frac{q^3}{3}+\frac{q^2}{2}+\frac{q}{6} \approx \frac{q^3}{3},$$

我们发现三角矩阵相乘需要满矩阵相乘 1/6 的计算量:

$$\sum_{i=1}^{n}\sum_{j=i}^{n} 2(j-i+1) = \sum_{i=1}^{n}\sum_{j=1}^{n-i+1} 2j \approx \sum_{i=1}^{n}\frac{2(n-i+1)^2}{2} = \sum_{i=1}^{n} i^2 \approx \frac{n^3}{3}.$$

我们抛弃了低阶项，因为它们对 flop 数贡献不大. 例如，精确的 flop 计数表明算法 1.2.1 恰好需要 $n^3/3+n^2+2n/3$ 个 flop. 对于较大的 n（这是所关注的典型情况），我们看到对精确的 flop 数起决定作用的是 $n^3/3$.

因为 flop 计数忽略了下标、内存开销以及其他与程序执行相关的问题，所以用它衡量程序效率必然是粗略的. 我们不能从 flop 数的比较中推断出太多东西. 例如，我们不能得出这样的结论：三角矩阵相乘比满矩阵相乘快 6 倍. 实践中，flop 数只是捕捉算法效率的一个维度. 在 1.5 节中，我们将讨论同等重要的向量化和数据局部化问题.

1.2.5 带状矩阵存储

设 $\boldsymbol{A} \in \mathbb{R}^{n\times n}$ 的下带宽为 p 上带宽为 q，并假设 p 和 q 比 n 小很多. 这样的矩阵可以存储在 $(p+q+1)\times n$ 数组 A.band 中，对于带内所有的元素 (i,j) 有

$$a_{ij} = A.\text{band}(i-j+q+1, j). \tag{1.2.1}$$

例如，

$$\begin{bmatrix} a_{11} & a_{12} & a_{13} & 0 & 0 & 0 \\ a_{21} & a_{22} & a_{23} & a_{24} & 0 & 0 \\ 0 & a_{32} & a_{33} & a_{34} & a_{35} & 0 \\ 0 & 0 & a_{43} & a_{44} & a_{45} & a_{46} \\ 0 & 0 & 0 & a_{54} & a_{55} & a_{56} \\ 0 & 0 & 0 & 0 & a_{65} & a_{66} \end{bmatrix} \Rightarrow \begin{bmatrix} * & * & a_{13} & a_{24} & a_{35} & a_{46} \\ * & a_{12} & a_{23} & a_{34} & a_{45} & a_{56} \\ a_{11} & a_{22} & a_{33} & a_{44} & a_{55} & a_{66} \\ a_{21} & a_{32} & a_{43} & a_{54} & a_{65} & * \end{bmatrix}.$$

在这里，“$*$”是未使用元素. 利用这种数据结构，我们的列型 gaxpy 算法（算法 1.1.4）可转换为以下形式.

算法 1.2.2 (带状矩阵 gaxpy) 设 $\boldsymbol{A} \in \mathbb{R}^{n\times n}$ 具有下带宽 p 和上带宽 q，且存储在式 (1.2.1) 的数组 A.band 中. 给定 $\boldsymbol{x}, \boldsymbol{y} \in \mathbb{R}^n$，算法用 $\boldsymbol{y}+\boldsymbol{Ax}$ 覆盖 $\boldsymbol{y}$.

for $j = 1:n$
  $\alpha_1 = \max(1, j-q)$, $\alpha_2 = \min(n, j+p)$

$\beta_1 = \max(1, q+2-j),\ \beta_2 = \beta_1 + \alpha_2 - \alpha_1$

$y(\alpha_1 : \alpha_2) = y(\alpha_1 : \alpha_2)\ +\ A.\text{band}(\beta_1 : \beta_2, j)x(j)$

end

注意，把 $\boldsymbol{A}$ 按列存储于 A.band 中，我们得到了一个列型 saxpy 程序．事实上，算法 1.2.2 是把算法 1.1.4 中的每个 saxpy 涉及的向量都换成非零的较短向量而得到的．整数计算用于确定这些非零元素的位置．由于对零元素和非零元素进行仔细分析，在 p 和 q 远小于 n 的前提下，这个算法仅需要 $2n(p+q+1)$ 个 flop.

1.2.6 对角矩阵计算量

上下带宽为零的带状矩阵是**对角矩阵**．如果 $\boldsymbol{D} \in \mathbb{R}^{m\times n}$ 是对角矩阵，我们使用以下记号：

$$\boldsymbol{D} = \text{diag}(d_1, \cdots, d_q), \quad q = \min\{m, n\} \quad \Longleftrightarrow \quad d_i = d_{ii}.$$

当维数清晰时，也可用短记号 $\text{diag}(\boldsymbol{d})$ 和 $\text{diag}(d_i)$．注意，如果 $\boldsymbol{D} = \text{diag}(\boldsymbol{d}) \in \mathbb{R}^{n\times n}$ 且 $\boldsymbol{x} \in \mathbb{R}^n$，则 $\boldsymbol{Dx} = \boldsymbol{d}.{*}\boldsymbol{x}$．如果 $\boldsymbol{A} \in \mathbb{R}^{m\times n}$，则左乘 $\boldsymbol{D} = \text{diag}(d_1, \cdots, d_m) \in \mathbb{R}^{m\times m}$ 就是缩放行，

$$\boldsymbol{B} = \boldsymbol{DA} \quad \Longleftrightarrow \quad B(i,:) = d_i A(i,:),\ i = 1:m,$$

而右乘 $\boldsymbol{D} = \text{diag}(d_1, \cdots, d_n) \in \mathbb{R}^{n\times n}$ 就是缩放列，

$$\boldsymbol{B} = \boldsymbol{AD} \quad \Longleftrightarrow \quad B(:,j) = d_j A(:,j),\ j = 1:n.$$

这两个特殊的矩阵与矩阵的乘法都需要 mn 个 flop.

1.2.7 对称性

假定 $\boldsymbol{A} \in \mathbb{R}^{n\times n}$，如果 $\boldsymbol{A}^{\mathrm{T}} = \boldsymbol{A}$，那么 $\boldsymbol{A}$ 是**对称矩阵**；如果 $\boldsymbol{A}^{\mathrm{T}} = -\boldsymbol{A}$，那么 $\boldsymbol{A}$ 是**反称矩阵**．假定 $\boldsymbol{A} \in \mathbb{C}^{n\times n}$，如果 $\boldsymbol{A}^{\mathrm{H}} = \boldsymbol{A}$，那么 $\boldsymbol{A}$ 是 **Hermite 矩阵**；如果 $\boldsymbol{A}^{\mathrm{H}} = -\boldsymbol{A}$，那么 $\boldsymbol{A}$ 是**反 Hermite 矩阵**．下面是一些例子：

$$\text{对称矩阵:}\ \begin{bmatrix} 1 & 2 & 3 \\ 2 & 4 & 5 \\ 3 & 5 & 6 \end{bmatrix}, \qquad \text{Hermit 矩阵:}\ \begin{bmatrix} 1 & 2-3i & 4-5i \\ 2+3i & 6 & 7-8i \\ 4+5i & 7+8i & 9 \end{bmatrix},$$

$$\text{反称矩阵:}\ \begin{bmatrix} 0 & -2 & 3 \\ 2 & 0 & -5 \\ -3 & 5 & 0 \end{bmatrix}, \ \text{反 Hermit 矩阵:}\ \begin{bmatrix} i & -2+3i & -4+5i \\ 2+3i & 6i & -7+8i \\ 4+5i & 7+8i & 9i \end{bmatrix}.$$

对于这类矩阵，只需存储下三角部分的元素，可将存储量减半，例如，

$$A = \begin{bmatrix} 1 & 2 & 3 \\ 2 & 4 & 5 \\ 3 & 5 & 6 \end{bmatrix} \quad \Leftrightarrow \quad A.\text{vec} = \begin{bmatrix} 1 & 2 & 3 & 4 & 5 & 6 \end{bmatrix}.$$

对于一般的 n，我们令

$$A.\text{vec}((n-j/2)(j-1)+i) \ = \ a_{ij}, \quad 1 \leqslant j \leqslant i \leqslant n. \qquad (1.2.2)$$

下面是一个列型 gaxpy 算法，将矩阵 A 存储在 A.vec 中.

算法 1.2.3 (对称存储 gaxpy) 设 $A \in \mathbb{R}^{n\times n}$ 是对称的，按 (1.2.2) 的模式将其存储于 A.vec 中. 给定 $x, y \in \mathbb{R}^n$，本算法用 $y + Ax$ 覆盖 y.

```
for j = 1 : n
    for i = 1 : j − 1
        y(i) = y(i) + A.vec((i − 1)n − i(i − 1)/2 + j)x(j)
    end
    for i = j : n
        y(i) = y(i) + A.vec((j − 1)n − j(j − 1)/2 + i)x(j)
    end
end
```

此算法与常规的 gaxpy 算法一样需要 $2n^2$ 个 flop.

1.2.8 置换矩阵和单位矩阵

我们用 I_n 表示 $n \times n$ 单位矩阵，例如，

$$I_4 = \begin{bmatrix} 1 & 0 & 0 & 0 \\ 0 & 1 & 0 & 0 \\ 0 & 0 & 1 & 0 \\ 0 & 0 & 0 & 1 \end{bmatrix}.$$

我们用符号 e_i 表示 I_n 的第 i 列. 如果 I_n 的行被重新排序，那么得到的矩阵被称为置换矩阵，例如，

$$P = \begin{bmatrix} 0 & 1 & 0 & 0 \\ 0 & 0 & 0 & 1 \\ 0 & 0 & 1 & 0 \\ 1 & 0 & 0 & 0 \end{bmatrix}. \qquad (1.2.3)$$

表示一个 $n\times n$ 置换矩阵只需要一个 n 维的分量为整数的向量，其整数分量位置恰好为数 1. 例如，如果 $\boldsymbol{v}\in\mathbb{R}^n$ 指明"第 i 行的 1 出现在第 v_i 列"，那么 $\boldsymbol{y}=\boldsymbol{P}\boldsymbol{x}$ 表示 $y_i=x_{v_i}$ $(i=1:n)$. 在上面的例子中，$\boldsymbol{v}$ 向量是 $\boldsymbol{v}=[\,2\,4\,3\,1\,]$.

1.2.9 指出下标的整数向量与子矩阵

对于置换矩阵和分块矩阵运算（见 1.3 节），一种方便的方法是用指出下标的整数向量来说明结构. MATLAB 中的冒号记号又一次成为合适的工具，下面用几个例子说明如何使用这种记号. 如果 $n=8$，那么

$$
\begin{aligned}
\boldsymbol{v}&=1:2:n & &\Longrightarrow & \boldsymbol{v}&=[\,1\,3\,5\,7\,],\\
\boldsymbol{v}&=n:\text{-}1:1 & &\Longrightarrow & \boldsymbol{v}&=[\,8\,7\,6\,5\,4\,3\,2\,1\,],\\
\boldsymbol{v}&=[\,(1:2:n)\,(2:2:n)\,] & &\Longrightarrow & \boldsymbol{v}&=[\,1\,3\,5\,7\,2\,4\,6\,8\,].
\end{aligned}
$$

设 $\boldsymbol{A}\in\mathbb{R}^{m\times n}$，如果 $\boldsymbol{v}\in\mathbb{R}^r$ 和 $\boldsymbol{w}\in\mathbb{R}^s$是整数向量，满足 $1\leqslant v_i\leqslant m$ 和 $1\leqslant w_i\leqslant n$. 如果 $\boldsymbol{B}=\boldsymbol{A}(\boldsymbol{v},\boldsymbol{w})$，那么 $\boldsymbol{B}\in\mathbb{R}^{r\times s}$ 是由 $b_{ij}=a_{v_i,w_j}$ 定义的矩阵，其中 $i=1:r,\ j=1:s$. 因此，如果 $\boldsymbol{A}\in\mathbb{R}^{8\times 8}$，那么

$$
\boldsymbol{A}(1:2:8,2:2:8)=\begin{bmatrix} a_{12} & a_{14} & a_{16} & a_{18}\\ a_{32} & a_{34} & a_{36} & a_{38}\\ a_{52} & a_{54} & a_{56} & a_{58}\\ a_{72} & a_{74} & a_{76} & a_{78}\end{bmatrix}.
$$

1.2.10 置换矩阵运算

使用冒号记号，(1.2.3) 中的 4×4 置换矩阵由 $\boldsymbol{P}=\boldsymbol{I}_4(\boldsymbol{v},:)$ 定义，其中 $\boldsymbol{v}=[\ 2\,4\,3\,1\ ]$. 一般来说，如果 $\boldsymbol{v}\in\mathbb{R}^n$ 是向量 $1:n=[1,2,\cdots,n]$ 的置换，且 $\boldsymbol{P}=\boldsymbol{I}_n(\boldsymbol{v},:)$，那么

$$
\begin{aligned}
\boldsymbol{y}=\boldsymbol{P}\boldsymbol{x} &\quad\Longrightarrow\quad \boldsymbol{y}=\boldsymbol{x}(\boldsymbol{v}) \quad\Longrightarrow\quad y_i=x_{v_i},\ i=1:n\\
\boldsymbol{y}=\boldsymbol{P}^{\mathrm{T}}\boldsymbol{x} &\quad\Longrightarrow\quad \boldsymbol{y}(\boldsymbol{v})=\boldsymbol{x} \quad\Longrightarrow\quad y_{v_i}=x_i,\ i=1:n
\end{aligned}
$$

第 2 个结果来自于，v_i 是 $\boldsymbol{P}^{\mathrm{T}}$ 第 i 列中的"1"的行下标. 注意，$\boldsymbol{P}^{\mathrm{T}}(\boldsymbol{P}\boldsymbol{x})=\boldsymbol{x}$. 置换矩阵的逆是它的转置.

容易描述对给定矩阵 $\boldsymbol{A}\in\mathbb{R}^{m\times n}$ 作用置换矩阵. 如果 $\boldsymbol{P}=\boldsymbol{I}_m(\boldsymbol{v},:)$ 和 $\boldsymbol{Q}=\boldsymbol{I}_n(\boldsymbol{w},:)$，那么 $\boldsymbol{P}\boldsymbol{A}\boldsymbol{Q}^{\mathrm{T}}=\boldsymbol{A}(\boldsymbol{v},\boldsymbol{w})$. 我们还有 $\boldsymbol{I}_n(\boldsymbol{v},:)\boldsymbol{I}_n(\boldsymbol{w},:)=\boldsymbol{I}_n(\boldsymbol{w}(\boldsymbol{v}),:)$. 虽然置换操作不涉及 flop，但它们要移动数据并消耗执行时间，1.5 节将讨论这个问题.

1.2.11 三个著名的置换矩阵

交换置换 $\mathcal{E}_n$ 将向量分量上下颠倒，例如，

$$y = \mathcal{E}_4 x = \begin{bmatrix} 0 & 0 & 0 & 1 \\ 0 & 0 & 1 & 0 \\ 0 & 1 & 0 & 0 \\ 1 & 0 & 0 & 0 \end{bmatrix} \begin{bmatrix} x_1 \\ x_2 \\ x_3 \\ x_4 \end{bmatrix} = \begin{bmatrix} x_4 \\ x_3 \\ x_2 \\ x_1 \end{bmatrix}.$$

一般来说，如果 $v = n:-1:1$，那么 $n \times n$ 交换置换由 $\mathcal{E}_n = I_n(v,:)$ 给出. 一个向量上下颠倒两次就会还原，因此，$\mathcal{E}_n^{\mathrm{T}}\mathcal{E}_n = \mathcal{E}_n^2 = I_n$.

下移置换 $\mathcal{D}_n$ 将向量的分量向下移动一个位置，例如，

$$y = \mathcal{D}_4 x = \begin{bmatrix} 0 & 0 & 0 & 1 \\ 1 & 0 & 0 & 0 \\ 0 & 1 & 0 & 0 \\ 0 & 0 & 1 & 0 \end{bmatrix} \begin{bmatrix} x_1 \\ x_2 \\ x_3 \\ x_4 \end{bmatrix} = \begin{bmatrix} x_4 \\ x_1 \\ x_2 \\ x_3 \end{bmatrix}.$$

一般来说，如果 $v = [\,(2:n)\ 1\,]$，那么 $n \times n$ 下移置换由 $\mathcal{D}_n = I_n(v,:)$ 给出. 注意，$\mathcal{D}_n^{\mathrm{T}}$ 可以视为一个上移置换.

模 p 完全洗牌置换 $\mathcal{P}_{p,r}$ 处理输入向量 $x \in \mathbb{R}^n$ 的分量（其中 $n = pr$），就像一副纸牌一样. 这些纸牌被等分为 p 堆，依次从每堆取一张重新排列. 因此，如果 $p = 3$ 且 $r = 4$，那么，分堆是 $x(1:4), x(5:8), x(9:12)$，且

$$y = \mathcal{P}_{3,4} x = I_{pr}([\,1\ 5\ 9\ 2\ 6\ 10\ 3\ 7\ 11\ 4\ 8\ 12\,],:)\,x = \begin{bmatrix} x(1:4:12) \\ x(2:4:12) \\ x(3:4:12) \\ x(4:4:12) \end{bmatrix}.$$

一般来说，如果 $n = pr$，那么

$$\mathcal{P}_{p,r} = I_n([\,(1:r:n)\ \ (2:r:n)\ \cdots\ (r:r:n)],:).$$

可以证明

$$\mathcal{P}_{p,r}^{\mathrm{T}} = I_n([\,(1:p:n)\ \ (2:p:n)\ \cdots\ (p:p:n)\,],:). \tag{1.2.4}$$

继续纸牌这个比喻，$\mathcal{P}_{p,r}^{\mathrm{T}}$ 是这样工作的，首先把满足 $i \bmod p = 1$ 的所有 x_i 排起来，再将满足 $i \bmod p = 2$ 的所有 x_i 排起来，以此类推.

习　　题

1. 设 $A \in \mathbb{R}^{n\times n}$，给出一个用 A^2 覆盖 A 的算法. 该算法需要多少额外的存储空间? 对上三角矩阵 A 思考同样的问题.

2. 设 $A \in \mathbb{R}^{n\times n}$ 是上 Hessenberg 矩阵，$\lambda_1, \cdots, \lambda_r$ 是给定的标量，给出计算矩阵 $M = (A-\lambda_1 I)\cdots(A-\lambda_r I)$ 第一列的算法. 假定 $r \ll n$，该算法需要多少个 flop?
3. 针对 $n\times n$ 矩阵乘法问题 $C = C + AB$，给出一个列型 saxpy 算法，其中 A 为上三角矩阵，B 为下三角矩阵.
4. 把算法 1.2.2 推广到长方形的带状矩阵. 注意对数据结构的描述.
5. 设 $A = B + \mathrm{i}C$ 是 Hermite 矩阵，其中 $B, C \in \mathbb{R}^{n\times n}$，易知 $B^{\mathrm{T}} = B$, $C^{\mathrm{T}} = -C$. 假设我们用数组 $A.\mathrm{herm}$ 表示 A，若 $i \geqslant j$ 则用 $A.\mathrm{herm}(i,j)$ 储存 b_{ij}，若 $j > i$ 则用 $A.\mathrm{herm}(i,j)$ 储存 c_{ij}. 利用这一数据结构写出矩阵乘向量的算法，从 $\mathrm{Re}(x)$ 和 $\mathrm{Im}(x)$ 计算 $\mathrm{Re}(z)$ 和 $\mathrm{Im}(z)$ 使得 $z = Ax$.
6. 给定 $X \in \mathbb{R}^{n\times p}$ 和 $A \in \mathbb{R}^{n\times n}$，其中 A 是对称矩阵. 给出一个计算 $B = X^{\mathrm{T}}AX$ 的算法，假设 A 和 B 都使用 1.2.7 节介绍的对称存储方式来存储.
7. 给定 $a \in \mathbb{R}^n$，且 $A \in \mathbb{R}^{n\times n}$ 满足 $a_{ij} = a_{|i-j|+1}$. 给定 $x, y \in \mathbb{R}^n$，给出一个用 $y + Ax$ 覆盖 y 的算法.
8. 给定 $a \in \mathbb{R}^n$，且 $A \in \mathbb{R}^{n\times n}$ 满足 $a_{ij} = a_{((i+j-1)\ \mathrm{mod}\ n)+1}$. 给定 $x, y \in \mathbb{R}^n$，给出一个用 $y + Ax$ 覆盖 y 的算法.
9. 给出对称带状矩阵的一个紧凑存储格式，并写出所对应的 gaxpy 算法.
10. 给定 $A \in \mathbb{R}^{n\times n}$, $u \in \mathbb{R}^n$, $v \in \mathbb{R}^n$ 以及正整数 $k \leqslant n$. 如何计算 $X \in \mathbb{R}^{n\times k}$ 和 $Y \in \mathbb{R}^{n\times k}$ 使得 $(A + uv^{\mathrm{T}})^k = A^k + XY^{\mathrm{T}}$. 需要多少个 flop?
11. 设 $x \in \mathbb{R}^n$. 编写一个单循环算法计算 $y = \mathcal{D}_n^k x$，其中 k 为正整数，$\mathcal{D}_n$ 的定义见 1.2.11 节.
12. (a) 验证 (1.2.4). (b) 证明 $\mathcal{P}_{p,r}^{\mathrm{T}} = \mathcal{P}_{r,p}$.
13. 我们知道有 $n!$ 个 $n\times n$ 置换矩阵. 其中有多少是对称矩阵?

1.3 分块矩阵与算法

分块矩阵是其元素本身也是矩阵的矩阵. 分块是一种观点. 例如，一个 8×15 的标量矩阵可以看作一个 2×3 的分块矩阵，每块具有 4×5 个元素. 在分块级别上操作矩阵的算法往往效率更高，因为它们有更多的 3 级运算. 利用分块矩阵记号，许多重要算法的推导能得到简化.

1.3.1 分块矩阵的名称

行划分和列划分（见 1.1.7 节）是矩阵分块的特殊情形. 一般来说，我们可以将 $m\times n$ 矩阵 A 的行和列都进行划分，得

$$A = \begin{bmatrix} A_{11} & \cdots & A_{1r} \\ \vdots & & \vdots \\ A_{q1} & \cdots & A_{qr} \end{bmatrix} \begin{matrix} m_1 \\ \\ m_q \end{matrix}$$
$$\qquad\quad n_1 \qquad\quad n_r$$

其中 $m_1+\cdots+m_q=m$, $n_1+\cdots+n_r=n$，而 $\boldsymbol{A}_{\alpha\beta}$ 表示 (α,β) 块（或子矩阵）. 利用此记号，块 $\boldsymbol{A}_{\alpha\beta}$ 有维数 $m_\alpha\times n_\beta$，我们称 $\boldsymbol{A}=(\boldsymbol{A}_{\alpha\beta})$ 是 $q\times r$ 分块矩阵.

我们熟知的用来描述标量矩阵带状结构的术语可以自然类比到分块矩阵情形. 因此，

$$\text{diag}(\boldsymbol{A}_{11},\boldsymbol{A}_{22},\boldsymbol{A}_{33}) = \begin{bmatrix} \boldsymbol{A}_{11} & 0 & 0 \\ 0 & \boldsymbol{A}_{22} & 0 \\ 0 & 0 & \boldsymbol{A}_{33} \end{bmatrix}$$

是**分块对角矩阵**，而矩阵

$$\boldsymbol{L}=\begin{bmatrix} \boldsymbol{L}_{11} & 0 & 0 \\ \boldsymbol{L}_{21} & \boldsymbol{L}_{22} & 0 \\ \boldsymbol{L}_{31} & \boldsymbol{L}_{32} & \boldsymbol{L}_{33} \end{bmatrix},\quad \boldsymbol{U}=\begin{bmatrix} \boldsymbol{U}_{11} & \boldsymbol{U}_{12} & \boldsymbol{U}_{13} \\ 0 & \boldsymbol{U}_{22} & \boldsymbol{U}_{23} \\ 0 & 0 & \boldsymbol{U}_{33} \end{bmatrix},\quad \boldsymbol{T}=\begin{bmatrix} \boldsymbol{T}_{11} & \boldsymbol{T}_{12} & 0 \\ \boldsymbol{T}_{21} & \boldsymbol{T}_{22} & \boldsymbol{T}_{23} \\ 0 & \boldsymbol{T}_{32} & \boldsymbol{T}_{33} \end{bmatrix}$$

分别是**分块下三角矩阵**、**分块上三角矩阵**和**分块三对角矩阵**. 分块不必是方阵，从而可以使用**分块稀疏**这一术语.

1.3.2 分块矩阵运算

分块矩阵可以做标量乘法和转置：

$$\mu\begin{bmatrix} \boldsymbol{A}_{11} & \boldsymbol{A}_{12} \\ \boldsymbol{A}_{21} & \boldsymbol{A}_{22} \\ \boldsymbol{A}_{31} & \boldsymbol{A}_{32} \end{bmatrix} = \begin{bmatrix} \mu\boldsymbol{A}_{11} & \mu\boldsymbol{A}_{12} \\ \mu\boldsymbol{A}_{21} & \mu\boldsymbol{A}_{22} \\ \mu\boldsymbol{A}_{31} & \mu\boldsymbol{A}_{32} \end{bmatrix},$$

$$\begin{bmatrix} \boldsymbol{A}_{11} & \boldsymbol{A}_{12} \\ \boldsymbol{A}_{21} & \boldsymbol{A}_{22} \\ \boldsymbol{A}_{31} & \boldsymbol{A}_{32} \end{bmatrix}^{\mathrm{T}} = \begin{bmatrix} \boldsymbol{A}_{11}^{\mathrm{T}} & \boldsymbol{A}_{21}^{\mathrm{T}} & \boldsymbol{A}_{31}^{\mathrm{T}} \\ \boldsymbol{A}_{12}^{\mathrm{T}} & \boldsymbol{A}_{22}^{\mathrm{T}} & \boldsymbol{A}_{32}^{\mathrm{T}} \end{bmatrix}.$$

注意，原来的 (i,j) 块经过转置成为结果的 (j,i) 块. 分块情况相同的矩阵的和是通过求相应块的和得来的：

$$\begin{bmatrix} \boldsymbol{A}_{11} & \boldsymbol{A}_{12} \\ \boldsymbol{A}_{21} & \boldsymbol{A}_{22} \\ \boldsymbol{A}_{31} & \boldsymbol{A}_{32} \end{bmatrix} + \begin{bmatrix} \boldsymbol{B}_{11} & \boldsymbol{B}_{12} \\ \boldsymbol{B}_{21} & \boldsymbol{B}_{22} \\ \boldsymbol{B}_{31} & \boldsymbol{B}_{32} \end{bmatrix} = \begin{bmatrix} \boldsymbol{A}_{11}+\boldsymbol{B}_{11} & \boldsymbol{A}_{12}+\boldsymbol{B}_{12} \\ \boldsymbol{A}_{21}+\boldsymbol{B}_{21} & \boldsymbol{A}_{22}+\boldsymbol{B}_{22} \\ \boldsymbol{A}_{31}+\boldsymbol{B}_{31} & \boldsymbol{A}_{32}+\boldsymbol{B}_{32} \end{bmatrix}.$$

分块矩阵乘法需要更多关于维数的约定. 例如，如果

$$\begin{bmatrix} \boldsymbol{A}_{11} & \boldsymbol{A}_{12} \\ \boldsymbol{A}_{21} & \boldsymbol{A}_{22} \\ \boldsymbol{A}_{31} & \boldsymbol{A}_{32} \end{bmatrix}\begin{bmatrix} \boldsymbol{B}_{11} & \boldsymbol{B}_{12} \\ \boldsymbol{B}_{21} & \boldsymbol{B}_{22} \end{bmatrix} = \begin{bmatrix} \boldsymbol{A}_{11}\boldsymbol{B}_{11}+\boldsymbol{A}_{12}\boldsymbol{B}_{21} & \boldsymbol{A}_{11}\boldsymbol{B}_{12}+\boldsymbol{A}_{12}\boldsymbol{B}_{22} \\ \boldsymbol{A}_{21}\boldsymbol{B}_{11}+\boldsymbol{A}_{22}\boldsymbol{B}_{21} & \boldsymbol{A}_{21}\boldsymbol{B}_{12}+\boldsymbol{A}_{22}\boldsymbol{B}_{22} \\ \boldsymbol{A}_{31}\boldsymbol{B}_{11}+\boldsymbol{A}_{32}\boldsymbol{B}_{21} & \boldsymbol{A}_{31}\boldsymbol{B}_{12}+\boldsymbol{A}_{32}\boldsymbol{B}_{22} \end{bmatrix}$$

是合理的，那么 $\boldsymbol{A}_{11}, \boldsymbol{A}_{21}, \boldsymbol{A}_{31}$ 中的每一个的列数必须等于 $\boldsymbol{B}_{11}$ 和 $\boldsymbol{B}_{12}$ 的行数. 同样，$\boldsymbol{A}_{12}, A_{22}, \boldsymbol{A}_{32}$ 中的每一个的列数必须等于 $\boldsymbol{B}_{21}$ 和 $\boldsymbol{B}_{22}$ 的行数.

每当做分块矩阵的加法或乘法时，都假定块的行和列满足所有必要的要求. 在这种情况下，我们说运算是划分一致的，正如以下定理所述.

定理 1.3.1 如果

$$\boldsymbol{A} = \begin{bmatrix} \boldsymbol{A}_{11} & \cdots & \boldsymbol{A}_{1s} \\ \vdots & & \vdots \\ \boldsymbol{A}_{q1} & \cdots & \boldsymbol{A}_{qs} \end{bmatrix} \begin{matrix} m_1 \\ \\ m_q \end{matrix}, \quad \boldsymbol{B} = \begin{bmatrix} \boldsymbol{B}_{11} & \cdots & \boldsymbol{B}_{1r} \\ \vdots & & \vdots \\ \boldsymbol{B}_{s1} & \cdots & \boldsymbol{B}_{sr} \end{bmatrix} \begin{matrix} p_1 \\ \\ p_s \end{matrix},$$
$$\qquad\quad p_1 \qquad\quad p_s \qquad\qquad\qquad\qquad n_1 \qquad\quad n_r$$

做分块乘积 $\boldsymbol{C} = \boldsymbol{AB}$，结果如下：

$$\boldsymbol{C} = \begin{bmatrix} \boldsymbol{C}_{11} & \cdots & \boldsymbol{C}_{1r} \\ \vdots & & \vdots \\ \boldsymbol{C}_{q1} & \cdots & \boldsymbol{C}_{qr} \end{bmatrix} \begin{matrix} m_1 \\ \\ m_q \end{matrix},$$
$$n_1 \qquad\quad n_r$$

那么，对于 $\alpha = 1:q$ 和 $\beta = 1:r$，我们有 $\boldsymbol{C}_{\alpha\beta} = \sum_{\gamma=1}^{s} \boldsymbol{A}_{\alpha\gamma}\boldsymbol{B}_{\gamma\beta}$.

证明 这个证明在下标上是烦琐的. 假设 $1 \leqslant \alpha \leqslant q$ 且 $1 \leqslant \beta \leqslant r$. 令 $M = m_1 + \cdots + m_{\alpha-1}$ 且 $N = n_1 + \cdots + n_{\beta-1}$. 因此，如果 $1 \leqslant i \leqslant m_\alpha$ 且 $1 \leqslant j \leqslant n_\beta$，那么

$$[\boldsymbol{C}_{\alpha\beta}]_{ij} = \sum_{k=1}^{p_1+\cdots+p_s} a_{M+i,k}b_{k,N+j} = \sum_{\gamma=1}^{s} \sum_{k=p_1+\cdots+p_{\gamma-1}+1}^{p_1+\cdots+p_\gamma} a_{M+i,k}b_{k,N+j}$$
$$= \sum_{\gamma=1}^{s}\sum_{k=1}^{p_\gamma} [\boldsymbol{A}_{\alpha\gamma}]_{ik} [\boldsymbol{B}_{\gamma\beta}]_{kj} = \sum_{\gamma=1}^{s} [\boldsymbol{A}_{\alpha\gamma}\boldsymbol{B}_{\gamma\beta}]_{ij} = \left[\sum_{\gamma=1}^{s} \boldsymbol{A}_{\alpha\gamma}\boldsymbol{B}_{\gamma\beta}\right]_{ij}.$$

因此，$\boldsymbol{C}_{\alpha\beta} = \boldsymbol{A}_{\alpha,1}\boldsymbol{B}_{1,\beta} + \cdots + \boldsymbol{A}_{\alpha,s}\boldsymbol{B}_{s,\beta}$. □

如果注意维数匹配，并记住矩阵乘法是不可交换的，即 $A_{11}B_{11} + A_{12}B_{21} \neq B_{11}A_{11} + B_{21}A_{12}$，那么分块矩阵运算就是普通的矩阵运算，只是把 a_{ij} 和 b_{ij} 分别写为 A_{ij} 和 B_{ij} 而已！

1.3.3 子矩阵

假设 $\boldsymbol{A} \in \mathbb{R}^{m\times n}$. 如果 $\boldsymbol{\alpha} = [\alpha_1, \cdots, \alpha_s]$ 和 $\boldsymbol{\beta} = [\beta_1, \cdots, \beta_t]$ 是具有不同分量的整数向量，满足 $1 \leqslant \alpha_i \leqslant m$ 和 $1 \leqslant \beta_i \leqslant n$，那么

$$A(\alpha,\beta) = \begin{bmatrix} a_{\alpha_1,\beta_1} & \cdots & a_{\alpha_1,\beta_t} \\ \vdots & \ddots & \vdots \\ a_{\alpha_s,\beta_1} & \cdots & a_{\alpha_s,\beta_t} \end{bmatrix}$$

是 $\boldsymbol{A}$ 的 $s \times t$ **子矩阵**. 例如，如果 $\boldsymbol{A} \in \mathbb{R}^{8\times 6}$, $\boldsymbol{\alpha} = [\,2\,4\,6\,8\,]$, $\boldsymbol{\beta} = [\,4\,5\,6\,]$，那么

$$A(\alpha,\beta) = \begin{bmatrix} a_{24} & a_{25} & a_{26} \\ a_{44} & a_{45} & a_{46} \\ a_{64} & a_{65} & a_{66} \\ a_{84} & a_{85} & a_{86} \end{bmatrix}.$$

如果 $\boldsymbol{\alpha} = \boldsymbol{\beta}$，那么 $A(\alpha,\beta)$ 称为**主子矩阵**. 如果 $\boldsymbol{\alpha} = \boldsymbol{\beta} = 1:k$ 且 $1 \leqslant k \leqslant \min\{m,n\}$，则 $A(\alpha,\beta)$ 称为**顺序主子矩阵**.

如果 $\boldsymbol{A} \in \mathbb{R}^{m\times n}$ 且

$$\boldsymbol{A} = \begin{bmatrix} \boldsymbol{A}_{11} & \cdots & \boldsymbol{A}_{1s} \\ \vdots & & \vdots \\ \boldsymbol{A}_{q1} & \cdots & \boldsymbol{A}_{qs} \end{bmatrix} \begin{matrix} m_1 \\ \\ m_q \end{matrix}, \quad \begin{matrix} n_1 & & n_r \end{matrix}$$

那么可以使用冒号记号来指定单个块. 具体来说,

$$A_{ij} = A(\tau+1:\tau+m_i, \mu+1:\mu+n_j)$$

其中 $\tau = m_1 + \cdots + m_{i-1}$, $\mu = n_1 + \cdots + n_{j-1}$. 分块矩阵记号对于隐藏下标范围的表达式很有价值.

1.3.4 分块 gaxpy 运算

作为分块矩阵运算和子矩阵表示的练习，我们考虑两个块的 gaxpy 运算 $\boldsymbol{y} = \boldsymbol{y} + \boldsymbol{A}\boldsymbol{x}$，这里 $\boldsymbol{A} \in \mathbb{R}^{m\times n}$, $\boldsymbol{x} \in \mathbb{R}^n$, $\boldsymbol{y} \in \mathbb{R}^m$. 若

$$\boldsymbol{A} = \begin{bmatrix} \boldsymbol{A}_1 \\ \vdots \\ \boldsymbol{A}_q \end{bmatrix} \begin{matrix} m_1 \\ \\ m_q \end{matrix}, \quad \boldsymbol{y} = \begin{bmatrix} \boldsymbol{y}_1 \\ \vdots \\ \boldsymbol{y}_q \end{bmatrix} \begin{matrix} m_1 \\ \\ m_q \end{matrix},$$

则

$$\begin{bmatrix} \boldsymbol{y}_1 \\ \vdots \\ \boldsymbol{y}_q \end{bmatrix} = \begin{bmatrix} \boldsymbol{y}_1 \\ \vdots \\ \boldsymbol{y}_q \end{bmatrix} + \begin{bmatrix} \boldsymbol{A}_1 \\ \vdots \\ \boldsymbol{A}_q \end{bmatrix} \boldsymbol{x},$$

从而我们有

$\alpha = 0$
for $i = 1:q$
  $idx = \alpha+1 : \alpha+m_i$
  $y(idx) = y(idx) + A(idx,:)x$
  $\alpha = \alpha + m_i$
end

指派 $y(idx)$ 对应于 $\boldsymbol{y}_i = \boldsymbol{y}_i + \boldsymbol{A}_i\boldsymbol{x}$. 这就是行分块形式的 gaxpy 运算，将给定的 gaxpy 分成 q 个“更短”的 gaxpy. 我们将 $\boldsymbol{A}_i$ 称为 $\boldsymbol{A}$ 的第 i 个行块.

同样地，用划分

$$\boldsymbol{A} = \Big[\, \underset{n_1}{\boldsymbol{A}_1} \,|\cdots|\, \underset{n_r}{\boldsymbol{A}_r} \,\Big], \quad \boldsymbol{x} = \begin{bmatrix} \boldsymbol{x}_1 \\ \vdots \\ \boldsymbol{x}_r \end{bmatrix} \begin{matrix} n_1 \\ \\ n_r \end{matrix},$$

我们看到

$$\boldsymbol{y} = \boldsymbol{y} + [\,\boldsymbol{A}_1\,|\cdots|\,\boldsymbol{A}_r\,] \begin{bmatrix} \boldsymbol{x}_1 \\ \vdots \\ \boldsymbol{x}_r \end{bmatrix} = \boldsymbol{y} + \sum_{j=1}^{r} \boldsymbol{A}_j\boldsymbol{x}_j,$$

从而有

$\beta = 0$
for $j = 1:r$
  $jdx = \beta+1 : \beta+n_j$
  $y = y + A(:,jdx)x(jdx)$
  $\beta = \beta + n_j$
end

对 y 的赋值对应于 $\boldsymbol{y} = \boldsymbol{y} + \boldsymbol{A}_j\boldsymbol{x}_j$. 这就是列分块形式的 gaxpy 运算，将给定的 gaxpy 分成 r 个“更细”的 gaxpy. 我们将 $\boldsymbol{A}_j$ 称为 $\boldsymbol{A}$ 的第 j 个列块.

1.3.5 分块矩阵乘法

和普通的以标量为元素的矩阵乘法有不同形式一样，分块矩阵乘法也可写成不同形式. 为了尽可能避免下标的烦琐，我们考虑修正

$$\boldsymbol{C} = \boldsymbol{C} + \boldsymbol{AB},$$

其中 $\boldsymbol{A}=(\boldsymbol{A}_{\alpha\beta})$, $\boldsymbol{B}=(\boldsymbol{B}_{\alpha\beta})$, $\boldsymbol{C}=(\boldsymbol{C}_{\alpha\beta})$ 都是具有 $\ell\times\ell$ 子块的 $N\times N$ 矩阵. 从定理 1.3.1 可知

$$\boldsymbol{C}_{\alpha\beta} \;=\; \boldsymbol{C}_{\alpha\beta} \;+\; \sum_{\gamma=1}^{N}\boldsymbol{A}_{\alpha\gamma}\boldsymbol{B}_{\gamma\beta}, \quad \alpha=1:N, \quad \beta=1:N.$$

如果我们按这一求和公式来做矩阵乘法，就得到算法 1.1.5 的分块形式：

```
for α = 1 : N
  i = (α − 1)ℓ + 1 : αℓ
  for β = 1 : N
    j = (β − 1)ℓ + 1 : βℓ
    for γ = 1 : N
      k = (γ − 1)ℓ + 1 : γℓ
      C(i, j) = C(i, j) + A(i, k)B(k, j)
    end
  end
end
```

注意，在 $\ell=1$ 时，有 $\alpha\equiv i$, $\beta\equiv j$, $\gamma\equiv k$，我们就回到了算法 1.1.5.

与我们在 1.1 节中所做的类似，可以通过处理循环顺序和分块方法来获得此过程的不同形式. 例如，对应于

$$\begin{bmatrix} \boldsymbol{C}_{11} & \cdots & \boldsymbol{C}_{1N} \\ \vdots & \ddots & \vdots \\ \boldsymbol{C}_{N1} & \cdots & \boldsymbol{C}_{NN} \end{bmatrix} + \begin{bmatrix} \boldsymbol{A}_1 \\ \vdots \\ \boldsymbol{A}_N \end{bmatrix} \begin{bmatrix} \boldsymbol{B}_1 & \cdots & \boldsymbol{B}_N \end{bmatrix},$$

其中 $\boldsymbol{A}_i\in\mathbb{R}^{\ell\times n}$, $\boldsymbol{B}_j\in\mathbb{R}^{n\times\ell}$，我们得到以下分块外积计算方法：

```
for i = 1 : N
  for j = 1 : N
    C_ij = C_ij + A_i B_j
  end
end
```

1.3.6 克罗内克积

有时分块矩阵 $\boldsymbol{A}$ 中的块元素都是同一矩阵的标量倍数，这意味着 $\boldsymbol{A}$ 是一个克罗内克积. 正式地说，如果 $\boldsymbol{B}\in\mathbb{R}^{m_1\times n_1}$ 且 $\boldsymbol{C}\in\mathbb{R}^{m_2\times n_2}$，那么它们的克罗内

克积 $\boldsymbol{B}\otimes\boldsymbol{C}$ 是一个 $m_1\times n_1$ 分块矩阵，它的 (i,j) 块是 $m_2\times n_2$ 矩阵 $b_{ij}\boldsymbol{C}$. 因此，如果

$$\boldsymbol{A}=\begin{bmatrix} b_{11} & b_{12} \\ b_{21} & b_{22} \\ b_{31} & b_{32} \end{bmatrix}\otimes\begin{bmatrix} c_{11} & c_{12} & c_{13} \\ c_{21} & c_{22} & c_{23} \\ c_{31} & c_{32} & c_{33} \end{bmatrix},$$

那么

$$\boldsymbol{A}=\left[\begin{array}{ccc|ccc} b_{11}c_{11} & b_{11}c_{12} & b_{11}c_{13} & b_{12}c_{11} & b_{12}c_{12} & b_{12}c_{13} \\ b_{11}c_{21} & b_{11}c_{22} & b_{11}c_{23} & b_{12}c_{21} & b_{12}c_{22} & b_{12}c_{23} \\ b_{11}c_{31} & b_{11}c_{32} & b_{11}c_{33} & b_{12}c_{31} & b_{12}c_{32} & b_{12}c_{33} \\ \hline b_{21}c_{11} & b_{21}c_{12} & b_{21}c_{13} & b_{22}c_{11} & b_{22}c_{12} & b_{22}c_{13} \\ b_{21}c_{21} & b_{21}c_{22} & b_{21}c_{23} & b_{22}c_{21} & b_{22}c_{22} & b_{22}c_{23} \\ b_{21}c_{31} & b_{21}c_{32} & b_{21}c_{33} & b_{22}c_{31} & b_{22}c_{32} & b_{22}c_{33} \\ \hline b_{31}c_{11} & b_{31}c_{12} & b_{31}c_{13} & b_{32}c_{11} & b_{32}c_{12} & b_{32}c_{13} \\ b_{31}c_{21} & b_{31}c_{22} & b_{31}c_{23} & b_{32}c_{21} & b_{32}c_{22} & b_{32}c_{23} \\ b_{31}c_{31} & b_{31}c_{32} & b_{31}c_{33} & b_{32}c_{31} & b_{32}c_{32} & b_{32}c_{33} \end{array}\right].$$

这种高度结构化的分块模式出现在许多应用程序中，当充分利用它时，会带来巨大的经济效益.

注意，如果 $\boldsymbol{B}$ 具有带状结构，那么 $\boldsymbol{B}\otimes\boldsymbol{C}$ 将在分块时继承该结构. 例如，

$$\text{如果 } \boldsymbol{B} \text{ 是}\left\{\begin{array}{c}\text{对角矩阵}\\\text{三对角矩阵}\\\text{下三角矩阵}\\\text{上三角矩阵}\end{array}\right\}\text{，那么 } \boldsymbol{B}\otimes\boldsymbol{C} \text{ 是}\left\{\begin{array}{c}\text{分块对角矩阵}\\\text{分块三对角矩阵}\\\text{分块下三角矩阵}\\\text{分块上三角矩阵}\end{array}\right\}.$$

克罗内克积有以下重要性质：

$$(\boldsymbol{B}\otimes\boldsymbol{C})^{\mathrm{T}} = \boldsymbol{B}^{\mathrm{T}}\otimes\boldsymbol{C}^{\mathrm{T}}, \tag{1.3.1}$$

$$(\boldsymbol{B}\otimes\boldsymbol{C})(\boldsymbol{D}\otimes\boldsymbol{F}) = \boldsymbol{BD}\otimes\boldsymbol{CF}, \tag{1.3.2}$$

$$(\boldsymbol{B}\otimes\boldsymbol{C})^{-1} = \boldsymbol{B}^{-1}\otimes\boldsymbol{C}^{-1}, \tag{1.3.3}$$

$$\boldsymbol{B}\otimes(\boldsymbol{C}\otimes\boldsymbol{D}) = (\boldsymbol{B}\otimes\boldsymbol{C})\otimes\boldsymbol{D}. \tag{1.3.4}$$

当然，乘积 $\boldsymbol{BD}$ 和 $\boldsymbol{CF}$ 必须有定义，(1.3.2) 才有意义. 同样，在 (1.3.3) 中，矩阵 $\boldsymbol{B}$ 和 $\boldsymbol{C}$ 必须是非奇异的.

一般来说，$\boldsymbol{B}\otimes\boldsymbol{C}\neq\boldsymbol{C}\otimes\boldsymbol{B}$. 然而，通过 1.2.11 节定义的完全洗牌置换，我们知道这两个矩阵之间存在联系. 如果 $\boldsymbol{B}\in\mathbb{R}^{m_1\times n_1}$ 且 $\boldsymbol{C}\in\mathbb{R}^{m_2\times n_2}$，那么

$$\boldsymbol{P}(\boldsymbol{B}\otimes\boldsymbol{C})\boldsymbol{Q}^{\mathrm{T}} = \boldsymbol{C}\otimes\boldsymbol{B} \tag{1.3.5}$$

其中 $\boldsymbol{P}=\mathcal{P}_{m_1,m_2}$，$\boldsymbol{Q}=\mathcal{P}_{n_1,n_2}$.

1.3.7 重塑克罗内克积表达式

在矩阵与向量的乘积中，如果其中的矩阵是克罗内克积的形式，那么这里面隐藏着矩阵乘矩阵再乘矩阵．例如，如果 $\boldsymbol{B}\in\mathbb{R}^{3\times 2}$, $\boldsymbol{C}\in\mathbb{R}^{m\times n}$, $\boldsymbol{x}_1,\boldsymbol{x}_2\in\mathbb{R}^n$，则

$$\begin{bmatrix}\boldsymbol{y}_1\\\boldsymbol{y}_2\\\boldsymbol{y}_3\end{bmatrix}=(\boldsymbol{B}\otimes\boldsymbol{C})\begin{bmatrix}\boldsymbol{x}_1\\\boldsymbol{x}_2\end{bmatrix}=\begin{bmatrix}b_{11}\boldsymbol{C}&b_{12}\boldsymbol{C}\\b_{21}\boldsymbol{C}&b_{22}\boldsymbol{C}\\b_{31}\boldsymbol{C}&b_{32}\boldsymbol{C}\end{bmatrix}\begin{bmatrix}\boldsymbol{x}_1\\\boldsymbol{x}_2\end{bmatrix}$$
$$=\begin{bmatrix}b_{11}\boldsymbol{C}\boldsymbol{x}_1+b_{12}\boldsymbol{C}\boldsymbol{x}_2\\b_{21}\boldsymbol{C}\boldsymbol{x}_1+b_{22}\boldsymbol{C}\boldsymbol{x}_2\\b_{31}\boldsymbol{C}\boldsymbol{x}_1+b_{32}\boldsymbol{C}\boldsymbol{x}_2\end{bmatrix}$$

其中 $\boldsymbol{y}_1,\boldsymbol{y}_2,\boldsymbol{y}_3\in\mathbb{R}^m$．另外，如果定义矩阵

$$\boldsymbol{X}=[\,\boldsymbol{x}_1\ \boldsymbol{x}_2\,],\quad \boldsymbol{Y}=[\,\boldsymbol{y}_1\ \boldsymbol{y}_2\ \boldsymbol{y}_3\,],$$

则有 $\boldsymbol{Y}=\boldsymbol{C}\boldsymbol{X}\boldsymbol{B}^{\mathrm{T}}$．

为了更精确地描述这种重塑，我们引入 vec 运算．如果 $\boldsymbol{X}\in\mathbb{R}^{m\times n}$，则 vec($\boldsymbol{X}$) 是通过“叠加” $\boldsymbol{X}$ 的列得到的 $nm\times 1$ 向量：

$$\mathrm{vec}(\boldsymbol{X})=\begin{bmatrix}X(:,1)\\\vdots\\X(:,n)\end{bmatrix}.$$

如果 $\boldsymbol{B}\in\mathbb{R}^{m_1\times n_1}$, $\boldsymbol{C}\in\mathbb{R}^{m_2\times n_2}$, $\boldsymbol{X}\in\mathbb{R}^{n_2\times n_1}$，那么

$$\boldsymbol{Y}=\boldsymbol{C}\boldsymbol{X}\boldsymbol{B}^{\mathrm{T}}\iff\mathrm{vec}(\boldsymbol{Y})=(\boldsymbol{B}\otimes\boldsymbol{C})\mathrm{vec}(\boldsymbol{X}).\tag{1.3.6}$$

注意，如果 $\boldsymbol{B},\boldsymbol{C},\boldsymbol{X}\in\mathbb{R}^{n\times n}$，那么 $\boldsymbol{Y}=\boldsymbol{C}\boldsymbol{X}\boldsymbol{B}^{\mathrm{T}}$ 花费 $O(n^3)$ 的计算量，而忽视克罗内克结构 $\boldsymbol{y}=(\boldsymbol{B}\otimes\boldsymbol{C})\boldsymbol{x}$ 将导致 $O(n^4)$ 的计算量．这就是为什么重塑对于有效的克罗内克积计算至关重要．在这方面，reshape 运算很方便．如果 $\boldsymbol{A}\in\mathbb{R}^{m\times n}$, $m_1n_1=mn$，则

$$\boldsymbol{B}=\mathrm{reshape}(\boldsymbol{A},m_1,n_1)$$

是由 $\mathrm{vec}(\boldsymbol{B})=\mathrm{vec}(\boldsymbol{A})$ 定义的 $m_1\times n_1$ 矩阵．因此，如果 $\boldsymbol{A}\in\mathbb{R}^{3\times 4}$，那么

$$\mathrm{reshape}(\boldsymbol{A},2,6)=\begin{bmatrix}a_{11}&a_{31}&a_{22}&a_{13}&a_{33}&a_{24}\\a_{21}&a_{12}&a_{32}&a_{23}&a_{14}&a_{34}\end{bmatrix}.$$

1.3.8　多重克罗内克积

注意，$\boldsymbol{A}=\boldsymbol{B}\otimes\boldsymbol{C}\otimes\boldsymbol{D}$ 可以视为分块矩阵，它的元素还是分块矩阵. 具体来说，$b_{ij}c_{k\ell}\boldsymbol{D}$ 是 $\boldsymbol{A}$ 的 (i,j) 块的 (k,ℓ) 块.

作为多重克罗内克积运算的例子，让我们思考如何计算 $\boldsymbol{y}=(\boldsymbol{B}\otimes\boldsymbol{C}\otimes\boldsymbol{D})\boldsymbol{x}$，其中 $\boldsymbol{B},\boldsymbol{C},\boldsymbol{D}\in\mathbb{R}^{n\times n}$, $\boldsymbol{x}\in\mathbb{R}^{N}$, $N=n^3$. 根据 (1.3.6)，有

$$\mathsf{reshape}(\boldsymbol{y},n^2,n)=(\boldsymbol{C}\otimes\boldsymbol{D})\,\mathsf{reshape}(\boldsymbol{x},n^2,n)\,\boldsymbol{B}^{\mathrm{T}}.$$

因此，如果

$$\boldsymbol{F}\;=\;\mathsf{reshape}(\boldsymbol{x},n^2,n)\,\boldsymbol{B}^{\mathrm{T}},$$

那么，可以使用 (1.3.6) 逐列计算 $\boldsymbol{G}=(\boldsymbol{C}\otimes\boldsymbol{D})\,\boldsymbol{F}\in\mathbb{R}^{n^2\times n}$：

$$G(:,k)\;=\;\mathsf{reshape}(\boldsymbol{D}\,\mathsf{reshape}(F(:,k),n,n)\,\boldsymbol{C}^{\mathrm{T}},n^2,1),\quad k=1:n.$$

从而 $\boldsymbol{y}=\mathsf{reshape}(\boldsymbol{G},N,1)$. 仔细计数表明这需要 $6n^4$ 个 flop. 通常，这种维度的矩阵与向量乘积需要 $2n^6$ 个 flop.

克罗内克积在张量计算中扮演着重要的角色，我们将在 12.3 节详细描述它的特性.

1.3.9　关于复矩阵乘法的注记

考虑复矩阵乘法修正

$$\boldsymbol{C}_1+\mathrm{i}\boldsymbol{C}_2\;=\;(\boldsymbol{C}_1+\mathrm{i}\boldsymbol{C}_2)\;+\;(\boldsymbol{A}_1+\mathrm{i}\boldsymbol{A}_2)(\boldsymbol{B}_1+\mathrm{i}\boldsymbol{B}_2)$$

其中所有的矩阵都是实的，$\mathrm{i}^2=-1$. 比较实部和虚部，我们得出结论：

$$\begin{bmatrix}\boldsymbol{C}_1\\ \boldsymbol{C}_2\end{bmatrix}=\begin{bmatrix}\boldsymbol{C}_1\\ \boldsymbol{C}_2\end{bmatrix}+\begin{bmatrix}\boldsymbol{A}_1 & -\boldsymbol{A}_2\\ \boldsymbol{A}_2 & \boldsymbol{A}_1\end{bmatrix}\begin{bmatrix}\boldsymbol{B}_1\\ \boldsymbol{B}_2\end{bmatrix}.$$

因此，复矩阵乘法对应于扩充维数的结构化实矩阵乘法.

1.3.10　哈密顿矩阵和辛矩阵

当讨论 2×2 分块矩阵的主题时，在本书后面的内容中我们将涉及两类结构化矩阵. 设矩阵 $\boldsymbol{M}\in\mathbb{R}^{2n\times 2n}$，如果它具有如下形式，则称为**哈密顿矩阵**：

$$\boldsymbol{M}\;=\;\begin{bmatrix}\boldsymbol{A} & \boldsymbol{G}\\ \boldsymbol{F} & -\boldsymbol{A}^{\mathrm{T}}\end{bmatrix},$$

其中 $\boldsymbol{A},\boldsymbol{F},\boldsymbol{G}\in\mathbb{R}^{n\times n}$，$\boldsymbol{F}$ 和 $\boldsymbol{G}$ 是对称矩阵. 在最优控制和其他应用领域会出现哈密顿矩阵. 可以用置换矩阵

$$\boldsymbol{J}\;=\;\begin{bmatrix}0 & \boldsymbol{I}_n\\ -\boldsymbol{I}_n & 0\end{bmatrix}$$

给出一个等价的定义. 具体来说，如果

$$JMJ^{\mathrm{T}} = -M^{\mathrm{T}},$$

那么 M 就是哈密顿矩阵.

另一类矩阵是辛矩阵. 设矩阵 $S \in \mathbb{R}^{2n\times 2n}$，如果

$$S^{\mathrm{T}}JS = J,$$

则称 S 是辛矩阵. 假定辛矩阵

$$S = \begin{bmatrix} S_{11} & S_{12} \\ S_{21} & S_{22} \end{bmatrix},$$

其中每个分块都是 $n \times n$ 矩阵，那么我们可以得出，$S_{11}^{\mathrm{T}}S_{21}$ 和 $S_{22}^{\mathrm{T}}S_{12}$ 都是对称矩阵，且 $S_{11}^{\mathrm{T}}S_{22} = I_n + S_{21}^{\mathrm{T}}S_{12}$.

1.3.11 Strassen 矩阵乘法

作为本节的结束，我们用一种完全不同的方法来处理矩阵与矩阵相乘问题. 讨论的出发点是 2×2 的分块矩阵乘积

$$\begin{bmatrix} C_{11} & C_{12} \\ C_{21} & C_{22} \end{bmatrix} = \begin{bmatrix} A_{11} & A_{12} \\ A_{21} & A_{22} \end{bmatrix}\begin{bmatrix} B_{11} & B_{12} \\ B_{21} & B_{22} \end{bmatrix}$$

其中每个分块矩阵都是方阵. 在普通算法 $C_{ij} = A_{i1}B_{1j} + A_{i2}B_{2j}$ 中，有 8 次乘法和 4 次加法. Strassen (1969) 展示了如何用 7 次乘法和 18 次加法计算 C：

$$\begin{aligned}
P_1 &= (A_{11} + A_{22})(B_{11} + B_{22}),\\
P_2 &= (A_{21} + A_{22})B_{11},\\
P_3 &= A_{11}(B_{12} - B_{22}),\\
P_4 &= A_{22}(B_{21} - B_{11}),\\
P_5 &= (A_{11} + A_{12})B_{22},\\
P_6 &= (A_{21} - A_{11})(B_{11} + B_{12}),\\
P_7 &= (A_{12} - A_{22})(B_{21} + B_{22}),\\
C_{11} &= P_1 + P_4 - P_5 + P_7,\\
C_{12} &= P_3 + P_5,\\
C_{21} &= P_2 + P_4,\\
C_{22} &= P_1 + P_3 - P_2 + P_6.
\end{aligned}$$

用代入法容易证明上述等式. 假设 $n=2m$，则块为 $m\times m$ 的. 对计算 $\boldsymbol{C}=\boldsymbol{AB}$ 过程中的加法和乘法的数量进行统计，我们发现传统的矩阵乘法涉及 $(2m)^3$ 次乘法和 $(2m)^3-(2m)^2$ 次加法. 与之相对，如果将 Strassen 算法应用于**常规块乘法**，需要 $7m^3$ 次乘法和 $7m^3+11m^2$ 次加法. 如果 $m\gg 1$，那么 Strassen 方法的计算量是完全传统算法的 7/8.

现在，我们可以重复应用 Strassen 的想法. 具体来说，可以将 Strassen 算法应用于与 $\boldsymbol{P}_i$ 相关的分半分块时的乘法. 因此，如果初始的 $\boldsymbol{A}$ 和 $\boldsymbol{B}$ 都是 $n\times n$ 的，且 $n=2^q$，那么我们可以重复应用 Strassen 矩阵乘法算法. 在底部"水平"上，块是 1×1 的.

当然，没有必要降到 $n=1$ 的水平. 当分块变得足够小时，比如说 $n\leqslant n_{\min}$，在计算 $\boldsymbol{P}_i$ 时使用传统矩阵乘法可能是明智的. 以下是完整算法.

算法 1.3.1 (Strassen 矩阵乘法) 假设 $n=2^q$, $\boldsymbol{A}\in\mathbb{R}^{n\times n}$, $\boldsymbol{B}\in\mathbb{R}^{n\times n}$. 给定 $n_{\min}=2^d$，其中 $d\leqslant q$，算法通过递归地应用 Strassen 过程计算 $\boldsymbol{C}=\boldsymbol{AB}$.

```
function C = strass(A, B, n, n_min)
  if n ⩽ n_min
    C = AB        （传统矩阵乘法）
  else
    m = n/2; u = 1 : m; v = m + 1 : n
    P1 = strass(A(u,u) + A(v,v), B(u,u) + B(v,v), m, n_min)
    P2 = strass(A(v,u) + A(v,v), B(u,u), m, n_min)
    P3 = strass(A(u,u), B(u,v) − B(v,v), m, n_min)
    P4 = strass(A(v,v), B(v,u) − B(u,u), m, n_min)
    P5 = strass(A(u,u) + A(u,v), B(v,v), m, n_min)
    P6 = strass(A(v,u) − A(u,u), B(u,u) + B(u,v), m, n_min)
    P7 = strass(A(u,v) − A(v,v), B(v,u) + B(v,v), m, n_min)
    C(u,u) = P1 + P4 − P5 + P7
    C(u,v) = P3 + P5
    C(v,u) = P2 + P4
    C(v,v) = P1 + P3 − P2 + P6
  end
```

与我们以前的任何算法不同，strass 是递归算法. 我们通常最愿意用这种方式描述分治算法. 我们以 MATLAB 函数的风格呈现 strass，这样就可以精确地递归调用.

与 strass 关联的计算量是 n 和 $n_{\min}$ 的复杂函数. 如果 $n_{\min}\gg 1$，那么只要

统计乘法的数量就足够了，因为加法的数量大致相同. 如果我们只统计乘法的数量，那么检查最深层的递归就可以了，因为那是所有乘法出现的地方.

在 strass 中有 $q-d$ 层细分，因此要执行 7^{q-d} 个传统的矩阵与矩阵乘法. 这些乘法的大小为 $n_{\min}$，因此 strass 包含大约 $s=(2^d)^3 7^{q-d}$ 次乘法，而采用传统方法需要 $c=(2^q)^3$ 次乘法. 注意，

$$\frac{s}{c} = \left(\frac{2^d}{2^q}\right)^3 7^{q-d} = \left(\frac{7}{8}\right)^{q-d}.$$

如果 $d=0$，也就是说我们回到 1×1 的水平，那么

$$s = (7/8)^q c = 7^q = n^{\log_2 7} \approx n^{2.807}.$$

因此，渐近地，Strassen 方法中的乘法数为 $O(n^{2.807})$. 但是，随着 $n_{\min}$ 变小，相对于乘法次数，加法次数变得显著.

习 题

1. 严格证明以下分块矩阵等式:

$$\begin{bmatrix} A_{11} & \cdots & A_{1r} \\ \vdots & \ddots & \vdots \\ A_{q1} & \cdots & A_{qr} \end{bmatrix}^{\mathrm{T}} = \begin{bmatrix} A_{11}^{\mathrm{T}} & \cdots & A_{q1}^{\mathrm{T}} \\ \vdots & \ddots & \vdots \\ A_{1r}^{\mathrm{T}} & \cdots & A_{qr}^{\mathrm{T}} \end{bmatrix}.$$

2. 假设 $M\in\mathbb{R}^{n\times n}$ 是哈密顿矩阵. 计算 $N=M^2$ 需要多少个 flop?

3. 矩阵 $A\in\mathbb{R}^{2n\times 2n}$ 有 2×2 分块结构，满足 $\mathcal{E}_{2n}A\mathcal{E}_{2n}=A^{\mathrm{T}}$，其中 $\mathcal{E}_{2n}$ 是 1.2.11 节定义的交换置换. 对此结构有何评论? 解释为什么 A 是关于“反对角线”对称的，反对角线从 $(2n,1)$ 元素到 $(1,2n)$ 元素.

4. 假定

$$A=\begin{bmatrix} 0 & B \\ B^{\mathrm{T}} & 0 \end{bmatrix},$$

其中 $B\in\mathbb{R}^{n\times n}$ 是上双对角矩阵. 描述 $T=PAP^{\mathrm{T}}$ 的结构，其中 $P=\mathcal{P}_{2,n}$ 是 1.2.11 节中定义的完全洗牌置换.

5. 证明: 如果 B 和 C 都是置换矩阵，那么 $B\otimes C$ 也是置换矩阵.

6. 验证等式 (1.3.5).

7. 验证: 如果 $x\in\mathbb{R}^m$ 且 $y\in\mathbb{R}^n$，那么 $y\otimes x = \mathrm{vec}(xy^{\mathrm{T}})$.

8. 证明: 如果 $B\in\mathbb{R}^{p\times p}$, $C\in\mathbb{R}^{q\times q}$，且

$$x = \begin{bmatrix} x_1 \\ \vdots \\ x_p \end{bmatrix}, \qquad x_i\in\mathbb{R}^q,$$

那么

$$x^{\mathrm{T}}(B\otimes C)x = \sum_{i=1}^{p}\sum_{j=1}^{p} b_{ij}\left(x_i^{\mathrm{T}}Cx_j\right).$$

9. 假设 $A^{(k)}\in\mathbb{R}^{n_k\times n_k}$，其中 $k=1:r$，且 $x\in\mathbb{R}^n$，其中 $n=n_1\cdots n_r$. 给出一个计算 $y=\left(A^{(r)}\otimes\cdots\otimes A^{(2)}\otimes A^{(1)}\right)x$ 的有效算法.

10. 假设 n 是偶数，并定义以下从 $\mathbb{R}^n$ 到 $\mathbb{R}$ 的函数：

$$f(x) = x(1:2:n)^{\mathrm{T}}x(2:2:n) = \sum_{i=1}^{n/2} x_{2i-1}x_{2i}.$$

(a) 证明：如果 $x,y\in\mathbb{R}^n$，那么

$$x^{\mathrm{T}}y = \sum_{i=1}^{n/2}(x_{2i-1}+y_{2i})(x_{2i}+y_{2i-1}) - f(x) - f(y).$$

(b) 现在考虑 $n\times n$ 矩阵乘法 $C=AB$. 给出一种将 f 应用于 A 的行和 B 的列来计算 $C=AB$ 的算法，该算法需要 $n^3/2$ 次乘法. 详细讨论见 Winograd (1968).

11. 调整 strass，使它能够处理任意阶的正方形矩阵乘法. 提示：如果"当前"的 A 有奇数维度，那么附加一个全零的行和一个全零的列.

12. 调整 strass，使它能够处理非正方形矩阵乘积，例如 $C=AB$，其中 $A\in\mathbb{R}^{m\times r}$，$B\in\mathbb{R}^{r\times n}$. 用零来填充 A 和 B 使它们变成方阵且维度相同，或者用正方形子矩阵分块"平铺"A 和 B，那种方式更好?

13. 令 W_n 是 strass 计算一个 $n\times n$ 乘积的 flop 数，其中 n 是 2 的幂. 注意到 $W_2=25$，对 $n\geqslant 4$ 有

$$W_n = 7W_{n/2} + 18(n/2)^2.$$

证明：对任意 $\epsilon>0$ 都存在常数 c_ϵ 使得 $W_n\leqslant c_\epsilon n^{\omega+\epsilon}$，其中 $\omega=\log_2 7$ 且 n 是 2 的任意幂.

14. 假设 $B\in\mathbb{R}^{m_1\times n_1}$，$C\in\mathbb{R}^{m_2\times n_2}$，$D\in\mathbb{R}^{m_3\times n_3}$. 给定 $x\in\mathbb{R}^n$ 和 $n=n_1n_2n_3$，说明如何计算向量 $y=(B\otimes C\otimes D)x$. 从 flop 的角度来看，运算的阶是否重要?

1.4 快速矩阵与向量乘积

在本节，我们通过检验某些矩阵与向量乘积 $y=Ax$ 来提高理解分块级别的能力，其中 $n\times n$ 的矩阵 A 高度结构化，计算量比通常的 $O(n^2)$ 个 flop 少得多. 这些结果会应用在 4.8 节中.

1.4.1 快速傅里叶变换

向量 $x\in\mathbb{C}^n$ 的离散傅里叶变换（DFT）是矩阵与向量乘积

$$y = F_n x,$$

其中**离散傅里叶变换矩阵** $\boldsymbol{F}_n = (f_{kj}) \in \mathbb{C}^{n\times n}$ 定义如下：

$$f_{kj} = \omega_n^{(k-1)(j-1)} \tag{1.4.1}$$

满足

$$\omega_n = \exp(-2\pi \mathrm{i}/n) \;=\; \cos(2\pi/n) - \mathrm{i}\sin(2\pi/n). \tag{1.4.2}$$

下面是一个例子：

$$\boldsymbol{F}_4 \;=\; \begin{bmatrix} 1 & 1 & 1 & 1 \\ 1 & \omega_4 & \omega_4^2 & \omega_4^3 \\ 1 & \omega_4^2 & \omega_4^4 & \omega_4^6 \\ 1 & \omega_4^3 & \omega_4^6 & \omega_4^9 \end{bmatrix} = \begin{bmatrix} 1 & 1 & 1 & 1 \\ 1 & -\mathrm{i} & -1 & \mathrm{i} \\ 1 & -1 & 1 & -1 \\ 1 & \mathrm{i} & -1 & -\mathrm{i} \end{bmatrix}.$$

离散傅里叶变换在计算科学和工程中普遍存在，一个原因与以下特性有关：

> 如果 n 相当大，那么执行离散傅里叶变换需要的 flop 数比传统矩阵与向量乘法所需的 $O(n^2)$ 要少得多.

为了说明这一点，我们令 $n = 2^t$，然后利用 **2 基快速傅里叶变换**.

出发点是，在偶数阶的离散傅里叶变换矩阵的列重新排序之后检查其分块结构，以便先将奇数下标的列放在前面．考虑如下情形：

$$\boldsymbol{F}_8 \;=\; \begin{bmatrix} 1 & 1 & 1 & 1 & 1 & 1 & 1 & 1 \\ 1 & \omega & \omega^2 & \omega^3 & \omega^4 & \omega^5 & \omega^6 & \omega^7 \\ 1 & \omega^2 & \omega^4 & \omega^6 & 1 & \omega^2 & \omega^4 & \omega^6 \\ 1 & \omega^3 & \omega^6 & \omega & \omega^4 & \omega^7 & \omega^2 & \omega^5 \\ 1 & \omega^4 & 1 & \omega^4 & 1 & \omega^4 & 1 & \omega^4 \\ 1 & \omega^5 & \omega^2 & \omega^7 & \omega^4 & \omega & \omega^6 & \omega^3 \\ 1 & \omega^6 & \omega^4 & \omega^2 & 1 & \omega^6 & \omega^4 & \omega^2 \\ 1 & \omega^7 & \omega^6 & \omega^5 & \omega^4 & \omega^3 & \omega^2 & \omega \end{bmatrix} \quad (\text{其中 } \omega = \omega_8).$$

（注意，ω_8 是单位根，因此可以简化高次幂，例如 $[F_8]_{4,7} = \omega^{3\times 6} = \omega^{18} = \omega^2$.）

如果 $cols = [1\,3\,5\,7\,2\,4\,6\,8]$，那么

$$F_8(:,cols) = \left[\begin{array}{cccc|cccc} 1 & 1 & 1 & 1 & 1 & 1 & 1 & 1 \\ 1 & \omega^2 & \omega^4 & \omega^6 & \omega & \omega^3 & \omega^5 & \omega^7 \\ 1 & \omega^4 & 1 & \omega^4 & \omega^2 & \omega^6 & \omega^2 & \omega^6 \\ 1 & \omega^6 & \omega^4 & \omega^2 & \omega^3 & \omega & \omega^7 & \omega^5 \\ \hline 1 & 1 & 1 & 1 & -1 & -1 & -1 & -1 \\ 1 & \omega^2 & \omega^4 & \omega^6 & -\omega & -\omega^3 & -\omega^5 & -\omega^7 \\ 1 & \omega^4 & 1 & \omega^4 & -\omega^2 & -\omega^6 & -\omega^2 & -\omega^6 \\ 1 & \omega^6 & \omega^4 & \omega^2 & -\omega^3 & -\omega & -\omega^7 & -\omega^5 \end{array}\right].$$

矩阵中的直线是为了帮助我们把 $F_8(:,cols)$ 视为 2×2 的矩阵，其元素为 4×4 的块. 注意到 $\omega^2=\omega_8^2=\omega_4$，我们有

$$F_8(:,cols) = \left[\begin{array}{c|c} \boldsymbol{F}_4 & \boldsymbol{\Omega}_4\boldsymbol{F}_4 \\ \hline \boldsymbol{F}_4 & -\boldsymbol{\Omega}_4\boldsymbol{F}_4 \end{array}\right]$$

其中 $\boldsymbol{\Omega}_4=\mathrm{diag}(1,\omega_8,\omega_8^2,\omega_8^3)$. 因此，如果 $\boldsymbol{x}\in\mathbb{R}^8$，那么

$$\begin{aligned} \boldsymbol{F}_8\,\boldsymbol{x} &= F_8(:,cols)\,x(cols) \\ &= \left[\begin{array}{c|c} \boldsymbol{F}_4 & \boldsymbol{\Omega}_4\boldsymbol{F}_4 \\ \hline \boldsymbol{F}_4 & -\boldsymbol{\Omega}_4\boldsymbol{F}_4 \end{array}\right]\left[\begin{array}{c} x(1:2:8) \\ \hline x(2:2:8) \end{array}\right] \\ &= \left[\begin{array}{c|c} \boldsymbol{I}_4 & \boldsymbol{\Omega}_4 \\ \hline \boldsymbol{I}_4 & -\boldsymbol{\Omega}_4 \end{array}\right]\left[\begin{array}{c} \boldsymbol{F}_4\,x(1:2:8) \\ \hline \boldsymbol{F}_4\,x(2:2:8) \end{array}\right]. \end{aligned}$$

这样，通过简单缩放，我们就可以从 4 点离散傅里叶变换 $\boldsymbol{y}_T=\boldsymbol{F}_4\,x(1:2:8)$ 和 $\boldsymbol{y}_B=\boldsymbol{F}_4\,x(2:2:8)$ 出发，得到 8 点离散傅里叶变换 $\boldsymbol{y}=\boldsymbol{F}_8\,\boldsymbol{x}$. 具体来说，

$$\begin{aligned} y(1:4) &= \boldsymbol{y}_T + \boldsymbol{d}\,.\!*\,\boldsymbol{y}_B, \\ y(5:8) &= \boldsymbol{y}_T - \boldsymbol{d}\,.\!*\,\boldsymbol{y}_B, \end{aligned}$$

其中

$$\boldsymbol{d} = \begin{bmatrix} 1 \\ \omega \\ \omega^2 \\ \omega^3 \end{bmatrix}.$$

更一般地说，如果 $n=2m$，那么 $\boldsymbol{y}=\boldsymbol{F}_n\,\boldsymbol{x}$ 由下式给出：

$$\begin{aligned} y(1:m) &= \boldsymbol{y}_T + \boldsymbol{d}\,.\!*\,\boldsymbol{y}_B, \\ y(m+1:n) &= \boldsymbol{y}_T - \boldsymbol{d}\,.\!*\,\boldsymbol{y}_B, \end{aligned}$$

其中 $\boldsymbol{d} = [\,1, \omega_n, \cdots, \omega_n^{m-1}\,]^{\mathrm{T}}$，且

$$\boldsymbol{y}_T = \boldsymbol{F}_m\, x(1:2:n),$$
$$\boldsymbol{y}_B = \boldsymbol{F}_m\, x(2:2:n).$$

对于 $n = 2^t$，我们可以重复这个过程直到 $n = 1$，注意 $\boldsymbol{F}_1\boldsymbol{x} = \boldsymbol{x}$.

算法 1.4.1 给定 $\boldsymbol{x} \in \mathbb{C}^n$, $n = 2^t$，算法计算离散傅里叶变换 $\boldsymbol{y} = \boldsymbol{F}_n\boldsymbol{x}$.

```
function y = fft(x, n)
  if n = 1
    y = x
  else
    m = n/2
    y_T = fft(x(1 : 2 : n), m)
    y_B = fft(x(2 : 2 : n), m)
    ω = exp(−2πi/n)
    d = [ 1, ω, ··· , ω^(m−1) ]^T
    z = d .* y_B
    y = [ y_T + z ]
        [ y_T − z ]
  end
```

对 fft 的 flop 分析需要评估复数运算和递归求解. 首先观察到，两次复数乘法需要 6 个（实数的）flop，两次复数加法需要 2 个 flop. 设 f_n 为 fft 产生 $\boldsymbol{x} \in \mathbb{C}^n$ 的离散傅里叶变换所需要的 flop 数. 对该方法的检验表明：

$$\left\{\begin{array}{c} \boldsymbol{y}_T \\ \boldsymbol{y}_B \\ \boldsymbol{d} \\ \boldsymbol{z} \\ \boldsymbol{y} \end{array}\right\} \text{需要} \left\{\begin{array}{c} f_m \text{ 个 flop} \\ f_m \text{ 个 flop} \\ 6m \text{ 个 flop} \\ 6m \text{ 个 flop} \\ 2n \text{ 个 flop} \end{array}\right\},$$

其中 $n = 2m$. 因此，

$$f_n = 2f_m + 8n, \quad f_1 = 0.$$

我们推测 $f_n = cn\log_2(n)$，c 为某个常数，其结果如下：

$$f_n = cn\log_2(n) = 2cm\log_2(m) + 8n = cn(\log_2(n) - 1) + 8n,$$

由此我们得出 $c=8$ 的结论. 因此, fft 需要 $8n\log_2(n)$ 个 flop. 相比于传统的矩阵与向量的乘法, 确实感受到了加速. 如果 $n=2^{20}$, 那么大约是 10000 倍. 注意, 通过预先计算 $\omega_n,\cdots,\omega_n^{n/2-1}$ 可以将 flop 数量减少到 $5n\log_2(n)$. 见习题 1.

1.4.2 快速正弦和余弦变换

在离散正弦变换（DST）问题中, 对于给定的实值 $x_1,\cdots,x_{m-1}$ 计算

$$y_k \;=\; \sum_{j=1}^{m-1}\sin\left(\frac{kj\pi}{m}\right)x_j,\quad k \;=\; 1:m-1. \tag{1.4.3}$$

在离散余弦变换（DCT）问题中, 对于给定的实值 $x_0,x_1,\cdots,x_m$ 计算

$$y_k \;=\; \frac{x_0}{2}+\sum_{j=1}^{m-1}\cos\left(\frac{kj\pi}{m}\right)x_j+\frac{(-1)^k x_m}{2},\quad k \;=\; 0:m. \tag{1.4.4}$$

注意, 正弦和余弦变换的评价在离散傅里叶变换矩阵中"显示". 事实上, 对于 $k=0:2m-1$ 和 $j=0:2m-1$, 我们有

$$[F_{2m}]_{k+1,j+1} \;=\; \omega_{2m}^{kj} \;=\; \cos\left(\frac{kj\pi}{m}\right)-\mathrm{i}\sin\left(\frac{kj\pi}{m}\right). \tag{1.4.5}$$

这恰好表明, 这些三角变换和离散傅里叶变换之间有一种可利用的联系. 关键是正确分块 $\boldsymbol{F}_{2m}$ 的实部和虚部. 为此, 把矩阵 $\boldsymbol{S}_r\in\mathbb{R}^{r\times r}$ 和 $\boldsymbol{C}_r\in\mathbb{R}^{r\times r}$ 定义为

$$\begin{aligned}[S_r]_{kj} &= \sin\left(\frac{kj\pi}{r+1}\right),\\ [C_r]_{kj} &= \cos\left(\frac{kj\pi}{r+1}\right),\end{aligned}\qquad k=1:r,\ j=1:r. \tag{1.4.6}$$

回顾 1.2.11 节中交换置换 $\mathcal{E}_n$ 的定义, 我们有

定理 1.4.1 假设 m 是正整数, 定义向量 $\boldsymbol{e}$ 和 $\boldsymbol{v}$ 为

$$\boldsymbol{e}^{\mathrm{T}} \;=\; (\underbrace{1,1,\cdots,1}_{m-1}),\quad \boldsymbol{v}^{\mathrm{T}} \;=\; (\underbrace{-1,1,\cdots,(-1)^{m-1}}_{m-1}).$$

令 $\boldsymbol{E}=\mathcal{E}_{m-1}$, $\boldsymbol{C}=C_{m-1}$, $\boldsymbol{S}=S_{m-1}$, 那么

$$\boldsymbol{F}_{2m} \;=\; \begin{bmatrix} 1 & \boldsymbol{e}^{\mathrm{T}} & 1 & \boldsymbol{e}^{\mathrm{T}} \\ \boldsymbol{e} & \boldsymbol{C}-\mathrm{i}\boldsymbol{S} & \boldsymbol{v} & (\boldsymbol{C}+\mathrm{i}\boldsymbol{S})\boldsymbol{E} \\ 1 & \boldsymbol{v}^{\mathrm{T}} & (-1)^m & \boldsymbol{v}^{\mathrm{T}}\boldsymbol{E} \\ \boldsymbol{e} & \boldsymbol{E}(\boldsymbol{C}+\mathrm{i}\boldsymbol{S}) & \boldsymbol{E}\boldsymbol{v} & \boldsymbol{E}(\boldsymbol{C}-\mathrm{i}\boldsymbol{S})\boldsymbol{E}\end{bmatrix}. \tag{1.4.7}$$

证明 从 (1.4.5) 可以看出 $F_{2m}(:,1)$, $F_{2m}(1,:1)$, $F_{2m}(:,m+1)$, $F_{2m}(m+1,:)$ 是正确指定的. 我们还需要证明在分块位置 (2,2), (2,4), (4,2), (4,4) 处等式 (1.4.7) 成立. 容易直接验证 (2,2) 位置的正确性:

$$[F_{2m}(2:m,2:m)]_{kj} \;=\; \cos\left(\frac{kj\pi}{m}\right) - \mathrm{i}\sin\left(\frac{kj\pi}{m}\right) = [C - \mathrm{i}S]_{kj}.$$

需要一点三角学知识来验证 (2,4) 位置的正确性:

$$\begin{aligned}
[F_{2m}(2:m,m+2:2m)]_{kj} &= \cos\left(\frac{k(m+j)\pi}{m}\right) - \mathrm{i}\sin\left(\frac{k(m+j)\pi}{m}\right) \\
&= \cos\left(\frac{kj\pi}{m}+k\pi\right) - \mathrm{i}\sin\left(\frac{kj\pi}{m}+k\pi\right) \\
&= \cos\left(-\frac{kj\pi}{m}+k\pi\right) + \mathrm{i}\sin\left(-\frac{kj\pi}{m}+k\pi\right) \\
&= \cos\left(\frac{(k(m-j)\pi}{m}\right) + \mathrm{i}\sin\left(\frac{k(m-j)\pi}{m}\right) \\
&= [(C+\mathrm{i}S)E]_{kj}\,.
\end{aligned}$$

我们使用了这样一个事实，也就是，用置换 $\boldsymbol{E} = \mathcal{E}_{m-1}$ 右乘一个矩阵具有反转其列的顺序的效果. 同样，可类似得出 $F_{2m}(m+2:2m,2:m)$ 和 $F_{2m}(m+2:2m,m+2:2m)$. □

使用定理中的记号，我们看到正弦变换 (1.4.3) 是矩阵与向量的乘积

$$y(1:m-1) \;=\; \mathrm{DST}(m-1)\cdot x(1:m-1),$$

其中

$$\mathrm{DST}(m-1) \;=\; \boldsymbol{S}_{m-1}. \tag{1.4.8}$$

令 $\boldsymbol{x} = x(1:m-1)$ 和

$$\boldsymbol{x}_{\sin} \;=\; \begin{bmatrix} 0 \\ \boldsymbol{x} \\ 0 \\ -\boldsymbol{E}\boldsymbol{x} \end{bmatrix} \in \mathbb{R}^{2m}, \tag{1.4.9}$$

那么，因为 $\boldsymbol{e}^{\mathrm{T}}\boldsymbol{E} = \boldsymbol{e}^{\mathrm{T}}$ 且 $\boldsymbol{E}^2 = \boldsymbol{I}$，我们有

$$\frac{\mathrm{i}}{2}\boldsymbol{F}_{2m}\boldsymbol{x}_{\sin} \;=\; \frac{\mathrm{i}}{2}\begin{bmatrix} 1 & \boldsymbol{e}^{\mathrm{T}} & 1 & \boldsymbol{e}^{\mathrm{T}} \\ \boldsymbol{e} & \boldsymbol{C}-\mathrm{i}\boldsymbol{S} & \boldsymbol{v} & (\boldsymbol{C}+\mathrm{i}\boldsymbol{S})\boldsymbol{E} \\ 1 & \boldsymbol{v}^{\mathrm{T}} & (-1)^m & \boldsymbol{v}^{\mathrm{T}}\boldsymbol{E} \\ \boldsymbol{e} & \boldsymbol{E}(\boldsymbol{C}+\mathrm{i}\boldsymbol{S}) & \boldsymbol{E}\boldsymbol{v} & \boldsymbol{E}(\boldsymbol{C}-\mathrm{i}\boldsymbol{S})\boldsymbol{E} \end{bmatrix}\begin{bmatrix} 0 \\ \boldsymbol{x} \\ 0 \\ -\boldsymbol{E}\boldsymbol{x} \end{bmatrix}$$

$$= \frac{\mathrm{i}}{2}\begin{bmatrix} \boldsymbol{e}^{\mathrm{T}}\boldsymbol{x} - \boldsymbol{e}^{\mathrm{T}}\boldsymbol{E}\boldsymbol{x} \\ -2\mathrm{i}\boldsymbol{S}\boldsymbol{x} \\ \boldsymbol{v}^{\mathrm{T}}\boldsymbol{x} - \boldsymbol{v}^{\mathrm{T}}\boldsymbol{E}^2\boldsymbol{x} \\ \mathrm{i}(\boldsymbol{E}\boldsymbol{S}\boldsymbol{x} + \boldsymbol{E}\boldsymbol{S}\boldsymbol{E}^2\boldsymbol{x}) \end{bmatrix} = \begin{bmatrix} 0 \\ \boldsymbol{S}\boldsymbol{x} \\ 0 \\ -\boldsymbol{E}\boldsymbol{S}\boldsymbol{x} \end{bmatrix}.$$

因此，$x(1:m-1)$ 的离散正弦变换是 $\boldsymbol{F}_{2m}\,\boldsymbol{x}_{\sin}$ 的缩放子向量.

算法 1.4.2 下面的算法将 $x_1,\cdots,x_{m-1}$ 的离散正弦变换指定为 $\boldsymbol{y}$.

构建由 (1.4.9) 定义的向量 $\boldsymbol{x}_{\sin}$

使用 fft（例如算法 1.4.1）计算 $\tilde{\boldsymbol{y}} = \boldsymbol{F}_{2m}\boldsymbol{x}_{\sin}$

$\boldsymbol{y} = \mathrm{i}\,\tilde{y}(2:m)/2$

这个算法需要 $O(m\log_2(m))$ 个 flop. 我们提到过，$\boldsymbol{x}_{\sin}$ 是实向量，它是高度结构化的，能够加以利用实现真正有效的算法.

现在，我们来考虑 (1.4.4) 定义的离散余弦变换. 使用定理 1.4.1 的记法，离散余弦变换是矩阵与向量的乘积

$$y(0:m) = \mathrm{DCT}(m+1)\cdot x(0:m),$$

其中

$$\mathrm{DCT}(m+1) = \begin{bmatrix} 1/2 & \boldsymbol{e}^{\mathrm{T}} & 1/2 \\ \boldsymbol{e}/2 & \boldsymbol{C}_{m-1} & \boldsymbol{v}/2 \\ 1/2 & \boldsymbol{v}^{\mathrm{T}} & (-1)^m/2 \end{bmatrix}. \tag{1.4.10}$$

如果 $\tilde{\boldsymbol{x}} = x(1:m-1)$ 且

$$\boldsymbol{x}_{\cos} = \begin{bmatrix} x_0 \\ \tilde{\boldsymbol{x}} \\ x_m \\ \boldsymbol{E}\tilde{\boldsymbol{x}} \end{bmatrix} \in \mathbb{R}^{2m}, \tag{1.4.11}$$

那么

$$\frac{1}{2}\boldsymbol{F}_{2m}\boldsymbol{x}_{\cos} = \frac{1}{2}\begin{bmatrix} 1 & \boldsymbol{e}^{\mathrm{T}} & 1 & \boldsymbol{e}^{\mathrm{T}} \\ \boldsymbol{e} & \boldsymbol{C}-\mathrm{i}\boldsymbol{S} & \boldsymbol{v} & (\boldsymbol{C}+\mathrm{i}\boldsymbol{S})\boldsymbol{E} \\ 1 & \boldsymbol{v}^{\mathrm{T}} & (-1)^m & \boldsymbol{v}^{\mathrm{T}}\boldsymbol{E} \\ \boldsymbol{e} & \boldsymbol{E}(\boldsymbol{C}+\mathrm{i}\boldsymbol{S}) & \boldsymbol{E}\boldsymbol{v} & \boldsymbol{E}(\boldsymbol{C}-\mathrm{i}\boldsymbol{S})\boldsymbol{E} \end{bmatrix}\begin{bmatrix} x_0 \\ \tilde{\boldsymbol{x}} \\ x_m \\ \boldsymbol{E}\tilde{\boldsymbol{x}} \end{bmatrix}$$

$$= \begin{bmatrix} (x_0/2) & + & \boldsymbol{e}^{\mathrm{T}}\tilde{\boldsymbol{x}} & + & (x_m/2) \\ (x_0/2)\boldsymbol{e} & + & \boldsymbol{C}\tilde{\boldsymbol{x}} & + & (x_m/2)\boldsymbol{v} \\ (x_0/2) & + & \boldsymbol{v}^{\mathrm{T}}\tilde{\boldsymbol{x}} & + & (-1)^m(x_m/2) \\ (x_0/2)\boldsymbol{e} & + & \boldsymbol{E}\boldsymbol{C}\tilde{\boldsymbol{x}} & + & (x_m/2)\boldsymbol{E}\boldsymbol{v} \end{bmatrix}.$$

注意，该分块向量的前三个分量定义了 $x(0:m)$ 的离散余弦变换. 因此，离散余弦变换是 $\boldsymbol{F}_{2m}\boldsymbol{x}_{\cos}$ 的缩放子向量.

算法 1.4.3 下面的算法将 $x_0,\cdots,x_m$ 的离散余弦变换指定为 $\boldsymbol{y}\in\mathbb{R}^{m+1}$.

构建由 (1.4.11) 定义的向量 $\boldsymbol{x}_{\cos}\in\mathbb{R}^{2m}$
使用 fft（例如算法 1.4.1）计算 $\tilde{\boldsymbol{y}}=\boldsymbol{F}_{2m}\boldsymbol{x}_{\cos}$
$\boldsymbol{y}\;=\;\tilde{y}(1:m+1)/2$

这个算法需要 $O(m\log m)$ 个 flop. 和算法 1.4.2 一样，可以利用向量 $\boldsymbol{x}_{\cos}$ 中的对称性更有效地实现.

注意到离散正弦变换和离散余弦变换有一些重要的变形可以快速计算：

$$
\begin{aligned}
&\text{DST-II:} && y_k = \sum_{j=1}^{m}\sin\left(\frac{k(2j-1)\pi}{2m}\right)x_j, && k=1:m,\\
&\text{DST-III:} && y_k = \sum_{j=1}^{m}\sin\left(\frac{(2k-1)j\pi}{2m}\right)x_j, && k=1:m,\\
&\text{DST-IV:} && y_k = \sum_{j=1}^{m}\sin\left(\frac{(2k-1)(2j-1)\pi}{2m}\right)x_j, && k=1:m,\\
&\text{DCT-II:} && y_k = \sum_{j=0}^{m-1}\cos\left(\frac{k(2j-1)\pi}{2m}\right)x_j, && k=0:m-1,\\
&\text{DCT-III:} && y_k = \frac{x_0}{2} = \sum_{j=1}^{m-1}\cos\left(\frac{(2k-1)j\pi}{2m}\right)x_j, && k=0:m-1,\\
&\text{DCT-IV:} && y_k = \sum_{j=0}^{m-1}\cos\left(\frac{(2k-1)(2j-1)\pi}{2m}\right)x_j, && k=0:m-1.
\end{aligned}
\tag{1.4.12}
$$

例如，如果 $\tilde{\boldsymbol{y}}\in\mathbb{R}^{2m-1}$ 是 $\tilde{\boldsymbol{x}}=[\,x_1,\,0,\,x_2,\,0,\cdots,0,\,x_{m-1},\,x_m\,]^{\mathrm{T}}$ 的离散正弦变换，那么 $\tilde{y}(1:m)$ 就是 $\boldsymbol{x}\in\mathbb{R}^m$ 的 DST-II. 详细讨论见 Van Loan (FFT).

1.4.3 哈尔小波变换

设 $n=2^t$，**哈尔小波变换** $\boldsymbol{y}=\boldsymbol{W}_n\boldsymbol{x}$ 是矩阵与向量的乘积，递归定义变换矩阵 $\boldsymbol{W}_n\in\mathbb{R}^{n\times n}$ 如下：

$$
\boldsymbol{W}_n = \begin{cases} \left[\; \boldsymbol{W}_m\otimes\begin{pmatrix}1\\1\end{pmatrix} \;\middle|\; \boldsymbol{I}_m\otimes\begin{pmatrix}1\\-1\end{pmatrix} \;\right], & \text{如果 } n=2m,\\[2ex] [\,1\,], & \text{如果 } n=1. \end{cases}
$$

下面是一些例子：

$$W_2 = \left[\begin{array}{c|c} 1 & 1 \\ \hline 1 & -1 \end{array}\right],$$

$$W_4 = \left[\begin{array}{cc|cc} 1 & 1 & 1 & 0 \\ 1 & 1 & -1 & 0 \\ \hline 1 & -1 & 0 & 1 \\ 1 & -1 & 0 & -1 \end{array}\right],$$

$$W_8 = \left[\begin{array}{cccc|cccc} 1 & 1 & 1 & 0 & 1 & 0 & 0 & 0 \\ 1 & 1 & 1 & 0 & -1 & 0 & 0 & 0 \\ 1 & 1 & -1 & 0 & 0 & 1 & 0 & 0 \\ 1 & 1 & -1 & 0 & 0 & -1 & 0 & 0 \\ \hline 1 & -1 & 0 & 1 & 0 & 0 & 1 & 0 \\ 1 & -1 & 0 & 1 & 0 & 0 & -1 & 0 \\ 1 & -1 & 0 & -1 & 0 & 0 & 0 & 1 \\ 1 & -1 & 0 & -1 & 0 & 0 & 0 & -1 \end{array}\right].$$

如果我们重新排列 W_n 的行，使得先出现奇数下标的行，那么会出现有趣的分块模式：

$$\mathcal{P}_{2,m}^{\mathrm{T}} W_n = \begin{bmatrix} W_m & I_m \\ W_m & -I_m \end{bmatrix} = (W_2 \otimes I_m) \begin{bmatrix} W_m & 0 \\ 0 & I_m \end{bmatrix}. \tag{1.4.13}$$

因此，如果 $x \in \mathbb{R}^n$, $x_T = x(1:m)$, $x_B = x(m+1:n)$，那么

$$y = W_n x = \mathcal{P}_{2,m} \begin{bmatrix} I_m & I_m \\ I_m & -I_m \end{bmatrix} \begin{bmatrix} W_m & 0 \\ 0 & I_m \end{bmatrix} \begin{bmatrix} x_T \\ x_B \end{bmatrix}$$

$$= \mathcal{P}_{2,m} \begin{bmatrix} W_m x_T + x_B \\ W_m x_T - x_B \end{bmatrix}.$$

换句话说，也就是：

$$y(1:2:n) = W_m x_T + x_B, \quad y(2:2:n) = W_m x_T - x_B.$$

这为计算 $y = W_n x$ 的快速递归过程指明了方向.

算法 1.4.4 (哈尔小波变换) 给定 $x \in \mathbb{R}^n$ 和 $n = 2^t$，算法计算哈尔变换 $y = W_n x$.

function y = fht(x, n)

```
if n = 1
  y = x
else
  m = n/2
  z = fht(x(1 : m), m)
  y(1 : 2 : n) = z + x(m + 1 : n)
  y(2 : 2 : n) = z − x(m + 1 : n)
end
```

可以证明这个算法需要 $2n$ 个 flop.

习 题

1. 假设 $\boldsymbol{w} = \left[1,\, \omega_n,\, \omega_n^2, \cdots,\, \omega_n^{n/2-1}\right]$，其中 $n = 2^t$. 使用冒号记号把

$$\left[1,\, \omega_r,\, \omega_r^2, \cdots,\, \omega_r^{r/2-1}\right]$$

表示为 $\boldsymbol{w}$ 的子向量，其中 $r = 2^q$, $q = 1:t$. 假设 $\boldsymbol{w}$ 是预先计算的，重写算法 1.4.1. 说明该策略可将 flop 数减至 $5n\log_2 n$.

2. 设 $n = 3m$，检验

$$\boldsymbol{G} = [\, F_n(:,1:3:n) \mid F_n(:,2:3:n) \mid F_n(:,3:3:n)\,]$$

是 3×3 的分块矩阵，寻找 $\boldsymbol{F}_m$ 的缩放. 根据上述发现，模仿正文中的 2 基快速傅里叶变换，开发一个递归的 3 基快速傅里叶变换.

3. 如果 $n = 2^t$，那么可以证明 $\boldsymbol{F}_n = (\boldsymbol{A}_t\boldsymbol{\Gamma}_t)\cdots(\boldsymbol{A}_1\boldsymbol{\Gamma}_1)$，其中 $q = 1:t$,

$$\begin{aligned}
\boldsymbol{L}_q &= 2^q, \quad r_q = n/L_q,\\
\boldsymbol{A}_q &= \boldsymbol{I}_{r_q} \otimes \begin{bmatrix} \boldsymbol{I}_{L_{q-1}} & \boldsymbol{\Omega}_q \\ \boldsymbol{I}_{L_{q-1}} & -\boldsymbol{\Omega}_q \end{bmatrix},\\
\boldsymbol{\Gamma}_q &= \mathcal{P}_{2,r_q} \otimes \boldsymbol{I}_{L_{q-1}},\\
\boldsymbol{\Omega}_q &= \operatorname{diag}(1, \omega_{L_q}, \cdots, \omega_{L_q}^{L_{q-1}-1}).
\end{aligned}$$

注意到用这个分解，离散傅里叶变换 $\boldsymbol{y} = \boldsymbol{F}_n\boldsymbol{x}$ 可以计算如下：

```
y = x
for q = 1 : t
  y = A_q (Γ_q y)
end
```

补充 $\boldsymbol{y}$ 修正的细节，说明该实现需要 $5n\log_2(n)$ 个 flop.

4. $\boldsymbol{W}_n$ 的分量的中哪部分是零?

5. 使用式 (1.4.13)，通过归纳法验证：如果 $n=2^t$，那么哈尔变换矩阵 $\boldsymbol{W}_n$ 有分解 $\boldsymbol{W}_n=\boldsymbol{H}_t\cdots\boldsymbol{H}_1$，其中

$$\boldsymbol{H}_q=\begin{bmatrix}\mathcal{P}_{2,L_*} & \boldsymbol{0}\\ \boldsymbol{0} & \boldsymbol{I}_{n-L}\end{bmatrix}\begin{bmatrix}\boldsymbol{W}_2\otimes \boldsymbol{I}_{L_*} & \boldsymbol{0}\\ \boldsymbol{0} & \boldsymbol{I}_{n-L}\end{bmatrix},\quad L=2^q,\ L_*=L/2.$$

因此，$\boldsymbol{y}=\boldsymbol{W}_n\boldsymbol{x}$ 的计算可按以下方式进行：

```
y = x
for q = 1 : t
    y = H_q y
end
```

补充修正 $\boldsymbol{y}=\boldsymbol{H}_q\boldsymbol{y}$ 的细节，确认 $\boldsymbol{W}_n\boldsymbol{x}$ 需要 $2n$ 个 flop.

6. 给定 $\boldsymbol{x}\in\mathbb{R}^n$, $n=2^t$，使用式 (1.4.13) 开发一个求解 $\boldsymbol{W}_n\boldsymbol{y}=\boldsymbol{x}$ 的 $O(n)$ 程序.

1.5 向量化和局部化

在涉及高性能矩阵计算的设计时，仅仅考虑最小化 flop 是不够的，我们还必须关注算术单元如何与底层内存系统交互. 数据结构是其中的一个重要部分，因为并非所有的矩阵布局都是“结构友好的”. 我们的目的是给出各种简化的执行模式来建立对这些问题的实际认识. 这些模型是**定性的**，正好是复杂实现问题的信息指针.

1.5.1 向量处理

一个单独的浮点运算通常需要几个步骤来完成. 一个三步骤加法器如图 1.5.1 所示. 输入标量 x 和 y，沿着计算“装配线”，在三个“工作站”中的每一个完成一个步骤. 三步后输出和 z. 注意，在执行单一的“无等待”的加法运算时，在任意特定时刻三个工作站中只有一个工作.

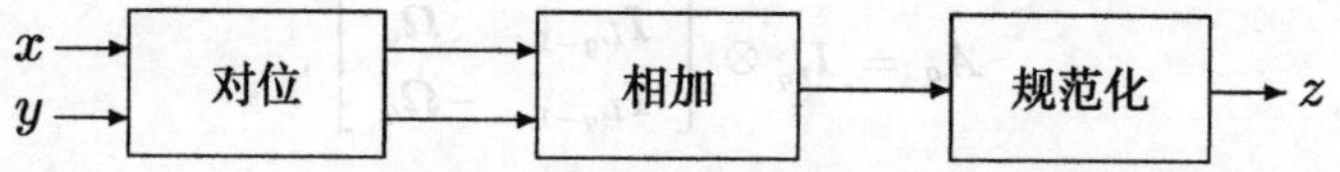

图 1.5.1 三步骤加法器

向量处理器利用了一个事实，即向量运算是一个非常规则的标量运算序列. 关键思想是**流水线化**，我们用向量加法运算 $\boldsymbol{z}=\boldsymbol{x}+\boldsymbol{y}$ 来说明. 在流水线上，向量 $\boldsymbol{x}$ 和 $\boldsymbol{y}$ 流水式通过加法单元. 一旦流水线满载并达到稳定状态，每个周期就会产生向量 $\boldsymbol{z}$ 的一个分量，如图 1.5.2 所示. 在这种情况下，我们预期向量处理将以大约三倍的标量处理速度进行.

向量处理器具有一系列的**向量指令**，如向量加法、向量乘法、向量缩放、点积和 saxpy. 这些操作在**向量寄存器**中进行，“向量装入”和“向量存储”指令

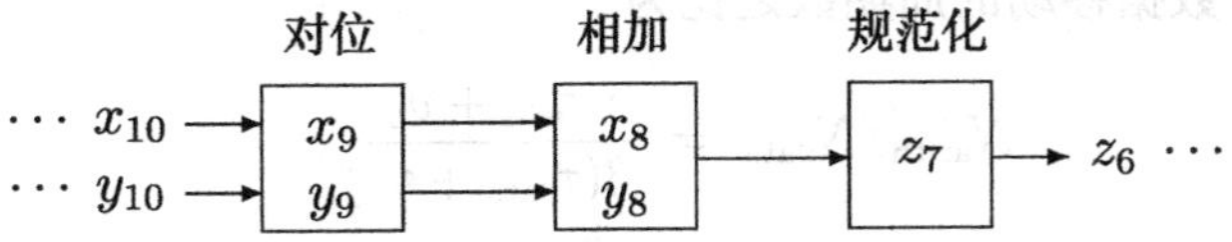

图 1.5.2 流水线化相加

处理输入和输出. 向量处理器的一个重要指标是执行向量运算的向量寄存器的长度 v_L. 长度为 n 的向量运算必须分解为长度不超过 v_L 的子向量运算. 这里以向量加法 $\boldsymbol{z}=\boldsymbol{x}+\boldsymbol{y}$ 为例说明如何分解, 其中 $\boldsymbol{x}$ 和 $\boldsymbol{y}$ 是 n 维向量.

$first = 1$
while $first \leqslant n$
  $last = \min\{n, first + v_L - 1\}$
  向量装入: $r_1 \leftarrow x(first : last)$
  向量装入: $r_2 \leftarrow y(first : last)$ (1.5.1)
  向量相加: $r_1 = r_1 + r_2$
  向量存储: $z(first : last) \leftarrow r_1$
  $first = last + 1$
end

向量加法是一种“寄存器到寄存器”的操作, 从向量寄存器进出的数据的“无 flop”移动用左箭头“←”标识. 让我们模拟执行 (1.5.1) 中的各个步骤所需的周期数. 为了清晰起见, 假设 n 非常大并且是 v_L 的整数倍, 这样就可以安全地忽略贯穿循环的最后一次清理.

关于向量化的加法 $\boldsymbol{r}_1=\boldsymbol{r}_1+\boldsymbol{r}_2$, 假设填充流水线需要 τ_{add} 个周期, 一旦流水线满载, 每个周期都产生 $\boldsymbol{z}$ 的一个分量. 这样一来,

$$N_{\text{arith}} = \left(\frac{n}{v_L}\right)(\tau_{\text{add}} + v_L) = \left(\frac{\tau_{\text{add}}}{v_L} + 1\right) n$$

是 (1.5.1) 中算术运算所需要的总周期数.

对于向量装入和向量存储, 假设需要 $\tau_{\text{data}} + v_L$ 个周期将长度为 v_L 的向量从内存传输到寄存器或从寄存器传输到存储器, 其中 τ_{data} 是填充流水线数据需要的周期数. 有了这些假设, 我们得出,

$$N_{\text{data}} = 3\left(\frac{n}{v_L}\right)(\tau_{\text{data}} + v_L) = 3\left(\frac{\tau_{\text{data}}}{v_L} + 1\right) n$$

是 (1.5.1) 传输数据到寄存器和从寄存器中获取数据所需要的周期数.

算术运算与数据移动的周期数之比为

$$N_{\text{arith}}/N_{\text{data}} = \frac{\tau_{\text{add}} + v_L}{3(\tau_{\text{data}} + v_L)},$$

总周期数为

$$N_{\text{arith}} + N_{\text{data}} = \left(\frac{\tau_{\text{arith}} + 3\tau_{\text{data}}}{v_L} + 4\right) n.$$

它们是有启发性的统计数据，但不一定能很好地预测性能. 在实践中，向量装入、向量存储和算术运算都是通过各种流水线链条“重叠”的，我们的模型并没有捕捉到这一特性. 然而，我们的简单分析只是一个初步的提示，即数据移动是推断性能的重要因素.

1.5.2 gaxpy 与外积

两个需要相同数量 flop 的算法，可能有本质上不同的数据移动性质. 考虑 $n \times n$ 的 gaxpy 运算

$$\boldsymbol{y} = \boldsymbol{y} + \boldsymbol{A}\boldsymbol{x}$$

以及 $n \times n$ 外积修正

$$\boldsymbol{A} = \boldsymbol{A} + \boldsymbol{y}\boldsymbol{x}^{\mathrm{T}}.$$

这两个 2 级运算都需要 $2n^2$ 个 flop. 然而，如果我们（为了清楚起见）假设 $n = v_L$，就会看到 gaxpy 运算

$r_x \leftarrow x$
$r_y \leftarrow y$
for $j = 1 : n$
  $r_a \leftarrow A(:, j)$
  $r_y = r_y + r_a r_x(j)$
end
$y \leftarrow r_y$

需要 $(3 + n)$ 个装入/储存操作，而外积修正

$r_x \leftarrow x$
$r_y \leftarrow y$
for $j = 1 : n$
  $r_a \leftarrow A(:, j)$
  $r_a = r_a + r_y r_x(j)$
  $A(:, j) \leftarrow r_a$
end

对应的数量为 $(2+2n)$. 因此，外积修正的数据移动开销大约是 gaxpy 的两倍，这是一个可能成为高性能矩阵计算设计因素的现实.

1.5.3 步幅相关性

将一个向量装入向量寄存器所需要的时间很大程度上取决于向量在内存中是如何布局的，在 1.5.1 节我们没有考虑这一细节. 两个概念有助于解决这个问题. 如果一个向量的分量在内存中是连续存储的，那么称其具有**单位步幅**. 如果矩阵的列具有单位步幅，那么称其为**列主顺序**存储.

让我们考虑矩阵乘法修正计算

$$\boldsymbol{C}=\boldsymbol{C}+\boldsymbol{AB}$$

其中矩阵 $\boldsymbol{C}\in\mathbb{R}^{m\times n}$, $\boldsymbol{A}\in\mathbb{R}^{m\times r}$, $\boldsymbol{B}\in\mathbb{R}^{r\times n}$ 按列主顺序存储. 假设单位步幅向量的加载比非单位步幅向量的加载快得多. 如果这样的话，那么程序

```
for j = 1 : n
  for k = 1 : r
    C(:, j) = C(:, j) + A(:, k)B(k, j)
  end
end
```

逐列存取 $\boldsymbol{C}$, $\boldsymbol{A}$, $\boldsymbol{B}$. 而

```
for i = 1 : m
  for j = 1 : n
    C(i, j) = C(i, j) + A(i, :)B(:, j)
  end
end
```

逐行存取 $\boldsymbol{C}$ 和 $\boldsymbol{A}$. 虽然这个例子指出了步幅可能的重要性，但重要的是要记住，对非单位步幅访问的惩罚因系统而异，可能取决于步幅本身的价值.

1.5.4 数据分块重用

矩阵驻留在内存中，**但内存具有级别**. 典型的配置如图 1.5.3 所示. **高速缓存**是容量相对较小的高速内存单元，位于执行算术运算的功能单元的正下方. 在矩阵计算过程中，矩阵元素在内存层次结构中上下移动. 高速缓存是一种小型的高速内存，位于功能单元和主内存之间，起着特别重要的作用. 层次结构的总体设计因系统而异. 然而，有两条准则始终适用:

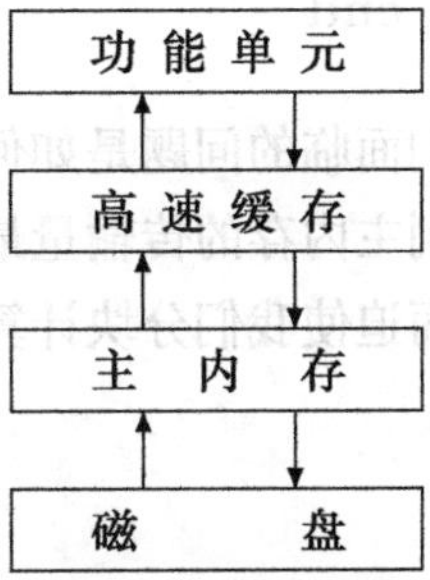

图 1.5.3 内存层次结构

- 层次结构中的每个层次容量有限. 由于经济原因, 层次越高容量就越小.
- 数据在两个层次之间移动需要耗费时间成本, 这个成本有时还较高.

为了设计一个高效的矩阵算法, 我们需要考虑不同存储层次之间的数据流.

为了提升高速缓存的利用率, 我们再次考虑修正 $\boldsymbol{C}=\boldsymbol{C}+\boldsymbol{AB}$, 其中每个矩阵都是 $n\times n$ 的, 并按如下方式分块:

$$\boldsymbol{C}=\begin{bmatrix}\boldsymbol{C}_{11} & \cdots & \boldsymbol{C}_{1r}\\ \vdots & \ddots & \vdots\\ \boldsymbol{C}_{qr} & \cdots & \boldsymbol{C}_{qr}\end{bmatrix},\quad \boldsymbol{A}=\begin{bmatrix}\boldsymbol{A}_{11} & \cdots & \boldsymbol{A}_{1p}\\ \vdots & \ddots & \vdots\\ \boldsymbol{A}_{qr} & \cdots & \boldsymbol{A}_{qp}\end{bmatrix},\quad \boldsymbol{B}=\begin{bmatrix}\boldsymbol{B}_{11} & \cdots & \boldsymbol{B}_{1r}\\ \vdots & \ddots & \vdots\\ \boldsymbol{B}_{pr} & \cdots & \boldsymbol{B}_{pr}\end{bmatrix}.$$

假设这三个矩阵驻留在主内存中, 我们计划逐块修正矩阵 $\boldsymbol{C}$:

$$\boldsymbol{C}_{ij} = \boldsymbol{C}_{ij} + \sum_{k=1}^{p}\boldsymbol{A}_{ik}\boldsymbol{B}_{kj}.$$

块中的数据必须通过高速缓存提升到功能单元, 假设缓存的大小足以容纳一个 $\boldsymbol{C}$ 块、一个 $\boldsymbol{A}$ 块和一个 $\boldsymbol{B}$ 块. 这就得到以下计算结构:

for $i=1:q$
  for $j=1:r$
    把 C_{ij} 从主内存装入到高速缓存
    for $k=1:p$
      把 A_{ik} 从主内存装入到高速缓存
      把 B_{kj} 从主内存装入到高速缓存 (1.5.2)
      $C_{ij}=C_{ij}+A_{ik}B_{kj}$
    end
    把 C_{ij} 存储到主内存
  end
end

我们面临的问题是如何选择块参数 q, r, p, 使得从主内存到高速缓存和从高速缓存到主内存的传输量最小. 假设高速缓存可以保存 M 个浮点数, 其中 $M \ll 3n^2$, 从而迫使我们分块计算. 假设

$$\left.\begin{matrix}\boldsymbol{C}_{ij}\\ \boldsymbol{A}_{ik}\\ \boldsymbol{B}_{kj}\end{matrix}\right\}\ \text{粗略为}\ \left\{\begin{matrix}(n/q)\times(n/r)\\ (n/q)\times(n/p)\\ (n/p)\times(n/r)\end{matrix}\right. .$$

我们说"粗略"是因为如果 q, r, p 不整除 n，那么这些块的大小就不均匀，例如，

$$
\boldsymbol{A} = \left[\begin{array}{ccc|ccc|ccc|c}
\times & \times & \times & \times & \times & \times & \times & \times & \times & \times \\
\times & \times & \times & \times & \times & \times & \times & \times & \times & \times \\
\times & \times & \times & \times & \times & \times & \times & \times & \times & \times \\
\times & \times & \times & \times & \times & \times & \times & \times & \times & \times \\
\hline
\times & \times & \times & \times & \times & \times & \times & \times & \times & \times \\
\times & \times & \times & \times & \times & \times & \times & \times & \times & \times \\
\times & \times & \times & \times & \times & \times & \times & \times & \times & \times \\
\times & \times & \times & \times & \times & \times & \times & \times & \times & \times \\
\hline
\times & \times & \times & \times & \times & \times & \times & \times & \times & \times \\
\times & \times & \times & \times & \times & \times & \times & \times & \times & \times
\end{array}\right], \quad \begin{array}{l} n = 10, \\ q = 3, \\ p = 4. \end{array}
$$

然而，忽略这个细节，我们没有什么损失，因为我们的目标只是开发一种关于大型问题的高速缓存的利用方式．因此，我们对分块参数施加以下约束：

$$\frac{n}{q} \times \frac{n}{r} + \frac{n}{q} \times \frac{n}{p} + \frac{n}{p} \times \frac{n}{r} \leqslant M. \tag{1.5.3}$$

继续进行优化，将与修正 $\boldsymbol{C}_{ij} = \boldsymbol{C}_{ij} + \boldsymbol{A}_{ik}\boldsymbol{B}_{kj}$ 相关的运算量最大化是合理的．毕竟，我们已经把矩阵数据从主内存转移到高速缓存，并且应该充分利用投入．这导致了在约束 (1.5.3) 下最大化 $2n^3/(qrp)$ 的问题．对拉格朗日乘数的进行简单讨论，我们得出结论：

$$q_{\text{opt}} = p_{\text{opt}} = r_{\text{opt}} \approx \sqrt{\frac{3n^2}{M}}. \tag{1.5.4}$$

也就是说，$\boldsymbol{C}$, $\boldsymbol{A}$, $\boldsymbol{B}$ 的每个块应该大约为方阵，占据大约三分之一的高速缓存．

因为分块会影响矩阵计算中的内存开销，所以在设计高性能实现时分块至关重要．实际上，事情从来没有我们的模型例子那么简单．q_{opt}, r_{opt}, p_{opt} 的最佳选择还取决于内存层次之间的传输速率以及本节前面提到的所有其他架构因素．数据结构也很重要，按块而不是按列主顺序存储矩阵可以提高性能．

习　　题

1. 假设 $\boldsymbol{A} \in \mathbb{R}^{n \times n}$ 是三对角矩阵，沿其次对角线、对角线和上对角线的元素存储在向量 $e(1:n-1)$, $d(1:n)$, $f(2:n)$ 中．给出 $n \times n$ gaxpy $\boldsymbol{y} = \boldsymbol{y} + \boldsymbol{A}\boldsymbol{x}$ 的向量化实现．提示：使用向量乘法运算．

2. 给出计算 $\boldsymbol{C} = \boldsymbol{C} + \boldsymbol{A}^{\mathrm{T}}\boldsymbol{B}\boldsymbol{A}$ 的算法，其中 $\boldsymbol{A}$ 和 $\boldsymbol{B}$ 是 $n \times n$ 矩阵，$\boldsymbol{B}$ 是对称矩阵．该算法的最内层循环应当是单位步幅向量运算．

3. 假设 $\boldsymbol{A} \in \mathbb{R}^{m \times n}$ 按列主顺序存储，其中 $m = m_1 M$, $n = n_1 N$．把 $\boldsymbol{A}$ 当作有 $m_1 \times n_1$ 块的 $M \times N$ 分块矩阵．给出一种算法，把 $\boldsymbol{A}$ 存储在向量 $A.\text{block}(1:mn)$ 中，且每个块 $\boldsymbol{A}_{ij}$ 按列主顺序连续存储．

1.6 并行矩阵乘法

矩阵计算研究在许多应用领域的影响取决于并行算法的发展. 并行算法的特性是，随着问题规模的增长和涉及处理器数量的增加，它们仍然有效. 虽然强大的新编程语言和相关的系统工具继续简化了实现并行矩阵计算的过程，但是能够“思考并行”仍然很重要. 这需要对负载平衡、通信开销和处理器同步有一个直观的认识.

1.6.1 模型计算

为了说明与并行矩阵计算相关的主要思想，我们考虑以下**模型计算**：

> 给定 $\boldsymbol{C}\in\mathbb{R}^{m\times n}$, $\boldsymbol{A}\in\mathbb{R}^{m\times r}$, $\boldsymbol{B}\in\mathbb{R}^{r\times n}$，有效计算矩阵乘法修正 $\boldsymbol{C}=\boldsymbol{C}+\boldsymbol{AB}$，假设有 p 个处理器可用. 每个处理器都有自己的**本地内存**并执行它自己的**本地任务**.

矩阵乘法修正问题是一个很好的选择，因为它本质上是一个并行计算，而且它是我们在后面章节中开发的许多重要算法的核心.

并行过程的设计是从将给定的问题分解成具有一定独立性的较小部分开始的. 在我们的问题中，假设有如下分块

$$\boldsymbol{C}=\begin{bmatrix}\boldsymbol{C}_{11}&\cdots&\boldsymbol{C}_{1N}\\ \vdots&\ddots&\vdots\\ \boldsymbol{C}_{M1}&\cdots&\boldsymbol{C}_{MN}\end{bmatrix},\ \boldsymbol{A}=\begin{bmatrix}\boldsymbol{A}_{11}&\cdots&\boldsymbol{A}_{1R}\\ \vdots&\ddots&\vdots\\ \boldsymbol{A}_{M1}&\cdots&\boldsymbol{A}_{MR}\end{bmatrix},\ \boldsymbol{B}=\begin{bmatrix}\boldsymbol{B}_{11}&\cdots&\boldsymbol{B}_{1N}\\ \vdots&\ddots&\vdots\\ \boldsymbol{B}_{R1}&\cdots&\boldsymbol{B}_{RN}\end{bmatrix},\tag{1.6.1}$$

$$m=m_1M,\quad r=r_1R,\quad n=n_1N,$$

其中 $\boldsymbol{C}_{ij}\in\mathbb{R}^{m_1\times n_1}$, $\boldsymbol{A}_{ij}\in\mathbb{R}^{m_1\times r_1}$, $\boldsymbol{B}_{ij}\in\mathbb{R}^{r_1\times n_1}$. 因此，修正 $\boldsymbol{C}+\boldsymbol{AB}$ 可以很好地划分为 MN 更小的任务：

$$\text{Task}(i,j):\quad \boldsymbol{C}_{ij}\ =\ \boldsymbol{C}_{ij}\ +\sum_{k=1}^{R}\boldsymbol{A}_{ik}\boldsymbol{B}_{kj}.\tag{1.6.2}$$

注意分块与分块的乘积 $\boldsymbol{A}_{ik}\boldsymbol{B}_{kj}$ 都是相同大小的.

因为任务自然是双索引的，所以我们也对可用的处理器进行双索引. 假设 $p=p_{\text{row}}p_{\text{col}}$，并通过 $\text{Proc}(i,j)$ 为 $i=1:p_{\text{row}}$ 和 $j=1:p_{\text{col}}$ 指定第 (i,j) 个处理器. 处理器的双索引只是一种表示法，而不是关于它们的物理连接性的陈述.

1.6.2 负载平衡

有效的并行程序在处理器之间公平地划分工作. 模型计算有两种细分策略. 二维块分布为每个处理器分配连续的块修正提供了依据，参见图 1.6.1. 或者，我

们可以让 $\text{Proc}(\mu,\tau)$ 监控 $\boldsymbol{C}_{ij}$ 的修正，其中 $i=\mu:p_{\text{row}}:M,\ j=\tau:p_{\text{col}}:N$. 这称为**二维块循环分布**，参见图 1.6.2. 对于图中的示例，两种策略都为每个处理器分配 12 个 $\boldsymbol{C}_{ij}$ 修正，每个修正涉及 R 个分块与分块相乘，即 $12(2m_1n_1r_1)$ 个 flop. 因此，从 flop 的角度来看，这两种策略都是**负载均衡**的，这意味着分配给每个处理器的算术计算量大致相同.

如果 M 不是 p_{row} 的倍数，或者 N 不是 p_{col} 的倍数，那么处理器之间的工作分配就不再平衡. 事实上，如果

$$M=\alpha_1 p_{\text{row}}+\beta_1,\quad 0\leqslant\beta_1<p_{\text{row}},$$
$$N=\alpha_2 p_{\text{col}}+\beta_2,\quad 0\leqslant\beta_2<p_{\text{col}},$$

那么每个处理器的块与块的乘法数量可以从 $\alpha_1\alpha_2R$ 到 $(\alpha_1+1)(\alpha_2+1)R$. 但是，在使用 $M\gg p_{\text{row}}$ 和 $N\gg p_{\text{col}}$ 进行大规模计算时，这种变化是不显著的：

$$\frac{(\alpha_1+1)(\alpha_2+1)R}{(\alpha_1\alpha_2)R}=1+O\left(\frac{p_{\text{row}}}{M}+\frac{p_{\text{col}}}{N}\right).$$

我们的结论是，对于一般的 $\boldsymbol{C}+\boldsymbol{AB}$ 修正，块分布和块循环分布策略都是负载均衡的.

对于实际中出现的某些块稀疏情况就不同了. 如果 $\boldsymbol{A}$ 是下三角块，$\boldsymbol{B}$ 是上三角块，那么与 $\text{Task}(i,j)$ 关联的工作量取决于 i 和 j. 事实上，根据 (1.6.2) 我们有

$$\boldsymbol{C}_{ij}=\boldsymbol{C}_{ij}+\sum_{k=1}^{\min\{i,j,R\}}\boldsymbol{A}_{ik}\boldsymbol{B}_{kj}.$$

块分配的工作分配非常不均衡，这是因为与 $\text{Task}(i,j)$ 关联的 flop 数随着 i 和 j 的增加而增加. 分配给 $\text{Proc}\ (p_{\text{row}},p_{\text{col}})$ 的任务涉及的工作最多，而分配给 Proc(1,1) 的任务涉及的工作最少. 为了说明工作负载的比例，令 $M=N=R=\tilde{M}$，假设 $p_{\text{row}}=p_{\text{col}}=\tilde{p}$ 整除 $\tilde{M}$. 如果 $\tilde{M}/\tilde{p}\gg 1$，可以证明

$$\frac{\text{分配给 Proc}(\tilde{p},\tilde{p})\text{ 的 flop}}{\text{分配给 Proc}(1,1)\text{ 的 flop}}=O(\tilde{p}).\tag{1.6.3}$$

因此，负载平衡不依赖于问题的大小，并且随着处理器数量的增加情况变得更坏.

块循环分布的情况却不是这样. 同样，Proc(1,1) 和 $\text{Proc}(\tilde{p},\tilde{p})$ 分别是最不繁忙和最繁忙的处理器. 然而，现在可以证实

$$\frac{\text{分配给 Proc}(\tilde{p},\tilde{p})\text{ 的 flop}}{\text{分配给 Proc}(1,1)\text{ 的 flop}}=1+O\left(\frac{\tilde{p}}{\tilde{M}}\right),\tag{1.6.4}$$

Proc(1,1)	Proc(1,2)	Proc(1,3)
$\left\{\begin{matrix} C_{11} & C_{12} & C_{13} \\ C_{21} & C_{22} & C_{23} \\ C_{31} & C_{32} & C_{33} \\ C_{41} & C_{42} & C_{43} \end{matrix}\right\}$	$\left\{\begin{matrix} C_{14} & C_{15} & C_{16} \\ C_{24} & C_{25} & C_{26} \\ C_{34} & C_{35} & C_{36} \\ C_{44} & C_{45} & C_{46} \end{matrix}\right\}$	$\left\{\begin{matrix} C_{17} & C_{18} & C_{19} \\ C_{27} & C_{28} & C_{29} \\ C_{37} & C_{38} & C_{39} \\ C_{47} & C_{48} & C_{49} \end{matrix}\right\}$
Proc(2,1)	**Proc(2,2)**	**Proc(2,3)**
$\left\{\begin{matrix} C_{51} & C_{52} & C_{53} \\ C_{61} & C_{62} & C_{63} \\ C_{71} & C_{72} & C_{73} \\ C_{81} & C_{82} & C_{83} \end{matrix}\right\}$	$\left\{\begin{matrix} C_{54} & C_{55} & C_{56} \\ C_{64} & C_{65} & C_{66} \\ C_{74} & C_{75} & C_{76} \\ C_{84} & C_{85} & C_{86} \end{matrix}\right\}$	$\left\{\begin{matrix} C_{57} & C_{58} & C_{59} \\ C_{67} & C_{68} & C_{69} \\ C_{77} & C_{78} & C_{79} \\ C_{87} & C_{88} & C_{89} \end{matrix}\right\}$

图 1.6.1 任务的块分布 ($M = 8$, $p_{\text{row}} = 2$, $N = 9$, $p_{\text{col}} = 3$)

Proc(1,1)	Proc(1,2)	Proc(1,3)
$\left\{\begin{matrix} C_{11} & C_{14} & C_{17} \\ C_{31} & C_{34} & C_{37} \\ C_{51} & C_{54} & C_{57} \\ C_{71} & C_{74} & C_{77} \end{matrix}\right\}$	$\left\{\begin{matrix} C_{12} & C_{15} & C_{18} \\ C_{32} & C_{35} & C_{38} \\ C_{52} & C_{55} & C_{58} \\ C_{72} & C_{75} & C_{78} \end{matrix}\right\}$	$\left\{\begin{matrix} C_{13} & C_{16} & C_{19} \\ C_{33} & C_{36} & C_{39} \\ C_{53} & C_{56} & C_{59} \\ C_{73} & C_{76} & C_{79} \end{matrix}\right\}$
Proc(2,1)	**Proc(2,2)**	**Proc(2,3)**
$\left\{\begin{matrix} C_{21} & C_{24} & C_{27} \\ C_{41} & C_{44} & C_{47} \\ C_{61} & C_{64} & C_{67} \\ C_{81} & C_{84} & C_{87} \end{matrix}\right\}$	$\left\{\begin{matrix} C_{22} & C_{25} & C_{28} \\ C_{42} & C_{45} & C_{48} \\ C_{62} & C_{65} & C_{68} \\ C_{82} & C_{85} & C_{88} \end{matrix}\right\}$	$\left\{\begin{matrix} C_{23} & C_{26} & C_{29} \\ C_{43} & C_{46} & C_{49} \\ C_{63} & C_{66} & C_{69} \\ C_{83} & C_{86} & C_{89} \end{matrix}\right\}$

图 1.6.2 任务的块循环分布 ($M = 8$, $p_{\text{row}} = 2$, $N = 9$, $p_{\text{col}} = 3$)

表明随着问题规模的增长，工作分配变得越来越平衡.

另一种更适合任务块循环分布的情况是，$\boldsymbol{A}$ 的前 q 块行为零，$\boldsymbol{B}$ 的前 q 块列为零. 这种情况出现在几个重要的矩阵分解方法中. 从图 1.6.1 可以看出，如果 q 足够大，任务是根据块分布分配的，那么一些处理器就完全没有事情可做. 另外，块循环分布是负载均衡的，这进一步证明了这种任务分配方法的合理性.

1.6.3 数据动态管理

到目前为止，从 flop 的角度讨论集中在负载平衡. 现在我们将注意力转向与数据移动和处理器协调相关的成本. 处理器如何获得分配任务所需的数据? 如果一个处理器需要的数据是由另一个处理器执行的计算输出，那么该处理器如何知道要等待多久呢? 与数据传输和同步相关的开销是什么? 它们如何与实际算法的成本进行比较呢?

在 1.5 节中讨论了数据局部化的重要性. 然而，在并行计算环境中，处理器需要的数据可能“很远”. 如果这种情况经常发生，那么就有可能失去多处理器的优势. 对于同步，等待另一个处理器完成计算所花费的时间就是时间的损失. 因此，有效并行计算的设计需要注意同步点的数量及其影响. 总的来说，这使得模型分析变得困难，特别是因为单个处理器通常可以同时进行计算和通信. 尽管如此，我们仍继续分析模型计算，以使数据移动相对于 flop 的成本更加夸张. 对于本节的其余部分，我们假设:

(a) 采用任务块循环分配的方法，保证算法的负载均衡.

(b) 单个处理器能以每秒 F 个 flop 的速度执行计算 $\boldsymbol{C}_{ij} = \boldsymbol{C}_{ij} + \boldsymbol{A}_{ik}\boldsymbol{B}_{kj}$. 通常，一个处理器将拥有自己的本地内存层次结构和向量处理能力，因此 F 试图在一个数字中捕获我们在 1.5 节中讨论的所有性能问题.

(c) 将 η 个浮点数移入或移出处理器所需的时间是 $\alpha + \beta\eta$. 在这个模型中，参数 α 和 β 分别捕获与数据传输相关的延时和带宽属性.

通过这些简化，我们可以大致评估将 p 个处理器分配给修正计算 $\boldsymbol{C} = \boldsymbol{C} + \boldsymbol{AB}$ 的有效性.

令 $T_{\text{arith}}(p)$ 表示每个处理器在执行其计算份额时必须花费的时间. 根据假设 (a) 和 (b)，有

$$T_{\text{arith}}(p) \approx \frac{2mnr}{pF}. \tag{1.6.5}$$

类似地，令 $T_{\text{data}}(p)$ 表示每个处理器用于获取执行其任务所需的数据必须花费的时间. 通常，这个数量在处理器之间会有很大的不同. 然而，下面列出的实现策略的特性是，每个处理器的通信开销大致相同. 因此，如果 $T_{\text{arith}}(p) + T_{\text{data}}(p)$ 近

似于 p 处理器计算的总执行时间，则商

$$S(p) = \frac{T_{\text{arith}}(1)}{T_{\text{arith}}(p) + T_{\text{data}}(p)} = \frac{p}{1 + \dfrac{T_{\text{data}}(p)}{T_{\text{arith}}(p)}} \tag{1.6.6}$$

是对加速的合理度量. 理想情况下，将 p 个处理器分配给修正 $\boldsymbol{C} = \boldsymbol{C} + \boldsymbol{AB}$ 可以将单处理器执行时间减少 p 的一个因子. 但是，从 (1.6.6) 中我们可以看到，$S(p) < p$ 与计算通信比 $T_{\text{data}}(p)/T_{\text{arith}}(p)$ 解释了性能下降的原因. 为了直观地了解这个非常重要的商，我们需要更仔细地检查与每个任务相关的数据传输属性.

1.6.4 谁需要什么

如果处理器执行 Task(i,j)，那么在计算过程中的某个时候，必须找到方法将 $\boldsymbol{C}_{ij}, \boldsymbol{A}_{i1}, \cdots, \boldsymbol{A}_{iR}, \boldsymbol{B}_{1j}, \cdots, \boldsymbol{B}_{Rj}$ 放到它的本地内存中. 给定 1.6.3 节的假设 (a) 和 (c)，表 1.6.1 总结了单个处理器的相关数据传输开销.

表 1.6.1 Proc(μ,τ) 的通信开销

所需的分块			每块数据传递时间
$\boldsymbol{C}_{ij}$	$i = \mu : p_{\text{row}} : M$	$j = \tau : p_{\text{col}} : N$	$\alpha + \beta m_1 n_1$
$\boldsymbol{A}_{ij}$	$i = \mu : p_{\text{row}} : M$	$j = 1 : R$	$\alpha + \beta m_1 r_1$
$\boldsymbol{B}_{ij}$	$i = 1 : R$	$j = \tau : p_{\text{col}} : N$	$\alpha + \beta r_1 n_1$

因此，如果

$$\gamma_C = \boldsymbol{C} \text{ 块转移需要的数目}, \tag{1.6.7}$$

$$\gamma_A = \boldsymbol{A} \text{ 块转移需要的数目}, \tag{1.6.8}$$

$$\gamma_B = \boldsymbol{B} \text{ 块转移需要的数目}, \tag{1.6.9}$$

那么

$$T_{\text{data}}(p) \approx \gamma_C(\alpha + \beta m_1 n_1) + \gamma_A(\alpha + \beta m_1 r_1) + \gamma_B(\alpha + \beta r_1 n_1),$$

从 (1.6.5) 我们有

$$\frac{T_{\text{data}}(p)}{T_{\text{arith}}(p)} \approx \frac{Fp}{2}\left(\alpha\frac{\gamma_C + \gamma_A + \gamma_B}{mnr} + \beta\left(\frac{\gamma_C}{MNr} + \frac{\gamma_A}{MnR} + \frac{\gamma_B}{mNR}\right)\right). \tag{1.6.10}$$

为了进一步进行分析，我们需要估计 (1.6.7)–(1.6.9) 中 γ，这需要对底层架构如何存储和访问矩阵 $\boldsymbol{A}, \boldsymbol{B}, \boldsymbol{C}$ 进行假设.

1.6.5 共享内存范例

在一个共享内存系统中，每个处理器都可以访问一个公共的全局内存. 参见图 1.6.3. 在程序执行期间，数据从全局内存流入和流出，这代表了我们要评估的巨大开销. 假设矩阵 $\boldsymbol{C}$, $\boldsymbol{A}$, $\boldsymbol{B}$ 在开始时都在全局内存中，并且 $\text{Proc}(\mu,\tau)$ 执行以下操作：

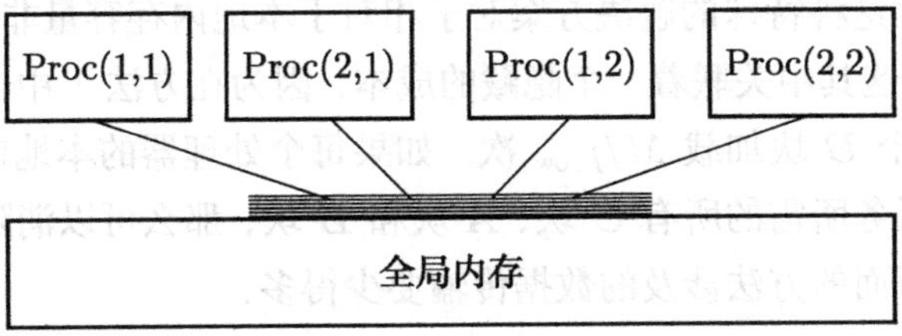

图 1.6.3 四处理器共享内存系统

$$
\begin{array}{l}
\textbf{for } i = \mu : p_{\text{row}} : M \\
\quad \textbf{for } j = \tau : p_{\text{col}} : N \\
\quad\quad C^{(\text{loc})} \leftarrow C_{ij} \\
\quad\quad \textbf{for } k = 1 : R \\
\quad\quad\quad A^{(\text{loc})} \leftarrow A_{ik} \\
\quad\quad\quad B^{(\text{loc})} \leftarrow B_{kj} \\
\quad\quad\quad C^{(\text{loc})} = C^{(\text{loc})} + A^{(\text{loc})} B^{(\text{loc})} \\
\quad\quad \textbf{end} \\
\quad\quad C_{ij} \leftarrow C^{(\text{loc})} \\
\quad \textbf{end} \\
\textbf{end}
\end{array}
\qquad \text{(方法 1)}
$$

为了提醒全局内存和本地内存之间的交互，我们使用“$\leftarrow$”符号表示这些内存级别之间的数据传输，使用“loc”上标指定本地内存中的矩阵. 方法 1 的块传输对 (1.6.7)–(1.6.9) 的统计信息如下：

$$
\begin{aligned}
\gamma_C &\approx 2(MN/p), \\
\gamma_A &\approx R(MN/p), \\
\gamma_B &\approx R(MN/p),
\end{aligned}
$$

并且从 (1.6.10) 我们知道

$$
\frac{T_{\text{data}}(p)}{T_{\text{arith}}(p)} \approx \frac{F}{2}\left(\alpha\frac{2+2R}{m_1 n_1 r} + \beta\left(\frac{2}{r} + \frac{1}{n_1} + \frac{1}{m_1}\right)\right). \tag{1.6.11}
$$

通过将这个结果代入 (1.6.6)，我们得出这样的结论：(a) 加速会随着 flop 频率 F 的增加而降低，(b) 随着通信参数 α 和 β 减少或块尺寸 m_1，n_1，r_1 的增加而加快. 注意到方法 1 的“通信计算比”(1.6.11) 并不取决于处理器的数量.

方法 1 的特性是，在任何特定的时刻，只需要在本地内存中存储一个 $\boldsymbol{C}$ 块、一个 $\boldsymbol{A}$ 块和一个 $\boldsymbol{B}$ 块，即 $\boldsymbol{C}^{(\text{loc})}$, $\boldsymbol{A}^{(\text{loc})}$, $\boldsymbol{B}^{(\text{loc})}$. 通常，处理器的本地内存比全局内存小得多，因此这种特殊的解决方案对于相对于本地内存容量非常大的问题很有吸引力. 但是，这其中关联着一个隐藏的成本，因为在方法 1 中，每个 $\boldsymbol{A}$ 块加载 N/p_{col} 次，每个 $\boldsymbol{B}$ 块加载 M/p_{row} 次. 如果每个处理器的本地内存足够大，能够同时容纳分配任务所需的所有 $\boldsymbol{C}$ 块、$\boldsymbol{A}$ 块和 $\boldsymbol{B}$ 块，那么可以消除这种冗余. 如果是这样，那么下面的方法涉及的数据传输要少得多：

$$
\begin{array}{l}
\textbf{for } k = 1:R \\
\quad A_{ik}^{(\text{loc})} \leftarrow A_{ik} \qquad (i = \mu : p_{\text{row}} : M) \\
\quad B_{kj}^{(\text{loc})} \leftarrow B_{kj} \qquad (j = \tau : p_{\text{col}} : N) \\
\textbf{end} \\
\textbf{for } i = \mu : p_{\text{row}} : M \\
\quad \textbf{for } j = \tau : p_{\text{col}} : N \\
\quad\quad C^{(\text{loc})} \leftarrow C_{ij} \\
\quad\quad \textbf{for } k = 1:R \\
\quad\quad\quad C^{(\text{loc})} = C^{(\text{loc})} + A_{ik}^{(\text{loc})} B_{kj}^{(\text{loc})} \\
\quad\quad \textbf{end} \\
\quad\quad C_{ij} \leftarrow C^{(\text{loc})} \\
\quad \textbf{end} \\
\textbf{end}
\end{array}
\qquad (\text{方法 } 2)
$$

方法 2 的块传输统计信息 $\gamma'_C, \gamma'_A, \gamma'_B$ 比方法 1 更有利. 可以证明

$$\gamma'_C = \gamma_C, \quad \gamma'_A = \gamma_A f_{\text{col}}, \quad \gamma'_B = \gamma_B f_{\text{row}}, \tag{1.6.12}$$

其中商 $f_{\text{col}} = p_{\text{col}}/N$ 和 $f_{\text{row}} = p_{\text{row}}/M$ 通常比 1 要少得多. 因此，给出了方法 2 的“通信计算比”

$$\frac{T_{\text{data}}(p)}{T_{\text{arith}}(p)} \approx \frac{F}{2}\left(\alpha\frac{2 + R\left(f_{\text{col}} + f_{\text{row}}\right)}{m_1 n_1 r} + \beta\left(\frac{2}{r} + \frac{1}{n_1}f_{\text{col}} + \frac{1}{m_1}f_{\text{row}}\right)\right), \tag{1.6.13}$$

这是对 (1.6.11) 的改进. 方法 1 和方法 2 展示了本地内存容量和与数据传输相关的开销之间经常存在的权衡.

1.6.6 屏障同步

上一节的讨论假设开始时全局内存中有 $\boldsymbol{C}$, $\boldsymbol{A}$, $\boldsymbol{B}$. 如果我们扩展模型计算，使其包含这三个矩阵的多处理器初始化，那么就会出现一个有趣的问题. 当初始化完成时，一个处理器如何“知道”什么时候开始它的 $\boldsymbol{C}=\boldsymbol{C}+\boldsymbol{AB}$ 修正的共享是安全的?

要回答这个问题，需要引入一个非常简单的同步结构，即**屏障**（barrier）. 假设在全局内存中通过为每个处理器分配任务的一部分来初始化 $\boldsymbol{C}$ 矩阵. 例如，$\text{Proc}(\mu,\tau)$ 可以这样做:

for $i=\mu:p_{\text{row}}:M$
  for $j=\tau:p_{\text{col}}:N$
    计算 C 的 (i,j) 块并且存储在 $C^{(\text{loc})}$.
    $C_{ij}\leftarrow C^{(\text{loc})}$
  end
end

可以采用类似的方法设置 $\boldsymbol{A}=(\boldsymbol{A}_{ij})$ 和 $\boldsymbol{B}=(\boldsymbol{B}_{ij})$. 即使初始化的这个分区是负载均衡的，也不能假定每个处理器都在完全相同的时间完成其共享的工作. 这就是屏障同步方便的地方. 假设 $\text{Proc}(\mu,\tau)$ 执行以下操作:

$$\begin{array}{lll} \text{初始化 } C_{ij}, & i=\mu:p_{\text{row}}:M, & j=\tau:p_{\text{col}}:N \\ \text{初始化 } A_{ij}, & i=\mu:p_{\text{row}}:M, & j=\tau:p_{\text{col}}:R \\ \text{初始化 } B_{ij}, & i=\mu:p_{\text{row}}:R, & j=\tau:p_{\text{col}}:N \\ \text{barrier} & & \\ \text{修正 } C_{ij}, & i=\mu:p_{\text{row}}:M, & j=\tau:p_{\text{col}}:N \end{array} \tag{1.6.14}$$

要理解 barrier 命令，可以将处理器视为“阻塞”或“空闲”. 在 (1.6.14) 中，假设一开始所有处理器都是空闲的. 当它执行 barrier 命令时，处理器会阻塞并暂停执行. 在阻塞最后一个处理器之后，所有处理器都返回到空闲状态并继续执行. 在 (1.6.14) 中，barrier 不允许 $\boldsymbol{C}_{ij}$ 通过方法 1 或方法 2 进行更新，直到所有三个矩阵在全局内存中完全初始化.

1.6.7 分布式内存模式

在**分布式内存系统**中没有全局内存. 数据集中存储在各个处理器的本地内存中，这些处理器连接起来形成一个网络. 有许多可能的网络拓扑. 图 1.6.4 显示了一个示例. 从一个处理器向另一个处理器发送消息的相关成本可能取决于它们在网络中的“关闭”程度. 例如，对于图 1.6.4 中的环面，从 Proc(1,1) 到 Proc(1,4) 的消息只涉及一个跃点，而从 Proc(1,1) 到 Proc(3,3) 的消息将涉及 4 个跃点.

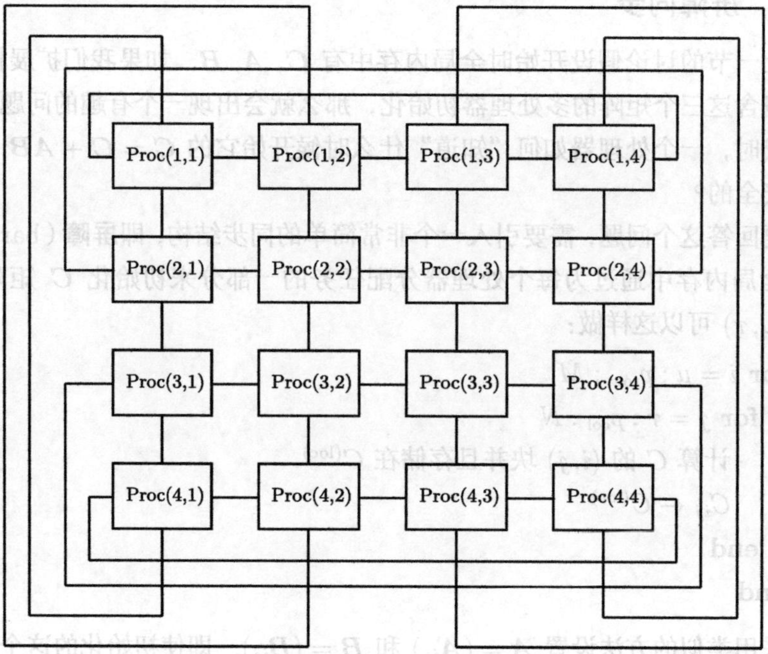

图 1.6.4 二维环

无论如何，分布式内存系统中的消息传递成本都会严重影响性能，就像与全局内存的交互会影响共享内存系统中的性能一样．我们的目标是在模型计算中估计这些成本．为了简单起见，我们不涉及底层网络拓扑．

首先，假设 $M = N = R = p_{\text{row}} = p_{\text{col}} = 2$，并且 $\boldsymbol{C}$, $\boldsymbol{A}$, $\boldsymbol{B}$ 矩阵分布如下：

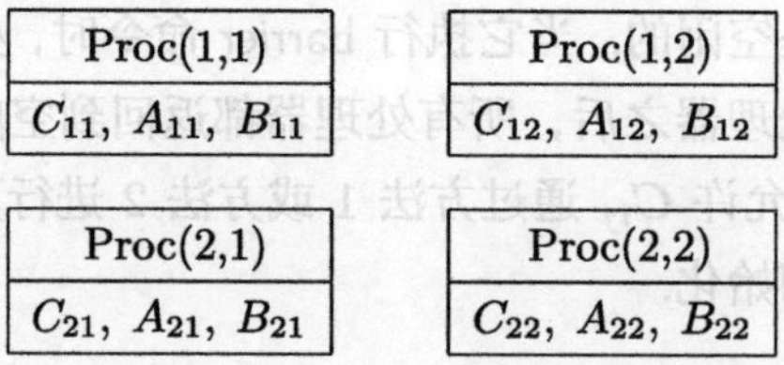

假设 Proc(i,j) 监视 $\boldsymbol{C}_{ij}$ 的修正，并注意此计算所需的数据并不完全是本地的．例如，Proc(1,1) 在完成修正 $\boldsymbol{C}_{11} = \boldsymbol{C}_{11} + \boldsymbol{A}_{11}\boldsymbol{B}_{11} + \boldsymbol{A}_{12}\boldsymbol{B}_{21}$ 之前，需要从 Proc(1,2) 接收 $\boldsymbol{A}_{12}$ 的副本，从 Proc(2,1) 接收 $\boldsymbol{B}_{21}$ 的副本．同样，它必须向 Proc(1,2) 发送 $\boldsymbol{A}_{11}$ 的副本，向 Proc(2,1) 发送 $\boldsymbol{B}_{11}$ 的副本，以便它们能够执行各自的修正．因此，在每个处理器上执行的本地程序包含计算步骤和消息传递步骤的组合：

Proc(1,1)	Proc(1,2)
发送 A_{11} 的副本到 Proc(1,2)	发送 A_{12} 的副本到 Proc(1,1)
从 Proc(1,2) 接收 A_{12} 的副本	从 Proc(1,1) 接收 A_{11} 的副本
发送 B_{11} 的副本到 Proc(2,1)	发送 B_{12} 的副本到 Proc(2,2)
从 Proc(2,1) 接收 B_{21} 的副本	从 Proc(2,2) 接收 B_{22} 的副本
$C_{11} = C_{11} + A_{11}B_{11} + A_{12}B_{21}$	$C_{12} = C_{12} + A_{11}B_{12} + A_{12}B_{22}$

Proc(2,1)	Proc(2,2)
发送 A_{21} 的副本到 Proc(2,2)	发送 A_{22} 的副本到 Proc(2,1)
从 Proc(2,2) 接收 A_{22} 的副本	从 Proc(2,1) 接收 A_{21} 的副本
发送 B_{21} 的副本到 Proc(1,1)	发送 B_{22} 的副本到 Proc(1,2)
从 Proc(1,1) 接收 B_{11} 的副本	从 Proc(1,2) 接收 B_{12} 的副本
$C_{21} = C_{21} + A_{21}B_{11} + A_{22}B_{21}$	$C_{22} = C_{22} + A_{21}B_{12} + A_{22}B_{22}$

这种本地程序的非正式说明很好地描述了每个处理器的职责，但是它隐藏了与执行时间线相关的几个重要问题. (a) 消息不一定按照发送的顺序到达目的地，接收处理器如何知道它是 $\boldsymbol{A}$ 块还是 $\boldsymbol{B}$ 块? (b) 接收消息命令可以阻止处理器继续其余的计算，因此处理器有可能永远等待它的邻居没有机会发送的消息. (c) 计算与通信的重叠对性能至关重要. 例如，$\boldsymbol{A}_{11}$ 到达 Proc(1,2) 后，"半" 修正 $\boldsymbol{C}_{12} = \boldsymbol{C}_{12} + \boldsymbol{A}_{11}\boldsymbol{B}_{12}$ 可以在继续等待 $\boldsymbol{B}_{22}$ 时执行.

可以看到，分布式内存矩阵计算非常复杂，需要强大的系统来管理消息的打包、标记、路由和接收. 对这些制度的讨论超出了本书的范围. 尽管如此，超越上述 2×2 的示例并简要预测用于一般模型计算的数据传输开销是有指导意义的. 假设 Proc(μ,τ) 包含这些矩阵:

$$\begin{aligned}
&\boldsymbol{C}_{ij}, \quad i = \mu : p_{\rm row} : M, \quad j = \tau : p_{\rm col} : N,\\
&\boldsymbol{A}_{ij}, \quad i = \mu : p_{\rm row} : M, \quad j = \tau : p_{\rm col} : R,\\
&\boldsymbol{B}_{ij}, \quad i = \mu : p_{\rm row} : R, \quad j = \tau : p_{\rm col} : N.
\end{aligned}$$

从表 1.6.1 中我们得出结论，如果 Proc(μ,τ) 要修正 $\boldsymbol{C}_{ij}$ 为 $i = \mu : p_{\rm row} : M$ 和 $j = \tau : p_{\rm col} : N$，那么它必须

(a) 对于 $i = \mu : p_{\rm row} : M$ 和 $j = \tau : p_{\rm col} : R$，发送 $\boldsymbol{A}_{ij}$ 的副本到

$$\text{Proc}(\mu,1), \cdots, \text{Proc}(\mu,\tau-1), \text{Proc}(\mu,\tau+1), \cdots, \text{Proc}(\mu,p_{\rm col}),$$

数据传输时间 $\approx (p_{\rm col}-1)(M/p_{\rm row})(R/p_{\rm col})(\alpha + \beta m_1 r_1)$.

(b) 对于 $i = \mu : p_{\rm row} : R$ 和 $j = \tau : p_{\rm col} : N$，发送 $\boldsymbol{B}_{ij}$ 的副本到

$$\text{Proc}(1,\tau), \cdots, \text{Proc}(\mu-1,\tau), \text{Proc}(\mu+1,\tau), \cdots, \text{Proc}(p_{\rm row},\tau),$$

数据传输时间 $\approx (p_{\text{row}}-1)(R/p_{\text{row}})(N/p_{\text{col}})\,(\alpha+\beta r_1 n_1)$.

(c) 从处理器

$$\text{Proc}(\mu,1),\cdots,\text{Proc}(\mu,\tau-1),\text{Proc}(\mu,\tau+1),\cdots,\text{Proc}(\mu,p_{\text{col}})$$

接收 $\boldsymbol{A}$ 块的副本,数据传输时间 $\approx (p_{\text{col}}-1)(M/p_{\text{row}})(R/p_{\text{col}})\,(\alpha+\beta m_1 r_1)$.

(d) 从处理器

$$\text{Proc}(1,\tau),\cdots,\text{Proc}(\mu-1,\tau),\text{Proc}(\mu+1,\tau),\cdots,\text{Proc}(p_{\text{row}},\tau)$$

接收 $\boldsymbol{B}$ 块的副本,数据传输时间 $\approx (p_{\text{row}}-1)(R/p_{\text{row}})(N/p_{\text{col}})\,(\alpha+\beta r_1 n_1)$.

设 T_{data} 是这些数据传输开销的总和，回想一下，$T_{\text{arith}}=(2mnr)/(Fp)$，因为运算是均匀分布在处理器网络中的. 由此可见

$$\frac{T_{\text{data}}(p)}{T_{\text{arith}}(p)} \approx F\left(\alpha\left(\frac{p_{\text{col}}}{m_1 r_1 n}+\frac{p_{\text{row}}}{m r_1 n_1}\right)+\beta\left(\frac{p_{\text{col}}}{n}+\frac{p_{\text{row}}}{m}\right)\right). \tag{1.6.15}$$

因此，随着问题规模的增长，这个比率趋于零，并且，根据 (1.6.6)，加速比接近 p.

1.6.8 Cannon 算法

最后，我们简要描述 Cannon (1969) 矩阵乘法方案. 这种方法很好地展示了图 1.6.4 所示的环形网络，以及在分布式矩阵计算中非常重要的“最近邻”思想. 为清晰起见，假定 $\boldsymbol{A}=(\boldsymbol{A}_{ij})$, $\boldsymbol{B}=(\boldsymbol{B}_{ij})$, $\boldsymbol{C}=(\boldsymbol{C}_{ij})$ 是 4×4 块矩阵，每块是 $n_1\times n_1$ 矩阵. 定义矩阵

$$\boldsymbol{A}^{(1)}=\begin{bmatrix}\boldsymbol{A}_{11}&\boldsymbol{A}_{12}&\boldsymbol{A}_{13}&\boldsymbol{A}_{14}\\\boldsymbol{A}_{22}&\boldsymbol{A}_{23}&\boldsymbol{A}_{24}&\boldsymbol{A}_{21}\\\boldsymbol{A}_{33}&\boldsymbol{A}_{34}&\boldsymbol{A}_{31}&\boldsymbol{A}_{32}\\\boldsymbol{A}_{44}&\boldsymbol{A}_{41}&\boldsymbol{A}_{42}&\boldsymbol{A}_{43}\end{bmatrix},\quad \boldsymbol{B}^{(1)}=\begin{bmatrix}\boldsymbol{B}_{11}&\boldsymbol{B}_{22}&\boldsymbol{B}_{33}&\boldsymbol{B}_{44}\\\boldsymbol{B}_{21}&\boldsymbol{B}_{32}&\boldsymbol{B}_{43}&\boldsymbol{B}_{14}\\\boldsymbol{B}_{31}&\boldsymbol{B}_{42}&\boldsymbol{B}_{13}&\boldsymbol{B}_{24}\\\boldsymbol{B}_{41}&\boldsymbol{B}_{12}&\boldsymbol{B}_{23}&\boldsymbol{B}_{34}\end{bmatrix},$$

$$\boldsymbol{A}^{(2)}=\begin{bmatrix}\boldsymbol{A}_{14}&\boldsymbol{A}_{11}&\boldsymbol{A}_{12}&\boldsymbol{A}_{13}\\\boldsymbol{A}_{21}&\boldsymbol{A}_{22}&\boldsymbol{A}_{23}&\boldsymbol{A}_{24}\\\boldsymbol{A}_{32}&\boldsymbol{A}_{33}&\boldsymbol{A}_{34}&\boldsymbol{A}_{31}\\\boldsymbol{A}_{43}&\boldsymbol{A}_{44}&\boldsymbol{A}_{41}&\boldsymbol{A}_{42}\end{bmatrix},\quad \boldsymbol{B}^{(2)}=\begin{bmatrix}\boldsymbol{B}_{41}&\boldsymbol{B}_{12}&\boldsymbol{B}_{23}&\boldsymbol{B}_{34}\\\boldsymbol{B}_{11}&\boldsymbol{B}_{22}&\boldsymbol{B}_{33}&\boldsymbol{B}_{44}\\\boldsymbol{B}_{21}&\boldsymbol{B}_{32}&\boldsymbol{B}_{43}&\boldsymbol{B}_{14}\\\boldsymbol{B}_{31}&\boldsymbol{B}_{42}&\boldsymbol{B}_{13}&\boldsymbol{B}_{24}\end{bmatrix},$$

$$\boldsymbol{A}^{(3)}=\begin{bmatrix}\boldsymbol{A}_{13}&\boldsymbol{A}_{14}&\boldsymbol{A}_{11}&\boldsymbol{A}_{12}\\\boldsymbol{A}_{24}&\boldsymbol{A}_{21}&\boldsymbol{A}_{22}&\boldsymbol{A}_{23}\\\boldsymbol{A}_{31}&\boldsymbol{A}_{32}&\boldsymbol{A}_{33}&\boldsymbol{A}_{34}\\\boldsymbol{A}_{42}&\boldsymbol{A}_{43}&\boldsymbol{A}_{44}&\boldsymbol{A}_{41}\end{bmatrix},\quad \boldsymbol{B}^{(3)}=\begin{bmatrix}\boldsymbol{B}_{31}&\boldsymbol{B}_{42}&\boldsymbol{B}_{13}&\boldsymbol{B}_{24}\\\boldsymbol{B}_{41}&\boldsymbol{B}_{12}&\boldsymbol{B}_{23}&\boldsymbol{B}_{34}\\\boldsymbol{B}_{11}&\boldsymbol{B}_{22}&\boldsymbol{B}_{33}&\boldsymbol{B}_{44}\\\boldsymbol{B}_{21}&\boldsymbol{B}_{32}&\boldsymbol{B}_{43}&\boldsymbol{B}_{14}\end{bmatrix},$$

$$\boldsymbol{A}^{(4)} = \begin{bmatrix} \boldsymbol{A}_{12} & \boldsymbol{A}_{13} & \boldsymbol{A}_{14} & \boldsymbol{A}_{11} \\ \boldsymbol{A}_{23} & \boldsymbol{A}_{24} & \boldsymbol{A}_{21} & \boldsymbol{A}_{22} \\ \boldsymbol{A}_{34} & \boldsymbol{A}_{31} & \boldsymbol{A}_{32} & \boldsymbol{A}_{33} \\ \boldsymbol{A}_{41} & \boldsymbol{A}_{42} & \boldsymbol{A}_{43} & \boldsymbol{A}_{44} \end{bmatrix}, \quad \boldsymbol{B}^{(4)} = \begin{bmatrix} \boldsymbol{B}_{21} & \boldsymbol{B}_{32} & \boldsymbol{B}_{43} & \boldsymbol{B}_{14} \\ \boldsymbol{B}_{31} & \boldsymbol{B}_{42} & \boldsymbol{B}_{13} & \boldsymbol{B}_{24} \\ \boldsymbol{B}_{41} & \boldsymbol{B}_{12} & \boldsymbol{B}_{23} & \boldsymbol{B}_{34} \\ \boldsymbol{B}_{11} & \boldsymbol{B}_{22} & \boldsymbol{B}_{33} & \boldsymbol{B}_{44} \end{bmatrix},$$

并注意到

$$\boldsymbol{C}_{ij} = \boldsymbol{A}_{ij}^{(1)}\boldsymbol{B}_{ij}^{(1)} + \boldsymbol{A}_{ij}^{(2)}\boldsymbol{B}_{ij}^{(2)} + \boldsymbol{A}_{ij}^{(3)}\boldsymbol{B}_{ij}^{(3)} + \boldsymbol{A}_{ij}^{(4)}\boldsymbol{B}_{ij}^{(4)}. \tag{1.6.16}$$

参见图 1.6.4，假定 $\text{Proc}(i,j)$ 负责计算 $\boldsymbol{C}_{ij}$，储存 $\boldsymbol{A}_{ij}^{(1)}$ 和 $\boldsymbol{B}_{ij}^{(1)}$. 支持修正

$$\boldsymbol{C}_{ij} = \boldsymbol{C}_{ij} + \boldsymbol{A}_{ij}^{(1)}\boldsymbol{B}_{ij}^{(1)}, \tag{1.6.17}$$

$$\boldsymbol{C}_{ij} = \boldsymbol{C}_{ij} + \boldsymbol{A}_{ij}^{(2)}\boldsymbol{B}_{ij}^{(2)}, \tag{1.6.18}$$

$$\boldsymbol{C}_{ij} = \boldsymbol{C}_{ij} + \boldsymbol{A}_{ij}^{(3)}\boldsymbol{B}_{ij}^{(3)}, \tag{1.6.19}$$

$$\boldsymbol{C}_{ij} = \boldsymbol{C}_{ij} + \boldsymbol{A}_{ij}^{(4)}\boldsymbol{B}_{ij}^{(4)} \tag{1.6.20}$$

所需的消息传递涉及与 $\text{Proc}(i,j)$ 的 4 个邻居在环形网络中的通信. 要了解这一点，定义块下移置换

$$\boldsymbol{P} = \begin{bmatrix} \boldsymbol{0} & \boldsymbol{0} & \boldsymbol{0} & \boldsymbol{I}_{n_1} \\ \boldsymbol{I}_{n_1} & \boldsymbol{0} & \boldsymbol{0} & \boldsymbol{0} \\ \boldsymbol{0} & \boldsymbol{I}_{n_1} & \boldsymbol{0} & \boldsymbol{0} \\ \boldsymbol{0} & \boldsymbol{0} & \boldsymbol{I}_{n_1} & \boldsymbol{0} \end{bmatrix}$$

并注意到 $\boldsymbol{A}^{(k+1)} = \boldsymbol{A}^{(k)}\boldsymbol{P}^{\mathrm{T}}$, $\boldsymbol{B}^{(k+1)} = \boldsymbol{P}\boldsymbol{B}^{(k)}$. 也就是说，从 $\boldsymbol{A}^{(k)}$ 到 $\boldsymbol{A}^{(k+1)}$ 的变换是把 $\boldsymbol{A}$ 块循环右移一列，从 $\boldsymbol{B}^{(k)}$ 到 $\boldsymbol{B}^{(k+1)}$ 的变换是把 $\boldsymbol{B}$ 块循环下移一行. 在每次修正 (1.6.17)–(1.6.20) 之后，驻留的 $\boldsymbol{A}$ 块被传递给 $\text{Proc}(i,j)$ 的东邻，下一个 $\boldsymbol{A}$ 块从它的西邻接收. 同样地，驻留的 $\boldsymbol{B}$ 块被发送到它的南邻，下一个 $\boldsymbol{B}$ 从它的北邻接收.

当然，Cannon 算法可以在任何处理器网络上实现. 但从上面我们可以看出，它特别适合于有环形连接的情形，因为在这种情形相邻处理器之间总是能通信.

习 题

1. 验证 (1.6.3) 和 (1.6.4).
2. 如果 $\boldsymbol{A}$ 的前 q 行的块为零且 $\boldsymbol{B}$ 的前 q 列的块为零，对比 1.6.2 节中两个任务分配策略.
3. 验证 (1.6.13) 和 (1.6.15).
4. 开发一个用 $\boldsymbol{A}^2$ 覆盖 $\boldsymbol{A}$ 的共享内存方法，假定开始时 $\boldsymbol{A} \in \mathbb{R}^{n\times n}$ 驻留在全局内存.
5. 开发一个计算 $\boldsymbol{B} = \boldsymbol{A}^{\mathrm{T}}\boldsymbol{A}$ 的共享内存方法，假定开始时 $\boldsymbol{A} \in \mathbb{R}^{m\times n}$ 驻留在全局内存，$\boldsymbol{B}$ 最后存储在全局内存.
6. 对一般的 N 证明 (1.6.16). 使用块下移矩阵定义 $\boldsymbol{A}^{(i)}$ 和 $\boldsymbol{B}^{(i)}$.

第 2 章　矩阵分析

在矩阵计算领域，算法的推导和分析需要借助线性代数的知识作为工具，2.1 节介绍了线性代数的一些基础知识．范数在算法分析中起着特别重要的作用，在 2.2 节和 2.3 节，我们分别介绍向量范数和矩阵范数．2.4 节引入了普遍存在的奇异值分解，然后在 2.5 节用它定义 CS 分解，介绍它对度量子空间分离度量的影响．在 2.6 节，我们研究了当 $\boldsymbol{A}$ 和 $\boldsymbol{b}$ 受到扰动时，线性方程组 $\boldsymbol{Ax}=\boldsymbol{b}$ 的解是如何变化的．同时，也适时引入了问题敏感度、向后误差分析和条件数等概念．这些是贯穿全书的核心．为了完成这一章，我们在 2.7 节开发了一个基于 IEEE 标准的有限精度浮点算法模型，并且给出舍入误差分析的几个典型实例．

阅读说明

学习本章，熟悉 1.1–1.3 节的矩阵运算是必要的．本章各节之间的相互依赖关系如下：

```
                                          2.5 节
                                            ↑
2.1 节  →  2.2 节  →  2.3 节  →  2.4 节
                                            ↓
                                          2.6 节  →  2.7 节
```

补充的参考文献包括：Forsythe and Moler (SLAS), Stewart (IMC), Horn and Johnson (MA), Stewart (MABD), Ipsen (NMA), Watkins (FMC)．矩阵分析基础，特别是最小二乘问题和特征值问题将在后面的各章讨论．

2.1　线性代数的基本思想

本节我们快速回顾一下线性代数的知识，更多的细节内容请参考各节文献．

2.1.1 线性无关，子空间，基，维数

对于 $\mathbb{R}^m$ 中的一组向量 $\{\boldsymbol{a}_1,\cdots,\boldsymbol{a}_n\}$，若 $\sum_{j=1}^n \alpha_j\boldsymbol{a}_j=\boldsymbol{0}$ 蕴涵 $\alpha(1:n)=\boldsymbol{0}$，则称 $\{\boldsymbol{a}_1,\cdots,\boldsymbol{a}_n\}$ 是**线性无关的**. 反之，若有 $\boldsymbol{a}_i$ 的非平凡组合为零，则我们称 $\{\boldsymbol{a}_1,\cdots,\boldsymbol{a}_n\}$ 是**线性相关的**.

如果 $\mathbb{R}^m$ 的子集也构成向量空间，那么称其为 $\mathbb{R}^m$ 的**子空间**. 给定一组向量 $\boldsymbol{a}_1,\cdots,\boldsymbol{a}_n\in\mathbb{R}^m$，其所有的线性组合构成一个子空间，称为 $\{\boldsymbol{a}_1,\cdots,\boldsymbol{a}_n\}$ 的**张成空间**：

$$\mathsf{span}\{\boldsymbol{a}_1,\cdots,\boldsymbol{a}_n\}=\left\{\sum_{j=1}^n\beta_j\boldsymbol{a}_j\ :\ \beta_j\in\mathbb{R}\right\}.$$

若 $\{\boldsymbol{a}_1,\cdots,\boldsymbol{a}_n\}$ 是线性无关的且 $\boldsymbol{b}\in\mathsf{span}\{\boldsymbol{a}_1,\cdots,\boldsymbol{a}_n\}$，则 $\boldsymbol{b}$ 仅能表示成 $\boldsymbol{a}_j$ 的唯一一个线性组合.

若 $S_1,\cdots,S_k$ 是 $\mathbb{R}^m$ 的子空间，则它们的和是由 $S=\{\,\boldsymbol{a}_1+\boldsymbol{a}_2+\cdots+\boldsymbol{a}_k:\boldsymbol{a}_i\in S_i,\ i=1:k\,\}$ 定义的子空间. 若每个 $\boldsymbol{v}\in S$ 都有唯一表示 $\boldsymbol{v}=\boldsymbol{a}_1+\cdots+\boldsymbol{a}_k$（其中 $\boldsymbol{a}_i\in S_i$），则称 S 为**直和**，此时我们记 $S=S_1\oplus\cdots\oplus S_k$. S_i 的交集也是一个子空间，$S=S_1\cap S_2\cap\cdots\cap S_k$.

若向量组 $\{\boldsymbol{a}_{i_1},\cdots,\boldsymbol{a}_{i_k}\}$ 线性无关，且不真包含于 $\{\boldsymbol{a}_1,\cdots,\boldsymbol{a}_n\}$ 的任何线性无关组中，则称其为 $\{\boldsymbol{a}_1,\cdots,\boldsymbol{a}_n\}$ 的一个**极大线性无关组**. 若 $\{\boldsymbol{a}_{i_1},\cdots,\boldsymbol{a}_{i_k}\}$ 是极大线性无关组，则 $\mathsf{span}\{\boldsymbol{a}_1,\cdots,\boldsymbol{a}_n\}=\mathsf{span}\{\boldsymbol{a}_{i_1},\cdots,\boldsymbol{a}_{i_k}\}$，且 $\{\boldsymbol{a}_{i_1},\cdots,\boldsymbol{a}_{i_k}\}$ 是 $\{\boldsymbol{a}_1,\cdots,\boldsymbol{a}_n\}$ 的一组**基**. 若 $S\subseteq\mathbb{R}^m$ 是一个子空间，则可以找到线性无关的基向量 $\boldsymbol{a}_1,\cdots,\boldsymbol{a}_k\in S$ 满足 $S=\mathsf{span}\{\boldsymbol{a}_1,\cdots,\boldsymbol{a}_k\}$. 一个子空间 S 的所有基中都含有相同数量的向量，这个数量称为 S 的**维数**，记作 $\mathsf{dim}(S)$.

2.1.2 值域，零空间，秩

有两个与 $m\times n$ 的矩阵 $\boldsymbol{A}$ 相关的重要子空间. $\boldsymbol{A}$ 的**值域**定义为

$$\mathsf{ran}(\boldsymbol{A})=\{\boldsymbol{y}\in\mathbb{R}^m\ :\ \text{对于某个}\ \boldsymbol{x}\in\mathbb{R}^n\ \text{有}\ \boldsymbol{y}=\boldsymbol{A}\boldsymbol{x}\}.$$

$\boldsymbol{A}$ 的**零空间**定义为

$$\mathsf{null}(\boldsymbol{A})=\{\boldsymbol{x}\in\mathbb{R}^n\ :\ \boldsymbol{A}\boldsymbol{x}=\boldsymbol{0}\}.$$

若 $\boldsymbol{A}=[\,\boldsymbol{a}_1\,|\cdots|\,\boldsymbol{a}_n\,]$ 是根据列划分的，则

$$\mathsf{ran}(\boldsymbol{A})=\mathsf{span}\{\boldsymbol{a}_1,\cdots,\boldsymbol{a}_n\}.$$

矩阵 $\boldsymbol{A}$ 的**秩**定义为

$$\mathsf{rank}(\boldsymbol{A})=\mathsf{dim}\,(\mathsf{ran}(\boldsymbol{A})).$$

设 $\boldsymbol{A}\in\mathbb{R}^{m\times n}$，那么

$$\mathsf{dim}(\mathsf{null}(\boldsymbol{A}))+\mathsf{rank}(\boldsymbol{A}) = n.$$

如果 $\mathsf{rank}(\boldsymbol{A})<\min\{m,n\}$，我们称 $\boldsymbol{A}\in\mathbb{R}^{m\times n}$ 为秩亏损的. 矩阵的秩是线性无关列（或行）的最大数量.

2.1.3　逆矩阵

若 $\boldsymbol{A}$ 和 $\boldsymbol{X}$ 都属于 $\mathbb{R}^{n\times n}$，且满足 $\boldsymbol{AX}=\boldsymbol{I}$，则称 $\boldsymbol{X}$ 为 $\boldsymbol{A}$ 的逆矩阵，记作 $\boldsymbol{A}^{-1}$. 若 $\boldsymbol{A}^{-1}$ 存在，则称 $\boldsymbol{A}$ 是非奇异的，反之称 $\boldsymbol{A}$ 为奇异的. 乘积的逆等于逆的反序乘积：

$$(\boldsymbol{AB})^{-1}=\boldsymbol{B}^{-1}\boldsymbol{A}^{-1}. \tag{2.1.1}$$

同样地，逆的转置等于转置的逆：

$$(\boldsymbol{A}^{-1})^{\mathrm{T}}=(\boldsymbol{A}^{\mathrm{T}})^{-1}\equiv\boldsymbol{A}^{-\mathrm{T}}. \tag{2.1.2}$$

2.1.4　Sherman-Morrison-Woodbury 公式

恒等式

$$\boldsymbol{B}^{-1} = \boldsymbol{A}^{-1}-\boldsymbol{B}^{-1}(\boldsymbol{B}-\boldsymbol{A})\boldsymbol{A}^{-1} \tag{2.1.3}$$

表明了逆的变化和矩阵的变化的关系. 假设 $\boldsymbol{A}\in\mathbb{R}^{n\times n}$，$\boldsymbol{U}$ 和 $\boldsymbol{V}$ 都是 $n\times k$ 矩阵，Sherman-Morrison-Woodbury 公式给出 $(\boldsymbol{A}+\boldsymbol{UV}^{\mathrm{T}})$ 的逆的一个简便表达式：

$$(\boldsymbol{A}+\boldsymbol{UV}^{\mathrm{T}})^{-1}=\boldsymbol{A}^{-1}-\boldsymbol{A}^{-1}\boldsymbol{U}(\boldsymbol{I}+\boldsymbol{V}^{\mathrm{T}}\boldsymbol{A}^{-1}\boldsymbol{U})^{-1}\boldsymbol{V}^{\mathrm{T}}\boldsymbol{A}^{-1}. \tag{2.1.4}$$

矩阵的秩 k 的变化导致逆矩阵的秩 k 的变化. 在 (2.1.4) 中，我们假定 $\boldsymbol{A}$ 和 $(\boldsymbol{I}+\boldsymbol{V}^{\mathrm{T}}\boldsymbol{A}^{-1}\boldsymbol{U})$ 都是非奇异的.

$k=1$ 的例子非常有用. 若 $\boldsymbol{A}\in\mathbb{R}^{n\times n}$ 是非奇异的，$\boldsymbol{u},\boldsymbol{v}\in\mathbb{R}^{n}$，且 $\alpha=1+\boldsymbol{v}^{\mathrm{T}}\boldsymbol{A}^{-1}\boldsymbol{u}\neq 0$，则

$$(\boldsymbol{A}+\boldsymbol{uv}^{\mathrm{T}})^{-1}=\boldsymbol{A}^{-1}-\frac{1}{\alpha}\boldsymbol{A}^{-1}\boldsymbol{uv}^{\mathrm{T}}\boldsymbol{A}^{-1}. \tag{2.1.5}$$

这称为 Sherman-Morrison 公式.

2.1.5　正交性

如果对任意 $i\neq j$ 都有 $\boldsymbol{x}_i^{\mathrm{T}}\boldsymbol{x}_j=0$，则称 $\mathbb{R}^m$ 中的向量组 $\{\boldsymbol{x}_1,\cdots,\boldsymbol{x}_p\}$ 是正交的. 进一步，若 $\boldsymbol{x}_i^{\mathrm{T}}\boldsymbol{x}_j=\delta_{ij}$，则称其为规范正交的. 显然，正交向量组是极大线性无关组，因为它们的方向各不相同.

$\mathbb{R}^m$ 中的一组子空间 $S_1, \cdots, S_p$ 称为**相互正交的**，如果对于任意的 $\boldsymbol{x} \in S_i$ 和 $\boldsymbol{y} \in S_j$（$i \neq j$）都有 $\boldsymbol{x}^{\mathrm{T}}\boldsymbol{y} = 0$. 子空间 $S \subseteq \mathbb{R}^m$ 的**正交补**定义为：

$$S^{\perp} = \{\boldsymbol{y} \in \mathbb{R}^m \ : \ \text{对于所有 } \boldsymbol{x} \in S \text{ 有 } \boldsymbol{y}^{\mathrm{T}}\boldsymbol{x} = 0\}.$$

不难证明 $\mathsf{ran}(\boldsymbol{A})^{\perp} = \mathsf{null}(\boldsymbol{A}^{\mathrm{T}})$. 对于子空间 $S \subseteq \mathbb{R}^m$，若向量组 $\boldsymbol{v}_1, \cdots, \boldsymbol{v}_k$ 规范正交且张成 S，则称其为 S 的一组**规范正交基**.

若矩阵 $\boldsymbol{Q} \in \mathbb{R}^{m\times m}$ 满足 $\boldsymbol{Q}^{\mathrm{T}}\boldsymbol{Q} = \boldsymbol{I}$，则 $\boldsymbol{Q}$ 称为**正交矩阵**. 若 $\boldsymbol{Q} = [\boldsymbol{q}_1|\cdots|\boldsymbol{q}_m]$ 是正交的，则 $\boldsymbol{q}_i$ 形成 $\mathbb{R}^m$ 的一组规范正交基. 总可以把一组基扩充为 $\mathbb{R}^m$ 的规范正交基 $\{\boldsymbol{v}_1, \cdots, \boldsymbol{v}_m\}$.

定理 2.1.1 *若 $\boldsymbol{V}_1 \in \mathbb{R}^{n\times r}$ 的各列是规范正交的，则存在 $\boldsymbol{V}_2 \in \mathbb{R}^{n\times(n-r)}$ 使得*

$$\boldsymbol{V} = [\,\boldsymbol{V}_1 \,|\, \boldsymbol{V}_2\,]$$

是正交的. 注意，$\mathsf{ran}(\boldsymbol{V}_1)^{\perp} = \mathsf{ran}(\boldsymbol{V}_2)$.

证明 这是初等线性代数中的基本结论，也是我们将在 5.2 节中给出的 QR 分解的推论. □

2.1.6 行列式

若 $\boldsymbol{A} = (a) \in \mathbb{R}^{1\times 1}$，则其**行列式** $\mathsf{det}(\boldsymbol{A}) = a$. 矩阵 $\boldsymbol{A} \in \mathbb{R}^{n\times n}$ 的行列式可由 $(n-1)$ 阶行列式定义为：

$$\mathsf{det}(\boldsymbol{A}) = \sum_{j=1}^{n}(-1)^{j+1}a_{1j}\mathsf{det}(\boldsymbol{A}_{1j}).$$

这里 $\boldsymbol{A}_{1j}$ 是从 $\boldsymbol{A}$ 中去掉第 1 行和第 j 列后得到的 $(n-1)\times(n-1)$ 矩阵. 熟知的行列式性质包括：$\mathsf{det}(\boldsymbol{AB}) = \mathsf{det}(\boldsymbol{A})\mathsf{det}(\boldsymbol{B})$, $\mathsf{det}(\boldsymbol{A}^{\mathrm{T}}) = \mathsf{det}(\boldsymbol{A})$, $\mathsf{det}(c\boldsymbol{A}) = c^n\mathsf{det}(\boldsymbol{A})$，其中 $\boldsymbol{A}, \boldsymbol{B} \in \mathbb{R}^{n\times n}$, $c \in \mathbb{R}$. 此外，$\mathsf{det}(\boldsymbol{A}) \neq 0$ 当且仅当 $\boldsymbol{A}$ 是非奇异的.

2.1.7 特征值和特征向量

在学习本书的特征值的主要章节（第 7 章和第 8 章）之前，我们需要了解一些基本性质，以便能够更好地理解奇异值分解（2.4 节）、正定性（4.2 节）和线性方程组的各种快速求解方法（4.8 节）.

矩阵 $\boldsymbol{A} \in \mathbb{C}^{n\times n}$ 的**特征值**就是其**特征多项式**

$$p(x) \ = \ \mathsf{det}(\boldsymbol{A} - x\boldsymbol{I})$$

的零点. 因此，每个 $n\times n$ 矩阵都有 n 个特征值，$\boldsymbol{A}$ 的特征值的集合记为

$$\lambda(\boldsymbol{A}) \ = \ \{\ x \ : \ \mathsf{det}(\boldsymbol{A} - x\boldsymbol{I}) \ = \ 0\}.$$

如果 A 的特征值是实数，那么我们将它们从小到大排列如下：

$$\lambda_n(A) \leqslant \cdots \leqslant \lambda_2(A) \leqslant \lambda_1(A).$$

在这种情况下，有时使用符号 $\lambda_{\max}(A)$ 和 $\lambda_{\min}(A)$ 分别表示 $\lambda_1(A)$ 和 $\lambda_n(A)$.

如果矩阵 $X \in \mathbb{C}^{n\times n}$ 是非奇异的，且 $B = X^{-1}AX$，则称 A 与 B 是相似的. 如果两个矩阵相似，那么它们具有完全相同的特征值.

若 $\lambda \in \lambda(A)$，则存在非零向量 x 使得 $Ax = \lambda x$. 此时，这样的向量称为 A 的对应于 λ 的**特征向量**. 若 $A \in \mathbb{C}^{n\times n}$ 有 n 个线性无关的特征向量 $x_1, \cdots, x_n$，且对于 $i = 1:n$ 有 $Ax_i = \lambda_i x_i$，那么 A 是**可对角化矩阵**. 相应地，若

$$X = [\, x_1 \,|\cdots|\, x_n \,],$$

那么

$$X^{-1}AX = \mathrm{diag}(\lambda_1, \cdots, \lambda_n).$$

并非所有的矩阵都可以对角化. 然而，如果 $A \in \mathbb{R}^{n\times n}$ 是对称矩阵，那么存在正交矩阵 Q 使得

$$Q^{\mathrm{T}}AQ = \mathrm{diag}(\lambda_1, \cdots, \lambda_n). \tag{2.1.6}$$

这称为 **Schur 分解**. 对称矩阵的最大特征值和最小特征值满足

$$\lambda_{\max}(A) = \max_{x\neq 0} \frac{x^{\mathrm{T}}Ax}{x^{\mathrm{T}}x} \tag{2.1.7}$$

和

$$\lambda_{\min}(A) = \min_{x\neq 0} \frac{x^{\mathrm{T}}Ax}{x^{\mathrm{T}}x}. \tag{2.1.8}$$

2.1.8 微分

设 α 是标量，且 $A(\alpha)$ 是由元素 $a_{ij}(\alpha)$ 组成的 $m\times n$ 矩阵，如果对所有的 i 和 j，$a_{ij}(\alpha)$ 都是 α 的可微函数，则我们记 $\dot{A}(\alpha)$ 为矩阵 $A(\alpha)$ 的微分，且

$$\dot{A}(\alpha) = \frac{\mathrm{d}}{\mathrm{d}\alpha}A(\alpha) = \left(\frac{\mathrm{d}}{\mathrm{d}\alpha}a_{ij}(\alpha)\right) = (\dot{a}_{ij}(\alpha)).$$

微分是一个有用的工具，有时可以提供对矩阵敏感度问题的深刻理解.

习 题

1. 证明：若 $A \in \mathbb{R}^{m\times n}$ 的秩为 p，则存在满足 $\mathrm{rank}(X) = \mathrm{rank}(Y) = p$ 的 $X \in \mathbb{R}^{m\times p}$ 和 $Y \in \mathbb{R}^{n\times p}$ 使得 $A = XY^{\mathrm{T}}$.

2. 假设 $\boldsymbol{A}(\alpha) \in \mathbb{R}^{m\times r}$ 和 $\boldsymbol{B}(\alpha) \in \mathbb{R}^{r\times n}$ 的元素都是标量 α 的可微函数. (a) 证明

$$\frac{\mathrm{d}}{\mathrm{d}\alpha}[\boldsymbol{A}(\alpha)\boldsymbol{B}(\alpha)] = \left[\frac{\mathrm{d}}{\mathrm{d}\alpha}\boldsymbol{A}(\alpha)\right]\boldsymbol{B}(\alpha) + \boldsymbol{A}(\alpha)\left[\frac{\mathrm{d}}{\alpha}\boldsymbol{B}(\alpha)\right].$$

(b) 假设 $\boldsymbol{A}(\alpha)$ 总是非奇异的，证明

$$\frac{\mathrm{d}}{\mathrm{d}\alpha}\left[\boldsymbol{A}(\alpha)^{-1}\right] = -\boldsymbol{A}(\alpha)^{-1}\left[\frac{\mathrm{d}}{\mathrm{d}\alpha}\boldsymbol{A}(\alpha)\right]\boldsymbol{A}(\alpha)^{-1}.$$

3. 假设 $\boldsymbol{A} \in \mathbb{R}^{n\times n}, \boldsymbol{b} \in \mathbb{R}^n$ 且 $\phi(\boldsymbol{x}) = \frac{1}{2}\boldsymbol{x}^{\mathrm{T}}\boldsymbol{A}\boldsymbol{x} - \boldsymbol{x}^{\mathrm{T}}\boldsymbol{b}$. 证明：$\phi$ 的梯度是 $\nabla\phi(\boldsymbol{x}) = \frac{1}{2}(\boldsymbol{A}^{\mathrm{T}} + \boldsymbol{A})\boldsymbol{x} - \boldsymbol{b}$.
4. 假设 $\boldsymbol{A}$ 和 $\boldsymbol{A} + \boldsymbol{u}\boldsymbol{v}^{\mathrm{T}}$ 都是非奇异的，其中 $\boldsymbol{A} \in \mathbb{R}^{n\times n}$ 且 $\boldsymbol{u}, \boldsymbol{v} \in \mathbb{R}^n$. 证明：若 $\boldsymbol{x}$ 是 $(\boldsymbol{A} + \boldsymbol{u}\boldsymbol{v}^{\mathrm{T}})\boldsymbol{x} = \boldsymbol{b}$ 的解，则它也是带扰动右端的问题 $\boldsymbol{A}\boldsymbol{x} = \boldsymbol{b} + \alpha\boldsymbol{u}$ 的解. 试用 $\boldsymbol{A}, \boldsymbol{u}, \boldsymbol{v}$ 表示 α.
5. 证明正交的三角矩阵是可对角化的.
6. 假设 $\boldsymbol{A} \in \mathbb{R}^{n\times n}$ 是非奇异的对称矩阵，定义

$$\tilde{\boldsymbol{A}} = \boldsymbol{A} + \alpha(\boldsymbol{u}\boldsymbol{u}^{\mathrm{T}} + \boldsymbol{v}\boldsymbol{v}^{\mathrm{T}}) + \beta(\boldsymbol{u}\boldsymbol{v}^{\mathrm{T}} + \boldsymbol{v}\boldsymbol{u}^{\mathrm{T}}),$$

其中 $\boldsymbol{u}, \boldsymbol{v} \in \mathbb{R}^n$ 且 $\alpha, \beta \in \mathbb{R}$，假设 $\tilde{\boldsymbol{A}}$ 是非奇异的，利用 Sherman-Morrison-Woodbury 公式，对 $\tilde{\boldsymbol{A}}^{-1}$ 写出相应的公式.
7. 写出 Sherman-Morrison-Woodbury 公式的对称形式，表述 $\boldsymbol{A} + \boldsymbol{U}\boldsymbol{S}\boldsymbol{U}^{\mathrm{T}}$ 的逆，其中 $\boldsymbol{A} \in \mathbb{R}^{n\times n}$ 和 $\boldsymbol{S} \in \mathbb{R}^{k\times k}$ 是对称矩阵，$\boldsymbol{U} \in \mathbb{R}^{n\times k}$.
8. 假设 $\boldsymbol{Q} \in \mathbb{R}^{n\times n}$ 是正交矩阵，$\boldsymbol{v} \in \mathbb{R}^n$. 写出一个由 $a_{ij} = \boldsymbol{v}^{\mathrm{T}}(\boldsymbol{Q}^i)^{\mathrm{T}}(\boldsymbol{Q}^j)\boldsymbol{v}$ 构建 $m \times m$ 矩阵 $\boldsymbol{A} = (a_{ij})$ 的有效算法.
9. 证明：若 $\boldsymbol{S}$ 是满足 $\boldsymbol{S}^{\mathrm{T}} = -\boldsymbol{S}$ 的实矩阵，则 $\boldsymbol{I} - \boldsymbol{S}$ 是非奇异矩阵，$(\boldsymbol{I} - \boldsymbol{S})^{-1}(\boldsymbol{I} + \boldsymbol{S})$ 是正交矩阵. 这种变换称为 $\boldsymbol{S}$ 的凯莱变换.
10. 参考 1.3.10 节，证明：(a) 若 $\boldsymbol{S} \in \mathbb{R}^{2n\times 2n}$ 是辛矩阵，则 $\boldsymbol{S}^{-1}$ 存在且也是辛矩阵. (b) 若 $\boldsymbol{M} \in \mathbb{R}^{2n\times 2n}$ 是哈密顿矩阵，$\boldsymbol{S} \in \mathbb{R}^{2n\times 2n}$ 是辛矩阵，则矩阵 $\boldsymbol{M}_1 = \boldsymbol{S}^{-1}\boldsymbol{M}\boldsymbol{S}$ 是哈密顿矩阵.
11. 用 (2.1.6) 证明 (2.1.7) 和 (2.1.8).

2.2 向量范数

向量空间上范数的作用就像绝对值：它给出了距离的度量. 更准确地说，$\mathbb{R}^n$ 及其范数定义了一个度量空间，涉及邻域、开集、收敛和连续性等熟悉的概念.

2.2.1 定义

$\mathbb{R}^n$ 上的向量范数是满足以下性质的函数 $f : \mathbb{R}^n \to \mathbb{R}$.

$$\begin{aligned}
f(\boldsymbol{x}) &\geqslant 0, & &\boldsymbol{x} \in \mathbb{R}^n, \quad (f(\boldsymbol{x}) = 0 \text{ 当且仅当 } \boldsymbol{x} = \boldsymbol{0})\\
f(\boldsymbol{x} + \boldsymbol{y}) &\leqslant f(\boldsymbol{x}) + f(\boldsymbol{y}), & &\boldsymbol{x}, \boldsymbol{y} \in \mathbb{R}^n,\\
f(\alpha\boldsymbol{x}) &= |\alpha| f(\boldsymbol{x}), & &\alpha \in \mathbb{R}, \boldsymbol{x} \in \mathbb{R}^n.
\end{aligned}$$

我们用双竖线记号表示此类函数：$f(\boldsymbol{x}) = \|\boldsymbol{x}\|$. 双竖线的下标用于区分不同的范数. 一类有用的向量范数是 **p-范数**，定义为：

$$\|\boldsymbol{x}\|_p = (|x_1|^p + \cdots + |x_n|^p)^{\frac{1}{p}}, \quad p \geqslant 1. \tag{2.2.1}$$

其中最重要的是 1-范数、2-范数和 ∞-范数：

$$\begin{aligned}
\|\boldsymbol{x}\|_1 &= |x_1| + \cdots + |x_n|, \\
\|\boldsymbol{x}\|_2 &= \left(|x_1|^2 + \cdots + |x_n|^2\right)^{\frac{1}{2}} = \left(\boldsymbol{x}^{\mathrm{T}}\boldsymbol{x}\right)^{\frac{1}{2}}, \\
\|\boldsymbol{x}\|_\infty &= \max_{1 \leqslant i \leqslant n} |x_i|.
\end{aligned}$$

关于范数 $\|\cdot\|$ 的单位向量是指满足 $\|\boldsymbol{x}\| = 1$ 的向量 $\boldsymbol{x}$.

2.2.2 向量范数的性质

关于 p-范数的一个经典结论是 **Hölder 不等式**：

$$|\boldsymbol{x}^{\mathrm{T}}\boldsymbol{y}| \leqslant \|\boldsymbol{x}\|_p \|\boldsymbol{y}\|_q, \quad \frac{1}{p} + \frac{1}{q} = 1. \tag{2.2.2}$$

一个非常重要的特殊情形是 **Cauchy-Schwarz 不等式**：

$$|\boldsymbol{x}^{\mathrm{T}}\boldsymbol{y}| \leqslant \|\boldsymbol{x}\|_2 \|\boldsymbol{y}\|_2. \tag{2.2.3}$$

$\mathbb{R}^n$ 上的所有范数都是等价的，也就是说，若 $\|\cdot\|_\alpha$ 和 $\|\cdot\|_\beta$ 是 $\mathbb{R}^n$ 上的两个范数，则存在正常数 c_1 和 c_2 使得

$$c_1 \|\boldsymbol{x}\|_\alpha \leqslant \|\boldsymbol{x}\|_\beta \leqslant c_2 \|\boldsymbol{x}\|_\alpha \tag{2.2.4}$$

对于所有的 $\boldsymbol{x} \in \mathbb{R}^n$ 都成立. 例如，如果 $\boldsymbol{x} \in \mathbb{R}^n$，那么我们有

$$\|\boldsymbol{x}\|_2 \leqslant \|\boldsymbol{x}\|_1 \leqslant \sqrt{n}\|\boldsymbol{x}\|_2, \tag{2.2.5}$$

$$\|\boldsymbol{x}\|_\infty \leqslant \|\boldsymbol{x}\|_2 \leqslant \sqrt{n}\|\boldsymbol{x}\|_\infty, \tag{2.2.6}$$

$$\|\boldsymbol{x}\|_\infty \leqslant \|\boldsymbol{x}\|_1 \leqslant n\|\boldsymbol{x}\|_\infty. \tag{2.2.7}$$

最后，我们知道，2-范数在正交变换下保持不变. 事实上，如果 $\boldsymbol{Q} \in \mathbb{R}^{n \times n}$ 是正交矩阵，$\boldsymbol{x} \in \mathbb{R}^n$，那么

$$\|\boldsymbol{Q}\boldsymbol{x}\|_2^2 = (\boldsymbol{Q}\boldsymbol{x})^{\mathrm{T}}(\boldsymbol{Q}\boldsymbol{x}) = (\boldsymbol{x}^{\mathrm{T}}\boldsymbol{Q}^{\mathrm{T}})(\boldsymbol{Q}\boldsymbol{x}) = \boldsymbol{x}^{\mathrm{T}}(\boldsymbol{Q}^{\mathrm{T}}\boldsymbol{Q})\boldsymbol{x} = \boldsymbol{x}^{\mathrm{T}}\boldsymbol{x} = \|\boldsymbol{x}\|_2^2.$$

2.2.3 绝对误差和相对误差

假设 $\hat{\boldsymbol{x}} \in \mathbb{R}^n$ 是 $\boldsymbol{x} \in \mathbb{R}^n$ 的一个近似值. 对于给定的向量范数 $\|\cdot\|$，我们称

$$\epsilon_{\text{abs}} = \|\hat{\boldsymbol{x}} - \boldsymbol{x}\|$$

为 $\hat{\boldsymbol{x}}$ 的绝对误差. 若 $\boldsymbol{x} \neq \boldsymbol{0}$，则称

$$\epsilon_{\text{rel}} = \frac{\|\hat{\boldsymbol{x}} - \boldsymbol{x}\|}{\|\boldsymbol{x}\|}$$

为 $\hat{\boldsymbol{x}}$ 的相对误差. 在 ∞- 范数下相对误差可以换成 $\hat{\boldsymbol{x}}$ 具有正确有效数字的数量这一说法. 具体来说，如果

$$\frac{\|\hat{\boldsymbol{x}} - \boldsymbol{x}\|_\infty}{\|\boldsymbol{x}\|_\infty} \approx 10^{-p},$$

那么, $\hat{\boldsymbol{x}}$ 的最大分量大约有 p 个正确的有效数字. 例如, 若 $\boldsymbol{x} = [1.234 \;\; 0.05674]^{\mathrm{T}}$ 且 $\hat{\boldsymbol{x}} = [1.235 \;\; 0.05128]^{\mathrm{T}}$，则 $\|\hat{\boldsymbol{x}} - \boldsymbol{x}\|_\infty / \|\boldsymbol{x}\|_\infty \approx 0.0043 \approx 10^{-3}$. 注意，$\hat{x}_1$ 大约有 3 个有效数字是正确的，而 $\hat{x}_2$ 只有一个有效数字是正确的.

2.2.4 收敛性

如果

$$\lim_{k\to\infty} \|\boldsymbol{x}^{(k)} - \boldsymbol{x}\| = 0,$$

则称 n 维向量序列 $\{\boldsymbol{x}^{(k)}\}$ 收敛到向量 $\boldsymbol{x}$. 由 (2.2.4) 可知，任何特定范数下的收敛意味着所有范数下收敛.

习 题

1. 证明：若 $\boldsymbol{x} \in \mathbb{R}^n$，则 $\lim_{p\to\infty} \|\boldsymbol{x}\|_p = \|\boldsymbol{x}\|_\infty$.

2. 利用不等式 $0 \leqslant (a\boldsymbol{x} + b\boldsymbol{y})^{\mathrm{T}}(a\boldsymbol{x} + b\boldsymbol{y})$，选取适当的 a 和 b，证明 (2.2.3).

3. 验证 $\|\cdot\|_1, \|\cdot\|_2, \|\cdot\|_\infty$ 都是向量范数.

4. 验证 (2.2.5)–(2.2.7)，并说明结果中的等号何时成立.

5. 证明：在 $\mathbb{R}^n$ 中 $\boldsymbol{x}^{(i)} \to \boldsymbol{x}$ 当且仅当对于 $k = 1:n$ 有 $x_k^{(i)} \to x_k$.

6. 证明：在 $\mathbb{R}^n$ 中对任意向量范数都有 $|\,\|\boldsymbol{x}\| - \|\boldsymbol{y}\|\,| \leqslant \|\boldsymbol{x} - \boldsymbol{y}\|$.

7. 设 $\|\cdot\|$ 是 $\mathbb{R}^m$ 上的向量范数且 $\boldsymbol{A} \in \mathbb{R}^{m\times n}$. 证明：若 $\mathrm{rank}(\boldsymbol{A}) = n$，则 $\|\boldsymbol{x}\|_{\boldsymbol{A}} = \|\boldsymbol{A}\boldsymbol{x}\|$ 是 $\mathbb{R}^n$ 上的向量范数.

8. 假设 $\boldsymbol{x}, \boldsymbol{y} \in \mathbb{R}^n$，定义函数 $\psi: \mathbb{R} \to \mathbb{R}$ 为 $\psi(\alpha) = \|\boldsymbol{x} - \alpha\boldsymbol{y}\|_2$. 证明：$\psi$ 在 $\alpha = \boldsymbol{x}^{\mathrm{T}}\boldsymbol{y}/\boldsymbol{y}^{\mathrm{T}}\boldsymbol{y}$ 时取最小值.

9. 证明下式或举出反例：

$$\boldsymbol{v} \in \mathbb{R}^n \;\Rightarrow\; \|\boldsymbol{v}\|_1 \|\boldsymbol{v}\|_\infty \leqslant \frac{1+\sqrt{n}}{2}\|\boldsymbol{v}\|_2^2.$$

10. 假设 $\boldsymbol{x},\boldsymbol{y}\in\mathbb{R}^3$. 证明 $|\boldsymbol{x}^{\mathrm{T}}\boldsymbol{y}|=\|\boldsymbol{x}\|_2\|\boldsymbol{y}\|_2|\cos(\theta)|$，其中 θ 是 $\boldsymbol{x}$ 和 $\boldsymbol{y}$ 的夹角. 对于由

$$\boldsymbol{x}\times\boldsymbol{y}=\begin{bmatrix}x_2y_3-x_3y_2\\x_3y_1-x_1y_3\\x_1y_2-x_2y_1\end{bmatrix}$$

定义的叉积也存在类似结论. 特别地，证明 $\|\boldsymbol{x}\times\boldsymbol{y}\|_2=\|\boldsymbol{x}\|_2\|\boldsymbol{y}\|_2|\sin(\theta)|$.

11. 假设 $\boldsymbol{x}\in\mathbb{R}^n,\boldsymbol{y}\in\mathbb{R}^m$. 证明

$$\|\boldsymbol{x}\otimes\boldsymbol{y}\|_p=\|\boldsymbol{x}\|_p\|\boldsymbol{y}\|_p,$$

其中 $p=1,2,\infty$.

2.3 矩阵范数

分析矩阵算法需要利用矩阵范数. 例如，如果系数矩阵是“几乎奇异”的，那么线性方程组的解法的效果可能很差. 为了量化“几乎奇异”这一概念，我们需要度量矩阵空间上的距离. 矩阵范数可以用来提供这种度量.

2.3.1 定义

由于 $\mathbb{R}^{m\times n}$ 与 $\mathbb{R}^{mn}$ 同构，矩阵范数的定义应等价于向量范数的定义. 具体来说，我们称 $f:\mathbb{R}^{m\times n}\to\mathbb{R}$ 为一个**矩阵范数**，如果它满足以下三条性质：

$$\begin{aligned}
f(\boldsymbol{A})&\geqslant 0, && \boldsymbol{A}\in\mathbb{R}^{m\times n},\quad (f(\boldsymbol{A})=0 \text{ 当且仅当 } \boldsymbol{A}=\boldsymbol{0})\\
f(\boldsymbol{A}+\boldsymbol{B})&\leqslant f(\boldsymbol{A})+f(\boldsymbol{B}), && \boldsymbol{A},\boldsymbol{B}\in\mathbb{R}^{m\times n},\\
f(\alpha\boldsymbol{A})&=|\alpha|f(\boldsymbol{A}), && \alpha\in\mathbb{R},\boldsymbol{A}\in\mathbb{R}^{m\times n}.
\end{aligned}$$

和向量范数一样，我们用带下标的双竖线表示矩阵范数，即 $f(\boldsymbol{A})=\|\boldsymbol{A}\|$.

在数值线性代数中，最常用的矩阵范数是 **Frobenius 范数**（简称 F-范数）

$$\|\boldsymbol{A}\|_F=\sqrt{\sum_{i=1}^{m}\sum_{j=1}^{n}|a_{ij}|^2}\tag{2.3.1}$$

和 $\boldsymbol{p}$-范数

$$\|\boldsymbol{A}\|_p=\sup_{\boldsymbol{x}\neq\boldsymbol{0}}\frac{\|\boldsymbol{A}\boldsymbol{x}\|_p}{\|\boldsymbol{x}\|_p}.\tag{2.3.2}$$

注意，矩阵的 p-范数的定义基于前一节讨论的向量的 p-范数. 验证 (2.3.1) 和 (2.3.2) 是矩阵范数留做练习. 很明显，$\|\boldsymbol{A}\|_p$ 是通过将 $\boldsymbol{A}$ 应用于 p-范数单位向量而得到的最大向量的 p-范数：

$$\|\boldsymbol{A}\|_p=\sup_{\boldsymbol{x}\neq\boldsymbol{0}}\left\|\boldsymbol{A}\left(\frac{\boldsymbol{x}}{\|\boldsymbol{x}\|_p}\right)\right\|_p=\max_{\|\boldsymbol{x}\|_p=1}\|\boldsymbol{A}\boldsymbol{x}\|_p.$$

重要的是要理解 (2.3.2) 定义的范数族，例如，$\mathbb{R}^{3\times 2}$ 上的 2-范数与 $\mathbb{R}^{5\times 6}$ 上的 2-范数是不同的函数. 因此，容易验证不等式

$$\| \boldsymbol{AB} \|_p \leqslant \| \boldsymbol{A} \|_p \| \boldsymbol{B} \|_p, \quad \boldsymbol{A} \in \mathbb{R}^{m\times n},\ \boldsymbol{B} \in \mathbb{R}^{n\times q} \tag{2.3.3}$$

实际上是三种不同范数之间的关系. 正式地说，如果对所有 $\boldsymbol{A} \in \mathbb{R}^{m\times n}$ 和 $\boldsymbol{B} \in \mathbb{R}^{n\times q}$ 都有 $f_1(\boldsymbol{AB}) \leqslant f_2(\boldsymbol{A}) f_3(\boldsymbol{B})$，或者不加下标地表示为

$$\| \boldsymbol{AB} \| \leqslant \| \boldsymbol{A} \| \| \boldsymbol{B} \|, \tag{2.3.4}$$

我们就称 $\mathbb{R}^{m\times q}$, $\mathbb{R}^{m\times n}$, $\mathbb{R}^{n\times q}$ 上的范数 f_1, f_2, f_3 是相容的.

并非所有的矩阵范数都有相容性质. 例如，设 $\| \boldsymbol{A} \|_\Delta = \max |a_{ij}|$ 且

$$\boldsymbol{A} = \boldsymbol{B} = \begin{bmatrix} 1 & 1 \\ 1 & 1 \end{bmatrix},$$

那么 $\| \boldsymbol{AB} \|_\Delta > \| \boldsymbol{A} \|_\Delta \| \boldsymbol{B} \|_\Delta$. 多数情况下我们讨论的范数都满足 (2.3.4).

p-范数有一个重要的性质：对于任意 $\boldsymbol{A} \in \mathbb{R}^{m\times n}$ 和 $\boldsymbol{x} \in \mathbb{R}^n$，我们有

$$\| \boldsymbol{Ax} \|_p \leqslant \| \boldsymbol{A} \|_p \| \boldsymbol{x} \|_p.$$

更一般地，对于 $\mathbb{R}^n$ 上的任意向量范数 $\| \cdot \|_\alpha$ 和 $\mathbb{R}^m$ 上的任意向量范数 $\| \cdot \|_\beta$，我们有 $\| \boldsymbol{Ax} \|_\beta \leqslant \| \boldsymbol{A} \|_{\alpha,\beta} \| \boldsymbol{x} \|_\alpha$，其中 $\| \boldsymbol{A} \|_{\alpha,\beta}$ 是如下定义的矩阵范数：

$$\| \boldsymbol{A} \|_{\alpha,\beta} = \sup_{\boldsymbol{x}\neq \boldsymbol{0}} \frac{\| \boldsymbol{Ax} \|_\beta}{\| \boldsymbol{x} \|_\alpha}. \tag{2.3.5}$$

我们称矩阵范数 $\| \cdot \|_{\alpha,\beta}$ 从属于向量范数 $\| \cdot \|_\alpha$ 和 $\| \cdot \|_\beta$. 由于集合 $\{\boldsymbol{x} \in \mathbb{R}^n : \| \boldsymbol{x} \|_\alpha = 1\}$ 是紧集，并且 $\| \cdot \|_\beta$ 连续，所以

$$\| \boldsymbol{A} \|_{\alpha,\beta} = \max_{\| \boldsymbol{x} \|_\alpha = 1} \| \boldsymbol{Ax} \|_\beta = \| \boldsymbol{Ax}_* \|_\beta \tag{2.3.6}$$

对某个具有单位 α-范数的向量 $\boldsymbol{x}_* \in \mathbb{R}^n$ 成立.

2.3.2 矩阵范数的性质

F-范数和 p-范数（特别是 $p = 1, 2, \infty$ 的情形）满足一些不等式，在矩阵计算的分析中经常使用这些不等式. 假设 $\boldsymbol{A} \in \mathbb{R}^{m\times n}$，我们有

$$\| \boldsymbol{A} \|_2 \leqslant \| \boldsymbol{A} \|_F \leqslant \sqrt{\min\{m, n\}}\, \| \boldsymbol{A} \|_2, \tag{2.3.7}$$

$$\max_{i,j} |a_{ij}| \leqslant \| \boldsymbol{A} \|_2 \leqslant \sqrt{mn} \max_{i,j} |a_{ij}|, \tag{2.3.8}$$

$$\|A\|_1 = \max_{1\leqslant j\leqslant n} \sum_{i=1}^{m} |a_{ij}|, \tag{2.3.9}$$

$$\|A\|_\infty = \max_{1\leqslant i\leqslant m} \sum_{j=1}^{n} |a_{ij}|, \tag{2.3.10}$$

$$\frac{1}{\sqrt{n}}\|A\|_\infty \leqslant \|A\|_2 \leqslant \sqrt{m}\,\|A\|_\infty, \tag{2.3.11}$$

$$\frac{1}{\sqrt{m}}\|A\|_1 \leqslant \|A\|_2 \leqslant \sqrt{n}\,\|A\|_1. \tag{2.3.12}$$

假设 $A\in\mathbb{R}^{m\times n}$, $1\leqslant i_1\leqslant i_2\leqslant m$, $1\leqslant j_1\leqslant j_2\leqslant n$，则

$$\|A(i_1:i_2, j_1:j_2)\|_p \leqslant \|A\|_p. \tag{2.3.13}$$

以上关系式的证明均留作练习.

如果存在矩阵 $A\in\mathbb{R}^{m\times n}$ 满足

$$\lim_{k\to\infty}\|A^{(k)}-A\| = 0,$$

则称矩阵序列 $\{A^{(k)}\}\in\mathbb{R}^{m\times n}$ 收敛到矩阵 A. 范数的选取并不重要，因为 $\mathbb{R}^{m\times n}$ 上的所有范数都是等价的.

2.3.3 矩阵 2-范数

矩阵 1-范数和矩阵 ∞-范数的良好特性是它们容易计算，计算量是 $O(n^2)$ 的，见 (2.3.9) 和 (2.3.10). 2-范数的计算要复杂得多.

定理 2.3.1 假设 $A\in\mathbb{R}^{m\times n}$，则存在一个单位 2-范数 n 维向量 z 使得 $A^{\mathrm T}Az=\mu^2 z$，其中 $\mu=\|A\|_2$.

证明 设 $z\in\mathbb{R}^n$ 是满足 $\|Az\|_2=\|A\|_2$ 的单位向量. 由于在 z 处使函数

$$g(x)=\frac{1}{2}\frac{\|Ax\|_2^2}{\|x\|_2^2}=\frac{1}{2}\frac{x^{\mathrm T}A^{\mathrm T}Ax}{x^{\mathrm T}x}$$

取到最大值，所以它满足 $\nabla g(z)=0$，其中 ∇g 是 g 的梯度. 冗长的微分计算表明，对于 $i=1:n$ 有

$$\frac{\partial g(z)}{\partial z_i}=\left[(z^{\mathrm T}z)\sum_{j=1}^{n}[A^{\mathrm T}A]_{ij}z_j-(z^{\mathrm T}A^{\mathrm T}Az)z_i\right]\Big/(z^{\mathrm T}z)^2.$$

用向量符号可表示为 $A^{\mathrm T}Az=(z^{\mathrm T}A^{\mathrm T}Az)z$. 令 $\mu=\|Az\|_2$ 可知定理成立. □

该定理表明 $\| \boldsymbol{A} \|_2^2$ 是多项式 $p(\lambda) = \det(\boldsymbol{A}^{\mathrm{T}}\boldsymbol{A} - \lambda \boldsymbol{I})$ 的一个零点. 具体来说,

$$\| \boldsymbol{A} \|_2 = \sqrt{\lambda_{\max}(\boldsymbol{A}^{\mathrm{T}}\boldsymbol{A})}.$$

我们将在第 7 章和第 8 章进一步讨论特征值. 现在我们只须注意计算矩阵 2-范数是需要迭代的, 而且比计算 1-范数和 ∞-范数更复杂. 幸运的是, 如果只是要得到 $\| \boldsymbol{A} \|_2$ 的数量级估计, 那么可以利用 (2.3.7), (2.3.8), (2.3.11), (2.3.12).

作为范数分析的另一个例子, 下面是估计 2-范数的一个方便结论.

推论 2.3.2 假设 $\boldsymbol{A} \in \mathbb{R}^{m\times n}$, 则 $\| \boldsymbol{A} \|_2 \leqslant \sqrt{\| \boldsymbol{A} \|_1 \| \boldsymbol{A} \|_\infty}$.

证明 若 $\boldsymbol{z} \neq \boldsymbol{0}$ 使得 $\boldsymbol{A}^{\mathrm{T}}\boldsymbol{A}\boldsymbol{z} = \mu^2 \boldsymbol{z}$, 其中 $\mu = \| \boldsymbol{A} \|_2$, 则 $\mu^2 \| \boldsymbol{z} \|_1 = \| \boldsymbol{A}^{\mathrm{T}}\boldsymbol{A}\boldsymbol{z} \|_1 \leqslant \| \boldsymbol{A}^{\mathrm{T}} \|_1 \| \boldsymbol{A} \|_1 \| \boldsymbol{z} \|_1 = \| \boldsymbol{A} \|_\infty \| \boldsymbol{A} \|_1 \| \boldsymbol{z} \|_1$. □

2.3.4 扰动与逆矩阵

我们经常使用范数来量化扰动的影响, 或者证明矩阵序列收敛到某个特定极限. 作为这些范数应用的例证, 我们把 $\boldsymbol{A}^{-1}$ 的变化表示为 $\boldsymbol{A}$ 的变化的函数.

引理 2.3.3 假设 $\boldsymbol{F} \in \mathbb{R}^{n\times n}$ 且 $\| \boldsymbol{F} \|_p < 1$, 则 $\boldsymbol{I} - \boldsymbol{F}$ 非奇异,

$$(\boldsymbol{I} - \boldsymbol{F})^{-1} = \sum_{k=0}^{\infty} \boldsymbol{F}^k$$

且

$$\| (\boldsymbol{I} - \boldsymbol{F})^{-1} \|_p \leqslant \frac{1}{1 - \| \boldsymbol{F} \|_p}.$$

证明 假设 $\boldsymbol{I} - \boldsymbol{F}$ 是奇异的, 则存在某个非零向量 $\boldsymbol{x}$ 使得 $(\boldsymbol{I} - \boldsymbol{F})\boldsymbol{x} = \boldsymbol{0}$. 这样, 由 $\| \boldsymbol{x} \|_p = \| \boldsymbol{F}\boldsymbol{x} \|_p$ 推出 $\| \boldsymbol{F} \|_p \geqslant 1$, 产生了矛盾. 所以 $\boldsymbol{I} - \boldsymbol{F}$ 非奇异. 为了获得其逆矩阵的表达式, 考虑恒等式

$$\left(\sum_{k=0}^{N} \boldsymbol{F}^k \right) (\boldsymbol{I} - \boldsymbol{F}) = \boldsymbol{I} - \boldsymbol{F}^{N+1}.$$

由于 $\| \boldsymbol{F} \|_p < 1$, 所以由 $\| \boldsymbol{F}^k \|_p \leqslant \| \boldsymbol{F} \|_p^k$ 可得 $\lim\limits_{k\to\infty} \boldsymbol{F}^k = \boldsymbol{0}$. 于是

$$\left(\lim_{N\to\infty} \sum_{k=0}^{N} \boldsymbol{F}^k \right) (\boldsymbol{I} - \boldsymbol{F}) = \boldsymbol{I}.$$

从而我们有

$$(\boldsymbol{I} - \boldsymbol{F})^{-1} = \lim_{N\to\infty} \sum_{k=0}^{N} \boldsymbol{F}^k = \sum_{k=0}^{\infty} \boldsymbol{F}^k.$$

由此不难证明

$$\| (\boldsymbol{I}-\boldsymbol{F})^{-1} \|_p \leqslant \sum_{k=0}^{\infty} \| \boldsymbol{F} \|_p^k = \frac{1}{1-\| \boldsymbol{F} \|_p}.$$

这就完成了引理的证明. □

注意，$\| (\boldsymbol{I}-\boldsymbol{F})^{-1}-\boldsymbol{I} \|_p \leqslant \| \boldsymbol{F} \|_p/(1-\| \boldsymbol{F} \|_p)$ 是该引理的一个推论. 于是，若 $\epsilon \ll 1$，则单位矩阵的 $O(\epsilon)$ 扰动将导致其逆的 $O(\epsilon)$ 扰动. 一般地，我们有以下定理.

定理 2.3.4 假设 $\boldsymbol{A}$ 非奇异，$r \equiv \| \boldsymbol{A}^{-1}\boldsymbol{E} \|_p < 1$，则 $\boldsymbol{A}+\boldsymbol{E}$ 非奇异，

$$\| (\boldsymbol{A}+\boldsymbol{E})^{-1}-\boldsymbol{A}^{-1} \|_p \leqslant \frac{\| \boldsymbol{E} \|_p \| \boldsymbol{A}^{-1} \|_p^2}{1-r}.$$

证明 取 $\boldsymbol{F}=-\boldsymbol{E}\boldsymbol{A}^{-1}$ 可得 $\boldsymbol{A}+\boldsymbol{E}=(\boldsymbol{I}-\boldsymbol{F})\boldsymbol{A}$. 由于 $\| \boldsymbol{F} \|_p = r < 1$，由引理 2.3.3 知 $\boldsymbol{I}-\boldsymbol{F}$ 非奇异，且 $\| (\boldsymbol{I}-\boldsymbol{F})^{-1} \|_p \leqslant 1/(1-r)$. 从而 $(\boldsymbol{A}+\boldsymbol{E})^{-1} = \boldsymbol{A}^{-1}(\boldsymbol{I}-\boldsymbol{F})^{-1}$ 非奇异，且

$$(\boldsymbol{A}+\boldsymbol{E})^{-1}-\boldsymbol{A}^{-1} = \boldsymbol{A}^{-1}(\boldsymbol{A}-(\boldsymbol{A}+\boldsymbol{E}))(\boldsymbol{A}+\boldsymbol{E})^{-1} = -\boldsymbol{A}^{-1}\boldsymbol{E}\boldsymbol{A}^{-1}(\boldsymbol{I}-\boldsymbol{F})^{-1}.$$

再取范数即可完成定理的证明. □

2.3.5 正交不变性

假设 $\boldsymbol{A} \in \mathbb{R}^{m\times n}$，如果 $\boldsymbol{Q} \in \mathbb{R}^{m\times m}, \boldsymbol{Z} \in \mathbb{R}^{n\times n}$ 都是正交矩阵，则

$$\| \boldsymbol{QAZ} \|_F = \| \boldsymbol{A} \|_F, \tag{2.3.14}$$

$$\| \boldsymbol{QAZ} \|_2 = \| \boldsymbol{A} \|_2. \tag{2.3.15}$$

这些性质很容易从向量 2-范数的正交不变性中得到. 例如，

$$\| \boldsymbol{QA} \|_F^2 = \sum_{j=1}^{n} \| \boldsymbol{Q}A(:,j) \|_2^2 = \sum_{j=1}^{n} \| A(:,j) \|_2^2 = \| \boldsymbol{A} \|_F^2,$$

从而我们有

$$\| \boldsymbol{Q}(\boldsymbol{AZ}) \|_F^2 = \| (\boldsymbol{AZ}) \|_F^2 = \| \boldsymbol{Z}^{\mathrm{T}}\boldsymbol{A}^{\mathrm{T}} \|_F^2 = \| \boldsymbol{A}^{\mathrm{T}} \|_F^2 = \| \boldsymbol{A} \|_F^2.$$

习 题

1. 证明 $\| \boldsymbol{AB} \|_p \leqslant \| \boldsymbol{A} \|_p \| \boldsymbol{B} \|_p$，其中 $1 \leqslant p \leqslant \infty$.

2. 假设 $\boldsymbol{B}$ 是 $\boldsymbol{A}$ 的任意子矩阵，证明 $\| \boldsymbol{B} \|_p \leqslant \| \boldsymbol{A} \|_p$.

3. 假设 $D = \text{diag}(\mu_1, \cdots, \mu_k) \in \mathbb{R}^{m\times n}$, $k = \min\{m, n\}$，证明 $\| D \|_p = \max|\mu_i|$.
4. 证明 (2.3.7) 和 (2.3.8).
5. 证明 (2.3.9) 和 (2.3.10).
6. 证明 (2.3.11) 和 (2.3.12).
7. 假设 $0 \neq s \in \mathbb{R}^n$ 且 $E \in \mathbb{R}^{n\times n}$，证明

$$\left\| E\left(I - \frac{ss^{\mathrm{T}}}{s^{\mathrm{T}}s}\right)\right\|_F^2 = \| E \|_F^2 - \frac{\| Es \|_2^2}{s^{\mathrm{T}}s}.$$

8. 假设 $u \in \mathbb{R}^m$, $v \in \mathbb{R}^n$, $E = uv^{\mathrm{T}}$，证明 $\| E \|_F = \| E \|_2 = \| u \|_2 \| v \|_2$ 且 $\| E \|_\infty \leqslant \| u \|_\infty \| v \|_1$.
9. 假设 $A \in \mathbb{R}^{m\times n}$, $y \in \mathbb{R}^m$, $0 \neq s \in \mathbb{R}^n$，证明：在所有满足 $(A+E)s = y$ 的 $m \times n$ 矩阵 E 中，$E = (y - As)s^{\mathrm{T}}/s^{\mathrm{T}}s$ 有最小 2-范数.
10. 验证：存在标量 $c > 0$ 使得

$$\| A \|_{\Delta,c} = \max_{i,j} c|a_{ij}|$$

作为 $\mathbb{R}^{n\times n}$ 上的矩阵范数满足 (2.3.4) 的乘法性质. 这个常数的最小值是多少？将这个最小值记为 c_*，验证存在非零矩阵 B 和 C 使得 $\| BC \|_{\Delta,c_*} = \| B \|_{\Delta,c_*} \| C \|_{\Delta,c_*}$.
11. 假设 A 和 B 是矩阵，证明 $\| A \otimes B \|_F = \| A \|_F \| B \|_F$.

2.4 奇异值分解

我们在本书中给出的第一个矩阵分解是奇异值分解（SVD）. SVD 的实际应用和理论上的重要性是难以估计的. 它在数据分析和描述矩阵的“近似问题”中发挥着重要作用.

2.4.1 起源

SVD 是正交矩阵的约简，因此 2-范数和 F-范数在本节中非常重要. 实际上，我们可以使用在前两节中提出的关于 2-范数的一些基本事实来证明分解的存在性.

定理 2.4.1 (奇异值分解) *假设 A 是 $m \times n$ 实矩阵，则存在正交矩阵*

$$U = [\, u_1 \,|\cdots|\, u_m \,] \in \mathbb{R}^{m\times m} \quad \text{和} \quad V = [\, v_1 \,|\cdots|\, v_n \,] \in \mathbb{R}^{n\times n}$$

使得

$$U^{\mathrm{T}}AV = \Sigma = \text{diag}(\sigma_1, \cdots, \sigma_p) \in \mathbb{R}^{m\times n}, \quad p = \min\{m, n\},$$

其中 $\sigma_1 \geqslant \sigma_2 \geqslant \cdots \geqslant \sigma_p \geqslant 0$.

证明 设 $x \in \mathbb{R}^n$ 和 $y \in \mathbb{R}^m$ 是满足 $Ax = \sigma y$（其中 $\sigma = \| A \|_2$）的单位 2-范数向量. 从定理 2.1.1 知，存在 $V_2 \in \mathbb{R}^{n\times(n-1)}$ 和 $U_2 \in \mathbb{R}^{m\times(m-1)}$ 使得

$\boldsymbol{V} = [\,x\,|\,\boldsymbol{V}_2\,] \in \mathbb{R}^{n\times n}$ 和 $\boldsymbol{U} = [\,y\,|\,\boldsymbol{U}_2\,] \in \mathbb{R}^{m\times m}$ 是正交的. 不难证明

$$\boldsymbol{U}^{\mathrm{T}}\boldsymbol{A}\boldsymbol{V} = \begin{bmatrix} \sigma & \boldsymbol{w}^{\mathrm{T}} \\ \boldsymbol{0} & \boldsymbol{B} \end{bmatrix} \equiv \boldsymbol{A}_1$$

其中 $\boldsymbol{w} \in \mathbb{R}^{n-1}$, $\boldsymbol{B} \in \mathbb{R}^{(m-1)\times(n-1)}$. 由于

$$\left\| \boldsymbol{A}_1 \left(\begin{bmatrix} \sigma \\ \boldsymbol{w} \end{bmatrix} \right) \right\|_2^2 \geqslant (\sigma^2 + \boldsymbol{w}^{\mathrm{T}}\boldsymbol{w})^2,$$

我们有 $\|\,\boldsymbol{A}_1\,\|_2^2 \geqslant (\sigma^2 + \boldsymbol{w}^{\mathrm{T}}\boldsymbol{w})$. 但 $\sigma^2 = \|\,\boldsymbol{A}\,\|_2^2 = \|\,\boldsymbol{A}_1\,\|_2^2$, 所以必有 $\boldsymbol{w} = \boldsymbol{0}$. 用一个明显的归纳论证即可完成定理的证明. □

σ_i 是 $\boldsymbol{A}$ 的奇异值, $\boldsymbol{u}_i$ 是 $\boldsymbol{A}$ 的左奇异向量, $\boldsymbol{v}_i$ 是 $\boldsymbol{A}$ 的右奇异向量. 根据 $\boldsymbol{A}$ 是否有更多的行或列, 需要对 SVD 进行单独的可视化. 下面是 3×2 和 2×3 的例子:

$$\begin{bmatrix} u_{11} & u_{12} & u_{13} \\ u_{21} & u_{22} & u_{23} \\ u_{31} & u_{32} & u_{33} \end{bmatrix}^{\mathrm{T}} \begin{bmatrix} a_{11} & a_{12} \\ a_{21} & a_{22} \\ a_{31} & a_{32} \end{bmatrix} \begin{bmatrix} v_{11} & v_{12} \\ v_{21} & v_{22} \end{bmatrix} = \begin{bmatrix} \sigma_1 & 0 \\ 0 & \sigma_2 \\ 0 & 0 \end{bmatrix},$$

$$\begin{bmatrix} u_{11} & u_{12} \\ u_{21} & u_{22} \end{bmatrix}^{\mathrm{T}} \begin{bmatrix} a_{11} & a_{12} & a_{13} \\ a_{21} & a_{22} & a_{23} \end{bmatrix} \begin{bmatrix} v_{11} & v_{12} & v_{13} \\ v_{21} & v_{22} & v_{23} \\ v_{31} & v_{32} & v_{33} \end{bmatrix} = \begin{bmatrix} \sigma_1 & 0 & 0 \\ 0 & \sigma_2 & 0 \end{bmatrix}.$$

在后面的章节中, 符号 $\sigma_i(\boldsymbol{A})$ 用于表示矩阵 $\boldsymbol{A}$ 的第 i 大的奇异值. 最大和最小的奇异值很重要, 对此我们有专门的记号:

$$\sigma_{\max}(\boldsymbol{A}) = \text{矩阵 } \boldsymbol{A} \text{ 的最大奇异值},$$
$$\sigma_{\min}(\boldsymbol{A}) = \text{矩阵 } \boldsymbol{A} \text{ 的最小奇异值}.$$

2.4.2 性质

对于 SVD, 我们构建了许多便于本书应用的重要推论.

推论 2.4.2 假设 $\boldsymbol{U}^{\mathrm{T}}\boldsymbol{A}\boldsymbol{V} = \boldsymbol{\Sigma}$ 是 $\boldsymbol{A} \in \mathbb{R}^{m\times n}$ 的 SVD, 且 $m \geqslant n$, 则对于 $i = 1:n$ 有 $\boldsymbol{A}\boldsymbol{v}_i = \sigma_i\boldsymbol{u}_i$ 和 $\boldsymbol{A}^{\mathrm{T}}\boldsymbol{u}_i = \sigma_i\boldsymbol{v}_i$.

证明 比较 $\boldsymbol{A}\boldsymbol{V} = \boldsymbol{U}\boldsymbol{\Sigma}$ 和 $\boldsymbol{A}^{\mathrm{T}}\boldsymbol{U} = \boldsymbol{V}\boldsymbol{\Sigma}^{\mathrm{T}}$ 的列即可. □

上面这个结果有很好的几何背景. 矩阵 $\boldsymbol{A}$ 的奇异值是超椭球体 $E = \{\,\boldsymbol{A}\boldsymbol{x} : \|\,\boldsymbol{x}\,\|_2 = 1\}$ 的半轴长度. 半轴方向由 $\boldsymbol{u}_i$ 确定, 半轴长度为 $\boldsymbol{A}$ 的奇异值.

由推论 2.4.2 直接可得

$$\boldsymbol{A}^{\mathrm{T}}\boldsymbol{A}\boldsymbol{v}_i = \sigma_i^2\boldsymbol{v}_i, \tag{2.4.1}$$

$$\boldsymbol{A}\boldsymbol{A}^{\mathrm{T}}\boldsymbol{u}_i = \sigma_i^2\boldsymbol{u}_i, \tag{2.4.2}$$

其中 $i=1:n$. 这表明 $\boldsymbol{A}$ 的 SVD 与对称矩阵 $\boldsymbol{A}^{\mathrm{T}}\boldsymbol{A}$ 和 $\boldsymbol{A}\boldsymbol{A}^{\mathrm{T}}$ 的特征值有内在联系，见 8.6 节和 10.4 节.

2-范数和 F-范数具有简单的 SVD 特征.

推论 2.4.3 假设 $\boldsymbol{A}\in\mathbb{R}^{m\times n}$，则

$$\|\boldsymbol{A}\|_2 = \sigma_1, \quad \|\boldsymbol{A}\|_F = \sqrt{\sigma_1^2+\cdots+\sigma_p^2},$$

其中 $p=\min\{m,n\}$.

证明 注意到对于 2-范数和 F-范数都有 $\|\boldsymbol{U}^{\mathrm{T}}\boldsymbol{A}\boldsymbol{V}\| = \|\boldsymbol{\Sigma}\|$，结果立即可得. □

我们将在 8.6 节证明，如果矩阵 $\boldsymbol{A}$ 被矩阵 $\boldsymbol{E}$ 扰动，那么奇异值的变化不会超过 $\|\boldsymbol{E}\|_2$. 以下推论确定了此结果的两个有用实例.

推论 2.4.4 假设 $\boldsymbol{A}\in\mathbb{R}^{m\times n}$ 且 $\boldsymbol{E}\in\mathbb{R}^{m\times n}$，则

$$\sigma_{\max}(\boldsymbol{A}+\boldsymbol{E}) \leqslant \sigma_{\max}(\boldsymbol{A}) + \|\boldsymbol{E}\|_2,$$
$$\sigma_{\min}(\boldsymbol{A}+\boldsymbol{E}) \geqslant \sigma_{\min}(\boldsymbol{A}) - \|\boldsymbol{E}\|_2.$$

证明 利用推论 2.4.2 易证

$$\sigma_{\min}(\boldsymbol{A})\cdot\|\boldsymbol{x}\|_2 \leqslant \|\boldsymbol{A}\boldsymbol{x}\|_2 \leqslant \sigma_{\max}(\boldsymbol{A})\cdot\|\boldsymbol{x}\|_2.$$

由此得到所需的不等式. □

如果在矩阵中添加一列，那么最大奇异值将增大，最小奇异值将减小.

推论 2.4.5 假设 $\boldsymbol{A}\in\mathbb{R}^{m\times n}$, $m>n$, $\boldsymbol{z}\in\mathbb{R}^m$，则

$$\sigma_{\max}([\,\boldsymbol{A}\,|\,\boldsymbol{z}\,]) \geqslant \sigma_{\max}(\boldsymbol{A}),$$
$$\sigma_{\min}([\,\boldsymbol{A}\,|\,\boldsymbol{z}\,]) \leqslant \sigma_{\min}(\boldsymbol{A}).$$

证明 设 $\boldsymbol{A}=\boldsymbol{U}\boldsymbol{\Sigma}\boldsymbol{V}^{\mathrm{T}}$ 是 $\boldsymbol{A}$ 的 SVD，令 $\boldsymbol{x}=V(:,1)$, $\tilde{\boldsymbol{A}}=[\,\boldsymbol{A}\,|\,\boldsymbol{z}\,]$. 利用推论 2.4.4，我们有

$$\sigma_{\max}(\boldsymbol{A}) = \|\boldsymbol{A}\boldsymbol{x}\|_2 = \left\|\tilde{\boldsymbol{A}}\begin{bmatrix}\boldsymbol{x}\\0\end{bmatrix}\right\|_2 \leqslant \sigma_{\max}(\tilde{\boldsymbol{A}}).$$

同理可证 $\sigma_{\min}(\boldsymbol{A}) \geqslant \sigma_{\min}(\tilde{\boldsymbol{A}})$. □

SVD 简洁地表述了矩阵的秩及其零空间和值域的规范正交基.

推论 2.4.6 假设 $\boldsymbol{A}$ 有 r 个正奇异值，则 $\mathsf{rank}(\boldsymbol{A}) = r$ 且

$$\mathsf{null}(\boldsymbol{A}) = \mathsf{span}\{v_{r+1}, \cdots, v_n\},$$
$$\mathsf{ran}(\boldsymbol{A}) = \mathsf{span}\{u_1, \cdots, u_r\}.$$

证明 对角矩阵的秩等于主对角线上非零元素的个数，因此我们有 $\mathsf{rank}(\boldsymbol{A}) = \mathsf{rank}(\boldsymbol{\Sigma}) = r$. 利用推论 2.4.2 即可得出有关零空间及其值域的断言. □

如果 $\boldsymbol{A}$ 的秩为 r，那么它可以写成 r 个秩为 1 的矩阵的和. SVD 为这个扩充提供了一个特别好的选择.

推论 2.4.7 假设 $\boldsymbol{A} \in \mathbb{R}^{m\times n}$ 且 $\mathsf{rank}(\boldsymbol{A}) = r$，则

$$\boldsymbol{A} = \sum_{i=1}^{r} \sigma_i \boldsymbol{u}_i \boldsymbol{v}_i^{\mathrm{T}}.$$

证明 这是分块矩阵乘法的一个练习：

$$(\boldsymbol{U}\boldsymbol{\Sigma})\,\boldsymbol{V}^{\mathrm{T}} = \left(\left[\ \sigma_1\boldsymbol{u}_1 \mid \sigma_2\boldsymbol{u}_2 \mid \cdots \mid \sigma_r\boldsymbol{u}_r \mid \boldsymbol{0} \mid \cdots \mid \boldsymbol{0}\ \right]\right)\begin{bmatrix} \boldsymbol{v}_1^{\mathrm{T}} \\ \vdots \\ \boldsymbol{v}_n^{\mathrm{T}} \end{bmatrix} = \sum_{i=1}^{r} \sigma_i \boldsymbol{u}_i \boldsymbol{v}_i^{\mathrm{T}}.$$

□

秩亏损的巧妙处理是第 5 章讨论的一个重要内容. SVD 具有重要作用，因为它可以用于表明给定矩阵与比其秩小的矩阵的靠近程度.

定理 2.4.8 (Eckhart-Young 定理) 假设 $k < r = \mathsf{rank}(\boldsymbol{A})$ 且

$$\boldsymbol{A}_k = \sum_{i=1}^{k} \sigma_i \boldsymbol{u}_i \boldsymbol{v}_i^{\mathrm{T}}, \tag{2.4.3}$$

那么

$$\min_{\mathsf{rank}(\boldsymbol{B})=k} \|\, \boldsymbol{A} - \boldsymbol{B} \,\|_2 = \|\, \boldsymbol{A} - \boldsymbol{A}_k \,\|_2 = \sigma_{k+1}. \tag{2.4.4}$$

证明 因为 $\boldsymbol{U}^{\mathrm{T}}\boldsymbol{A}_k\boldsymbol{V} = \mathrm{diag}(\sigma_1, \cdots, \sigma_k, 0, \cdots, 0)$，所以 $\boldsymbol{A}_k$ 的秩为 k. 此外，$\boldsymbol{U}^{\mathrm{T}}(\boldsymbol{A} - \boldsymbol{A}_k)\boldsymbol{V} = \mathrm{diag}(0, \cdots, 0, \sigma_{k+1}, \cdots, \sigma_p)$，因此 $\|\, \boldsymbol{A} - \boldsymbol{A}_k \,\|_2 = \sigma_{k+1}$.

现在假设对某个矩阵 $\boldsymbol{B} \in \mathbb{R}^{m\times n}$ 有 $\mathsf{rank}(\boldsymbol{B}) = k$. 从而我们能找到规范正交向量 $\boldsymbol{x}_1, \cdots, \boldsymbol{x}_{n-k}$ 使得 $\mathsf{null}(\boldsymbol{B}) = \mathsf{span}\{\boldsymbol{x}_1, \cdots, \boldsymbol{x}_{n-k}\}$. 利用维数可知

$$\mathsf{span}\{\boldsymbol{x}_1, \cdots, \boldsymbol{x}_{n-k}\} \cap \mathsf{span}\{\boldsymbol{v}_1, \cdots, \boldsymbol{v}_{k+1}\} \neq \{\boldsymbol{0}\}.$$

令 $\boldsymbol{z}$ 为这个交集中的单位 2-范数向量. 利用 $\boldsymbol{Bz}=\boldsymbol{0}$ 和

$$\boldsymbol{Az} = \sum_{i=1}^{k+1} \sigma_i(\boldsymbol{v}_i^{\mathrm{T}}\boldsymbol{z})\boldsymbol{u}_i,$$

我们有

$$\|\boldsymbol{A}-\boldsymbol{B}\|_2^2 \geqslant \|(\boldsymbol{A}-\boldsymbol{B})\boldsymbol{z}\|_2^2 = \|\boldsymbol{Az}\|_2^2 = \sum_{i=1}^{k+1}\sigma_i^2(\boldsymbol{v}_i^{\mathrm{T}}\boldsymbol{z})^2 \geqslant \sigma_{k+1}^2,$$

于是定理得证. □

注意, 这个定理说明 $\boldsymbol{A}$ 的最小奇异值是 $\boldsymbol{A}$ 到所有秩亏损矩阵集合的 2-范数距离. 我们还有, 在 (2.4.3) 中定义的矩阵 $\boldsymbol{A}_k$ 是 F-范数下最接近 $\boldsymbol{A}$ 的秩 k 矩阵.

2.4.3 细奇异值分解

设 $\boldsymbol{A}=\boldsymbol{U\Sigma V}^{\mathrm{T}}\in\mathbb{R}^{m\times n}$ 是 $\boldsymbol{A}$ 的 SVD, 且 $m\geqslant n$, 则

$$\boldsymbol{A}=\boldsymbol{U}_1\boldsymbol{\Sigma}_1\boldsymbol{V}^{\mathrm{T}},$$

其中

$$\begin{aligned}\boldsymbol{U}_1 &= U(:,1:n) = [\,\boldsymbol{u}_1\,|\cdots|\,\boldsymbol{u}_n\,]\in\mathbb{R}^{m\times n},\\ \boldsymbol{\Sigma}_1 &= \Sigma(1:n,1:n) = \mathrm{diag}(\sigma_1,\cdots,\sigma_n)\in\mathbb{R}^{n\times n}.\end{aligned}$$

我们把这个 SVD 的缩小形式称为**细奇异值分解**.

2.4.4 酉矩阵和复奇异值分解

复数域上的酉矩阵对应于实数域上的正交矩阵. 具体来说, 如果 $\boldsymbol{Q}\in\mathbb{C}^{n\times n}$ 且 $\boldsymbol{Q}^{\mathrm{H}}\boldsymbol{Q}=\boldsymbol{QQ}^{\mathrm{H}}=\boldsymbol{I}_n$, 则称 $\boldsymbol{Q}$ 为**酉矩阵**. 酉变换保持 2-范数和 F-范数. 复矩阵的 SVD 涉及酉矩阵. 设 $\boldsymbol{A}\in\mathbb{C}^{m\times n}$, 则存在酉矩阵 $\boldsymbol{U}\in\mathbb{C}^{m\times m}$ 和 $\boldsymbol{V}\in\mathbb{C}^{n\times n}$ 使得

$$\boldsymbol{U}^{\mathrm{H}}\boldsymbol{AV}=\mathrm{diag}(\sigma_1,\cdots,\sigma_p)\in\mathbb{R}^{m\times n},\quad p=\min\{m,n\},$$

其中 $\sigma_1\geqslant\sigma_2\geqslant\cdots\geqslant\sigma_p\geqslant 0$. 上面给出的所有实奇异值分解性质都有类似的复奇异值分解性质.

习 题

1. 证明: 设 $\boldsymbol{Q}_1,\boldsymbol{Q}_2\in\mathbb{R}^{n\times n}$, 如果 $\boldsymbol{Q}=\boldsymbol{Q}_1+\mathrm{i}\boldsymbol{Q}_2$ 是酉矩阵, 则 $2n\times 2n$ 实矩阵

$$\boldsymbol{Z}=\begin{bmatrix}\boldsymbol{Q}_1 & -\boldsymbol{Q}_2\\ \boldsymbol{Q}_2 & \boldsymbol{Q}_1\end{bmatrix}$$

是正交矩阵.

2. 设 $A \in \mathbb{R}^{m\times n}$，证明

$$\sigma_{\max}(A) = \max_{\substack{y\in\mathbb{R}^m \\ x\in\mathbb{R}^n}} \frac{y^{\mathrm{T}}Ax}{\|x\|_2\|y\|_2}.$$

3. 对于 2×2 矩阵 $A = \begin{bmatrix} w & x \\ y & z \end{bmatrix}$，把 $\sigma_{\max}(A)$ 和 $\sigma_{\min}(A)$ 表示为 w, x, y, z 的函数.

4. 证明：$\mathbb{R}^{m\times n}$ 中的任何矩阵都是满秩矩阵序列的极限.

5. 证明：如果 $A\in\mathbb{R}^{m\times n}$ 的秩为 n，则 $\| A(A^{\mathrm{T}}A)^{-1}A^{\mathrm{T}} \|_2 = 1$.

6. 在 F-范数下，最靠近

$$A = \begin{bmatrix} 1 & M \\ 0 & 1 \end{bmatrix}$$

的秩 1 的矩阵是什么?

7. 证明：设 $A\in\mathbb{R}^{m\times n}$，则 $\|A\|_F \leqslant \sqrt{\mathsf{rank}(A)}\,\|A\|_2$，从而加强了 (2.3.7).

8. 设 $A\in\mathbb{R}^{n\times n}$，对以下问题给出 SVD 解：

$$\min_{\det(B)=|\det(A)|} \|A-B\|_F.$$

9. 证明：如果在矩阵中添加一个非零行，则最大和最小奇异值都会变大.

10. 证明：设 θ_u 和 θ_v 都是实数，令

$$A = \begin{bmatrix} \cos(\theta_u) & \sin(\theta_u) \\ \cos(\theta_v) & \sin(\theta_v) \end{bmatrix},$$

则 $U^{\mathrm{T}}AV = \Sigma$，其中

$$U = \begin{bmatrix} \cos(\pi/4) & -\sin(\pi/4) \\ \sin(\pi/4) & \cos(\pi/4) \end{bmatrix},$$

$$V = \begin{bmatrix} \cos(a) & -\sin(a) \\ \sin(a) & \cos(a) \end{bmatrix},$$

$$\Sigma = \operatorname{diag}(\sqrt{2}\cos(b), \sqrt{2}\sin(b)),$$

这里 $a = (\theta_v+\theta_u)/2$, $b = (\theta_v-\theta_u)/2$.

2.5　子空间度量

如果计算的任务是计算一个矩阵或一个向量，那么范数对检验答案的准确性或度量迭代过程是有用的. 如果计算的任务是计算一个子空间，那么为了做出类似的评论，我们需要度量两个子空间之间的距离. 在这方面，正交投影是至关重要的. 在基本概念建立之后，我们讨论了 CS 分解. 这是一个类似于 SVD 的分解，用它比较两个子空间很方便.

2.5.1 正交投影

设 $S \subseteq \mathbb{R}^n$ 是一个子空间，若 $\mathsf{ran}(\boldsymbol{P}) = S$, $\boldsymbol{P}^2 = \boldsymbol{P}$, $\boldsymbol{P}^{\mathrm{T}} = \boldsymbol{P}$，则称 $\boldsymbol{P} \in \mathbb{R}^{n\times n}$ 是 S 上的**正交投影**. 从定义容易得出，若 $\boldsymbol{x} \in \mathbb{R}^n$，则 $\boldsymbol{P}\boldsymbol{x} \in S$ 且 $(\boldsymbol{I}-\boldsymbol{P})\boldsymbol{x} \in S^{\perp}$.

若 $\boldsymbol{P}_1$ 和 $\boldsymbol{P}_2$ 都是正交投影，则对于任意 $\boldsymbol{z} \in \mathbb{R}^n$ 有

$$\| (\boldsymbol{P}_1 - \boldsymbol{P}_2)\boldsymbol{z} \|_2^2 \;=\; (\boldsymbol{P}_1\boldsymbol{z})^{\mathrm{T}}(\boldsymbol{I} - \boldsymbol{P}_2)\boldsymbol{z} + (\boldsymbol{P}_2\boldsymbol{z})^{\mathrm{T}}(\boldsymbol{I} - \boldsymbol{P}_1)\boldsymbol{z}.$$

若 $\mathsf{ran}(\boldsymbol{P}_1) = \mathsf{ran}(\boldsymbol{P}_2) = S$，则上式右端是零，这表明一个子空间的正交投影是唯一的. 若 $\boldsymbol{V} = [\, \boldsymbol{v}_1 \,|\cdots|\, \boldsymbol{v}_k \,]$ 的各列是子空间 S 的一组规范正交基，则易证 $\boldsymbol{P} = \boldsymbol{V}\boldsymbol{V}^{\mathrm{T}}$ 是 S 上的唯一正交投影. 注意，若 $\boldsymbol{v} \in \mathbb{R}^n$，则 $\boldsymbol{P} = \boldsymbol{v}\boldsymbol{v}^{\mathrm{T}}/\boldsymbol{v}^{\mathrm{T}}\boldsymbol{v}$ 是 $S = \mathsf{span}\{\boldsymbol{v}\}$ 上的正交投影.

2.5.2 SVD 相关的投影

有几个重要的正交投影与 SVD 有关. 设 $\boldsymbol{A} = \boldsymbol{U}\boldsymbol{\Sigma}\boldsymbol{V}^{\mathrm{T}} \in \mathbb{R}^{m\times n}$ 是 $\boldsymbol{A}$ 的 SVD 且 $r = \mathsf{rank}(\boldsymbol{A})$. 若 $\boldsymbol{U}$ 和 $\boldsymbol{V}$ 的划分为

$$\boldsymbol{U} = [\, \underset{r}{\boldsymbol{U}_r} \,|\, \underset{m-r}{\tilde{\boldsymbol{U}}_r} \,] \quad 和 \quad \boldsymbol{V} = [\, \underset{r}{\boldsymbol{V}_r} \,|\, \underset{n-r}{\tilde{\boldsymbol{V}}_r} \,],$$

则

$$\begin{aligned}
\boldsymbol{V}_r\boldsymbol{V}_r^{\mathrm{T}} &= 在\ \mathsf{null}(\boldsymbol{A})^{\perp} = \mathsf{ran}(\boldsymbol{A}^{\mathrm{T}})\ 上的正交投影,\\
\tilde{\boldsymbol{V}}_r\tilde{\boldsymbol{V}}_r^{\mathrm{T}} &= 在\ \mathsf{null}(\boldsymbol{A})\ 上的正交投影,\\
\boldsymbol{U}_r\boldsymbol{U}_r^{\mathrm{T}} &= 在\ \mathsf{ran}(\boldsymbol{A})\ 上的正交投影,\\
\tilde{\boldsymbol{U}}_r\tilde{\boldsymbol{U}}_r^{\mathrm{T}} &= 在\ \mathsf{ran}(\boldsymbol{A})^{\perp} = \mathsf{null}(\boldsymbol{A}^{\mathrm{T}})\ 上的正交投影.
\end{aligned}$$

2.5.3 子空间之间的距离

子空间和正交投影之间的一一对应使我们能够导出子空间之间距离的概念. 设 S_1 和 S_2 是 $\mathbb{R}^n$ 上的两个子空间，满足 $\mathsf{dim}(S_1) = \mathsf{dim}(S_2)$. 我们定义这两个子空间之间的距离为

$$\mathsf{dist}(S_1, S_2) \;= \| \boldsymbol{P}_1 - \boldsymbol{P}_2 \|_2, \tag{2.5.1}$$

其中 $\boldsymbol{P}_i$ 是 S_i 上的正交投影. 两个子空间的距离可以用某正交矩阵的分块来刻画.

定理 2.5.1 设

$$\boldsymbol{W} = [\, \underset{k}{\boldsymbol{W}_1} \,|\, \underset{n-k}{\boldsymbol{W}_2} \,] \quad 和 \quad \boldsymbol{Z} = [\, \underset{k}{\boldsymbol{Z}_1} \,|\, \underset{n-k}{\boldsymbol{Z}_2} \,]$$

都是 $n \times n$ 正交矩阵，如果 $S_1 = \mathsf{ran}(\boldsymbol{W}_1), S_2 = \mathsf{ran}(\boldsymbol{Z}_1)$，那么

$$\mathsf{dist}(S_1, S_2) = \| \boldsymbol{W}_1^{\mathrm{T}}\boldsymbol{Z}_2 \|_2 = \| \boldsymbol{Z}_1^{\mathrm{T}}\boldsymbol{W}_2 \|_2.$$

证明　首先观察到

$$\begin{aligned}\mathrm{dist}(S_1,S_2) &= \|\boldsymbol{W}_1\boldsymbol{W}_1^{\mathrm{T}}-\boldsymbol{Z}_1\boldsymbol{Z}_1^{\mathrm{T}}\|_2\\ &= \|\boldsymbol{W}^{\mathrm{T}}(\boldsymbol{W}_1\boldsymbol{W}_1^{\mathrm{T}}-\boldsymbol{Z}_1\boldsymbol{Z}_1^{\mathrm{T}})\boldsymbol{Z}\|_2\\ &= \left\|\begin{bmatrix}\boldsymbol{0} & \boldsymbol{W}_1^{\mathrm{T}}\boldsymbol{Z}_2\\ -\boldsymbol{W}_2^{\mathrm{T}}\boldsymbol{Z}_1 & \boldsymbol{0}\end{bmatrix}\right\|_2.\end{aligned}$$

注意，矩阵 $\boldsymbol{W}_2^{\mathrm{T}}\boldsymbol{Z}_1$ 和 $\boldsymbol{W}_1^{\mathrm{T}}\boldsymbol{Z}_2$ 都是正交矩阵

$$\boldsymbol{Q}=\begin{bmatrix}\boldsymbol{Q}_{11} & \boldsymbol{Q}_{12}\\ \boldsymbol{Q}_{21} & \boldsymbol{Q}_{22}\end{bmatrix}\equiv\begin{bmatrix}\boldsymbol{W}_1^{\mathrm{T}}\boldsymbol{Z}_1 & \boldsymbol{W}_1^{\mathrm{T}}\boldsymbol{Z}_2\\ \boldsymbol{W}_2^{\mathrm{T}}\boldsymbol{Z}_1 & \boldsymbol{W}_2^{\mathrm{T}}\boldsymbol{Z}_2\end{bmatrix}=\boldsymbol{W}^{\mathrm{T}}\boldsymbol{Z} \tag{2.5.2}$$

的子矩阵. 我们需要证明 $\|\boldsymbol{Q}_{21}\|_2=\|\boldsymbol{Q}_{12}\|_2$. 由于 $\boldsymbol{Q}$ 是正交矩阵，所以从

$$\boldsymbol{Q}\begin{bmatrix}\boldsymbol{x}\\ \boldsymbol{0}\end{bmatrix}=\begin{bmatrix}\boldsymbol{Q}_{11}\boldsymbol{x}\\ \boldsymbol{Q}_{21}\boldsymbol{x}\end{bmatrix}$$

可知对所有单位 2- 范数向量 $\boldsymbol{x}\in\mathbb{R}^k$ 都有 $1=\|\boldsymbol{Q}_{11}\boldsymbol{x}\|_2^2+\|\boldsymbol{Q}_{21}\boldsymbol{x}\|_2^2$. 于是

$$\|\boldsymbol{Q}_{21}\|_2^2 = \max_{\|\boldsymbol{x}\|_2=1}\|\boldsymbol{Q}_{21}\boldsymbol{x}\|_2^2 = 1-\min_{\|\boldsymbol{x}\|_2=1}\|\boldsymbol{Q}_{11}\boldsymbol{x}\|_2^2 = 1-\sigma_{\min}(\boldsymbol{Q}_{11})^2.$$

类似地，对 $\boldsymbol{Q}^{\mathrm{T}}$（它也是正交矩阵）进行讨论可得

$$\|\boldsymbol{Q}_{12}^{\mathrm{T}}\|_2^2=1-\sigma_{\min}(\boldsymbol{Q}_{11}^{\mathrm{T}})^2,$$

因此

$$\|\boldsymbol{Q}_{12}\|_2^2=1-\sigma_{\min}(\boldsymbol{Q}_{11})^2.$$

这样我们就有 $\|\boldsymbol{Q}_{21}\|_2=\|\boldsymbol{Q}_{12}\|_2$，定理得证. □

注意，若 S_1 和 S_2 是 $\mathbb{R}^n$ 中的同维的子空间，则

$$0\leqslant \mathrm{dist}(S_1,S_2)\leqslant 1.$$

易证

$$\begin{aligned}\mathrm{dist}(S_1,S_2) &= 0 \Rightarrow S_1 = S_2,\\ \mathrm{dist}(S_1,S_2) &= 1 \Rightarrow S_1\cap S_2^{\perp}\neq\{0\}.\end{aligned}$$

在 (2.5.2) 中，对矩阵 $\boldsymbol{Q}$ 的分块形式的更精确分析揭示了子空间对之间的差异. 这需要对正交矩阵进行特殊的类似于 SVD 的分解.

2.5.4 CS 分解

将正交矩阵划分成 2×2 块形式与 SVD 密切相关. 这是 **CS 分解**的基础. 我们首先证明一个非常有用的特例.

定理 2.5.2 (CS 分解：细形式) 考虑矩阵

$$\boldsymbol{Q} = \begin{bmatrix} \boldsymbol{Q}_1 \\ \boldsymbol{Q}_2 \end{bmatrix}, \quad \boldsymbol{Q}_1 \in \mathbb{R}^{m_1\times n_1},\ \boldsymbol{Q}_2 \in \mathbb{R}^{m_2\times n_1},$$

其中 $m_1 \geqslant n_1, m_2 \geqslant n_1$. 若 $\boldsymbol{Q}$ 的列是规范正交的, 则存在正交矩阵 $\boldsymbol{U}_1 \in \mathbb{R}^{m_1\times m_1}$, $\boldsymbol{U}_2 \in \mathbb{R}^{m_2\times m_2}$, $\boldsymbol{V}_1 \in \mathbb{R}^{n_1\times n_1}$ 使得

$$\begin{bmatrix} \boldsymbol{U}_1 & \boldsymbol{0} \\ \boldsymbol{0} & \boldsymbol{U}_2 \end{bmatrix}^{\mathrm{T}} \begin{bmatrix} \boldsymbol{Q}_1 \\ \boldsymbol{Q}_2 \end{bmatrix} \boldsymbol{V}_1 = \begin{bmatrix} \boldsymbol{C} \\ \boldsymbol{S} \end{bmatrix},$$

其中

$$\begin{aligned} \boldsymbol{C} &= \operatorname{diag}(\cos(\theta_1),\cdots,\cos(\theta_{n_1})) \in \mathbb{R}^{m_1\times n_1}, \\ \boldsymbol{S} &= \operatorname{diag}(\sin(\theta_1),\cdots,\sin(\theta_{n_1})) \in \mathbb{R}^{m_2\times n_1}, \end{aligned}$$

$$0 \leqslant \theta_1 \leqslant \theta_2 \leqslant \cdots \leqslant \theta_{n_1} \leqslant \frac{\pi}{2}.$$

证明 因为 $\|\boldsymbol{Q}_1\|_2 \leqslant \|\boldsymbol{Q}\|_2 = 1$, 所以 $\boldsymbol{Q}_1$ 的奇异值都位于区间 $[0,1]$ 内. 令

$$\boldsymbol{U}_1^{\mathrm{T}}\boldsymbol{Q}_1\boldsymbol{V}_1 = C_0 = \operatorname{diag}(c_1,\cdots,c_{n_1}) = \begin{bmatrix} \boldsymbol{I}_t & \boldsymbol{0} \\ \boldsymbol{0} & \boldsymbol{\Sigma} \end{bmatrix} \begin{matrix} t \\ m_1-t \end{matrix}$$
$$\qquad\qquad\qquad\qquad\qquad\qquad\qquad\qquad\qquad t \quad n_1-t$$

是 $\boldsymbol{Q}_1$ 的 SVD, 其中

$$1 = c_1 = \cdots = c_t > c_{t+1} \geqslant \cdots \geqslant c_{n_1} \geqslant 0.$$

为完成定理的证明我们需要构造正交矩阵 $\boldsymbol{U}_2$. 若

$$\boldsymbol{Q}_2\boldsymbol{V}_1 = [\ \underset{t}{\boldsymbol{W}_1} \mid \underset{n_1-t}{\boldsymbol{W}_2}\ ],$$

则

$$\begin{bmatrix} \boldsymbol{U}_1 & \boldsymbol{0} \\ \boldsymbol{0} & \boldsymbol{I}_{m_2} \end{bmatrix}^{\mathrm{T}} \begin{bmatrix} \boldsymbol{Q}_1 \\ \boldsymbol{Q}_2 \end{bmatrix} \boldsymbol{V}_1 = \begin{bmatrix} \boldsymbol{I}_t & \boldsymbol{0} \\ \boldsymbol{0} & \boldsymbol{\Sigma} \\ \boldsymbol{W}_1 & \boldsymbol{W}_2 \end{bmatrix}.$$

因为这个矩阵的列向量都是单位 2-范数向量, 所以 $\boldsymbol{W}_1 = \boldsymbol{0}$. 因为

$$\boldsymbol{W}_2^{\mathrm{T}}\boldsymbol{W}_2 = \boldsymbol{I}_{n_1-t} - \boldsymbol{\Sigma}^{\mathrm{T}}\boldsymbol{\Sigma} \equiv \operatorname{diag}(1-c_{t+1}^2,\cdots,1-c_{n_1}^2)$$

非奇异，所以 $\boldsymbol{W}_2$ 的列向量非零且相互正交. 对 $k=1:n_1$ 令 $s_k=\sqrt{1-c_k^2}$，则

$$\boldsymbol{Z}=\boldsymbol{W}_2\,\mathrm{diag}(1/s_{t+1},\cdots,1/s_{n_1})$$

的列向量是正交的. 根据定理 2.1.1 可以得出，存在正交矩阵 $\boldsymbol{U}_2\in\mathbb{R}^{m_2\times m_2}$ 使得 $\boldsymbol{U}_2(:,t+1:n_1)=\boldsymbol{Z}$. 易证

$$\boldsymbol{U}_2^{\mathrm{T}}\boldsymbol{Q}_2\boldsymbol{V}_1=\mathrm{diag}(s_1,\cdots,s_{n_1})\equiv\boldsymbol{S}.$$

因为对 $k=1:n_1$ 有 $c_k^2+s_k^2=1$，所以这些量正是是所需的余弦值和正弦值. □

使用相同的技巧可以证明以下更一般形式的分解结果.

定理 2.5.3 (CS 分解) 设

$$\boldsymbol{Q}=\begin{bmatrix}\boldsymbol{Q}_{11} & \boldsymbol{Q}_{12}\\ \boldsymbol{Q}_{21} & \boldsymbol{Q}_{22}\end{bmatrix}\begin{matrix}m_1\\ m_2\end{matrix}\qquad(\text{列块宽 } n_1,\ n_2)$$

是正交方阵，且 $m_1\geqslant n_1$, $m_1\geqslant m_2$. 定义非负整数 p 和 q 为 $p=\max\{0,n_1-m_2\}$ 和 $q=\max\{0,m_2-n_1\}$. 则存在正交矩阵 $\boldsymbol{U}_1\in\mathbb{R}^{m_1\times m_1}$, $\boldsymbol{U}_2\in\mathbb{R}^{m_2\times m_2}$, $\boldsymbol{V}_1\in\mathbb{R}^{n_1\times n_1}$, $\boldsymbol{V}_2\in\mathbb{R}^{n_2\times n_2}$ 使得下述结论成立：如果

$$\boldsymbol{U}=\left[\begin{array}{c|c}\boldsymbol{U}_1 & \boldsymbol{0}\\ \hline \boldsymbol{0} & \boldsymbol{U}_2\end{array}\right],\quad \boldsymbol{V}=\left[\begin{array}{c|c}\boldsymbol{V}_1 & \boldsymbol{0}\\ \hline \boldsymbol{0} & \boldsymbol{V}_2\end{array}\right],$$

那么

$$\boldsymbol{U}^{\mathrm{T}}\boldsymbol{Q}\boldsymbol{V}=\left[\begin{array}{cc|ccc}\boldsymbol{I} & \boldsymbol{0} & \boldsymbol{0} & \boldsymbol{0} & \boldsymbol{0}\\ \boldsymbol{0} & \boldsymbol{C} & \boldsymbol{S} & \boldsymbol{0} & \boldsymbol{0}\\ \boldsymbol{0} & \boldsymbol{0} & \boldsymbol{0} & \boldsymbol{0} & \boldsymbol{I}\\ \hline \boldsymbol{0} & \boldsymbol{S} & -\boldsymbol{C} & \boldsymbol{0} & \boldsymbol{0}\\ \boldsymbol{0} & \boldsymbol{0} & \boldsymbol{0} & \boldsymbol{I} & \boldsymbol{0}\end{array}\right]\begin{matrix}p\\ n_1-p\\ m_1-n_1\\ n_1-p\\ q\end{matrix}$$

$$\qquad\qquad p\quad n_1-p\quad n_1-p\quad q\quad m_1-n_1$$

其中

$$\begin{aligned}\boldsymbol{C}&=\mathrm{diag}(\cos(\theta_{p+1}),\cdots,\cos(\theta_{n_1}))=\mathrm{diag}(c_{p+1},\cdots,c_{n_1}),\\ \boldsymbol{S}&=\mathrm{diag}(\sin(\theta_{p+1}),\cdots,\sin(\theta_{n_1}))=\mathrm{diag}(s_{p+1},\cdots,s_{n_1}),\end{aligned}$$

并且 $0\leqslant\theta_{p+1}\leqslant\cdots\leqslant\theta_{n_1}\leqslant\pi/2$.

证明 详细证明见 Paige and Saunders (1981). □

为清楚起见，我们假设 $m_1 \geqslant n_1$ 且 $m_1 \geqslant m_2$. 通过置换和转置，任何 2×2 分块正交矩阵都可以满足该定理所要求的形式. 注意，变换后 $\boldsymbol{Q}$ 中的块，即 $\boldsymbol{U}_i^{\mathrm{T}}\boldsymbol{Q}_{ij}\boldsymbol{V}_j$ 是对角型矩阵，但不必是对角矩阵. 实际上，正如我们所给出的那样，CS 分解为我们提供了四个非标准化的 SVD. 若 $\boldsymbol{Q}_{21}$ 的行数多于列数，则 $p=0$，举例来说，约化是这样的：

$$\boldsymbol{U}^{\mathrm{T}}\boldsymbol{Q}\boldsymbol{V} = \left[\begin{array}{cc|cccc} c_1 & 0 & s_1 & 0 & 0 & 0 & 0 \\ 0 & c_2 & 0 & s_2 & 0 & 0 & 0 \\ 0 & 0 & 0 & 0 & 0 & 1 & 0 \\ 0 & 0 & 0 & 0 & 0 & 0 & 1 \\ \hline s_1 & 0 & -c_1 & 0 & 0 & 0 & 0 \\ 0 & s_2 & 0 & -c_2 & 0 & 0 & 0 \\ 0 & 0 & 0 & 0 & 1 & 0 & 0 \end{array}\right].$$

另外，若 $\boldsymbol{Q}_{21}$ 列数多于行数，则 $q=0$，分解形式为

$$\boldsymbol{U}^{\mathrm{T}}\boldsymbol{Q}\boldsymbol{V} = \left[\begin{array}{ccc|cc} 1 & 0 & 0 & 0 & 0 \\ 0 & c_2 & 0 & s_2 & 0 \\ 0 & 0 & c_3 & 0 & s_3 \\ \hline 0 & s_2 & 0 & -c_2 & 0 \\ 0 & 0 & s_3 & 0 & -c_3 \end{array}\right].$$

无论如何划分，CS 分解的本质与 $\boldsymbol{Q}$ 分块的 SVD 高度相关.

习 题

1. 证明：若 $\boldsymbol{P}$ 是正交投影，则 $\boldsymbol{Q}=\boldsymbol{I}-2\boldsymbol{P}$ 是正交矩阵.
2. 正交投影的奇异值是什么？
3. 假设 $S_1=\mathsf{span}\{\boldsymbol{x}\}$, $S_2=\mathsf{span}\{\boldsymbol{y}\}$，其中 $\boldsymbol{x}$ 和 $\boldsymbol{y}$ 都是 $\mathbb{R}^2$ 中的单位 2-范数向量. 只用 $\mathsf{dist}(\cdot,\cdot)$ 的定义证明 $\mathsf{dist}(S_1,S_2)=\sqrt{1-(\boldsymbol{x}^{\mathrm{T}}\boldsymbol{y})^2}$，从而验证 S_1 和 S_2 的距离是 $\boldsymbol{x}$ 和 $\boldsymbol{y}$ 之间夹角的正弦值.
4. 回忆 1.3.10 节，证明：若 $\boldsymbol{Q}\in\mathbb{R}^{2n\times 2n}$ 是正交辛矩阵，则 $\boldsymbol{Q}$ 满足
$$\boldsymbol{Q} = \begin{bmatrix} \boldsymbol{Q}_1 & \boldsymbol{Q}_2 \\ -\boldsymbol{Q}_2 & \boldsymbol{Q}_1 \end{bmatrix}, \qquad \boldsymbol{Q}_1,\boldsymbol{Q}_2\in\mathbb{R}^{n\times n}.$$
5. 假设 $\boldsymbol{P}\in\mathbb{R}^{n\times n}$ 且 $\boldsymbol{P}^2=\boldsymbol{P}$. 证明：若 $\mathsf{null}(\boldsymbol{P})$ 不是 $\mathsf{ran}(\boldsymbol{A})^{\perp}$ 的子空间，则 $\|\boldsymbol{P}\|_2>1$. 这种矩阵称为倾斜投影. 见 Stewart (2011).

2.6 正方形线性方程组的敏感度

现在我们可以使用在前面各节中给出的工具来分析线性方程组 $\boldsymbol{A}\boldsymbol{x}=\boldsymbol{b}$，其中 $\boldsymbol{A}\in\mathbb{R}^{n\times n}$ 是非奇异矩阵，$\boldsymbol{b}\in\mathbb{R}^n$. 我们的目的是，检验对 $\boldsymbol{A}$ 和 $\boldsymbol{b}$ 的扰动如

何影响其解 $\boldsymbol{x}$. 更详细的讨论请参阅 Higham (ASNA).

2.6.1　SVD 分析

如果

$$\boldsymbol{A} = \sum_{i=1}^{n} \sigma_i \boldsymbol{u}_i \boldsymbol{v}_i^{\mathrm{T}} = \boldsymbol{U\Sigma V}^{\mathrm{T}}$$

是 $\boldsymbol{A}$ 的 SVD，则

$$\boldsymbol{x} = \boldsymbol{A}^{-1}\boldsymbol{b} = (\boldsymbol{U\Sigma V}^{\mathrm{T}})^{-1}\boldsymbol{b} = \sum_{i=1}^{n} \frac{\boldsymbol{u}_i^{\mathrm{T}}\boldsymbol{b}}{\sigma_i}\boldsymbol{v}_i. \tag{2.6.1}$$

这个展开式表明，若 σ_n 很小，$\boldsymbol{A}$ 或 $\boldsymbol{b}$ 的微小变化可以导致 $\boldsymbol{x}$ 相应的较大变化.

毫无疑问，σ_n 的大小与 $\boldsymbol{Ax} = \boldsymbol{b}$ 这个问题的敏感度有关. 根据定理 2.4.8 可知，σ_n 是 $\boldsymbol{A}$ 到奇异矩阵集的 2-范数距离. 直观上显然可知，随着系数矩阵接近这个矩阵集，解 $\boldsymbol{x}$ 增加了扰动的敏感度.

2.6.2　条件数

线性方程组敏感度的精确度量可以通过考察以下参数方程组得到：

$$(\boldsymbol{A} + \epsilon\boldsymbol{F})\boldsymbol{x}(\epsilon) = \boldsymbol{b} + \epsilon\boldsymbol{f}, \quad \boldsymbol{x}(0) = \boldsymbol{x},$$

其中 $\boldsymbol{F} \in \mathbb{R}^{n\times n}, \boldsymbol{f} \in \mathbb{R}^n$. 如果 $\boldsymbol{A}$ 非奇异，则很明显 $\boldsymbol{x}(\epsilon)$ 在零的一个邻域中可微. 另外，$\dot{\boldsymbol{x}}(0) = \boldsymbol{A}^{-1}(\boldsymbol{f} - \boldsymbol{Fx})$. 所以 $\boldsymbol{x}(\epsilon)$ 的泰勒级数展开形式为

$$\boldsymbol{x}(\epsilon) = \boldsymbol{x} + \epsilon\dot{\boldsymbol{x}}(0) + O(\epsilon^2).$$

用任意向量范数和相应的矩阵范数，可得

$$\frac{\|\boldsymbol{x}(\epsilon) - \boldsymbol{x}\|}{\|\boldsymbol{x}\|} \leqslant |\epsilon|\,\|\boldsymbol{A}^{-1}\|\left\{\frac{\|\boldsymbol{f}\|}{\|\boldsymbol{x}\|} + \|\boldsymbol{F}\|\right\} + O(\epsilon^2). \tag{2.6.2}$$

对于方阵 $\boldsymbol{A}$，**条件数** $\kappa(\boldsymbol{A})$ 定义为

$$\kappa(\boldsymbol{A}) = \|\boldsymbol{A}\|\,\|\boldsymbol{A}^{-1}\|. \tag{2.6.3}$$

为方便起见，当 $\boldsymbol{A}$ 是奇异矩阵时，我们令 $\kappa(\boldsymbol{A}) = \infty$. 由 $\|\boldsymbol{b}\| \leqslant \|\boldsymbol{A}\|\,\|\boldsymbol{x}\|$ 和 (2.6.2) 可得

$$\frac{\|\boldsymbol{x}(\epsilon) - \boldsymbol{x}\|}{\|\boldsymbol{x}\|} \leqslant \kappa(\boldsymbol{A})(\rho_A + \rho_b) + O(\epsilon^2), \tag{2.6.4}$$

其中

$$\rho_A = |\epsilon|\frac{\|\boldsymbol{F}\|}{\|\boldsymbol{A}\|} \quad 和 \quad \rho_b = |\epsilon|\frac{\|\boldsymbol{f}\|}{\|\boldsymbol{b}\|}$$

分别表示 $\boldsymbol{A}$ 和 $\boldsymbol{b}$ 的相对误差. 因此, $\boldsymbol{x}$ 的相对误差可能是 $\boldsymbol{A}$ 和 $\boldsymbol{b}$ 的相对误差之和的 $\kappa(\boldsymbol{A})$ 倍. 在这个意义下, 条件数 $\kappa(\boldsymbol{A})$ 量化了 $\boldsymbol{Ax}=\boldsymbol{b}$ 问题的敏感度.

注意, $\kappa(\cdot)$ 取决于所使用的范数和对应的下标, 例如,

$$\kappa_2(\boldsymbol{A}) = \|\, \boldsymbol{A} \,\|_2 \|\, \boldsymbol{A}^{-1} \,\|_2 = \frac{\sigma_{\max}(\boldsymbol{A})}{\sigma_{\min}(\boldsymbol{A})}. \tag{2.6.5}$$

因此, 矩阵 $\boldsymbol{A}$ 的 2-范数条件数度量了超椭球体 $\{\boldsymbol{Ax} : \|\,\boldsymbol{x}\,\|_2 = 1\}$ 的伸长度.

我们提一下条件数的另外两个特征. 对于 p-范数条件数, 我们有

$$\frac{1}{\kappa_p(\boldsymbol{A})} = \min_{\boldsymbol{A}+\Delta\boldsymbol{A}\text{奇异}} \frac{\|\, \Delta\boldsymbol{A} \,\|_p}{\|\, \boldsymbol{A} \,\|_p}. \tag{2.6.6}$$

这个结果由 Kahan (1966) 给出, 其表明 $\kappa_p(\boldsymbol{A})$ 度量了 $\boldsymbol{A}$ 到奇异矩阵集的相对 p-范数距离.

对于任意范数, 我们有

$$\kappa(\boldsymbol{A}) = \lim_{\epsilon\to 0} \sup_{\|\Delta\boldsymbol{A}\|\leqslant\epsilon\|\boldsymbol{A}\|} \frac{\|\,(\boldsymbol{A}+\Delta\boldsymbol{A})^{-1} - \boldsymbol{A}^{-1}\,\|}{\epsilon} \frac{1}{\|\,\boldsymbol{A}^{-1}\,\|}. \tag{2.6.7}$$

这个重要结果只是说明, 条件数是映射 $\boldsymbol{A} \to \boldsymbol{A}^{-1}$ 的规范化 **Fréchet 导数**. 更详细的讨论见 Rice (1966). 回想一下, 我们最初是通过微分导出 $\kappa(\boldsymbol{A})$ 的.

如果 $\kappa(\boldsymbol{A})$ 很大, 则称 $\boldsymbol{A}$ 为**病态矩阵**. 注意, 这个性质是依赖于范数的.① 然而, $\mathbb{R}^{n\times n}$ 上的任意两个条件数 $\kappa_\alpha(\cdot)$ 和 $\kappa_\beta(\cdot)$ 都是等价的, 即存在常数 c_1 和 c_2 使得

$$c_1\kappa_\alpha(\boldsymbol{A}) \leqslant \kappa_\beta(\boldsymbol{A}) \leqslant c_2\kappa_\alpha(\boldsymbol{A}), \quad \boldsymbol{A}\in\mathbb{R}^{n\times n}.$$

例如, 在 $\mathbb{R}^{n\times n}$ 上我们有

$$\begin{aligned} \frac{1}{n}\,\kappa_2(\boldsymbol{A}) &\leqslant \kappa_1(\boldsymbol{A}) \leqslant n\kappa_2(\boldsymbol{A}), \\ \frac{1}{n}\kappa_\infty(\boldsymbol{A}) &\leqslant \kappa_2(\boldsymbol{A}) \leqslant n\kappa_\infty(\boldsymbol{A}), \\ \frac{1}{n^2}\kappa_1(\boldsymbol{A}) &\leqslant \kappa_\infty(\boldsymbol{A}) \leqslant n^2\kappa_1(\boldsymbol{A}). \end{aligned} \tag{2.6.8}$$

因此, 如果矩阵在 α-范数下是病态的, 则它在 β-范数意义下以上述的常数 c_1 和 c_2 为倍数时也是病态的.

对于任何 p-范数, 我们有 $\kappa_p(\boldsymbol{A}) \geqslant 1$. 条件数较小的矩阵称为**良态矩阵**. 如果 $\boldsymbol{Q}$ 是正交矩阵, 则 $\kappa_2(\boldsymbol{Q}) = \|\,\boldsymbol{Q}\,\|_2\|\,\boldsymbol{Q}^{\mathrm{T}}\,\|_2 = 1$. 所以, 在 2-范数意义下正交矩阵最良态.

---

① 它还取决于“大”的定义, 3.5 节继续讨论这个问题.

2.6.3 行列式与接近奇异的程度

考虑用行列式的大小衡量病态的程度是很自然的. 若 $\det(\boldsymbol{A}) = 0$ 等价于奇异性，则 $\det(A) \approx 0$ 是否等价于接近奇异? 不幸的是，$\det(\boldsymbol{A})$ 与 $\boldsymbol{Ax} = \boldsymbol{b}$ 的条件数几乎没有相关性. 例如，矩阵

$$\boldsymbol{B}_n = \begin{bmatrix} 1 & -1 & \cdots & -1 \\ 0 & 1 & \cdots & -1 \\ \vdots & \vdots & \ddots & \vdots \\ 0 & 0 & \cdots & 1 \end{bmatrix} \in \mathbb{R}^{n\times n} \tag{2.6.9}$$

的行列式是 1，但 $\kappa_\infty(\boldsymbol{B}_n) = n\cdot 2^{n-1}$. 另外，一个非常良态的矩阵可能有很小的行列式值. 例如，

$$\boldsymbol{D}_n = \text{diag}(10^{-1}, \cdots, 10^{-1}) \in \mathbb{R}^{n\times n}$$

满足 $\kappa_p(\boldsymbol{D}_n) = 1$，但 $\det(\boldsymbol{D}_n) = 10^{-n}$.

2.6.4 一个严格的范数界

回忆 (2.6.4) 的推导是有价值的，因为它表明了 $\kappa(\boldsymbol{A})$ 和 $\boldsymbol{x}(\epsilon)$ 在 $\epsilon = 0$ 处的变化率之间的联系. 然而，略有不足的是，它取决于 ϵ "足够小"，而且没有说明 $O(\epsilon^2)$ 项的大小. 在本小节和下一小节，我们再讨论一些非常严格的 $\boldsymbol{Ax} = \boldsymbol{b}$ 的扰动定理.

首先，我们建立一个引理，用 $\kappa(\boldsymbol{A})$ 表示在什么情况下一个扰动方程组是非奇异的.

引理 2.6.1 假设

$$\begin{aligned} \boldsymbol{Ax} &= \boldsymbol{b}, & \boldsymbol{A} \in \mathbb{R}^{n\times n},\ \boldsymbol{0} \neq \boldsymbol{b} \in \mathbb{R}^n, \\ (\boldsymbol{A} + \Delta\boldsymbol{A})\boldsymbol{y} &= \boldsymbol{b} + \Delta\boldsymbol{b}, & \Delta\boldsymbol{A} \in \mathbb{R}^{n\times n},\ \Delta\boldsymbol{b} \in \mathbb{R}^n, \end{aligned}$$

其中，$\|\Delta\boldsymbol{A}\| \leqslant \epsilon\|\boldsymbol{A}\|$ 且 $\|\Delta\boldsymbol{b}\| \leqslant \epsilon\|\boldsymbol{b}\|$. 如果 $\epsilon\kappa(\boldsymbol{A}) = r < 1$，则 $\boldsymbol{A} + \Delta\boldsymbol{A}$ 非奇异，且

$$\frac{\|\boldsymbol{y}\|}{\|\boldsymbol{x}\|} \leqslant \frac{1+r}{1-r}.$$

证明 由于 $\|\boldsymbol{A}^{-1}\Delta\boldsymbol{A}\| \leqslant \epsilon\|\boldsymbol{A}^{-1}\|\,\|\boldsymbol{A}\| = r < 1$，从定理 2.3.4 可知 $(\boldsymbol{A} + \Delta\boldsymbol{A})$ 非奇异. 利用引理 2.3.3 和等式

$$(\boldsymbol{I} + \boldsymbol{A}^{-1}\Delta\boldsymbol{A})\boldsymbol{y} = \boldsymbol{x} + \boldsymbol{A}^{-1}\Delta\boldsymbol{b},$$

我们发现

$$\|\boldsymbol{y}\| \leqslant \|(\boldsymbol{I} + \boldsymbol{A}^{-1}\Delta\boldsymbol{A})^{-1}\|(\|\boldsymbol{x}\| + \epsilon\|\boldsymbol{A}^{-1}\|\,\|\boldsymbol{b}\|)$$

$$\leqslant \frac{1}{1-r}(\|\boldsymbol{x}\| + \epsilon\|\boldsymbol{A}^{-1}\|\|\boldsymbol{b}\|) = \frac{1}{1-r}\left(\|\boldsymbol{x}\| + r\frac{\|\boldsymbol{b}\|}{\|\boldsymbol{A}\|}\right).$$

因为 $\|\boldsymbol{b}\| = \|\boldsymbol{Ax}\| \leqslant \|\boldsymbol{A}\|\|\boldsymbol{x}\|$，所以

$$\|\boldsymbol{y}\| \leqslant \frac{1}{1-r}(\|\boldsymbol{x}\| + r\|\boldsymbol{x}\|),$$

这就得到了所需的不等式. □

现在我们给出 $\boldsymbol{Ax} = \boldsymbol{b}$ 的一个严格的扰动界.

定理 2.6.2 如果引理 2.6.1 中的条件成立，则

$$\frac{\|\boldsymbol{y}-\boldsymbol{x}\|}{\|\boldsymbol{x}\|} \leqslant \frac{2\epsilon}{1-r}\kappa(\boldsymbol{A}). \tag{2.6.10}$$

证明 因为

$$\boldsymbol{y}-\boldsymbol{x} = \boldsymbol{A}^{-1}\Delta\boldsymbol{b} - \boldsymbol{A}^{-1}\Delta\boldsymbol{A}\boldsymbol{y}, \tag{2.6.11}$$

我们有

$$\|\boldsymbol{y}-\boldsymbol{x}\| \leqslant \epsilon\|\boldsymbol{A}^{-1}\|\|\boldsymbol{b}\| + \epsilon\|\boldsymbol{A}^{-1}\|\|\boldsymbol{A}\|\|\boldsymbol{y}\|.$$

于是

$$\frac{\|\boldsymbol{y}-\boldsymbol{x}\|}{\|\boldsymbol{x}\|} \leqslant \epsilon\,\kappa(\boldsymbol{A})\frac{\|\boldsymbol{b}\|}{\|\boldsymbol{A}\|\|\boldsymbol{x}\|} + \epsilon\,\kappa(\boldsymbol{A})\frac{\|\boldsymbol{y}\|}{\|\boldsymbol{x}\|} \leqslant \epsilon\left(1+\frac{1+r}{1-r}\right)\kappa(\boldsymbol{A}),$$

由此易知定理成立. □

这里给出一个小例子，帮助我们正确理解这个结果. 考虑以下 $\boldsymbol{Ax} = \boldsymbol{b}$ 问题：

$$\begin{bmatrix} 1 & 0 \\ 0 & 10^{-6} \end{bmatrix}\begin{bmatrix} x_1 \\ x_2 \end{bmatrix} = \begin{bmatrix} 1 \\ 10^{-6} \end{bmatrix}$$

其解为 $\boldsymbol{x} = [1, 1]^{\mathrm{T}}$，条件数为 $\kappa_\infty(\boldsymbol{A}) = 10^6$. 如果 $\Delta\boldsymbol{b} = [10^{-6}, 0]^{\mathrm{T}}$, $\Delta\boldsymbol{A} = \boldsymbol{0}$, $(\boldsymbol{A}+\Delta\boldsymbol{A})\boldsymbol{y} = \boldsymbol{b}+\Delta\boldsymbol{b}$，则 $\boldsymbol{y} = [1+10^{-6}, 1]^{\mathrm{T}}$，此时不等式 (2.6.10) 为

$$10^{-6} = \frac{\|\boldsymbol{x}-\boldsymbol{y}\|_\infty}{\|\boldsymbol{x}\|_\infty} \ll \frac{\|\Delta\boldsymbol{b}\|_\infty}{\|\boldsymbol{b}\|_\infty}\kappa_\infty(\boldsymbol{A}) = 10^{-6}\times 10^6 = 1.$$

因此 (2.6.10) 中的上界可能是扰动所引起的误差的粗略过高估计.

另外，如果 $\Delta\boldsymbol{b} = (0, 10^{-6})^{\mathrm{T}}$, $\Delta\boldsymbol{A} = \boldsymbol{0}$, $(\boldsymbol{A}+\Delta\boldsymbol{A})\boldsymbol{y} = \boldsymbol{b}+\Delta\boldsymbol{b}$，则不等式 (2.6.10) 为

$$\frac{10^0}{10^0} \leqslant 2\times 10^{-6}\times 10^6.$$

因此存在扰动使 (2.6.10) 的界本质上可以达到.

2.6.5 更精确的界

要得到定理 2.6.2 的更精确的结果，需要把绝对值的记号推广到矩阵：

$$F = (f_{ij}) \in \mathbb{R}^{m\times n} \qquad \Rightarrow \qquad |F| = (|f_{ij}|) \in \mathbb{R}^{m\times n}.$$

这种表示法与矩阵版本的“⩽”记号一起使得指定分量误差界变得容易. 假定 $F, G \in \mathbb{R}^{m\times n}$，则

$$|F| \leqslant |G| \qquad \Leftrightarrow \qquad \text{对所有的 } i \text{ 和 } j \text{ 有 } |f_{ij}| \leqslant |g_{ij}|.$$

还要注意，如果 $F \in \mathbb{R}^{m\times q}, G \in \mathbb{R}^{q\times n}$，则 $|FG| \leqslant |F|\cdot|G|$. 通过这些定义和事实，我们得到定理 2.6.2 的如下改进.

定理 2.6.3 假设

$$\begin{aligned} Ax &= b, & A \in \mathbb{R}^{n\times n},\ 0 \neq b \in \mathbb{R}^n, \\ (A+\Delta A)y &= b + \Delta b, & \Delta A \in \mathbb{R}^{n\times n},\ \Delta b \in \mathbb{R}^n, \end{aligned}$$

其中 $|\Delta A| \leqslant \epsilon|A|$ 且 $|\Delta b| \leqslant \epsilon|b|$. 如果 $\delta\kappa_\infty(A) = r < 1$，则 $A+\Delta A$ 非奇异，且

$$\frac{\|y-x\|_\infty}{\|x\|_\infty} \leqslant \frac{2\epsilon}{1-r}\cdot \|\,|A^{-1}|\,|A|\,\|_\infty. \tag{2.6.12}$$

证明 因为 $\|\Delta A\|_\infty \leqslant \epsilon\|A\|_\infty$ 且 $\|\Delta b\|_\infty \leqslant \epsilon\|b\|_\infty$，所以在 ∞-范数下引理 2.6.1 的条件成立. 这意味着 $A+\Delta A$ 非奇异，且

$$\frac{\|y\|_\infty}{\|x\|_\infty} \leqslant \frac{1+r}{1-r}.$$

利用 (2.6.11) 我们有

$$\begin{aligned} |y-x| &\leqslant |A^{-1}|\,|\Delta b| + |A^{-1}|\,|\Delta A|\,|y| \\ &\leqslant \epsilon|A^{-1}|\,|b| + \epsilon|A^{-1}|\,|A|\,|y| \\ &\leqslant \epsilon|A^{-1}|\,|A|(|x| + |y|). \end{aligned}$$

两边取范数，得出

$$\|y-x\|_\infty \leqslant \epsilon\|\,|A^{-1}|\,|A|\,\|_\infty\left(\|x\|_\infty + \frac{1+r}{1-r}\|x\|_\infty\right).$$

两边同除以 $\|x\|_\infty$，定理得证. □

量 $\|\,|A^{-1}|\,|A|\,\|_\infty$ 称为 **Skeel 条件数**. 在有些例子中它远低于 $\kappa_\infty(A)$，此时 (2.6.12) 比 (2.6.10) 更有意义.

在判断误差时，范数界通常是足够好的，但有时需要在分量水平上判断误差. Oettli and Prager (1964) 有一个有趣的结果，说明在什么情况下 $n \times n$ 方程组 $\boldsymbol{A}\boldsymbol{x} = \boldsymbol{b}$ 的一个近似解 $\hat{\boldsymbol{x}} \in \mathbb{R}^n$ 满足给定结构的扰动方程组. 考虑下述问题，给定 $\boldsymbol{E} \in \mathbb{R}^{n\times n}, \boldsymbol{f} \in \mathbb{R}^n$，找出 $\Delta\boldsymbol{A} \in \mathbb{R}^{n\times n}, \Delta\boldsymbol{b} \in \mathbb{R}^n, \omega \geqslant 0$ 使得

$$(\boldsymbol{A} + \Delta\boldsymbol{A})\hat{\boldsymbol{x}} = \boldsymbol{b} + \Delta\boldsymbol{b}, \quad |\Delta\boldsymbol{A}| \leqslant \omega|\boldsymbol{E}|, \quad |\Delta\boldsymbol{b}| \leqslant \omega|\boldsymbol{f}|. \tag{2.6.13}$$

选择适当地 $\boldsymbol{E}$ 和 $\boldsymbol{f}$，扰动方程组具有某些特性. 例如，如果 $\boldsymbol{E} = \boldsymbol{A}, \boldsymbol{f} = \boldsymbol{b}$ 且 ω 很小，则在分量意义下 $\hat{\boldsymbol{x}}$ 满足一个近似方程组. Oettli and Prager (1964) 指出，对于给定的 $\boldsymbol{A}, \boldsymbol{b}, \hat{\boldsymbol{x}}, \boldsymbol{E}, \boldsymbol{f}$，在 (2.6.13) 中，可能的最小的 ω 是

$$\omega_{\min} = \max_{1\leqslant i\leqslant n} \frac{|\boldsymbol{A}\hat{\boldsymbol{x}} - \boldsymbol{b}|_i}{(|\boldsymbol{E}|\cdot|\hat{\boldsymbol{x}}| + |\boldsymbol{f}|)_i}.$$

如果 $\boldsymbol{A}\hat{\boldsymbol{x}} = \boldsymbol{b}$，则 $\omega_{\min} = 0$. 另外，如果 $\omega_{\min} = \infty$，则 $\hat{\boldsymbol{x}}$ 不满足给定的扰动结构的任何方程组.

习 题

1. 证明，如果 $\|\boldsymbol{I}\| \geqslant 1$，则 $\kappa(\boldsymbol{A}) \geqslant 1$.
2. 证明：对于给定的范数有 $\kappa(\boldsymbol{AB}) \leqslant \kappa(\boldsymbol{A})\kappa(\boldsymbol{B})$，而且对任何非零 α 有 $\kappa(\alpha\boldsymbol{A}) = \kappa(\boldsymbol{A})$.
3. 给出 $\boldsymbol{X} \in \mathbb{R}^{m\times n}$（$m \geqslant n$）的 2-范数条件数与矩阵

$$\boldsymbol{B} = \begin{bmatrix} \boldsymbol{I}_m & \boldsymbol{X} \\ \boldsymbol{0} & \boldsymbol{I}_n \end{bmatrix} \quad \text{和} \quad \boldsymbol{C} = \begin{bmatrix} \boldsymbol{X} \\ \boldsymbol{I}_n \end{bmatrix}$$

的 2-范数条件数之间的关系.
4. 假设 $\boldsymbol{A} \in \mathbb{R}^{n\times n}$ 非奇异，如果对于特定的 i 和 j，通过改变 a_{ij} 的值无法使 $\boldsymbol{A}$ 转化为奇异的，关于 $\boldsymbol{A}^{-1}$ 你能得出什么结论？提示：使用 Sherman-Morrison 公式.
5. 假设 $\boldsymbol{A} \in \mathbb{R}^{n\times n}$ 非奇异，$\boldsymbol{b} \in \mathbb{R}^n, \boldsymbol{A}\boldsymbol{x} = \boldsymbol{b}, \boldsymbol{C} = \boldsymbol{A}^{-1}$. 使用 Sherman-Morrison 公式证明

$$\frac{\partial x_k}{\partial a_{ij}} = -x_j c_{ki}.$$

2.7 有限精度矩阵计算

舍入误差是使矩阵计算这一领域如此具有挑战性的因素之一. 本节建立一个浮点运算模型，然后用它给出浮点的点积、saxpy、矩阵与向量乘积、矩阵与矩阵乘积的误差界.

2.7.1 一个 3 位数的计算器

假设我们有一个十进制计算器，用以下形式表示非零数：

$$x = \pm d_0.d_1d_2 \times 10^e，其中 \begin{cases} 1 \leqslant d_0 \leqslant 9, \\ 0 \leqslant d_1 \leqslant 9, \\ 0 \leqslant d_2 \leqslant 9, \\ -9 \leqslant e \leqslant 9. \end{cases}$$

这些数称为浮点数. 这里稍加停顿，先做一些观察:

- 计算器的精度与有效数字 $d_0.d_1d_2$ 的“长度”有关. 例如，圆周率 π 表示为 3.14×10^0，其相对误差约等于 10^{-3}.
- 没有足够的“空间”来精确存储浮点数之间大多数算术运算的结果. 如下的和与乘积

$$(1.23 \times 10^6) + (4.56 \times 10^4) = 1\,275\,600,$$
$$(1.23 \times 10^1) \times (4.56 \times 10^2) = 5608.8$$

  包含三个以上的有效数字，其结果必须舍入以“适合”3 位数的格式，例如，$\mathsf{round}(1\,275\,600) = 1.28 \times 10^6$，$\mathsf{round}(5608.8) = 5.61 \times 10^3$.
- 如果零是浮点数（它必须是浮点数），那么我们需要一个特殊的形式来表示它，例如 0.00×10^0.
- 与实数不同的是，存在最小的正浮点数（$N_{\min} = 1.00 \times 10^{-9}$）和最大的正浮点数（$N_{\max} = 9.99 \times 10^9$）.
- 有些运算产生的答案的指数超过了 1 位数，例如 $(1.23 \times 10^4) \times (4.56 \times 10^7)$ 和 $(1.23 \times 10^{-2})/(4.56 \times 10^8)$.
- 浮点数的集合是有限集. 对于我们的小型计算器而言，总共存在 $2 \times 9 \times 10 \times 10 \times 19 + 1 = 34\,201$ 个浮点数.
- 浮点数之间有不同的间距. 1.00×10^e 和 $1.00 \times 10^{e+1}$ 之间的间距为 10^{e-2}.

对浮点计算的仔细设计和分析需要理解这些不精确性和局限性. 运算结果如何舍入? 浮点运算有多精确? 对于一系列浮点运算，我们能说些什么?

2.7.2　IEEE 浮点运算

为了对有限精度计算有一个可靠的、实际的理解，我们暂时抛开前一小节的小型十进制计算器，考察广为接受的 IEEE 浮点标准背后的关键思想. IEEE 浮点标准包括 32 位的单精度格式和 64 位的双精度格式. ① 我们将使用后者作为示例来说明概念，因为典型的精度要求使它成为首选格式.

硬件制造商支持的浮点运算标准的重要性怎么评价也不为过. 毕竟，浮点运算是所有科学计算的基础. IEEE 标准提高了软件的可靠性，使数值分析师能够

① 前一小节的“位”是“十进制位”，本小节的“位”是“二进制位”，也就是“比特”. ——编者注

对计算结果作出严格的判断. 我们的讨论基于 Overton (2001) 这一优秀著作.

64 位双精度格式为浮点数的符号分配 1 位, 尾数分配 52 位, 指数分配 11 位:

$$x\ :\ \boxed{\pm}\boxed{a_1a_2\cdots a_{11}}\boxed{b_1b_2\cdots b_{52}}\,. \tag{2.7.1}$$

这个表示值的"公式"取决于指数位, 如下所示.

如果 $a_1\cdots a_{11}$ 既不全为 0 也不全为 1, 那么 x 是一个**规范化浮点数**, 其值为

$$x\ =\ \pm(1.b_1b_2\cdots b_{52})_2\ \times 2^{(a_1a_2\cdots a_{11})_2-1023}. \tag{2.7.2}$$

指数中的"1023 偏差"包含了各种"非规范化"浮点数, 稍后讨论. 有几个重要的量决定了这种表示的有限性. **机器精度**是 1 和"小于 1 的最大浮点数"之间的间距, 对于双精度格式, 其值为 $2^{-52}\approx 10^{-16}$. 对于正的规范化浮点数而言, $N_{\min}=2^{-1022}\approx 10^{-308}$ 是最小的数, $N_{\max}=(2-2^{-52})2^{1023}\approx 10^{308}$ 是最大的数. 如果 $N_{\min}\leqslant|x|\leqslant N_{\max}$, 则实数 x **在规范化范围内**.

如果 $a_1\cdots a_{11}$ 全为 0, 那么 (2.7.1) 的值是

$$x\ =\ \pm(0.b_1b_2\cdots b_{52})_2\ \times 2^{(a_1a_2\cdots a_{11})_2-1022}. \tag{2.7.3}$$

这包括 0 和**弱规范化浮点数**, 它们构成从 $-N_{\min}$ 到 $+N_{\min}$ 间距相同的浮点数.

如果 $a_1\cdots a_{11}$ 全为 1, 那么 (2.7.1) 用 `inf` 表示 $+\infty$, `-inf` 表示 $-\infty$, `NaN` 表示"非数"(Not-a-Number). 这取决于 b_i 的值: 如果 b_i 不全为零, 那么 x 的值是 `NaN`. 像 $1/0$, $-1/0$, $0/0$ 这样的商产生这些特殊的浮点数, 而不是提示程序终止.

有四种舍入模式: **向下舍入**(向 $-\infty$ 舍入)、**向上舍入**(向 $+\infty$ 舍入)、**向零舍入**和**中间舍入**. 我们重点关注中间舍入, 它是实践中最经常使用的模式.

如果实数 x 超出规范化浮点数的范围, 则

$$\mathsf{round}(x)=\begin{cases}-\infty, & x<-N_{\max},\\ +\infty, & x>\ N_{\max}.\end{cases}$$

否则, 舍入过程取决于其浮点的"邻居":

$$x_-\ \text{是小于等于}\ x\ \text{最大浮点数},$$
$$x_+\ \text{是大于等于}\ x\ \text{最小浮点数}.$$

定义 $d_-=x-x_-$ 和 $d_+=x_+-x$, 令"lsb"代表"最低有效位". 如果 $N_{\min}\leqslant|x|\leqslant N_{\max}$, 则

$$\mathsf{round}(x)=\begin{cases}x_-, & \text{如果}\ d_-<d_+\ \text{或}\ d_-=d_+\ \text{且}\ \mathsf{lsb}(x_-)=0,\\ x_+, & \text{如果}\ d_+<d_-\ \text{或}\ d_+=d_-\ \text{且}\ \mathsf{lsb}(x_+)=0.\end{cases}$$

上述舍入标准是恰当的，因为 x_- 和 x_+ 是相邻的浮点数，所以它们的最低有效位一定不同.

考虑中间舍入法的精度，假设 x 是满足 $N_{\min} \leqslant |x| \leqslant N_{\max}$ 的实数. 于是

$$|\mathsf{round}(x) - x| \leqslant \frac{2^{-52}}{2}\,2^e \leqslant \frac{2^{-52}}{2}\,|x|,$$

也就是说相对误差界是机器精度的一半：

$$\frac{|\mathsf{round}(x) - x|}{|x|} \leqslant 2^{-53}.$$

IEEE 浮点标准规定每个算术运算都要正确舍入，这意味着计算结果必须是精确结果的舍入. 实现正确舍入绝非易事，这需要具有几个额外精度位的寄存器.

顺便提一下，IEEE 浮点标准还要求在平方根运算、余数运算、各种格式转换运算中实现正确舍入.

2.7.3 “fl” 记号

凭借从小型计算器示例中获得的感知以及对 IEEE 浮点运算的理解，我们准备继续进行一些基本代数计算的分析. 在本节和整本书中，给出有限精度运算效果时，所面临的挑战是在没有过多细节的情况下展示本质思想. 为此，我们使用记号 $\mathsf{fl}(\cdot)$ 来标识浮点存储和计算. 我们自由调用 fl 而不考虑“$-\infty$”“$+\infty$”“NaN”等异常情形，除非异常情形是问题的关键.

如果 $x \in \mathbb{R}$，那么 $\mathsf{fl}(x)$ 是它的浮点表示，我们假设

$$\mathsf{fl}(x) = x(1+\delta), \quad |\delta| \leqslant \mathbf{u}, \tag{2.7.4}$$

其中 $\mathbf{u}$ 是由

$$\mathbf{u} = \frac{1}{2} \times (1 \text{ 和“小于 1 的最大浮点数”之间的间距}) \tag{2.7.5}$$

定义的单位舍入. IEEE 单精度格式的单位舍入约为 10^{-7}，双精度格式的单位舍入约为 10^{-16}.

如果 x 和 y 是浮点数，“op”是四则运算之一，则 $\mathsf{fl}(x \,\mathsf{op}\, y)$ 是这个浮点运算的结果. Trefethen and Bau (NLA) 给出浮点运算的基本原理

$$\mathsf{fl}(x \,\mathsf{op}\, y) = (x \,\mathsf{op}\, y)(1+\delta), \quad |\delta| \leqslant \mathbf{u}, \tag{2.7.6}$$

其中 x 和 y 是浮点数，等号左边 fl 内的“op”表示“浮点运算”. 这表明单个算术运算有较小的相对误差：

$$\frac{|\mathsf{fl}(x \,\mathsf{op}\, y) - (x \,\mathsf{op}\, y)|}{|x \,\mathsf{op}\, y|} \leqslant \mathbf{u}, \quad x \,\mathsf{op}\, y \neq 0.$$

同样，除非讨论与异常相关的问题，我们不考虑浮点运算期间出现异常的可能性.

2.7.4 成为浮点思考者

我们要充分重视浮点计算的一些细微之处. 因此，当设计实际的矩阵计算时，在进行第一次严肃的舍入误差分析之前，我们要记住三条准则. 每条准则都强调计算机运算和精确运算之间的区别.

准则 1. 顺序很重要

浮点运算不满足结合律. 例如，假设

$$x = 1.24 \times 10^0, \quad y = -1.23 \times 10^0, \quad z = 1.00 \times 10^{-3}.$$

利用小型计算器计算，我们有

$$\begin{aligned} \mathrm{fl}(\mathrm{fl}(x+y)+z) &= 1.10 \times 10^{-2}, \\ \mathrm{fl}(x+\mathrm{fl}(y+z)) &= 1.00 \times 10^{-2}. \end{aligned}$$

这个结果表明，数学上等价的运算在浮点运算中可能产生不同的结果.

准则 2. 越大可能意味着越小

假设我们想用一个差商来计算 $f(x) = \sin(x)$ 的导数. 微积分告诉我们，$d = (\sin(x+h) - \sin(x))/h$ 满足 $|d - \cos(x)| = O(h)$，这表明 h 要尽可能小. 另外，正弦计算中出现的舍入误差会被 $1/h$ 放大. 通过置 $h = \sqrt{\mathbf{u}}$，计算误差和舍入误差之和趋向于最小. 换言之，h 值大于 $\mathbf{u}$ 会产生更小的总体误差. 见 Overton(2001) 第 70–72 页.

准则 3. 仅有数学书是不够的

对数学书中的公式进行显式编码并不总是设计有效计算的最佳方式. 例如，考虑二次方程 $x^2 - 2px - q = 0$，其中 p 和 q 都是正实数. 以下是计算较小根（它必定是实数）的两种方法:

$$\text{方法 1:} \quad r_{\min} = p - \sqrt{p^2 + q},$$

$$\text{方法 2:} \quad r_{\min} = \frac{-q}{p + \sqrt{p^2 + q}}.$$

第一种方法基于二次方程求根公式，第二种方法利用 $-q$ 是 $r_{\min}$ 和较大根的乘积这一事实. 假设 $p = 12\,345\,678$ 且 $q = 1$，利用 IEEE 双精度格式计算，得到以下结果:

$$\text{方法 1:} \quad r_{\min} = -4.097\,819\,328\,308\,106 \times 10^{-8},$$

$$\text{方法 2:} \quad r_{\min} = -4.050\,000\,332\,100\,021 \times 10^{-8}\text{（正确值）}.$$

方法 1 产生的答案几乎没有正确的有效数字. 它试图通过将两个几乎相等的大数相减来计算一个较小数. 在做减法的过程中，输入数据中几乎所有精确的有效数字都会丢失，这种现象称为**灾难性相消**. 相比之下，方法 2 产生的答案对于全机器精度来说是正确的. 它计算一个较小数的方式是，用一个数除以一个很大的数. 见 Forsythe (1970).

牢记这些原则并不能保证总是产生精确的结果和可靠的软件，但确有帮助.

2.7.5　应用：存储一个实矩阵

假设 $\boldsymbol{A} \in \mathbb{R}^{m\times n}$，我们希望量化它的浮点表示所导致的误差. 记 $\boldsymbol{A}$ 的存储值为 $\mathsf{fl}(\boldsymbol{A})$，我们可以看到，对所有的 i 和 j 都有

$$[\mathsf{fl}(\boldsymbol{A})]_{ij} = \mathsf{fl}(a_{ij}) = a_{ij}(1+\epsilon_{ij}), \quad |\epsilon_{ij}| \leqslant \mathbf{u}, \tag{2.7.7}$$

即

$$|\mathsf{fl}(A) - A| \ \leqslant\ \mathbf{u}|A|\,.$$

这样的关系很容易转化为范数不等式，例如

$$\|\,\mathsf{fl}(\boldsymbol{A}) - \boldsymbol{A}\,\|_1 \ \leqslant\ \mathbf{u}\|\,\boldsymbol{A}\,\|_1\,.$$

然而，当量化矩阵计算中的舍入误差时，绝对值表示法有时能提供更多有用的信息，因为它对每个元素都有估计.

2.7.6　点积的舍入误差

现在来研究有限精度矩阵计算，从考虑标准点积算法所产生的舍入误差开始.

$s = 0$
for $k = 1:n$
　　$s = s + x_k y_k$　　(2.7.8)
end

这里 $\boldsymbol{x}$ 和 $\boldsymbol{y}$ 都是 $n\times 1$ 浮点向量.

为了量化该算法中的舍入误差，我们立即面临一个记号问题：区分计算量和精确量. 如果所执行的计算是明确的，我们将使用运算 $\mathsf{fl}(\cdot)$ 来表示计算量. 因此，$\mathsf{fl}(\boldsymbol{x}^{\mathrm{T}}\boldsymbol{y})$ 表示（2.7.8）所得的输出结果. 我们来估计 $|\mathsf{fl}(\boldsymbol{x}^{\mathrm{T}}\boldsymbol{y}) - \boldsymbol{x}^{\mathrm{T}}\boldsymbol{y}|$ 的界. 如果

$$s_p \ = \ \mathsf{fl}\left(\sum_{k=1}^{p} x_k y_k\right),$$

则 $s_1 = x_1y_1(1+\delta_1)$，其中 $|\delta_1| \leqslant \mathbf{u}$，而且对于 $p = 2:n$ 有

$$s_p = \mathsf{fl}(s_{p-1} + \mathsf{fl}(x_p y_p))$$

$$= (s_{p-1} + x_p y_p(1+\delta_p))(1+\epsilon_p), \quad |\delta_p|, |\epsilon_p| \leqslant \mathbf{u}. \tag{2.7.9}$$

经过简单的代数运算，得

$$\mathsf{fl}(\boldsymbol{x}^{\mathrm{T}}\boldsymbol{y}) = s_n = \sum_{k=1}^{n} x_k y_k (1+\gamma_k),$$

其中

$$(1+\gamma_k) = (1+\delta_k)\prod_{j=k}^{n}(1+\epsilon_j),$$

这里约定 $\epsilon_1 = 0$. 因此

$$|\mathsf{fl}(\boldsymbol{x}^{\mathrm{T}}\boldsymbol{y}) - \boldsymbol{x}^{\mathrm{T}}\boldsymbol{y}| \leqslant \sum_{k=1}^{n} |x_k y_k||\gamma_k|. \tag{2.7.10}$$

为了进一步分析，我们必须用 $\mathbf{u}$ 界定 $|\gamma_k|$. 下面的结果能达成此目标.

引理 2.7.1 如果 $(1+\alpha) = \prod_{k=1}^{n}(1+\alpha_k)$，其中 $|\alpha_k| \leqslant \mathbf{u}$ 且 $n\mathbf{u} \leqslant 0.01$，则 $|\alpha| \leqslant 1.01n\mathbf{u}$.

证明 见 Higham (ASNA) 第 75 页. □

把这一结果用于 (2.7.10)，且“合理”假设 $n\mathbf{u} \leqslant 0.01$，则得到

$$|\mathsf{fl}(\boldsymbol{x}^{\mathrm{T}}\boldsymbol{y}) - \boldsymbol{x}^{\mathrm{T}}\boldsymbol{y}| \leqslant 1.01n\mathbf{u}|\boldsymbol{x}|^{\mathrm{T}}|\boldsymbol{y}|. \tag{2.7.11}$$

注意，如果 $|\boldsymbol{x}^{\mathrm{T}}\boldsymbol{y}| \ll |\boldsymbol{x}|^{\mathrm{T}}|\boldsymbol{y}|$，则 $\mathsf{fl}(\boldsymbol{x}^{\mathrm{T}}\boldsymbol{y})$ 中的相对误差可能不会很小.

2.7.7 量化舍入误差的其他方法

在引理 2.7.1 中，一个较容易但不太严格的界 α，就是 $|\alpha| \leqslant n\mathbf{u} + O(\mathbf{u}^2)$. 利用这一约定我们有

$$|\mathsf{fl}(\boldsymbol{x}^{\mathrm{T}}\boldsymbol{y}) - \boldsymbol{x}^{\mathrm{T}}\boldsymbol{y}| \leqslant n\mathbf{u}|\boldsymbol{x}|^{\mathrm{T}}|\boldsymbol{y}| + O(\mathbf{u}^2). \tag{2.7.12}$$

表达同样结果的其他方式包括

$$|\mathsf{fl}(\boldsymbol{x}^{\mathrm{T}}\boldsymbol{y}) - \boldsymbol{x}^{\mathrm{T}}\boldsymbol{y}| \leqslant \phi(n)\mathbf{u}|\boldsymbol{x}|^{\mathrm{T}}|\boldsymbol{y}|, \tag{2.7.13}$$

$$|\mathsf{fl}(\boldsymbol{x}^{\mathrm{T}}\boldsymbol{y}) - \boldsymbol{x}^{\mathrm{T}}\boldsymbol{y}| \leqslant cn\mathbf{u}|\boldsymbol{x}|^{\mathrm{T}}|\boldsymbol{y}|, \tag{2.7.14}$$

其中 $\phi(n)$ 是 n 的“温和”函数，c 是量级为 1 的常数.

我们不会对 (2.7.11)–(2.7.14) 中的任何一种形式的误差界有所偏好，这样我们就没有必要将文献中出现的误差结果转换成一个固定形式. 此外，过分关注误差界的细节与舍入误差分析的“哲学”是不一致的. 正如 Wilkinson (1971) 第 567 页所述：

> 仍然存在一种倾向，即过分重视先验误差分析所得到的精确误差界. 在我看来，这个界本身通常是最不重要的部分. 这种分析的主要目标是揭示算法中可能有的潜在不稳定性，以便从所得的内在性质来改进算法. 通常情况下，由于需要将细节限制在合理的水平上，还由于用矩阵范数表示误差所造成的局限性，界本身可能比它本身能达到的界要弱. 一般来说，先验误差不是实践中应该使用的量. 实际的误差界通常应该由某种形式的后验误差分析决定，因为这能充分利用舍入误差的统计分布和矩阵的特殊性质（例如稀疏性）.

重要的是牢记这些观点.

2.7.8　其他基本矩阵计算中的舍入误差

很容易证明，如果 $\boldsymbol{A}$ 和 $\boldsymbol{B}$ 都是浮点矩阵，α 是浮点数，那么

$$\mathrm{fl}(\alpha\boldsymbol{A}) = \alpha\boldsymbol{A} + \boldsymbol{E}, \qquad |\boldsymbol{E}| \leqslant \mathbf{u}|\alpha\boldsymbol{A}|, \tag{2.7.15}$$

$$\mathrm{fl}(\boldsymbol{A}+\boldsymbol{B}) = (\boldsymbol{A}+\boldsymbol{B}) + \boldsymbol{E}, \quad |\boldsymbol{E}| \leqslant \mathbf{u}|\boldsymbol{A}+\boldsymbol{B}|. \tag{2.7.16}$$

利用这两个结果，容易验证计算出来的 saxpy 和外积修正满足

$$\mathrm{fl}(\boldsymbol{y}+\alpha\boldsymbol{x}) = \boldsymbol{y} + \alpha\boldsymbol{x} + \boldsymbol{z}, \qquad |\boldsymbol{z}| \leqslant \mathbf{u}\left(|\boldsymbol{y}| + 2|\alpha\boldsymbol{x}|\right) + O(\mathbf{u}^2), \tag{2.7.17}$$

$$\mathrm{fl}(\boldsymbol{C}+\boldsymbol{u}\boldsymbol{v}^{\mathrm{T}}) = \boldsymbol{C} + \boldsymbol{u}\boldsymbol{v}^{\mathrm{T}} + \boldsymbol{E}, \quad |\boldsymbol{E}| \leqslant \mathbf{u}\left(|\boldsymbol{C}| + 2|\boldsymbol{u}\boldsymbol{v}^{\mathrm{T}}|\right) + O(\mathbf{u}^2). \tag{2.7.18}$$

利用 (2.7.11)，容易证明两个浮点矩阵 $\boldsymbol{A}$ 和 $\boldsymbol{B}$ 基于点积的乘法满足

$$\mathrm{fl}(\boldsymbol{A}\boldsymbol{B}) = \boldsymbol{A}\boldsymbol{B} + \boldsymbol{E}, \quad |\boldsymbol{E}| \leqslant n\mathbf{u}|\boldsymbol{A}||\boldsymbol{B}| + O(\mathbf{u}^2). \tag{2.7.19}$$

使用基于 gaxpy 或基于外积的乘法，也可得同样的结果. 注意，矩阵乘法不一定会产生较小的相对误差，因为 $|\boldsymbol{A}\boldsymbol{B}|$ 可能比 $|\boldsymbol{A}||\boldsymbol{B}|$ 小得多，例如

$$\begin{bmatrix} 1 & 1 \\ 0 & 0 \end{bmatrix}\begin{bmatrix} 1 & 0 \\ -0.99 & 0 \end{bmatrix} = \begin{bmatrix} 0.01 & 0 \\ 0 & 0 \end{bmatrix}.$$

从目前研究的舍入误差结果中可以得到一些范数界. 考察浮点矩阵乘法的 1-范数误差，从 (2.7.19) 出发容易证明

$$\|\,\mathrm{fl}(\boldsymbol{A}\boldsymbol{B}) - \boldsymbol{A}\boldsymbol{B}\,\|_1 \leqslant n\mathbf{u}\|\,\boldsymbol{A}\,\|_1\|\,\boldsymbol{B}\,\|_1 + O(\mathbf{u}^2). \tag{2.7.20}$$

2.7.9 向前误差分析和向后误差分析

上面给出的每个舍入误差界都是**向前误差分析**的结果. 另一种刻画算法中舍入误差的方式是**向后误差分析**. 此时舍入误差与输入数据有关, 而不是与问题的解有关. 例如, 考虑当 $n=2$ 时的三角矩阵乘法, 可以证明:

$$\mathsf{fl}(\boldsymbol{AB}) = \begin{bmatrix} a_{11}b_{11}(1+\epsilon_1) & (a_{11}b_{12}(1+\epsilon_2)+a_{12}b_{22}(1+\epsilon_3))(1+\epsilon_4) \\ 0 & a_{22}b_{22}(1+\epsilon_5) \end{bmatrix},$$

其中对于 $i=1:5$ 有 $|\epsilon_i| \leqslant \mathbf{u}$. 然而, 如果我们定义

$$\hat{\boldsymbol{A}} = \begin{bmatrix} a_{11} & a_{12}(1+\epsilon_3)(1+\epsilon_4) \\ 0 & a_{22}(1+\epsilon_5) \end{bmatrix},$$

$$\hat{\boldsymbol{B}} = \begin{bmatrix} b_{11}(1+\epsilon_1) & b_{12}(1+\epsilon_2)(1+\epsilon_4) \\ 0 & b_{22} \end{bmatrix},$$

则易证 $\mathsf{fl}(\boldsymbol{AB}) = \hat{\boldsymbol{A}}\hat{\boldsymbol{B}}$. 而且

$$\hat{\boldsymbol{A}} = \boldsymbol{A}+\boldsymbol{E}, \quad |\boldsymbol{E}| \leqslant 2\mathbf{u}|\boldsymbol{A}| + O(\mathbf{u}^2),$$
$$\hat{\boldsymbol{B}} = \boldsymbol{B}+\boldsymbol{F}, \quad |\boldsymbol{F}| \leqslant 2\mathbf{u}|\boldsymbol{B}| + O(\mathbf{u}^2).$$

这表明计算出来的乘积是稍加扰动后的 $\boldsymbol{A}$ 和 $\boldsymbol{B}$ 的精确乘积.

2.7.10 Strassen 乘积的误差

1.3.11 节概述了 Strassen 的递归矩阵乘法, 比较该方法与 1.1 节的常规矩阵乘法的舍入效果具有指导意义.

我们可以证明, Strassen 方法 (算法 1.3.1) 产生的 $\hat{C} = \mathsf{fl}(\boldsymbol{AB})$ 满足一个形如 (2.7.20) 的不等式. 这在许多应用中完全令人满意. 然而, Strassen 方法产生的 $\hat{C}$ 并不是总满足形如 (2.7.19) 的不等式. 为看清这点, 假设

$$\boldsymbol{A} = \boldsymbol{B} = \begin{bmatrix} 0.99 & 0.0010 \\ 0.0010 & 0.99 \end{bmatrix},$$

利用 2 位有效数字的浮点运算执行算法 1.3.1. 其中, 算法计算了以下值:

$$\hat{P}_3 = \mathsf{fl}(0.99(0.001-0.99)) = -0.98,$$
$$\hat{P}_5 = \mathsf{fl}((0.99+0.001)0.99) = 0.98,$$
$$\hat{c}_{12} = \mathsf{fl}(\hat{P}_3+\hat{P}_5) = 0.0\,.$$

而在精确计算中 $c_{12}=2(0.001)(0.99)=0.00198$，因此算法 1.3.1 求出的 $\hat{c}_{12}$ 没有一位正确的有效数字．在这个例子中 Strassen 方法遇到困境，这是因为非对角线元素较小而对角线元素较大．注意，在常规矩阵乘法中，和 $b_{12}+b_{22}$ 与 $a_{11}+a_{12}$ 都不会出现，因此该例中小的非对角元素的贡献不会被忽略．实际上，对于上述 $\boldsymbol{A}$ 和 $\boldsymbol{B}$，常规矩阵乘法得出的结果是 $\hat{c}_{12}=0.0020$.

不能按分量精确求出 $\hat{\boldsymbol{C}}$ 在某些应用中是严重缺陷．例如，在 Markov 过程中，a_{ij}, b_{ij}, c_{ij} 是转移概率，因此都是非负的．如果 c_{ij} 代表所考虑模型现象中某个特别重要的概率，那么精确计算 c_{ij} 至关重要．注意，如果 $\boldsymbol{A}\geqslant\mathbf{0}$ 且 $\boldsymbol{B}\geqslant\mathbf{0}$，则常规矩阵乘法求出的积 $\hat{\boldsymbol{C}}$ 有较小的分量相对误差：

$$|\hat{\boldsymbol{C}}-\boldsymbol{C}|\ \leqslant\ n\mathbf{u}|\boldsymbol{A}|\,|\boldsymbol{B}|+O(\mathbf{u}^2)\ =\ n\mathbf{u}|\boldsymbol{C}|+O(\mathbf{u}^2)\,.$$

由 (2.7.19) 可推出上式．因为上式对 Strassen 方法可能不成立，所以我们知道：如果需要较精确的 $\hat{c}_{ij}$，对某些非负矩阵乘法问题算法 1.3.1 并不好用.

根据以上讨论，我们可以得出两个相当明显同时也很重要的结论：

- 用不同方法计算相同的量可能产生显著差异的结果.
- 一个算法能否产生满意的结果取决于所求解的问题类型和使用者的目的.

这些观察在以后各章继续澄清，其与算法稳定性和问题条件等这些概念密切相关．参见 3.4.10 节.

2.7.11　理想方程求解的分析

总结本章进入下一章的一个好方法是：分析一个“虚构的” $\boldsymbol{Ax}=\boldsymbol{b}$ 的求解过程，其中，除了矩阵 $\boldsymbol{A}$ 和右侧的 $\boldsymbol{b}$ 的存储之外，所有浮点运算都精确地执行．由此求出的解 $\hat{\boldsymbol{x}}$ 满足

$$(\boldsymbol{A}+\boldsymbol{E})\hat{\boldsymbol{x}}=(\boldsymbol{b}+\boldsymbol{e}),\quad \|\,\boldsymbol{E}\,\|_\infty\leqslant\mathbf{u}\|\,\boldsymbol{A}\,\|_\infty,\quad \|\,\boldsymbol{e}\,\|_\infty\leqslant\mathbf{u}\|\,\boldsymbol{b}\,\|_\infty,\qquad(2.7.21)$$

其中

$$\mathrm{fl}(\boldsymbol{b})=\boldsymbol{b}+\boldsymbol{e},\quad \mathrm{fl}(\boldsymbol{A})=\boldsymbol{A}+\boldsymbol{E}.$$

比如说，如果 $\mathbf{u}\kappa_\infty(\boldsymbol{A})\leqslant\frac{1}{2}$，则利用定理 2.6.2 可以证明

$$\frac{\|\,\boldsymbol{x}-\hat{\boldsymbol{x}}\,\|_\infty}{\|\,\boldsymbol{x}\,\|_\infty}\leqslant 4\,\mathbf{u}\,\kappa_\infty(\boldsymbol{A}).\qquad(2.7.22)$$

界 (2.7.21) 和 (2.7.22) 都是“最佳可能”的范数界．对于需要存储 $\boldsymbol{A}$ 和 $\boldsymbol{b}$ 的线性方程的求解，一般的 ∞-范数误差分析都不能得到更好的界．因此，如果 $\boldsymbol{A}$ 相对于单位舍入是病态的，例如 $\mathbf{u}\kappa_\infty(\boldsymbol{A})\approx1$，对于返回不精确 $\hat{\boldsymbol{x}}$ 的算法，我们就没

有理由批判. 另外，我们有充分的“权利”去开发一个线性方程组求解过程，它以 (2.7.21) 的形式给出了近似问题的精确解.

习 题

1. 应用 (2.7.8) 于 $\boldsymbol{y}=\boldsymbol{x}$，证明 $\mathsf{fl}(\boldsymbol{x}^{\mathrm{T}}\boldsymbol{x})=\boldsymbol{x}^{\mathrm{T}}\boldsymbol{x}(1+\alpha)$，其中 $|\alpha|\leqslant n\mathbf{u}+O(\mathbf{u}^2)$.

2. 假设 $\mathsf{fl}(x)$ 是最接近 $x\in\mathbb{R}$ 的浮点数，证明 (2.7.4).

3. 假设 $\boldsymbol{E}\in\mathbb{R}^{m\times n}$, $m\geqslant n$，证明 $\|\,|\boldsymbol{E}|\,\|_2\leqslant\sqrt{n}\|\,\boldsymbol{E}\,\|_2$. 对于从绝对值界导出范数界，这个结果很有用.

4. 假设存在平方根函数满足 $\mathsf{fl}(\sqrt{x})=\sqrt{x}(1+\epsilon)$，其中 $|\epsilon|\leqslant\mathbf{u}$. 给出一个计算 $\|\,\boldsymbol{x}\,\|_2$ 的算法并估计误差界.

5. 假设 $\boldsymbol{A}$ 和 $\boldsymbol{B}$ 都是 $n\times n$ 上三角浮点矩阵. 如果用 1.1 节的某一个常规算法计算 $\hat{C}=\mathsf{fl}(\boldsymbol{AB})$，是否能得出 $\hat{\boldsymbol{C}}=\hat{\boldsymbol{A}}\hat{\boldsymbol{B}}$，其中 $\hat{\boldsymbol{A}}$ 和 $\hat{\boldsymbol{B}}$ 分别接近 $\boldsymbol{A}$ 和 $\boldsymbol{B}$？

6. 假设 $\boldsymbol{A}$ 和 $\boldsymbol{B}$ 都是 $n\times n$ 浮点矩阵且 $\|\,|\boldsymbol{A}^{-1}|\,|\boldsymbol{A}|\,\|_\infty=\tau$. 用 1.1 节的任何一个算法计算 $\hat{\boldsymbol{C}}=\mathsf{fl}(\boldsymbol{AB})$，证明：存在 $\hat{\boldsymbol{B}}$ 使得 $\hat{\boldsymbol{C}}=\boldsymbol{A}\hat{\boldsymbol{B}}$ 且 $\|\,\hat{\boldsymbol{B}}-\boldsymbol{B}\,\|_\infty\leqslant n\mathbf{u}\tau\|\,\boldsymbol{B}\,\|_\infty+O(\mathbf{u}^2)$.

7. 证明 (2.7.19).

8. 对于 IEEE 双精度格式，可以精确表示的 10 的最大次幂是多少？可以精确表示的最大整数是多少？

9. 对于 $k=1:62$，如果把 k 个二进制位分配给尾数，把 $63-k$ 个二进制位分配给指数，能精确存储的 10 的最大次幂是多少？

10. 考虑二次方程

$$q(\lambda)\;=\;\det\left(\begin{bmatrix} w-\lambda & x \\ x & z-\lambda \end{bmatrix}\right)\;=\;0.$$

这个方程有两个实根 r_1 和 r_2. 假设 $|r_1-z|\leqslant|r_2-z|$. 给出一个算法计算 r_1 到全机器精度.

第 3 章　一般线性方程组

求解线性方程组 $\boldsymbol{Ax} = \boldsymbol{b}$ 是科学计算的核心问题. 本章集中讨论高斯消去法, 当矩阵 $\boldsymbol{A}$ 是无结构的稠密方阵时, 这是首选算法. 如果矩阵 $\boldsymbol{A}$ 不是此种类型, 则其适用其他相应的方法, 参见第 4 章、第 11 章、12.1 节和 12.2 节. 我们首先讨论三角方程组的求解过程. 接下来利用高斯变换推导出高斯消去法. 从方程中消除未知数的过程用的是矩阵 $\boldsymbol{A} = \boldsymbol{LU}$ 形式的分解, 其中 $\boldsymbol{L}$ 是下三角矩阵, $\boldsymbol{U}$ 是上三角矩阵. 遗憾的是, 这一方法对处理一类非平凡的问题不是很有效. 误差分析指出了困难所在, 在消元过程中采取行列选主元这一排列策略, 保持处理中数值的"优化". 本章也讨论加权、迭代改进和条件数估计等相关实际问题. 最后一节给出一种 LU 分解的并行计算框架.

阅读说明

学习本章, 熟悉第 1 章、2.1–2.5 节和 2.7 节的知识是必要的. 本章各节之间的相互依赖关系如下:

$$
\begin{array}{ccccccc}
 & & & & & & 3.5\text{ 节} \\
 & & & & & & \uparrow \\
3.1\text{ 节} & \rightarrow & 3.2\text{ 节} & \rightarrow & 3.3\text{ 节} & \rightarrow & 3.4\text{ 节} \\
 & & & & & & \downarrow \\
 & & & & & & 3.6\text{ 节}
\end{array}
$$

一般性参考文献有: Forsythe and Moler (SLAS), Stewart (MABD), Higham (ASNA), Watkins (FMC), Trefethen and Bau (NLA), Demmel (ANLA), Ipsen (NMA).

3.1 三角方程组

传统的线性方程组的分解方法是将给定的正方线性方程组转化为同解的三角方程组. 本节讨论求解三角方程组.

3.1.1 向前消去法

考虑 2×2 下三角方程组

$$\begin{bmatrix} \ell_{11} & 0 \\ \ell_{21} & \ell_{22} \end{bmatrix}\begin{bmatrix} x_1 \\ x_2 \end{bmatrix} = \begin{bmatrix} b_1 \\ b_2 \end{bmatrix},$$

如果 $\ell_{11}\ell_{22}\neq 0$，那么可以依次求得未知数：

$$\begin{aligned} x_1 &= b_1/\ell_{11}, \\ x_2 &= (b_2-\ell_{21}x_1)/\ell_{22}. \end{aligned}$$

这就是 2×2 时的向前消去法．通过解 $\boldsymbol{Lx}=\boldsymbol{b}$ 的第 i 个方程求出 x_i，可知此算法的一般形式为：

$$x_i \;=\; \left(b_i - \sum_{j=1}^{i-1}\ell_{ij}x_j\right)\Bigg/\ell_{ii}.$$

对 $i=1:n$ 利用上式求值，我们可求出 $\boldsymbol{x}$ 的所有分量．注意，在第 i 步需要计算 $L(i,1:i-1)$ 和 $x(1:i-1)$ 的点积．由于 b_i 只在计算 x_i 的公式中用到，程序设计上前者可被后者覆盖．

算法 3.1.1 (行形式的向前消去法) 给定非奇异下三角矩阵 $\boldsymbol{L}\in\mathbb{R}^{n\times n}$ 和向量 $\boldsymbol{b}\in\mathbb{R}^n$，算法用 $\boldsymbol{Lx}=\boldsymbol{b}$ 的解覆盖 $\boldsymbol{b}$.

$b(1)=b(1)/L(1,1)$

for $i=2:n$

  $b(i)=(b(i)-L(i,1:i-1)b(1:i-1))/L(i,i)$

end

该算法需要 n^2 个 flop．注意 $\boldsymbol{L}$ 是按行调用的．可以验证计算出来的解 $\hat{\boldsymbol{x}}$ 满足

$$(\boldsymbol{L}+\boldsymbol{F})\hat{\boldsymbol{x}} \;=\; \boldsymbol{b}, \quad |\boldsymbol{F}| \;\leqslant\; n\mathbf{u}|\boldsymbol{L}| + O(\mathbf{u}^2). \tag{3.1.1}$$

证明见 Higham (ASNA) 第 141–142 页．这说明计算出的解精确满足一个稍受扰动的方程组．而且，扰动矩阵 $\boldsymbol{F}$ 中的每一项与 $\boldsymbol{L}$ 中对应项相比都较小．

3.1.2 向后消去法

对于上三角方程组 $\boldsymbol{Ux}=\boldsymbol{b}$，类似的算法是向后消去法．$x_i$ 的计算公式为：

$$x_i \;=\; \left(b_i - \sum_{j=i+1}^{n}u_{ij}x_j\right)\Bigg/u_{ii}$$

同理，程序设计上 b_i 可以被 x_i 覆盖．

算法 3.1.2 (行形式的向后消去法) 给定非奇异上三角矩阵 $\boldsymbol{U}\in\mathbb{R}^{n\times n}$ 和向量 $\boldsymbol{b}\in\mathbb{R}^n$，算法用 $\boldsymbol{Ux}=\boldsymbol{b}$ 的解覆盖 $\boldsymbol{b}$.

$b(n) = b(n)/U(n,n)$
for $i = n-1:-1:1$
　$b(i) = (b(i) - U(i,i+1:n)b(i+1:n))/U(i,i)$
end

该算法需要 n^2 个 flop. 注意 $\boldsymbol{U}$ 是按行调用的. 可以验证计算出来的解 $\hat{\boldsymbol{x}}$ 满足

$$(\boldsymbol{U}+\boldsymbol{F})\hat{\boldsymbol{x}} \;=\; \boldsymbol{b}, \quad |\boldsymbol{F}| \leqslant n\mathbf{u}|\boldsymbol{U}| + O(\mathbf{u}^2). \tag{3.1.2}$$

3.1.3　基于列的形式

通过交换循环顺序可以获得上述算法的基于列的形式. 为了从代数的角度理解这意味着什么, 我们考虑向前消去法. x_1 一经解出, 它就可以从第 2 个至第 n 个方程中移去, 从而得到化简后的方程组

$$L(2:n,2:n)x(2:n) \;=\; b(2:n) - x(1)L(2:n,1).$$

接下来, 我们解出 x_2, 并将它从第 3 个至第 n 个方程中移去, 以此类推. 因此, 如果将此方法用于方程组

$$\begin{bmatrix} 2 & 0 & 0 \\ 1 & 5 & 0 \\ 7 & 9 & 8 \end{bmatrix}\begin{bmatrix} x_1 \\ x_2 \\ x_3 \end{bmatrix} = \begin{bmatrix} 6 \\ 2 \\ 5 \end{bmatrix},$$

那么, 我们先解出 $x_1 = 3$, 然后处理 2×2 方程组

$$\begin{bmatrix} 5 & 0 \\ 9 & 8 \end{bmatrix}\begin{bmatrix} x_2 \\ x_3 \end{bmatrix} = \begin{bmatrix} 2 \\ 5 \end{bmatrix} - 3\begin{bmatrix} 1 \\ 7 \end{bmatrix} = \begin{bmatrix} -1 \\ -16 \end{bmatrix}.$$

以下是使用覆盖的完整处理程序.

算法 3.1.3 (列形式的向前消去法)　给定非奇异下三角矩阵 $\boldsymbol{L} \in \mathbb{R}^{n\times n}$ 和向量 $\boldsymbol{b} \in \mathbb{R}^n$, 算法用 $\boldsymbol{L}\boldsymbol{x} = \boldsymbol{b}$ 的解覆盖 $\boldsymbol{b}$.

for $j = 1:n-1$
　$b(j) = b(j)/L(j,j)$
　$b(j+1:n) = b(j+1:n) - b(j)L(j+1:n,j)$
end
$b(n) = b(n)/L(n,n)$

同理, 可以得到基于列的向后消去 saxpy 算法.

算法 3.1.4 (列形式的向后消去法)　给定非奇异上三角矩阵 $\boldsymbol{U} \in \mathbb{R}^{n\times n}$ 和向量 $\boldsymbol{b} \in \mathbb{R}^n$, 算法用 $\boldsymbol{U}\boldsymbol{x} = \boldsymbol{b}$ 的解覆盖 $\boldsymbol{b}$.

for $j = n : -1 : 2$

  $b(j) = b(j)/U(j,j)$

  $b(1:j-1) = b(1:j-1) - b(j)U(1:j-1,j)$

end

$b(1) = b(1)/U(1,1)$

请注意，算法 3.1.3 和算法 3.1.4 的主导运算是 saxpy 运算. 这些算法的舍入误差与点积情形的算法基本相同.

3.1.4 多右端项

考虑求 $\boldsymbol{LX} = \boldsymbol{B}$ 的解 $\boldsymbol{X} \in \mathbb{R}^{n\times q}$，其中 $\boldsymbol{L} \in \mathbb{R}^{n\times n}$ 是下三角矩阵，$\boldsymbol{B} \in \mathbb{R}^{n\times q}$. 这就是**多右端项问题**. 它相当于解 q 个独立的三角方程组，即 $\boldsymbol{L}X(:,j) = B(:,j)$，其中 $j = 1:q$. 有趣的是，这一问题可以用分块算法来求解，在 q 和 n 足够大的矩阵乘法运算中这个算法有强大的生命力. 在随后各节讨论的各种分块分解算法中将证实这一点的重要性.

仅考虑下三角情形就足够了，因为上三角情形的推导完全类似. 首先把方程 $\boldsymbol{LX} = \boldsymbol{B}$ 划分为

$$\begin{bmatrix} \boldsymbol{L}_{11} & \boldsymbol{0} & \cdots & \boldsymbol{0} \\ \boldsymbol{L}_{21} & \boldsymbol{L}_{22} & \cdots & \boldsymbol{0} \\ \vdots & \vdots & \ddots & \vdots \\ \boldsymbol{L}_{N1} & \boldsymbol{L}_{N2} & \cdots & \boldsymbol{L}_{NN} \end{bmatrix} \begin{bmatrix} \boldsymbol{X}_1 \\ \boldsymbol{X}_2 \\ \vdots \\ \boldsymbol{X}_N \end{bmatrix} = \begin{bmatrix} \boldsymbol{B}_1 \\ \boldsymbol{B}_2 \\ \vdots \\ \boldsymbol{B}_N \end{bmatrix}. \tag{3.1.3}$$

假设对角块都是方阵. 并行执行算法 3.1.3，从 $\boldsymbol{L}_{11}\boldsymbol{X}_1 = \boldsymbol{B}_1$ 解出 $\boldsymbol{X}_1$，然后从第 2 块至第 N 块方程中消去 $\boldsymbol{X}_1$：

$$\begin{bmatrix} \boldsymbol{L}_{22} & \boldsymbol{0} & \cdots & \boldsymbol{0} \\ \boldsymbol{L}_{32} & \boldsymbol{L}_{33} & \cdots & \boldsymbol{0} \\ \vdots & \vdots & \ddots & \vdots \\ \boldsymbol{L}_{N2} & \boldsymbol{L}_{N3} & \cdots & \boldsymbol{L}_{NN} \end{bmatrix} \begin{bmatrix} \boldsymbol{X}_2 \\ \boldsymbol{X}_3 \\ \vdots \\ \boldsymbol{X}_N \end{bmatrix} = \begin{bmatrix} \boldsymbol{B}_2 \\ \boldsymbol{B}_3 \\ \vdots \\ \boldsymbol{B}_N \end{bmatrix} - \begin{bmatrix} \boldsymbol{L}_{21} \\ \boldsymbol{L}_{31} \\ \vdots \\ \boldsymbol{L}_{N1} \end{bmatrix} \boldsymbol{X}_1.$$

继续这一过程可得分块向前消去程序：

for $j = 1:N$

  求解 $L_{jj}X_j = B_j$

  for $i = j+1:N$ (3.1.4)

    $B_i = B_i - L_{ij}X_j$

  end

end

注意，在 i 循环中只有一个如下形式的分块 saxpy 修正：

$$\begin{bmatrix} \boldsymbol{B}_{j+1} \\ \vdots \\ \boldsymbol{B}_N \end{bmatrix} = \begin{bmatrix} \boldsymbol{B}_{j+1} \\ \vdots \\ \boldsymbol{B}_N \end{bmatrix} - \begin{bmatrix} \boldsymbol{L}_{j+1,j} \\ \vdots \\ \boldsymbol{L}_{N,j} \end{bmatrix} \boldsymbol{X}_j.$$

为了实现三级的效果，(3.1.3) 中的子矩阵必须具有足够大的阶数.

3.1.5　三级比例

在给定的算法中采用量化矩阵乘法量的方法是很方便的. 为此，我们将矩阵乘法中 flop 所占的比例定义为算法的**三级比例**. 矩阵乘法的 flop 称为三级 flop.

为了简化，我们通过假设 $n = rN$ 来确定 (3.1.4) 的三级比例.（同样的结论也适用于上述非同阶分块.）因为有 N 个 $r \times r$ 的向前消去（计算的二级部分），而所有的 flop 数为 n^2，所以三级比例大约是

$$1 - \frac{Nr^2}{n^2} = 1 - \frac{1}{N}.$$

因此，对于较大的 N，几乎所有的 flop 都是三级 flop. 在处理长度至少为 $r = n/N$ 的分块 saxpy 时，选择尽可能大的 N 是有意义的，这样可以达到较高的计算性能.

3.1.6　解非方形的三角方程组

非方形的 $m \times n$ 三角方程组的求解问题也值得讨论. 首先考虑 $m \geqslant n$ 时的下三角方程组

$$\begin{bmatrix} \boldsymbol{L}_{11} \\ \boldsymbol{L}_{21} \end{bmatrix} \boldsymbol{x} = \begin{bmatrix} \boldsymbol{b}_1 \\ \boldsymbol{b}_2 \end{bmatrix}, \qquad \begin{matrix} \boldsymbol{L}_{11} \in \mathbb{R}^{n\times n}, & \boldsymbol{b}_1 \in \mathbb{R}^n, \\ \boldsymbol{L}_{21} \in \mathbb{R}^{(m-n)\times n}, & \boldsymbol{b}_2 \in \mathbb{R}^{m-n}. \end{matrix}$$

假设 $\boldsymbol{L}_{11}$ 是非奇异下三角矩阵. 对 $\boldsymbol{L}_{11}\boldsymbol{x} = \boldsymbol{b}_1$ 应用前向消去法，$\boldsymbol{x}$ 应该是方程组 $\boldsymbol{L}_{21}(\boldsymbol{L}_{11}^{-1}\boldsymbol{b}_1) = \boldsymbol{b}_2$ 的解. 否则整个方程组无解. 在这种情况下，最小二乘解是最合适的. 见第 5 章.

现在考虑 $m \leqslant n$ 时的下三角方程组 $\boldsymbol{L}\boldsymbol{x} = \boldsymbol{b}$，其中 $\boldsymbol{L}$ 是 $m \times n$ 矩阵. 我们可以对正方形方程组 $L(1:m, 1:m)x(1:m, 1:m) = \boldsymbol{b}$ 应用向前消去法，并对 $x(m+1:n)$ 赋予任意值. 5.6 节详细讨论了未知数个数多于方程个数的方程组. 对于非方形上三角方程组可类似处理，细节留给读者讨论.

3.1.7　三角矩阵的代数

对角线元素素全为 1 的三角矩阵称为**单位三角矩阵**. 后面要讨论的许多三角矩阵计算都有这种额外结构. 显然，在上述算法中它不会带来任何困难.

这里给出三角矩阵和单位三角矩阵的乘积和逆的一些性质，供今后参考.

- 上（下）三角矩阵的逆是上（下）三角矩阵.
- 两个上（下）三角矩阵的乘积是上（下）三角矩阵.
- 单位上（下）三角矩阵的逆是单位上（下）三角矩阵.
- 两个单位上（下）三角矩阵的乘积是单位上（下）三角矩阵.

习 题

1. 给出一个计算非零向量 $\boldsymbol{z} \in \mathbb{R}^n$ 的算法，使得 $\boldsymbol{U}\boldsymbol{z} = \boldsymbol{0}$，其中 $\boldsymbol{U} \in \mathbb{R}^{n\times n}$ 是上三角矩阵，$u_{nn} = 0$, $u_{11} \cdots u_{n-1,n-1} \neq 0$.

2. 假设 $\boldsymbol{L} = \boldsymbol{I}_n - \boldsymbol{N}$ 是单位下三角矩阵，其中 $\boldsymbol{N} \in \mathbb{R}^{n\times n}$. 证明

$$\boldsymbol{L}^{-1} = \boldsymbol{I}_n + \boldsymbol{N} + \boldsymbol{N}^2 + \cdots + \boldsymbol{N}^{n-1}.$$

如果对于所有的 $i > j$ 有 $N_{ij} = 1$，那么 $\|\boldsymbol{L}^{-1}\|_F$ 的值是多少？

3. 写出 (3.1.4) 的详细形式，不假定 N 能整除 n.

4. 证明 3.1.7 节列出的关于三角矩阵的所有性质.

5. 假设 $\boldsymbol{S}, \boldsymbol{T} \in \mathbb{R}^{n\times n}$ 是上三角矩阵，$(\boldsymbol{S}\boldsymbol{T} - \lambda\boldsymbol{I})\boldsymbol{x} = \boldsymbol{b}$ 是非奇异方程组. 给出计算 $\boldsymbol{x}$ 的 $O(n^2)$ 算法. 注意，计算 $\boldsymbol{S}\boldsymbol{T} - \lambda\boldsymbol{I}$ 的显式公式需要 $O(n^3)$ 个 flop. 提示：令

$$\boldsymbol{S}_+ = \begin{bmatrix} \sigma & \boldsymbol{u}^{\mathrm{T}} \\ \boldsymbol{0} & \boldsymbol{S}_c \end{bmatrix}, \quad \boldsymbol{T}_+ = \begin{bmatrix} \tau & \boldsymbol{v}^{\mathrm{T}} \\ \boldsymbol{0} & \boldsymbol{T}_c \end{bmatrix}, \quad \boldsymbol{b}_+ = \begin{bmatrix} \beta \\ \boldsymbol{b}_c \end{bmatrix},$$

其中 $\boldsymbol{S}_+ = S(k-1:n, k-1:n)$, $\boldsymbol{T}_+ = T(k-1:n, k-1:n)$, $\boldsymbol{b}_+ = b(k-1:n)$, $\sigma, \tau, \beta \in \mathbb{R}$. 如果向量 $\boldsymbol{x}_c$ 满足

$$(\boldsymbol{S}_c\boldsymbol{T}_c - \lambda\boldsymbol{I})\boldsymbol{x}_c = \boldsymbol{b}_c,$$

并且 $\boldsymbol{w}_c = \boldsymbol{T}_c\boldsymbol{x}_c$，那么

$$\boldsymbol{x}_+ = \begin{bmatrix} \gamma \\ \boldsymbol{x}_c \end{bmatrix}, \text{其中 } \gamma = \frac{\beta - \sigma\boldsymbol{v}^{\mathrm{T}}\boldsymbol{x}_c - \boldsymbol{u}^{\mathrm{T}}\boldsymbol{w}_c}{\sigma\tau - \lambda}$$

是 $(\boldsymbol{S}_+\boldsymbol{T}_+ - \lambda\boldsymbol{I})\boldsymbol{x}_+ = \boldsymbol{b}_+$ 的解. 注意，计算 $\boldsymbol{x}_+$ 和 $\boldsymbol{w}_+ = \boldsymbol{T}_+\boldsymbol{x}_+$ 都需要 $O(n-k)$ 个 flop.

6. 假设矩阵 $\boldsymbol{R}_1, \cdots, \boldsymbol{R}_p \in \mathbb{R}^{n\times n}$ 都是上三角矩阵. 如果方程组 $(\boldsymbol{R}_1 \cdots \boldsymbol{R}_p - \lambda\boldsymbol{I})\boldsymbol{x} = \boldsymbol{b}$ 的系数矩阵非奇异，给出求解这个方程组的 $O(pn^2)$ 的算法. 提示：推广上题的解法.

7. 假设 $\boldsymbol{L}, \boldsymbol{K} \in \mathbb{R}^{n\times n}$ 是下三角矩阵，$\boldsymbol{B}, \boldsymbol{X} \in \mathbb{R}^{n\times n}$. 如果 $\boldsymbol{L}\boldsymbol{X}\boldsymbol{K} = \boldsymbol{B}$，给出计算 $\boldsymbol{X}$ 的算法.

3.2 LU 分解

求解三角方程组很简单，计算量为 $O(n^2)$. 高斯消去法的思想是将给定的方程组 $\boldsymbol{A}\boldsymbol{x} = \boldsymbol{b}$ 转化为等价的三角方程组，这一转化是通过恰当选取方程的线性组合实现的. 例如，对于方程组

$$\begin{cases} 3x_1+5x_2=9, \\ 6x_1+7x_2=4, \end{cases}$$

先将第一个方程乘以 2，然后在第 2 个方程中减去它，得到

$$\begin{cases} 3x_1+5x_2= \quad 9, \\ \qquad -3x_2=-14. \end{cases}$$

这就是 $n=2$ 时的高斯消去法．本节的目的是用矩阵分解语言描述这个过程．这意味求出一个单位下三角矩阵 $\boldsymbol{L}$ 和一个上三角矩阵 $\boldsymbol{U}$，使得 $\boldsymbol{A}=\boldsymbol{LU}$，例如，

$$\begin{bmatrix} 3 & 5 \\ 6 & 7 \end{bmatrix} = \begin{bmatrix} 1 & 0 \\ 2 & 1 \end{bmatrix} \begin{bmatrix} 3 & 5 \\ 0 & -3 \end{bmatrix}.$$

那么，求解原始方程组 $\boldsymbol{Ax}=\boldsymbol{b}$ 就转化为解两个三角方程组：

$$\boldsymbol{Ly}=\boldsymbol{b}, \quad \boldsymbol{Ux}=\boldsymbol{y} \qquad \Longrightarrow \qquad \boldsymbol{Ax}=\boldsymbol{LUx}=\boldsymbol{Ly}=\boldsymbol{b}. \tag{3.2.1}$$

LU 分解是高斯消去法的“高级”代数描述．求解线性方程组不再关注矩阵与向量的乘积 $\boldsymbol{A}^{-1}\boldsymbol{b}$，而是要计算 LU 并有效应用，见 3.4.9 节．在矩阵分解“语言”中表示矩阵算法的结果是一项富有成效的练习，在本书中多次重复这一过程，其有益于推广并揭示算法间的关系，在标量层次这些算法可能会有很大不同．

3.2.1　高斯变换

为了得到传统的高斯消去法的分解描述，我们需要对消元过程进行矩阵描述．当 $n=2$ 时，如果 $v_1\neq 0$ 且 $\tau=v_2/v_1$，那么我们有

$$\begin{bmatrix} 1 & 0 \\ -\tau & 1 \end{bmatrix} \begin{bmatrix} v_1 \\ v_2 \end{bmatrix} = \begin{bmatrix} v_1 \\ 0 \end{bmatrix}.$$

更一般地，设 $\boldsymbol{v}\in\mathbb{R}^n$ 且 $v_k\neq 0$．如果

$$\boldsymbol{\tau}^{\mathrm{T}}=[\underbrace{0,\cdots,0}_{k\text{ 个}},\tau_{k+1},\cdots,\tau_n], \quad \tau_i=\frac{v_i}{v_k}, \quad i=k+1:n,$$

并定义

$$\boldsymbol{M}_k=\boldsymbol{I}_n-\boldsymbol{\tau}\boldsymbol{e}_k^{\mathrm{T}}, \tag{3.2.2}$$

那么我们有

$$M_k v = \begin{bmatrix} 1 & \cdots & 0 & 0 & \cdots & 0 \\ \vdots & \ddots & \vdots & \vdots & & \vdots \\ 0 & & 1 & 0 & & 0 \\ 0 & & -\tau_{k+1} & 1 & & 0 \\ \vdots & \vdots & \vdots & \vdots & \ddots & \vdots \\ 0 & \cdots & -\tau_n & 0 & \cdots & 1 \end{bmatrix} \begin{bmatrix} v_1 \\ \vdots \\ v_k \\ v_{k+1} \\ \vdots \\ v_n \end{bmatrix} = \begin{bmatrix} v_1 \\ \vdots \\ v_k \\ 0 \\ \vdots \\ 0 \end{bmatrix}.$$

如果 $\boldsymbol{\tau} \in \mathbb{R}^n$ 的前 k 个分量为零，那么形如 $\boldsymbol{M}_k = \boldsymbol{I}_n - \boldsymbol{\tau} \boldsymbol{e}_k^{\mathrm{T}} \in \mathbb{R}^{n \times n}$ 的矩阵称为**高斯变换**. 这样的矩阵是单位下三角矩阵. $\tau(k+1:n)$ 的分量称为**乘子**，向量 $\boldsymbol{\tau}$ 称为**高斯向量**.

3.2.2 高斯变换的应用

用高斯变换相乘特别简单. 设 $\boldsymbol{C} \in \mathbb{R}^{n \times r}$，如果 $\boldsymbol{M}_k = \boldsymbol{I}_n - \boldsymbol{\tau} \boldsymbol{e}_k^{\mathrm{T}}$ 是高斯变换，则

$$\boldsymbol{M}_k \boldsymbol{C} = (\boldsymbol{I}_n - \boldsymbol{\tau} \boldsymbol{e}_k^{\mathrm{T}}) \boldsymbol{C} = \boldsymbol{C} - \boldsymbol{\tau} (\boldsymbol{e}_k^{\mathrm{T}} \boldsymbol{C}) = \boldsymbol{C} - \boldsymbol{\tau} C(k,:)$$

是外积修正. 因为 $\tau(1:k) = 0$，所以只有 $C(k+1:n,:)$ 受影响，我们可以逐行计算修正 $\boldsymbol{C} = \boldsymbol{M}_k \boldsymbol{C}$:

```
for i = k+1 : n
    C(i,:) = C(i,:) − τ_i C(k,:)
end
```

这个计算需要 $2(n-k)r$ 个 flop. 这里给出一个例子：

$$\boldsymbol{C} = \begin{bmatrix} 1 & 4 & 7 \\ 2 & 5 & 8 \\ 3 & 6 & 10 \end{bmatrix}, \quad \boldsymbol{\tau} = \begin{bmatrix} 0 \\ 1 \\ -1 \end{bmatrix} \quad \Longrightarrow \quad (\boldsymbol{I} - \boldsymbol{\tau} \boldsymbol{e}_1^{\mathrm{T}}) \boldsymbol{C} = \begin{bmatrix} 1 & 4 & 7 \\ 1 & 1 & 1 \\ 4 & 10 & 17 \end{bmatrix}.$$

3.2.3 高斯变换的舍入性质

假设 $\hat{\boldsymbol{\tau}}$ 是真实的高斯向量 $\boldsymbol{\tau}$ 的计算值，容易证明

$$\hat{\boldsymbol{\tau}} = \boldsymbol{\tau} + \boldsymbol{e}, \quad |\boldsymbol{e}| \leqslant \mathbf{u} |\boldsymbol{\tau}|.$$

如果 $\hat{\boldsymbol{\tau}}$ 用于高斯变换修正，$\mathrm{fl}((\boldsymbol{I}_n - \hat{\boldsymbol{\tau}} \boldsymbol{e}_k^{\mathrm{T}}) \boldsymbol{C})$ 是计算值，则

$$\mathrm{fl}\left((\boldsymbol{I}_n - \hat{\boldsymbol{\tau}} \boldsymbol{e}_k^{\mathrm{T}}) \boldsymbol{C}\right) = (\boldsymbol{I} - \boldsymbol{\tau} \boldsymbol{e}_k^{\mathrm{T}}) \boldsymbol{C} + \boldsymbol{E},$$

其中

$$|\boldsymbol{E}| \leqslant 3\mathbf{u}\left(|\boldsymbol{C}| + |\boldsymbol{\tau}||C(k,:)|\right) + O(\mathbf{u}^2).$$

显然, 如果 $\boldsymbol{\tau}$ 有大分量, 那么修正的误差与 $|\boldsymbol{C}|$ 相比可能要大一些. 因此在采用高斯变换时必须谨慎行事，我们将在 3.4 节中讨论这一情形.

3.2.4　上三角化

假设 $\boldsymbol{A} \in \mathbb{R}^{n\times n}$. 我们通常能够找到高斯变换 $\boldsymbol{M}_1, \cdots, \boldsymbol{M}_{n-1}$ 使得 $\boldsymbol{M}_{n-1}\cdots\boldsymbol{M}_2\boldsymbol{M}_1\boldsymbol{A} = \boldsymbol{U}$ 是上三角矩阵. 为了看到这一过程，首先观察 $n = 3$ 的情形. 假设

$$\boldsymbol{A} = \begin{bmatrix} 1 & 4 & 7 \\ 2 & 5 & 8 \\ 3 & 6 & 10 \end{bmatrix},$$

注意到

$$\boldsymbol{M}_1 = \begin{bmatrix} 1 & 0 & 0 \\ -2 & 1 & 0 \\ -3 & 0 & 1 \end{bmatrix} \implies \boldsymbol{M}_1\boldsymbol{A} = \begin{bmatrix} 1 & 4 & 7 \\ 0 & -3 & -6 \\ 0 & -6 & -11 \end{bmatrix}.$$

同样，在第二步中我们有

$$\boldsymbol{M}_2 = \begin{bmatrix} 1 & 0 & 0 \\ 0 & 1 & 0 \\ 0 & -2 & 1 \end{bmatrix} \implies \boldsymbol{M}_2(\boldsymbol{M}_1\boldsymbol{A}) = \begin{bmatrix} 1 & 4 & 7 \\ 0 & -3 & -6 \\ 0 & 0 & 1 \end{bmatrix}.$$

从这个例子可以推断出一般的 n 的情况，我们得出以下两个结果.

- 在第 k 步开始时，我们得到的矩阵 $\boldsymbol{A}^{(k-1)} = \boldsymbol{M}_{k-1}\cdots\boldsymbol{M}_1\boldsymbol{A}$ 在第 1 列到第 $k-1$ 列是上三角的.
- 第 k 步高斯变换 $\boldsymbol{M}_k$ 的乘子是基于 $A^{(k-1)}(k+1:n,k)$ 的，$a_{kk}^{(k-1)}$ 必须非零.

注意，在 $n-1$ 步之后实现了完全上三角化，整个过程的大致算法如下.

$A^{(1)} = A$
for $k = 1:n-1$
　对于 $i = k+1:n$，确定乘子 $\tau_i^{(k)} = a_{ik}^{(k)}/a_{kk}^{(k)}$.　(3.2.3)
　应用 $M_k = I - \tau^{(k)}e_k^{\mathrm{T}}$ 得 $A^{(k+1)} = M_kA^{(k)}$.
end

为正确执行上述算法，矩阵元素 $a_{11}^{(1)}, a_{22}^{(2)}, \cdots, a_{n-1,n-1}^{(n-1)}$ 必须非零，它们称为主元.

3.2.5 存在性

如果 (3.2.3) 中不出现零主元，那么产生的高斯变换 $\boldsymbol{M}_1,\cdots,\boldsymbol{M}_{n-1}$ 使得 $\boldsymbol{M}_{n-1}\cdots\boldsymbol{M}_1\boldsymbol{A} = \boldsymbol{U}$ 为上三角矩阵. 容易验证，如果 $\boldsymbol{M}_k = \boldsymbol{I}_n - \boldsymbol{\tau}^{(k)}\boldsymbol{e}_k^{\mathrm{T}}$，那么它的逆是 $\boldsymbol{M}_k^{-1} = \boldsymbol{I}_n + \boldsymbol{\tau}^{(k)}\boldsymbol{e}_k^{\mathrm{T}}$，从而

$$\boldsymbol{A} = \boldsymbol{L}\boldsymbol{U}, \tag{3.2.4}$$

其中

$$\boldsymbol{L} = \boldsymbol{M}_1^{-1}\cdots\boldsymbol{M}_{n-1}^{-1}. \tag{3.2.5}$$

因为每个 $\boldsymbol{M}_k^{-1}$ 都是单位下三角矩阵，显然 $\boldsymbol{L}$ 是单位下三角矩阵. 分解 (3.2.4) 称为 **LU 分解**.

LU 分解可能不存在. 例如，不可能找到 ℓ_{ij} 和 u_{ij} 使得

$$\begin{bmatrix} 1 & 2 & 3 \\ 2 & 4 & 7 \\ 3 & 5 & 3 \end{bmatrix} = \begin{bmatrix} 1 & 0 & 0 \\ \ell_{21} & 1 & 0 \\ \ell_{31} & \ell_{32} & 1 \end{bmatrix} \begin{bmatrix} u_{11} & u_{12} & u_{13} \\ 0 & u_{22} & u_{23} \\ 0 & 0 & u_{33} \end{bmatrix}.$$

为说明这一点，注意到矩阵相等则其对应元素相等，可知 $u_{11} = 1, u_{12} = 2, \ell_{21} = 2, u_{22} = 0, \ell_{31} = 3$. 但是，从第 3 行第 2 列元素得到矛盾方程 $5 = \ell_{31}u_{12} + \ell_{32}u_{22} = 6$. 在本例中，主元 $a_{22}^{(1)} = a_{22} - (a_{21}/a_{11})a_{12}$ 为零.

我们将证明，如果 $A(1:k,1:k)$ 是奇异矩阵，那么 (3.2.3) 的第 k 个主元为零. $A(1:k,1:k)$ 形式的子矩阵称为**顺序主子矩阵**.

定理 3.2.1 (LU 分解) 假设 $\boldsymbol{A} \in \mathbb{R}^{n\times n}$，对于 $k = 1:n-1$ 有 $\det(A(1:k,1:k)) \neq 0$，那么存在一个单位下三角矩阵 $\boldsymbol{L} \in \mathbb{R}^{n\times n}$ 和一个上三角矩阵 $\boldsymbol{U} \in \mathbb{R}^{n\times n}$ 使得 $\boldsymbol{A} = \boldsymbol{L}\boldsymbol{U}$. 如果上述分解存在，且 $\boldsymbol{A}$ 是非奇异矩阵，那么分解是唯一的，且 $\det(\boldsymbol{A}) = u_{11}\cdots u_{nn}$.

证明 假设 (3.2.3) 的前 $k-1$ 步已经完成. 在第 k 步的开始前，矩阵 $\boldsymbol{A}$ 被 $\boldsymbol{M}_{k-1}\cdots\boldsymbol{M}_1\boldsymbol{A} = \boldsymbol{A}^{(k-1)}$ 所覆盖. 由于高斯变换是单位下三角矩阵，从上述等式的前 $k\times k$ 部分可看出

$$\det(A(1:k,1:k)) = a_{11}^{(k-1)}\cdots a_{kk}^{(k-1)}. \tag{3.2.6}$$

因此，如果 $A(1:k,1:k)$ 非奇异，则第 k 个主元 $a_{kk}^{(k-1)}$ 非零.

现在来证明唯一性，假设 $\boldsymbol{A} = \boldsymbol{L}_1\boldsymbol{U}_1$ 和 $\boldsymbol{A} = \boldsymbol{L}_2\boldsymbol{U}_2$ 是非奇异矩阵 $\boldsymbol{A}$ 的两个 LU 分解，那么 $\boldsymbol{L}_2^{-1}\boldsymbol{L}_1 = \boldsymbol{U}_2\boldsymbol{U}_1^{-1}$. 又因为 $\boldsymbol{L}_2^{-1}\boldsymbol{L}_1$ 是单位下三角矩阵，$\boldsymbol{U}_2\boldsymbol{U}_1^{-1}$ 是上三角矩阵，所以这两个矩阵一定都是单位矩阵. 因此 $\boldsymbol{L}_1 = \boldsymbol{L}_2$ 且 $\boldsymbol{U}_1 = \boldsymbol{U}_2$. 最

后，如果 $\boldsymbol{A}=\boldsymbol{L}\boldsymbol{U}$，那么

$$\det(\boldsymbol{A}) = \det(\boldsymbol{L}\boldsymbol{U}) = \det(\boldsymbol{L})\det(\boldsymbol{U}) = \det(\boldsymbol{U}).$$

因此 $\det(\boldsymbol{A}) = u_{11}\cdots u_{nn}.$ □

3.2.6　L 是乘子矩阵

实际上，$\boldsymbol{L}$ 的构造并不像方程 (3.2.5) 所示的那样复杂. 的确，

$$\begin{aligned}\boldsymbol{L} &= \boldsymbol{M}_1^{-1}\cdots\boldsymbol{M}_{n-1}^{-1}\\ &= \left(\boldsymbol{I}_n-\boldsymbol{\tau}^{(1)}\boldsymbol{e}_1^{\mathrm{T}}\right)^{-1}\cdots\left(\boldsymbol{I}_n-\boldsymbol{\tau}^{(n-1)}\boldsymbol{e}_{n-1}^{\mathrm{T}}\right)^{-1}\\ &= \left(\boldsymbol{I}_n+\boldsymbol{\tau}^{(1)}\boldsymbol{e}_1^{\mathrm{T}}\right)\cdots\left(\boldsymbol{I}_n+\boldsymbol{\tau}^{(n-1)}\boldsymbol{e}_{n-1}^{\mathrm{T}}\right)\\ &= \boldsymbol{I}_n+\sum_{k=1}^{n-1}\boldsymbol{\tau}^{(k)}\boldsymbol{e}_k^{\mathrm{T}}.\end{aligned}$$

这表明

$$L(k+1:n,k)=\tau^{(k)}(k+1:n),\quad k=1:n-1. \tag{3.2.7}$$

换句话说，$\boldsymbol{L}$ 的第 k 列是由 (3.2.3) 的第 k 步产生的乘子定义的. 考虑 3.2.4 节的例子：

$$\boldsymbol{\tau}^{(1)}=\begin{bmatrix}0\\2\\3\end{bmatrix},\ \boldsymbol{\tau}^{(2)}=\begin{bmatrix}0\\0\\2\end{bmatrix}\quad\Rightarrow\begin{bmatrix}1&4&7\\2&5&8\\3&6&10\end{bmatrix}=\begin{bmatrix}1&0&0\\2&1&0\\3&2&1\end{bmatrix}\begin{bmatrix}1&4&7\\0&-3&-6\\0&0&1\end{bmatrix}.$$

3.2.7　外积观点

由于高斯变换在矩阵中的应用涉及外积，所以我们可以把 (3.2.3) 看作一个外积修正序列. 的确，如果

$$\boldsymbol{A}=\begin{bmatrix}\alpha & \boldsymbol{w}^{\mathrm{T}}\\ \boldsymbol{v} & \boldsymbol{B}\end{bmatrix}\begin{matrix}1\\ n-1\end{matrix}\qquad\begin{matrix}1 & n-1\end{matrix}$$

那么高斯消去法的第 1 步将导致分解

$$\begin{bmatrix}\alpha & \boldsymbol{w}^{\mathrm{T}}\\ \boldsymbol{z} & \boldsymbol{B}\end{bmatrix}=\begin{bmatrix}1 & \boldsymbol{0}\\ \boldsymbol{z}/\alpha & \boldsymbol{I}_{n-1}\end{bmatrix}\begin{bmatrix}1 & \boldsymbol{0}\\ \boldsymbol{0} & \boldsymbol{B}-\boldsymbol{z}\boldsymbol{w}^{\mathrm{T}}/\alpha\end{bmatrix}\begin{bmatrix}\alpha & \boldsymbol{w}^{\mathrm{T}}\\ \boldsymbol{0} & \boldsymbol{I}_{n-1}\end{bmatrix}.$$

第 2 步到第 $n-1$ 步计算 LU 分解

$$\boldsymbol{B}-\boldsymbol{z}\boldsymbol{w}^{\mathrm{T}}/\alpha=\boldsymbol{L}_1\boldsymbol{U}_1,$$

这时

$$\begin{aligned}
\boldsymbol{A} &= \begin{bmatrix} 1 & \mathbf{0} \\ \boldsymbol{z}/\alpha & \boldsymbol{I}_{n-1} \end{bmatrix} \begin{bmatrix} 1 & \mathbf{0} \\ \mathbf{0} & \boldsymbol{L}_1\boldsymbol{U}_1 \end{bmatrix} \begin{bmatrix} \alpha & \boldsymbol{w}^{\mathrm{T}} \\ \mathbf{0} & \boldsymbol{I}_{n-1} \end{bmatrix} \\
&= \begin{bmatrix} 1 & \mathbf{0} \\ \boldsymbol{z}/\alpha & \boldsymbol{L}_1 \end{bmatrix} \begin{bmatrix} \alpha & \boldsymbol{w}^{\mathrm{T}} \\ \mathbf{0} & \boldsymbol{U}_1 \end{bmatrix} \\
&\equiv \boldsymbol{LU}.
\end{aligned}$$

3.2.8 实际计算

现在我们考虑 (3.2.3) 的细节. 首先，因为在第 1 列到第 $k-1$ 列中已经引入了零，所以高斯变换修正只需要作用于第 k 列到第 n 列. 当然，因为已经知道结果，我们甚至不需要将第 k 个高斯变换应用于 $A(:,k)$. 所以，真正需要的只是要修正 $A(k+1:n,k+1:n)$. 此外，观察 (3.2.7) 可知，我们可以用 $L(k+1:n,k)$ 覆盖 $A(k+1:n,k)$，因为作为后者的乘子可存储于已化为零的前者中. 总的来说，我们得到：

算法 3.2.1 (外积 LU 分解) 假设 $\boldsymbol{A}\in\mathbb{R}^{n\times n}$，对于 $k=1:n-1$ 有 $A(1:k,1:k)$ 非奇异. 算法计算 $\boldsymbol{A}=\boldsymbol{LU}$ 分解，其中 $\boldsymbol{L}$ 是单位下三角矩阵，$\boldsymbol{U}$ 是上三角矩阵. 对于 $i=1:n-1$，用 $U(i,i:n)$ 覆盖 $A(i,i:n)$，用 $L(i+1:n,i)$ 覆盖 $A(i+1:n,i)$.

```
for k = 1 : n − 1
    ρ = k + 1 : n
    A(ρ, k) = A(ρ, k)/A(k, k)
    A(ρ, ρ) = A(ρ, ρ) − A(ρ, k)A(k, ρ)
end
```

该算法需要 $2n^3/3$ 个 flop，是高斯消去法的多种公式之一. 注意，第 k 步涉及一个 $(n-k)\times(n-k)$ 的外积.

3.2.9 其他形式

与矩阵乘法类似，高斯消去法是一个三重循环，我们可以按各种不同顺序执行循环. 如果逐行计算外积，那么算法 3.2.1 对应于高斯消去法的“kij”形式：

```
for k = 1 : n − 1
    A(k + 1 : n, k) = A(k + 1 : n, k)/A(k, k)
    for i = k + 1 : n
        for j = k + 1 : n
```

$$
\begin{aligned}
&\quad\quad\quad A(i,j) = A(i,j) - A(i,k)A(k,j) \\
&\quad\quad \textbf{end} \\
&\quad \textbf{end} \\
&\textbf{end}
\end{aligned}
$$

其他 5 种形式为：kji, ikj, ijk, jik, jki. 最后一个实现方式包含一系列 gaxpys 和向前消除，我们在向量级别上推导一下.

计划是在第 j 步计算 $\boldsymbol{L}$ 和 $\boldsymbol{U}$ 的第 j 列. 如果 $j=1$，那么通过比较 $\boldsymbol{A}=\boldsymbol{LU}$ 的第一列，我们得出

$$L(2:n,j) = A(2:n,1)/A(1,1),$$

并且 $U(1,1)=A(1,1)$. 现在假设已经计算出 $L(:,1:j-1)$ 和 $U(1:j-1,1:j-1)$. 为了得到 $\boldsymbol{L}$ 和 $\boldsymbol{U}$ 的第 j 列，令方程 $\boldsymbol{A}=\boldsymbol{LU}$ 的第 j 列相等，由向量方程 $A(:,j)=\boldsymbol{L}U(:,j)$，我们有

$$A(1:j-1,j) \;=\; L(1:j-1,1:j-1)U(1:j-1,j)$$

和

$$A(j:n,j) \;=\sum_{k=1}^{j} L(j:n,k)U(k,j).$$

第一个式子是下三角方程组，可以对向量 $U(1:j-1,j)$ 进行求解. 一旦完成这一点，第二个方程就可以重新排列，以计算 $U(j,j)$ 和 $L(j+1:n,j)$. 实际上，如果令

$$
\begin{aligned}
v(j:n) &= A(j:n,j) - \sum_{k=1}^{j-1} L(j:n,k)U(k,j) \\
&= A(j:n,j) - L(j:n,1:j-1)U(1:j-1,j),
\end{aligned}
$$

那么我们有 $L(j+1:n,j)=v(j+1:n)/v(j)$ 且 $U(j,j)=v(j)$. 因此 $L(j+1:n,j)$ 是一个加权 gaxpy，我们得到算法 3.2.1 的以下替代方案：

算法 3.2.2 (Gaxpy LU 分解) 假设 $\boldsymbol{A}\in\mathbb{R}^{n\times n}$，对于 $k=1:n-1$ 有 $A(1:k,1:k)$ 非奇异. 算法计算 $\boldsymbol{A}=\boldsymbol{LU}$ 分解，其中 $\boldsymbol{L}$ 是单位下三角矩阵，$\boldsymbol{U}$ 是上三角矩阵.

将 $\boldsymbol{L}$ 初始化为单位矩阵，$\boldsymbol{U}$ 初始化为零矩阵.

$$
\begin{aligned}
&\textbf{for } j=1:n \\
&\quad \textbf{if } j=1 \\
&\quad\quad v=A(:,1)
\end{aligned}
$$

```
    else
        ã = A(:, j)
        关于 z ∈ ℝ^{j-1} 求解 L(1:j-1, 1:j-1)z = ã(1:j-1).
        U(1:j-1, j) = z
        v(j:n) = ã(j:n) - L(j:n, 1:j-1)z
    end
    U(j, j) = v(j)
    L(j+1:n, j) = v(j+1:n)/v(j)
end
```

（为清晰起见，我们为 $\boldsymbol{L}$ 和 $\boldsymbol{U}$ 选择了单独的数组，这在实践中是不必要的.）算法 3.2.2 需要 $2n^3/3$ 个 flop，与算法 3.2.1 所需的浮点工作量相同. 但是，从 1.5.2 节可知，与外积算法相比，gaxpy 算法的内存开销更少，这两个实现过程在实践中的执行情况可能有所不同. 注意，在算法 3.2.2 中，一直到第 j 步才涉及原始的 $A(:,j)$.

术语向右搜索和向左搜索分别适用于算法 3.2.1 和算法 3.2.2. 在外积 LU 算法中，在确定 $L(k:n,k)$ 之后 $A(:,k)$ 右边的列被修正，因此它是向右搜索的过程. 相反，在 gaxpy LU 算法中，在生成 $L(k+1:n,k)$ 之前访问 $A(:,k)$ 左边的子列，所以这是向左搜索.

3.2.10 长方矩阵的 LU 分解

我们也可以对长方矩阵 $\boldsymbol{A} \in \mathbb{R}^{n\times r}$ 进行 LU 分解. $n > r$ 时的例子展示如下：

$$\begin{bmatrix} 1 & 2 \\ 3 & 4 \\ 5 & 6 \end{bmatrix} = \begin{bmatrix} 1 & 0 \\ 3 & 1 \\ 5 & 2 \end{bmatrix} \begin{bmatrix} 1 & 2 \\ 0 & -2 \end{bmatrix},$$

而

$$\begin{bmatrix} 1 & 2 & 3 \\ 4 & 5 & 6 \end{bmatrix} = \begin{bmatrix} 1 & 0 \\ 4 & 1 \end{bmatrix} \begin{bmatrix} 1 & 2 & 3 \\ 0 & -3 & -6 \end{bmatrix}$$

描述了 $n < r$ 时的情况. 如果对 $k = 1:\min\{n,r\}$ 有 $A(1:k,1:k)$ 非奇异，则存在 $\boldsymbol{A} \in \mathbb{R}^{n\times r}$ 的 LU 分解.

前述方阵 LU 分解算法只需稍作修改就可以处理长方矩阵. 例如，如果 $n > r$，算法 3.2.1 修改如下.

```
for k = 1:r
    ρ = k+1:n
```

$$
\begin{aligned}
&\quad A(\rho,k) = A(\rho,k)/A(k,k)\\
&\quad \textbf{if } k<r\\
&\qquad \mu = k+1:r\\
&\qquad A(\rho,\mu) = A(\rho,\mu) - A(\rho,k)A(k,\mu)\\
&\quad \textbf{end}\\
&\textbf{end}
\end{aligned} \tag{3.2.8}
$$

该算法需要 $nr^2 - r^3/3$ 个 flop. 完成后，$\boldsymbol{A}$ 被 $\boldsymbol{L} \in \mathbb{R}^{n\times r}$ 的严格下三角部分和 $\boldsymbol{U} \in \mathbb{R}^{r\times r}$ 的上三角部分覆盖.

3.2.11　分块 LU 分解

可以通过组织高斯消去法使矩阵乘法成为主要运算. 设 $\boldsymbol{A} \in \mathbb{R}^{n\times n}$ 分块如下：

$$
\boldsymbol{A} = \begin{bmatrix} \boldsymbol{A}_{11} & \boldsymbol{A}_{12} \\ \boldsymbol{A}_{21} & \boldsymbol{A}_{22} \end{bmatrix} \begin{matrix} r \\ n-r \end{matrix}, \quad \text{列宽 } r,\ n-r
$$

其中 r 是分块参数. 假设我们计算出 LU 分解

$$
\begin{bmatrix} \boldsymbol{A}_{11} \\ \boldsymbol{A}_{21} \end{bmatrix} = \begin{bmatrix} \boldsymbol{L}_{11} \\ \boldsymbol{L}_{21} \end{bmatrix} \boldsymbol{U}_{11},
$$

这里 $\boldsymbol{L}_{11} \in \mathbb{R}^{r\times r}$ 是单位下三角矩阵，$\boldsymbol{U}_{11} \in \mathbb{R}^{r\times r}$ 是上三角矩阵，假定它们非奇异. 如果我们求解 $\boldsymbol{L}_{11}\boldsymbol{U}_{12} = \boldsymbol{A}_{12}$ 得到 $\boldsymbol{U}_{12} \in \mathbb{R}^{r\times n-r}$，那么

$$
\begin{bmatrix} \boldsymbol{A}_{11} & \boldsymbol{A}_{12} \\ \boldsymbol{A}_{21} & \boldsymbol{A}_{22} \end{bmatrix} = \begin{bmatrix} \boldsymbol{L}_{11} & \boldsymbol{0} \\ \boldsymbol{L}_{21} & \boldsymbol{I}_{n-r} \end{bmatrix} \begin{bmatrix} \boldsymbol{I}_r & \boldsymbol{0} \\ \boldsymbol{0} & \tilde{\boldsymbol{A}} \end{bmatrix} \begin{bmatrix} \boldsymbol{U}_{11} & \boldsymbol{U}_{12} \\ \boldsymbol{0} & \boldsymbol{I}_{n-r} \end{bmatrix},
$$

其中

$$
\tilde{\boldsymbol{A}} = \boldsymbol{A}_{22} - \boldsymbol{L}_{21}\boldsymbol{U}_{12} = \boldsymbol{A}_{22} - \boldsymbol{A}_{21}\boldsymbol{A}_{11}^{-1}\boldsymbol{A}_{12} \tag{3.2.9}
$$

是 $\boldsymbol{A}_{11}$ 在 $\boldsymbol{A}$ 中的 Schur 补. 注意，如果

$$
\tilde{\boldsymbol{A}} = \boldsymbol{L}_{22}\boldsymbol{U}_{22}
$$

是 $\tilde{\boldsymbol{A}}$ 的 LU 分解，那么

$$
\boldsymbol{A} = \begin{bmatrix} \boldsymbol{L}_{11} & \boldsymbol{0} \\ \boldsymbol{L}_{21} & \boldsymbol{L}_{22} \end{bmatrix} \begin{bmatrix} \boldsymbol{U}_{11} & \boldsymbol{U}_{12} \\ \boldsymbol{0} & \boldsymbol{U}_{22} \end{bmatrix}
$$

是 $\boldsymbol{A}$ 的 LU 分解. 这为递归运算的实施奠定了基础.

算法 3.2.3 (递归分块 LU 分解)　假设 $\boldsymbol{A} \in \mathbb{R}^{n\times n}$ 有 LU 分解，r 是正整数. 算法计算 $\boldsymbol{A} = \boldsymbol{L}\boldsymbol{U}$，其中 $\boldsymbol{L} \in \mathbb{R}^{n\times n}$ 是单位下三角矩阵，$\boldsymbol{U} \in \mathbb{R}^{n\times n}$ 是上三角矩阵.

```
function  [L, U] = BlockLU(A, n, r)
  if n ⩽ r
    使用普通算法（比如说算法 3.2.1）计算 LU 分解 A = LU.
  else
    使用 (3.2.8) 计算 LU 分解 A(:, 1 : r) = [L11; L21] U11.
    关于 U12 求解 L11 U12 = A(1 : r, r + 1 : n).
    Ã = A(r + 1 : n, r + 1 : n) − L21 U12
    [L22, U22] = BlockLU(Ã, n − r, r)
    L = [L11 0; L21 L22],  U = [U11 U12; 0 U22]
  end
end
```

下表列出各来源所需的 flop：

来　源	flop
$\boldsymbol{L}_{11}, \boldsymbol{L}_{21}, \boldsymbol{U}_{11}$	$nr^2 - r^3/3$
$\boldsymbol{U}_{12}$	$(n-r)r^2$
$\tilde{\boldsymbol{A}}$	$2(n-r)^2$

如果 $n \gg r$，则共有大约 $2n^3/3$ 个 flop，与算法 3.2.1 和算法 3.2.2 相同．与计算 $\tilde{\boldsymbol{A}}$ 相关的绝大多数 flop 都是 3 级的．

考虑 3.1.5 节所讨论的非递归修正更容易导出算法是 3 级比例的．为清晰起见，假设 $n = Nr$，其中 N 是正整数，我们要计算

$$\begin{bmatrix} \boldsymbol{A}_{11} & \cdots & \boldsymbol{A}_{1N} \\ \vdots & \ddots & \vdots \\ \boldsymbol{A}_{N1} & \cdots & \boldsymbol{A}_{NN} \end{bmatrix} = \begin{bmatrix} \boldsymbol{L}_{11} & \cdots & \boldsymbol{0} \\ \vdots & \ddots & \vdots \\ \boldsymbol{L}_{N1} & \cdots & \boldsymbol{L}_{NN} \end{bmatrix} \begin{bmatrix} \boldsymbol{U}_{11} & \cdots & \boldsymbol{U}_{1N} \\ \vdots & \ddots & \vdots \\ \boldsymbol{0} & \cdots & \boldsymbol{U}_{NN} \end{bmatrix}, \tag{3.2.10}$$

其中所有的分块都是 $r \times r$ 的．类似于算法 3.2.3，我们得到如下算法．

算法 3.2.4 (非递归分块 LU 分解) 假设 $\boldsymbol{A} \in \mathbb{R}^{n\times n}$ 有 LU 分解，r 是满足 $n = Nr$ 的正整数．算法计算 $\boldsymbol{A} = \boldsymbol{L}\boldsymbol{U}$，其中 $\boldsymbol{L} \in \mathbb{R}^{n\times n}$ 是单位下三角矩阵，$\boldsymbol{U} \in \mathbb{R}^{n\times n}$ 是上三角矩阵．

```
for k = 1 : N
  长方高斯消去法：
```

$$\begin{bmatrix} A_{kk} \\ \vdots \\ A_{Nk} \end{bmatrix} = \begin{bmatrix} L_{kk} \\ \vdots \\ L_{Nk} \end{bmatrix} U_{kk}$$

计算右端乘法：

$$L_{kk}\left[\begin{array}{c|c|c} U_{k,k+1} & \cdots & U_{kN} \end{array}\right] = \left[\begin{array}{c|c|c} A_{k,k+1} & \cdots & A_{kN} \end{array}\right]$$

3 级修正：

$$A_{ij} = A_{ij} - L_{ik}U_{kj}, \quad i = k+1:N,\ j = k+1:N$$

end

下面是 k 次循环后的 flop 的情况：

来　源	flop
高斯消去	$(N-k+1)r^3 - r^3/3$
计算右端乘法	$(N-k)r^3$
3 级修正	$2(N-k)^2r^2$

对 $k = 1:N$ 求和可知 3 级比例近似为：

$$\frac{2n^3/3}{2n^3/3 + n^2r} = 1 - \frac{3}{2N}.$$

因此，当 N 很大时几乎所有运算都是矩阵乘法．正如 1.5.4 节讨论的那样，这确保了良好的数据重用量．

习　题

1. 验证 (3.2.6)．

2. 假设 $\boldsymbol{A}(\epsilon) \in \mathbb{R}^{n\times n}$ 的元素是标量 ϵ 的连续可微函数．令 $\boldsymbol{A} \equiv \boldsymbol{A}(0)$，假设它的所有主子矩阵非奇异．证明：对于充分小 ϵ，矩阵 $\boldsymbol{A}(\epsilon)$ 有 LU 分解 $\boldsymbol{A}(\epsilon) = \boldsymbol{L}(\epsilon)\boldsymbol{U}(\epsilon)$，并且 $\boldsymbol{L}(\epsilon)$ 和 $\boldsymbol{U}(\epsilon)$ 都是连续可微的．

3. 假设我们划分 $\boldsymbol{A} \in \mathbb{R}^{n\times n}$ 为

$$\boldsymbol{A} = \begin{bmatrix} \boldsymbol{A}_{11} & \boldsymbol{A}_{12} \\ \boldsymbol{A}_{21} & \boldsymbol{A}_{22} \end{bmatrix},$$

其中 $\boldsymbol{A}_{11}$ 是 $r\times r$ 非奇异矩阵．令 $\boldsymbol{S}$ 是 $\boldsymbol{A}_{11}$ 在 $\boldsymbol{A}$ 中的 Schur 补，定义见 (3.2.9)．证明：算法 3.2.1 运行 r 步后，$A(r+1:n, r+1:n)$ 储存了 $\boldsymbol{S}$．算法 3.2.2 运行 r 步后如何得到 $\boldsymbol{S}$?

4. 假设 $\boldsymbol{A} \in \mathbb{R}^{n\times n}$ 有 LU 分解．在不存储乘子的情况下，如何通过计算 $n\times(n+1)$ 矩阵 $[\boldsymbol{A}\ \boldsymbol{b}]$ 的 LU 分解来解 $\boldsymbol{A}\boldsymbol{x} = \boldsymbol{b}$．

5. 描述高斯消去法的一个变形，它以 $n:-1:2$ 的顺序将 $\boldsymbol{A}$ 的列化零，从而产生分解 $\boldsymbol{A} = \boldsymbol{U}\boldsymbol{L}$，其中 $\boldsymbol{U}$ 是单位上三角矩阵，$\boldsymbol{L}$ 是下三角矩阵．

6. 给定 $y \in \mathbb{R}^n$，称 $\mathbb{R}^{n\times n}$ 中形如 $N(\boldsymbol{y},k) = \boldsymbol{I} - \boldsymbol{y}\boldsymbol{e}_k^{\mathrm{T}}$ 的矩阵为 Gauss-Jordan 变换.
   (a) 假定 $N(\boldsymbol{y},k)^{-1}$ 存在，给出它的一个公式.
   (b) 给定 $\boldsymbol{x} \in \mathbb{R}^n$，在什么条件下可以找到 $\boldsymbol{y}$ 使得 $N(\boldsymbol{y},k)\boldsymbol{x} = \boldsymbol{e}_k$?
   (c) 给出一个应用 Gauss-Jordan 变换的算法，其中用 $\boldsymbol{A}^{-1}$ 覆盖 $\boldsymbol{A}$. 讨论 $\boldsymbol{A}$ 需要满足什么条件才能保证算法成功?
7. 扩展算法 3.2.2，使其能处理 $\boldsymbol{A}$ 的行数大于列数的情形.
8. 说明如何在算法 3.2.2 中用 $\boldsymbol{L}$ 和 $\boldsymbol{U}$ 覆盖 $\boldsymbol{A}$. 给出一个特殊的三重循环使其按单位步幅存取数据.
9. 给出高斯消去法的一个变形，使其三重循环的最内层是点积计算.

3.3 高斯消去法的舍入误差

前两节给出求解线性方程组 $\boldsymbol{A}\boldsymbol{x} = \boldsymbol{b}$ 的算法，现在估计舍入误差的影响. Higham (ASNA) 详细讨论了如何处理高斯消去法的舍入误差.

3.3.1 LU 分解的误差

我们来看看高斯消去法的误差界与 2.7.11 节导出的理想界有怎样的关系. 为方便起见，我们使用 ∞-范数，并将注意力集中在外积形式的算法 3.2.1. 得到的误差界也适用于 gaxpy 形式的算法 3.2.2. 我们的第一项任务是量化三角分解的舍入误差.

定理 3.3.1 假设 $\boldsymbol{A}$ 是 $n \times n$ 浮点矩阵. 如果在执行算法 3.2.1 的过程中不出现零主元，那么计算出来的三角矩阵 $\hat{\boldsymbol{L}}$ 和 $\hat{\boldsymbol{U}}$ 满足

$$\hat{\boldsymbol{L}}\hat{\boldsymbol{U}} = \boldsymbol{A} + \boldsymbol{H}, \tag{3.3.1}$$

$$|\boldsymbol{H}| \leqslant 2(n-1)\mathbf{u}\left(|\boldsymbol{A}| + |\hat{\boldsymbol{L}}||\hat{\boldsymbol{U}}|\right) + O(\mathbf{u}^2). \tag{3.3.2}$$

证明 对 n 应用数学归纳法. 当 $n=1$ 时定理显然成立. 假设 $n \geqslant 2$ 且对所有 $(n-1)\times(n-1)$ 浮点矩阵定理成立. 把矩阵 $\boldsymbol{A}$ 划分为

$$\boldsymbol{A} = \begin{bmatrix} \alpha & \boldsymbol{w}^{\mathrm{T}} \\ \boldsymbol{v} & \boldsymbol{B} \end{bmatrix} \begin{matrix} 1 \\ n-1 \end{matrix}$$
$$\qquad\quad 1 \qquad n-1$$

算法 3.2.1 的第一步计算

$$\hat{\boldsymbol{z}} = \mathrm{fl}(\boldsymbol{v}/\alpha), \quad \hat{\boldsymbol{C}} = \mathrm{fl}(\hat{\boldsymbol{z}}\boldsymbol{w}^{\mathrm{T}}), \quad \hat{\boldsymbol{A}}_1 = \mathrm{fl}(\boldsymbol{B} - \hat{\boldsymbol{C}}),$$

由此我们得到

$$\hat{\boldsymbol{z}} = \boldsymbol{v}/\alpha + \boldsymbol{f}, \tag{3.3.3}$$

$$
\begin{aligned}
|\boldsymbol{f}| &\leqslant \mathbf{u}|\boldsymbol{v}/\alpha|, &(3.3.4)\\
\hat{\boldsymbol{C}} &= \hat{\boldsymbol{z}}\boldsymbol{w}^{\mathrm{T}}+\boldsymbol{F}_1, &(3.3.5)\\
|\boldsymbol{F}_1| &\leqslant \mathbf{u}|\hat{\boldsymbol{z}}||\boldsymbol{w}^{\mathrm{T}}|, &(3.3.6)\\
\hat{\boldsymbol{A}}_1 &= \boldsymbol{B}-(\hat{\boldsymbol{z}}\boldsymbol{w}^{\mathrm{T}}+\boldsymbol{F}_1)+\boldsymbol{F}_2, &(3.3.7)\\
|\boldsymbol{F}_2| &\leqslant \mathbf{u}\left(|\boldsymbol{B}|+|\hat{\boldsymbol{z}}||\boldsymbol{w}^{\mathrm{T}}|\right)+O(\mathbf{u}^2), &(3.3.8)\\
|\hat{\boldsymbol{A}}_1| &\leqslant |\boldsymbol{B}|+|\hat{\boldsymbol{z}}||\boldsymbol{w}^{\mathrm{T}}|+O(\mathbf{u}). &(3.3.9)
\end{aligned}
$$

现在计算 $\hat{\boldsymbol{A}}_1$ 的 LU 分解. 根据归纳法，计算出来的因子 $\hat{\boldsymbol{L}}_1$ 和 $\hat{\boldsymbol{U}}_1$ 满足

$$\hat{\boldsymbol{L}}_1\hat{\boldsymbol{U}}_1 = \hat{\boldsymbol{A}}_1+\boldsymbol{H}_1, \tag{3.3.10}$$

其中

$$|\boldsymbol{H}_1| \leqslant 2(n-2)\mathbf{u}\left(|\hat{\boldsymbol{A}}_1|+|\hat{\boldsymbol{L}}_1||\hat{\boldsymbol{U}}_1|\right)+O(\mathbf{u}^2). \tag{3.3.11}$$

如果

$$\hat{\boldsymbol{L}} = \begin{bmatrix} 1 & \boldsymbol{0} \\ \hat{\boldsymbol{z}} & \hat{\boldsymbol{L}}_1 \end{bmatrix}, \quad \hat{\boldsymbol{U}} = \begin{bmatrix} \alpha & \boldsymbol{w}^{\mathrm{T}} \\ \boldsymbol{0} & \hat{\boldsymbol{U}}_1 \end{bmatrix},$$

那么容易验证

$$\hat{\boldsymbol{L}}\hat{\boldsymbol{U}} = \boldsymbol{A}+\boldsymbol{H},$$

其中

$$\boldsymbol{H} = \begin{bmatrix} 0 & \boldsymbol{0} \\ \alpha\boldsymbol{f} & \boldsymbol{H}_1-\boldsymbol{F}_1+\boldsymbol{F}_2 \end{bmatrix}. \tag{3.3.12}$$

为证明这个定理，我们必须证明 (3.3.2)，即

$$|\boldsymbol{H}| \leqslant 2(n-1)\mathbf{u}\begin{bmatrix} 2|\alpha| & 2|\boldsymbol{w}^{\mathrm{T}}| \\ |\boldsymbol{v}|+|\alpha||\boldsymbol{f}| & |\boldsymbol{B}|+|\hat{\boldsymbol{L}}_1||\hat{\boldsymbol{U}}_1|+|\hat{\boldsymbol{z}}||\boldsymbol{w}^{\mathrm{T}}| \end{bmatrix}+O(\mathbf{u}^2).$$

考虑 (3.3.12)，如果

$$|\boldsymbol{H}_1|+|\boldsymbol{F}_1|+|\boldsymbol{F}_2| \leqslant 2(n-1)\mathbf{u}\left(|\boldsymbol{B}|+|\hat{\boldsymbol{z}}||\boldsymbol{w}^{\mathrm{T}}|+|\hat{\boldsymbol{L}}_1||\hat{\boldsymbol{U}}_1|\right)+O(\mathbf{u}^2) \tag{3.3.13}$$

成立，结论显然成立. 根据 (3.3.9) 和 (3.3.11)，我们有

$$|\boldsymbol{H}_1| \leqslant 2(n-2)\mathbf{u}\left(|\boldsymbol{B}|+|\hat{\boldsymbol{z}}||\boldsymbol{w}^{\mathrm{T}}|+|\hat{\boldsymbol{L}}_1||\hat{\boldsymbol{U}}_1|\right) + O(\mathbf{u}^2),$$

而 (3.3.6) 和 (3.3.8) 意味着

$$|\boldsymbol{F}_1|+|\boldsymbol{F}_2| \leqslant \mathbf{u}(|\boldsymbol{B}|+2|\hat{\boldsymbol{z}}||\boldsymbol{w}|)+O(\mathbf{u}^2).$$

根据最后两个结果可知 (3.3.13) 成立，定理得证. □

顺便说一下，如果 $\boldsymbol{A}$ 是 $m\times n$ 矩阵，那么把 (3.3.2) 中的 n 用“n 和 m 中较小者”替代后定理仍然成立.

3.3.2 非精确三角方程组的求解

接下来我们研究 $\hat{\boldsymbol{L}}$ 和 $\hat{\boldsymbol{U}}$ 用于 3.1 节的三角方程组求解时舍入误差的影响.

定理 3.3.2 假定算法 3.2.1 应用于 $n\times n$ 浮点矩阵 $\boldsymbol{A}$ 时计算出来的 LU 因子是 $\hat{\boldsymbol{L}}$ 和 $\hat{\boldsymbol{U}}$. 如果使用 3.1 节的方法计算 $\hat{\boldsymbol{L}}\boldsymbol{y}=\boldsymbol{b}$ 的解 $\hat{\boldsymbol{y}}$ 和 $\hat{\boldsymbol{U}}\boldsymbol{x}=\hat{\boldsymbol{y}}$ 的解 $\hat{\boldsymbol{x}}$, 那么我们有 $(\boldsymbol{A}+\boldsymbol{E})\hat{\boldsymbol{x}}=\boldsymbol{b}$, 其中

$$|\boldsymbol{E}| \leqslant n\mathbf{u}\left(2|\boldsymbol{A}|+4|\hat{\boldsymbol{L}}||\hat{\boldsymbol{U}}|\right)+O(\mathbf{u}^2). \tag{3.3.14}$$

证明 根据 (3.1.1) 和 (3.1.2) 我们有

$$\begin{aligned}(\hat{\boldsymbol{L}}+\boldsymbol{F})\hat{\boldsymbol{y}} &= \boldsymbol{b}, \quad |\boldsymbol{F}| \leqslant n\mathbf{u}|\hat{\boldsymbol{L}}|+O(\mathbf{u}^2),\\ (\hat{\boldsymbol{U}}+\boldsymbol{G})\hat{\boldsymbol{x}} &= \hat{\boldsymbol{y}}, \quad |\boldsymbol{G}| \leqslant n\mathbf{u}|\hat{\boldsymbol{U}}|+O(\mathbf{u}^2),\end{aligned}$$

因此

$$(\hat{\boldsymbol{L}}+\boldsymbol{F})(\hat{\boldsymbol{U}}+\boldsymbol{G})\hat{\boldsymbol{x}} = (\hat{\boldsymbol{L}}\hat{\boldsymbol{U}}+\boldsymbol{F}\hat{\boldsymbol{U}}+\hat{\boldsymbol{L}}\boldsymbol{G}+\boldsymbol{F}\boldsymbol{G})\hat{\boldsymbol{x}} = \boldsymbol{b}.$$

根据定理 3.3.1 我们有 $\hat{\boldsymbol{L}}\hat{\boldsymbol{U}}=\boldsymbol{A}+\boldsymbol{H}$, 其中

$$|\boldsymbol{H}| \leqslant 2(n-1)\mathbf{u}\left(|\boldsymbol{A}|+|\hat{\boldsymbol{L}}||\hat{\boldsymbol{U}}|\right)+O(\mathbf{u}^2).$$

我们定义

$$\boldsymbol{E} = \boldsymbol{H}+\boldsymbol{F}\hat{\boldsymbol{U}}+\hat{\boldsymbol{L}}\boldsymbol{G}+\boldsymbol{F}\boldsymbol{G},$$

从而有 $(\boldsymbol{A}+\boldsymbol{E})\hat{\boldsymbol{x}}=\boldsymbol{b}$, 其中

$$\begin{aligned}|\boldsymbol{E}| &\leqslant |\boldsymbol{H}|+|\boldsymbol{F}||\hat{\boldsymbol{U}}|+|\hat{\boldsymbol{L}}||\boldsymbol{G}|+O(\mathbf{u}^2)\\ &\leqslant 2n\mathbf{u}\left(|\boldsymbol{A}|+|\hat{\boldsymbol{L}}||\hat{\boldsymbol{U}}|\right)+2n\mathbf{u}\left(|\hat{\boldsymbol{L}}||\hat{\boldsymbol{U}}|\right)+O(\mathbf{u}^2).\end{aligned}$$

这就完成了定理的证明. □

如果 $|\hat{\boldsymbol{L}}||\hat{\boldsymbol{U}}|$ 不是太大, 那么, 与 (2.7.21) 中的理想界相比, (3.3.14) 很适当. (因子 n 不重要, 请参阅 2.7.7 节末尾 Wilkinson 的论述.) 因为在高斯消去法中无法排除小主元的出现, 所以下述可能性是存在的. 如果遇到一个小主元, 那么 $\hat{\boldsymbol{L}}$ 和 $\hat{\boldsymbol{U}}$ 中可能会出现很大的数.

请注意, 小主元不一定是因为病态问题导致的, 例如

$$\boldsymbol{A}=\begin{bmatrix}\epsilon & 1\\ 1 & 0\end{bmatrix}=\begin{bmatrix}1 & 0\\ 1/\epsilon & 1\end{bmatrix}\begin{bmatrix}\epsilon & 1\\ 0 & -1/\epsilon\end{bmatrix}.$$

因此, 即便是对于良态问题, 高斯消去法也可能给出任意差的结果. 这种方法是不稳定的. 例如, 假设使用 3 位有效数字的浮点算术求解 (见 2.7.1 节)

$$\begin{bmatrix}0.001 & 1.00\\ 1.00 & 2.00\end{bmatrix}\begin{bmatrix}x_1\\ x_2\end{bmatrix}=\begin{bmatrix}1.00\\ 3.00\end{bmatrix}.$$

应用高斯消去法，我们有

$$\hat{\boldsymbol{L}} = \begin{bmatrix} 1 & 0 \\ 1000 & 1 \end{bmatrix}, \quad \hat{\boldsymbol{U}} = \begin{bmatrix} 0.001 & 1 \\ 0 & -1000 \end{bmatrix},$$

计算表明

$$\hat{\boldsymbol{L}}\hat{\boldsymbol{U}} = \begin{bmatrix} 0.001 & 1 \\ 1 & 2 \end{bmatrix} + \begin{bmatrix} 0 & 0 \\ 0 & -2 \end{bmatrix} \equiv \boldsymbol{A} + \boldsymbol{H}.$$

如果用 3.1 节解三角方程组的方法继续求解这个问题，使用同样精度的算法计算可得 $\hat{\boldsymbol{x}} = [0,1]^{\mathrm{T}}$. 这与精确解 $\boldsymbol{x} = [1.002\cdots, 0.998\cdots]^{\mathrm{T}}$ 相去甚远.

习 题

1. 证明：在定理 3.3.1 中，如果去掉 $\boldsymbol{A}$ 是浮点矩阵的假设，那么，在 (3.3.2) 中把系数"2"替换为"3"后该式成立.
2. 假设 $\boldsymbol{A}$ 是 $n \times n$ 矩阵，$\hat{\boldsymbol{L}}$ 和 $\hat{\boldsymbol{U}}$ 由算法 3.2.1 生成.
   (a) 计算 $\| \, |\hat{\boldsymbol{L}}| \, |\hat{\boldsymbol{U}}| \, \|_\infty$ 需要多少个 flop?
   (b) 证明 $\mathrm{fl}(|\hat{\boldsymbol{L}}| \, |\hat{\boldsymbol{U}}|) \leqslant (1+2n\mathbf{u})|\hat{\boldsymbol{L}}| \, |\hat{\boldsymbol{U}}| + O(\mathbf{u}^2)$.

3.4 选主元法

前一节的分析表明，我们必须采取措施确保在计算出的三角形因子 $\hat{\boldsymbol{L}}$ 和 $\hat{\boldsymbol{U}}$ 中不会出现太大的元素. 示例

$$\boldsymbol{A} = \begin{bmatrix} 0.0001 & 1 \\ 1 & 1 \end{bmatrix} = \begin{bmatrix} 1 & 0 \\ 10000 & 1 \end{bmatrix} \begin{bmatrix} 0.0001 & 1 \\ 0 & -9999 \end{bmatrix} = \boldsymbol{LU}$$

恰好给出困难所在：主元相对较小. 解决这一困难的一个办法是交换行. 例如，给定置换矩阵

$$\boldsymbol{P} = \begin{bmatrix} 0 & 1 \\ 1 & 0 \end{bmatrix},$$

那么

$$\boldsymbol{PA} = \begin{bmatrix} 1 & 1 \\ 0.0001 & 1 \end{bmatrix} = \begin{bmatrix} 1 & 0 \\ 0.0001 & 1 \end{bmatrix} \begin{bmatrix} 1 & 1 \\ 0 & 0.9999 \end{bmatrix} = \boldsymbol{LU}.$$

可以观察到，三角形因子都具有适当大小的元素.

本节介绍如何确定 $\boldsymbol{A}$ 的置换形式，使得它具有合理稳定的 LU 分解. 有几种方法可以做到这一点，它们对应于不同的选主元技巧. 这里考虑部分选主元、全选主元和行列选主元，讨论这些技巧的有效实现及性质. 首先讨论用于交换行或列的置换矩阵.

3.4.1 交换置换矩阵

本节讨论的高斯消去法的稳定化方法涉及数据移动，例如交换矩阵的两行. 为了可以用"矩阵术语"描述所有计算，我们使用置换矩阵来描述这个过程.（正好回忆一下 1.2.8 节至 1.2.11 节.）**交换置换矩阵**特别重要，它可以通过交换单位矩阵中的两行来获得，例如

$$\boldsymbol{\Pi} = \begin{bmatrix} 0 & 0 & 0 & 1 \\ 0 & 1 & 0 & 0 \\ 0 & 0 & 1 & 0 \\ 1 & 0 & 0 & 0 \end{bmatrix}.$$

交换置换矩阵可以用来描述行交换和列交换. 如果 $\boldsymbol{A} \in \mathbb{R}^{4\times4}$，那么 $\boldsymbol{\Pi A}$ 交换 $\boldsymbol{A}$ 的第 1 行和第 4 行，$\boldsymbol{A\Pi}$ 交换 $\boldsymbol{A}$ 的第 1 列和第 4 列.

假定 $\boldsymbol{P} = \boldsymbol{\Pi}_m \cdots \boldsymbol{\Pi}_1$，其中每个 $\boldsymbol{\Pi}_k$ 用于交换第 k 行和第 $piv(k)$ 行，那么 $piv(1:m)$ 是 $\boldsymbol{P}$ 的一个编码. 事实上，$\boldsymbol{x} \in \mathbb{R}^n$ 可以用 $\boldsymbol{Px}$ 覆盖：

for $k = 1:m$
  $x(k) \leftrightarrow x(piv(k))$
end

这里的记号"↔"表示"交换内容". 由于每个 $\boldsymbol{\Pi}_k$ 都对称，我们有 $\boldsymbol{P}^{\mathrm{T}} = \boldsymbol{\Pi}_1 \cdots \boldsymbol{\Pi}_m$. 因此，$piv$ 也可表达用 $\boldsymbol{P}^{\mathrm{T}}\boldsymbol{x}$ 覆盖 $\boldsymbol{x}$：

for $k = m:-1:1$
  $x(k) \leftrightarrow x(piv(k))$
end

我们提醒读者，虽然在置换运算中不涉及浮点运算，但置换运算会非常规移动数据并对计算性能产生重要影响.

3.4.2 部分选主元

交换置换矩阵可用于 LU 计算，以保证乘子的绝对值不大于 1. 假设

$$\boldsymbol{A} = \begin{bmatrix} 3 & 17 & 10 \\ 2 & 4 & -2 \\ 6 & 18 & -12 \end{bmatrix}.$$

为了在第一次高斯变换中得到尽可能小的乘子，我们需要 a_{11} 作为第一列中的最大元素. 因此，如果 $\boldsymbol{\Pi}_1$ 是交换置换矩阵

$$\boldsymbol{\Pi}_1 = \begin{bmatrix} 0 & 0 & 1 \\ 0 & 1 & 0 \\ 1 & 0 & 0 \end{bmatrix},$$

那么

$$\boldsymbol{\Pi}_1\boldsymbol{A} = \begin{bmatrix} 6 & 18 & -12 \\ 2 & 4 & -2 \\ 3 & 17 & 10 \end{bmatrix}.$$

从而

$$\boldsymbol{M}_1 = \begin{bmatrix} 1 & 0 & 0 \\ -1/3 & 1 & 0 \\ -1/2 & 0 & 1 \end{bmatrix} \implies \boldsymbol{M}_1\boldsymbol{\Pi}_1\boldsymbol{A} = \begin{bmatrix} 6 & 18 & -12 \\ 0 & -2 & 2 \\ 0 & 8 & 16 \end{bmatrix}.$$

要获得 $\boldsymbol{M}_2$ 中尽可能小的乘子，需要交换第 2 行和第 3 行. 因此，如果

$$\boldsymbol{\Pi}_2 = \begin{bmatrix} 1 & 0 & 0 \\ 0 & 0 & 1 \\ 0 & 1 & 0 \end{bmatrix} \quad 且 \quad \boldsymbol{M}_2 = \begin{bmatrix} 1 & 0 & 0 \\ 0 & 1 & 0 \\ 0 & 1/4 & 1 \end{bmatrix},$$

那么

$$\boldsymbol{M}_2\boldsymbol{\Pi}_2\boldsymbol{M}_1\boldsymbol{\Pi}_1\boldsymbol{A} = \begin{bmatrix} 6 & 18 & -12 \\ 0 & 8 & 16 \\ 0 & 0 & 6 \end{bmatrix}.$$

对于一般的 n，我们有

for $k = 1 : n-1$

　　寻找交换置换矩阵 $\boldsymbol{\Pi}_k \in \mathbb{R}^{n\times n}$，以便

　　　用 $|A(k:n,k)|$ 中的最大元素代替 $A(k,k)$.

　　$A = \Pi_k A$ (3.4.1)

　　确定高斯变换 $\boldsymbol{M}_k = \boldsymbol{I}_n - \boldsymbol{\tau}^{(k)}\boldsymbol{e}_k^{\mathrm{T}}$，使得

　　　如果 $\boldsymbol{v}$ 是 $\boldsymbol{M}_k\boldsymbol{A}$ 的第 k 列，那么 $v(k+1:n) = \mathbf{0}$.

　　$A = M_k A$

end

这种特殊的行交换技巧称为**部分选主元**. 上述过程完成后我们有

$$\boldsymbol{M}_{n-1}\boldsymbol{\Pi}_{n-1}\cdots\boldsymbol{M}_1\boldsymbol{\Pi}_1\boldsymbol{A} = \boldsymbol{U}. \tag{3.4.2}$$

其中 $\boldsymbol{U}$ 是上三角矩阵. 部分选主元的结果是任何乘子的绝对值都不大于 1.

3.4.3 L 储存于何处

结果表明，(3.4.1) 计算了分解

$$\boldsymbol{PA} = \boldsymbol{LU}, \tag{3.4.3}$$

其中 $\boldsymbol{P} = \boldsymbol{\Pi}_{n-1}\cdots\boldsymbol{\Pi}_1$，$\boldsymbol{U}$ 为上三角矩阵，$\boldsymbol{L}$ 为单位下三角矩阵，且 $|\ell_{ij}| \leqslant 1$. 我们证明了 $L(k+1:n,k)$ 是 $\boldsymbol{M}_k$ 的乘子的置换形式. 从 (3.4.2) 可以看出

$$\tilde{\boldsymbol{M}}_{n-1}\cdots\tilde{\boldsymbol{M}}_1\boldsymbol{PA} = \boldsymbol{U}, \tag{3.4.4}$$

其中，对于 $k=1:n-1$ 有

$$\tilde{\boldsymbol{M}}_k = (\boldsymbol{\Pi}_{n-1}\cdots\boldsymbol{\Pi}_{k+1})\boldsymbol{M}_k(\boldsymbol{\Pi}_{k+1}\cdots\boldsymbol{\Pi}_{n-1}). \tag{3.4.5}$$

例如，因为 $\boldsymbol{\Pi}_i$ 是对称的，在 $n=4$ 的情形我们有

$$\tilde{\boldsymbol{M}}_3\tilde{\boldsymbol{M}}_2\tilde{\boldsymbol{M}}_1\boldsymbol{PA} = \boldsymbol{M}_3(\boldsymbol{\Pi}_3\boldsymbol{M}_2\boldsymbol{\Pi}_3)(\boldsymbol{\Pi}_3\boldsymbol{\Pi}_2\boldsymbol{M}_1\boldsymbol{\Pi}_2\boldsymbol{\Pi}_3)(\boldsymbol{\Pi}_3\boldsymbol{\Pi}_2\boldsymbol{\Pi}_1)\boldsymbol{A}.$$

而且，

$$\tilde{\boldsymbol{M}}_k = (\boldsymbol{\Pi}_{n-1}\cdots\boldsymbol{\Pi}_{k+1})(\boldsymbol{I}_n - \boldsymbol{\tau}^{(k)}\boldsymbol{e}_k^{\mathrm{T}})(\boldsymbol{\Pi}_{k+1}\cdots\boldsymbol{\Pi}_{n-1}) = \boldsymbol{I}_n - \tilde{\boldsymbol{\tau}}^{(k)}\boldsymbol{e}_k^{\mathrm{T}},$$

其中 $\tilde{\boldsymbol{\tau}}^{(k)} = \boldsymbol{\Pi}_{n-1}\cdots\boldsymbol{\Pi}_{k+1}\boldsymbol{\tau}^{(k)}$. 这表明 $\tilde{\boldsymbol{M}}_k$ 是高斯变换. 在实践中我们容易实现从 $\boldsymbol{\tau}^{(k)}$ 到 $\tilde{\boldsymbol{\tau}}^{(k)}$ 的变换.

算法 3.4.1 (部分选主元的外积 LU 分解) 算法计算分解 $\boldsymbol{PA} = \boldsymbol{LU}$，其中 $\boldsymbol{P}$ 是 $piv(1:n-1)$ 编码的置换矩阵，$\boldsymbol{L}$ 是单位下三角矩阵，且 $|\ell_{ij}| \leqslant 1$，$\boldsymbol{U}$ 是上三角矩阵. 对于 $i=1:n$，$A(i,i:n)$ 被 $U(i,i:n)$ 覆盖，$A(i+1:n,i)$ 被 $L(i+1:n,i)$ 覆盖. 置换 $\boldsymbol{P}$ 由 $\boldsymbol{P} = \boldsymbol{\Pi}_{n-1}\cdots\boldsymbol{\Pi}_1$ 给出，其中 $\boldsymbol{\Pi}_k$ 是交换 $\boldsymbol{I}_n$ 的第 k 行和第 $piv(k)$ 行得到的置换矩阵.

```
for k = 1 : n − 1
    找到满足 k ⩽ μ ⩽ n 的 μ 使得 |A(μ, k)| = ‖ A(k : n, k) ‖∞
    piv(k) = μ
    A(k, :) ↔ A(μ, :)
    if A(k, k) ≠ 0
        ρ = k + 1 : n
        A(ρ, k) = A(ρ, k)/A(k, k)
        A(ρ, ρ) = A(ρ, ρ) − A(ρ, k)A(k, ρ)
    end
end
```

从浮点运算的角度看，部分选主元所增加的工作量并不大，因为在选主元时进行比较的计算量是 $O(n^2)$ 的．整个算法需要 $2n^3/3$ 个 flop．

如果将算法 3.4.1 用于

$$A = \begin{bmatrix} 3 & 17 & 10 \\ 2 & 4 & -2 \\ 6 & 18 & -12 \end{bmatrix},$$

那么，在算法完成后我们有

$$A = \begin{bmatrix} 6 & 18 & -12 \\ 1/2 & 8 & 16 \\ 1/3 & -1/4 & 6 \end{bmatrix},$$

并且 $piv = [3, 3]$．这两个量编码了与以下分解相关的所有信息：

$$\begin{bmatrix} 1 & 0 & 0 \\ 0 & 0 & 1 \\ 0 & 1 & 0 \end{bmatrix} \begin{bmatrix} 0 & 0 & 1 \\ 0 & 1 & 0 \\ 1 & 0 & 0 \end{bmatrix} A = \begin{bmatrix} 1 & 0 & 0 \\ 1/2 & 1 & 0 \\ 1/3 & -1/4 & 1 \end{bmatrix} \begin{bmatrix} 6 & 18 & -12 \\ 0 & 8 & 16 \\ 0 & 0 & 6 \end{bmatrix},$$

在调用算法 3.4.1 后，为了计算 $Ax = b$ 的解，我们计算 $Ly = Pb$ 的解 y 和 $Ux = y$ 的解 x．注意, b 可以按如下方式被 Pb 覆盖：

for $k = 1 : n-1$
  $b(k) \leftrightarrow b(piv(k))$
end

如果将算法 3.4.1 应用于问题

$$\begin{bmatrix} 0.001 & 1.00 \\ 1.00 & 2.00 \end{bmatrix} \begin{bmatrix} x_1 \\ x_2 \end{bmatrix} = \begin{bmatrix} 1.00 \\ 3.00 \end{bmatrix},$$

使用三位浮点运算，那么

$$P = \begin{bmatrix} 0 & 1 \\ 1 & 0 \end{bmatrix}, \quad \hat{L} = \begin{bmatrix} 1.00 & 0 \\ 0.001 & 1.00 \end{bmatrix}, \quad \hat{U} = \begin{bmatrix} 1.00 & 2.00 \\ 0 & 1.00 \end{bmatrix},$$

并且 $\hat{x} = [1.00,\ 0.996]^{\mathrm{T}}$．回顾 3.3.2 节，如果将不选主元的高斯消去法应用于这个问题，那么计算出来的解有 $O(1)$ 的误差.

顺便说一下，算法 3.4.1 总是能运行完成．如果在第 k 步中 $A(k:n,k) = 0$，那么就有 $M_k = I_n$.

3.4.4 Gaxpy 形式

3.2 节给出了计算 LU 分解的外积形式和 gaxpy 形式. 我们刚刚讨论了外积形式的选主元法，同样地，可以很自然地将 gaxpy 形式与选主元结合. 参照算法 3.2.2,我们只需在该算法中找到向量 $|v(j:n)|$ 的最大元素,并相应地继续进行.

算法 3.4.2 (部分选主元的 gaxpy LU 分解) 算法计算分解 $\boldsymbol{PA}=\boldsymbol{LU}$，其中 $\boldsymbol{P}$ 是 $piv(1:n-1)$ 编码的置换矩阵，$\boldsymbol{L}$ 是单位下三角矩阵，$|\ell_{ij}|\leqslant 1$，$\boldsymbol{U}$ 是上三角矩阵. 对于 $i=1:n$，$A(i,i:n)$ 被 $U(i,i:n)$ 覆盖，$A(i+1:n,i)$ 被 $L(i+1:n,i)$ 覆盖. 置换 $\boldsymbol{P}=\boldsymbol{\Pi}_{n-1}\cdots\boldsymbol{\Pi}_1$，其中 $\boldsymbol{\Pi}_k$ 是交换 $\boldsymbol{I}_n$ 的第 k 行和第 $piv(k)$ 行得到的置换矩阵.

初始时化 $\boldsymbol{L}$ 为单位矩阵，$\boldsymbol{U}$ 为零矩阵.
for $j=1:n$
  if $j=1$
    $v=A(:,1)$
  else
    $\tilde{a}=\Pi_{j-1}\cdots\Pi_1 A(:,j)$
    解 $L(1:j-1,1:j-1)z=\tilde{a}(1:j-1)$ 求出 $z\in\mathbb{R}^{j-1}$
    $U(1:j-1,j)=z$, $v(j:n)=\tilde{a}(j:n)-L(j:n,1:j-1)z$
  end
  找出满足 $j\leqslant\mu\leqslant n$ 的 μ 使得 $|v(\mu)|=\|\,v(j:n)\,\|_\infty$，置 $piv(j)=\mu$
  $v(j)\leftrightarrow v(\mu)$, $L(j,1:j-1)\leftrightarrow L(\mu,1:j-1)$, $U(j,j)=v(j)$
  if $v(j)\neq 0$
    $L(j+1:n,j)=v(j+1:n)/v(j)$
  end
end

与算法 3.4.1 一样，此过程需要 $2n^3/3$ 个 flop 和 $O(n^2)$ 次比较.

3.4.5 误差分析和增长因子

我们现在研究部分选主元所获得的稳定性. 这需要对消去过程和三角方程组求解过程中持续存在的舍入误差进行核算. 考虑到在置换运算中不存在舍入误差，使用定理 3.3.2 不难证明，计算出来的解 $\hat{\boldsymbol{x}}$ 满足 $(\boldsymbol{A}+\boldsymbol{E})\hat{\boldsymbol{x}}=\boldsymbol{b}$，其中

$$|\boldsymbol{E}|\leqslant n\mathbf{u}\Big(2|\boldsymbol{A}|+4\hat{\boldsymbol{P}}^{\mathrm{T}}|\hat{\boldsymbol{L}}||\hat{\boldsymbol{U}}|\Big)+O(\mathbf{u}^2). \tag{3.4.6}$$

这里，我们假设 $\hat{\boldsymbol{P}}$, $\hat{\boldsymbol{L}}$, $\hat{\boldsymbol{U}}$ 分别是由上述算法得到的 $\boldsymbol{P}$, $\boldsymbol{L}$, $\boldsymbol{U}$ 的计算形式. 选主元意味着 $\hat{\boldsymbol{L}}$ 的元素以 1 为界，因此 $\|\hat{\boldsymbol{L}}\|_\infty \leqslant n$，我们得到了界

$$\|\boldsymbol{E}\|_\infty \leqslant n\mathbf{u}\left(2\|\boldsymbol{A}\|_\infty + 4n\|\hat{\boldsymbol{U}}\|_\infty\right) + O(\mathbf{u}^2). \tag{3.4.7}$$

现在的问题是计算 $\|\hat{\boldsymbol{U}}\|_\infty$ 的界. 定义增长因子 ρ 如下：

$$\rho = \max_{i,j,k} \frac{|\hat{a}_{ij}^{(k)}|}{\|\boldsymbol{A}\|_\infty}, \tag{3.4.8}$$

其中 $\hat{\boldsymbol{A}}^{(k)}$ 是矩阵 $\boldsymbol{A}^{(k)} = \boldsymbol{M}_k\boldsymbol{\Pi}_k\cdots\boldsymbol{M}_1\boldsymbol{\Pi}_1\boldsymbol{A}$ 的计算值. 因此

$$\|\boldsymbol{E}\|_\infty \leqslant 6n^3\rho\|\boldsymbol{A}\|_\infty\mathbf{u} + O(\mathbf{u}^2). \tag{3.4.9}$$

这能否与理想界 (2.7.20) 相比，取决于增长因子 ρ 的大小.（在实践中因子 n^3 不是主要因素，在本讨论中可以忽略.）

增长因子衡量 $\boldsymbol{A}$ 的元素在消去过程中的变大程度. 我们能否安全使用部分选主元的高斯消去法，取决于我们对这个量能说些什么. 从平均情况来看，Trefethen and Schreiber (1990) 的实验表明，ρ 通常在 $n^{2/3}$ 附近. 然而，从最坏的情况来看，ρ 可以大到 2^{n-1}. 特别地，假设 $\boldsymbol{A} \in \mathbb{R}^{n\times n}$ 定义为

$$a_{ij} = \begin{cases} 1, & \text{如果 } i=j \text{ 或 } j=n, \\ -1, & \text{如果 } i>j, \\ 0, & \text{其他情形,} \end{cases}$$

那么在部分选主元的高斯消去过程中不存在行的交换. 我们以 $\boldsymbol{A} = \boldsymbol{LU}$ 的形式给出分解，可以证明 $u_{nn} = 2^{n-1}$. 例如

$$\begin{bmatrix} 1 & 0 & 0 & 1 \\ -1 & 1 & 0 & 1 \\ -1 & -1 & 1 & 1 \\ -1 & -1 & -1 & 1 \end{bmatrix} = \begin{bmatrix} 1 & 0 & 0 & 0 \\ -1 & 1 & 0 & 0 \\ -1 & -1 & 1 & 0 \\ -1 & -1 & -1 & 1 \end{bmatrix} \begin{bmatrix} 1 & 0 & 0 & 1 \\ 0 & 1 & 0 & 2 \\ 0 & 0 & 1 & 4 \\ 0 & 0 & 0 & 8 \end{bmatrix}.$$

理解 ρ 需要直觉，知道是什么使 $\boldsymbol{U}$ 的因子变大. 因为 $\boldsymbol{PA} = \boldsymbol{LU}$ 意味着 $\boldsymbol{U} = \boldsymbol{L}^{-1}\boldsymbol{PA}$，所以 $\boldsymbol{L}^{-1}$ 的大小似乎是相关的. 然而，Stewart (1997) 讨论了为什么人们可以期望 $\boldsymbol{L}$ 的因子是良态的.

虽然对 ρ 还需要更多的了解，但大家一致认为，在部分选主元的高斯消去法中元素迅速增长的情形是非常罕见的. 也就是说，我们可以放心使用该方法.

3.4.6 全选主元

另一种选主元策略称为**全选主元**，其相关增长因子的界远小于 2^{n-1}. 回想一下，在部分选主元中，第 k 个主元是通过扫描当前子列 $A(k:n,k)$ 来确定的. 在全选主元中，当前子矩阵 $A(k:n,k:n)$ 中的最大元素被置换换到位置 (k,k). 因此，我们计算上三角化

$$\boldsymbol{M}_{n-1}\boldsymbol{\Pi}_{n-1}\cdots\boldsymbol{M}_1\boldsymbol{\Pi}_1\boldsymbol{A}\boldsymbol{\Gamma}_1\cdots\boldsymbol{\Gamma}_{n-1}=\boldsymbol{U}.$$

第 k 步要处理的矩阵是

$$\boldsymbol{A}^{(k-1)}=\boldsymbol{M}_{k-1}\boldsymbol{\Pi}_{k-1}\cdots\boldsymbol{M}_1\boldsymbol{\Pi}_1\boldsymbol{A}\boldsymbol{\Gamma}_1\cdots\boldsymbol{\Gamma}_{k-1},$$

我们需要确定交换置换矩阵 $\boldsymbol{\Pi}_k$ 和 $\boldsymbol{\Gamma}_k$ 使得

$$\left|\left(\boldsymbol{\Pi}_k\boldsymbol{A}^{(k-1)}\boldsymbol{\Gamma}_k\right)_{kk}\right| = \max_{k\leqslant i,j\leqslant n}\left|\left(\boldsymbol{\Pi}_k\boldsymbol{A}^{(k-1)}\boldsymbol{\Gamma}_k\right)_{ij}\right|.$$

算法 3.4.3 (全选主元的外积 LU 分解) 算法计算分解 $\boldsymbol{PAQ}^{\mathrm{T}}=\boldsymbol{LU}$，其中 $\boldsymbol{P}$ 是由 $rowpiv(1:n-1)$ 确定的置换矩阵，$\boldsymbol{Q}$ 是由 $colpiv(1:n-1)$ 确定的置换矩阵，$\boldsymbol{L}$ 是满足 $|\ell_{ij}|\leqslant 1$ 的单位下三角矩阵，$\boldsymbol{U}$ 是上三角矩阵. 对于 $i=1:n$，$A(i,i:n)$ 被 $U(i,i:n)$ 覆盖，$A(i+1:n,i)$ 被 $L(i+1:n,i)$ 覆盖. $\boldsymbol{P}=\boldsymbol{\Pi}_{n-1}\cdots\boldsymbol{\Pi}_1$ 给出置换 $\boldsymbol{P}$，其中 $\boldsymbol{\Pi}_k$ 是交换 $\boldsymbol{I}_n$ 的第 k 行和第 $rowpiv(k)$ 行得到的置换矩阵. $\boldsymbol{Q}=\boldsymbol{\Gamma}_{n-1}\cdots\boldsymbol{\Gamma}_1$ 给出置换 $\boldsymbol{Q}$，其中 $\boldsymbol{\Gamma}_k$ 是交换 $\boldsymbol{I}_n$ 的第 k 行和第 $colpiv(k)$ 行得到的置换矩阵.

```
for k = 1 : n − 1
    确定满足 k ⩽ μ ⩽ n 和 k ⩽ λ ⩽ n 的 μ 和 λ 使得
        |A(μ, λ)| = max{ |A(i, j)| : i = k : n, j = k : n }
    rowpiv(k) = μ
    A(k, 1 : n) ↔ A(μ, 1 : n)
    colpiv(k) = λ
    A(1 : n, k) ↔ A(1 : n, λ)
    if A(k, k) ≠ 0
        ρ = k + 1 : n
        A(ρ, k) = A(ρ, k)/A(k, k)
        A(ρ, ρ) = A(ρ, ρ) − A(ρ, k)A(k, ρ)
    end
end
```

该算法需要 $2n^3/3$ 个 flop 和 $O(n^3)$ 次比较. 与部分选主元不同，全选主元在每个阶段都要进行二维搜索，所以涉及大量的浮点计算量.

有了分解 $\boldsymbol{PAQ}^{\mathrm{T}} = \boldsymbol{LU}$，我们可以按下述步骤求解 $\boldsymbol{Ax} = \boldsymbol{b}$:

步骤 1. 解 $\boldsymbol{Lz} = \boldsymbol{Pb}$ 得 $\boldsymbol{z}$.

步骤 2. 解 $\boldsymbol{Uy} = \boldsymbol{z}$ 得 $\boldsymbol{y}$.

步骤 3. 令 $\boldsymbol{x} = \boldsymbol{Q}^{\mathrm{T}}\boldsymbol{y}$.

rowpiv 和 *colpiv* 可分别用于形成 $\boldsymbol{Pb}$ 和 $\boldsymbol{Q}^{\mathrm{T}}\boldsymbol{y}$.

Wilkinson (1961) 证明了矩阵 $\boldsymbol{A}^{(k)} = \boldsymbol{M}_k\boldsymbol{\Pi}_k \cdots \boldsymbol{M}_1\boldsymbol{\Pi}_1\boldsymbol{A}\boldsymbol{\Gamma}_1 \cdots \boldsymbol{\Gamma}_k$ 的元素在精确计算下满足

$$|a_{ij}^{(k)}| \leqslant k^{1/2}(2 \cdot 3^{1/2} \cdots k^{1/k-1})^{1/2}\max|a_{ij}|. \tag{3.4.10}$$

上界是关于 k 的一个增长较慢的函数. 这一事实再加上大量的经验证据表明，ρ 总是中等大小的 (比如说 $\rho = 10$)，由此可知全选主元的高斯消去法是稳定的. 该方法在 (2.7.21) 意义下求解近似线性方程组 $(\boldsymbol{A}+\boldsymbol{E})\hat{\boldsymbol{x}} = \boldsymbol{b}$. 然而，总的来说，没有什么理由选择全选主元而不是部分选主元，一个可能的例外是 $\boldsymbol{A}$ 的秩亏损时. 原则上，全选主元可以揭示矩阵的秩. 假设 $\mathrm{rank}(\boldsymbol{A}) = r < n$，那么，在第 $r+1$ 步开始时有 $A(r+1:n, r+1:n) = \boldsymbol{0}$. 这意味着对于 $k = r+1:n$ 有 $\boldsymbol{\Pi}_k = \boldsymbol{\Gamma}_k = \boldsymbol{M}_k = \boldsymbol{I}$，因此该算法可以在第 r 步之后终止，此时有以下分解：

$$\boldsymbol{PAQ}^{\mathrm{T}} = \boldsymbol{LU} = \begin{bmatrix} \boldsymbol{L}_{11} & \boldsymbol{0} \\ \boldsymbol{L}_{21} & \boldsymbol{I}_{n-r} \end{bmatrix} \begin{bmatrix} \boldsymbol{U}_{11} & \boldsymbol{U}_{12} \\ \boldsymbol{0} & \boldsymbol{0} \end{bmatrix}.$$

其中 $\boldsymbol{L}_{11}$ 和 $\boldsymbol{U}_{11}$ 是 $r \times r$ 矩阵，$\boldsymbol{L}_{21}$ 和 $\boldsymbol{U}_{12}^{\mathrm{T}}$ 是 $(n-r) \times r$ 矩阵. 因此，全选主元的高斯消去法原则上可以用来确定矩阵的秩. 然而，舍入误差使得我们不太可能遇到一个精确的零主元. 实际上，如果第 $k+1$ 步中的主元足够小，则必须“断言” $\boldsymbol{A}$ 的秩为 k. 5.5 节详细讨论了数值秩确定问题.

3.4.7 行列选主元

第 3 种 LU 稳定策略称为**行列选主元**，它为部分选主元和全选主元提供了一种有趣的选择. 与全选主一样，它计算分解 $\boldsymbol{PAQ} = \boldsymbol{LU}$. 然而，它并没有选择 $|A(k:n, k:n)|$ 的最大者作为主元，而是选择在它的行和列中都是最大的子矩阵元素作为主元. 因此，假设

$$A(k:n, k:n) = \begin{bmatrix} 24 & 36 & 13 & 61 \\ 42 & 67 & 72 & 50 \\ 38 & 11 & 36 & 43 \\ 52 & 37 & 48 & 16 \end{bmatrix},$$

那么，全选主元策略将选择"72"，行列选主元策略可接受"52"、"72"或"61"。为实现行列选主元，算法 3.4.3 的"搜索和交换"部分更改为

$\mu = k,\ \lambda = k,\ \tau = |a_{\mu\lambda}|,\ s = 0$
while $\tau < \| A(k:n,\lambda) \|_\infty \ \vee\ \tau < \| A(\mu,k:n) \|_\infty$
  if $\mathrm{mod}(s,2) = 0$
    修正 μ 使得 $|a_{\mu\lambda}| = \| A(k:n,\lambda) \|_\infty$ 且 $k \leqslant \mu \leqslant n$.
  else
    修正 λ 使得 $|a_{\mu\lambda}| = \| A(\mu,k:n) \|_\infty$ 且 $k \leqslant \lambda \leqslant n$.
  end
  $s = s+1$
end
$rowpiv(k) = \mu,\ A(k,:) \leftrightarrow A(\mu,:)\ colpiv(k) = \lambda,\ A(:,k) \leftrightarrow A(:,\lambda)$

为了得到较大 $|a_{\mu\lambda}|$，要在 $A(k:n,\lambda)$ 和 $A(\mu,k:n)$ 中交替搜索. τ 的值是单调增加的，这保证了 **while** 循环能够终止. 理论上 s 的终止值可以是 $O((n-k)^2)$ 的，但实际上是 $O(1)$ 的. 见 Chang (2002). 最后要说是，行列选主元有和部分选主元一样的 $O(n^2)$ 的计算量，但它有与全选主元一样的可靠性水平.

3.4.8 关于欠定方程组的注记

如果 $\boldsymbol{A} \in \mathbb{R}^{m\times n}, m < n, \mathrm{rank}(A) = m, \boldsymbol{b} \in \mathbb{R}^m$，那么，我们称线性方程组 $\boldsymbol{Ax} = \boldsymbol{b}$ 是欠定的. 注意，在这种情况下方程组有无穷多解. 使用全选主元或行列选主元，就可以计算 LU 分解形式

$$\boldsymbol{PAQ}^{\mathrm{T}} = \boldsymbol{L}[\,\boldsymbol{U}_1 \,|\, \boldsymbol{U}_2\,], \tag{3.4.11}$$

其中 $\boldsymbol{P}$ 和 $\boldsymbol{Q}$ 为置换矩阵，$\boldsymbol{L} \in \mathbb{R}^{m\times m}$ 为单位下三角矩阵，$\boldsymbol{U}_1 \in \mathbb{R}^{m\times m}$ 为非奇异上三角矩阵. 注意

$$\begin{aligned} \boldsymbol{Ax} = \boldsymbol{b} &\iff (\boldsymbol{PAQ}^{\mathrm{T}})(\boldsymbol{Qx}) = (\boldsymbol{Pb}) \\ &\iff \boldsymbol{L}[\,\boldsymbol{U}_1 \,|\, \boldsymbol{U}_2\,]\begin{bmatrix} \boldsymbol{z}_1 \\ \boldsymbol{z}_2 \end{bmatrix} = \boldsymbol{L}(\boldsymbol{U}_1\boldsymbol{z}_1 + \boldsymbol{U}_2\boldsymbol{z}_2) = \boldsymbol{c}, \end{aligned}$$

其中 $\boldsymbol{c} = \boldsymbol{Pb}$ 且

$$\begin{bmatrix} \boldsymbol{z}_1 \\ \boldsymbol{z}_2 \end{bmatrix} = \boldsymbol{Qx}.$$

这提示我们采用以下求解过程：

步骤 1. 解 $\boldsymbol{Ly} = \boldsymbol{Pb}$ 得 $\boldsymbol{y} \in \mathbb{R}^m$.

步骤 2. 选择 $\boldsymbol{z}_2 \in \mathbb{R}^{n-m}$，求 $\boldsymbol{U}_1\boldsymbol{z}_1 = \boldsymbol{y} - \boldsymbol{U}_2\boldsymbol{z}_2$ 的解 $\boldsymbol{z}_1$.

步骤 3. 令

$$\boldsymbol{x} = \boldsymbol{Q}^{\mathrm{T}} \begin{bmatrix} \boldsymbol{z}_1 \\ \boldsymbol{z}_2 \end{bmatrix}.$$

一种自然的选择是令 $\boldsymbol{z}_2 = \boldsymbol{0}$. 我们将在 5.6.2 节进一步讨论欠定方程组.

3.4.9　LU 思想

这里我们给出 3 个例子，说明面对线性方程组时如何从 LU 分解的角度来思考问题.

例 1. 假设 $\boldsymbol{A}$ 是非奇异 $n \times n$ 矩阵，$\boldsymbol{B}$ 是 $n \times p$ 矩阵. 我们要计算满足 $\boldsymbol{AX} = \boldsymbol{B}$ 的 $n \times p$ 矩阵 $\boldsymbol{X}$. 这就是多右端项问题. 如果 $\boldsymbol{X} = [\,\boldsymbol{x}_1 \,|\cdots|\, \boldsymbol{x}_p\,]$ 且 $\boldsymbol{B} = [\,\boldsymbol{b}_1 \,|\cdots|\, \boldsymbol{b}_p\,]$ 是列划分的，那么我们有以下代码：

```
计算 PA = LU.
for k = 1 : p
    解 Ly = Pb_k，然后解 Ux_k = y.                    (3.4.12)
end
```

如果 $\boldsymbol{B} = \boldsymbol{I}_n$，那么出现了与 $\boldsymbol{A}^{-1}$ 近似的情况.

例 2. 假设我们想用 $\boldsymbol{A}^k\boldsymbol{x} = \boldsymbol{b}$ 的解覆盖 $\boldsymbol{b}$，其中 $\boldsymbol{A} \in \mathbb{R}^{n\times n}$，$\boldsymbol{b} \in \mathbb{R}^n$，$k$ 是正整数. 一种方法是计算 $\boldsymbol{C} = \boldsymbol{A}^k$，然后求解 $\boldsymbol{Cx} = \boldsymbol{b}$. 然而，完全可以避免矩阵乘法：

```
计算 PA = LU.
for j = 1 : k
    用 Ly = Pb 的解覆盖 b.                            (3.4.13)
    用 Ux = b 的解覆盖 b.
end
```

正如在例 1 中那样，我们的想法是“在循环外”得到 LU 分解.

例 3. 假设 $\boldsymbol{A} \in \mathbb{R}^{n\times n}, \boldsymbol{d} \in \mathbb{R}^n, \boldsymbol{c} \in \mathbb{R}^n$，我们想计算 $s = \boldsymbol{c}^{\mathrm{T}}\boldsymbol{A}^{-1}\boldsymbol{d}$. 一种方法是像例 1 中讨论的那样计算 $\boldsymbol{X} = \boldsymbol{A}^{-1}$，然后计算 $s = \boldsymbol{c}^{\mathrm{T}}\boldsymbol{Xd}$. 然而，以下计算方法更经济：

```
计算 PA = LU.
解 Ly = Pd，然后解 Ux = y.
s = c^T x
```

上述公式中的“$\boldsymbol{A}^{-1}$”几乎总是意味着我们应该去“解线性方程组”，而不是去“计算 $\boldsymbol{A}^{-1}$”.

3.4.10 数值分析的模型问题

现在我们有一个非常重要且易于理解的算法（高斯消去法），用于解决一个非常重要且被充分理解的问题（线性方程组）．让我们用我们所学更抽象地表述我们所说的“问题敏感度”和“算法稳定性”．我们的讨论来自 Higham (ASNA) 1.5 节和 1.6 节、Stewart (MA) 4.3 节、Trefethen and Bau (NLA) 第 12, 14, 15, 22 讲.

一个问题就是从“数据/输入空间” D 到“解/输出空间” S 的函数 $f : D \to S$. 一个**问题实例**就是 f 与一个特殊的 $d \in D$ 的组合．我们假定 D 和 S 是赋范向量空间．对于线性方程组，D 是矩阵向量对 $(\boldsymbol{A}, \boldsymbol{b})$ 的集合，其中 $\boldsymbol{A} \in \mathbb{R}^{n\times n}$ 是非奇异矩阵，$\boldsymbol{b} \in \mathbb{R}^n$．函数 f 将 $(\boldsymbol{A}, \boldsymbol{b})$ 映射到 S 中的元素 $\boldsymbol{A}^{-1}\boldsymbol{b}$．对于特定的 $\boldsymbol{A}$ 和 $\boldsymbol{b}$ 组合，$\boldsymbol{Ax} = \boldsymbol{b}$ 就是一个问题实例.

问题 f 的**扰动理论**揭示了 $f(d)$ 与 $f(d + \Delta d)$ 之间的差，其中 $d \in D$ 且 $d+\Delta d \in D$. 对于线性方程组，我们在 2.6 节讨论了 $\boldsymbol{Ax} = \boldsymbol{b}$ 的解与 $(\boldsymbol{A}+\boldsymbol{\Delta A})(\boldsymbol{x}+\boldsymbol{\Delta x}) = (\boldsymbol{b}+\boldsymbol{\Delta b})$ 的解之间的区别．我们用 $\| \boldsymbol{\Delta A} \|/\| \boldsymbol{A} \|$ 和 $\| \boldsymbol{\Delta b} \|/\| \boldsymbol{b} \|$ 来界定 $\| \boldsymbol{\Delta x} \|/\| \boldsymbol{x} \|$.

问题的**条件**是指 f 在 d 的扰动下的行为，问题的**条件数**量化了解相对于输入数据的变化率．如果 d 的小变化导致 $f(d)$ 发生较大的变化，那么这个问题实例就是**病态的**．如果 d 的小变化不会引起 $f(d)$ 的较大变化，那么这个问题实例就是**良态的**．“小”和“大”是需要定义的．对于线性方程组，我们在 2.6 节证明了条件数 $\kappa(\boldsymbol{A}) = \| \boldsymbol{A} \|\| \boldsymbol{A}^{-1} \|$ 的大小决定了 $\boldsymbol{Ax} = \boldsymbol{b}$ 问题是否良态．可以说，当 $\kappa(\boldsymbol{A}) \approx O(1)$ 时，线性方程组问题是病态的，当 $\kappa(\boldsymbol{A}) \approx O(1/\mathbf{u})$ 时，线性方程组问题是良态的.

计算 $f(d)$ 的**算法**产生近似的 $\tilde{f}(d)$．根据具体情况，可能需要特定的软件来实现算法．对于部分选主元的高斯消去法、行列选主元的高斯消去法和全选主元的高斯消去法，$\tilde{f}$ 函数都是不同的.

我们称计算 $f(d)$ 的一个算法是**稳定的**，如果对于小的 Δd，计算解 $\tilde{f}(d)$ 接近 $f(d+\Delta d)$．一个稳定的算法几乎解决了近似的问题．我们称计算 $f(d)$ 的一个算法是**向后稳定的**，如果对于小的 Δd，计算解 $\tilde{f}(d)$ 满足 $\tilde{f}(d) = f(d+\Delta d)$．向后稳定的算法精确地解了近似问题．对于给定的线性方程组 $\boldsymbol{Ax} = \boldsymbol{b}$，全选主元的高斯消去法是向后稳定的，因为计算解 $\tilde{\boldsymbol{x}}$ 满足

$$(\boldsymbol{A} + \boldsymbol{\Delta})\tilde{\boldsymbol{x}} = \boldsymbol{b}$$

且 $\| \boldsymbol{\Delta} \|/\| \boldsymbol{A} \| \approx O(\mathbf{u})$．另外，如果 $\boldsymbol{b}$ 由矩阵向量积 $\boldsymbol{b} = \boldsymbol{Mv}$ 指定，那么

$$(\boldsymbol{A} + \boldsymbol{\Delta})\tilde{\boldsymbol{x}} = \boldsymbol{Mv} + \boldsymbol{\delta},$$

其中 $\|\boldsymbol{\Delta}\|/\|\boldsymbol{A}\| \approx O(\mathbf{u})$ 且 $\boldsymbol{\delta}/(\|\boldsymbol{M}\|\|\boldsymbol{v}\|) \approx O(\mathbf{u})$. 这里，$f$ 由 $f:(\boldsymbol{A},\boldsymbol{M},\boldsymbol{v}) \to \boldsymbol{A}^{-1}(\boldsymbol{M}\boldsymbol{v})$ 定义. 这种情况下算法是稳定的，但不是向后稳定的.

习　题

1. 设 $\boldsymbol{A}=\boldsymbol{LU}$ 是 $n\times n$ 矩阵 $\boldsymbol{A}$ 的 LU 分解且 $|\ell_{ij}|\leqslant 1$. 设 $\boldsymbol{a}_i^{\mathrm{T}}$ 和 $\boldsymbol{u}_i^{\mathrm{T}}$ 分别表示 $\boldsymbol{A}$ 和 $\boldsymbol{U}$ 的第 i 行. 证明

$$\boldsymbol{u}_i^{\mathrm{T}} = \boldsymbol{a}_i^{\mathrm{T}} - \sum_{j=1}^{i-1}\ell_{ij}\boldsymbol{u}_j^{\mathrm{T}},$$

并以此证明 $\|\boldsymbol{U}\|_\infty \leqslant 2^{n-1}\|\boldsymbol{A}\|_\infty$.（提示：取范数并使用归纳法.）

2. 证明：如果通过全选主元的高斯消去法得到 $\boldsymbol{PAQ}=\boldsymbol{LU}$，那么 $U(i,i:n)$ 的绝对值不大于 $|\boldsymbol{u}_{ii}|$. 这对行列选主元还成立吗?

3. 设 $\boldsymbol{A}\in\mathbb{R}^{n\times n}$ 有 LU 分解，且 $\boldsymbol{L}$ 和 $\boldsymbol{U}$ 已知. 给出计算 $\boldsymbol{A}^{-1}$ 的元素 (i,j) 的算法，它大约需要 $(n-j)^2+(n-i)^2$ 个 flop.

4. 假设 $\hat{\boldsymbol{X}}$ 是通过 (3.4.12) 得到的数值逆，给出 $\|\boldsymbol{A}\hat{\boldsymbol{X}}-\boldsymbol{I}\|_F$ 的上界.

5. 推广算法 3.4.3 使其能产生分解 (3.4.11)，该算法需要多少个 flop?

3.5　改进与精度估计

假设我们用部分选主元的高斯消去法求解 $n\times n$ 线性方程组 $\boldsymbol{Ax}=\boldsymbol{b}$，采用 IEEE 双精度算法. 式 (3.4.9) 实质上是说，如果增长因子适中，则计算解 $\hat{\boldsymbol{x}}$ 满足

$$(\boldsymbol{A}+\boldsymbol{E})\hat{\boldsymbol{x}}=\boldsymbol{b},\quad \|\boldsymbol{E}\|_\infty \approx \mathbf{u}\|\boldsymbol{A}\|_\infty. \tag{3.5.1}$$

本节将探讨这一结果的实际影响. 我们首先强调残差与精度之间的区别，然后讨论加权、迭代改进和条件估计. 有关这些方向的详细处理，请参见 Higham (ASNA).

开始之前，我们先做两点说明. 第一，整节中用到的都是 ∞-范数，因为它在舍入误差分析和实际误差估计中非常方便. 第二，本节中提到的“高斯消去法”，实际上是指带某种稳定性的选主元法技巧（例如部分选主元）的高斯消去法.

3.5.1　残差大小与精度

线性方程组 $\boldsymbol{Ax}=\boldsymbol{b}$ 的计算解 $\hat{\boldsymbol{x}}$ 的*残差*是向量 $\boldsymbol{b}-\boldsymbol{A}\hat{\boldsymbol{x}}$. 小的残差意味着 $\boldsymbol{A}\hat{\boldsymbol{x}}$ 能有效“预测”右端项 $\boldsymbol{b}$. 根据式 (3.5.1) 我们有 $\|\boldsymbol{b}-\boldsymbol{A}\hat{\boldsymbol{x}}\|_\infty \approx \mathbf{u}\|\boldsymbol{A}\|_\infty\|\hat{\boldsymbol{x}}\|_\infty$，这就得到第一个指导原则.

启示 I　*高斯消去产生的解 $\hat{\boldsymbol{x}}$ 的残差相对较小.*

小的残差并不意味着高精度. 结合定理 2.6.2 以及式 (3.5.1) 我们有

$$\frac{\|\hat{\boldsymbol{x}}-\boldsymbol{x}\|_\infty}{\|\boldsymbol{x}\|_\infty} \approx \mathbf{u}\kappa_\infty(\boldsymbol{A}). \tag{3.5.2}$$

这就证明了第二个指导原则.

启示 II 如果单位舍入满足 $\mathbf{u} \approx 10^{-d}$，条件数满足 $\kappa_\infty(\boldsymbol{A}) \approx 10^q$，则高斯消去法产生的解 $\hat{\boldsymbol{x}}$ 约有 $d-q$ 位十进制有效数字.

如果 $\mathbf{u}\kappa_\infty(\boldsymbol{A})$ 很大，我们就说 $\boldsymbol{A}$ 关于机器精度是病态的.

为说明这两个启示，考虑方程组

$$\begin{bmatrix} 0.986 & 0.579 \\ 0.409 & 0.237 \end{bmatrix} \begin{bmatrix} x_1 \\ x_2 \end{bmatrix} = \begin{bmatrix} 0.235 \\ 0.107 \end{bmatrix}$$

其中 $\kappa_\infty(\boldsymbol{A}) \approx 700$，解 $\boldsymbol{x} = [2, -3]^{\mathrm{T}}$. 以下是各种机器精度下的结果.

$\mathbf{u}$	$\hat{x}_1$	$\hat{x}_2$	$\dfrac{\Vert \hat{\boldsymbol{x}} - \boldsymbol{x} \Vert_\infty}{\Vert \boldsymbol{x} \Vert_\infty}$	$\dfrac{\Vert \boldsymbol{b} - \boldsymbol{A}\hat{\boldsymbol{x}} \Vert_\infty}{\Vert \boldsymbol{A} \Vert_\infty \Vert \hat{\boldsymbol{x}} \Vert_\infty}$
10^{-3}	2.11	−3.17	5×10^{-2}	2.0×10^{-3}
10^{-4}	1.986	−2.975	8×10^{-3}	1.5×10^{-4}
10^{-5}	2.0019	−3.0032	1×10^{-3}	2.1×10^{-6}
10^{-6}	2.00025	−3.00094	3×10^{-4}	4.2×10^{-7}

是否满足于计算解 $\hat{\boldsymbol{x}}$ 取决于原始问题的需求. 在许多应用中，精度不重要但小残差很关键. 对于这些情形，高斯消去法求出的 $\hat{\boldsymbol{x}}$ 也许就足够了. 另外，如果 $\hat{\boldsymbol{x}}$ 中有效数字的个数是关键，情况就更复杂，本节其余部分的讨论都与此相关.

3.5.2 加权

设 β 是机器的进制（通常 $\beta = 2$），定义对角矩阵 $\boldsymbol{D}_1 = \mathrm{diag}(\beta^{r_1}, \cdots, \beta^{r_n})$ 和 $\boldsymbol{D}_2 = \mathrm{diag}(\beta^{c_1}, \cdots, \beta^{c_n})$. 为求解 $n \times n$ 线性方程组 $\boldsymbol{Ax} = \boldsymbol{b}$，可以用高斯消去法求解加权方程组 $(\boldsymbol{D}_1^{-1}\boldsymbol{A}\boldsymbol{D}_2)\boldsymbol{y} = \boldsymbol{D}_1^{-1}\boldsymbol{b}$，然后令 $\boldsymbol{x} = \boldsymbol{D}_2\boldsymbol{y}$. 加权 $\boldsymbol{A}, \boldsymbol{b}, \boldsymbol{y}$ 仅需 $O(n^2)$ 个 flop，而且没有舍入误差. 请注意，$\boldsymbol{D}_1$ 加权方程，$\boldsymbol{D}_2$ 加权未知量.

从启示 II 可以看出，如果 $\hat{\boldsymbol{x}}$ 和 $\hat{\boldsymbol{y}}$ 分别是 $\boldsymbol{x}$ 和 $\boldsymbol{y}$ 的计算值，那么

$$\frac{\Vert \boldsymbol{D}_2^{-1}(\hat{\boldsymbol{x}} - \boldsymbol{x}) \Vert_\infty}{\Vert \boldsymbol{D}_2^{-1}\boldsymbol{x} \Vert_\infty} = \frac{\Vert \hat{\boldsymbol{y}} - \boldsymbol{y} \Vert_\infty}{\Vert \boldsymbol{y} \Vert_\infty} \approx \mathbf{u}\kappa_\infty(\boldsymbol{D}_1^{-1}\boldsymbol{A}\boldsymbol{D}_2). \tag{3.5.3}$$

因此，如果可以使 $\kappa_\infty(\boldsymbol{D}_1^{-1}\boldsymbol{A}\boldsymbol{D}_2)$ 远小于 $\kappa_\infty(\boldsymbol{A})$，那么，只要误差是用“$\boldsymbol{D}_2$”范数 $\Vert \boldsymbol{z} \Vert_{\boldsymbol{D}_2} = \Vert \boldsymbol{D}_2^{-1}\boldsymbol{z} \Vert_\infty$ 定义的，就可以得到相对更精确的 $\hat{\boldsymbol{x}}$. 这就是加权的目的. 注意，它涉及两个问题：加权问题的条件数和 $\boldsymbol{D}_2$ 范数下估计误差的适当性.

一个很重要但非常困难的数学问题是对一般对角矩阵 $\boldsymbol{D}_i$ 和各种不同的 p 求 $\kappa_p(\boldsymbol{D}_1^{-1}\boldsymbol{A}\boldsymbol{D}_2)$ 的精确极小值. 这方面还没有切实可行的结果. 然而，这并不令人失望，因为式 (3.5.3) 是一个启发性结果，这对于精确地极小化上界没什么意义. 我们所寻求的是一种快速的近似方法来提高计算解 $\hat{\boldsymbol{x}}$ 的精度.

这种变换的特殊技巧是*简单行加权*. 在该方法中，$\boldsymbol{D}_2$ 是单位矩阵，选择 $\boldsymbol{D}_1$ 使得 $\boldsymbol{D}_1^{-1}\boldsymbol{A}$ 的每一行具有大致相同的 ∞-范数. 行加权降低了消去法中将一个非常小的数加到一个非常大的数上的可能性，这种情形会极大降低精度.

比简单行加权稍复杂的是**行列平衡**. 此时，其目的是选择 $\boldsymbol{D}_1$ 和 $\boldsymbol{D}_2$ 使得 $\boldsymbol{D}_1^{-1}\boldsymbol{A}\boldsymbol{D}_2$ 的每一行和每一列的 ∞-范数都属于区间 $[1/\beta, 1]$，其中 β 是浮点系统的基. 关于这方面的工作，请参阅 McKeeman (1962).

简单行加权和行列平衡不能"解决"加权问题，这一点不必过分强调. 实际上，如果不使用加权，每种方法得到的 $\hat{\boldsymbol{x}}$ 都可能会更差. Forsythe and Moler (SLE, 第 11 章) 详尽讨论了这一主题. 基本建议是，方程和未知量的加权必须针对不同问题进行具体分析. 通用加权技巧是不可靠的. 如果需要加权的话，最好是根据原始问题所描述的每个 a_{ij} 的重要性来进行加权. 还应考虑度量单位和数据误差.

3.5.3　迭代改进

我们通过部分选主元法 $\boldsymbol{PA} = \boldsymbol{LU}$ 求解 $\boldsymbol{Ax} = \boldsymbol{b}$，希望改进计算解 $\hat{\boldsymbol{x}}$ 的精度. 如果执行

$$\begin{aligned}
&r = b - A\hat{x}\\
&\text{解 } Ly = Pr\\
&\text{解 } Uz = y\\
&x_{\text{new}} = \hat{x} + z
\end{aligned} \tag{3.5.4}$$

那么在精确计算下，$\boldsymbol{Ax}_{\text{new}} = \boldsymbol{A}\hat{\boldsymbol{x}} + \boldsymbol{Az} = (\boldsymbol{b} - \boldsymbol{r}) + \boldsymbol{r} = \boldsymbol{b}$. 不幸的是，这些步骤的简单浮点运算所得到的 $\boldsymbol{x}_{\text{new}}$ 不会比 $\hat{\boldsymbol{x}}$ 更精确. 这在预期之中，因为 $\hat{\boldsymbol{r}} = \mathrm{fl}(\boldsymbol{b} - \boldsymbol{A}\hat{\boldsymbol{x}})$ 几乎没有任何精确的有效数字，如果有的话也只有很少几位有效数字. （回忆启示 I.）由此可知，*从提高 $\hat{\boldsymbol{x}}$ 精度的角度来看*，$\hat{\boldsymbol{z}} = \mathrm{fl}(\boldsymbol{A}^{-1}\boldsymbol{r}) \approx \boldsymbol{A}^{-1}\cdot\text{noise} \approx \text{noise}$ 是一个很差的修正. 然而，Skeel (1980) 给出的误差分析表明，*从向后误差的角度看*，(3.5.4) 何时给出改进的 $\boldsymbol{x}_{\text{new}}$. 具体而言，如果量

$$\tau = (\|\,|\boldsymbol{A}|\,|\boldsymbol{A}^{-1}|\,\|_\infty)\left(\max_i(|\boldsymbol{A}||\boldsymbol{x}|)_i \,/\, \min_i(|\boldsymbol{A}||\boldsymbol{x}|)_i\right)$$

不是太大，那么 (3.5.4) 会产生一个 $\boldsymbol{x}_{\text{new}}$，使得对非常小的 $\boldsymbol{E}$ 有 $(\boldsymbol{A}+\boldsymbol{E})\boldsymbol{x}_{\text{new}} = \boldsymbol{b}$. 当然，如果使用部分选主元的高斯消去法，那么计算解 $\hat{\boldsymbol{x}}$ 已经满足相近的方程. 然而，对于某些用于保持稀疏性的选主元技巧而言，情况可能并非如此. 此时**固定精度迭代改进**步骤 (3.5.4) 是值得的和经济的. 请参阅 Arioli, Demmel, and Duff (1989).

通常，(3.5.4) 要产生更精确的 $\boldsymbol{x}$，必须用扩充精度浮点算法计算残差 $\boldsymbol{b} - \boldsymbol{A}\hat{\boldsymbol{x}}$. 一般情况下，这意味着如果使用 t 位运算计算 $\boldsymbol{PA} = \boldsymbol{LU}$, $\boldsymbol{x}$, $\boldsymbol{y}$, $\boldsymbol{z}$，那么使用 $2t$ 位

运算（即双精度运算）计算 $\boldsymbol{b}-\boldsymbol{A}\hat{\boldsymbol{x}}$. 这个过程可以迭代. 具体而言，一旦我们计算了 $\boldsymbol{PA}=\boldsymbol{LU}$ 并初始化 $\boldsymbol{x}=\boldsymbol{0}$，我们重复如下过程：

$$
\begin{aligned}
& r = b - Ax \quad (\text{双精度运算}) \\
& \text{解 } Ly = Pr \text{ 得 } y \\
& \text{解 } Uz = y \text{ 得 } z \\
& x = x + z
\end{aligned}
\tag{3.5.5}
$$

我们称这个过程为*混合精度迭代改进*. 在用双精度计算 $\boldsymbol{r}$ 时必须使用原始 $\boldsymbol{A}$. 关于 (3.5.5) 的性能的基本结果总结如下.

> **启示 III** *如果机器精度满足* $\mathbf{u}=10^{-d}$*，条件数满足* $\kappa_\infty(\boldsymbol{A})\approx 10^q$*，用精度* $\mathbf{u}^2$ *进行残差计算，那么，在执行 (3.5.5)* k *次之后，*$\boldsymbol{x}$ *约有* $\min\{d,k(d-q)\}$ *位精确的有效数字.*

粗略地说，如果 $\mathbf{u}\,\kappa_\infty(\boldsymbol{A})\leqslant 1$，那么迭代改进最终可以产生一个全（单）精度正确解. 注意，这个过程是相对经济的. 每个改进的工作量为 $O(n^2)$，相比之下，原始分解 $\boldsymbol{PA}=\boldsymbol{LU}$ 的工作量为 $O(n^3)$. 当然，如果 $\boldsymbol{A}$ 在机器精度方面足够病态，就不会有任何改进.

3.5.4 条件数估计

假设我们已经通过 $\boldsymbol{PA}=\boldsymbol{LU}$ 求解 $\boldsymbol{Ax}=\boldsymbol{b}$，现在希望确定计算解 $\hat{\boldsymbol{x}}$ 中正确有效数字的位数. 从启示 II 可以看出，为了做到这一点，需要估计条件数 $\kappa_\infty(\boldsymbol{A})=\|\boldsymbol{A}\|_\infty\|\boldsymbol{A}^{-1}\|_\infty$. 计算一个 $\|\boldsymbol{A}\|_\infty$ 不成问题，因为我们只需使用 $O(n^2)$ 的公式 (2.3.10). 难点在于因子 $\|\boldsymbol{A}^{-1}\|_\infty$. 一种想象的做法是用 $\|\hat{\boldsymbol{X}}\|_\infty$ 去估计，其中 $\hat{\boldsymbol{X}}=[\,\hat{\boldsymbol{x}}_1\,|\cdots|\,\hat{\boldsymbol{x}}_n\,]$，$\hat{\boldsymbol{x}}_i$ 是 $\boldsymbol{Ax}_i=\boldsymbol{e}_i$ 的计算解.（见 3.4.9 节.）这种方法的缺点是计算量较大：计算 $\hat{\kappa}_\infty=\|\boldsymbol{A}\|_\infty\|\hat{\boldsymbol{X}}\|_\infty$ 的工作量大约是计算 $\hat{\boldsymbol{x}}$ 的三倍.

条件数估计的中心问题是：假设已有 $\boldsymbol{PA}=\boldsymbol{LU}$ 或后面章节给出的分解，如何用 $O(n^2)$ 个 flop 来估计条件数. Forsythe and Moler (SLE，第 51 页) 描述的一种方法基于迭代改进以及粗略估计式

$$\mathbf{u}\kappa_\infty(\boldsymbol{A})\approx\|\boldsymbol{z}\|_\infty/\|\boldsymbol{x}\|_\infty,$$

其中 $\boldsymbol{z}$ 是 (3.5.5) 中对 $\boldsymbol{x}$ 的第一次修正.

Cline, Moler, Stewart, and Wilkinson (1979) 提出一种估计条件数的方法，基于关系式

$$\boldsymbol{Ay}=\boldsymbol{d}\quad\Longrightarrow\quad\|\boldsymbol{A}^{-1}\|_\infty\geqslant\|\boldsymbol{y}\|_\infty/\|\boldsymbol{d}\|_\infty.$$

这一方法的基本思想是选取 $\boldsymbol{d}$ 使得解 y 的范数尽量大，然后令

$$\hat{\kappa}_\infty=\|\boldsymbol{A}\|_\infty\|\boldsymbol{y}\|_\infty/\|\boldsymbol{d}\|_\infty.$$

该方法的成功与否取决于 $\| \boldsymbol{y} \|_\infty / \| \boldsymbol{d} \|_\infty$ 与其最大值 $\| \boldsymbol{A}^{-1} \|_\infty$ 的靠近程度.

考虑 $\boldsymbol{A} = \boldsymbol{T}$ 是上三角矩阵的情形. $\boldsymbol{d}$ 和 $\boldsymbol{y}$ 之间的关系完全由下面的列形式向后消去法确定.

$$
\begin{aligned}
&p(1:n) = 0\\
&\textbf{for } k = n:-1:1\\
&\quad \text{选取 } d(k) \\
&\quad y(k) = (d(k) - p(k))/T(k,k)\\
&\quad p(1:k-1) = p(1:k-1) + y(k)T(1:k-1,k)\\
&\textbf{end}
\end{aligned}
\tag{3.5.6}
$$

通常，我们使用该算法求解给定的三角方程组 $\boldsymbol{Ty} = \boldsymbol{d}$. 但是，在条件估计设置中，在 $\boldsymbol{y}$ 相对于 $\boldsymbol{d}$ 较大的"约束"条件下我们可以自由选择右端项 $\boldsymbol{d}$.

使得 $\boldsymbol{y}$ 增长的一种方式是从集合 $\{-1, +1\}$ 中选择 $d(k)$，以便最大化 $y(k)$. 如果 $p(k) \geqslant 0$，那么取 $d(k) = -1$. 如果 $p(k) < 0$，那么取 $d(k) = +1$. 换句话说，(3.5.6) 使得 $d(k) = -\text{sign}(p(k))$. 总之，由于向量 $\boldsymbol{d}$ 形如 $d(1:n) = [\pm 1, \cdots, \pm 1]^{\mathrm{T}}$，是单位向量，我们得到估计式 $\hat{\kappa}_\infty = \| \boldsymbol{T} \|_\infty \| \boldsymbol{y} \|_\infty$.

如果 $d(k) \in \{-1, +1\}$ 使得 $y(k)$ 和 $p(1:k-1,k) + T(1:k-1,k)y(k)$ 同时增长，则可以得到更可靠的估计式. 具体而言，在第 k 步我们计算

$$
\begin{aligned}
y(k)^+ &= (1 - p(k))/T(k,k),\\
s(k)^+ &= |y(k)^+| + \| p(1:k-1) + T(1:k-1,k)y(k)^+ \|_1,\\
y(k)^- &= (-1 - p(k))/T(k,k),\\
s(k)^- &= |y(k)^-| + \| p(1:k-1) + T(1:k-1,k)y(k)^- \|_1,
\end{aligned}
$$

令

$$
y(k) = \begin{cases} y(k)^+ & \text{如果 } s(k)^+ \geqslant s(k)^-,\\ y(k)^- & \text{如果 } s(k)^+ < s(k)^-. \end{cases}
$$

这就给出以下算法.

算法 3.5.1 (条件数估计) 给定非奇异上三角矩阵 $\boldsymbol{T} \in \mathbb{R}^{n \times n}$. 算法计算单位 ∞-范数向量 $\boldsymbol{y}$ 和标量 κ，使得 $\| \boldsymbol{Ty} \|_\infty \approx 1/\| \boldsymbol{T}^{-1} \|_\infty$ 且 $\kappa \approx \kappa_\infty(T)$.

$$
\begin{aligned}
&p(1:n) = 0\\
&\textbf{for } k = n:-1:1\\
&\quad y(k)^+ = (1 - p(k))/T(k,k)\\
&\quad y(k)^- = (-1 - p(k))/T(k,k)\\
&\quad p(k)^+ = p(1:k-1) + T(1:k-1,k)y(k)^+
\end{aligned}
$$

$$
\begin{aligned}
&\quad p(k)^- = p(1:k-1) + T(1:k-1,k)y(k)^- \\
&\quad \textbf{if } |y(k)^+| + \| p(k)^+ \|_1 \geqslant |y(k)^-| + \| p(k)^- \|_1 \\
&\qquad y(k) = y(k)^+ \\
&\qquad p(1:k-1) = p(k)^+ \\
&\quad \textbf{else} \\
&\qquad y(k) = y(k)^- \\
&\qquad p(1:k-1) = p(k)^- \\
&\quad \textbf{end} \\
&\textbf{end} \\
&\kappa = \| y \|_\infty \| T \|_\infty \\
&y = y / \| y \|_\infty
\end{aligned}
$$

该算法需要普通向后消去法几倍的工作量.

现在描述一个估计非奇异方阵 $\boldsymbol{A}$ 的条件数的方法，假定已知其分解 $\boldsymbol{PA} = \boldsymbol{LU}$.

第1步：对 $\boldsymbol{U}^{\mathrm{T}}$ 应用算法 3.5.1 的下三角形式版本得到 $\boldsymbol{U}^{\mathrm{T}}\boldsymbol{y}=\boldsymbol{d}$ 的大范数解.

第2步：解三角方程组 $\boldsymbol{L}^{\mathrm{T}}\boldsymbol{r} = \boldsymbol{y}$, $\boldsymbol{Lw} = \boldsymbol{Pr}$, $\boldsymbol{Uz} = \boldsymbol{w}$.

第3步：令 $\hat{\kappa}_\infty = \| \boldsymbol{A} \|_\infty \| \boldsymbol{z} \|_\infty / \| \boldsymbol{r} \|_\infty$.

注意，$\| \boldsymbol{z} \|_\infty \leqslant \| \boldsymbol{A}^{-1} \|_\infty \| \boldsymbol{r} \|_\infty$. 该方法基于几个直观结果. 首先，如果 $\boldsymbol{A}$ 是病态的，$\boldsymbol{PA} = \boldsymbol{LU}$，则相应的 $\boldsymbol{U}$ 通常也是病态的. 下三角矩阵 $\boldsymbol{L}$ 一般是良态的. 因此，将条件估计应用于 $\boldsymbol{U}$ 比应用于 $\boldsymbol{L}$ 更有利. 因为向量 $\boldsymbol{r}$ 是 $\boldsymbol{A}^{\mathrm{T}}\boldsymbol{P}^{\mathrm{T}}\boldsymbol{r} = \boldsymbol{d}$ 的解，所以 $\boldsymbol{r}$ 一般靠近 $\sigma_{\min}(\boldsymbol{A})$ 对应的左奇异向量. 具有这一性质的右端使得方程组 $\boldsymbol{Az} = \boldsymbol{r}$ 有很大的解.

在实践中发现，我们所描述的条件数估计方法能够对真实的条件数进行充分的数量级估计.

习 题

1. 举例说明平衡矩阵的方法可能不止一种.
2. 设 $\boldsymbol{P}(\boldsymbol{A}+\boldsymbol{E}) = \hat{\boldsymbol{L}}\hat{\boldsymbol{U}}$，其中 $\boldsymbol{P}$ 是置换矩阵，$\hat{\boldsymbol{L}}$ 是满足 $|\hat{\ell}_{ij}| \leqslant 1$ 的下三角矩阵，$\hat{\boldsymbol{U}}$ 是上三角矩阵. 证明 $\hat{\kappa}_\infty(\boldsymbol{A}) \geqslant \| \boldsymbol{A} \|_\infty / (\| \boldsymbol{E} \|_\infty + \mu)$，其中 $\mu = \min|\hat{u}_{ii}|$. 结论是，将选主元的高斯消去法应用于 $\boldsymbol{A}$ 时，如果有小主元，则 $\boldsymbol{A}$ 是病态的. 反之不然.（提示：$\boldsymbol{A}$ 是 (2.6.9) 中定义的矩阵 $\boldsymbol{B}_n$.）
3. (Kahan (1966)) 方程组 $\boldsymbol{Ax} = \boldsymbol{b}$ 有解 $\boldsymbol{x} = [10^{-10}, -1, 1]^{\mathrm{T}}$，其中

$$
\boldsymbol{A} = \begin{bmatrix} 2 & -1 & 1 \\ -1 & 10^{-10} & 10^{-10} \\ 1 & 10^{-10} & 10^{-10} \end{bmatrix}, \quad \boldsymbol{b} = \begin{bmatrix} 2(1+10^{-10}) \\ -10^{-10} \\ 10^{-10} \end{bmatrix}.
$$

(a) 证明：如果 $(\boldsymbol{A}+\boldsymbol{E})\boldsymbol{y}=\boldsymbol{b}$ 且 $|\boldsymbol{E}|\leqslant 10^{-8}|\boldsymbol{A}|$，则 $|\boldsymbol{x}-\boldsymbol{y}|\leqslant 10^{-7}|\boldsymbol{x}|$. 这就是说，$\boldsymbol{A}$ 的元素相对较小的改变不会导致 $\boldsymbol{x}$ 的大变化，即使 $\kappa_\infty(\boldsymbol{A})=10^{10}$.

(b) 定义 $\boldsymbol{D}=\text{diag}(10^{-5},10^5,10^5)$，证明 $\kappa_\infty(\boldsymbol{DAD})\leqslant 5$.

(c) 用定理 2.6.3 解释发生的情况.

4. 考虑矩阵

$$\boldsymbol{T}=\begin{bmatrix}1 & 0 & M & -M\\ 0 & 1 & -M & M\\ 0 & 0 & 1 & 0\\ 0 & 0 & 0 & 1\end{bmatrix},\quad M\in\mathbb{R}.$$

取 $d(k)=-\text{sign}(p(k))$ 应用 (3.5.6) 会得到了什么样的 $\kappa_\infty(\boldsymbol{T})$ 估计？应用算法 3.5.1 会得到什么样的估计？真正的 $\kappa_\infty(\boldsymbol{T})$ 是什么？

5. 当算法 3.5.1 应用于 (2.6.9) 中给出的矩阵 $\boldsymbol{B}_n$ 时，会产生什么结果？

3.6 并行 LU 分解

在 3.2.11 节，我们展示了如何组织一个高斯消去法的分块情形（没有选主元），使得绝大多数 flop 用在矩阵乘法中. 我们希望合并部分选主元并保持相同的 3 级运算，这是可能的. 在逐步完成推导之后，我们将演示如何使用 1.6 节提出的分块循环分布思想来有效地并行化流程.

3.6.1 带选主元的分块 LU 分解

在本节中，我们总是假定 $\boldsymbol{A}\in\mathbb{R}^{n\times n}$，为清晰起见，令 $n=rN$：

$$\boldsymbol{A}=\begin{bmatrix}\boldsymbol{A}_{11} & \cdots & \boldsymbol{A}_{1N}\\ \vdots & \ddots & \vdots\\ \boldsymbol{A}_{N1} & \cdots & \boldsymbol{A}_{NN}\end{bmatrix},\quad \boldsymbol{A}_{i,j}\in\mathbb{R}^{r\times r}. \tag{3.6.1}$$

我们重新讨论算法 3.2.4（非递归分块 LU），并说明如何合并部分选主元.

首先从应用标量高斯消去法开始，对第一块部分选主元. 使用算法 3.4.1 的长方矩阵版本，得到以下分解：

$$\boldsymbol{P}_1\begin{bmatrix}\boldsymbol{A}_{11}\\ \boldsymbol{A}_{21}\\ \vdots\\ \boldsymbol{A}_{N1}\end{bmatrix}=\begin{bmatrix}\boldsymbol{L}_{11}\\ \boldsymbol{L}_{21}\\ \vdots\\ \boldsymbol{L}_{N1}\end{bmatrix}\boldsymbol{U}_{11}. \tag{3.6.2}$$

其中，$\boldsymbol{P}_1\in\mathbb{R}^{n\times n}$ 为置换矩阵，$\boldsymbol{L}_{11}\in\mathbb{R}^{r\times r}$ 为单位下三角矩阵，$\boldsymbol{U}_{11}\in\mathbb{R}^{r\times r}$ 为上三角矩阵.

下一个任务是计算 $\boldsymbol{U}$ 的第一个行块. 为此，我们令

$$\boldsymbol{P}_1\boldsymbol{A} = \begin{bmatrix} \tilde{\boldsymbol{A}}_{11} & \cdots & \tilde{\boldsymbol{A}}_{1N} \\ \vdots & \ddots & \vdots \\ \tilde{\boldsymbol{A}}_{N1} & \cdots & \tilde{\boldsymbol{A}}_{NN} \end{bmatrix}, \quad \tilde{\boldsymbol{A}}_{i,j} \in \mathbb{R}^{r\times r}, \tag{3.6.3}$$

并求解下三角矩阵的多右端项问题

$$\boldsymbol{L}_{11}\left[\, \boldsymbol{U}_{12} \,\middle|\, \cdots \,\middle|\, \boldsymbol{U}_{1N} \,\right] = \left[\, \tilde{\boldsymbol{A}}_{12} \,\middle|\, \cdots \,\middle|\, \tilde{\boldsymbol{A}}_{1N} \,\right], \tag{3.6.4}$$

其中 $\boldsymbol{U}_{12},\cdots,\boldsymbol{U}_{1N} \in \mathbb{R}^{r\times r}$. 在这个阶段，很容易证明我们有部分分解

$$\boldsymbol{P}_1\boldsymbol{A} = \left[\begin{array}{c|ccc} \boldsymbol{L}_{11} & \boldsymbol{0} & \cdots & \boldsymbol{0} \\ \hline \boldsymbol{L}_{21} & \boldsymbol{I}_r & \cdots & \boldsymbol{0} \\ \vdots & \vdots & \ddots & \vdots \\ \boldsymbol{L}_{N1} & \boldsymbol{0} & \cdots & \boldsymbol{I}_r \end{array}\right] \left[\begin{array}{c|c} \boldsymbol{I}_r & \boldsymbol{0} \\ \hline \boldsymbol{0} & \boldsymbol{A}^{(\text{new})} \end{array}\right] \left[\begin{array}{c|ccc} \boldsymbol{U}_{11} & \boldsymbol{U}_{12} & \cdots & \boldsymbol{U}_{1N} \\ \hline \boldsymbol{0} & \boldsymbol{I}_r & \cdots & \boldsymbol{0} \\ \vdots & \vdots & \ddots & \vdots \\ \boldsymbol{0} & \boldsymbol{0} & \cdots & \boldsymbol{I}_r \end{array}\right],$$

其中

$$\boldsymbol{A}^{(\text{new})} = \begin{bmatrix} \tilde{\boldsymbol{A}}_{22} & \cdots & \tilde{\boldsymbol{A}}_{2N} \\ \vdots & \ddots & \vdots \\ \tilde{\boldsymbol{A}}_{N2} & \cdots & \tilde{\boldsymbol{A}}_{NN} \end{bmatrix} - \begin{bmatrix} \boldsymbol{L}_{21} \\ \vdots \\ \boldsymbol{L}_{N1} \end{bmatrix} [\,\boldsymbol{U}_{12} \,|\cdots|\, \boldsymbol{U}_{1N}\,]. \tag{3.6.5}$$

注意，$\boldsymbol{A}^{(\text{new})}$ 的计算是一个 3 级运算，因为每个 $\boldsymbol{A}$ 的块都涉及矩阵乘法.

剩下的任务是计算 $\boldsymbol{A}^{(\text{new})}$ 的带选主元的 LU 分解. 实际上，如果

$$\boldsymbol{P}^{(\text{new})}\boldsymbol{A}^{(\text{new})} = \boldsymbol{L}^{(\text{new})}\boldsymbol{U}^{(\text{new})},$$

并且

$$\boldsymbol{P}^{(\text{new})}\begin{bmatrix} \boldsymbol{L}_{21} \\ \vdots \\ \boldsymbol{L}_{N1} \end{bmatrix} = \begin{bmatrix} \tilde{\boldsymbol{L}}_{21} \\ \vdots \\ \tilde{\boldsymbol{L}}_{N1} \end{bmatrix},$$

那么

$$\boldsymbol{P}\boldsymbol{A} = \left[\begin{array}{c|c} \boldsymbol{L}_{11} & \boldsymbol{0} \;\cdots\; \boldsymbol{0} \\ \hline \tilde{\boldsymbol{L}}_{21} & \\ \vdots & \boldsymbol{L}^{(\text{new})} \\ \tilde{\boldsymbol{L}}_{N1} & \end{array}\right] \left[\begin{array}{c|c} \boldsymbol{U}_{11} & \boldsymbol{U}_{12} \;\cdots\; \boldsymbol{U}_{1N} \\ \hline \boldsymbol{0} & \\ \vdots & \boldsymbol{U}^{(\text{new})} \\ \boldsymbol{0} & \end{array}\right]$$

是 $\boldsymbol{A}$ 的带选主元的分块 LU 分解，满足

$$\boldsymbol{P} = \begin{bmatrix} \boldsymbol{I}_r & \boldsymbol{0} \\ \boldsymbol{0} & \boldsymbol{P}^{(\text{new})} \end{bmatrix} \boldsymbol{P}_1.$$

一般来说，$\boldsymbol{A}$ 中每个分块列的处理都涉及以下 4 个部分的计算.

(a) 应用部分选主元的高斯消去法的长方矩阵版本分解 $\boldsymbol{A}$ 的块列. 这会产生一个置换矩阵、一个 $\boldsymbol{L}$ 的块列和一个 $\boldsymbol{U}$ 的对角线块，见 (3.6.2).

(b) 将 (a) 部分的置换应用于"$\boldsymbol{A}$ 的其余部分". 见 (3.6.3).

(c) 求解下三角矩阵的多右端项问题,完成 $\boldsymbol{U}$ 的下一个块行的计算. 见 (3.6.4).

(d) 使用新计算的 $\boldsymbol{L}$ 块和 $\boldsymbol{U}$ 块修正"$\boldsymbol{A}$ 的其余部分". 见 (3.6.5).

带覆盖方法的精确公式类似于算法 3.2.4，作为练习留给读者.

3.6.2　并行选主元分块 LU 分解

回顾 1.6.2 节关于块循环分布的讨论,其中给出了矩阵乘法修正 $\boldsymbol{C}=\boldsymbol{C}+\boldsymbol{AB}$ 的并行计算方法. 为了深入了解选主元分块 LU 算法是如何并行化的，我们在一个小示例中研究一个代表性步骤，该步骤也使用块循环分布.

在 (3.6.1) 中假设 $N=8$，我们有一个具有 $p_{\rm row}\times p_{\rm col}$ 的处理器网络，这里 $p_{\rm row}=2$, $p_{\rm col}=2$. 在开始时，$\boldsymbol{A}=(\boldsymbol{A}_{ij})$ 的块是循环分布的，如图 3.6.1 所示. 假设块 LU 分解已经执行了两步，计算出来的 $\boldsymbol{L}_{ij}$ 和 $\boldsymbol{U}_{ij}$ 已经覆盖了相应的 $\boldsymbol{A}$ 块. 图 3.6.2 显示第三步开始时的情况. 3.6.1 节末尾 (a) 部分的分解

$$\boldsymbol{P}_3\begin{bmatrix}\boldsymbol{A}_{33}\\ \vdots\\ \boldsymbol{A}_{83}\end{bmatrix}=\begin{bmatrix}\boldsymbol{L}_{33}\\ \vdots\\ \boldsymbol{L}_{83}\end{bmatrix}\boldsymbol{U}_{33}$$

中加入的有关块在图 3.6.2 中被突出显示. 通常，这涉及 $p_{\rm row}$ 个处理器，而且由于块是 $r\times r$ 的，所以有 r 个步骤，如 (3.6.6) 所示.

$$\begin{array}{l}
\textbf{for } j=1:r\\
\quad \text{列 } A_{kk}(:,j),\cdots,A_{N,k}(:,j) \text{ 集中在}\\
\quad\quad \text{存储 } A_{kk} \text{ 的处理器（即“主元处理器”）中;}\\
\quad \text{主元处理器确定所需的行交换和高斯变换向量;}\\
\quad \text{交换 } A \text{ 的两行，可能需要网络中的两个处理器;}\\
\quad \text{高斯向量的适当部分 } A_{kk}(j,j:r) \text{ 由主元处理器}\\
\quad\quad \text{发送到 } A_{k+1,k},\cdots,A_{N,k} \text{ 的处理器;}\\
\quad \text{存储 } A_{kk},\cdots,A_{N,k} \text{ 的处理器执行其修正份额,}\\
\quad\quad \text{即一个局部计算.}\\
\textbf{end}
\end{array}\qquad(3.6.6)$$

完成后，(b) 和 (c) 部分的如下并行执行. 在 (b) 部分的计算中，突出显示已经行交换的块. 见图 3.6.3. 这种计算通常涉及整个处理器网络，尽管通信仅局限于每个处理器列.

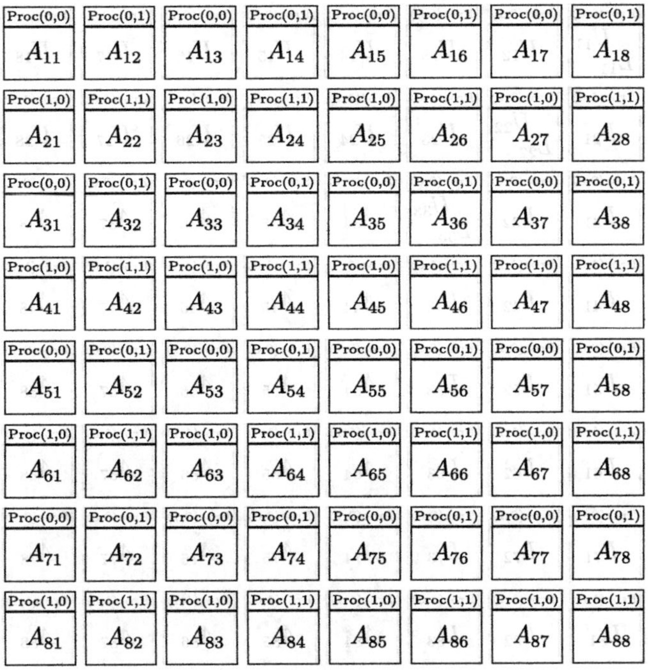
Proc(0,0) A_{11} Proc(0,1) A_{12} Proc(0,0) A_{13} Proc(0,1) A_{14} Proc(0,0) A_{15} Proc(0,1) A_{16} Proc(0,0) A_{17} Proc(0,1) A_{18}
Proc(1,0) A_{21} Proc(1,1) A_{22} Proc(1,0) A_{23} Proc(1,1) A_{24} Proc(1,0) A_{25} Proc(1,1) A_{26} Proc(1,0) A_{27} Proc(1,1) A_{28}
Proc(0,0) A_{31} Proc(0,1) A_{32} Proc(0,0) A_{33} Proc(0,1) A_{34} Proc(0,0) A_{35} Proc(0,1) A_{36} Proc(0,0) A_{37} Proc(0,1) A_{38}
Proc(1,0) A_{41} Proc(1,1) A_{42} Proc(1,0) A_{43} Proc(1,1) A_{44} Proc(1,0) A_{45} Proc(1,1) A_{46} Proc(1,0) A_{47} Proc(1,1) A_{48}
Proc(0,0) A_{51} Proc(0,1) A_{52} Proc(0,0) A_{53} Proc(0,1) A_{54} Proc(0,0) A_{55} Proc(0,1) A_{56} Proc(0,0) A_{57} Proc(0,1) A_{58}
Proc(1,0) A_{61} Proc(1,1) A_{62} Proc(1,0) A_{63} Proc(1,1) A_{64} Proc(1,0) A_{65} Proc(1,1) A_{66} Proc(1,0) A_{67} Proc(1,1) A_{68}
Proc(0,0) A_{71} Proc(0,1) A_{72} Proc(0,0) A_{73} Proc(0,1) A_{74} Proc(0,0) A_{75} Proc(0,1) A_{76} Proc(0,0) A_{77} Proc(0,1) A_{78}
Proc(1,0) A_{81} Proc(1,1) A_{82} Proc(1,0) A_{83} Proc(1,1) A_{84} Proc(1,0) A_{85} Proc(1,1) A_{86} Proc(1,0) A_{87} Proc(1,1) A_{88}

图 3.6.1

(a) 部分

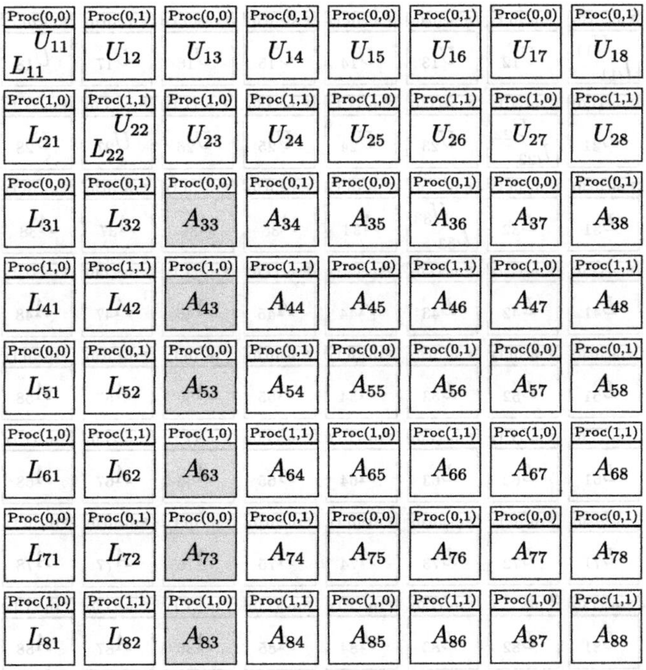
Proc(0,0) U_{11} L_{11} Proc(0,1) U_{12} Proc(0,0) U_{13} Proc(0,1) U_{14} Proc(0,0) U_{15} Proc(0,1) U_{16} Proc(0,0) U_{17} Proc(0,1) U_{18}
Proc(1,0) L_{21} Proc(1,1) U_{22} L_{22} Proc(1,0) U_{23} Proc(1,1) U_{24} Proc(1,0) U_{25} Proc(1,1) U_{26} Proc(1,0) U_{27} Proc(1,1) U_{28}
Proc(0,0) L_{31} Proc(0,1) L_{32} Proc(0,0) A_{33} Proc(0,1) A_{34} Proc(0,0) A_{35} Proc(0,1) A_{36} Proc(0,0) A_{37} Proc(0,1) A_{38}
Proc(1,0) L_{41} Proc(1,1) L_{42} Proc(1,0) A_{43} Proc(1,1) A_{44} Proc(1,0) A_{45} Proc(1,1) A_{46} Proc(1,0) A_{47} Proc(1,1) A_{48}
Proc(0,0) L_{51} Proc(0,1) L_{52} Proc(0,0) A_{53} Proc(0,1) A_{54} Proc(0,0) A_{55} Proc(0,1) A_{56} Proc(0,0) A_{57} Proc(0,1) A_{58}
Proc(1,0) L_{61} Proc(1,1) L_{62} Proc(1,0) A_{63} Proc(1,1) A_{64} Proc(1,0) A_{65} Proc(1,1) A_{66} Proc(1,0) A_{67} Proc(1,1) A_{68}
Proc(0,0) L_{71} Proc(0,1) L_{72} Proc(0,0) A_{73} Proc(0,1) A_{74} Proc(0,0) A_{75} Proc(0,1) A_{76} Proc(0,0) A_{77} Proc(0,1) A_{78}
Proc(1,0) L_{81} Proc(1,1) L_{82} Proc(1,0) A_{83} Proc(1,1) A_{84} Proc(1,0) A_{85} Proc(1,1) A_{86} Proc(1,0) A_{87} Proc(1,1) A_{88}

图 3.6.2

(b) 部分

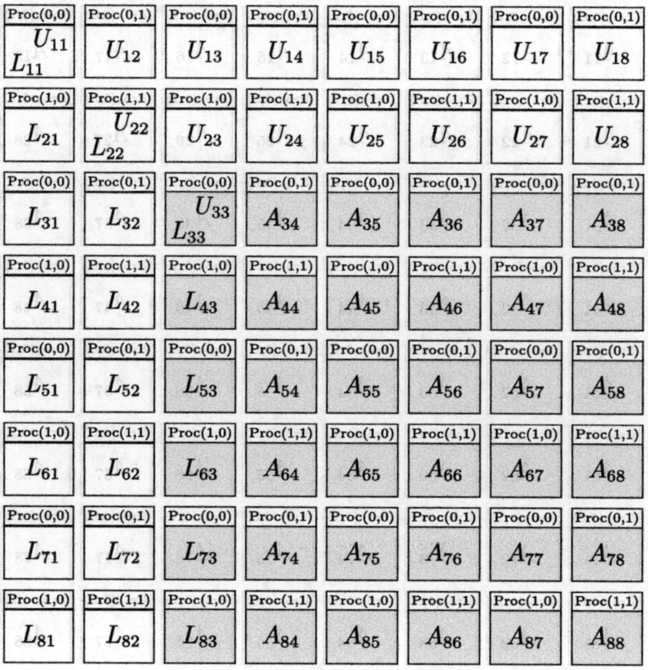

图 3.6.3

(c) 部分

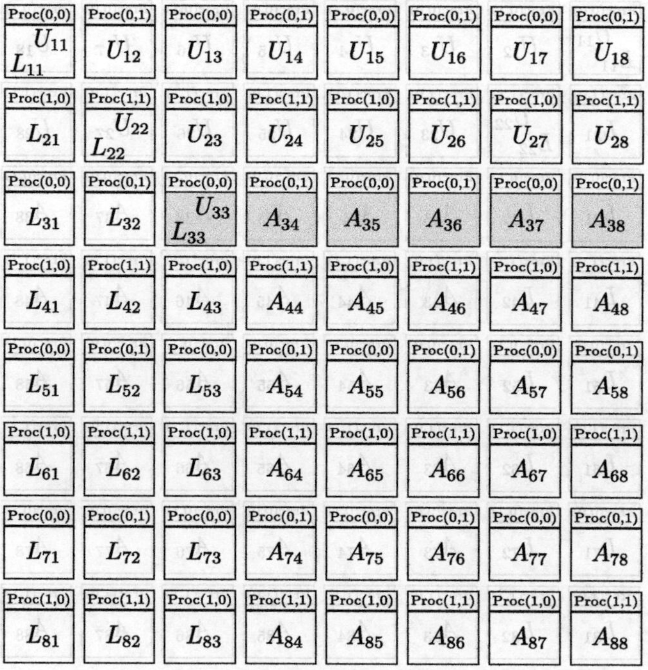

图 3.6.4

请注意，(c) 部分只涉及一个处理器行，而随后的"大"的 3 级修正通常涉及整个处理器网络。见图 3.6.4 和图 3.6.5。

(d) 部分

Proc(0,0)	Proc(0,1)	Proc(0,0)	Proc(0,1)	Proc(0,0)	Proc(0,1)	Proc(0,0)	Proc(0,1)
U_{11} L_{11}	U_{12}	U_{13}	U_{14}	U_{15}	U_{16}	U_{17}	U_{18}
Proc(1,0)	Proc(1,1)	Proc(1,0)	Proc(1,1)	Proc(1,0)	Proc(1,1)	Proc(1,0)	Proc(1,1)
L_{21}	U_{22} L_{22}	U_{23}	U_{24}	U_{25}	U_{26}	U_{27}	U_{28}
Proc(0,0)	Proc(0,1)	Proc(0,0)	Proc(0,1)	Proc(0,0)	Proc(0,1)	Proc(0,0)	Proc(0,1)
L_{31}	L_{32}	U_{33} L_{33}	A_{34}	A_{35}	A_{36}	A_{37}	A_{38}
Proc(1,0)	Proc(1,1)	Proc(1,0)	Proc(1,1)	Proc(1,0)	Proc(1,1)	Proc(1,0)	Proc(1,1)
L_{41}	L_{42}	L_{43}	A_{44}	A_{45}	A_{46}	A_{47}	A_{48}
Proc(0,0)	Proc(0,1)	Proc(0,0)	Proc(0,1)	Proc(0,0)	Proc(0,1)	Proc(0,0)	Proc(0,1)
L_{51}	L_{52}	L_{53}	A_{54}	A_{55}	A_{56}	A_{57}	A_{58}
Proc(1,0)	Proc(1,1)	Proc(1,0)	Proc(1,1)	Proc(1,0)	Proc(1,1)	Proc(1,0)	Proc(1,1)
L_{61}	L_{62}	L_{63}	A_{64}	A_{65}	A_{66}	A_{67}	A_{68}
Proc(0,0)	Proc(0,1)	Proc(0,0)	Proc(0,1)	Proc(0,0)	Proc(0,1)	Proc(0,0)	Proc(0,1)
L_{71}	L_{72}	L_{73}	A_{74}	A_{75}	A_{76}	A_{77}	A_{78}
Proc(1,0)	Proc(1,1)	Proc(1,0)	Proc(1,1)	Proc(1,0)	Proc(1,1)	Proc(1,0)	Proc(1,1)
L_{81}	L_{82}	L_{83}	A_{84}	A_{85}	A_{86}	A_{87}	A_{88}

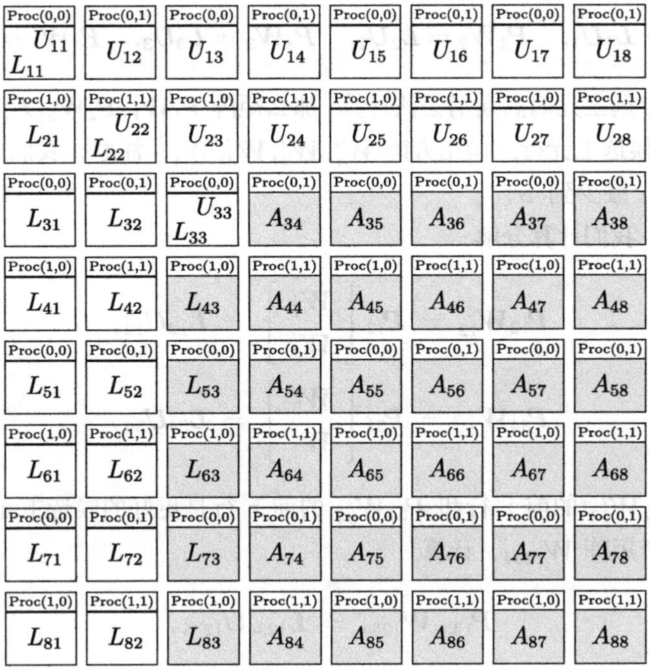

图 3.6.5

在每个处理器上执行的矩阵乘法掩盖了与 (d) 部分相关的通信开销。

这完成了带部分选主元的并行块 LU 分解的第 $k=3$ 步。这一过程显然可以在末尾的 5×5 块矩阵上重复。示意图揭示了块循环分布的优点。特别是，除了 k 的最后几个值外，占主导的 3 级运算步骤（(d) 部分）都是负载平衡的。处理器网格的子集用于"较小的" 2 级部分的计算。

在试图预测用于这些计算或交换置换传播的时间因素之前，需要先确立参照标杆。

3.6.3 锦标赛选主元

在 (a) 部分，通过部分选主元进行分解需要大量的通信。解决这一问题的可选方法是**锦标赛选主元**。这里给出主要思路。假设我们要计算 $PW = LU$，其中

$$W = \begin{bmatrix} W_1 \\ W_2 \\ W_3 \\ W_4 \end{bmatrix} \in \mathbb{R}^{n\times r}$$

分布在某个处理器网络上. 假设每个 $\boldsymbol{W}_i$ 的行数多于列数. 我们的目标是从 $\boldsymbol{W}$ 中选择 r 行作为主元行. 如果我们计算"局部"分解

$$\boldsymbol{P}_1\boldsymbol{W}_1 = \boldsymbol{L}_1\boldsymbol{U}_1, \quad \boldsymbol{P}_2\boldsymbol{W}_2 = \boldsymbol{L}_2\boldsymbol{U}_2, \quad \boldsymbol{P}_3\boldsymbol{W}_3 = \boldsymbol{L}_3\boldsymbol{U}_3, \quad \boldsymbol{P}_4\boldsymbol{W}_4 = \boldsymbol{L}_4\boldsymbol{U}_4,$$

这里通过部分选主元的高斯消去法计算, 那么矩阵 $\boldsymbol{P}_1\boldsymbol{W}_1, \boldsymbol{P}_2\boldsymbol{W}_2, \boldsymbol{P}_3\boldsymbol{W}_3$ 的前 r 行是 $\boldsymbol{P}_4\boldsymbol{W}_4$ 的候选主元行. 调用方阵 $\boldsymbol{W}_1', \boldsymbol{W}_2', \boldsymbol{W}_3', \boldsymbol{W}_4'$，注意，我们已经将可能的主元行数从 n 减少到 $4r$.

接下来，我们计算分解

$$\boldsymbol{P}_{12}\boldsymbol{W}_{12}' = \boldsymbol{P}_{12}\begin{bmatrix} \boldsymbol{W}_1' \\ \boldsymbol{W}_2' \end{bmatrix} = \boldsymbol{L}_{12}\boldsymbol{U}_{12},$$

$$\boldsymbol{P}_{34}\boldsymbol{W}_{34}' = \boldsymbol{P}_{34}\begin{bmatrix} \boldsymbol{W}_3' \\ \boldsymbol{W}_4' \end{bmatrix} = \boldsymbol{L}_{34}\boldsymbol{U}_{34},$$

并认识到 $\boldsymbol{P}_{12}\boldsymbol{W}_{12}'$ 的前 r 行和 $\boldsymbol{P}_{34}\boldsymbol{W}_{34}'$ 的前 r 行是更好的候选主元行. 将这 $2r$ 行组装成一个矩阵 $\boldsymbol{W}_{1234}$，计算

$$\boldsymbol{P}_{1234}\boldsymbol{W}_{1234} = \boldsymbol{L}_{1234}\boldsymbol{U}_{1234},$$

那么 $\boldsymbol{P}_{1234}\boldsymbol{W}_{1234}$ 的前 r 行就是 $\boldsymbol{W}$ 的 LU 约化所选择的主元行.

当然,"锦标赛选主元"的每一轮都有通信计算量，但处理器间数据传输的数量大大减少了. 请参阅 Demmel, Grigori, and Xiang (2010).

习　题

1. 我们在 3.6.1 节概述了带部分选主元的分块 LU 分解的单步情形. 请给出这个算法的完整版本.

2. 对于带部分选主元的并行块 LU 分解，在将其应用于其余块列之前，为什么能更好地"收集"(a) 部分中的所有置换? 换句话说，为什么不在 (a) 部分产生置换时处理它们，而是在 (b) 部分分离置换应用步骤?

3. 回顾 1.6.5 节和 1.6.6 节关于并行共享内存计算的讨论. 设计算法 3.2.1 的共享内存版本. 指定一个处理器用于计算乘子，并为所有处理器参与的秩 1 修正设计负载平衡方案. 因为在乘子可用之前无法进行秩 1 修正，设置屏障是必要的. 如果合并了部分选主元，怎么办?

第 4 章　特殊线性方程组

数值分析的一个基本原则是求解过程应利用它的结构特性. 在数值线性代数中, 如果对称性、确定性和带状性等性质存在时, 我们期望可以将适用于一般线性方程组算法经过简化以改善计算效率. 本章有两个主题:

- 在计算 LU 分解或相关分解时, 对一些重要矩阵类型不选主元是安全的.
- 有一些具有高度结构化的 LU 分解的重要矩阵类型, 它们可以快速计算, 有时, 可以非常快速地计算.

当使用快速但不稳定的 LU 分解时, 便会出现问题.

对称性和对角占优性是利用矩阵结构的主要例子, 在 4.1 节, 我们通过这些特性阐述了一些核心理念. 在 4.2 节, 我们验证了在既对称又正定的情况下可得到稳定的 Cholesky 分解, 该节也研究非对称正定方程组. 在 4.3 节, 我们讨论带状情形的 LU 分解和 Cholesky 分解, 在接下来的 4.4 节处理对称不定问题. 当系数矩阵为分块三对角矩阵时, 我们将分块矩阵思想和稀疏矩阵思想结合来处理问题, 4.5 节专门讨论这类重要方程组. 在 4.6 节和 4.7 节, 我们考虑范德蒙德和 Toeplitz 方程组的经典解法. 在 4.8 节, 我们将 1.4 节的快速变换应用于循环方程组, 以及使用有限差分离散泊松问题时出现的方程组.

在开始之前, 我们先阐明一些与本章及以后的结构化问题相关的术语. 带状矩阵和分块带状矩阵都是**稀疏矩阵**, 这意味着它们的绝大多数元素都是零. 第 11 章讨论任意 "零-非零形式" 线性方程的方法. Toeplitz 矩阵、范德蒙德矩阵和循环矩阵都是**数据稀疏的**. 如果一个矩阵 $\boldsymbol{A} \in \mathbb{R}^{m\times n}$ 可以用少于 $O(mn)$ 的数值参数化, 那么它就是数据稀疏的. 12.1 节研究类柯西方程组, 12.2 节讨论半可分离方程组.

阅读说明

学习本章, 熟悉第 1 章至第 3 章的知识是必要的. 本章各节之间的相互依赖关系如下:

$$\begin{array}{ccccccccc} 4.1\text{ 节} & \to & 4.2\text{ 节} & \to & 4.3\text{ 节} & \to & 4.4\text{ 节} & & \\ \downarrow & & & & \downarrow & & & & \\ 4.6\text{ 节} & & & & 4.5\text{ 节} & \to & 4.7\text{ 节} & \to & 4.8\text{ 节} \end{array}$$

一般性参考文献有：Stewart(MABD), Higham (ASNA), Watkins (FMC), Trefethen and Bau (NLA), Demmel (ANLA), Ipsen (NMA).

4.1 对角占优与对称性

因为移动数据的成本与计算成本是相对应的，所以，在高性能计算中选主元是一个大问题. 同等重要的是，选主元会破坏可用结构. 例如，如果 $\boldsymbol{A}$ 是对称矩阵，那么实质上计算只需要 $\boldsymbol{A}$ 本身一半的数据. 直觉（正确地）告诉我们，应该能够只用一半的计算量来计算 $\boldsymbol{Ax}=\boldsymbol{b}$ 这一对称性问题. 然而，利用选主元的高斯消去法时，在化简最开始时，其对称性就会遭到破坏，例如

$$\begin{bmatrix} 0 & 0 & 1 \\ 0 & 1 & 0 \\ 1 & 0 & 0 \end{bmatrix}\begin{bmatrix} a & b & c \\ b & d & e \\ c & e & f \end{bmatrix}=\begin{bmatrix} c & e & f \\ b & d & e \\ a & b & c \end{bmatrix}.$$

在求解结构化的 $\boldsymbol{Ax}=\boldsymbol{b}$ 问题时，不选主元而利用对称性和其他特性是常规操作. 其目的是简化计算，我们可以通过分析证明其有效性.

4.1.1 对角占优与 LU 分解

如果 $\boldsymbol{A}$ 的对角线元比它的非对角线元都大，那么我们可以预料在不选主元的情况下计算 $\boldsymbol{A}=\boldsymbol{LU}$ 是可行的. 考虑 $n=2$ 的情况：

$$\begin{bmatrix} a & b \\ c & d \end{bmatrix}=\begin{bmatrix} 1 & 0 \\ c/a & 1 \end{bmatrix}\begin{bmatrix} a & b \\ 0 & d-(c/a)b \end{bmatrix},$$

如果 a 和 d 在大小上比 b 和 c “占优”，那么 $\boldsymbol{L}$ 和 $\boldsymbol{U}$ 的元素将会有好的界. 为了定量地说明这一点，我们需要明确定义. 如果

$$|a_{ii}| \geqslant \sum_{\substack{j=1\\ j\neq i}}^{n}|a_{ij}|, \quad i=1:n, \tag{4.1.1}$$

就说 $\boldsymbol{A}\in\mathbb{R}^{n\times n}$ 是**行对角占优的**. 同样，**列对角占优**意味着 $|a_{jj}|$ 大于等于同一列中所有非对角线元的和. 如果这些不等式是严格的，那么 $\boldsymbol{A}$ 是**严格地（行/列）对角占优的**. 对角占优矩阵可以是奇异矩阵，例如元素全为 1 的 2×2 矩阵. 但是，如果非奇异矩阵是对角占优的，那么它有一个“安全”的 LU 分解.

定理 4.1.1 如果非奇异矩阵 $\boldsymbol{A}$ 是列对角占优的，那么它有一个 LU 分解，并且 $\boldsymbol{L}=(\ell_{ij})$ 中的元素满足 $|\ell_{ij}|\leqslant 1$.

证明 我们采用归纳法. 当 $n=1$ 时定理显然成立. 假设对于列对角占优的非奇异 $(n-1)\times(n-1)$ 矩阵定理成立. 对 $\boldsymbol{A}\in\mathbb{R}^{n\times n}$ 进行如下划分:

$$\boldsymbol{A} = \begin{bmatrix} \alpha & \boldsymbol{w}^{\mathrm{T}} \\ \boldsymbol{v} & \boldsymbol{C} \end{bmatrix}, \quad \alpha\in\mathbb{R},\ \boldsymbol{v},\boldsymbol{w}\in\mathbb{R}^{n-1},\ \boldsymbol{C}\in\mathbb{R}^{(n-1)\times(n-1)}.$$

如果 $\alpha=0$，那么 $\boldsymbol{v}=\boldsymbol{0}$，从而 $\boldsymbol{A}$ 是奇异矩阵. 因此 $\alpha\neq 0$，我们有分解

$$\begin{bmatrix} \alpha & \boldsymbol{w}^{\mathrm{T}} \\ \boldsymbol{v} & \boldsymbol{C} \end{bmatrix} = \begin{bmatrix} 1 & \boldsymbol{0} \\ \boldsymbol{v}/\alpha & \boldsymbol{I} \end{bmatrix}\begin{bmatrix} 1 & \boldsymbol{0} \\ \boldsymbol{0} & \boldsymbol{B} \end{bmatrix}\begin{bmatrix} \alpha & \boldsymbol{w}^{\mathrm{T}} \\ \boldsymbol{0} & \boldsymbol{I} \end{bmatrix}, \tag{4.1.2}$$

其中

$$\boldsymbol{B} = \boldsymbol{C}-\frac{1}{\alpha}\boldsymbol{v}\boldsymbol{w}^{\mathrm{T}}.$$

因为 $\det(\boldsymbol{A})=\alpha\cdot\det(\boldsymbol{B})$，所以 $\boldsymbol{B}$ 是非奇异矩阵. 它也是列对角占优的，因为

$$\begin{aligned}\sum_{\substack{i=1\\ i\neq j}}^{n-1}|b_{ij}| &= \sum_{\substack{i=1\\ i\neq j}}^{n-1}|c_{ij}-v_iw_j/\alpha| \leqslant \sum_{\substack{i=1\\ i\neq j}}^{n-1}|c_{ij}| + \frac{|w_j|}{|\alpha|}\sum_{\substack{i=1\\ i\neq j}}^{n-1}|v_i| \\ &< (|c_{jj}|-|w_j|)+\frac{|w_j|}{|\alpha|}(|\alpha|-|v_j|) \leqslant \left|c_{jj}-\frac{w_jv_j}{\alpha}\right| = |b_{jj}|.\end{aligned}$$

根据归纳假设，$\boldsymbol{B}$ 有一个 LU 分解 $\boldsymbol{L}_1\boldsymbol{U}_1$，从 (4.1.2) 我们能得到

$$\boldsymbol{A} = \begin{bmatrix} 1 & \boldsymbol{0} \\ \boldsymbol{v}/\alpha & \boldsymbol{L}_1 \end{bmatrix}\begin{bmatrix} \alpha & \boldsymbol{w}^{\mathrm{T}} \\ \boldsymbol{0} & \boldsymbol{U}_1 \end{bmatrix} = \boldsymbol{L}\boldsymbol{U}.$$

因为 $\boldsymbol{A}$ 是列对角占优的，所以 $|\boldsymbol{v}/\alpha|$ 中的元素以 1 为界. 根据归纳假设，$|\boldsymbol{L}_1|$ 中的元素也是如此. 因此 $|\boldsymbol{L}|$ 中的元素都以 1 为界，定理得证. □

该定理表明，对于列对角占优矩阵不选主元的高斯消去法是一个稳定的求解过程. 如果对角元素严格占优非对角元素，那么我们能够限定 $\|\boldsymbol{A}^{-1}\|$.

定理 4.1.2 如果 $\boldsymbol{A}\in\mathbb{R}^{n\times n}$，并且

$$\delta = \min_{1\leqslant j\leqslant n}\left(|a_{jj}| - \sum_{\substack{i=1\\ i\neq j}}^{n}|a_{ij}|\right) > 0, \tag{4.1.3}$$

那么

$$\|\boldsymbol{A}^{-1}\|_1 \leqslant 1/\delta.$$

证明　定义 $\boldsymbol{D}=\mathrm{diag}(a_{11},\cdots,a_{nn})$，令 $\boldsymbol{E}=\boldsymbol{A}-\boldsymbol{D}$. 如果 $\boldsymbol{e}$ 是 n 维单位列向量，那么

$$\boldsymbol{e}^{\mathrm{T}}|\boldsymbol{E}| \leqslant \boldsymbol{e}^{\mathrm{T}}|\boldsymbol{D}|-\delta \boldsymbol{e}^{\mathrm{T}}.$$

如果 $\boldsymbol{x}\in\mathbb{R}^n$，那么 $\boldsymbol{D}\boldsymbol{x}=\boldsymbol{A}\boldsymbol{x}-\boldsymbol{E}\boldsymbol{x}$，并且

$$|\boldsymbol{D}|\,|\boldsymbol{x}| \leqslant |\boldsymbol{A}\boldsymbol{x}|+|\boldsymbol{E}|\,|\boldsymbol{x}|.$$

因此

$$\boldsymbol{e}^{\mathrm{T}}|\boldsymbol{D}|\,|\boldsymbol{x}| \leqslant \boldsymbol{e}^{\mathrm{T}}|\boldsymbol{A}\boldsymbol{x}|+\boldsymbol{e}^{\mathrm{T}}|\boldsymbol{E}|\,|\boldsymbol{x}| \leqslant \|\boldsymbol{A}\boldsymbol{x}\|_1+\left(\boldsymbol{e}^{\mathrm{T}}|\boldsymbol{D}|-\delta\boldsymbol{e}^{\mathrm{T}}\right)|\boldsymbol{x}|,$$

所以 $\delta\|\boldsymbol{x}\|_1=\delta\boldsymbol{e}^{\mathrm{T}}|\boldsymbol{x}|\leqslant\|\boldsymbol{A}\boldsymbol{x}\|_1$. 对于任意 $\boldsymbol{y}\in\mathbb{R}^n$ 有

$$\delta\|\boldsymbol{A}^{-1}\boldsymbol{y}\|_1 \leqslant \|\boldsymbol{A}(\boldsymbol{A}^{-1}\boldsymbol{y})\|_1 = \|\boldsymbol{y}\|_1,$$

从而得到 $\|\boldsymbol{A}^{-1}\|_1$ 的界. □

在 (4.1.3) 中定义的“占优”因子 δ 很重要，因为它与线性方程组的条件数有关. 此外，如果它太小，那么由于消去过程中的舍入误差，可能会失去对角占优. 也就是说，(4.1.2) 中计算出来的矩阵 $\boldsymbol{B}$ 可能不是列对角占优矩阵.

4.1.2　对称性与 LDL^{T} 分解

如果 $\boldsymbol{A}$ 是有 LU 分解 $\boldsymbol{A}=\boldsymbol{L}\boldsymbol{U}$ 的对称矩阵，那么 $\boldsymbol{L}$ 和 $\boldsymbol{U}$ 是有联系的. 例如，当 $n=2$ 时，我们有

$$\begin{aligned}\begin{bmatrix} a & c \\ c & d \end{bmatrix} &= \begin{bmatrix} 1 & 0 \\ c/a & 1 \end{bmatrix}\begin{bmatrix} a & c \\ 0 & d-(c/a)c \end{bmatrix} \\ &= \begin{bmatrix} 1 & 0 \\ c/a & 1 \end{bmatrix}\left(\begin{bmatrix} a & 0 \\ 0 & d-(c/a)c \end{bmatrix}\begin{bmatrix} 1 & c/a \\ 0 & 1 \end{bmatrix}\right).\end{aligned}$$

显然，$\boldsymbol{U}$ 是 $\boldsymbol{L}^{\mathrm{T}}$ 的行缩放. 下面是对此的精确描述.

定理 4.1.3 (LDL^{T} 分解) 假定 $\boldsymbol{A}\in\mathbb{R}^{n\times n}$ 是对称矩阵，对于 $k=1:n-1$ 顺序主子矩阵 $A(1:k,1:k)$ 都是非奇异矩阵，那么，存在单位下三角矩阵 $\boldsymbol{L}$ 和对角矩阵

$$\boldsymbol{D} = \mathrm{diag}(d_1,\cdots,d_n)$$

使得 $\boldsymbol{A}=\boldsymbol{L}\boldsymbol{D}\boldsymbol{L}^{\mathrm{T}}$. 这个分解是唯一的.

证明　根据定理 3.2.1，我们知道 $\boldsymbol{A}$ 有 LU 分解 $\boldsymbol{A}=\boldsymbol{L}\boldsymbol{U}$. 因为矩阵

$$\boldsymbol{L}^{-1}\boldsymbol{A}\boldsymbol{L}^{-\mathrm{T}} = \boldsymbol{U}\boldsymbol{L}^{-\mathrm{T}}$$

是对称的上三角矩阵，它一定是对角矩阵. 令 $\boldsymbol{D}=\boldsymbol{U}\boldsymbol{L}^{-\mathrm{T}}$，根据 LU 分解的唯一性即可证得本定理. □

注意，一旦我们有 $\mathrm{LDL}^{\mathrm{T}}$ 分解，那么求解 $\boldsymbol{A}\boldsymbol{x}=\boldsymbol{b}$ 的过程将分为以下三步：

$$\boldsymbol{L}\boldsymbol{z}=\boldsymbol{b},\quad \boldsymbol{D}\boldsymbol{y}=\boldsymbol{z},\quad \boldsymbol{L}^{\mathrm{T}}\boldsymbol{x}=\boldsymbol{y},$$

这是因为 $\boldsymbol{A}\boldsymbol{x}=\boldsymbol{L}(\boldsymbol{D}(\boldsymbol{L}^{\mathrm{T}}\boldsymbol{x}))=\boldsymbol{L}(\boldsymbol{D}\boldsymbol{y})=\boldsymbol{L}\boldsymbol{z}=\boldsymbol{b}$.

因为只需要计算一个三角矩阵，所以并不奇怪分解 $\boldsymbol{A}=\boldsymbol{L}\boldsymbol{D}\boldsymbol{L}^{\mathrm{T}}$ 只需要 $\boldsymbol{A}=\boldsymbol{L}\boldsymbol{U}$ 一半的 flop. 为了看出这点，我们推导一个富 gaxpy 过程，对于 $j=1:n$ 在第 j 步计算 $L(j+1:n,j)$ 和 d_j. 注意

$$A(j:n,j)\;=\;L(j:n,1:j)v(1:j),$$

其中

$$v(1:j)=\begin{bmatrix} d_1\ell_{j1} \\ d_2\ell_{j2} \\ \vdots \\ d_{j-1}\ell_{j,j-1} \\ d_j \end{bmatrix}.$$

由此我们可以得到

$$d_j\;=\;a_{jj}\;-\;\sum_{k=1}^{j-1}d_k\ell_{jk}^2.$$

利用 d_j，我们可以重新排列方程

$$\begin{aligned} A(j+1:n,j) &= L(j+1:n,1:j)v(1:j) \\ &= L(j+1:n,1:j-1)v(1:j-1)+d_jL(j+1:n,j), \end{aligned}$$

从而得到

$$L(j+1:n,j)\;=\;\frac{1}{d_j}\left(A(j+1:n,j)\;-\;L(j+1:n,1:j-1)v(1:j-1)\right).$$

重新整理，得到以下代码.

```
for j = 1 : n
    for i = 1 : j − 1
        v(i) = L(j, i)d(i)
    end
    d(j) = A(j, j) − L(j, 1 : j − 1)v(1 : j − 1)
    L(j + 1 : n, j) = (A(j + 1 : n, j) − L(j + 1 : n, 1 : j − 1)v(1 : j − 1))/d(j)
end
```

因此，我们有如下带覆盖的算法.

算法 4.1.1 (LDL^{T} 分解) 假定 $\boldsymbol{A}\in\mathbb{R}^{n\times n}$ 是对称矩阵，存在 LU 分解，算法计算满足 $\boldsymbol{A}=\boldsymbol{LDL}^{\mathrm{T}}$ 的单位下三角矩阵 $\boldsymbol{L}$ 和对角矩阵 $\boldsymbol{D}=\mathrm{diag}(d_1,\cdots,d_n)$. 当 $i>j$ 时 a_{ij} 被 ℓ_{ij} 覆盖，当 $i=j$ 时 a_{ij} 被 d_i 覆盖.

```
for j = 1 : n
    for i = 1 : j − 1
        v(i) = A(j, i)A(i, i)
    end
    A(j, j) = A(j, j) − A(j, 1 : j − 1)v(1 : j − 1)
    A(j + 1 : n, j) = (A(j + 1 : n, j) − A(j + 1 : n, 1 : j − 1)v(1 : j − 1))/A(j, j)
end
```

该算法需要 $n^3/3$ 个 flop，大约是高斯消去法的一半.

通过算法 4.1.1 和 3.1 节一般三角方程组解法得到的 $\boldsymbol{Ax}=\boldsymbol{b}$ 的计算解 $\hat{\boldsymbol{x}}$ 满足扰动方程组 $(\boldsymbol{A}+\boldsymbol{E})\hat{\boldsymbol{x}}=\boldsymbol{b}$，其中

$$|\boldsymbol{E}|\leqslant n\mathbf{u}\left(2|\boldsymbol{A}|+4|\hat{\boldsymbol{L}}||\hat{\boldsymbol{D}}||\hat{\boldsymbol{L}}^{\mathrm{T}}|\right)+O(\mathbf{u}^2),\tag{4.1.4}$$

式中 $\hat{\boldsymbol{L}}$ 和 $\hat{\boldsymbol{D}}$ 分别是 $\boldsymbol{L}$ 和 $\boldsymbol{D}$ 的计算解.

如前一章中所考虑的 LU 分解一样，(4.1.4) 中的上界没有限制，除非 $\boldsymbol{A}$ 具有能够保证稳定性的某种特殊性质. 下一节阐述，如果 $\boldsymbol{A}$ 是对称的正定矩阵，那么算法 4.1.1 不仅能完整运行而且还非常稳定. 如果 $\boldsymbol{A}$ 是对称矩阵但不是正定矩阵，那么正如我们将在 4.4 节讨论的那样，有必要考虑 LDL^{T} 分解的替代方案.

习　题

1. 证明：如果 (4.1.1) 中的所有不等式都是严格的不等式，那么 $\boldsymbol{A}$ 是非奇异矩阵.
2. 陈述并证明一个类似于定理 4.1.2 的结果，即考虑适用于行对角占优矩阵的相应定理. 具体来说，证明 $\|\boldsymbol{A}^{-1}\|_\infty\leqslant 1/\delta$，其中 δ 的定义类似 (4.1.3)，度量行对角占优的强度.
3. 假设 $\boldsymbol{A}$ 是列对角占优的对称非奇异矩阵，并且 $\boldsymbol{A}=\boldsymbol{LDL}^{\mathrm{T}}$. 对于 $\boldsymbol{L}$ 和 $\boldsymbol{D}$ 中元素的大小，你能够得出什么结论？尽你所能给出 $\|\boldsymbol{L}\|_1$ 的最小上界.

4.2 正定方程组

对于所有非零的 $\boldsymbol{x}\in\mathbb{R}^n$，如果 $\boldsymbol{x}^{\mathrm{T}}\boldsymbol{Ax}>0$，那么 $\boldsymbol{A}\in\mathbb{R}^{n\times n}$ 称为**正定矩阵**；如果 $\boldsymbol{x}^{\mathrm{T}}\boldsymbol{Ax}\geqslant 0$，那么称该矩阵为**半正定矩阵**；如果能找到 $\boldsymbol{x},\boldsymbol{y}\in\mathbb{R}^n$ 使得 $(\boldsymbol{x}^{\mathrm{T}}\boldsymbol{Ax})(\boldsymbol{y}^{\mathrm{T}}\boldsymbol{Ay})<0$ 成立，那么称该矩阵为**不定矩阵**. 对称的正定方程组是特

殊 $\boldsymbol{Ax}=\boldsymbol{b}$ 问题中最重要的一类．考虑 2×2 对称矩阵的情况．如果

$$\boldsymbol{A} = \begin{bmatrix} \alpha & \beta \\ \beta & \gamma \end{bmatrix}$$

是正定矩阵，那么

$$\begin{aligned}
\boldsymbol{x} &= [1,\ 0]^{\mathrm{T}} &\Rightarrow\quad \boldsymbol{x}^{\mathrm{T}}\boldsymbol{Ax} &= \alpha > 0,\\
\boldsymbol{x} &= [0,\ 1]^{\mathrm{T}} &\Rightarrow\quad \boldsymbol{x}^{\mathrm{T}}\boldsymbol{Ax} &= \gamma > 0,\\
\boldsymbol{x} &= [1,\ 1]^{\mathrm{T}} &\Rightarrow\quad \boldsymbol{x}^{\mathrm{T}}\boldsymbol{Ax} &= \alpha + 2\beta + \gamma > 0,\\
\boldsymbol{x} &= [1,\ -1]^{\mathrm{T}} &\Rightarrow\quad \boldsymbol{x}^{\mathrm{T}}\boldsymbol{Ax} &= \alpha - 2\beta + \gamma > 0.
\end{aligned}$$

由最后两个等式可知 $|\beta| \leqslant (\alpha+\gamma)/2$．从这些结果可以看出，$\boldsymbol{A}$ 中最大的元素位于对角线上且为正．这种情况普遍成立．（见下面的定理 4.2.8．）对称正定矩阵有一条充分"重要"的对角线，它使我们无须选主元．可用一种特殊分解方法（Cholesky 分解）来分解这种矩阵．Cholesky 分解利用了对称性和正定性，本节重点研究它的实现．然而，在讨论这些细节之前，我们先讨论非对称正定矩阵．这类矩阵本身就很重要，并提出与选主元相关的有趣问题．

4.2.1 正定性

假设 $\boldsymbol{A}\in\mathbb{R}^{n\times n}$ 是正定矩阵．很明显，正定矩阵必然是非奇异矩阵，否则我们能找到一个非零 $\boldsymbol{x}$ 满足 $\boldsymbol{x}^{\mathrm{T}}\boldsymbol{Ax}=0$．然而，从二次型 $\boldsymbol{x}^{\mathrm{T}}\boldsymbol{Ax}$ 的非负性可以得出更多结论，如下所示．

定理 4.2.1 *如果 $\boldsymbol{A}\in\mathbb{R}^{n\times n}$ 是正定矩阵，$\boldsymbol{X}\in\mathbb{R}^{n\times k}$ 的秩为 k，那么我们有 $\boldsymbol{B}=\boldsymbol{X}^{\mathrm{T}}\boldsymbol{AX}\in\mathbb{R}^{k\times k}$ 也是正定矩阵．*

证明 如果 $\boldsymbol{z}\in\mathbb{R}^{k}$ 满足 $0\geqslant \boldsymbol{z}^{\mathrm{T}}\boldsymbol{Bz}=(\boldsymbol{Xz})^{\mathrm{T}}\boldsymbol{A}(\boldsymbol{Xz})$，那么 $\boldsymbol{Xz}=\boldsymbol{0}$．但是，由于 $\boldsymbol{X}$ 是列满秩矩阵，这就意味着 $\boldsymbol{z}=\boldsymbol{0}$． □

推论 4.2.2 *如果 $\boldsymbol{A}$ 是正定矩阵，那么它的所有主子阵都是正定矩阵．特别地，所有对角线的元素都是正数．*

证明 如果 $\boldsymbol{v}$ 是长度为 k 的整数向量，其中 $1\leqslant v_1<\cdots<v_k\leqslant n$，那么 $\boldsymbol{X}=I_n(:,v)$ 是一个由单位矩阵的第 $v_1,\cdots,v_k$ 列组成的秩为 k 的矩阵．由定理 4.2.1 可知，$A(v,v)=\boldsymbol{X}^{\mathrm{T}}\boldsymbol{AX}$ 是正定矩阵． □

定理 4.2.3 *$\boldsymbol{A}\in\mathbb{R}^{n\times n}$ 是正定矩阵当且仅当对称矩阵*

$$\boldsymbol{T} = \frac{\boldsymbol{A}+\boldsymbol{A}^{\mathrm{T}}}{2}$$

有正的特征值．

证明 注意，$\boldsymbol{x}^{\mathrm{T}}\boldsymbol{A}\boldsymbol{x}=\boldsymbol{x}^{\mathrm{T}}\boldsymbol{T}\boldsymbol{x}$. 如果 $\boldsymbol{T}\boldsymbol{x}=\lambda\boldsymbol{x}$，那么 $\boldsymbol{x}^{\mathrm{T}}\boldsymbol{A}\boldsymbol{x}=\lambda\cdot\boldsymbol{x}^{\mathrm{T}}\boldsymbol{x}$. 因此，如果 $\boldsymbol{A}$ 是正定矩阵，那么 λ 是正数. 另外，假设 $\boldsymbol{T}$ 有正的特征值，$\boldsymbol{Q}^{\mathrm{T}}\boldsymbol{T}\boldsymbol{Q}=\mathrm{diag}(\lambda_i)$ 是它的 Schur 分解.（见 2.1.7 节.）由此得出，如果 $\boldsymbol{x}\in\mathbb{R}^n$, $\boldsymbol{y}=\boldsymbol{Q}^{\mathrm{T}}\boldsymbol{x}$，那么

$$\boldsymbol{x}^{\mathrm{T}}\boldsymbol{A}\boldsymbol{x}\;=\;\boldsymbol{x}^{\mathrm{T}}\boldsymbol{T}\boldsymbol{x}\;=\;\boldsymbol{y}^{\mathrm{T}}(\boldsymbol{Q}^{\mathrm{T}}\boldsymbol{T}\boldsymbol{Q})\boldsymbol{y}\;=\;\sum_{k=1}^{n}\lambda_k y_k^2>0,$$

这就完成了定理的证明. □

推论 4.2.4 如果 $\boldsymbol{A}$ 是正定矩阵，那么它有 LU 分解，并且 $\boldsymbol{U}$ 的对角线元素是正数.

证明 由推论 4.2.2 可知，对于 $k=1:n$ 子矩阵 $A(1:k,1:k)$ 是非奇异矩阵，由定理 3.2.1 可知 $\boldsymbol{A}$ 有分解 $\boldsymbol{A}=\boldsymbol{L}\boldsymbol{U}$. 如果我们对 $\boldsymbol{X}=(\boldsymbol{L}^{-1})^{\mathrm{T}}=\boldsymbol{L}^{-\mathrm{T}}$ 应用定理 4.2.1，那么 $\boldsymbol{B}=\boldsymbol{X}^{\mathrm{T}}\boldsymbol{A}\boldsymbol{X}=\boldsymbol{L}^{-\mathrm{T}}(\boldsymbol{L}\boldsymbol{U})\boldsymbol{L}^{-\mathrm{T}}=\boldsymbol{U}\boldsymbol{L}^{-\mathrm{T}}$ 是正定矩阵，因此有正对角线元素. 因为 $\boldsymbol{L}^{-\mathrm{T}}$ 是单位上三角矩阵，这意味着对于 $i=1:n$ 有 $b_{ii}=u_{ii}$，所以推论成立. □

存在 LU 分解并不意味着它的计算是可行的，因为其结果可能具有不可接受的大元素. 例如，如果 $\epsilon>0$，那么

$$\boldsymbol{A}=\begin{bmatrix}\epsilon & m\\ -m & \epsilon\end{bmatrix}=\begin{bmatrix}1 & 0\\ -m/\epsilon & 1\end{bmatrix}\begin{bmatrix}\epsilon & m\\ 0 & 1+m^2/\epsilon\end{bmatrix}$$

是正定矩阵. 然而，如果 $m/\epsilon\gg 1$，那么某种选主元似乎是有序的. 这使我们提出一个有趣的问题：是否有条件保证正定矩阵的不带选主元的 LU 分解是安全的?

4.2.2　非对称正定方程组

一般矩阵 $\boldsymbol{A}$ 的正定性是由它的对称部分得出的：

$$\boldsymbol{T}=\frac{\boldsymbol{A}+\boldsymbol{A}^{\mathrm{T}}}{2}.$$

注意，对于任何方阵，我们都有 $\boldsymbol{A}=\boldsymbol{T}+\boldsymbol{S}$，其中

$$\boldsymbol{S}\;=\;\frac{\boldsymbol{A}-\boldsymbol{A}^{\mathrm{T}}}{2}$$

是 $\boldsymbol{A}$ 的反称部分. 回想一下，如果 $\boldsymbol{S}^{\mathrm{T}}=-\boldsymbol{S}$，那么 $\boldsymbol{S}$ 是**反称矩阵**. 如果 $\boldsymbol{S}$ 是反称矩阵，那么对于所有 $\boldsymbol{x}\in\mathbb{R}^n$ 都有 $\boldsymbol{x}^{\mathrm{T}}\boldsymbol{S}\boldsymbol{x}=0$，对于 $i=1:n$ 有 $s_{ii}=0$. 由此可知，$\boldsymbol{A}$ 是正定矩阵当且仅当它的对称部分是正定的.

正定方程组的推导和分析方法需要明确对称和反称部分在 LU 分解过程中是如何相互作用的.

定理 4.2.5 假设

$$\boldsymbol{A} = \begin{bmatrix} \alpha & \boldsymbol{v}^{\mathrm{T}} \\ \boldsymbol{v} & \boldsymbol{B} \end{bmatrix} + \begin{bmatrix} 0 & -\boldsymbol{w}^{\mathrm{T}} \\ \boldsymbol{w} & \boldsymbol{C} \end{bmatrix}$$

是正定矩阵，$\boldsymbol{B} \in \mathbb{R}^{(n-1)\times(n-1)}$ 是对称矩阵，$\boldsymbol{C} \in \mathbb{R}^{(n-1)\times(n-1)}$ 是反称矩阵. 那么由此得到

$$\boldsymbol{A} = \begin{bmatrix} 1 & \boldsymbol{0} \\ (\boldsymbol{v}+\boldsymbol{w})/\alpha & \boldsymbol{I} \end{bmatrix} \begin{bmatrix} \alpha & (\boldsymbol{v}-\boldsymbol{w})^{\mathrm{T}} \\ \boldsymbol{0} & \boldsymbol{B}_1 + \boldsymbol{C}_1 \end{bmatrix}, \tag{4.2.1}$$

其中

$$\boldsymbol{B}_1 = \boldsymbol{B} - \frac{1}{\alpha}\left(\boldsymbol{v}\boldsymbol{v}^{\mathrm{T}} - \boldsymbol{w}\boldsymbol{w}^{\mathrm{T}}\right) \tag{4.2.2}$$

是对称正定矩阵，

$$\boldsymbol{C}_1 = \boldsymbol{C} - \frac{1}{\alpha}\left(\boldsymbol{w}\boldsymbol{v}^{\mathrm{T}} - \boldsymbol{v}\boldsymbol{w}^{\mathrm{T}}\right) \tag{4.2.3}$$

是反称矩阵.

证明 因为 $\alpha \neq 0$，由此得出 (4.2.1) 成立. 从定义显然可以看出，$\boldsymbol{B}_1$ 是对称矩阵，$\boldsymbol{C}_1$ 是反称矩阵. 因此，我们只需要要证明 $\boldsymbol{B}_1$ 是正定矩阵，也就是说，对于所有非零 $\boldsymbol{z} \in \mathbb{R}^{n-1}$ 有

$$0 < \boldsymbol{z}^{\mathrm{T}}\boldsymbol{B}_1\boldsymbol{z} = \boldsymbol{z}^{\mathrm{T}}\boldsymbol{B}\boldsymbol{z} - \frac{1}{\alpha}\left(\boldsymbol{v}^{\mathrm{T}}\boldsymbol{z}\right)^2 + \frac{1}{\alpha}\left(\boldsymbol{w}^{\mathrm{T}}\boldsymbol{z}\right)^2. \tag{4.2.4}$$

对于任意 $\mu \in \mathbb{R}$ 和 $\boldsymbol{0} \neq \boldsymbol{z} \in \mathbb{R}^{n-1}$ 我们有

$$\begin{aligned} 0 < \begin{bmatrix} \mu \\ \boldsymbol{z} \end{bmatrix}^{\mathrm{T}} \boldsymbol{A} \begin{bmatrix} \mu \\ \boldsymbol{z} \end{bmatrix} &= \begin{bmatrix} \mu \\ \boldsymbol{z} \end{bmatrix}^{\mathrm{T}} \begin{bmatrix} \alpha & \boldsymbol{v}^{\mathrm{T}} \\ \boldsymbol{v} & \boldsymbol{B} \end{bmatrix} \begin{bmatrix} \mu \\ \boldsymbol{z} \end{bmatrix} \\ &= \mu^2\alpha + 2\mu\boldsymbol{v}^{\mathrm{T}}\boldsymbol{z} + \boldsymbol{z}^{\mathrm{T}}\boldsymbol{B}\boldsymbol{z}. \end{aligned}$$

如果 $\mu = -(\boldsymbol{v}^{\mathrm{T}}\boldsymbol{z})/\alpha$，那么

$$0 < \boldsymbol{z}^{\mathrm{T}}\boldsymbol{B}\boldsymbol{z} - \frac{1}{\alpha}\left(\boldsymbol{v}^{\mathrm{T}}\boldsymbol{z}\right)^2,$$

这就建立了不等式 (4.2.4). □

从 (4.2.1) 可以看出，如果 $\boldsymbol{B}_1 + \boldsymbol{C}_1 = \boldsymbol{L}_1\boldsymbol{U}_1$ 是 LU 分解，那么 $\boldsymbol{A} = \boldsymbol{L}\boldsymbol{U}$，其中

$$\boldsymbol{L} = \begin{bmatrix} 1 & \boldsymbol{0} \\ (\boldsymbol{v}+\boldsymbol{w})/\alpha & \boldsymbol{L}_1 \end{bmatrix} \begin{bmatrix} \alpha & (\boldsymbol{v}-\boldsymbol{w})^{\mathrm{T}} \\ \boldsymbol{0} & \boldsymbol{U}_1 \end{bmatrix}.$$

因此，该定理表明，如果 $\boldsymbol{S}$ 与 $\boldsymbol{T}^{-1}$ 相比差别不大，那么 $\boldsymbol{A} = \boldsymbol{L}\boldsymbol{U}$ 中的三角形因子将是有界的. 下面是一个精确的结果.

定理 4.2.6 设 $A \in \mathbb{R}^{n\times n}$ 是正定矩阵，令 $T = (A+A^{\mathrm{T}})/2$, $S = (A-A^{\mathrm{T}})/2$. 如果 $A = LU$ 是 LU 分解，那么

$$\| \, |L||U| \, \|_F \leqslant n(\| T \|_2 + \| ST^{-1}S \|_2). \tag{4.2.5}$$

证明 见 Golub and Van Loan (1979). □

该定理表明不选主元是可行的. 假设计算出的因子 $\hat{L}$ 和 $\hat{U}$ 满足

$$\| \, |\hat{L}||\hat{U}| \, \|_F \leqslant c \| \, |L||U| \, \|_F, \tag{4.2.6}$$

其中 c 是一个适当大小的常量. 根据 (4.2.1) 和 3.3 节的分析得出，如果使用这些因子来计算 $Ax = b$ 的解，那么计算出的解 $\hat{x}$ 满足 $(A+E)\hat{x} = b$，其中

$$\| E \|_F \leqslant \mathbf{u}\left(2n\| A \|_F + 4cn^2(\| T \|_2 + \| ST^{-1}S \|_2)\right) + O(\mathbf{u}^2). \tag{4.2.7}$$

容易看出 $\| T \|_2 \leqslant \| A \|_2$，因此可以得出结论，如果

$$\Omega = \frac{\| ST^{-1}S \|_2}{\| A \|_2} \tag{4.2.8}$$

不是太大，那么不选主元是可行的. 换句话说，与对称部分 T 的条件数相比，反称部分 S 的范数大小适中时，不选主元是可行的. 有时，在具体的应用中可以估计 Ω. 明显的例子是，当 A 是对称矩阵时有 $\Omega = 0$.

4.2.3　对称正定方程组

将上述结果应用于对称正定矩阵，我们就知道分解 $A = LU$ 存在，且计算是稳定的. 通过算法 4.1.2 计算分解 $A = LDL^{\mathrm{T}}$ 也是稳定的，且有对称性. 然而，对于对称正定方程组，使用 LDL^{T} 的变形通常更好.

定理 4.2.7 (Cholesky 分解) 假设 $A \in \mathbb{R}^{n\times n}$ 是对称正定矩阵，那么存在唯一一个下三角矩阵 $G \in \mathbb{R}^{n\times n}$，其有正的对角线元素，使得 $A = GG^{\mathrm{T}}$.

证明 根据定理 4.1.3，存在一个单位下三角矩阵 L 和一个对角矩阵

$$D = \mathrm{diag}(d_1, \cdots, d_n)$$

使得 $A = LDL^{\mathrm{T}}$. 由定理 4.2.1 可知 $L^{-1}AL^{-\mathrm{T}} = D$ 是正定矩阵. 因此，d_k 是正实数，$G = L\,\mathrm{diag}(\sqrt{d_1}, \cdots, \sqrt{d_n})$ 是对角线元素大于零的实下三角矩阵，满足 $A = GG^{\mathrm{T}}$. 唯一性来自 $\mathrm{LDL^T}$ 分解的唯一性. □

分解 $A = GG^{\mathrm{T}}$ 称为 **Cholesky 分解**，G 是 **Cholesky 因子**. 注意，如果我们计算 Cholesky 分解，然后解三角方程组 $Gy = b$ 和 $G^{\mathrm{T}}x = y$，那么 $b = Gy = G(G^{\mathrm{T}}x) = (GG^{\mathrm{T}})x = Ax$.

4.2.4 Cholesky 因子不是平方根

满足 $\boldsymbol{A}=\boldsymbol{X}^2$ 的矩阵 $\boldsymbol{X}\in\mathbb{R}^{n\times n}$ 称为 $\boldsymbol{A}$ 的平方根. 注意, 如果 $\boldsymbol{A}$ 是对称正定非对角矩阵, 那么它的 Cholesky 因子不是平方根. 然而, 如果 $\boldsymbol{A}=\boldsymbol{G}\boldsymbol{G}^{\mathrm{T}}$ 且 $\boldsymbol{X}=\boldsymbol{U}\boldsymbol{\Sigma}\boldsymbol{U}^{\mathrm{T}}$, 其中 $\boldsymbol{G}=\boldsymbol{U}\boldsymbol{\Sigma}\boldsymbol{V}^{\mathrm{T}}$ 是奇异值分解, 那么

$$\boldsymbol{X}^2=(\boldsymbol{U}\boldsymbol{\Sigma}\boldsymbol{U}^{\mathrm{T}})(\boldsymbol{U}\boldsymbol{\Sigma}\boldsymbol{U}^{\mathrm{T}})=\boldsymbol{U}\boldsymbol{\Sigma}^2\boldsymbol{U}^{\mathrm{T}}=(\boldsymbol{U}\boldsymbol{\Sigma}\boldsymbol{V}^{\mathrm{T}})(\boldsymbol{U}\boldsymbol{\Sigma}\boldsymbol{V}^{\mathrm{T}})^{\mathrm{T}}=\boldsymbol{G}\boldsymbol{G}^{\mathrm{T}}=\boldsymbol{A}.$$

因此, 对称正定矩阵 $\boldsymbol{A}$ 具有对称正定平方根, 记为 $\boldsymbol{A}^{1/2}$. 我们将在 9.4.2 节继续讨论矩阵的平方根.

4.2.5 基于 gaxpy 的 Cholesky 分解

定理 4.2.7 中对 Cholesky 分解的证明具有建设性. 然而, 更有效的方法是比较 $\boldsymbol{A}=\boldsymbol{G}\boldsymbol{G}^{\mathrm{T}}$ 中的列. 如果 $\boldsymbol{A}\in\mathbb{R}^{n\times n}$ 且 $1\leqslant j\leqslant n$, 那么

$$A(:,j)\;=\;\sum_{k=1}^{j}G(j,k)G(:,k).$$

这就是说

$$G(j,j)G(:,j)\;=\;A(:,j)-\sum_{k=1}^{j-1}G(j,k)G(:,k)\;\equiv\;\boldsymbol{v}. \tag{4.2.9}$$

已知 $\boldsymbol{G}$ 的前 $j-1$ 列就可以计算出 $\boldsymbol{v}$. 由 (4.2.9) 各分量间的相等关系可知

$$G(j:n,j)\;=\;v(j:n)/\sqrt{v(j)},$$

所以我们得到

for $j=1:n$
  $v(j:n)=A(j:n,j)$
  for $k=1:j-1$
    $v(j:n)=v(j:n)-G(j,k)G(j:n,k)$
  end
  $G(j:n,j)=v(j:n)/\sqrt{v(j)}$
end

可以适当安排, 在计算过程中用 $\boldsymbol{G}$ 覆盖 $\boldsymbol{A}$ 的下三角部分.

算法 4.2.1 (基于 gaxpy 的 Cholesky 分解) 给定对称正定矩阵 $\boldsymbol{A}\in\mathbb{R}^{n\times n}$, 算法计算出一个满足 $\boldsymbol{A}=\boldsymbol{G}\boldsymbol{G}^{\mathrm{T}}$ 的下三角矩阵 $\boldsymbol{G}$. 对所有 $i\geqslant j$, $G(i,j)$ 覆盖 $A(i,j)$.

```
for j = 1 : n
  if j > 1
    A(j : n, j) = A(j : n, j) − A(j : n, 1 : j − 1)A(j, 1 : j − 1)^T
  end
  A(j : n, j) = A(j : n, j)/√A(j, j)
end
```

这个算法需要 $n^3/3$ 个 flop.

4.2.6 Cholesky 分解的稳定性

在精确算法中，我们知道对称正定矩阵存在 Cholesky 分解. 另外，如果 Cholesky 分解过程能顺利完成，得到严格的正平方根，那么 $\boldsymbol{A}$ 是正定矩阵. 因此，为了判断矩阵 $\boldsymbol{A}$ 是否为正定矩阵，我们只需尝试使用上面给出的任何一种方法来计算其 Cholesky 分解.

有舍入误差的情形更为有趣. Cholesky 算法的数值稳定性大致来自不等式

$$g_{ij}^2 \leqslant \sum_{k=1}^{i} g_{ik}^2 = a_{ii}.$$

这表明 Cholesky 三角矩阵的元素有很好的界. 从等式 $\|\boldsymbol{G}\|_2^2 = \|\boldsymbol{A}\|_2$ 中也可得出相同的结论.

经典论文 Wilkinson (1968) 全面研究了 Cholesky 分解的舍入误差. 利用那篇文章中的结果可以证明，如果通过 Cholesky 分解得到 $\boldsymbol{A}\boldsymbol{x} = \boldsymbol{b}$ 的计算解 $\hat{\boldsymbol{x}}$，那么 $\hat{\boldsymbol{x}}$ 是扰动方程组

$$(\boldsymbol{A} + \boldsymbol{E})\hat{\boldsymbol{x}} = \boldsymbol{b}, \quad \|\boldsymbol{E}\|_2 \leqslant c_n \mathbf{u} \|\boldsymbol{A}\|_2$$

的解，其中 c_n 是由 n 确定的小常数. 此外，Wilkinson 指出，如果 $q_n \mathbf{u} \kappa_2(\boldsymbol{A}) \leqslant 1$，其中 q_n 是另一个小常数，那么 Cholesky 分解能够完成，不会出现负数开平方根.

重要的是要记住，对称正定线性方程组可能是病态的. 实际上，对称正定矩阵的特征值和奇异值是相同的. 这源于 (2.4.1) 和定理 4.2.3. 因此，

$$\kappa_2(\boldsymbol{A}) = \frac{\lambda_{\max}(\boldsymbol{A})}{\lambda_{\min}(\boldsymbol{A})}.$$

特征值 $\lambda_{\min}(\boldsymbol{A})$ 是 Cholesky 条件下的 “困难程度”. 这提示我们考虑一种置换策略，它引导我们避免使用小的对角线元素，因为这些元素会使分解过程产生困难.

4.2.7 对称选主元的 $\mathrm{LDL}^{\mathrm{T}}$ 分解

现在，着眼于处理病态的对称正定方程组，我们回到 $\mathrm{LDL}^{\mathrm{T}}$ 分解，并产生一个可选主元的外积. 首先观察到，如果 $\boldsymbol{A}$ 是对称矩阵，$\boldsymbol{P}_1$ 是置换矩阵，那么 $\boldsymbol{P}_1\boldsymbol{A}$ 不是对称矩阵. 另外，$\boldsymbol{P}_1\boldsymbol{A}\boldsymbol{P}_1^{\mathrm{T}}$ 是对称矩阵，意味着我们可考虑以下分解：

$$\boldsymbol{P}_1\boldsymbol{A}\boldsymbol{P}_1^{\mathrm{T}} = \begin{bmatrix} \alpha & \boldsymbol{v}^{\mathrm{T}} \\ \boldsymbol{v} & \boldsymbol{B} \end{bmatrix} = \begin{bmatrix} 1 & \boldsymbol{0} \\ \boldsymbol{v}/\alpha & \boldsymbol{I}_{n-1} \end{bmatrix} \begin{bmatrix} \alpha & \boldsymbol{0} \\ \boldsymbol{0} & \tilde{\boldsymbol{A}} \end{bmatrix} \begin{bmatrix} 1 & \boldsymbol{0} \\ \boldsymbol{v}/\alpha & \boldsymbol{I}_{n-1} \end{bmatrix}^{\mathrm{T}},$$

其中

$$\tilde{\boldsymbol{A}} = \boldsymbol{B} - \frac{1}{\alpha}\boldsymbol{v}\boldsymbol{v}^{\mathrm{T}}.$$

注意，利用这种对称选主元，新的 (1,1) 元素 α 是某个对角线元素 a_{ii}. 我们的计划是选择 $\boldsymbol{P}_1$ 使得 α 是 $\boldsymbol{A}$ 的对角线元素中的最大者. 我们将相同的策略递归地应用于 $\tilde{\boldsymbol{A}}$，并计算

$$\tilde{\boldsymbol{P}}\tilde{\boldsymbol{A}}\tilde{\boldsymbol{P}}^{\mathrm{T}} = \tilde{\boldsymbol{L}}\tilde{\boldsymbol{D}}\tilde{\boldsymbol{L}}^{\mathrm{T}},$$

可以得到分解

$$\boldsymbol{P}\boldsymbol{A}\boldsymbol{P}^{\mathrm{T}} = \boldsymbol{L}\boldsymbol{D}\boldsymbol{L}^{\mathrm{T}}, \tag{4.2.10}$$

其中

$$\boldsymbol{P} = \begin{bmatrix} 1 & \boldsymbol{0} \\ \boldsymbol{0} & \tilde{\boldsymbol{P}} \end{bmatrix}\boldsymbol{P}_1, \quad \boldsymbol{L} = \begin{bmatrix} 1 & \boldsymbol{0} \\ \boldsymbol{v}/\alpha & \tilde{\boldsymbol{L}} \end{bmatrix}, \quad \boldsymbol{D} = \begin{bmatrix} \alpha & \boldsymbol{0} \\ \boldsymbol{0} & \tilde{\boldsymbol{D}} \end{bmatrix}.$$

利用这一选主元方法，有

$$d_1 \geqslant d_2 \geqslant \cdots \geqslant d_n > 0.$$

以下是整个算法的非递归实现过程.

算法 4.2.2 (选主元的 $\mathrm{LDL}^{\mathrm{T}}$ 外积) 给定对称半正定矩阵 $\boldsymbol{A} \in \mathbb{R}^{n\times n}$，算法计算置换矩阵 $\boldsymbol{P}$、单位下三角矩阵 $\boldsymbol{L}$ 和对角矩阵 $\boldsymbol{D} = \mathrm{diag}(d_1, \cdots, d_n)$，使得 $\boldsymbol{P}\boldsymbol{A}\boldsymbol{P}^{\mathrm{T}} = \boldsymbol{L}\boldsymbol{D}\boldsymbol{L}^{\mathrm{T}}$，其中 $d_1 \geqslant d_2 \geqslant \cdots \geqslant d_n > 0$. 如果 $i = j$，那么矩阵元素 a_{ij} 被 d_i 覆盖；如果 $i > j$，那么 a_{ij} 被 ℓ_{ij} 覆盖. $\boldsymbol{P} = \boldsymbol{P}_1 \cdots \boldsymbol{P}_n$，其中 $\boldsymbol{P}_k$ 是交换单位矩阵的第 k 行和第 $piv(k)$ 行而得到的.

```
for k = 1 : n
    piv(k) = j，其中 a_jj = max{a_kk, ···, a_nn}
    A(k, :) ↔ A(j, :)
    A(:, k) ↔ A(:, j)
    α = A(k, k)
```

$$
\begin{aligned}
&\quad v = A(k+1:n,k)\\
&\quad A(k+1:n,k) = v/\alpha\\
&\quad A(k+1:n,k+1:n) = A(k+1:n,k+1:n) - vv^{\mathrm{T}}/\alpha\\
&\textbf{end}
\end{aligned}
$$

如果在外积校正中利用了对称性，那么需要 $n^3/3$ 个 flop. 在给定 $\boldsymbol{PAP}^{\mathrm{T}} = \boldsymbol{LDL}^{\mathrm{T}}$ 的情况下求解 $\boldsymbol{Ax}=\boldsymbol{b}$，求解过程如下：

$$
\boldsymbol{Lw} = \boldsymbol{Pb}, \quad \boldsymbol{Dy} = \boldsymbol{w}, \quad \boldsymbol{L}^{\mathrm{T}}\boldsymbol{z} = \boldsymbol{y}, \quad \boldsymbol{x} = \boldsymbol{P}^{\mathrm{T}}\boldsymbol{z}.
$$

顺便说一下，算法 4.2.2 的实现可以仅需引用 $\boldsymbol{A}$ 的下三角部分.

它似乎没有提供真正有用的 Cholesky 分解，对我们为什么甚至扰乱 $\mathrm{LDL^T}$ 分解产生疑问也是合理的. 这里有两个原因. 首先，在窄带宽的情况下才是更有效的，因为它避免了平方根，见 4.3.6 节. 其次，它是引入如下形式的分解的一种恰当方式.

$$
\boldsymbol{PAP}^{\mathrm{T}} = \begin{pmatrix}\text{下三角}\\ \text{矩阵}\end{pmatrix} \times \begin{pmatrix}\text{简单}\\ \text{矩阵}\end{pmatrix} \times \begin{pmatrix}\text{下三角}\\ \text{矩阵}\end{pmatrix}^{\mathrm{T}},
$$

其中 $\boldsymbol{P}$ 是对称选主元产生的置换矩阵. 我们在 4.4 节得出的对称不定分解，以及我们将要讨论的半正定问题的“秩演示”分解，都属于这个范畴.

4.2.8 对称半正定矩阵

给定对称矩阵 $\boldsymbol{A} \in \mathbb{R}^{n\times n}$，如果对于每个 $\boldsymbol{x} \in \mathbb{R}^n$ 都有

$$
\boldsymbol{x}^{\mathrm{T}}\boldsymbol{Ax} \geqslant 0,
$$

那么 $\boldsymbol{A}$ 是半正定矩阵. 容易看出，如果 $\boldsymbol{A} \in \mathbb{R}^{n\times n}$ 是对称半正定矩阵，那么其特征值满足

$$
0 = \lambda_n(\boldsymbol{A}) = \cdots = \lambda_{r+1}(\boldsymbol{A}) < \lambda_r(\boldsymbol{A}) \leqslant \cdots \leqslant \lambda_1(\boldsymbol{A}), \tag{4.2.11}
$$

其中 r 是 $\boldsymbol{A}$ 的秩. 我们的目标是证明算法 4.2.2 可用于估计 r，并生成 (4.2.10) 的简化版本. 我们首先建立一些有用的性质.

定理 4.2.8 如果 $\boldsymbol{A} \in \mathbb{R}^{n\times n}$ 是对称半正定矩阵，那么

$$
|a_{ij}| \leqslant (a_{ii}+a_{jj})/2, \tag{4.2.12}
$$

$$
|a_{ij}| \leqslant \sqrt{a_{ii}a_{jj}}, \quad (i \neq j), \tag{4.2.13}
$$

$$
\max|a_{ij}| = \max a_{ii}, \tag{4.2.14}
$$

$$
a_{ii} = 0 \Rightarrow A(i,:) = \mathbf{0}, \ A(:,i) = \mathbf{0}. \tag{4.2.15}
$$

证明 令 e_i 表示 $\boldsymbol{I}_n$ 的第 i 列. 因为

$$\boldsymbol{x} = \boldsymbol{e}_i + \boldsymbol{e}_j \;\Rightarrow\; 0 \leqslant \boldsymbol{x}^{\mathrm{T}}\boldsymbol{A}\boldsymbol{x} = a_{ii} + 2a_{ij} + a_{jj},$$

$$\boldsymbol{x} = \boldsymbol{e}_i - \boldsymbol{e}_j \;\Rightarrow\; 0 \leqslant \boldsymbol{x}^{\mathrm{T}}\boldsymbol{A}\boldsymbol{x} = a_{ii} - 2a_{ij} + a_{jj},$$

因此

$$-2a_{ij} \leqslant a_{ii} + a_{jj},$$

$$2a_{ij} \leqslant a_{ii} + a_{jj}.$$

从而证明了 (4.2.12)，这又可推出 (4.2.14) 成立.

为了证明 (4.2.13)，令 $\boldsymbol{x} = \tau\boldsymbol{e}_i + \boldsymbol{e}_j$，其中 $\tau \in \mathbb{R}$. 从而我们有

$$0 < \boldsymbol{x}^{\mathrm{T}}\boldsymbol{A}\boldsymbol{x} = a_{ii}\tau^2 + 2a_{ij}\tau + a_{jj}$$

对所有 τ 成立. 这是关于 τ 的二次方程，要使不等式成立，判别式 $4a_{ij}^2 - 4a_{ii}a_{jj}$ 必须小于零，即 $|a_{ij}| \leqslant \sqrt{a_{ii}a_{jj}}$. 从 (4.2.13) 立即可推出 (4.2.15). □

我们考察算法 4.2.2 应用于秩为 r 的半正定矩阵时会发生什么. 如果 $k \leqslant r$，那么 k 步以后，我们将得到分解

$$\tilde{\boldsymbol{P}}\boldsymbol{A}\tilde{\boldsymbol{P}}^{\mathrm{T}} = \begin{bmatrix} \boldsymbol{L}_{11} & \boldsymbol{0} \\ \boldsymbol{L}_{21} & \boldsymbol{I}_{n-k} \end{bmatrix} \begin{bmatrix} \boldsymbol{D}_k & \boldsymbol{0} \\ \boldsymbol{0} & \boldsymbol{A}_k \end{bmatrix} \begin{bmatrix} \boldsymbol{L}_{11}^{\mathrm{T}} & \boldsymbol{L}_{21}^{\mathrm{T}} \\ \boldsymbol{0} & \boldsymbol{I}_{n-k} \end{bmatrix}, \tag{4.2.16}$$

其中 $\boldsymbol{D}_k = \mathrm{diag}(d_1, \cdots, d_k) \in \mathbb{R}^{k\times k}$ 且 $d_1 \geqslant \cdots \geqslant d_k \geqslant 0$. 根据选主元方法，如果 $d_k = 0$，那么 $\boldsymbol{A}_k$ 的对角线元素为零. 因为 $\boldsymbol{A}_k$ 是半正定矩阵，由 (4.2.15) 可知 $\boldsymbol{A}_k = \boldsymbol{0}$. 这与假设 $\boldsymbol{A}$ 的秩为 r 矛盾，除非 $k = r$. 因此，如果 $k \leqslant r$，那么 $d_k > 0$. 此外，由于 $\boldsymbol{A}$ 与 $\mathrm{diag}(\boldsymbol{D}_r, \boldsymbol{A}_r)$ 有相同的秩，我们能够得到 $\boldsymbol{A}_r = \boldsymbol{0}$. 从 (4.2.16) 可知

$$\boldsymbol{P}\boldsymbol{A}\boldsymbol{P}^{\mathrm{T}} = \begin{bmatrix} \boldsymbol{L}_{11} \\ \boldsymbol{L}_{21} \end{bmatrix} \boldsymbol{D}_r \left[\, \boldsymbol{L}_{11}^{\mathrm{T}} \;\middle|\; \boldsymbol{L}_{21}^{\mathrm{T}} \,\right], \tag{4.2.17}$$

其中 $\boldsymbol{D}_r = \mathrm{diag}(d_1, \cdots, d_r)$ 具有正的对角线元素，$\boldsymbol{L}_{11} \in \mathbb{R}^{r\times r}$ 是单位下三角矩阵，$\boldsymbol{L}_{21} \in \mathbb{R}^{(n-r)\times r}$. 如果 $\boldsymbol{l}_j$ 是矩阵 $\boldsymbol{L}$ 的第 j 列，那么我们可以将 (4.2.17) 改写为秩 1 矩阵的和：

$$\boldsymbol{P}\boldsymbol{A}\boldsymbol{P}^{\mathrm{T}} = \sum_{j=1}^{r} d_j\, \boldsymbol{l}_j \boldsymbol{l}_j^{\mathrm{T}}.$$

这可以看作奇异值分解秩 1 展开的一个相对经济的替代方案.

值得注意的是，我们整个半正定讨论都是一个精确的算术问题. 在实践中，必须在算法 4.2.2 中建立小对角线元素的阈值. 如果 (4.2.16) 中计算出的 $\boldsymbol{A}_k$ 的对角线元素足够小，那么就可以终止循环，并且可以将 $\tilde{r}$ 视为 $\boldsymbol{A}$ 的数值秩. 更多细节请参阅 Higham (1989).

4.2.9　分块 Cholesky 分解

正如计算 LU 分解存在分块方法一样，计算 Cholesky 分解也可使用分块方法. 与 3.2.11 节的分块 LU 算法的推导类似，我们首先对 $\boldsymbol{A}=\boldsymbol{G}\boldsymbol{G}^{\mathrm{T}}$ 分块如下：

$$\begin{bmatrix} \boldsymbol{A}_{11} & \boldsymbol{A}_{21}^{\mathrm{T}} \\ \boldsymbol{A}_{21} & \boldsymbol{A}_{22} \end{bmatrix} = \begin{bmatrix} \boldsymbol{G}_{11} & \boldsymbol{0} \\ \boldsymbol{G}_{21} & \boldsymbol{G}_{22} \end{bmatrix} \begin{bmatrix} \boldsymbol{G}_{11} & \boldsymbol{0} \\ \boldsymbol{G}_{21} & \boldsymbol{G}_{22} \end{bmatrix}^{\mathrm{T}}. \tag{4.2.18}$$

这里 $\boldsymbol{A}_{11}\in\mathbb{R}^{r\times r}, \boldsymbol{A}_{22}\in\mathbb{R}^{(n-r)\times(n-r)}$，其中 r 是分块参数，$\boldsymbol{G}$ 是合适的划分. 比较 (4.2.18) 中的分块，我们得出结论

$$\begin{aligned} \boldsymbol{A}_{11} &= \boldsymbol{G}_{11}\boldsymbol{G}_{11}^{\mathrm{T}}, \\ \boldsymbol{A}_{21} &= \boldsymbol{G}_{21}\boldsymbol{G}_{11}^{\mathrm{T}}, \\ \boldsymbol{A}_{22} &= \boldsymbol{G}_{21}\boldsymbol{G}_{21}^{\mathrm{T}}+\boldsymbol{G}_{22}\boldsymbol{G}_{22}^{\mathrm{T}}, \end{aligned}$$

这就意味着可以采用以下三步运算：

步骤 1. 计算 $\boldsymbol{A}_{11}$ 的 Cholesky 分解，得到 $\boldsymbol{G}_{11}$.

步骤 2. 求解下三角矩阵的多右端项方程组，得到 $\boldsymbol{G}_{21}$.

步骤 3. 计算 $\boldsymbol{A}_{22}-\boldsymbol{G}_{21}\boldsymbol{G}_{21}^{\mathrm{T}}=\boldsymbol{A}_{22}-\boldsymbol{A}_{21}\boldsymbol{A}_{11}^{-1}\boldsymbol{A}_{21}^{\mathrm{T}}$ 的 Cholesky 因子 $\boldsymbol{G}_{22}$.

以递归的形式，我们得到以下算法.

算法 4.2.3 (递归分块 Cholesky 分解)　给定对称正定矩阵 $\boldsymbol{A}\in\mathbb{R}^{n\times n}$ 和正整数 r，算法计算满足 $\boldsymbol{A}=\boldsymbol{G}\boldsymbol{G}^{\mathrm{T}}$ 的下三角矩阵 $\boldsymbol{G}\in\mathbb{R}^{n\times n}$.

function $G=\mathsf{BlockCholesky}(A,n,r)$

　if $n\leqslant r$

　　计算 Cholesky 分解 $A=GG^{\mathrm{T}}$.

　else

　　计算 Cholesky 分解 $A(1:r,1:r) = G_{11}G_{11}^{\mathrm{T}}$.

　　求解 $G_{21}G_{11}^{\mathrm{T}}=A(r+1:n,1:r)$，得到 G_{21}.

　　$\tilde{A}=A(r+1:n,r+1:n)-G_{21}G_{21}^{\mathrm{T}}$

　　$G_{22}=\mathsf{BlockCholesky}(\tilde{A},n-r,r)$

　　$G=\begin{bmatrix} G_{11} & 0 \\ G_{21} & G_{22} \end{bmatrix}$

　end

end

如果在 $\tilde{\boldsymbol{A}}$ 的计算中利用了对称性，那么该算法需要 $n^3/3$ 个 flop. 对 flop 的仔细计数表明，3 级运算占比约为 $1-1/N^2$，其中 $N\approx n/r$. $\boldsymbol{G}_{11}$ 的“小”Cholesky 计算和 $\boldsymbol{G}_{21}$ 的“小”求解过程主要由 $\tilde{\boldsymbol{A}}$ 的“大”的 3 级修正控制.

我们的目标是开发一个非递归的实现，为清晰起见，假设 $n=Nr$，其中 N 是正整数，考虑划分

$$\begin{bmatrix} \boldsymbol{A}_{11} & \cdots & \boldsymbol{A}_{1N} \\ \vdots & \ddots & \vdots \\ \boldsymbol{A}_{N1} & \cdots & \boldsymbol{A}_{NN} \end{bmatrix} = \begin{bmatrix} \boldsymbol{G}_{11} & \cdots & \boldsymbol{0} \\ \vdots & \ddots & \vdots \\ \boldsymbol{G}_{N1} & \cdots & \boldsymbol{G}_{NN} \end{bmatrix} \begin{bmatrix} \boldsymbol{G}_{11} & \cdots & \boldsymbol{0} \\ \vdots & \ddots & \vdots \\ \boldsymbol{G}_{N1} & \cdots & \boldsymbol{G}_{NN} \end{bmatrix}^{\mathrm{T}}, \quad (4.2.19)$$

其中所有的块都是 $r\times r$ 矩阵. 对 $i\geqslant j$ 利用两端的 (i,j) 块相等，我们有

$$\boldsymbol{A}_{ij} = \sum_{k=1}^{j} \boldsymbol{G}_{ik}\boldsymbol{G}_{jk}^{\mathrm{T}}.$$

定义

$$\boldsymbol{S} = \boldsymbol{A}_{ij} - \sum_{k=1}^{j-1} \boldsymbol{G}_{ik}\boldsymbol{G}_{jk}^{\mathrm{T}} = \boldsymbol{A}_{ij} - [\,\boldsymbol{G}_{i1}\,|\cdots|\,\boldsymbol{G}_{i,j-1}\,] \begin{bmatrix} \boldsymbol{G}_{j1}^{\mathrm{T}} \\ \vdots \\ \boldsymbol{G}_{j,j-1}^{\mathrm{T}} \end{bmatrix}.$$

如果 $i=j$，那么 $\boldsymbol{G}_{jj}$ 是 $\boldsymbol{S}$ 的 Cholesky 因子. 如果 $i>j$，那么 $\boldsymbol{G}_{ij}\boldsymbol{G}_{jj}^{\mathrm{T}}=\boldsymbol{S}$，其中 $\boldsymbol{G}_{ij}$ 是三角矩阵的多右端项问题的解. 按照恰当的顺序，用这些方程可以计算出所有的 $\boldsymbol{G}$ 的块.

算法 4.2.4 (非递归分块 Cholesky 分解) 给定对称正定矩阵 $\boldsymbol{A}\in\mathbb{R}^{n\times n}$，按 (4.2.19) 分块，其中 $n=Nr$. 算法计算满足 $\boldsymbol{A}=\boldsymbol{G}\boldsymbol{G}^{\mathrm{T}}$ 的下三角矩阵 $\boldsymbol{G}\in\mathbb{R}^{n\times n}$. $\boldsymbol{A}$ 的下三角形部分被 $\boldsymbol{G}$ 的下三角形部分覆盖.

```
for j = 1 : N
    for i = j : N
        计算 S = A_ij − Σ_{k=1}^{j−1} G_ik G_jk^T.
        if i = j
            计算 Cholesky 分解 S = G_jj G_jj^T.
        else
            求解 G_ij G_jj^T = S，得到 G_ij.
        end
        A_ij = G_ij.
    end
end
```

就像我们给出的其他 Cholsky 过程一样，整个过程需要 $n^3/3$ 个 flop. 这个算法具有丰富的矩阵乘法，其 3 级运算占比 $1-(1/N^2)$. 如果 r 不能整除 n，我们可以很容易地修正算法来处理这种情形.

4.2.10　递归分块

更深入地研究分块 Cholesky 分解的实现是很有启发性的，因为这是一个强调设计适合当前问题的数据结构的重要时机. 高性能矩阵计算充满了冲突和权衡. 例如，一个成功的选主元方法可能会关注平衡稳定性和内存开销. 另一种冲突是性能和内存限制之间的关系. 作为一个例子，我们考虑如何在 Cholesky 分解的实现中达到 3 级运算的性能，给定的矩阵以**压缩格式**表示. 该数据结构以长度为 $N=n(n+1)/2$ 的向量存储矩阵 $\boldsymbol{A}\in\mathbb{R}^{n\times n}$ 的下（或上）三角形部分. symvec 存储下三角子列，例如

$$\mathsf{symvec}(\boldsymbol{A}) \;=\; \begin{bmatrix} a_{11} & a_{21} & a_{31} & a_{41} & a_{22} & a_{32} & a_{42} & a_{33} & a_{43} & a_{44} \end{bmatrix}^{\mathrm{T}}. \tag{4.2.20}$$

当涉及分块 Cholesky 计算时，这种方法不再合适，因为分块 $\boldsymbol{A}$（例如 $A(i_1:i_2,j_1:j_2)$）的集合涉及不规则的内存访问方式. 为了实现高性能的矩阵乘法，通常需要将矩阵按常规方式存储为内存中连续的全矩形数组，例如

$$\mathsf{vec}(\boldsymbol{A}) = \begin{bmatrix} a_{11} & a_{21} & a_{31} & a_{41} & a_{12} & a_{22} & a_{32} & a_{42} & a_{13} & a_{23} & a_{33} & a_{43} & a_{14} & a_{24} & a_{34} & a_{44} \end{bmatrix}^{\mathrm{T}}. \tag{4.2.21}$$

（回想一下，我们在 1.3.7 节引入了 vec 运算.）因此，我们面临的挑战是开发一种高性能的分块算法，该算法以压缩格式覆盖对称正定矩阵 $\boldsymbol{A}$，它的 Cholesky 因子 $\boldsymbol{G}$ 也是压缩格式的. 为此，我们提出**递归**数据结构背后的主要思想，该数据结构支持 3 级计算且具有存储效率. 随着内存层次结构越来越深入和复杂，递归数据结构是解决分块问题的一种重要方法.

我们从 $\boldsymbol{A}=\boldsymbol{G}\boldsymbol{G}^{\mathrm{T}}$ 的 2×2 分块开始：

$$\begin{bmatrix} \boldsymbol{A}_{11} & \boldsymbol{A}_{12} \\ \boldsymbol{A}_{21} & \boldsymbol{A}_{22} \end{bmatrix} = \begin{bmatrix} \boldsymbol{G}_{11} & \boldsymbol{0} \\ \boldsymbol{G}_{21} & \boldsymbol{G}_{22} \end{bmatrix}\begin{bmatrix} \boldsymbol{G}_{11} & \boldsymbol{0} \\ \boldsymbol{G}_{21} & \boldsymbol{G}_{22} \end{bmatrix}^{\mathrm{T}}.$$

但是，与 (4.2.18) 中 $\boldsymbol{A}_{11}$ 是选定的分块大小的情况不同，现在假设 $\boldsymbol{A}_{11}\in\mathbb{R}^{m\times m}$，其中 $m=\mathrm{ceil}(n/2)$. 换句话说，这四块的大小大致相同. 如前所述，令两端的块矩阵相等，并确定关键的子运算.

$\boldsymbol{G}_{11}\boldsymbol{G}_{11}^{\mathrm{T}} = \boldsymbol{A}_{11}$	半尺寸的 Cholesky 分解
$\boldsymbol{G}_{21}\boldsymbol{G}_{11}^{\mathrm{T}} = \boldsymbol{A}_{21}$	解多右端项三角矩阵
$\tilde{\boldsymbol{A}}_{22} = \boldsymbol{A}_{22} - \boldsymbol{G}_{21}\boldsymbol{G}_{21}^{\mathrm{T}}$	对称矩阵乘法修正
$\boldsymbol{G}_{22}\boldsymbol{G}_{22}^{\mathrm{T}} = \tilde{\boldsymbol{A}}_{22}$	半尺寸的 Cholesky 分解

我们的目的是开发一个有对称性的、具有丰富 3 级运算的程序，用 Cholesky 因子 $\boldsymbol{G}$ 覆盖 $\boldsymbol{A}$. 为此，我们引入**混合压缩格式**. 考虑 $n=9$ 的例子，其中 $\boldsymbol{A}_{11}\in\mathbb{R}^{5\times 5}$，传统压缩格式与混合压缩格式比较如下：

1								
2	10							
3	11	18						
4	12	19	25					
5	13	20	26	31				
6	14	21	27	32	36			
7	15	22	28	33	37	40		
8	16	23	29	34	38	41	43	
9	17	24	30	35	39	42	44	45

传统压缩格式

1								
2	6							
3	7	10						
4	8	11	13					
5	9	12	14	15				
16	20	24	28	32	36			
17	21	25	29	33	37	40		
18	22	26	30	34	38	41	43	
19	23	27	31	35	39	42	44	45

混合压缩格式

注意传统压缩格式布局中 $\boldsymbol{A}_{11}$ 和 $\boldsymbol{A}_{21}$ 的元素是如何排列的. 另外，对于混合压缩格式布局，$\boldsymbol{A}_{11}$ 的 15 个元素后面是 $\boldsymbol{A}_{21}$ 的 20 个元素，然后是 $\boldsymbol{A}_{22}$ 的 10 个元素. 可以对 $\boldsymbol{A}_{11}$ 和 $\boldsymbol{A}_{22}$ 重复该过程:

1								
2	4							
3	5	6						
7	9	11	13					
8	10	12	14	15				
16	20	24	28	32	36			
17	21	25	29	33	37	38		
18	22	26	30	34	39	41	43	
19	23	27	31	35	40	42	44	45

因此，这种递归定义的数据布局的关键是以**混合压缩格式**表示正方形对角分块的思想. 准确地说，回想一下 (4.2.20) 中的 symvec 和 (4.2.21) 中的 vec 的定义. 如果 $\boldsymbol{C} \in \mathbb{R}^{q\times q}$ 是这样一个分块矩阵，那么

$$\mathsf{mixvec}(\boldsymbol{C}) = \begin{bmatrix} \mathsf{symvec}(\boldsymbol{C}_{11}) \\ \mathsf{vec}(\boldsymbol{C}_{21}) \\ \mathsf{symvec}(\boldsymbol{C}_{22}) \end{bmatrix}, \tag{4.2.22}$$

其中 $m = \text{ceil}(q/2)$, $\boldsymbol{C}_{11} = C(1:m, 1:m)$, $\boldsymbol{C}_{22} = C(m+1:n, m+1:n)$, $\boldsymbol{C}_{21} = C(m+1:n, 1:m)$. 注意，由于 $\boldsymbol{C}_{21}$ 是常规存储的，所以它可适用高性能矩阵乘法.

现在考虑一个分而治之的递归分块 Cholesky 过程，它使用压缩格式的 $\boldsymbol{A}$. 为了获得高性能，输入的 $\boldsymbol{A}$ 在每个递归级别转换为混合格式. 假设已有三角方程组求解过程 TriSol（对于方程组 $\boldsymbol{G}_{21}\boldsymbol{G}_{11}^{\mathrm{T}} = \boldsymbol{A}_{21}$），以及对称修正过程 SymUpdate（对于 $\boldsymbol{A}_{22} \leftarrow \boldsymbol{A}_{22} - \boldsymbol{G}_{21}\boldsymbol{G}_{21}^{\mathrm{T}}$），那么我们有以下程序:

```
function  G = PackedBlockCholesky(A)
{A 和 G 以压缩格式存储. }
n = size(A)
if n ⩽ n_min
  可以用任何 2 级运算的压缩格式 Cholesky 方法求得 G.
else
  令 m = ceil(n/2)，用 A 的混合格式覆盖 A 的压缩格式.
  G11 = PackedBlockCholesky(A11)
  G21 = TriSol(G11, A21)
  A22 = SymUpdate(A22, G21)
  G22 = PackedBlockCholesky(A22)
end
```

其中 $n_{\min}$ 是阈值维度，低于该维度将无法实现 3 级性能. 为了充分利用混合格式，TriSol 过程和 SymUpdate 过程需要将问题大小减半的基于分块的递归设计. 例如，TriSol 过程应将传入的压缩格式 $\boldsymbol{A}_{11}$ 转换为混合格式，求解形如

$$\left[\begin{array}{c|c} \boldsymbol{X}_1 & \boldsymbol{X}_2 \end{array}\right]\left[\begin{array}{cc} \boldsymbol{L}_{11} & \boldsymbol{0} \\ \boldsymbol{L}_{21} & \boldsymbol{L}_{22} \end{array}\right]^{\mathrm{T}} = \left[\begin{array}{c|c} \boldsymbol{B}_1 & \boldsymbol{B}_2 \end{array}\right]$$

的 2×2 分块方程组. 这就建立了基于一半大小问题的递归解：

$$\begin{aligned} \boldsymbol{X}_1\boldsymbol{L}_{11}^{\mathrm{T}} &= \boldsymbol{B}_1, \\ \boldsymbol{X}_2\boldsymbol{L}_{22}^{\mathrm{T}} &= \boldsymbol{B}_2 - \boldsymbol{X}_1\boldsymbol{L}_{21}^{\mathrm{T}}. \end{aligned}$$

同样，SymUpdate 过程将输入的压缩格式 $\boldsymbol{A}_{22}$ 转换为混合格式，按以下方式去做块修正：

$$\begin{bmatrix} \boldsymbol{C}_{11} & \boldsymbol{C}_{21}^{\mathrm{T}} \\ \boldsymbol{C}_{21} & \boldsymbol{C}_{22} \end{bmatrix} = \begin{bmatrix} \boldsymbol{C}_{11} & \boldsymbol{C}_{21}^{\mathrm{T}} \\ \boldsymbol{C}_{21} & \boldsymbol{C}_{22} \end{bmatrix} - \begin{bmatrix} \boldsymbol{Y}_1 \\ \boldsymbol{Y}_2 \end{bmatrix}\begin{bmatrix} \boldsymbol{Y}_1 \\ \boldsymbol{Y}_2 \end{bmatrix}^{\mathrm{T}}.$$

基于一半大小的修正进行递归赋值：

$$\begin{aligned} \boldsymbol{C}_{11} &= \boldsymbol{C}_{11} - \boldsymbol{Y}_1\boldsymbol{Y}_1^{\mathrm{T}}, \\ \boldsymbol{C}_{21} &= \boldsymbol{C}_{21} - \boldsymbol{Y}_2\boldsymbol{Y}_1^{\mathrm{T}}, \\ \boldsymbol{C}_{22} &= \boldsymbol{C}_{22} - \boldsymbol{Y}_2\boldsymbol{Y}_2^{\mathrm{T}}. \end{aligned}$$

当然，如果输入矩阵相对于 $n_{\min}$ 足够小，那么 TriSol 过程和 SymUpdate 过程按常规执行，不需要再任何细分.

总的来说,可以看出 PackedBlockCholesky 的 3 级运算占比约为 $1-O(n_{\min}/n)$.

习 题

1. 设 $\boldsymbol{H}=\boldsymbol{A}+\mathrm{i}\boldsymbol{B}$ 是正定 Hermite 矩阵，其中 $\boldsymbol{A},\boldsymbol{B}\in\mathbb{R}^{n\times n}$. 这意味着当 $\boldsymbol{x}\neq\boldsymbol{0}$ 时 $\boldsymbol{x}^{\mathrm{H}}\boldsymbol{H}\boldsymbol{x}>0$.

(a) 证明

$$\boldsymbol{C}=\begin{bmatrix}\boldsymbol{A} & -\boldsymbol{B}\\ \boldsymbol{B} & \boldsymbol{A}\end{bmatrix}$$

是对称正定矩阵.

(b) 设计一个算法求解 $(\boldsymbol{A}+\mathrm{i}\boldsymbol{B})(\boldsymbol{x}+\mathrm{i}\boldsymbol{y})=(\boldsymbol{b}+\mathrm{i}\boldsymbol{c})$，其中 $\boldsymbol{b},\boldsymbol{c},\boldsymbol{x},\boldsymbol{y}\in\mathbb{R}^n$. 该算法应该在 $8n^3/3$ 个 flop 内完成. 它需要多少内存空间?

2. 设 $\boldsymbol{A}\in\mathbb{R}^{n\times n}$ 是对称正定矩阵，给出一个算法来计算满足 $\boldsymbol{A}=\boldsymbol{R}\boldsymbol{R}^{\mathrm{T}}$ 的上三角矩阵 $\boldsymbol{R}\in\mathbb{R}^{n\times n}$.

3. 设 $\boldsymbol{A}\in\mathbb{R}^{n\times n}$ 是正定矩阵，令 $\boldsymbol{T}=(\boldsymbol{A}+\boldsymbol{A}^{\mathrm{T}})/2$ 且 $\boldsymbol{S}=(\boldsymbol{A}-\boldsymbol{A}^{\mathrm{T}})/2$.

(a) 证明：对于任意的 $\boldsymbol{x}\in\mathbb{R}^n$ 都有 $\|\boldsymbol{A}^{-1}\|_2\leqslant\|\boldsymbol{T}^{-1}\|_2$ 和 $\boldsymbol{x}^{\mathrm{T}}\boldsymbol{A}^{-1}\boldsymbol{x}\leqslant\boldsymbol{x}^{\mathrm{T}}\boldsymbol{T}^{-1}\boldsymbol{x}$.

(b) 证明：如果 $\boldsymbol{A}=\boldsymbol{L}\boldsymbol{D}\boldsymbol{M}^{\mathrm{T}}$，那么对于任意 $k=1:n$ 都有 $d_k\geqslant1/\|\boldsymbol{T}^{-1}\|_2$.

4. 找出一个 2×2 的实矩阵 $\boldsymbol{A}$，使其对所有的非零 2 维实向量都满足 $\boldsymbol{x}^{\mathrm{T}}\boldsymbol{A}\boldsymbol{x}>0$，但在 $\mathbb{C}^{2\times2}$ 范围内不是正定的.

5. 设 $\boldsymbol{A}\in\mathbb{R}^{n\times n}$ 有正的对角线元素，证明：如果 $\boldsymbol{A}$ 和 $\boldsymbol{A}^{\mathrm{T}}$ 都是严格对角占优的，那么 $\boldsymbol{A}$ 是正定矩阵.

6. 证明：函数 $f(\boldsymbol{x})=\sqrt{\boldsymbol{x}^{\mathrm{T}}\boldsymbol{A}\boldsymbol{x}}/2$ 是 $\mathbb{R}^n$ 上的向量范数当且仅当 $\boldsymbol{A}$ 是正定矩阵.

7. 修改算法 4.2.1，使得如果出现负数的平方根，那么算法找到一个满足 $\boldsymbol{x}^{\mathrm{T}}\boldsymbol{A}\boldsymbol{x}<0$ 的单位向量 $\boldsymbol{x}$ 并终止.

8. 给出算法 4.2.1 的外积实现和算法 4.2.2 的 gaxpy 实现.

9. 假设 $\boldsymbol{A}\in\mathbb{C}^{n\times n}$ 是正定 Hermite 矩阵，证明：如果 $a_{11}=\cdots=a_{nn}=1$，对于任意 $i\neq j$ 都有 $|a_{ij}|<1$，那么 $\operatorname{diag}(\boldsymbol{A}^{-1})\geqslant\operatorname{diag}((\mathrm{Re}(\boldsymbol{A}))^{-1})$.

10. 假设 $\boldsymbol{A}=\boldsymbol{I}+\boldsymbol{u}\boldsymbol{u}^{\mathrm{T}}$，其中 $\boldsymbol{A}\in\mathbb{R}^{n\times n}$ 且 $\|\boldsymbol{u}\|_2=1$. 给出 $\boldsymbol{A}$ 的 Cholesky 因子的对角线元素和次对角线元素的显式公式.

11. 给定对称正定矩阵 $\boldsymbol{A}\in\mathbb{R}^{n\times n}$，假设其 Cholesky 因子存在，令 $\boldsymbol{e}_k=I_n(:,k)$. 对于 $1\leqslant i<j\leqslant n$，设 α_{ij} 是使得 $\boldsymbol{A}+\alpha(\boldsymbol{e}_i\boldsymbol{e}_j^{\mathrm{T}}+\boldsymbol{e}_j\boldsymbol{e}_i^{\mathrm{T}})$ 奇异的最小实数. 同样，令 α_{ii} 是使得 $(\boldsymbol{A}+\alpha\boldsymbol{e}_i\boldsymbol{e}_i^{\mathrm{T}})$ 奇异的最小实数. 说明如何利用 Sherman-Morrison-Woodbury 公式来计算这些量. 指出求解所有 α_{ij} 需要的 flop 数.

12. 证明：如果

$$\boldsymbol{M}=\begin{bmatrix}\boldsymbol{A} & \boldsymbol{B}\\ \boldsymbol{B}^{\mathrm{T}} & \boldsymbol{C}\end{bmatrix}$$

是对称正定矩阵，其中 $\boldsymbol{A}$ 和 $\boldsymbol{C}$ 都是方阵，那么

$$\boldsymbol{M}^{-1}=\begin{bmatrix}\boldsymbol{A}^{-1}+\boldsymbol{A}^{-1}\boldsymbol{B}\boldsymbol{S}^{-1}\boldsymbol{B}^{\mathrm{T}}\boldsymbol{A}^{-1} & -\boldsymbol{A}^{-1}\boldsymbol{B}\boldsymbol{S}^{-1}\\ \boldsymbol{S}^{-1}\boldsymbol{B}^{\mathrm{T}}\boldsymbol{A}^{-1} & \boldsymbol{S}^{-1}\end{bmatrix},\quad \boldsymbol{S}=\boldsymbol{C}-\boldsymbol{B}^{\mathrm{T}}\boldsymbol{A}^{-1}\boldsymbol{B}.$$

13. 假设 $\sigma \in \mathbb{R}$ 且 $\boldsymbol{u} \in \mathbb{R}^n$. 在什么条件下可以找到满足 $\boldsymbol{X}(\boldsymbol{I}+\sigma \boldsymbol{u}\boldsymbol{u}^{\mathrm{T}})\boldsymbol{X} = \boldsymbol{I}_n$ 的矩阵 $\boldsymbol{X} \in \mathbb{R}^{n\times n}$? 如果 $\boldsymbol{X}$ 存在的话，给出计算 $\boldsymbol{X}$ 的有效算法.

14. 假设 $\boldsymbol{D} = \mathrm{diag}(d_1, \cdots, d_n)$，其中诸 d_i 为正实数. 给出计算矩阵 $(\boldsymbol{D}+\boldsymbol{C}\boldsymbol{C}^{\mathrm{T}})^{-1}$ 中最大元素的有效算法，其中 $\boldsymbol{C} \in \mathbb{R}^{n\times r}$. 提示：使用 Sherman-Morrison-Woodbury 公式.

15. 设 $\boldsymbol{A}(\lambda)$ 具有连续可微的元素，总是对称正定矩阵. 如果 $f(\lambda) = \log(\det(\boldsymbol{A}(\lambda)))$，如何计算 $f'(0)$?

16. 设 $\boldsymbol{A} \in \mathbb{R}^{n\times n}$ 是秩为 r 的对称半正定矩阵. 假定求解每个 a_{ij} 都需要花费 1 美元. 如何计算分解 (4.2.17)，使得在 a_{ij} 上只花费 $O(nr)$ 美元?

17. 从复杂性的角度来看，如果我们有一个快速的矩阵乘法算法，那么就有一个同样快速的矩阵求逆算法，反之亦然.

(a) 假设 F_n 是用某个方法计算 $n \times n$ 矩阵的逆矩阵所需的 flop 数. 如果存在常数 c_1 和实数 α，使得对任意的 n 都有 $F_n \leqslant c_1 n^{\alpha}$，证明：有一种方法可以用比 $c_2 n^{\alpha}$ 更少的 flop 数来计算 $n \times n$ 矩阵乘积 $\boldsymbol{AB}$，其中 c_2 是不依赖于 n 的常量. 提示：考虑

$$\boldsymbol{C} = \begin{bmatrix} \boldsymbol{I}_n & \boldsymbol{A} & \boldsymbol{0} \\ \boldsymbol{0} & \boldsymbol{I}_n & \boldsymbol{B} \\ \boldsymbol{0} & \boldsymbol{0} & \boldsymbol{I}_n \end{bmatrix}$$

的逆矩阵.

(b) 假设 G_n 是用某种方法计算 $n \times n$ 矩阵乘积 $\boldsymbol{AB}$ 所需的 flop 数. 如果存在常数 c_1 和实数 α，使得对任意的 n 都有 $G_n \leqslant c_1 n^{\alpha}$，证明：有一种方法可以用比 $c_2 n^{\alpha}$ 更少的 flop 数来计算非奇异 $n \times n$ 矩阵 $\boldsymbol{A}$ 的逆矩阵，其中 c_2 是常量. 提示：首先，通过递归应用

$$\begin{bmatrix} G_{11} & \boldsymbol{0} \\ G_{21} & G_{22} \end{bmatrix}^{-1} = \begin{bmatrix} G_{11}^{-1} & \boldsymbol{0} \\ -G_{22}^{-1}G_{21}G_{11}^{-1} & G_{22}^{-1} \end{bmatrix}$$

证明该结果适用于三角矩阵. 接着注意到，对于一般的 $\boldsymbol{A}$，我们有 $\boldsymbol{A}^{-1} = \boldsymbol{A}^{\mathrm{T}}(\boldsymbol{A}\boldsymbol{A}^{\mathrm{T}})^{-1} = \boldsymbol{A}^{\mathrm{T}}\boldsymbol{G}^{-\mathrm{T}}\boldsymbol{G}^{-1}$，其中 $\boldsymbol{A}\boldsymbol{A}^{\mathrm{T}} = \boldsymbol{G}\boldsymbol{G}^{\mathrm{T}}$ 是 Cholesky 分解.

4.3　带状方程组

在涉及线性方程组的许多应用中，其系数矩阵是带状的. 当方程排序后，能使每个未知元 x_i 只出现在与第 i 个方程“相邻”的几个方程中，就会出现带状情形. 回忆 1.2.1 节可知，如果对于 $j > i+q$ 有 $a_{ij} = 0$，那么称 $\boldsymbol{A} = (a_{ij})$ 具有上带宽 q，如果对于 $i > j+p$ 有 $a_{ij} = 0$，那么称 $\boldsymbol{A} = (a_{ij})$ 具有下带宽 p. 当求解带状方程组时，由于 LU、$\mathrm{GG^T}$ 和 $\mathrm{LDL^T}$ 等的三角因子也是带状的，因此计算上可以很经济.

4.3.1　带状矩阵的 LU 分解

首先要给出的结论是，如果 $\boldsymbol{A}$ 是带状矩阵且 $\boldsymbol{A} = \boldsymbol{LU}$，那么 $\boldsymbol{L}$ 与 $\boldsymbol{A}$ 的下带宽相同，$\boldsymbol{U}$ 与 $\boldsymbol{A}$ 的上带宽相同.

定理 4.3.1 假定 $\boldsymbol{A} \in \mathbb{R}^{n\times n}$ 有 LU 分解 $\boldsymbol{A} = \boldsymbol{LU}$. 如果 $\boldsymbol{A}$ 的上带宽为 q 且下带宽为 p, 那么 $\boldsymbol{U}$ 的上带宽为 q 且 $\boldsymbol{L}$ 的下带宽为 p.

证明 证明过程是对 n 做归纳法. 我们有

$$\boldsymbol{A} = \begin{bmatrix} \alpha & \boldsymbol{w}^{\mathrm{T}} \\ \boldsymbol{v} & \boldsymbol{B} \end{bmatrix} = \begin{bmatrix} 1 & \boldsymbol{0} \\ \boldsymbol{v}/\alpha & \boldsymbol{I}_{n-1} \end{bmatrix} \begin{bmatrix} 1 & \boldsymbol{0} \\ \boldsymbol{0} & \boldsymbol{B} - \boldsymbol{v}\boldsymbol{w}^{\mathrm{T}}/\alpha \end{bmatrix} \begin{bmatrix} \alpha & \boldsymbol{w}^{\mathrm{T}} \\ \boldsymbol{0} & \boldsymbol{I}_{n-1} \end{bmatrix}.$$

很显然, 由于 $\boldsymbol{w}$ 只有前 q 个分量非零且 $\boldsymbol{v}$ 只有前 p 个分量非零, 所以 $\boldsymbol{B} - \boldsymbol{v}\boldsymbol{w}^{\mathrm{T}}/\alpha$ 的上带宽为 q 且下带宽为 p. 设 $\boldsymbol{L}_1\boldsymbol{U}_1$ 是此矩阵的 LU 分解, 应用归纳假设以及 $\boldsymbol{w}$ 与 $\boldsymbol{v}$ 的稀疏性, 可得

$$\boldsymbol{L} = \begin{bmatrix} 1 & \boldsymbol{0} \\ \boldsymbol{v}/\alpha & \boldsymbol{L}_1 \end{bmatrix}, \quad \boldsymbol{U} = \begin{bmatrix} \alpha & \boldsymbol{w}^{\mathrm{T}} \\ \boldsymbol{0} & \boldsymbol{U}_1 \end{bmatrix}$$

满足相应的带宽要求且 $\boldsymbol{A} = \boldsymbol{LU}$. □

带状矩阵有特殊形式的高斯消去法, 其 LU 分解是比较直接的.

算法 4.3.1 (带状矩阵的高斯消去法) 给定 $\boldsymbol{A} \in \mathbb{R}^{n\times n}$, 上带宽为 q 且下带宽为 p, 假设其 LU 分解存在, 算法计算分解 $\boldsymbol{A} = \boldsymbol{LU}$. 当 $i > j$ 时 $A(i,j)$ 被 $L(i,j)$ 覆盖, 否则被 $U(i,j)$ 覆盖.

```
for k = 1 : n − 1
    for i = k + 1 : min{k + p, n}
        A(i, k) = A(i, k)/A(k, k)
    end
    for j = k + 1 : min{k + q, n}
        for i = k + 1 : min{k + p, n}
            A(i, j) = A(i, j) − A(i, k)A(k, j)
        end
    end
end
```

如果 $n \gg p$ 且 $n \gg q$, 那么这个算法大约需要 $2npq$ 个 flop. 有效的实现将涉及带状矩阵数据结构, 见 1.2.5 节. 算法 4.1.1 ($\mathrm{LDL}^{\mathrm{T}}$) 的带状矩阵形式是类似的, 其计算细节留给读者思考.

4.3.2 解带状三角方程组

求解带状三角方程组也比较快速. 请看算法 3.1.3 和算法 3.1.4 的带状情形.

算法 4.3.2 (带状向前消去法) 令 $\boldsymbol{L} \in \mathbb{R}^{n\times n}$ 是下带宽为 p 的单位下三角矩阵. 给定 $\boldsymbol{b} \in \mathbb{R}^n$, 算法用 $\boldsymbol{Lx} = \boldsymbol{b}$ 的解覆盖 $\boldsymbol{b}$.

```
for j = 1 : n
    for i = j+1 : min{j+p, n}
        b(i) = b(i) - L(i,j)b(j)
    end
end
```

如果 $n \gg p$，那么这个算法大约需要 $2np$ 个 flop.

算法 4.3.3 (带状向后消去法) 令 $U \in \mathbb{R}^{n\times n}$ 是上带宽为 q 的非奇异上三角矩阵. 给定 $b \in \mathbb{R}^n$，算法用 $Ux = b$ 的解覆盖 b.

```
for j = n : -1 : 1
    b(j) = b(j)/U(j,j)
    for i = max{1, j-q} : j-1
        b(i) = b(i) - U(i,j)b(j)
    end
end
```

如果 $n \gg q$，那么这个算法大约需要 $2nq$ 个 flop.

4.3.3 选主元的带状高斯消去法

部分选主元的高斯消去法也可以特别地利用到 A 的带状结构中. 然而，如果 $PA = LU$，那么 L 和 U 的带状性质并不那么简单. 例如，如果 A 是三对角矩阵，算法执行的第一步交换前两行后 u_{13} 就非零了. 其结果是，行交换增加了带宽. 下面定理精确的指出了带宽的变化.

定理 4.3.2 给定非奇异矩阵 $A \in \mathbb{R}^{n\times n}$，上带宽为 q 且下带宽为 p. 如果用部分选主元的高斯消去法计算高斯变换

$$M_j = I - \alpha^{(j)} e_j^{\mathrm{T}}, \quad j = 1 : n-1$$

和置换矩阵 $P_1, \cdots, P_{n-1}$，使得 $M_{n-1}P_{n-1}\cdots M_1P_1A = U$ 是上三角矩阵，那么 U 的上带宽为 $p+q$，且当 $i \leqslant j$ 或 $i > j+p$ 时有 $\alpha_i^{(j)} = 0$.

证明 设 $PA = LU$ 是用部分选主元的高斯消去法计算出的分解，注意 $P = P_{n-1}\cdots P_1$. 记 $P^{\mathrm{T}} = [\, e_{s_1} \,|\cdots|\, e_{s_n} \,]$，其中 $\{s_1, \cdots, s_n\}$ 是 $\{1, 2, \cdots, n\}$ 的一个置换. 如果 $s_i > i+p$，因为对于 $j = 1 : s_i - p - 1$ 有 $[PA]_{ij} = a_{s_i,j}$，而且 $s_i - p - 1 \geqslant i$，那么 PA 的 i 阶顺序主子矩阵是奇异矩阵. 这意味着 U 和 A 都是奇异矩阵，产生矛盾. 因此，对 $i = 1 : n$ 有 $s_i \leqslant i+p$，从而 PA 的上带宽为 $p+q$. 由定理 4.3.1 可知，U 的上带宽也为 $p+q$. 可以通过观察 M_j 来证实对 $\alpha^{(j)}$ 的

结论，只需将部分约化的矩阵 $P_jM_{j-1}P_{j-1}\cdots P_1A$ 中的 $(j+1,j),\cdots,(j+p,j)$ 元素化为零即可生成 M_j. □

因为 U 变得比 A 的上三角部分"更宽"，所以在意义下选主元会破坏带状结构，而关于 L 的带宽没有任何结论. 另外，由于 L 的第 j 列是第 j 个高斯向量 α_j 的一个置换，所以 L 的每一列中至多有 $p+1$ 个非零元素.

4.3.4 Hessenberg LU 分解

作为非对称带状矩阵计算的一个例子，我们考察部分选主元的高斯消去法是如何分解一个上 Hessenberg 矩阵 H 的.（回忆一下，如果 H 是上 Hessenberg 矩阵，那么当 $i>j+1$ 时 $h_{ij}=0$）. 经过 $k-1$ 步的部分选主元的高斯消去法，得到如下形式的上 Hessenberg 矩阵：

$$\begin{bmatrix} \times & \times & \times & \times & \times \\ 0 & \times & \times & \times & \times \\ 0 & 0 & \times & \times & \times \\ 0 & 0 & \times & \times & \times \\ 0 & 0 & 0 & \times & \times \end{bmatrix}, \quad k=3,\ n=5.$$

从这个矩阵的特殊结构可知，下一个置换矩阵 P_3 或者是单位矩阵或者是单位矩阵交换第 3 行和第 4 行而得到的矩阵. 而且，下一步的高斯变换 M_k 在位置 $(k+1,k)$ 处只有一个非零乘子. 这就给出了下面算法的第 k 步.

算法 4.3.4 (Hessenberg LU 分解) 给定上 Hessenberg 矩阵 $H\in\mathbb{R}^{n\times n}$，算法计算上三角矩阵 $M_{n-1}P_{n-1}\cdots M_1P_1H=U$，其中每个 P_k 是置换矩阵，每个 M_k 是元素以 1 为界的高斯变换. $H(i,k)$ 在 $i\leqslant k$ 时由 $U(i,k)$ 覆盖，在 $i=k+1$ 时由 $-[M_k]_{k+1,k}$ 覆盖. 我们用整数向量 $piv(1:n-1)$ 来编码这些置换. 如果 $P_k=I$，那么 $piv(k)=0$. 如果 P_k 是将单位矩阵交换第 k 行和第 $k+1$ 行的置换，那么 $piv(k)=1$.

for $k=1:n-1$
　if $|H(k,k)|<|H(k+1,k)|$
　　$piv(k)=1;\ H(k,k:n)\leftrightarrow H(k+1,k:n)$
　else
　　$piv(k)=0$
　end
　if $H(k,k)\neq 0$
　　$\tau=H(k+1,k)/H(k,k)$
　　$H(k+1,k+1:n)=H(k+1,k+1:n)-\tau H(k,k+1:n)$

```
        H(k+1,k) = τ
    end
end
```

这个算法需要 n^2 个 flop.

4.3.5　带状矩阵的 Cholesky 分解

本节的剩下部分致力于解 $\boldsymbol{Ax}=\boldsymbol{b}$, 其中 $\boldsymbol{A}$ 是对称正定的带状矩阵. 事实上, 对于这些矩阵不需要选主元，我们可以写出许多紧凑优美的算法. 特别是，由定理 4.3.1 可知，如果 $\boldsymbol{A}=\boldsymbol{G}\boldsymbol{G}^{\mathrm{T}}$ 是 $\boldsymbol{A}$ 的 Cholesky 分解，那么 $\boldsymbol{G}$ 与 $\boldsymbol{A}$ 的下带宽相同. 因此我们有算法 4.2.1 的如下带状情形.

算法 4.3.5 (带状矩阵的 Cholesky 分解)　给定带宽为 p 的对称正定矩阵 $\boldsymbol{A}\in\mathbb{R}^{n\times n}$，算法计算下带宽为 p 的下三角矩阵 $\boldsymbol{G}$，使得 $\boldsymbol{A}=\boldsymbol{G}\boldsymbol{G}^{\mathrm{T}}$. 对所有的 $i\geqslant j$，算法用 $G(i,j)$ 覆盖 $A(i,j)$.

```
for j = 1 : n
    for k = max(1, j − p) : j − 1
        λ = min(k + p, n)
        A(j : λ, j) = A(j : λ, j) − A(j, k)A(j : λ, k)
    end
    λ = min(j + p, n)
    A(j : λ, j) = A(j : λ, j)/√A(j, j)
end
```

如果 $n\gg p$，那么这个算法大约需要 $n(p^2+3p)$ 个 flop 和 n 次平方根运算. 当然，在真正实现时，应该为矩阵 $\boldsymbol{A}$ 设计较好的数据结构. 例如，如果仅存储 $\boldsymbol{A}$ 的非零下三角部分，那么 $(p+1)\times n$ 的数组就足够了.

如果将带状 Cholesky 分解与适当的带状三角方程组求解方法结合，那么解 $\boldsymbol{Ax}=\boldsymbol{b}$ 大约需要 $np^2+7np+2n$ 个 flop 和 n 次平方根运算. 当 p 较小时，平方根运算在整个计算中的占比较大，所以最好选用 $\mathrm{LDL}^{\mathrm{T}}$ 分解. 实际上，仔细的计数 flop 表明，计算 $\boldsymbol{A}=\boldsymbol{L}\boldsymbol{D}\boldsymbol{L}^{\mathrm{T}}$, $\boldsymbol{Ly}=\boldsymbol{b}$, $\boldsymbol{Dz}=\boldsymbol{y}$, $\boldsymbol{L}^{\mathrm{T}}\boldsymbol{x}=\boldsymbol{z}$ 需要 $np^2+8np+n$ 个 flop 而不必进行平方根运算.

4.3.6 解三对角方程组

作为求解窄带状矩阵 LDL^{T} 问题的例子，考察对称正定三对角方程组. 设

$$\boldsymbol{L} = \begin{bmatrix} 1 & 0 & \cdots & 0 \\ \ell_1 & 1 & & \vdots \\ \vdots & \ddots & \ddots & 0 \\ 0 & \cdots & \ell_{n-1} & 1 \end{bmatrix}$$

且 $\boldsymbol{D} = \mathrm{diag}(d_1, \cdots, d_n)$，由等式 $\boldsymbol{A} = \boldsymbol{LDL}^{\mathrm{T}}$ 可知

$$\begin{aligned} a_{11} &= d_1, & \\ a_{k,k-1} &= \ell_{k-1}d_{k-1}, & k = 2:n, \\ a_{kk} &= d_k + \ell_{k-1}^2 d_{k-1} = d_k + \ell_{k-1}a_{k,k-1}, & k = 2:n. \end{aligned}$$

因此，可如下求解 d_i 和 ℓ_i:

$d_1 = a_{11}$
for $k = 2:n$
  $\ell_{k-1} = a_{k,k-1}/d_{k-1}$
  $d_k = a_{kk} - \ell_{k-1}a_{k,k-1}$
end

通过解 $\boldsymbol{Ly} = \boldsymbol{b}$, $\boldsymbol{Dz} = \boldsymbol{y}$, $\boldsymbol{L}^{\mathrm{T}}\boldsymbol{x} = \boldsymbol{z}$ 可得 $\boldsymbol{Ax} = \boldsymbol{b}$ 的解. 考虑覆盖，我们有如下算法.

算法 4.3.6 (对称三对角正定方程组的解) 给定 $n \times n$ 对称正定三对角矩阵 $\boldsymbol{A}$ 和 $\boldsymbol{b} \in \mathbb{R}^n$，算法用 $\boldsymbol{Ax} = \boldsymbol{b}$ 的解覆盖 $\boldsymbol{b}$. 假定 $\boldsymbol{A}$ 的对角线元素存储在 $\alpha(1:n)$ 中，次对角线元素存储在 $\beta(1:n-1)$ 中.

for $k = 2:n$
  $t = \beta(k-1)$, $\beta(k-1) = t/\alpha(k-1)$, $\alpha(k) = \alpha(k) - t\beta(k-1)$
end
for $k = 2:n$
  $b(k) = b(k) - \beta(k-1)b(k-1)$
end
$b(n) = b(n)/\alpha(n)$
for $k = n-1:-1:1$
  $b(k) = b(k)/\alpha(k) - \beta(k)b(k+1)$
end

这个算法需要 $8n$ 个 flop.

4.3.7 向量化问题

解三对角方程组的例子引发出一个痛点：窄带状问题与向量化不兼容. 然而，有时候却需要同时解决大量且相互独立的这类问题. 我们以 1.5 节提出的观点来看应如何安排这种计算. 为简单起见，假设我们要解 $n \times n$ 的单位下双对角方程组

$$\boldsymbol{A}^{(k)}\boldsymbol{x}^{(k)} = \boldsymbol{b}^{(k)}, \quad k = 1:m$$

且 $m \gg n$. 假定有数组 $E(1:n-1,1:m)$ 和 $B(1:n,1:m)$，我们用 $E(1:n-1,k)$ 来存储 $\boldsymbol{A}^{(k)}$ 的次对角线，用 $B(1:n,k)$ 来存储第 k 个右端向量 $\boldsymbol{b}^{(k)}$. 如下所示，可以用解 $\boldsymbol{x}^{(k)}$ 覆盖 $\boldsymbol{b}^{(k)}$.

for $k = 1:m$
  for $i = 2:n$
    $B(i,k) = B(i,k) - E(i-1,k)B(i-1,k)$
  end
end

本算法是逐次求解每个双对角方程组. 注意，由于 $B(i,k)$ 依赖于 $B(i-1,k)$，内层循环没有向量化. 但是，如果我们交换两个循环的顺序，那么计算是可以向量化的：

for $i = 2:n$
  $B(i,:) = B(i,:) - E(i-1,:) .* B(i-1,:)$
end

将这个矩阵的次对角线逐行存储在 $\boldsymbol{E}$ 中，将右边逐行存储在 $\boldsymbol{B}$ 中，就能得到列形式：

for $i = 2:n$
  $B(:,i) = B(:,i) - E(:,i-1) .* B(:,i-1)$
end

完成后，$B(k,:)$ 中将存储解 $\boldsymbol{x}^{(k)}$ 的转置.

4.3.8 带状矩阵的逆

通常，非奇异带矩阵 $\boldsymbol{A}$ 的逆元是满的. 然而，$\boldsymbol{A}^{-1}$ 的非对角块是低秩的.

定理 4.3.3 设

$$\boldsymbol{A} = \begin{bmatrix} \boldsymbol{A}_{11} & \boldsymbol{A}_{12} \\ \boldsymbol{A}_{21} & \boldsymbol{A}_{22} \end{bmatrix}$$

是非奇异矩阵，下带宽为 p，上带宽为 q. 假定对角线块是方阵. 如果

$$A^{-1} = X = \begin{bmatrix} X_{11} & X_{12} \\ X_{21} & X_{22} \end{bmatrix}$$

是恰当划分的，那么

$$\text{rank}(X_{21}) \leqslant p, \tag{4.3.1}$$

$$\text{rank}(X_{12}) \leqslant q. \tag{4.3.2}$$

证明 假设 A_{11} 和 A_{22} 都是非奇异矩阵. 从等式 $AX = I$ 我们得出结论:

$$\begin{aligned} A_{21}X_{11} + A_{22}X_{21} &= 0, \\ A_{11}X_{12} + A_{12}X_{22} &= 0, \end{aligned}$$

因此

$$\begin{aligned} \text{rank}(X_{21}) &= \text{rank}(A_{22}^{-1}A_{21}X_{11}) \leqslant \text{rank}(A_{21}), \\ \text{rank}(X_{12}) &= \text{rank}(A_{11}^{-1}A_{12}X_{22}) \leqslant \text{rank}(A_{12}). \end{aligned}$$

根据带状假设，A_{21} 最多有 p 个非零行，A_{12} 最多有 q 个非零行. 因此我们有 $\text{rank}(A_{21}) \leqslant p$ 和 $\text{rank}(A_{12}) \leqslant q$，这就证明了当 A_{11} 和 A_{22} 都是非奇异矩阵时定理成立. 当 A_{11} 和/或 A_{22} 为奇异矩阵时，稍做限制就可以同样讨论，见习题 11. □

实际上，可以证明 $\text{rank}(A_{21}) = \text{rank}(X_{21})$ 和 $\text{rank}(A_{12}) = \text{rank}(X_{12})$. 见 Strang and Nguyen (2004). 正如我们将在 11.5.9 节和 12.2 节看到的，定理所给出的低秩非对角结构具有重要的算法意义.

4.3.9 具有带状逆的带状矩阵

假设 N 不是太大，如果 $A \in \mathbb{R}^{n\times n}$ 是乘积

$$A = F_1 \cdots F_N, \tag{4.3.3}$$

其中每个 $F_i \in \mathbb{R}^{n\times n}$ 是以 1×1 和 2×2 的对角块构成的块对角矩阵，那么 A 和

$$A^{-1} = F_N^{-1} \cdots F_1^{-1}$$

都是带状矩阵. 例如，如果

$$
A = \left[\begin{array}{c|cc|cc|cc|cc}
\times & 0 & 0 & 0 & 0 & 0 & 0 & 0 & 0 \\ \hline
0 & \times & \times & 0 & 0 & 0 & 0 & 0 & 0 \\
0 & \times & \times & 0 & 0 & 0 & 0 & 0 & 0 \\ \hline
0 & 0 & 0 & \times & \times & 0 & 0 & 0 & 0 \\
0 & 0 & 0 & \times & \times & 0 & 0 & 0 & 0 \\ \hline
0 & 0 & 0 & 0 & 0 & \times & \times & 0 & 0 \\
0 & 0 & 0 & 0 & 0 & \times & \times & 0 & 0 \\ \hline
0 & 0 & 0 & 0 & 0 & 0 & 0 & \times & \times \\
0 & 0 & 0 & 0 & 0 & 0 & 0 & \times & \times
\end{array}\right]
\left[\begin{array}{cc|cc|cc|cc|c}
\times & \times & 0 & 0 & 0 & 0 & 0 & 0 & 0 \\
\times & \times & 0 & 0 & 0 & 0 & 0 & 0 & 0 \\ \hline
0 & 0 & \times & \times & 0 & 0 & 0 & 0 & 0 \\
0 & 0 & \times & \times & 0 & 0 & 0 & 0 & 0 \\ \hline
0 & 0 & 0 & 0 & \times & \times & 0 & 0 & 0 \\
0 & 0 & 0 & 0 & \times & \times & 0 & 0 & 0 \\ \hline
0 & 0 & 0 & 0 & 0 & 0 & \times & \times & 0 \\
0 & 0 & 0 & 0 & 0 & 0 & \times & \times & 0 \\ \hline
0 & 0 & 0 & 0 & 0 & 0 & 0 & 0 & \times
\end{array}\right],
$$

那么

$$
A = \begin{bmatrix}
\times & \times & 0 & 0 & 0 & 0 & 0 & 0 & 0 \\
\times & \times & \times & \times & 0 & 0 & 0 & 0 & 0 \\
\times & \times & \times & \times & 0 & 0 & 0 & 0 & 0 \\
0 & 0 & \times & \times & \times & \times & 0 & 0 & 0 \\
0 & 0 & \times & \times & \times & \times & 0 & 0 & 0 \\
0 & 0 & 0 & 0 & \times & \times & \times & \times & 0 \\
0 & 0 & 0 & 0 & \times & \times & \times & \times & 0 \\
0 & 0 & 0 & 0 & 0 & 0 & \times & \times & \times \\
0 & 0 & 0 & 0 & 0 & 0 & \times & \times & \times
\end{bmatrix}, \quad
A^{-1} = \begin{bmatrix}
\times & \times & \times & 0 & 0 & 0 & 0 & 0 & 0 \\
\times & \times & \times & 0 & 0 & 0 & 0 & 0 & 0 \\
0 & \times & \times & \times & \times & 0 & 0 & 0 & 0 \\
0 & \times & \times & \times & \times & 0 & 0 & 0 & 0 \\
0 & 0 & 0 & \times & \times & \times & \times & 0 & 0 \\
0 & 0 & 0 & \times & \times & \times & \times & 0 & 0 \\
0 & 0 & 0 & 0 & 0 & \times & \times & \times & \times \\
0 & 0 & 0 & 0 & 0 & \times & \times & \times & \times \\
0 & 0 & 0 & 0 & 0 & 0 & 0 & \times & \times
\end{bmatrix}.
$$

Strang (2010a, 2010b) 给出一个非常重要的“反向”事实. 如果 A 和 A^{-1} 都是带状矩阵，那么对于相对较小的 N，(4.3.3) 形式的分解存在. 实际上，他指出对于在信号处理中出现的某类矩阵来说 N 是非常小的. 由此产生的一个重要结果是，正向变换 Ax 和逆变换 $A^{-1}x$ 都可以非常快速地计算出来.

习　题

1. 假设矩阵 A 以带状格式存储，设计算法 4.3.1 的另一个版本.（见 1.2.5 节.）
2. 说明如何将算法 4.3.4 产生的输出应用于解上 Hessenberg 方程组 $Hx = b$.
3. 说明如何将算法 4.3.4 产生的输出应用于解下 Hessenberg 方程组 $Hx = b$.
4. 给出一个用部分选主元的高斯消去法求解非对称三对角方程组 $Ax = b$ 的算法. 要求分解中只使用 4 个浮点存储的 n 维向量.
5. 对于 $C \in \mathbb{R}^{n\times n}$，定义配置指标 $m(C, i) = \min\{j : c_{ij} \neq 0\}$，其中 $i = 1 : n$.
   (a) 证明：如果 $A = GG^{\mathrm{T}}$ 是 A 的 Cholesky 分解，那么对于 $i = 1 : n$ 有 $m(A, i) = m(G, i)$.（我们说 G 与 A 具有相同的配置.）
   (b) 给定对称正定矩阵 $A \in \mathbb{R}^{n\times n}$，配置指标为 $m_i = m(A, i)$，其中 $i = 1 : n$. 假设 A

储存于如下所示的一维数组 $\boldsymbol{v}$ 中：

$$\boldsymbol{v} = (a_{11}, a_{2,m_2}, \cdots, a_{22}, a_{3,m_3}, \cdots, a_{33}, \cdots, a_{n,m_n}, \cdots, a_{nn}).$$

给出一个算法，将 $\boldsymbol{v}$ 用相应的 Cholesky 因子 $\boldsymbol{G}$ 的元素覆盖，然后用这个分解求解 $\boldsymbol{Ax} = \boldsymbol{b}$. 该算法需要多少个 flop?

(c) 对于 $\boldsymbol{C} \in \mathbb{R}^{n\times n}$ 定义 $p(\boldsymbol{C}, i) = \max\{j : c_{ij} \neq 0\}$. 假定 $\boldsymbol{A} \in \mathbb{R}^{n\times n}$ 有 LU 分解 $\boldsymbol{A} = \boldsymbol{LU}$，且

$$\begin{aligned} m(\boldsymbol{A},1) &\leqslant m(\boldsymbol{A},2) \leqslant \cdots \leqslant m(\boldsymbol{A},n), \\ p(\boldsymbol{A},1) &\leqslant p(\boldsymbol{A},2) \leqslant \cdots \leqslant p(\boldsymbol{A},n). \end{aligned}$$

证明：对于 $i = 1:n$ 有 $m(\boldsymbol{A}, i) = m(\boldsymbol{L}, i)$ 和 $p(\boldsymbol{A}, i) = p(\boldsymbol{U}, i)$.

6. 将算法 4.3.1 改成基于 gaxpy 运算的形式.

7. 设计一个单位步幅的向量化算法，用于求解对称正定三对角方程组 $\boldsymbol{A}^{(k)}\boldsymbol{x}^{(k)} = \boldsymbol{b}^{(k)}$. 假设对角线元素、次对角线元素和右端向量按行存储于数组 $\boldsymbol{D}$、$\boldsymbol{E}$ 和 $\boldsymbol{B}$ 中，$\boldsymbol{b}^{(k)}$ 被 $\boldsymbol{x}^{(k)}$ 覆盖.

8. 给出一个 3×3 对称正定矩阵的例子，其三对角部分不是正定的.

9. 假设对称正定矩阵 $\boldsymbol{A} \in \mathbb{R}^{n\times n}$ 具有"箭头结构"，例如，

$$\boldsymbol{A} = \begin{bmatrix} \times & \times & \times & \times & \times \\ \times & \times & 0 & 0 & 0 \\ \times & 0 & \times & 0 & 0 \\ \times & 0 & 0 & \times & 0 \\ \times & 0 & 0 & 0 & \times \end{bmatrix}.$$

(a) 如何用 Sherman-Morrison-Woodbury 公式以 $O(n)$ 个 flop 解线性方程组 $\boldsymbol{Ax} = \boldsymbol{b}$?

(b) 确定一个置换矩阵 $\boldsymbol{P}$，使得可以用 $O(n)$ 个 flop 来计算 Cholesky 分解

$$\boldsymbol{PAP}^{\mathrm{T}} = \boldsymbol{GG}^{\mathrm{T}}.$$

10. 假设 $\boldsymbol{A} \in \mathbb{R}^{n\times n}$ 是非对称正定三对角矩阵. 给出计算 $|\boldsymbol{ST}^{-1}\boldsymbol{S}|$ 的最大元素的有效算法，其中 $\boldsymbol{S} = (\boldsymbol{A} - \boldsymbol{A}^{\mathrm{T}})/2$ 且 $\boldsymbol{T} = (\boldsymbol{A} + \boldsymbol{A}^{\mathrm{T}})/2$.

11. 证明：如果 $\boldsymbol{A} \in \mathbb{R}^{n\times n}$ 且 $\epsilon > 0$，那么存在 $\boldsymbol{B} \in \mathbb{R}^{n\times n}$ 使得 $\|\boldsymbol{A} - \boldsymbol{B}\| \leqslant \epsilon$，且 $\boldsymbol{B}$ 的所有主子矩阵都是非奇异矩阵. 用这个结果完成定理 4.3.3 的正式证明.

12. 给出 (4.3.3) 中矩阵 $\boldsymbol{A}$ 的带宽的上界.

13. 证明：(4.3.3) 中的 $\boldsymbol{A}^{\mathrm{T}}$ 和 $\boldsymbol{A}^{-1}$ 有相同的上下带宽.

14. 对于 4.3.9 节例子中的 $\boldsymbol{A} = \boldsymbol{F}_1\boldsymbol{F}_2$，说明 $A(2:3,:)$, $A(4:5,:)$, $A(6:7,:)$, $\cdots$ 都有两个奇异的 2×2 块.

4.4 对称不定方程组

回想一下，二次型 $\boldsymbol{x}^{\mathrm{T}}\boldsymbol{Ax}$ 既可取正值又可取负值的矩阵 $\boldsymbol{A}$ 是不定矩阵. 本节讨论对称不定线性方程组. $\mathrm{LDL}^{\mathrm{T}}$ 分解并不总是可靠的，正如以下 2×2 例子

所示：

$$\begin{bmatrix} \epsilon & 1 \\ 1 & 0 \end{bmatrix} = \begin{bmatrix} 1 & 0 \\ 1/\epsilon & 1 \end{bmatrix} \begin{bmatrix} \epsilon & 0 \\ 0 & -1/\epsilon \end{bmatrix} \begin{bmatrix} 1 & 0 \\ 1/\epsilon & 1 \end{bmatrix}^{\mathrm{T}}.$$

当然，3.4 节的任何一种选主元方法都可以解决这一问题. 然而，这些方法会破坏对称性，错失以“Cholesky 速度”求解对称不定方程组的机会. 对称选主元法，即以 $\boldsymbol{A} \leftarrow \boldsymbol{PAP}^{\mathrm{T}}$ 形式重组数据，必须如 4.2.8 节讨论的那样操作. 不幸的是，对称选主元法并不总是会使 $\mathrm{LDL^T}$ 计算保持稳定. 如果 ϵ_1 和 ϵ_2 很小，那么不管 $\boldsymbol{P}$ 是什么，矩阵

$$\tilde{\boldsymbol{A}} = \boldsymbol{P} \begin{bmatrix} \epsilon_1 & 1 \\ 1 & \epsilon_2 \end{bmatrix} \boldsymbol{P}^{\mathrm{T}}$$

具有小的对角元素，在分解中会出现较大的数. 对称选主元法总是从对角线中选择主元，如果这些数比必须化零的非对角线元素小得多，就会产生问题. 因此，对称选主元的 $\mathrm{LDL^T}$ 分解不能作为求解对称不定方程组的可靠方法. 对选主元来说，在保持对称性的同时考虑非对角线元素是一个挑战.

本节讨论实现此目的的两种方法. 第一种方法由 Aasen (1971) 提出，它计算因子分解

$$\boldsymbol{PAP}^{\mathrm{T}} = \boldsymbol{LTL}^{\mathrm{T}}, \tag{4.4.1}$$

其中 $\boldsymbol{L} = (\ell_{ij})$ 是单位下三角矩阵，$\boldsymbol{T}$ 是三对角矩阵，$\boldsymbol{P}$ 是满足 $|\ell_{ij}| \leqslant 1$ 的置换矩阵. 第二种是 Bunch and Parlett (1971) 提出的**对角线选主元方法**，计算满足

$$\boldsymbol{PAP}^{\mathrm{T}} = \boldsymbol{LDL}^{\mathrm{T}} \tag{4.4.2}$$

的置换矩阵 $\boldsymbol{P}$，其中 $\boldsymbol{D}$ 是 1×1 和 2×2 主元块的直和. 同样，$\boldsymbol{P}$ 的选取使得单位下三角矩阵 $\boldsymbol{L}$ 的元素满足 $|\ell_{ij}| \leqslant 1$. 两种分解都需要 $n^3/3$ 个 flop，一旦计算出分解，就可以用 $O(n^2)$ 个 flop 求解 $\boldsymbol{Ax} = \boldsymbol{b}$：

$$\boldsymbol{PAP}^{\mathrm{T}} = \boldsymbol{LTL}^{\mathrm{T}},\ \boldsymbol{Lz} = \boldsymbol{Pb},\ \boldsymbol{Tw} = \boldsymbol{z},\ \boldsymbol{L}^{\mathrm{T}}\boldsymbol{y} = \boldsymbol{w},\ \boldsymbol{x} = \boldsymbol{P}^{\mathrm{T}}\boldsymbol{y} \Rightarrow \boldsymbol{Ax} = \boldsymbol{b},$$
$$\boldsymbol{PAP}^{\mathrm{T}} = \boldsymbol{LDL}^{\mathrm{T}},\ \boldsymbol{Lz} = \boldsymbol{Pb},\ \boldsymbol{Dw} = \boldsymbol{z},\ \boldsymbol{L}^{\mathrm{T}}\boldsymbol{y} = \boldsymbol{w},\ \boldsymbol{x} = \boldsymbol{P}^{\mathrm{T}}\boldsymbol{y} \Rightarrow \boldsymbol{Ax} = \boldsymbol{b}.$$

下面对求解过程中出现的方程组 $\boldsymbol{Tw} = \boldsymbol{z}$ 和 $\boldsymbol{Dw} = \boldsymbol{z}$ 做一些说明.

在 Aasen 的方法中，用选主元的带状高斯消去法可以在 $O(n)$ 时间内解出对称不定三对角方程组 $\boldsymbol{Tw} = \boldsymbol{z}$. 请注意，由于整个过程是 $O(n^3)$ 的，因此在这一层次忽略对称性是可行的. 在对角线选主元方法中，方程组 $\boldsymbol{Dw} = \boldsymbol{z}$ 等同于一组 1×1 和 2×2 对称不定方程组. 我们可以用选主元的高斯消去法解决 2×2 问题. 同样，在这 $O(n)$ 的计算中忽略对称性没什么不妥. 因此，本节的核心问题是如何有效计算分解 (4.4.1) 和 (4.4.2).

4.4.1 Parlett-Reid 算法

Parlett and Reid (1970) 给出如何使用高斯变换计算 (4.4.1). 通过展示 $n=5$ 的矩阵在第 $k=2$ 步执行的情况能充分说明这一算法. 在这一步的开始，矩阵 $\boldsymbol{A}$ 被转换为

$$\boldsymbol{A}^{(1)} = \boldsymbol{M}_1\boldsymbol{P}_1\boldsymbol{A}\boldsymbol{P}_1^{\mathrm{T}}\boldsymbol{M}_1^{\mathrm{T}} = \begin{bmatrix} \alpha_1 & \beta_1 & 0 & 0 & 0 \\ \beta_1 & \alpha_2 & v_3 & v_4 & v_5 \\ 0 & v_3 & \times & \times & \times \\ 0 & v_4 & \times & \times & \times \\ 0 & v_5 & \times & \times & \times \end{bmatrix},$$

其中置换矩阵 $\boldsymbol{P}_1$ 的选取使得高斯变换 $\boldsymbol{M}_1$ 的元素的模以 1 为界. 寻找 $[\,v_3\ v_4\ v_5\,]^{\mathrm{T}}$ 的最大元素，确定 3×3 置换 $\tilde{\boldsymbol{P}}_2$ 使得

$$\tilde{\boldsymbol{P}}_2\begin{bmatrix} v_3 \\ v_4 \\ v_5 \end{bmatrix} = \begin{bmatrix} \tilde{v}_3 \\ \tilde{v}_4 \\ \tilde{v}_5 \end{bmatrix} \quad\Rightarrow\quad |\tilde{v}_3| = \max\{|\tilde{v}_3|, |\tilde{v}_4|, |\tilde{v}_5|\}.$$

如果最大元素为零，令 $\boldsymbol{M}_2=\boldsymbol{P}_2=\boldsymbol{I}$ 并继续下一步. 否则，令 $\boldsymbol{P}_2=\mathrm{diag}(\boldsymbol{I}_2,\tilde{\boldsymbol{P}}_2)$, $\boldsymbol{M}_2=\boldsymbol{I}-\boldsymbol{\alpha}^{(2)}\boldsymbol{e}_3^{\mathrm{T}}$，其中

$$\boldsymbol{\alpha}^{(2)} = \begin{bmatrix} 0 & 0 & 0 & \tilde{v}_4/\tilde{v}_3 & \tilde{v}_5/\tilde{v}_3 \end{bmatrix}^{\mathrm{T}}.$$

观察，得

$$\boldsymbol{A}^{(2)} = \boldsymbol{M}_2\boldsymbol{P}_2\boldsymbol{A}^{(1)}\boldsymbol{P}_2^{\mathrm{T}}\boldsymbol{M}_2^{\mathrm{T}} = \begin{bmatrix} \alpha_1 & \beta_1 & 0 & 0 & 0 \\ \beta_1 & \alpha_2 & \tilde{v}_3 & 0 & 0 \\ 0 & \tilde{v}_3 & \times & \times & \times \\ 0 & 0 & \times & \times & \times \\ 0 & 0 & \times & \times & \times \end{bmatrix}.$$

一般来说，继续执行 $n-2$ 步就得到三对角矩阵

$$\boldsymbol{T} = \boldsymbol{A}^{(n-2)} = (\boldsymbol{M}_{n-2}\boldsymbol{P}_{n-2}\cdots\boldsymbol{M}_1\boldsymbol{P}_1)\boldsymbol{A}(\boldsymbol{M}_{n-2}\boldsymbol{P}_{n-2}\cdots\boldsymbol{M}_1\boldsymbol{P}_1)^{\mathrm{T}}.$$

令 $\boldsymbol{P}=\boldsymbol{P}_{n-2}\cdots\boldsymbol{P}_1$, $\boldsymbol{L}=(\boldsymbol{M}_{n-2}\boldsymbol{P}_{n-2}\cdots\boldsymbol{M}_1\boldsymbol{P}_1\boldsymbol{P}^{\mathrm{T}})^{-1}$，则 (4.4.1) 成立. 分析 $\boldsymbol{L}$ 可知，它的第 1 列是 $\boldsymbol{e}_1$，对于 $k>1$，第 k 列的次对角线元素由 $\boldsymbol{M}_{k-1}$ 的乘子"组成".

Parlet-Reid 方法的有效实现需要仔细计算修正

$$\boldsymbol{A}^{(k)} = \boldsymbol{M}_k(\boldsymbol{P}_k\boldsymbol{A}^{(k-1)}\boldsymbol{P}_k^{\mathrm{T}})\boldsymbol{M}_k^{\mathrm{T}}. \tag{4.4.3}$$

为了少用记号来说明问题，假设 $B = B^{\mathrm{T}} \in \mathbb{R}^{(n-k)\times(n-k)}$，并且希望形成

$$\boldsymbol{B}_+ = (\boldsymbol{I} - \boldsymbol{w}\boldsymbol{e}_1^{\mathrm{T}})\boldsymbol{B}(\boldsymbol{I} - \boldsymbol{w}\boldsymbol{e}_1^{\mathrm{T}})^{\mathrm{T}},$$

其中 $\boldsymbol{w} \in \mathbb{R}^{n-k}$，$\boldsymbol{e}_1$ 是 $\boldsymbol{I}_{n-k}$ 的第 1 列. 上述计算是 (4.4.3) 的核心. 令

$$\boldsymbol{u} = \boldsymbol{B}\boldsymbol{e}_1 - \frac{b_{11}}{2}\boldsymbol{w},$$

则 $\boldsymbol{B}_+ = \boldsymbol{B} - \boldsymbol{w}\boldsymbol{u}^{\mathrm{T}} - \boldsymbol{u}\boldsymbol{w}^{\mathrm{T}}$，它的下三角部分可在 $2(n-k)^2$ 个 flop 内完成. 对 k 从 1 到 $n-2$ 累加此量，可知 Parlett-Reid 方法需 $2n^3/3$ 个 flop，这是 Cholesky 分解相应工作量的两倍.

4.4.2 Aasen 方法

通过重新考虑 Parlett-Reid 方法中的一些计算，Aasen (1971) 给出能在 $n^3/3$ 个 flop 内计算 (4.4.1) 的方法. 我们首先研究不考虑选主元的情况，目标是计算满足 $L(:,1) = e_1$ 的单位下三角矩阵 $\boldsymbol{L}$，以及满足 $\boldsymbol{A} = \boldsymbol{L}\boldsymbol{T}\boldsymbol{L}^{\mathrm{T}}$ 的三对角矩阵

$$\boldsymbol{T} = \begin{bmatrix} \alpha_1 & \beta_1 & & \cdots & 0 \\ \beta_1 & \alpha_2 & \ddots & & \vdots \\ & \ddots & \ddots & \ddots & \\ \vdots & & \ddots & \ddots & \beta_{n-1} \\ 0 & \cdots & & \beta_{n-1} & \alpha_n \end{bmatrix}.$$

Aasen 方法描述如下.

$$\begin{array}{l}
\textbf{for } j = 1:n \\
\quad \{\, \alpha(1:j-1),\ \beta(1:j-1),\ L(:,1:j) \text{ 已知.} \,\} \\
\quad \text{计算 } \alpha_j. \\
\quad \textbf{if } j \leqslant n-1 \\
\qquad \text{计算 } \beta_j. \\
\quad \textbf{end} \\
\quad \textbf{if } j \leqslant n-2 \\
\qquad \text{计算 } L(j+2:n,\, j+1). \\
\quad \textbf{end} \\
\textbf{end}
\end{array} \tag{4.4.4}$$

为了开发计算 $\alpha_j, \beta_j, L(j+2:n, j+1)$ 的方法，我们比较 $\boldsymbol{A} = \boldsymbol{L}\boldsymbol{H}$ 的第 j 列，其中 $\boldsymbol{H} = \boldsymbol{T}\boldsymbol{L}^{\mathrm{T}}$. 注意到 $\boldsymbol{H}$ 是上 Hessenberg 矩阵，我们有

$$A(:,j) = \boldsymbol{L}H(:,j) = \sum_{k=1}^{j+1} L(:,k)h(k), \tag{4.4.5}$$

这里 $h(1:j+1)=H(1:j+1,j)$，假设 $j\leqslant n-1$. 由此得出结论

$$h_{j+1}L(j+1:n,j+1) \;=\; v(j+1:n), \tag{4.4.6}$$

其中

$$v(j+1:n) \;=\; A(j+1:n,j) \;-\; L(j+1:n,1:j)h(1:j). \tag{4.4.7}$$

因为 $\boldsymbol{L}$ 是单位下三角矩阵，并且 $L(:,1:j)$ 是已知的，这就为我们提供了 $L(j+2:n,j+1)$ 的计算方法，前提是 $h(1:j)$ 已知. 事实上，从 (4.4.6) 和 (4.4.7) 容易看出

$$L(j+2:n,j+1) \;=\; v(j+2:n)/v(j+1). \tag{4.4.8}$$

为了计算 $h(1:j)$，比较等式 $\boldsymbol{H}=\boldsymbol{T}\boldsymbol{L}^{\mathrm{T}}$ 的第 j 列. 下面是 $j=5$ 的情形：

$$\begin{bmatrix} h_1 \\ h_2 \\ h_3 \\ h_4 \\ h_5 \\ h_6 \end{bmatrix} = \begin{bmatrix} \alpha_1 & \beta_1 & 0 & 0 & 0 \\ \beta_1 & \alpha_2 & \beta_2 & 0 & 0 \\ 0 & \beta_2 & \alpha_3 & \beta_3 & 0 \\ 0 & 0 & \beta_3 & \alpha_4 & \beta_4 \\ 0 & 0 & 0 & \beta_4 & \alpha_5 \\ 0 & 0 & 0 & 0 & \beta_5 \end{bmatrix} \begin{bmatrix} 0 \\ \ell_{52} \\ \ell_{53} \\ \ell_{54} \\ 1 \end{bmatrix} = \begin{bmatrix} \beta_1\ell_{52} \\ \alpha_2\ell_{52}+\beta_2\ell_{53} \\ \beta_2\ell_{52}+\alpha_3\ell_{53}+\beta_3\ell_{54} \\ \beta_3\ell_{53}+\alpha_4\ell_{54}+\beta_4 \\ \beta_4\ell_{54}+\alpha_5 \\ \beta_5 \end{bmatrix}. \tag{4.4.9}$$

在第 j 步开始时 $\alpha(1:j-1),\beta(1:j-1),L(:,1:j)$ 已知，因此我们可以如下确定 $h(1:j-1)$：

$$\begin{aligned}
&h_1 \;=\; \beta_1\ell_{j2} \\
&\textbf{for } k=1:j-1 \\
&\quad h_k \;=\; \beta_{k-1}\ell_{j,k-1} \;+\; \alpha_k\ell_{jk} \;+\; \beta_k\ell_{j,k+1} \\
&\textbf{end}
\end{aligned} \tag{4.4.10}$$

式 (4.4.5) 给出 h_j 的公式：

$$h_j \;=\; A(j,j) \;-\; \sum_{k=1}^{j-1} L(j,k)h_k. \tag{4.4.11}$$

从 (4.4.9) 可以推出

$$\alpha_j \;=\; h_j \;-\; \beta_{j-1}\ell_{j,j-1}, \tag{4.4.12}$$

$$\beta_j \;=\; h_{j+1}. \tag{4.4.13}$$

将这些公式与 (4.4.4)(4.4.7)(4.4.8)(4.4.10)(4.4.11) 结合起来，我们得到非选主元的 Aasen 方法：

$$
\begin{aligned}
&L = I_n\\
&\textbf{for } j = 1:n\\
&\quad \textbf{if } j = 1\\
&\qquad \alpha_1 = a_{11}\\
&\qquad v(2:n) = A(2:n,1)\\
&\quad \textbf{else}\\
&\qquad h_1 = \beta_1 \ell_{j2}\\
&\qquad \textbf{for } k = 2:j-1\\
&\qquad\quad h_k = \beta_{k-1}\ell_{j,k-1} + \alpha_k \ell_{jk} + \beta_k \ell_{j,k+1}\\
&\qquad \textbf{end}\\
&\qquad h_j = a_{jj} - L(j,1:j-1)h(1:j-1)\\
&\qquad \alpha_j = h_j - \beta_{j-1}\ell_{j,j-1}\\
&\qquad v(j+1:n) = A(j+1:n,j) - L(j+1:n,1:j)h(1:j)\\
&\quad \textbf{end}\\
&\quad \textbf{if } j <= n-1\\
&\qquad \beta_j = v(j+1)\\
&\quad \textbf{end}\\
&\quad \textbf{if } j <= n-2\\
&\qquad L(j+2:n,j+1) = v(j+2:n)/v(j+1)\\
&\quad \textbf{end}\\
&\textbf{end}
\end{aligned}
\tag{4.4.14}
$$

每个通过 j 循环的主要运算都是一个 $(n-j)\times j$ 的 gaxpy 运算．整个 Aasen 计算需要 $n^3/3$ 个 flop，与 Cholesky 分解相同．

现在看来，$\boldsymbol{L}$ 的列是 (4.4.14) 中向量 $\boldsymbol{v}$ 的倍数．如果这些乘数中的任何一个很大，即任意一个 $v(j+1)$ 很小，我们就有麻烦了．为避免这个问题，需要将 $v(j+1:n)$ 的最大分量置换到顶部位置．当然，这种置换必须适当地应用于 $\boldsymbol{A}$ 的未约化部分和已经计算出 $\boldsymbol{L}$ 部分．选主元的 Aasen 方法和部分选主元的高斯消去法具有同样的稳定性．

在 Aasen 算法的实际实现中，$\boldsymbol{A}$ 的下三角部分将被 $\boldsymbol{L}$ 和 $\boldsymbol{T}$ 覆盖，例如，

$$
\boldsymbol{A} \leftarrow \begin{bmatrix}
\alpha_1 & & & & \\
\beta_1 & \alpha_2 & & & \\
\ell_{32} & \beta_2 & \alpha_3 & & \\
\ell_{42} & \ell_{43} & \beta_3 & \alpha_4 & \\
\ell_{52} & \ell_{53} & \ell_{54} & \beta_4 & \alpha_5
\end{bmatrix}.
$$

注意，在此排列中 $\boldsymbol{L}$ 的列左移了.

4.4.3 对角选主元方法

接下来讨论分块 $\mathrm{LDL^T}$ 分解 (4.4.2) 的计算. 遵循 Bunch and Parlett (1971) 的讨论，假设

$$\boldsymbol{P}_1\boldsymbol{A}\boldsymbol{P}_1^{\mathrm{T}} = \underset{\quad s \qquad n-s}{\begin{bmatrix} \boldsymbol{E} & \boldsymbol{C}^{\mathrm{T}} \\ \boldsymbol{C} & \boldsymbol{B} \end{bmatrix}}\begin{matrix} s \\ n-s \end{matrix},$$

其中 $\boldsymbol{P}_1$ 是置换矩阵，$s=1$ 或 2. 如果 $\boldsymbol{A}$ 是非零，那么总可以选取这些量使得 $\boldsymbol{E}$ 非奇异，从而得出

$$\boldsymbol{P}_1\boldsymbol{A}\boldsymbol{P}_1^{\mathrm{T}} = \begin{bmatrix} \boldsymbol{I}_s & \boldsymbol{0} \\ \boldsymbol{C}\boldsymbol{E}^{-1} & \boldsymbol{I}_{n-s} \end{bmatrix}\begin{bmatrix} \boldsymbol{E} & \boldsymbol{0} \\ \boldsymbol{0} & \boldsymbol{B}-\boldsymbol{C}\boldsymbol{E}^{-1}\boldsymbol{C}^{\mathrm{T}} \end{bmatrix}\begin{bmatrix} \boldsymbol{I}_s & \boldsymbol{E}^{-1}\boldsymbol{C}^{\mathrm{T}} \\ \boldsymbol{0} & \boldsymbol{I}_{n-s} \end{bmatrix}.$$

考虑稳定性，应选取 $s\times s$ 的“主元” $\boldsymbol{E}$ 使得

$$\tilde{\boldsymbol{A}} = (\tilde{a}_{ij}) \equiv \boldsymbol{B}-\boldsymbol{C}\boldsymbol{E}^{-1}\boldsymbol{C}^{\mathrm{T}} \tag{4.4.15}$$

的元素有适当的界. 为此，给定 $\alpha\in(0,1)$，定义度量为

$$\mu_0 = \max_{i,j}|a_{ij}|, \quad \mu_1 = \max_i |a_{ii}|.$$

Bunch-Parlett 选主元策略如下:

if $\mu_1 \geqslant \alpha\mu_0$
  $s=1$
  选取 P_1 使得 $|e_{11}|=\mu_1$.
else
  $s=2$
  选取 P_1 使得 $|e_{21}|=\mu_0$.
end

根据 (4.4.15) 容易验证，如果 $s=1$，那么

$$|\tilde{a}_{ij}| \leqslant (1+\alpha^{-1})\,\mu_0, \tag{4.4.16}$$

如果 $s=2$，则有

$$|\tilde{a}_{ij}| \leqslant \frac{3-\alpha}{1-\alpha}\,\mu_0. \tag{4.4.17}$$

$(1+\alpha^{-1})^2$ 是对应两步 $s=1$ 的增长因子，$(3-\alpha)/(1-\alpha)$ 是对应 $s=2$ 的增长因子，令这两个因子相等，Bunch 和 Parlett 得出结论：从最小元素增长界的角度来看 $\alpha=(1+\sqrt{17})/8$ 是最优的.

上面列出的约化过程可以一直用到 $(n-s)$ 阶对称矩阵 $\tilde{A}$. 使用简单的归纳法可以证明分解 (4.4.2) 存在，如果忽略与选主元相关的计算量，这个分解需要 $n^3/3$ 个 flop.

4.4.4　稳定性和效率

Bunch (1971) 发现，上述对角选主元方法与全选主元的高斯消去法一样稳定. 不幸的是，因为在约化的每个阶段 μ_0 都涉及二维搜索，整个过程需要 $n^3/12$ 至 $n^3/6$ 次比较运算. 实际比较次数取决于 2×2 矩阵的总主元数，但一般来说，用于计算 (4.4.2) 的 Bunch-Parlett 方法要比 Aasen 方法慢得多. 见 Barwell and George (1976).

Bunch and Kaufman (1977) 提出的对角选主元方法与此不同. 他们的方法只需要在每个约化阶段扫描两列. 考虑约化的第一步就能完全说明该方法:

$\alpha = (1+\sqrt{17})/8$
$\lambda = |a_{r1}| = \max\{|a_{21}|, \cdots, |a_{n1}|\}$
if $\lambda > 0$
　if $|a_{11}| \geqslant \alpha\lambda$
　　令 $s=1, P_1 = I$.
　else
　　$\sigma = |a_{pr}| = \max\{|a_{1r}, \cdots, |a_{r-1,r}|, |a_{r+1,r}|, \cdots, |a_{nr}|\}$
　　if $\sigma|a_{11}| \geqslant \alpha\lambda^2$
　　　令 $s=1, P_1 = I$.
　　elseif $|a_{rr}| \geqslant \alpha\sigma$
　　　令 $s=1$，选取 P_1 使得 $[P_1^{\mathrm{T}}AP_1]_{11} = a_{rr}$.
　　else
　　　令 $s=2$，选取 P_1 使得 $[P_1^{\mathrm{T}}AP_1]_{21} = a_{rp}$.
　　end
　end
end

总的来说，Bunch-Kaufman 算法需要 $n^3/3$ 个 flop 和 $O(n^2)$ 次比较，此外，和本节的所有方法一样，该算法需要 $n^2/2$ 个储存单元.

4.4.5　关于平衡方程组的说明

一类非常重要的对称不定矩阵形如

$$A = \begin{bmatrix} C & B \\ B^{\mathrm{T}} & 0 \end{bmatrix} \begin{matrix} n \\ p \end{matrix}, \quad \begin{matrix} \\ n \quad p \end{matrix} \tag{4.4.18}$$

其中 C 是对称正定矩阵，B 列满秩矩阵. 这些条件确保 A 是非奇异矩阵.

当然，本节介绍的方法都适用于矩阵 A. 但是，因为选主元方法"破坏"了 $(2,2)$ 位置的零分块，所以前述方法未能利用其特殊结构. 另外，这里有一种利用 A 的分块结构的好方法:

步骤 1. 计算 Cholesky 分解 $C = GG^{\mathrm{T}}$.

步骤 2. 对于 $K \in \mathbb{R}^{n\times p}$ 解 $GK = B$.

步骤 3. 计算 Cholesky 分解 $HH^{\mathrm{T}} = K^{\mathrm{T}}K = B^{\mathrm{T}}C^{-1}B$.

由此可得

$$A = \begin{bmatrix} G & 0 \\ K^{\mathrm{T}} & H \end{bmatrix} \begin{bmatrix} G^{\mathrm{T}} & K \\ 0 & -H^{\mathrm{T}} \end{bmatrix}.$$

原则上，这种三角分解可用于求解**平衡方程组**

$$\begin{bmatrix} C & B \\ B^{\mathrm{T}} & 0 \end{bmatrix} \begin{bmatrix} x \\ y \end{bmatrix} = \begin{bmatrix} f \\ g \end{bmatrix}. \tag{4.4.19}$$

但是，考虑上述步骤 2 和步骤 3 可以清楚看出，计算的解的准确性取决于 $\kappa(C)$，这个量可能远大于 $\kappa(A)$. 数学家仔细分析了这一情形，提出利用结构的各种算法. 本节注释中简要回顾了这方面的参考文献.

最后，考虑 (4.4.19) 的一个特殊情形，它阐明算法稳定的意义，并说明扰动分析如何能构造更好的方法. 在一些重要的应用中 $g = 0$，C 是对角矩阵，解的子向量 y 十分重要. 通过变换可知，这个向量可表为

$$y = (B^{\mathrm{T}}C^{-1}B)^{-1}B^{\mathrm{T}}C^{-1}f. \tag{4.4.20}$$

上式再次让我们觉得，$\kappa(C)$ 应该与计算得出的 y 的准确性有关. 然而可以证明

$$\| (B^{\mathrm{T}}C^{-1}B)^{-1}B^{\mathrm{T}}C^{-1} \| \leqslant \psi_B, \tag{4.4.21}$$

其中上限 ψ_B 不依赖于 C，这个结果（正确地）表明 y 对 C 中的扰动不敏感. 计算这个向量的稳定方法应该考虑这一点，即计算出来的 y 的精度不应依赖于 C. Vavasis (1994) 给出一种具有此特性的方法，它涉及仔细形成矩阵 $V \in \mathbb{R}^{n\times(n-p)}$，其列是 $B^{\mathrm{T}}C^{-1}$ 的零空间的一组基. 解 $n \times n$ 线性方程组

$$[\, B \mid V \,] \begin{bmatrix} y \\ q \end{bmatrix} = f$$

意味着 $f = By + Vq$. 因此 $B^{\mathrm{T}}C^{-1}f = B^{\mathrm{T}}C^{-1}By$，从而 (4.4.20) 成立.

习 题

1. 证明：如果 $n\times n$ 对称矩阵 $\boldsymbol{A}$ 的所有 1×1 和 2×2 主子矩阵都是奇异矩阵，那么 $\boldsymbol{A}$ 是零矩阵.

2. 证明：如果 $\boldsymbol{A}$ 是正定矩阵，那么在 Bunch-Kaufman 算法中不会出现 2×2 主元.

3. 重新设计算法 (4.4.14)，使得计算过程仅涉及 $\boldsymbol{A}$ 的下三角形部分，对于 $j=1:n$ 以 $\alpha(j)$ 覆盖 $A(j,j)$，对于 $j=1:n-1$ 以 $\beta(j)$ 覆盖 $A(j+1,j)$，对于 $j=2:n-1$ 和 $i=j+1:n$ 以 $L(i,j)$ 覆盖 $A(i,j-1)$.

4. 假设 $\boldsymbol{A}\in\mathbb{R}^{n\times n}$ 是严格对角占优的对称矩阵. 给出计算分解

$$\boldsymbol{\Pi A\Pi}^{\mathrm{T}} = \begin{bmatrix} \boldsymbol{R} & \boldsymbol{0} \\ \boldsymbol{S} & -\boldsymbol{M} \end{bmatrix}\begin{bmatrix} \boldsymbol{R}^{\mathrm{T}} & \boldsymbol{S}^{\mathrm{T}} \\ \boldsymbol{0} & \boldsymbol{M}^{\mathrm{T}} \end{bmatrix}$$

的算法，其中 $\boldsymbol{\Pi}$ 是置换矩阵，对角块 $\boldsymbol{R}$ 和 $\boldsymbol{M}$ 是下三角矩阵.

5. 如果对称矩阵 $\boldsymbol{A}$ 具有形式

$$\boldsymbol{A} = \begin{bmatrix} \boldsymbol{A}_{11} & \boldsymbol{A}_{12} \\ \boldsymbol{A}_{21} & -\boldsymbol{A}_{22} \end{bmatrix}\begin{matrix} n \\ p \end{matrix}, \quad (\text{列块: } n,\ p)$$

其中 $\boldsymbol{A}_{11}$ 和 $\boldsymbol{A}_{22}$ 是正定矩阵，那么 $\boldsymbol{A}$ 称为拟定矩阵.

(a) 证明：这样的矩阵有满足

$$\boldsymbol{D} = \begin{bmatrix} \boldsymbol{D}_1 & \boldsymbol{0} \\ \boldsymbol{0} & -\boldsymbol{D}_2 \end{bmatrix}$$

的 $\mathrm{LDL}^{\mathrm{T}}$ 分解，其中 $\boldsymbol{D}_1\in\mathbb{R}^{n\times n}$ 和 $\boldsymbol{D}_2\in\mathbb{R}^{p\times p}$ 具有正的对角线元素.

(b) 证明：如果 $\boldsymbol{A}$ 是拟定矩阵，那么它的所有主子矩阵都是非奇异矩阵. 这意味着对于任何置换矩阵 $\boldsymbol{P}$，矩阵 $\boldsymbol{PAP}^{\mathrm{T}}$ 都有 $\mathrm{LDL}^{\mathrm{T}}$ 分解.

6. 证明 (4.4.16) 和 (4.4.17).

7. 假定 $\boldsymbol{A}$ 由 (4.4.18) 给出，证明 $-(\boldsymbol{B}^{\mathrm{T}}\boldsymbol{C}^{-1}\boldsymbol{B})^{-1}$ 是 $\boldsymbol{A}^{-1}$ 的 (2,2) 分块.

8. 考虑 (4.4.21) 的特殊情形. 定义矩阵

$$\boldsymbol{M}(\alpha) = (\boldsymbol{B}^{\mathrm{T}}\boldsymbol{C}^{-1}\boldsymbol{B})^{-1}\boldsymbol{B}^{\mathrm{T}}\boldsymbol{C}^{-1}$$

其中 $\boldsymbol{C}=(\boldsymbol{I}_n+\alpha\boldsymbol{e}_k\boldsymbol{e}_k^{\mathrm{T}}),\alpha>-1,\boldsymbol{e}_k=\boldsymbol{I}_n(:,k)$.（注意，$\boldsymbol{C}$ 是将 α 加到单位矩阵的 (k,k) 位置后得到的矩阵.）假设 $\boldsymbol{B}\in\mathbb{R}^{n\times p}$ 的秩为 p，证明

$$\boldsymbol{M}(\alpha) = (\boldsymbol{B}^{\mathrm{T}}\boldsymbol{B})^{-1}\boldsymbol{B}^{\mathrm{T}}\left(\boldsymbol{I}_n - \frac{\alpha}{1+\alpha\boldsymbol{w}^{\mathrm{T}}\boldsymbol{w}}\boldsymbol{e}_k\boldsymbol{w}^{\mathrm{T}}\right),$$

其中

$$\boldsymbol{w} = \left(\boldsymbol{I}_n - \boldsymbol{B}(\boldsymbol{B}^{\mathrm{T}}\boldsymbol{B})^{-1}\boldsymbol{B}^{\mathrm{T}}\right)\boldsymbol{e}_k.$$

证明：如果 $\|\boldsymbol{w}\|_2=0$ 或 $\|\boldsymbol{w}\|_2=1$，那么 $\|\boldsymbol{M}(\alpha)\|_2=1/\sigma_{\min}(\boldsymbol{B})$. 如果 $0<\|\boldsymbol{w}\|_2<1$，那么

$$\|\boldsymbol{M}(\alpha)\|_2 \leqslant \max\left\{\frac{1}{1-\|\boldsymbol{w}\|_2},\, 1+\frac{1}{\|\boldsymbol{w}\|_2}\right\}\Big/\sigma_{\min}(\boldsymbol{B}).$$

因此，$\|\boldsymbol{M}(\alpha)\|_2$ 有着和 α 无关的上界.

4.5 分块三对角方程组

分块三对角线性方程组具有如下形式：

$$\begin{bmatrix} \boldsymbol{D}_1 & \boldsymbol{F}_1 & & \cdots & \mathbf{0} \\ \boldsymbol{E}_1 & \boldsymbol{D}_2 & \ddots & & \vdots \\ & \ddots & \ddots & \ddots & \\ \vdots & & \ddots & \ddots & \boldsymbol{F}_{N-1} \\ \mathbf{0} & \cdots & & \boldsymbol{E}_{N-1} & \boldsymbol{D}_N \end{bmatrix} \begin{bmatrix} \boldsymbol{x}_1 \\ \boldsymbol{x}_2 \\ \vdots \\ \vdots \\ \boldsymbol{x}_N \end{bmatrix} = \begin{bmatrix} \boldsymbol{b}_1 \\ \boldsymbol{b}_2 \\ \vdots \\ \vdots \\ \boldsymbol{b}_N \end{bmatrix}, \tag{4.5.1}$$

该形式在实践中经常出现. 为清晰起见，我们假定所有的块都是 $q \times q$ 的，本节讨论求解此类问题的分块 LU 方法和分而治之方法.

4.5.1 分块三对角 LU 分解

如果

$$\boldsymbol{A} = \begin{bmatrix} \boldsymbol{D}_1 & \boldsymbol{F}_1 & & \cdots & \mathbf{0} \\ \boldsymbol{E}_1 & \boldsymbol{D}_2 & \ddots & & \vdots \\ & \ddots & \ddots & \ddots & \\ \vdots & & \ddots & \ddots & \boldsymbol{F}_{N-1} \\ \mathbf{0} & \cdots & & \boldsymbol{E}_{N-1} & \boldsymbol{D}_N \end{bmatrix}, \tag{4.5.2}$$

那么，通过比较

$$\boldsymbol{A} = \begin{bmatrix} \boldsymbol{I} & & & \cdots & \mathbf{0} \\ \boldsymbol{L}_1 & \boldsymbol{I} & & & \vdots \\ & \ddots & \ddots & & \\ \vdots & & \ddots & & \\ \mathbf{0} & \cdots & & \boldsymbol{L}_{N-1} & \boldsymbol{I} \end{bmatrix} \begin{bmatrix} \boldsymbol{U}_1 & \boldsymbol{F}_1 & & \cdots & \mathbf{0} \\ \mathbf{0} & \boldsymbol{U}_2 & \ddots & & \vdots \\ & & \ddots & \ddots & \\ \vdots & & & \ddots & \boldsymbol{F}_{N-1} \\ \mathbf{0} & \cdots & & \mathbf{0} & \boldsymbol{U}_N \end{bmatrix} \tag{4.5.3}$$

中的分块，我们可以得到计算 $\boldsymbol{L}_i$ 和 $\boldsymbol{U}_i$ 的如下算法.

$$\begin{aligned} & U_1 = D_1 \\ & \textbf{for } i = 2:N \\ & \quad \text{求 } L_{i-1}U_{i-1} = E_{i-1} \text{ 的解 } L_{i-1}. \\ & \quad U_i = D_i - L_{i-1}F_{i-1} \\ & \textbf{end} \end{aligned} \tag{4.5.4}$$

只要 $\boldsymbol{U}_i$ 是非奇异矩阵，这个过程就是可行的.

一旦算出分解 (4.5.3)，我们就可以通过分块向前消去和分块向后代入来求得 (4.5.1) 中的向量 $\boldsymbol{x}$：

$$
\begin{aligned}
&y_1 = b_1 \\
&\textbf{for } i = 2:N \\
&\quad y_i = b_i - L_{i-1}y_{i-1} \\
&\textbf{end} \\
&\text{求 } U_N x_N = y_N \text{ 的解 } x_N. \\
&\textbf{for } i = N-1:-1:1 \\
&\quad \text{求 } U_i x_i = y_i - F_i x_{i+1} \text{ 的解 } x_i. \\
&\textbf{end}
\end{aligned}
\tag{4.5.5}
$$

为了执行 (4.5.4) 和 (4.5.5)，必须分解每一个 $\boldsymbol{U}_i$，因为需要求解以这些子矩阵为系数的线性方程组. 这可通过选主元的高斯消去法来实现. 然而，这保证不了整个计算过程的稳定性.

4.5.2　分块对角占优

为得到 $\boldsymbol{L}_i$ 和 $\boldsymbol{U}_i$ 的满意的界，有必要对分块矩阵做些额外的假定. 例如，如果对于 $i=1:N$ 有

$$\| \boldsymbol{D}_i^{-1} \|_1 (\| \boldsymbol{F}_{i-1} \|_1 + \| \boldsymbol{E}_i \|_1) < 1, \qquad \boldsymbol{E}_N \equiv \boldsymbol{F}_0 \equiv \boldsymbol{0}, \tag{4.5.6}$$

那么存在分解 (4.5.3)，且可以证明 $\boldsymbol{L}_i$ 和 $\boldsymbol{U}_i$ 满足不等式

$$\| \boldsymbol{L}_i \|_1 \leqslant 1, \tag{4.5.7}$$

$$\| \boldsymbol{U}_i \|_1 \leqslant \| \boldsymbol{A}_n \|_1. \tag{4.5.8}$$

条件 (4.5.6) 定义了**分块对角占优**这一类型的矩阵.

4.5.3　分块循环约化法

接下来给出**分块循环约化法**，该方法可用于求解分块三对角方程组 (4.5.1) 的一些重要特例. 为简便起见，假设 $\boldsymbol{A}$ 具有如下形式：

$$\boldsymbol{A} = \begin{bmatrix} \boldsymbol{D} & \boldsymbol{F} & & \cdots & \boldsymbol{0} \\ \boldsymbol{F} & \boldsymbol{D} & \ddots & & \vdots \\ & \ddots & \ddots & \ddots & \\ \vdots & & \ddots & \ddots & \boldsymbol{F} \\ \boldsymbol{0} & \cdots & & \boldsymbol{F} & \boldsymbol{D} \end{bmatrix} \in \mathbb{R}^{Nq \times Nq}, \tag{4.5.9}$$

其中 $\boldsymbol{F}$ 和 $\boldsymbol{D}$ 都是 $q\times q$ 矩阵且满足 $\boldsymbol{DF}=\boldsymbol{FD}$，假设 $N=2^k-1$. 这些条件在许多重要的应用中都成立，如矩形区域上泊松方程的离散化问题.（见 4.8.4 节.）

循环约化法的基本思想是将问题的维数反复减半，直到剩下一个关于未知子向量 $x_{2^{k-1}}$ 的 $q\times q$ 的方程组. 这个方程组可以用标准方法求解. 前面消去的 x_i 可以通过回代过程解出.

考虑 $N=7$ 的情形就可以充分说明一般情形:

$$\begin{aligned}
\boldsymbol{b}_1 &= \boldsymbol{Dx}_1 + \boldsymbol{Fx}_2,\\
\boldsymbol{b}_2 &= \boldsymbol{Fx}_1 + \boldsymbol{Dx}_2 + \boldsymbol{Fx}_3,\\
\boldsymbol{b}_3 &= \boldsymbol{Fx}_2 + \boldsymbol{Dx}_3 + \boldsymbol{Fx}_4,\\
\boldsymbol{b}_4 &= \boldsymbol{Fx}_3 + \boldsymbol{Dx}_4 + \boldsymbol{Fx}_5,\\
\boldsymbol{b}_5 &= \boldsymbol{Fx}_4 + \boldsymbol{Dx}_5 + \boldsymbol{Fx}_6,\\
\boldsymbol{b}_6 &= \boldsymbol{Fx}_5 + \boldsymbol{Dx}_6 + \boldsymbol{Fx}_7,\\
\boldsymbol{b}_7 &= \boldsymbol{Fx}_6 + \boldsymbol{Dx}_7.
\end{aligned}$$

对于 $i=2,4,6$，分别用 $\boldsymbol{F},-\boldsymbol{D},\boldsymbol{F}$ 去乘第 $i-1,i,i+1$ 个方程，再将得到的方程相加，有:

$$\begin{aligned}
(2\boldsymbol{F}^2-\boldsymbol{D}^2)\boldsymbol{x}_2 + \boldsymbol{F}^2\boldsymbol{x}_4 &= \boldsymbol{F}(\boldsymbol{b}_1+\boldsymbol{b}_3)-\boldsymbol{Db}_2,\\
\boldsymbol{F}^2\boldsymbol{x}_2 + (2\boldsymbol{F}^2-\boldsymbol{D}^2)\boldsymbol{x}_4 + \boldsymbol{F}^2\boldsymbol{x}_6 &= \boldsymbol{F}(\boldsymbol{b}_3+\boldsymbol{b}_5)-\boldsymbol{Db}_4,\\
\boldsymbol{F}^2\boldsymbol{x}_4 + (2\boldsymbol{F}^2-\boldsymbol{D}^2)\boldsymbol{x}_6 &= \boldsymbol{F}(\boldsymbol{b}_5+\boldsymbol{b}_7)-\boldsymbol{Db}_6.
\end{aligned}$$

因此，通过这种技巧我们消去了奇数下标的 $\boldsymbol{x}_i$，只剩下一个约化的分块三对角方程组，其形式为:

$$\begin{aligned}
\boldsymbol{D}^{(1)}\boldsymbol{x}_2 + \boldsymbol{F}^{(1)}\boldsymbol{x}_4 &= \boldsymbol{b}_2^{(1)},\\
\boldsymbol{F}^{(1)}\boldsymbol{x}_2 + \boldsymbol{D}^{(1)}\boldsymbol{x}_4 + \boldsymbol{F}^{(1)}\boldsymbol{x}_6 &= \boldsymbol{b}_4^{(1)},\\
\boldsymbol{F}^{(1)}\boldsymbol{x}_4 + \boldsymbol{D}^{(1)}\boldsymbol{x}_6 &= \boldsymbol{b}_6^{(1)},
\end{aligned}$$

其中 $\boldsymbol{D}^{(1)}=2\boldsymbol{F}^2-\boldsymbol{D}^2$ 和 $\boldsymbol{F}^{(1)}=\boldsymbol{F}^2$ 可交换. 应用上述同样的消去法，把这三个方程分别乘以 $\boldsymbol{F}^{(1)},-\boldsymbol{D}^{(1)},\boldsymbol{F}^{(1)}$. 把这些变换后的方程相加，得到单一方程:

$$\left(2[\boldsymbol{F}^{(1)}]^2-\boldsymbol{D}^{(1)^2}\right)\boldsymbol{x}_4 = \boldsymbol{F}^{(1)}\left(\boldsymbol{b}_2^{(1)}+\boldsymbol{b}_6^{(1)}\right)-\boldsymbol{D}^{(1)}\boldsymbol{b}_4^{(1)},$$

将其记为

$$\boldsymbol{D}^{(2)}\boldsymbol{x}_4=\boldsymbol{b}^{(2)}.$$

这就完成了循环约化. 现在解这个（小的）$q\times q$ 方程组得到 $\boldsymbol{x}_4$. 然后解方程组

$$\begin{aligned}
\boldsymbol{D}^{(1)}\boldsymbol{x}_2 &= \boldsymbol{b}_2^{(1)}-\boldsymbol{F}^{(1)}\boldsymbol{x}_4,\\
\boldsymbol{D}^{(1)}\boldsymbol{x}_6 &= \boldsymbol{b}_6^{(1)}-\boldsymbol{F}^{(1)}\boldsymbol{x}_4
\end{aligned}$$

得到 $\boldsymbol{x}_2$ 和 $\boldsymbol{x}_6$. 最后利用原始方程组中的第 1,3,5,7 个方程分别解出 $\boldsymbol{x}_1,\boldsymbol{x}_3,\boldsymbol{x}_5,\boldsymbol{x}_7$.

对一般的 N，执行这些递推所需的工作量很大程度上取决于 $\boldsymbol{D}^{(p)}$ 和 $\boldsymbol{F}^{(p)}$ 的稀疏程度. 在最坏的情形，如果这些矩阵是满的，总的 flop 数为 $\log(N)q^3$ 量级. 执行时必须小心，以确保约化过程的稳定性. 更多细节请见 Buneman (1969).

4.5.4　SPIKE 结构

带宽为 p 的矩阵 $\boldsymbol{A} \in \mathbb{R}^{Nq \times Nq}$ 可被看作由多个带状对角块和若干低秩非对角块组成的分块三对角矩阵. (4.5.10) 是 $N = 4, q = 7, p = 2$ 的例子. 注意，对角线块的带宽均为 p，次对角线块和上对角线块的秩均为 p. 非对角线块的低秩性使我们能够推导出分而治之的方法，即“SPIKE”算法. 这个方法很重要，它的并行性很好. 上述简单讨论基于 Polizzi and Sameh (2007).

$$
\boldsymbol{A} = \left[\begin{array}{l|l|l|l}
\times\times\times & & & \\
\times\times\times\times & & & \\
\times\times\times\times\times & & & \\
\;\times\times\times\times\times & & & \\
\;\;\times\times\times\times\times & & & \\
\;\;\;\times\times\times\times & \times & & \\
\;\;\;\;\times\times\times & \times\times & & \\
\hline
\;\;\;\;\;\times\times & \times\times\times & & \\
\;\;\;\;\;\;\times & \times\times\times\times & & \\
 & \times\times\times\times\times & & \\
 & \;\times\times\times\times\times & & \\
 & \;\;\times\times\times\times\times & & \\
 & \;\;\;\times\times\times\times & \times & \\
 & \;\;\;\;\times\times\times & \times\times & \\
\hline
 & \;\;\;\;\;\times\times & \times\times\times & \\
 & \;\;\;\;\;\;\times & \times\times\times\times & \\
 & & \times\times\times\times\times & \\
 & & \;\times\times\times\times\times & \\
 & & \;\;\times\times\times\times\times & \\
 & & \;\;\;\times\times\times\times & \times \\
 & & \;\;\;\;\times\times\times & \times\times \\
\hline
 & & \;\;\;\;\;\times\times & \times\times\times \\
 & & \;\;\;\;\;\;\times & \times\times\times\times \\
 & & & \times\times\times\times\times \\
 & & & \;\times\times\times\times\times \\
 & & & \;\;\times\times\times\times\times \\
 & & & \;\;\;\times\times\times\times \\
 & & & \;\;\;\;\times\times\times
\end{array}\right]. \tag{4.5.10}
$$

为便于分析，假设对角线块 $\boldsymbol{D}_1, \cdots, \boldsymbol{D}_4$ 是良态的. 用 $\text{diag}(\boldsymbol{D}_1, \boldsymbol{D}_2, \boldsymbol{D}_3, \boldsymbol{D}_4)$ 的逆矩阵置换上面的矩阵，可得

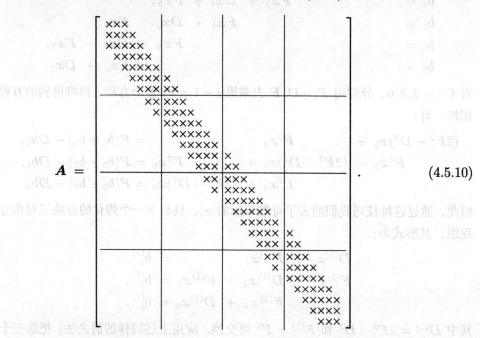

$$
\tilde{\boldsymbol{A}} = \left[\begin{array}{ccccccc|ccccccc|ccccccc|ccccccc}
1&&&&&& & +&+&&&&& & &&&&&& & &&&&&& \\
&1&&&&& & +&+&&&&& & &&&&&& & &&&&&& \\
&&1&&&& & +&+&&&&& & &&&&&& & &&&&&& \\
&&&1&&& & +&+&&&&& & &&&&&& & &&&&&& \\
&&&&1&& & +&+&&&&& & &&&&&& & &&&&&& \\
&&&&&1& & +&+&&&&& & &&&&&& & &&&&&& \\
&&&&&&1 & +&+&&&&& & &&&&&& & &&&&&& \\
\hline
&&&&&+&+ & 1&&&&&& & +&+&&&&& & &&&&&& \\
&&&&&+&+ & &1&&&&& & +&+&&&&& & &&&&&& \\
&&&&&+&+ & &&1&&&& & +&+&&&&& & &&&&&& \\
&&&&&+&+ & &&&1&&& & +&+&&&&& & &&&&&& \\
&&&&&+&+ & &&&&1&& & +&+&&&&& & &&&&&& \\
&&&&&+&+ & &&&&&1& & +&+&&&&& & &&&&&& \\
&&&&&+&+ & &&&&&&1 & +&+&&&&& & &&&&&& \\
\hline
&&&&&& & &&&&&+&+ & 1&&&&&& & +&+&&&&& \\
&&&&&& & &&&&&+&+ & &1&&&&& & +&+&&&&& \\
&&&&&& & &&&&&+&+ & &&1&&&& & +&+&&&&& \\
&&&&&& & &&&&&+&+ & &&&1&&& & +&+&&&&& \\
&&&&&& & &&&&&+&+ & &&&&1&& & +&+&&&&& \\
&&&&&& & &&&&&+&+ & &&&&&1& & +&+&&&&& \\
&&&&&& & &&&&&+&+ & &&&&&&1 & +&+&&&&& \\
\hline
&&&&&& & &&&&&& & &&&&&+&+ & 1&&&&&& \\
&&&&&& & &&&&&& & &&&&&+&+ & &1&&&&& \\
&&&&&& & &&&&&& & &&&&&+&+ & &&1&&&& \\
&&&&&& & &&&&&& & &&&&&+&+ & &&&1&&& \\
&&&&&& & &&&&&& & &&&&&+&+ & &&&&1&& \\
&&&&&& & &&&&&& & &&&&&+&+ & &&&&&1& \\
&&&&&& & &&&&&& & &&&&&+&+ & &&&&&&1
\end{array}\right]. \tag{4.5.11}
$$

经过这一运算，对应于 (4.5.10) 的原线性方程组

$$
\begin{bmatrix} \boldsymbol{D}_1 & \boldsymbol{F}_1 & \boldsymbol{0} & \boldsymbol{0} \\ \boldsymbol{E}_1 & \boldsymbol{D}_2 & \boldsymbol{F}_2 & \boldsymbol{0} \\ \boldsymbol{0} & \boldsymbol{E}_2 & \boldsymbol{D}_3 & \boldsymbol{F}_3 \\ \boldsymbol{0} & \boldsymbol{0} & \boldsymbol{E}_3 & \boldsymbol{D}_4 \end{bmatrix} \begin{bmatrix} \boldsymbol{x}_1 \\ \boldsymbol{x}_2 \\ \boldsymbol{x}_3 \\ \boldsymbol{x}_4 \end{bmatrix} = \begin{bmatrix} \boldsymbol{b}_1 \\ \boldsymbol{b}_2 \\ \boldsymbol{b}_3 \\ \boldsymbol{b}_4 \end{bmatrix}, \tag{4.5.12}
$$

变换成

$$
\begin{bmatrix} \boldsymbol{I}_7 & \tilde{\boldsymbol{F}}_1 & \boldsymbol{0} & \boldsymbol{0} \\ \tilde{\boldsymbol{E}}_1 & \boldsymbol{I}_7 & \tilde{\boldsymbol{F}}_2 & \boldsymbol{0} \\ \boldsymbol{0} & \tilde{\boldsymbol{E}}_2 & \boldsymbol{I}_7 & \tilde{\boldsymbol{F}}_3 \\ \boldsymbol{0} & \boldsymbol{0} & \tilde{\boldsymbol{E}}_3 & \boldsymbol{I}_7 \end{bmatrix} \begin{bmatrix} \boldsymbol{x}_1 \\ \boldsymbol{x}_2 \\ \boldsymbol{x}_3 \\ \boldsymbol{x}_4 \end{bmatrix} = \begin{bmatrix} \tilde{\boldsymbol{b}}_1 \\ \tilde{\boldsymbol{b}}_2 \\ \tilde{\boldsymbol{b}}_3 \\ \tilde{\boldsymbol{b}}_4 \end{bmatrix}, \tag{4.5.13}
$$

其中 $\boldsymbol{D}_i\tilde{\boldsymbol{b}}_i = \boldsymbol{b}_i, \boldsymbol{D}_i\tilde{\boldsymbol{F}}_i = \boldsymbol{F}_i, \boldsymbol{D}_{i+1}\tilde{\boldsymbol{E}}_i = \boldsymbol{E}_i$. 接下来，我们细化分块 (4.5.13)，将每个子矩阵转化为 3×3 的块矩阵，将每个子向量均转化为一个 3×1 的块向量:

$$
\left[\begin{array}{ccc|ccc|ccc|ccc}
\boldsymbol{I}_2 & \boldsymbol{0} & \boldsymbol{0} & \boldsymbol{K}_1 & \boldsymbol{0} & \boldsymbol{0} & \boldsymbol{0} & \boldsymbol{0} & \boldsymbol{0} & \boldsymbol{0} & \boldsymbol{0} & \boldsymbol{0} \\
\boldsymbol{0} & \boldsymbol{I}_3 & \boldsymbol{0} & \boldsymbol{H}_1 & \boldsymbol{0} & \boldsymbol{0} & \boldsymbol{0} & \boldsymbol{0} & \boldsymbol{0} & \boldsymbol{0} & \boldsymbol{0} & \boldsymbol{0} \\
\boldsymbol{0} & \boldsymbol{0} & \boldsymbol{I}_2 & \boldsymbol{G}_1 & \boldsymbol{0} & \boldsymbol{0} & \boldsymbol{0} & \boldsymbol{0} & \boldsymbol{0} & \boldsymbol{0} & \boldsymbol{0} & \boldsymbol{0} \\
\hline
\boldsymbol{0} & \boldsymbol{0} & \boldsymbol{R}_1 & \boldsymbol{I}_2 & \boldsymbol{0} & \boldsymbol{0} & \boldsymbol{K}_2 & \boldsymbol{0} & \boldsymbol{0} & \boldsymbol{0} & \boldsymbol{0} & \boldsymbol{0} \\
\boldsymbol{0} & \boldsymbol{0} & \boldsymbol{S}_1 & \boldsymbol{0} & \boldsymbol{I}_3 & \boldsymbol{0} & \boldsymbol{H}_2 & \boldsymbol{0} & \boldsymbol{0} & \boldsymbol{0} & \boldsymbol{0} & \boldsymbol{0} \\
\boldsymbol{0} & \boldsymbol{0} & \boldsymbol{T}_1 & \boldsymbol{0} & \boldsymbol{0} & \boldsymbol{I}_2 & \boldsymbol{G}_2 & \boldsymbol{0} & \boldsymbol{0} & \boldsymbol{0} & \boldsymbol{0} & \boldsymbol{0} \\
\hline
\boldsymbol{0} & \boldsymbol{0} & \boldsymbol{0} & \boldsymbol{0} & \boldsymbol{0} & \boldsymbol{R}_2 & \boldsymbol{I}_2 & \boldsymbol{0} & \boldsymbol{0} & \boldsymbol{K}_3 & \boldsymbol{0} & \boldsymbol{0} \\
\boldsymbol{0} & \boldsymbol{0} & \boldsymbol{0} & \boldsymbol{0} & \boldsymbol{0} & \boldsymbol{S}_2 & \boldsymbol{0} & \boldsymbol{I}_3 & \boldsymbol{0} & \boldsymbol{H}_3 & \boldsymbol{0} & \boldsymbol{0} \\
\boldsymbol{0} & \boldsymbol{0} & \boldsymbol{0} & \boldsymbol{0} & \boldsymbol{0} & \boldsymbol{T}_2 & \boldsymbol{0} & \boldsymbol{0} & \boldsymbol{I}_2 & \boldsymbol{G}_3 & \boldsymbol{0} & \boldsymbol{0} \\
\hline
\boldsymbol{0} & \boldsymbol{0} & \boldsymbol{0} & \boldsymbol{0} & \boldsymbol{0} & \boldsymbol{0} & \boldsymbol{0} & \boldsymbol{0} & \boldsymbol{R}_3 & \boldsymbol{I}_q & \boldsymbol{0} & \boldsymbol{0} \\
\boldsymbol{0} & \boldsymbol{0} & \boldsymbol{0} & \boldsymbol{0} & \boldsymbol{0} & \boldsymbol{0} & \boldsymbol{0} & \boldsymbol{0} & \boldsymbol{S}_3 & \boldsymbol{0} & \boldsymbol{I}_m & \boldsymbol{0} \\
\boldsymbol{0} & \boldsymbol{0} & \boldsymbol{0} & \boldsymbol{0} & \boldsymbol{0} & \boldsymbol{0} & \boldsymbol{0} & \boldsymbol{0} & \boldsymbol{T}_3 & \boldsymbol{0} & \boldsymbol{0} & \boldsymbol{I}_q
\end{array}\right]
\left[\begin{array}{c}
\boldsymbol{w}_1 \\ \boldsymbol{y}_1 \\ \boldsymbol{z}_1 \\ \hline \boldsymbol{w}_2 \\ \boldsymbol{y}_2 \\ \boldsymbol{z}_2 \\ \hline \boldsymbol{w}_3 \\ \boldsymbol{y}_3 \\ \boldsymbol{z}_3 \\ \hline \boldsymbol{w}_4 \\ \boldsymbol{y}_4 \\ \boldsymbol{z}_4
\end{array}\right]
=
\left[\begin{array}{c}
\boldsymbol{c}_1 \\ \boldsymbol{d}_1 \\ \boldsymbol{f}_1 \\ \hline \boldsymbol{c}_2 \\ \boldsymbol{d}_2 \\ \boldsymbol{f}_2 \\ \hline \boldsymbol{c}_3 \\ \boldsymbol{d}_3 \\ \boldsymbol{f}_3 \\ \hline \boldsymbol{c}_4 \\ \boldsymbol{d}_4 \\ \boldsymbol{f}_4
\end{array}\right]. \qquad (4.5.14)
$$

重排上式中的分块行和分块列，得到如下等价形式：

$$
\left[\begin{array}{cccccccc|cccc}
\boldsymbol{I}_2 & \boldsymbol{0} & \boldsymbol{K}_1 & \boldsymbol{0} & \boldsymbol{0} & \boldsymbol{0} & \boldsymbol{0} & \boldsymbol{0} & \boldsymbol{0} & \boldsymbol{0} & \boldsymbol{0} & \boldsymbol{0} \\
\boldsymbol{0} & \boldsymbol{I}_2 & \boldsymbol{G}_1 & \boldsymbol{0} & \boldsymbol{0} & \boldsymbol{0} & \boldsymbol{0} & \boldsymbol{0} & \boldsymbol{0} & \boldsymbol{0} & \boldsymbol{0} & \boldsymbol{0} \\
\boldsymbol{0} & \boldsymbol{R}_1 & \boldsymbol{I}_2 & \boldsymbol{0} & \boldsymbol{K}_2 & \boldsymbol{0} & \boldsymbol{0} & \boldsymbol{0} & \boldsymbol{0} & \boldsymbol{0} & \boldsymbol{0} & \boldsymbol{0} \\
\boldsymbol{0} & \boldsymbol{T}_1 & \boldsymbol{0} & \boldsymbol{I}_2 & \boldsymbol{G}_2 & \boldsymbol{0} & \boldsymbol{0} & \boldsymbol{0} & \boldsymbol{0} & \boldsymbol{0} & \boldsymbol{0} & \boldsymbol{0} \\
\boldsymbol{0} & \boldsymbol{0} & \boldsymbol{0} & \boldsymbol{R}_2 & \boldsymbol{I}_2 & \boldsymbol{0} & \boldsymbol{K}_3 & \boldsymbol{0} & \boldsymbol{0} & \boldsymbol{0} & \boldsymbol{0} & \boldsymbol{0} \\
\boldsymbol{0} & \boldsymbol{0} & \boldsymbol{0} & \boldsymbol{T}_2 & \boldsymbol{0} & \boldsymbol{I}_2 & \boldsymbol{G}_3 & \boldsymbol{0} & \boldsymbol{0} & \boldsymbol{0} & \boldsymbol{0} & \boldsymbol{0} \\
\boldsymbol{0} & \boldsymbol{0} & \boldsymbol{0} & \boldsymbol{0} & \boldsymbol{0} & \boldsymbol{R}_3 & \boldsymbol{I}_2 & \boldsymbol{0} & \boldsymbol{0} & \boldsymbol{0} & \boldsymbol{0} & \boldsymbol{0} \\
\boldsymbol{0} & \boldsymbol{0} & \boldsymbol{0} & \boldsymbol{0} & \boldsymbol{0} & \boldsymbol{T}_3 & \boldsymbol{0} & \boldsymbol{I}_2 & \boldsymbol{0} & \boldsymbol{0} & \boldsymbol{0} & \boldsymbol{0} \\
\hline
\boldsymbol{0} & \boldsymbol{0} & \boldsymbol{H}_1 & \boldsymbol{0} & \boldsymbol{0} & \boldsymbol{0} & \boldsymbol{0} & \boldsymbol{0} & \boldsymbol{I}_3 & \boldsymbol{0} & \boldsymbol{0} & \boldsymbol{0} \\
\boldsymbol{0} & \boldsymbol{S}_1 & \boldsymbol{0} & \boldsymbol{0} & \boldsymbol{H}_2 & \boldsymbol{0} & \boldsymbol{0} & \boldsymbol{0} & \boldsymbol{0} & \boldsymbol{I}_3 & \boldsymbol{0} & \boldsymbol{0} \\
\boldsymbol{0} & \boldsymbol{0} & \boldsymbol{0} & \boldsymbol{S}_2 & \boldsymbol{0} & \boldsymbol{0} & \boldsymbol{H}_3 & \boldsymbol{0} & \boldsymbol{0} & \boldsymbol{0} & \boldsymbol{I}_3 & \boldsymbol{0} \\
\boldsymbol{0} & \boldsymbol{0} & \boldsymbol{0} & \boldsymbol{0} & \boldsymbol{0} & \boldsymbol{S}_3 & \boldsymbol{0} & \boldsymbol{0} & \boldsymbol{0} & \boldsymbol{0} & \boldsymbol{0} & \boldsymbol{I}_3
\end{array}\right]
\left[\begin{array}{c}
\boldsymbol{w}_1 \\ \boldsymbol{z}_1 \\ \boldsymbol{w}_2 \\ \boldsymbol{z}_2 \\ \boldsymbol{w}_3 \\ \boldsymbol{z}_3 \\ \boldsymbol{w}_4 \\ \boldsymbol{z}_4 \\ \hline \boldsymbol{y}_1 \\ \boldsymbol{y}_2 \\ \boldsymbol{y}_3 \\ \boldsymbol{y}_4
\end{array}\right]
=
\left[\begin{array}{c}
\boldsymbol{c}_1 \\ \boldsymbol{f}_1 \\ \boldsymbol{c}_2 \\ \boldsymbol{f}_2 \\ \boldsymbol{c}_3 \\ \boldsymbol{f}_3 \\ \boldsymbol{c}_4 \\ \boldsymbol{f}_4 \\ \hline \boldsymbol{d}_1 \\ \boldsymbol{d}_2 \\ \boldsymbol{d}_3 \\ \boldsymbol{d}_4
\end{array}\right]. \qquad (4.5.15)
$$

如果 $N \gg 1$，那么 (1,1) 位置的块便是一个相对较小的带状矩阵，它定义了 $\boldsymbol{z}_i$ 和 $\boldsymbol{w}_i$. 一旦计算了这些量，剩下的未知量便主要来源于一组解耦的大型矩阵向量乘法，例如，$\boldsymbol{y}_1 = \boldsymbol{d}_1 - \boldsymbol{H}_1\boldsymbol{w}_2$, $\boldsymbol{y}_2 = \boldsymbol{d}_2 - \boldsymbol{S}_1\boldsymbol{z}_1 - \boldsymbol{H}_2\boldsymbol{w}_3$, $\boldsymbol{y}_3 = \boldsymbol{d}_3 - \boldsymbol{S}_2\boldsymbol{z}_2 - \boldsymbol{H}_3\boldsymbol{w}_4$, $\boldsymbol{y}_4 = \boldsymbol{d}_4 - \boldsymbol{S}_3\boldsymbol{z}_3$. 因此，执行这 4 个处理程序涉及 $\boldsymbol{w}_i$ 和 $\boldsymbol{z}_i$ 的（短）通信以及很多大的局部 gaxpy 算法.

习 题

1. (a) 证明分块对角占优矩阵是非奇异的. (b) 验证 (4.5.6) 蕴涵 (4.5.7) 和 (4.5.8).

2. 求一个递归函数 $\boldsymbol{x} = \mathsf{CR}(\boldsymbol{D}, \boldsymbol{F}, \boldsymbol{N}, \boldsymbol{b})$，它是 $\boldsymbol{Ax} = \boldsymbol{b}$ 的解，其中 $\boldsymbol{A}$ 如 (4.5.9) 所示. 假设 $\boldsymbol{D}, \boldsymbol{F} \in \mathbb{R}^{q\times q}, \boldsymbol{b} \in \mathbb{R}^{Nq}$，其中 $N = 2^k - 1$，k 是正整数.

3. 解方程组

$$\begin{bmatrix} \boldsymbol{D}_1 & \boldsymbol{F}_1 \\ \boldsymbol{E}_1 & \boldsymbol{D}_2 \end{bmatrix} \begin{bmatrix} \boldsymbol{x}_1 \\ \boldsymbol{x}_2 \end{bmatrix} = \begin{bmatrix} \boldsymbol{b}_1 \\ \boldsymbol{b}_2 \end{bmatrix},$$

其中 $\boldsymbol{D}_1$ 和 $\boldsymbol{D}_2$ 是对角矩阵，$\boldsymbol{F}_1$ 和 $\boldsymbol{E}_1$ 是三对角矩阵. 提示：使用完全洗牌置换.

4. 4.5.4 节提出的简化 SPIKE 算法将 $\boldsymbol{A}$ 看作具有 $q \times q$ 块的 $N \times N$ 分块矩阵. 假设 $\boldsymbol{A} \in \mathbb{R}^{Nq \times Nq}$ 的带宽为 p，其中 $p \ll q$. 对于这种一般情形，描述从 (4.5.10) 变换到 (4.5.15) 时的分块大小. 假设带状矩阵 $\boldsymbol{A}$ 的带是稠密的，其 flop 与 gaxpy 的 flop 有什么关系?

4.6 范德蒙德方程组

假设 $\boldsymbol{x}(0:n) \in \mathbb{R}^{n+1}$，形如

$$\boldsymbol{V} = V(x_0, \cdots, x_n) = \begin{bmatrix} 1 & 1 & \cdots & 1 \\ x_0 & x_1 & \cdots & x_n \\ \vdots & \vdots & & \vdots \\ x_0^n & x_1^n & \cdots & x_n^n \end{bmatrix}$$

的矩阵 $\boldsymbol{V} \in \mathbb{R}^{(n+1)\times(n+1)}$ 称为**范德蒙德矩阵**. 需要注意的是，离散傅里叶变换矩阵（1.4.1 节）是一个非常特殊且复杂的范德蒙德矩阵.

本节将展示如何在 $O(n^2)$ 个 flop 内求解方程组 $\boldsymbol{V}^{\mathrm{T}}\boldsymbol{a} = \boldsymbol{f} = f(0:n)$ 和 $\boldsymbol{V}\boldsymbol{z} = \boldsymbol{b} = b(0:n)$. 为方便起见，本节中向量和矩阵的下标都从 0 开始.

4.6.1 多项式插值：$\boldsymbol{V}^{\mathrm{T}}\boldsymbol{a} = \boldsymbol{f}$

在许多近似和插值问题中都会遇到范德蒙德方程组. 实际上，快速求解范德蒙德方程组的关键在于要认识到解 $\boldsymbol{V}^{\mathrm{T}}\boldsymbol{a} = \boldsymbol{f}$ 等价于多项式插值. 这是因为，如果 $\boldsymbol{V}^{\mathrm{T}}\boldsymbol{a} = \boldsymbol{f}$ 且

$$p(x) = \sum_{j=0}^{n} a_j x^j, \tag{4.6.1}$$

那么对于 $i = 0:n$ 有 $p(x_i) = f_i$.

回忆一下，如果 x_i 互异，那么对插值点 $(x_0, f_0), \cdots, (x_n, f_n)$ 可构造唯一的 n 次多项式. 因此，只要 x_i 互异，$\boldsymbol{V}$ 就是非奇异矩阵. 我们假定这个条件在本节恒成立.

计算 (4.6.1) 中 a_j 的第一步是计算插值多项式 p 的牛顿表达式：

$$p(x) = \sum_{k=0}^{n} c_k \left(\prod_{i=0}^{k-1} (x - x_i) \right). \tag{4.6.2}$$

常数 c_k 是均差，可如下确定：

$$
\begin{aligned}
& c(0:n) = f(0:n) \\
& \textbf{for } k = 0 : n-1 \\
& \quad \textbf{for } i = n : -1 : k+1 \\
& \quad\quad c_i = (c_i - c_{i-1})/(x_i - x_{i-k-1}) \\
& \quad \textbf{end} \\
& \textbf{end}
\end{aligned}
\tag{4.6.3}
$$

参见 Conte and deBoor (1980).

接下来由牛顿表达式的系数 $c_0, \cdots, c_n$ 生成 (4.6.1) 的系数 $a_0, \cdots, a_n$. 定义多项式 $p_n(x), \cdots, p_0(x)$ 如下:

$$
\begin{aligned}
& p_n(x) = c_n \\
& \textbf{for } k = n-1 : -1 : 0 \\
& \quad p_k(x) = c_k + (x - x_k)p_{k+1}(x) \\
& \textbf{end}
\end{aligned}
$$

观察到 $p_0(x) = p(x)$, 可写出

$$
p_k(x) = a_k^{(k)} + a_{k+1}^{(k)}x + \cdots + a_n^{(k)}x^{n-k},
$$

令方程 $p_k = c_k + (x - x_k)p_{k+1}$ 中 x 的同次幂相等, 可得求系数 $a_i^{(k)}$ 的递推关系式:

$$
\begin{aligned}
& a_n^{(n)} = c_n \\
& \textbf{for } k = n-1 : -1 : 0 \\
& \quad a_k^{(k)} = c_k - x_k a_{k+1}^{(k+1)} \\
& \quad \textbf{for } i = k+1 : n-1 \\
& \quad\quad a_i^{(k)} = a_i^{(k+1)} - x_k a_{i+1}^{(k+1)} \\
& \quad \textbf{end} \\
& \quad a_n^{(k)} = a_n^{(k+1)} \\
& \textbf{end}
\end{aligned}
$$

所以系数 $a_i = a_i^{(0)}$ 可如下计算:

$$
\begin{aligned}
& a(0:n) = c(0:n) \\
& \textbf{for } k = n-1 : -1 : 0 \\
& \quad \textbf{for } i = k : n-1 \\
& \quad\quad a_i = a_i - x_k a_{i+1} \\
& \quad \textbf{end} \\
& \textbf{end}
\end{aligned}
\tag{4.6.4}
$$

合并这个迭代与 (4.6.3) 给出如下算法.

算法 4.6.1 给定 $x(0:n) \in \mathbb{R}^{n+1}$，其元素互异，$\boldsymbol{f} = f(0:n) \in \mathbb{R}^{n+1}$，算法求出范德蒙德方程组 $V(x_0, \cdots, x_n)^{\mathrm{T}}\boldsymbol{a} = \boldsymbol{f}$ 的解 $\boldsymbol{a} = a(0:n)$，其覆盖 $\boldsymbol{f}$.

```
for k = 0 : n − 1
    for i = n : −1 : k + 1
        f(i) = (f(i) − f(i − 1))/(x(i) − x(i − k − 1))
    end
end
for k = n − 1 : −1 : 0
    for i = k : n − 1
        f(i) = f(i) − f(i + 1)·x(k)
    end
end
```

这个算法需要 $5n^2/2$ 个 flop.

4.6.2 $\boldsymbol{Vz} = \boldsymbol{b}$ 型方程组

现在考虑方程组 $\boldsymbol{Vz} = \boldsymbol{b}$. 为导出求解此问题的有效算法，我们用矩阵-向量语言来刻画算法 4.6.1. 定义下双对角矩阵 $L_k(\alpha) \in \mathbb{R}^{(n+1)\times(n+1)}$ 如下：

$$L_k(\alpha) = \left[\begin{array}{c|cccccc} \boldsymbol{I}_k & & & \boldsymbol{0} & & & \\ \hline & 1 & 0 & \cdots & & & 0 \\ & -\alpha & 1 & & & & \\ & 0 & \ddots & \ddots & & & \\ \boldsymbol{0} & \vdots & & \ddots & \ddots & & \vdots \\ & & & & \ddots & 1 & \\ & 0 & & \cdots & & -\alpha & 1 \end{array}\right],$$

并定义对角矩阵 $\boldsymbol{D}_k$ 为

$$\boldsymbol{D}_k = \mathrm{diag}(\underbrace{1, \cdots, 1}_{k+1}, x_{k+1} - x_0, \cdots, x_n - x_{n-k-1}).$$

根据这些定义和 (4.6.3) 易知，如果 $\boldsymbol{f} = f(0:n)$，而 $\boldsymbol{c} = c(0:n)$ 是均差向量，那么

$$\boldsymbol{c} = \boldsymbol{U}^{\mathrm{T}}\boldsymbol{f},$$

其中 $\boldsymbol{U}$ 是如下定义的上三角矩阵：

$$\boldsymbol{U}^{\mathrm{T}} = \boldsymbol{D}_{n-1}^{-1}\boldsymbol{L}_{n-1}(1) \cdots \boldsymbol{D}_0^{-1}\boldsymbol{L}_0(1).$$

类似地，由 (4.6.4) 我们有

$$\boldsymbol{a} = \boldsymbol{L}^{\mathrm{T}}\boldsymbol{c},$$

其中 $\boldsymbol{L}$ 是如下定义单位下三角矩阵：

$$\boldsymbol{L}^{\mathrm{T}} = \boldsymbol{L}_0(x_0)^{\mathrm{T}}\cdots\boldsymbol{L}_{n-1}(x_{n-1})^{\mathrm{T}}.$$

因此，

$$\boldsymbol{a} = \boldsymbol{L}^{\mathrm{T}}\boldsymbol{U}^{\mathrm{T}}\boldsymbol{f}$$

给出了 $\boldsymbol{a} = \boldsymbol{V}^{-\mathrm{T}}\boldsymbol{f}$. 所以，

$$\boldsymbol{V}^{-\mathrm{T}} = \boldsymbol{L}^{\mathrm{T}}\boldsymbol{U}^{\mathrm{T}},$$

这表明算法 4.6.1 无形中通过 $\boldsymbol{V}^{-1}$ 的“UL 分解”求解 $\boldsymbol{V}^{\mathrm{T}}\boldsymbol{a} = \boldsymbol{f}$. 因此，方程组 $\boldsymbol{V}\boldsymbol{z} = \boldsymbol{b}$ 的解为

$$\begin{aligned}\boldsymbol{z} &= \boldsymbol{V}^{-1}\boldsymbol{b} = \boldsymbol{U}(\boldsymbol{L}\boldsymbol{b}) \\ &= \left(\boldsymbol{L}_0(1)^{\mathrm{T}}\boldsymbol{D}_0^{-1}\cdots\boldsymbol{L}_{n-1}(1)^{\mathrm{T}}\boldsymbol{D}_{n-1}^{-1}\right)\left(\boldsymbol{L}_{n-1}(x_{n-1})\cdots\boldsymbol{L}_0(x_0)\boldsymbol{b}\right).\end{aligned}$$

这个观察给出以下算法.

算法 4.6.2 给定 $x(0:n) \in \mathbb{R}^{n+1}$，其元素互异，$\boldsymbol{b} = b(0:n) \in \mathbb{R}^{n+1}$，算法以范德蒙德方程组 $V(x_0,\cdots,x_n)\boldsymbol{z} = \boldsymbol{b}$ 的解 $\boldsymbol{z} = z(0:n)$ 覆盖 $\boldsymbol{b}$.

```
for k = 0 : n − 1
  for i = n : −1 : k + 1
    b(i) = b(i) − x(k)b(i − 1)
  end
end
for k = n − 1 : −1 : 0
  for i = k + 1 : n
    b(i) = b(i)/(x(i) − x(i − k − 1))
  end
  for i = k : n − 1
    b(i) = b(i) − b(i + 1)
  end
end
```

这个算法需要 $5n^2/2$ 个 flop.

Björck and Pereyra (1970) 讨论和分析了算法 4.6.1 和算法 4.6.2. 他们的经验表明，即使 $\boldsymbol{V}$ 是病态的，这两个算法也经常能得到令人惊讶的准确解.

顺便说一下，Higham (1990) 研究了**混合型范德蒙德方程组**，例如，

$$\begin{bmatrix} 1 & 1 & 0 & 1 \\ x_0 & x_1 & 1 & x_3 \\ x_0^2 & x_1^2 & 2x_1 & x_3^2 \\ x_0^3 & x_1^3 & 3x_1^2 & x_3^3 \end{bmatrix}^{\mathrm{T}} \begin{bmatrix} a_0 \\ a_1 \\ a_2 \\ a_3 \end{bmatrix} = \begin{bmatrix} f_0 \\ f_1 \\ f_2 \\ f_3 \end{bmatrix}$$

这种形式的方程组.

习 题

1. 证明：如果 $\boldsymbol{V} = V(x_0, \cdots, x_n)$，那么

$$\det(\boldsymbol{V}) = \prod_{n \geqslant i > j \geqslant 0} (x_i - x_j).$$

2. (Gautschi 1975) 在 $n = 1$ 时证明下面的不等式：

$$\| \boldsymbol{V}^{-1} \|_\infty \leqslant \max_{0 \leqslant k \leqslant n} \prod_{\substack{i=0 \\ i \neq k}}^{n} \frac{1 + |x_i|}{|x_k - x_i|}.$$

当所有的 x_i 都位于复平面上的同一条射线上时等式成立.

4.7 解 Toeplitz 方程组的经典方法

每条对角线上的元素均相同的矩阵称为 **Toeplitz 矩阵**，它出现在许多应用中. 正式地说，对于 $\boldsymbol{T} \in \mathbb{R}^{n \times n}$，如果存在标量 $r_{-n+1}, \cdots, r_0, \cdots, r_{n-1}$，对所有的 i 和 j 有 $a_{ij} = r_{j-i}$，则称 $\boldsymbol{T}$ 为 Toeplitz 矩阵. 例如，

$$\boldsymbol{T} = \begin{bmatrix} r_0 & r_1 & r_2 & r_3 \\ r_{-1} & r_0 & r_1 & r_2 \\ r_{-2} & r_{-1} & r_0 & r_1 \\ r_{-3} & r_{-2} & r_{-1} & r_0 \end{bmatrix} = \begin{bmatrix} 3 & 1 & 7 & 6 \\ 4 & 3 & 1 & 7 \\ 0 & 4 & 3 & 1 \\ 9 & 0 & 4 & 3 \end{bmatrix}$$

是 Toeplitz 矩阵.

本节将说明 Toeplitz 方程组可在 $O(n^2)$ 个 flop 内求解. 我们主要讨论 $\boldsymbol{T}$ 同时也是对称正定矩阵这一重要情形，但也包括对一般 Toeplitz 方程组的讨论. 12.1 节将基于位移秩给出 Toeplitz 方程组的解法.

4.7.1 正交对称

快速求解 Toeplitz 方程组 $\boldsymbol{Tx} = \boldsymbol{b}$ 的关键与 $\boldsymbol{T}^{-1}$ 的结构有关. Toeplitz 矩阵属于更大的**正交对称矩阵类**. 假定 $\mathcal{E}_n$ 是 1.2.11 节定义的 $n \times n$ 交换置换矩阵，例如

$$\mathcal{E}_4 = \begin{bmatrix} 0 & 0 & 0 & 1 \\ 0 & 0 & 1 & 0 \\ 0 & 1 & 0 & 0 \\ 1 & 0 & 0 & 0 \end{bmatrix}.$$

对于 $\boldsymbol{B} \in \mathbb{R}^{n\times n}$，如果

$$\mathcal{E}_n \boldsymbol{B} \mathcal{E}_n = \boldsymbol{B}^{\mathrm{T}},$$

则称 $\boldsymbol{B}$ 为正交对称矩阵. 如果 $\boldsymbol{B}$ 是正交对称矩阵，那么 $\mathcal{E}_n\boldsymbol{B}$ 是对称矩阵，这意味着 $\boldsymbol{B}$ 是关于反对角线对称的. 注意，正交对称矩阵的逆矩阵是正交对称矩阵：

$$\mathcal{E}_n \boldsymbol{B}^{-1} \mathcal{E}_n = (\mathcal{E}_n \boldsymbol{B} \mathcal{E}_n)^{-1} = (\boldsymbol{B}^{\mathrm{T}})^{-1} = (\boldsymbol{B}^{-1})^{\mathrm{T}}.$$

因此，非奇异 Toeplitz 矩阵的逆矩阵是正交对称矩阵.

4.7.2 三个问题

假设存在标量 $r_1, \cdots, r_n$ 使得对于 $k = 1:n$，

$$\boldsymbol{T}_k = \begin{bmatrix} 1 & r_1 & \cdots & r_{k-2} & r_{k-1} \\ r_1 & 1 & \ddots & & r_{k-2} \\ \vdots & \ddots & \ddots & \ddots & \vdots \\ r_{k-2} & & \ddots & \ddots & r_1 \\ r_{k-1} & r_{k-2} & \cdots & r_1 & 1 \end{bmatrix}$$

是正定矩阵.（不失一般性，其对角线元素已单位化.）下面介绍三个重要的算法.

- 解 Yule-Walker 问题 $\boldsymbol{T}_n\boldsymbol{y} = -[r_1, \cdots, r_n]^{\mathrm{T}}$ 的 Durbin 算法.
- 解一般右端项问题 $\boldsymbol{T}_n\boldsymbol{x} = \boldsymbol{b}$ 的 Levinson 算法.
- 计算 $\boldsymbol{B} = \boldsymbol{T}_n^{-1}$ 的 Trench 算法.

4.7.3 解 Yule-Walker 方程组

我们先给出解 Yule-Walker 方程组的 Durbin 算法，其出现在一些线性预测问题中. 假设对于某个满足 $1 \leqslant k \leqslant n-1$ 的 k 已经解出 k 阶 Yule-Walker 方程组 $\boldsymbol{T}_k\boldsymbol{y} = -\boldsymbol{r} = -[r_1, \cdots, r_k]^{\mathrm{T}}$. 下面展示怎样在 $O(k)$ 个 flop 内求解 $(k+1)$ 阶 Yule-Walker 方程组

$$\begin{bmatrix} \boldsymbol{T}_k & \mathcal{E}_k\boldsymbol{r} \\ \boldsymbol{r}^{\mathrm{T}}\mathcal{E}_k & 1 \end{bmatrix} \begin{bmatrix} \boldsymbol{z} \\ \alpha \end{bmatrix} = -\begin{bmatrix} \boldsymbol{r} \\ r_{k+1} \end{bmatrix}.$$

首先，注意到

$$\boldsymbol{z} = \boldsymbol{T}_k^{-1}(-\boldsymbol{r} - \alpha\mathcal{E}_k\boldsymbol{r}) = \boldsymbol{y} - \alpha\boldsymbol{T}_k^{-1}\mathcal{E}_k\boldsymbol{r},$$

$$\alpha \;=\; -\boldsymbol{r}_{k+1} - \boldsymbol{r}^{\mathrm{T}}\mathcal{E}_k\boldsymbol{z}.$$

由于 $\boldsymbol{T}_k^{-1}$ 是正交对称矩阵，$\boldsymbol{T}_k^{-1}\mathcal{E}_k \;=\; \mathcal{E}_k\boldsymbol{T}_k^{-1}$，因此

$$\boldsymbol{z} \;=\; \boldsymbol{y} - \alpha\,\mathcal{E}_k\boldsymbol{T}_k^{-1}\boldsymbol{r} \;=\; \boldsymbol{y} + \alpha\,\mathcal{E}_k\,\boldsymbol{y}.$$

将此式代入上面的 α 表达式，我们有

$$\alpha \;=\; -\boldsymbol{r}_{k+1} - \boldsymbol{r}^{\mathrm{T}}\mathcal{E}_k(\boldsymbol{y} + \alpha\mathcal{E}_k\boldsymbol{y}) \;=\; -(\boldsymbol{r}_{k+1} + \boldsymbol{r}^{\mathrm{T}}\mathcal{E}_k\boldsymbol{y})/(1 + \boldsymbol{r}^{\mathrm{T}}\boldsymbol{y}).$$

其分母是正数，这是因为 $\boldsymbol{T}_{k+1}$ 是正定矩阵且

$$\begin{bmatrix} \boldsymbol{I} & \mathcal{E}_k\boldsymbol{y} \\ \boldsymbol{0} & 1 \end{bmatrix}^{\mathrm{T}} \begin{bmatrix} \boldsymbol{T}_k & \mathcal{E}_k\boldsymbol{r} \\ \boldsymbol{r}^{\mathrm{T}}\mathcal{E}_k & 1 \end{bmatrix} \begin{bmatrix} \boldsymbol{I} & \mathcal{E}_k\boldsymbol{y} \\ \boldsymbol{0} & 1 \end{bmatrix} = \begin{bmatrix} \boldsymbol{T}_k & \boldsymbol{0} \\ \boldsymbol{0} & 1 + \boldsymbol{r}^{\mathrm{T}}\boldsymbol{y} \end{bmatrix}.$$

至此，我们已经完成 Durbin (1960) 所给算法的第 k 步展示. 对 $k = 1 : n$ 解 Yule-Walker 方程组

$$\boldsymbol{T}_k\boldsymbol{y}^{(k)} \;=\; -\boldsymbol{r}^{(k)} \;=\; -\left[r_1, \cdots, r_k\right]^{\mathrm{T}}$$

的过程如下:

$y^{(1)} = -r_1$
for $k = 1 : n-1$
  $\beta_k = 1 + [r^{(k)}]^{\mathrm{T}} y^{(k)}$
  $\alpha_k = -(r_{k+1} + [r^{(k)}]^{\mathrm{T}}\mathcal{E}_k y^{(k)})/\beta_k$ (4.7.1)
  $z^{(k)} = y^{(k)} + \alpha_k\mathcal{E}_k y^{(k)}$
  $y^{(k+1)} = \begin{bmatrix} z^{(k)} \\ \alpha_k \end{bmatrix}$
end

如上，这个算法需要 $3n^2$ 个 flop 来生成 $\boldsymbol{y} = \boldsymbol{y}^{(n)}$. 然而，可以利用上面的表达式来减少工作量:

$$\begin{aligned}
\beta_k &= 1 + [\boldsymbol{r}^{(k)}]^{\mathrm{T}}\boldsymbol{y}^{(k)} \\
&= 1 + \begin{bmatrix} \boldsymbol{r}^{(k-1)} \\ r_k \end{bmatrix}^{\mathrm{T}} \begin{bmatrix} \boldsymbol{y}^{(k-1)} + \alpha_{k-1}\mathcal{E}_{k-1}\boldsymbol{y}^{(k-1)} \\ \alpha_{k-1} \end{bmatrix} \\
&= (1 + [\boldsymbol{r}^{(k-1)}]^{\mathrm{T}}\boldsymbol{y}^{(k-1)}) + \alpha_{k-1}\left([\boldsymbol{r}^{(k-1)}]^{\mathrm{T}}\mathcal{E}_{k-1}\boldsymbol{y}^{(k-1)} + r_k\right) \\
&= \beta_{k-1} + \alpha_{k-1}(-\beta_{k-1}\alpha_{k-1})
\end{aligned}$$

$$= (1-\alpha_{k-1}^2)\beta_{k-1}.$$

应用这个递推式，我们得到以下算法.

算法 4.7.1 (Durbin 算法) 给定实数 $r_0, r_1, \cdots, r_n$，其中 $r_0 = 1$，使得 $\boldsymbol{T} = (r_{|i-j|}) \in \mathbb{R}^{n\times n}$ 是正定矩阵. 算法计算满足 $\boldsymbol{Ty} = -[r_1, \cdots, r_n]^{\mathrm{T}}$ 的 $\boldsymbol{y} \in \mathbb{R}^n$.

$y(1) = -r(1)$; $\beta = 1$; $\alpha = -r(1)$

for $k = 1 : n-1$

$\quad\beta = (1-\alpha^2)\beta$

$\quad\alpha = -\big(r(k+1) + r(k:-1:1)^{\mathrm{T}} y(1:k)\big)/\beta$

$\quad z(1:k) = y(1:k) + \alpha y(k:-1:1)$

$$\quad y(1:k+1) = \begin{bmatrix} z(1:k) \\ \alpha \end{bmatrix}$$

end

这个算法需要 $2n^2$ 个 flop. 为清晰起见，我们使用了一个辅助向量 $\boldsymbol{z}$，实际上可以不用.

4.7.4 一般右端项问题

增加少许计算量可以求解一般右端项的对称正定 Toeplitz 方程组. 假设对某个满足 $1 \leqslant k < n$ 的 k 已经解出方程组

$$\boldsymbol{T}_k \boldsymbol{x} \;=\; \boldsymbol{b} \;=\; [b_1, \cdots, b_k]^{\mathrm{T}}, \tag{4.7.2}$$

现在希望求解

$$\begin{bmatrix} \boldsymbol{T}_k & \mathcal{E}_k \boldsymbol{r} \\ \boldsymbol{r}^{\mathrm{T}}\mathcal{E}_k & 1 \end{bmatrix} \begin{bmatrix} \boldsymbol{v} \\ \mu \end{bmatrix} = \begin{bmatrix} \boldsymbol{b} \\ b_{k+1} \end{bmatrix}. \tag{4.7.3}$$

和以前一样，这里 $\boldsymbol{r} = [r_1, \cdots, r_k]^{\mathrm{T}}$. 假定 k 阶 Yule-Walker 方程组 $\boldsymbol{T}_k\boldsymbol{y} = -\boldsymbol{r}$ 亦已解出. 从 $\boldsymbol{T}_k\boldsymbol{v} + \mu\mathcal{E}_k\boldsymbol{r} = \boldsymbol{b}$ 可知

$$\boldsymbol{v} \;=\; \boldsymbol{T}_k^{-1}(\boldsymbol{b} - \mu\mathcal{E}_k\boldsymbol{r}) \;=\; \boldsymbol{x} - \mu\boldsymbol{T}_k^{-1}\mathcal{E}_k\boldsymbol{r} \;=\; \boldsymbol{x} + \mu\mathcal{E}_k\boldsymbol{y},$$

所以

$$\begin{aligned} \mu &= b_{k+1} - \boldsymbol{r}^{\mathrm{T}}\mathcal{E}_k\boldsymbol{v} \\ &= b_{k+1} - \boldsymbol{r}^{\mathrm{T}}\mathcal{E}_k\boldsymbol{x} - \mu\boldsymbol{r}^{\mathrm{T}}\boldsymbol{y} \\ &= \big(b_{k+1} - \boldsymbol{r}^{\mathrm{T}}\mathcal{E}_k\boldsymbol{x}\big)\,/\,\big(1 + \boldsymbol{r}^{\mathrm{T}}\boldsymbol{y}\big). \end{aligned}$$

因此，我们可以在 $O(k)$ 个 flop 内实现从 (4.7.2) 到 (4.7.3) 的转换.

综上，我们可以对 $k=1:n$ “并行地”求解方程组

$$\begin{aligned} T_k x^{(k)} &= b^{(k)} = [b_1,\cdots,b_k]^{\mathrm{T}}, \\ T_k y^{(k)} &= -r^{(k)} = -[r_1,\cdots,r_k]^{\mathrm{T}}, \end{aligned}$$

从而高效解出方程组 $T_n x = b$. 这便是 Levinson 算法的本质.

算法 4.7.2 (Levinson 算法) 给定 $b\in\mathbb{R}^n$ 和实数 $1=r_0,r_1,\cdots,r_n$，使得 $T=(r_{|i-j|})\in\mathbb{R}^{n\times n}$ 是正定矩阵. 算法计算满足 $Tx=b$ 的 $x\in\mathbb{R}^n$.

$y(1)=-r(1)$; $x(1)=b(1)$; $\beta=1$; $\alpha=-r(1)$
for $k=1:n-1$
  $\beta=(1-\alpha^2)\beta$
  $\mu=\big(b(k+1)-r(1:k)^{\mathrm{T}}x(k:-1:1)\big)/\beta$
  $v(1:k)=x(1:k)+\mu y(k:-1:1)$
  $x(1:k+1)=\begin{bmatrix} v(1:k)\\ \mu\end{bmatrix}$
  if $k<n-1$
    $\alpha=-\big(r(k+1)+r(1:k)^{\mathrm{T}}y(k:-1:1)\big)/\beta$
    $z(1:k)=y(1:k)+\alpha y(k:-1:1)$
    $y(1:k+1)=\begin{bmatrix} z(1:k)\\ \alpha\end{bmatrix}$
  end
end

这个算法需要 $4n^2$ 个 flop. 为清晰起见，我们使用了辅助向量 z 和 v，实际上可以不用.

4.7.5 计算逆矩阵

对称正定 Toeplitz 矩阵 T_n 最令人惊奇的性质之一是，其逆可在 $O(n^2)$ 个 flop 内完全算出. 为推导出这一算法，划分 T_n^{-1} 如下：

$$T_n^{-1} = \begin{bmatrix} A & Er \\ r^{\mathrm{T}}E & 1 \end{bmatrix}^{-1} = \begin{bmatrix} B & v \\ v^{\mathrm{T}} & \gamma \end{bmatrix}, \tag{4.7.4}$$

其中 $A=T_{n-1}$, $E=\mathcal{E}_{n-1}$, $r=[r_1,\cdots,r_{n-1}]^{\mathrm{T}}$. 由

$$\begin{bmatrix} A & Er \\ r^{\mathrm{T}}E & 1 \end{bmatrix}\begin{bmatrix} v \\ \gamma \end{bmatrix} = \begin{bmatrix} 0 \\ 1 \end{bmatrix}$$

可知 $\boldsymbol{A}\boldsymbol{v} = -\gamma\boldsymbol{E}\boldsymbol{r} = -\gamma E(r_1,\cdots,r_{n-1})^{\mathrm{T}}$，$\gamma = 1-\boldsymbol{r}^{\mathrm{T}}\boldsymbol{E}\boldsymbol{v}$. 如果 $\boldsymbol{y}$ 是 $(n-1)$ 阶 Yule-Walker 方程组 $\boldsymbol{A}\boldsymbol{y} = -\boldsymbol{r}$ 的解，那么这些表达式意味着

$$\begin{aligned}\gamma &= 1/(1+\boldsymbol{r}^{\mathrm{T}}\boldsymbol{y}),\\ \boldsymbol{v} &= \gamma\boldsymbol{E}\boldsymbol{y}.\end{aligned}$$

这就得到 $\boldsymbol{T}_n^{-1}$ 的最后一行和最后一列.

剩下的工作是给出求解 (4.7.4) 中子矩阵 $\boldsymbol{B}$ 的元素的公式. 因为 $\boldsymbol{A}\boldsymbol{B} + \mathcal{E}\boldsymbol{r}\boldsymbol{v}^{\mathrm{T}} = \boldsymbol{I}_{n-1}$，所以

$$\boldsymbol{B} = \boldsymbol{A}^{-1} - (\boldsymbol{A}^{-1}\boldsymbol{E}\boldsymbol{r})\boldsymbol{v}^{\mathrm{T}} = \boldsymbol{A}^{-1} + \frac{\boldsymbol{v}\boldsymbol{v}^{\mathrm{T}}}{\gamma}.$$

现在，因为 $\boldsymbol{A} = \boldsymbol{T}_{n-1}$ 是非奇异 Toeplitz 矩阵，其逆矩阵是正交对称矩阵. 所以

$$\begin{aligned}b_{ij} &= [A^{-1}]_{ij} + \frac{v_iv_j}{\gamma}\\ &= [A^{-1}]_{n-j,n-i} + \frac{v_iv_j}{\gamma}\\ &= b_{n-j,n-i} - \frac{v_{n-j}v_{n-i}}{\gamma} + \frac{v_iv_j}{\gamma}\\ &= b_{n-j,n-i} + \frac{1}{\gamma}\left(v_iv_j - v_{n-j}v_{n-i}\right).\end{aligned}\tag{4.7.5}$$

这说明，尽管 $\boldsymbol{B}$ 不是正交对称矩阵，但可以通过 b_{ij} 关于东北-西南轴的反射来计算它. 结合 $\boldsymbol{A}^{-1}$ 是正交对称矩阵这一事实，就能够从“外到内”确定矩阵 $\boldsymbol{B}$.

由于运算的次序描述起来相当烦琐，所以我们对算法的正式规范进行形象化预览. 为此，假设 $n=6$，已知 $\boldsymbol{T}_n^{-1}$ 的最后一行和最后一列：

$$\boldsymbol{T}_n^{-1} = \begin{bmatrix} u & u & u & u & u & k\\ u & u & u & u & u & k\\ u & u & u & u & u & k\\ u & u & u & u & u & k\\ u & u & u & u & u & k\\ k & k & k & k & k & k\end{bmatrix},$$

其中 u 和 k 分别代表未知和已知元素. 交替利用 $\boldsymbol{T}_n^{-1}$ 的正交对称性和递推式 (4.7.5)，能计算出 $\boldsymbol{T}_n^{-1}$ 的前导 $(n-1)\times(n-1)$ 子块 $\boldsymbol{B}$，过程如下：

$$\xrightarrow{\text{正交对称}} \begin{bmatrix} k & k & k & k & k & k\\ k & u & u & u & u & k\\ k & u & u & u & u & k\\ k & u & u & u & u & k\\ k & u & u & u & u & k\\ k & k & k & k & k & k\end{bmatrix} \xrightarrow{(4.7.5)} \begin{bmatrix} k & k & k & k & k & k\\ k & u & u & u & k & k\\ k & u & u & u & k & k\\ k & u & u & u & k & k\\ k & k & k & k & k & k\\ k & k & k & k & k & k\end{bmatrix} \xrightarrow{\text{正交对称}} \begin{bmatrix} k & k & k & k & k & k\\ k & k & k & k & k & k\\ k & k & u & u & k & k\\ k & k & u & u & k & k\\ k & k & k & k & k & k\\ k & k & k & k & k & k\end{bmatrix}$$

$$\xrightarrow{(4.7.5)} \begin{bmatrix} k & k & k & k & k & k \\ k & k & k & k & k & k \\ k & k & u & k & k & k \\ k & k & k & k & k & k \\ k & k & k & k & k & k \\ k & k & k & k & k & k \end{bmatrix} \xrightarrow{\text{正交对称}} \begin{bmatrix} k & k & k & k & k & k \\ k & k & k & k & k & k \\ k & k & k & k & k & k \\ k & k & k & k & k & k \\ k & k & k & k & k & k \\ k & k & k & k & k & k \end{bmatrix}.$$

当然，如果所计算的矩阵既对称又正交对称（如 T_n^{-1}），只需计算这个矩阵的“上楔形”. 例如

$$\begin{matrix} \times & \times & \times & \times & \times & \times \\ & \times & \times & \times & \times & \\ & & \times & \times & & \end{matrix} \qquad (n=6).$$

综上观察，可以给出完整算法.

算法 4.7.3 (Trench 算法) 给定使得 $T = (r_{|i-j|}) \in \mathbb{R}^{n\times n}$ 是正定对称矩阵的实数 $1 = r_0, r_1, \cdots, r_n$，算法计算 $B = T_n^{-1}$. 我们只需计算满足 $i \leqslant j$ 且 $i+j \leqslant n+1$ 的 b_{ij}.

用算法 4.7.1 求解 $T_{n-1}y = -(r_1, \cdots, r_{n-1})^{\mathrm{T}}$.
$\gamma = 1/(1 + r(1:n-1)^{\mathrm{T}}y(1:n-1))$
$v(1:n-1) = \gamma y(n-1:-1:1)$
$B(1,1) = \gamma$
$B(1,2:n) = v(n-1:-1:1)^{\mathrm{T}}$
for $i = 2$: floor$((n-1)/2)+1$
  for $j = i : n-i+1$
    $B(i,j) = B(i-1,j-1) + (v(n+1-j)v(n+1-i) - v(i-1)v(j-1))/\gamma$
  end
end

这个算法需要 $13n^2/4$ 个 flop.

4.7.6 稳定性问题

Cybenko (1978) 对上面给出的算法做了误差分析，这里简要介绍他的成果.

关键的量是 (4.7.1) 中的 α_k. 在精确运算中，这些标量应满足

$$|\alpha_k| < 1$$

且可用来界定 $\| T^{-1} \|_1$：

$$\max\left\{ \frac{1}{\prod_{j=1}^{n-1}(1-\alpha_j^2)}, \frac{1}{\prod_{j=1}^{n-1}(1-\alpha_j)} \right\} \leqslant \| T_n^{-1} \| \leqslant \prod_{j=1}^{n-1} \frac{1+|\alpha_j|}{1-|\alpha_j|}. \qquad (4.7.6)$$

此外，假设所有 α_k 都非负，那么 Yule-Walker 方程组 $\boldsymbol{T}_n\boldsymbol{y} = -r(1:n)$ 的解满足

$$\|\boldsymbol{y}\|_1 = \left(\prod_{k=1}^{n}(1+\alpha_k)\right) - 1. \tag{4.7.7}$$

现在，如果 $\hat{\boldsymbol{x}}$ 是 Yule-Walker 方程组在 Durbin 算法下的计算解，那么向量 $\boldsymbol{r}_D = \boldsymbol{T}_n\hat{\boldsymbol{x}} + \boldsymbol{r}$ 可被如下界定：

$$\|\boldsymbol{r}_D\| \approx \mathbf{u}\prod_{k=1}^{n}(1+|\hat{\alpha}_k|),$$

其中 $\hat{\alpha}_k$ 是 α_k 的计算值. 通过比较，因为每个 $|r_i|$ 都以 1 为界，所以 $\|\boldsymbol{r}_C\| \approx \mathbf{u}\|\boldsymbol{y}\|_1$，其中 $\boldsymbol{r}_C$ 是用 Cholesky 法求得的计算解的残差. 注意，如果 (4.7.7) 成立，比较来说这两个残差的大小差不多. 实验数据表明，即使某些 α_k 是负数，情形也是如此. 对于 Levinson 算法的数值特征也有类似结论.

对于 Trench 算法，能够证明 $\boldsymbol{T}_n^{-1}$ 的计算逆 $\hat{\boldsymbol{B}}$ 满足

$$\frac{\|\boldsymbol{T}_n^{-1} - \hat{\boldsymbol{B}}\|_1}{\|\boldsymbol{T}_n^{-1}\|_1} \approx \mathbf{u}\prod_{k=1}^{n}\frac{1+|\hat{\alpha}_k|}{1-|\hat{\alpha}_k|}.$$

鉴于 (4.7.7)，我们可以看到右端项是 $\mathbf{u}\|\boldsymbol{T}_n^{-1}\|$ 的近似上界，而 $\mathbf{u}\|\boldsymbol{T}_n^{-1}\|$ 大约是 Cholesky 方法计算出的 $\boldsymbol{T}_n^{-1}$ 的相对误差.

4.7.7 Toeplitz 矩阵特征值问题

我们从第 8 章开始讨论对称特征值问题. 然而，不需要后面章节中的过多知识，现在也能够描述出一个重要的 Toeplitz 特征值问题的求解过程. 假定

$$\boldsymbol{T} = \begin{bmatrix} 1 & \boldsymbol{r}^{\mathrm{T}} \\ \boldsymbol{r} & \boldsymbol{B} \end{bmatrix}$$

是对称正定 Toeplitz 矩阵，其中 $r \in \mathbb{R}^{n-1}$. Cybenko and Van Loan (1986) 阐述如何组合 Durbin 算法和牛顿法计算 $\lambda_{\min}(\boldsymbol{T})$，假设

$$\lambda_{\min}(\boldsymbol{T}) < \lambda_{\min}(\boldsymbol{B}). \tag{4.7.8}$$

这一假设通常符合实际的情况. 如果

$$\begin{bmatrix} 1 & \boldsymbol{r}^{\mathrm{T}} \\ \boldsymbol{r} & \boldsymbol{B} \end{bmatrix}\begin{bmatrix} \alpha \\ \boldsymbol{y} \end{bmatrix} = \lambda_{\min}\begin{bmatrix} \alpha \\ \boldsymbol{y} \end{bmatrix},$$

那么 $\boldsymbol{y} = -\alpha(\boldsymbol{B} - \lambda_{\min}\boldsymbol{I})^{-1}\boldsymbol{r}$, $\alpha \neq 0$，且

$$\alpha + \boldsymbol{r}^{\mathrm{T}}\left[-\alpha(\boldsymbol{B} - \lambda_{\min}\boldsymbol{I})^{-1}\boldsymbol{r}\right] = \lambda_{\min}\alpha.$$

因此，$\lambda_{\min}$ 是有理函数

$$f(\lambda) = 1 - \lambda - \boldsymbol{r}^{\mathrm{T}}(\boldsymbol{B} - \lambda \boldsymbol{I})^{-1}\boldsymbol{r}$$

的零点. 注意，如果 $\lambda < \lambda_{\min}(\boldsymbol{B})$，那么

$$\begin{aligned} f'(\lambda) &= -1 - \| (\boldsymbol{B} - \lambda \boldsymbol{I})^{-1}\boldsymbol{r} \|_2^2 \leqslant -1, \\ f''(\lambda) &= -2\boldsymbol{r}^{\mathrm{T}}(\boldsymbol{B} - \lambda \boldsymbol{I})^{-3}\boldsymbol{r} \leqslant 0. \end{aligned}$$

利用这些事实可以证明，如果

$$\lambda_{\min}(\boldsymbol{T}) \leqslant \lambda^{(0)} < \lambda_{\min}(\boldsymbol{B}), \tag{4.7.9}$$

那么牛顿迭代

$$\lambda^{(k+1)} = \lambda^{(k)} - \frac{f(\lambda^{(k)})}{f'(\lambda^{(k)})} \tag{4.7.10}$$

会从右边单调的收敛于 $\lambda_{\min}(\boldsymbol{T})$. 这个迭代具有形式

$$\lambda^{(k+1)} = \lambda^{(k)} + \frac{1 + \boldsymbol{r}^{\mathrm{T}}\boldsymbol{w} - \lambda^{(k)}}{1 + \boldsymbol{w}^{\mathrm{T}}\boldsymbol{w}},$$

其中 $\boldsymbol{w}$ 是“移位”Yule-Walker 方程组

$$(\boldsymbol{B} - \lambda^{(k)}\boldsymbol{I})\boldsymbol{w} = -\boldsymbol{r}$$

的解. 因为 $\lambda^{(k)} < \lambda_{\min}(\boldsymbol{B})$，这一方程组是正定的，且 Durbin 算法（算法 4.7.1）可用于正规化 Toeplitz 矩阵 $(\boldsymbol{B} - \lambda^{(k)}\boldsymbol{I})/(1 - \lambda^{(k)})$.

Durbin 算法也可以用来确定满足 (4.7.9) 的初始值 $\lambda^{(0)}$. 假设这个算法用于

$$\boldsymbol{T}_\lambda = (\boldsymbol{T} - \lambda \boldsymbol{I})/(1 - \lambda),$$

如果 $\boldsymbol{T}_\lambda$ 是正定矩阵，这一算法就能完成运行. 在这种情形，(4.7.1) 中定义的 β_k 都是正数. 另外，如果对于 $k \leqslant n-1$ 有 $\beta_k \leqslant 0$ 且 $\beta_1, \cdots, \beta_{k-1}$ 都是正数，那么由此断定 $\boldsymbol{T}_\lambda(1:k, 1:k)$ 是正定矩阵，但 $\boldsymbol{T}_\lambda(1:k+1, k+1)$ 不是正定矩阵. 令 $m(\lambda)$ 是首个非正的 β 的下标，观察到如果 $m(\lambda^{(0)}) = n-1$ 那么 $\boldsymbol{B} - \lambda^{(0)}\boldsymbol{I}$ 是正定矩阵但 $\boldsymbol{T} - \lambda^{(0)}\boldsymbol{I}$ 不是正定矩阵，由此得出 (4.7.9). 可用二分法来计算满足此性质的 $\lambda^{(0)}$：

$L = 0$
$R = 1 - |r_1|$
$\mu = (L + R)/2$
while $m(\mu) \neq n - 1$

$$
\begin{array}{l}
\quad \textbf{if } m(\mu) < n-1 \\
\quad\quad R = \mu \\
\quad \textbf{else} \\
\quad\quad L = \mu \\
\quad \textbf{end} \\
\quad \mu = (L+R)/2 \\
\textbf{end} \\
\lambda^{(0)} = \mu
\end{array}
\tag{4.7.11}
$$

在这个迭代的全过程中我们有 $m(L) \leqslant n-1 \leqslant m(R)$. R 的初值来自不等式

$$
0 \;<\; \lambda_{\min}(\boldsymbol{T}) \;<\; \lambda_{\min}(\boldsymbol{B}) \;\leqslant\; \lambda_{\min}\left(\begin{bmatrix} 1 & r_1 \\ r_1 & 1 \end{bmatrix}\right) \;=\; 1-|r_1|.
$$

注意, (4.7.10) 和 (4.7.11) 的迭代每次至多涉及 $O(n^2)$ 个 flop. Cybenko and Van Loan (1986) 指出此过程需要 $O(\log n)$ 次迭代.

4.7.8 非对称 Toeplitz 方程组的解法

本节最后讨论非对称 Toeplitz 方程组的解法. 给定 $r_1, \cdots, r_{n-1}, p_1, \cdots, p_{n-1}, b_1, \cdots, b_n$，我们要解形如

$$
\begin{bmatrix} 1 & r_1 & r_2 & r_3 & r_4 \\ p_1 & 1 & r_1 & r_2 & r_3 \\ p_2 & p_1 & 1 & r_1 & r_2 \\ p_3 & p_2 & p_1 & 1 & r_1 \\ p_4 & p_3 & p_2 & p_1 & 1 \end{bmatrix}
\begin{bmatrix} x_1 \\ x_2 \\ x_3 \\ x_4 \\ x_5 \end{bmatrix}
=
\begin{bmatrix} b_1 \\ b_2 \\ b_3 \\ b_4 \\ b_5 \end{bmatrix}
\quad (n=5)
$$

的线性方程组 $\boldsymbol{Tx} = \boldsymbol{b}$. 假设对于 $k = 1:n$，$\boldsymbol{T}_k = T(1:k, 1:k)$ 是非奇异矩阵. 可以证明，如果已经解出 $k \times k$ 方程组

$$
\begin{aligned}
\boldsymbol{T}_k^{\mathrm{T}} \boldsymbol{y} &= -\boldsymbol{r} = -[r_1\, r_2\, \cdots\, r_k]^{\mathrm{T}}, \\
\boldsymbol{T}_k \boldsymbol{w} &= -\boldsymbol{p} = -[p_1\, p_2\, \cdots\, p_k]^{\mathrm{T}}, \\
\boldsymbol{T}_k \boldsymbol{x} &= \boldsymbol{b} = [b_1\, b_2\, \cdots\, b_k]^{\mathrm{T}},
\end{aligned}
\tag{4.7.12}
$$

那么我们可以在 $O(k)$ 个 flop 内得到方程组

$$\begin{bmatrix} \boldsymbol{T}_k & \mathcal{E}_k\boldsymbol{r} \\ \boldsymbol{p}^{\mathrm{T}}\mathcal{E}_k & 1 \end{bmatrix}^{\mathrm{T}} \begin{bmatrix} \boldsymbol{z} \\ \alpha \end{bmatrix} = -\begin{bmatrix} \boldsymbol{r} \\ r_{k+1} \end{bmatrix},$$
$$\begin{bmatrix} \boldsymbol{T}_k & \mathcal{E}_k\boldsymbol{r} \\ \boldsymbol{p}^{\mathrm{T}}\mathcal{E}_k & 1 \end{bmatrix} \begin{bmatrix} \boldsymbol{u} \\ \nu \end{bmatrix} = -\begin{bmatrix} \boldsymbol{p} \\ p_{k+1} \end{bmatrix}, \tag{4.7.13}$$
$$\begin{bmatrix} \boldsymbol{T}_k & \mathcal{E}_k\boldsymbol{r} \\ \boldsymbol{p}^{\mathrm{T}}\mathcal{E}_k & 1 \end{bmatrix} \begin{bmatrix} \boldsymbol{v} \\ \mu \end{bmatrix} = \begin{bmatrix} \boldsymbol{b} \\ b_{k+1} \end{bmatrix}$$

的解. 这个修正公式的推导与 4.7.3 节 Levinson 算法的推导类似. 因此，对 $k = 1 : n-1$ 重复这个过程，我们就得到 $\boldsymbol{Tx} = \boldsymbol{T}_n\boldsymbol{x} = \boldsymbol{b}$ 的解. 如果 $\boldsymbol{T}_k$ 是奇异或病态矩阵，就必须特别小心. 一个策略中蕴涵一个向前看思想. 在这个框架中，如果认为 $\boldsymbol{T}_{k+1}$ 问题具有危险的病态条件，那么可以直接从 $\boldsymbol{T}_k$ 问题过渡到 $\boldsymbol{T}_{k+2}$ 问题. 见 Chan and Hansen (1992). 另一种方法是基于 12.1 节的位移秩给出的.

习 题

1. 对任意 $\boldsymbol{v} \in \mathbb{R}^n$，定义向量 $\boldsymbol{v}_+ = (\boldsymbol{v} + \mathcal{E}_n\boldsymbol{v})/2$ 和 $\boldsymbol{v}_- = (\boldsymbol{v} - \mathcal{E}_n\boldsymbol{v})/2$. 假定 $\boldsymbol{A} \in \mathbb{R}^{n\times n}$ 是对称且正交对称的，证明：如果 $\boldsymbol{Ax} = \boldsymbol{b}$，那么 $\boldsymbol{Ax}_+ = \boldsymbol{b}_+$ 且 $\boldsymbol{Ax}_- = \boldsymbol{b}_-$.

2. 令 $\boldsymbol{U} \in \mathbb{R}^{n\times n}$ 是单位上三角矩阵，$U(1:k-1,k) = \mathcal{E}_{k-1}\boldsymbol{y}^{(k-1)}$，其中 $\boldsymbol{y}^{(k)}$ 由 (4.7.1) 定义. 证明：$\boldsymbol{U}^{\mathrm{T}}\boldsymbol{T}_n\boldsymbol{U} = \mathrm{diag}(1, \beta_1, \cdots, \beta_{n-1})$.

3. 假设 $\boldsymbol{z} \in \mathbb{R}^n$，且 $\boldsymbol{S} \in \mathbb{R}^{n\times n}$ 是正交矩阵，证明：如果 $\boldsymbol{X} = [\boldsymbol{z}, \boldsymbol{Sz}, \cdots, \boldsymbol{S}^{n-1}\boldsymbol{z}]$，那么 $\boldsymbol{X}^{\mathrm{T}}\boldsymbol{X}$ 是 Toeplitz 矩阵.

4. 考虑 $n \times n$ 三对角对称正定 Toeplitz 矩阵的 $\mathrm{LDL}^{\mathrm{T}}$ 分解，证明：当 $n \to \infty$ 时 d_n 和 $\ell_{n,n-1}$ 都收敛.

5. 证明：两个下三角 Toeplitz 矩阵的乘积仍然是 Toeplitz 矩阵.

6. 假定 $\boldsymbol{T}_n = (r_{|i-j|})$ 是正定矩阵，其中 $r_0 = 1$. 给出求 $\mu \in \mathbb{R}$ 的一个算法，使得 $\boldsymbol{T}_n + \mu\left(e_n e_1^{\mathrm{T}} + e_1 e_n^{\mathrm{T}}\right)$ 是奇异矩阵.

7. 假设 $\boldsymbol{T} \in \mathbb{R}^{n\times n}$ 是对称正定 Toeplitz 矩阵，对角线元素都是 1. 使得 $\boldsymbol{T}$ 是半正定矩阵的第 i 个对角元素的最小扰动是什么?

8. 改写算法 4.7.2，要求不使用辅助向量 $\boldsymbol{z}$ 和 $\boldsymbol{v}$.

9. 对于 $k = 1 : n$ 给出计算 $\kappa_\infty(\boldsymbol{T}_k)$ 的算法.

10. 一个有 $p \times p$ 个块的分块矩阵 $\boldsymbol{A} = (\boldsymbol{A}_{ij})$，其中每个分块均为 $m \times m$ 矩阵，如果存在 $\boldsymbol{A}_{-p+1}, \cdots, \boldsymbol{A}_{-1}, \boldsymbol{A}_0, \boldsymbol{A}_1, \cdots, \boldsymbol{A}_{p-1} \in \mathbb{R}^{m\times m}$ 使得 $\boldsymbol{A}_{ij} = \boldsymbol{A}_{i-j}$ 成立，则 $\boldsymbol{A}$ 称为 **分块 Toeplitz 矩阵**. 例如

$$\boldsymbol{A} = \begin{bmatrix} \boldsymbol{A}_0 & \boldsymbol{A}_1 & \boldsymbol{A}_2 & \boldsymbol{A}_3 \\ \boldsymbol{A}_{-1} & \boldsymbol{A}_0 & \boldsymbol{A}_1 & \boldsymbol{A}_2 \\ \boldsymbol{A}_{-2} & \boldsymbol{A}_{-1} & \boldsymbol{A}_0 & \boldsymbol{A}_1 \\ \boldsymbol{A}_{-3} & \boldsymbol{A}_{-2} & \boldsymbol{A}_{-1} & \boldsymbol{A}_0 \end{bmatrix}.$$

(a) 证明：存在置换矩阵 $\boldsymbol{\Pi}$ 使得

$$\boldsymbol{\Pi}^{\mathrm{T}}\boldsymbol{A}\boldsymbol{\Pi} = \begin{bmatrix} \boldsymbol{T}_{11} & \boldsymbol{T}_{12} & \cdots & \boldsymbol{T}_{1m} \\ \boldsymbol{T}_{21} & \boldsymbol{T}_{22} & & \vdots \\ \vdots & & \ddots & \vdots \\ \boldsymbol{T}_{m1} & \cdots & & \boldsymbol{T}_{mm} \end{bmatrix},$$

其中每个 $\boldsymbol{T}_{ij}$ 都是 $p\times p$ 的 Toeplitz 矩阵，每个 $\boldsymbol{T}_{ij}$ 是由 $\boldsymbol{A}_k$ 的 (i,j) 元素组成的.

(b) 如果对于 $k=1:p-1$ 有 $\boldsymbol{A}_k=\boldsymbol{A}_{-k}$，那么 $\boldsymbol{T}_{ij}$ 是什么样的矩阵？

11. 假设所涉及的矩阵都是非奇异的，如果已经解出方程组 (4.7.12)，如何求解方程组 (4.7.13)? 假设 $\boldsymbol{T}$ 的顺序主子矩阵都是非奇异的，设计一个快速算法来求解非对称 Toeplitz 方程组 $\boldsymbol{T}\boldsymbol{x}=\boldsymbol{b}$.

12. 考虑 (4.7.1) 中出现的 k 阶 Yule-Walker 方程组 $\boldsymbol{T}_k\boldsymbol{y}^{(k)}=-\boldsymbol{r}^{(k)}$. 证明：如果对于 $k=1:n-1$ 有 $\boldsymbol{y}^{(k)}=[y_{k1},\cdots,y_{kk}]^{\mathrm{T}}$ 且

$$\boldsymbol{L} = \begin{bmatrix} 1 & 0 & 0 & 0 & \cdots & 0 \\ y_{11} & 1 & 0 & 0 & \cdots & 0 \\ y_{22} & y_{21} & 1 & 0 & \cdots & 0 \\ \vdots & \vdots & \vdots & \vdots & \ddots & \vdots \\ y_{n-1,n-1} & y_{n-1,n-2} & y_{n-1,n-3} & \cdots & y_{n-1,1} & 1 \end{bmatrix},$$

那么 $\boldsymbol{L}^{\mathrm{T}}\boldsymbol{T}_n\boldsymbol{L}=\mathrm{diag}(1,\beta_1,\cdots,\beta_{n-1})$，其中 $\beta_k=1+(\boldsymbol{r}^{(k)})^{\mathrm{T}}\boldsymbol{y}^{(k)}$. 因此，Durbin 算法可看作计算 $\boldsymbol{T}_n^{-1}$ 的 $\mathrm{LDL^T}$ 分解的快速方法.

13. 说明如何用 Trench 算法来得到二分法 (4.7.11) 的包含初始值的区间.

4.8　循环方程组和离散泊松方程组

如果 $\boldsymbol{A}\in\mathbb{C}^{n\times n}$ 有形如

$$\boldsymbol{V}^{-1}\boldsymbol{A}\boldsymbol{V} = \boldsymbol{\Lambda} = \mathrm{diag}(\lambda_1,\cdots,\lambda_n) \tag{4.8.1}$$

的分解，那么矩阵 $\boldsymbol{V}$ 的列是特征向量，λ_i 是与之对应的特征值.① 原则上，这种分解可以用于求解非奇异的 $\boldsymbol{A}\boldsymbol{u}=\boldsymbol{b}$ 问题：

$$\boldsymbol{u} = \boldsymbol{A}^{-1}\boldsymbol{b} = (\boldsymbol{V}\boldsymbol{\Lambda}\boldsymbol{V}^{-1})^{-1}\boldsymbol{b} = \boldsymbol{V}(\boldsymbol{\Lambda}^{-1}(\boldsymbol{V}^{-1}\boldsymbol{b})). \tag{4.8.2}$$

然而，如果这个解法要与高斯消去法或者 Cholesky 分解的效率相媲美，那么 $\boldsymbol{V}$ 和 $\boldsymbol{\Lambda}$ 就必须是非常特殊的矩阵. 如果

(1) 计算形如 $\boldsymbol{y}=\boldsymbol{V}\boldsymbol{x}$ 的矩阵向量积需要 $O(n\log n)$ 个 flop，

① 本节不依赖于第 7 章和第 8 章的计算特征值与特征向量问题. 本节出现的特征值问题是自我完整的表达，因此后面章节中的算法与本节的讨论无关.

(2) 计算特征值 $\lambda_1, \cdots, \lambda_n$ 需要 $O(n \log n)$ 个 flop，

(3) 计算形如 $\tilde{\boldsymbol{b}} = \boldsymbol{V}^{-1}\boldsymbol{b}$ 的矩阵向量积需要 $O(n \log n)$ 个 flop，

我们就说 $\boldsymbol{A}$ 有一个**快速特征值分解** (4.8.1). 如果上述三个条件成立，根据 (4.8.2) 可得出，求解 $\boldsymbol{Au} = \boldsymbol{b}$ 需要 $O(n \log n)$ 个 flop.

循环方程组和相关的离散泊松方程组满足上述条件，适用于这种方法，也是本节的主要关注点. 在这些应用中，矩阵 $\boldsymbol{V}$ 对应于离散傅里叶变换以及各种正弦余弦变换.（现在，回忆 1.4.1 节和 1.4.2 节，我们有工作量为 $n \log n$ 的 DFT、DST、DST2 和 DCT 方法.）结果表明，对于这些变换的逆存在快速方法，因为需要 (3) 成立，这一点很重要. 从效率的角度来看，在快速转换的“业务”中有些 n 比其他的更友好，因此我们不会关注精确的 flop 数. 虽然这一问题在实践中可能很重要，但在本节这样简要、概念性的介绍中，这并不是必须担心的问题. 我们的讨论仿照 Van Loan (FFT) 的 4.3–4.5 节，读者可以在那里找到完整的推导和算法细节. 中心主题是边界条件和快速变换之间的内在联系，在这方面，我们也推荐 Strang (1999).

4.8.1 DFT 矩阵的逆

回顾 1.4.1 节，DFT 矩阵 $\boldsymbol{F}_n \in \mathbb{C}^{n\times n}$ 定义为

$$[F_n]_{kj} = \omega_n^{(k-1)(j-1)}, \quad \omega_n = \cos\left(\frac{2\pi}{n}\right) - \mathrm{i}\sin\left(\frac{2\pi}{n}\right).$$

容易验证

$$\boldsymbol{F}_n^{\mathrm{H}} = \bar{\boldsymbol{F}}_n,$$

因此，对于满足 $0 \leqslant p < n$ 和 $0 \leqslant q < n$ 的所有 p 和 q 我们都有

$$F_n(:, p+1)^{\mathrm{H}} F_n(:, q+1) = \sum_{k=0}^{n-1} \bar{\omega}_n^{kp}\omega_n^{kq} = \sum_{k=0}^{n-1} \omega_n^{k(q-p)}.$$

如果 $q = p$，那么这个和等于 n. 否则，

$$\sum_{k=0}^{n-1} \omega_n^{k(q-p)} = \frac{1-\omega_n^{n(q-p)}}{1-\omega_n^{q-p}} = \frac{1-1}{1-\omega_n^{q-p}} = 0.$$

从而

$$n\boldsymbol{I}_n = \boldsymbol{F}_n^{\mathrm{H}}\boldsymbol{F}_n = \bar{\boldsymbol{F}}_n\boldsymbol{F}_n.$$

因此 DFT 矩阵是酉矩阵的标量倍，并且

$$\boldsymbol{F}_n^{-1} = \frac{1}{n}\bar{\boldsymbol{F}}_n.$$

对 $\boldsymbol{F}_n\boldsymbol{x}$ 的快速傅里叶变换能转化为对 $\boldsymbol{F}_n^{-1}\boldsymbol{x}$ 的快速逆傅里叶变换. 因为

$$\boldsymbol{y} = \boldsymbol{F}_n^{-1}\boldsymbol{x} = \frac{1}{n}\bar{\boldsymbol{F}}_n\boldsymbol{x},$$

只需将每个 ω_n 替换为 $\bar{\omega}_n$ 的倍数. 见算法 1.4.1.

4.8.2 循环方程组

我们把“环绕式”Toeplitz 矩阵称为循环矩阵, 例如

$$C(z) = \begin{bmatrix} z_0 & z_4 & z_3 & z_2 & z_1 \\ z_1 & z_0 & z_4 & z_3 & z_2 \\ z_2 & z_1 & z_0 & z_4 & z_3 \\ z_3 & z_2 & z_1 & z_0 & z_4 \\ z_4 & z_3 & z_2 & z_1 & z_0 \end{bmatrix}.$$

假设 z 是复向量. 任何循环矩阵 $C(z) \in \mathbb{C}^{n\times n}$ 都是 $\boldsymbol{I}_n, \mathcal{D}_n, \cdots, \mathcal{D}_n^{n-1}$ 的线性组合, 其中 $\mathcal{D}_n$ 是 1.2.11 节定义的下移置换. 例如, 假设 $n=5$, 那么

$$\mathcal{D}_5 = \begin{bmatrix} 0 & 0 & 0 & 0 & 1 \\ 1 & 0 & 0 & 0 & 0 \\ 0 & 1 & 0 & 0 & 0 \\ 0 & 0 & 1 & 0 & 0 \\ 0 & 0 & 0 & 1 & 0 \end{bmatrix},$$

并且

$$\mathcal{D}_5^2 = \begin{bmatrix} 0 & 0 & 0 & 1 & 0 \\ 0 & 0 & 0 & 0 & 1 \\ 1 & 0 & 0 & 0 & 0 \\ 0 & 1 & 0 & 0 & 0 \\ 0 & 0 & 1 & 0 & 0 \end{bmatrix}, \quad \mathcal{D}_5^3 = \begin{bmatrix} 0 & 0 & 1 & 0 & 0 \\ 0 & 0 & 0 & 1 & 0 \\ 0 & 0 & 0 & 0 & 1 \\ 1 & 0 & 0 & 0 & 0 \\ 0 & 1 & 0 & 0 & 0 \end{bmatrix}, \quad \mathcal{D}_5^4 = \begin{bmatrix} 0 & 1 & 0 & 0 & 0 \\ 0 & 0 & 1 & 0 & 0 \\ 0 & 0 & 0 & 1 & 0 \\ 0 & 0 & 0 & 0 & 1 \\ 1 & 0 & 0 & 0 & 0 \end{bmatrix}.$$

因此,

$$C(z) = z_0\boldsymbol{I}_5 + z_1\mathcal{D}_5 + z_2\mathcal{D}_5^2 + z_3\mathcal{D}_5^3 + z_4\mathcal{D}_5^4$$

给出了上面的 5×5 矩阵 $C(z)$. 注意, $\mathcal{D}_5^5 = \boldsymbol{I}_5$. 更一般地,

$$z = \begin{bmatrix} z_0 \\ z_1 \\ \vdots \\ z_{n-1} \end{bmatrix} \quad \Rightarrow \quad C(z) = \sum_{k=0}^{n-1} z_k\mathcal{D}_n^k. \tag{4.8.3}$$

注意，如果 $\boldsymbol{V}^{-1}\mathcal{D}_n\boldsymbol{V}=\boldsymbol{\Lambda}$ 是对角矩阵，那么

$$\boldsymbol{V}^{-1}C(\boldsymbol{z})\boldsymbol{V}=\boldsymbol{V}^{-1}\left(\sum_{k=0}^{n-1}z_k\mathcal{D}_n^k\right)\boldsymbol{V}=\sum_{k=0}^{n-1}z_k\left(\boldsymbol{V}^{-1}\mathcal{D}_n\boldsymbol{V}^{-1}\right)^k=\sum_{k=0}^{n-1}z_k\boldsymbol{\Lambda}^k \quad (4.8.4)$$

也是对角矩阵. 结果表明，下移置换被 DFT 矩阵对角化.

引理 4.8.1 如果 $\boldsymbol{V}=\boldsymbol{F}_n$，那么 $\boldsymbol{V}^{-1}\mathcal{D}_n\boldsymbol{V}=\boldsymbol{\Lambda}=\mathrm{diag}(\lambda_1,\cdots,\lambda_n)$，其中

$$\lambda_{j+1}=\bar{\omega}_n^j=\cos\left(\frac{2j\pi}{n}\right)+\mathrm{i}\sin\left(\frac{2j\pi}{n}\right),\quad j=0:n-1.$$

证明 对于 $j=0:n-1$ 我们有

$$\mathcal{D}_nF_n(:,j+1)=\mathcal{D}_n\begin{bmatrix}1\\ \omega_n^j\\ \omega_n^{2j}\\ \vdots\\ \omega_n^{(n-1)j}\end{bmatrix}=\begin{bmatrix}\omega_n^{(n-1)j}\\ 1\\ \omega_n^j\\ \vdots\\ \omega_n^{(n-2)j}\end{bmatrix}=\bar{\omega}_n^j\begin{bmatrix}1\\ \omega_n^j\\ \omega_n^{2j}\\ \vdots\\ \omega_n^{(n-1)j}\end{bmatrix}.$$

这个向量正是 $\boldsymbol{F}_n\Lambda(:,j+1)$. 因此 $\mathcal{D}_n\boldsymbol{V}=\boldsymbol{V}\boldsymbol{\Lambda}$，即 $\boldsymbol{V}^{-1}\mathcal{D}_n\boldsymbol{V}=\boldsymbol{\Lambda}$. □

从 (4.8.4) 可以看出，任何循环矩阵 $C(\boldsymbol{z})$ 均被 $\boldsymbol{F}_n$ 对角化，从而可以快速计算 $C(\boldsymbol{z})$ 的特征值.

定理 4.8.2 假设 $\boldsymbol{z}\in\mathbb{C}^n$ 和 $C(\boldsymbol{z})$ 都由 (4.8.3) 定义. 如果 $\boldsymbol{V}=\boldsymbol{F}_n$ 且 $\boldsymbol{\lambda}=\bar{\boldsymbol{F}}_n\boldsymbol{z}$，那么 $\boldsymbol{V}^{-1}C(\boldsymbol{z})\boldsymbol{V}=\mathrm{diag}(\lambda_1,\cdots,\lambda_n)$.

证明 定义

$$\boldsymbol{f}=\begin{bmatrix}1\\ \bar{\omega}_n\\ \vdots\\ \bar{\omega}_n^{n-1}\end{bmatrix},$$

注意，$\bar{\boldsymbol{F}}_n$ 的列是这个向量的幂. 特别地，$\bar{F}_n(:,k+1)=f.\hat{}k$，其中 $[f.\hat{}k]_j=f_j^k$. 由于 $\boldsymbol{\Lambda}=\mathrm{diag}(\boldsymbol{f})$，它来自于引理 4.8.1，因此，

$$\begin{aligned}\boldsymbol{V}^{-1}C(\boldsymbol{z})\boldsymbol{V}&=\sum_{k=0}^{n-1}z_k\boldsymbol{\Lambda}^k=\sum_{k=0}^{n-1}z_k\,\mathrm{diag}(\boldsymbol{f})^k=\sum_{k=0}^{n-1}z_k\,\mathrm{diag}(f.\hat{}k)\\&=\mathrm{diag}\left(\sum_{k=0}^{n-1}z_k\,f.\hat{}k\right)=\mathrm{diag}\left(\bar{\boldsymbol{F}}_n\boldsymbol{z}\right).\end{aligned}$$

这就完成了定理的证明. □

因此，循环矩阵 $C(z)$ 的特征向量是向量 $\bar{F}_n z$ 的分量. 利用这一结果，我们得到了以下算法.

算法 4.8.1 假定 $z \in \mathbb{C}^n$, $y \in \mathbb{C}^n$，$C(z)$ 是非奇异矩阵，算法求解线性方程组 $C(z)x = y$.

用 FFT 计算 $c = \bar{F}_n y$ 和 $d = \bar{F}_n z$.
$w = c./d$
用 FFT 计算 $u = F_n w$.
$x = u/n$

这个算法需要 $O(n\log n)$ 个 flop.

4.8.3 一维离散泊松方程

现在把注意力转到有实快速特征值分解的实矩阵上来. 讨论的出发点是微分方程

$$\frac{\mathrm{d}^2 u}{\mathrm{d}x^2} = -f(x), \quad \alpha \leqslant u(x) \leqslant \beta, \tag{4.8.5}$$

给定 $u(x)$ 的边界条件是如下四种可能之一：

Dirichlet-Dirichlet (DD)：$u(\alpha) = u_\alpha$, $u(\beta) = u_\beta$,
Dirichlet-Neumann (DN)：$u(\alpha) = u_\alpha$, $u'(\beta) = u'_\beta$,
Neumann-Neumann (NN)：$u'(\alpha) = u'_\alpha$, $u'(\beta) = u'_\beta$,
周期 (P)：$u(\alpha) = u(\beta)$.

用差分代替 (4.8.5) 中的导数，得到一个线性方程组. 实际上，如果 m 是正整数，并且

$$h = \frac{\beta - \alpha}{m},$$

那么对于 $i = 1:m-1$ 有

$$\frac{\dfrac{u_{i+1}-u_i}{h} - \dfrac{u_i - u_{i-1}}{h}}{h} = \frac{u_{i-1} - 2u_i + u_{i+1}}{h^2} = -f_i, \tag{4.8.6}$$

其中 $f_i = f(\alpha + ih), u_i \approx u(\alpha + ih)$. 为了理解这种离散化，我们在各种可能的边界条件下给出 $m = 5$ 时得到的线性方程组. 稍后正式定义矩阵 $\mathcal{T}_n^{(DD)}$, $\mathcal{T}_n^{(DN)}$, $\mathcal{T}_n^{(NN)}$, $\mathcal{T}_n^{(P)}$.

对于 Dirichlet-Dirichlet 问题，这个方程组是 4×4 三对角的：

$$\mathcal{T}_4^{(DD)} \cdot u(1:4) \equiv \begin{bmatrix} 2 & -1 & 0 & 0 \\ -1 & 2 & -1 & 0 \\ 0 & -1 & 2 & -1 \\ 0 & 0 & -1 & 2 \end{bmatrix} \begin{bmatrix} u_1 \\ u_2 \\ u_3 \\ u_4 \end{bmatrix} = \begin{bmatrix} h^2 f_1 + u_\alpha \\ h^2 f_2 \\ h^2 f_3 \\ h^2 f_4 + u_\beta \end{bmatrix}.$$

对于 Dirichlet-Neumann 问题，这个方程组仍是三对角的，但 u_5 与 $u_1,\cdots,u_4$ 一样作为未知数：

$$\mathcal{T}_5^{(DN)}\cdot u(1:5)\ \equiv\ \begin{bmatrix} 2 & -1 & 0 & 0 & 0\\ -1 & 2 & -1 & 0 & 0\\ 0 & -1 & 2 & -1 & 0\\ 0 & 0 & -1 & 2 & -1\\ 0 & 0 & 0 & -2 & 2 \end{bmatrix}\begin{bmatrix} u_1\\ u_2\\ u_3\\ u_4\\ u_5 \end{bmatrix} = \begin{bmatrix} h^2f_1+u_\alpha\\ h^2f_2\\ h^2f_3\\ h^2f_4\\ 2hu'_\beta \end{bmatrix}.$$

新的底部方程是由 $u'(\beta)\approx(u_5-u_4)/h$ 的近似导出的.（将这个方程乘以因子 2 能简化后面某些推导.）对于 Neumann-Neumann 问题，需要确定 u_5 和 u_0：

$$\mathcal{T}_6^{(NN)}\cdot u(0:5)\ \equiv\ \begin{bmatrix} 2 & -2 & 0 & 0 & 0 & 0\\ -1 & 2 & -1 & 0 & 0 & 0\\ 0 & -1 & 2 & -1 & 0 & 0\\ 0 & 0 & -1 & 2 & -1 & 0\\ 0 & 0 & 0 & -1 & 2 & -1\\ 0 & 0 & 0 & 0 & -2 & 2 \end{bmatrix}\begin{bmatrix} u_0\\ u_1\\ u_2\\ u_3\\ u_4\\ u_5 \end{bmatrix} = \begin{bmatrix} -2hu'_\alpha\\ h^2f_1\\ h^2f_2\\ h^2f_3\\ h^2f_3\\ 2hu'_\beta \end{bmatrix}.$$

最后，对于周期问题我们有

$$\mathcal{T}_5^{(P)}\cdot u(1:5)\ \equiv\ \begin{bmatrix} 2 & -1 & 0 & 0 & -1\\ -1 & 2 & -1 & 0 & 0\\ 0 & -1 & 2 & -1 & 0\\ 0 & 0 & -1 & 2 & -1\\ -1 & 0 & 0 & -1 & 2 \end{bmatrix}\begin{bmatrix} u_1\\ u_2\\ u_3\\ u_4\\ u_5 \end{bmatrix} = \begin{bmatrix} h^2f_1\\ h^2f_2\\ h^2f_3\\ h^2f_4\\ h^2f_5 \end{bmatrix}.$$

第一个方程和最后一个方程使用了条件 $u_0=u_5$ 和 $u_1=u_6$. 这些限制是根据 u 有周期 $\beta-\alpha$ 的假设而来的. 如下所示，$n\times n$ 矩阵

$$\mathcal{T}_n^{(DD)} = \begin{bmatrix} 2 & -1 & \cdots & 0\\ -1 & 2 & \ddots & \vdots\\ \vdots & \ddots & \ddots & -1\\ 0 & \cdots & -1 & 2 \end{bmatrix} \tag{4.8.7}$$

及其低秩变形

$$\mathcal{T}_n^{(DN)} = \mathcal{T}_n^{(DD)} - e_ne_{n-1}^{\mathrm{T}}, \tag{4.8.8}$$

$$\mathcal{T}_n^{(NN)} = \mathcal{T}_n^{(DD)} - e_ne_{n-1}^{\mathrm{T}} - e_1e_2^{\mathrm{T}}, \tag{4.8.9}$$

$$\mathcal{T}_n^{(P)} = \mathcal{T}_n^{(DD)} - e_1 e_n^{\mathrm{T}} - e_n e_1^{\mathrm{T}} \tag{4.8.10}$$

有快速特征值分解. 然而, 对于这些方程组, 存在 $O(n\log n)$ 工作量的方法并不是很重要, 因为基于高斯消去的算法更快: $O(n)$ 对 $O(n\log n)$. 当我们离散化 (4.8.5) 的二维情形时, 事情才变得更有趣.

4.8.4 二维离散泊松方程

为了讨论二维情形, 假设 $F(x,y)$ 定义在矩形

$$R = \{(x,y) : \alpha_x \leqslant x \leqslant \beta_x,\ \alpha_y \leqslant y \leqslant \beta_y\}$$

上, 我们希望找到一个函数 u, 在 R 上满足

$$\frac{\partial^2 u}{\partial x^2} + \frac{\partial^2 u}{\partial y^2} = -F(x,y), \tag{4.8.11}$$

并且在 R 的边界上满足给定条件. 这就是带有 **Dirichlet 边界条件的泊松方程**. 我们的计划是在网格点 $(\alpha_x + ih_x, \alpha_y + jh_y)$ 上近似 u, 其中 $i = 1 : m_1 - 1$, $j = 1 : m_2 - 1$ 且

$$h_x = \frac{\beta_x - \alpha_x}{m_1}, \quad h_y = \frac{\beta_y - \alpha_y}{m_2}.$$

参见图 4.8.1, 其展示了 $m_1 = 6, m_2 = 5$ 的情形.

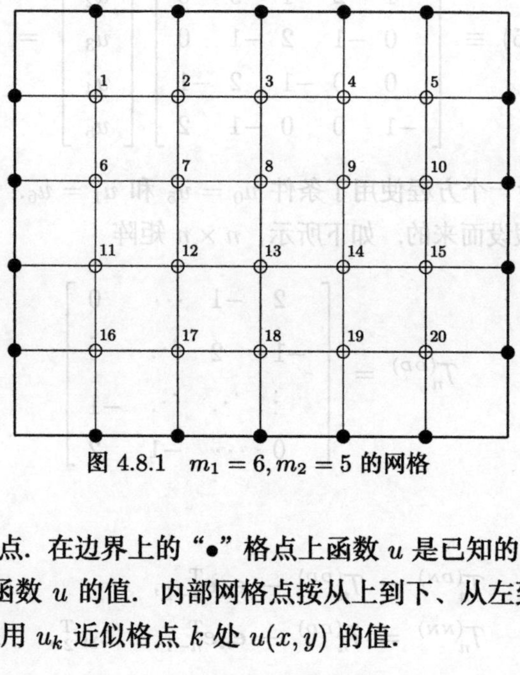

图 4.8.1 $m_1 = 6, m_2 = 5$ 的网格

注意, 存在两种格点. 在边界上的 "•" 格点上函数 u 是已知的. 我们要确定在内部的 "∘" 格点处函数 u 的值. 内部网格点按从上到下、从左到右的顺序加以标注. 我们的想法是用 u_k 近似格点 k 处 $u(x,y)$ 的值.

正如 4.8.3 节考虑的一维问题，我们用离散差分法得到定义了未知数的线性方程组. 内部格点 P 有北（N）、东（E）、南（S）、西（W）四个邻近点. 使用这种“指南针”表示法，我们得到 (4.8.11) 在 P 点的近似值：

$$\frac{\dfrac{u(E)-u(P)}{h_x}-\dfrac{u(P)-u(W)}{h_x}}{h_x}+\frac{\dfrac{u(N)-u(P)}{h_y}-\dfrac{u(P)-u(S)}{h_y}}{h_y} = -F(P).$$

x 的偏导数和 y 的偏导数被二阶差分所取代. 为清晰起见，假定水平网格和垂直网格的间距相等，即 $h_x = h_y = h$. 在这一假设下，P 点处线性方程具有形式

$$4u(P)-u(N)-u(E)-u(S)-u(W) \;=\; h^2F(P).$$

在我们的例子中有 20 个这样的方程. 应该注意的是，P 的一些邻近点可能在边界上，在这种情形，相应的线性方程包含的未知数少于 5 个. 例如，如果 P 是格点 3，那么我们从图 4.8.1 中看到其北邻近 N 在边界上. 因此，相应的线性方程具有形式

$$4u(P)-u(E)-u(S)-u(W) \;=\; h^2F(P)+u(N).$$

按照这样的推理，我们得出结论，系数矩阵具有块三对角形式

$$\boldsymbol{A} = \begin{bmatrix} \mathcal{T}_5^{(DD)} & 0 & 0 & 0 \\ 0 & \mathcal{T}_5^{(DD)} & 0 & 0 \\ 0 & 0 & \mathcal{T}_5^{(DD)} & 0 \\ 0 & 0 & 0 & \mathcal{T}_5^{(DD)} \end{bmatrix} + \begin{bmatrix} 2\boldsymbol{I}_5 & -\boldsymbol{I}_5 & 0 & 0 \\ -\boldsymbol{I}_5 & 2\boldsymbol{I}_5 & -\boldsymbol{I}_5 & 0 \\ 0 & -\boldsymbol{I}_5 & 2\boldsymbol{I}_5 & -\boldsymbol{I}_5 \\ 0 & 0 & -\boldsymbol{I}_5 & 2\boldsymbol{I}_5 \end{bmatrix},$$

即

$$\boldsymbol{A} \;=\; \boldsymbol{I}_4 \otimes \mathcal{T}_5^{(DD)} \;+\; \mathcal{T}_4^{(DD)} \otimes \boldsymbol{I}_5.$$

注意，第一个矩阵对应于 x 的偏导数，第二个矩阵对应于 y 的偏导数. $\boldsymbol{A} = \boldsymbol{b}$ 的右端项由 F 的值和边界上给定的 $u(x,y)$ 的值组成.

从上述例子中我们得出，系数矩阵是 $(m_2-1)\times(m_2-1)$ 块三对角矩阵，其中含有 $(m_1-1)\times(m_1-1)$ 个块：

$$\boldsymbol{A} \;=\; \boldsymbol{I}_{m_2-1} \otimes \mathcal{T}_{m_1-1}^{(DD)} \;+\; \mathcal{T}_{m_2-1}^{(DD)} \otimes \boldsymbol{I}_{m_1-1}.$$

其他的边界值方式得到的方程组具有类似的结构，例如，

$$\boldsymbol{A}\boldsymbol{u} \;\equiv\; (\boldsymbol{I}_{n_2} \otimes \boldsymbol{A}_1 \;+\; \boldsymbol{A}_2 \otimes \boldsymbol{I}_{n_1})\,\boldsymbol{u} \;=\; \boldsymbol{b}. \tag{4.8.12}$$

例如，如果我们在矩形区域 R 的左边和右边施加 Dirichet-Neumann、Neumann-Neumann 或周期边界条件，那么 $\boldsymbol{A}_1$ 相应地等于 $\mathcal{T}_{m_1}^{(DN)}$、$\mathcal{T}_{m_1+1}^{(NN)}$ 或 $\mathcal{T}_{m_1}^{(P)}$. 同样

地，如果在 R 的底边和顶边施加 Dirichet-Neumann、Neumann-Neumann 或周期边界条件，那么 $\boldsymbol{A}_2$ 将等于 $\mathcal{T}_{m_2}^{(DN)}$、$\mathcal{T}_{m_2+1}^{(NN)}$ 或 $\mathcal{T}_{m_2}^{(P)}$. 如果方程组 (4.8.12) 非奇异，且 $\boldsymbol{A}_1$ 和 $\boldsymbol{A}_2$ 有快速特征值分解，那么仅用 $O(N\log N)$ 个 flop 即可求解该方程组，其中 $N=n_1n_2$. 为了看到其中的原因，假设

$$\boldsymbol{V}^{-1}\boldsymbol{A}_1\boldsymbol{V} = \boldsymbol{D}_1 = \mathrm{diag}(\lambda_1,\cdots,\lambda_{n_1}), \tag{4.8.13}$$

$$\boldsymbol{W}^{-1}\boldsymbol{A}_2\boldsymbol{W} = \boldsymbol{D}_2 = \mathrm{diag}(\mu_1,\cdots,\mu_{n_2}) \tag{4.8.14}$$

是快速特征值分解. 利用 1.3.6 节至 1.3.8 节所阐述的关于克罗内克积的相关事实，可以重写 (4.8.12) 为矩阵方程

$$\boldsymbol{A}_1\boldsymbol{U}+\boldsymbol{U}\boldsymbol{A}_2^{\mathrm{T}} = \boldsymbol{B},$$

其中 $\boldsymbol{U}=\mathsf{reshape}(\boldsymbol{u},n_1,n_2)$ 且 $\boldsymbol{B}=\mathsf{reshape}(\boldsymbol{b},n_1,n_2)$. 将上面的特征值分解代入这个方程，得到

$$\boldsymbol{D}_1\tilde{\boldsymbol{U}}+\tilde{\boldsymbol{U}}\boldsymbol{D}_2 = \tilde{\boldsymbol{B}},$$

其中 $\tilde{\boldsymbol{U}}=(\tilde{u}_{ij})=\boldsymbol{V}^{-1}\boldsymbol{U}\boldsymbol{W}^{-\mathrm{T}}$ 且 $\tilde{\boldsymbol{B}}=(\tilde{b}_{ij})=\boldsymbol{V}^{-1}\boldsymbol{B}\boldsymbol{W}^{-\mathrm{T}}$. 请注意，因为 $\boldsymbol{D}_1$ 和 $\boldsymbol{D}_2$ 都是对角矩阵，容易解出这个转换后的方程组：

$$\tilde{u}_{ij} = \frac{\tilde{b}_{ij}}{\lambda_i+\mu_j}, \quad i=1:n_1,\ j=1:n_2.$$

为使上式有意义，$\boldsymbol{A}_1$ 的任何特征值都不能是 $\boldsymbol{A}_2$ 的特征值的相反数. 在我们的例子中，所有的 λ_i 和 μ_i 都是正数. 综上，我们有以下算法.

算法 4.8.2 (泊松问题快速解法) 假设 $\boldsymbol{A}_1\in\mathbb{R}^{n_1\times n_1}$ 和 $\boldsymbol{A}_2\in\mathbb{R}^{n_2\times n_2}$ 具有快速特征值分解 (4.8.13) 和 (4.8.14)，$\boldsymbol{A}=\boldsymbol{I}_{n_2}\otimes\boldsymbol{A}_1+\boldsymbol{A}_2\otimes\boldsymbol{I}_{n_1}$ 是非奇异矩阵. 算法求解线性方程组 $\boldsymbol{A}\boldsymbol{u}=\boldsymbol{b}$，其中 $\boldsymbol{b}\in\mathbb{R}^{n_1n_2}$.

$\tilde{B}=(W^{-1}(V^{-1}B)^{\mathrm{T}})^{\mathrm{T}}$，其中 $B=\mathsf{reshape}(b,n_1,n_2)$
for $i=1:n_1$
  for $j=1:n_2$
    $\tilde{u}_{ij}=\tilde{b}_{ij}/(\lambda_i+\mu_j)$
  end
end
$u=\mathsf{reshape}(U,n_1n_2,1)$，其中 $U=(W(V\tilde{U})^{\mathrm{T}})^{\mathrm{T}}$

下表中说明了涉及的工作量：

运　算	运算个数	计　算　量
$\boldsymbol{V}^{-1}$ 乘 n_1 维向量	n_2	$O(n_2 n_1 \log n_1)$
$\boldsymbol{W}^{-1}$ 乘 n_2 维向量	n_1	$O(n_1 n_2 \log n_2)$
$\boldsymbol{V}$ 乘 n_1 向量	n_2	$O(n_2 n_1 \log n_1)$
$\boldsymbol{W}$ 乘 n_2 向量	n_1	$O(n_1 n_2 \log n_2)$

将得数相加可知，当矩阵 $\boldsymbol{A}$ 的大小为 $N = n_1 n_2$ 时，需要 $O(n_1 n_2 \log(n_1 n_2)) = O(N \log N)$ 个 flop.

下面说明矩阵 $\mathcal{T}_n^{(DD)}$、$\mathcal{T}_n^{(DN)}$、$\mathcal{T}_n^{(NN)}$ 和 $\mathcal{T}_n^{(P)}$ 有快速特征值分解，这意味着算法 4.8.2 可用于求解离散泊松方程组. 为了更好地理它比传统方法快，假设 $\boldsymbol{A}_1 = \mathcal{T}_{n_1}^{(DD)}$ 和 $\boldsymbol{A}_2 = \mathcal{T}_{n_2}^{(DD)}$. 可以证明，$\boldsymbol{A}$ 是对称正定矩阵，带宽为 n_1+1. 用算法 4.3.5（带状矩阵的 Cholesky 分解）求解 $\boldsymbol{Au} = \boldsymbol{b}$ 需要 $O(n_1^3 n_2) = O(N n_1^2)$ 个 flop.

4.8.5 DST 矩阵和 DCT 矩阵的逆

$\mathcal{T}_n^{(DD)}$, $\mathcal{T}_n^{(DN)}$, $\mathcal{T}_n^{(NN)}$ 和 $\mathcal{T}_n^{(P)}$ 的特征向量矩阵对应于 1.4.2 节中提出的快速三角变换. 我们有责任证明，这些变换的逆也可以快速计算. 我们以离散正弦变换（DST）和离散余弦变换（DCT）为例加以说明，类似的快速逆变换的情形留作练习.

通过考虑 DFT 矩阵的块 $\boldsymbol{F}_{2m}$，可以确定变换矩阵 DST$(m-1)$ 和 DCT$(m+1)$ 的逆. 回顾 1.4.2 节，如果 $\boldsymbol{C}_r \in \mathbb{R}^{r\times r}$ 和 $\boldsymbol{S}_r \in \mathbb{R}^{r\times r}$ 定义为

$$[C_r]_{kj} = \cos\left(\frac{kj\pi}{r+1}\right), \quad [S_r]_{kj} = \sin\left(\frac{kj\pi}{r+1}\right),$$

那么

$$\boldsymbol{F}_{2m} = \begin{bmatrix} 1 & \boldsymbol{e}^{\mathrm{T}} & 1 & \boldsymbol{e}^{\mathrm{T}} \\ \boldsymbol{e} & \boldsymbol{C}-\mathrm{i}\boldsymbol{S} & \boldsymbol{v} & (\boldsymbol{C}+\mathrm{i}\boldsymbol{S})\boldsymbol{E} \\ 1 & \boldsymbol{v}^{\mathrm{T}} & (-1)^m & \boldsymbol{v}^{\mathrm{T}}\boldsymbol{E} \\ \boldsymbol{e} & \boldsymbol{E}(\boldsymbol{C}+\mathrm{i}\boldsymbol{S}) & \boldsymbol{E}\boldsymbol{v} & \boldsymbol{E}(\boldsymbol{C}-\mathrm{i}\boldsymbol{S})\boldsymbol{E} \end{bmatrix},$$

其中 $\boldsymbol{C} = \boldsymbol{C}_{m-1}$, $\boldsymbol{S} = \boldsymbol{S}_{m-1}$, $\boldsymbol{E} = \mathcal{E}_{m-1}$，且

$$\boldsymbol{e}^{\mathrm{T}} = (\underbrace{1, 1, \cdots, 1}_{m-1}), \quad \boldsymbol{v}^{\mathrm{T}} = (\underbrace{-1, 1, \cdots, (-1)^{m-1}}_{m-1}).$$

通过对方程 $2m\boldsymbol{I} = \bar{\boldsymbol{F}}_{2m}\boldsymbol{F}_{2m}$ 中的 (2,1), (2,2), (2,3) 和 (2,4) 块的比较，我们有

$$\begin{aligned} \boldsymbol{0} &= 2\boldsymbol{Ce} + \boldsymbol{e} + \boldsymbol{v}, \\ 2m\boldsymbol{I}_{m-1} &= 2\boldsymbol{C}^2 + 2\boldsymbol{S}^2 + \boldsymbol{ee}^{\mathrm{T}} + \boldsymbol{vv}^{\mathrm{T}}, \end{aligned}$$

$$\begin{aligned}\mathbf{0} &= 2\boldsymbol{C}\boldsymbol{v}+\boldsymbol{e}+(-1)^m\boldsymbol{v},\\ \mathbf{0} &= 2\boldsymbol{C}^2-2\boldsymbol{S}^2+\boldsymbol{e}\boldsymbol{e}^{\mathrm{T}}+\boldsymbol{v}\boldsymbol{v}^{\mathrm{T}}.\end{aligned}$$

因此 $2\boldsymbol{S}^2=m\boldsymbol{I}_{m-1}$, $2\boldsymbol{C}^2=m\boldsymbol{I}_{m-1}-\boldsymbol{e}\boldsymbol{e}^{\mathrm{T}}-\boldsymbol{v}\boldsymbol{v}^{\mathrm{T}}$. 利用这些方程容易验证

$$\boldsymbol{S}_{m-1}^{-1}=\frac{2}{m}\boldsymbol{S}_{m-1},$$

$$\begin{bmatrix}1/2 & \boldsymbol{e}^{\mathrm{T}} & 1/2\\ \boldsymbol{e}/2 & \boldsymbol{C}_{m-1} & \boldsymbol{v}/2\\ 1/2 & \boldsymbol{v}^{\mathrm{T}} & (-1)^m/2\end{bmatrix}^{-1}=\frac{2}{m}\begin{bmatrix}1/2 & \boldsymbol{e}^{\mathrm{T}} & 1/2\\ \boldsymbol{e}/2 & \boldsymbol{C}_{m-1} & \boldsymbol{v}/2\\ 1/2 & \boldsymbol{v}^{\mathrm{T}} & (-1)^m/2\end{bmatrix}.$$

因此，从定义 (1.4.8) 和 (1.4.10) 可以得出

$$\boldsymbol{V}=\mathrm{DST}(m-1)\ \Rightarrow\ \boldsymbol{V}^{-1}=\frac{2}{m}\mathrm{DST}(m-1),$$

$$\boldsymbol{V}=\mathrm{DCT}(m+1)\ \Rightarrow\ \boldsymbol{V}^{-1}=\frac{2}{m}\mathrm{DCT}(m+1).$$

在这两种情形，逆变换是“前面”变换的倍数，可以快速计算. 见算法 1.4.2 和算法 1.4.3.

4.8.6　四种快速特征值分解

矩阵 $\mathcal{T}_n^{(DD)}$, $\mathcal{T}_n^{(DN)}$, $\mathcal{T}_n^{(NN)}$ 和 $\mathcal{T}_n^{(P)}$ 对正弦和余弦向量有特殊作用.

引理 4.8.3 定义 n 维实向量 $s(\theta)$ 和 $c(\theta)$ 如下

$$s(\theta)=\begin{bmatrix}s_1\\ \vdots\\ s_n\end{bmatrix},\quad c(\theta)=\begin{bmatrix}c_0\\ \vdots\\ c_{n-1}\end{bmatrix},\tag{4.8.15}$$

其中 $s_k=\sin(k\theta)$, $c_k=\cos(k\theta)$. 如果 $e_k=I_n(:,k)$, $\lambda=4\sin^2(\theta/2)$, 那么

$$\mathcal{T}_n^{(DD)}\cdot s(\theta)=\lambda\cdot s(\theta)+s_{n+1}e_n,\tag{4.8.16}$$

$$\mathcal{T}_n^{(DD)}\cdot c(\theta)=\lambda\cdot c(\theta)+c_1e_1+c_ne_n,\tag{4.8.17}$$

$$\mathcal{T}_n^{(DN)}\cdot s(\theta)=\lambda\cdot s(\theta)+(s_{n+1}-s_{n-1})e_n,\tag{4.8.18}$$

$$\mathcal{T}_n^{(NN)}\cdot c(\theta)=\lambda\cdot c(\theta)+(c_n-c_{n-2})e_n,\tag{4.8.19}$$

$$\mathcal{T}_n^{(P)}\cdot s(\theta)=\lambda\cdot s(\theta)-s_ne_1+(s_{n+1}-s_1)e_n,\tag{4.8.20}$$

$$\mathcal{T}_n^{(P)}\cdot c(\theta)=\lambda\cdot c(\theta)+(c_1-c_{n-1})e_1+(c_n-1)e_n.\tag{4.8.21}$$

证明　证明主要是运用三角恒等式

$$\begin{aligned}s_{k-1}&=c_1s_k-s_1c_k,\quad c_{k-1}=c_1c_k+s_1s_k,\\ s_{k+1}&=c_1s_k+s_1c_k,\quad c_{k+1}=c_1c_k-s_1s_k.\end{aligned}$$

例如，如果 $\boldsymbol{y}=\mathcal{T}_n^{(DD)}s(\theta)$，那么

$$y_k = \begin{cases} 2s_1 - s_2 = 2s_1(1-c_1), & \text{如果 } k=1, \\ -s_{k-1}+2s_k-s_{k+1} = 2s_k(1-c_1), & \text{如果 } 2\leqslant k\leqslant n-1, \\ -s_{n-1}+2s_n = 2s_n(1-c_1)+s_{n+1}, & \text{如果 } k=n. \end{cases}$$

由 $(1-c_1)=1-\cos(\theta)=2\sin^2(\theta/2)$ 可得 (4.8.16). 可类似证明 (4.8.17). 由 (4.8.8)–(4.8.10) 可证明其余等式. □

注意，除了 "$\boldsymbol{e}_1$" 和 "$\boldsymbol{e}_n$" 项外，(4.8.16)–(4.8.21) 是特征向量方程. 通过选择合适的 θ 值可以使这些残差消失，从而得到求 $\mathcal{T}_n^{(DD)}$, $\mathcal{T}_n^{(DN)}$, $\mathcal{T}_n^{(NN)}$ 和 $\mathcal{T}_n^{(P)}$ 的特征值问题的方法.

Dirichlet-Dirichlet 矩阵

如果 j 是整数，$\theta=j\pi/(n+1)$，则 $s_{n+1}=\sin((n+1)\theta)=0$. 由 (4.8.16) 有

$$\mathcal{T}_n^{(DD)}s(\theta_j) = 4\sin^2(\theta_j/2)s(\theta_j), \quad \theta_j = \frac{j\pi}{n+1},$$

其中 $j=1:n$. 因此，定义矩阵 $\boldsymbol{V}_n^{(DD)}\in\mathbb{R}^{n\times n}$ 为

$$[V_n^{(DD)}]_{kj} = \sin\left(\frac{kj\pi}{n+1}\right),$$

其列是 $\mathcal{T}_n^{(DD)}$ 的特征向量，相应的特征值是

$$\lambda_j = 4\sin^2\left(\frac{j\pi}{2(n+1)}\right),$$

其中 $j=1:n$. 注意，$\boldsymbol{V}_n^{(DD)}=\mathrm{DST}(n)$. 因此，$\mathcal{T}_n^{(DD)}$ 有快速特征值分解.

Dirichlet-Neumann 矩阵

如果 j 整数，$\theta=(2j-1)\pi/(2n)$，则 $s_{n+1}-s_{n-1}=2s_1c_n=0$. 由 (4.8.18) 有

$$\mathcal{T}_n^{(DN)}s(\theta_j) = 4\sin^2(\theta_j/2)s(\theta_j), \quad \theta_j = \frac{(2j-1)\pi}{2n},$$

其中 $j=1:n$. 因此，定义矩阵 $\boldsymbol{V}_n^{(DN)}\in\mathbb{R}^{n\times n}$ 为

$$[V_n^{(DN)}]_{kj} = \sin\left(\frac{k(2j-1)\pi}{2n}\right),$$

其列是 $\mathcal{T}_n^{(DN)}$ 的特征向量，相应的特征值为

$$\lambda_j = 4\sin^2\left(\frac{(2j-1)\pi}{4n}\right),$$

其中 $j=1:n$. 对比 (1.4.13)，我们发现 $\boldsymbol{V}_n^{(DN)}=\mathrm{DST2}(n)$. DST2 的逆可以快速计算. 更多细节见 Van Loan (FFT, 第 242 页) 和习题 11. 因此，$\mathcal{T}^{(DN)}$ 有快速特征值分解.

Neumann-Neumann 矩阵

如果 j 整数, $\theta=(j-1)\pi/(n-1)$, 则 $c_n-c_{n-2}=-2s_1s_{n-1}=0$. 由 (4.8.19) 有

$$\mathcal{T}_n^{(NN)}c(\theta_j) \;=\; 4\sin^2\left(\frac{\theta_j}{2}\right)c(\theta_j), \quad \theta_j \;=\; \frac{(j-1)\pi}{n-1}.$$

其中 $j=1:n$. 因此，定义矩阵 $\boldsymbol{V}_n^{(DN)}\in\mathbb{R}^{n\times n}$ 为

$$[V_n^{(NN)}]_{kj} \;=\; \cos\left(\frac{(k-1)(j-1)\pi}{n-1}\right),$$

其列是 $\mathcal{T}_n^{(DN)}$ 的特征向量，相应的特征值为

$$\lambda_j \;=\; 4\sin^2\left(\frac{(j-1)\pi}{2(n-1)}\right),$$

其中 $j=1:n$. 对比 (1.4.10)，我们发现

$$\boldsymbol{V}_n^{(NN)} \;=\; \mathrm{DCT}(n)\cdot\mathrm{diag}(2,\boldsymbol{I}_{n-2},2).$$

因此，$\mathcal{T}^{(NN)}$ 有快速特征值分解.

周期矩阵

对于 $\mathcal{T}_n^{(P)}$ 的特征值分解，我们可以像前三种情况那样计算，即零化 (4.8.20) 和 (4.8.21) 中的残差. $\mathcal{T}_n^{(P)}$ 是循环矩阵，从定理 4.8.2 可知

$$\boldsymbol{F}_n^{-1}\mathcal{T}_n^{(P)}\boldsymbol{F}_n \;=\; \mathrm{diag}(\lambda_1,\cdots,\lambda_n),$$

其中

$$\lambda \;=\; \bar{\boldsymbol{F}}_n\begin{bmatrix}2\\-1\\0\\\vdots\\-1\end{bmatrix} \;=\; 2\bar{F}_n(:,1)-\bar{F}_n(:,2)-\bar{F}_n(:,n).$$

可以证明

$$\lambda_j \;=\; 4\sin^2\left(\frac{(j-1)\pi}{n}\right)$$

其中 $j=1:n$. 因此，$\mathcal{T}_n^{(P)}$ 有快速特征值分解. 然而，由于这个矩阵是实矩阵，所以最好有一个实的 $\boldsymbol{V}$ 矩阵. 利用

$$\lambda_j = \lambda_{n+2-j}, \tag{4.8.22}$$

$$\bar{F}_n(:,j) = F_n(:,(n+2-j)), \tag{4.8.23}$$

其中 $j=2:n$，可以证明，如果 $m=\mathsf{ceil}((n+1)/2)$ 且

$$\boldsymbol{V}_n^{(P)} = [\,\mathsf{Re}(F_n(:,1:m))\mid \mathsf{Im}(F_n(:,m+1:n))\,] \tag{4.8.24}$$

那么

$$\mathcal{T}_n^{(P)}V_n^{(P)}(:,j) = \lambda_j V_n^{(P)}(:,j), \tag{4.8.25}$$

其中 $j=1:n$. 这个实矩阵及其逆的运算可以快速地实现，见 Van Loan (FFT, 第 4 章).

4.8.7 关于对称和边界条件的一点注记

在我们的表述中，矩阵 $\mathcal{T}_n^{(DN)}$ 和 $\mathcal{T}_n^{(NN)}$ 是不对称的. 然而，简单的相似对角变换改变了这一点. 例如，如果 $\boldsymbol{D}=\mathrm{diag}(\boldsymbol{I}_{n-1},\sqrt{2})$，那么 $\boldsymbol{D}^{-1}\mathcal{T}_n^{(DN)}\boldsymbol{D}$ 是对称矩阵. 利用对称二阶差分矩阵来计算具有一定的吸引力，其特征向量矩阵是自动正交的. 见 Strang (1999).

习　题

1. 假设 $z\in\mathbb{R}^n$ 满足 $z(2:n)=\mathcal{E}_{n-1}z(2:n)$. 证明：$C(z)$ 是对称的，$\boldsymbol{F}_n\boldsymbol{z}$ 是实的.

2. 在 F-范数下，与给定的实 Toeplitz 矩阵最接近的实循环矩阵是什么？

3. 给定 $\boldsymbol{x},\boldsymbol{z}\in\mathbb{C}^n$，说明如何在 $O(n\log n)$ 个 flop 内计算 $\boldsymbol{y}=C(\boldsymbol{z})\boldsymbol{x}$. 在这种情况下，$\boldsymbol{y}$ 称为 $\boldsymbol{x}$ 和 $\boldsymbol{z}$ 的循环卷积.

4. 设 $\boldsymbol{a}=[\,a_{-n+1},\cdots,a_{-1},a_0,a_1,\cdots,a_{n-1}\,]$，令 $\boldsymbol{T}=(t_{kj})$ 是由 $t_{kj}=a_{k-j}$ 定义的 $n\times n$ Toeplitz 矩阵. 因此，如果 $\boldsymbol{a}=[\,a_{-2},a_{-1},a_0,a_1,a_2\,]$，那么

$$\boldsymbol{T} = T(\boldsymbol{a}) = \begin{bmatrix} a_0 & a_{-1} & a_{-2} \\ a_1 & a_0 & a_{-1} \\ a_2 & a_1 & a_0 \end{bmatrix}.$$

把 $\boldsymbol{T}$ “嵌入”循环矩阵是可能的，例如，

$$\boldsymbol{C} = \begin{bmatrix} a_0 & a_{-1} & a_{-2} & 0 & 0 & 0 & a_2 & a_1 \\ a_1 & a_0 & a_{-1} & a_{-2} & 0 & 0 & 0 & a_2 \\ a_2 & a_1 & a_0 & a_{-1} & a_{-2} & 0 & 0 & 0 \\ 0 & a_2 & a_1 & a_0 & a_{-1} & a_{-2} & 0 & 0 \\ 0 & 0 & a_2 & a_1 & a_0 & a_{-1} & a_{-2} & 0 \\ 0 & 0 & 0 & a_2 & a_1 & a_0 & a_{-1} & a_{-2} \\ a_{-2} & 0 & 0 & 0 & a_2 & a_1 & a_0 & a_{-1} \\ a_{-1} & a_{-2} & 0 & 0 & 0 & a_2 & a_1 & a_0 \end{bmatrix}.$$

给定 $a_{-n+1},\cdots,a_{-1},1_0,a_1,\cdots,a_{n-1}$ 和 $m \geqslant 2n-1$，说明如何构造向量 $\boldsymbol{v} \in \mathbb{C}^m$，使得 $\boldsymbol{C} = C(\boldsymbol{v})$ 蕴涵 $C(1:n,1:n) = \boldsymbol{T}$. 注意，当 $m > 2n-1$ 时 $\boldsymbol{v}$ 不唯一.

5. 完成引理 4.8.3 的证明.

6. 利用前面问题中的嵌入思想和循环矩阵具有快速特征值分解这一事实，说明如何在 $n\log n$ 的时间内求出 Toeplitz 向量乘积 $\boldsymbol{y} = \boldsymbol{T}\boldsymbol{u}$.

7. 假设 $\boldsymbol{A}_1 = \mathcal{T}_{n_1}^{(DD)}$, $\boldsymbol{A}_2 = \mathcal{T}_{n_2}^{(DD)}$，在矩形区域 R 的边界上 $u(x,y)=0$，给出 (4.8.12) 中向量 $\boldsymbol{b}$ 的完整说明. 就底层网格而言，$n_1 = m_1 - 1$ 且 $n_2 = m_2 - 1$.

8. 假设 $\boldsymbol{A}_1 = \mathcal{T}_{n_1}^{(DN)}$, $\boldsymbol{A}_2 = \mathcal{T}_{n_2}^{(DN)}$，在 R 的左边和下边 $u(x,y)=0$，沿 R 的右边 $u_x(x,y)=0$，沿 R 的上边 $u_y(x,y)=0$，给出 (4.8.12) 中向量 $\boldsymbol{b}$ 的完整说明. 就底层网格而言，$n_1 = m_1$ 且 $n_2 = m_2$.

9. 定义了 Neumann-Dirichlet 矩阵 $\mathcal{T}_n^{(ND)}$，如果指定 $u'(\alpha)$ 和 $u(\beta)$ 的话，那么其将与 (4.8.5) 一起出现. 证明 $\mathcal{T}_n^{(ND)}$ 有快速特征值分解.

10. 给定 $\mathcal{T}_n^{(NN)}$ 和 $\mathcal{T}_n^{(P)}$ 都是奇异矩阵.

(a) 假设 $\boldsymbol{b}$ 在 $\boldsymbol{A} = \boldsymbol{I}_{n_2} \otimes \mathcal{T}_{n_1}^{(P)} + \mathcal{T}_{n_2}^{(P)} \otimes \boldsymbol{I}_{n_1}$ 的值域中，在 $\boldsymbol{u}$ 分量均值为 0 的约束下，如何求解线性方程组 $\boldsymbol{A}\boldsymbol{u} = \boldsymbol{b}$？请注意，此约束使方程组可解.

(b) 用 $\mathcal{T}_{n_1}^{(NN)}$ 代替 $\mathcal{T}_{n_1}^{(P)}$，用 $\mathcal{T}_{n_2}^{(NN)}$ 代替 $\mathcal{T}_{n_2}^{(P)}$，再次回答 (a) 中的问题.

11. 设 $\boldsymbol{V}$ 是 (1.4.12) 中定义 DST2(n) 变换的矩阵.

(a) 令 $\boldsymbol{v} = [1,\ -1,\ 1,\cdots,(-1)^n]^{\mathrm{T}}$，证明

$$\boldsymbol{V}^{\mathrm{T}}\boldsymbol{V} = \frac{n}{2}\boldsymbol{I}_n + \frac{1}{2}\boldsymbol{v}\boldsymbol{v}^{\mathrm{T}}.$$

(b) 验证

$$\boldsymbol{V}^{-1} = \frac{2}{n}\left(\boldsymbol{I} - \frac{1}{2n}\boldsymbol{v}\boldsymbol{v}^{\mathrm{T}}\right)\boldsymbol{V}^{\mathrm{T}}.$$

(c) 说明如何快速计算 $\boldsymbol{V}^{-1}\boldsymbol{x}$.

12. 验证 (4.8.22)(4.8.23)(4.8.25).

13. 证明：如果 $\boldsymbol{V} = \boldsymbol{V}_{2m}^{(P)}$ 由 (4.8.24) 定义，那么

$$\boldsymbol{V}^{\mathrm{T}}\boldsymbol{V} = m\,(\boldsymbol{I}_n + \boldsymbol{e}_1\boldsymbol{e}_1^{\mathrm{T}} + \boldsymbol{e}_{m+1}\boldsymbol{e}_{m+1}^{\mathrm{T}}).$$

如果 $\boldsymbol{V} = \boldsymbol{V}_{2m-1}^{(P)}$，对 $\boldsymbol{V}^{\mathrm{T}}\boldsymbol{V}$ 有什么结论?

第 5 章　正交化和最小二乘法

本章主要讨论超定方程组的最小二乘解，即 $\| Ax - b \|_2$ 的最小化，其中 $A \in \mathbb{R}^{m\times n}$，$b \in \mathbb{R}^m$，$m \geqslant n$. 最可靠的求解方法是通过正交变换将 A 简化为各种规范形式. Householder 反射和 Givens 旋转是实施这种方法的核心，本章就以讨论这两种重要的变换开始. 5.2 节讨论如何计算分解式 $A = QR$，其中 Q 是正交矩阵，R 是上三角矩阵. 实质上，这就是寻找 A 的值域的一个正交基. 正如我们在 5.3 节看到的，QR 分解可用来求解满秩的最小二乘问题. 在学习扰动理论之后，我们将比较该技术与正规方程法. 5.4 节和 5.5 节考虑处理 A 是秩亏损（或几乎亏损）的这一困难情形的方法，介绍列选主元的 QR 分解和包括 SVD 在内的其他秩显算法. 5.6 节讨论有关欠定方程组的一些问题.

阅读说明

学习本章，熟悉第 1–3 章和第 4.1–4.3 节的知识是必要的. 本章各节之间的相互依赖关系如下：

5.1 节 → 5.2 节 → 5.3 节 → 5.4 节 → 5.5 节 → 5.6 节
　　　　　　↓
　　　　　5.4 节

有关最小二乘问题的更全面的文献参见：Björck (NMLS) 和 Lawson and Hansen (SLS). 其他有用的文献有：Stewart (MABD), Higham (ASNA), Watkins (FMC), Trefethen and Bau (NLA), Demmel (ANLA), Ipsen (NMA).

5.1 Householder 和 Givens 变换

回想一下，如果

$$Q^{\mathrm{T}}Q = QQ^{\mathrm{T}} = I_m,$$

则 $Q \in \mathbb{R}^{m\times m}$ 是**正交矩阵**. 在最小二乘法和特征值计算中，正交矩阵扮演着重要的角色. 本节介绍其中两个关键的变换：Householder 反射和 Givens 旋转.

5.1.1 一个 2×2 的例子

分析 $m=2$ 时的几何旋转和反射具有借鉴意义. 形如

$$Q=\begin{bmatrix}\cos(\theta) & \sin(\theta)\\ -\sin(\theta) & \cos(\theta)\end{bmatrix}$$

的 2×2 正交矩阵 Q 是一个**旋转变换**. 如果 $y=Q^{\mathrm{T}}x$, 则 y 是通过把 x 逆时针旋转 θ 而得到的.

形如

$$Q=\begin{bmatrix}\cos(\theta) & \sin(\theta)\\ \sin(\theta) & -\cos(\theta)\end{bmatrix}$$

的 2×2 正交矩阵 Q 是一个**反射变换**. 如果 $y=Q^{\mathrm{T}}x=Qx$, 则 y 是把 x 通过由

$$S=\mathsf{span}\left\{\begin{bmatrix}\cos(\theta/2)\\ \sin(\theta/2)\end{bmatrix}\right\}$$

定义的直线做反射而得到的.

反射和旋转在计算上很有吸引力, 因为它们易于构造, 而且通过正确选择旋转角度或反射平面可以用来在向量中引入零分量.

5.1.2 Householder 反射

设 $v\in\mathbb{R}^m$ 是非零向量, 由

$$P=I-\beta vv^{\mathrm{T}},\quad \beta=\frac{2}{v^{\mathrm{T}}v}\tag{5.1.1}$$

定义的 $m\times m$ 矩阵 P 称为 **Householder 反射**(也称 Householder 矩阵或 Householder 变换). 向量 v 称为 **Householder 向量**. 如果 P 乘以向量 x, 就得到 x 在超平面 $\mathsf{span}\{v\}^{\perp}$ 上的反射. 容易验证, Householder 矩阵是对称正交矩阵.

Householder 反射类似于 3.2.1 节引入的高斯变换, 它们都是单位矩阵的秩 1 校正形式, 都可用于将向量的指定分量化为零. 具体来说, 给定 $0\neq x\in\mathbb{R}^m$, 要使

$$Px=\left(I-\frac{2vv^{\mathrm{T}}}{v^{\mathrm{T}}v}\right)x=x-\frac{2v^{\mathrm{T}}x}{v^{\mathrm{T}}v}v$$

是 $e_1=I_m(:,1)$ 的倍数, 我们得出 $v\in\mathsf{span}\{x,e_1\}$. 令

$$v=x+\alpha e_1$$

就有

$$v^{\mathrm{T}}x=x^{\mathrm{T}}x+\alpha x_1,$$

$$\boldsymbol{v}^{\mathrm{T}}\boldsymbol{v} = \boldsymbol{x}^{\mathrm{T}}\boldsymbol{x} + 2\alpha x_1 + \alpha^2.$$

因此，

$$\begin{aligned}\boldsymbol{P}\boldsymbol{x} &= \left(1 - 2\frac{\boldsymbol{x}^{\mathrm{T}}\boldsymbol{x} + \alpha x_1}{\boldsymbol{x}^{\mathrm{T}}\boldsymbol{x} + 2\alpha x_1 + \alpha^2}\right)\boldsymbol{x} - 2\alpha\frac{\boldsymbol{v}^{\mathrm{T}}\boldsymbol{x}}{\boldsymbol{v}^{\mathrm{T}}\boldsymbol{v}}\boldsymbol{e}_1 \\ &= \left(\frac{\alpha^2 - \|\boldsymbol{x}\|_2^2}{\boldsymbol{x}^{\mathrm{T}}\boldsymbol{x} + 2\alpha x_1 + \alpha^2}\right)\boldsymbol{x} - 2\alpha\frac{\boldsymbol{v}^{\mathrm{T}}\boldsymbol{x}}{\boldsymbol{v}^{\mathrm{T}}\boldsymbol{v}}\boldsymbol{e}_1.\end{aligned}$$

为使 $\boldsymbol{x}$ 的系数化为零，我们只要令 $\alpha = \pm\|\boldsymbol{x}\|_2$，于是

$$\boldsymbol{v} = \boldsymbol{x} \pm \|\boldsymbol{x}\|_2\boldsymbol{e}_1 \Rightarrow \boldsymbol{P}\boldsymbol{x} = \left(\boldsymbol{I} - 2\frac{\boldsymbol{v}\boldsymbol{v}^{\mathrm{T}}}{\boldsymbol{v}^{\mathrm{T}}\boldsymbol{v}}\right)\boldsymbol{x} = \mp\|\boldsymbol{x}\|_2\boldsymbol{e}_1. \tag{5.1.2}$$

正是由于能如此简单地确定 $\boldsymbol{v}$，使得 Householder 反射非常有用.

5.1.3 计算 Householder 向量

有许多确定 Householder 矩阵（即确定 Householder 向量）的重要细节. 其中一个涉及 (5.1.2) 中 $\boldsymbol{v}$ 的定义的符号选择. 令

$$v_1 = x_1 - \|\boldsymbol{x}\|_2,$$

则 $\boldsymbol{v}$ 具有使得 $\boldsymbol{P}\boldsymbol{x}$ 是 $\boldsymbol{e}_1$ 的正倍数这一良好性质. 当 $\boldsymbol{x}$ 接近 $\boldsymbol{e}_1$ 的一个正倍数时，会出现严重的相消，导致这种方法带有风险性. 然而，Parlett (1971) 提出的公式

$$v_1 = x_1 - \|\boldsymbol{x}\|_2 = \frac{x_1^2 - \|\boldsymbol{x}\|_2^2}{x_1 + \|\boldsymbol{x}\|_2} = \frac{-(x_2^2 + \cdots + x_n^2)}{x_1 + \|\boldsymbol{x}\|_2}$$

在 $x_1 > 0$ 的情况下能回避这种不足.

实际上，将 Householder 向量标准化使得 $v(1) = 1$ 是很方便的. 这就可以将 $v(2:m)$ 储存到 $\boldsymbol{x}$ 中已经化为零的位置，即 $x(2:m)$ 处. 我们将 $v(2:m)$ 称为 Householder 向量的基本部分. 回忆 $\beta = 2/\boldsymbol{v}^{\mathrm{T}}\boldsymbol{v}$，令 $\mathsf{length}(\boldsymbol{x})$ 表示向量的维数，我们得到以下算法.

算法 5.1.1 (Householder 向量) 给定 $\boldsymbol{x} \in \mathbb{R}^m$，算法计算满足 $v(1) = 1$ 的 $\boldsymbol{v} \in \mathbb{R}^m$ 和 $\beta \in \mathbb{R}$，使得 $\boldsymbol{P} = \boldsymbol{I}_m - \beta\boldsymbol{v}\boldsymbol{v}^{\mathrm{T}}$ 是正交矩阵且 $\boldsymbol{P}\boldsymbol{x} = \|\boldsymbol{x}\|_2\boldsymbol{e}_1$.

function $[v, \beta] = \mathsf{house}(x)$

$m = \mathsf{length}(x)$, $\sigma = x(2:m)^{\mathrm{T}}x(2:m)$, $v = \begin{bmatrix} 1 \\ x(2:m) \end{bmatrix}$

if $\sigma = 0$ and $x(1) \geqslant 0$

$\beta = 0$

$$
\begin{aligned}
&\textbf{elseif } \sigma = 0 \text{ and } x(1) < 0 \\
&\quad \beta = 2 \\
&\textbf{else} \\
&\quad \mu = \sqrt{x(1)^2 + \sigma} \\
&\quad \textbf{if } x(1) <= 0 \\
&\quad\quad v(1) = x(1) - \mu \\
&\quad \textbf{else} \\
&\quad\quad v(1) = -\sigma/(x(1) + \mu) \\
&\quad \textbf{end} \\
&\quad \beta = 2v(1)^2/(\sigma + v(1)^2) \\
&\quad v = v/v(1) \\
&\textbf{end}
\end{aligned}
$$

这里，length(·) 返回向量的维数. 本算法约需 $3m$ 个 flop. 计算出的 Householder 矩阵在机器精度内是正交的，5.1.5 节将讨论这个概念.

5.1.4 Householder 矩阵的应用

对矩阵 $\boldsymbol{A}$ 应用 $\boldsymbol{P} = \boldsymbol{I} - \beta \boldsymbol{v}\boldsymbol{v}^{\mathrm{T}}$ 时，至关重要的是考虑其结构.

左乘涉及矩阵与向量的乘积以及秩 1 修正：

$$
\boldsymbol{PA} = \left(\boldsymbol{I} - \beta \boldsymbol{v}\boldsymbol{v}^{\mathrm{T}}\right)\boldsymbol{A} = \boldsymbol{A} - (\beta \boldsymbol{v})(\boldsymbol{v}^{\mathrm{T}}\boldsymbol{A}).
$$

右乘也是如此：

$$
\boldsymbol{AP} = \boldsymbol{A}\left(\boldsymbol{I} - \beta \boldsymbol{v}\boldsymbol{v}^{\mathrm{T}}\right) = \boldsymbol{A} - (\boldsymbol{A}\boldsymbol{v})(\beta \boldsymbol{v})^{\mathrm{T}}.
$$

无论是以上哪种情形，如果 $\boldsymbol{A} \in \mathbb{R}^{m \times n}$，修正运算都需要 $4mn$ 个 flop. 如果没有认识到这一点，而将 $\boldsymbol{P}$ 作为一般矩阵来处理，就会增加一个数量级的计算量. Householder 修正从不出现显式的 Householder 矩阵.

在典型情形，函数 house 应用于矩阵的子列或子行，$(\boldsymbol{I} - \beta \boldsymbol{v}\boldsymbol{v}^{\mathrm{T}})$ 应用于子矩阵. 例如，假设 $\boldsymbol{A} \in \mathbb{R}^{m \times n}$, $1 \leqslant j < n$，$A(j:m, 1:j-1)$ 为零，那么代码序列

$$
\begin{aligned}
[v, \beta] &= \text{house}(A(j:m, j)) \\
A(j:m, j:n) &= A(j:m, j:n) - (\beta v)(v^{\mathrm{T}} A(j:m, j:n)) \\
A(j+1:m, j) &= v(2:m-j+1)
\end{aligned}
$$

应用 $(\boldsymbol{I}_{m-j+1} - \beta \boldsymbol{v}\boldsymbol{v}^{\mathrm{T}})$ 于 $A(j:m, 1:n)$，储存 $\boldsymbol{v}$ 的基本部分的位置恰好是“新”化为零的地方.

5.1.5 舍入特性

Householder 矩阵的舍入特性是非常好的. Wilkinson (AEP, 第 152–162 页) 指出, 函数 house 产生的 Householder 向量 $\hat{\boldsymbol{v}}$ 非常接近精确值 $\boldsymbol{v}$. 如果 $\hat{\boldsymbol{P}} = \boldsymbol{I} - 2\hat{\boldsymbol{v}}\hat{\boldsymbol{v}}^{\mathrm{T}}/\hat{\boldsymbol{v}}^{\mathrm{T}}\hat{\boldsymbol{v}}$, 那么

$$\| \hat{\boldsymbol{P}} - \boldsymbol{P} \|_2 = O(\mathbf{u}).$$

这意味着 $\hat{\boldsymbol{P}}$ 在机器精度内是正交的. 此外, 使用 $\hat{\boldsymbol{P}}$ 的计算修正也非常接近于使用 $\boldsymbol{P}$ 的精确修正:

$$\mathrm{fl}(\hat{\boldsymbol{P}}\boldsymbol{A}) = \boldsymbol{P}(\boldsymbol{A}+\boldsymbol{E}), \quad \| \boldsymbol{E} \|_2 = O(\mathbf{u}\| \boldsymbol{A} \|_2),$$
$$\mathrm{fl}(\boldsymbol{A}\hat{\boldsymbol{P}}) = (\boldsymbol{A}+\boldsymbol{E})\boldsymbol{P}, \quad \| \boldsymbol{E} \|_2 = O(\mathbf{u}\| \boldsymbol{A} \|_2).$$

更详细的分析请参阅 Higham (ASNA, 第 357–361 页).

5.1.6 因子形式表示

随后章节中介绍的许多基于 Householder 矩阵的因子分解算法都需要计算 Householder 矩阵的乘积:

$$\boldsymbol{Q} = \boldsymbol{Q}_1\boldsymbol{Q}_2\cdots\boldsymbol{Q}_n, \quad \boldsymbol{Q}_j = \boldsymbol{I}_m - \beta_j\boldsymbol{v}^{(j)}[\boldsymbol{v}^{(j)}]^{\mathrm{T}}, \tag{5.1.3}$$

其中 $n \leqslant m$, 每个 $\boldsymbol{v}^{(j)}$ 具有如下形式:

$$\boldsymbol{v}^{(j)} = [\underbrace{0,\ 0,\ \cdots,\ 0}_{j-1},\ 1,\ v_{j+1}^{(j)},\ \cdots,\ v_m^{(j)}]^{\mathrm{T}}.$$

通常情况下, 即使在接下来的计算中用到 $\boldsymbol{Q}$, 也不需要显式地计算出 $\boldsymbol{Q}$. 例如, 假设 $\boldsymbol{C} \in \mathbb{R}^{m\times p}$, 我们希望计算 $\boldsymbol{Q}^{\mathrm{T}}\boldsymbol{C}$, 那么只需要执行如下循环:

for $j = 1:n$
  $C = Q_jC$
end

Householder 向量 $\boldsymbol{v}^{(1)}\cdots\boldsymbol{v}^{(n)}$ 和相应的 β_j 的存储促生了 $\boldsymbol{Q}$ 的因子形式表示.

为说明这种因子形式是经济的, 假定有数组 $\boldsymbol{A}$, 对于 $j = 1:n$, $A(j+1:m, j)$ 中存储着第 j 个 Householder 向量的基本部分 $v^{(j)}(j+1:m)$. 那么以 $\boldsymbol{Q}^{\mathrm{T}}\boldsymbol{C}$ 覆盖 $\boldsymbol{C} \in \mathbb{R}^{m\times p}$ 的运算程序为:

for $j = 1:n$
  $v(j:m) = \begin{bmatrix} 1 \\ A(j+1:m, j) \end{bmatrix}$
  $\beta_j = 2/(1+\| A(j+1:m, j) \|_2^2)$ (5.1.4)
  $C(j:m,:) = C(j:m,:) - (\beta_j v(j:m))(v(j:m)^{\mathrm{T}}C(j:m,:))$
end

这需要 $2pn(2m-n)$ 个 flop. 如果显式计算出 $m\times m$ 矩阵 $\boldsymbol{Q}$，那么 $\boldsymbol{Q}^{\mathrm{T}}\boldsymbol{C}$ 将涉及 $2m^2p$ 个 flop. 如果 $n\ll m$，因子形式表示具有明显的优点.

当然，在某些应用中，必须将 $\boldsymbol{Q}$（或它的一部分）显式求出. 计算 (5.1.3) 中的矩阵 $\boldsymbol{Q}$ 有以下两种可能的算法.

向前累积	向后累积
$Q=I_m$ **for** $j=1:n$ $\quad Q=QQ_j$ **end**	$Q=I_m$ **for** $j=n:-1:1$ $\quad Q=Q_jQ$ **end**

回想 $\boldsymbol{Q}_j$ 的 $(j-1)\times(j-1)$ 顺序主子矩阵是单位矩阵. 所以，在向后累积开始时，$\boldsymbol{Q}$ 是“近乎于单位矩阵”，其随着迭代的不断进行而逐渐变满. 这个特征能用来减少所需的 flop 数. 反之，在向前累积的计算中，执行完第一步后 $\boldsymbol{Q}$ 就会是满的了. 基于此，向后累积计算更为经济，是应选策略. 下面是详细计算步骤，我们只需要 $Q(:,1:k)$，其中 $1\leqslant k\leqslant m$：

$Q=I_m(:,1:k)$

for $j=n:-1:1$

$$v(j:m)=\begin{bmatrix}1\\A(j+1:m,j)\end{bmatrix}\tag{5.1.5}$$

$\quad\beta_j=2/(1+\|A(j+1:m,j)\|_2^2)$

$\quad Q(j:m,j:k)=Q(j:m,j:k)-(\beta_jv(j:m))(v(j:m)^{\mathrm{T}}Q(j:m,j:k))$

end

这大约需要 $4mnk-2(m+k)n^2+(4/3)n^3$ 个 flop.

5.1.7 WY 表示

假设 $\boldsymbol{Q}=\boldsymbol{Q}_1\cdots\boldsymbol{Q}_r$ 是 r 个 $m\times m$ Householder 矩阵之积. 由于 $\boldsymbol{Q}_j$ 是单位矩阵的秩 1 校正，由 Householder 向量的结构可知 $\boldsymbol{Q}$ 是单位矩阵的秩 r 校正，可以写成如下形式：

$$\boldsymbol{Q}=\boldsymbol{I}_m-\boldsymbol{W}\boldsymbol{Y}^{\mathrm{T}},\tag{5.1.6}$$

其中 $\boldsymbol{W}$ 和 $\boldsymbol{Y}$ 都是 $m\times r$ 矩阵. 计算 (5.1.6) 中的 **WY** 表示的关键在于下面的引理.

引理 5.1.1 假设 $\boldsymbol{Q}=\boldsymbol{I}_m-\boldsymbol{W}\boldsymbol{Y}^{\mathrm{T}}$ 是 $m\times m$ 正交矩阵，其中 $\boldsymbol{W},\boldsymbol{Y}\in\mathbb{R}^{m\times j}$. 如果 $\boldsymbol{P}=\boldsymbol{I}_m-\beta\boldsymbol{v}\boldsymbol{v}^{\mathrm{T}}$, $\boldsymbol{v}\in\mathbb{R}^m$, $\boldsymbol{z}=\beta\boldsymbol{Q}\boldsymbol{v}$，那么

$$\boldsymbol{Q}_+=\boldsymbol{Q}\boldsymbol{P}=\boldsymbol{I}_m-\boldsymbol{W}_+\boldsymbol{Y}_+^{\mathrm{T}},$$

其中 $\boldsymbol{W}_+=[\,\boldsymbol{W}\,|\,\boldsymbol{z}\,]$ 和 $\boldsymbol{Y}_+=[\,\boldsymbol{Y}\,|\,\boldsymbol{v}\,]$ 都是 $m\times(j+1)$ 矩阵.

证明 由于

$$\boldsymbol{QP} = \left(\boldsymbol{I}_m - \boldsymbol{WY}^{\mathrm{T}}\right)\left(\boldsymbol{I}_m - \beta\boldsymbol{vv}^{\mathrm{T}}\right) = \boldsymbol{I}_m - \boldsymbol{WY}^{\mathrm{T}} - \beta\boldsymbol{Qvv}^{\mathrm{T}},$$

根据 $\boldsymbol{z}$ 的定义，有

$$\boldsymbol{Q}_+ = \boldsymbol{I}_m - \boldsymbol{WY}^{\mathrm{T}} - \boldsymbol{zv}^{\mathrm{T}} = \boldsymbol{I}_m - [\,\boldsymbol{W}\,|\,\boldsymbol{z}\,]\,[\,\boldsymbol{Y}\,|\,\boldsymbol{v}\,]^{\mathrm{T}} = \boldsymbol{I}_m - \boldsymbol{W}_+\boldsymbol{Y}_+^{\mathrm{T}}.$$

□

反复应用上述引理，我们可以把因子形式表示转换为分块表示.

算法 5.1.2 假设 $\boldsymbol{Q} = \boldsymbol{Q}_1 \cdots \boldsymbol{Q}_r$，其中 $\boldsymbol{Q}_j = \boldsymbol{I}_m - \beta_j \boldsymbol{v}^{(j)}\boldsymbol{v}^{(j)\mathrm{T}}$ 以因子形式存储. 算法计算矩阵 $\boldsymbol{W}, \boldsymbol{Y} \in \mathbb{R}^{m\times r}$ 使得 $\boldsymbol{Q} = \boldsymbol{I}_m - \boldsymbol{WY}^{\mathrm{T}}$.

$Y = v^{(1)};\ W = \beta_1 v^{(1)}$

for $j = 2:r$

  $z = \beta_j(I_m - WY^{\mathrm{T}})v^{(j)}$

  $W = [W\,|\,z]$

  $Y = [\,Y\,|\,v^{(j)}\,]$

end

利用 $\boldsymbol{v}^{(j)}$ 中的零元素，这个算法需要 $2r^2m - 2r^3/3$ 个 flop. 注意到 $\boldsymbol{Y}$ 仅仅是由 Householder 向量组成的矩阵，因此它是单位下三角矩阵. 很显然，生成 WY 表示 (5.1.6) 的核心任务是计算矩阵 $\boldsymbol{W}$.

当 $\boldsymbol{Q}$ 与另一个矩阵进行运算时，Householder 矩阵之积的分块形式就很值得关注. 假定 $\boldsymbol{C} \in \mathbb{R}^{m\times p}$，那么运算

$$\boldsymbol{C} = \boldsymbol{Q}^{\mathrm{T}}\boldsymbol{C} = (\boldsymbol{I}_m - \boldsymbol{WY}^{\mathrm{T}})^{\mathrm{T}}\boldsymbol{C} = \boldsymbol{C} - \boldsymbol{Y}(\boldsymbol{W}^{\mathrm{T}}\boldsymbol{C})$$

中含有大量的 3 级运算. 另外，如果 $\boldsymbol{Q}$ 是因子形式，$\boldsymbol{Q}^{\mathrm{T}}\boldsymbol{C}$ 只是包含大量的矩阵与向量相乘和外积修正这样的 2 级运算. 当然，对于此过程，随着 $\boldsymbol{C}$ 的列数的减少，2 级运算与 3 级运算之间的差别也逐渐消失.

需要说明的是，以几何视觉来说，WY 表示 (5.1.6) 不是 Householder 变换的一般化. 真正的分块表示的形式为

$$\boldsymbol{Q} = \boldsymbol{I} - 2\boldsymbol{VV}^{\mathrm{T}}$$

其中 $\boldsymbol{V} \in \mathbb{R}^{n\times r}$ 满足 $\boldsymbol{V}^{\mathrm{T}}\boldsymbol{V} = \boldsymbol{I}_r$. 参见 Schreiber and Parlett (1987).

5.1.8 Givens 旋转

Householder 反射对于大范围引进零元是极其有用的，例如，可以用它把一个向量中除第一个分量外的所有分量化为零. 然而，在许多计算中，必然要更有

选择地去化零. **Givens** 旋转就是有选择性的变换. 下面的这些矩阵是单位矩阵的秩 2 校正:

$$G(i,k,\theta) = \begin{bmatrix} 1 & \cdots & 0 & \cdots & 0 & \cdots & 0 \\ \vdots & \ddots & \vdots & & \vdots & & \vdots \\ 0 & \cdots & c & \cdots & s & \cdots & 0 \\ \vdots & & \vdots & \ddots & \vdots & & \vdots \\ 0 & \cdots & -s & \cdots & c & \cdots & 0 \\ \vdots & & \vdots & & \vdots & \ddots & \vdots \\ 0 & \cdots & 0 & \cdots & 0 & \cdots & 1 \end{bmatrix} \begin{matrix} \\ \\ i \\ \\ k \\ \\ \\ \end{matrix} \qquad (5.1.7)$$
$$\qquad\qquad\qquad i \qquad\quad k$$

其中, 对于某个 θ, $c=\cos\theta$, $s=\sin\theta$. Givens 旋转显然是正交变换.

左乘 $G(i,k,\theta)^{\mathrm T}$ 产生一个 (i,k) 坐标平面上的 θ 弧度的逆时针旋转. 实际上, 如果 $\boldsymbol{x}\in\mathbb{R}^m$, 且

$$\boldsymbol{y} = G(i,k,\theta)^{\mathrm T}\boldsymbol{x},$$

那么

$$y_j = \begin{cases} cx_i - sx_k, & j=i, \\ sx_i + cx_k, & j=k, \\ x_j, & j\neq i,k. \end{cases}$$

根据这组公式很显然能看到, 我们可以通过令

$$c=\frac{x_i}{\sqrt{x_i^2+x_k^2}},\qquad s=\frac{-x_k}{\sqrt{x_i^2+x_k^2}} \qquad (5.1.8)$$

使得 y_k 化为 0. 因此, 利用 Civens 旋转将一个向量的某个指定分量化为 0 是个简单的事情. 实际上, 还有比 (5.1.8) 更好的方法来计算 c 和 s, 例如下述算法.

算法 5.1.3 给定标量 a 和 b, 算法计算 $c=\cos\theta$ 和 $s=\sin\theta$, 使得

$$\begin{bmatrix} c & s \\ -s & c \end{bmatrix}^{\mathrm T}\begin{bmatrix} a \\ b \end{bmatrix} = \begin{bmatrix} r \\ 0 \end{bmatrix}.$$

function $[c,s]=$ givens(a,b)
  if $b=0$
    $c=1$; $s=0$

else
  if $|b| > |a|$
    $\tau = -a/b;\ s = 1/\sqrt{1+\tau^2};\ c = s\tau$
  else
    $\tau = -b/a;\ c = 1/\sqrt{1+\tau^2};\ s = c\tau$
  end
end

本算法需要 5 个 flop 和一次求平方根运算. 注意，这里不涉及反三角函数.

5.1.9 Givens 旋转的应用

当我们应用 Givens 旋转计算矩阵乘法时，关键是要利用它的简单结构. 假定 $\boldsymbol{A} \in \mathbb{R}^{m\times n}$, $c = \cos(\theta)$, $s = \sin(\theta)$. 如果 $G(i,k,\theta) \in \mathbb{R}^{m\times m}$，那么修正 $\boldsymbol{A} = G(i,k,\theta)^{\mathrm{T}}\boldsymbol{A}$ 只影响 $\boldsymbol{A}$ 的两行，

$$A([i,k],:) = \begin{bmatrix} c & s \\ -s & c \end{bmatrix}^{\mathrm{T}} A([i,k],:),$$

此时只需 $6n$ 个 flop:

for $j = 1:n$
  $\tau_1 = A(i,j)$
  $\tau_2 = A(k,j)$
  $A(i,j) = c\tau_1 - s\tau_2$
  $A(k,j) = s\tau_1 + c\tau_2$
end

同样，如果 $G(i,k,\theta) \in \mathbb{R}^{n\times n}$，那么修正 $\boldsymbol{A} = \boldsymbol{A}G(i,k,\theta)$ 只影响 $\boldsymbol{A}$ 的两列，

$$A(:,[i,k]) = A(:,[i,k]) \begin{bmatrix} c & s \\ -s & c \end{bmatrix},$$

此时只需 $6m$ 个 flop:

for $j = 1:m$
  $\tau_1 = A(j,i)$
  $\tau_2 = A(j,k)$
  $A(j,i) = c\tau_1 - s\tau_2$
  $A(j,k) = s\tau_1 + c\tau_2$
end

5.1.10　舍入性质

Givens 旋转的数值性质与 Houscholder 反射一样良好. 特别地，可以证明 givens 命令计算出的解 $\hat{c}$ 和 $\hat{s}$ 满足

$$\begin{aligned}\hat{c} &= c(1+\epsilon_c), \quad \epsilon_c = O(\mathbf{u}),\\ \hat{s} &= s(1+\epsilon_s), \quad \epsilon_s = O(\mathbf{u}).\end{aligned}$$

如果继续用 $\hat{c}$ 和 $\hat{s}$ 进行 Givens 修正，那么计算所得的修正是一个近似矩阵的精确修正：

$$\begin{aligned}\mathrm{fl}[\hat{G}(i,k,\theta)^{\mathrm T}\boldsymbol{A}] &= G(i,k,\theta)^{\mathrm T}(\boldsymbol{A}+\boldsymbol{E}), \quad \|\boldsymbol{E}\|_2 \approx \mathbf{u}\|\boldsymbol{A}\|_2,\\ \mathrm{fl}[\boldsymbol{A}\hat{G}(i,k,\theta)] &= (\boldsymbol{A}+\boldsymbol{E})G(i,k,\theta), \quad \|\boldsymbol{E}\|_2 \approx \mathbf{u}\|\boldsymbol{A}\|_2.\end{aligned}$$

Givens 旋转的详细误差分析请参阅：Wilkinson (AEP, 第 131–139 页), Higham (ASNA, 第 366–368 页), Bindel, Demmel, Kahan, and Marques (2002).

5.1.11　Givens 旋转的乘积表示

假定 $\boldsymbol{Q} = \boldsymbol{G}_1 \cdots \boldsymbol{G}_t$ 是 Givens 旋转的乘积，与 Housholder 反射情形一样，将正交矩阵 $\boldsymbol{Q}$ 保持为因子形式要比显式地计算出这些旋转之积更经济. Stewart (1976) 展示了如何以简洁的方法做到这一点，其思想是将每一个旋转对应于一个浮点数 ρ. 具体来说，如果

$$\boldsymbol{Z} = \begin{bmatrix} c & s \\ -s & c \end{bmatrix}, \quad c^2+s^2 = 1,$$

则如下定义标量 ρ:

if $c=0$

　$\rho = 1$

elseif $|s|<|c|$

　$\rho = \mathrm{sign}(c)\, s/2$　　(5.1.9)

else

　$\rho = 2\,\mathrm{sign}(s)/c$

end

本质上，就是当正弦较小时存储 $s/2$，当余弦较小时存储 $2/c$. 利用这种对应关系，可以如下重新构造 $\boldsymbol{Z}$（或 $-\boldsymbol{Z}$）:

if $\rho=1$

　$c = 0;\ s = 1$

elseif $|\rho| < 1$

$$s = 2\rho;\ c = \sqrt{1-s^2} \tag{5.1.10}$$

else

$$c = 2/\rho;\ s = \sqrt{1-c^2}$$

end

注意，重构出 $-Z$ 也不会有影响，因为如果 Z 能使矩阵的某个元素化为 0，那么 $-Z$ 同样也能. 把 c 和 s 中较小的数存储起来的根本原因在于，如果 x 接近 1，公式 $\sqrt{1-x^2}$ 会产生较糟糕的结果. 更多细节参见 Stewart (1976). 当然，要“重构” $G(i,k,\theta)$，我们需要 i,k 以及相应的 ρ. 对于此，如果我们将 ρ 存储在某个数组的 (i,k) 元中，就不会有任何困难.

5.1.12 误差传播

假定 $\hat{Q}$ 是 $m\times m$ 浮点矩阵，如果存在一个正交矩阵 $Q\in\mathbb{R}^{m\times m}$ 使得

$$\|\hat{Q}-Q\| = O(\mathbf{u}),$$

则称 $\hat{Q}$ 是与工作精度正交的. 上式的推论是

$$\|\hat{Q}^{\mathrm{T}}\hat{Q}-I_m\| = O(\mathbf{u}).$$

由 house 和 givens 输出的浮点矩阵是工作精度正交的.

许多应用程序会生成并应用 Householders 和/或 Givens 变换序列. 在这种情形，舍入误差有很好的界. 准确地说，假设 $A=A_0\in\mathbb{R}^{m\times n}$，用公式

$$A_k = \mathrm{fl}(\hat{Q}_k A_{k-1}\hat{Z}_k),\quad k = 1:p$$

生成矩阵 $A_1,\cdots,A_p=B$. 假定 $\hat{Q}_k$ 和 $\hat{Z}_k$ 的产生与应用都由 Householder 和 Givens 算法来完成. 令 Q_k 和 Z_k 都是正交矩阵，且无舍入误差. 可以看出

$$B = (Q_p\cdots Q_1)(A+E)(Z_1\cdots Z_p), \tag{5.1.11}$$

其中 $\|E\|_2 \leqslant c\mathbf{u}\|A\|_2$，这里 c 是一个适度依赖 n,m,p 的常数. 换句话说，B 是接近于 A 的一个矩阵的精确正交校正. 更多 Householder 和 Givens 计算误差分析参见 Higham (ASNA, 19.3 节, 19.6 节).

5.1.13 复数情形

我们在这里介绍的大多数算法，由其实数情形都能相当直接地推导出复数版本. （这并不是说在实现上每件事情都是容易和显然的. ）作为例子，我们简单讨论复 Householder 变换和复 Givens 变换.

回忆一下，如果 $\boldsymbol{A}=(a_{ij})\in\mathbb{C}^{m\times n}$，那么 $\boldsymbol{B}=\boldsymbol{A}^{\mathrm{H}}\in\mathbb{C}^{n\times m}$ 是其共轭转置. 向量 $\boldsymbol{x}\in\mathbb{C}^n$ 的 2-范数定义为

$$\|\boldsymbol{x}\|_2^2 = \boldsymbol{x}^{\mathrm{H}}\boldsymbol{x} = |x_1|^2 + \cdots + |x_n|^2.$$

如果 $\boldsymbol{Q}^{\mathrm{H}}\boldsymbol{Q}=\boldsymbol{I}_n$，那么 $\boldsymbol{Q}\in\mathbb{C}^{n\times n}$ 是酉矩阵. 酉矩阵保持 2-范数.

复 Householder 变换是酉矩阵，其形式为

$$\boldsymbol{P} = \boldsymbol{I}_m - \beta\boldsymbol{v}\boldsymbol{v}^{\mathrm{H}}, \quad \boldsymbol{0}\neq\boldsymbol{v}\in\mathbb{C}^m,$$

其中 $\beta=2/\boldsymbol{v}^{\mathrm{H}}\boldsymbol{v}$. 给定一个非零向量 $\boldsymbol{x}\in\mathbb{C}^m$，可以很容易地确定 $\boldsymbol{v}$，使得如果 $\boldsymbol{y}=\boldsymbol{P}\boldsymbol{x}$ 那么 $y(2:m)=\boldsymbol{0}$. 的确，如果

$$x_1 = r\mathrm{e}^{\mathrm{i}\theta},$$

其中 $r,\theta\in\mathbb{R}$，且

$$\boldsymbol{v} = \boldsymbol{x}\pm\mathrm{e}^{\mathrm{i}\theta}\|\boldsymbol{x}\|_2\boldsymbol{e}_1, \quad \boldsymbol{e}_1 = \boldsymbol{I}_m(:,1),$$

那么 $\boldsymbol{P}\boldsymbol{x}=\mp\mathrm{e}^{\mathrm{i}\theta}\|\boldsymbol{x}\|_2\boldsymbol{e}_1$. 为了稳定性，这里的符号由 $\|\boldsymbol{v}\|_2$ 的最大值来确定.

对于复 Givens 旋转，容易验证 2×2 矩阵形式为

$$\boldsymbol{Q} = \begin{bmatrix} \cos(\theta) & \sin(\theta)\mathrm{e}^{\mathrm{i}\phi} \\ -\sin(\theta)\mathrm{e}^{-\mathrm{i}\phi} & \cos(\theta) \end{bmatrix}$$

其中 $\theta,\phi\in\mathbb{R}$. 我们展示如何计算 $c=\cos(\theta)$ 和 $s=\sin(\theta)\mathrm{e}^{\mathrm{i}\phi}$ 使得

$$\begin{bmatrix} c & s \\ -\bar{s} & c \end{bmatrix}^{\mathrm{H}} \begin{bmatrix} u \\ v \end{bmatrix} = \begin{bmatrix} r \\ 0 \end{bmatrix}, \tag{5.1.12}$$

其中 $u=u_1+\mathrm{i}u_2$ 和 $v=v_1+\mathrm{i}v_2$ 是给定的复数. 首先，givens 用于计算实余弦-正弦对 $\{c_\alpha,s_\alpha\}$, $\{c_\beta,s_\beta\}$, $\{c_\theta,s_\theta\}$，使得

$$\begin{bmatrix} c_\alpha & s_\alpha \\ -s_\alpha & c_\alpha \end{bmatrix}^{\mathrm{T}} \begin{bmatrix} u_1 \\ u_2 \end{bmatrix} = \begin{bmatrix} r_u \\ 0 \end{bmatrix},$$

$$\begin{bmatrix} c_\beta & s_\beta \\ -s_\beta & c_\beta \end{bmatrix}^{\mathrm{T}} \begin{bmatrix} v_1 \\ v_2 \end{bmatrix} = \begin{bmatrix} r_v \\ 0 \end{bmatrix},$$

$$\begin{bmatrix} c_\theta & s_\theta \\ -s_\theta & c_\theta \end{bmatrix}^{\mathrm{T}} \begin{bmatrix} r_u \\ r_v \end{bmatrix} = \begin{bmatrix} r \\ 0 \end{bmatrix}.$$

注意 $u=r_u\mathrm{e}^{-\mathrm{i}\alpha}$ 且 $v=r_v\mathrm{e}^{-\mathrm{i}\beta}$. 如果设

$$\mathrm{e}^{\mathrm{i}\phi}=\mathrm{e}^{\mathrm{i}(\beta-\alpha)}=(c_\alpha c_\beta+s_\alpha s_\beta)+\mathrm{i}(c_\alpha s_\beta-c_\beta s_\alpha),$$

$c=c_\theta$ 和 $s=s_\theta\mathrm{e}^{\mathrm{i}\phi}$，那么

$$\bar{s}u+cv=s_\theta\mathrm{e}^{-\mathrm{i}\phi}r_u\mathrm{e}^{-\mathrm{i}\alpha}+c_\theta r_v\mathrm{e}^{-\mathrm{i}\beta}=\mathrm{e}^{-\mathrm{i}\beta}(s_\theta r_u+c_\theta r_v)=0,$$

这就证明了 (5.1.12).

习　题

1. 设 $\boldsymbol{x}$ 和 $\boldsymbol{y}$ 是 $\mathbb{R}^m$ 中的非零向量. 给出一个计算 Householder 矩阵 $\boldsymbol{P}$ 的算法，使得 $\boldsymbol{Px}$ 是 $\boldsymbol{y}$ 的倍数.

2. 给定 m 维向量 $\boldsymbol{x}$ 和 $\boldsymbol{y}$，运用 Householder 矩阵证明 $\det(\boldsymbol{I}+\boldsymbol{x}\boldsymbol{y}^{\mathrm{T}})=1+\boldsymbol{x}^{\mathrm{T}}\boldsymbol{y}$.

3. (a) 假设 $\boldsymbol{x},\boldsymbol{y}\in\mathbb{R}^2$ 具有单位 2-范数. 给出一个计算 Givens 旋转 $\boldsymbol{Q}$ 的算法，使得 $\boldsymbol{y}=\boldsymbol{Q}^{\mathrm{T}}\boldsymbol{x}$. 做 givens 变换的有效应用.

(b) 假设 $\boldsymbol{x}$ 和 $\boldsymbol{y}$ 是 $\mathbb{R}^m$ 中的单位向量. 给出一个用 Givens 变换计算正交矩阵 $\boldsymbol{Q}$ 的算法，使得 $\boldsymbol{Q}^{\mathrm{T}}\boldsymbol{x}=\boldsymbol{y}$.

4. 推广 5.1.11 节的思想，为复 Givens 旋转开发一个紧凑的表示格式.

5. 假定 $\boldsymbol{Q}=\boldsymbol{I}-\boldsymbol{YTY}^{\mathrm{T}}$ 是正交矩阵，$\boldsymbol{Y}\in\mathbb{R}^{m\times j}$ 和 $\boldsymbol{T}\in\mathbb{R}^{j\times j}$ 是上三角矩阵. 证明：如果 $\boldsymbol{Q}_+=\boldsymbol{QP}$，其中 $\boldsymbol{P}=\boldsymbol{I}-2\boldsymbol{v}\boldsymbol{v}^{\mathrm{T}}/\boldsymbol{v}^{\mathrm{T}}\boldsymbol{v}$ 是 Householder 矩阵，那么 $\boldsymbol{Q}_+$ 可表为 $\boldsymbol{Q}_+=\boldsymbol{I}-\boldsymbol{Y}_+\boldsymbol{T}_+\boldsymbol{Y}_+^{\mathrm{T}}$，其中 $\boldsymbol{Y}_+\in\mathbb{R}^{m\times(j+1)}$ 和 $\boldsymbol{T}_+\in\mathbb{R}^{(j+1)\times(j+1)}$ 是上三角矩阵. 这背后的主要思想是紧凑 **WY 表示**. 见 Schreiber and Van Loan (1989).

6. 给定正交矩阵 $\boldsymbol{Q}_1=\boldsymbol{I}_m-\boldsymbol{Y}_1\boldsymbol{T}_1\boldsymbol{Y}_1^{\mathrm{T}}$ 和 $\boldsymbol{Q}_2=\boldsymbol{I}_m-\boldsymbol{Y}_2\boldsymbol{T}_2\boldsymbol{Y}_2^{\mathrm{T}}$，其中 $\boldsymbol{Y}_1\in\mathbb{R}^{m\times r_1}$, $\boldsymbol{Y}_2\in\mathbb{R}^{m\times r_2}$, $\boldsymbol{T}_1\in\mathbb{R}^{r_1\times r_1}$, $\boldsymbol{T}_2\in\mathbb{R}^{r_2\times r_2}$，$\boldsymbol{T}_1$ 和 $\boldsymbol{T}_2$ 是上三角矩阵. 假设 $r=r_1+r_2$，说明如何计算 $\boldsymbol{Y}\in\mathbb{R}^{m\times r}$ 和上三角矩阵 $\boldsymbol{T}\in\mathbb{R}^{r\times r}$，使得 $\boldsymbol{Q}_2\boldsymbol{Q}_1=\boldsymbol{I}_m-\boldsymbol{YTY}^{\mathrm{T}}$.

7. 给出算法 5.1.2 的详细实现. 假定第 j 个 Householder 向量的基本部分 $v^{(j)}(j+1:m)$ 存储在 $A(j+1:m,j)$ 中. 因为 $\boldsymbol{Y}$ 已在 $\boldsymbol{A}$ 中有效表示，你的程序只需建立 $\boldsymbol{W}$ 矩阵.

8. 证明：如果 $\boldsymbol{S}$ 是反称矩阵（也就是说 $\boldsymbol{S}^{\mathrm{T}}=-\boldsymbol{S}$），那么 $\boldsymbol{Q}=(\boldsymbol{I}+\boldsymbol{S})(\boldsymbol{I}-\boldsymbol{S})^{-1}$ 是正交矩阵.（矩阵 $\boldsymbol{Q}$ 称为 $\boldsymbol{S}$ 的**凯莱变换**.）构建一个秩 2 矩阵 $\boldsymbol{S}$，使得当 $\boldsymbol{x}$ 是向量时 $\boldsymbol{Qx}$ 除第一个分量外都是零.

9. 假设 $\boldsymbol{P}\in\mathbb{R}^{m\times m}$ 满足 $\|\boldsymbol{P}^{\mathrm{T}}\boldsymbol{P}-\boldsymbol{I}_m\|_2=\epsilon<1$，$\boldsymbol{P}$ 的奇异值分解是 $\boldsymbol{P}=\boldsymbol{U\Sigma V}^{\mathrm{T}}$. 证明：$\boldsymbol{P}$ 的所有奇异值都在区间 $[1-\epsilon,1+\epsilon]$ 内，且 $\|\boldsymbol{P}-\boldsymbol{UV}^{\mathrm{T}}\|_2\leqslant\epsilon$.

10. 假设 $\boldsymbol{A}\in\mathbb{R}^{2\times 2}$. 在什么情况下，最接近 $\boldsymbol{A}$ 的旋转比最接近 $\boldsymbol{A}$ 的反射更接近 $\boldsymbol{A}$?用 F-范数.

11. 如何修正算法 5.1.3 以确保 $r\geqslant 0$?

12. (**快速 Givens 变换**) 假设 d_1 和 d_2 是正数，

$$\boldsymbol{x}=\begin{bmatrix}x_1\\x_2\end{bmatrix},\quad \boldsymbol{D}=\begin{bmatrix}d_1&0\\0&d_2\end{bmatrix}.$$

(a) 如何计算

$$\boldsymbol{M}_1=\begin{bmatrix}\beta_1&1\\1&\alpha_1\end{bmatrix},$$

使得当 $\boldsymbol{y}=\boldsymbol{M}_1\boldsymbol{x}$ 且 $\tilde{\boldsymbol{D}}=\boldsymbol{M}_1^{\mathrm{T}}\boldsymbol{D}\boldsymbol{M}_1$ 时有 $y_2=0$ 且 $\tilde{\boldsymbol{D}}$ 是对角矩阵. 假设

$$\boldsymbol{M}_2=\left[\begin{array}{cc}1 & \alpha_2\\ \beta_2 & 1\end{array}\right],$$

用 $\boldsymbol{M}_2$ 代替 $\boldsymbol{M}_1$ 重复上述过程.

(b) 证明：或者 $\|\boldsymbol{M}_1^{\mathrm{T}}\boldsymbol{D}\boldsymbol{M}_1\|_2\leqslant 2\|\boldsymbol{D}\|_2$，或者 $\|\boldsymbol{M}_2^{\mathrm{T}}\boldsymbol{D}\boldsymbol{M}_2\|_2\leqslant 2\|\boldsymbol{D}\|_2$.

(c) 假设 $\boldsymbol{x}\in\mathbb{R}^m$，且 $\boldsymbol{D}\in\mathbb{R}^{n\times n}$ 是具有正的对角元的对角矩阵. 给定指标 i 和 j，且 $1\leqslant i<j\leqslant m$，如何计算 $\boldsymbol{M}\in\mathbb{R}^{n\times n}$，使得当 $\boldsymbol{y}=\boldsymbol{M}\boldsymbol{x}$ 且 $\tilde{\boldsymbol{D}}=\boldsymbol{M}^{\mathrm{T}}\boldsymbol{D}\boldsymbol{M}$ 时有 $y_j=0$ 且 $\tilde{\boldsymbol{D}}$ 是满足 $\|\tilde{\boldsymbol{D}}\|_2\leqslant 2\|\boldsymbol{D}\|_2$ 的对角矩阵.

(d) 从 (c) 部分得出结论：$\boldsymbol{Q}=\boldsymbol{D}^{1/2}\boldsymbol{M}\tilde{\boldsymbol{D}}^{-1/2}$ 是正交矩阵，修正 $\boldsymbol{y}=\boldsymbol{M}\boldsymbol{x}$ 可以对角转换到 $(\boldsymbol{D}^{1/2}\boldsymbol{y})=\boldsymbol{Q}(\boldsymbol{D}^{1/2}\boldsymbol{x})$.

5.2　QR 分解

我们将要证明，长方矩阵 $\boldsymbol{A}\in\mathbb{R}^{m\times n}$ 可以分解为正交矩阵 $\boldsymbol{Q}\in\mathbb{R}^{m\times m}$ 与上三角矩阵 $\boldsymbol{R}\in\mathbb{R}^{m\times n}$ 的乘积：

$$\boldsymbol{A}=\boldsymbol{Q}\boldsymbol{R}.$$

这种分解称为 QR 分解，它在线性最小二乘问题中起着核心作用. 本节给出基于 Householder 变换、分块 Householder 变换、Givens 变换的 QR 分解计算方法. QR 分解与著名的 Gram-Schmidt 过程有关.

5.2.1　存在性和性质

我们从 QR 分解存在的一个构造性证明开始.

定理 5.2.1 (QR 分解) *若 $\boldsymbol{A}\in\mathbb{R}^{m\times n}$，则存在正交矩阵 $\boldsymbol{Q}\in\mathbb{R}^{m\times m}$ 和上三角矩阵 $\boldsymbol{R}\in\mathbb{R}^{m\times n}$ 使得 $\boldsymbol{A}=\boldsymbol{Q}\boldsymbol{R}$.*

证明　我们用归纳法. 假设 $n=1$ 且 $\boldsymbol{Q}$ 是 Householder 矩阵，因此，若 $\boldsymbol{R}=\boldsymbol{Q}^{\mathrm{T}}\boldsymbol{A}$，则 $R(2:m)=\boldsymbol{0}$. 所以，$\boldsymbol{A}=\boldsymbol{Q}\boldsymbol{R}$ 是 $\boldsymbol{A}$ 的一个 QR 分解. 对于一般的 n，我们划分 $\boldsymbol{A}$，

$$\boldsymbol{A}=[\,\boldsymbol{A}_1\,|\,\boldsymbol{v}\,],$$

其中 $\boldsymbol{v}=A(:,n)$. 由归纳法，存在正交矩阵 $\boldsymbol{Q}_1\in\mathbb{R}^{m\times m}$ 使得 $\boldsymbol{R}_1=\boldsymbol{Q}_1^{\mathrm{T}}\boldsymbol{A}_1$ 是上三角矩阵. 设 $\boldsymbol{w}=\boldsymbol{Q}^{\mathrm{T}}\boldsymbol{v}$，令 $w(n:m)=\boldsymbol{Q}_2\boldsymbol{R}_2$ 是 $w(n:m)$ 的 QR 分解. 如果

$$\boldsymbol{Q}=\boldsymbol{Q}_1\left[\begin{array}{cc}\boldsymbol{I}_{n-1} & \boldsymbol{0}\\ \boldsymbol{0} & \boldsymbol{Q}_2\end{array}\right],$$

那么

$$\boldsymbol{A}=\boldsymbol{Q}\left[\begin{array}{c|c}\boldsymbol{R}_1 & \begin{array}{c}w(1:n-1)\\ \boldsymbol{R}_2\end{array}\end{array}\right]$$

是 $\boldsymbol{A}$ 的一个 QR 分解. □

$\boldsymbol{Q}$ 的列与 $\boldsymbol{A}$ 的值域及其正交补有重要的联系.

定理 5.2.2 如果 $\boldsymbol{A}=\boldsymbol{QR}$ 是列满秩矩阵 $\boldsymbol{A}\in\mathbb{R}^{m\times n}$ 的 QR 分解，且

$$\begin{aligned}\boldsymbol{A} &= [\,\boldsymbol{a}_1\,|\cdots|\,\boldsymbol{a}_n\,],\\ \boldsymbol{Q} &= [\,\boldsymbol{q}_1\,|\cdots|\,\boldsymbol{q}_m\,]\end{aligned}$$

是列划分，那么对于 $k=1:n$ 有

$$\mathsf{span}\{\boldsymbol{a}_1,\cdots,\boldsymbol{a}_k\} = \mathsf{span}\{\boldsymbol{q}_1,\cdots,\boldsymbol{q}_k\} \tag{5.2.1}$$

且 $r_{kk}\neq 0$. 此外，如果 $\boldsymbol{Q}_1 = Q(1:m,1:n)$, $\boldsymbol{Q}_2 = Q(1:m,n+1:m)$, $\boldsymbol{R}_1=R(1:n,1:n)$，那么

$$\begin{aligned}\mathsf{ran}(\boldsymbol{A}) &= \mathsf{ran}(\boldsymbol{Q}_1),\\ \mathsf{ran}(\boldsymbol{A})^{\perp} &= \mathsf{ran}(\boldsymbol{Q}_2),\end{aligned}$$

且

$$\boldsymbol{A} = \boldsymbol{Q}_1\boldsymbol{R}_1. \tag{5.2.2}$$

证明 比较 $\boldsymbol{A}=\boldsymbol{QR}$ 的第 k 列，我们得出结论：

$$\boldsymbol{a}_k = \sum_{i=1}^{k} r_{ik}\boldsymbol{q}_i \in \mathsf{span}\{\boldsymbol{q}_1,\cdots,\boldsymbol{q}_k\}, \tag{5.2.3}$$

因此

$$\mathsf{span}\{\boldsymbol{a}_1,\cdots,\boldsymbol{a}_k\} \subseteq \mathsf{span}\{\boldsymbol{q}_1,\cdots,\boldsymbol{q}_k\}.$$

如果 $r_{kk}=0$，那么 $\boldsymbol{a}_1,\cdots,\boldsymbol{a}_k$ 是线性相关的. 因此，矩阵 $\boldsymbol{R}$ 的对角线上不可能有零，所以 $\mathsf{span}\{\boldsymbol{a}_1,\cdots,\boldsymbol{a}_k\}$ 的维数为 k. 再利用 (5.2.3)，可得 (5.2.1). 为了证明 (5.2.2)，只需注意到

$$\boldsymbol{A} = \boldsymbol{QR} = \left[\,\boldsymbol{Q}_1 \,\middle|\, \boldsymbol{Q}_2\,\right]\begin{bmatrix}\boldsymbol{R}_1\\ \boldsymbol{0}\end{bmatrix} = \boldsymbol{Q}_1\boldsymbol{R}_1. \qquad \square$$

矩阵 $\boldsymbol{Q}_1=Q(1:m,1:n)$ 和 $\boldsymbol{Q}_2=Q(1:m,n+1:m)$ 可以很容易地由 $\boldsymbol{Q}$ 的因子形式表示计算出来. 我们将 (5.2.2) 称为**窄 QR 分解**. 下面讨论其唯一性.

定理 5.2.3 (窄 QR 分解) 设 $\boldsymbol{A}\in\mathbb{R}^{m\times n}$ 是列满秩的. 窄 QR 分解

$$\boldsymbol{A} = \boldsymbol{Q}_1\boldsymbol{R}_1$$

是唯一的，其中 $\boldsymbol{Q}_1\in\mathbb{R}^{m\times n}$ 具有正交列，$\boldsymbol{R}_1$ 是有正的对角线元素的上三角矩阵. 此外，$\boldsymbol{R}_1=\boldsymbol{G}^{\mathrm{T}}$，其中 $\boldsymbol{G}$ 是 $\boldsymbol{A}^{\mathrm{T}}\boldsymbol{A}$ 的下三角 Cholesky 因子.

证明　由于 $A^TA = (Q_1R_1)^T(Q_1R_1) = R_1^TR_1$，我们知道 $G = R_1^T$ 是 A^TA 的 Cholesky 因子．根据定理 4.2.7，这个因子是唯一的．再由 $Q_1 = AR_1^{-1}$，从而 Q_1 也是唯一的． □

Q_1 和 R_1 是如何受 A 扰动影响的？为了回答这个问题，我们需要将 2-范数条件数的概念推广到长方矩阵．回顾 2.6.2 节，对于正方形矩阵，$\kappa_2(A)$ 是最大与最小奇异值的比值．对于列满秩的长方矩阵 A，我们扩展这个定义：

$$\kappa_2(A) = \frac{\sigma_{\max}(A)}{\sigma_{\min}(A)}. \tag{5.2.4}$$

如果 A 的列几乎是相关的，那么这个商是很大的．Stewart (1993) 证明了，A 中 $O(\epsilon)$ 的相对误差在 Q_1 和 R_1 中引起 $O(\epsilon\cdot\kappa_2(A))$ 的误差．

5.2.2　Householder QR 分解

我们从利用 Householder 变换的 QR 分解方法开始．可以通过一个小例子来表达这个算法的本质．假设 $m = 6$, $n = 5$，并计算了 Householder 矩阵 H_1 和 H_2，使得

$$H_2H_1A = \begin{bmatrix} \times & \times & \times & \times & \times \\ 0 & \times & \times & \times & \times \\ 0 & 0 & \boldsymbol{\times} & \times & \times \\ 0 & 0 & \boldsymbol{\times} & \times & \times \\ 0 & 0 & \boldsymbol{\times} & \times & \times \\ 0 & 0 & \boldsymbol{\times} & \times & \times \end{bmatrix}.$$

关注这些加粗的元素，我们要确定一个 Householder 矩阵 $\tilde{H}_3 \in \mathbb{R}^{4\times4}$，使得

$$\tilde{H}_3 \begin{bmatrix} \boldsymbol{\times} \\ \boldsymbol{\times} \\ \boldsymbol{\times} \\ \boldsymbol{\times} \end{bmatrix} = \begin{bmatrix} \times \\ 0 \\ 0 \\ 0 \end{bmatrix}.$$

如果 $H_3 = \mathrm{diag}(I_2, \tilde{H}_3)$，那么

$$H_3H_2H_1A = \begin{bmatrix} \times & \times & \times & \times & \times \\ 0 & \times & \times & \times & \times \\ 0 & 0 & \times & \times & \times \\ 0 & 0 & 0 & \times & \times \\ 0 & 0 & 0 & \times & \times \\ 0 & 0 & 0 & \times & \times \end{bmatrix}.$$

经过 n 个这样的步骤，我们得到一个上三角矩阵 $\boldsymbol{H}_n\boldsymbol{H}_{n-1}\cdots\boldsymbol{H}_1\boldsymbol{A}=\boldsymbol{R}$，通过令 $\boldsymbol{Q}=\boldsymbol{H}_1\cdots\boldsymbol{H}_n$，即得 $\boldsymbol{A}=\boldsymbol{QR}$.

算法 5.2.1 (Householder QR 分解) 给定 $\boldsymbol{A}\in\mathbb{R}^{m\times n}$，其中 $m\geqslant n$，算法得到 Householder 矩阵 $\boldsymbol{H}_1,\cdots,\boldsymbol{H}_n$，使得如果 $\boldsymbol{Q}=\boldsymbol{H}_1\cdots\boldsymbol{H}_n$ 那么 $\boldsymbol{Q}^{\mathrm{T}}\boldsymbol{A}=\boldsymbol{R}$ 是上三角矩阵. $\boldsymbol{A}$ 的上三角部分被 $\boldsymbol{R}$ 的上三角部分覆盖，第 j 个 Householder 向量的 $j+1:m$ 分量存储在 $A(j+1:m,j)$ 中，其中 $j<m$.

```
for j = 1 : n
    [v, β] = house(A(j : m, j))
    A(j : m, j : n) = (I − βvv^T)A(j : m, j : n)
    if j < m
        A(j + 1 : m, j) = v(2 : m − j + 1)
    end
end
```

这个算法需要 $2n^2(m-n/3)$ 个 flop.

为澄清 $\boldsymbol{A}$ 是如何被覆盖的，如果

$$\boldsymbol{v}^{(j)}=[\underbrace{0,\cdots,0}_{j-1},1,v_{j+1}^{(j)},\cdots,v_m^{(j)}]^{\mathrm{T}}$$

是第 j 个 Householder 向量，那么本算法执行后

$$\boldsymbol{A}=\begin{bmatrix} r_{11} & r_{12} & r_{13} & r_{14} & r_{15} \\ v_2^{(1)} & r_{22} & r_{23} & r_{24} & r_{25} \\ v_3^{(1)} & v_3^{(2)} & r_{33} & r_{34} & r_{35} \\ v_4^{(1)} & v_4^{(2)} & v_4^{(3)} & r_{44} & r_{45} \\ v_5^{(1)} & v_5^{(2)} & v_5^{(3)} & v_5^{(4)} & r_{55} \\ v_6^{(1)} & v_6^{(2)} & v_6^{(3)} & v_6^{(4)} & v_6^{(5)} \end{bmatrix}.$$

如果需要矩阵 $\boldsymbol{Q}=\boldsymbol{H}_1\cdots\boldsymbol{H}_n$，可以使用 (5.1.5) 累积得到. 这种累积需要 $4(m^2n-mn^2+n^3/3)$ 个 flop. 请注意，我们可以从存储的 Householder 向量中检索得到算法 5.2.1 中出现的 β 值：

$$\beta_j=\frac{2}{1+\|A(j+1:m,j)\|^2}.$$

我们指出，在满足 $\boldsymbol{Z}^{\mathrm{T}}(\boldsymbol{A}+\boldsymbol{E})=\hat{\boldsymbol{R}}$ 的意义下，计算得到的上三角矩阵 $\hat{\boldsymbol{R}}$ 是邻近 $\boldsymbol{A}$ 的精确的 $\boldsymbol{R}$，其中 $\boldsymbol{Z}$ 是某个精确正交矩阵，且 $\|\boldsymbol{E}\|_2\approx\mathbf{u}\|\boldsymbol{A}\|_2$.

5.2.3 分块 Householder QR 分解

算法 5.2.1 富含矩阵与向量乘法和外积修正这样的 2 级运算. 通过重新组织计算和使用 5.1.7 节中讨论的 WY 形式表示，我们可以得到一个 3 级运算方法. 这里的思想是在大小为 r 的分块中应用 Householder 变换. 假设 $n = 12$ 且 $r = 3$. 第一步是生成 Householders 矩阵 $\boldsymbol{H}_1, \boldsymbol{H}_2, \boldsymbol{H}_3$，如算法 5.2.1 所示. 但是，不像算法 5.2.1 那样将每个 $\boldsymbol{H}_i$ 应用于整个剩余的子矩阵，这里我们仅将 $\boldsymbol{H}_1, \boldsymbol{H}_2, \boldsymbol{H}_3$ 应用于 $A(:, 1:3)$. 在完成这一任务之后，我们生成分块表示 $\boldsymbol{H}_1\boldsymbol{H}_2\boldsymbol{H}_3 = \boldsymbol{I} - \boldsymbol{W}_1\boldsymbol{Y}_1^{\mathrm{T}}$，然后执行 3 级修正

$$A(:, 4:12) = (\boldsymbol{I} - \boldsymbol{W}\boldsymbol{Y}^{\mathrm{T}})A(:, 4:12).$$

接下来，依据算法 5.2.1 生成 $\boldsymbol{H}_4, \boldsymbol{H}_5, \boldsymbol{H}_6$. 但是，在找到分块表示形式 $\boldsymbol{H}_4\boldsymbol{H}_5\boldsymbol{H}_6 = \boldsymbol{I} - \boldsymbol{W}_2\boldsymbol{Y}_2^{\mathrm{T}}$ 之后，这些变换才应用于 $A(:, 7:12)$. 这说明了一般模式.

算法 5.2.2 (分块 Householder QR 分解) 给定 $\boldsymbol{A} \in \mathbb{R}^{m\times n}$ 和正整数 r，算法计算正交矩阵 $\boldsymbol{Q} \in \mathbb{R}^{m\times m}$ 和上三角矩阵 $\boldsymbol{R} \in \mathbb{R}^{m\times n}$，使得 $\boldsymbol{A} = \boldsymbol{Q}\boldsymbol{R}$.

$Q = I_m$; $\lambda = 1$; $k = 0$

while $\lambda \leqslant n$

　$\tau \leftarrow \min(\lambda + r - 1, n)$; $k = k + 1$

　用算法 5.2.1 上三角化 $A(\lambda : m, \lambda : \tau)$ 得到 Householder 矩阵 $H_\lambda, \cdots, H_\tau$.

　用算法 5.2.1 得到分块表示 $I - W_k Y_k = H_\lambda \cdots H_\tau$.

　$A(\lambda : m, \tau + 1 : n) = (I - W_k Y_k^{\mathrm{T}})^{\mathrm{T}} A(\lambda : m, \tau + 1 : n)$

　$Q(:, \lambda : m) = Q(:, \lambda : m)(I - W_k Y_k^{\mathrm{T}})$

　$\lambda = \tau + 1$

end

用于定义矩阵 $\boldsymbol{H}_\lambda, \cdots, \boldsymbol{H}_\tau$ 的 Householder 向量的零-非零结构表明 $\boldsymbol{W}_k$ 和 $\boldsymbol{Y}_k$ 的前 $\lambda - 1$ 行都是零. 在实际应用中可以利用这一事实.

对算法 5.2.2 用恰当方式进行划分

$$\boldsymbol{A} = [\,\boldsymbol{A}_1 \,|\cdots|\, \boldsymbol{A}_N\,], \quad N = \mathrm{ceil}(n/r),$$

其中在第 k 步处理块列 $\boldsymbol{A}_k$. 在约化的第 k 步形成一个分块 Householder 矩阵，它将 $\boldsymbol{A}_k$ 的次对角线部分化为零. 然后，修正其余的块列.

算法 5.2.2 的舍入性质基本上与算法 5.2.1 相同. 由于 $\boldsymbol{W}$ 矩阵的计算，所需的 flop 数量略有增加. 然而，由于分块，除一小部分外所有的 flop 都用于矩阵乘法. 确切地说，算法 5.2.2 的 3 级运算占比约为 $1 - O(1/N)$. 详见 Bischof and Van Loan (1987).

5.2.4 分块递归 QR 分解

一种更灵活的分块方法涉及递归. 设 $\boldsymbol{A} \in \mathbb{R}^{m\times n}$，为清晰起见，假定 $\boldsymbol{A}$ 是列满秩的. $\boldsymbol{A}$ 的窄 QR 分解划分如下：

$$\left[\ \boldsymbol{A}_1 \mid \boldsymbol{A}_2\ \right] = \left[\ \boldsymbol{Q}_1 \mid \boldsymbol{Q}_2\ \right]\begin{bmatrix} \boldsymbol{R}_{11} & \boldsymbol{R}_{12} \\ \boldsymbol{0} & \boldsymbol{R}_{22} \end{bmatrix}.$$

其中 $n_1 = \text{floor}(n/2)$, $n_2 = n - n_1$, $\boldsymbol{A}_1, \boldsymbol{Q}_1 \in \mathbb{R}^{m\times n_1}$, $\boldsymbol{A}_2, \boldsymbol{Q}_2 \in \mathbb{R}^{m\times n_2}$. 从方程 $\boldsymbol{Q}_1\boldsymbol{R}_{11} = \boldsymbol{A}_1$, $\boldsymbol{R}_{12} = \boldsymbol{Q}_1^{\mathrm{T}}\boldsymbol{A}_2$, $\boldsymbol{Q}_2\boldsymbol{R}_{22} = \boldsymbol{A}_2 - \boldsymbol{Q}_1\boldsymbol{R}_{12}$，我们得到以下递归过程.

算法 5.2.3 (分块递归 QR 分解) 给定列满秩矩阵 $\boldsymbol{A} \in \mathbb{R}^{m\times n}$ 和正分块参数 n_b. 算法计算带有正交列的 $\boldsymbol{Q} \in \mathbb{R}^{m\times n}$ 和上三角矩阵 $\boldsymbol{R} \in \mathbb{R}^{n\times n}$，使得 $\boldsymbol{A} = \boldsymbol{QR}$.

function $[Q, R] = \text{BlockQR}(A, n, n_b)$
  if $n \leqslant n_b$
    用算法 5.2.1 计算窄 QR 分解 $A = QR$.
  else
    $n_1 = \text{floor}(n/2)$
    $[Q_1\,,\, R_{11}] = \text{BlockQR}(A(:, 1:n_1), n_1, n_b)$
    $R_{12} = Q_1^{\mathrm{T}}A(:, n_1+1:n)$
    $A(:, n_1+1:n) = A(:, n_1+1:n) - Q_1R_{12}$
    $[Q_2\,,\, R_{22}] = \text{BlockQR}(A(:, n_1+1:n), n-n_1, n_b)$
    $Q = [\,Q_1 \mid Q_2\,],\quad R = \begin{bmatrix} R_{11} & R_{12} \\ 0 & R_{22} \end{bmatrix}$
  end
end

这种分而治之的方法中含有丰富的矩阵与矩阵乘法，为 QR 分解的有效并行计算提供了一个框架. 见 Elmroth and Gustavson (2001). 关键实现思想涉及 $\boldsymbol{Q}$ 矩阵的表示和 5.2.3 节分块策略.

5.2.5 Givens QR 方法

Givens 旋转也可以用来计算 QR 分解，4×3 矩阵的例子足以说明一般思想：

$$\begin{bmatrix} \times & \times & \times \\ \times & \times & \times \\ \mathbf{x} & \times & \times \\ \mathbf{x} & \times & \times \end{bmatrix} \xrightarrow{(3,4)} \begin{bmatrix} \times & \times & \times \\ \mathbf{x} & \times & \times \\ \mathbf{x} & \times & \times \\ 0 & \times & \times \end{bmatrix} \xrightarrow{(2,3)} \begin{bmatrix} \mathbf{x} & \times & \times \\ \mathbf{x} & \times & \times \\ 0 & \times & \times \\ 0 & \times & \times \end{bmatrix} \xrightarrow{(1,2)}$$

$$\begin{bmatrix} \times & \times & \times \\ 0 & \times & \times \\ 0 & \mathbf{x} & \times \\ 0 & \mathbf{x} & \times \end{bmatrix} \xrightarrow{(3,4)} \begin{bmatrix} \times & \times & \times \\ 0 & \mathbf{x} & \times \\ 0 & \mathbf{x} & \times \\ 0 & 0 & \times \end{bmatrix} \xrightarrow{(2,3)} \begin{bmatrix} \times & \times & \times \\ 0 & \times & \times \\ 0 & 0 & \mathbf{x} \\ 0 & 0 & \mathbf{x} \end{bmatrix} \xrightarrow{(3,4)} \boldsymbol{R}.$$

定义基本 Givens 旋转的 2 元素向量用粗体标示．如果 $\boldsymbol{G}_j$ 表示约化中的第 j 次 Givens 旋转，那么 $\boldsymbol{Q}^{\mathrm{T}}\boldsymbol{A} = \boldsymbol{R}$ 是上三角矩阵，其中 $\boldsymbol{Q} = \boldsymbol{G}_1 \cdots \boldsymbol{G}_t$，而 t 是旋转的总次数．对于一般的 m 和 n，我们有以下算法．

算法 5.2.4 (Givens QR)　给定 $\boldsymbol{A} \in \mathbb{R}^{m\times n}$ 且 $m \geqslant n$，算法用 $\boldsymbol{Q}^{\mathrm{T}}\boldsymbol{A} = \boldsymbol{R}$ 覆盖 $\boldsymbol{A}$，其中 $\boldsymbol{R}$ 是上三角矩阵，$\boldsymbol{Q}$ 是正交矩阵．

for $j = 1:n$

　for $i = m:-1:j+1$

　　$[c, s] = \mathsf{givens}(A(i-1, j), A(i, j))$

$$A(i-1:i, j:n) = \begin{bmatrix} c & s \\ -s & c \end{bmatrix}^{\mathrm{T}} A(i-1:i, j:n)$$

　end

end

本算法需要 $3n^2(m-n/3)$ 个 flop．请注意，可以使用 5.1.11 节的表示方法编码计算过程中出现的 Givens 转换．可以用相关表示覆盖 $A(i, j)$．

使用 Givens 方法进行 QR 分解，每次修正所涉及的行以及引入零的顺序都具有灵活性．例如，我们可以将算法 5.2.4 中的内循环体替换为

$[c, s] = \mathsf{givens}(A(j, j), A(i, j))$

$$A([\,j\ i\,], j:n) = \begin{bmatrix} c & s \\ -s & c \end{bmatrix}^{\mathrm{T}} A([\,j\ i\,], j:n)$$

仍然出现 QR 分解．也可以逐行化零．我们知道，算法 5.2.4 按列引入零：

$$\begin{bmatrix} \times & \times & \times \\ 3 & \times & \times \\ 2 & 5 & \times \\ 1 & 4 & 6 \end{bmatrix},$$

而下述代码

for $i = 2:m$

　for $j = 1:i-1$

　　$[c, s] = \mathsf{givens}(A(j, j), A(i, j))$

$$A([j\ i], j:n) = \begin{bmatrix} c & s \\ -s & c \end{bmatrix}^{\mathrm{T}} A([j\ i], j:n)$$

end

end

按行引入零，例如：

$$\begin{bmatrix} \times & \times & \times \\ 1 & \times & \times \\ 2 & 3 & \times \\ 4 & 5 & 6 \end{bmatrix}.$$

5.2.6 利用 Givens 变换的 Hessenberg QR 分解

作为 Givens 旋转如何用于结构化问题的一个例子，我们将展示如何使用它们来计算上 Hessenberg 矩阵的 QR 分解.（第 6 章和 11.1.8 节讨论了其他结构化的 QR 分解.）这里用一个小例子来表明一般思想. 假设 $n = 6$，经过两步变换后，我们计算得

$$G(2,3,\theta_2)^{\mathrm{T}} G(1,2,\theta_1)^{\mathrm{T}} \boldsymbol{A} = \begin{bmatrix} \times & \times & \times & \times & \times & \times \\ 0 & \times & \times & \times & \times & \times \\ 0 & 0 & \times & \times & \times & \times \\ 0 & 0 & \times & \times & \times & \times \\ 0 & 0 & 0 & \times & \times & \times \\ 0 & 0 & 0 & 0 & \times & \times \end{bmatrix}.$$

然后计算 $G(3,4,\theta_3)$，使得当前的 (4, 3) 元素化为零，得到

$$G(3,4,\theta_3)^{\mathrm{T}} G(2,3,\theta_2)^{\mathrm{T}} G(1,2,\theta_1)^{\mathrm{T}} \boldsymbol{A} = \begin{bmatrix} \times & \times & \times & \times & \times & \times \\ 0 & \times & \times & \times & \times & \times \\ 0 & 0 & \times & \times & \times & \times \\ 0 & 0 & 0 & \times & \times & \times \\ 0 & 0 & 0 & \times & \times & \times \\ 0 & 0 & 0 & 0 & \times & \times \end{bmatrix}.$$

按这种方式继续进行，得到以下算法.

算法 5.2.5 (Hessenberg QR) 给定上 Hessenberg 矩阵 $\boldsymbol{A} \in \mathbb{R}^{n\times n}$，算法用 $\boldsymbol{Q}^{\mathrm{T}}\boldsymbol{A} = \boldsymbol{R}$ 覆盖 $\boldsymbol{A}$，其中 $\boldsymbol{Q}$ 是正交矩阵，$\boldsymbol{R}$ 是上三角矩阵. $\boldsymbol{Q} = \boldsymbol{G}_1 \cdots \boldsymbol{G}_{n-1}$ 是 Givens 旋转的乘积，其中 $\boldsymbol{G}_j$ 形如 $\boldsymbol{G}_j = G(j, j+1, \theta_j)$.

for $j = 1 : n-1$

$[\,c,\, s\,] = \text{givens}(A(j,j), A(j+1,j))$

$$A(j:j+1, j:n) = \begin{bmatrix} c & s \\ -s & c \end{bmatrix}^{\mathrm{T}} A(j:j+1, j:n)$$

end

本算法大约需要 $3n^2$ 个 flop.

5.2.7　经典 Gram-Schmidt 算法

我们现在讨论可以直接计算窄 QR 分解 $\boldsymbol{A} = \boldsymbol{Q}_1\boldsymbol{R}_1$ 的两种不同的方法. 如果 $\text{rank}(\boldsymbol{A}) = n$，那么可以利用式 (5.2.3) 来求解 $\boldsymbol{q}_k$：

$$\boldsymbol{q}_k = \left(\boldsymbol{a}_k - \sum_{i=1}^{k-1} r_{ik}\boldsymbol{q}_i\right) \Big/ r_{kk}.$$

因此，可以将 $\boldsymbol{q}_k$ 看作

$$\boldsymbol{z}_k = \boldsymbol{a}_k - \sum_{i=1}^{k-1} r_{ik}\boldsymbol{q}_i$$

方向上的单位 2-范数向量，为了确保 $\boldsymbol{z}_k \in \text{span}\{\boldsymbol{q}_1, \cdots, \boldsymbol{q}_{k-1}\}^{\perp}$，我们选择

$$r_{ik} = \boldsymbol{q}_i^{\mathrm{T}}\boldsymbol{a}_k, \quad i = 1:k-1.$$

由此得出计算 $\boldsymbol{A} = \boldsymbol{Q}_1\boldsymbol{R}_1$ 的经典 Gram-Schmidt 算法（CGS 算法）.

$R(1,1) = \| A(:,1) \|_2$

$Q(:,1) = A(:,1)/R(1,1)$

for $k = 2 : n$

$R(1:k-1,k) = Q(1:m,1:k-1)^{\mathrm{T}}A(1:m,k)$

$z = A(1:m,k) - Q(1:m,1:k-1)\cdot R(1:k-1,k)$

$R(k,k) = \| z \|_2$

$Q(1:m,k) = z/R(k,k)$

end

在上述算法的第 k 步生成 $\boldsymbol{Q}$ 和 $\boldsymbol{R}$ 的第 k 列.

5.2.8　改进的 Gram-Schmidt 算法

不幸的是，CGS 算法的数值性质很差，计算得到的 $\boldsymbol{q}_i$ 会出现严重的正交性损失. 有意思的是，改变计算次序，得到所谓的**改进的 Gram-Schmidt 算法**

（MGS 算法），这是一个可靠得多的计算方法. 在 MGS 算法的第 k 步，我们求出 $\boldsymbol{Q}$ 的第 k 列（记为 $\boldsymbol{q}_k$）和 $\boldsymbol{R}$ 的第 k 行（记为 $\boldsymbol{r}_k^{\mathrm{T}}$）. 为得出 MGS 算法，根据

$$[\,\mathbf{0}\,|\,\boldsymbol{A}^{(k)}\,] \;=\; \boldsymbol{A} - \sum_{i=1}^{k-1} \boldsymbol{q}_i \boldsymbol{r}_i^{\mathrm{T}} \;=\; \sum_{i=k}^{n} \boldsymbol{q}_i \boldsymbol{r}_i^{\mathrm{T}}$$

来定义矩阵 $\boldsymbol{A}^{(k)} \in \mathbb{R}^{m\times(n-k+1)}$. 因此，如果

$$\boldsymbol{A}^{(k)} \;=\; [\; \underset{1}{\boldsymbol{z}} \;|\; \underset{n-k}{\boldsymbol{B}} \;]$$

那么 $r_{kk} = \|\,\boldsymbol{z}\,\|_2$, $\boldsymbol{q}_k = \boldsymbol{z}/r_{kk}$, $[r_{k,k+1},\cdots,r_{kn}] = \boldsymbol{q}_k^{\mathrm{T}}\boldsymbol{B}$. 然后计算外积 $\boldsymbol{A}^{(k+1)} = \boldsymbol{B} - \boldsymbol{q}_k\,[r_{k,k+1}\cdots r_{kn}]$，并开始下一步. 至此，我们描述了 MGS 算法的第 k 步.

算法 5.2.6 (改进的 Gram-Schmidt 算法) 给定 $\boldsymbol{A} \in \mathbb{R}^{m\times n}$, $\mathsf{rank}(\boldsymbol{A}) = n$，算法计算窄 QR 分解 $\boldsymbol{A} = \boldsymbol{Q}_1\boldsymbol{R}_1$，其中 $\boldsymbol{Q}_1 \in \mathbb{R}^{m\times n}$ 有正交列，$\boldsymbol{R}_1 \in \mathbb{R}^{n\times n}$ 是上三角矩阵.

```
for k = 1 : n
  R(k,k) = || A(1 : m,k) ||_2
  Q(1 : m,k) = A(1 : m,k)/R(k,k)
  for j = k + 1 : n
    R(k,j) = Q(1 : m,k)^T A(1 : m,j)
    A(1 : m,j) = A(1 : m,j) - Q(1 : m,k)R(k,j)
  end
end
```

这个算法需要 $2mn^2$ 个 flop. 不可能同时用 $\boldsymbol{Q}_1$ 和 $\boldsymbol{R}_1$ 覆盖 $\boldsymbol{A}$. MGS 算法的典型安排是，矩阵 $\boldsymbol{Q}_1$ 覆盖 $\boldsymbol{A}$，矩阵 $\boldsymbol{R}_1$ 存储在另外的数组中.

5.2.9 工作量和精度

如果关注计算 $\mathsf{ran}(\boldsymbol{A})$ 的正交基的问题，那么，用 Householder 方法计算因子形式 $\boldsymbol{Q}$ 需要 $2mn^2-2n^3/3$ 个 flop，计算 $\boldsymbol{Q}$ 的前 n 列还需要额外的 $2mn^2-2n^3/3$ 个 flop.（这只需注意 (5.1.5) 中 $\boldsymbol{Q}$ 的前 n 列.）因此，对于为 $\mathsf{ran}(\boldsymbol{A})$ 寻找正交基的问题，MGS 算法的效率大约是 Householder 正交化算法的两倍. 然而，Björck (1967) 证明了 MGS 算法计算得到的 $\hat{\boldsymbol{Q}}_1 = [\,\hat{\boldsymbol{q}}_1\,|\cdots|\,\hat{\boldsymbol{q}}_n\,]$ 满足条件

$$\hat{\boldsymbol{Q}}_1^{\mathrm{T}}\hat{\boldsymbol{Q}}_1 \;=\; \boldsymbol{I} \;+\; \boldsymbol{E}_{MGS}, \quad \|\,\boldsymbol{E}_{MGS}\|_2 \;\approx\; \mathbf{u}\,\kappa_2(\boldsymbol{A}),$$

而 Householder 方法计算的相应结果是

$$\hat{\boldsymbol{Q}}_1^{\mathrm{T}}\hat{\boldsymbol{Q}}_1 \;=\; \boldsymbol{I} \;+\; \boldsymbol{E}_H, \quad \|\,\boldsymbol{E}_H\,\|_2 \;\approx\; \mathbf{u}.$$

因此，如果正交性至关重要，那么只有当要正交化的向量是相当无关时，才可以使用 MGS 算法来计算正交基.

顺便指出，MGS 算法生成的三角形因子 $\hat{R}$ 满足 $\| A - \hat{Q}\hat{R} \| \approx \mathbf{u}\| A \|$，且存在一个具有完全正交列的 Q 使得 $\| A - Q\hat{R} \| \approx \mathbf{u}\| A \|$. 参阅 Higham (ASNA, 第 379 页) 及本节末列出的文献.

5.2.10 复 Householder QR 分解的一点注记

复 Householder 变换（5.1.13 节）可用于计算复矩阵 $A \in \mathbb{C}^{m\times n}$ 的 QR 分解. 类似于算法 5.2.1，我们有

for $j = 1:n$

　计算 Householder 矩阵 Q_j，使得 Q_jA 的前 j 列是上三角矩阵.

　$A = Q_jA$

end

最终，A 被约化为上三角矩阵 $R \in \mathbb{C}^{m\times n}$，且有 $A = QR$，其中 $Q = Q_1 \cdots Q_n$ 是酉矩阵. 这一约化需要的 flop 数是实矩阵计算的 4 倍.

习　题

1. 改写 Householder QR 分解算法，使其能够有效处理 $A \in \mathbb{R}^{m\times n}$，其中 A 具有下带宽 p 和上带宽 q.
2. 设 $A \in \mathbb{R}^{n\times n}$，令 $\mathcal{E}$ 为交换置换 $\mathcal{E}_n$，它是通过反转 I_n 中行的顺序得到的.
   (a) 证明：如果 $R \in \mathbb{R}^{n\times n}$ 是上三角矩阵，那么 $L = \mathcal{E}R\mathcal{E}$ 是下三角矩阵.
   (b) 说明如何计算正交矩阵 $Q \in \mathbb{R}^{n\times n}$ 和下三角矩阵 $L \in \mathbb{R}^{n\times n}$ 使得 $A = QL$，假定已经有可利用的 QR 分解.
3. 改写 Givens QR 分解算法，使其按对角线化零，也就是按以下顺序化零：$(m,1)$, $(m-1,1)$, $(m,2)$, $(m-2,1)$, $(m-1,2)$, $(m,3)$，等等.
4. 改写 Givens QR 分解算法，使其能有效处理 A 为 $n\times n$ 三对角矩阵的情形. 假设 A 的次对角线、对角线和上对角线分别存储在 $e(1:n-1)$, $a(1:n)$, $f(1:n-1)$ 中. 设计你的算法，使得这些向量被 T 的非零部分覆盖.
5. 假设 $m \geqslant n$，给定下三角矩阵 $L \in \mathbb{R}^{m\times n}$. 说明如何使用 Householder 矩阵 $H_1, \cdots, H_n$ 来确定下三角矩阵 $L_1 \in \mathbb{R}^{n\times n}$，使得

$$H_n \cdots H_1 L = \begin{bmatrix} L_1 \\ 0 \end{bmatrix}.$$

提示：在 6×3 的情况下，第 2 步涉及确定 $\boldsymbol{H}_2$，使得

$$\boldsymbol{H}_2\begin{bmatrix}\times & 0 & 0\\ \times & \times & 0\\ \times & \times & \times\\ \times & \times & 0\\ \times & \times & 0\\ \times & \times & 0\end{bmatrix}=\begin{bmatrix}\times & 0 & 0\\ \times & \times & 0\\ \times & \times & \times\\ \times & 0 & 0\\ \times & 0 & 0\\ \times & 0 & 0\end{bmatrix},$$

其中只有第 1 行和第 3 行保持原样.

6. 设 $\boldsymbol{A}\in\mathbb{R}^{n\times n}$, $\boldsymbol{D}=\mathrm{diag}(d_1,\cdots,d_n)\in\mathbb{R}^{n\times n}$. 如何构造一个正交矩阵 $\boldsymbol{Q}$ 使得

$$\boldsymbol{Q}^{\mathrm{T}}\boldsymbol{A}-\boldsymbol{D}\boldsymbol{Q}^{\mathrm{T}} = \boldsymbol{R}$$

是上三角矩阵？不必考虑效率问题，这只是 QR 分解的一个练习.

7. 假设下面的每个 $\boldsymbol{A}_i$ 都是方阵. 给出一个方法计算乘积

$$\boldsymbol{A} = \boldsymbol{A}_p\cdots\boldsymbol{A}_2\boldsymbol{A}_1$$

的 QR 分解，要求不显式地将矩阵 $\boldsymbol{A}_1,\cdots,\boldsymbol{A}_p$ 相乘. 提示：在 $p=3$ 的情况下，记

$$\boldsymbol{Q}_3^{\mathrm{T}}\boldsymbol{A} = \boldsymbol{Q}_3^{\mathrm{T}}\boldsymbol{A}_3\boldsymbol{Q}_2\boldsymbol{Q}_2^{\mathrm{T}}\boldsymbol{A}_2\boldsymbol{Q}_1\boldsymbol{Q}_1^{\mathrm{T}}\boldsymbol{A}_1,$$

然后确定正交矩阵 $\boldsymbol{Q}_i$ 使得 $\boldsymbol{Q}_i^{\mathrm{T}}(\boldsymbol{A}_i\boldsymbol{Q}_{i-1})$ 为上三角矩阵，其中 $\boldsymbol{Q}_0=\boldsymbol{I}$.

8. 在 $\boldsymbol{A}\in\mathbb{R}^{m\times n}$ 上应用 MGS 算法，数值上等价于在

$$\tilde{\boldsymbol{A}}=\begin{bmatrix}\boldsymbol{O}_n\\ \boldsymbol{A}\end{bmatrix}$$

上应用 Householder QR 分解算法的第一步，其中 $\boldsymbol{O}_n$ 是 $n\times n$ 的零矩阵. 验证在完成每个方法的第一步之后上述结论成立.

9. 反转算法 5.2.6（MGS 算法）中的循环顺序，使得 $\boldsymbol{R}$ 是逐列计算的.

10. 在 5.10 节中给出的复 QR 分解过程需要多少个 flop?

11. 写一个复矩阵的 Givens QR 分解算法，要求 $\boldsymbol{R}$ 的对角线非负. 见 5.1.13 节.

12. 证明：如果 $\boldsymbol{A}\in\mathbb{R}^{n\times n}$ 且 $\boldsymbol{a}_i=A(:,i)$，那么

$$|\det(\boldsymbol{A})| \leqslant \|\boldsymbol{a}_1\|_2\cdots\|\boldsymbol{a}_n\|_2.$$

提示：使用 QR 分解.

13. 假设 $m\geqslant n$, 给定 $\boldsymbol{A}\in\mathbb{R}^{m\times n}$. 构造一个正交矩阵 $\boldsymbol{Q}\in\mathbb{R}^{(m+n)\times(m+n)}$ 使得 $Q(1:m,1:n)$ 是 $\boldsymbol{A}$ 的标量倍. 提示：如果选择合适的 $\alpha\in\mathbb{R}$，则 $\boldsymbol{I}-\alpha^2\boldsymbol{A}^{\mathrm{T}}\boldsymbol{A}$ 有 Cholesky 分解.

14. 设 $\boldsymbol{A}\in\mathbb{R}^{m\times n}$. 仿照算法 5.2.4，说明如何使用 5.1 节习题 12 中的快速 Givens 变换计算 $\boldsymbol{M}\in\mathbb{R}^{m\times m}$，要求对角矩阵 $\boldsymbol{D}\in\mathbb{R}^{m\times m}$ 有正的对角线元素，使得 $\boldsymbol{M}^{\mathrm{T}}\boldsymbol{A}=\boldsymbol{S}$ 是上三角矩阵，且 $\boldsymbol{M}\boldsymbol{M}^{\mathrm{T}}=\boldsymbol{D}$. 将 $\boldsymbol{M}$ 和 $\boldsymbol{S}$ 与 $\boldsymbol{A}$ 的 QR 因子联系起来.

15. (并行 Givens QR 分解) 假设 $A \in \mathbb{R}^{9\times 3}$，我们组织一个 Givens QR 分解，使得次对角线元素在 10 个"时间步骤"的过程中被化为零，如下所示：

步骤	被化为零的元素		
$T=1$	(9,1)		
$T=2$	(8,1)		
$T=3$	(7,1)	(9,2)	
$T=4$	(6,1)	(8,2)	
$T=5$	(5,1)	(7,2)	(9,3)
$T=6$	(4,1)	(6,2)	(8,3)
$T=7$	(3,1)	(5,2)	(7,3)
$T=8$	(2,1)	(4,2)	(6,3)
$T=9$		(3,2)	(5,3)
$T=10$			(4,3)

假设平面上的旋转 $(i-1, i)$ 用于使矩阵的 (i, j) 元素化为零．因此，与任何给定时间步骤相关联的旋转涉及不相邻的行对，从而可以并行计算．例如，在时间步骤 $T=6$ 期间，有 (3, 4)、(5, 6)、(7, 8) 旋转．三个独立的处理器可以处理这三个修正．从这个例子外推到 $m \times n$ 的情形，说明如何在 $O(m+n)$ 时间步骤中计算 QR 分解．这些时间步骤中有多少会涉及 n 个"不重叠"的旋转?

5.3 满秩最小二乘问题

考虑如下问题：设 $m \geqslant n$，给定数据矩阵 $A \in \mathbb{R}^{m\times n}$ 和观察向量 $b \in \mathbb{R}^m$，找到向量 $x \in \mathbb{R}^n$ 使得 $Ax = b$．当方程个数多于未知量个数时，我们称方程组 $Ax = b$ 是超定的．超定方程组通常没有精确解，因为 b 必须是 $\mathbb{R}^m$ 的真子空间 $\mathrm{ran}(A)$ 中的一个元素．

这提示我们，可以考虑对某个适当选取的 p 极小化 $\| Ax - b \|_p$．不同的范数给出不同的最优解．例如，如果 $A = [\,1,\,1,\,1\,]^{\mathrm{T}}$，$b = [\,b_1,\,b_2,\,b_3\,]^{\mathrm{T}}$，其中 $b_1 \geqslant b_2 \geqslant b_3 \geqslant 0$，那么可以验证

$$
\begin{aligned}
p = 1 \quad &\Rightarrow \quad x_{\mathrm{opt}} = b_2, \\
p = 2 \quad &\Rightarrow \quad x_{\mathrm{opt}} = (b_1 + b_2 + b_3)/3, \\
p = \infty \quad &\Rightarrow \quad x_{\mathrm{opt}} = (b_1 + b_3)/2.
\end{aligned}
$$

在 1-范数和 ∞-范数情况下，极小化工作较复杂．事实上，对于这些 p 值，函数 $f(x) = \| Ax - b \|_p$ 不可微．然而，对于 1-范数和 ∞-范数的极小化，已经有一些可利用的好方法．参阅 Coleman and Li (1992), Li (1993), Zhang (1993).

与一般的 p-范数极小化相比，最小二乘问题（LS 问题）

$$
\min_{x\in\mathbb{R}^n} \| Ax - b \|_2 \tag{5.3.1}
$$

更易于处理，有以下两个原因.

- $\phi(\boldsymbol{x})=\frac{1}{2}\|\boldsymbol{A}\boldsymbol{x}-\boldsymbol{b}\|_2^2$ 是 $\boldsymbol{x}$ 的可微函数，所以，ϕ 取极小值时满足梯度方程 $\nabla\phi(\boldsymbol{x})=0$. 可以证明，这是一个容易结构化的对称线性方程组，当 $\boldsymbol{A}$ 是列满秩时它是正定的.
- 2-范数在正交变换下保持不变. 这意味着，我们可以寻求一个正交矩阵 $\boldsymbol{Q}$ 使得最小化 $\|(\boldsymbol{Q}^{\mathrm{T}}\boldsymbol{A})\boldsymbol{x}-(\boldsymbol{Q}^{\mathrm{T}}\boldsymbol{b})\|_2$ 的等价问题容易求解.

在本节中，对于 $\boldsymbol{A}$ 为列满秩的情形我们力求给出两种求解方法. 它们分别基于正规方程和 QR 分解，我们将详细讨论并做出比较.

5.3.1 满秩的本质

假定 $\boldsymbol{x}\in\mathbb{R}^n$, $\boldsymbol{z}\in\mathbb{R}^n$, $\alpha\in\mathbb{R}$，考虑等式

$$\|\boldsymbol{A}(\boldsymbol{x}+\alpha\boldsymbol{z})-\boldsymbol{b}\|_2^2 \;=\; \|\boldsymbol{A}\boldsymbol{x}-\boldsymbol{b}\|_2^2+2\alpha\boldsymbol{z}^{\mathrm{T}}\boldsymbol{A}^{\mathrm{T}}(\boldsymbol{A}\boldsymbol{x}-\boldsymbol{b})+\alpha^2\|\boldsymbol{A}\boldsymbol{z}\|_2^2,$$

其中 $\boldsymbol{A}\in\mathbb{R}^{m\times n}$, $\boldsymbol{b}\in\mathbb{R}^m$. 如果 $\boldsymbol{x}$ 是最小二乘问题 (5.3.1) 的解，则必有 $\boldsymbol{A}^{\mathrm{T}}(\boldsymbol{A}\boldsymbol{x}-\boldsymbol{b})=\boldsymbol{0}$. 否则，如果 $\boldsymbol{z}=-\boldsymbol{A}^{\mathrm{T}}(\boldsymbol{A}\boldsymbol{x}-\boldsymbol{b})$，且使 α 足够小，就会得到一个矛盾不等式 $\|\boldsymbol{A}(\boldsymbol{x}+\alpha\boldsymbol{z})-\boldsymbol{b}\|_2<\|\boldsymbol{A}\boldsymbol{x}-\boldsymbol{b}\|_2$. 我们还可得出结论，如果 $\boldsymbol{x}$ 和 $\boldsymbol{x}+\alpha\boldsymbol{z}$ 都是 LS 极小解，那么 $\boldsymbol{z}\in\mathsf{null}(\boldsymbol{A})$.

因此，如果 $\boldsymbol{A}$ 是列满秩矩阵，那么存在唯一 LS 解 $\boldsymbol{x}_{\mathrm{LS}}$，它满足对称正定线性方程组

$$\boldsymbol{A}^{\mathrm{T}}\boldsymbol{A}\boldsymbol{x}_{\mathrm{LS}} \;=\; \boldsymbol{A}^{\mathrm{T}}\boldsymbol{b}.$$

该方程组称为**正规方程组**. 注意，如果

$$\phi(\boldsymbol{x}) \;=\; \frac{1}{2}\|\boldsymbol{A}\boldsymbol{x}-\boldsymbol{b}\|_2^2,$$

那么

$$\nabla\phi(\boldsymbol{x}) \;=\; \boldsymbol{A}^{\mathrm{T}}(\boldsymbol{A}\boldsymbol{x}-\boldsymbol{b}).$$

因此，求解正规方程组等价于求解梯度方程 $\nabla\phi=\boldsymbol{0}$. 我们称

$$\boldsymbol{r}_{\mathrm{LS}} \;=\; \boldsymbol{b}-\boldsymbol{A}\boldsymbol{x}_{\mathrm{LS}}$$

为**极小残差**，使用记号

$$\rho_{\mathrm{LS}} \;=\; \|\boldsymbol{A}\boldsymbol{x}_{\mathrm{LS}}-\boldsymbol{b}\|_2$$

表示其大小. 注意，如果 ρ_{LS} 很小，那么我们可从 $\boldsymbol{A}$ 的列很好地“预测”出 $\boldsymbol{b}$.

至此，我们一直假设 $\boldsymbol{A}\in\mathbb{R}^{m\times n}$ 是列满秩矩阵，在 5.5 节可以去掉该假设. 然而，即使 $\mathsf{rank}(\boldsymbol{A})=n$，如果 $\boldsymbol{A}$ 是几乎秩亏损的，上述方法也会产生麻烦. SVD 可以用来证实这一事实. 如果

$$\boldsymbol{A}=\boldsymbol{U\Sigma V}^{\mathrm{T}}=\sum_{i=1}^{n}\sigma_i\boldsymbol{u}_i\boldsymbol{v}_i^{\mathrm{T}}$$

是满秩矩阵 $\boldsymbol{A}\in\mathbb{R}^{m\times n}$ 的 SVD，那么

$$\|\boldsymbol{Ax}-\boldsymbol{b}\|_2^2=\|(\boldsymbol{U}^{\mathrm{T}}\boldsymbol{AV})(\boldsymbol{V}^{\mathrm{T}}\boldsymbol{x})-\boldsymbol{U}^{\mathrm{T}}\boldsymbol{b}\|_2^2=\sum_{i=1}^{n}(\sigma_iy_i-(\boldsymbol{u}_i^{\mathrm{T}}\boldsymbol{b}))^2+\sum_{i=n+1}^{m}(\boldsymbol{u}_i^{\mathrm{T}}\boldsymbol{b})^2,$$

其中 $\boldsymbol{y}=\boldsymbol{V}^{\mathrm{T}}\boldsymbol{x}$. 对于 $i=1:n$ 令 $y_i=\boldsymbol{u}_i^{\mathrm{T}}\boldsymbol{b}/\sigma_i$，可知这个总和被最小化. 因此，

$$\boldsymbol{x}_{\mathrm{LS}}=\sum_{i=1}^{n}\frac{\boldsymbol{u}_i^{\mathrm{T}}\boldsymbol{b}}{\sigma_i}\boldsymbol{v}_i,\tag{5.3.2}$$

而且

$$\rho_{\mathrm{LS}}^2=\sum_{i=n+1}^{m}(\boldsymbol{u}_i^{\mathrm{T}}\boldsymbol{b})^2.\tag{5.3.3}$$

很明显，小奇异值的出现意味着 LS 解的敏感度. 扰动对最小平方和的影响不太清楚，需要进一步分析，我们将在下面给出. 在评估 LS 计算解 $\hat{\boldsymbol{x}}_{\mathrm{LS}}$ 的质量时，要记住以下两个重要问题.

- $\hat{\boldsymbol{x}}_{\mathrm{LS}}$ 和 $\boldsymbol{x}_{\mathrm{LS}}$ 有多接近?
- 与 $\boldsymbol{r}_{\mathrm{LS}}=\boldsymbol{b}-\boldsymbol{Ax}_{\mathrm{LS}}$ 相比，$\hat{\boldsymbol{r}}_{\mathrm{LS}}=\boldsymbol{b}-\boldsymbol{A}\hat{\boldsymbol{x}}_{\mathrm{LS}}$ 有多小?

这两个标准的相对重要性根据应用问题的变化而变化. 任何情形下，理解 $\boldsymbol{x}_{\mathrm{LS}}$ 和 $\boldsymbol{r}_{\mathrm{LS}}$ 是如何受 $\boldsymbol{A}$ 和 $\boldsymbol{b}$ 中的扰动的影响都是很重要的问题. 直觉告诉我们，如果 $\boldsymbol{A}$ 的列是几乎相关的，那么这些量可能非常敏感. 例如，假设

$$\boldsymbol{A}=\begin{bmatrix}1&0\\0&10^{-6}\\0&0\end{bmatrix},\quad\delta\boldsymbol{A}=\begin{bmatrix}0&0\\0&0\\0&10^{-8}\end{bmatrix},\quad\boldsymbol{b}=\begin{bmatrix}1\\0\\1\end{bmatrix},\quad\delta\boldsymbol{b}=\begin{bmatrix}0\\0\\0\end{bmatrix},$$

$\boldsymbol{x}_{\mathrm{LS}}$ 和 $\hat{\boldsymbol{x}}_{\mathrm{LS}}$ 分别最小化 $\|\boldsymbol{Ax}-\boldsymbol{b}\|_2$ 和 $\|(\boldsymbol{A}+\delta\boldsymbol{A})\boldsymbol{x}-(\boldsymbol{b}+\delta\boldsymbol{b})\|_2$. 如果 $\boldsymbol{r}_{\mathrm{LS}}$ 和 $\hat{\boldsymbol{r}}_{\mathrm{LS}}$ 是对应的最小残差，那么

$$\boldsymbol{x}_{\mathrm{LS}}=\begin{bmatrix}1\\0\end{bmatrix},\quad\hat{\boldsymbol{x}}_{\mathrm{LS}}=\begin{bmatrix}1\\0.9999\times10^4\end{bmatrix},$$

$$\boldsymbol{r}_{\mathrm{LS}} = \begin{bmatrix} 0 \\ 0 \\ 1 \end{bmatrix}, \quad \hat{\boldsymbol{r}}_{\mathrm{LS}} = \begin{bmatrix} 0 \\ -0.9999 \times 10^{-2} \\ 0.9999 \times 10^{0} \end{bmatrix}.$$

回忆一下，长方矩阵的 2-范数条件数是它的最大奇异值和最小奇异值的比值. 因为 $\kappa_2(\boldsymbol{A}) = 10^6$，我们有

$$\frac{\|\hat{\boldsymbol{x}}_{\mathrm{LS}} - \boldsymbol{x}_{\mathrm{LS}}\|_2}{\|\boldsymbol{x}_{\mathrm{LS}}\|_2} \approx 0.9999 \times 10^4 \quad \leqslant \kappa_2(\boldsymbol{A})^2 \frac{\|\delta \boldsymbol{A}\|_2}{\|\boldsymbol{A}\|_2} = 10^{12} \times 10^{-8},$$

$$\frac{\|\hat{\boldsymbol{r}}_{\mathrm{LS}} - \boldsymbol{r}_{\mathrm{LS}}\|_2}{\|\boldsymbol{b}\|_2} \approx 0.7070 \times 10^{-2} \leqslant \kappa_2(\boldsymbol{A}) \frac{\|\delta \boldsymbol{A}\|_2}{\|\boldsymbol{A}\|_2} = 10^6 \times 10^{-8}.$$

这个例子表明，$\boldsymbol{x}_{\mathrm{LS}}$ 的敏感度可能依赖于 $\kappa_2(\boldsymbol{A})^2$. 下面我们给出 LS 扰动理论来证实这种可能性.

5.3.2 正规方程组方法

正规方程组方法是求解满秩 LS 问题的一种广泛使用的方法.

算法 5.3.1 (正规方程组方法) 给定满足 $\mathsf{rank}(\boldsymbol{A}) = n$ 的 $\boldsymbol{A} \in \mathbb{R}^{m\times n}, \boldsymbol{b} \in \mathbb{R}^m$，算法计算最小化 $\|\boldsymbol{Ax} - \boldsymbol{b}\|_2$ 的向量 $\boldsymbol{x}_{\mathrm{LS}}$.

计算 $C = A^{\mathrm{T}}A$ 的下三角部分.

计算矩阵和向量的乘积 $d = A^{\mathrm{T}}b$.

计算 Cholesky 分解 $C = GG^{\mathrm{T}}$.

解 $Gy = d$ 和 $G^{\mathrm{T}}x_{\mathrm{LS}} = y$.

这个算法需要 $(m + n/3)n^2$ 个 flop. 正规方程组方法便于使用，因为它基于许多标准算法：Cholesky 分解、矩阵与矩阵的乘法、矩阵与向量的乘法. 将 $m \times n$ 数据矩阵 $\boldsymbol{A}$ 压缩到（通常）小得多的 $n \times n$ 外积矩阵 $\boldsymbol{C}$ 很有吸引力.

现在我们考虑正规方程组的计算解 $\hat{\boldsymbol{x}}_{\mathrm{LS}}$ 的精度. 为清晰起见，假设在 $\boldsymbol{C} = \boldsymbol{A}^{\mathrm{T}}\boldsymbol{A}$ 和 $\boldsymbol{d} = \boldsymbol{A}^{\mathrm{T}}\boldsymbol{b}$ 的形成过程中没有舍入误差产生. 根据我们对 Cholesky 分解舍入性质（见 4.2.6 节）的了解，可知

$$(\boldsymbol{A}^{\mathrm{T}}\boldsymbol{A} + \boldsymbol{E})\hat{\boldsymbol{x}}_{\mathrm{LS}} = \boldsymbol{A}^{\mathrm{T}}\boldsymbol{b},$$

其中

$$\|\boldsymbol{E}\|_2 \approx \mathbf{u}\|\boldsymbol{A}^{\mathrm{T}}\|_2\|\boldsymbol{A}\|_2 = \mathbf{u}\|\boldsymbol{A}^{\mathrm{T}}\boldsymbol{A}\|_2.$$

因此我们可以预期

$$\frac{\|\hat{\boldsymbol{x}}_{\mathrm{LS}} - \boldsymbol{x}_{\mathrm{LS}}\|_2}{\|\boldsymbol{x}_{\mathrm{LS}}\|_2} \approx \mathbf{u}\kappa_2(\boldsymbol{A}^{\mathrm{T}}\boldsymbol{A}) = \mathbf{u}\kappa_2(\boldsymbol{A})^2. \tag{5.3.4}$$

换句话说，正规方程组计算解的精度取决于条件数的平方．正规方程组方法舍入误差的详细分析请参见 Higham (ASNA, 20.4 节).

应该注意的是，形成 $A^{\mathrm{T}}A$ 的过程会导致巨大的信息丢失．如果

$$A = \begin{bmatrix} 1 & 1 \\ \sqrt{\mathbf{u}} & 0 \\ 0 & \sqrt{\mathbf{u}} \end{bmatrix},$$

那么 $\kappa_2(A) \approx \sqrt{\mathbf{u}}$．然而，

$$\mathsf{fl}(A^{\mathrm{T}}A) = \begin{bmatrix} 1 & 1 \\ 1 & 1 \end{bmatrix}$$

确实是奇异矩阵．因此，对于不是特别接近于数值秩亏损的矩阵，正规方程组方法不适用．

5.3.3 用 QR 分解求 LS 问题

设 $m \geqslant n$，给定 $A \in \mathbb{R}^{m \times n}$, $b \in \mathbb{R}^m$，假定已计算得出正交矩阵 $Q \in \mathbb{R}^{m \times m}$ 使得

$$Q^{\mathrm{T}}A = R = \begin{bmatrix} R_1 \\ 0 \end{bmatrix} \begin{matrix} n \\ m-n \end{matrix} \tag{5.3.5}$$

是上三角矩阵．如果

$$Q^{\mathrm{T}}b = \begin{bmatrix} c \\ d \end{bmatrix} \begin{matrix} n \\ m-n \end{matrix},$$

那么对任意 $x \in \mathbb{R}^n$ 有

$$\| Ax - b \|_2^2 = \| Q^{\mathrm{T}}Ax - Q^{\mathrm{T}}b \|_2^2 = \| R_1x - c \|_2^2 + \| d \|_2^2.$$

因为 $\mathsf{rank}(A) = \mathsf{rank}(R_1) = n$，所以 x_{LS} 由上三角方程组

$$R_1 x_{\mathrm{LS}} = c$$

定义．注意

$$\rho_{\mathrm{LS}} = \| d \|_2.$$

我们看到，一旦计算出 A 的 QR 分解，满秩的 LS 问题就很容易求解．细节依赖于精确的 QR 分解．如果使用 Householder 矩阵且对 b 采用 Q^{T} 的因子形式，就得到以下算法．

算法 5.3.2 (Householder LS 解法) 给定列满秩矩阵 $A \in \mathbb{R}^{m \times n}$ 和 $b \in \mathbb{R}^m$，算法计算使得 $\| Ax_{\mathrm{LS}} - b \|_2$ 极小化的向量 $x_{\mathrm{LS}} \in \mathbb{R}^n$.

利用算法 5.2.1 计算 A 的 QR 分解，并覆盖 A.

for $j = 1:n$

$$v = \begin{bmatrix} 1 \\ A(j+1:m, j) \end{bmatrix}$$

$$\beta = 2/v^{\mathrm{T}}v$$

$$b(j:m) = b(j:m) - \beta(v^{\mathrm{T}}b(j:m))v$$

end

求解 $R(1:n, 1:n)\,x_{\mathrm{LS}} = b(1:n)$.

该算法求解满秩 LS 问题需要 $2n^2(m-n/3)$ 个 flop. 修正 $\boldsymbol{b}$ 需要 $O(mn)$ 个 flop，向后消去需要 $O(n^2)$ 个 flop，这些计算量与分解 $\boldsymbol{A}$ 的工作量相比太小了.

可以证明，计算出的 $\hat{\boldsymbol{x}}_{\mathrm{LS}}$ 满足

$$\min \| (\boldsymbol{A}+\delta\boldsymbol{A})\boldsymbol{x} - (\boldsymbol{b}+\delta\boldsymbol{b}) \|_2, \tag{5.3.6}$$

其中

$$\| \delta\boldsymbol{A} \|_F \leqslant (6m-3n+41)\,n\,\mathbf{u}\| \boldsymbol{A} \|_F + O(\mathbf{u}^2), \tag{5.3.7}$$

$$\| \delta\boldsymbol{b} \|_2 \leqslant (6m-3n+40)\,n\,\mathbf{u}\| \boldsymbol{b} \|_2 + O(\mathbf{u}^2). \tag{5.3.8}$$

Lawson and Hanson (SLS, 第 90 页) 给出上述两个不等式，并证明 $\hat{\boldsymbol{x}}_{\mathrm{LS}}$ 满足一个“近似” LS 问题.（没有 LS 扰动理论，我们不能讨论 $\hat{\boldsymbol{x}}_{\mathrm{LS}}$ 的相对误差，稍后讨论该理论.）顺便说一下，如果应用 Givens QR 分解，也有类似的结果成立.

5.3.4 几乎秩亏损时算法不适用

正如正规方程组方法，如果 $\mathrm{rank}(\boldsymbol{A}) < n$，那么求解 LS 问题的 Householder 方法就会在向后消去阶段失败. 数值上，如果 $\kappa_2(\boldsymbol{A}) = \kappa_2(\boldsymbol{R}) \approx 1/\mathbf{u}$ 就会出现麻烦. 前面我们已经看到，对于正规方程组方法，一旦 $\kappa_2(\boldsymbol{A})$ 在 $1/\sqrt{\mathbf{u}}$ 的邻域中，Cholesky 分解能否完成就是个问题. 因此，Lawson and Hanson (SLS, 第 126–127 页) 断言，对于固定的机器精度，使用 Householder 正交化方法能够求解更广泛类型的 LS 问题.

5.3.5 MGS 算法的注记

原则上，MGS 算法计算窄 QR 分解 $\boldsymbol{A} = \boldsymbol{Q}_1\boldsymbol{R}_1$. 对于求解满秩的 LS 问题，这是足够的，因为它将正规方程组 $(\boldsymbol{A}^{\mathrm{T}}\boldsymbol{A})\boldsymbol{x} = \boldsymbol{A}^{\mathrm{T}}\boldsymbol{b}$ 变换成上三角方程组 $\boldsymbol{R}_1\boldsymbol{x} = \boldsymbol{Q}_1^{\mathrm{T}}\boldsymbol{b}$. 但是，当 $\boldsymbol{Q}_1^{\mathrm{T}}\boldsymbol{b}$ 显式地形成时，分析该方法要引入一个 $\kappa_2(\boldsymbol{A})^2$ 项. 这是因为所计算的因子 $\hat{\boldsymbol{Q}}_1$ 满足 $\| \hat{\boldsymbol{Q}}_1^{\mathrm{T}}\hat{\boldsymbol{Q}}_1 - \boldsymbol{I}_n \|_2 \approx \mathbf{u}\kappa_2(\boldsymbol{A})$，参见 5.2.9 节.

然而，如果将 MGS 算法应用于增广矩阵

$$A_+ = [\,A \mid b\,] = [\,Q_1 \mid q_{n+1}\,]\begin{bmatrix} R_1 & z \\ 0 & \rho \end{bmatrix},$$

那么 $z = Q_1^{\mathrm{T}} b$. 按这种方法计算 $Q_1^{\mathrm{T}} b$，然后求解 $R_1 x_{\mathrm{LS}} = z$，得到的 LS 解 $\hat{x}_{\mathrm{LS}}$ 与用 Householder QR 方法得到的解"一样好". 也就是说，形如 (5.3.6)–(5.3.8) 的结果是可用的. 参见 Björck and Paige (1992).

应该注意的是，MGS 算法总是处理 m 维向量，而在 Householder QR 分解算法执行中，所处理向量的长度越来越短，所以前者的运算量比后者稍大一些.

5.3.6　LS 问题的敏感度

现在我们介绍扰动理论，借此对求解满秩 LS 问题的正规方程组方法和 QR 分解方法加以比较. LS 敏感度分析有着悠久而迷人的历史. Grcar (2009, 2010) 比较了几十年来文献中出现的十几种不同的结果，下面的定理取自他的分析.

考虑 LS 问题的解和残差是如何受 A 和 b 的变化影响的，从而揭示 LS 问题的条件数. 证明中使用了关于 $A \in \mathbb{R}^{m\times n}$ 的以下 4 个事实，假设 $m > n$.

$$\begin{aligned} 1 &= \| A(A^{\mathrm{T}}A)^{-1}A^{\mathrm{T}} \|_2, & \frac{1}{\sigma_n(A)} &= \| (A^{\mathrm{T}}A)^{-1}A^{\mathrm{T}} \|_2, \\ 1 &= \| I - A(A^{\mathrm{T}}A)^{-1}A^{\mathrm{T}} \|_2, & \frac{1}{\sigma_n(A)^2} &= \| (A^{\mathrm{T}}A)^{-1} \|_2. \end{aligned} \tag{5.3.9}$$

容易用 SVD 验证上述等式.

定理 5.3.1 假定 $x_{\mathrm{LS}}, r_{\mathrm{LS}}, \hat{x}_{\mathrm{LS}}, \hat{r}_{\mathrm{LS}}$ 满足

$$\begin{aligned} \| Ax_{\mathrm{LS}} - b \|_2 &= \min, & r_{\mathrm{LS}} &= b - Ax_{\mathrm{LS}}, \\ \| (A+\delta A)\hat{x}_{\mathrm{LS}} - (b+\delta b) \|_2 &= \min, & \hat{r}_{\mathrm{LS}} &= (b+\delta b) - (A+\delta A)\hat{x}_{\mathrm{LS}}, \end{aligned}$$

其中 A 的秩为 n，$\| \delta A \|_2 < \sigma_n(A)$. 假设 $b, r_{\mathrm{LS}}, x_{\mathrm{LS}}$ 都不为零. 用

$$\sin(\theta_{LS}) = \frac{\| r_{\mathrm{LS}} \|_2}{\| b \|_2}$$

定义 $\theta_{\mathrm{LS}} \in (0, \pi/2)$. 如果

$$\epsilon = \max\left\{ \frac{\| \delta A \|_2}{\| A \|_2}, \frac{\| \delta b \|_2}{\| b \|_2} \right\}$$

且

$$\nu_{\mathrm{LS}} = \frac{\| Ax_{\mathrm{LS}} \|_2}{\sigma_n(A) \| x_{\mathrm{LS}} \|_2}, \tag{5.3.10}$$

那么

$$\frac{\|\hat{\boldsymbol{x}}_{\rm LS}-\boldsymbol{x}_{\rm LS}\|_2}{\|\boldsymbol{x}_{\rm LS}\|_2} \leqslant \epsilon\left\{\frac{\nu_{\rm LS}}{\cos(\theta_{\rm LS})}+\left[1+\nu_{\rm LS}\tan(\theta_{\rm LS})\right]\kappa_2(\boldsymbol{A})\right\}+O(\epsilon^2), \quad (5.3.11)$$

$$\frac{\|\hat{\boldsymbol{r}}_{\rm LS}-\boldsymbol{r}_{\rm LS}\|_2}{\|\boldsymbol{r}_{\rm LS}\|_2} \leqslant \epsilon\left\{\frac{1}{\sin(\theta_{\rm LS})}+\left[\frac{1}{\nu_{\rm LS}\tan(\theta_{\rm LS})}+1\right]\kappa_2(\boldsymbol{A})\right\}+O(\epsilon^2). \quad (5.3.12)$$

证明 设 $\boldsymbol{E}$ 和 $\boldsymbol{f}$ 定义为 $\boldsymbol{E}=\delta\boldsymbol{A}/\epsilon$ 和 $\boldsymbol{f}=\delta\boldsymbol{b}/\epsilon$. 根据定理 2.5.2，对于所有 $t\in[0,\epsilon]$ 有 $\mathsf{rank}(\boldsymbol{A}+t\boldsymbol{E})=n$. 由此推出，对于所有 $t\in[0,\epsilon]$，

$$(\boldsymbol{A}+t\boldsymbol{E})^{\rm T}(\boldsymbol{A}+t\boldsymbol{E})\boldsymbol{x}(t) = (\boldsymbol{A}+t\boldsymbol{E})^{\rm T}(\boldsymbol{b}+t\boldsymbol{f}) \quad (5.3.13)$$

的解 $\boldsymbol{x}(t)$ 是连续可微的. 因为 $\boldsymbol{x}_{\rm LS}=\boldsymbol{x}(0)$, $\hat{\boldsymbol{x}}_{\rm LS}=\boldsymbol{x}(\epsilon)$，我们有

$$\hat{\boldsymbol{x}}_{\rm LS} = \boldsymbol{x}_{\rm LS} + \epsilon\dot{\boldsymbol{x}}(0) + O(\epsilon^2).$$

对上式取范数并除以 $\|\boldsymbol{x}_{\rm LS}\|_2$，得到

$$\frac{\|\hat{\boldsymbol{x}}_{\rm LS}-\boldsymbol{x}_{\rm LS}\|_2}{\|\boldsymbol{x}_{\rm LS}\|_2}=\epsilon\frac{\|\dot{\boldsymbol{x}}(0)\|_2}{\|\boldsymbol{x}_{\rm LS}\|_2}+O(\epsilon^2). \quad (5.3.14)$$

为了界定 $\|\dot{\boldsymbol{x}}(0)\|_2$，对 (5.3.13) 求导，在结果中取 $t=0$. 这就给出

$$\boldsymbol{E}^{\rm T}\boldsymbol{A}\boldsymbol{x}_{\rm LS}+\boldsymbol{A}^{\rm T}\boldsymbol{E}\boldsymbol{x}_{\rm LS}+\boldsymbol{A}^{\rm T}\boldsymbol{A}\dot{\boldsymbol{x}}(0) = \boldsymbol{A}^{\rm T}\boldsymbol{f}+\boldsymbol{E}^{\rm T}\boldsymbol{b},$$

也就是

$$\dot{\boldsymbol{x}}(0) = (\boldsymbol{A}^{\rm T}\boldsymbol{A})^{-1}\boldsymbol{A}^{\rm T}(\boldsymbol{f}-\boldsymbol{E}\boldsymbol{x}_{\rm LS})+(\boldsymbol{A}^{\rm T}\boldsymbol{A})^{-1}\boldsymbol{E}^{\rm T}\boldsymbol{r}_{\rm LS}. \quad (5.3.15)$$

利用 (5.3.9) 以及不等式 $\|\boldsymbol{f}\|_2\leqslant\|\boldsymbol{b}\|_2$ 和 $\|\boldsymbol{E}\|_2\leqslant\|\boldsymbol{A}\|_2$，可得

$$\begin{aligned}\|\dot{\boldsymbol{x}}(0)\| &\leqslant \|(\boldsymbol{A}^{\rm T}\boldsymbol{A})^{-1}\boldsymbol{A}^{\rm T}\boldsymbol{f}\|_2+\|(\boldsymbol{A}^{\rm T}\boldsymbol{A})^{-1}\boldsymbol{A}^{\rm T}\boldsymbol{E}\boldsymbol{x}_{\rm LS}\|_2+\|(\boldsymbol{A}^{\rm T}\boldsymbol{A})^{-1}\boldsymbol{E}^{\rm T}\boldsymbol{r}_{\rm LS}\|_2\\ &\leqslant \frac{\|\boldsymbol{b}\|_2}{\sigma_n(\boldsymbol{A})}+\frac{\|\boldsymbol{A}\|_2\|\boldsymbol{x}_{\rm LS}\|_2}{\sigma_n(\boldsymbol{A})}+\frac{\|\boldsymbol{A}\|_2\|\boldsymbol{r}_{\rm LS}\|_2}{\sigma_n(\boldsymbol{A})^2}.\end{aligned}$$

将其代入 (5.3.14)，得到

$$\frac{\|\hat{\boldsymbol{x}}_{\rm LS}-\boldsymbol{x}_{\rm LS}\|_2}{\|\boldsymbol{x}_{\rm LS}\|_2} \leqslant \epsilon\left(\frac{\|\boldsymbol{b}\|_2}{\sigma_n(\boldsymbol{A})\|\boldsymbol{x}_{\rm LS}\|_2}+\frac{\|\boldsymbol{A}\|_2}{\sigma_n(\boldsymbol{A})}+\frac{\|\boldsymbol{A}\|_2\|\boldsymbol{r}_{\rm LS}\|_2}{\sigma_n(\boldsymbol{A})^2\|\boldsymbol{x}_{\rm LS}\|_2}\right)+O(\epsilon^2).$$

不等式 (5.3.11) 源于 $\kappa_2(\boldsymbol{A})$ 和 $\nu_{\rm LS}$ 的定义以及恒等式

$$\cos(\theta_{\rm LS}) = \frac{\|\boldsymbol{A}\boldsymbol{x}_{\rm LS}\|_2}{\|\boldsymbol{b}\|_2}, \quad \tan(\theta_{\rm LS}) = \frac{\|\boldsymbol{r}_{\rm LS}\|_2}{\|\boldsymbol{A}\boldsymbol{x}_{\rm LS}\|_2}. \quad (5.3.16)$$

可类似证明残差界 (5.3.12). 定义可微向量函数 $\boldsymbol{r}(t)$ 为

$$\boldsymbol{r}(t) \;=\; (\boldsymbol{b}+t\boldsymbol{f}) - (\boldsymbol{A}+t\boldsymbol{E})\boldsymbol{x}(t),$$

注意到 $\boldsymbol{r}_{\rm LS} = \boldsymbol{r}(0)$, $\hat{\boldsymbol{r}}_{\rm LS} = \boldsymbol{r}(\epsilon)$，从而我们有

$$\frac{\|\,\hat{\boldsymbol{r}}_{\rm LS} - \boldsymbol{r}_{\rm LS}\,\|_2}{\|\,\boldsymbol{r}_{\rm LS}\,\|_2} = \epsilon\frac{\|\,\dot{\boldsymbol{r}}(0)\,\|_2}{\|\,\boldsymbol{r}_{\rm LS}\,\|_2} + O(\epsilon^2). \tag{5.3.17}$$

由 (5.3.15) 可知

$$\dot{\boldsymbol{r}}(0) \;=\; \left(\boldsymbol{I} - \boldsymbol{A}(\boldsymbol{A}^{\rm T}\boldsymbol{A})^{-1}\boldsymbol{A}^{\rm T}\right)(\boldsymbol{f} - \boldsymbol{E}\boldsymbol{x}_{\rm LS}) - \boldsymbol{A}(\boldsymbol{A}^{\rm T}\boldsymbol{A})^{-1}\boldsymbol{E}^{\rm T}\boldsymbol{r}_{\rm LS}.$$

取范数，利用 (5.3.9) 以及不等式 $\|\,\boldsymbol{f}\,\|_2 \leqslant \|\,\boldsymbol{b}\,\|_2$ 和 $\|\,\boldsymbol{E}\,\|_2 \leqslant \|\,\boldsymbol{A}\,\|_2$，得到

$$\|\,\dot{\boldsymbol{r}}(0)\,\|_2 \;\leqslant\; \|\,\boldsymbol{b}\,\|_2 + \|\,\boldsymbol{A}\,\|_2\|\,\boldsymbol{x}_{\rm LS}\,\|_2 + \frac{\|\,\boldsymbol{A}\,\|_2\|\,\boldsymbol{r}_{\rm LS}\,\|_2}{\sigma_n(\boldsymbol{A})},$$

由 (5.3.17) 可知

$$\frac{\|\,\hat{\boldsymbol{r}}_{\rm LS} - \boldsymbol{r}_{\rm LS}\,\|_2}{\|\,\boldsymbol{r}_{\rm LS}\,\|_2} \;\leqslant\; \frac{\|\,\boldsymbol{b}\,\|_2}{\|\,\boldsymbol{r}_{\rm LS}\,\|_2} + \frac{\|\,\boldsymbol{A}\,\|_2\|\,\boldsymbol{x}_{\rm LS}\,\|_2}{\|\,\boldsymbol{r}_{\rm LS}\,\|_2} + \frac{\|\,\boldsymbol{A}\,\|_2}{\sigma_n(\boldsymbol{A})}.$$

从 $\kappa_2(\boldsymbol{A})$ 和 $\nu_{\rm LS}$ 的定义以及恒等式 (5.3.16) 可得不等式 (5.3.12). □

把 (5.3.11) 的上界转换为 $\kappa_2(\boldsymbol{A})^2$ 的一个界，恒等条件具有指导意义. 5.3.1 节的示例表明，这个因子可能出现在 LS 的条件数中. 然而，该定理表明，情况更为微妙. 注意

$$\nu_{\rm LS} \;=\; \frac{\|\,\boldsymbol{A}\boldsymbol{x}_{\rm LS}\,\|_2}{\sigma_n(\boldsymbol{A})\|\,\boldsymbol{x}_{\rm LS}\,\|_2} \;\leqslant\; \frac{\|\,\boldsymbol{A}\,\|_2}{\sigma_n(\boldsymbol{A})} \;=\; \kappa_2(\boldsymbol{A}).$$

SVD 展开 (5.3.2) 表明，如果 $\boldsymbol{b}$ 在左奇异向量 $\boldsymbol{u}_n$ 方向上有一个适中的分量，那么

$$\nu_{\rm LS} \;\approx\; \kappa_2(\boldsymbol{A}).$$

如果是这种情况，且 $\theta_{\rm LS}$ 能被 $\pi/2$ 充分界定，那么不等式 (5.3.11) 本质上就是说

$$\frac{\|\,\hat{\boldsymbol{x}}_{\rm LS} - \boldsymbol{x}_{\rm LS}\,\|_2}{\|\,\boldsymbol{x}_{\rm LS}\,\|_2} \;\approx\; \epsilon\left(\kappa_2(\boldsymbol{A}) + \frac{\rho_{\rm LS}}{\|\,\boldsymbol{b}\,\|_2}\kappa_2(\boldsymbol{A})^2\right). \tag{5.3.18}$$

虽然这种简单的 LS 敏感度估计几乎总是适用，但重要的是要记住，特定的 LS 问题的真实条件数取决于 $\nu_{\rm LS}$, $\theta_{\rm LS}$, $\kappa_2(\boldsymbol{A})$.

关于残差的扰动，我们观察到，残差结果 (5.3.12) 的上界比解 (5.3.11) 的上界少了一个因子 $\nu_{\rm LS}\tan(\theta_{\rm LS})$. 我们还观察到，如果 $\theta_{\rm LS}$ 能由 0 和 $\pi/2$ 充分界定，那么 (5.3.12) 本质上就是说

$$\frac{\|\,\hat{\boldsymbol{r}}_{\rm LS} - \boldsymbol{r}_{\rm LS}\,\|_2}{\|\,\boldsymbol{r}_{\rm LS}\,\|_2} \;\approx\; \epsilon\kappa_2(\boldsymbol{A}). \tag{5.3.19}$$

要进一步了解定理 5.3.1 背后的微妙之处，参见 Wedin (1973), Vandersluis (1975), Björck (NMLS, 第 30 页), Higham (ASNA, 第 382 页), Grcar(2010).

5.3.7 正规方程组法与 QR 分解

利用定理 5.3.1 比较满秩 LS 问题的正规方程组方法和 QR 分解方法具有指导意义.

- 正规方程组方法生成 $\hat{\boldsymbol{x}}_{\text{LS}}$，其相对误差取决于 $\kappa_2(\boldsymbol{A})^2$，比相应于“小残差”LS 问题条件数更大的一个因子.
- QR 分解方法（Householder 方法、Givens 方法、细化的 MGS 方法）求解近似的 LS 问题. 因此，这些方法得出的计算解的相对误差是由所执行的 LS 问题的条件数“预测”的.

因此，QR 分解更适用于 $\boldsymbol{b}$ 接近于 $\boldsymbol{A}$ 的列张成的空间的情况.

最后，我们给出 QR 分解方法与正规方程组方法涉及的另外两个因素. 第一，当 $m \gg n$ 时，正规方程组方法只需大约一半的运算，且不需要那么大的存储空间，假设需要 $Q(:\ 1:n)$. 第二，QR 分解方法适用于更广泛的 LS 问题. 这是因为，如果 $\kappa_2(\boldsymbol{A}) \approx 1/\sqrt{\mathbf{u}}$，正规方程组方法中的 Cholesky 求解会遇到麻烦，而 QR 分解方法中的 $\boldsymbol{R}$ 求解步骤只在 $\kappa_2(\boldsymbol{A}) \approx 1/\mathbf{u}$ 的情况下才有麻烦. 综上所述，选择“正确的”算法需要仔细权衡.

5.3.8 迭代改进

Björck (1967, 1968) 分析了改善 LS 近似解的技术. 其基于如下思想，如果

$$\begin{bmatrix} \boldsymbol{I}_m & \boldsymbol{A} \\ \boldsymbol{A}^{\mathrm{T}} & \mathbf{0} \end{bmatrix} \begin{bmatrix} \boldsymbol{r} \\ \boldsymbol{x} \end{bmatrix} = \begin{bmatrix} \boldsymbol{b} \\ \mathbf{0} \end{bmatrix}, \quad \boldsymbol{A} \in \mathbb{R}^{m\times n}, \quad \boldsymbol{b} \in \mathbb{R}^m, \tag{5.3.20}$$

那么 $\|\boldsymbol{b} - \boldsymbol{A}\boldsymbol{x}\|_2 = \min$. 这是因为 $\boldsymbol{r} + \boldsymbol{A}\boldsymbol{x} = \boldsymbol{b}$ 和 $\boldsymbol{A}^{\mathrm{T}}\boldsymbol{r} = \mathbf{0}$ 蕴涵 $\boldsymbol{A}^{\mathrm{T}}\boldsymbol{A}\boldsymbol{x} = \boldsymbol{A}^{\mathrm{T}}\boldsymbol{b}$. 如果 $\text{rank}(\boldsymbol{A}) = n$（下面假设该条件成立），那么上述增广方程组非奇异. 把 LS 问题化为方形线性方程组后，可应用 3.5.3 节的迭代改进形式：

$r^{(0)} = 0,\ x^{(0)} = 0$

for $k = 0, 1, \cdots$

$$\begin{bmatrix} f^{(k)} \\ g^{(k)} \end{bmatrix} = \begin{bmatrix} b \\ 0 \end{bmatrix} - \begin{bmatrix} I & A \\ A^{\mathrm{T}} & 0 \end{bmatrix} \begin{bmatrix} r^{(k)} \\ x^{(k)} \end{bmatrix}$$

$$\begin{bmatrix} I & A \\ A^{\mathrm{T}} & 0 \end{bmatrix} \begin{bmatrix} p^{(k)} \\ z^{(k)} \end{bmatrix} = \begin{bmatrix} f^{(k)} \\ g^{(k)} \end{bmatrix}$$

$$\begin{bmatrix} r^{(k+1)} \\ x^{(k+1)} \end{bmatrix} = \begin{bmatrix} r^{(k)} \\ x^{(k)} \end{bmatrix} + \begin{bmatrix} p^{(k)} \\ z^{(k)} \end{bmatrix}$$

end

必须用较高的精度来计算残差 $\boldsymbol{f}^{(k)}$ 和 $\boldsymbol{g}^{(k)}$，为此要保留原始 $\boldsymbol{A}$ 的副本.

如果有了 $\boldsymbol{A}$ 的 QR 分解，那么很容易获得增广方程组的解．特别地，如果 $\boldsymbol{A}=\boldsymbol{QR}$, $\boldsymbol{R}_1=R(1:n,1:n)$，那么形如

$$\begin{bmatrix} \boldsymbol{I} & \boldsymbol{A} \\ \boldsymbol{A}^{\mathrm{T}} & \boldsymbol{0} \end{bmatrix}\begin{bmatrix} \boldsymbol{p} \\ \boldsymbol{z} \end{bmatrix}=\begin{bmatrix} \boldsymbol{f} \\ \boldsymbol{g} \end{bmatrix}$$

的方程组变换为

$$\begin{bmatrix} \boldsymbol{I}_n & \boldsymbol{0} & \boldsymbol{R}_1 \\ \boldsymbol{0} & \boldsymbol{I}_{m-n} & \boldsymbol{0} \\ \boldsymbol{R}_1^{\mathrm{T}} & \boldsymbol{0} & \boldsymbol{0} \end{bmatrix}\begin{bmatrix} \boldsymbol{h} \\ \boldsymbol{f}_2 \\ \boldsymbol{z} \end{bmatrix}=\begin{bmatrix} \boldsymbol{f}_1 \\ \boldsymbol{f}_2 \\ \boldsymbol{g} \end{bmatrix},$$

其中

$$\boldsymbol{Q}^{\mathrm{T}}\boldsymbol{f}=\begin{bmatrix} \boldsymbol{f}_1 \\ \boldsymbol{f}_2 \end{bmatrix}\begin{matrix} n \\ m-n \end{matrix},\quad \boldsymbol{Q}^{\mathrm{T}}\boldsymbol{p}=\begin{bmatrix} \boldsymbol{h} \\ \boldsymbol{f}_2 \end{bmatrix}\begin{matrix} n \\ m-n \end{matrix}.$$

因此，通过解三角方程组 $\boldsymbol{R}_1^{\mathrm{T}}\boldsymbol{h}=\boldsymbol{g}$ 和 $\boldsymbol{R}_1\boldsymbol{z}=\boldsymbol{f}_1-\boldsymbol{h}$，并令

$$\boldsymbol{p}=\boldsymbol{Q}\begin{bmatrix} \boldsymbol{h} \\ \boldsymbol{f}_2 \end{bmatrix},$$

就可得到 $\boldsymbol{p}$ 和 $\boldsymbol{z}$．假定 $\boldsymbol{Q}$ 是以因子形式存储的，那么每一次迭代需要 $8mn-2n^2$ 个 flop.

使迭代成功的关键在于同时修正 LS 的残差和解，而不仅仅是解本身．Björck (1968) 证明了，如果 $\kappa_2(\boldsymbol{A})\approx\beta^q$，用 β 进制的 t 位有效数字运算，那么只要用双精度计算残差，$\boldsymbol{x}^{(k)}$ 约有 $k(t-q)$ 位准确数字．注意，这个直观分析中出现的是 $\kappa_2(\boldsymbol{A})$，而不是 $\kappa_2(\boldsymbol{A})^2$.

5.3.9　三维空间中的点、线、面的近似问题

计算机图形学和计算机视觉领域充满了许多有趣的矩阵问题．下面给出三个几何上的“近似”问题，涉及三维空间中的点、线、面．每一个都是具有简单闭合式解的高度结构化的最小二乘问题．运用三角函数很自然地引出向量外积，所以我们先快速回顾一下这个重要运算.

向量 $\boldsymbol{p}\in\mathbb{R}^3$ 与向量 $\boldsymbol{q}\in\mathbb{R}^3$ 的外积定义为

$$\boldsymbol{p}\times\boldsymbol{q}=\begin{bmatrix} p_2q_3-p_3q_2 \\ p_3q_1-p_1q_3 \\ p_1q_2-p_2q_1 \end{bmatrix}.$$

这个运算可以用矩阵和向量的乘积来表示. 对于任何 $\boldsymbol{v} \in \mathbb{R}^3$，用

$$\boldsymbol{v}^c = \begin{bmatrix} 0 & -v_3 & v_2 \\ v_3 & 0 & -v_1 \\ -v_2 & v_1 & 0 \end{bmatrix}$$

定义反称矩阵 $\boldsymbol{v}^c$. 从而我们有

$$\boldsymbol{p} \times \boldsymbol{q} = \boldsymbol{p}^c\boldsymbol{q} = -\boldsymbol{q}^c\boldsymbol{p} = -(\boldsymbol{q} \times \boldsymbol{p}).$$

利用 $\boldsymbol{p}^c$ 和 $\boldsymbol{q}^c$ 的反称性，容易证明

$$\boldsymbol{p} \times \boldsymbol{q} \in \mathsf{span}\{\boldsymbol{p}, \boldsymbol{q}\}^{\perp}. \tag{5.3.21}$$

其他性质包括

$$(\boldsymbol{p} \times \boldsymbol{q}) \times \boldsymbol{r} = (\boldsymbol{p}^c\boldsymbol{q})^c\boldsymbol{r} = \left(\boldsymbol{q}\boldsymbol{p}^{\mathrm{T}} - \boldsymbol{p}\boldsymbol{q}^{\mathrm{T}}\right)\boldsymbol{r} = (\boldsymbol{p}^{\mathrm{T}}\boldsymbol{r})\boldsymbol{q} - (\boldsymbol{q}^{\mathrm{T}}\boldsymbol{r})\boldsymbol{p}, \tag{5.3.22}$$

$$(\boldsymbol{p} \times \boldsymbol{q})^{\mathrm{T}}(\boldsymbol{r} \times \boldsymbol{s}) = (\boldsymbol{p}^c\boldsymbol{q})^{\mathrm{T}}(\boldsymbol{r}^c\boldsymbol{s}) = \mathsf{det}([\boldsymbol{p}\ \boldsymbol{q}]^{\mathrm{T}}[\boldsymbol{r}\ \boldsymbol{s}]), \tag{5.3.23}$$

$$\boldsymbol{p}^c\boldsymbol{p}^c = \boldsymbol{p}\boldsymbol{p}^{\mathrm{T}} - \|\boldsymbol{p}\|_2^2\boldsymbol{I}_3, \tag{5.3.24}$$

$$\|\boldsymbol{p}^c\boldsymbol{q}\|_2^2 = \|\boldsymbol{p}\|_2^2\|\boldsymbol{q}\|_2^2\left(1 - \left(\frac{\boldsymbol{p}^{\mathrm{T}}\boldsymbol{q}}{\|\boldsymbol{p}\|_2\|\boldsymbol{q}\|_2}\right)^2\right). \tag{5.3.25}$$

现在我们陈述这三个问题，给出它们的理论解. 有关如何验证解的正确性，请参见习题 13–15.

问题 1. 给定一条直线 L 和一个点 $\boldsymbol{y}$，找到 L 上的点 $\boldsymbol{z}^{\mathrm{opt}}$ 使其最接近 $\boldsymbol{y}$，即解

$$\min_{\boldsymbol{z} \in L} \|\boldsymbol{z} - \boldsymbol{y}\|_2.$$

如果 L 通过不同的点 $\boldsymbol{p}_1$ 和 $\boldsymbol{p}_2$，那么我们有

$$\boldsymbol{z}^{\mathrm{opt}} = \boldsymbol{y} + \frac{1}{\boldsymbol{v}^{\mathrm{T}}\boldsymbol{v}}\boldsymbol{v}^c\boldsymbol{v}^c(\boldsymbol{y} - \boldsymbol{p}_1), \quad \boldsymbol{v} = \boldsymbol{p}_2 - \boldsymbol{p}_1. \tag{5.3.26}$$

问题 2. 给定直线 L_1 和 L_2，找到 L_1 上最接近于 L_2 的点 $\boldsymbol{z}_1^{\mathrm{opt}}$，以及 L_2 上最接近于 L_1 的点 $\boldsymbol{z}_2^{\mathrm{opt}}$，即解

$$\min_{\boldsymbol{z}_1 \in L_1,\, \boldsymbol{z}_2 \in L_2} \|\boldsymbol{z}_1 - \boldsymbol{z}_2\|_2.$$

如果 L_1 通过不同的点 $\boldsymbol{p}_1$ 和 $\boldsymbol{p}_2$，L_2 通过不同的点 $\boldsymbol{q}_1$ 和 $\boldsymbol{q}_2$，那么我们有

$$\boldsymbol{z}_1^{\mathrm{opt}} = \boldsymbol{p}_1 + \frac{1}{\boldsymbol{r}^{\mathrm{T}}\boldsymbol{r}} \cdot \boldsymbol{v}\boldsymbol{w}^{\mathrm{T}} \cdot \boldsymbol{r}^c(\boldsymbol{q}_1 - \boldsymbol{p}_1), \tag{5.3.27}$$

$$z_2^{\text{opt}} \;=\; \boldsymbol{q}_1 + \frac{1}{\boldsymbol{r}^{\mathrm{T}}\boldsymbol{r}} \cdot \boldsymbol{w}\boldsymbol{v}^{\mathrm{T}} \cdot \boldsymbol{r}^c(\boldsymbol{q}_1 - \boldsymbol{p}_1), \tag{5.3.28}$$

其中 $\boldsymbol{v} = \boldsymbol{p}_2 - \boldsymbol{p}_1$, $\boldsymbol{w} = \boldsymbol{q}_2 - \boldsymbol{q}_1$, $\boldsymbol{r} = \boldsymbol{v}^c\boldsymbol{w}$.

问题 3. 给定一个平面 P 和一个点 $\boldsymbol{y}$，找到 P 内的点 $\boldsymbol{z}^{\text{opt}}$ 使其最接近 $\boldsymbol{y}$，即解

$$\min_{\boldsymbol{z}\in P} \| \boldsymbol{z} - \boldsymbol{y} \|_2.$$

如果 P 通过三个不同的点 $\boldsymbol{p}_1$、$\boldsymbol{p}_2$ 和 $\boldsymbol{p}_3$，那么我们有

$$\boldsymbol{z}^{\text{opt}} \;=\; \boldsymbol{p}_1 - \frac{1}{\boldsymbol{v}^{\mathrm{T}}\boldsymbol{v}} \cdot \boldsymbol{v}^c\boldsymbol{v}^c(\boldsymbol{y} - \boldsymbol{p}_1), \tag{5.3.29}$$

其中 $\boldsymbol{v} = (\boldsymbol{p}_2 - \boldsymbol{p}_1)^c(\boldsymbol{p}_3 - \boldsymbol{p}_1)$.

好的闭合式解 (5.3.26)–(5.3.29) 看似简单，但在使用这些公式或它们的数学上的等价形式计算时必须非常小心. 参见 Kahan (2011).

习　题

1. 假设 $\boldsymbol{A}^{\mathrm{T}}\boldsymbol{A}\boldsymbol{x} = \boldsymbol{A}^{\mathrm{T}}\boldsymbol{b}$, $(\boldsymbol{A}^{\mathrm{T}}\boldsymbol{A} + \boldsymbol{F})\hat{\boldsymbol{x}} = \boldsymbol{A}^{\mathrm{T}}\boldsymbol{b}$, $2\| \boldsymbol{F} \|_2 \leqslant \sigma_n(\boldsymbol{A})^2$. 证明：如果 $\boldsymbol{r} = \boldsymbol{b} - \boldsymbol{A}\boldsymbol{x}$, $\hat{\boldsymbol{r}} = \boldsymbol{b} - \boldsymbol{A}\hat{\boldsymbol{x}}$，那么 $\hat{\boldsymbol{r}} - \boldsymbol{r} = \boldsymbol{A}(\boldsymbol{A}^{\mathrm{T}}\boldsymbol{A} + \boldsymbol{F})^{-1}\boldsymbol{F}\boldsymbol{x}$，且

$$\| \hat{\boldsymbol{r}} - \boldsymbol{r} \|_2 \;\leqslant\; 2\kappa_2(\boldsymbol{A})\frac{\| \boldsymbol{F} \|_2}{\| \boldsymbol{A} \|_2}\| \boldsymbol{x} \|_2.$$

2. 假设 $\boldsymbol{A}^{\mathrm{T}}\boldsymbol{A}\boldsymbol{x} = \boldsymbol{A}^{\mathrm{T}}\boldsymbol{b}$, $\boldsymbol{A}^{\mathrm{T}}\boldsymbol{A}\hat{\boldsymbol{x}} = \boldsymbol{A}^{\mathrm{T}}\boldsymbol{b} + \boldsymbol{f}$, $\| \boldsymbol{f} \|_2 \leqslant \boldsymbol{c}\boldsymbol{u}\| \boldsymbol{A}^{\mathrm{T}} \|_2\| \boldsymbol{b} \|_2$，其中 $\boldsymbol{A}$ 为列满秩矩阵. 证明：

$$\frac{\| \boldsymbol{x} - \hat{\boldsymbol{x}} \|_2}{\| \boldsymbol{x} \|_2} \;\leqslant\; \boldsymbol{c}\boldsymbol{u}\kappa_2(\boldsymbol{A})^2\,\frac{\| \boldsymbol{A}^{\mathrm{T}} \|_2\| \boldsymbol{b} \|_2}{\| \boldsymbol{A}^{\mathrm{T}}\boldsymbol{b} \|}.$$

3. 假设 $m \geqslant n$, $\boldsymbol{A} \in \mathbb{R}^{m\times n}$, $\boldsymbol{w} \in \mathbb{R}^n$，定义

$$\boldsymbol{B} \;=\; \begin{bmatrix} \boldsymbol{A} \\ \boldsymbol{w}^{\mathrm{T}} \end{bmatrix}.$$

证明：$\sigma_n(\boldsymbol{B}) \geqslant \sigma_n(\boldsymbol{A})$, $\sigma_1(\boldsymbol{B}) \leqslant \sqrt{\| \boldsymbol{A} \|_2^2 + \| \boldsymbol{w} \|_2^2}$. 因此，对矩阵增加一行后，条件数可能增大也可能减小.

4. (Cline 1973) 假定矩阵 $\boldsymbol{A} \in \mathbb{R}^{m\times n}$ 的秩为 n，用部分选主元的高斯消去法计算分解 $\boldsymbol{P}\boldsymbol{A} = \boldsymbol{L}\boldsymbol{U}$，其中 $\boldsymbol{L} \in \mathbb{R}^{m\times n}$ 是单位下三角矩阵，$\boldsymbol{U} \in \mathbb{R}^{n\times n}$是上三角矩阵，$\boldsymbol{P} \in \mathbb{R}^{m\times m}$是置换矩阵. 指出如何利用 5.2 节习题 5 的分解来寻找一个向量 $\boldsymbol{z} \in \mathbb{R}^n$ 使得 $\| \boldsymbol{L}\boldsymbol{z} - \boldsymbol{P}\boldsymbol{b} \|_2$ 极小化. 证明：如果 $\boldsymbol{U}\boldsymbol{x} = \boldsymbol{z}$，那么 $\| \boldsymbol{A}\boldsymbol{x} - \boldsymbol{b} \|_2$ 取最小值. 并证明：当 $m \leqslant 5n/3$ 时，从浮点运算的角度来看，用上述方法求解 LS 问题比 Householder QR 方法更有效.

5. 许多统计应用问题都有用到矩阵 $\boldsymbol{C} = (\boldsymbol{A}^{\mathrm{T}}\boldsymbol{A})^{-1}$，其中 $\text{rank}(\boldsymbol{A}) = n$. 假设分解 $\boldsymbol{A} = \boldsymbol{Q}\boldsymbol{R}$ 可用.

(a) 证明 $\boldsymbol{C} = (\boldsymbol{R}^{\mathrm{T}}\boldsymbol{R})^{-1}$.

(b) 给出一个算法，在 $n^3/3$ 个 flop 内计算 $\boldsymbol{C}$ 的对角线元素.

(c) 证明

$$\boldsymbol{R} = \begin{bmatrix} \alpha & \boldsymbol{v}^{\mathrm{T}} \\ \boldsymbol{0} & \boldsymbol{S} \end{bmatrix} \implies \boldsymbol{C} = (\boldsymbol{R}^{\mathrm{T}}\boldsymbol{R})^{-1} = \begin{bmatrix} (1+\boldsymbol{v}^{\mathrm{T}}\boldsymbol{C}_1\boldsymbol{v})/\alpha^2 & -\boldsymbol{v}^{\mathrm{T}}\boldsymbol{C}_1/\alpha \\ -\boldsymbol{C}_1\boldsymbol{v}/\alpha & \boldsymbol{C}_1 \end{bmatrix},$$

其中 $\boldsymbol{C}_1 = (\boldsymbol{S}^{\mathrm{T}}\boldsymbol{S})^{-1}$.

(d) 利用 (c) 的结论，给出一个算法，用 $\boldsymbol{C}$ 的上三角部分覆盖 $\boldsymbol{R}$ 的上三角部分，该算法应在 $2n^3/3$ 个 flop 内完成.

6. 假设 $\boldsymbol{r} = \boldsymbol{b} - \boldsymbol{A}\boldsymbol{x}$，$\boldsymbol{A} \in \mathbb{R}^{n\times n}$ 是对称矩阵，$\boldsymbol{r}, \boldsymbol{b}, \boldsymbol{x} \in \mathbb{R}^n$，$\boldsymbol{x}$ 是非零向量. 说明如何计算具有极小 F-范数且满足 $(\boldsymbol{A}+\boldsymbol{E})\boldsymbol{x} = \boldsymbol{b}$ 的对称矩阵 $\boldsymbol{E} \in \mathbb{R}^{n\times n}$.

提示：利用 $[\,\boldsymbol{x}\,|\,\boldsymbol{r}\,]$ 的 QR 分解，并注意到 $\boldsymbol{E}\boldsymbol{x} = \boldsymbol{r} \implies (\boldsymbol{Q}^{\mathrm{T}}\boldsymbol{E}\boldsymbol{Q})(\boldsymbol{Q}^{\mathrm{T}}\boldsymbol{x}) = \boldsymbol{Q}^{\mathrm{T}}\boldsymbol{r}$.

7. x 轴上的点 $P_1, \cdots, P_n$ 的坐标为 $x_1, \cdots, x_n$. 已知 $x_1 = 0$，希望计算 $x_2, \cdots, x_n$，我们有分离度估计 d_{ij}:

$$x_i - x_j \approx d_{ij}, \quad 1 \leqslant i < j \leqslant n.$$

说明如何利用正规方程组方法在约束条件 $x_1 = 0$ 下最小化

$$\phi(x_1, \cdots, x_n) = \sum_{i=1}^{n-1}\sum_{j=i+1}^{n} (x_i - x_j - d_{ij})^2.$$

8. 给定列满秩矩阵 $\boldsymbol{A} \in \mathbb{R}^{m\times n}$，$\boldsymbol{b} \in \mathbb{R}^m$，$\boldsymbol{c} \in \mathbb{R}^n$. 说明如何计算 $\alpha = \boldsymbol{c}^{\mathrm{T}}\boldsymbol{x}_{\mathrm{LS}}$，要求不显式计算 $\boldsymbol{x}_{\mathrm{LS}}$. 提示：假定 $\boldsymbol{Z}$ 是一个 Householder 矩阵，满足 $\boldsymbol{Z}^{\mathrm{T}}\boldsymbol{c}$ 是 $I_n(:,n)$ 的倍数. 因此我们有 $\alpha = (\boldsymbol{Z}^{\mathrm{T}}\boldsymbol{c})^{\mathrm{T}}\boldsymbol{y}_{\mathrm{LS}}$，其中 $\boldsymbol{y} = \boldsymbol{Z}^{\mathrm{T}}\boldsymbol{x}$，$\tilde{\boldsymbol{A}} = \boldsymbol{A}\boldsymbol{Z}$，$\boldsymbol{y}_{\mathrm{LS}}$ 最小化 $\|\,\tilde{\boldsymbol{A}}\boldsymbol{y} - \boldsymbol{b}\,\|_2$.

9. 假设 $m \geqslant n$，给定 $\boldsymbol{A} \in \mathbb{R}^{m\times n}$，$\boldsymbol{b} \in \mathbb{R}^m$. 说明如何求解满秩 LS 问题，给出矩阵 $\boldsymbol{M} \in \mathbb{R}^{m\times m}$ 的可用性，使得 $\boldsymbol{M}^{\mathrm{T}}\boldsymbol{A} = \boldsymbol{S}$ 是上三角矩阵且 $\boldsymbol{M}^{\mathrm{T}}\boldsymbol{M} = \boldsymbol{D}$ 是对角矩阵.

10. 假设 $\boldsymbol{A} \in \mathbb{R}^{m\times n}$ 的秩为 n，对 $\alpha \geqslant 0$ 定义

$$\boldsymbol{M}(\alpha) = \begin{bmatrix} \alpha\boldsymbol{I}_m & \boldsymbol{A} \\ \boldsymbol{A}^{\mathrm{T}} & \boldsymbol{0} \end{bmatrix}.$$

证明

$$\sigma_{m+n}(\boldsymbol{M}(\alpha)) = \min\left\{\alpha\,,\ -\frac{\alpha}{2} + \sqrt{\sigma_n(\boldsymbol{A})^2 + \left(\frac{\alpha}{2}\right)^2}\right\},$$

并确定最小化 $\kappa_2(\boldsymbol{M}(\alpha))$ 的 α 的值.

11. 最小二乘问题的另一种迭代改进方法是：

$x^{(0)} = 0$
for $k = 0, 1, \cdots$
  $r^{(k)} = b - Ax^{(k)}$（双精度计算）
  $\|\,Az^{(k)} - r^{(k)}\,\|_2 = \min$
  $x^{(k+1)} = x^{(k)} + z^{(k)}$
end

(a) 假设 $\boldsymbol{A}$ 的 QR 分解可用，每次迭代需要多少个 flop?

(b) 在 5.3.8 节中给出的迭代改进方案中令 $g^{(k)} = 0$，展示上面的迭代结果.

12. 验证 (5.3.21)–(5.3.25).

13. 验证 (5.3.26)，注意 $L=\{\,\boldsymbol{p}_1+\tau(\boldsymbol{p}_2-\boldsymbol{p}_1)\,:\,\tau\in\mathbb{R}\,\}$.

14. 验证 (5.3.27)，注意最小化 $\|\,(\boldsymbol{p}_1-\boldsymbol{q}_1)-[\,\boldsymbol{p}_2-\boldsymbol{p}_1\,|\,\boldsymbol{q}_2-\boldsymbol{q}_1\,]\boldsymbol{\tau}\,\|_2$ 的 $\boldsymbol{\tau}^{\text{opt}}\in\mathbb{R}^2$ 是相关的.

15. 验证 (5.3.29)，注意 $P=\{\,\boldsymbol{x}\,:\,\boldsymbol{x}^{\mathrm{T}}((\boldsymbol{p}_2-\boldsymbol{p}_1)\times(\boldsymbol{p}_3-\boldsymbol{p}_1))=0\,\}$.

5.4 其他正交分解

假设 $\boldsymbol{A}\in\mathbb{R}^{m\times 4}$ 具有形如

$$\boldsymbol{A}\;=\;[\,\boldsymbol{a}_1,\,\boldsymbol{a}_2,\,\boldsymbol{a}_3,\,\boldsymbol{a}_4\,]\;=\;[\,\boldsymbol{q}_1,\,\boldsymbol{q}_2,\,\boldsymbol{q}_3,\,\boldsymbol{q}_4\,]\begin{bmatrix}1&1&1&1\\0&0&1&1\\0&0&0&1\\0&0&0&1\end{bmatrix}$$

的窄 QR 分解. 注意，$\mathsf{ran}(\boldsymbol{A})$ 的维数为 3，但与 $\mathsf{span}\{\boldsymbol{q}_1,\boldsymbol{q}_2,\boldsymbol{q}_3\}$, $\mathsf{span}\{\boldsymbol{q}_1,\boldsymbol{q}_2,\boldsymbol{q}_4\}$, $\mathsf{span}\{\boldsymbol{q}_1,\boldsymbol{q}_3,\boldsymbol{q}_4\}$, $\mathsf{span}\{\boldsymbol{q}_2,\boldsymbol{q}_3,\boldsymbol{q}_4\}$ 都不相等，因为 $\boldsymbol{a}_4$ 不属于这些子空间中任何一个. 在这种情况下，QR 分解既没有揭示 $\boldsymbol{A}$ 的值域也没有揭示 $\boldsymbol{A}$ 的零空间，矩阵 $\boldsymbol{R}$ 的对角线上非零元素的个数也不等于其秩. 此外，因为 $\boldsymbol{R}$ 的上三角部分是奇异的，基于 QR 分解（算法 5.3.2）的 LS 求解过程也不再适用.

本节，我们首先介绍几个能够克服这些不足的分解. 其形式均为 $\boldsymbol{Q}^{\mathrm{T}}\boldsymbol{A}\boldsymbol{Z}=\boldsymbol{T}$，其中 $\boldsymbol{T}$ 是结构化的块三角矩阵，它揭示了矩阵 $\boldsymbol{A}$ 的秩、值域和零空间. 我们非正式地将这种形式的矩阵约化称为*秩揭示的*. 要了解更精确的概念表述，参见 Chandrasekaren and Ipsen (1994).

我们的重点是校正涉及列选主元的 QR 分解，得到的 $\boldsymbol{R}$ 矩阵具有提供秩估计的结构. 为了建立修正方法，我们简要讨论 6.5 节的 $\boldsymbol{ULV}$ 和 $\boldsymbol{UTV}$ 修正框架，并提到矩阵经过低阶变化后，因子分解可以有效重新计算.

所有这些方法都可以看作 SVD 的廉价替代品，它代表了秩确定这一领域的“黄金标准”. 没有什么比 SVD 更能“分解”矩阵了，因此我们对它的可靠性进行解释. 我们将在 8.6 节讨论的完全 SVD 计算，始于用 Householder 矩阵约化双对角形式. 这个分解本身就很重要，我们在本节末尾详细讨论它.

5.4.1 数值秩和 SVD

假设 $\boldsymbol{A}\in\mathbb{R}^{m\times n}$，其 SVD 为 $\boldsymbol{U}^{\mathrm{T}}\boldsymbol{A}\boldsymbol{V}=\boldsymbol{\Sigma}=\mathrm{diag}(\sigma_i)$. 如果 $\mathsf{rank}(\boldsymbol{A})=r<n$，那么根据 2.4 节关于精确算术的讨论，其奇异值 $\sigma_{r+1},\cdots,\sigma_n$ 都是零，并且

$$\boldsymbol{A}\;=\;\sum_{i=1}^{r}\sigma_k\boldsymbol{u}_k\boldsymbol{v}_k^{\mathrm{T}}. \tag{5.4.1}$$

秩亏损显示得再清楚不过了.

第 8 章描述了计算 SVD 的 Golub-Kahan-Reinsch 算法. 适当地执行该算法，它产生几乎正交的矩阵 $\hat{\boldsymbol{U}}$ 和 $\hat{\boldsymbol{V}}$，使得

$$\hat{\boldsymbol{U}}^{\mathrm{T}}\boldsymbol{A}\hat{\boldsymbol{V}} \approx \hat{\boldsymbol{\Sigma}} = \mathrm{diag}(\hat{\sigma}_1,\cdots,\hat{\sigma}_n), \quad \hat{\sigma}_1 \geqslant \cdots \geqslant \hat{\sigma}_n \geqslant 0.$$

（其他 SVD 过程也具有这一特性.）不幸的是，除非发生显然的消零，否则由于舍入误差的存在，计算出的奇异值都不会为零. 这就产生了一个问题. 我们可以坚持严格的秩的数学定义，考虑计算出的非零奇异值的个数，由

$$\boldsymbol{A} \approx \sum_{i=1}^{n} \hat{\sigma}_k \hat{\boldsymbol{u}}_k \hat{\boldsymbol{v}}_k^{\mathrm{T}} \tag{5.4.2}$$

得出 $\boldsymbol{A}$ 是满秩的. 但是，将每个矩阵视为列满秩的来处理并不是特别有用. 在 (5.4.2) 中将计算出的小奇异值设为零，能更有效地给出秩的概念. 这就得到形如

$$\boldsymbol{A} \approx \sum_{i=1}^{\hat{r}} \hat{\sigma}_k \hat{\boldsymbol{u}}_k \hat{\boldsymbol{v}}_k^{\mathrm{T}}, \quad \hat{r} \leqslant \hat{n} \tag{5.4.3}$$

的近似，这里我们把 $\hat{r}$ 看作**数值秩**. 为了使这种方法有意义，需要保证有较小的 $|\hat{\sigma}_i - \sigma_i|$.

对于适当实现的 Golub-Kahan-Reinsch SVD 算法，可以证明

$$\begin{aligned}
\hat{\boldsymbol{U}} &= \boldsymbol{W} + \boldsymbol{\Delta U}, & \boldsymbol{W}^{\mathrm{T}}\boldsymbol{W} &= \boldsymbol{I}_m, & \|\,\boldsymbol{\Delta U}\,\|_2 &\leqslant \epsilon,\\
\hat{\boldsymbol{V}} &= \boldsymbol{Z} + \boldsymbol{\Delta V}, & \boldsymbol{Z}^{\mathrm{T}}\boldsymbol{Z} &= \boldsymbol{I}_n, & \|\,\boldsymbol{\Delta V}\,\|_2 &\leqslant \epsilon,\\
\hat{\boldsymbol{\Sigma}} &= \boldsymbol{W}^{\mathrm{T}}(\boldsymbol{A} + \boldsymbol{\Delta A})\boldsymbol{Z}, & & & \|\,\boldsymbol{\Delta A}\,\|_2 &\leqslant \epsilon\|\,\boldsymbol{A}\,\|_2,
\end{aligned} \tag{5.4.4}$$

其中 ϵ 是机器精度 $\mathbf{u}$ 的小倍数. 换句话说，SVD 算法计算邻近矩阵 $\boldsymbol{A} + \boldsymbol{\Delta A}$ 的奇异值.

注意 $\hat{\boldsymbol{U}}$ 和 $\hat{\boldsymbol{V}}$ 不必与其精确值接近. 但是，下面我们证明 $\hat{\sigma}_k$ 接近 σ_k. 根据推论 2.4.6，我们有

$$\sigma_k = \min_{\mathrm{rank}(\boldsymbol{B})=k-1} \|\,\boldsymbol{A} - \boldsymbol{B}\,\|_2 = \min_{\mathrm{rank}(\boldsymbol{B})=k-1} \|\,(\hat{\boldsymbol{\Sigma}} - \boldsymbol{B}) - \boldsymbol{E}\,\|_2,$$

其中

$$\boldsymbol{E} = \boldsymbol{W}^{\mathrm{T}}(\boldsymbol{\Delta A})\boldsymbol{Z},$$

$$\|\,\boldsymbol{E}\,\|_2 \leqslant \epsilon\|\,\boldsymbol{A}\,\|_2 = \epsilon\sigma_1.$$

因为

$$\|\,\hat{\boldsymbol{\Sigma}} - \boldsymbol{B}\,\| - \|\,\boldsymbol{E}\,\| \leqslant \|\,\hat{\boldsymbol{\Sigma}} - \boldsymbol{B}\,\| \leqslant \|\,\hat{\boldsymbol{\Sigma}} - \boldsymbol{B}\,\| + \|\,\boldsymbol{E}\,\|,$$

$$\min_{\mathrm{rank}(\boldsymbol{B})=k-1} \|\,\hat{\boldsymbol{\Sigma}}_k - \boldsymbol{B}\,\|_2 = \hat{\sigma}_k,$$

所以，对于 $k=1:n$ 有

$$|\sigma_k - \hat{\sigma}_k| \leqslant \epsilon\sigma_1.$$

因此，如果 $\boldsymbol{A}$ 的秩是 r，那么我们可以期望计算出的奇异值中有 $n-r$ 个是很小的. 如果计算出 $\boldsymbol{A}$ 的 SVD，那么我们就能检测到 $\boldsymbol{A}$ 中的近似秩亏损.

当然，所有这些都取决于怎么定义"小的". 这相当于选择一个可容许的 $\delta>0$，如果计算出的奇异值满足

$$\hat{\sigma}_1 \geqslant \cdots \geqslant \hat{\sigma}_{\hat{r}} > \delta \geqslant \hat{\sigma}_{\hat{r}+1} \geqslant \cdots \geqslant \hat{\sigma}_n, \tag{5.4.5}$$

我们就说 $\boldsymbol{A}$ 的数值秩为 $\hat{r}$. 我们将整数 $\hat{r}$ 称为 $\boldsymbol{A}$ 的 $\boldsymbol{\delta}$ 秩. 可容许值应与机器精度一致，例如，$\delta=\mathbf{u}\|A\|_\infty$. 然而，如果数据中的一般相对误差水平比 $\mathbf{u}$ 大，那么 δ 应该相应地更大，例如，如果 A 中的元有两位精确度，那么 $\delta=10^{-2}\|A\|_\infty$.

对于给定的 δ 来说，尽管 SVD 提供了大量的与秩相关的解释，并没有改变数值秩的确定是一个敏感计算问题这一事实. 如果 $\hat{\sigma}_{\hat{r}}$ 和 $\hat{\sigma}_{\hat{r}+1}$ 之间的差很小，那么（在 δ 意义上）$\boldsymbol{A}$ 也很接近秩为 $\hat{r}-1$ 的矩阵. 因此，我们对 $\hat{r}$ 的确信度以及如何使用近似 (5.4.2)，取决于 $\hat{\sigma}_{\hat{r}}$ 和 $\hat{\sigma}_{\hat{r}+1}$ 之间的距离.

5.4.2　列选主元的 QR 分解

现在，我们从校正 Householder QR 分解程序（算法 5.2.1）开始，研究另一种 SVD 秩显示方法. 在精确算术中，校正后的算法计算分解

$$\boldsymbol{Q}^{\mathrm{T}}\boldsymbol{A\Pi} = \begin{bmatrix} \boldsymbol{R}_{11} & \boldsymbol{R}_{12} \\ \mathbf{0} & \mathbf{0} \end{bmatrix} \begin{matrix} r \\ m-r \end{matrix}, \quad \begin{matrix} r & n-r \end{matrix} \tag{5.4.6}$$

其中 $r=\mathsf{rank}(\boldsymbol{A})$，$\boldsymbol{Q}$ 是正交矩阵，$\boldsymbol{R}_{11}$ 是上三角非奇异矩阵，$\boldsymbol{\Pi}$ 是置换矩阵. 如果我们有列划分 $\boldsymbol{A\Pi}=[\boldsymbol{a}_{c_1}|\cdots|\boldsymbol{a}_{c_n}]$ 和 $\boldsymbol{Q}=[\boldsymbol{q}_1|\cdots|\boldsymbol{q}_m]$，那么，对 $k=1:n$ 有

$$\boldsymbol{a}_{c_k} = \sum_{i=1}^{\min\{r,k\}} r_{ik}\boldsymbol{q}_i \in \mathsf{span}\{\boldsymbol{q}_1,\cdots,\boldsymbol{q}_r\},$$

从而

$$\mathsf{ran}(\boldsymbol{A}) = \mathsf{span}\{\boldsymbol{q}_1,\cdots,\boldsymbol{q}_r\}.$$

为了看出如何计算这样的分解，假设对某个 k 我们已经计算了 Householder 矩阵 $\boldsymbol{H}_1,\cdots,\boldsymbol{H}_{k-1}$ 和置换 $\boldsymbol{\Pi}_1,\cdots,\boldsymbol{\Pi}_{k-1}$，使得

$$(\boldsymbol{H}_{k-1}\cdots\boldsymbol{H}_1)\boldsymbol{A}(\boldsymbol{\Pi}_1\cdots\boldsymbol{\Pi}_{k-1}) = \boldsymbol{R}^{(k-1)} = \begin{bmatrix} \boldsymbol{R}_{11}^{(k-1)} & \boldsymbol{R}_{12}^{(k-1)} \\ \mathbf{0} & \boldsymbol{R}_{22}^{(k-1)} \end{bmatrix} \begin{matrix} k-1 \\ m-k+1 \end{matrix}, \quad \begin{matrix} k-1 & n-k+1 \end{matrix} \tag{5.4.7}$$

其中 $R_{11}^{(k-1)}$ 是非奇异上三角矩阵. 现在假设

$$R_{22}^{(k-1)} = [\, z_k^{(k-1)} | \cdots | z_n^{(k-1)} \,]$$

是一个列划分区，令 $p \geqslant k$ 是使得

$$\| z_p^{(k-1)} \|_2 = \max \left\{ \| z_k^{(k-1)} \|_2, \cdots, \| z_n^{(k-1)} \|_2 \right\} \tag{5.4.8}$$

的最小下标. 注意如果 $\mathrm{rank}(A) = k-1$，那么这个最大值是零，我们就完成了任务. 否则, 设 Π_k 是由交换 $n \times n$ 单位矩阵的 p 列和 k 列得到的，并确定 Householder 矩阵 H_k，使得对

$$R^{(k)} = H_k R^{(k-1)} \Pi_k,$$

有 $R^{(k)}(k+1:m, k) = 0$. 换句话说，Π_k 将 $R_{22}^{(k-1)}$ 的最大列移到前面，H_k 将其所有次对角线元素化为零.

如果我们利用对于任何正交矩阵 $Q \in \mathbb{R}^{s \times s}$ 都成立的性质

$$Q^{\mathrm{T}} z = \begin{bmatrix} \alpha \\ w \end{bmatrix} \begin{matrix} 1 \\ s-1 \end{matrix} \quad \Longrightarrow \quad \| w \|_2^2 = \| z \|_2^2 - \alpha^2,$$

那么就不必在每个阶段重新计算列范数. 因为我们可以通过修正旧的列范数来获得新的列范数，例如

$$\| z_j^{(k)} \|_2^2 = \| z_j^{(k-1)} \|_2^2 - r_{kj}^2, \quad j = k+1:n,$$

这就把列选主元的运算量从 $O(mn^2)$ 个 flop 减少到 $O(mn)$ 个 flop. 综上，我们得到以下由 Businger and Golub (1965) 首次提出的算法.

算法 5.4.1 (列选主元的 Householder QR 分解) 假设 $m \geqslant n$，给定 $A \in \mathbb{R}^{m \times n}$，算法计算 $r = \mathrm{rank}(A)$ 和分解 (5.4.6)，其中 $Q = H_1 \cdots H_r$, $\Pi = \Pi_1 \cdots \Pi_r$. A 的上三角部分被 R 的上三角部分覆盖，第 j 个 Householder 向量的 $j+1:m$ 分量存储在 $A(j+1:m, j)$ 中. 置换 Π 用整数向量 piv 编码. 特别地，Π_j 是由单位矩阵交换第 j 行和第 $piv(j)$ 行得到的.

```
for j = 1 : n
    c(j) = A(1 : m, j)^T A(1 : m, j)
end
r = 0
τ = max{c(1), ···, c(n)}
while τ > 0 and r < n
```

```
r = r + 1
对于 r ⩽ k ⩽ n，找到满足 c(k) = τ 的最小 k.
piv(r) = k
A(1 : m, r) ↔ A(1 : m, k)
c(r) ↔ c(k)
[v, β] = house(A(r : m, r))
A(r : m, r : n) = (I_{m−r+1} − βvv^T)A(: r : m, r : n)
A(r + 1 : m, r) = v(2 : m − r + 1)
for i = r + 1 : n
    c(i) = c(i) − A(r, i)^2
end
τ = max{c(r + 1), ···, c(n)}
end
```

这个算法需要 $4mnr - 2r^2(m+n) + 4r^3/3$ 个 flop，其中 $r = \mathsf{rank}(\boldsymbol{A})$.

5.4.3　数值秩和 $\boldsymbol{A\Pi} = \boldsymbol{QR}$

原则上，列选主元的 QR 分解能显示秩. 但是，在浮点运算的背景下，这种方法又能提供哪些信息呢? 在 k 步之后，我们有

$$\mathsf{fl}(\boldsymbol{H}_k \cdots \boldsymbol{H}_1 \boldsymbol{A} \boldsymbol{\Pi}_1 \cdots \boldsymbol{\Pi}_k) = \hat{\boldsymbol{R}}^{(k)} = \begin{bmatrix} \hat{\boldsymbol{R}}_{11}^{(k)} & \hat{\boldsymbol{R}}_{12}^{(k)} \\ \boldsymbol{0} & \hat{\boldsymbol{R}}_{22}^{(k)} \end{bmatrix} \begin{matrix} k \\ m-k \end{matrix}. \tag{5.4.9}$$

其中列块大小分别为 k 与 $n-k$.

如果 $\hat{\boldsymbol{R}}_{22}^{(k)}$ 的范数很小，那么终止约化是合理的，此时可以说 $\boldsymbol{A}$ 的秩为 k. 典型的终止标准可能是

$$\| \hat{\boldsymbol{R}}_{22}^{(k)} \|_2 \leqslant \epsilon_1 \| \boldsymbol{A} \|_2,$$

其中 ϵ_1 是某个依赖机器精度的小参数. 考虑到与 Householder 矩阵计算相关的舍入特性（见 5.1.12 节），我们知道 $\hat{\boldsymbol{R}}^{(k)}$ 是矩阵 $\boldsymbol{A} + \boldsymbol{E}_k$ 精确 $\boldsymbol{R}$ 因子，其中

$$\| \boldsymbol{E}_k \|_2 \leqslant \epsilon_2 \| \boldsymbol{A} \|_2, \quad \epsilon_2 = O(\mathbf{u}).$$

使用推论 2.4.4，我们有

$$\sigma_{k+1}(\boldsymbol{A} + \boldsymbol{E}_k) = \sigma_{k+1}(\hat{\boldsymbol{R}}^{(k)}) \leqslant \| \hat{\boldsymbol{R}}_{22}^{(k)} \|_2.$$

因为 $\sigma_{k+1}(\boldsymbol{A}) \leqslant \sigma_{k+1}(\boldsymbol{A} + \boldsymbol{E}_k) + \| \boldsymbol{E}_k \|_2$，所以

$$\sigma_{k+1}(\boldsymbol{A}) \leqslant (\epsilon_1 + \epsilon_2) \| \boldsymbol{A} \|_2.$$

换句话说，$\boldsymbol{A}$ 中 $O(\epsilon_1+\epsilon_2)$ 的相对扰动可以产生一个秩 k 矩阵. 根据这一终止标准我们得出结论：如果对某个 $k<n$ 有 $\hat{\boldsymbol{R}}_{22}^{(k)}$ 是较小的，则列选主元的 QR 分解给出了秩亏损情况. 但是，如果 $\mathsf{rank}(\boldsymbol{A})=k$，这并不意味着 (5.4.9) 中的矩阵 $\hat{\boldsymbol{R}}_{22}^{(k)}$ 很小. 有一些近似秩亏损矩阵的例子，其 $\boldsymbol{R}$ 因子看起来完全"正常". 一个著名的例子是 Kahan 矩阵

$$\mathsf{Kah}_n(s) = \operatorname{diag}(1,s,\cdots,s^{n-1})\begin{bmatrix} 1 & -c & -c & \cdots & -c \\ 0 & 1 & -c & \cdots & -c \\ & \ddots & & \vdots & \vdots \\ \vdots & & & 1 & -c \\ 0 & & \cdots & & 1 \end{bmatrix},$$

其中 $c,s>0$ 且 $c^2+s^2=1$.（见 Lawson and Hanson (SLS, 第 31 页).）这些矩阵没有被算法 5.4.1 改变，因此对 $k=1:n-1$ 有 $\|\boldsymbol{R}_{22}^{(k)}\|_2 \geqslant s^{n-1}$. 对上述例子而言，因为 $s^{299}\approx 0.05$，这个不等式暗示矩阵 $\mathsf{Kah}_{300}(0.99)$ 没有特别小的尾主子矩阵. 然而，计算表明 $\sigma_{300}=O(10^{-19})$.

无论如何，在实践中，小的尾 $\boldsymbol{R}$ 子矩阵几乎总是表明其与原矩阵的秩之间有很好的关联. 换句话说，如果 $\boldsymbol{A}$ 的秩为 k，那么 $\hat{\boldsymbol{R}}_{22}^{(k)}$ 几乎总是小的.

5.4.4 找到一个好的列排序

很重要的一点是要理解算法 5.4.1 只是确定列置换 $\boldsymbol{\Pi}$ 的一种方法. 以下结果为建立更好的算法奠定了基础.

定理 5.4.1 如果 $\boldsymbol{A}\in\mathbb{R}^{m\times n}$，$\boldsymbol{v}\in\mathbb{R}^n$是单位 2-范数向量，那么存在一个置换矩阵 $\boldsymbol{\Pi}$，使得 QR 分解

$$\boldsymbol{A\Pi} = \boldsymbol{QR}$$

满足 $|r_{nn}|\leqslant\sqrt{n}\sigma$，其中 $\sigma=\|\boldsymbol{Av}\|_2$.

证明 假设 $\boldsymbol{\Pi}\in\mathbb{R}^{n\times n}$ 是一个置换矩阵，使得 $\boldsymbol{w}=\boldsymbol{\Pi}^{\mathrm{T}}\boldsymbol{v}$ 蕴涵

$$|w_n| = \max|v_i|.$$

因为 w_n 是单位 2-范数向量的最大分量，所以 $|w_n|\geqslant 1/\sqrt{n}$. 如果 $\boldsymbol{A\Pi}=\boldsymbol{QR}$ 是一个 QR 分解，那么

$$\sigma=\|\boldsymbol{Av}\|_2=\|(\boldsymbol{Q}^{\mathrm{T}}\boldsymbol{A\Pi})(\boldsymbol{\Pi}^{\mathrm{T}}\boldsymbol{v})\|_2=\|R(1:n,1:n)\boldsymbol{w}\|_2\geqslant|r_{nn}w_n|\geqslant|r_{nn}|/\sqrt{n}.$$

□

注意，如果 $\boldsymbol{v}=\boldsymbol{v}_n$ 是对应于 $\sigma_{\min}(\boldsymbol{A})$ 的右奇异向量，那么 $|r_{nn}|\leqslant\sqrt{n}\sigma_n$. 这就给出了一个基于 $\boldsymbol{v}_n$ 估计求列置换矩阵 $\boldsymbol{\Pi}$ 的方法.

步骤 1. 计算 QR 分解 $\boldsymbol{A}=\boldsymbol{Q}_0\boldsymbol{R}_0$，并注意 $\boldsymbol{R}_0$ 与 $\boldsymbol{A}$ 有相同的右奇异向量.

步骤 2. 用条件估计方法得到满足 $\|\boldsymbol{R}_0\boldsymbol{v}\|_2\approx\sigma_n$ 的单位向量 $\boldsymbol{v}$.

步骤 3. 确定 $\boldsymbol{\Pi}$ 和 QR 分解 $\boldsymbol{A\Pi}=\boldsymbol{QR}$.

用这个方法确定秩的详细信息，参见 Chan (1987). 置换矩阵 $\boldsymbol{\Pi}$ 可以由一列交换置换生成. 这就为从 $\boldsymbol{Q}_0$ 和 $\boldsymbol{R}_0$ 生成 $\boldsymbol{Q}$ 和 $\boldsymbol{R}$ 的非常经济的 Givens 旋转方法提供了支撑.

5.4.5　更一般的秩显示分解

如果我们允许 $\boldsymbol{A}$ 的列的一般正交重组，而不仅仅是置换，那么就会出现其他的秩显示方法. 也就是说，我们寻找一个正交矩阵 $\boldsymbol{Z}$，使得 QR 分解

$$\boldsymbol{AZ}=\boldsymbol{QR}$$

产生一个秩显示的 $\boldsymbol{R}$. 为了传授这种矩阵约化的思想，对于给定的 $\boldsymbol{AZ}=\boldsymbol{QR}$ 分解，我们展示其秩显示性质是怎样通过将 $\boldsymbol{Z},\boldsymbol{Q},\boldsymbol{R}$ 分别替换为

$$\boldsymbol{Z}_{\text{new}}=\boldsymbol{ZZ}_G,\quad \boldsymbol{Q}_{\text{new}}=\boldsymbol{QQ}_G,\quad \boldsymbol{R}_{\text{new}}=\boldsymbol{Q}_G^{\mathrm{T}}\boldsymbol{RZ}_G$$

而得到改进，其中 $\boldsymbol{Q}_G$ 和 $\boldsymbol{Z}_G$ 是 Givens 旋转的乘积，$\boldsymbol{R}_{\text{new}}$ 是上三角矩阵. 这些旋转是由在单位 2-范数 n 维向量 $\boldsymbol{v}$ 中引入零而得到的，其中 $\boldsymbol{v}$ 近似于 $\boldsymbol{AZ}$ 的第 n 个右奇异向量. 特别地，如果 $\boldsymbol{Z}_G^{\mathrm{T}}\boldsymbol{v}=\boldsymbol{e}_n=I_n(:,n)$ 且 $\|\boldsymbol{Rv}\|_2\approx\sigma_n$，那么

$$\|\boldsymbol{R}_{\text{new}}\boldsymbol{e}_n\|_2=\|\boldsymbol{Q}_G^{\mathrm{T}}\boldsymbol{RZ}_G\boldsymbol{e}_n\|_2=\|\boldsymbol{Q}_G^{\mathrm{T}}\boldsymbol{Rv}\|_2=\|\boldsymbol{Rv}\|_2\approx\sigma_n.$$

这表明，$\boldsymbol{R}_{\text{new}}$ 最后一列的范数近似于 $\boldsymbol{A}$ 的最小奇异值，这当然是揭示底层矩阵秩的一种方法.

我们用 $n=4$ 的情形来说明 Givens 旋转是如何产生的，以及为什么整个过程是经济的. 因为我们将 $\boldsymbol{v}$ 转换为 $\boldsymbol{e}_n$ 而不是 $\boldsymbol{e}_1$，所以在 $\boldsymbol{Z}_G$ 的计算中，我们需要"翻转" 2×2 旋转使得顶部分量化为零，即

$$\begin{bmatrix}0\\\times\end{bmatrix}=\begin{bmatrix}c&s\\-s&c\end{bmatrix}\begin{bmatrix}\times\\\times\end{bmatrix}.$$

这只需要稍微修改算法 5.1.3.

在 $n=4$ 的情形，我们从

$$\boldsymbol{R} = \begin{bmatrix} \times & \times & \times & \times \\ 0 & \times & \times & \times \\ 0 & 0 & \times & \times \\ 0 & 0 & 0 & \times \end{bmatrix}, \quad \boldsymbol{v} = \begin{bmatrix} \times \\ \times \\ \times \\ \times \end{bmatrix}$$

开始，然后计算

$$\boldsymbol{Z}_G = \boldsymbol{G}_{12}\boldsymbol{G}_{23}\boldsymbol{G}_{34}$$

和

$$\boldsymbol{Q}_G = \boldsymbol{H}_{12}\boldsymbol{H}_{23}\boldsymbol{H}_{34}$$

作为 Givens 旋转的乘积. 第一步是使用"翻转" (1, 2) 旋转使 $\boldsymbol{v}$ 的顶部分量化为零，并相应修正 $\boldsymbol{R}$:

$$\boldsymbol{R} \leftarrow \boldsymbol{R}\boldsymbol{G}_{12} = \begin{bmatrix} \times & \times & \times & \times \\ \times & \times & \times & \times \\ 0 & 0 & \times & \times \\ 0 & 0 & 0 & \times \end{bmatrix}, \quad \boldsymbol{v} \leftarrow \boldsymbol{G}_{12}^{\mathrm{T}}\boldsymbol{v} = \begin{bmatrix} 0 \\ \times \\ \times \\ \times \end{bmatrix}.$$

为了去掉 $\boldsymbol{R}$ 中不需要的次对角线元素，我们在 $\boldsymbol{R}$（不是 $\boldsymbol{v}$）的左侧应用正常的（非翻转的）Givens 旋转:

$$\boldsymbol{R} \leftarrow \boldsymbol{H}_{12}^{\mathrm{T}}\boldsymbol{R} = \begin{bmatrix} \times & \times & \times & \times \\ 0 & \times & \times & \times \\ 0 & 0 & \times & \times \\ 0 & 0 & 0 & \times \end{bmatrix}, \quad \boldsymbol{v} = \begin{bmatrix} 0 \\ \times \\ \times \\ \times \end{bmatrix}.$$

下一步是类似的:

$$\boldsymbol{R} \leftarrow \boldsymbol{R}\boldsymbol{G}_{23} = \begin{bmatrix} \times & \times & \times & \times \\ 0 & \times & \times & \times \\ 0 & \times & \times & \times \\ 0 & 0 & 0 & \times \end{bmatrix}, \quad \boldsymbol{v} \leftarrow \boldsymbol{G}_{23}^{\mathrm{T}}\boldsymbol{v} = \begin{bmatrix} 0 \\ 0 \\ \times \\ \times \end{bmatrix}.$$

$$\boldsymbol{R} \leftarrow \boldsymbol{H}_{23}^{\mathrm{T}}\boldsymbol{R} = \begin{bmatrix} \times & \times & \times & \times \\ 0 & \times & \times & \times \\ 0 & 0 & \times & \times \\ 0 & 0 & 0 & \times \end{bmatrix}, \quad \boldsymbol{v} = \begin{bmatrix} 0 \\ 0 \\ \times \\ \times \end{bmatrix}.$$

最后，

$$R \leftarrow RG_{34} = \begin{bmatrix} \times & \times & \times & \times \\ 0 & \times & \times & \times \\ 0 & 0 & \times & \times \\ 0 & 0 & \times & \times \end{bmatrix}, \quad v = G_{34}^{\mathrm{T}} v = \begin{bmatrix} 0 \\ 0 \\ 0 \\ \times \end{bmatrix},$$

$$R \leftarrow H_{34}^{\mathrm{T}} R = \begin{bmatrix} \times & \times & \times & \times \\ 0 & \times & \times & \times \\ 0 & 0 & \times & \times \\ 0 & 0 & 0 & \times \end{bmatrix}, \quad v = \begin{bmatrix} 0 \\ 0 \\ 0 \\ \times \end{bmatrix}.$$

这个模式很清楚，对于 $i = 1:n-1$，$G_{i,i+1}$ 被用来零化当前的 v_i，$H_{i,i+1}$ 被用来零化当前的 $r_{i+1,i}$. 从 $\{Q, Z, R\}$ 到 $\{Q_{\mathrm{new}}, Z_{\mathrm{new}}, R_{\mathrm{new}}\}$ 的整个过程需要 $O(mn)$ 个 flop. 如果保持 Givens 旋转的分解形式，其 flop 数可以减少到 $O(n^2)$. 顺便说一下，可以利用本小节中的思想，以开发矩阵约化方法，显示秩小于 $n-1$ 的矩阵的结构. 利用 Givens 旋转做“零追踪”是许多重要矩阵算法的核心. 见 6.3 节、7.5 节和 8.3 节.

5.4.6 UTV 分解

正如本节开头提到的，矩阵分解中我们的兴趣在于，得到比 SVD 更经济的分解，但能提供关于秩、值域和零空间的同样高质量信息. 这种类型的分解称为 **UTV 分解**，其中“T”表示三角矩阵，“U”和“V”提醒我们这是 SVD 中的奇异向量构成的正交矩阵.

矩阵 T 可以是上三角矩阵（这是 **URV 分解**）或下三角矩阵（这是 **ULV 分解**）. 研究表明，在特定的应用中，可能倾向于使用 URV 方法而不是 ULV 方法，见 6.3 节. 此外，这两种约化具有不同的近似性质. 举例来说，假设 $\sigma_k(A) > \sigma_{k+1}(A)$，$S$ 是由 A 的右奇异向量 $v_{k+1}, \cdots, v_n$ 张成的子空间. 把 S 想象成 A 的近似零空间. Stewart (1993) 指出，如果

$$U^{\mathrm{T}} A V = R = \begin{bmatrix} R_{11} & R_{12} \\ 0 & R_{22} \end{bmatrix} \begin{matrix} k \\ m-k \end{matrix}, \quad \text{列分块 } k,\ n-k$$

且 $V = [\, V_1 \mid V_2 \,]$ 是恰当的划分，那么

$$\mathrm{dist}(\mathrm{ran}(V_2), S) \leqslant \frac{\| R_{12} \|_2}{(1-\rho_R^2)\sigma_{\min}(R_{11})}, \tag{5.4.10}$$

其中

$$\rho_R = \frac{\| R_{22} \|_2}{\sigma_{\min}(R_{11})},$$

我们假设 ρ_R 小于 1.

另外，在 ULV 分解中我们有

$$U^{\mathrm{T}}AV = L = \begin{bmatrix} L_{11} & 0 \\ L_{21} & L_{22} \end{bmatrix} \begin{matrix} k \\ m-k \end{matrix} .$$
$$\qquad\qquad\qquad\qquad\qquad k \qquad n-k$$

如果 $V = [\, V_1 \mid V_2 \,]$ 是一致的划分，那么

$$\mathsf{dist}(\mathsf{ran}(V_2), S) \leqslant \rho_L \frac{\| L_{12} \|_2}{(1-\rho_L^2)\sigma_{\min}(L_{11})} \tag{5.4.11}$$

其中

$$\rho_L = \frac{\| L_{22} \|_2}{\sigma_{\min}(L_{11})},$$

我们也假设 ρ_L 小于 1. 实际上，(5.4.10) 和 (5.4.11) 中的 ρ 因子通常都比 1 小得多. 注意，在这种情况下，(5.4.11) 中的上界比 (5.4.10) 中的上界小得多.

5.4.7 完全正交分解

与 UTV 分解相关的是**完全正交分解**. 我们计算正交矩阵 U 和 V 使得

$$U^{\mathrm{T}}AV = \begin{bmatrix} T_{11} & 0 \\ 0 & 0 \end{bmatrix} \begin{matrix} r \\ m-r \end{matrix} , \tag{5.4.12}$$
$$\qquad\qquad\qquad r \qquad n-r$$

其中 $r = \mathsf{rank}(A)$. SVD 显然是具有这种结构的分解的一个例子. 然而，一个更经济的两步 QR 过程也是可能的.

我们首先使用算法 5.4.1 计算

$$U^{\mathrm{T}}A\Pi = \begin{bmatrix} R_{11} & R_{12} \\ 0 & 0 \end{bmatrix} \begin{matrix} r \\ m-r \end{matrix}$$
$$\qquad\qquad\qquad r \qquad n-r$$

然后，使用算法 5.2.1 计算第二个 QR 分解

$$Q^{\mathrm{T}} \begin{bmatrix} R_{11}^{\mathrm{T}} \\ R_{12}^{\mathrm{T}} \end{bmatrix} = \begin{bmatrix} S_1 \\ 0 \end{bmatrix}.$$

如果我们设 $V = \Pi Q$，那就实现了 (5.4.12)，且 $T_{11} = S_1^{\mathrm{T}}$. 注意，我们选择 $U = [\, u_1 \mid \cdots \mid u_m \,]$ 和 $V = [\, v_1 \mid \cdots \mid v_n \,]$ 的列，定义两个重要的子空间：

$$\mathsf{ran}(A) = \mathsf{span}\{u_1, \cdots, u_r\},$$
$$\mathsf{null}(A) = \mathsf{span}\{v_{r+1}, \cdots, v_n\}.$$

当然，在实际应用中，完全正交分解的计算需要仔细处理数值秩.

5.4.8 双对角化

还有另外一个值得讨论的双边正交分解，那就是所谓的**双对角分解**. 它本身并不是一个能显示秩的分解，但其扮演着有用的角色，因为它在数据压缩方面可与 SVD 相匹敌.

假设 $m \geqslant n$，给定 $A \in \mathbb{R}^{m\times n}$. 其思想是计算 $m\times m$ 正交矩阵 U_B 和 $n\times n$ 正交矩阵 V_B，使得

$$U_B^{\mathrm{T}} A V_B = \left[\begin{array}{cccccc} d_1 & f_1 & 0 & \cdots & 0 \\ 0 & d_2 & f_2 & & 0 \\ \vdots & \ddots & \ddots & \ddots & \vdots \\ 0 & \cdots & & d_{n-1} & f_{n-1} \\ 0 & \cdots & & 0 & d_n \\ \hline & & 0 & & \end{array}\right]. \tag{5.4.13}$$

$U_B = U_1 \cdots U_n$ 和 $V_B = V_1 \cdots V_{n-2}$ 中的每一个都可以由 Householder 矩阵的乘积给出，例如：

$$\begin{bmatrix} \times & \times & \times & \times \\ \times & \times & \times & \times \\ \times & \times & \times & \times \\ \times & \times & \times & \times \\ \times & \times & \times & \times \end{bmatrix} \xrightarrow{U_1} \begin{bmatrix} \times & \times & \times & \times \\ 0 & \times & \times & \times \\ 0 & \times & \times & \times \\ 0 & \times & \times & \times \\ 0 & \times & \times & \times \end{bmatrix} \xrightarrow{V_1}$$

$$\begin{bmatrix} \times & \times & 0 & 0 \\ 0 & \times & \times & \times \\ 0 & \times & \times & \times \\ 0 & \times & \times & \times \\ 0 & \times & \times & \times \end{bmatrix} \xrightarrow{U_2} \begin{bmatrix} \times & \times & 0 & 0 \\ 0 & \times & \times & \times \\ 0 & 0 & \times & \times \\ 0 & 0 & \times & \times \\ 0 & 0 & \times & \times \end{bmatrix} \xrightarrow{V_2}$$

$$\begin{bmatrix} \times & \times & 0 & 0 \\ 0 & \times & \times & 0 \\ 0 & 0 & \times & \times \\ 0 & 0 & \times & \times \\ 0 & 0 & \times & \times \end{bmatrix} \xrightarrow{U_3} \begin{bmatrix} \times & \times & 0 & 0 \\ 0 & \times & \times & 0 \\ 0 & 0 & \times & \times \\ 0 & 0 & 0 & \times \\ 0 & 0 & 0 & \times \end{bmatrix} \xrightarrow{U_4} \begin{bmatrix} \times & \times & 0 & 0 \\ 0 & \times & \times & 0 \\ 0 & 0 & \times & \times \\ 0 & 0 & 0 & \times \\ 0 & 0 & 0 & 0 \end{bmatrix}.$$

通常，U_k 在第 k 列引入零元，V_k 在第 k 行引入零元. 总体而言，我们有：

算法 5.4.2 (Householder 双对角化) 假设 $m \geqslant n$，给定 $A \in \mathbb{R}^{m\times n}$，算法用 $U_B^{\mathrm{T}} A V_B = B$ 覆盖 A，其中 B 是上双对角矩阵，$U_B = U_1 \cdots U_n$，$V_B =$

$\boldsymbol{V}_1 \cdots \boldsymbol{V}_{n-2}$. $\boldsymbol{U}_j$ 的 Householder 向量的基本部分存储在 $A(j+1:m,j)$ 中，$\boldsymbol{V}_j$ 的 Householder 向量的基本部分存储在 $A(j,j+2:n)$ 中.

```
for j = 1 : n
    [v, β] = house(A(j : m, j))
    A(j : m, j : n) = (I_{m-j+1} − βvv^T)A(j : m, j : n)
    A(j + 1 : m, j) = v(2 : m − j + 1)
    if j ⩽ n − 2
        [v, β] = house(A(j, j + 1 : n)^T)
        A(j : m, j + 1 : n) = A(j : m, j + 1 : n)(I_{n-j} − βvv^T)
        A(j, j + 2 : n) = v(2 : n − j)^T
    end
end
```

这个算法需要 $4mn^2 - 4n^3/3$ 个 flop. Golub and Kahan (1965) 使用了这一技术，首次描述了双对角化. 如果矩阵 $\boldsymbol{U}_B$ 和 $\boldsymbol{V}_B$ 要求显式表达，那么它们分别需要 $4m^2n - 4n^3/3$ 和 $4n^3/3$ 个 flop. $\boldsymbol{A}$ 的双对角化与 $\boldsymbol{A}^{\mathrm{T}}\boldsymbol{A}$ 的三对角化有关. 见 8.3.1 节.

5.4.9 R 双对角化

如果 $m \gg n$，那么，在应用算法 5.4.2 之前先上三角化 $\boldsymbol{A}$，将得到一种快速双对角化方法. 具体来说，假设我们计算一个正交矩阵 $\boldsymbol{Q} \in \mathbb{R}^{m\times m}$ 使得

$$\boldsymbol{Q}^{\mathrm{T}}\boldsymbol{A} = \begin{bmatrix} \boldsymbol{R}_1 \\ \boldsymbol{0} \end{bmatrix}$$

是上三角矩阵. 然后我们将方阵 $\boldsymbol{R}_1$ 双对角化，

$$\boldsymbol{U}_R^{\mathrm{T}}\boldsymbol{R}_1\boldsymbol{V}_B = \boldsymbol{B}_1,$$

其中 $\boldsymbol{U}_R$ 和 $\boldsymbol{V}_B$ 是正交矩阵. 如果 $\boldsymbol{U}_B = \boldsymbol{Q}\,\mathrm{diag}(\boldsymbol{U}_R, \boldsymbol{I}_{m-n})$，那么

$$\boldsymbol{U}^{\mathrm{T}}\boldsymbol{A}\boldsymbol{V} = \begin{bmatrix} \boldsymbol{B}_1 \\ \boldsymbol{0} \end{bmatrix} \equiv \boldsymbol{B}$$

是 $\boldsymbol{A}$ 的双对角化.

Lawson and Hanson (SLS, 第 119 页) 提出了以这种形式来计算双对角化的思想，Chan (1982) 做了更全面的分析. 我们将此方法称为 R 双对角化，其需要 $(2mn^2 + 2n^3)$ 个 flop. 当 $m \geqslant 5n/3$ 时，这比算法 5.4.2 需要的 flop 数更少.

习　题

1. 给定 $\boldsymbol{x},\boldsymbol{y}\in\mathbb{R}^m$ 和正交矩阵 $\boldsymbol{Q}\in\mathbb{R}^{m\times m}$. 证明：如果

$$\boldsymbol{Q}^{\mathrm{T}}\boldsymbol{x} = \begin{bmatrix}\alpha\\ \boldsymbol{u}\end{bmatrix}\begin{matrix}1\\ m-1\end{matrix},\quad \boldsymbol{Q}^{\mathrm{T}}\boldsymbol{y} = \begin{bmatrix}\beta\\ \boldsymbol{v}\end{bmatrix}\begin{matrix}1\\ m-1\end{matrix},$$

那么 $\boldsymbol{u}^{\mathrm{T}}\boldsymbol{v}=\boldsymbol{x}^{\mathrm{T}}\boldsymbol{y}-\alpha\beta$.

2. 给定 $\boldsymbol{A}=[\,\boldsymbol{a}_1\,|\cdots|\,\boldsymbol{a}_n\,]\in\mathbb{R}^{m\times n}$ 和 $\boldsymbol{b}\in\mathbb{R}^m$. 对于任何列子集 $\{\boldsymbol{a}_{c_1},\cdots,\boldsymbol{a}_{c_k}\}$ 定义

$$\mathrm{res}\,([\,\boldsymbol{a}_{c_1}\,|\cdots|\,\boldsymbol{a}_{c_k}\,]) = \min_{\boldsymbol{x}\in\boldsymbol{R}^k}\ \|\,[\,\boldsymbol{a}_{c_1}\,|\cdots|\,\boldsymbol{a}_{c_k}\,]\boldsymbol{x}-\boldsymbol{b}\,\|_2.$$

对于算法 5.4.1，给出一个交替选主元的算法，使得如果在最后的分解中有 $\boldsymbol{QR}=\boldsymbol{A\Pi}=[\,\boldsymbol{a}_{c_1}\,|\cdots|\,\boldsymbol{a}_{c_n}\,]$，那么对于 $k=1:n$ 有

$$\mathrm{res}\,([\,\boldsymbol{a}_{c_1}\,|\cdots|\,\boldsymbol{a}_{c_k}\,]) = \min_{i\geqslant k}\ \mathrm{res}\left([\boldsymbol{a}_{c_1},\cdots,\boldsymbol{a}_{c_{k-1}},\boldsymbol{a}_{c_i}]\right).$$

3. 假设 $\boldsymbol{T}\in\mathbb{R}^{n\times n}$ 是上三角矩阵且 $t_{kk}=\sigma_{min}(\boldsymbol{T})$. 证明：$T(1:k-1,k)=\mathbf{0}$, $T(k,k+1:n)=\mathbf{0}$.

4. 假设 $m\geqslant n$，给定 $\boldsymbol{A}\in\mathbb{R}^{m\times n}$. 给出一个算法，用 Householder 矩阵计算正交矩阵 $\boldsymbol{Q}\in\mathbb{R}^{m\times m}$，使得如果 $\boldsymbol{Q}^{\mathrm{T}}\boldsymbol{A}=\boldsymbol{L}$，那么 $L(n+1:m,:)=\mathbf{0}$ 且 $L(1:n,1:n)$ 是下三角矩阵.

5. 假设 $\boldsymbol{R}\in\mathbb{R}^{n\times n}$ 是下三角矩阵，$\boldsymbol{Y}\in\mathbb{R}^{n\times j}$ 具有正交列，$\|\,\boldsymbol{RY}\,\|_2=\sigma$. 给出一个算法，计算正交矩阵 $\boldsymbol{U}$ 和 $\boldsymbol{V}$，其都是 Givens 旋转的乘积，使得 $\boldsymbol{U}^{\mathrm{T}}\boldsymbol{RV}=\boldsymbol{R}_{\mathrm{new}}$ 是上三角矩阵，$\boldsymbol{V}^{\mathrm{T}}\boldsymbol{Y}=\boldsymbol{Y}_{\mathrm{new}}$ 满足

$$Y_{\mathrm{new}}(n-j+1:n,:) = \mathrm{diag}(\pm 1).$$

关于 $R_{\mathrm{new}}(n-j+1:n,n-j+1:n)$ 有什么结论?

6. 给出一个算法，用复 Householder 变换将复矩阵 $\boldsymbol{A}$ 约化为实双对角形式.

7. 给定上双对角矩阵 $\boldsymbol{B}\in\mathbb{R}^{n\times n}$，其中 $b_{nn}=0$. 说明如何构造正交矩阵 $\boldsymbol{U}$ 和 $\boldsymbol{V}$，其都是 Givens 旋转的乘积，使得 $\boldsymbol{U}^{\mathrm{T}}\boldsymbol{BV}$ 是第 n 列为零的上双对角矩阵.

8. 假设 $m<n$，给定 $\boldsymbol{A}\in\mathbb{R}^{m\times n}$. 给出一个算法，计算分解

$$\boldsymbol{U}^{\mathrm{T}}\boldsymbol{AV} = [\,\boldsymbol{B}\,|\,\boldsymbol{O}\,],$$

其中 $\boldsymbol{B}$ 是 $m\times m$ 上双对角矩阵.（提示：使用 Householder 矩阵，得到形式

$$\begin{bmatrix}\times&\times&0&0&0&0\\0&\times&\times&0&0&0\\0&0&\times&\times&0&0\\0&0&0&\times&\times&0\end{bmatrix},$$

然后通过从右边应用 Givens 旋转来“追踪”$(m,m+1)$ 元素进入第 $(m+1)$ 列.）

9. 说明如何使用 Givens 旋转有效地对 $n\times n$ 上三角矩阵进行双对角化.

10. 说明如何使用 Givens 旋转上双对角化三对角矩阵 $\boldsymbol{T}\in\mathbb{R}^{n\times n}$.

11. 证明：如果 $\boldsymbol{B}\in\mathbb{R}^{n\times n}$ 是具有重复奇异值的上双对角矩阵，那么 $\boldsymbol{B}$ 的对角线或上对角线上有零元素.

5.5 秩亏损的最小二乘问题

如果 $\boldsymbol{A}$ 是秩亏损矩阵，那么 LS 问题有无穷多个解. 我们必须采用特殊的技术来确定数值秩，对"特定"问题得到特殊的解. 在本节中，我们重点讨论使用 SVD 计算最小范数解，以及用列选主元的 QR 分解计算所谓的基本解. 这两种方法都有各自的优点，最后我们总结出一个结合了它们各自优点的算法.

5.5.1 最小范数解

假定 $\boldsymbol{A}\in\mathbb{R}^{m\times n}$, $\mathsf{rank}(\boldsymbol{A})=r<n$. 秩亏损的 LS 问题有无穷多个解，这是因为如果 $\boldsymbol{x}$ 是一个极小解，$\boldsymbol{z}\in\mathsf{null}(\boldsymbol{A})$，那么 $\boldsymbol{x}+\boldsymbol{z}$ 也是一个极小解. 所有极小解的集合

$$\mathcal{X} \;=\; \{\boldsymbol{x}\in\mathbb{R}^n \;:\; \|\,\boldsymbol{Ax}-\boldsymbol{b}\,\|_2 \;=\; \min\,\}$$

是凸的，如果 $\boldsymbol{x}_1,\boldsymbol{x}_2\in\mathcal{X}$ 且 $\lambda\in[0,1]$，那么

$$\begin{aligned}\|\,\boldsymbol{A}(\lambda\boldsymbol{x}_1+(1-\lambda)\boldsymbol{x}_2)-\boldsymbol{b}\,\|_2 \;&\leqslant\; \lambda\|\,\boldsymbol{Ax}_1-\boldsymbol{b}\,\|_2+(1-\lambda)\|\,\boldsymbol{Ax}_2-\boldsymbol{b}\,\|_2\\ &=\;\min_{\boldsymbol{x}\in\mathbb{R}^n}\|\,\boldsymbol{Ax}-\boldsymbol{b}\,\|_2\,.\end{aligned}$$

因此 $\lambda\boldsymbol{x}_1+(1-\lambda)\boldsymbol{x}_2\in\mathcal{X}$. 所以 $\mathcal{X}$ 中有唯一元素具有极小 2-范数，我们用 $\boldsymbol{x}_{LS}$ 表示这个解.（注意，在满秩的情况下只有唯一的 LS 解，所以其一定有极小 2-范数. 因此这与 5.3 节中的讨论一致.）

任何完全正交分解（见 5.4.7 节）都可用于计算 $\boldsymbol{x}_{LS}$. 具体来说，如果 $\boldsymbol{Q}$ 和 $\boldsymbol{Z}$ 是满足

$$\boldsymbol{Q}^{\mathrm{T}}\boldsymbol{AZ} \;=\; \boldsymbol{T} \;=\; \underset{\quad r\qquad n-r}{\begin{bmatrix}\boldsymbol{T}_{11} & \boldsymbol{0}\\ \boldsymbol{0} & \boldsymbol{0}\end{bmatrix}}\begin{matrix}r\\ m-r\end{matrix}\,,\qquad r \;=\; \mathsf{rank}(\boldsymbol{A})$$

的正交矩阵，那么

$$\|\,\boldsymbol{Ax}-\boldsymbol{b}\,\|_2^2 \;=\; \|\,(\boldsymbol{Q}^{\mathrm{T}}\boldsymbol{AZ})\boldsymbol{Z}^{\mathrm{T}}\boldsymbol{x}-\boldsymbol{Q}^{\mathrm{T}}\boldsymbol{b}\,\|_2^2 \;=\; \|\,\boldsymbol{T}_{11}\boldsymbol{w}-\boldsymbol{c}\,\|_2^2+\|\,\boldsymbol{d}\,\|_2^2,$$

其中

$$\boldsymbol{Z}^{\mathrm{T}}\boldsymbol{x} \;=\; \begin{bmatrix}\boldsymbol{w}\\ \boldsymbol{y}\end{bmatrix}\begin{matrix}r\\ n-r\end{matrix}\,,\quad \boldsymbol{Q}^{\mathrm{T}}\boldsymbol{b} \;=\; \begin{bmatrix}\boldsymbol{c}\\ \boldsymbol{d}\end{bmatrix}\begin{matrix}r\\ m-r\end{matrix}\,.$$

很明显，如果 $\boldsymbol{x}$ 要最小化平方和，那么必须有 $\boldsymbol{w}=\boldsymbol{T}_{11}^{-1}\boldsymbol{c}$. 因为 $\boldsymbol{x}$ 要有极小 2-范数，所以 $\boldsymbol{y}$ 必须是零向量，因此

$$\boldsymbol{x}_{LS} \;=\; \boldsymbol{Z}\begin{bmatrix}\boldsymbol{T}_{11}^{-1}\boldsymbol{c}\\ \boldsymbol{0}\end{bmatrix}.$$

当然，SVD 是特别具有启示意义的完全正交分解. 它为 $\boldsymbol{x}_{LS}$ 和最小残差 $\rho_{LS}=\|\boldsymbol{A}\boldsymbol{x}_{LS}-\boldsymbol{b}\|_2$ 的范数提供了一个简洁的表达式.

定理 5.5.1 假设 $\boldsymbol{U}^{\mathrm{T}}\boldsymbol{A}\boldsymbol{V}=\boldsymbol{\Sigma}$ 是 $\boldsymbol{A}\in\mathbb{R}^{m\times n}$ 的奇异值分解，$r=\mathrm{rank}(\boldsymbol{A})$. 如果 $\boldsymbol{U}=[\,\boldsymbol{u}_1|\cdots|\boldsymbol{u}_m\,]$ 和 $\boldsymbol{V}=[\,\boldsymbol{v}_1|\cdots|\boldsymbol{v}_n\,]$ 是列划分，$\boldsymbol{b}\in\mathbb{R}^m$，那么

$$\boldsymbol{x}_{LS}=\sum_{i=1}^{r}\frac{\boldsymbol{u}_i^{\mathrm{T}}\boldsymbol{b}}{\sigma_i}\boldsymbol{v}_i \tag{5.5.1}$$

最小化 $\|\boldsymbol{A}\boldsymbol{x}-\boldsymbol{b}\|_2$，并且是所有极小解中 2-范数最小者. 此外

$$\rho_{LS}^2=\|\boldsymbol{A}\boldsymbol{x}_{LS}-\boldsymbol{b}\|_2^2=\sum_{i=r+1}^{m}(\boldsymbol{u}_i^{\mathrm{T}}\boldsymbol{b})^2. \tag{5.5.2}$$

证明 对于任何 $\boldsymbol{x}\in\mathbb{R}^n$，我们有

$$\begin{aligned}\|\boldsymbol{A}\boldsymbol{x}-\boldsymbol{b}\|_2^2&=\|(\boldsymbol{U}^{\mathrm{T}}\boldsymbol{A}\boldsymbol{V})(\boldsymbol{V}^{\mathrm{T}}\boldsymbol{x})-\boldsymbol{U}^{\mathrm{T}}\boldsymbol{b}\|_2^2\\&=\|\boldsymbol{\Sigma}\boldsymbol{\alpha}-\boldsymbol{U}^{\mathrm{T}}\boldsymbol{b}\|_2^2\\&=\sum_{i=1}^{r}(\sigma_i\alpha_i-\boldsymbol{u}_i^{\mathrm{T}}\boldsymbol{b})^2+\sum_{i=r+1}^{m}(\boldsymbol{u}_i^{\mathrm{T}}\boldsymbol{b})^2,\end{aligned}$$

其中 $\boldsymbol{\alpha}=\boldsymbol{V}^{\mathrm{T}}\boldsymbol{x}$. 显然，如果 $\boldsymbol{x}$ 是 LS 问题的解，那么对于 $i=1:r$ 有 $\alpha_i=(\boldsymbol{u}_i^{\mathrm{T}}\boldsymbol{b}/\sigma_i)$. 如果令 $\alpha(r+1:n)=\boldsymbol{0}$，那么就得到有极小 2-范数的 $\boldsymbol{x}$. □

5.5.2 关于伪逆的注释

如果我们定义矩阵 $\boldsymbol{A}^+\in\mathbb{R}^{n\times m}$ 为 $\boldsymbol{A}^+=\boldsymbol{V}\boldsymbol{\Sigma}^+\boldsymbol{U}^{\mathrm{T}}$，其中

$$\boldsymbol{\Sigma}^+=\mathrm{diag}\left(\frac{1}{\sigma_1},\cdots,\frac{1}{\sigma_r},0,\cdots,0\right)\in\mathbb{R}^{n\times m},\quad r=\mathrm{rank}(\boldsymbol{A}),$$

那么 $\boldsymbol{x}_{LS}=\boldsymbol{A}^+\boldsymbol{b}$ 且 $\rho_{LS}=\|(\boldsymbol{I}-\boldsymbol{A}\boldsymbol{A}^+)\boldsymbol{b}\|_2$. 我们把 $\boldsymbol{A}^+$ 称为 $\boldsymbol{A}$ 的伪逆. 它是

$$\min_{\boldsymbol{X}\in\mathbb{R}^{m\times n}}\|\boldsymbol{A}\boldsymbol{X}-\boldsymbol{I}_m\|_F \tag{5.5.3}$$

的唯一极小 F-范数解. 如果 $\mathrm{rank}(\boldsymbol{A})=n$，那么 $\boldsymbol{A}^+=(\boldsymbol{A}^{\mathrm{T}}\boldsymbol{A})^{-1}\boldsymbol{A}^{\mathrm{T}}$，然而如果 $m=n=\mathrm{rank}(\boldsymbol{A})$，那么 $\boldsymbol{A}^+=\boldsymbol{A}^{-1}$. 通常，$\boldsymbol{A}^+$ 定义为满足以下 4 个 **Moore-Penrose** 条件的唯一矩阵 $\boldsymbol{X}\in\mathbb{R}^{n\times m}$：

$$\text{(i)}\quad \boldsymbol{AXA}=\boldsymbol{A},\qquad \text{(iii)}\quad (\boldsymbol{AX})^{\mathrm{T}}=\boldsymbol{AX},$$
$$\text{(ii)}\quad \boldsymbol{XAX}=\boldsymbol{X},\qquad \text{(iv)}\quad (\boldsymbol{XA})^{\mathrm{T}}=\boldsymbol{XA}.$$

满足这些条件就是要求 $\boldsymbol{A}\boldsymbol{A}^+$ 和 $\boldsymbol{A}^+\boldsymbol{A}$ 分别正交投影到 $\mathrm{ran}(\boldsymbol{A})$ 和 $\mathrm{ran}(\boldsymbol{A}^{\mathrm{T}})$. 事实上，如果记 $\boldsymbol{U}_1=U(1:m,1:r)$ 和 $\boldsymbol{V}_1=V(1:n,1:r)$，那么我们有

$$\begin{aligned}\boldsymbol{A}\boldsymbol{A}^+&=\boldsymbol{U}_1\boldsymbol{U}_1^{\mathrm{T}},\\\boldsymbol{A}^+\boldsymbol{A}&=\boldsymbol{V}_1\boldsymbol{V}_1^{\mathrm{T}}.\end{aligned}$$

5.5.3 一些敏感度问题

在 5.3 节中，我们分析了满秩 LS 问题的敏感度. 定理 5.3.1 总结了这种情形下 $\boldsymbol{x}_{LS}$ 的性质. 如果没有满秩的假设，那么 $\boldsymbol{x}_{LS}$ 甚至不是数据的连续函数，$\boldsymbol{A}$ 和 $\boldsymbol{b}$ 的微小变化会引起 $\boldsymbol{x}_{LS} = \boldsymbol{A}^{+}\boldsymbol{b}$ 的任意大的变化. 能揭示这一点的最容易的办法是考虑伪逆的行为. 假设 $\boldsymbol{A}$ 和 $\delta\boldsymbol{A}$ 都属于 $\mathbb{R}^{m\times n}$，Wedin (1973) 和 Stewart (1975) 证明了

$$\|(\boldsymbol{A}+\delta\boldsymbol{A})^{+}-\boldsymbol{A}^{+}\|_{F} \leqslant 2\|\delta\boldsymbol{A}\|_{F}\max\{\|\boldsymbol{A}^{+}\|_2^2,\ \|(\boldsymbol{A}+\delta\boldsymbol{A})^{+}\|_2^2\}.$$

这个不等式是对定理 2.3.4 的推广，其中矩阵逆的扰动被界定. 然而，与非奇异方阵的情形不同，当 $\delta\boldsymbol{A}$ 趋于零时，上界却不一定趋于零. 如果

$$\boldsymbol{A} = \begin{bmatrix} 1 & 0 \\ 0 & 0 \\ 0 & 0 \end{bmatrix}, \quad \delta\boldsymbol{A} = \begin{bmatrix} 0 & 0 \\ 0 & \epsilon \\ 0 & 0 \end{bmatrix},$$

那么

$$\boldsymbol{A}^{+} = \begin{bmatrix} 1 & 0 & 0 \\ 0 & 0 & 0 \end{bmatrix}, \quad (\boldsymbol{A}+\delta\boldsymbol{A})^{+} = \begin{bmatrix} 1 & 0 & 0 \\ 1 & 1/\epsilon & 0 \end{bmatrix},$$

而且

$$\|\boldsymbol{A}^{+}-(\boldsymbol{A}+\delta\boldsymbol{A})^{+}\|_2 = 1/\epsilon.$$

在有这样的不连续的情形下，求 LS 问题的极小数值解是一个很大的挑战.

5.5.4 截断的 SVD 解

假定 $\hat{\boldsymbol{U}}$, $\hat{\boldsymbol{\Sigma}}$, $\hat{\boldsymbol{V}}$ 是矩阵 $\boldsymbol{A}$ 的计算出来的 SVD 因子. 并接受 $\hat{r}$ 作为其 δ 秩，即

$$\hat{\sigma}_n \leqslant \cdots \leqslant \hat{\sigma}_{\hat{r}} \leqslant \delta < \hat{\sigma}_{\hat{r}} \leqslant \cdots \leqslant \hat{\sigma}_1.$$

因此，我们可以把

$$\boldsymbol{x}_{\hat{r}} = \sum_{i=1}^{\hat{r}} \frac{\hat{\boldsymbol{u}}_i^{\mathrm{T}}\boldsymbol{b}}{\hat{\sigma}_i}\hat{\boldsymbol{v}}_i$$

作为 $\boldsymbol{x}_{LS}$ 的近似. 因为 $\|\boldsymbol{x}_{\hat{r}}\|_2 \approx 1/\sigma_{\hat{r}} \leqslant 1/\delta$，那么可以选择 δ 以产生具有适当小范数的近似 LS 解. 6.2.1 节将讨论关于这个问题的更复杂方法.

如果 $\hat{\sigma}_{\hat{r}} \gg \delta$，因为 $\boldsymbol{A}$ 可以明确地视为一个模 δ 的 $\mathsf{rank}(\boldsymbol{A}_{\hat{r}})$ 矩阵，我们有理由对 $\boldsymbol{x}_{\hat{r}}$ 感到满意.

另外，$\{\hat{\sigma}_1,\cdots,\hat{\sigma}_n\}$ 可能无法清晰地划分为小奇异值和大奇异值子集，使得通过这一方法测定 $\hat{r}$ 具有一定的随意性. 这导致了更复杂的秩估计方法，现在我

们在 LS 问题的意义下加以讨论. 通过做出两个简化假设，这些问题很容易解决. 假设 $r=n$, (5.4.4) 中的 $\boldsymbol{\Delta A}=\mathbf{0}$，这意味着 $\boldsymbol{W}^{\mathrm{T}}\boldsymbol{A}\boldsymbol{Z}=\hat{\boldsymbol{\Sigma}}=\boldsymbol{\Sigma}$ 是奇异值分解. 矩阵 $\hat{\boldsymbol{U}}, \boldsymbol{W}, \hat{\boldsymbol{V}}, \boldsymbol{Z}$ 的第 i 列分别为 $\hat{\boldsymbol{u}}_i, \boldsymbol{w}_i, \hat{\boldsymbol{v}}_i, \boldsymbol{z}_i$. 因为

$$
\begin{aligned}
\boldsymbol{x}_{LS}-\boldsymbol{x}_{\hat{r}} &= \sum_{i=1}^{n}\frac{\boldsymbol{w}_i^{\mathrm{T}}\boldsymbol{b}}{\sigma_i}\boldsymbol{z}_i-\sum_{i=1}^{\hat{r}}\frac{\hat{\boldsymbol{u}}_i^{\mathrm{T}}\boldsymbol{b}}{\sigma_i}\hat{\boldsymbol{v}}_i \\
&= \sum_{i=1}^{\hat{r}}\frac{((\boldsymbol{w}_i-\hat{\boldsymbol{u}}_i)^{\mathrm{T}}\boldsymbol{b})\boldsymbol{z}_i+(\hat{\boldsymbol{u}}_i^{\mathrm{T}}\boldsymbol{b})(\boldsymbol{z}_i-\hat{\boldsymbol{v}}_i)}{\sigma_i}+\sum_{i=\hat{r}+1}^{n}\frac{\boldsymbol{w}_i^{\mathrm{T}}\boldsymbol{b}}{\sigma_i}\boldsymbol{z}_i,
\end{aligned}
$$

由 $\|\boldsymbol{w}_i-\hat{\boldsymbol{u}}_i\|_2\leqslant\epsilon, \|\hat{\boldsymbol{u}}_i\|_2\leqslant 1+\epsilon, \|\boldsymbol{z}_i-\hat{\boldsymbol{v}}_i\|_2\leqslant\epsilon$ 可得

$$
\|\boldsymbol{x}_{\hat{r}}-\boldsymbol{x}_{LS}\|_2 \leqslant \frac{\hat{r}}{\sigma_{\hat{r}}}2(1+\epsilon)\epsilon\|\boldsymbol{b}\|_2+\sqrt{\sum_{i=\hat{r}+1}^{n}\left(\frac{\boldsymbol{w}_i^{\mathrm{T}}\boldsymbol{b}}{\sigma_i}\right)^2}.
$$

参数 $\hat{r}$ 可以确定为最小化上界的那个整数. 注意，上界中的第一项随 $\hat{r}$ 增大而增加，第二项随其增大而减少.

在有最小化残差比解的精度更重要的情况下，我们可以根据推测 $\|\boldsymbol{b}-\boldsymbol{A}\boldsymbol{x}_{\hat{r}}\|_2$ 与实际最小值的接近程度来确定 $\hat{r}$. 与上述分析类似，可以证明

$$
\|\boldsymbol{b}-\boldsymbol{A}\boldsymbol{x}_{\hat{r}}\|_2 \leqslant \|\boldsymbol{b}-\boldsymbol{A}\boldsymbol{x}_{LS}\|_2+(n-\hat{r})\|\boldsymbol{b}\|_2+\epsilon\hat{r}\|\boldsymbol{b}\|_2\left(1+(1+\epsilon)\frac{\hat{\sigma}_1}{\hat{\sigma}_{\hat{r}}}\right).
$$

同样可以选择 $\hat{r}$ 来最小化上界. 实现细节见 Varah (1973) 以及 `LAPACK`.

5.5.5 用列选主元的 QR 分解求基本解

假定 $\boldsymbol{A}\in\mathbb{R}^{m\times n}$ 的秩为 r. 列选主元的 QR 分解（算法 5.4.1）产生分解 $\boldsymbol{A\Pi}=\boldsymbol{QR}$，其中

$$
\boldsymbol{R}=\underset{\quad r\qquad n-r}{\begin{bmatrix}\boldsymbol{R}_{11} & \boldsymbol{R}_{12}\\ \mathbf{0} & \mathbf{0}\end{bmatrix}}\begin{matrix} r\\ m-r\end{matrix}.
$$

给出这种简化，LS 问题可以很容易地解决. 实际上，对于任何 $\boldsymbol{x}\in\mathbb{R}^n$ 我们都有

$$
\|\boldsymbol{A}\boldsymbol{x}-\boldsymbol{b}\|_2^2=\|(\boldsymbol{Q}^{\mathrm{T}}\boldsymbol{A\Pi})(\boldsymbol{\Pi}^{\mathrm{T}}\boldsymbol{x})-(\boldsymbol{Q}^{\mathrm{T}}\boldsymbol{b})\|_2^2=\|\boldsymbol{R}_{11}\boldsymbol{y}-(\boldsymbol{c}-\boldsymbol{R}_{12}\boldsymbol{z})\|_2^2+\|\boldsymbol{d}\|_2^2,
$$

其中

$$
\boldsymbol{\Pi}^{\mathrm{T}}\boldsymbol{x}=\begin{bmatrix}\boldsymbol{y}\\ \boldsymbol{z}\end{bmatrix}\begin{matrix} r\\ n-r\end{matrix},\quad \boldsymbol{Q}^{\mathrm{T}}\boldsymbol{b}=\begin{bmatrix}\boldsymbol{c}\\ \boldsymbol{d}\end{bmatrix}\begin{matrix} r\\ m-r\end{matrix}.
$$

因此，如果 $\boldsymbol{x}$ 是 LS 的一个极小解，那么我们一定有

$$
\boldsymbol{x}=\boldsymbol{\Pi}\begin{bmatrix}\boldsymbol{R}_{11}^{-1}(\boldsymbol{c}-\boldsymbol{R}_{12}\boldsymbol{z})\\ \boldsymbol{z}\end{bmatrix}.
$$

如果把这个表达式中的 z 设为零，那么我们得到**基本解**

$$x_B = \Pi \begin{bmatrix} R_{11}^{-1}c \\ 0 \end{bmatrix}.$$

注意，x_B 最多有 r 个非零分量，因此 Ax_B 包含 A 的列的子集.

除非子矩阵 R_{12} 为零，基本解不是极小 2-范数解，这是因为

$$\| x_{LS} \|_2 = \min_{z\in\mathbb{R}^{n-2}} \left\| x_B - \Pi \begin{bmatrix} R_{11}^{-1}R_{12} \\ -I_{n-r} \end{bmatrix} z \right\|_2. \tag{5.5.4}$$

事实上，$\| x_{LS} \|_2$的这一特性可以用来证明

$$1 \leqslant \frac{\| x_B \|_2}{\| x_{LS} \|_2} \leqslant \sqrt{1+\| R_{11}^{-1}R_{12} \|_2^2}. \tag{5.5.5}$$

详情见 Golub and Pereyra (1976).

5.5.6 一些比较

如前所述，当利用 SVD 解 LS 问题时，必须在假设右端 b 可用的情况下计算 Σ 和 V. 表 5.5.1 比较了这种方法与我们介绍过的其他算法的 flop 效率.

表 5.5.1 各种最小二乘算法的 flop 数

最小二乘算法	flop 数
正规方程组方法	$mn^2+n^3/3$
Householder QR 分解	$n^3/3$
改进的 Gram-Schmidt 算法	$2mn^2$
Givens QR 算法	$3mn^2-n^3$
Householder 双对角化	$4mn^2-2n^3$
R 双对角化	$2mn^2+2n^3$
SVD	$4mn^2+8n^3$
R-SVD	$2mn^2+11n^3$

5.5.7 基于 SVD 的子集选择

在 LS 问题中，将 A 替换为 $A_{\tilde{r}}$ 相当于过滤掉小的奇异值，在从杂乱的数据中派生 A 时，这是很有意义的. 然而，在其他应用中，秩亏损意味着构成基础模型的因素中存在冗余. 在这种情况下，模型构建者可能对诸如涉及所有 n 个冗余因素的 $A_{\tilde{r}}x_{\tilde{r}}$ 的预测因子不感兴趣. 相反，可求预测 Ay，其中 y 有至多 $\tilde{r}$ 个非零分量. 这些非零元素的位置确定的 A 的列，即为模型中用于近似观测向量 b 的那些因子. 如何选取这些列就是**子集选择**问题.

列选主元的 QR 分解是其中一种方法. 然而，Golub, Klema, and Stewart (1976) 提出一种技术，这种技术可以直观地识别出比预测因子 $\boldsymbol{A}\boldsymbol{x}_B$ 中更多的无关列. 该方法中既有 SVD，又有列选主元的 QR 分解：

步骤 1. 计算 SVD $\boldsymbol{A}=\boldsymbol{U}\boldsymbol{\Sigma}\boldsymbol{V}^{\mathrm{T}}$，然后用它来确定秩估计 $\tilde{r}$.

步骤 2. 计算置换矩阵 $\boldsymbol{P}$，使得在 $\boldsymbol{A}\boldsymbol{P}=[\,\boldsymbol{B}_1\,|\,\boldsymbol{B}_2\,]$ 中的矩阵 $\boldsymbol{B}_1\in\mathbb{R}^{m\times\tilde{r}}$ 的列"充分无关".

步骤 3. 由 $\boldsymbol{A}\boldsymbol{y}$ 预测 $\boldsymbol{b}$，其中 $\boldsymbol{y}=\boldsymbol{P}\begin{bmatrix}\boldsymbol{z}\\ \boldsymbol{0}\end{bmatrix}$，且 $z\in\mathbb{R}^{\tilde{r}}$ 最小化 $\|\,\boldsymbol{B}_1\boldsymbol{z}-\boldsymbol{b}\,\|_2$.

第二步是关键. 因为

$$\min_{\boldsymbol{z}\in\mathbb{R}^{\tilde{r}}}\|\,\boldsymbol{B}_1\boldsymbol{z}-\boldsymbol{b}\,\|_2 \;=\; \|\,\boldsymbol{A}\boldsymbol{y}-\boldsymbol{b}\,\|_2 \;\geqslant\; \min_{\boldsymbol{x}\in\mathbb{R}^n}\|\,\boldsymbol{A}\boldsymbol{x}-\boldsymbol{b}\,\|_2$$

能保证置换 $\boldsymbol{P}$ 的选择使残差 $\boldsymbol{r}=(\boldsymbol{I}-\boldsymbol{B}_1\boldsymbol{B}_1^{+})\boldsymbol{b}$ 尽可能小. 不幸的是，这样的解法可能不稳定. 例如，如果

$$\boldsymbol{A}\;=\;\begin{bmatrix}1 & 1 & 0\\ 1 & 1+\epsilon & 1\\ 0 & 0 & 1\end{bmatrix},\quad \boldsymbol{b}\;=\;\begin{bmatrix}1\\ -1\\ 0\end{bmatrix},\quad \tilde{r}=2,\quad \boldsymbol{P}=\boldsymbol{I},$$

那么 $\min\|\,\boldsymbol{B}_1\boldsymbol{z}-\boldsymbol{b}\,\|_2=0$，但 $\|\,\boldsymbol{B}_1^{+}\boldsymbol{b}\,\|_2=O(1/\epsilon)$. 另外，包含 $\boldsymbol{A}$ 的第 3 列的任何真子集都是强无关的，但会产生更大的残差.

这个例子表明，在所选列的无关性和它们所呈现的残差的范数之间可能存在一个权衡. 如何面对这种平衡的影响，需要用到 $\sigma_{\tilde{r}}(\boldsymbol{B}_1)$ 的界，即 $\boldsymbol{B}_1$ 的最小奇异值的界.

定理 5.5.2 设矩阵 $\boldsymbol{A}\in\mathbb{R}^{m\times n}$ 的 SVD 是 $\boldsymbol{U}^{\mathrm{T}}\boldsymbol{A}\boldsymbol{V}=\boldsymbol{\Sigma}=\mathrm{diag}(\sigma_i)$，定义矩阵 $\boldsymbol{B}_1\in\mathbb{R}^{m\times\tilde{r}}$ 和 $\tilde{r}\leqslant\mathsf{rank}(\boldsymbol{A})$ 如下

$$\boldsymbol{A}\boldsymbol{P}\;=\;[\;\underset{\tilde{r}}{\boldsymbol{B}_1}\;|\;\underset{n-\tilde{r}}{\boldsymbol{B}_2}\;],$$

其中 $\boldsymbol{P}\in\mathbb{R}^{n\times n}$ 是置换矩阵. 如果

$$\boldsymbol{P}^{\mathrm{T}}\boldsymbol{V}\;=\;\begin{bmatrix}\tilde{\boldsymbol{V}}_{11} & \tilde{\boldsymbol{V}}_{12}\\ \tilde{\boldsymbol{V}}_{21} & \tilde{\boldsymbol{V}}_{22}\end{bmatrix}\begin{matrix}\tilde{r}\\ n-\tilde{r}\end{matrix},\qquad \begin{matrix}\tilde{r} & n-\tilde{r}\end{matrix} \tag{5.5.6}$$

其中 $\tilde{\boldsymbol{V}}_{11}$ 是非奇异矩阵，那么

$$\frac{\sigma_{\tilde{r}}(\boldsymbol{A})}{\|\,\tilde{\boldsymbol{V}}_{11}^{-1}\,\|_2}\;\leqslant\;\sigma_{\tilde{r}}(\boldsymbol{B}_1)\;\leqslant\;\sigma_{\tilde{r}}(\boldsymbol{A}).$$

证明 上界来自推论 2.4.4. 为建立下界，将奇异值的对角矩阵划分如下：

$$\boldsymbol{\Sigma} = \begin{bmatrix} \boldsymbol{\Sigma}_1 & \mathbf{0} \\ \mathbf{0} & \boldsymbol{\Sigma}_2 \end{bmatrix} \begin{matrix} \tilde{r} \\ m-\tilde{r} \end{matrix} .$$
$$\qquad\quad \tilde{r} \quad n-\tilde{r}$$

如果 $\boldsymbol{w} \in \mathbb{R}^{\tilde{r}}$ 是使得 $\| \boldsymbol{B}_1\boldsymbol{w} \|_2 = \sigma_{\tilde{r}}(\boldsymbol{B}_1)$ 的单位向量，那么

$$\sigma_{\tilde{r}}(\boldsymbol{B}_1)^2 = \| \boldsymbol{B}_1\boldsymbol{w} \|_2^2 = \left\| \boldsymbol{U\Sigma V}^{\mathrm{T}}\boldsymbol{P} \begin{bmatrix} \boldsymbol{w} \\ \mathbf{0} \end{bmatrix} \right\|_2^2 = \| \boldsymbol{\Sigma}_1 \tilde{\boldsymbol{V}}_{11}^{\mathrm{T}}\boldsymbol{w} \|_2^2 + \| \boldsymbol{\Sigma}_2 \tilde{\boldsymbol{V}}_{12}^{\mathrm{T}}\boldsymbol{w} \|_2^2 .$$

因为 $\| \boldsymbol{\Sigma}_1 \tilde{\boldsymbol{V}}_{11}^{\mathrm{T}}\boldsymbol{w} \|_2 \geqslant \sigma_{\tilde{r}}(\boldsymbol{A})/\| \tilde{\boldsymbol{V}}_{11}^{-1} \|_2$，定理得证. □

这一结果表明，为了获得充分无关的列子集，我们选择的置换矩阵 $\boldsymbol{P}$ 应使得结果子矩阵 $\tilde{\boldsymbol{V}}_{11}$ 尽可能的良态. 通过计算矩阵 $[\ \boldsymbol{V}_{11}^{\mathrm{T}}\ \boldsymbol{V}_{21}^{\mathrm{T}}\ ]$ 的列选主元的 QR 分解，可以得到该问题的直观解，其中

$$\boldsymbol{V} = \begin{bmatrix} \boldsymbol{V}_{11} & \boldsymbol{V}_{12} \\ \boldsymbol{V}_{21} & \boldsymbol{V}_{22} \end{bmatrix} \begin{matrix} \tilde{r} \\ n-\tilde{r} \end{matrix}$$
$$\qquad \tilde{r} \quad n-\tilde{r}$$

是矩阵 $\boldsymbol{A}$ 的右奇异向量构成的矩阵 $\boldsymbol{V}$ 的划分. 特别地，如果我们使用列选主元的 QR 分解（算法 5.4.1）来计算

$$\boldsymbol{Q}^{\mathrm{T}}[\ \boldsymbol{V}_{11}^{\mathrm{T}}\ \boldsymbol{V}_{21}^{\mathrm{T}}\ ]\boldsymbol{P} = [\ \underset{\tilde{r}}{\boldsymbol{R}_{11}} \mid \underset{n-\tilde{r}}{\boldsymbol{R}_{12}}\ ] ,$$

其中 $\boldsymbol{Q}$ 是正交矩阵，$\boldsymbol{P}$ 是置换矩阵，$\boldsymbol{R}_{11}$ 是上三角矩阵，那么 (5.5.6) 蕴涵

$$\begin{bmatrix} \tilde{\boldsymbol{V}}_{11} \\ \tilde{\boldsymbol{V}}_{21} \end{bmatrix} = \boldsymbol{P}^{\mathrm{T}} \begin{bmatrix} \boldsymbol{V}_{11} \\ \boldsymbol{V}_{21} \end{bmatrix} = \begin{bmatrix} \boldsymbol{R}_{11}^{\mathrm{T}}\boldsymbol{Q}^{\mathrm{T}} \\ \boldsymbol{R}_{12}^{\mathrm{T}}\boldsymbol{Q}^{\mathrm{T}} \end{bmatrix} .$$

注意，$\boldsymbol{R}_{11}$ 是非奇异矩阵，$\| \tilde{\boldsymbol{V}}_{11}^{-1} \|_2 = \| \boldsymbol{R}_{11}^{-1} \|_2$. 直观地看，列选主元趋向于产生良态的 $\boldsymbol{R}_{11}$，因此整个过程产生良态的 $\tilde{\boldsymbol{V}}_{11}$.

算法 5.5.1 给定 $\boldsymbol{A} \in \mathbb{R}^{m\times n}$ 和 $\boldsymbol{b} \in \mathbb{R}^m$，算法计算置换矩阵 $\boldsymbol{P}$、秩估计 $\tilde{r}$ 和向量 $\boldsymbol{z} \in \mathbb{R}^{\tilde{r}}$，使得 $\boldsymbol{B} = \boldsymbol{AP}$ 的前 $\tilde{r}$ 列线性无关，$\| \boldsymbol{B}(:,1:\tilde{r})\boldsymbol{z} - \boldsymbol{b} \|_2$ 最小化.

计算奇异值分解 $U^{\mathrm{T}}AV = \mathrm{diag}(\sigma_1, \cdots, \sigma_n)$，保存 V.
确定 $\tilde{r} \leqslant \mathsf{rank}(A)$.
应用列选主元的 QR 分解：$Q^{\mathrm{T}}V(:,1:\tilde{r})^{\mathrm{T}}P = [\ R_{11} \mid R_{12}\ ]$，
  令 $AP = [\ B_1 \mid B_2\ ]$，其中 $B_1 \in \mathbb{R}^{m\times\tilde{r}}$，$B_2 \in \mathbb{R}^{m\times(n-\tilde{r})}$.
确定 $z \in \mathbb{R}^{\tilde{r}}$ 使得 $\| b - B_1 z \|_2 = \min$.

5.5.8 列无关与残差大小

我们回过头来讨论列无关性和残差范数之间的权衡. 特别是，为了评估上述子集选择方法，我们需要检查它产生的向量 $\boldsymbol{y}$ 的残差

$$r_{\boldsymbol{y}} = \boldsymbol{b} - \boldsymbol{A}\boldsymbol{y} = \boldsymbol{b} - \boldsymbol{B}_1\boldsymbol{z} = (\boldsymbol{I} - \boldsymbol{B}_1\boldsymbol{B}_1^{+})\boldsymbol{b},$$

其中，$\boldsymbol{B}_1 = B(:,1:\tilde{r})$, $\boldsymbol{B} = \boldsymbol{AP}$. 为此，比较 $r_{\boldsymbol{y}}$ 与

$$r_{\boldsymbol{x}_{\tilde{r}}} = \boldsymbol{b} - \boldsymbol{A}\boldsymbol{x}_{\tilde{r}},$$

因为我们将 $\boldsymbol{A}$ 视为秩 $\tilde{r}$ 矩阵，而 $\boldsymbol{x}_{\tilde{r}}$ 是秩 $\tilde{r}$ 最小二乘问题 $\min\|\boldsymbol{A}_{\tilde{r}}\boldsymbol{x}-\boldsymbol{b}\|_2$ 的最近的解.

定理 5.5.3 假设 $\boldsymbol{A}\in\mathbb{R}^{m\times n}$ 的 SVD 是 $\boldsymbol{U}^{\mathrm{T}}\boldsymbol{A}\boldsymbol{V}=\boldsymbol{\Sigma}$，$r_{\boldsymbol{y}}$ 和 $r_{\boldsymbol{x}_{\tilde{r}}}$ 的定义如上. 如果 $\tilde{\boldsymbol{V}}_{11}$ 是 $\boldsymbol{P}^{\mathrm{T}}\boldsymbol{V}$ 的前导 $r\times r$ 主子矩阵，那么

$$\|r_{\boldsymbol{x}_{\tilde{r}}} - r_{\boldsymbol{y}}\|_2 \leqslant \frac{\sigma_{\tilde{r}+1}(\boldsymbol{A})}{\sigma_{\tilde{r}}(\boldsymbol{A})}\|\tilde{\boldsymbol{V}}_{11}^{-1}\|_2\|\boldsymbol{b}\|_2.$$

证明 注意，$r_{\boldsymbol{x}_{\tilde{r}}} = (\boldsymbol{I}-\boldsymbol{U}_1\boldsymbol{U}_1^{\mathrm{T}})\boldsymbol{b}$ 且 $r_{\boldsymbol{y}} = (\boldsymbol{I}-\boldsymbol{Q}_1\boldsymbol{Q}_1^{\mathrm{T}})\boldsymbol{b}$，其中

$$\boldsymbol{U} = [\,\underset{\tilde{r}}{\boldsymbol{U}_1} \mid \underset{m-\tilde{r}}{\boldsymbol{U}_2}\,]$$

是矩阵 U 的划分，$\boldsymbol{Q}_1 = \boldsymbol{B}_1(\boldsymbol{B}_1^{\mathrm{T}}\boldsymbol{B}_1)^{-1/2}$. 利用定理 2.6.1，我们有

$$\|r_{\boldsymbol{x}_{\tilde{r}}} - r_{\boldsymbol{y}}\|_2 \leqslant \|\boldsymbol{U}_1\boldsymbol{U}_1^{\mathrm{T}} - \boldsymbol{Q}_1\boldsymbol{Q}_1^{\mathrm{T}}\|_2\|\boldsymbol{b}\|_2 = \|\boldsymbol{U}_2^{\mathrm{T}}\boldsymbol{Q}_1\|_2\|\boldsymbol{b}\|_2,$$

而由定理 5.5.2，我们得出结论

$$\begin{aligned}\|\boldsymbol{U}_2^{\mathrm{T}}\boldsymbol{Q}_1\|_2 &\leqslant \|\boldsymbol{U}_2^{\mathrm{T}}\boldsymbol{B}_1\|_2\|(\boldsymbol{B}_1^{\mathrm{T}}\boldsymbol{B}_1)^{-1/2}\|_2\\ &\leqslant \sigma_{\tilde{r}+1}(\boldsymbol{A})\frac{1}{\sigma_{\tilde{r}}(\boldsymbol{B}_1)}\\ &\leqslant \frac{\sigma_{\tilde{r}+1}(\boldsymbol{A})}{\sigma_{\tilde{r}}(\boldsymbol{A})}\|\tilde{\boldsymbol{V}}_{11}^{-1}\|_2,\end{aligned}$$

定理得证. □

注意到

$$\|r_{\boldsymbol{x}_{\tilde{r}}} - r_{\boldsymbol{y}}\|_2 = \left\|\boldsymbol{B}_1\boldsymbol{y} - \sum_{i=1}^{r}(\boldsymbol{u}_i^{\mathrm{T}}\boldsymbol{b})\boldsymbol{u}_i\right\|_2,$$

我们看到定理 5.5.3 揭示了 $\boldsymbol{B}_1\boldsymbol{y}$ 如何预测 $\boldsymbol{b}$ 的“稳定”分量，即 $\boldsymbol{U}_1^{\mathrm{T}}\boldsymbol{b}$. 任何接近 $\boldsymbol{U}_2^{\mathrm{T}}\boldsymbol{b}$ 的尝试都可能导致大范数解. 此外，这个定理是说，如果 $\sigma_{\tilde{r}+1}(\boldsymbol{A})\ll\sigma_{\tilde{r}}(\boldsymbol{A})$，那么，任何合理的无关列子集产生基本上相同大小的残差. 另外，如果奇异值之间没有恰当的间隙，那么确定 $\tilde{r}$ 就变得困难，整个子集选择问题就更加复杂.

习 题

1. 证明：如果

$$\boldsymbol{A} = \begin{bmatrix} \boldsymbol{T} & \boldsymbol{S} \\ \boldsymbol{0} & \boldsymbol{0} \end{bmatrix} \begin{matrix} r \\ m-r \end{matrix}, \quad (\text{列分块 } r,\ n-r)$$

其中 $r = \operatorname{rank}(\boldsymbol{A})$，$\boldsymbol{T}$ 是非奇异矩阵，那么

$$\boldsymbol{X} = \begin{bmatrix} \boldsymbol{T}^{-1} & \boldsymbol{0} \\ \boldsymbol{0} & \boldsymbol{0} \end{bmatrix} \begin{matrix} r \\ n-r \end{matrix} \quad (\text{列分块 } r,\ m-r)$$

满足 $\boldsymbol{AXA} = \boldsymbol{A}$ 和 $(\boldsymbol{AX})^{\mathrm{T}} = (\boldsymbol{AX})$. 在这种情况下，我们说 $\boldsymbol{X}$ 是 $\boldsymbol{A}$ 的 (1,3) 伪逆. 证明：对于一般的 $\boldsymbol{A}$ 有 $\boldsymbol{x}_B = \boldsymbol{Xb}$，其中 $\boldsymbol{X}$ 是 $\boldsymbol{A}$ 的 (1,3) 伪逆.

2. 定义 $\boldsymbol{B}(\lambda) \in \mathbb{R}^{n\times m}$ 为

$$\boldsymbol{B}(\lambda) = (\boldsymbol{A}^{\mathrm{T}}\boldsymbol{A} + \lambda \boldsymbol{I})^{-1}\boldsymbol{A}^{\mathrm{T}},$$

其中 $\lambda > 0$. 证明

$$\| \boldsymbol{B}(\lambda) - \boldsymbol{A}^{+} \|_2 = \frac{\lambda}{\sigma_r(\boldsymbol{A})[\sigma_r(\boldsymbol{A})^2 + \lambda]}, \quad r = \operatorname{rank}(\boldsymbol{A}),$$

因此当 $\lambda \to 0$ 时有 $\boldsymbol{B}(\lambda) \to \boldsymbol{A}^{+}$.

3. 考虑秩亏损的 LS 问题

$$\min_{\boldsymbol{y}\in\mathbb{R}^r,\, \boldsymbol{z}\in\mathbb{R}^{n-r}} \left\| \begin{bmatrix} \boldsymbol{R} & \boldsymbol{S} \\ \boldsymbol{0} & \boldsymbol{0} \end{bmatrix} \begin{bmatrix} \boldsymbol{y} \\ \boldsymbol{z} \end{bmatrix} - \begin{bmatrix} \boldsymbol{c} \\ \boldsymbol{d} \end{bmatrix} \right\|_2,$$

其中 $\boldsymbol{R} \in \mathbb{R}^{r\times r}$, $\boldsymbol{S} \in \mathbb{R}^{r\times n-r}$, $\boldsymbol{y} \in \mathbb{R}^r$, $\boldsymbol{z} \in \mathbb{R}^{n-r}$. 假设 $\boldsymbol{R}$ 是上三角非奇异矩阵. 说明如何在不选主元的情况下通过计算适当的 QR 分解来获得这个问题的最小范数解，然后求解相应的 $\boldsymbol{y}$ 和 $\boldsymbol{z}$.

4. 证明：如果 $\boldsymbol{A}_k \to \boldsymbol{A}$, $\boldsymbol{A}_k^{+} \to \boldsymbol{A}^{+}$，那么存在一个整数 k_0 使得对所有的 $k \geqslant k_0$ 有 $\operatorname{rank}(\boldsymbol{A}_k)$ 是常量.

5. 证明：如果 $\boldsymbol{A} \in \mathbb{R}^{m\times n}$ 的秩是 n，那么当 $\| \boldsymbol{E} \|_2 \| \boldsymbol{A}^{+} \|_2 < 1$ 时 $\boldsymbol{A} + \boldsymbol{E}$ 的秩也是 n.

6. 假设 $\boldsymbol{A} \in \mathbb{R}^{m\times n}$ 是秩亏损矩阵，$\boldsymbol{b} \in \mathbb{R}^m$. 假定对于 $k = 0, 1, \cdots$，$\boldsymbol{x}^{(k+1)}$ 最小化

$$\phi_k(\boldsymbol{x}) = \| \boldsymbol{Ax} - \boldsymbol{b} \|_2^2 + \lambda \| \boldsymbol{x} - \boldsymbol{x}^{(k)} \|_2^2,$$

其中 $\lambda > 0$ 且 $\boldsymbol{x}^{(0)} = 0$. 证明 $\boldsymbol{x}^{(k)} \to \boldsymbol{x}_{LS}$.

7. 假定 $\boldsymbol{A} \in \mathbb{R}^{m\times n}$, $\| \boldsymbol{u}^{\mathrm{T}}\boldsymbol{A} \|_2 = \sigma$, $\boldsymbol{u}^{\mathrm{T}}\boldsymbol{u} = 1$. 证明：如果 $\boldsymbol{u}^{\mathrm{T}}(\boldsymbol{Ax} - \boldsymbol{b}) = 0$，其中 $\boldsymbol{x} \in \mathbb{R}^n$, $\boldsymbol{b} \in \mathbb{R}^m$，那么 $\| \boldsymbol{x} \|_2 \geqslant |\boldsymbol{u}^{\mathrm{T}}\boldsymbol{b}|/\sigma$.

8. 在式 (5.5.6) 中，我们知道矩阵 $\boldsymbol{P}^{\mathrm{T}}\boldsymbol{V}$ 是正交的. 因此，从 CS 分解（定理 2.5.3）可知 $\| \tilde{\boldsymbol{V}}_{11}^{-1} \|_2 = \| \tilde{\boldsymbol{V}}_{22}^{-1} \|_2$. 说明如何应用列选主元的 QR 算法于 $[\, \tilde{\boldsymbol{V}}_{22}^{\mathrm{T}} \mid \tilde{\boldsymbol{V}}_{12}^{\mathrm{T}} \,]$ 来计算 $\boldsymbol{P}$.（对于 $\tilde{r} > n/2$ 而言，此过程比正文中讨论的技术更经济.）将此观察结果纳入算法 5.5.1.

9. 假设 $\boldsymbol{F} \in \mathbb{R}^{m\times r}$ 和 $\boldsymbol{G} \in \mathbb{R}^{n\times r}$ 的秩都为 r.

(a) 给出一种计算 $\| \boldsymbol{FG}^{\mathrm{T}}\boldsymbol{x} - \boldsymbol{b} \|_2$ 的极小 2-范数解的有效算法，其中 $\boldsymbol{b} \in \mathbb{R}^m$.

(b) 说明如何计算向量 $\boldsymbol{x}_B$.

5.6 正方形方程组和欠定方程组

本章给出的正交化方法可用于正方形方程组，也可用于方程个数比未知数少的方程组. 在这简短的一节中，我们验证几种可能的情况.

5.6.1 正方形方程组

基于 QR 分解和 SVD 的最小二乘法也能用来求解正方形方程组. 表 5.6.1 比较了相应计算的 flop 数. 假定分解时右端项是已知的.

表 5.6.1 用于解正方形方程组的各种方法的相关 flop 数

方 法	flop 数
高斯消去法	$2n^3/3$
Householder QR 分解	$4n^3/3$
改进的 Gram-Schmidt 算法	$2n^3$
奇异值分解	$12n^3$

虽然高斯消去法涉及的计算量最少，对于为什么要考虑正交化方法，有如下三个理由.

- flop 数夸大了高斯消去法的优势. 考虑内存通信和向量化的开销，QR 分解法的效率更高.
- 正交化法能保证稳定性，不像高斯消去法要担心"增长因子".
- 在病态情形下，正交化方法的可靠性更好. 带条件数估计的 QR 方法是非常值得依赖的. 当然，遇到求几乎奇异方程组的有意义的解时，SVD 方法是无可挑剔的.

我们不是表示对正交化方法有更强的偏好，仅仅是说与高斯消去法相比各有好处.

还要指出的是，对于上表中的奇异值分解方法，必须假定在因子分解时 $\boldsymbol{b}$ 是可用的. 否则，因为有必要累积 $\boldsymbol{U}$ 矩阵，此时需要 $20n^3$ 个 flop.

如果用 QR 分解法求解 $\boldsymbol{Ax}=\boldsymbol{b}$，通常需要执行向后消去：$\boldsymbol{Rx}=\boldsymbol{Q}^{\mathrm{T}}\boldsymbol{b}$. 然而，对 $\boldsymbol{b}$ 进行"预处理"可以避免这一过程. 假定 $\boldsymbol{H}$ 是满足 $\boldsymbol{Hb}=\beta\boldsymbol{e}_n$ 的 Householder 矩阵，其中 $\boldsymbol{e}_n$ 是 $\boldsymbol{I}_n$ 的最后一列. 如果我们计算 $(\boldsymbol{HA})^{\mathrm{T}}$ 的 QR 分解，那么 $\boldsymbol{A}=\boldsymbol{H}^{\mathrm{T}}\boldsymbol{R}^{\mathrm{T}}\boldsymbol{Q}^{\mathrm{T}}$，方程组变为

$$\boldsymbol{R}^{\mathrm{T}}\boldsymbol{y}=\beta\boldsymbol{e}_n,$$

其中 $\boldsymbol{y}=\boldsymbol{Q}^{\mathrm{T}}\boldsymbol{x}$. 因为 $\boldsymbol{R}^{\mathrm{T}}$ 是下三角矩阵，$\boldsymbol{y}=(\beta/r_{nn})\boldsymbol{e}_n$，因此

$$\boldsymbol{x}=\frac{\beta}{r_{nn}}Q(:,n).$$

5.6.2 欠定方程组

在 3.4.8 节中，我们讨论了使用完全选主元或行列选主元的高斯消去法求解满秩的欠定线性方程组

$$\boldsymbol{A}\boldsymbol{x} = \boldsymbol{b}, \quad \boldsymbol{A} \in \mathbb{R}^{m\times n},\ \boldsymbol{b} \in \mathbb{R}^{m}. \tag{5.6.1}$$

各种正交分解也可以用来求解这个问题. 请注意，方程组 (5.6.1) 或者没有解，或者有无穷多个解. 当有无穷多解时，重要的是区分算法是否能找到极小 2-范数解. 我们给出的第一个算法就不能找到极小 2-范数解.

假定 $\boldsymbol{A}$ 是行满秩矩阵，应用列选主的 QR 方法得到

$$\boldsymbol{Q}^{\mathrm{T}}\boldsymbol{A}\boldsymbol{\Pi} = [\,\boldsymbol{R}_1 \,|\, \boldsymbol{R}_2\,],$$

其中 $\boldsymbol{R}_1 \in \mathbb{R}^{m\times m}$ 是上三角矩阵，$\boldsymbol{R}_2 \in \mathbb{R}^{m\times(n-m)}$. 因此 $\boldsymbol{A}\boldsymbol{x} = \boldsymbol{b}$ 变为

$$(\boldsymbol{Q}^{\mathrm{T}}\boldsymbol{A}\boldsymbol{\Pi})(\boldsymbol{\Pi}^{\mathrm{T}}\boldsymbol{x}) = [\,\boldsymbol{R}_1 \,|\, \boldsymbol{R}_2\,]\begin{bmatrix}\boldsymbol{z}_1\\ \boldsymbol{z}_2\end{bmatrix} = \boldsymbol{Q}^{\mathrm{T}}\boldsymbol{b},$$

其中

$$\boldsymbol{\Pi}^{\mathrm{T}}\boldsymbol{x} = \begin{bmatrix}\boldsymbol{z}_1\\ \boldsymbol{z}_2\end{bmatrix},$$

$\boldsymbol{z}_1 \in \mathbb{R}^{m}$, $\boldsymbol{z}_2 \in \mathbb{R}^{(n-m)}$. 由于是列选主元，并假定 $\boldsymbol{A}$ 是行满秩矩阵，因此 $\boldsymbol{R}_1$ 是非奇异矩阵. 可以通过令 $\boldsymbol{z}_1 = \boldsymbol{R}_1^{-1}\boldsymbol{Q}^{\mathrm{T}}\boldsymbol{b}$ 和 $\boldsymbol{z}_2 = \boldsymbol{0}$ 得到这个问题的一个解.

算法 5.6.1 给定 $\boldsymbol{A} \in \mathbb{R}^{m\times n}$, $\mathsf{rank}(\boldsymbol{A}) = m$, $\boldsymbol{b} \in \mathbb{R}^{m}$，算法找到满足 $\boldsymbol{A}\boldsymbol{x} = \boldsymbol{b}$ 的 $\boldsymbol{x} \in \mathbb{R}^{n}$.

计算列选主元的 QR 分解：$Q^{\mathrm{T}}A\Pi = R$.
解 $R(1:m, 1:m)z_1 = Q^{\mathrm{T}}b$.
令 $x = \Pi\begin{bmatrix}z_1\\ 0\end{bmatrix}$.

这个算法需要 $2m^2n - m^3/3$ 个 flop. 此时不能保证是极小范数解.（一个不同的 $\boldsymbol{\Pi}$ 会得到更小的 $\boldsymbol{z}_1$.）然而，如果我们计算 QR 分解

$$\boldsymbol{A}^{\mathrm{T}} = \boldsymbol{Q}\boldsymbol{R} = \boldsymbol{Q}\begin{bmatrix}\boldsymbol{R}_1\\ \boldsymbol{0}\end{bmatrix},$$

其中 $\boldsymbol{R}_1 \in \mathbb{R}^{m\times m}$，那么 $\boldsymbol{A}\boldsymbol{x} = \boldsymbol{b}$ 变为

$$(\boldsymbol{Q}\boldsymbol{R})^{\mathrm{T}}\boldsymbol{x} = \left[\,\boldsymbol{R}_1^{\mathrm{T}} \,\middle|\, \boldsymbol{0}\,\right]\begin{bmatrix}\boldsymbol{z}_1\\ \boldsymbol{z}_2\end{bmatrix} = \boldsymbol{b},$$

其中

$$Q^{\mathrm{T}}\boldsymbol{x} = \begin{bmatrix} z_1 \\ z_2 \end{bmatrix}, \quad z_1 \in \mathbb{R}^m,\ z_2 \in \mathbb{R}^{n-m}.$$

在这种情况下，通过令 $z_2 = \boldsymbol{0}$ 就得到极小范数解.

算法 5.6.2 给定 $\boldsymbol{A} \in \mathbb{R}^{m\times n}$, $\mathrm{rank}(\boldsymbol{A}) = m$, $\boldsymbol{b} \in \mathbb{R}^m$，算法找到 $\boldsymbol{Ax} = \boldsymbol{b}$ 的极小 2-范数解.

计算 QR 分解：$A^{\mathrm{T}} = QR$.
解 $R(1:m,1:m)^{\mathrm{T}}z = b$.
令 $x = Q(:,1:m)z$.

这个算法最多需要 $2m^2n - 2m^3/3$ 个 flop.

SVD 也可用来计算欠定方程组 $\boldsymbol{Ax} = \boldsymbol{b}$ 的极小范数解. 如果 $\boldsymbol{A}$ 的 SVD 是

$$\boldsymbol{A} = \sum_{i=1}^{r} \sigma_i \boldsymbol{u}_i \boldsymbol{v}_i^{\mathrm{T}}, \quad r = \mathrm{rank}(\boldsymbol{A}),$$

那么

$$\boldsymbol{x} = \sum_{i=1}^{r} \frac{\boldsymbol{u}_i^{\mathrm{T}}\boldsymbol{b}}{\sigma_i}\boldsymbol{v}_i.$$

类似于最小二乘问题，当 $\boldsymbol{A}$ 是几乎秩亏损矩阵时 SVD 方法能得到满意的解.

5.6.3 扰动的欠定方程组

我们用满秩欠定方程组的扰动结果来结束本节的讨论.

定理 5.6.1 假定 $\mathrm{rank}(\boldsymbol{A}) = m \leqslant n$, $\boldsymbol{A} \in \mathbb{R}^{m\times n}$, $\delta\boldsymbol{A} \in \mathbb{R}^{m\times n}$, $\boldsymbol{0} \neq \boldsymbol{b} \in \mathbb{R}^m$, $\delta\boldsymbol{b} \in \mathbb{R}^m$ 满足

$$\epsilon = \max\{\epsilon_{\boldsymbol{A}}, \epsilon_{\boldsymbol{b}}\} < \sigma_m(\boldsymbol{A}),$$

其中 $\epsilon_{\boldsymbol{A}} = \|\,\delta\boldsymbol{A}\,\|_2/\|\,\boldsymbol{A}\,\|_2$, $\epsilon_{\boldsymbol{b}} = \|\,\delta\boldsymbol{b}\,\|_2/\|\,\boldsymbol{b}\,\|_2$. 如果 $\boldsymbol{x}$ 和 $\hat{\boldsymbol{x}}$ 是满足

$$\boldsymbol{Ax} = \boldsymbol{b}, \quad (\boldsymbol{A} + \delta\boldsymbol{A})\hat{\boldsymbol{x}} = \boldsymbol{b} + \delta\boldsymbol{b}$$

的极小范数解，那么

$$\frac{\|\,\hat{\boldsymbol{x}} - \boldsymbol{x}\,\|_2}{\|\,\boldsymbol{x}\,\|_2} \leqslant \kappa_2(\boldsymbol{A})\left(\epsilon_{\boldsymbol{A}}\min\{2, n-m+1\} + \epsilon_{\boldsymbol{b}}\right) + O(\epsilon^2).$$

证明 令 $\boldsymbol{E}$ 和 $\boldsymbol{f}$ 分别定义为 $\delta\boldsymbol{A}/\epsilon$ 和 $\delta\boldsymbol{b}/\epsilon$. 注意，对所有的 $0 < t < \epsilon$ 有 $\mathrm{rank}(\boldsymbol{A} + t\boldsymbol{E}) = m$，且

$$\boldsymbol{x}(t) = (\boldsymbol{A} + t\boldsymbol{E})^{\mathrm{T}}\left((\boldsymbol{A} + t\boldsymbol{E})(\boldsymbol{A} + t\boldsymbol{E})^{\mathrm{T}}\right)^{-1}(\boldsymbol{b} + t\boldsymbol{f})$$

满足 $(\boldsymbol{A}+t\boldsymbol{E})\boldsymbol{x}(t)=\boldsymbol{b}+t\boldsymbol{f}$. 对 t 微分这个表达式并令 $t=0$，我们有

$$\dot{\boldsymbol{x}}(0) = \left(\boldsymbol{I}-\boldsymbol{A}^{\mathrm{T}}(\boldsymbol{A}\boldsymbol{A}^{\mathrm{T}})^{-1}\boldsymbol{A}\right)\boldsymbol{E}^{\mathrm{T}}(\boldsymbol{A}\boldsymbol{A}^{\mathrm{T}})^{-1}\boldsymbol{b}+\boldsymbol{A}^{\mathrm{T}}(\boldsymbol{A}\boldsymbol{A}^{\mathrm{T}})^{-1}(\boldsymbol{f}-\boldsymbol{E}\boldsymbol{x}). \tag{5.6.2}$$

因为

$$\begin{aligned}
\|\boldsymbol{x}\|_2 = \|\boldsymbol{A}^{\mathrm{T}}(\boldsymbol{A}\boldsymbol{A}^{\mathrm{T}})^{-1}\boldsymbol{b}\|_2 &\geqslant \sigma_m(\boldsymbol{A})\|(\boldsymbol{A}\boldsymbol{A}^{\mathrm{T}})^{-1}\boldsymbol{b}\|_2,\\
\|\boldsymbol{I}-\boldsymbol{A}^{\mathrm{T}}(\boldsymbol{A}\boldsymbol{A}^{\mathrm{T}})^{-1}\boldsymbol{A}\|_2 &= \min(1,n-m),\\
\frac{\|\boldsymbol{f}\|_2}{\|\boldsymbol{x}\|_2} &\leqslant \frac{\|\boldsymbol{f}\|_2\|\boldsymbol{A}\|_2}{\|\boldsymbol{b}\|_2},
\end{aligned}$$

所以我们有

$$\begin{aligned}
\frac{\|\hat{\boldsymbol{x}}-\boldsymbol{x}\|_2}{\|\boldsymbol{x}\|_2} &= \frac{\boldsymbol{x}(\epsilon)-\boldsymbol{x}(0)}{\|\boldsymbol{x}(0)\|_2} = \epsilon\frac{\|\dot{\boldsymbol{x}}(0)\|_2}{\|\boldsymbol{x}\|_2} + O(\epsilon^2)\\
&\leqslant \epsilon\min(1,n-m)\left\{\frac{\|\boldsymbol{E}\|_2}{\|\boldsymbol{A}\|_2}+\frac{\|\boldsymbol{f}\|_2}{\|\boldsymbol{b}\|_2}+\frac{\|\boldsymbol{E}\|_2}{\|\boldsymbol{A}\|_2}\right\}\kappa_2(\boldsymbol{A}) + O(\epsilon^2),
\end{aligned}$$

由此可知这个定理成立. □

注意，与超定方程组的情形不一样，这里没有 $\kappa_2(\boldsymbol{A})^2$ 因子.

习　题

1. 推导式 (5.6.2).

2. 寻找 $\boldsymbol{A}\boldsymbol{x}=\boldsymbol{b}$ 的极小范数解，其中 $\boldsymbol{A}=[\,1\ 2\ 3\,]$, $\boldsymbol{b}=1$.

3. 说明用 QR 分解求解欠定方程组时如何能避免求解三角方程组.

4. 给定 $\boldsymbol{b},\boldsymbol{x}\in\mathbb{R}^n$，考虑以下问题.

(a) 寻找一个非对称 Toeplitz 矩阵 $\boldsymbol{T}$ 使得 $\boldsymbol{T}\boldsymbol{x}=\boldsymbol{b}$.

(b) 寻找一个对称 Toeplitz 矩阵 $\boldsymbol{T}$ 使得 $\boldsymbol{T}\boldsymbol{x}=\boldsymbol{b}$.

(c) 寻找一个循环矩阵 $\boldsymbol{C}$ 使得 $\boldsymbol{C}\boldsymbol{x}=\boldsymbol{b}$.

将每个问题写成 $\boldsymbol{A}\boldsymbol{p}=\boldsymbol{b}$ 的形式，其中 $\boldsymbol{A}$ 是 $\boldsymbol{x}$ 的元素组成的矩阵，$\boldsymbol{p}$ 为所求元素组成的向量.

第 6 章　修正最小二乘问题和方法

本章讨论一类可以使用 QR 分解和 SVD 方法来求解的最小二乘问题. 我们还介绍一种 SVD 的推广方法，它可以用于同时对角化一对矩阵，这种方法在某些应用中非常有用.

前三节研究在第 5 章中讨论的普通最小二乘问题的各种变形. $\| \boldsymbol{Ax} - \boldsymbol{b} \|_2$ 的无约束极小化并不总是很有意义. 我们如何平衡 $\boldsymbol{Ax} = \boldsymbol{b}$ 中每个方程的重要性? 如果 $\boldsymbol{A}$ 是病态的，如何控制 $\boldsymbol{x}$ 的大小? 如何在 $\mathbb{R}^n$ 的一个真子空间上极小化 $\| \boldsymbol{Ax} - \boldsymbol{b} \|_2$? 如果除了“观测向量” $\boldsymbol{b}$ 中常见误差之外“数据矩阵” $\boldsymbol{A}$ 中还有其他误差，该怎么办?

6.4 节考虑若干多维子空间计算问题，包括确定一对给定子空间之间主角的问题. 其中 SVD 扮演着重要的角色.

最后一节是关于矩阵分解的修正. 在许多应用中，我们会遇到一系列最小二乘（或线性方程）问题，其中与当前步骤相关的矩阵和与前一步的矩阵高度相关. 这为修正策略打开了大门，这些策略可以将矩阵分解开销减少一个数量级.

阅读说明

学习本章需要掌握第 5 章的知识. 除了 6.1 节应该在 6.2 节之前学习之外，其他各节是相互独立的. 本章内容的优秀参考文献包括 Björck (NMLS) 和 Lawson and Hansen (SLS).

6.1 加权和正规化

我们考虑线性最小二乘问题的两个基本校正. 第一个在 $\| \boldsymbol{Ax} - \boldsymbol{b} \|_2$ 的极小化中关注每个方程的“计数”. 一些方程可能比其他方程更重要，有很多方法可以得到反映这个问题的近似极小者. 当 $\boldsymbol{A}$ 是病态矩阵时，还会出现另一种情况. 我们不用具有非常大的范数的向量 $\boldsymbol{x}$ 来极小化 $\| \boldsymbol{Ax} - \boldsymbol{b} \|_2$，而是找到预测值 $\boldsymbol{Ax}$，根据某个正规化度量使 $\boldsymbol{x}$ 是“良态”的.

6.1.1 行加权

在普通最小二乘法中，$\| Ax - b \|_2$ 的极小值等于以下每个方程的平方差之和的极小值：

$$\| Ax - b \|^2 = \sum_{i=1}^{m} \left(a_i^{\mathrm{T}} x - b_i\right)^2.$$

假设 $A \in \mathbb{R}^{m\times n}$，$b \in \mathbb{R}^m$，$a_i^{\mathrm{T}} = A(i,:)$. 在加权最小二乘问题中，这些差被加权，我们求解

$$\min_{x\in\mathbb{R}^n} \| D(Ax - b) \|^2 = \min_{x\in\mathbb{R}^n} \sum_{i=1}^{m} d_i^2 \left(a_i^{\mathrm{T}} x - b_i\right)^2, \tag{6.1.1}$$

其中 $D = \mathrm{diag}(d_1, \cdots, d_m)$ 是非奇异矩阵. 注意，如果 x_D 极小化了这个和，那么它将极小化 $\| \tilde{A}x - \tilde{b} \|_2$，其中 $\tilde{A} = DA$, $\tilde{b} = Db$. 虽然可能存在与不同权重值相关的数值问题，但通常可以将第 5 章中的任何方法应用于“加波浪号的问题”来求解加权最小二乘问题. 例如，如果 A 是列满秩矩阵，应用正规方程组方法，我们得到正定方程组

$$(A^{\mathrm{T}} D^2 A) x_D = A^{\mathrm{T}} D^2 b. \tag{6.1.2}$$

减去未加权的方程组 $A^{\mathrm{T}} A x_{LS} = A^{\mathrm{T}} b$，我们有

$$x_D - x_{LS} = (A^{\mathrm{T}} D^2 A)^{-1} A^{\mathrm{T}} (D^2 - I)(b - A x_{LS}). \tag{6.1.3}$$

请注意，如果 b 几乎在 A 的值域内，权重的影响就较小.

在分量水平看，相对于其他权重，d_k 的增加强调了第 k 个方程的重要性，由此产生的残差 $r = b - Ax_D$ 在该分量中趋于更小. 更精确地说，定义

$$D(\delta) = \mathrm{diag}(d_1, \cdots, d_{k-1}, d_k\sqrt{1+\delta}, d_{k+1}, \cdots, d_m),$$

其中 $\delta > -1$. 假设 $x(\delta)$ 极小化 $\| D(\delta)(Ax - b) \|_2$，并设

$$r_k(\delta) = e_k^{\mathrm{T}}(b - Ax(\delta)) = b_k - a_k^{\mathrm{T}}(A^{\mathrm{T}} D(\delta)^2 A)^{-1} A^{\mathrm{T}} D(\delta)^2 b,$$

其中 $e_k = I_m(:,k)$. 我们知道，$a_k^{\mathrm{T}} x$ 与 b_k 之间的分离度会随着 δ 的增加而增加. 因为

$$\frac{\mathrm{d}}{\mathrm{d}\delta}\left[D(\delta)^2\right] = d_k^2 e_k e_k^{\mathrm{T}},$$

$$\frac{\mathrm{d}}{\mathrm{d}\delta}\left[(A^{\mathrm{T}} D(\delta)^2 A)^{-1}\right] = -(A^{\mathrm{T}} D(\delta)^2 A)^{-1}(A^{\mathrm{T}}(d_k^2 e_k e_k^{\mathrm{T}})A)(A^{\mathrm{T}} D(\delta)^2 A)^{-1},$$

我们可以证明

$$\frac{\mathrm{d}}{\mathrm{d}\delta}r_k(\delta) \;=\; -d_k^2\left(\boldsymbol{a}_k^{\mathrm{T}}(\boldsymbol{A}^{\mathrm{T}}D(\delta)^2\boldsymbol{A})^{-1}\boldsymbol{a}_k\right)r_k(\delta). \tag{6.1.4}$$

假设 $\boldsymbol{A}$ 是满秩矩阵，$(\boldsymbol{A}^{\mathrm{T}}D(\delta)\boldsymbol{A})^{-1}$ 是正定矩阵，从而

$$\frac{\mathrm{d}}{\mathrm{d}\delta}[r_k(\delta)^2] \;=\; 2\,r_k(\delta)\frac{\mathrm{d}}{\mathrm{d}\delta}r_k(\delta) \;=\; -2d_k^2\left(\boldsymbol{a}_k^{\mathrm{T}}(\boldsymbol{A}^{\mathrm{T}}D(\delta)^2\boldsymbol{A})^{-1}\boldsymbol{a}_k\right)r_k(\delta)^2 \;<\; 0.$$

由此可知，$|r_k(\delta)|$ 是 δ 的单调递减函数. 当然，当所有权重同时变化时，r_k 的变化要复杂得多.

在开始更一般的行加权之前，注意到 (6.1.1) 可以被构造成一个对称不定线性方程组. 特别地，如果

$$\begin{bmatrix} \boldsymbol{D}^{-2} & \boldsymbol{A} \\ \boldsymbol{A}^{\mathrm{T}} & \boldsymbol{0} \end{bmatrix}\begin{bmatrix} \boldsymbol{r} \\ \boldsymbol{x} \end{bmatrix} = \begin{bmatrix} \boldsymbol{b} \\ \boldsymbol{0} \end{bmatrix}, \tag{6.1.5}$$

则 $\boldsymbol{x}$ 极小化 (6.1.1). 请与 (5.3.20) 比较.

6.1.2　广义最小二乘问题

在统计数据拟合应用中，通常选择 (6.1.1) 中的权重来增加精确测量的相对重要性. 例如，假设观测向量 $\boldsymbol{b}$ 形如 $\boldsymbol{b}_{\text{true}}+\boldsymbol{\Delta}$，其中 Δ_i 是均值为 0 标准差为 σ_i 的正态分布. 如果误差不相关，那么使用 $d_i=1/\sigma_i$ 极小化 (6.1.1) 具有统计意义.

在更一般的估计问题中，通过方程

$$\boldsymbol{b} \;=\; \boldsymbol{A}\boldsymbol{x}+\boldsymbol{w} \tag{6.1.6}$$

把向量 $\boldsymbol{b}$ 与 $\boldsymbol{x}$ 联系起来，其中噪声向量 $\boldsymbol{w}$ 有零均值，它的对称正定协方差矩阵是 $\sigma^2\boldsymbol{W}$. 假设 $\boldsymbol{W}$ 已知，对于某个 $\boldsymbol{B}\in\mathbb{R}^{m\times m}$ 有 $\boldsymbol{W}=\boldsymbol{B}\boldsymbol{B}^{\mathrm{T}}$. 矩阵 $\boldsymbol{B}$ 可以是给定的，也可以是 $\boldsymbol{W}$ 的 Cholesky 三角矩阵. 为了使 (6.1.6) 中的所有方程对确定 $\boldsymbol{x}$ 有同等作用，统计学家经常求解最小二乘问题

$$\min_{\boldsymbol{x}\in\mathbb{R}^n}\|\,\boldsymbol{B}^{-1}(\boldsymbol{A}\boldsymbol{x}-\boldsymbol{b})\,\|_2. \tag{6.1.7}$$

对于这个问题的一个显然的计算方法是生成 $\tilde{\boldsymbol{A}}=\boldsymbol{B}^{-1}\boldsymbol{A}$ 和 $\tilde{\boldsymbol{b}}=\boldsymbol{B}^{-1}\boldsymbol{b}$，然后应用我们以前的任何方法来极小化 $\|\,\tilde{\boldsymbol{A}}\boldsymbol{x}-\tilde{\boldsymbol{b}}\,\|_2$. 不幸的是，如果 $\boldsymbol{B}$ 是病态矩阵，我们很难通过这种程序来确定 $\boldsymbol{x}$.

求解 (6.1.7) 的更稳定的方法是利用 Paige (1979a, 1979b) 提出的正交变换. 其基本思想是，(6.1.7) 等价于广义最小二乘问题

$$\min_{\boldsymbol{b}=\boldsymbol{A}\boldsymbol{x}+\boldsymbol{B}\boldsymbol{v}}\boldsymbol{v}^{\mathrm{T}}\boldsymbol{v}. \tag{6.1.8}$$

注意，即使 $\boldsymbol{A}$ 和 $\boldsymbol{B}$ 都是秩亏损的，这个问题也有定义. 虽然在这种情况下可以应用 Paige 的技术，但我们假定 $\boldsymbol{A}$ 和 $\boldsymbol{B}$ 都是满秩矩阵，以此来描述计算过程.

第一步是计算 $\boldsymbol{A}$ 的 QR 分解：

$$\boldsymbol{Q}^{\mathrm{T}}\boldsymbol{A} = \begin{bmatrix} \boldsymbol{R}_1 \\ \boldsymbol{0} \end{bmatrix}, \qquad \boldsymbol{Q} = [\, \underset{n}{\boldsymbol{Q}_1} \,|\, \underset{m-n}{\boldsymbol{Q}_2} \,].$$

接下来，确定正交矩阵 $\boldsymbol{Z} \in \mathbb{R}^{m\times m}$ 使得

$$(\boldsymbol{Q}_2^{\mathrm{T}}\boldsymbol{B})\boldsymbol{Z} = [\, \underset{n}{\boldsymbol{0}} \,|\, \underset{m-n}{\boldsymbol{S}} \,], \qquad \boldsymbol{Z} = [\, \underset{n}{\boldsymbol{Z}_1} \,|\, \underset{m-n}{\boldsymbol{Z}_2} \,],$$

其中 $\boldsymbol{S}$ 是上三角矩阵. 利用这些正交矩阵，(6.1.8) 中的约束条件转换为

$$\begin{bmatrix} \boldsymbol{Q}_1^{\mathrm{T}}\boldsymbol{b} \\ \boldsymbol{Q}_2^{\mathrm{T}}\boldsymbol{b} \end{bmatrix} = \begin{bmatrix} \boldsymbol{R}_1 \\ \boldsymbol{0} \end{bmatrix}\boldsymbol{x} + \begin{bmatrix} \boldsymbol{Q}_1^{\mathrm{T}}\boldsymbol{B}\boldsymbol{Z}_1 & \boldsymbol{Q}_1^{\mathrm{T}}\boldsymbol{B}\boldsymbol{Z}_2 \\ \boldsymbol{0} & \boldsymbol{S} \end{bmatrix}\begin{bmatrix} \boldsymbol{Z}_1^{\mathrm{T}}\boldsymbol{v} \\ \boldsymbol{Z}_2^{\mathrm{T}}\boldsymbol{v} \end{bmatrix}.$$

这个等式的下半部分确定了 $\boldsymbol{v}$，上半部分确定了 $\boldsymbol{x}$：

$$\boldsymbol{S}\boldsymbol{u} = \boldsymbol{Q}_2^{\mathrm{T}}\boldsymbol{b}, \quad \boldsymbol{v} = \boldsymbol{Z}_2\boldsymbol{u}, \tag{6.1.9}$$

$$\boldsymbol{R}_1\boldsymbol{x} = \boldsymbol{Q}_1^{\mathrm{T}}\boldsymbol{b} - (\boldsymbol{Q}_1^{\mathrm{T}}\boldsymbol{B}\boldsymbol{Z}_1\boldsymbol{Z}_1^{\mathrm{T}} + \boldsymbol{Q}_1^{\mathrm{T}}\boldsymbol{B}\boldsymbol{Z}_2\boldsymbol{Z}_2^{\mathrm{T}})\boldsymbol{v} = \boldsymbol{Q}_1^{\mathrm{T}}\boldsymbol{b} - \boldsymbol{Q}_1^{\mathrm{T}}\boldsymbol{B}\boldsymbol{Z}_2\boldsymbol{u}. \tag{6.1.10}$$

这种方法的吸引力在于,所有潜在的病态性都集中于三角方程组 (6.1.9) 和 (6.1.10) 中. 此外，Paige (1979b) 指出上述过程具有数值稳定性，任何显式生成 $\boldsymbol{B}^{-1}\boldsymbol{A}$ 的方法都做不到这一点.

6.1.3 列加权的一个注记

假设 $\boldsymbol{G} \in \mathbb{R}^{n\times n}$ 是非奇异矩阵，在 $\mathbb{R}^n$ 上的 G-范数 $\|\cdot\|_G$ 定义为

$$\|\boldsymbol{z}\|_G = \|\boldsymbol{G}\boldsymbol{z}\|_2.$$

如果 $\boldsymbol{A} \in \mathbb{R}^{m\times n}$, $\boldsymbol{b} \in \mathbb{R}^m$，计算得出 $\boldsymbol{y}_{LS}$ 是

$$\min_{\boldsymbol{x}\in\mathbb{R}^n} \|(\boldsymbol{A}\boldsymbol{G}^{-1})\boldsymbol{y} - \boldsymbol{b}\|_2$$

的极小 2-范数解，那么 $\boldsymbol{x}_G = \boldsymbol{G}^{-1}\boldsymbol{y}_{LS}$ 使 $\|\boldsymbol{A}\boldsymbol{x} - \boldsymbol{b}\|_2$ 极小化. 如果 $\mathrm{rank}(\boldsymbol{A}) < n$，那么在极小化集合中 $\boldsymbol{x}_G$ 具有最小 G-范数.

$\boldsymbol{G}$ 的选择很重要. 有时它的选择可以基于 $\boldsymbol{A}$ 中已知的不确定性. 在其他情况下，可以正规化 $\boldsymbol{A}$ 的列来构造 $\boldsymbol{G}$，

$$\boldsymbol{G} = \boldsymbol{G}_0 \equiv \mathrm{diag}(\|A(:,1)\|_2, \cdots, \|A(:,n)\|_2).$$

Van der Sluis (1969) 已经证明，这种选择使 $\kappa_2(\boldsymbol{A}\boldsymbol{G}^{-1})$ 近似极小. 由于 $\boldsymbol{y}_{LS}$ 的计算精度依赖于 $\kappa_2(\boldsymbol{A}\boldsymbol{G}^{-1})$，所以可以置 $\boldsymbol{G}=\boldsymbol{G}_0$.

我们注意到列权重影响奇异值. 因此，当应用于 $\boldsymbol{A}$ 和 $\boldsymbol{A}\boldsymbol{G}^{-1}$ 时，确定数值秩的方法可能不会返回相同的估计值. 参见 Stewart (1984).

6.1.4　岭回归

在岭回归问题中，给定 $\boldsymbol{A}\in\mathbb{R}^{m\times n}$ 和 $\boldsymbol{b}\in\mathbb{R}^m$，求解

$$\min_{\boldsymbol{x}}\left\|\begin{bmatrix}\boldsymbol{A}\\ \sqrt{\lambda}\boldsymbol{I}\end{bmatrix}\boldsymbol{x}-\begin{bmatrix}\boldsymbol{b}\\ \boldsymbol{0}\end{bmatrix}\right\|_2^2=\min_{\boldsymbol{x}}\|\boldsymbol{A}\boldsymbol{x}-\boldsymbol{b}\|_2^2+\lambda\|\boldsymbol{x}\|_2^2, \tag{6.1.11}$$

其中岭参数 λ 的选择是为了以某种有意义的方式“形成”解 $\boldsymbol{x}=\boldsymbol{x}(\lambda)$. 注意，这一问题的正规方程组是

$$(\boldsymbol{A}^{\mathrm{T}}\boldsymbol{A}+\lambda\boldsymbol{I})\boldsymbol{x} = \boldsymbol{A}^{\mathrm{T}}\boldsymbol{b}. \tag{6.1.12}$$

因此，如果 $\boldsymbol{A}$ 的 SVD 是

$$\boldsymbol{A} = \boldsymbol{U}\boldsymbol{\Sigma}\boldsymbol{V}^{\mathrm{T}} = \sum_{i=1}^{r}\sigma_i\boldsymbol{u}_i\boldsymbol{v}_i^{\mathrm{T}}, \tag{6.1.13}$$

那么 (6.1.12) 转换为

$$(\boldsymbol{\Sigma}^{\mathrm{T}}\boldsymbol{\Sigma}+\lambda\boldsymbol{I}_n)(\boldsymbol{V}^{\mathrm{T}}\boldsymbol{x}) = \boldsymbol{\Sigma}^{\mathrm{T}}\boldsymbol{U}^{\mathrm{T}}\boldsymbol{b},$$

所以

$$\boldsymbol{x}(\lambda) = \sum_{i=1}^{r}\frac{\sigma_i\,\boldsymbol{u}_i^{\mathrm{T}}\boldsymbol{b}}{\sigma_i^2+\lambda}\boldsymbol{v}_i. \tag{6.1.14}$$

经检验，很明显有

$$\lim_{\lambda\to 0}\boldsymbol{x}(\lambda) = \boldsymbol{x}_{LS},$$

并且 $\|\boldsymbol{x}(\lambda)\|_2$ 是 λ 的单调递减函数. 这两个事实表明，通过明智地选择 λ，一个病态最小二乘解可以被正规化. 其思想是，在岭回归极小化 $\boldsymbol{x}(\lambda)$ 范数足够适度的约束下达成充分接近 $\boldsymbol{x}_{LS}$. 在这种情况下，正规化是较好平衡这两个问题的有效方法.

我们也可以选择岭参数以平衡超定线性方程组 $\boldsymbol{A}\boldsymbol{x}=\boldsymbol{b}$ 中每个方程的影响. Golub, Heath, and Wahba (1979) 介绍了一种 λ 选择方法，下面我们来看看. 令

$$\boldsymbol{D}_k = \boldsymbol{I}-\boldsymbol{e}_k\boldsymbol{e}_k^{\mathrm{T}} = \mathrm{diag}(1,\cdots,1,0,1,\cdots,1)\in\mathbb{R}^{m\times m},$$

设 $\boldsymbol{x}_k(\lambda)$ 最小化

$$\min_{\boldsymbol{x}\in\mathbb{R}^n} \| \boldsymbol{D}_k(\boldsymbol{A}\boldsymbol{x}-\boldsymbol{b}) \|_2^2 + \lambda \| \boldsymbol{x} \|_2^2. \tag{6.1.15}$$

因此，$\boldsymbol{x}_k(\lambda)$ 是删除 $\boldsymbol{A}$ 的第 k 行和 $\boldsymbol{b}$ 的第 k 个分量的岭回归问题的解，即删除了超定线性方程组 $\boldsymbol{A}\boldsymbol{x}=\boldsymbol{b}$ 中第 k 个方程. 现在考虑选择 λ，以尽量最小化**交叉验证加权平方误差** $C(\lambda)$，其定义为

$$C(\lambda) \;=\; \frac{1}{m}\sum_{k=1}^{m} w_k(\boldsymbol{a}_k^{\mathrm{T}}\boldsymbol{x}_k(\lambda)-b_k)^2,$$

其中 $w_1,\cdots,w_m$ 是非负权重，$\boldsymbol{a}_k^{\mathrm{T}}$ 是 $\boldsymbol{A}$ 的第 k 行. 注意到

$$\| \boldsymbol{A}\boldsymbol{x}_k(\lambda)-\boldsymbol{b} \|_2^2 \;=\; \| \boldsymbol{D}_k(\boldsymbol{A}\boldsymbol{x}_k(\lambda)-\boldsymbol{b}) \|_2^2 \;+\; (\boldsymbol{a}_k^{\mathrm{T}}\boldsymbol{x}_k(\lambda)-b_k)^2,$$

我们发现当第 k 行被“恢复”时 $\left(\boldsymbol{a}_k^{\mathrm{T}}\boldsymbol{x}_k(\lambda)-b_k\right)^2$ 以平方和形式增长. 极小化 $C(\lambda)$ 等于选择 λ 使得最终模型不会过度依赖于任何一项.

更严格的分析可以使这个陈述更精确，并提供一种最小化 $C(\lambda)$ 的方法. 假设 $\lambda>0$，代数运算表明

$$\boldsymbol{x}_k(\lambda) = \boldsymbol{x}(\lambda) + \frac{\boldsymbol{a}_k^{\mathrm{T}}\boldsymbol{x}(\lambda)-b_k}{1-\boldsymbol{z}_k^{\mathrm{T}}\boldsymbol{a}_k}\boldsymbol{z}_k, \tag{6.1.16}$$

其中 $\boldsymbol{z}_k=(\boldsymbol{A}^{\mathrm{T}}\boldsymbol{A}+\lambda\boldsymbol{I})^{-1}\boldsymbol{a}_k$, $\boldsymbol{x}(\lambda)=(\boldsymbol{A}^{\mathrm{T}}\boldsymbol{A}+\lambda\boldsymbol{I})^{-1}\boldsymbol{A}^{\mathrm{T}}\boldsymbol{b}$. 将 $-\boldsymbol{a}_k^{\mathrm{T}}$ 左乘 (6.1.16)，然后在得到的方程两边加上 b_k，我们有

$$r_k \;=\; b_k-\boldsymbol{a}_k^{\mathrm{T}}\boldsymbol{x}_k(\lambda) \;=\; \frac{\boldsymbol{e}_k^{\mathrm{T}}(\boldsymbol{I}-\boldsymbol{A}(\boldsymbol{A}^{\mathrm{T}}\boldsymbol{A}+\lambda\boldsymbol{I})^{-1}\boldsymbol{A}^{\mathrm{T}})\boldsymbol{b}}{\boldsymbol{e}_k^{\mathrm{T}}(\boldsymbol{I}-\boldsymbol{A}(\boldsymbol{A}^{\mathrm{T}}\boldsymbol{A}+\lambda\boldsymbol{I})^{-1}\boldsymbol{A}^{\mathrm{T}})\boldsymbol{e}_k}. \tag{6.1.17}$$

注意到残差 $\boldsymbol{r}=[r_1,\cdots,r_m]^{\mathrm{T}}=\boldsymbol{b}-\boldsymbol{A}\boldsymbol{x}(\lambda)$ 由

$$\boldsymbol{r} \;=\; [\boldsymbol{I}-\boldsymbol{A}(\boldsymbol{A}^{\mathrm{T}}\boldsymbol{A}+\lambda\boldsymbol{I})^{-1}\boldsymbol{A}^{\mathrm{T}}]\boldsymbol{b}$$

给出，我们看到

$$C(\lambda) \;=\; \frac{1}{m}\sum_{k=1}^{m} w_k\left(\frac{r_k}{\partial r_k/\partial b_k}\right)^2. \tag{6.1.18}$$

商 $r_k/(\partial r_k/\partial b_k)$ 可以看作第 k 个观测量 b_k 对模型的“影响”的逆度量. 如果 $\partial r_k/\partial b_k$ 很小，则说明 b_k 的模型预测中的误差在某种程度上不依赖于 b_k. 如果将模型建立在 λ^* 使 $C(\lambda)$ 极小化，那么这种趋势就会减弱.

通过计算 $\boldsymbol{A}$ 的 SVD 简化了 λ^* 的实际确定. 利用 SVD (6.1.13)、式 (6.1.17) 和 (6.1.18)，可以得到

$$C(\lambda) = \frac{1}{m}\sum_{k=1}^{m} w_k \left[\frac{\tilde{b}_k - \displaystyle\sum_{j=1}^{r} u_{kj}\tilde{b}_j\left(\frac{\sigma_j^2}{\sigma_j^2+\lambda}\right)}{1-\displaystyle\sum_{j=1}^{r} u_{kj}^2\left(\frac{\sigma_j^2}{\sigma_j^2+\lambda}\right)}\right]^2, \tag{6.1.19}$$

其中 $\tilde{\boldsymbol{b}} = \boldsymbol{U}^{\mathrm{T}}\boldsymbol{b}$. Golub, Heath, and Wahba (1979) 讨论了这个表达式的极小化.

6.1.5　Tikhonov 正规化

在 Tikhonov 正规化问题中，给定 $\boldsymbol{A} \in \mathbb{R}^{m\times n}$, $\boldsymbol{B} \in \mathbb{R}^{n\times n}$, $\boldsymbol{b} \in \mathbb{R}^m$，求解

$$\min_{\boldsymbol{x}} \left\| \begin{bmatrix} \boldsymbol{A} \\ \sqrt{\lambda}\boldsymbol{B} \end{bmatrix} \boldsymbol{x} - \begin{bmatrix} \boldsymbol{b} \\ \boldsymbol{0} \end{bmatrix} \right\|_2^2 = \min_{\boldsymbol{x}} \| \boldsymbol{A}\boldsymbol{x} - \boldsymbol{b} \|_2^2 + \lambda \| \boldsymbol{B}\boldsymbol{x} \|_2^2. \tag{6.1.20}$$

这个问题的正规方程的形式为

$$(\boldsymbol{A}^{\mathrm{T}}\boldsymbol{A} + \lambda \boldsymbol{B}^{\mathrm{T}}\boldsymbol{B})\boldsymbol{x} = \boldsymbol{A}^{\mathrm{T}}\boldsymbol{b}. \tag{6.1.21}$$

如果 $\mathsf{null}(\boldsymbol{A}) \cap \mathsf{null}(\boldsymbol{B}) = \{0\}$，那么这个方程组是非奇异的. 矩阵 $\boldsymbol{B}$ 有几种选择方法. 例如，在某些数据拟合应用中，通过设 $\boldsymbol{B} = \mathcal{T}_{DD}$ 来提高二阶导数的光滑性，$\mathcal{T}_{DD}$ 是式 (4.8.7) 中定义的二阶差分矩阵.

为了分析在 Tikhonov 问题中 $\boldsymbol{A}$ 和 $\boldsymbol{B}$ 是如何相互作用的，将 (6.1.21) 转换成一个等价的对角问题是很方便的. 对于岭回归问题（$\boldsymbol{B} = \boldsymbol{I}_n$），奇异值分解完成了这个任务. 对于 Tikhonov 问题，我们需要可以同时对角化 $\boldsymbol{A}$ 和 $\boldsymbol{B}$ 的广义奇异值分解.

6.1.6　广义奇异值分解

Van Loan (1974) 提出的广义奇异值分解（GSVD）是简化某些双矩阵问题的有用方法，比如 Tikhonov 正规化问题.

定理 6.1.1 (广义奇异值分解) 假设 $\boldsymbol{A} \in \mathbb{R}^{m_1\times n_1}$, $\boldsymbol{B} \in \mathbb{R}^{m_2\times n_1}$, $m_1 \geqslant n_1$，且

$$r = \mathsf{rank}\left(\begin{bmatrix} \boldsymbol{A} \\ \boldsymbol{B} \end{bmatrix}\right).$$

存在正交矩阵 $\boldsymbol{U}_1 \in \mathbb{R}^{m_1\times m_1}$ 和 $\boldsymbol{U}_2 \in \mathbb{R}^{m_2\times m_2}$ 以及可逆矩阵 $\boldsymbol{X} \in \mathbb{R}^{n_1\times n_1}$，使得

$$\boldsymbol{U}_1^{\mathrm{T}}\boldsymbol{A}\boldsymbol{X} = \boldsymbol{D}_A = \begin{array}{c} \begin{bmatrix} \boldsymbol{I} & \boldsymbol{0} & \boldsymbol{0} \\ \boldsymbol{0} & \operatorname{diag}(\alpha_{p+1},\cdots,\alpha_r) & \boldsymbol{0} \\ \boldsymbol{0} & \boldsymbol{0} & \boldsymbol{0} \end{bmatrix} \begin{matrix} p \\ r-p \\ m_1-r \end{matrix} \\ \begin{matrix} p \qquad & r-p \qquad & n_1-r \end{matrix} \end{array}, \tag{6.1.22}$$

$$\boldsymbol{U}_2^{\mathrm{T}}\boldsymbol{B}\boldsymbol{X} = \boldsymbol{D}_B = \begin{array}{c} \begin{bmatrix} \boldsymbol{0} & \boldsymbol{0} & \boldsymbol{0} \\ \boldsymbol{0} & \operatorname{diag}(\beta_{p+1},\cdots,\beta_r) & \boldsymbol{0} \\ \boldsymbol{0} & \boldsymbol{0} & \boldsymbol{0} \end{bmatrix} \begin{matrix} p \\ r-p \\ m_2-r \end{matrix} \\ \begin{matrix} p \qquad & r-p \qquad & n_1-r \end{matrix} \end{array}, \tag{6.1.23}$$

其中 $p=\max\{r-m_2,0\}$.

证明 这个证明需要利用 SVD 和 CS 分解（定理 2.5.3）. 令

$$\begin{bmatrix} \boldsymbol{A} \\ \boldsymbol{B} \end{bmatrix} = \begin{bmatrix} \boldsymbol{Q}_{11} & \boldsymbol{Q}_{12} \\ \boldsymbol{Q}_{21} & \boldsymbol{Q}_{22} \end{bmatrix} \begin{bmatrix} \boldsymbol{\Sigma}_r & \boldsymbol{0} \\ \boldsymbol{0} & \boldsymbol{0} \end{bmatrix} \boldsymbol{Z}^{\mathrm{T}} \tag{6.1.24}$$

为 SVD 分解，其中 $\boldsymbol{\Sigma}_r \in \mathbb{R}^{r\times r}$ 是非奇异矩阵，$\boldsymbol{Q}_{11} \in \mathbb{R}^{m_1\times r}$, $\boldsymbol{Q}_{21} \in \mathbb{R}^{m_2\times r}$. 利用 CS 分解，存在正交矩阵 $\boldsymbol{U}_1$（$m_1\times m_1$）、$\boldsymbol{U}_2$（$m_2\times m_2$）、$\boldsymbol{V}_1$（$r\times r$）使得

$$\begin{bmatrix} \boldsymbol{U}_1 & \boldsymbol{0} \\ \boldsymbol{0} & \boldsymbol{U}_2 \end{bmatrix}^{\mathrm{T}} \begin{bmatrix} \boldsymbol{Q}_{11} \\ \boldsymbol{Q}_{21} \end{bmatrix} \boldsymbol{V}_1 = \begin{bmatrix} \boldsymbol{D}_A(:,1:r) \\ \boldsymbol{D}_B(:,1:r) \end{bmatrix}, \tag{6.1.25}$$

其中 $\boldsymbol{D}_A$ 和 $\boldsymbol{D}_B$ 有 (6.1.22) 和 (6.1.23) 中的形式. 由 (6.1.24) 和 (6.1.25) 可知

$$\begin{aligned} \begin{bmatrix} \boldsymbol{U}_1 & \boldsymbol{0} \\ \boldsymbol{0} & \boldsymbol{U}_2 \end{bmatrix}^{\mathrm{T}} \begin{bmatrix} \boldsymbol{A} \\ \boldsymbol{B} \end{bmatrix} \boldsymbol{Z} &= \begin{bmatrix} \boldsymbol{D}_A(:,1:r) & \boldsymbol{U}_1\boldsymbol{Q}_{12} \\ \boldsymbol{D}_B(:,1:r) & \boldsymbol{U}_2\boldsymbol{Q}_{22} \end{bmatrix} \begin{bmatrix} \boldsymbol{V}_1^{\mathrm{T}}\boldsymbol{\Sigma}_r & \boldsymbol{0} \\ \boldsymbol{0} & \boldsymbol{0} \end{bmatrix} \\ &= \begin{bmatrix} \boldsymbol{D}_A(:,1:r) & \boldsymbol{0} \\ \boldsymbol{D}_B(:,1:r) & \boldsymbol{0} \end{bmatrix} \begin{bmatrix} \boldsymbol{V}_1^{\mathrm{T}}\boldsymbol{\Sigma}_r & \boldsymbol{0} \\ \boldsymbol{0} & \boldsymbol{I}_{n_1-r} \end{bmatrix} \\ &= \begin{bmatrix} \boldsymbol{D}_A \\ \boldsymbol{D}_B \end{bmatrix} \begin{bmatrix} \boldsymbol{V}_1^{\mathrm{T}}\boldsymbol{\Sigma}_r & \boldsymbol{0} \\ \boldsymbol{0} & \boldsymbol{I}_{n_1-r} \end{bmatrix}. \end{aligned}$$

令

$$\boldsymbol{X} = \boldsymbol{Z} \begin{bmatrix} \boldsymbol{V}_1^{\mathrm{T}}\boldsymbol{\Sigma}_r & \boldsymbol{0} \\ \boldsymbol{0} & \boldsymbol{I}_{n_1-r} \end{bmatrix}^{-1}$$

即得到结论. □

请注意，如果 $\boldsymbol{B}=\boldsymbol{I}_{n_1}$，令 $\boldsymbol{X}=\boldsymbol{U}_2$，那么我们就得到 $\boldsymbol{A}$ 的 SVD. 广义奇异值分解与 8.7.4 节中讨论的广义特征值问题

$$\boldsymbol{A}^{\mathrm{T}}\boldsymbol{A}\boldsymbol{x}=\mu^2\boldsymbol{B}^{\mathrm{T}}\boldsymbol{B}\boldsymbol{x}$$

有关. 与 SVD 一样，在第 8 章开始研究对称特征值问题之前，无法解决算法问题.

为了说明 GSVD 可以提供的洞察力，我们回到 Tikhonov 正规化问题 (6.1.20). 如果 $\boldsymbol{B}$ 是非奇异方阵，那么，由 (6.1.22) 和 (6.1.23) 定义的 GSVD 将方程组 (6.1.21) 转换为

$$(\boldsymbol{D}_A^{\mathrm{T}}\boldsymbol{D}_A+\lambda\boldsymbol{D}_B^{\mathrm{T}}\boldsymbol{D}_B)\boldsymbol{y} \;=\; \boldsymbol{D}_A^{\mathrm{T}}\tilde{\boldsymbol{b}},$$

其中 $\boldsymbol{x}=\boldsymbol{X}\boldsymbol{y}$, $\tilde{\boldsymbol{b}}=\boldsymbol{U}_1^{\mathrm{T}}\boldsymbol{b}$，且

$$(\boldsymbol{D}_A^{\mathrm{T}}\boldsymbol{D}_A+\lambda\boldsymbol{D}_B^{\mathrm{T}}\boldsymbol{D}_B) \;=\; \mathrm{diag}(\alpha_1^2+\lambda\beta_1^2,\cdots,\alpha_n^2+\lambda\beta_n^2).$$

因此，如果

$$\boldsymbol{X} \;=\; [\,\boldsymbol{x}_1\,|\cdots|\,\boldsymbol{x}_n\,]$$

是列划分，那么

$$\boldsymbol{x}(\lambda) \;=\; \sum_{k=1}^{n}\left(\frac{\alpha_k\tilde{b}_k}{\alpha_k^2+\lambda\beta_k^2}\right)\boldsymbol{x}_k \qquad (6.1.26)$$

是 (6.1.20) 的解. 正规化的“平静影响”就是通过这种表示来揭示的. 使用 λ 来控制 $\boldsymbol{x}_k$ 方向上的“麻烦”取决于 α_k 和 β_k 的值.

习　题

1. 验证 (6.1.4).

2. (6.1.5) 中矩阵的逆是什么?

3. 如果矩阵 $\boldsymbol{A}$ 和 $\boldsymbol{B}$ 不是满秩的，那么如何使用 SVD 求解广义 LS 问题 (6.1.8).

4. 假设 $\boldsymbol{A}$ 是元素为 1 的 $m\times 1$ 矩阵，令 $\boldsymbol{b}\in\mathbb{R}^m$. 如何用单位权重的交叉验证技术表示最优的 λ，其定义为

$$\lambda=\left(\left(\frac{\tilde{b}}{s}\right)^2-\frac{1}{m}\right)^{-1},$$

其中 $\tilde{b}=(b_1+\cdots+b_m)/m$，且

$$s=\sum_{i=1}^{m}(b_i-\tilde{b})^2/(m-1).$$

5. 用广义奇异值分解给出 $\|\,\boldsymbol{x}(\lambda)-\boldsymbol{x}(0)\,\|$ 和 $\|\,\boldsymbol{A}\boldsymbol{x}(\lambda)-\boldsymbol{b}\,\|_2^2-\|\,\boldsymbol{A}\boldsymbol{x}(0)-\boldsymbol{b}\,\|_2^2$ 的界，其中 $\boldsymbol{x}(\lambda)$ 由 (6.1.26) 定义.

6.2 约束最小二乘问题

最小二乘问题中，在 $\mathbb{R}^n$ 的一个适当子集上极小化 $\|\boldsymbol{Ax}-\boldsymbol{b}\|_2$，有时是很自然的. 例如，我们可能希望用 $\boldsymbol{Ax}$ 尽可能地预测 $\boldsymbol{b}$，而限定约束条件为 $\boldsymbol{x}$ 是单位向量. 或者，这个解定义了拟合函数 $f(t)$，限制条件为其在某些点处的函数值已给定. 这就导致了等式约束的最小二乘问题. 在本节中，我们将展示如何使用 QR 分解、SVD 和 GSVD 来解决这些问题.

6.2.1 球面上的最小二乘极小化

给定 $\boldsymbol{A}\in\mathbb{R}^{m\times n}$, $\boldsymbol{b}\in\mathbb{R}^m$ 和一个正数 $\alpha\in\mathbb{R}$，我们考虑

$$\min_{\|\boldsymbol{x}\|_2\leqslant\alpha}\|\boldsymbol{Ax}-\boldsymbol{b}\|_2. \tag{6.2.1}$$

这是 **LSQI** 问题（二次不等式约束的最小二乘问题）的一个例子. 这个问题出现在非线性优化和其他应用领域. 我们很快就会发现，LSQI 问题与 6.1.4 节中讨论的岭回归问题有关.

假设 $\boldsymbol{A}$ 的秩是 r，其 SVD 是

$$\boldsymbol{A} = \boldsymbol{U\Sigma V}^{\mathrm{T}} = \sum_{i=1}^{r}\sigma_i\boldsymbol{u}_i\boldsymbol{v}_i^{\mathrm{T}}. \tag{6.2.2}$$

如果无约束极小范数解是

$$\boldsymbol{x}_{LS} = \sum_{i=1}^{r}\frac{\boldsymbol{u}_i^{\mathrm{T}}\boldsymbol{b}}{\sigma_i}\boldsymbol{v}_i,$$

满足 $\|\boldsymbol{x}_{LS}\|_2\leqslant\alpha$，那么显然是 (6.2.1) 的解. 否则，

$$\|\boldsymbol{x}_{LS}\|_2^2 = \sum_{i=1}^{r}\left(\frac{\boldsymbol{u}_i^{\mathrm{T}}\boldsymbol{b}}{\sigma_i}\right)^2 > \alpha^2, \tag{6.2.3}$$

从而 (6.2.1) 的解在约束的球面上. 因此，我们可以用拉格朗日乘数法来求解这个约束优化问题. 通过

$$\phi(\boldsymbol{x},\lambda) = \frac{1}{2}\|\boldsymbol{Ax}-\boldsymbol{b}\|_2^2 + \frac{\lambda}{2}\left(\|\boldsymbol{x}\|_2^2-\alpha^2\right)$$

定义参数化的目标函数 ϕ，使它的梯度等于零. 这给出了移位正规方程组

$$(\boldsymbol{A}^{\mathrm{T}}\boldsymbol{A}+\lambda\boldsymbol{I})\boldsymbol{x}(\lambda) = \boldsymbol{A}^{\mathrm{T}}\boldsymbol{b}.$$

我们的目标是选择 λ 使得 $\|\boldsymbol{x}(\lambda)\|_2=\alpha$. 使用 SVD (6.2.2)，这将导致求函数

$$f(\lambda) = \|\boldsymbol{x}(\lambda)\|_2^2-\alpha^2 = \sum_{k=1}^{n}\left(\frac{\sigma_k\boldsymbol{u}_k^{\mathrm{T}}\boldsymbol{b}}{\sigma_k^2+\lambda}\right)^2 - \alpha^2$$

的零点问题. 这是特征方程问题的一个例子. 根据 (6.2.3)，我们知道 $f(0) > 0$. 因为 $\lambda \geqslant 0$ 时 $f'(\lambda) < 0$，所以 f 有唯一的正根 λ_+. 可以证明

$$\rho(\lambda) = \| \boldsymbol{A}\boldsymbol{x}(\lambda) - \boldsymbol{b} \|_2^2 = \| \boldsymbol{A}\boldsymbol{x}_{LS} - \boldsymbol{b} \|_2^2 + \sum_{i=1}^{r} \left(\frac{\lambda \boldsymbol{u}_i^{\mathrm{T}} \boldsymbol{b}}{\sigma_i^2 + \lambda} \right)^2. \tag{6.2.4}$$

因此，$\boldsymbol{x}(\lambda_+)$ 是 (6.2.1) 的解.

算法 6.2.1 给定 $\boldsymbol{A} \in \mathbb{R}^{m \times n}$，$m \geqslant n$，$\boldsymbol{b} \in \mathbb{R}^m$，$\alpha > 0$，算法计算一个向量 $\boldsymbol{x} \in \mathbb{R}^n$，使得 $\| \boldsymbol{A}\boldsymbol{x} - \boldsymbol{b} \|_2$ 在 $\| \boldsymbol{x} \|_2 \leqslant \alpha$ 条件的约束下是极小值.

计算奇异值分解 $A = U\Sigma V^{\mathrm{T}}$，保存 $V = [\, v_1 \,|\cdots|\, v_n \,]$，形成 $\tilde{b} = U^{\mathrm{T}} b$，
  并确定 $r = \mathsf{rank}(A)$.
if $\displaystyle\sum_{i=1}^{r} \left(\frac{\tilde{b}_i}{\sigma_i} \right)^2 > \alpha^2$
  找到 $\lambda_+ > 0$ 使得 $\displaystyle\sum_{i=1}^{r} \left(\frac{\sigma_i \tilde{b}_i}{\sigma_i^2 + \lambda_+} \right)^2 = \alpha^2$.
  $\displaystyle x = \sum_{i=1}^{r} \left(\frac{\sigma_i \tilde{b}_i}{\sigma_i^2 + \lambda_+} \right) v_i$
else
  $\displaystyle x = \sum_{i=1}^{r} \left(\frac{\tilde{b}_i}{\sigma_i} \right) v_i$
end

在该算法中，奇异值分解是主导的计算.

6.2.2 更一般的二次约束

如果我们在任意超椭球面上极小化 $\| \boldsymbol{A}\boldsymbol{x} - \boldsymbol{b} \|_2$，就能得到 (6.2.1) 的更一般的结果：

$$\text{在约束条件 } \| \boldsymbol{B}\boldsymbol{x} - \boldsymbol{d} \|_2 \leqslant \alpha \text{ 下最小化 } \| \boldsymbol{A}\boldsymbol{x} - \boldsymbol{b} \|_2, \tag{6.2.5}$$

其中 $\boldsymbol{A} \in \mathbb{R}^{m_1 \times n_1}$, $\boldsymbol{b} \in \mathbb{R}^{m_1}$, $\boldsymbol{B} \in \mathbb{R}^{m_2 \times n_1}$, $\boldsymbol{d} \in \mathbb{R}^{m_2}$, $\alpha \geqslant 0$. 正如 SVD 将 (6.2.1) 转化为等价的对角问题一样，我们可以使用 GSVD 将 (6.2.5) 转化为对角问题. 特别地，如果 (6.1.22) 和 (6.1.23) 给出了 $\boldsymbol{A}$ 和 $\boldsymbol{B}$ 的 GSVD，那么 (6.2.5) 等价于

$$\text{在约束条件 } \| \boldsymbol{D}_B \boldsymbol{y} - \tilde{\boldsymbol{d}} \|_2 \leqslant \alpha \text{ 下最小化 } \| \boldsymbol{D}_A \boldsymbol{y} - \tilde{\boldsymbol{b}} \|_2, \tag{6.2.6}$$

其中

$$\tilde{\boldsymbol{b}} = \boldsymbol{U}_1^{\mathrm{T}} \boldsymbol{b}, \quad \tilde{\boldsymbol{d}} = \boldsymbol{U}_2^{\mathrm{T}} \boldsymbol{d}, \quad \boldsymbol{y} = \boldsymbol{X}^{-1} \boldsymbol{x}.$$

目标函数和约束方程的简单形式便于分析. 例如，如果 $\mathrm{rank}(\boldsymbol{B}) = m_2 < n_1$，那么

$$\| \boldsymbol{D}_A \boldsymbol{y} - \tilde{\boldsymbol{b}} \|_2^2 = \sum_{i=1}^{n_1} (\alpha_i y_i - \tilde{b}_i)^2 + \sum_{i=n_1+1}^{m_1} \tilde{b}_i^2, \tag{6.2.7}$$

$$\| \boldsymbol{D}_B \boldsymbol{y} - \tilde{\boldsymbol{d}} \|_2^2 = \sum_{i=1}^{m_2} (\beta_i y_i - \tilde{d}_i)^2 + \sum_{i=m_2+1}^{n_1} \tilde{d}_i^2 \leqslant \alpha^2. \tag{6.2.8}$$

拉格朗日乘子参数可以用来确定这个变换后的问题的解（如果它存在的话）.

6.2.3 等式约束的最小二乘问题

接下来考虑约束最小二乘问题

$$\min_{\boldsymbol{Bx}=\boldsymbol{d}} \| \boldsymbol{Ax} - \boldsymbol{b} \|_2, \tag{6.2.9}$$

其中 $\boldsymbol{A} \in \mathbb{R}^{m_1 \times n_1}$, $m_1 \geqslant n_1$, $\boldsymbol{B} \in \mathbb{R}^{m_2 \times n_1}$, $m_2 < n_1$, $\boldsymbol{b} \in \mathbb{R}^{m_1}$, $\boldsymbol{d} \in \mathbb{R}^{m_2}$. 我们称之为 **LSE 问题**（具有等式约束的最小二乘问题）. 在 (6.2.5) 令 $\alpha = 0$，我们发现 LSE 问题是 LSQI 问题的一个特例. 然而，直接处理 LSE 问题要比使用拉格朗日乘数法简单得多.

为了清楚起见，假设 $\boldsymbol{A}$ 和 $\boldsymbol{B}$ 都是满秩矩阵. 令 $\boldsymbol{B}^{\mathrm{T}}$ 的 QR 分解是

$$\boldsymbol{Q}^{\mathrm{T}} \boldsymbol{B}^{\mathrm{T}} = \begin{bmatrix} \boldsymbol{R} \\ \boldsymbol{0} \end{bmatrix} \begin{matrix} n_1 \\ n_1 - m_2 \end{matrix},$$

设

$$\boldsymbol{AQ} = [\ \underset{m_2}{\boldsymbol{A}_1} \mid \underset{n_1-m_2}{\boldsymbol{A}_2}\ ], \qquad \boldsymbol{Q}^{\mathrm{T}} \boldsymbol{x} = \begin{bmatrix} \boldsymbol{y} \\ \boldsymbol{z} \end{bmatrix} \begin{matrix} m_2 \\ n_1 - m_2 \end{matrix}.$$

很明显，通过这些转换，(6.2.9) 将变成

$$\min_{\boldsymbol{R}^{\mathrm{T}} \boldsymbol{y} = \boldsymbol{d}} \| \boldsymbol{A}_1 \boldsymbol{y} + \boldsymbol{A}_2 \boldsymbol{z} - \boldsymbol{b} \|_2.$$

因此，求解约束方程 $\boldsymbol{R}^{\mathrm{T}} \boldsymbol{y} = \boldsymbol{d}$ 确定 $\boldsymbol{y}$，求解无约束 LS 问题

$$\min_{\boldsymbol{z} \in \mathbb{R}^{n_1 - m_2}} \| \boldsymbol{A}_2 \boldsymbol{z} - (\boldsymbol{b} - \boldsymbol{A}_1 \boldsymbol{y}) \|_2$$

得到向量 $\boldsymbol{z}$. 综上，我们看到，LSE 问题的解是向量

$$\boldsymbol{x} = \boldsymbol{Q} \begin{bmatrix} \boldsymbol{y} \\ \boldsymbol{z} \end{bmatrix}.$$

算法 6.2.2 假设 $\boldsymbol{A} \in \mathbb{R}^{m_1 \times n_1}$, $\boldsymbol{B} \in \mathbb{R}^{m_2 \times n_1}$, $\boldsymbol{b} \in \mathbb{R}^{m_1}$, $\boldsymbol{d} \in \mathbb{R}^{m_2}$, $\mathrm{rank}(\boldsymbol{A}) = n_1$, $\mathrm{rank}(\boldsymbol{B}) = m_2 < n_1$. 在约束条件 $\boldsymbol{Bx} = \boldsymbol{d}$ 下，算法极小化 $\| \boldsymbol{Ax} - \boldsymbol{b} \|_2$.

计算 QR 分解 $B^{\mathrm{T}} = QR$.

由 $R(1:m_2, 1:m_2)^{\mathrm{T}} y = d$ 解出 y.

$A = AQ$

找到 z，使得 $\| A(:, m_2+1:n_1)z - (b - A(:, 1:m_2)y) \|_2$ 最小化.

$x = Q(:, 1:m_2)y + Q(:, m_2+1:n_1)z$

注意，解决 LSE 问题的这个方法涉及两个 QR 分解和一个矩阵乘法. 如果 $\boldsymbol{A}$ 和/或 $\boldsymbol{B}$ 是秩亏损矩阵，则可使用 SVD 而不是 QR 分解来设计类似的解法. 注意，如果 $\mathsf{rank}(\boldsymbol{B}) < m_2$，这个问题可能没有解. 同时，如果 $\mathsf{null}(\boldsymbol{A}) \cap \mathsf{null}(\boldsymbol{B}) \neq \{\boldsymbol{0}\}$，$\boldsymbol{d} \in \mathsf{ran}(\boldsymbol{B})$，那么 LSE 问题的解不唯一.

6.2.4 利用增广方程组求解 LSE 问题

拉格朗日乘数法可以用来求解 LSE 问题. 定义增广目标函数

$$f(\boldsymbol{x}, \boldsymbol{\lambda}) = \frac{1}{2} \| \boldsymbol{A}\boldsymbol{x} - \boldsymbol{b} \|_2^2 + \boldsymbol{\lambda}^{\mathrm{T}}(\boldsymbol{d} - \boldsymbol{B}\boldsymbol{x}), \quad \boldsymbol{\lambda} \in \mathbb{R}^{m_2},$$

令其关于 $\boldsymbol{x}$ 的梯度为 $\boldsymbol{0}$：

$$\boldsymbol{A}^{\mathrm{T}}\boldsymbol{A}\boldsymbol{x} - \boldsymbol{A}^{\mathrm{T}}\boldsymbol{b} - \boldsymbol{B}^{\mathrm{T}}\boldsymbol{\lambda} = \boldsymbol{0}.$$

结合 $\boldsymbol{r} = \boldsymbol{b} - \boldsymbol{A}\boldsymbol{x}$ 和 $\boldsymbol{B}\boldsymbol{x} = \boldsymbol{d}$ 两个方程，得到对称不定线性方程组

$$\begin{bmatrix} \boldsymbol{0} & \boldsymbol{A}^{\mathrm{T}} & \boldsymbol{B}^{\mathrm{T}} \\ \boldsymbol{A} & \boldsymbol{I} & \boldsymbol{0} \\ \boldsymbol{B} & \boldsymbol{0} & \boldsymbol{0} \end{bmatrix} \begin{bmatrix} \boldsymbol{x} \\ \boldsymbol{r} \\ \boldsymbol{\lambda} \end{bmatrix} = \begin{bmatrix} \boldsymbol{0} \\ \boldsymbol{b} \\ \boldsymbol{d} \end{bmatrix}. \tag{6.2.10}$$

如果 $\boldsymbol{A}$ 和 $\boldsymbol{B}$ 都是满秩矩阵，则此方程组是非奇异的. 该增广方程组给出了稀疏 LSE 问题的一个求解框架.

6.2.5 利用 GSVD 求解 LSE 问题

利用 (6.1.22) 和 (6.1.23) 给出的 GSVD，我们看到 LSE 问题转化为

$$\min_{\boldsymbol{D}_B \boldsymbol{y} = \tilde{\boldsymbol{d}}} \| \boldsymbol{D}_A \boldsymbol{y} - \tilde{\boldsymbol{b}} \|_2, \tag{6.2.11}$$

其中 $\tilde{\boldsymbol{b}} = \boldsymbol{U}_1^{\mathrm{T}}\boldsymbol{b}$, $\tilde{\boldsymbol{d}} = \boldsymbol{U}_2^{\mathrm{T}}\boldsymbol{d}$, $\boldsymbol{y} = \boldsymbol{X}^{-1}\boldsymbol{x}$. 因此，如果 $\mathsf{null}(\boldsymbol{A}) \cap \mathsf{null}(\boldsymbol{B}) = \{\boldsymbol{0}\}$，$\boldsymbol{X} = [\, \boldsymbol{x}_1 \,|\, \cdots \,|\, \boldsymbol{x}_n \,]$，那么，LSE 问题的解是

$$\boldsymbol{x} = \sum_{i=1}^{m_2} \left(\frac{\tilde{d}_i}{\beta_i} \right) \boldsymbol{x}_i + \sum_{i=m_2+1}^{n_1} \left(\frac{\tilde{b}_i}{\alpha_i} \right) \boldsymbol{x}_i. \tag{6.2.12}$$

6.2.6 利用加权求解 LSE 问题

求 LSE 问题近似解的一个有趣的方法是解无约束 LS 问题

$$\min_{x} \left\| \begin{bmatrix} \boldsymbol{A} \\ \sqrt{\lambda}\boldsymbol{B} \end{bmatrix} \boldsymbol{x} - \begin{bmatrix} \boldsymbol{b} \\ \sqrt{\lambda}\boldsymbol{d} \end{bmatrix} \right\|_2, \tag{6.2.13}$$

其中 λ 比较大.（与 Tikhonov 正规化问题 (6.1.21) 比较.）因为

$$\left\| \begin{bmatrix} \boldsymbol{A} \\ \sqrt{\lambda}\boldsymbol{B} \end{bmatrix} \boldsymbol{x} - \begin{bmatrix} \boldsymbol{b} \\ \sqrt{\lambda}\boldsymbol{d} \end{bmatrix} \right\|_2^2 = \| \boldsymbol{A}\boldsymbol{x} - \boldsymbol{b} \|_2^2 + \lambda \| \boldsymbol{B}\boldsymbol{x} - \boldsymbol{d} \|^2,$$

我们看到约束方程之间的差异是有代价的. 为了量化这一点，假设 $\boldsymbol{A}$ 和 $\boldsymbol{B}$ 都是满秩矩阵，并将由 (6.1.22) 和 (6.1.23) 定义的 GSVD 代入正规方程组

$$(\boldsymbol{A}^{\mathrm{T}}\boldsymbol{A} + \lambda\boldsymbol{B}^{\mathrm{T}}\boldsymbol{B})\boldsymbol{x} = \boldsymbol{A}^{\mathrm{T}}\boldsymbol{b} + \lambda\boldsymbol{B}^{\mathrm{T}}\boldsymbol{d}.$$

这表明解 $\boldsymbol{x}(\lambda)$ 是由 $\boldsymbol{x}(\lambda) = \boldsymbol{X}\boldsymbol{y}(\lambda)$ 给出的，其中 $\boldsymbol{y}(\lambda)$ 是

$$(\boldsymbol{D}_A^{\mathrm{T}}\boldsymbol{D}_A + \lambda\boldsymbol{D}_B^{\mathrm{T}}\boldsymbol{D}_B)\boldsymbol{y} = \boldsymbol{D}_A^{\mathrm{T}}\tilde{\boldsymbol{b}} + \lambda\boldsymbol{D}_B^{\mathrm{T}}\tilde{\boldsymbol{d}}$$

的解，其中 $\tilde{\boldsymbol{b}} = \boldsymbol{U}_1^{\mathrm{T}}\boldsymbol{b}$, $\tilde{\boldsymbol{d}} = \boldsymbol{U}_2^{\mathrm{T}}\boldsymbol{d}$. 因此

$$\boldsymbol{x}(\lambda) = \sum_{i=1}^{m_2} \left(\frac{\alpha_i \tilde{b}_i + \lambda\beta_i \tilde{d}_i}{\alpha_i^2 + \lambda\beta_i^2} \right) \boldsymbol{x}_i + \sum_{i=m_2+1}^{n_1} \left(\frac{\tilde{b}_i}{\alpha_i} \right) \boldsymbol{x}_i,$$

所以，从 (6.2.13) 我们得到

$$\boldsymbol{x}(\lambda) - \boldsymbol{x} = \sum_{i=1}^{p} \frac{\alpha_i}{\beta_i} \left(\frac{\beta_i \boldsymbol{u}_i^{\mathrm{T}}\boldsymbol{b} - \alpha_i \boldsymbol{v}_i^{\mathrm{T}}\boldsymbol{d}}{\alpha_i^2 + \lambda^2\beta_i^2)} \right) \boldsymbol{x}_i. \tag{6.2.14}$$

这表明，当 $\lambda \to \infty$ 时 $\boldsymbol{x}(\lambda) \to \boldsymbol{x}$. 解决 LSE 问题的这个方法的吸引力在于，它可以用不受约束的 LS 问题软件来实现. 然而，对于较大的 λ，可能会出现数值问题，所以有必要采取预防措施. 参见 Powell and Reid (1968) 以及 Van Loan (1982).

习 题

1. (6.2.1) 的解总是唯一的吗?

2. 给定多项式 $p_0(x), \cdots, p_n(x)$ 和一组坐标 $(x_0, y_0), \cdots, (x_m, y_m)$，其中 $x_i \in [a, b]$. 希望找到一个多项式 $p(x) = \sum_{k=0}^{n} \alpha_k p_k(x)$ 使得

$$\phi(\alpha) = \sum_{i=0}^{m} (p(x_i) - y_i)^2$$

在约束条件

$$\int_a^b [p''(x)]^2 \mathrm{d}x \;\approx\; h\sum_{i=0}^{N}\left(\frac{p(z_{i-1})-2p(z_i)+p(z_{i+1})}{h^2}\right)^2 \leqslant \alpha^2$$

下是最小的，其中 $z_i = a+ih$, $b = a+Nh$. 说明这导致了 (6.2.5) 中的 LSQI 问题，其中 $d=0$.

3. 假设 $\boldsymbol{Y} = [\,\boldsymbol{y}_1\,|\cdots|\,\boldsymbol{y}_k\,] \in \mathbb{R}^{m\times k}$ 满足

$$\boldsymbol{Y}^{\mathrm{T}}\boldsymbol{Y} \;=\; \mathrm{diag}(d_1^2,\cdots,d_k^2), \quad d_1 \geqslant d_2 \geqslant \cdots \geqslant d_k > 0.$$

证明：如果 $\boldsymbol{Y}$ 的 QR 分解是 $\boldsymbol{Y}=\boldsymbol{QR}$，那么 $\boldsymbol{R}$ 是对角矩阵且 $|r_{ii}| = d_i$.

4. (a) 证明：如果 $(\boldsymbol{A}^{\mathrm{T}}\boldsymbol{A}+\lambda\boldsymbol{I})\boldsymbol{x} = \boldsymbol{A}^{\mathrm{T}}\boldsymbol{b}$, $\lambda>0$, $\|\,\boldsymbol{x}\,\|_2=\alpha$，那么 $\boldsymbol{z} = (\boldsymbol{Ax}-\boldsymbol{b})/\lambda$ 是对偶方程 $(\boldsymbol{AA}^{\mathrm{T}}+\lambda\boldsymbol{I})\boldsymbol{z} = -\boldsymbol{b}$ 的解，其中 $\|\,\boldsymbol{A}^{\mathrm{T}}\boldsymbol{z}\,\|_2 = \alpha$.

(b) 证明：如果 $(\boldsymbol{AA}^{\mathrm{T}}+\lambda\boldsymbol{I})\boldsymbol{z} = -\boldsymbol{b}$, $\|\,\boldsymbol{A}^{\mathrm{T}}\boldsymbol{z}\,\|_2=\alpha$，那么 $\boldsymbol{x} = -\boldsymbol{A}^{\mathrm{T}}\boldsymbol{z}$ 满足 $(\boldsymbol{A}^{\mathrm{T}}\boldsymbol{A}+\lambda\boldsymbol{I})\boldsymbol{x} = \boldsymbol{A}^{\mathrm{T}}\boldsymbol{b}$，其中 $\|\,\boldsymbol{x}\,\|_2=\alpha$.

5. 说明如何计算 $\boldsymbol{y}$（如果存在的话），使得 (6.2.7) 和 (6.2.8) 都成立.

6. 开发算法 6.2.2 的 SVD 版本，可以处理 $\boldsymbol{A}$ 和/或 $\boldsymbol{B}$ 都是秩亏损矩阵的情况.

7. 假设

$$\boldsymbol{A} = \begin{bmatrix} \boldsymbol{A}_1 \\ \boldsymbol{A}_2 \end{bmatrix},$$

其中 $\boldsymbol{A}_1 \in \mathbb{R}^{n\times n}$ 为非奇异矩阵，$\boldsymbol{A}_2 \in \mathbb{R}^{(m-n)\times n}$. 证明：

$$\sigma_{\min}(\boldsymbol{A}) \;\geqslant\; \sqrt{1+\sigma_{\min}(\boldsymbol{A}_2\boldsymbol{A}_1^{-1})^2}\,\sigma_{\min}(\boldsymbol{A}_1).$$

8. 假设 $p \geqslant m \geqslant n$, $\boldsymbol{A}\in\mathbb{R}^{m\times n}$, $\boldsymbol{B}\in\mathbb{R}^{m\times p}$. 如何计算正交矩阵 $\boldsymbol{Q}\in\mathbb{R}^{m\times m}$ 和 $\boldsymbol{V}\in\mathbb{R}^{n\times n}$ 使得

$$\boldsymbol{Q}^{\mathrm{T}}\boldsymbol{A} = \begin{bmatrix} \boldsymbol{R} \\ \boldsymbol{0} \end{bmatrix}, \quad \boldsymbol{Q}^{\mathrm{T}}\boldsymbol{BV} \;=\; [\,\boldsymbol{0}\,|\,\boldsymbol{S}\,],$$

其中 $\boldsymbol{R}\in\mathbb{R}^{n\times n}$ 和 $\boldsymbol{S}\in\mathbb{R}^{m\times m}$ 都是上三角矩阵.

9. 假设 $\boldsymbol{r}\in\mathbb{R}^m$, $\boldsymbol{y}\in\mathbb{R}^n$, $\delta>0$. 如何求解

$$\min_{\boldsymbol{E}\in\mathbb{R}^{m\times n},\,\|\boldsymbol{E}\|_F\leqslant\delta} \|\boldsymbol{Ey}-\boldsymbol{r}\|_2.$$

用“max”代替“min”，再次求解这个问题.

10. 对于约束最小二乘问题

$$\min_{\boldsymbol{Bx}=\boldsymbol{d}} \|\,\boldsymbol{Ax}-\boldsymbol{b}\,\|_2, \quad \boldsymbol{A}\in\mathbb{R}^{m\times n},\ \boldsymbol{B}\in\mathbb{R}^{p\times n},\ \mathsf{rank}(\boldsymbol{B})=p,$$

在矩阵

$$\begin{bmatrix} \boldsymbol{B} \\ \boldsymbol{A} \end{bmatrix} = \begin{bmatrix} \boldsymbol{B}_1 & \boldsymbol{B}_2 \\ \boldsymbol{A}_1 & \boldsymbol{A}_2 \end{bmatrix}, \quad \boldsymbol{B}_1\in\mathbb{R}^{p\times p},\ \mathsf{rank}(\boldsymbol{B}_1)=p$$

上执行 p 步高斯消去，可以将其约化为无约束最小二乘问题. 解释之. 提示：利用 Schur 补.

6.3 总体最小二乘问题

给定 $A \in \mathbb{R}^{m\times n}$, $b \in \mathbb{R}^m$，极小化 $\| Ax - b \|_2$ 的问题可改写为

$$\min_{b+r \,\in\, \mathrm{ran}(A)} \| r \|_2 . \tag{6.3.1}$$

在这个问题中有一个默认的假设，即误差仅存在于**观测向量** b. 如果**数据矩阵** A 中也存在误差，那么自然要考虑问题

$$\min_{b+r \,\in\, \mathrm{ran}(A+E)} \| [\, E \mid r \,] \|_F . \tag{6.3.2}$$

Golub and Van Loan (1980) 讨论了这个问题，称其为**总体最小二乘**（TLS）问题. 如果可以找到 (6.3.2) 中的极小值 $[\, E_0 \mid r_0 \,]$，那么任意满足 $(A + E_0)x = b + r_0$ 的 x 称为 TLS 的一个解. 但是，我们应当认识到，(6.3.2) 可能根本没有解. 例如，如果

$$A = \begin{bmatrix} 1 & 0 \\ 0 & 0 \\ 0 & 0 \end{bmatrix}, \quad b = \begin{bmatrix} 1 \\ 1 \\ 1 \end{bmatrix}, \quad E_\epsilon = \begin{bmatrix} 0 & 0 \\ 0 & \epsilon \\ 0 & \epsilon \end{bmatrix},$$

则对于所有 $\epsilon > 0$ 都有 $b \in \mathrm{ran}(A + E_\epsilon)$. 然而，对于 $b + r \in \mathrm{ran}(A + E)$，$\| [\, E \mid r \,] \|_F$ 没有最小值.

如果我们允许多右端项并使用加权的 F-范数，那么就得到 (6.3.2) 的推广. 特别是，如果 $B \in \mathbb{R}^{m\times k}$ 和

$$\begin{aligned} D &= \mathrm{diag}(d_1, \cdots, d_m), \\ T &= \mathrm{diag}(t_1, \cdots, t_{n+k}) \end{aligned}$$

都是非奇异矩阵，那么我们得到了一个优化问题，其形式为

$$\min_{B+R \,\in\, \mathrm{ran}(A+E)} \| D\,[\, E \mid R \,]\,T \|_F , \tag{6.3.3}$$

其中 $E \in \mathbb{R}^{m\times n}$, $R \in \mathbb{R}^{m\times k}$. 如果 $[\, E_0 \mid R_0 \,]$ 是 (6.3.3) 的解，那么满足

$$(A + E_0)X = (B + R_0)$$

的任意 $X \in \mathbb{R}^{n\times k}$ 都称为 (6.3.3) 的 TLS 解.

在这一节中，我们讨论总体最小二乘问题的一些数学性质，说明如何使用 SVD 求解它. 更详细的介绍，请参见 Van Huffel and Vanderwalle (1991).

6.3.1　数学背景

下面的定理给出了多右端项问题的 TLS 解的存在性和唯一性的条件.

定理 6.3.1 假设 $A\in\mathbb{R}^{m\times n}$, $B\in\mathbb{R}^{m\times k}$，且 $D=\mathrm{diag}(d_1,\cdots,d_m)$ 和 $T=\mathrm{diag}(t_1,\cdots,t_{n+k})$ 都是非奇异矩阵. 假设 $m\geqslant n+k$，并令

$$C = D[\,A\mid B\,]T = [\,\underset{n}{C_1}\mid\underset{k}{C_2}\,]$$

的 SVD 由 $U^{\mathrm{T}}CV=\mathrm{diag}(\sigma_1,\cdots,\sigma_{n+k})=\Sigma$ 给出，其中 U、V 和 Σ 的划分为

$$U=[\,\underset{n}{U_1}\mid\underset{k}{U_2}\,],\quad V=\begin{bmatrix}V_{11} & V_{12}\\ V_{21} & V_{22}\end{bmatrix}\begin{matrix}n\\k\end{matrix},\quad \Sigma=\begin{bmatrix}\Sigma_1 & 0\\ 0 & \Sigma_2\end{bmatrix}\begin{matrix}n\\k\end{matrix}.$$

（列划分：n, k）

如果 $\sigma_n(C_1)>\sigma_{n+1}(C)$，那么由 (6.3.4) 定义的矩阵 $[\,E_0\mid R_0\,]$ 是 (6.3.3) 的解.

$$D[\,E_0\mid R_0\,]T \;=\; -U_2\Sigma_2[\,V_{12}^{\mathrm{T}}\mid V_{22}^{\mathrm{T}}\,] \tag{6.3.4}$$

如果 $T_1=\mathrm{diag}(t_1,\cdots,t_n)$, $T_2=\mathrm{diag}(t_{n+1},\cdots,t_{n+k})$，那么矩阵

$$X_{TLS} \;=\; -T_1V_{12}V_{22}^{-1}T_2^{-1}$$

存在且是 $(A+E_0)X=B+R_0$ 的唯一 TLS 解.

证明　我们首先根据 $\sigma_n(C_1)>\sigma_{n+1}(C)$ 这个假设，建立两个结果. 根据 $CV=U\Sigma$，我们得到

$$C_1V_{12}+C_2V_{22} \;=\; U_2\Sigma_2.$$

我们希望证明 V_{22} 是非奇异矩阵. 假设对于某个单位 2-范数的 x 有 $V_{22}x=0$，则由

$$V_{12}^{\mathrm{T}}V_{12}+V_{22}^{\mathrm{T}}V_{22}=I$$

可得 $\|V_{12}x\|_2=1$. 但

$$\sigma_{n+1}(C)\;\geqslant\;\|U_2\Sigma_2x\|_2\;=\;\|C_1V_{12}x\|_2\;\geqslant\;\sigma_n(C_1),$$

这与假设矛盾. 因此，子矩阵 V_{22} 是非奇异矩阵. 第二个事实是 $\sigma_n(C)$ 和 $\sigma_{n+1}(C)$ 是严格分离的. 根据推论 2.4.5 我们有 $\sigma_n(C)\geqslant\sigma_n(C_1)$，所以

$$\sigma_n(C)\;\geqslant\;\sigma_n(C_1)\;>\;\sigma_{n+1}(C).$$

现在我们来证明定理. 如果 $\mathrm{ran}(\boldsymbol{B}+\boldsymbol{R}) \subset \mathrm{ran}(\boldsymbol{A}+\boldsymbol{E})$，那么存在一个 $n\times k$ 矩阵 $\boldsymbol{X}$ 使得 $(\boldsymbol{A}+\boldsymbol{E})\boldsymbol{X}=\boldsymbol{B}+\boldsymbol{R}$，即

$$\{\boldsymbol{D}[\,\boldsymbol{A}\,|\,\boldsymbol{B}\,]\boldsymbol{T}+\boldsymbol{D}[\,\boldsymbol{E}\,|\,\boldsymbol{R}\,]\boldsymbol{T}\}\boldsymbol{T}^{-1}\begin{bmatrix}\boldsymbol{X}\\ -\boldsymbol{I}_k\end{bmatrix} = \boldsymbol{0}. \tag{6.3.5}$$

因此，花括号中的矩阵的秩最多等于 n. 根据定理 2.4.8 证明中的论证，可得

$$\|\,\boldsymbol{D}[\,\boldsymbol{E}\,|\,\boldsymbol{R}\,]\boldsymbol{T}\,\|_F^2 \geqslant \sum_{i=n+1}^{n+k}\sigma_i(\boldsymbol{C})^2.$$

此外，令 $[\,\boldsymbol{E}\,|\,\boldsymbol{R}\,]=[\,\boldsymbol{E}_0\,|\,\boldsymbol{R}_0\,]$ 可以得到下界. 利用不等式 $\sigma_n(\boldsymbol{C})>\sigma_{n+1}(\boldsymbol{C})$ 可以推出 $[\,\boldsymbol{E}_0\,|\,\boldsymbol{R}_0\,]$ 是唯一的极小值.

为了确定 TLS 问题的解 $\boldsymbol{X}_{TLS}$，我们观察到

$$\{\boldsymbol{D}[\,\boldsymbol{A}\,|\,\boldsymbol{B}\,]\boldsymbol{T} + \boldsymbol{D}[\,\boldsymbol{E}_0\,|\,\boldsymbol{R}_0\,]\boldsymbol{T}\} = \boldsymbol{U}_1\boldsymbol{\Sigma}_1[\,\boldsymbol{V}_{11}^{\mathrm{T}}\,|\,\boldsymbol{V}_{21}^{\mathrm{T}}\,]$$

的零空间是 $\begin{bmatrix}\boldsymbol{V}_{12}\\ \boldsymbol{V}_{22}\end{bmatrix}$ 的值域. 因此，对于 $k\times k$ 矩阵 $\boldsymbol{S}$，根据 (6.3.5) 可得

$$\boldsymbol{T}^{-1}\begin{bmatrix}\boldsymbol{X}\\ -\boldsymbol{I}_k\end{bmatrix} = \begin{bmatrix}\boldsymbol{V}_{12}\\ \boldsymbol{V}_{22}\end{bmatrix}\boldsymbol{S}.$$

从 $\boldsymbol{T}_1^{-1}\boldsymbol{X}=\boldsymbol{V}_{12}\boldsymbol{S}$ 和 $-\boldsymbol{T}_2^{-1}=\boldsymbol{V}_{22}\boldsymbol{S}$，我们得到 $\boldsymbol{S}=-\boldsymbol{V}_{22}^{-1}\boldsymbol{T}_2^{-1}$，所以

$$\boldsymbol{X} = \boldsymbol{T}_1\boldsymbol{V}_{12}\boldsymbol{S} = -\boldsymbol{T}_1\boldsymbol{V}_{12}\boldsymbol{V}_{22}^{-1}\boldsymbol{T}_2^{-1} = \boldsymbol{X}_{TLS}.$$

定理得证. □

注意，从窄 CS 分解（定理 2.5.2）可得

$$\|\,\boldsymbol{X}\,\|_\tau^2 = \|\,\boldsymbol{V}_{12}\boldsymbol{V}_{22}^{-1}\,\|_2^2 = \frac{1-\sigma_k(\boldsymbol{V}_{22})^2}{\sigma_k(\boldsymbol{V}_{22})^2},$$

其中，$\mathbb{R}^{n\times k}$ 上的“τ-范数”定义为 $\|\,\boldsymbol{Z}\,\|_\tau=\|\,\boldsymbol{T}_1^{-1}\boldsymbol{Z}\boldsymbol{T}_2\,\|_2$.

如果 $\sigma_n(\boldsymbol{C}_1)=\sigma_{n+1}(\boldsymbol{C})$，那么上述证明中隐含的求解过程是有问题的. 此时 TLS 问题可能无解或有无穷多解. 对此如何进行的建议，请参阅 6.3.4 节.

6.3.2 解单个右端项的情形

我们演示如何在 $k=1$ 这一重要情形最大化 $\sigma_k(\boldsymbol{V}_{22})$. 假设 $\boldsymbol{C}$ 的奇异值满足 $\sigma_{n-p}>\sigma_{n-p+1}=\cdots=\sigma_{n+1}$，令 $\boldsymbol{V}=[\,\boldsymbol{v}_1\,|\cdots|\,\boldsymbol{v}_{n+1}\,]$ 为 $\boldsymbol{V}$ 的列划分. 如果 $\tilde{\boldsymbol{Q}}$ 是满足

$$V(:,n+1-p:n+1)\tilde{Q} = \begin{bmatrix}\boldsymbol{W} & \boldsymbol{z}\\ \boldsymbol{0} & \alpha\end{bmatrix}\begin{matrix}n\\1\end{matrix}$$
$$\qquad\qquad\qquad\quad\ p\quad\ 1$$

的 Householder 矩阵，那么这个矩阵的最后一列在 $\mathrm{span}\{\boldsymbol{v}_{n+1-p},\cdots,\boldsymbol{v}_{n+1}\}$中的所有向量中拥有最大的第 $(n+1)$ 分量. 如果 $\alpha=0$，那么 TLS 问题无解. 否则

$$\boldsymbol{x}_{TLS} = -\boldsymbol{T}_1\boldsymbol{z}/(t_{n+1}\alpha).$$

此外，

$$\begin{bmatrix} \boldsymbol{I}_{n-1} & \boldsymbol{0} \\ \boldsymbol{0} & \tilde{\boldsymbol{Q}} \end{bmatrix} \boldsymbol{U}^{\mathrm{T}}(\boldsymbol{D}\,[\,\boldsymbol{A}\,|\,\boldsymbol{b}\,]\,\boldsymbol{T})\boldsymbol{V} \begin{bmatrix} \boldsymbol{I}_{n-p} & \boldsymbol{0} \\ \boldsymbol{0} & \tilde{\boldsymbol{Q}} \end{bmatrix} = \boldsymbol{\Sigma},$$

因此

$$\boldsymbol{D}\,[\,\boldsymbol{E}_0\,|\,\boldsymbol{r}_0\,]\,\boldsymbol{T} = -\boldsymbol{D}\,[\,\boldsymbol{A}\,|\,\boldsymbol{b}\,]\,\boldsymbol{T}\begin{bmatrix} \boldsymbol{z} \\ \alpha \end{bmatrix}[\,\boldsymbol{z}^{\mathrm{T}}\,|\,\alpha\,].$$

综上所述，我们有以下算法.

算法 6.3.1 假设 $m>n$，给定 $\boldsymbol{A}\in\mathbb{R}^{m\times n}$，$\boldsymbol{b}\in\mathbb{R}^m$，非奇异矩阵 $\boldsymbol{D}=\mathrm{diag}(d_1,\cdots,d_m)$ 和非奇异矩阵 $\boldsymbol{T}=\mathrm{diag}(t_1,\cdots,t_{n+1})$，（如果可能的话）算法计算向量 $\boldsymbol{x}_{TLS}\in\mathbb{R}^n$ 使得 $(\boldsymbol{A}+\boldsymbol{E}_0)\boldsymbol{x}_{TLS}=(\boldsymbol{b}+\boldsymbol{r}_0)$，并且 $\|\,\boldsymbol{D}\,[\,\boldsymbol{E}_0\,|\,\boldsymbol{r}_0\,]\,\boldsymbol{T}\,\|_F$ 是极小的.

计算奇异值分解 $U^{\mathrm{T}}(D[\,A\,|\,b\,]T)V = \mathrm{diag}(\sigma_1,\cdots,\sigma_{n+1})$ 并保存 V.
确定 p 使得 $\sigma_1\geqslant\cdots\geqslant\sigma_{n-p}>\sigma_{n-p+1}=\cdots=\sigma_{n+1}$.
计算 Householder 矩阵 P 使得若 $\tilde{V}=VP$ 则 $\tilde{V}(n+1,n-p+1:n)=0$.
if $\tilde{v}_{n+1,n+1}\neq 0$
  for $i=1:n$
    $x_i=-t_i\tilde{v}_{i,n+1}/(t_{n+1}\tilde{v}_{n+1,n+1})$
  end
  $x_{TLS}=x$
end

这个算法大约需要 $2mn^2+12n^3$ 个 flop，其中大部分都与 SVD 计算有关.

6.3.3 几何解释

可以看出，TLS 解 $\boldsymbol{x}_{TLS}$ 极小化了

$$\psi(x) = \sum_{i=1}^{m} d_i^2\left(\frac{|\boldsymbol{a}_i^{\mathrm{T}}\boldsymbol{x}-b_i|^2}{\boldsymbol{x}^{\mathrm{T}}\boldsymbol{T}_1^{-2}\boldsymbol{x}+t_{n+1}^{-2}}\right), \tag{6.3.6}$$

其中 $\boldsymbol{a}_i^{\mathrm{T}}$ 是 $\boldsymbol{A}$ 的第 i 行，b_i 是 $\boldsymbol{b}$ 的第 i 个分量. 这一观测结果使得对 TLS 问题做几何解释成为可能. 的确，

$$\delta_i = \frac{|\boldsymbol{a}_i^{\mathrm{T}}\boldsymbol{x}-b_i|^2}{\boldsymbol{x}^{\mathrm{T}}\boldsymbol{T}_1^{-2}\boldsymbol{x}+t_{n+1}^{-2}}$$

是从

$$\begin{bmatrix} \boldsymbol{a}_i \\ b_i \end{bmatrix} \in \mathbb{R}^{n+1}$$

到子空间

$$P_x = \left\{ \begin{bmatrix} \boldsymbol{a} \\ b \end{bmatrix} : \boldsymbol{a} \in \mathbb{R}^n,\, b \in \mathbb{R},\, b = \boldsymbol{x}^{\mathrm{T}}\boldsymbol{a} \right\}$$

中最近的点的距离的平方，其中 $\mathbb{R}^{n+1}$ 中的距离是用范数 $\|\, \boldsymbol{z} \,\| = \|\, \boldsymbol{T}\boldsymbol{z} \,\|_2$ 来定义的. TLS 问题本质上就是具有悠久历史的正交回归问题. 参见 Pearson (1901) 和 Madansky (1959).

6.3.4 基本 TLS 问题的变形

我们简要地提一下修正的 TLS 问题，这些问题涉及对优化的 $\boldsymbol{E}$ 和 $\boldsymbol{R}$ 及相关 TLS 解添加额外限制.

在**受限 TLS 问题**中，给定 $\boldsymbol{A} \in \mathbb{R}^{m\times n}$, $\boldsymbol{B} \in \mathbb{R}^{m\times k}$, $\boldsymbol{P}_1 \in \mathbb{R}^{m\times q}$, $\boldsymbol{P}_2 \in \mathbb{R}^{n+k\times r}$，求解

$$\min_{\boldsymbol{B}+\boldsymbol{R} \subset \mathsf{ran}(\boldsymbol{A}+\boldsymbol{E})} \|\, \boldsymbol{P}_1^{\mathrm{T}} \,[\, \boldsymbol{E} \,|\, \boldsymbol{R} \,]\, \boldsymbol{P}_2 \,\|_F . \tag{6.3.7}$$

假设 $q \leqslant m$, $r \leqslant n+k$. 如果不考虑 $\boldsymbol{A}$ 的某些列的误差，那么将产生一个重要的应用. 例如，如果不考虑 $\boldsymbol{A}$ 的前 s 列的误差，那么强制优化 $\boldsymbol{E}$ 以满足 $E(:,1:s) = \boldsymbol{0}$ 是有意义的. 在受限 TLS 问题中，令 $\boldsymbol{P}_1 = \boldsymbol{I}_m$ 和 $\boldsymbol{P}_2 = I_{m+k}(:,s+1:n+k)$ 来实现这个目标.

如果某个特定的 TLS 问题无解，则将其称为**非常规 TLS 问题**. 通过添加约束，可以生成有意义的解. 例如，令 $\boldsymbol{U}^{\mathrm{T}}\,[\, \boldsymbol{A} \,|\, \boldsymbol{b} \,]\, V = \boldsymbol{\Sigma}$ 是奇异值分解，p 是使得 $V(n+1,p) \neq 0$ 的最大指标，那么我们可以看出

$$\min_{\substack{(\boldsymbol{A}+\boldsymbol{E})\boldsymbol{x}=\boldsymbol{b}+\boldsymbol{r} \\ [\,\boldsymbol{E}\,|\,\boldsymbol{r}\,]\, V(:,p+1:n+1)=\boldsymbol{0}}} \|\, [\, \boldsymbol{E} \,|\, \boldsymbol{r} \,] \,\|_F \tag{6.3.8}$$

有一个解 $[\, \boldsymbol{E}_0 \,|\, \boldsymbol{r}_0 \,]$，且非常规 TLS 解满足 $(\boldsymbol{A}+\boldsymbol{E}_0)\boldsymbol{x}+\boldsymbol{b}+\boldsymbol{r}_0$. 参见 Van Huffel (1992).

在**正规化 TLS 问题**中添加额外限制，以确保其解 $\boldsymbol{x}$ 被适当的约束/平滑化：

$$\min_{\substack{(\boldsymbol{A}+\boldsymbol{E})\boldsymbol{x}=\boldsymbol{b}+\boldsymbol{r} \\ \|\boldsymbol{L}\boldsymbol{x}\|_2 \leqslant \delta}} \|\, [\, \boldsymbol{E} \,|\, \boldsymbol{r} \,] \,\|_F . \tag{6.3.9}$$

矩阵 $\boldsymbol{L} \in \mathbb{R}^{n\times n}$ 可以是单位矩阵或离散的二阶导数算子. 正规化 TLS 问题导致了拉格朗日乘数方程组，其形式为

$$(\boldsymbol{A}^{\mathrm{T}}\boldsymbol{A} + \lambda_1 \boldsymbol{I} + \lambda_2 \boldsymbol{L}^{\mathrm{T}}\boldsymbol{L})\boldsymbol{x} \;=\; \boldsymbol{A}^{\mathrm{T}}\boldsymbol{b}.$$

更多细节请参见 Golub, Hansen, and O'Leary (1999). 解决正规化 TLS 问题的另一种方法是将 $[\,\boldsymbol{A}\,|\,\boldsymbol{b}\,]$ 的小奇异值设为 0. 这就是 Fierro, Golub, Hansen, and O'Leary (1997) 讨论的**截断的 TLS 问题**.

习　题

1. 对非奇异矩阵 $\boldsymbol{D}$ 和 $\boldsymbol{T}$，考虑 TLS 问题 (6.3.2).
   (a) 假设 $\mathrm{rank}(\boldsymbol{A}) < n$，证明：(6.3.2) 有解当且仅当 $\boldsymbol{b} \in \mathrm{ran}(\boldsymbol{A})$.
   (b) 假设 $\mathrm{rank}(\boldsymbol{A}) = n$，证明：如果 $\boldsymbol{A}^{\mathrm{T}}\boldsymbol{D}^2\boldsymbol{b} = \boldsymbol{0}$ 且 $|t_{n+1}|\,\|\,\boldsymbol{Db}\,\|_2 \geqslant \sigma_n(\boldsymbol{DAT}_1)$，其中 $\boldsymbol{T}_1 = \mathrm{diag}(t_1, \cdots, t_n)$，则 (6.3.2) 无解.
2. 证明：如果 $\boldsymbol{C} = \boldsymbol{D}\,[\,\boldsymbol{A}\,|\,\boldsymbol{b}\,]\,\boldsymbol{T} = [\,\boldsymbol{A}_1\,|\,\boldsymbol{d}\,]$，$\sigma_n(\boldsymbol{C}) > \sigma_{n+1}(\boldsymbol{C})$，那么 $\boldsymbol{x}_{TLS}$ 满足
   $$(\boldsymbol{A}_1^{\mathrm{T}}\boldsymbol{A}_1 - \sigma_{n+1}(\boldsymbol{C})^2\boldsymbol{I})\boldsymbol{x}_{TLS} \;=\; \boldsymbol{A}_1^{\mathrm{T}}\boldsymbol{d}.$$
   把它看作一个“负位移”的正规方程组.
3. 在极小化 $\boldsymbol{E}$ 的前 p 列为零这一限制条件下，说明如何解 (6.3.2). 提示：计算 $A(:,1:p)$ 的 QR 分解.
4. 假设 $\boldsymbol{D}$ 和 $\boldsymbol{T}$ 是一般非奇异矩阵，说明如何求解 (6.3.3).
5. 验证式 (6.3.6).
6. 假设 $\boldsymbol{A} \in \mathbb{R}^{m\times n}$ 是列满秩矩阵，$\boldsymbol{B} \in \mathbb{R}^{p\times n}$ 是行满秩矩阵，在 $\boldsymbol{Bx} = \boldsymbol{0}$ 的约束下如何极小化
   $$f(x) \;=\; \frac{\|\,\boldsymbol{Ax} - \boldsymbol{b}\,\|_2^2}{1 + \boldsymbol{x}^{\mathrm{T}}\boldsymbol{x}}.$$
7. 在数据最小二乘问题中，给定 $\boldsymbol{A} \in \mathbb{R}^{m\times n}$，$\boldsymbol{b} \in \mathbb{R}^m$ 以及约束条件 $\boldsymbol{b} \in \mathrm{ran}(\boldsymbol{A} + \boldsymbol{E})$ 来极小化 $\|\,\boldsymbol{E}\,\|_F$. 说明如何解这个问题. 见 Paige and Strakoš (2002b).

6.4　用 SVD 进行子空间计算

有时有必要研究两个给定子空间之间的关系. 它们有多接近? 它们相交吗? 一个可以“旋转”成另一个吗? 诸如此类. 本节将展示如何使用奇异值分解来回答这些问题.

6.4.1　子空间旋转

假设 $\boldsymbol{A} \in \mathbb{R}^{m\times p}$ 是通过执行一组实验得到的数据矩阵. 如果再次执行相同的实验集，则得到不同的数据矩阵 $\boldsymbol{B} \in \mathbb{R}^{m\times p}$. 在正交 **Procrustes** 问题中，通过解决以下问题探讨了 $\boldsymbol{B}$ 可以旋转为 $\boldsymbol{A}$ 的可能性：

$$\text{极小化}\ \|\,\boldsymbol{A} - \boldsymbol{BQ}\,\|_F,\qquad \text{约束条件}\ \boldsymbol{Q}^{\mathrm{T}}\boldsymbol{Q} \;=\; \boldsymbol{I}_p. \tag{6.4.1}$$

我们证明，可以用 $\boldsymbol{B}^{\mathrm{T}}\boldsymbol{A}$ 的 SVD 来表示优化 $\boldsymbol{Q}$. 矩阵的迹对推导至关重要. 一个矩阵的迹就是其对角线元素之和：

$$\operatorname{tr}(C) = \sum_{i=1}^{n} c_{ii}, \quad C \in \mathbb{R}^{n\times n}.$$

如果 $\boldsymbol{C}_1$ 和 $\boldsymbol{C}_2$ 具有相同的行和列维度，那么易证

$$\operatorname{tr}(\boldsymbol{C}_1^{\mathrm{T}}\boldsymbol{C}_2) = \operatorname{tr}(\boldsymbol{C}_2^{\mathrm{T}}\boldsymbol{C}_1). \tag{6.4.2}$$

回到 Procrustes 问题 (6.4.1)，如果 $\boldsymbol{Q} \in \mathbb{R}^{p\times p}$ 是正交矩阵，那么

$$\begin{aligned}
\| \boldsymbol{A} - \boldsymbol{B}\boldsymbol{Q} \|_F^2 &= \sum_{k=1}^{p} \| A(:,k) - \boldsymbol{B}Q(:,k) \|_2^2 \\
&= \sum_{k=1}^{p} \| A(:,k) \|_2^2 + \| \boldsymbol{B}Q(:,k) \|_2^2 - 2Q(:,k)^{\mathrm{T}}\boldsymbol{B}^{\mathrm{T}}A(:,k) \\
&= \| \boldsymbol{A} \|_F^2 + \| \boldsymbol{B}\boldsymbol{Q} \|_F^2 - 2\sum_{k=1}^{p} \left[\boldsymbol{Q}^{\mathrm{T}}(\boldsymbol{B}^{\mathrm{T}}\boldsymbol{A})\right]_{kk} \\
&= \| \boldsymbol{A} \|_F^2 + \| \boldsymbol{B} \|_F^2 - 2\operatorname{tr}(\boldsymbol{Q}^{\mathrm{T}}(\boldsymbol{B}^{\mathrm{T}}\boldsymbol{A})).
\end{aligned}$$

因此，(6.4.1) 等价于

$$\max_{\boldsymbol{Q}^{\mathrm{T}}\boldsymbol{Q} = \boldsymbol{I}_p} \operatorname{tr}(\boldsymbol{Q}^{\mathrm{T}}\boldsymbol{B}^{\mathrm{T}}\boldsymbol{A}).$$

如果 $\boldsymbol{U}^{\mathrm{T}}(\boldsymbol{B}^{\mathrm{T}}\boldsymbol{A})\boldsymbol{V} = \boldsymbol{\Sigma} = \operatorname{diag}(\sigma_1,\cdots,\sigma_p)$ 是 $\boldsymbol{B}^{\mathrm{T}}\boldsymbol{A}$ 的 SVD，通过 $\boldsymbol{Z} = \boldsymbol{V}^{\mathrm{T}}\boldsymbol{Q}^{\mathrm{T}}\boldsymbol{U}$ 定义正交矩阵 $\boldsymbol{Z}$，那么利用 (6.4.2)，我们有

$$\operatorname{tr}(\boldsymbol{Q}^{\mathrm{T}}\boldsymbol{B}^{\mathrm{T}}\boldsymbol{A}) = \operatorname{tr}(\boldsymbol{Q}^{\mathrm{T}}\boldsymbol{U}\boldsymbol{\Sigma}\boldsymbol{V}^{\mathrm{T}}) = \operatorname{tr}(\boldsymbol{Z}\boldsymbol{\Sigma}) = \sum_{i=1}^{p} z_{ii}\sigma_i \leqslant \sum_{i=1}^{p} \sigma_i.$$

令 $\boldsymbol{Z} = \boldsymbol{I}_p$，即 $\boldsymbol{Q} = \boldsymbol{U}\boldsymbol{V}^{\mathrm{T}}$，可以清楚地得到其上界.

算法 6.4.1 在 $\mathbb{R}^{m\times p}$ 中给定 $\boldsymbol{A}$ 和 $\boldsymbol{B}$，算法找到正交的矩阵 $\boldsymbol{Q} \in \mathbb{R}^{p\times p}$ 使得 $\| \boldsymbol{A} - \boldsymbol{B}\boldsymbol{Q} \|_F$ 最小.

$C = B^{\mathrm{T}}A$

计算奇异值分解 $U^{\mathrm{T}}CV = \Sigma$ 并保存 U 和 V.

$Q = UV^{\mathrm{T}}$

顺便说一下，如果 $\boldsymbol{B} = \boldsymbol{I}_p$，那么问题 (6.4.1) 与**极分解**有关. 极分解是说，任何方阵 $\boldsymbol{A}$ 都有一个形式为 $\boldsymbol{A} = \boldsymbol{Q}\boldsymbol{P}$ 的分解，其中 $\boldsymbol{Q}$ 是正交矩阵，$\boldsymbol{P}$ 是对称半正定矩阵. 注意，如果 $\boldsymbol{A} = \boldsymbol{U}\boldsymbol{\Sigma}\boldsymbol{V}^{\mathrm{T}}$ 是 $\boldsymbol{A}$ 的 SVD，则 $\boldsymbol{A} = (\boldsymbol{U}\boldsymbol{V}^{\mathrm{T}})(\boldsymbol{V}\boldsymbol{\Sigma}\boldsymbol{V}^{\mathrm{T}})$ 是其极分解. 进一步的讨论请参见 9.4.3 节.

6.4.2 零空间的交集

给定 $\boldsymbol{A} \in \mathbb{R}^{m\times n}$ 和 $\boldsymbol{B} \in \mathbb{R}^{p\times n}$，考虑寻找 $\mathsf{null}(\boldsymbol{A}) \cap \mathsf{null}(\boldsymbol{B})$ 的一个正交基的问题. 一种方法是计算矩阵

$$\boldsymbol{C} = \begin{bmatrix} \boldsymbol{A} \\ \boldsymbol{B} \end{bmatrix}$$

的零空间. 这正是我们想要的：$\boldsymbol{Cx} = \boldsymbol{0} \Longleftrightarrow \boldsymbol{x} \in \mathsf{null}(\boldsymbol{A}) \cap \mathsf{null}(\boldsymbol{B})$. 然而，利用下面的定理可以得到一个更简便的过程.

定理 6.4.1 假设 $\boldsymbol{A} \in \mathbb{R}^{m\times n}$，令 $\{\boldsymbol{z}_1, \cdots, \boldsymbol{z}_t\}$ 是 $\mathsf{null}(\boldsymbol{A})$ 的规范正交基. 定义 $\boldsymbol{Z} = [\boldsymbol{z}_1 | \cdots | \boldsymbol{z}_t]$，令 $\{\boldsymbol{w}_1, \cdots, \boldsymbol{w}_q\}$ 是 $\mathsf{null}(\boldsymbol{BZ})$ 的规范正交基，其中 $\boldsymbol{B} \in \mathbb{R}^{p\times n}$. 如果 $\boldsymbol{W} = [\,\boldsymbol{w}_1 \,|\cdots|\, \boldsymbol{w}_q\,]$，那么，$\boldsymbol{ZW}$ 的列构成了 $\mathsf{null}(\boldsymbol{A}) \cap \mathsf{null}(\boldsymbol{B})$ 的规范正交基.

证明 因为 $\boldsymbol{AZ} = \boldsymbol{0}$ 且 $(\boldsymbol{BZ})\boldsymbol{W} = \boldsymbol{0}$，我们显然有 $\mathsf{ran}(\boldsymbol{ZW}) \subset \mathsf{null}(\boldsymbol{A}) \cap \mathsf{null}(\boldsymbol{B})$. 现在假设 $\boldsymbol{x}$ 既在 $\mathsf{null}(\boldsymbol{A})$ 中也在 $\mathsf{null}(\boldsymbol{B})$ 中. 因此，对于某个 $\boldsymbol{0} \neq \boldsymbol{a} \in \mathbb{R}^t$ 有 $\boldsymbol{x} = \boldsymbol{Za}$. 但是，因为 $\boldsymbol{0} = \boldsymbol{Bx} = \boldsymbol{BZa}$，对于某个 $\boldsymbol{b} \in \mathbb{R}^q$ 我们一定有 $\boldsymbol{a} = \boldsymbol{Wb}$. 因此 $\boldsymbol{x} = \boldsymbol{ZWb} \in \mathsf{ran}(\boldsymbol{ZW})$. □

如果用 SVD 来计算这个定理中的规范正交基，那么我们得到如下算法.

算法 6.4.2 给定 $\boldsymbol{A} \in \mathbb{R}^{m\times n}$，$\boldsymbol{B} \in \mathbb{R}^{p\times n}$，算法计算整数 s 和矩阵 $\boldsymbol{Y} = [\,\boldsymbol{y}_1 \,|\cdots|\, \boldsymbol{y}_s\,]$，它的列是正交的且张成 $\mathsf{null}(\boldsymbol{A}) \cap \mathsf{null}(\boldsymbol{B})$. 如果这个交集是空集，那么 $s = 0$.

```
计算奇异值分解 U_A^T A V_A = diag(σ_i)，保存 V_A，令 r = rank(A).
if r < n
  C = B V_A(:, r+1 : n)
  计算奇异值分解 U_C^T C V_C = diag(γ_i)，保存 V_C，令 q = rank(C).
  if q < n − r
    s = n − r − q
    Y = V_A(:, r+1 : n) V_C(:, q+1 : n − r)
  else
    s = 0
  end
else
  s = 0
end
```

该算法的实际实现需要有对数值秩进行推理的能力. 参见 5.4.1 节.

6.4.3 子空间之间的角度

设 F 和 G 都是 $\mathbb{R}^m$ 中的子空间，其维数满足

$$p = \mathsf{dim}(F) \geqslant \mathsf{dim}(G) = q \geqslant 1.$$

这两个子空间之间的**主角** $\{\theta_i\}_{i=1}^q$ 和相应的**主向量** $\{\boldsymbol{f}_i, \boldsymbol{g}_i\}_{i=1}^q$ 递归定义为

$$\cos(\theta_k) = \boldsymbol{f}_k^{\mathrm{T}}\boldsymbol{g}_k = \max_{\substack{\boldsymbol{f}\in F,\ \|\boldsymbol{f}\|_2=1 \\ \boldsymbol{f}^{\mathrm{T}}[\boldsymbol{f}_1,\cdots,\boldsymbol{f}_{k-1}]=\boldsymbol{0}}} \max_{\substack{\boldsymbol{g}\in G,\ \|\boldsymbol{g}\|_2=1 \\ \boldsymbol{g}^{\mathrm{T}}[\boldsymbol{g}_1,\cdots,\boldsymbol{g}_{k-1}]=\boldsymbol{0}}} \boldsymbol{f}^{\mathrm{T}}\boldsymbol{g}. \tag{6.4.3}$$

注意，主角满足 $0 \leqslant \theta_1 \leqslant \cdots \leqslant \theta_q \leqslant \pi/2$. 计算主角和主向量的问题通常称为**典型相关问题**.

通常，子空间 F 和 G 是矩阵的值域，例如，

$$\begin{aligned} F &= \mathsf{ran}(\boldsymbol{A}), \quad \boldsymbol{A} \in \mathbb{R}^{n\times p}, \\ G &= \mathsf{ran}(\boldsymbol{B}), \quad \boldsymbol{B} \in \mathbb{R}^{n\times q}. \end{aligned}$$

利用 QR 分解和 SVD，可以计算出主向量和主角. 令 $\boldsymbol{A} = \boldsymbol{Q}_A\boldsymbol{R}_A$ 和 $\boldsymbol{B} = \boldsymbol{Q}_B\boldsymbol{R}_B$ 是窄 QR 分解，假设 $\boldsymbol{Q}_A^{\mathrm{T}}\boldsymbol{Q}_B \in \mathbb{R}^{p\times q}$ 的 SVD 是

$$\boldsymbol{Q}_A^{\mathrm{T}}\boldsymbol{Q}_B = \boldsymbol{Y}\boldsymbol{\Sigma}\boldsymbol{Z}^{\mathrm{T}} = \sum_{i=1}^{q} \sigma_i \boldsymbol{y}_i \boldsymbol{z}_i^{\mathrm{T}}.$$

因为 $\|\,\boldsymbol{Q}_A^{\mathrm{T}}\boldsymbol{Q}_B\,\|_2 \leqslant 1$，所以所有的奇异值都在 0 和 1 之间，对于 $i = 1:q$ 记 $\sigma_i = \cos(\theta_i)$. 令矩阵 $\boldsymbol{Q}_A\boldsymbol{Y} \in \mathbb{R}^{n\times p}$ 和 $\boldsymbol{Q}_B\boldsymbol{Z} \in \mathbb{R}^{n\times q}$ 的列划分是

$$\boldsymbol{Q}_A\boldsymbol{Y} = [\,\boldsymbol{f}_1 \,|\cdots|\, \boldsymbol{f}_p\,], \tag{6.4.4}$$

$$\boldsymbol{Q}_B\boldsymbol{Z} = [\,\boldsymbol{g}_1 \,|\cdots|\, \boldsymbol{g}_q\,]. \tag{6.4.5}$$

这些矩阵都有规范正交列. 如果 $\boldsymbol{f} \in F$ 和 $\boldsymbol{g} \in G$ 是单位向量，那么存在单位向量 $\boldsymbol{u} \in \mathbb{R}^p$ 和 $\boldsymbol{v} \in \mathbb{R}^q$ 使得 $\boldsymbol{f} = \boldsymbol{Q}_A\boldsymbol{u}$ 且 $\boldsymbol{g} = \boldsymbol{Q}_B\boldsymbol{v}$. 因此，

$$\begin{aligned} \boldsymbol{f}^{\mathrm{T}}\boldsymbol{g} &= (\boldsymbol{Q}_A\boldsymbol{u})^{\mathrm{T}}(\boldsymbol{Q}_B\boldsymbol{v}) = \boldsymbol{u}^{\mathrm{T}}(\boldsymbol{Q}_A^{\mathrm{T}}\boldsymbol{Q}_B)\boldsymbol{v} = \boldsymbol{u}^{\mathrm{T}}(\boldsymbol{Y}\boldsymbol{\Sigma}\boldsymbol{Z}^{\mathrm{T}})\boldsymbol{v} \\ &= (\boldsymbol{Y}^{\mathrm{T}}\boldsymbol{u})^{\mathrm{T}}\boldsymbol{\Sigma}(\boldsymbol{Z}^{\mathrm{T}}\boldsymbol{v}) = \sum_{i=1}^{q} \sigma_i(\boldsymbol{y}_i^{\mathrm{T}}\boldsymbol{u})(\boldsymbol{z}_i^{\mathrm{T}}\boldsymbol{v}). \end{aligned} \tag{6.4.6}$$

令 $\boldsymbol{u} = \boldsymbol{y}_1$ 和 $\boldsymbol{v} = \boldsymbol{z}_1$，这个表达式能取到其关于 $\sigma_1 = \cos(\theta_1)$ 的最大值. 因此，$\boldsymbol{f} = \boldsymbol{Q}_A\boldsymbol{y}_1 = \boldsymbol{f}_1$, $\boldsymbol{g} = \boldsymbol{Q}_B\boldsymbol{z}_1 = \boldsymbol{g}_1$.

现在，假设 $k > 1$，且 (6.4.4) 和 (6.4.5) 中矩阵的前 $k-1$ 列（即 $\boldsymbol{f}_1, \cdots, \boldsymbol{f}_{k-1}$ 和 $\boldsymbol{g}_1, \cdots, \boldsymbol{g}_{k-1}$）是已知的. 假设 $\boldsymbol{f} = \boldsymbol{Q}_A\boldsymbol{u}$ 和 $\boldsymbol{g} = \boldsymbol{Q}_B\boldsymbol{v}$ 是满足

$$\boldsymbol{f}^{\mathrm{T}}[\,\boldsymbol{f}_1 \,|\cdots|\, \boldsymbol{f}_{k-1}\,] = \boldsymbol{0},$$

$$\boldsymbol{g}^{\mathrm{T}}\left[\,\boldsymbol{g}_1\,|\cdots|\,\boldsymbol{g}_{k-1}\,\right] \;=\; \boldsymbol{0}$$

的单位向量，考虑最大化 $\boldsymbol{f}^{\mathrm{T}}\boldsymbol{g}$ 的问题. 根据 (6.4.6) 可知

$$\boldsymbol{f}^{\mathrm{T}}\boldsymbol{g} \;=\; \sum_{i=k}^{q}\sigma_i(\boldsymbol{y}_i^{\mathrm{T}}\boldsymbol{u})(\boldsymbol{z}_i^{\mathrm{T}}\boldsymbol{v}) \;\leqslant\; \sigma_k\sum_{i=k}^{q}|\boldsymbol{y}_i^{\mathrm{T}}\boldsymbol{u}|\,|\boldsymbol{z}_i^{\mathrm{T}}\boldsymbol{v}|.$$

令 $\boldsymbol{u}=\boldsymbol{y}_k$ 和 $\boldsymbol{v}=\boldsymbol{z}_k$，这个表达式取到其关于 $\sigma_k=\cos(\theta_k)$ 的最大值. 由 (6.4.4) 和 (6.4.5) 可知，$\boldsymbol{f}=\boldsymbol{Q}_A\boldsymbol{y}_k=\boldsymbol{f}_k$，$\boldsymbol{g}=\boldsymbol{Q}_B\boldsymbol{z}_k=\boldsymbol{g}_k$. 综上，我们有如下算法.

算法 6.4.3 (主角与主向量) 假设 $p\geqslant q$，给定 $\boldsymbol{A}\in\mathbb{R}^{m\times p}$ 和 $\boldsymbol{B}\in\mathbb{R}^{m\times q}$，其中每个矩阵都具有线性无关的列，算法计算 $\mathsf{ran}(\boldsymbol{A})$ 和 $\mathsf{ran}(\boldsymbol{B})$ 之间的主角 $\theta_1\geqslant\cdots\geqslant\theta_q$ 的余弦. 向量 $\boldsymbol{f}_1,\cdots,\boldsymbol{f}_q$ 和 $\boldsymbol{g}_1,\cdots,\boldsymbol{g}_q$ 是相应的主向量.

计算 QR 分解 $A=Q_AR_A$ 和 $B=Q_BR_B$.
$C=Q_A^{\mathrm{T}}Q_B$
计算奇异值分解 $Y^{\mathrm{T}}CZ=\mathrm{diag}(\cos(\theta_k))$.
$Q_AY(:,1:q)=[\,f_1\,|\cdots|\,f_q\,]$
$Q_BZ(:,1:q)=[\,g_1\,|\cdots|\,g_q\,]$

使用 SVD 思想计算主角和主向量的思想源于 Björck and Golub (1973). 他们的文章中还讨论了 $\boldsymbol{A}$ 和 $\boldsymbol{B}$ 都秩亏损矩阵时的问题. 在许多重要的统计应用中都会遇到主角和主向量. 最大的主角与我们在 2.5.3 节中讨论的同维子空间之间的距离有关. 如果 $p=q$，那么

$$\mathsf{dist}(F,G) \;=\; \sqrt{1-\cos(\theta_p)^2} \;=\; \sin(\theta_p).$$

6.4.4 子空间的交集

根据下面的定理，算法 6.4.3 也可以用来计算 $\mathsf{ran}(\boldsymbol{A})\cap\mathsf{ran}(\boldsymbol{B})$ 的一组规范正交基，其中 $\boldsymbol{A}\in\mathbb{R}^{m\times p}$，$\boldsymbol{B}\in\mathbb{R}^{m\times q}$.

定理 6.4.2 设 $\{\cos(\theta_i)\}_{i=1}^q$ 和 $\{f_i,g_i\}_{i=1}^q$ 由算法 6.4.3 定义. 如果指标 s 定义为 $1=\cos(\theta_1)=\cdots=\cos(\theta_s)>\cos(\theta_{s+1})$，那么

$$\mathsf{ran}(\boldsymbol{A})\cap\mathsf{ran}(\boldsymbol{B}) \;=\; \mathsf{span}\{\boldsymbol{f}_1,\cdots,\boldsymbol{f}_s\} \;=\; \mathsf{span}\{\boldsymbol{g}_1,\cdots,\boldsymbol{g}_s\}.$$

证明 如果 $\cos(\theta_i)=1$ 那么 $\boldsymbol{f}_i=\boldsymbol{g}_i$，根据这个事实即得定理. □

实际确定相交维数 s 需要定义计算的奇异值等于 1 时意味着什么. 例如，如果对于精心选择的小参数 δ 有 $\hat{\sigma}_i\geqslant1-\delta$，计算得出的奇异值 $\hat{\sigma}_i=\cos(\hat{\theta}_i)$ 可以视为单位奇异值.

习 题

1. 假设 $p \leqslant m$，$\boldsymbol{A}$ 和 $\boldsymbol{B}$ 都是 $m \times p$ 矩阵，证明

$$\min_{\boldsymbol{Q}^{\mathrm{T}}\boldsymbol{Q}=\boldsymbol{I}_p} \| \boldsymbol{A}-\boldsymbol{BQ} \|_F^2 = \sum_{i=1}^{p}\Big(\sigma_i(\boldsymbol{A})^2 - 2\sigma_i(\boldsymbol{B}^{\mathrm{T}}\boldsymbol{A}) + \sigma_i(\boldsymbol{B})^2\Big).$$

2. 推广算法 6.4.2，使其计算 $\mathsf{null}(\boldsymbol{A}_1)\cap\cdots\cap\mathsf{null}(\boldsymbol{A}_s)$ 的规范正交基，其中每个矩阵 $\boldsymbol{A}_i$ 都有 n 列.

3. 推广算法 6.4.3，使其能够处理 $\boldsymbol{A}$ 和 $\boldsymbol{B}$ 都是秩亏损矩阵的情况.

4. 验证式 (6.4.2).

5. 假设 $\boldsymbol{A},\boldsymbol{B}\in\mathbb{R}^{m\times n}$ 且 $\boldsymbol{A}$ 是列满秩矩阵. 说明如何计算对称矩阵 $\boldsymbol{X}\in\mathbb{R}^{n\times n}$，使其极小化 $\| \boldsymbol{AX}-\boldsymbol{B} \|_F$. 提示：计算 $\boldsymbol{A}$ 的 SVD.

6. 本题是 F-范数优化的练习. 假设 $\boldsymbol{e}\in\mathbb{R}^m$ 是分量全为 1 的向量.

(a) 证明：如果 $\boldsymbol{C}\in\mathbb{R}^{m\times n}$，那么 $\boldsymbol{v}=\boldsymbol{C}^{\mathrm{T}}\boldsymbol{e}/m$ 极小化 $\| \boldsymbol{C}-\boldsymbol{e}\boldsymbol{v}^{\mathrm{T}} \|_F$.

(b) 假设 $\boldsymbol{A}\in\mathbb{R}^{m\times n}$，$\boldsymbol{B}\in\mathbb{R}^{m\times n}$，我们希望求

$$\min_{\boldsymbol{Q}^{\mathrm{T}}\boldsymbol{Q}=\boldsymbol{I}_n,\ \boldsymbol{v}\in\mathbb{R}^n} \| \boldsymbol{A}-(\boldsymbol{B}+\boldsymbol{e}\boldsymbol{v}^{\mathrm{T}})\boldsymbol{Q} \|_F.$$

证明：$\boldsymbol{v}_{\mathrm{opt}}=(\boldsymbol{A}-\boldsymbol{B})^{\mathrm{T}}\boldsymbol{e}/m$ 和 $\boldsymbol{Q}_{\mathrm{opt}}=\boldsymbol{U\Sigma V}^{\mathrm{T}}$ 是这个问题的解，其中 $\boldsymbol{B}^{\mathrm{T}}(\boldsymbol{I}-\boldsymbol{e}\boldsymbol{e}^{\mathrm{T}}/m)\boldsymbol{A}=\boldsymbol{UV}^{\mathrm{T}}$ 是 SVD.

7. 如果 $\boldsymbol{H}\in\mathbb{R}^{3\times 3}$，$\boldsymbol{H}=\boldsymbol{Q}+\boldsymbol{x}\boldsymbol{y}^{\mathrm{T}}$，其中 $\boldsymbol{Q}\in\mathbb{R}^{3\times 3}$ 是旋转矩阵，$\boldsymbol{x},\boldsymbol{y}\in\mathbb{R}^3$，则称 $\boldsymbol{H}$ 为 **ROPR 矩阵**.（旋转矩阵是行列式为 1 的正交矩阵. “ROPR”表示“旋转的秩 1 扰动”.）ROPR 矩阵出现在计算机图形学中，本题给出了它们的一些性质.

(a) 如果 $\boldsymbol{H}$ 是 ROPR 矩阵，那么存在旋转矩阵 $\boldsymbol{U},\boldsymbol{V}\in\mathbb{R}^{3\times 3}$ 使得 $\boldsymbol{U}^{\mathrm{T}}\boldsymbol{HV}=\mathrm{diag}(\sigma_1,\sigma_2,\sigma_3)$，其中 $\sigma_1\geqslant\sigma_2\geqslant|\sigma_3|$.

(b) 证明：如果 $\boldsymbol{Q}\in\mathbb{R}^{3\times 3}$ 是旋转矩阵，那么，对于 $i=1:3$，存在余弦-正弦对 $(c_i,s_i)=(\cos(\theta_i),\sin(\theta_i))$ 使得 $\boldsymbol{Q}=Q(\theta_1,\theta_2,\theta_3)$，其中

$$Q(\theta_1,\theta_2,\theta_3)=\begin{bmatrix}1&0&0\\0&c_1&s_1\\0&-s_1&c_1\end{bmatrix}\begin{bmatrix}c_2&s_2&0\\-s_2&c_2&0\\0&0&1\end{bmatrix}\begin{bmatrix}1&0&0\\0&c_3&s_3\\0&-s_3&c_3\end{bmatrix}$$
$$=\begin{bmatrix}c_2&s_2c_3&s_2s_3\\-c_1s_2&c_1c_2c_3-s_1s_3&c_1c_2s_3+s_1c_3\\s_1s_2&-s_1c_2c_3-c_1s_3&-s_1c_2s_3+c_1c_3\end{bmatrix}.$$

提示：Givens QR 分解涉及三个旋转矩阵.

(c) 证明：如果

$$\begin{bmatrix}\sigma_1&0&0\\0&\sigma_2&0\\0&0&\sigma_3\end{bmatrix}=Q(\theta_1,\theta_2,\theta_3)-\boldsymbol{x}\boldsymbol{y}^{\mathrm{T}},\quad \boldsymbol{x},\boldsymbol{y}\in\mathbb{R}^3,$$

那么对于 $\mu \geqslant 0$ 和

$$\begin{bmatrix} c_2-\mu & 1 \\ 1 & c_2-\mu \end{bmatrix}\begin{bmatrix} c_1s_3 \\ s_1c_3 \end{bmatrix} = \begin{bmatrix} 0 \\ 0 \end{bmatrix},$$

$\boldsymbol{x}\boldsymbol{y}^{\mathrm{T}}$ 的形式必为

$$\boldsymbol{x}\boldsymbol{y}^{\mathrm{T}} = \begin{bmatrix} s_2 \\ \mu c_1 \\ -\mu s_1 \end{bmatrix}\begin{bmatrix} -s_2/\mu \\ c_3 \\ s_3 \end{bmatrix}^{\mathrm{T}}.$$

(d) 证明：ROPR 矩阵的第二个奇异值为 1.

8. 设 $\boldsymbol{U}_* \in \mathbb{R}^{n\times d}$ 是具有正交列的矩阵，其列张成我们要估计的子空间 S. 假设 $\boldsymbol{U}_c \in \mathbb{R}^{n\times d}$ 是具有正交列的给定矩阵，并将 $\mathrm{ran}(U_c)$ 视为 S 的“当前”估计. 本题考察，在给定向量 $\boldsymbol{v} \in S$ 的情况下，需要什么条件来改进对 S 的估计.

(a) 定义向量

$$\boldsymbol{w} = \boldsymbol{U}_c^{\mathrm{T}}\boldsymbol{v}, \quad \boldsymbol{v}_1 = \boldsymbol{U}_c\boldsymbol{U}_c^{\mathrm{T}}\boldsymbol{v}, \quad \boldsymbol{v}_2 = \left(\boldsymbol{I}_n - \boldsymbol{U}_c\boldsymbol{U}_c^{\mathrm{T}}\right)\boldsymbol{v},$$

假设每个向量都是非零的. 证明：如果

$$\boldsymbol{z}_\theta = \left(\frac{\cos(\theta)-1}{\|\boldsymbol{v}_1\|\|\boldsymbol{w}\|}\right)\boldsymbol{v}_1 + \left(\frac{\sin(\theta)}{\|\boldsymbol{v}_2\|\|\boldsymbol{w}\|}\right)\boldsymbol{v}_2,$$

$$\boldsymbol{U}_\theta = \left(\boldsymbol{I}_n + \boldsymbol{z}_\theta\boldsymbol{v}^{\mathrm{T}}\right)\boldsymbol{U}_c,$$

那么 $\boldsymbol{U}_\theta^{\mathrm{T}}\boldsymbol{U}_\theta = \boldsymbol{I}_d$. 因此，$\boldsymbol{U}_\theta\boldsymbol{U}_\theta^{\mathrm{T}}$ 是正交投影.

(b) 定义距离函数

$$\mathrm{dist}_F(\mathrm{ran}(\boldsymbol{V}), \mathrm{ran}(\boldsymbol{W})) = \|\boldsymbol{V}\boldsymbol{V}^{\mathrm{T}} - \boldsymbol{W}\boldsymbol{W}^{\mathrm{T}}\|_F,$$

其中 $\boldsymbol{V}, \boldsymbol{W} \in \mathbb{R}^{n\times d}$ 有规范正交列，证明

$$\mathrm{dist}_F(\mathrm{ran}(\boldsymbol{V}), \mathrm{ran}(\boldsymbol{W}))^2 = 2\left(d - \|\boldsymbol{W}^{\mathrm{T}}\boldsymbol{V}\|_F^2\right) = 2\sum_{i=1}^{d}\left(1-\sigma_i(\boldsymbol{W}^{\mathrm{T}}\boldsymbol{V})^2\right).$$

注意 $\mathrm{dist}(\mathrm{ran}(\boldsymbol{V}), \mathrm{ran}(\boldsymbol{W}))^2 = 1 - \sigma_1(\boldsymbol{W}^{\mathrm{T}}\boldsymbol{V})^2$.

(c) 记 $d_\theta = \mathrm{dist}_F(\mathrm{ran}(\boldsymbol{U}_*), \mathrm{ran}(\boldsymbol{U}_\theta))$, $d_c = \mathrm{dist}_F(\mathrm{ran}(\boldsymbol{U}_*), \mathrm{ran}(\boldsymbol{U}_c))$，证明

$$d_\theta^2 = d_c^2 - 2\,\mathrm{tr}(\boldsymbol{U}_*\boldsymbol{U}_*^{\mathrm{T}}(\boldsymbol{U}_\theta\boldsymbol{U}_\theta^{\mathrm{T}} - \boldsymbol{U}_c\boldsymbol{U}_c^{\mathrm{T}})).$$

(d) 证明：如果

$$\boldsymbol{y}_\theta = \cos(\theta)\frac{\boldsymbol{v}_1}{\|\boldsymbol{v}_1\|} + \sin(\theta)\frac{\boldsymbol{v}_2}{\|\boldsymbol{v}_2\|},$$

则

$$\boldsymbol{U}_\theta\boldsymbol{U}_\theta^{\mathrm{T}} - \boldsymbol{U}_c\boldsymbol{U}_c^{\mathrm{T}} = \boldsymbol{y}_\theta\boldsymbol{y}_\theta^{\mathrm{T}} - \frac{\boldsymbol{v}_1\boldsymbol{v}_1^{\mathrm{T}}}{\boldsymbol{v}_1^{\mathrm{T}}\boldsymbol{v}_1},$$

$$d_\theta^2 = d_c^2 + 2\left(\frac{\|\boldsymbol{U}_*^{\mathrm{T}}\boldsymbol{v}_1\|_2^2}{\|\boldsymbol{v}_1\|_2^2} - \|\boldsymbol{U}_*^{\mathrm{T}}\boldsymbol{y}_\theta\|_2^2\right).$$

(e) 证明：如果 θ 将此量最小化，那么

$$\sin(2\theta)\left(\frac{\|\boldsymbol{P}_S\boldsymbol{v}_2\|^2}{\|\boldsymbol{v}_2\|_2^2} - \frac{\|\boldsymbol{P}_S\boldsymbol{v}_1\|^2}{\|\boldsymbol{v}_1\|_2^2}\right) + \cos(2\theta)\frac{\boldsymbol{v}_1^{\mathrm{T}}\boldsymbol{P}_S\boldsymbol{v}_2}{\|\boldsymbol{v}_1\|_2\|\boldsymbol{v}_2\|_2} = 0, \quad \boldsymbol{P}_S = \boldsymbol{U}_*\boldsymbol{U}_*^{\mathrm{T}}.$$

6.5 修正矩阵分解

在许多应用中，经过小的修正后再分解给定的矩阵 $\boldsymbol{A}\in\mathbb{R}^{m\times n}$ 是必要的. 例如，给定矩阵 $\boldsymbol{A}$ 的 QR 分解，我们可能需要矩阵 $\tilde{\boldsymbol{A}}$ 的 QR 分解，其中矩阵 $\tilde{\boldsymbol{A}}$ 是通过在 $\boldsymbol{A}$ 中添加行或列或去掉行或列获得的. 本节证明了，在这样的情况下，"修正" $\boldsymbol{A}$ 的 QR 分解比从头开始生成所需的 $\tilde{\boldsymbol{A}}$ 的 QR 分解要有效得多. Givens 旋转在此起到重要作用. 除了讨论各种修正 QR 分解的策略外，我们还展示了如何使用双曲旋转来降低 Cholesky 分解，以及如何更新可显示秩的 ULV 分解.

6.5.1 秩 1 变化

假设有 QR 分解 $\boldsymbol{QR}=\boldsymbol{A}\in\mathbb{R}^{n\times n}$，而我们需要计算 QR 分解 $\tilde{\boldsymbol{A}}=\boldsymbol{A}+\boldsymbol{uv}^{\mathrm{T}}=\boldsymbol{Q}_1\boldsymbol{R}_1$，其中 $\boldsymbol{u},\boldsymbol{v}\in\mathbb{R}^n$ 是给定的向量. 注意到

$$\tilde{\boldsymbol{A}} = \boldsymbol{A}+\boldsymbol{uv}^{\mathrm{T}} = \boldsymbol{Q}\left(\boldsymbol{R}+\boldsymbol{wv}^{\mathrm{T}}\right), \tag{6.5.1}$$

其中 $\boldsymbol{w}=\boldsymbol{Q}^{\mathrm{T}}\boldsymbol{u}$. 假设计算出的旋转矩阵 $\boldsymbol{J}_{n-1},\cdots,\boldsymbol{J}_2,\boldsymbol{J}_1$ 使得

$$\boldsymbol{J}_1^{\mathrm{T}}\cdots\boldsymbol{J}_{n-1}^{\mathrm{T}}\boldsymbol{w} = \pm\|\,\boldsymbol{w}\,\|_2\,\boldsymbol{e}_1,$$

其中每个 $\boldsymbol{J}_k$ 是 k 与 $k+1$ 平面上的一个 Givens 旋转. 如果同样的旋转应用于 $\boldsymbol{R}$，那么

$$\boldsymbol{H} = \boldsymbol{J}_1^{\mathrm{T}}\cdots\boldsymbol{J}_{n-1}^{\mathrm{T}}\boldsymbol{R} \tag{6.5.2}$$

是上 Hessenberg 矩阵. 例如，在 $n=4$ 的情况下，我们从

$$\boldsymbol{w}\leftarrow\begin{bmatrix}\times\\\times\\\times\\\times\end{bmatrix},\quad \boldsymbol{R}\leftarrow\begin{bmatrix}\times&\times&\times&\times\\0&\times&\times&\times\\0&0&\times&\times\\0&0&0&\times\end{bmatrix},$$

开始，然后修正如下:

$$\boldsymbol{w}\leftarrow\boldsymbol{J}_3^{\mathrm{T}}\boldsymbol{w}=\begin{bmatrix}\times\\\times\\\times\\0\end{bmatrix},\quad \boldsymbol{R}\leftarrow\boldsymbol{J}_3^{\mathrm{T}}\boldsymbol{R}=\begin{bmatrix}\times&\times&\times&\times\\0&\times&\times&\times\\0&0&\times&\times\\0&0&\times&\times\end{bmatrix},$$

$$\boldsymbol{w}\leftarrow\boldsymbol{J}_2^{\mathrm{T}}\boldsymbol{w}=\begin{bmatrix}\times\\\times\\0\\0\end{bmatrix},\quad \boldsymbol{R}\leftarrow\boldsymbol{J}_2^{\mathrm{T}}\boldsymbol{R}=\begin{bmatrix}\times&\times&\times&\times\\0&\times&\times&\times\\0&\times&\times&\times\\0&0&\times&\times\end{bmatrix},$$

$$\boldsymbol{w} \leftarrow \boldsymbol{J}_1^{\mathrm{T}}\boldsymbol{w} = \begin{bmatrix} \times \\ 0 \\ 0 \\ 0 \end{bmatrix}, \quad \boldsymbol{H} \leftarrow \boldsymbol{J}_1^{\mathrm{T}}\boldsymbol{R} = \begin{bmatrix} \times & \times & \times & \times \\ \times & \times & \times & \times \\ 0 & \times & \times & \times \\ 0 & 0 & \times & \times \end{bmatrix}.$$

因此，

$$(\boldsymbol{J}_1^{\mathrm{T}}\cdots\boldsymbol{J}_{n-1}^{\mathrm{T}})(\boldsymbol{R}+\boldsymbol{w}\boldsymbol{v}^{\mathrm{T}}) = \boldsymbol{H} \pm \|\,\boldsymbol{w}\,\|_2\boldsymbol{e}_1\boldsymbol{v}^{\mathrm{T}} = \boldsymbol{H}_1 \tag{6.5.3}$$

也是上 Hessenberg 矩阵. 根据算法 5.2.4，对 $k = 1 : n-1$ 计算 Givens 旋转 $\boldsymbol{G}_k$，使得 $\boldsymbol{G}_{n-1}^{\mathrm{T}}\cdots\boldsymbol{G}_1^{\mathrm{T}}\boldsymbol{H}_1 = \boldsymbol{R}_1$ 是上三角矩阵. 综上，我们得到 QR 分解 $\tilde{\boldsymbol{A}} = \boldsymbol{A}+\boldsymbol{u}\boldsymbol{v}^{\mathrm{T}} = \boldsymbol{Q}_1\boldsymbol{R}_1$，其中

$$\boldsymbol{Q}_1 = \boldsymbol{Q}\boldsymbol{J}_{n-1}\cdots\boldsymbol{J}_1\boldsymbol{G}_1\cdots\boldsymbol{G}_{n-1}.$$

对工作量的仔细评估表明，大概需要 $26n^2$ 个 flop.

这种技术很容易推广到 $\boldsymbol{A}$ 是长方矩阵的情形. 也可以推广到计算 $\boldsymbol{A}+\boldsymbol{U}\boldsymbol{V}^{\mathrm{T}}$ 的 QR 分解，其中 $\boldsymbol{U} \in \mathbb{R}^{m\times p}$, $\boldsymbol{V} \in \mathbb{R}^{n\times p}$.

6.5.2　添加或删除列

假设我们有 QR 分解

$$\boldsymbol{Q}\boldsymbol{R} = \boldsymbol{A} = [\,\boldsymbol{a}_1\,|\cdots|\,\boldsymbol{a}_n\,], \quad \boldsymbol{a}_i \in \mathbb{R}^m, \tag{6.5.4}$$

对于某个 k（$1 \leqslant k \leqslant n$），划分上三角矩阵 $\boldsymbol{R} \in \mathbb{R}^{m\times n}$ 如下：

$$\boldsymbol{R} = \begin{bmatrix} \boldsymbol{R}_{11} & \boldsymbol{v} & \boldsymbol{R}_{13} \\ \boldsymbol{0} & r_{kk} & \boldsymbol{w}^{\mathrm{T}} \\ \boldsymbol{0} & \boldsymbol{0} & \boldsymbol{R}_{33} \end{bmatrix} \begin{matrix} k-1 \\ 1 \\ m-k \end{matrix}.$$
$$\qquad\qquad k-1 \qquad 1 \qquad n-k$$

现在，假设我们要计算

$$\tilde{\boldsymbol{A}} = [\,\boldsymbol{a}_1|\cdots|\,\boldsymbol{a}_{k-1}\,|\,\boldsymbol{a}_{k+1}\,|\cdots|\,\boldsymbol{a}_n\,] \in \mathbb{R}^{m\times(n-1)}$$

的 QR 分解. 注意，$\tilde{\boldsymbol{A}}$ 只是 $\boldsymbol{A}$ 删除了第 k 列，并且

$$\boldsymbol{Q}^{\mathrm{T}}\tilde{\boldsymbol{A}} = \begin{bmatrix} \boldsymbol{R}_{11} & \boldsymbol{R}_{13} \\ \boldsymbol{0} & \boldsymbol{w}^{\mathrm{T}} \\ \boldsymbol{0} & \boldsymbol{R}_{33} \end{bmatrix} = \boldsymbol{H}$$

是上 Hessenberg 矩阵，例如，

$$H = \begin{bmatrix} \times & \times & \times & \times & \times \\ 0 & \times & \times & \times & \times \\ 0 & 0 & \times & \times & \times \\ 0 & 0 & \times & \times & \times \\ 0 & 0 & 0 & \times & \times \\ 0 & 0 & 0 & 0 & \times \\ 0 & 0 & 0 & 0 & 0 \end{bmatrix}, \quad m = 7,\ n = 6,\ k = 3.$$

显然，不需要的次对角线元素 $h_{k+1,k}, \cdots, h_{n,n-1}$ 可以由一系列的 Givens 旋转 $\boldsymbol{G}_{n-1}^{\mathrm{T}} \cdots \boldsymbol{G}_k^{\mathrm{T}} \boldsymbol{H} = \boldsymbol{R}_1$ 来化零. 对于 $i = k : n-1$，$\boldsymbol{G}_i$ 是 i 和 $i+1$ 平面上的一个旋转. 因此，如果 $\boldsymbol{Q}_1 = \boldsymbol{Q}\boldsymbol{G}_k \cdots \boldsymbol{G}_{n-1}$，那么 $\tilde{\boldsymbol{A}} = \boldsymbol{Q}_1\boldsymbol{R}_1$ 就是 $\tilde{\boldsymbol{A}}$ 的 QR 分解.

上述修正过程可以在 $O(n^2)$ 个 flop 内完成，在某些最小二乘问题中非常有用. 例如，人们可能希望通过删除相应数据矩阵中的第 k 列并求解由此产生的 LS 问题来检查基础模型中第 k 个因子的重要性.

类似地，可以在添加列之后有效地修正矩阵的 QR 分解. 假设我们有 (6.5.4)，现在要计算

$$\tilde{\boldsymbol{A}} = [\, \boldsymbol{a}_1 \,|\, \cdots \,|\, \boldsymbol{a}_k \,|\, \boldsymbol{z} \,|\, \boldsymbol{a}_{k+1} \,|\, \cdots \,|\, \boldsymbol{a}_n \,]$$

的 QR 分解，其中 $\boldsymbol{z} \in \mathbb{R}^m$ 是给定的向量. 注意到，如果 $\boldsymbol{w} = \boldsymbol{Q}^{\mathrm{T}}\boldsymbol{z}$，那么

$$\boldsymbol{Q}^{\mathrm{T}}\tilde{\boldsymbol{A}} = \left[\, \boldsymbol{Q}^{\mathrm{T}}\boldsymbol{a}_1 \,|\cdots|\, \boldsymbol{Q}^{\mathrm{T}}\boldsymbol{a}_k \,|\, \boldsymbol{w} \,|\, \boldsymbol{Q}^{\mathrm{T}}\boldsymbol{a}_{k+1} \,|\cdots|\, \boldsymbol{Q}^{\mathrm{T}}a_n \,\right]$$

在除去第 $k+1$ 列中的一个“尖峰”后为上三角矩阵，例如，

$$\tilde{\boldsymbol{A}} \leftarrow \boldsymbol{Q}^{\mathrm{T}}\tilde{\boldsymbol{A}} = \begin{bmatrix} \times & \times & \times & \times & \times & \times \\ 0 & \times & \times & \times & \times & \times \\ 0 & 0 & \times & \times & \times & \times \\ 0 & 0 & 0 & \times & \times & \times \\ 0 & 0 & 0 & \times & 0 & \times \\ 0 & 0 & 0 & \times & 0 & 0 \\ 0 & 0 & 0 & \times & 0 & 0 \end{bmatrix}, \quad m = 7,\ n = 5,\ k = 3.$$

可以确定 Givens 旋转序列来恢复三角形式:

$$\tilde{\boldsymbol{A}} \leftarrow \boldsymbol{J}_6^{\mathrm{T}}\tilde{\boldsymbol{A}} = \begin{bmatrix} \times & \times & \times & \times & \times & \times \\ 0 & \times & \times & \times & \times & \times \\ 0 & 0 & \times & \times & \times & \times \\ 0 & 0 & 0 & \times & \times & \times \\ 0 & 0 & 0 & \times & 0 & \times \\ 0 & 0 & 0 & \times & 0 & 0 \\ 0 & 0 & 0 & 0 & 0 & 0 \end{bmatrix},$$

$$\tilde{\boldsymbol{A}} \leftarrow \boldsymbol{J}_5^{\mathrm{T}}\tilde{\boldsymbol{A}} = \begin{bmatrix} \times & \times & \times & \times & \times & \times \\ 0 & \times & \times & \times & \times & \times \\ 0 & 0 & \times & \times & \times & \times \\ 0 & 0 & 0 & \times & \times & \times \\ 0 & 0 & 0 & 0 & \times & \times \\ 0 & 0 & 0 & 0 & 0 & \times \\ 0 & 0 & 0 & 0 & 0 & 0 \end{bmatrix},$$

$$\tilde{\boldsymbol{A}} \leftarrow \boldsymbol{J}_4^{\mathrm{T}}\tilde{\boldsymbol{A}} = \begin{bmatrix} \times & \times & \times & \times & \times & \times \\ 0 & \times & \times & \times & \times & \times \\ 0 & 0 & \times & \times & \times & \times \\ 0 & 0 & 0 & \times & \times & \times \\ 0 & 0 & 0 & 0 & \times & \times \\ 0 & 0 & 0 & 0 & 0 & \times \\ 0 & 0 & 0 & 0 & 0 & 0 \end{bmatrix}.$$

这个修正需要 $O(mn)$ 个 flop.

6.5.3　添加或删除行

假设我们有 QR 分解 $\boldsymbol{QR} = \boldsymbol{A} \in \mathbb{R}^{m\times n}$，现在想要计算

$$\tilde{\boldsymbol{A}} = \begin{bmatrix} \boldsymbol{w}^{\mathrm{T}} \\ \boldsymbol{A} \end{bmatrix}$$

的 QR 分解，其中 $\boldsymbol{w} \in \mathbb{R}^n$. 注意到

$$\mathrm{diag}(1, \boldsymbol{Q}^{\mathrm{T}})\tilde{\boldsymbol{A}} = \begin{bmatrix} \boldsymbol{w}^{\mathrm{T}} \\ \boldsymbol{R} \end{bmatrix} = \boldsymbol{H}$$

是上 Hessenberg 矩阵. 因此，可以确定旋转矩阵 $\boldsymbol{J}_1, \cdots, \boldsymbol{J}_n$ 使得 $\boldsymbol{J}_n^{\mathrm{T}} \cdots \boldsymbol{J}_1^{\mathrm{T}}\boldsymbol{H} = \boldsymbol{R}_1$ 是上三角矩阵. 因此，令 $\boldsymbol{Q}_1 = \mathrm{diag}(1, \boldsymbol{Q})\boldsymbol{J}_1 \cdots \boldsymbol{J}_n$，那么 $\tilde{\boldsymbol{A}} = \boldsymbol{Q}_1\boldsymbol{R}_1$ 是所需的 QR 分解. 参见算法 5.2.5.

如果在 $\boldsymbol{A}$ 的第 k 和 $k+1$ 行之间添加新行，也不会产生本质上的更复杂结果. 的确，如果

$$\begin{bmatrix} \boldsymbol{A}_1 \\ \boldsymbol{A}_2 \end{bmatrix} = \boldsymbol{QR}, \quad \boldsymbol{A}_1 \in \mathbb{R}^{k\times n},\ \boldsymbol{A}_2 \in \mathbb{R}^{(m-k)\times n},$$

$$\boldsymbol{P} = \begin{bmatrix} 0 & 1 & 0 \\ \boldsymbol{I}_k & 0 & 0 \\ 0 & 0 & \boldsymbol{I}_{m-k} \end{bmatrix},$$

那么

$$\mathrm{diag}(1, \boldsymbol{Q}^{\mathrm{T}})\boldsymbol{P}\begin{bmatrix} \boldsymbol{A}_1 \\ \boldsymbol{w}^{\mathrm{T}} \\ \boldsymbol{A}_2 \end{bmatrix} = \begin{bmatrix} \boldsymbol{w}^{\mathrm{T}} \\ \boldsymbol{R} \end{bmatrix} = \boldsymbol{H}$$

是上 Hessenberg 矩阵，其余过程如前所述.

最后，我们考虑在删除 $\boldsymbol{A}$ 的第 1 行时，如何修正 QR 分解 $\boldsymbol{QR} = \boldsymbol{A} \in \mathbb{R}^{m\times n}$. 具体来说，我们希望计算

$$\boldsymbol{A} = \begin{bmatrix} \boldsymbol{z}^{\mathrm{T}} \\ \boldsymbol{A}_1 \end{bmatrix} \begin{matrix} 1 \\ m-1 \end{matrix}$$

中的矩阵 $\boldsymbol{A}_1$ 的 QR 分解.（删除任意行的过程与此类似.）令 $\boldsymbol{q}^{\mathrm{T}}$ 是 $\boldsymbol{Q}$ 的第 1 行，计算 Givens 旋转 $\boldsymbol{G}_1, \cdots, \boldsymbol{G}_{m-1}$ 使得 $\boldsymbol{G}_1^{\mathrm{T}} \cdots \boldsymbol{G}_{m-1}^{\mathrm{T}}\boldsymbol{q} = \alpha \boldsymbol{e}_1$，其中 $\alpha = \pm 1$. 注意到

$$\boldsymbol{H} = \boldsymbol{G}_1^{\mathrm{T}} \cdots \boldsymbol{G}_{m-1}^{\mathrm{T}}\boldsymbol{R} = \begin{bmatrix} \boldsymbol{v}^{\mathrm{T}} \\ \boldsymbol{R}_1 \end{bmatrix} \begin{matrix} 1 \\ m-1 \end{matrix}$$

是上 Hessenberg 矩阵，并且

$$\boldsymbol{Q}\boldsymbol{G}_{m-1} \cdots \boldsymbol{G}_1 = \begin{bmatrix} \alpha & \boldsymbol{0} \\ \boldsymbol{0} & \boldsymbol{Q}_1 \end{bmatrix},$$

其中 $\boldsymbol{Q}_1 \in \mathbb{R}^{(m-1)\times(m-1)}$ 是正交矩阵. 因此，

$$\boldsymbol{A} = \begin{bmatrix} \boldsymbol{z}^{\mathrm{T}} \\ \boldsymbol{A}_1 \end{bmatrix} = (\boldsymbol{Q}\boldsymbol{G}_{m-1} \cdots \boldsymbol{G}_1)(\boldsymbol{G}_1^{\mathrm{T}} \cdots \boldsymbol{G}_{m-1}^{\mathrm{T}}\boldsymbol{R}) = \begin{bmatrix} \alpha & \boldsymbol{0} \\ \boldsymbol{0} & \boldsymbol{Q}_1 \end{bmatrix}\begin{bmatrix} \boldsymbol{v}^{\mathrm{T}} \\ \boldsymbol{R}_1 \end{bmatrix}.$$

由此可知，$\boldsymbol{A}_1 = \boldsymbol{Q}_1\boldsymbol{R}_1$ 是所需的 QR 分解.

6.5.4 Cholesky 修正和降阶

假设我们已知一个对称正定矩阵 $\boldsymbol{A}\in\mathbb{R}^{n\times n}$ 和它的 Cholesky 因子 $\boldsymbol{G}$. 在 **Cholesky 修正**问题中，面临的挑战是计算 Cholesky 分解 $\tilde{\boldsymbol{A}}=\tilde{\boldsymbol{G}}\tilde{\boldsymbol{G}}^{\mathrm{T}}$，其中

$$\tilde{\boldsymbol{A}} = \boldsymbol{A}+\boldsymbol{z}\boldsymbol{z}^{\mathrm{T}}, \quad \boldsymbol{z}\in\mathbb{R}^{n}. \tag{6.5.5}$$

注意到

$$\tilde{\boldsymbol{A}} = \begin{bmatrix} \boldsymbol{G}^{\mathrm{T}} \\ \boldsymbol{z}^{\mathrm{T}} \end{bmatrix}^{\mathrm{T}} \begin{bmatrix} \boldsymbol{G}^{\mathrm{T}} \\ \boldsymbol{z}^{\mathrm{T}} \end{bmatrix}, \tag{6.5.6}$$

计算 Givens 旋转 $\boldsymbol{Q}=\boldsymbol{Q}_1\cdots\boldsymbol{Q}_n$ 的乘积可以解决这个问题，其中 $\boldsymbol{Q}$ 使得

$$\boldsymbol{Q}^{\mathrm{T}}\begin{bmatrix} \boldsymbol{G}^{\mathrm{T}} \\ \boldsymbol{z}^{\mathrm{T}} \end{bmatrix} = \begin{bmatrix} \boldsymbol{R} \\ \boldsymbol{0} \end{bmatrix}, \quad \boldsymbol{R}\in\mathbb{R}^{n\times n} \tag{6.5.7}$$

是上三角矩阵. 因此 $\tilde{\boldsymbol{A}}=\boldsymbol{R}\boldsymbol{R}^{\mathrm{T}}$，且 $\tilde{\boldsymbol{G}}=\boldsymbol{R}^{\mathrm{T}}$ 给出修正后的 Cholesky 因子. 我们可以直接生成 $\boldsymbol{R}$ 的化零序列，例如，

$$\begin{bmatrix} \times & \times & \times \\ 0 & \times & \times \\ 0 & 0 & \times \\ \times & \times & \times \end{bmatrix} \xrightarrow{\boldsymbol{Q}_1} \begin{bmatrix} \times & \times & \times \\ 0 & \times & \times \\ 0 & 0 & \times \\ 0 & \times & \times \end{bmatrix} \xrightarrow{\boldsymbol{Q}_2} \begin{bmatrix} \times & \times & \times \\ 0 & \times & \times \\ 0 & 0 & \times \\ 0 & 0 & \times \end{bmatrix} \xrightarrow{\boldsymbol{Q}_3} \begin{bmatrix} \times & \times & \times \\ 0 & \times & \times \\ 0 & 0 & \times \\ 0 & 0 & 0 \end{bmatrix}.$$

$\boldsymbol{Q}_k$ 修正只涉及第 k 和 $n+1$ 行. 整个过程基本上与我们在上一小节中概述的策略相同，那个策略用于在添加行时修正矩阵的 QR 分解.

Cholesky 降阶问题涉及一组不同的工具和一些新的数值问题. 给定一个 Cholesky 分解 $\boldsymbol{A}=\boldsymbol{G}\boldsymbol{G}^{\mathrm{T}}$ 和一个向量 $\boldsymbol{z}\in\mathbb{R}^{n}$，假定

$$\tilde{\boldsymbol{A}} = \boldsymbol{A}-\boldsymbol{z}\boldsymbol{z}^{\mathrm{T}} \tag{6.5.8}$$

是正定矩阵，现在的挑战是计算 Cholesky 分解 $\tilde{\boldsymbol{A}}=\tilde{\boldsymbol{G}}\tilde{\boldsymbol{G}}^{\mathrm{T}}$. 通过引入**双曲旋转**的概念，可以开发一个与基于 Givens 修正结构相对应的降阶框架. 定义矩阵 $\boldsymbol{S}$ 为

$$\boldsymbol{S} = \begin{bmatrix} \boldsymbol{I}_n & \boldsymbol{0} \\ \boldsymbol{0} & -1 \end{bmatrix}, \tag{6.5.9}$$

并注意到

$$\tilde{\boldsymbol{A}} = \boldsymbol{G}\boldsymbol{G}^{\mathrm{T}} - \boldsymbol{z}\boldsymbol{z}^{\mathrm{T}} = \begin{bmatrix} \boldsymbol{G}^{\mathrm{T}} \\ \boldsymbol{z}^{\mathrm{T}} \end{bmatrix}^{\mathrm{T}} \boldsymbol{S} \begin{bmatrix} \boldsymbol{G}^{\mathrm{T}} \\ \boldsymbol{z}^{\mathrm{T}} \end{bmatrix}. \tag{6.5.10}$$

这对应于 (6.5.6)，但取代计算 QR 分解 (6.5.7) 的是，我们寻求满足

$$\boldsymbol{HSH}^{\mathrm{T}} = \boldsymbol{S}, \tag{6.5.11}$$

$$\boldsymbol{H}^{\mathrm{T}}\begin{bmatrix} \boldsymbol{G}^{\mathrm{T}} \\ \boldsymbol{z}^{\mathrm{T}} \end{bmatrix} = \begin{bmatrix} \boldsymbol{R} \\ 0 \end{bmatrix}, \quad \boldsymbol{R} \in \mathbb{R}^{n\times n},\ \boldsymbol{R}\ \text{是上三角矩阵} \tag{6.5.12}$$

的矩阵 $\boldsymbol{H} \in \mathbb{R}^{(n+1)\times(n+1)}$，如果完成了这些，那么从

$$\tilde{\boldsymbol{A}} = \left(\boldsymbol{H}^{\mathrm{T}}\begin{bmatrix} \boldsymbol{G}^{\mathrm{T}} \\ \boldsymbol{z}^{\mathrm{T}} \end{bmatrix}\right)^{\mathrm{T}} \begin{bmatrix} \boldsymbol{I}_n & \boldsymbol{0} \\ \boldsymbol{0} & -1 \end{bmatrix} \left(\boldsymbol{H}^{\mathrm{T}}\begin{bmatrix} \boldsymbol{G}^{\mathrm{T}} \\ \boldsymbol{z}^{\mathrm{T}} \end{bmatrix}\right) = \boldsymbol{R}^{\mathrm{T}}\boldsymbol{R}$$

可知 $\tilde{\boldsymbol{A}} = \boldsymbol{A} - \boldsymbol{zz}^{\mathrm{T}}$ 的 Cholesky 分解由 $\tilde{\boldsymbol{G}} = \boldsymbol{R}^{\mathrm{T}}$ 给出. 满足 (6.5.11) 的矩阵 $\boldsymbol{H}$ 称为 **S 正交矩阵**. 注意 S 正交矩阵的乘积也是 S 正交矩阵.

S 正交矩阵的一个重要子类是**双曲旋转**矩阵，下面是一个 4×4 的例子：

$$H_2(\theta) = \begin{bmatrix} 1 & 0 & 0 & 0 \\ 0 & c & 0 & -s \\ 0 & 0 & 1 & 0 \\ 0 & -s & 0 & c \end{bmatrix}, \quad c = \cosh(\theta),\ s = \sinh(\theta).$$

这个矩阵的 S 正交性来源于 $\cosh(\theta)^2 - \sinh(\theta)^2 = 1$. 一般来说，假设我们有 $\boldsymbol{H}_k \in \mathbb{R}^{(n+1)\times(n+1)}$，如果除了 4 个位置

$$\begin{bmatrix} [H_k]_{k,k} & [H_k]_{k,n+1} \\ [H_k]_{n+1,k} & [H_k]_{n+1,n+1} \end{bmatrix} = \begin{bmatrix} \cosh(\theta) & -\sinh(\theta) \\ -\sinh(\theta) & \cosh(\theta) \end{bmatrix}$$

外，它与 $\boldsymbol{I}_{n+1}$ 一致，那么，$\boldsymbol{H}_k$ 是双曲旋转矩阵. 双曲旋转看起来像 Givens 旋转，毫不奇怪，它可以用来在向量或矩阵中引入零. 然而，考虑等式

$$\begin{bmatrix} c & -s \\ -s & c \end{bmatrix}\begin{bmatrix} x_1 \\ x_2 \end{bmatrix} = \begin{bmatrix} r \\ 0 \end{bmatrix}, \quad c^2 - s^2 = 1,$$

我们发现所需的"双曲余弦-双曲正弦对"可能不存在. 因为 $|\cosh(\theta)| > |\sinh(\theta)|$ 恒成立，如果 $|x_2| > |x_1|$，那么 $-sx_1 + cx_2 = 0$ 没有实数解. 另外，如果 $|x_1| > |x_2|$，那么 $\{c, s\} = \{\cosh(\theta), \sinh(\theta)\}$ 可以计算如下：

$$\tau = \frac{x_2}{x_1}, \quad c = \frac{1}{\sqrt{1-\tau^2}}, \quad s = c\tau. \tag{6.5.13}$$

如果 $|x_1|$ 只是略大于 $|x_2|$，显然存在数值问题. 无论如何，我们可以成功地组织双曲旋转计算，请参见 Alexander, Pan, and Plemmons (1988).

抛开这些顾虑，我们展示了 (6.5.12) 中矩阵 $\boldsymbol{H}$ 如何计算为双曲线旋转矩阵的乘积 $\boldsymbol{H} = \boldsymbol{H}_1 \cdots \boldsymbol{H}_n$，就像修正问题中的变换 $\boldsymbol{Q}$ 是 Givens 旋转的乘积. 在 $n=3$ 情况下考虑 $\boldsymbol{H}_1$ 的作用:

$$\begin{bmatrix} c & 0 & 0 & -s \\ 0 & 1 & 0 & 0 \\ 0 & 0 & 1 & 0 \\ -s & 0 & 0 & c \end{bmatrix}^{\mathrm{T}} \begin{bmatrix} g_{11} & g_{21} & g_{31} \\ 0 & g_{22} & g_{32} \\ 0 & 0 & g_{33} \\ z_1 & z_2 & z_3 \end{bmatrix} = \begin{bmatrix} \tilde{g}_{11} & \tilde{g}_{21} & \tilde{g}_{31} \\ 0 & g_{22} & g_{32} \\ 0 & 0 & g_{33} \\ 0 & z_2' & z_3' \end{bmatrix}.$$

因为 $\tilde{A} = \boldsymbol{G}\boldsymbol{G}^{\mathrm{T}} - \boldsymbol{z}\boldsymbol{z}^{\mathrm{T}}$ 是正定矩阵，所以 $[\tilde{A}]_{11} = g_{11}^2 - z_1^2 > 0$. 此外，$|g_{11}| > |z_1|$ 保证了“双曲余弦-双曲正弦对”计算 (6.5.13) 能正常进行. 要定义整个过程，我们必须保证双曲旋转 $\boldsymbol{H}_2, \cdots, \boldsymbol{H}_n$ 可以找到矩阵 $[\,\boldsymbol{G}^{\mathrm{T}}\ \boldsymbol{z}\,]^{\mathrm{T}}$ 中底行的零. 下面的定理确保了这种情况.

定理 6.5.1 如果

$$\boldsymbol{A} = \begin{bmatrix} \alpha & \boldsymbol{v}^{\mathrm{T}} \\ \boldsymbol{v} & \boldsymbol{B} \end{bmatrix} = \begin{bmatrix} g_{11} & \boldsymbol{0} \\ \boldsymbol{g}_1 & \boldsymbol{G}_1 \end{bmatrix} \begin{bmatrix} g_{11} & \boldsymbol{g}_1^{\mathrm{T}} \\ \boldsymbol{0} & \boldsymbol{G}_1^{\mathrm{T}} \end{bmatrix}$$

和

$$\tilde{\boldsymbol{A}} = \boldsymbol{A} - \boldsymbol{z}\boldsymbol{z}^{\mathrm{T}} = \boldsymbol{A} - \begin{bmatrix} \mu \\ \boldsymbol{w} \end{bmatrix} \begin{bmatrix} \mu \\ \boldsymbol{w} \end{bmatrix}^{\mathrm{T}}$$

都是正定矩阵，那么可以确定 $c = \cosh(\theta)$ 和 $s = \sinh(\theta)$ 使得

$$\begin{bmatrix} c & \boldsymbol{0} & -s \\ \boldsymbol{0} & \boldsymbol{I}_{n-1} & \boldsymbol{0} \\ -s & \boldsymbol{0} & c \end{bmatrix} \begin{bmatrix} g_{11} & \boldsymbol{g}_1^{\mathrm{T}} \\ \boldsymbol{0} & \boldsymbol{G}_1^{\mathrm{T}} \\ \mu & \boldsymbol{w}^{\mathrm{T}} \end{bmatrix} = \begin{bmatrix} \tilde{g}_{11} & \tilde{\boldsymbol{g}}_1^{\mathrm{T}} \\ \boldsymbol{0} & \boldsymbol{G}_1^{\mathrm{T}} \\ 0 & \boldsymbol{w}_1^{\mathrm{T}} \end{bmatrix}.$$

此外，$\tilde{\boldsymbol{A}}_1 = \boldsymbol{G}_1\boldsymbol{G}_1^{\mathrm{T}} - \boldsymbol{w}_1\boldsymbol{w}_1^{\mathrm{T}}$ 是正定矩阵.

证明 $\boldsymbol{A}$ 的 Cholesky 因子中的块如下:

$$g_{11} = \sqrt{\alpha}, \quad \boldsymbol{g}_1 = \boldsymbol{v}/g_{11}, \quad \boldsymbol{G}_1\boldsymbol{G}_1^{\mathrm{T}} = \boldsymbol{B} - \frac{1}{\alpha}\boldsymbol{v}\boldsymbol{v}^{\mathrm{T}}. \tag{6.5.14}$$

因为 $\boldsymbol{A} - \boldsymbol{z}\boldsymbol{z}^{\mathrm{T}}$ 是正定矩阵，$a_{11} - z_1^2 = g_{11}^2 - \mu^2 > 0$，在 (6.5.13) 中取 $\tau = \mu/g_{11}$，我们得到

$$c = \frac{\sqrt{\alpha}}{\sqrt{\alpha - \mu^2}}, \quad s = \frac{\mu}{\sqrt{\alpha - \mu^2}}. \tag{6.5.15}$$

因为 $\boldsymbol{w}_1 = -s\boldsymbol{g}_1 + c\boldsymbol{w}$，根据 (6.5.14) 和 (6.5.15) 有

$$\begin{aligned}\tilde{\boldsymbol{A}}_1 &= \boldsymbol{G}_1\boldsymbol{G}_1^{\mathrm{T}} - \boldsymbol{w}_1\boldsymbol{w}_1^{\mathrm{T}}\\ &= \boldsymbol{B} - \frac{1}{\alpha}\boldsymbol{v}\boldsymbol{v}^{\mathrm{T}} - (-s\boldsymbol{g}_1 + c\boldsymbol{w})(-s\boldsymbol{g}_1 + c\boldsymbol{w})^{\mathrm{T}}\\ &= \boldsymbol{B} - \frac{c^2}{\alpha}\boldsymbol{v}\boldsymbol{v}^{\mathrm{T}} - c^2\boldsymbol{w}\boldsymbol{w}^{\mathrm{T}} + \frac{sc}{\sqrt{\alpha}}(\boldsymbol{v}\boldsymbol{w}^{\mathrm{T}} + \boldsymbol{w}\boldsymbol{v}^{\mathrm{T}})\\ &= \boldsymbol{B} - \frac{1}{\alpha-\mu^2}\boldsymbol{v}\boldsymbol{v}^{\mathrm{T}} - \frac{\alpha}{\alpha-\mu^2}\boldsymbol{w}\boldsymbol{w}^{\mathrm{T}} + \frac{\mu}{\alpha-\mu^2}(\boldsymbol{v}\boldsymbol{w}^{\mathrm{T}} + \boldsymbol{w}\boldsymbol{v}^{\mathrm{T}}).\end{aligned}$$

容易验证，这个矩阵正是

$$\tilde{\boldsymbol{A}} = \boldsymbol{A} - \boldsymbol{z}\boldsymbol{z}^{\mathrm{T}} = \begin{bmatrix} \alpha-\mu^2 & \boldsymbol{v}^{\mathrm{T}} - \mu\boldsymbol{w}^{\mathrm{T}} \\ \boldsymbol{v} - \mu\boldsymbol{w} & \boldsymbol{B} - \boldsymbol{w}\boldsymbol{w}^{\mathrm{T}} \end{bmatrix}$$

中 α 的 Schur 补，并且是正定的. □

这个定理提供了归纳证明分解 (6.5.12) 存在的关键步骤.

6.5.5 修正秩显示 ULV 分解

最后，我们讨论在向基础矩阵追加一行或多行之后修正零空间基的问题. 从修正的角度来看，我们使用的是比 SVD 更易于处理的 ULV 分解. 我们的内容取自 Stewart (1993).

矩阵 $\boldsymbol{A} \in \mathbb{R}^{m\times n}$ 的秩显示 ULV 分解的形式为

$$\boldsymbol{U}^{\mathrm{T}}\boldsymbol{A}\boldsymbol{V} = \begin{bmatrix} \boldsymbol{L} \\ \boldsymbol{0} \end{bmatrix} = \begin{bmatrix} \boldsymbol{L}_{11} & \boldsymbol{0} \\ \boldsymbol{L}_{21} & \boldsymbol{L}_{22} \\ \boldsymbol{0} & \boldsymbol{0} \end{bmatrix}, \quad \boldsymbol{U}^{\mathrm{T}}\boldsymbol{U} = \boldsymbol{I}_m, \quad \boldsymbol{V}^{\mathrm{T}}\boldsymbol{V} = \boldsymbol{I}_n, \quad (6.5.16)$$

其中 $\boldsymbol{L}_{11} \in \mathbb{R}^{r\times r}$ 和 $\boldsymbol{L}_{22} \in \mathbb{R}^{(n-r)\times(n-r)}$ 都是下三角矩阵，$\|\boldsymbol{L}_{21}\|_2$ 和 $\|\boldsymbol{L}_{22}\|_2$ 都比 $\sigma_{\min}(\boldsymbol{L}_{11})$ 小. 利用 QR 分解 $\boldsymbol{V}_1^{\mathrm{T}}\boldsymbol{R}^{\mathrm{T}} = \boldsymbol{L}^{\mathrm{T}}$，上面的分解可以通过应用列选主元的 QR 分解

$$\boldsymbol{U}^{\mathrm{T}}\boldsymbol{A}\boldsymbol{\Pi} = \begin{bmatrix} \boldsymbol{R} \\ \boldsymbol{0} \end{bmatrix}, \quad \boldsymbol{R} \in \mathbb{R}^{n\times n}$$

来得到. 在这种情况下，(6.5.16) 中矩阵 $\boldsymbol{V}$ 由 $\boldsymbol{V} = \boldsymbol{\Pi}\boldsymbol{V}_1$ 给出. 参数 r 是估计的秩. 注意，如果

$$\boldsymbol{V} = [\,\underset{r}{\boldsymbol{V}_1}\,|\,\underset{n-r}{\boldsymbol{V}_2}\,], \quad \boldsymbol{U} = [\,\underset{r}{\boldsymbol{U}_1}\,|\,\underset{m-r}{\boldsymbol{U}_2}\,],$$

那么 $\boldsymbol{V}_2$ 的列定义了一个近似零空间：

$$\|\boldsymbol{A}\boldsymbol{V}_2\|_2 = \|\boldsymbol{U}_2\boldsymbol{L}_{22}\|_2 = \|\boldsymbol{L}_{22}\|_2.$$

我们的目标是为添加了行的矩阵

$$\tilde{\boldsymbol{A}} = \begin{bmatrix} \boldsymbol{A} \\ \boldsymbol{z}^{\mathrm{T}} \end{bmatrix}$$

给出一个低成本的秩显示 ULV 分解. 特别是，我们展示如何在 $O(n^2)$ 个 flop 内得到 $\boldsymbol{L}$、$\boldsymbol{V}$ 和可能的 r. 注意

$$\begin{bmatrix} \boldsymbol{U} & \boldsymbol{0} \\ \boldsymbol{0} & 1 \end{bmatrix}^{\mathrm{T}} \begin{bmatrix} \boldsymbol{A} \\ \boldsymbol{z}^{\mathrm{T}} \end{bmatrix} \boldsymbol{V} = \begin{bmatrix} \boldsymbol{L}_{11} & \boldsymbol{0} \\ \boldsymbol{L}_{21} & \boldsymbol{L}_{22} \\ \boldsymbol{0} & \boldsymbol{0} \\ \boldsymbol{w}^{\mathrm{T}} & \boldsymbol{y}^{\mathrm{T}} \end{bmatrix}.$$

我们通过一个例子来说明这些关键的想法. 假设 $n = 7, r = 4$. 通过交换行，使最后一行刚好在 $\boldsymbol{L}$ 的下方，我们得到

$$\begin{bmatrix} \boldsymbol{L}_{11} & \boldsymbol{0} \\ \boldsymbol{L}_{21} & \boldsymbol{L}_{22} \\ \boldsymbol{w}^{\mathrm{T}} & \boldsymbol{y}^{\mathrm{T}} \end{bmatrix} = \left[\begin{array}{cccc|ccc} \ell & 0 & 0 & 0 & 0 & 0 & 0 \\ \ell & \ell & 0 & 0 & 0 & 0 & 0 \\ \ell & \ell & \ell & 0 & 0 & 0 & 0 \\ \ell & \ell & \ell & \ell & 0 & 0 & 0 \\ \hline \epsilon & \epsilon & \epsilon & \epsilon & \epsilon & 0 & 0 \\ \epsilon & \epsilon & \epsilon & \epsilon & \epsilon & \epsilon & 0 \\ \epsilon & \epsilon & \epsilon & \epsilon & \epsilon & \epsilon & \epsilon \\ \hline w & w & w & w & y & y & y \end{array}\right].$$

这些 ϵ 元很小，而 ℓ, w, y 却不是. 接下来，应用 Givens 旋转 $\boldsymbol{G}_7, \cdots, \boldsymbol{G}_1$ 序列，从左侧开始化零底部行：

$$\begin{bmatrix} \tilde{\boldsymbol{L}} \\ \hline \boldsymbol{0} \end{bmatrix} = \left[\begin{array}{ccccccc} \times & 0 & 0 & 0 & 0 & 0 & 0 \\ \times & \times & 0 & 0 & 0 & 0 & 0 \\ \times & \times & \times & 0 & 0 & 0 & 0 \\ \times & \times & \times & \times & 0 & 0 & 0 \\ \times & \times & \times & \times & \times & 0 & 0 \\ \times & \times & \times & \times & \times & \times & 0 \\ \times & \times & \times & \times & \times & \times & \times \\ \hline 0 & 0 & 0 & 0 & 0 & 0 & 0 \end{array}\right] = \boldsymbol{G}_{17} \cdots \boldsymbol{G}_{57} \boldsymbol{G}_{67} \begin{bmatrix} \boldsymbol{L}_{11} & \boldsymbol{0} \\ \boldsymbol{L}_{21} & \boldsymbol{L}_{22} \\ \boldsymbol{w}^{\mathrm{T}} & \boldsymbol{y}^{\mathrm{T}} \end{bmatrix}.$$

因为这个归零过程将底部行的元素（可能很大）与其他行中的元素混合在一起，所以下三角形式通常不显示秩. 然而，其关键是，我们可以组合条件数估计和 Givens 零追踪来恢复秩显结构.

我们假设添加了行，新的零空间的维数是 2. 在可靠的条件数估计下，生成满足

$$\| \boldsymbol{p}^{\mathrm{T}}\tilde{\boldsymbol{L}} \|_2 \approx \sigma_{\min}(\tilde{\boldsymbol{L}}).$$

的单位 2-范数向量 $\boldsymbol{p}$.（参见 3.5.4 节.）我们可以找到满足

$$\boldsymbol{U}_{67}^{\mathrm{T}}\boldsymbol{U}_{56}^{\mathrm{T}}\boldsymbol{U}_{45}^{\mathrm{T}}\boldsymbol{U}_{34}^{\mathrm{T}}\boldsymbol{U}_{23}^{\mathrm{T}}\boldsymbol{U}_{12}^{\mathrm{T}}\boldsymbol{p} = \boldsymbol{e}_7 = I_7(:,7).$$

的旋转 $\{\boldsymbol{U}_{i,i+1}\}_{i=1}^{6}$. 将这些旋转应用到 $\tilde{\boldsymbol{L}}$ 产生下 Hessenberg 矩阵

$$\boldsymbol{H} = \boldsymbol{U}_{67}^{\mathrm{T}}\boldsymbol{U}_{56}^{\mathrm{T}}\boldsymbol{U}_{45}^{\mathrm{T}}\boldsymbol{U}_{34}^{\mathrm{T}}\boldsymbol{U}_{23}^{\mathrm{T}}\boldsymbol{U}_{12}^{\mathrm{T}}\tilde{\boldsymbol{L}}.$$

从右边应用更多的旋转使 $\boldsymbol{H}$ 恢复到下三角形式：

$$\boldsymbol{L}_{+} = \boldsymbol{H}\boldsymbol{V}_{12}\boldsymbol{V}_{23}\boldsymbol{V}_{34}\boldsymbol{V}_{45}\boldsymbol{V}_{56}\boldsymbol{V}_{67}.$$

由此可知

$$\boldsymbol{e}_7^{\mathrm{T}}\boldsymbol{L}_{+} = \left(\boldsymbol{e}_8^{\mathrm{T}}\boldsymbol{H}\right)\boldsymbol{V}_{12}\boldsymbol{V}_{23}\boldsymbol{V}_{34}\boldsymbol{V}_{45}\boldsymbol{V}_{56}\boldsymbol{V}_{67} = \left(\boldsymbol{p}^{\mathrm{T}}\tilde{\boldsymbol{L}}\right)\boldsymbol{V}_{12}\boldsymbol{V}_{23}\boldsymbol{V}_{34}\boldsymbol{V}_{45}\boldsymbol{V}_{56}\boldsymbol{V}_{67}$$

有近似范数 $\sigma_{\min}(\tilde{\boldsymbol{L}})$. 因此，我们得到形如

$$\boldsymbol{L}_{+} = \left[\begin{array}{cccccc|c} \times & 0 & 0 & 0 & 0 & 0 & 0 \\ \times & \times & 0 & 0 & 0 & 0 & 0 \\ \times & \times & \times & 0 & 0 & 0 & 0 \\ \times & \times & \times & \times & 0 & 0 & 0 \\ \times & \times & \times & \times & \times & 0 & 0 \\ \times & \times & \times & \times & \times & \times & 0 \\ \hline \epsilon & \epsilon & \epsilon & \epsilon & \epsilon & \epsilon & \epsilon \end{array}\right]$$

的下三角矩阵. 我们可以在前 6×6 部分重复条件数估计和零追踪. 假设增广矩阵的零空间的维数是 2，这就产生了带有小数字的另一行：

$$\left[\begin{array}{ccccc|cc} \times & 0 & 0 & 0 & 0 & 0 & 0 \\ \times & \times & 0 & 0 & 0 & 0 & 0 \\ \times & \times & \times & 0 & 0 & 0 & 0 \\ \times & \times & \times & \times & 0 & 0 & 0 \\ \times & \times & \times & \times & \times & 0 & 0 \\ \hline \epsilon & \epsilon & \epsilon & \epsilon & \epsilon & \epsilon & 0 \\ \epsilon & \epsilon & \epsilon & \epsilon & \epsilon & \epsilon & \epsilon \end{array}\right].$$

这说明了我们如何将任意下三角矩阵还原为秩显形式.

习　题

1. 假设我们有 $A \in \mathbb{R}^{m\times n}$ 的 QR 分解，现在希望求解

$$\min_{x\in\mathbb{R}^n} \| (A+uv^{\mathrm{T}})x - b \|_2,$$

其中 $u, b \in \mathbb{R}^m$ 和 $v \in \mathbb{R}^n$ 是已知的. 给出一个在 $O(mn)$ 个 flop 内解决这个问题的算法. 假设必须修正 Q.

2. 假设 $m > n$，给定列满秩矩阵

$$A = \begin{bmatrix} c^{\mathrm{T}} \\ B \end{bmatrix}, \quad c \in \mathbb{R}^n,\ B \in \mathbb{R}^{(m-1)\times n}.$$

使用 Sherman-Morrison-Woodbury 公式证明

$$\frac{1}{\sigma_{\min}(B)} \leqslant \frac{1}{\sigma_{\min}(A)} + \frac{\| (A^{\mathrm{T}}A)^{-1}c \|_2^2}{1 - c^{\mathrm{T}}(A^{\mathrm{T}}A)^{-1}c}.$$

3. 作为 x_1 和 x_2 的函数，由 (6.5.13) 产生的双曲旋转的 2- 范数是什么?

4. 假设

$$A = \begin{bmatrix} R & H \\ 0 & E \end{bmatrix}, \quad \rho = \frac{\| E \|_2}{\sigma_{\min}(R)} < 1,$$

其中 R 和 E 都是方阵. 证明：如果

$$Q = \begin{bmatrix} Q_{11} & Q_{12} \\ Q_{21} & Q_{22} \end{bmatrix}$$

是正交矩阵，且

$$\begin{bmatrix} R & H \\ 0 & E \end{bmatrix} \begin{bmatrix} Q_{11} & Q_{12} \\ Q_{21} & Q_{22} \end{bmatrix} = \begin{bmatrix} R_1 & 0 \\ H_1 & E_1 \end{bmatrix},$$

那么 $\| H_1 \|_2 \leqslant \rho \| H \|_2$.

5. 假设 $A \in \mathbb{R}^{m\times n}$, $b \in \mathbb{R}^m$, $m \geqslant n$. 在不定最小二乘问题（ILS 问题）中，目标是极小化

$$\phi(x) = (b - Ax)^{\mathrm{T}} S (b - Ax),$$

其中

$$S = \begin{bmatrix} I_p & 0 \\ 0 & -I_q \end{bmatrix}, \quad p + q = m.$$

假设 $p \geqslant 1$, $q \geqslant 1$.

(a) 通过对 ϕ 取梯度，证明：ILS 问题有唯一解当且仅当 $A^{\mathrm{T}}SA$ 是正定矩阵.

(b) 假设 ILS 问题有唯一解. 说明如何通过计算 $Q_1^{\mathrm{T}}Q_1 - Q_2^{\mathrm{T}}Q_2$ 的 Cholesky 分解来找到解，其中

$$A = \begin{bmatrix} Q_1 \\ Q_2 \end{bmatrix}, \quad Q_1 \in \mathbb{R}^{p\times n},\ Q_2 \in \mathbb{R}^{q\times n}$$

是窄 QR 分解.

(c) 如果 $\boldsymbol{QSQ}^{\mathrm{T}} = \boldsymbol{S}$，则矩阵 $\boldsymbol{Q} \in \mathbb{R}^{m\times m}$ 是 $\boldsymbol{S}$ 正交矩阵. 如果

$$\boldsymbol{Q} = \begin{bmatrix} \boldsymbol{Q}_{11} & \boldsymbol{Q}_{12} \\ \boldsymbol{Q}_{21} & \boldsymbol{Q}_{22} \end{bmatrix} \begin{matrix} p \\ q \end{matrix}$$
$$\quad\;\; p \qquad q$$

是 S 正交矩阵，那么通过比较等式 $\boldsymbol{Q}^{\mathrm{T}}\boldsymbol{SQ} = \boldsymbol{S}$ 中的块，我们有

$$\boldsymbol{Q}_{11}^{\mathrm{T}}\boldsymbol{Q}_{11} = \boldsymbol{I}_p + \boldsymbol{Q}_{21}^{\mathrm{T}}\boldsymbol{Q}_{21}, \quad \boldsymbol{Q}_{11}^{\mathrm{T}}\boldsymbol{Q}_{12} = \boldsymbol{Q}_{21}^{\mathrm{T}}\boldsymbol{Q}_{22}, \quad \boldsymbol{Q}_{22}^{\mathrm{T}}\boldsymbol{Q}_{22} = \boldsymbol{I}_q + \boldsymbol{Q}_{12}^{\mathrm{T}}\boldsymbol{Q}_{12}.$$

因此，$\boldsymbol{Q}_{11}$ 和 $\boldsymbol{Q}_{22}$ 的奇异值恒不小于 1. 假设 $p \geqslant q$. 通过类比在 2.5.4 节中建立 CS 分解的过程，证明存在正交矩阵 $\boldsymbol{U}_1, \boldsymbol{U}_2, \boldsymbol{V}_1, \boldsymbol{V}_2$ 使得

$$\begin{bmatrix} \boldsymbol{U}_1 & \boldsymbol{0} \\ \boldsymbol{0} & \boldsymbol{U}_2 \end{bmatrix}^{\mathrm{T}} \boldsymbol{Q} \begin{bmatrix} \boldsymbol{V}_1 & \boldsymbol{0} \\ \boldsymbol{0} & \boldsymbol{V}_2 \end{bmatrix} = \left[\begin{array}{cc|c} \boldsymbol{D} & \boldsymbol{0} & (\boldsymbol{D}^2 - \boldsymbol{I})^{1/2} \\ \boldsymbol{0} & \boldsymbol{I}_{p-q} & \boldsymbol{0} \\ \hline (\boldsymbol{D}^2 - \boldsymbol{I}_p)^{1/2} & \boldsymbol{0} & \boldsymbol{D} \end{array}\right]$$

其中 $\boldsymbol{D} = \mathrm{diag}(d_1, \cdots, d_p)$，对于 $i = 1 : p$ 有 $d_i \geqslant 1$. 这就是所谓的双曲 CS 分解，详细内容请参阅 Stewart and Van Dooren (2006).

第 7 章 非对称特征值问题

在讨论过线性方程组和最小二乘法后，我们将目光聚焦到代数特征值问题（即矩阵计算的第三大问题）上．本章将对非对称特征值问题进行讨论，更容易的对称矩阵情形则将在下一章中深入探讨．

我们首先给出了特征值和不变子空间的性质，以及 Schur 分解和 Jordan 分解．在 7.2 节中，对 Schur 分解和 Jordan 分解进行了对比，并对特征值和不变子空间如何受扰动影响进行分析．此外，为了便于计算舍入过程中产生的误差，还对条件数进行了研究．

本章的主要算法就是著名的 QR 算法．这个算法是本书中最为复杂的算法之一，用三节的篇幅对其进行阐释．在 7.3 节中，我们将导出最基础的 QR 迭代，即简单幂法的自然推广．接下来的两节中讨论计算上如何实现这种基本迭代，这导致在 7.4 节中引入 Hessenberg 分解以及在 7.5 节中引入原点位移的概念．

应用 QR 算法计算矩阵的实 Schur 型，这是一种只显示特征值而非特征向量的典范形式．因此，要认识不变子空间，还需要进一步的计算．我们可将“在计算实 Schur 型后做什么”作为 7.6 节的副标题，同时我们还将讨论各种不变子空间的计算问题，这些计算将在应用 QR 算法后发挥作用．

接下来两节的内容都是有关 Schur 分解的．在 7.7 节中，我们讨论了形如 $\boldsymbol{Ax} = \lambda \boldsymbol{Bx}$ 的广义特征值问题．这里的难点是在不计算逆矩阵和矩阵乘积的情况下对 $\boldsymbol{B}^{-1}\boldsymbol{A}$ 进行 Schur 分解．乘积特征值问题是类似的，只是考察任意多个矩阵乘积的形式．在 7.8 节中，将对哈密顿特征值问题进行研究，并以 2×2 特殊块结构为例计算其 Schur 型．

在最后一节，将介绍一个重要的概念“伪谱”．它常常应用于处理非对称矩阵问题中，此时由于特征向量的病态化导致传统特征值分析不能得到特征值等的全部信息．伪谱方法有效地解决了这个问题．

可以看到，在更多理论性的探讨中，借助复矩阵和复向量处理问题是十分方便的．因此，在本章中也讨论了 QR 分解、奇异值分解和 CS 分解的复数形式．

阅读说明

学习本章之前应掌握本书第 1–3 章、5.1 节和 5.2 节的知识．此外，本章各节之间的关系脉络图如下：

$$\begin{array}{ccccccccccccc} 7.1\text{ 节} & \rightarrow & 7.2\text{ 节} & \rightarrow & 7.3\text{ 节} & \rightarrow & 7.4\text{ 节} & \rightarrow & 7.5\text{ 节} & \rightarrow & 7.6\text{ 节} & \rightarrow & 7.9\text{ 节} \\ &&&&&&&&&& \downarrow & \searrow & \\ &&&&&&&&&& 7.7\text{ 节} & & 7.8\text{ 节} \end{array}$$

深入学习特征值问题请参阅：Chatelin (EOM), Kressner (NMSE), Stewart (MAE), Stewart and Sun (MPA), Watkins (MEP), Wilkinson (AEP).

7.1 性质与分解

本节中，将介绍一些基础知识以便后面导出和分析求解特征值问题的算法．更多细节请见 Horn and Johnson (MA).

7.1.1 特征值和不变子空间

矩阵 $\boldsymbol{A} \in \mathbb{C}^{n\times n}$ 的**特征值**是其特征多项式 $p(z) = \mathsf{det}(z\boldsymbol{I} - \boldsymbol{A})$ 的 n 个根．这些根的集合称为矩阵 $\boldsymbol{A}$ 的**谱**，记作

$$\lambda(\boldsymbol{A}) \;=\; \{\, z \;:\; \mathsf{det}(z\boldsymbol{I} - \boldsymbol{A}) = 0\,\}.$$

如果 $\lambda(\boldsymbol{A}) = \{\lambda_1, \cdots, \lambda_n\}$，那么

$$\begin{aligned} \mathsf{det}(\boldsymbol{A}) &= \lambda_1\lambda_2\cdots\lambda_n, \\ \mathsf{tr}(\boldsymbol{A}) &= \lambda_1 + \cdots + \lambda_n. \end{aligned}$$

迹的概念在 6.4.1 节已经给出，指的是对角线上元素之和，即

$$\mathsf{tr}(\boldsymbol{A}) \;=\; \sum_{i=1}^{n} a_{ii}.$$

特征值和迹的这个性质可以由观察特征多项式中的常数项和 z^{n-1} 的系数而得到．

与 $\boldsymbol{A} \in \mathbb{C}^{n\times n}$ 的谱有关的四条性质如下：

$$\textbf{谱半径：}\quad \rho(\boldsymbol{A}) \;=\; \max_{\lambda\in\lambda(\boldsymbol{A})} |\lambda|, \tag{7.1.1}$$

$$\textbf{谱横坐标：}\quad \alpha(\boldsymbol{A}) \;=\; \max_{\lambda\in\lambda(\boldsymbol{A})} \mathsf{Re}(\lambda), \tag{7.1.2}$$

$$\textbf{数值半径：}\quad r(\boldsymbol{A}) \;=\; \max_{\lambda\in\lambda(\boldsymbol{A})} \{|\boldsymbol{x}^{\mathrm{H}}\boldsymbol{A}\boldsymbol{x}| \;:\; \|\boldsymbol{x}\|_2 = 1\}, \tag{7.1.3}$$

$$\textbf{数值域：}\quad W(\boldsymbol{A}) \;=\; \{\boldsymbol{x}^{\mathrm{H}}\boldsymbol{A}\boldsymbol{x} \;:\; \|\boldsymbol{x}\|_2 = 1\}. \tag{7.1.4}$$

数值域有时也叫作**值域**，显然其包含 $\lambda(\boldsymbol{A})$．可以看出 $W(\boldsymbol{A})$ 是凸集.

如果 $\lambda \in \lambda(\boldsymbol{A})$，那么满足 $\boldsymbol{A}\boldsymbol{x} = \lambda \boldsymbol{x}$ 的非零向量 $\boldsymbol{x} \in \mathbb{C}^n$ 称为**特征向量**. 严格地说，满足 $\boldsymbol{A}\boldsymbol{x} = \lambda \boldsymbol{x}$ 的非零向量 $\boldsymbol{x}$ 称为关于 λ 的**右特征向量**，满足 $\boldsymbol{x}^{\mathrm{H}}\boldsymbol{A} = \lambda \boldsymbol{x}^{\mathrm{H}}$ 的非零向量 $\boldsymbol{x}$ 称为关于 λ 的**左特征向量**. 除非特别表明，一般情况下，特征向量指右特征向量.

一个特征向量定义了一个一维子空间，且该子空间左乘矩阵 $\boldsymbol{A}$ 仍保持不变. 一般地，对于子空间 $S \subseteq \mathbb{C}^n$，如果有

$$\boldsymbol{x} \in S \Longrightarrow \boldsymbol{A}\boldsymbol{x} \in S,$$

那么称 S 为（关于 $\boldsymbol{A}$ 的）**不变子空间**. 注意，如果

$$\boldsymbol{A}\boldsymbol{X} = \boldsymbol{X}\boldsymbol{B}, \qquad \boldsymbol{B} \in \mathbb{C}^{k\times k},\ \boldsymbol{X} \in \mathbb{C}^{k\times k}.$$

那么 $\mathrm{ran}(\boldsymbol{X})$ 是不变子空间，且 $\boldsymbol{B}\boldsymbol{y} = \lambda \boldsymbol{y} \Rightarrow \boldsymbol{A}(\boldsymbol{X}\boldsymbol{y}) = \lambda(\boldsymbol{X}\boldsymbol{y})$. 进而，如果 $\boldsymbol{X}$ 是列满秩的，那么 $\boldsymbol{A}\boldsymbol{X} = \boldsymbol{X}\boldsymbol{B}$ 蕴涵着 $\lambda(\boldsymbol{B}) \subseteq \lambda(\boldsymbol{A})$. 如果 $\boldsymbol{X}$ 是非奇异方阵，那么 $\boldsymbol{A}$ 和 $\boldsymbol{B} = \boldsymbol{X}^{-1}\boldsymbol{A}\boldsymbol{X}$ 是相似的，$\boldsymbol{X}$ 是相似变换，且 $\lambda(\boldsymbol{A})=\lambda(\boldsymbol{B})$.

7.1.2　解耦

许多特征值问题的计算都需要化繁为简，将一个问题化为若干个小问题进行解决. 下面的这一结果是进行约化的基础.

引理 7.1.1 如果 $\boldsymbol{T} \in \mathbb{C}^{n\times n}$ 的分块形式如下：

$$\boldsymbol{T} = \begin{bmatrix} \boldsymbol{T}_{11} & \boldsymbol{T}_{12} \\ \boldsymbol{0} & \boldsymbol{T}_{22} \end{bmatrix}\begin{matrix} p \\ q \end{matrix}, \quad \begin{matrix} \ \ p & \ \ q \end{matrix}$$

那么 $\lambda(\boldsymbol{T}) = \lambda(\boldsymbol{T}_{11}) \cup \lambda(\boldsymbol{T}_{22})$.

证明 设

$$\boldsymbol{T}\boldsymbol{x} = \begin{bmatrix} \boldsymbol{T}_{11} & \boldsymbol{T}_{12} \\ \boldsymbol{0} & \boldsymbol{T}_{22} \end{bmatrix}\begin{bmatrix} \boldsymbol{x}_1 \\ \boldsymbol{x}_2 \end{bmatrix} = \lambda \begin{bmatrix} \boldsymbol{x}_1 \\ \boldsymbol{x}_2 \end{bmatrix},$$

其中 $\boldsymbol{x}_1 \in \mathbb{C}^p$ 且 $\boldsymbol{x}_2 \in \mathbb{C}^q$. 如果 $\boldsymbol{x}_2 \neq 0$，则 $\boldsymbol{T}_{22}\boldsymbol{x}_2 = \lambda \boldsymbol{x}_2$，所以 $\lambda \in \lambda(\boldsymbol{T}_{22})$. 如果 $\boldsymbol{x}_2 = 0$，则 $\boldsymbol{T}_{11}x_1 = \lambda \boldsymbol{x}_1$，所以 $\lambda \in \lambda(\boldsymbol{T}_{11})$. 综上可得 $\lambda(\boldsymbol{T}) \subset \lambda(\boldsymbol{T}_{11}) \cup \lambda(\boldsymbol{T}_{22})$. 又因为 $\lambda(\boldsymbol{T})$ 和 $\lambda(\boldsymbol{T}_{11}) \cup \lambda(\boldsymbol{T}_{22})$ 的基数相同，所以这两个集合相同. □

7.1.3　基本酉相似分解

运用相似变换，可以将给定矩阵约化为几种典范型中的任何一种. 这些典范型的不同之处主要在于呈现特征值的方式和不变子空间的信息形式. 鉴于这些典范型的数值稳定性，我们首先研究运用酉相似变换给出的约化.

引理 7.1.2 如果 $\boldsymbol{A}\in\mathbb{C}^{n\times n}$, $\boldsymbol{B}\in\mathbb{C}^{p\times p}$, $\boldsymbol{X}\in\mathbb{C}^{n\times p}$ 满足

$$\boldsymbol{AX}=\boldsymbol{XB},\qquad \operatorname{rank}(\boldsymbol{X})=p, \tag{7.1.5}$$

那么存在一个酉矩阵 $\boldsymbol{Q}\in\mathbb{C}^{n\times n}$ 使得

$$\boldsymbol{Q}^{\mathrm{H}}\boldsymbol{AQ}=\boldsymbol{T}=\begin{bmatrix}\boldsymbol{T}_{11} & \boldsymbol{T}_{12}\\ \boldsymbol{0} & \boldsymbol{T}_{22}\end{bmatrix}\begin{matrix}p\\ n-p\end{matrix},\quad \begin{matrix}\scriptstyle p & \scriptstyle n-p\end{matrix} \tag{7.1.6}$$

且 $\lambda(\boldsymbol{T}_{11})=\lambda(\boldsymbol{A})\cap\lambda(\boldsymbol{B})$.

证明 设

$$\boldsymbol{X}=\boldsymbol{Q}\begin{bmatrix}\boldsymbol{R}_1\\ \boldsymbol{0}\end{bmatrix},\qquad \boldsymbol{Q}\in\mathbb{C}^{n\times n},\ \boldsymbol{R}_1\in\mathbb{C}^{p\times p}$$

是 $\boldsymbol{X}$ 的一个 QR 分解. 将其代入（7.1.5）整理得

$$\begin{bmatrix}\boldsymbol{T}_{11} & \boldsymbol{T}_{12}\\ \boldsymbol{T}_{21} & \boldsymbol{T}_{22}\end{bmatrix}\begin{bmatrix}\boldsymbol{R}_1\\ \boldsymbol{0}\end{bmatrix}=\begin{bmatrix}\boldsymbol{R}_1\\ \boldsymbol{0}\end{bmatrix}\boldsymbol{B},$$

其中

$$\boldsymbol{Q}^{\mathrm{H}}\boldsymbol{AQ}=\begin{bmatrix}\boldsymbol{T}_{11} & \boldsymbol{T}_{12}\\ \boldsymbol{T}_{21} & \boldsymbol{T}_{22}\end{bmatrix}\begin{matrix}p\\ n-p\end{matrix}.\quad \begin{matrix}\scriptstyle p & \scriptstyle n-p\end{matrix}$$

运用 $\boldsymbol{R}_1$ 的非奇异性以及 $\boldsymbol{T}_{21}\boldsymbol{R}_1=0$ 和 $\boldsymbol{T}_{11}\boldsymbol{R}_1=\boldsymbol{R}_1\boldsymbol{B}$，可得 $\boldsymbol{T}_{21}=0$ 且 $\lambda(\boldsymbol{T}_{11})=\lambda(\boldsymbol{B})$. 由引理 7.1.1，有 $\lambda(\boldsymbol{A})=\lambda(\boldsymbol{T})=\lambda(\boldsymbol{T}_{11})\cup\lambda(\boldsymbol{T}_{22})$，即得证. □

引理 7.1.2 指出，如果已知给定矩阵的不变子空间，则可应用酉相似变换将该矩阵化为分块三角矩阵. 运用归纳法，我们可以很容易地得到 Schur (1909) 分解定理.

定理 7.1.3 (Schur 分解) 如果 $\boldsymbol{A}\in\mathbb{C}^{n\times n}$，那么存在一个酉矩阵 $\boldsymbol{Q}\in\mathbb{C}^{n\times n}$ 使得

$$\boldsymbol{Q}^{\mathrm{H}}\boldsymbol{AQ}=\boldsymbol{T}=\boldsymbol{D}+\boldsymbol{N}, \tag{7.1.7}$$

其中 $\boldsymbol{D}=\operatorname{diag}(\lambda_1,\cdots,\lambda_n)$ 和 $\boldsymbol{N}\in\mathbb{C}^{n\times n}$ 是严格上三角矩阵. 进而，可选取酉矩阵 $\boldsymbol{Q}$ 使得特征值 λ_i 按确定顺序沿对角线出现.

证明 当 $n=1$ 时定理显然成立. 假设定理对所有阶数小于等于 $n-1$ 的矩阵均成立. 如果 $\boldsymbol{A}x=\lambda x$，其中 $x\neq 0$，那么由引理 7.1.2（此时 $\boldsymbol{B}=(\lambda)$）存在一酉矩阵 $\boldsymbol{U}$ 使得

$$\boldsymbol{U}^{\mathrm{H}}\boldsymbol{AU}=\begin{bmatrix}\lambda & \boldsymbol{w}^{\mathrm{H}}\\ \boldsymbol{0} & \boldsymbol{C}\end{bmatrix}\begin{matrix}1\\ n-1\end{matrix}.\quad \begin{matrix}\scriptstyle 1 & \scriptstyle n-1\end{matrix}$$

由归纳法可知，存在一个酉矩阵 $\tilde{U}$ 使得 $\tilde{U}^{\mathrm{H}}C\tilde{U}$ 是上三角矩阵. 因此，如果 $Q = U\cdot\mathrm{diag}(1,\tilde{U})$，那么 $Q^{\mathrm{H}}AQ$ 是上三角矩阵. □

如果 $Q = [\,q_1\,|\cdots|\,q_n\,]$ 是 (7.1.7) 中酉矩阵的列分块形式，那么 q_i 称为 Schur 向量. 因为 $AQ = QT$ 左右两边的列向量相等，所以 Schur 向量满足

$$Aq_k = \lambda_k q_k + \sum_{i=1}^{k-1} n_{ik} q_i, \qquad k = 1:n. \tag{7.1.8}$$

故子空间

$$S_k = \mathsf{span}\{q_1,\cdots,q_k\}, \qquad k = 1:n$$

是不变子空间. 同时，不难证明，如果 $Q_k = [\,q_1|\cdots|\,q_k\,]$，则 $\lambda(Q_k^{\mathrm{H}}AQ_k) = \{\lambda_1,\cdots,\lambda_k\}$. 因为 (7.1.7) 中特征值的顺序是任意的，所以每 k 个特征值组成的子集都至少存在一个 k 维不变子空间. 由 (7.1.8) 还可得出另一个结论，Schur 向量 q_k 是特征向量当且仅当 N 的第 k 列为零向量. 对于 $k = 1:n$，当 $A^{\mathrm{H}}A = AA^{\mathrm{H}}$ 成立时都会有上述情形. 此时矩阵 A 称为**正规矩阵**.

推论 7.1.4 $A \in \mathbb{C}^{n\times n}$ 是正规矩阵，当且仅当存在酉矩阵 $Q \in \mathbb{C}^{n\times n}$ 使得 $Q^{\mathrm{H}}AQ = \mathrm{diag}(\lambda_1,\cdots,\lambda_n)$.

证明 见习题 1. □

注意，如果 $Q^{\mathrm{H}}AQ = T = \mathrm{diag}(\lambda_i) + N$ 是一般 $n\times n$ 矩阵 A 的 Schur 分解，那么 $\|\,N\,\|_F$ 与酉矩阵 Q 的选取无关：

$$\|\,N\,\|_F^2 = \|\,A\,\|_F^2 - \sum_{i=1}^{n} |\lambda_i|^2 \equiv \Delta^2(A).$$

这个量称作 A 的**正规偏离度**. 因此，如果要使 T "更对角化"，则必须运用非酉相似变换.

7.1.4 非酉约化

为了看到什么是非酉相似约化，我们考虑 2×2 块三角矩阵的分块对角化.

引理 7.1.5 设 $T \in \mathbb{C}^{n\times n}$ 的分块形式如下：

$$T = \begin{bmatrix} T_{11} & T_{12} \\ 0 & T_{22} \end{bmatrix} \begin{matrix} p \\ q \end{matrix}.$$
$$\qquad\quad\; p \qquad q$$

定义线性变换 $\phi: \mathbb{C}^{p\times q} \to \mathbb{C}^{p\times q}$ 为

$$\phi(X) = T_{11}X - XT_{22},$$

其中 $X \in \mathbb{C}^{p\times q}$. 那么 ϕ 是非奇异的当且仅当 $\lambda(T_{11}) \cap \lambda(T_{22}) = \varnothing$. 如果 ϕ 非奇异且定义

$$Y = \begin{bmatrix} I_p & Z \\ 0 & I_q \end{bmatrix},$$

其中 $\phi(Z) = -T_{12}$，那么 $Y^{-1}TY = \mathrm{diag}(T_{11}, T_{22})$.

证明 假设对于任意 $X \neq 0$ 有 $\phi(X) = 0$，且

$$U^{\mathrm{H}}XV = \begin{bmatrix} \Sigma_r & 0 \\ 0 & 0 \end{bmatrix} \begin{matrix} r \\ p-r \end{matrix}$$
$$\qquad\qquad\qquad r \quad q-r$$

是 X 的 SVD 分解，其中 $\Sigma_r = \mathrm{diag}(\sigma_i)$, $r = \mathrm{rank}(X)$. 代入等式 $T_{11}X = XT_{22}$ 中可得

$$\begin{bmatrix} A_{11} & A_{12} \\ A_{21} & A_{22} \end{bmatrix} \begin{bmatrix} \Sigma_r & 0 \\ 0 & 0 \end{bmatrix} = \begin{bmatrix} \Sigma_r & 0 \\ 0 & 0 \end{bmatrix} \begin{bmatrix} B_{11} & B_{12} \\ B_{21} & B_{22} \end{bmatrix},$$

其中 $U^{\mathrm{H}}T_{11}U = (A_{ij}), V^{\mathrm{H}}T_{22}V = (B_{ij})$. 通过分块比较可得 $A_{21} = 0, B_{12} = 0$, $\lambda(A_{11}) = \lambda(B_{11})$. 从而 A_{11} 和 B_{11} 的特征值相同且都在 $\lambda(T_{11}) \cap \lambda(T_{22})$ 中. 此外，如果 ϕ 是奇异的，那么 T_{11} 和 T_{22} 的特征值相同. 另外，如果 $\lambda \in \lambda(T_{11}) \cap \lambda(T_{22})$，那么我们有特征向量方程 $T_{11}x = \lambda x, y^{\mathrm{H}}T_{22} = \lambda y^{\mathrm{H}}$. 进一步计算可得 $\phi(xy^{\mathrm{H}}) = 0$，这证实了 ϕ 是奇异的.

最后，如果 ϕ 是非奇异的，那么存在满足 $\phi(Z) = -T_{12}$ 的 Z，且

$$Y^{-1}TY = \begin{bmatrix} I_p & -Z \\ 0 & I_q \end{bmatrix} \begin{bmatrix} T_{11} & T_{12} \\ 0 & T_{22} \end{bmatrix} \begin{bmatrix} I_p & Z \\ 0 & I_q \end{bmatrix} = \begin{bmatrix} T_{11} & T_{11}Z - ZT_{22} + T_{12} \\ 0 & T_{22} \end{bmatrix}$$

就是所求的块对角形. □

重复运用此引理，我们可以得到如下更一般的结论.

定理 7.1.6 (分块对角分解) 假设

$$Q^{\mathrm{H}}AQ = T = \begin{bmatrix} T_{11} & T_{12} & \cdots & T_{1q} \\ 0 & T_{22} & \cdots & T_{2q} \\ \vdots & \vdots & \ddots & \vdots \\ 0 & 0 & \cdots & T_{qq} \end{bmatrix} \tag{7.1.9}$$

是 $A \in \mathbb{C}^{n\times n}$ 的 Schur 分解且 T_{ii} 为方阵. 如果对于 $i \neq j$ 有 $\lambda(T_{ii}) \cap \lambda(T_{jj}) = \varnothing$，则存在非奇异矩阵 $Y \in \mathbb{C}^{n\times n}$ 使得

$$(QY)^{-1}A(QY) = \mathrm{diag}(T_{11}, \cdots, T_{qq}). \tag{7.1.10}$$

证明　见习题 2. □

如果每个对角块 T_{ii} 对应的特征值互不相同，那么以下推论成立.

推论 7.1.7　如果 $A \in \mathbb{C}^{n\times n}$，则存在一个非奇异矩阵 X 使得

$$X^{-1}AX = \operatorname{diag}(\lambda_1 I + N_1, \cdots, \lambda_q I + N_q), \qquad N_i \in \mathbb{C}^{n_i\times n_i}, \tag{7.1.11}$$

其中 $\lambda_1, \cdots, \lambda_q$ 互不相等，整数 $n_1, \cdots, n_q$ 满足 $n_1 + \cdots + n_q = n$，每个 N_i 均为严格上三角矩阵.

很多重要的概念都与 (7.1.11) 有关. n_i 叫作 λ_i 的**代数重数**. 如果 $n_i = 1$，则称 λ_i 为**单特征值**. λ_i 的**几何重数**等于 $\operatorname{null}(N_i)$ 的维数，即 λ_i 对应的线性无关的特征向量的个数. 如果 λ_i 的代数重数大于几何重数，则称 λ_i 为**退化的特征值**. 如果一个矩阵有退化的特征值，则称其为**退化矩阵**. 非退化矩阵也称为**可对角化矩阵**.

推论 7.1.8 (对角型)　$A \in \mathbb{C}^{n\times n}$ 非退化当且仅当存在一个非奇异矩阵 $X \in \mathbb{C}^{n\times n}$ 使得

$$X^{-1}AX = \operatorname{diag}(\lambda_1, \cdots, \lambda_n). \tag{7.1.12}$$

证明　A 非退化的充分必要条件是，存在线性无关向量 $x_1, \cdots, x_n \in \mathbb{C}^n$ 和标量 $\lambda_1, \cdots, \lambda_n$，使得对于 $i = 1:n$ 有 $Ax_i = \lambda_i x_i$. 也就是说，存在非奇异矩阵 $X = [\, x_1 \,|\cdots|\, x_n \,] \in \mathbb{C}^{n\times n}$ 使得 $AX = XD$，其中 $D = \operatorname{diag}(\lambda_1, \cdots, \lambda_n)$. □

注意，如果 y_i^{H} 是 X^{-1} 的第 i 行，则有 $y_i^{\mathrm{H}} A = \lambda_i y_i^{\mathrm{H}}$. 因此，$X^{-\mathrm{H}}$ 的列为左特征向量，X 的列为右特征向量.

如果我们将 (7.1.11) 中的 X 如下分块

$$X = \Big[\, \underset{n_1}{X_1} \,\Big|\cdots\Big|\, \underset{n_q}{X_q} \,\Big]$$

那么 $\mathbb{C}^n = \operatorname{ran}(X_1) \oplus \cdots \oplus \operatorname{ran}(X_q)$ 是不变子空间的直和. 如果特别选取这些子空间的基，那么可能在 $X^{-1}AX$ 的上三角部分出现更多零元素.

定理 7.1.9 (Jordan 分解)　如果 $A \in \mathbb{C}^{n\times n}$，那么存在一个非奇异矩阵 $X \in \mathbb{C}^{n\times n}$ 使得 $X^{-1}AX = \operatorname{diag}(J_1, \cdots, J_q)$，其中

$$J_i = \begin{bmatrix} \lambda_i & 1 & & \cdots & 0 \\ 0 & \lambda_i & \ddots & & \vdots \\ & \ddots & \ddots & \ddots & \\ \vdots & & \ddots & \ddots & 1 \\ 0 & \cdots & & 0 & \lambda_i \end{bmatrix} \in \mathbb{C}^{n_i\times n_i}$$

且 $n_1+\cdots+n_q=n$.

证明 见 Horn and Johnson (MA, 第 330 页). □

$\boldsymbol{J}_i$ 称作 **Jordan 块**. 虽然 Jordan 块沿对角线顺序不是唯一的，但是不同特征值对应的 Jordan 块的个数和维数是唯一的.

7.1.5 非酉相似变换的几点注释

单纯从数值上考虑很难确定退化矩阵的 Jordan 块结构. 由于可对角化 $n\times n$ 矩阵的集合在 $\mathbb{C}^{n\times n}$ 中是稠密的，故若一个退化矩阵产生微小扰动，则 Jordan 块结构会产生巨大变化. 我们将在 7.6.5 节中深入研究这一问题.

在特征值问题中，一个几乎退化的矩阵的特征向量的矩阵可能是坏条件的. 例如，任何将

$$\boldsymbol{A}=\begin{bmatrix}1+\epsilon & 1\\ 0 & 1-\epsilon\end{bmatrix},\qquad 0<\epsilon\ll 1 \tag{7.1.13}$$

对角化的矩阵 $\boldsymbol{X}$ 在 2-范数意义下都有 $1/\epsilon$ 量级别的条件数.

这些观察揭示了病态相似变换下产生的困难. 因为

$$\mathrm{fl}(\boldsymbol{X}^{-1}\boldsymbol{A}\boldsymbol{X}) = \boldsymbol{X}^{-1}\boldsymbol{A}\boldsymbol{X}+\boldsymbol{E}, \tag{7.1.14}$$

其中

$$\|\boldsymbol{E}\|_2 \approx \mathbf{u}\cdot\kappa_2(\boldsymbol{X})\|\boldsymbol{A}\|_2, \tag{7.1.15}$$

显然，需用酉相似变换计算特征值，否则会出现非常大的误差.

7.1.6 奇异值和特征值

由于 $\boldsymbol{A}$ 和它的 Schur 分解 $\boldsymbol{Q}^{\mathrm{H}}\boldsymbol{A}\boldsymbol{Q}=\mathrm{diag}(\lambda_i)+\boldsymbol{N}$ 的奇异值相同，从而

$$\sigma_{\min}(\boldsymbol{A}) \leqslant \min_{1\leqslant i\leqslant n}|\lambda_i| \leqslant \max_{1\leqslant i\leqslant n}|\lambda_i| \leqslant \sigma_{\max}(\boldsymbol{A}).$$

又由已知的有关三角矩阵条件数的知识，可能有

$$\max_{1\leqslant i,j\leqslant n}\frac{|\lambda_i|}{|\lambda_j|} \ll \kappa_2(\boldsymbol{A}).$$

见 5.4.3 节. 这就提示我们对于非正规矩阵，在分析 $\boldsymbol{A}\boldsymbol{x}=\boldsymbol{b}$ 敏感度时特征值不具有奇异值那样的“预见能力”. 非正规矩阵的其他不足见 7.9 节中的相关问题.

习 题

1. (a) 如果 $\boldsymbol{T}\in\mathbb{C}^{n\times n}$ 是正规上三角矩阵，那么 $\boldsymbol{T}$ 是对角矩阵.
   (b) 如果 $\boldsymbol{A}$ 是正规矩阵且 $\boldsymbol{Q}^{\mathrm{H}}\boldsymbol{A}\boldsymbol{Q}=\boldsymbol{T}$ 是其 Schur 分解，那么 $\boldsymbol{T}$ 是对角矩阵.
   (c) 运用 (a) 和 (b) 证明推论 7.1.4.

2. 应用归纳法和引理 7.1.5 证明定理 7.1.6.

3. 假设 $A \in \mathbb{C}^{n\times n}$ 的特征值互不相同. 证明: 如果 $Q^{\rm H}AQ = T$ 是 A 的 Schur 分解且 $AB = BA$, 那么 $Q^{\rm H}BQ$ 是上三角矩阵.

4. 证明: 如果 A 和 $B^{\rm H}$ 是 $\mathbb{C}^{m\times n}$ 中的矩阵且 $m \geqslant n$, 那么

$$\lambda(AB) = \lambda(BA) \cup \{\underbrace{0, \cdots, 0}_{m-n}\}.$$

5. 给定 $A \in \mathbb{C}^{n\times n}$, 用 Schur 分解证明: 对任意 $\epsilon > 0$, 存在一可对角化矩阵 B 使得 $\| A - B \|_2 \leqslant \epsilon$. 这表明可对角化的矩阵集在 $\mathbb{C}^{n\times n}$ 中稠密, 且 Jordan 标准型不是一个连续的矩阵分解.

6. 假设 $A_k \to A$ 且 $Q_k^{\rm H}A_kQ_k = T_k$ 是 A_k 的 Schur 分解. 证明: $\{Q_k\}$ 有收敛子列 $\{Q_{k_i}\}$, 并且有

$$\lim_{i\to\infty} Q_{k_i} = Q,$$

其中 $Q^{\rm H}AQ = T$ 是上三角矩阵. 这说明矩阵的特征值是其项的连续函数.

7. 证明 (7.1.14) 和 (7.1.15).

8. 说明如何计算

$$M = \begin{bmatrix} A & C \\ B & D \end{bmatrix} \begin{matrix} k \\ j \end{matrix}$$
$$\qquad\qquad\quad k \quad\; j$$

的特征值, 其中 A, B, C, D 均为已知的实对角矩阵.

9. 用 Jordan 分解证明: 如果矩阵 A 的特征值均严格小于 1, 那么 $\lim_{k\to\infty} A^k = 0$.

10. 初值问题

$$\begin{aligned} \dot{x}(t) &= \;\; y(t), \qquad & x(0) = 1, \\ \dot{y}(t) &= -x(t), \qquad & y(0) = 0 \end{aligned}$$

有解 $x(t) = \cos(t), y(t) = \sin(t)$. 令 $h > 0$. 下面是计算 $x_k \approx x(kh)$ 和 $y_k \approx y(kh)$ 的三种迭代法, 设 $x_0 = 1$ 且 $y_k = 0$:

$$\text{方法 1:} \quad \begin{aligned} x_{k+1} &= x_k + hy_k, \\ y_{k+1} &= y_k - hx_k, \end{aligned}$$

$$\text{方法 2:} \quad \begin{aligned} x_{k+1} &= x_k + hy_k, \\ y_{k+1} &= y_k - hx_{k+1}, \end{aligned}$$

$$\text{方法 3:} \quad \begin{aligned} x_{k+1} &= x_k + hy_{k+1}, \\ y_{k+1} &= y_k - hx_{k+1}. \end{aligned}$$

用格式

$$\begin{bmatrix} x_{k+1} \\ y_{k+1} \end{bmatrix} = A_h \begin{bmatrix} x_k \\ y_k \end{bmatrix}$$

来表示每种方法, 其中 A_h 是 2×2 矩阵. 对每一种情形计算 $\lambda(A_h)$, 并讨论当 $k \to \infty$ 时的 $\lim x_k$ 和 $\lim y_k$.

11. 如果 $J \in \mathbb{R}^{d\times d}$ 是一个 Jordan 块，计算 $\kappa_\infty(J)$.

12. 假设 $A, B \in \mathbb{C}^{n\times n}$. 证明：$2n \times 2n$ 矩阵

$$M_1 = \begin{bmatrix} AB & 0 \\ B & 0 \end{bmatrix} \quad 和 \quad M_2 = \begin{bmatrix} 0 & 0 \\ B & BA \end{bmatrix}$$

相似，进而 $\lambda(AB) = \lambda(BA)$.

13. 假设 $A \in \mathbb{R}^{n\times n}$. 如果 $B \in \mathbb{R}^{n\times n}$ 且 (i) $AB = BA$, (ii) $BAB = B$, (iii) $A - ABA$ 的谱半径为零，则称 B 是 A 的 **Drazin 逆**. 利用 A 的 Jordan 分解给出 B 的公式，并特别注意 A 的特征值为 0 对应的 Jordan 块.

14. 证明：如果 $A \in \mathbb{R}^{n\times n}$，那么 $\rho(A) \geqslant (\sigma_1 \cdots \sigma_n)^{1/n}$，其中 $\sigma_1, \cdots, \sigma_n$ 为 A 的奇异值.

15. 考虑多项式 $q(x) = \det(I_n + xA)$，其中 $A \in \mathbb{R}^{n\times n}$. 请计算 x^2 的系数.

(a) 用矩阵 A 的特征值 $\lambda_1, \cdots, \lambda_n$ 表示这个系数.

(b) 给出用 $\mathrm{tr}(A)$ 和 $\mathrm{tr}(A^2)$ 表示这个系数的简单公式.

16. 给定 $A \in \mathbb{R}^{2\times 2}$，证明存在非奇异矩阵 $X \in \mathbb{R}^{2\times 2}$ 使得 $X^{-1}AX = A^{\mathrm{T}}$. 见 Dubrulle and Parlett (2007).

7.2 扰动理论

计算特征值就是求特征多项式零点. 由 Galois 理论可得，当 $n > 4$ 时，计算特征值的过程中必然要采用迭代的方法，由此有限步终止的计算必存在误差. 要得到一个恰当的迭代终止标准，需要借助扰动理论考虑近似特征值和不变子空间.

7.2.1 特征值的敏感度

特征值计算的重要一步是要找到一列相似变换 $\{X_k\}$，使得 $X_k^{-1}AX_k$ 逐渐“更对角化”. 自然地产生出一个问题：矩阵的对角元素与其特征值之间有怎样的相似程度?

定理 7.2.1 (Gershgorin 圆盘定理) 如果 $X^{-1}AX = D + F$，其中 $D = \mathrm{diag}(d_1, \cdots, d_n)$ 且 F 的对角元素均为零，则

$$\lambda(A) \subseteq \bigcup_{i=1}^{n} D_i,$$

其中 $D_i = \{z \in \mathbb{C} : |z - d_i| \leqslant \sum_{j=1}^{n} |f_{ij}|\}$.

证明 假设 $\lambda \in \lambda(A)$，不失一般性，假设对于 $i = 1:n$ 有 $\lambda \neq d_i$. 因为 $(D - \lambda I) + F$ 是奇异矩阵，由引理 2.3.3 有

$$1 \leqslant \| (D - \lambda I)^{-1}F \|_\infty = \sum_{j=1}^{n} \frac{|f_{kj}|}{|d_k - \lambda|}$$

对某个 $k\,(1 \leqslant k \leqslant n)$ 成立. 但这蕴涵着 $\lambda \in D_k$. □

此外还可证明，如果 Gershgorin 圆盘 D_i 与其它圆盘孤立，则 D_i 一定恰好含有 $\boldsymbol{A}$ 的一个特征值. 见 Wilkinson (AEP, pp. 71ff.).

运用一些方法可以证明所算出的特征值就是矩阵 $\boldsymbol{A}+\boldsymbol{E}$ 的精确特征值，此时 $\boldsymbol{E}$ 的范数很小. 因此，了解一个矩阵的特征值是如何受微小扰动所影响的是十分必要的. 下面的定理就具体阐述了这个问题.

定理 7.2.2 (Bauer-Fike) 如果 μ 是 $\boldsymbol{A}+\boldsymbol{E}\in\mathbb{C}^{n\times n}$ 的一个特征值，且 $\boldsymbol{X}^{-1}\boldsymbol{A}\boldsymbol{X}=\boldsymbol{D}=\mathrm{diag}(\lambda_1,\cdots,\lambda_n)$，那么

$$\min_{\lambda\in\lambda(\boldsymbol{A})}|\lambda-\mu|\leqslant\kappa_p(\boldsymbol{X})\,\|\boldsymbol{E}\|_p\,,$$

其中 $\|\cdot\|_p$ 表示任意 p-范数.

证明 如果 $\mu\in\lambda(\boldsymbol{A})$，定理显然成立. 否则，如果 $\boldsymbol{X}^{-1}(\boldsymbol{A}+\boldsymbol{E}-\mu\boldsymbol{I})\boldsymbol{X}$ 是奇异矩阵，则 $\boldsymbol{I}+(\boldsymbol{D}-\mu\boldsymbol{I})^{-1}(\boldsymbol{X}^{-1}\boldsymbol{E}\boldsymbol{X})$ 也是奇异矩阵. 因此，由引理 2.3.3 有

$$1\leqslant\|(\boldsymbol{D}-\mu\boldsymbol{I})^{-1}(\boldsymbol{X}^{-1}\boldsymbol{E}\boldsymbol{X})\|_p\leqslant\|(\boldsymbol{D}-\mu\boldsymbol{I})^{-1}\|_p\|\boldsymbol{X}\|_p\|\boldsymbol{E}\|_p\|\boldsymbol{X}^{-1}\|_p\,.$$

由于 $(\boldsymbol{D}-\mu\boldsymbol{I})^{-1}$ 是对角矩阵，其 p-范数是最大对角元素的绝对值，所以

$$\|(\boldsymbol{D}-\mu\boldsymbol{I})^{-1}\|_p=\max_{\lambda\in\lambda(\boldsymbol{A})}\frac{1}{|\lambda-\mu|},$$

即得证. □

运用 Schur 分解可得到一个类似的结论.

定理 7.2.3 设 $\boldsymbol{Q}^{\mathrm{H}}\boldsymbol{A}\boldsymbol{Q}=\boldsymbol{D}+\boldsymbol{N}$ 是 $\boldsymbol{A}\in\mathbb{C}^{n\times n}$ 的一个 Schur 分解（见 (7.1.7)）. 如果 $\mu\in\lambda(\boldsymbol{A}+\boldsymbol{E})$ 且 p 是满足 $|\boldsymbol{N}|^p=\boldsymbol{0}$ 的最小正整数，则

$$\min_{\lambda\in\lambda(\boldsymbol{A})}|\lambda-\mu|\leqslant\max\{\theta,\,\theta^{1/p}\},$$

其中

$$\theta=\|\boldsymbol{E}\|_2\sum_{k=0}^{p-1}\|\boldsymbol{N}\|_2^k\,.$$

证明 定义

$$\delta=\min_{\lambda\in\lambda(\boldsymbol{A})}|\lambda-\mu|=\frac{1}{\|(\mu\boldsymbol{I}-\boldsymbol{D})^{-1}\|_2}\,.$$

当 $\delta=0$ 时，定理显然成立. 如果 $\delta>0$，则 $\boldsymbol{I}-(\mu\boldsymbol{I}-\boldsymbol{A})^{-1}\boldsymbol{E}$ 奇异，由引理 2.3.3 可得

$$\begin{aligned}1&\leqslant\|(\mu\boldsymbol{I}-\boldsymbol{A})^{-1}\boldsymbol{E}\|_2\leqslant\|(\mu\boldsymbol{I}-\boldsymbol{A})^{-1}\|_2\|\boldsymbol{E}\|_2\\&=\|((\mu\boldsymbol{I}-\boldsymbol{D})-\boldsymbol{N})^{-1}\|_2\|\boldsymbol{E}\|_2\,.\end{aligned}\tag{7.2.1}$$

又由于 $(\mu\boldsymbol{I}-\boldsymbol{D})^{-1}$ 为对角矩阵且 $|\boldsymbol{N}|^p=0$，易得 $((\mu\boldsymbol{I}-\boldsymbol{D})^{-1}\boldsymbol{N})^p=0$. 因此

$$((\mu\boldsymbol{I}-\boldsymbol{D})-\boldsymbol{N})^{-1} = \sum_{k=0}^{p-1}\left((\mu\boldsymbol{I}-\boldsymbol{D})^{-1}\boldsymbol{N}\right)^k(\mu\boldsymbol{I}-\boldsymbol{D})^{-1},$$

所以

$$\|((\mu\boldsymbol{I}-\boldsymbol{D})-\boldsymbol{N})^{-1}\|_2 \leqslant \frac{1}{\delta}\sum_{k=0}^{p-1}\left(\frac{\|\boldsymbol{N}\|_2}{\delta}\right)^k.$$

如果 $\delta>1$，则

$$\|((\mu\boldsymbol{I}-\boldsymbol{D})-\boldsymbol{N})^{-1}\|_2 \leqslant \frac{1}{\delta}\sum_{k=0}^{p-1}\|\boldsymbol{N}\|_2^k,$$

且由 (7.2.1) 可得 $\delta\leqslant\theta$. 如果 $\delta\leqslant 1$，则

$$\|((\mu\boldsymbol{I}-\boldsymbol{D})-\boldsymbol{N})^{-1}\|_2 \leqslant \frac{1}{\delta^p}\sum_{k=0}^{p-1}\|\boldsymbol{N}\|_2^k.$$

且由 (7.2.1) 可得 $\delta^p\leqslant\theta$，所以 $\delta\leqslant\max\{\theta,\theta^{1/p}\}$. □

定理 7.2.2 和定理 7.2.3 都暗示着非正规矩阵特征值对扰动是灵敏的. 尤其是当 $\kappa_2(\boldsymbol{X})$ 或者 $\|\boldsymbol{N}\|_2^{p-1}$ 很大时，对矩阵 $\boldsymbol{A}$ 的微小扰动就会使特征值产生巨大的变化.

7.2.2 单特征值的条件数

如果 $\boldsymbol{A}$ 是正规矩阵，那么其特征值不会极端灵敏. 另外，矩阵具有非正规性不代表其特征值一定非常灵敏. 其实，在某种程度上，一个非正规矩阵可能同时具有良态特征值和病态特征值. 因此，完善扰动理论是十分必要的，它有利于应用于计算单个特征值而非整个谱.

基于此，假设 λ 是 $\boldsymbol{A}\in\mathbb{C}^{n\times n}$ 的单特征值，且 $\boldsymbol{x},\boldsymbol{y}$ 满足 $\boldsymbol{A}\boldsymbol{x}=\lambda\boldsymbol{x},\boldsymbol{y}^{\mathrm{H}}\boldsymbol{A}=\lambda\boldsymbol{y}^{\mathrm{H}},\|\boldsymbol{x}\|_2=\|\boldsymbol{y}\|_2=1$. 如果 $\boldsymbol{Y}^{\mathrm{H}}\boldsymbol{A}\boldsymbol{X}=\boldsymbol{J}$ 是 $\boldsymbol{Y}^{\mathrm{H}}=\boldsymbol{X}^{-1}$ 的 Jordan 分解，那么对于某个 i 有 $\boldsymbol{y}$ 和 $\boldsymbol{x}$ 是 $X(:,i)$ 和 $Y(:,i)$ 的非零倍数. 由于 $1=Y(:,i)^{\mathrm{H}}X(:,i)$，所以 $\boldsymbol{y}^{\mathrm{H}}\boldsymbol{x}\neq 0$，我们稍后要用到这个事实.

根据函数论的经典结论可以证明，在原点附近存在可微的 $x(\epsilon)$ 和 $\lambda(\epsilon)$ 使得

$$(\boldsymbol{A}+\epsilon\boldsymbol{F})x(\epsilon)=\lambda(\epsilon)x(\epsilon),\quad \|\boldsymbol{F}\|_2=1,$$

其中 $\lambda(0)=\lambda,x(0)=\boldsymbol{x}$. 对 ϵ 微分该方程，令 $\epsilon=0$，可得

$$\boldsymbol{A}\dot{x}(0)+\boldsymbol{F}\boldsymbol{x} = \dot{\lambda}(0)\boldsymbol{x}+\lambda\dot{x}(0).$$

等式两端同乘以 $\boldsymbol{y}^{\mathrm{H}}$，同除以 $\boldsymbol{y}^{\mathrm{H}}\boldsymbol{x}$，再取绝对值，得

$$|\dot{\lambda}(0)| = \left|\frac{\boldsymbol{y}^{\mathrm{H}}\boldsymbol{F}\boldsymbol{x}}{\boldsymbol{y}^{\mathrm{H}}\boldsymbol{x}}\right| \leqslant \frac{1}{|\boldsymbol{y}^{\mathrm{H}}\boldsymbol{x}|}.$$

如果 $\boldsymbol{F} = \boldsymbol{y}\boldsymbol{x}^{\mathrm{H}}$，那么上式就取到上界．基于此，称

$$s(\lambda) = |\boldsymbol{y}^{\mathrm{H}}\boldsymbol{x}| \tag{7.2.2}$$

的倒数为特征值 λ 的条件数．

粗略地讲，上述分析表明，如果矩阵 $\boldsymbol{A}$ 做量级为 $O(\epsilon)$ 的扰动，那么其特征值 λ 的扰动可能达到 $\epsilon/s(\lambda)$．因此，如果 $s(\lambda)$ 较小，那么就可以认为 λ 是病态的．注意 $s(\lambda)$ 是与 λ 相应的左右特征向量的夹角的余弦，因此只要 λ 是单特征值，则 λ 就是唯一的．

$s(\lambda)$ 较小就意味着 $\boldsymbol{A}$ 几乎是一个有重特征值的矩阵．特别地，如果 λ 是单特征值且 $s(\lambda) < 1$，那么存在一个矩阵 $\boldsymbol{E}$ 使得 λ 是 $\boldsymbol{A}+\boldsymbol{E}$ 的重特征值，且

$$\frac{\|\boldsymbol{E}\|_2}{\|\boldsymbol{A}\|_2} \leqslant \frac{s(\lambda)}{\sqrt{1-s(\lambda)^2}}.$$

该结论是由 Wilkinson (1972) 证明的．

7.2.3　多重特征值的敏感度

如果 λ 是多重特征值，那么其敏感度问题是较为复杂的．例如，如果

$$\boldsymbol{A} = \begin{bmatrix} 1 & a \\ 0 & 1 \end{bmatrix} \quad 且 \quad \boldsymbol{F} = \begin{bmatrix} 0 & 0 \\ 1 & 0 \end{bmatrix},$$

那么 $\lambda(\boldsymbol{A}+\epsilon\boldsymbol{F}) = \{1 \pm \sqrt{\epsilon a}\}$．注意，如果 $a \neq 0$，那么可以推出 $\boldsymbol{A}+\epsilon\boldsymbol{F}$ 的特征值在 0 处不可微，且其在原点的变化率是无穷大．一般地，如果 λ 是 $\boldsymbol{A}$ 的退化特征值，且其对应 Jordan 块是 p 阶的，那么 $\boldsymbol{A}$ 的 $O(\epsilon)$ 扰动将导致 λ 的 $O(\epsilon^{1/p})$ 扰动．详见 Wilkinson (AEP, pp. 77ff.)．

7.2.4　不变子空间的敏感度

敏感的特征向量集合可组成非敏感不变子空间，前提是这个空间相对应的密集特征值是孤立的．更精确地，假设

$$\boldsymbol{Q}^{\mathrm{H}}\boldsymbol{A}\boldsymbol{Q} = \begin{bmatrix} \boldsymbol{T}_{11} & \boldsymbol{T}_{12} \\ \boldsymbol{0} & \boldsymbol{T}_{22} \end{bmatrix}\begin{matrix} r \\ n-r \end{matrix} \tag{7.2.3}$$

$$\qquad\quad r \qquad n-r$$

是 A 的 Schur 分解,且
$$Q = [\, Q_1 \,|\, Q_2 \,]\;\;. \tag{7.2.4}$$
$$\;\;r\;\;\;\;n-r$$

由上述对特征向量扰动问题的讨论可得,不变子空间 $\mathrm{ran}(Q_1)$ 的敏感度由 $\lambda(T_{11})$ 和 $\lambda(T_{22})$ 之间的距离所决定. 此距离的一个恰当度量就是线性变换 $X \to T_{11}X - XT_{22}$ 的最小奇异值. (这个变换见引理 7.1.5.) 特别地, 定义矩阵 T_{11} 与 T_{22} 之间的分离度为

$$\mathrm{sep}(T_{11}, T_{22}) = \min_{X \neq 0} \frac{\|T_{11}X - XT_{22}\|_F}{\|X\|_F}, \tag{7.2.5}$$

则有下述一般结果.

定理 7.2.4 假设 (7.2.3) 和 (7.2.4) 成立,且对任意矩阵 $E \in \mathbb{C}^{n \times n}$,将 $Q^H E Q$ 分块如下:

$$Q^H E Q = \begin{bmatrix} E_{11} & E_{12} \\ E_{21} & E_{22} \end{bmatrix} \begin{matrix} r \\ n-r \end{matrix} .$$
$$\;\;r\;\;\;\;n-r$$

如果 $\mathrm{sep}(T_{11}, T_{22}) > 0$ 且

$$\|E\|_F \left(1 + \frac{5\|T_{12}\|_F}{\mathrm{sep}(T_{11}, T_{22})}\right) \leqslant \frac{\mathrm{sep}(T_{11}, T_{22})}{5},$$

那么存在满足

$$\|P\|_F \leqslant 4 \frac{\|E_{21}\|_F}{\mathrm{sep}(T_{11}, T_{22})}$$

的矩阵 $P \in \mathbb{C}^{(n-r) \times r}$ 使得 $\tilde{Q}_1 = (Q_1 + Q_2 P)(I + P^H P)^{-1/2}$ 的各列组成 $A + E$ 的不变子空间的标准正交基.

证明 这个结论是 Stewart(1973)的定理 4.11 的微小变化, 证明的细节可参考原定理. 也可参见 Stewart and Sun (MPA, 第 230 页). 矩阵 $(I + P^H P)^{-1/2}$ 是对称正定矩阵 $I + P^H P$ 的平方根的逆矩阵. 见 4.2.4 节. □

推论 7.2.5 如果定理 7.2.4 的假设成立, 那么

$$\mathrm{dist}(\mathrm{ran}(Q_1), \mathrm{ran}(\tilde{Q}_1)) \leqslant 4 \frac{\|E_{21}\|_F}{\mathrm{sep}(T_{11}, T_{22})}.$$

证明 运用 P 的奇异值分解可以证明

$$\|P(I + P^H P)^{-1/2}\|_2 \leqslant \|P\|_2 \leqslant \|P\|_F. \tag{7.2.6}$$

由于需要求的距离是 $Q_2^H \tilde{Q}_1 = P(I + P^H P)^{-1/2}$ 的 2-范数, 结论得证. □

因此, $\mathrm{sep}(T_{11}, T_{22})$ 的倒数可以视为条件数, 并用其度量不变子空间 $\mathrm{ran}(Q_1)$ 的敏感度.

7.2.5 特征向量的敏感度

如果我们令上一小节的 $r=1$，那么其分析的就是特征向量的敏感度.

推论 7.2.6 假设 $\boldsymbol{A},\boldsymbol{E}\in\mathbb{C}^{n\times n}$ 且 $\boldsymbol{Q}=[\,\boldsymbol{q}_1\,|\,\boldsymbol{Q}_2\,]\in\mathbb{C}^{n\times n}$ 是酉矩阵，其中 $\boldsymbol{q}_1\in\mathbb{C}^n$. 假设

$$\boldsymbol{Q}^{\mathrm{H}}\boldsymbol{A}\boldsymbol{Q}=\begin{bmatrix}\lambda & \boldsymbol{v}^{\mathrm{H}}\\ \boldsymbol{0} & \boldsymbol{T}_{22}\end{bmatrix}\begin{matrix}1\\ n-1\end{matrix},\qquad \boldsymbol{Q}^{\mathrm{H}}\boldsymbol{E}\boldsymbol{Q}=\begin{bmatrix}\epsilon & \boldsymbol{\gamma}^{\mathrm{H}}\\ \boldsymbol{\delta} & \boldsymbol{E}_{22}\end{bmatrix}\begin{matrix}1\\ n-1\end{matrix}.$$
$$\qquad\quad 1\quad n-1 \qquad\qquad\qquad\qquad 1\quad n-1$$

(因此，$\boldsymbol{q}_1$ 是特征向量). 如果 $\sigma=\sigma_{\min}(\boldsymbol{T}_{22}-\lambda\boldsymbol{I})>0$ 且

$$\|\boldsymbol{E}\|_F\left(1+\frac{5\|\boldsymbol{v}\|_2}{\sigma}\right)\leqslant\frac{\sigma}{5},$$

则存在满足

$$\|\boldsymbol{p}\|_2\leqslant 4\frac{\|\boldsymbol{\delta}\|_2}{\sigma}$$

的 $\boldsymbol{p}\in\mathbb{C}^{n-1}$，使得 $\tilde{\boldsymbol{q}}_1=(\boldsymbol{q}_1+\boldsymbol{Q}_2\boldsymbol{p})/\sqrt{1+\boldsymbol{p}^{\mathrm{H}}\boldsymbol{p}}$ 是 $\boldsymbol{A}+\boldsymbol{E}$ 的单位 2-范数特征向量. 此外还有

$$\mathsf{dist}(\mathsf{span}\{\boldsymbol{q}_1\},\mathsf{span}\{\tilde{\boldsymbol{q}}_1\})\leqslant 4\frac{\|\boldsymbol{\delta}\|_2}{\sigma}.$$

证明 由定理 7.2.4 和推论 7.2.5，以及如果 $\boldsymbol{T}_{11}=\lambda$ 则 $\mathsf{sep}(\boldsymbol{T}_{11},\boldsymbol{T}_{22})=\sigma_{\min}(\boldsymbol{T}_{22}-\lambda\boldsymbol{I})$，即可知结论成立. □

注意，$\sigma_{\min}(\boldsymbol{T}_{22}-\lambda\boldsymbol{I})$ 大致估计了 λ 和 $\boldsymbol{T}_{22}$ 的特征值之间的分离度. 我们说 “大致” 是因为

$$\mathsf{sep}(\lambda,\boldsymbol{T}_{22})=\sigma_{\min}(\boldsymbol{T}_{22}-\lambda\boldsymbol{I})\leqslant\min_{\mu\in\lambda(\boldsymbol{T}_{22})}|\mu-\lambda|$$

只是上界的一个粗略的估计.

特征值的分离度影响特征向量敏感度是不足为奇的. 的确，如果 λ 是非退化的重特征值，那么其对应的不变子空间有无穷多可能的特征向量基. 上面的分析仅说明不确定性在多个特征值比较集中时出现. 也就是说，相近的特征值所对应的特征向量是 “不稳定的”.

习 题

1. 假设 $\boldsymbol{Q}^{\mathrm{H}}\boldsymbol{A}\boldsymbol{Q}=\mathrm{diag}(\lambda_1)+\boldsymbol{N}$ 是 $\boldsymbol{A}\in\mathbb{C}^{n\times n}$ 的 Schur 分解，定义 $\nu(\boldsymbol{A})=\|\boldsymbol{A}^{\mathrm{H}}\boldsymbol{A}-\boldsymbol{A}\boldsymbol{A}^{\mathrm{H}}\|_F$. 我们有以下上下界

$$\frac{\nu(\boldsymbol{A})^2}{6\|\boldsymbol{A}\|_F^2}\leqslant\|\boldsymbol{N}\|_F^2\leqslant\sqrt{\frac{n^3-n}{12}}\nu(\boldsymbol{A}).$$

该上下界分别由 Henrici (1962) 和 Eberlein (1965) 给出. 对于 $n=2$ 的情形，验证上述结论.

2. 假设 $\boldsymbol{A}\in\mathbb{C}^{n\times n}$ 且 $\boldsymbol{X}^{-1}\boldsymbol{A}\boldsymbol{X}=\operatorname{diag}(\lambda_1,\cdots,\lambda_n)$，其中 λ_i 互不相同. 证明：如果 $\boldsymbol{X}$ 的列向量是 2-范数下的单位向量，那么 $\kappa_F(\boldsymbol{X})^2=n(1/s(\lambda_1)^2+\cdots+1/s(\lambda_n)^2)$.

3. 假设 $Q^{\mathrm{H}}\boldsymbol{A}\boldsymbol{Q}=\operatorname{diag}(\lambda_i)+\boldsymbol{N}$ 是 $\boldsymbol{A}$ 的 Schur 分解，且 $\boldsymbol{X}^{-1}\boldsymbol{A}\boldsymbol{X}=\operatorname{diag}(\lambda_i)$. 证明 $\kappa_2(\boldsymbol{X})^2\geqslant 1+(\|\boldsymbol{N}\|_F/\|\boldsymbol{A}\|_F)^2$. 见 Loizou (1969).

4. 如果 $\boldsymbol{X}^{-1}\boldsymbol{A}\boldsymbol{X}=\operatorname{diag}(\lambda_i)$ 且 $|\lambda_1|\geqslant\cdots\geqslant|\lambda_n|$，则

$$\frac{\sigma_i(\boldsymbol{A})}{\kappa_2(\boldsymbol{X})}\leqslant|\lambda_i|\leqslant\kappa_2(\boldsymbol{X})\sigma_i(\boldsymbol{A}).$$

对于 $n=2$ 的情形，证明上述结论. 见 Ruhe (1975).

5. 证明：如果 $\boldsymbol{A}=\begin{bmatrix} a & c \\ 0 & b \end{bmatrix}$ 且 $a\neq b$，那么 $s(a)=s(b)=(1+|c/(a-b)|^2)^{-1/2}$.

6. 假设

$$\boldsymbol{A}=\begin{bmatrix} \lambda & \boldsymbol{v}^{\mathrm{T}} \\ \boldsymbol{0} & \boldsymbol{T}_{22} \end{bmatrix}$$

且 $\lambda\notin\lambda(\boldsymbol{T}_{22})$. 证明：如果 $\sigma=\operatorname{sep}(\lambda,\boldsymbol{T}_{22})$，则

$$s(\lambda)=\frac{1}{\sqrt{1+\|(\boldsymbol{T}_{22}-\lambda\boldsymbol{I})^{-1}\boldsymbol{v}\|_2^2}}\leqslant\frac{\sigma}{\sqrt{\sigma^2+\|\boldsymbol{v}\|_2^2}}.$$

其中 $s(\lambda)$ 的定义见 (7.2.2).

7. 证明单特征值的条件数在酉相似变换下保持不变.

8. 在 Bauer-Fike 定理（定理 7.2.2）的假设下，证明：

$$\min_{\lambda\in\lambda(\boldsymbol{A})}|\lambda-\mu|\leqslant\|\,|\boldsymbol{X}^{-1}|\,|\boldsymbol{E}|\,|\boldsymbol{X}|\,\|_p.$$

9. 证明 (7.2.6).

10. 证明：如果 $\boldsymbol{B}\in\mathbb{C}^{m\times m}$ 且 $\boldsymbol{C}\in\mathbb{C}^{n\times n}$，则对所有 $\lambda\in\lambda(\boldsymbol{B})$ 和 $\mu\in\lambda(\boldsymbol{C})$ 有 $\operatorname{sep}(\boldsymbol{B},\boldsymbol{C})\leqslant\|\lambda-\mu\|$.

7.3 幂迭代

假设给定 $\boldsymbol{A}\in\mathbb{C}^{n\times n}$ 和酉矩阵 $\boldsymbol{U}_0\in\mathbb{C}^{n\times n}$. 回忆 5.2.10 节内容可知 Householder QR 分解能推广到复矩阵，考虑下列迭代：

$$
\begin{aligned}
&T_0=U_0^{\mathrm{H}}AU_0\\
&\textbf{for }k=1,2,\cdots\\
&\qquad T_{k-1}=U_kR_k\quad(\text{QR 分解})\\
&\qquad T_k=R_kU_k\\
&\textbf{end}
\end{aligned}
\tag{7.3.1}
$$

因为 $\boldsymbol{T}_k=\boldsymbol{R}_k\boldsymbol{U}_k=\boldsymbol{U}_k^{\mathrm{H}}(\boldsymbol{U}_k\boldsymbol{R}_k)\boldsymbol{U}_k=\boldsymbol{U}_k^{\mathrm{H}}\boldsymbol{T}_{k-1}\boldsymbol{U}_k$，由归纳法可得

$$\boldsymbol{T}_k=(\boldsymbol{U}_0\boldsymbol{U}_1\cdots\boldsymbol{U}_k)^{\mathrm{H}}\boldsymbol{A}(\boldsymbol{U}_0\boldsymbol{U}_1\cdots\boldsymbol{U}_k).\tag{7.3.2}$$

因此，每个 T_k 酉相似于 A. 不是很显然，本节的中心内容是 T_k 几乎总是收敛于上三角矩阵，即 (7.3.2) 几乎总是"收敛"到 A 的 Schur 分解.

迭代 (7.3.1) 称为 **QR 迭代**，构成计算一般稠密矩阵 Schur 分解的最有效算法的重要支撑. 为了引出方法并导出其收敛性，首先给出两种也很重要的其他计算特征值的迭代法：幂法和正交迭代法.

7.3.1　幂法

假设 $A \in \mathbb{C}^{n\times n}$ 且 $X^{-1}AX = \mathrm{diag}(\lambda_1, \cdots, \lambda_n)$，其中 $X = [\, x_1 \,|\cdots|\, x_n \,]$，

$$|\lambda_1| > |\lambda_2| \geqslant \cdots \geqslant |\lambda_n|.$$

给定 2- 范数单位向量 $q^{(0)} \in \mathbb{C}^n$，**幂法**产生向量序列 $q^{(k)}$ 如下.

$$\begin{aligned}
&\textbf{for } k = 1, 2, \cdots \\
&\quad z^{(k)} = Aq^{(k-1)} \\
&\quad q^{(k)} = z^{(k)} / \| z^{(k)} \|_2 \\
&\quad \lambda^{(k)} = [q^{(k)}]^{\mathrm{H}} A q^{(k)} \\
&\textbf{end}
\end{aligned} \tag{7.3.3}$$

用 2- 范数单位化并无任何特别之处，只是为了使本节的整体讨论能较好地一致.

让我们检验幂迭代法的收敛性质. 如果

$$q^{(0)} \;=\; a_1x_1 + a_2x_2 + \cdots + a_nx_n \tag{7.3.4}$$

且 $a_1 \neq 0$，那么

$$A^kq^{(0)} \;=\; a_1\lambda_1^k\left(x_1 \;+\; \sum_{j=2}^{n} \frac{a_j}{a_1}\left(\frac{\lambda_j}{\lambda_1}\right)^k x_j\right).$$

由 $q^{(k)} \in \mathsf{span}\{A^kq^{(0)}\}$ 可推出

$$\mathsf{dist}\left(\mathsf{span}\{q^{(k)}\}, \mathsf{span}\{x_1\}\right) = O\left(\left|\frac{\lambda_2}{\lambda_1}\right|^k\right).$$

容易验证

$$|\,\lambda_1 - \lambda^{(k)}\,| \;=\; O\left(\left|\frac{\lambda_2}{\lambda_1}\right|^k\right). \tag{7.3.5}$$

因为 λ_1 是模最大的特征值，我们称 λ_1 为**主特征值**. 因此，如果 λ_1 是主特征值，且 $q^{(0)}$ 在相应的**主特征向量** x_1 方向上有一个分量，那么幂法收敛. 没有这些假定的迭代性质在 Wilkinson (AEP, 第 570 页) 以及 Parlett and Poole (1973) 中有讨论.

在实践中，幂法的有效性依赖于比值 $|\lambda_2|/|\lambda_1|$，因为它反映了收敛速度. 不用太担心 $\boldsymbol{q}^{(0)}$ 在 $\boldsymbol{x}_1$ 方向上分量为 0 的风险，因为在迭代过程中的舍入误差通常能保证迭代序列在这个方向上有分量. 另外，在实际应用中，一般对 $\boldsymbol{x}_1$ 都有合理预计. 这就降低了 (7.3.4) 中 a_1 很小的风险.

注意，应用幂法唯一需要考虑是设计矩阵与向量相乘程序. 没必要把 $\boldsymbol{A}$ 存储在 $n\times n$ 数组中. 因此，当需要大型稀疏矩阵的主特征对时，此算法是有价值的. 我们将在第 10 章中更多地讨论大型稀疏特征值问题.

用 7.2.2 节提出的扰动理论能够获得 $|\lambda^{(k)}-\lambda_1|$ 的误差估计. 定义向量

$$\boldsymbol{r}^{(k)} = \boldsymbol{A}\boldsymbol{q}^{(k)} - \lambda^{(k)}\boldsymbol{q}^{(k)},$$

注意 $(\boldsymbol{A}+\boldsymbol{E}^{(k)})\boldsymbol{q}^{(k)} = \lambda^{(k)}\boldsymbol{q}^{(k)}$，其中 $\boldsymbol{E}^{(k)} = -\boldsymbol{r}^{(k)}[\boldsymbol{q}^{(k)}]^{\mathrm{H}}$. 因此 $\lambda^{(k)}$ 是 $\boldsymbol{A}+\boldsymbol{E}^{(k)}$ 的特征值，且

$$|\lambda^{(k)}-\lambda_1| \approx \frac{\|\boldsymbol{E}^{(k)}\|_2}{s(\lambda_1)} = \frac{\|\boldsymbol{r}^{(k)}\|_2}{s(\lambda_1)}.$$

如果我们用幂法去产生相似的左右主特征向量，那么有可能获得 $s(\lambda_1)$ 的一个估计. 特别的，如果 $\boldsymbol{w}^{(k)}$ 是在 $(\boldsymbol{A}^{\mathrm{H}})^k\boldsymbol{w}^{(0)}$ 方向上的 2-范数单位向量，那么我们有近似式 $s(\lambda_1)\approx|{\boldsymbol{w}^{(k)}}^{\mathrm{H}}\boldsymbol{q}^{(k)}|$.

7.3.2 正交迭代法

幂法的一个直接推广是计算高维不变子空间. 令 r 是满足 $1\leqslant r\leqslant n$ 的给定整数. 给定 $\boldsymbol{A}\in\mathbb{C}^{n\times n}$ 和具有正交列的 $n\times r$ 矩阵 $\boldsymbol{Q}_0$，正交迭代法产生矩阵序列 $\{\boldsymbol{Q}_k\}\subseteq\mathbb{C}^{n\times r}$ 以及估计的特征值序列 $\{\lambda_1^{(k)},\cdots,\lambda_r^{(k)}\}$ 的过程如下：

$$\begin{aligned}
&\textbf{for } k=1,2,\cdots\\
&\quad Z_k = AQ_{k-1}\\
&\quad Q_kR_k = Z_k \qquad (\text{QR 分解})\\
&\quad \lambda(Q_k^{\mathrm{H}}AQ_k) = \{\lambda_1^{(k)},\cdots,\lambda_r^{(k)}\}\\
&\textbf{end}
\end{aligned} \tag{7.3.6}$$

注意，如果 $r=1$，这恰好就是幂法 (7.3.3). 另外，序列 $\{\boldsymbol{Q}_k\boldsymbol{e}_1\}$ 正是幂法取初值 $\boldsymbol{q}^{(0)}=\boldsymbol{Q}_0\boldsymbol{e}_1$ 时所产生的序列.

为了分析这个迭代，假设

$$\boldsymbol{Q}^{\mathrm{H}}\boldsymbol{A}\boldsymbol{Q} = \boldsymbol{T} = \mathrm{diag}(\lambda_i) + \boldsymbol{N}, \qquad |\lambda_1|\geqslant|\lambda_2|\geqslant\cdots\geqslant|\lambda_n| \tag{7.3.7}$$

是 $\boldsymbol{A}\in\mathbb{C}^{n\times n}$ 的 Schur 分解. 假设 $1\leqslant r<n$ 且 $\boldsymbol{Q}$ 和 $\boldsymbol{T}$ 划分如下：

$$\boldsymbol{Q} = [\underset{r}{\boldsymbol{Q}_\alpha} \,|\, \underset{n-r}{\boldsymbol{Q}_\beta}], \qquad \boldsymbol{T} = \begin{bmatrix} \boldsymbol{T}_{11} & \boldsymbol{T}_{12} \\ \boldsymbol{0} & \boldsymbol{T}_{22} \end{bmatrix}\begin{matrix} r \\ n-r \end{matrix}, \quad (\text{列宽 } r,\ n-r). \tag{7.3.8}$$

如果 $|\lambda_r| > |\lambda_{r+1}|$，则 $D_r(\boldsymbol{A}) = \mathsf{ran}(\boldsymbol{Q}_\alpha)$ 称为主不变子空间，它是与特征值 $\lambda_1, \cdots, \lambda_r$ 相对应的唯一不变子空间. 如下定理表明，在一定条件下，由 (7.3.6) 生成的子空间 $\mathsf{ran}(\boldsymbol{Q}_k)$ 以与 $|\lambda_{r+1}/\lambda_r|^k$ 成正比例的速度收敛到 $D_r(\boldsymbol{A})$.

定理 7.3.1 当 $n \geqslant 2$ 时，令 $\boldsymbol{A} \in \mathbb{C}^{n\times n}$ 的 Schur 分解由 (7.3.7) 和 (7.3.8) 给出. 假设 $|\lambda_r| > |\lambda_{r+1}|$ 且 $\mu \geqslant 0$ 满足

$$(1+\mu)|\lambda_r| > \|\boldsymbol{N}\|_F.$$

假设 $\boldsymbol{Q}_0 \in \mathbb{C}^{n\times r}$ 列正交且 d_k 定义为

$$d_k = \mathsf{dist}(D_r(\boldsymbol{A}), \mathsf{ran}(\boldsymbol{Q}_k)), \qquad k \geqslant 0.$$

如果

$$d_0 < 1, \tag{7.3.9}$$

那么由 (7.3.6) 产生的矩阵 $\boldsymbol{Q}_k$ 满足

$$d_k \leqslant (1+\mu)^{n-2} \cdot \left(1 + \frac{\|\boldsymbol{T}_{12}\|_F}{\mathsf{sep}(\boldsymbol{T}_{11}, \boldsymbol{T}_{22})}\right) \cdot \left[\frac{|\lambda_{r+1}| + \dfrac{\|\boldsymbol{N}\|_F}{1+\mu}}{|\lambda_r| - \dfrac{\|\boldsymbol{N}\|_F}{1+\mu}}\right]^k \frac{d_0}{\sqrt{1-d_0^2}}. \tag{7.3.10}$$

证明 见 7.3.5 节. □

条件 (7.3.9) 确保初始矩阵 $\boldsymbol{Q}_0$ 在某些特征中没有缺陷. 特别是，$\boldsymbol{Q}_0$ 的列向量与 $D_r(\boldsymbol{A}^{\mathrm{H}})$ 均不正交. 这个定理本质上是说如果满足这个条件且 μ 足够大，则

$$\mathsf{dist}(D_r(\boldsymbol{A}), \mathsf{ran}(\boldsymbol{Q}_k)) \approx c \left|\frac{\lambda_{r+1}}{\lambda_r}\right|^k,$$

其中 c 依赖于 $\mathsf{sep}(\boldsymbol{T}_{11}, \boldsymbol{T}_{22})$ 和 $\boldsymbol{A}$ 与正规矩阵的偏离度.

运用 Stewart (1976) 中的技巧可以提高正交迭代的收敛速度. 在加速方案中，近似特征值 $\lambda_i^{(k)}$ 满足

$$|\lambda_i^{(k)} - \lambda_i| \approx \left|\frac{\lambda_{r+1}}{\lambda_i}\right|^k, \qquad i = 1:r.$$

（没加速时，等式右端是 $|\lambda_{i+1}/\lambda_i|^k$.）Stewart 算法常常涉及计算矩阵 $\boldsymbol{Q}_k^{\mathrm{T}}\boldsymbol{A}\boldsymbol{Q}_k$ 的 Schur 分解. 当 $\boldsymbol{A}$ 是大型稀疏矩阵时，只需计算几个最大的特征值.

7.3.3 QR 迭代法

我们现在来推导 QR 迭代 (7.3.1) 并考察其收敛性. 假设在 (7.3.6) 中 $r = n$ 且 $\boldsymbol{A}$ 的特征值满足

$$|\lambda_1| > |\lambda_2| > \cdots > |\lambda_n|.$$

将 (7.3.7) 中的矩阵 $\boldsymbol{Q}$ 和 (7.3.6) 中的矩阵 $\boldsymbol{Q}_k$ 划分如下:

$$\boldsymbol{Q} = [\, \boldsymbol{q}_1 \,|\cdots|\, \boldsymbol{q}_n \,], \qquad \boldsymbol{Q}_k = [\, \boldsymbol{q}_1^{(k)} \,|\cdots|\, \boldsymbol{q}_n^{(k)} \,].$$

如果

$$\mathsf{dist}(D_i(\boldsymbol{A}^{\mathrm{H}}), \mathsf{span}\{\boldsymbol{q}_1^{(0)}, \cdots, \boldsymbol{q}_i^{(0)}\}) \;<\; 1, \qquad i = 1:n, \tag{7.3.11}$$

那么由定理 7.3.1 可推出，对于 $i = 1:n$ 有

$$\mathsf{dist}(\,\mathsf{span}\{\boldsymbol{q}_1^{(k)}, \cdots, \boldsymbol{q}_i^{(k)}\}\,, \mathsf{span}\{\boldsymbol{q}_1, \cdots, \boldsymbol{q}_i\}\,) \;\to\; 0.$$

这说明由

$$\boldsymbol{T}_k \;=\; \boldsymbol{Q}_k^{\mathrm{H}} \boldsymbol{A} \boldsymbol{Q}_k$$

定义的矩阵 $\boldsymbol{T}_k$ 收敛到上三角矩阵. 所以只要初始迭代 $\boldsymbol{Q}_0 \in \mathbb{C}^{n\times n}$ 不是退化矩阵 (在 (7.3.11) 意义下)，正交迭代法就能计算出 Schur 分解.

考虑如何从前一个矩阵 $\boldsymbol{T}_{k-1}$ 直接计算出矩阵 $\boldsymbol{T}_k$，自然就产生了 QR 迭代. 一方面，从 (7.3.4) 和 $\boldsymbol{T}_{k-1}$ 的定义可得

$$\boldsymbol{T}_{k-1} = \boldsymbol{Q}_{k-1}^{\mathrm{H}} \boldsymbol{A} \boldsymbol{Q}_{k-1} = \boldsymbol{Q}_{k-1}^{\mathrm{H}} (\boldsymbol{A} \boldsymbol{Q}_{k-1}) = (\boldsymbol{Q}_{k-1}^{\mathrm{H}} \boldsymbol{Q}_k) \boldsymbol{R}_k.$$

另一方面

$$\boldsymbol{T}_k = \boldsymbol{Q}_k^{\mathrm{H}} \boldsymbol{A} \boldsymbol{Q}_k = (\boldsymbol{Q}_k^{\mathrm{H}} \boldsymbol{A} \boldsymbol{Q}_{k-1})(\boldsymbol{Q}_{k-1}^{\mathrm{H}} \boldsymbol{Q}_k) \;= \boldsymbol{R}_k (\boldsymbol{Q}_{k-1}^{\mathrm{H}} \boldsymbol{Q}_k).$$

因此，只要计算出 $\boldsymbol{T}_{k-1}$ 的 QR 分解，然后将两个因子按照逆序相乘就可得到 $\boldsymbol{T}_k$，详见 (7.3.1).

注意，一步 QR 迭代需要 $O(n^3)$ 的计算量. 另外，其收敛 (当其存在时) 只是线性的，显然用该方法计算 Schur 分解的代价是相当高的. 幸运的是，我们能够克服这些实际困难，见 7.4 节和 7.5 节.

7.3.4 LR 迭代法

从一些注释，我们知道，幂迭代依赖于 LU 分解而不是 QR 分解. 令 $\boldsymbol{G}_0 \in \mathbb{C}^{n\times r}$ 的秩为 r. 对应 (7.3.1) 我们有迭代如下:

for $k = 1, 2, \cdots$

  $Z_k = AG_{k-1}$ (7.3.12)

  $Z_k = G_k R_k$ (LU 分解)

end

假设 $r=n$ 且定义矩阵 $\boldsymbol{T}_k$ 如下:

$$\boldsymbol{T}_k \;=\; \boldsymbol{G}_k^{-1}\boldsymbol{A}\boldsymbol{G}_k. \tag{7.3.13}$$

如果令 $\boldsymbol{L}_0=\boldsymbol{G}_0$，那么 $\boldsymbol{T}_k$ 可由如下方式产生:

$$\begin{aligned}
&T_0 = L_0^{-1}AL_0\\
&\textbf{for } k=1,2,\cdots\\
&\quad T_{k-1} = L_kR_k \qquad (\text{LU 分解})\\
&\quad T_k = R_kL_k\\
&\textbf{end}
\end{aligned} \tag{7.3.14}$$

迭代 (7.3.12) 和 (7.3.14) 分别称作梯子迭代和 LR 迭代. 在合理假设下 $\boldsymbol{T}_k$ 收敛于上三角矩阵. 这两种迭代的成功使用，必然要选主元. 见 Wilkinson (AEP, 第 602 页).

7.3.5　定理 7.3.1 的证明

为了建立定理 7.3.1，我们需要以下引理，它给出了矩阵的幂及其逆的界.

引理 7.3.2 令 $\boldsymbol{Q}^{\mathrm{H}}\boldsymbol{A}\boldsymbol{Q}=\boldsymbol{T}=\boldsymbol{D}+\boldsymbol{N}$ 是 $\boldsymbol{A}\in\mathbb{C}^{n\times n}$ 的 Schur 分解，其中 $\boldsymbol{D}$ 是对角矩阵且 $\boldsymbol{N}$ 是严格上三角矩阵. 令 $\lambda_{\max}$ 和 $\lambda_{\min}$ 分别是 $\boldsymbol{A}$ 的绝对值最大和最小的特征值. 如果 $\mu\geqslant 0$，则对于 $k\geqslant 0$ 有

$$\left\|\boldsymbol{A}^k\right\|_2 \leqslant (1+\mu)^{n-1}\left(|\,\lambda_{\max}\,| + \frac{\|\boldsymbol{N}\|_F}{1+\mu}\right)^k. \tag{7.3.15}$$

如果 $\boldsymbol{A}$ 非奇异且 $\mu\geqslant 0$ 满足 $(1+\mu)|\lambda_{\min}|>\|\,\boldsymbol{N}\,\|_F$，那么对于 $k\geqslant 0$ 也有

$$\|\,\boldsymbol{A}^{-k}\,\|_2 \leqslant (1+\mu)^{n-1}\left(\frac{1}{|\lambda_{\min}|-\|\,\boldsymbol{N}\,\|_F/(1+\mu)}\right)^k. \tag{7.3.16}$$

证明 对于 $\mu\geqslant 0$，定义对角矩阵 $\boldsymbol{\Delta}$ 为

$$\boldsymbol{\Delta} \;=\; \mathrm{diag}\,(1,(1+\mu),(1+\mu)^2,\cdots,(1+\mu)^{n-1}),$$

注意 $\kappa_2(\boldsymbol{\Delta})=(1+\mu)^{n-1}$. 由于 $\boldsymbol{N}$ 是严格上三角矩阵，易证

$$\|\,\boldsymbol{\Delta}\boldsymbol{N}\boldsymbol{\Delta}^{-1}\,\|_F \;\leqslant\; \frac{\|\,\boldsymbol{N}\,\|_F}{1+\mu},$$

所以

$$\|\,\boldsymbol{A}^k\,\|_2 \;=\; \|\,\boldsymbol{T}^k\,\|_2 \;=\; \|\,\boldsymbol{\Delta}^{-1}(\boldsymbol{D}+\boldsymbol{\Delta}\boldsymbol{N}\boldsymbol{\Delta}^{-1})^k\boldsymbol{\Delta}\,\|_2$$

$$
\begin{aligned}
&\leqslant \kappa_2(\boldsymbol{\Delta})\left(\|\boldsymbol{D}\|_2+\|\boldsymbol{\Delta N \Delta}^{-1}\|_2\right)^k \\
&\leqslant (1+\mu)^{n-1}\left(|\lambda_{\max}|+\frac{\|\boldsymbol{N}\|_F}{1+\mu}\right)^k .
\end{aligned}
$$

另外，如果 $\boldsymbol{A}$ 非奇异且 $(1+\mu)|\lambda_{\min}| > \|\boldsymbol{N}\|_F$，那么

$$
\left\|\boldsymbol{\Delta D}^{-1}\boldsymbol{N\Delta}^{-1}\right\|_2 = \left\|\boldsymbol{D}^{-1}(\boldsymbol{\Delta N\Delta}^{-1})\right\|_2 \leqslant \frac{1}{|\lambda_{\min}|}\left\|\boldsymbol{\Delta N\Delta}^{-1}\right\|_F < 1.
$$

运用引理 2.3.3，我们有

$$
\begin{aligned}
\|\boldsymbol{A}^{-k}\|_2 &= \|\boldsymbol{T}^{-k}\|_2 = \left\|\boldsymbol{\Delta}^{-1}[(\boldsymbol{I}+\boldsymbol{\Delta D}^{-1}\boldsymbol{N\Delta}^{-1})^{-1}\boldsymbol{D}^{-1}]^k\boldsymbol{\Delta}\right\|_2 \\
&\leqslant \kappa_2(\boldsymbol{\Delta})\left(\frac{\|\boldsymbol{D}^{-1}\|_2}{1-\|\boldsymbol{\Delta D}^{-1}\boldsymbol{N\Delta}^{-1}\|_2}\right)^k \\
&\leqslant (1+\mu)^{n-1}\left(\frac{1}{|\mu|-\|\boldsymbol{N}\|_F/(1+\mu)}\right)^k .
\end{aligned}
$$

引理得证. □

定理 7.3.1 的证明 用归纳法可推知，(7.3.6) 中满足

$$
\boldsymbol{A}^k\boldsymbol{Q}_0 = \boldsymbol{Q}_k(\boldsymbol{R}_k\cdots\boldsymbol{R}_1)
$$

的矩阵 $\boldsymbol{Q}_k$ 是 $\boldsymbol{A}^k\boldsymbol{Q}_0$ 的 QR 分解. 将 Schur 分解 (7.3.7) 和 (7.3.8) 代入此等式中，有

$$
\boldsymbol{T}^k\begin{bmatrix}\boldsymbol{V}_0\\ \boldsymbol{W}_0\end{bmatrix} = \begin{bmatrix}\boldsymbol{V}_k\\ \boldsymbol{W}_k\end{bmatrix}(\boldsymbol{R}_k\cdots\boldsymbol{R}_1), \tag{7.3.17}
$$

其中

$$
\boldsymbol{V}_k = \boldsymbol{Q}_\alpha^{\mathrm{H}}\boldsymbol{Q}_k, \qquad \boldsymbol{W}_k = \boldsymbol{Q}_\beta^{\mathrm{H}}\boldsymbol{Q}_k.
$$

利用 2.5.3 节的子空间距离的定义，可界定 $\|\boldsymbol{W}_k\|_2$，即有

$$
\|\boldsymbol{W}_k\|_2 = \mathsf{dist}(D_r(\boldsymbol{A}), \mathsf{ran}(\boldsymbol{Q}_k)). \tag{7.3.18}
$$

注意，由窄 CS 分解（定理 2.5.2）可得

$$
1 = d_k^2 + \sigma_{\min}(\boldsymbol{V}_k)^2. \tag{7.3.19}
$$

因为 $\boldsymbol{T}_{11}$ 和 $\boldsymbol{T}_{22}$ 没有相同特征值，故由引理 7.1.5 可知，存在 $\boldsymbol{X}\in\mathbb{C}^{r\times(n-r)}$ 满足 Sylvester 方程 $\boldsymbol{T}_{11}\boldsymbol{X} - \boldsymbol{X}\boldsymbol{T}_{22} = -\boldsymbol{T}_{12}$，且

$$
\|\boldsymbol{X}\|_F \leqslant \frac{\|\boldsymbol{T}_{12}\|_F}{\mathsf{sep}(\boldsymbol{T}_{11}, \boldsymbol{T}_{22})}. \tag{7.3.20}
$$

所以

$$\begin{bmatrix} I_r & X \\ 0 & I_{n-r} \end{bmatrix}^{-1} \begin{bmatrix} T_{11} & T_{12} \\ 0 & T_{22} \end{bmatrix} \begin{bmatrix} I_r & X \\ 0 & I_{n-r} \end{bmatrix} = \begin{bmatrix} T_{11} & 0 \\ 0 & T_{22} \end{bmatrix}.$$

将其代入 (7.3.17) 可得

$$\begin{bmatrix} T_{11}^k & 0 \\ 0 & T_{22}^k \end{bmatrix} \begin{bmatrix} V_0 - XW_0 \\ W_0 \end{bmatrix} = \begin{bmatrix} V_k - XW_k \\ W_k \end{bmatrix} (R_k \cdots R_1),$$

即

$$T_{11}^k(V_0 - XW_0) = (V_k - XW_k)(R_k \cdots R_1), \tag{7.3.21}$$

$$T_{22}^k W_0 = W_k(R_k \cdots R_1). \tag{7.3.22}$$

又因为 $I + XX^{\mathrm{H}}$ 是正定 Hermite 矩阵，所以可进行 Cholesky 分解

$$I + XX^{\mathrm{H}} = GG^{\mathrm{H}}. \tag{7.3.23}$$

显然

$$\sigma_{\min}(G) \geqslant 1. \tag{7.3.24}$$

如果 $Z \in \mathbb{C}^{n\times(n-r)}$ 定义如下

$$Z = Q \begin{bmatrix} I_r \\ -X^{\mathrm{H}} \end{bmatrix} G^{-\mathrm{H}} = [\, Q_\alpha \, Q_\beta \,] \begin{bmatrix} I_r \\ -X^{\mathrm{H}} \end{bmatrix} G^{-\mathrm{H}} = (Q_\alpha - Q_\beta X^{\mathrm{H}})G^{-\mathrm{H}},$$

那么由 $A^{\mathrm{H}}Q = QT^{\mathrm{H}}$ 有

$$A^{\mathrm{H}}(Q_\alpha - Q_\beta X^{\mathrm{H}}) = (Q_\alpha - Q_\beta X^{\mathrm{H}})T_{11}^{\mathrm{H}}. \tag{7.3.25}$$

因为 $Z^{\mathrm{H}}Z = I_r$ 且 $\mathrm{ran}(Z) = \mathrm{ran}(Q_\alpha - Q_\beta X^{\mathrm{H}})$，所以 Z 的列是 $D_r(A^{\mathrm{H}})$ 的正交基. 运用 CS 分解和 (7.3.19) 以及 $\mathrm{ran}(Q_\beta) = D_r(A^{\mathrm{H}})^\perp$，我们有

$$\begin{aligned} \sigma_{\min}(Z^{\mathrm{T}}Q_0)^2 &= 1 - \mathrm{dist}(D_r(A^{\mathrm{H}}), Q_0)^2 = 1 - \| Q_\beta^{\mathrm{H}} Q_0 \| \\ &= \sigma_{\min}(Q_\alpha^{\mathrm{T}} Q_0)^2 = \sigma_{\min}(V_0)^2 = 1 - d_0^2 > 0. \end{aligned}$$

这就证明了

$$V_0 - XW_0 = \left[\, I_r \,\middle|\, -X \,\right] \begin{bmatrix} Q_\alpha^{\mathrm{H}} Q_0 \\ Q_\beta^{\mathrm{H}} Q_0 \end{bmatrix} = (ZG^{\mathrm{H}})^{\mathrm{H}} Q_0 = G(Z^{\mathrm{H}} Q_0)$$

是非奇异的，又由 (7.3.24) 有

$$\|(\boldsymbol{V}_0-\boldsymbol{X}\boldsymbol{W}_0)^{-1}\|_2 \leqslant \|\boldsymbol{G}^{-1}\|_2\|(\boldsymbol{Z}^{\mathrm{H}}\boldsymbol{Q}_0)^{-1}\|_2 \leqslant \frac{1}{\sqrt{1-d_0^2}}. \tag{7.3.26}$$

再由 (7.3.19) 和 (7.3.20) 有

$$\boldsymbol{W}_k = \boldsymbol{T}_{22}^k\boldsymbol{W}_0(\boldsymbol{R}_k\cdots\boldsymbol{R}_1)^{-1} = \boldsymbol{T}_{22}^k\boldsymbol{W}_0(\boldsymbol{V}_0-\boldsymbol{X}\boldsymbol{W}_0)^{-1}\boldsymbol{T}_{11}^{-k}(\boldsymbol{V}_k-\boldsymbol{X}\boldsymbol{W}_k).$$

对上述等式取范数，再由 (7.3.18)(7.3.19)(7.3.20)(7.3.26) 以及

$$\begin{aligned}
\|\boldsymbol{T}_{22}^k\|_2 &\leqslant (1+\mu)^{n-r-1}\left(|\lambda_{r+1}| + \|\boldsymbol{N}\|_F/(1+\mu)\right)^k, \\
\|\boldsymbol{T}_{11}^{-k}\|_2 &\leqslant (1+\mu)^{r-1}/\left(|\lambda_r| - \|\boldsymbol{N}\|_F/(1+\mu)\right)^k, \\
\|\boldsymbol{V}_k-\boldsymbol{X}\boldsymbol{W}_k\|_2 &\leqslant \|\boldsymbol{V}_k\|_2 + \|\boldsymbol{X}\|_2\|\boldsymbol{W}_k\|_2 \leqslant 1 + \|\boldsymbol{T}_{12}\|_F/\mathsf{sep}(\boldsymbol{T}_{11},\boldsymbol{T}_{22}),
\end{aligned}$$

即可证得 (7.3.10). $\|\boldsymbol{T}_{22}^k\|_2$ 和 $\|\boldsymbol{T}_{11}^{-k}\|_2$ 的界来自引理 7.3.2. □

习　　题

1. 验证等式 (7.3.5).

2. 假设 $\boldsymbol{A}\in\mathbb{R}^{n\times n}$ 的特征值满足 $|\lambda_1|=|\lambda_2|>|\lambda_3|\geqslant\cdots\geqslant|\lambda_n|$，且 λ_1 和 λ_2 是共轭复数. 令 $S=\mathsf{span}\{\boldsymbol{y},\boldsymbol{z}\}$，其中 $\boldsymbol{y},\boldsymbol{z}\in\mathbb{R}^n$ 满足 $\boldsymbol{A}(\boldsymbol{y}+\mathrm{i}\boldsymbol{z})=\lambda_1(\boldsymbol{y}+\mathrm{i}\boldsymbol{z})$. 说明如何运用带实初始向量的幂法计算 S 的基的近似值.

3. 假设 $\boldsymbol{A}\in\mathbb{R}^{n\times n}$ 的特征值 $\lambda_1,\cdots,\lambda_n$ 满足

$$\lambda=\lambda_1=\lambda_2=\lambda_3=\lambda_4>|\lambda_5|\geqslant\cdots\geqslant|\lambda_n|,$$

其中 λ 是正数. 如果 $\boldsymbol{A}$ 有两个形如

$$\begin{bmatrix}\lambda & 1\\ 0 & \lambda\end{bmatrix}$$

的 Jordan 块. 讨论当对此矩阵运用幂法时的收敛性，以及如何加速收敛.

4. 如果对于所有 i 和 j 有 $a_{ij}>0$，则 $\boldsymbol{A}$ 称为正矩阵. 如果对所有 i 有 $v_i>0$，则 $\boldsymbol{v}\in\mathbb{R}^n$ 称为正向量. Perron 定理是说，如果 $\boldsymbol{A}$ 是正的方阵，那么其唯一的主特征值等于其谱半径 $\rho(\boldsymbol{A})$，并且存在正向量 $\boldsymbol{x}$ 使得 $\boldsymbol{A}\boldsymbol{x}=\rho(\boldsymbol{A})\cdot\boldsymbol{x}$. 此时，称 $\boldsymbol{x}$ 为 Perron 向量，称 $\rho(\boldsymbol{A})$ 为 Perron 根. 假设 $\boldsymbol{A}\in\mathbb{R}^{n\times n}$ 是正矩阵且 $\boldsymbol{q}\in\mathbb{R}^n$ 是正向量，并使用单位 2-范数. 考虑幂法 (7.3.3) 的下列实现:

$z=Aq,\ \lambda=q^{\mathrm{T}}z$
while $\|z-\lambda q\|_2>\delta$
　$q=z,\ q=q/\|q\|_2,\ z=Aq,\ \lambda=q^{\mathrm{T}}z$
end

(a) 调整终止条件，以保证（原则上）最终的 λ 和 q 满足 $\tilde{\boldsymbol{A}}\boldsymbol{q}=\lambda\boldsymbol{q}$，其中 $\|\tilde{\boldsymbol{A}}-\boldsymbol{A}\|_2\leqslant\delta$ 且 $\tilde{\boldsymbol{A}}$ 是正矩阵.

(b) 将幂法应用于正矩阵 $\boldsymbol{A} \in \mathbb{R}^{n\times n}$，**Collatz-Wielandt** 公式是说，$\rho(\boldsymbol{A})$ 是如下定义的函数 f 的最大特征值

$$f(\boldsymbol{x}) = \min_{1\leqslant i\leqslant n} \frac{y_i}{x_i},$$

其中 $\boldsymbol{x} \in \mathbb{R}^n$ 是正向量且 $\boldsymbol{y} = \boldsymbol{A}\boldsymbol{x}$. 是否有 $f(\boldsymbol{A}\boldsymbol{q}) \geqslant f(\boldsymbol{q})$? 换句话说，假设 $\boldsymbol{q}^{(0)}$ 是正向量，那么幂法中的迭代 $\{\boldsymbol{q}^{(k)}\}$ 具有使 $f(\boldsymbol{q}^{(k)})$ 单调增加到 Perron 根的性质吗?

5. (阅读前一题作为背景) 如果对所有 i 和 j 有 $a_{ij} \geqslant 0$，则 $\boldsymbol{A}$ 称为**非负矩阵**. 如果存在置换矩阵 $\boldsymbol{P}$ 使得 $\boldsymbol{P}^{\mathrm{T}}\boldsymbol{A}\boldsymbol{P}$ 是分块三角矩阵且有两个及以上方形对角块，则 $\boldsymbol{A} \in \mathbb{R}^{n\times n}$ 称为**可约矩阵**. 不是可约的矩阵称为**不可约矩阵**. **Perron-Frobenius** 定理是说，如果 $\boldsymbol{A}$ 是非负不可约方阵，那么 $\rho(\boldsymbol{A})$ (Perron 根) 是矩阵 $\boldsymbol{A}$ 的一个特征值，并且存在正向量 $\boldsymbol{x}$ (Perron 向量) 使得 $\boldsymbol{A}\boldsymbol{x} = \rho(\boldsymbol{A})\cdot\boldsymbol{x}$. 假设 $\boldsymbol{A}_1, \boldsymbol{A}_2, \boldsymbol{A}_3 \in \mathbb{R}^{n\times n}$ 都是正矩阵，非负矩阵 $\boldsymbol{A}$ 定义如下

$$\boldsymbol{A} = \begin{bmatrix} \boldsymbol{0} & \boldsymbol{A}_1 & \boldsymbol{0} \\ \boldsymbol{0} & \boldsymbol{0} & \boldsymbol{A}_2 \\ \boldsymbol{A}_3 & \boldsymbol{0} & \boldsymbol{0} \end{bmatrix}.$$

(a) 证明 $\boldsymbol{A}$ 是不可约矩阵.

(b) 令 $\boldsymbol{B} = \boldsymbol{A}_1\boldsymbol{A}_2\boldsymbol{A}_3$. 说明如何从矩阵 $\boldsymbol{B}$ 的 Perron 根和 Perron 向量计算矩阵 $\boldsymbol{A}$ 的 Perron 根和 Perron 向量.

(c) 证明矩阵 $\boldsymbol{A}$ 有绝对值等于 Perron 根的其他特征值. 说明如何计算出这些特征值及对应的特征向量.

6. (阅读前两题作为背景) 如果非负矩阵 $\boldsymbol{P} \in \mathbb{R}^{n\times n}$ 的每列元素之和为 1，则称为**随机矩阵**. 如果向量 $\boldsymbol{v} \in \mathbb{R}^n$ 的分量都是非负的且其和为 1，则称为**概率向量**.

(a) 证明: 如果 $\boldsymbol{P} \in \mathbb{R}^{n\times n}$ 是随机矩阵且 $\boldsymbol{v} \in \mathbb{R}^n$ 是概率向量，那么 $\boldsymbol{w} = \boldsymbol{P}\boldsymbol{v}$ 也是概率向量.

(b) 随机矩阵 $\boldsymbol{P} \in \mathbb{R}^{n\times n}$ 中的元素称为**转换概率**，这是相应于 n 态**马尔可夫链**来说的. 令 v_j 为状态 j 在 $t = t_{\text{current}}$ 的概率. 在马尔可夫模型中，状态 i 在 $t = t_{\text{next}}$ 的概率如下给出

$$w_i = \sum_{j=1}^{n} p_{ij}v_j, \qquad i = 1:n,$$

即 $\boldsymbol{w} = \boldsymbol{P}\boldsymbol{v}$. 在一枚有偏硬币的帮助下，万维网上的一名冲浪者随机地从一页跳到另一页. 假设冲浪者当前正在浏览网页 j，并且硬币的正面朝上的概率为 α. 以下是冲浪者确定要如何访问下一页的方法.

步骤 1. 抛硬币.

步骤 2. 如果正面朝上且网页 j 至少有一个外链接，那么下一页从外链接中随机选择.

步骤 3. 否则，下一页从所有可能的网页中随机选择.

令 $\boldsymbol{P} \in \mathbb{R}^{n\times n}$ 是定义此随机过程的转换概率的矩阵. 说明如何用 α、单位向量 $\boldsymbol{e}$ 以及如下定义的链接矩阵 $\boldsymbol{H} \in \mathbb{R}^{n\times n}$ 表示 $\boldsymbol{P}$.

$$h_{ij} = \begin{cases} 1, & \text{如果存在网页 } j \text{ 到网页 } i \text{ 的链接}, \\ 0, & \text{其他情形}. \end{cases}$$

提示: $H(:,j)$ 中的非零元的个数就是网页 j 的链接数. $\boldsymbol{P}$ 是一个非常稀疏的矩阵与一个非常稠密的秩 1 矩阵的凸组合.

(c) 详细说明如何用幂法来确定概率向量 $\boldsymbol{x}$ 使得 $\boldsymbol{Px}=\boldsymbol{x}$. 尽量得到尽可能多的“循环外”计算. 注意，在极限状态下，我们期望能做到随机冲浪者以概率 x_i 浏览网页 i. 因此，就要做到更重要的网页对应 $\boldsymbol{x}$ 的更大的分量. 这就是 Google PageRank 的基础. 如果

$$x_{i_1} \geqslant x_{i_2} \geqslant \cdots \geqslant x_{i_n},$$

那么网页 i_k 的页秩就为 k.

7. (a) 证明：如果 $\boldsymbol{X} \in \mathbb{C}^{n\times n}$ 是非奇异矩阵，那么

$$\| \boldsymbol{A} \|_X = \| \boldsymbol{X}^{-1}\boldsymbol{AX} \|_2$$

定义了具有以下属性的矩阵范数

$$\| \boldsymbol{AB} \|_X \leqslant \| \boldsymbol{A} \|_X \| \boldsymbol{B} \|_X.$$

(b) 证明：对于任意 $\epsilon > 0$，存在非奇异矩阵 $\boldsymbol{X} \in \mathbb{C}^{n\times n}$ 使得下式成立

$$\| \boldsymbol{A} \|_X = \| \boldsymbol{X}^{-1}\boldsymbol{AX} \|_2 \leqslant \rho(\boldsymbol{A}) + \epsilon,$$

其中 $\rho(\boldsymbol{A})$ 是 $\boldsymbol{A}$ 的谱半径. 结果是，对于所有非负整数 k，存在常数 M 使得下式成立

$$\| \boldsymbol{A}^k \|_2 \leqslant M(\rho(\boldsymbol{A}) + \epsilon)^k.$$

（提示：令 $\boldsymbol{X} = \boldsymbol{Q}\,\mathrm{diag}(1, a, \cdots, a^{n-1})$，其中 $\boldsymbol{Q}^{\mathrm{H}}\boldsymbol{AQ} = \boldsymbol{D} + \boldsymbol{N}$ 是 $\boldsymbol{A}$ 的 Schur 分解.）

8. 验证 (7.3.14) 计算了 (7.3.13) 中定义的矩阵 $\boldsymbol{T}_k$.

9. 假设 $\boldsymbol{A} \in \mathbb{C}^{n\times n}$ 是非奇异矩阵且 $\boldsymbol{Q}_0 \in \mathbb{C}^{n\times p}$ 有正交列. 以下迭代称为逆正交迭代.

for $k = 1, 2, \cdots$
  对 $Z_k \in \mathbb{C}^{n\times p}$ 解方程 $AZ_k = Q_{k-1}$
  $Z_k = Q_k R_k$ （QR 分解）
end

解释为什么这个迭代通常可以用于计算 $\boldsymbol{A}$ 的 p 个绝对值最小特征值. 注意，为了实现这个迭代，必然要能解涉及 $\boldsymbol{A}$ 的线性方程组. 当 $p=1$ 时，这个方法称为逆幂法.

7.4 Hessenberg 分解和实 Schur 型

在本节和下一节中，我们将阐释如何将 (7.3.1) 中提到的 QR 迭代快速且有效地应用于计算 Schur 分解. 由于大多数有关特征值和不变子空间的问题涉及的都是实数，故我们关注发展 (7.3.1) 中的实形式，如下所示：

$H_0 = U_0^{\mathrm{T}} A U_0$
for $k = 1, 2, \cdots$
  $H_{k-1} = U_k R_k$ （QR 分解） (7.4.1)
  $H_k = R_k U_k$
end

其中 $\boldsymbol{A}\in\mathbb{R}^{n\times n}$、每个 $\boldsymbol{U}_k\in\mathbb{R}^{n\times n}$ 均为正交矩阵，每个 $\boldsymbol{R}_k\in\mathbb{R}^{n\times n}$ 均为上三角矩阵. 这个实迭代的困难在于 $\boldsymbol{A}$ 有复特征值且 $\boldsymbol{H}_k$ 不能收敛于三角型. 由于这个原因，我们必须降低预期，考虑另外一种分解，即**实 Schur 分解**.

为了有效计算实 Schur 分解，我们必须仔细选择 (7.4.1) 中的初始正交相似变换矩阵 $\boldsymbol{U}_0$. 特别地，如果选取 $\boldsymbol{U}_0$ 使得 $\boldsymbol{H}_0$ 为上 Hessenberg 矩阵，那么每次迭代的计算量将从 $O(n^3)$ 降至 $O(n^2)$. 通过系列 Householder 矩阵运算，初始约化 $\boldsymbol{U}_0$ 化为 Hessenberg 型是十分重要的.

7.4.1 实 Schur 分解

对角块均为 1×1 或 2×2 的分块上三角矩阵称为**拟上三角矩阵**. 实 Schur 分解就相当于把矩阵实约化为一个拟上三角矩阵.

定理 7.4.1 (实 Schur 分解) *如果 $\boldsymbol{A}\in\mathbb{R}^{n\times n}$，则存在正交矩阵 $\boldsymbol{Q}\in\mathbb{R}^{n\times n}$ 使得*

$$\boldsymbol{Q}^{\mathrm{T}}\boldsymbol{A}\boldsymbol{Q}=\begin{bmatrix}\boldsymbol{R}_{11} & \boldsymbol{R}_{12} & \cdots & \boldsymbol{R}_{1m}\\ \boldsymbol{0} & \boldsymbol{R}_{22} & \cdots & \boldsymbol{R}_{2m}\\ \vdots & \vdots & \ddots & \vdots\\ \boldsymbol{0} & \boldsymbol{0} & \cdots & \boldsymbol{R}_{mm}\end{bmatrix},\tag{7.4.2}$$

其中每个 $\boldsymbol{R}_{ii}$ 不是 1×1 矩阵就是具有复共轭特征值的 2×2 矩阵.

证明 因为特征多项式 $\det(z\boldsymbol{I}-\boldsymbol{A})$ 的系数均为实数，所以 $\boldsymbol{A}$ 的复特征值一定以共轭对的形式出现. 令 k 为 $\lambda(\boldsymbol{A})$ 中复共轭对的数目. 我们对 k 运用归纳法来证明这个定理. 首先，因为引理 7.1.2 和定理 7.1.3 在实数域内有类似的结论，所以当 $k=0$ 时定理成立. 现在，假定 $k\geqslant 1$. 如果 $\lambda=\gamma+\mathrm{i}\mu\in\lambda(\boldsymbol{A})$ 且 $\mu\neq 0$，则对于 $\mathbb{R}^n(\boldsymbol{z}\neq 0)$，存在向量 $\boldsymbol{y}$ 和 $\boldsymbol{z}$ 使得 $\boldsymbol{A}(\boldsymbol{y}+\mathrm{i}\boldsymbol{z})=(\gamma+\mathrm{i}\mu)(\boldsymbol{y}+\mathrm{i}\boldsymbol{z})$，即

$$\boldsymbol{A}\left[\ \boldsymbol{y}\ \middle|\ \boldsymbol{z}\ \right]=\left[\ \boldsymbol{y}\ \middle|\ \boldsymbol{z}\ \right]\begin{bmatrix}\gamma & \mu\\ -\mu & \gamma\end{bmatrix}.$$

假定 $\mu\neq 0$ 意味着向量 $\boldsymbol{y}$ 和 $\boldsymbol{z}$ 张成 $\boldsymbol{A}$ 的二维实不变子空间. 由引理 7.1.2，存在正交矩阵 $\boldsymbol{U}\in\mathbb{R}^{n\times n}$ 使得

$$\boldsymbol{U}^{\mathrm{T}}\boldsymbol{A}\boldsymbol{U}=\begin{bmatrix}\boldsymbol{T}_{11} & \boldsymbol{T}_{12}\\ \boldsymbol{0} & \boldsymbol{T}_{22}\end{bmatrix}\begin{matrix}2\\ n-2\end{matrix},\quad \begin{matrix}\text{列宽: } 2 & n-2\end{matrix}$$

其中 $\lambda(\boldsymbol{T}_{11})=\{\lambda,\bar{\lambda}\}$. 由归纳法，存在正交矩阵 $\tilde{\boldsymbol{U}}$ 使得 $\tilde{\boldsymbol{U}}^{\mathrm{T}}\boldsymbol{T}_{22}\tilde{\boldsymbol{U}}$ 满足要求. 令 $\boldsymbol{Q}=\boldsymbol{U}\cdot\mathrm{diag}(\boldsymbol{I}_2,\tilde{\boldsymbol{U}})$ 即可证明定理成立. □

这个定理表明任何实矩阵均正交相似于一个拟上三角矩阵. 显然, 从 2×2 对角块容易得到复特征值的实部和虚部. 因此, 可以说实 Schur 分解是揭示特征值的分解.

7.4.2 Hessenberg QR 步

现在, 我们将精力转移到如何计算 (7.4.1) 中的单个 QR 步. 在某种程度上, (7.4.1) 的最大缺点在于每步都需要 $O(n^3)$ 个 flop 的完全 QR 分解. 幸运的是, 如果选取合适的正交矩阵 $\boldsymbol{U}_0$, 那么每次迭代的计算量均可降低一个数量级. 特别地, 如果 $\boldsymbol{U}_0^{\mathrm{T}}\boldsymbol{A}\boldsymbol{U}_0 = \boldsymbol{H}_0 = (h_{ij})$ 是上 Hessenberg 矩阵 (对于 $i > j+1$ 有 $h_{ij} = 0$), 那么计算每一个 $\boldsymbol{H}_k$ 只需要 $O(n^2)$ 个 flop. 为了看出这一点, 我们看看当 $\boldsymbol{H}$ 是上 Hessenberg 矩阵时如何计算 $\boldsymbol{H} = \boldsymbol{Q}\boldsymbol{R}$ 和 $\boldsymbol{H}_+ = \boldsymbol{R}\boldsymbol{Q}$. 正如 5.2.5 节所述, 利用 $n-1$ 次旋转变换 $\boldsymbol{Q}^{\mathrm{T}}\boldsymbol{H} \equiv \boldsymbol{G}_{n-1}^{\mathrm{T}}\cdots\boldsymbol{G}_1^{\mathrm{T}}\boldsymbol{H} = \boldsymbol{R}$ 可将 $\boldsymbol{H}$ 化为上三角矩阵, 其中 $\boldsymbol{G}_i = G(i, i+1, \theta_i)$. 当 $n = 4$ 时, 做 3 次 Givens 左乘:

$$\begin{bmatrix} \times & \times & \times & \times \\ \times & \times & \times & \times \\ 0 & \times & \times & \times \\ 0 & 0 & \times & \times \end{bmatrix} \to \begin{bmatrix} \times & \times & \times & \times \\ 0 & \times & \times & \times \\ 0 & \times & \times & \times \\ 0 & 0 & \times & \times \end{bmatrix} \to \begin{bmatrix} \times & \times & \times & \times \\ 0 & \times & \times & \times \\ 0 & 0 & \times & \times \\ 0 & 0 & \times & \times \end{bmatrix} \to \begin{bmatrix} \times & \times & \times & \times \\ 0 & \times & \times & \times \\ 0 & 0 & \times & \times \\ 0 & 0 & 0 & \times \end{bmatrix}.$$

见算法 5.2.5. $\boldsymbol{R}\boldsymbol{Q} = \boldsymbol{R}(\boldsymbol{G}_1\cdots\boldsymbol{G}_{n-1})$ 的计算同理, 也是容易的. 在 $n = 4$ 的情形, 需要做 3 次 Givens 右乘:

$$\begin{bmatrix} \times & \times & \times & \times \\ 0 & \times & \times & \times \\ 0 & 0 & \times & \times \\ 0 & 0 & 0 & \times \end{bmatrix} \to \begin{bmatrix} \times & \times & \times & \times \\ \times & \times & \times & \times \\ 0 & 0 & \times & \times \\ 0 & 0 & 0 & \times \end{bmatrix} \to \begin{bmatrix} \times & \times & \times & \times \\ \times & \times & \times & \times \\ 0 & \times & \times & \times \\ 0 & 0 & 0 & \times \end{bmatrix} \to \begin{bmatrix} \times & \times & \times & \times \\ \times & \times & \times & \times \\ 0 & \times & \times & \times \\ 0 & 0 & \times & \times \end{bmatrix}.$$

综上, 我们得到如下算法.

算法 7.4.1 如果 $\boldsymbol{H}$ 是 $n\times n$ 上 Hessenberg 矩阵, 那么本算法用 $\boldsymbol{H}_+ = \boldsymbol{R}\boldsymbol{Q}$ 覆盖 $\boldsymbol{H}$, 其中 $\boldsymbol{H} = \boldsymbol{Q}\boldsymbol{R}$ 是 $\boldsymbol{H}$ 的 QR 分解.

for $k = 1:n-1$

  $[\,c_k,\ s_k\,] = \mathsf{givens}(H(k,k), H(k+1,k))$

$$H(k:k+1, k:n) = \begin{bmatrix} c_k & s_k \\ -s_k & c_k \end{bmatrix}^{\mathrm{T}} H(k:k+1, k:n)$$

end

for $k = 1:n-1$

$$H(1:k+1, k:k+1) = H(1:k+1, k:k+1)\begin{bmatrix} c_k & s_k \\ -s_k & c_k \end{bmatrix}$$

end

令 $G_k = G(k, k+1, \theta_k)$ 表示第 k 次 Givens 旋转变换. 容易验证 $\boldsymbol{Q} = \boldsymbol{G}_1 \cdots \boldsymbol{G}_{n-1}$ 是上 Hessenberg 矩阵. 因此, $\boldsymbol{RQ} = \boldsymbol{H}_+$ 也是上 Hessenberg 矩阵. 这个算法需要大约 $6n^2$ 个 flop, 其更有效, 比满矩阵 QR 步 (7.3.1) 少一个数量级.

7.4.3 Hessenberg 约化

现在, 我们来说明如何计算 **Hessenberg 分解**

$$\boldsymbol{U}_0^{\mathrm{T}} \boldsymbol{A} \boldsymbol{U}_0 = H, \qquad \boldsymbol{U}_0^{\mathrm{T}} \boldsymbol{U}_0 = \boldsymbol{I}. \tag{7.4.3}$$

计算 Householder 矩阵 $\boldsymbol{P}_1, \cdots, \boldsymbol{P}_{n-2}$ 的乘积得到变换矩阵 $\boldsymbol{U}_0$. 矩阵 $\boldsymbol{P}_k$ 的作用是将第 k 列中次对角元以下的元素都化为 0. 当 $n=6$ 时, 我们有

$$\begin{bmatrix} \times & \times & \times & \times & \times & \times \\ \times & \times & \times & \times & \times & \times \\ \times & \times & \times & \times & \times & \times \\ \times & \times & \times & \times & \times & \times \\ \times & \times & \times & \times & \times & \times \\ \times & \times & \times & \times & \times & \times \end{bmatrix} \xrightarrow{P_1} \begin{bmatrix} \times & \times & \times & \times & \times & \times \\ \times & \times & \times & \times & \times & \times \\ 0 & \times & \times & \times & \times & \times \\ 0 & \times & \times & \times & \times & \times \\ 0 & \times & \times & \times & \times & \times \\ 0 & \times & \times & \times & \times & \times \end{bmatrix} \xrightarrow{P_2}$$

$$\begin{bmatrix} \times & \times & \times & \times & \times & \times \\ \times & \times & \times & \times & \times & \times \\ 0 & \times & \times & \times & \times & \times \\ 0 & 0 & \times & \times & \times & \times \\ 0 & 0 & \times & \times & \times & \times \\ 0 & 0 & \times & \times & \times & \times \end{bmatrix} \xrightarrow{P_3} \begin{bmatrix} \times & \times & \times & \times & \times & \times \\ \times & \times & \times & \times & \times & \times \\ 0 & \times & \times & \times & \times & \times \\ 0 & 0 & \times & \times & \times & \times \\ 0 & 0 & 0 & \times & \times & \times \\ 0 & 0 & 0 & \times & \times & \times \end{bmatrix} \xrightarrow{P_4} \begin{bmatrix} \times & \times & \times & \times & \times & \times \\ \times & \times & \times & \times & \times & \times \\ 0 & \times & \times & \times & \times & \times \\ 0 & 0 & \times & \times & \times & \times \\ 0 & 0 & 0 & \times & \times & \times \\ 0 & 0 & 0 & 0 & \times & \times \end{bmatrix}.$$

一般来说, 在 $k-1$ 步后, 我们得到了 $k-1$ 个 Householder 矩阵 $\boldsymbol{P}_1, \cdots, \boldsymbol{P}_{k-1}$, 使得

$$(\boldsymbol{P}_1 \cdots \boldsymbol{P}_{k-1})^{\mathrm{T}} \boldsymbol{A} (\boldsymbol{P}_1 \cdots \boldsymbol{P}_{k-1}) = \begin{matrix} \begin{bmatrix} \boldsymbol{B}_{11} & \boldsymbol{B}_{12} & \boldsymbol{B}_{13} \\ \boldsymbol{B}_{21} & \boldsymbol{B}_{22} & \boldsymbol{B}_{23} \\ \boldsymbol{0} & \boldsymbol{B}_{32} & \boldsymbol{B}_{33} \end{bmatrix} & \begin{matrix} k-1 \\ 1 \\ n-k \end{matrix} \\ \begin{matrix} k-1 & \quad 1 & \quad n-k \end{matrix} & \end{matrix}$$

的前 $k-1$ 列是上 Hessenberg 矩阵. 假设 $\tilde{\boldsymbol{P}}_k$ 是秩为 $n-k$ 的 Householder 矩阵, 使得 $\tilde{\boldsymbol{P}}_k \boldsymbol{B}_{32}$ 是 $\boldsymbol{e}_1^{(n-k)}$ 的倍数. 如果 $\boldsymbol{P}_k = \mathrm{diag}(\boldsymbol{I}_k, \tilde{\boldsymbol{P}}_k)$, 那么

$$(\boldsymbol{P}_1 \cdots \boldsymbol{P}_k)^{\mathrm{T}} \boldsymbol{A} (\boldsymbol{P}_1 \cdots \boldsymbol{P}_k) = \begin{bmatrix} \boldsymbol{B}_{11} & \boldsymbol{B}_{12} & \boldsymbol{B}_{13} \tilde{\boldsymbol{P}}_k \\ \boldsymbol{B}_{21} & \boldsymbol{B}_{22} & \boldsymbol{B}_{23} \tilde{\boldsymbol{P}}_k \\ \boldsymbol{0} & \tilde{\boldsymbol{P}}_k \boldsymbol{B}_{32} & \tilde{\boldsymbol{P}}_k \boldsymbol{B}_{33} \tilde{\boldsymbol{P}}_k \end{bmatrix}$$

的前 k 列为上 Hessenberg 矩阵. 对于 $k = 1 : n-2$ 重复此过程, 可得如下算法.

算法 7.4.2 (用 Householder 约化矩阵为 Hessenberg 型) 给定 $\boldsymbol{A} \in \mathbb{R}^{n\times n}$，本算法用 $\boldsymbol{H} = \boldsymbol{U}_0^{\mathrm{T}}\boldsymbol{A}\boldsymbol{U}_0$ 覆盖 $\boldsymbol{A}$，其中 $\boldsymbol{H}$ 是上 Hessenberg 矩阵且 $\boldsymbol{U}_0$ 是 Householder 矩阵的乘积.

for $k = 1 : n-2$

　$[v, \beta] =$ house$(A(k+1:n, k))$

　$A(k+1:n, k:n) = (I - \beta vv^{\mathrm{T}})A(k+1:n, k:n)$

　$A(1:n, k+1:n) = A(1:n, k+1:n)(I - \beta vv^{\mathrm{T}})$

end

这个算法需要 $10n^3/3$ 个 flop. 如果 $\boldsymbol{U}_0$ 是显式形式的，则需要额外的 $4n^3/3$ 个 flop. 第 k 个 Householder 矩阵存放于 $A(k+2:n, k)$ 中. 具体细节见 Martin and Wilkinson (1968).

用这个方法约化矩阵 $\boldsymbol{A}$ 为 Hessenberg 型矩阵，其舍入误差是期待之中的. Wilkinson (AEP, 第 351 页) 指出，这样计算得出的 Hessenberg 型矩阵 $\hat{\boldsymbol{H}}$ 满足

$$\hat{\boldsymbol{H}} = \boldsymbol{Q}^{\mathrm{T}}(\boldsymbol{A} + \boldsymbol{E})\boldsymbol{Q},$$

其中 $\boldsymbol{Q}$ 是正交矩阵，$\|\boldsymbol{E}\|_F \leqslant cn^2\mathbf{u}\|\boldsymbol{A}\|_F$，$c$ 是较小的常数.

7.4.4 三级计算

Hessenberg 约化 (算法 7.4.2) 中含有大量的 2 级运算：一半是 gaxpys 修正，一半是外积修正. 为了在约化过程中引入 3 级计算，我们对下面两种方法进行简单讨论.

第一种方法较为直接，将分块矩阵约化为分块 Hessenberg 型. 为清晰起见，假设 $n = rN$，并记

$$\boldsymbol{A} = \begin{bmatrix} \boldsymbol{A}_{11} & \boldsymbol{A}_{12} \\ \boldsymbol{A}_{21} & \boldsymbol{A}_{22} \end{bmatrix}\begin{matrix} r \\ n-r \end{matrix}.$$
$$\qquad\quad r \qquad n-r$$

假设我们已经计算出了 QR 分解 $\boldsymbol{A}_{21} = \tilde{\boldsymbol{Q}}_1\boldsymbol{R}_1$ 且 $\tilde{\boldsymbol{Q}}_1$ 是 WY 型矩阵. 也就是说，存在 $\boldsymbol{W}_1, \boldsymbol{Y}_1 \in \mathbb{R}^{(n-r)\times r}$ 使得 $\tilde{\boldsymbol{Q}}_1 = \boldsymbol{I} + \boldsymbol{W}_1\boldsymbol{Y}_1^{\mathrm{T}}$.（详见 5.2.2 节.）如果 $\boldsymbol{Q}_1 = \mathrm{diag}(\boldsymbol{I}_r, \tilde{\boldsymbol{Q}}_1)$，则

$$\boldsymbol{Q}_1^{\mathrm{T}}\boldsymbol{A}\boldsymbol{Q}_1 = \begin{bmatrix} \boldsymbol{A}_{11} & \boldsymbol{A}_{12}\tilde{\boldsymbol{Q}}_1 \\ \boldsymbol{R}_1 & \tilde{\boldsymbol{Q}}_1^{\mathrm{T}}\boldsymbol{A}_{22}\tilde{\boldsymbol{Q}}_1 \end{bmatrix}.$$

注意，只要 $\tilde{\boldsymbol{Q}}_1$ 是 WY 型矩阵，那么 (1,2) 块和 (2,2) 块的修正就含有大量的 3 级运算. 这个例子完全展示了整个过程，因为 $\boldsymbol{Q}_1^{\mathrm{T}}\boldsymbol{A}\boldsymbol{Q}_1$ 的第一块列是分块上

Hessenberg 型的. 接下来我们重复计算 $\tilde{Q}_1^{\mathrm{T}} A_{22} \tilde{Q}_1$ 的前 r 列, 在 $N-1$ 步后得到:

$$H = U_0^{\mathrm{T}} A U_0 = \begin{bmatrix} H_{11} & H_{12} & \cdots & \cdots & H_{1N} \\ H_{21} & H_{22} & \cdots & \cdots & H_{2N} \\ 0 & \ddots & \ddots & \cdots & \vdots \\ \vdots & \vdots & \ddots & \ddots & \vdots \\ 0 & 0 & \cdots & H_{N,N-1} & H_{NN} \end{bmatrix},$$

其中每一个 H_{ij} 都是 $r \times r$ 矩阵，且 $U_0 = Q_1 \cdots Q_{N-2}$，其中每一个 Q_i 都是 WY 型矩阵. 整个算法中，3 级运算所占比例为 $1 - O(1/N)$. 注意，H 中的次对角块是上三角矩阵，所以这个矩阵的下带宽为 r. 除了第一条次对角线外，其余均可运用 Givens 旋转变换化为 0，从而将矩阵 H 约化为 Hessenberg 型.

Dongarra, Hammarling, and Sorensen (1987) 已经证明，如何同时使用 gaxpys 算法和 3 级修正直接将矩阵约化为 Hessenberg 型. 其思想是在每个 Householder 变换产生后做极小化修正. 例如，假设已经计算出 Householder 矩阵 P_1. 要计算 P_2，只需 $P_1 A P_1$ 的第 2 列，而不是做整个外积修正. 同理，为了得到 P_3，只需 $P_2 P_1 A P_1 P_2$ 的第 3 列，等等. 用此方法，仅用 gaxpy 运算便可确定 Householder 矩阵，不涉及任何外积修正. 也就是说，一旦有适当数量的 Householder 矩阵，将它们合并进行 3 级运算方式的修正即可.

更多有关组织高性能 Hessenberg 约化的内容，见 Karlsson (2011).

7.4.5　Hessenberg 矩阵的重要性质

Hessenberg 分解并不是唯一的. 如果 Z 是任意 $n \times n$ 正交矩阵，对 $Z^{\mathrm{T}} A Z$ 应用算法 7.4.2，则 $Q^{\mathrm{T}} A Q = H$ 是上 Hessenberg 矩阵，其中 $Q = ZU_0$. 然而，$Qe_1 = Z(U_0 e_1) = Ze_1$，所以只要确定 Q 的第 1 列就可得 H 是唯一的. 实质上，此性质在 H 没有零次对角元素时均成立. 具有这种性质的 Hessenberg 矩阵称为不可约矩阵. 如下定理澄清了这些问题.

定理 7.4.2 (隐式 Q 定理) 假设 $Q = [\, q_1 \,|\cdots|\, q_n \,]$ 和 $V = [\, v_1 \,|\cdots|\, v_n \,]$ 都是正交矩阵，且 $Q^{\mathrm{T}} A Q = H$ 和 $V^{\mathrm{T}} A V = G$ 都是上 Hessenberg 矩阵，其中 $A \in \mathbb{R}^{n\times n}$. 令 k 是使得 $h_{k+1,k} = 0$ 的最小正整数，当 H 不可约时，约定 $k = n$. 如果 $q_1 = v_1$，则对于 $i = 2:k$ 有 $q_i = \pm v_i$ 且 $|h_{i,i-1}| = |g_{i,i-1}|$. 此外，如果 $k < n$，则 $g_{k+1,k} = 0$.

证明　定义正交矩阵 $W = [\, w_1 \,|\cdots|\, w_n \,] = V^{\mathrm{T}} Q$，观察得 $GW = WH$. 对于 $i = 2:k$，比较此等式的 $i-1$ 列，可得

$$h_{i,i-1}\boldsymbol{w}_i = \boldsymbol{G}\boldsymbol{w}_{i-1} - \sum_{j=1}^{i-1} h_{j,i-1}\boldsymbol{w}_j.$$

由 $\boldsymbol{w}_1 = \boldsymbol{e}_1$ 可得 $[\boldsymbol{w}_1|\cdots|\boldsymbol{w}_k]$ 是上三角矩阵，于是对于 $i=2:k$ 有 $\boldsymbol{w}_i = \pm I_n(:,i) = \pm\boldsymbol{e}_i$. 对于 $i=2:k$，由 $\boldsymbol{w}_i = \boldsymbol{V}^{\mathrm{T}}\boldsymbol{q}_i$, $h_{i,i-1} = \boldsymbol{w}_i^{\mathrm{T}}\boldsymbol{G}\boldsymbol{w}_{i-1}$ 可得 $\boldsymbol{v}_i = \pm\boldsymbol{q}_i$ 且

$$|h_{i,i-1}| = |\boldsymbol{q}_i^{\mathrm{T}}\boldsymbol{A}\boldsymbol{q}_{i-1}| = |\boldsymbol{v}_i^{\mathrm{T}}\boldsymbol{A}\boldsymbol{v}_{i-1}| = |g_{i,i-1}|.$$

如果 $k<n$，那么

$$\begin{aligned} g_{k+1,k} &= \boldsymbol{e}_{k+1}^{\mathrm{T}}\boldsymbol{G}\boldsymbol{e}_k = \pm\boldsymbol{e}_{k+1}^{\mathrm{T}}\boldsymbol{G}\boldsymbol{W}\boldsymbol{e}_k = \pm\boldsymbol{e}_{k+1}^{\mathrm{T}}\boldsymbol{W}\boldsymbol{H}\boldsymbol{e}_k \\ &= \pm\boldsymbol{e}_{k+1}^{\mathrm{T}}\sum_{i=1}^{k} h_{ik}\boldsymbol{W}\boldsymbol{e}_i = \pm\sum_{i=1}^{k} h_{ik}\boldsymbol{e}_{k+1}^{\mathrm{T}}\boldsymbol{e}_i = 0. \end{aligned}$$

定理得证. □

隐式 Q 定理的关键在于，如果 $\boldsymbol{Q}^{\mathrm{T}}\boldsymbol{A}\boldsymbol{Q} = \boldsymbol{H}$ 和 $\boldsymbol{Z}^{\mathrm{T}}\boldsymbol{A}\boldsymbol{Z} = \boldsymbol{G}$ 都是不可约上 Hessenberg 矩阵且 $\boldsymbol{Q}$ 和 $\boldsymbol{Z}$ 的第一列相同，那么 $\boldsymbol{G}$ 和 $\boldsymbol{H}$ 本质上是等价的，即 $\boldsymbol{G} = \boldsymbol{D}^{-1}\boldsymbol{H}\boldsymbol{D}$，其中 $\boldsymbol{D} = \mathrm{diag}(\pm1,\cdots,\pm1)$.

我们的下一定理涉及称为 **Krylov 矩阵**的新型矩阵. 如果 $\boldsymbol{A}\in\mathbb{R}^{n\times n}$, $\boldsymbol{v}\in\mathbb{R}^n$，那么 Krylov 矩阵 $K(\boldsymbol{A},\boldsymbol{v},j)\in\mathbb{R}^{n\times j}$ 定义为

$$K(\boldsymbol{A},\boldsymbol{v},j) = \left[\,\boldsymbol{v}\,|\,\boldsymbol{A}\boldsymbol{v}\,|\cdots|\,\boldsymbol{A}^{j-1}\boldsymbol{v}\,\right].$$

可以证明，Hessenberg 约化 $\boldsymbol{Q}^{\mathrm{T}}\boldsymbol{A}\boldsymbol{Q} = \boldsymbol{H}$ 和矩阵 $K(\boldsymbol{A},Q(:,1),n)$ 的 QR 分解之间是有联系的.

定理 7.4.3 假设 $\boldsymbol{Q}\in\mathbb{R}^{n\times n}$ 是正交矩阵且 $\boldsymbol{A}\in\mathbb{R}^{n\times n}$，则 $\boldsymbol{Q}^{\mathrm{T}}\boldsymbol{A}\boldsymbol{Q} = \boldsymbol{H}$ 是不可约上 Hessenberg 矩阵当且仅当 $\boldsymbol{Q}^{\mathrm{T}}\boldsymbol{K}(\boldsymbol{A},Q(:,1),n) = \boldsymbol{R}$ 是非奇异上三角矩阵.

证明 假设 $\boldsymbol{Q}\in\mathbb{R}^{n\times n}$ 为正交矩阵，令 $\boldsymbol{H} = \boldsymbol{Q}^{\mathrm{T}}\boldsymbol{A}\boldsymbol{Q}$. 考虑下列恒等式

$$\boldsymbol{Q}^{\mathrm{T}}\boldsymbol{K}(\boldsymbol{A},Q(:,1),n) = \left[\,\boldsymbol{e}_1\,|\,\boldsymbol{H}\boldsymbol{e}_1\,|\cdots|\,\boldsymbol{H}^{n-1}\boldsymbol{e}_1\,\right] \equiv \boldsymbol{R}.$$

如果 $\boldsymbol{H}$ 是不可约上 Hessenberg 矩阵，那么很明显 $\boldsymbol{R}$ 是上三角矩阵且对于 $i=2:n$ 有 $r_{ii} = h_{21}h_{32}\cdots h_{i,i-1}$. 因为 $r_{11}=1$，所以矩阵 $\boldsymbol{R}$ 非奇异.

为了证明其逆命题也成立，假设 $\boldsymbol{R}$ 是非奇异上三角矩阵. 因为 $R(:,k+1) = \boldsymbol{H}R(:,k)$，所以 $H(:,k)\in\mathrm{span}\{\,\boldsymbol{e}_1,\cdots,\boldsymbol{e}_{k+1}\,\}$. 这意味着 $\boldsymbol{H}$ 是上 Hessenberg 矩阵. 由于 $r_{nn} = h_{21}h_{32}\cdots h_{n,n-1}\neq 0$，所以 $\boldsymbol{H}$ 也是不可约矩阵. □

因此，非奇异 Krylov 矩阵与将矩阵化为不可约 Hessenberg 矩阵的正交相似变换有一定的对应关系. 我们的最后一个结论是关于不可约上 Hessenberg 矩阵特征值的几何重数的.

定理 7.4.4 如果 λ 是不可约上 Hessenberg 矩阵 $\boldsymbol{H} \in \mathbb{R}^{n\times n}$ 的一个特征值，那么其几何重数为 1.

证明 由于 $\boldsymbol{H}-\lambda\boldsymbol{I}$ 的前 $n-1$ 列线性无关，因此对于任意 $\lambda\in\mathbb{C}$ 有 $\mathrm{rank}(\boldsymbol{A}-\lambda\boldsymbol{I}) \geqslant n-1$. □

7.4.6 友矩阵型

正如 Schur 分解有相应的非酉 Jordan 分解一样，Hessenberg 分解也有其相应的非酉**友矩阵分解**. 令 $\boldsymbol{x}\in\mathbb{R}^n$，且设 Krylov 矩阵 $\boldsymbol{K}=K(\boldsymbol{A},\boldsymbol{x},n)$ 非奇异. 如果 $\boldsymbol{c}=c(0:n-1)$ 是线性方程组 $\boldsymbol{Kc}=-\boldsymbol{A}^n\boldsymbol{x}$ 的解，则可得 $\boldsymbol{AK}=\boldsymbol{KC}$，其中

$$\boldsymbol{C} = \begin{bmatrix} 0 & 0 & \cdots & 0 & -c_0 \\ 1 & 0 & \cdots & 0 & -c_1 \\ 0 & 1 & \cdots & 0 & -c_2 \\ \vdots & \vdots & & \vdots & \vdots \\ 0 & 0 & \cdots & 1 & -c_{n-1} \end{bmatrix}. \tag{7.4.4}$$

矩阵 $\boldsymbol{C}$ 称为**友矩阵**. 因为

$$\det(z\boldsymbol{I}-\boldsymbol{C}) = c_0 + c_1 z + \cdots + c_{n-1}z^{n-1} + z^n,$$

所以，如果 $\boldsymbol{K}$ 是非奇异矩阵，那么分解 $\boldsymbol{K}^{-1}\boldsymbol{AK}=\boldsymbol{C}$ 展示 $\boldsymbol{A}$ 的特征多项式. 这一性质以及 $\boldsymbol{C}$ 的稀疏性导致了广泛应用于各个领域的“友矩阵方法”. 这些技巧一般包括以下过程.

步骤 1. 计算 Hessenberg 分解 $\boldsymbol{U}_0^{\mathrm{T}}\boldsymbol{A}\boldsymbol{U}_0=\boldsymbol{H}$.

步骤 2. 希望 $\boldsymbol{H}$ 不可约，令 $\boldsymbol{Y}=[\boldsymbol{e}_1\,|\,\boldsymbol{H}\boldsymbol{e}_1\,|\cdots|\,\boldsymbol{H}^{n-1}\boldsymbol{e}_1]$.

步骤 3. 由方程 $\boldsymbol{YC}=\boldsymbol{HY}$ 解出 $\boldsymbol{C}$.

不幸的是，这种计算高度不稳定. 只有 $\boldsymbol{A}$ 的每个特征值的几何重数均为 1 时，$\boldsymbol{A}$ 才相似于不可约 Hessenberg 矩阵. 具有这种性质的矩阵称作**非减阶矩阵**. 故可得，当 $\boldsymbol{A}$ 近似于减阶矩阵时上述矩阵 $\boldsymbol{Y}$ 的条件将会相当差.

关于友矩阵计算风险的完整讨论，见 Wilkinson (AEP, pp. 405ff.).

习 题

1. 假设 $\boldsymbol{A}\in\mathbb{R}^{n\times n}$ 且 $\boldsymbol{z}\in\mathbb{R}^n$，给出一个详细算法来计算正交矩阵 $\boldsymbol{Q}$，使得 $\boldsymbol{Q}^{\mathrm{T}}\boldsymbol{AQ}$ 是上 Hessenberg 矩阵且 $\boldsymbol{Q}^{\mathrm{T}}\boldsymbol{z}$ 是 $\boldsymbol{e}_1$ 的倍数. 提示：先约化 $\boldsymbol{z}$，然后应用算法 7.4.2.

2. 用选主元高斯变换，相似约化矩阵为 Hessenberg 型. 需要多少个 flop? 见 Businger (1969).

3. 在某些情形，有必要针对许多不同的 $z\in\mathbb{R}$ 和 $\boldsymbol{b}\in\mathbb{R}^n$ 的值求解线性方程组 $(\boldsymbol{A}+z\boldsymbol{I})\boldsymbol{x}=\boldsymbol{b}$. 说明应用 Hessenberg 分解如何有效且稳定的解决此问题.

4. 设 $\boldsymbol{H}\in\mathbb{R}^{n\times n}$ 是不可约上 Hessenberg 矩阵. 证明：存在对角矩阵 $\boldsymbol{D}$ 使得 $\boldsymbol{D}^{-1}\boldsymbol{H}\boldsymbol{D}$ 的每个次对角元都等于 1. $\kappa_2(\boldsymbol{D})$是多少?

5. 假设 $\boldsymbol{W},\boldsymbol{Y}\in\mathbb{R}^{n\times n}$ 且定义矩阵 $\boldsymbol{C}$ 和 $\boldsymbol{B}$ 为

$$\boldsymbol{C} = \boldsymbol{W}+\mathrm{i}\boldsymbol{Y}, \qquad \boldsymbol{B} = \begin{bmatrix} \boldsymbol{W} & -\boldsymbol{Y} \\ \boldsymbol{Y} & \boldsymbol{W} \end{bmatrix}.$$

证明：如果 $\lambda\in\lambda(\boldsymbol{C})$ 是实数，那么 $\lambda\in\lambda(\boldsymbol{B})$. 说明相应特征向量的关系.

6. 设

$$\boldsymbol{A}=\begin{bmatrix} w & x \\ y & z \end{bmatrix}$$

是实矩阵且有特征值 $\lambda\pm\mathrm{i}\mu$，其中 μ 非零. 给出一个算法确定 $c=\cos(\theta), s=\sin(\theta)$ 使得

$$\begin{bmatrix} c & s \\ -s & c \end{bmatrix}^{\mathrm{T}}\begin{bmatrix} w & x \\ y & z \end{bmatrix}\begin{bmatrix} c & s \\ -s & c \end{bmatrix} = \begin{bmatrix} \lambda & \beta \\ \alpha & \lambda \end{bmatrix},$$

其中 $\alpha\beta=-\mu^2$.

7. 假设 $(\lambda,\boldsymbol{x})$ 为上 Hessenberg 矩阵 $\boldsymbol{H}\in\mathbb{R}^{n\times n}$ 的特征值和特征向量对. 给出一个算法计算正交矩阵 $\boldsymbol{P}$ 使得

$$\boldsymbol{P}^{\mathrm{T}}\boldsymbol{H}\boldsymbol{P} = \begin{bmatrix} \lambda & \boldsymbol{w}^{\mathrm{T}} \\ \boldsymbol{0} & \boldsymbol{H}_1 \end{bmatrix},$$

其中 $\boldsymbol{H}_1\in\mathbb{R}^{(n-1)\times(n-1)}$ 是上 Hessenberg 矩阵. 计算 $\boldsymbol{P}$ 使之成为 Givens 变换的乘积.

8. 假设 $\boldsymbol{H}\in\mathbb{R}^{n\times n}$ 的下带宽为 p. 请阐述用何种方式计算 $\boldsymbol{Q}\in\mathbb{R}^{n\times n}$（Givens 变换的乘积），使得 $\boldsymbol{Q}^{\mathrm{T}}\boldsymbol{H}\boldsymbol{Q}$ 是上 Hessenberg 矩阵. 需要多少个 flop?

9. 证明：如果 $\boldsymbol{C}$ 是具有不同特征值 $\lambda_1,\cdots,\lambda_n$ 的友矩阵，那么 $\boldsymbol{V}\boldsymbol{C}\boldsymbol{V}^{-1}=\mathrm{diag}(\lambda_1,\cdots,\lambda_n)$，其中

$$\boldsymbol{V}=\begin{bmatrix} 1 & \lambda_1 & \cdots & \lambda_1^{n-1} \\ 1 & \lambda_2 & \cdots & \lambda_2^{n-1} \\ \vdots & \vdots & \ddots & \vdots \\ 1 & \lambda_n & \cdots & \lambda_n^{n-1} \end{bmatrix}.$$

7.5 实用 QR 算法

让我们再回到 Hessenberg QR 迭代，把它记为：

$H=U_0^{\mathrm{T}}AU_0$ （Hessenberg 约化）
for $k=1,2,\cdots$
  $H=UR$ （QR 分解） (7.5.1)
  $H=RU$
end

本节中，我们的目标是阐释 $\boldsymbol{H}$ 如何收敛到拟上三角型并说明利用位移可加快收敛速度.

7.5.1 降阶

不失一般性，假设 (7.5.1) 中的每一个 Hessenberg 矩阵 $\boldsymbol{H}$ 都是不可约矩阵. 如若不然，在某一步后，则有

$$\boldsymbol{H} = \begin{bmatrix} \boldsymbol{H}_{11} & \boldsymbol{H}_{12} \\ \boldsymbol{0} & \boldsymbol{H}_{22} \end{bmatrix} \begin{matrix} p \\ n-p \end{matrix}$$
$$\qquad\qquad\qquad p \qquad n-p$$

其中 $1 \leqslant p < n$，这个问题可解耦成关于 $\boldsymbol{H}_{11}$ 和 $\boldsymbol{H}_{22}$ 的两个小问题. 在此上下文中也可使用降阶这一术语，一般地，在 $p = n-1$ 或 $n-2$ 时适用.

实践中，当 $\boldsymbol{H}$ 的次对角元适当小时即可进行解耦. 例如，如果对于小常数 c 有

$$|h_{p+1,p}| \leqslant c\mathbf{u}(|h_{pp}| + |h_{p+1,p+1}|) \tag{7.5.2}$$

那么就将 $h_{p+1,p}$ 定义为 0，因为在整个矩阵中，$\mathbf{u}\| H \|$ 量级的舍入误差通常已经出现了.

7.5.2 带位移 QR 迭代

令 $\mu \in \mathbb{R}$，考虑如下迭代：

$H = U_0^{\mathrm{T}} A U_0$ （Hessenberg 约化）
for $k = 1, 2, \cdots$
  确定标量 μ.
  $H - \mu I = UR$ （QR 分解） (7.5.3)
  $H = RU + \mu I$
end

这里的标量 μ 称为位移. (7.5.3) 中产生的每一个矩阵 $\boldsymbol{H}$ 均相似于 $\boldsymbol{A}$，这是因为

$$\boldsymbol{RU} + \mu\boldsymbol{I} = \boldsymbol{U}^{\mathrm{T}}(\boldsymbol{UR} + \mu\boldsymbol{I})\boldsymbol{U} = \boldsymbol{U}^{\mathrm{T}}\boldsymbol{HU}.$$

如果我们对 $\boldsymbol{A}$ 的特征值 λ_i 排序，使得

$$|\lambda_1 - \mu| \geqslant \cdots \geqslant |\lambda_n - \mu|,$$

且 μ 在迭代过程中是不变的，那么 7.3 节的定理告诉我们，$\boldsymbol{H}$ 中的第 p 个次对角元素收敛于 0，且收敛速度为

$$\left|\frac{\lambda_{p+1} - \mu}{\lambda_p - \mu}\right|^k.$$

当然，如果 $\lambda_p = \lambda_{p+1}$，则根本就不收敛. 但是，例如与其他特征值相比，$\mu$ 更靠近 λ_n，那么 $(n, n-1)$ 位置的元素很快变为 0. 在极端情形时，我们有如下定理.

定理 7.5.1 令 μ 是 $n\times n$ 不可约 Hessenberg 矩阵 $\boldsymbol{H}$ 的一个特征值. 如果

$$\tilde{\boldsymbol{H}} = \boldsymbol{RU} + \mu\boldsymbol{I},$$

其中 $\boldsymbol{H}-\mu\boldsymbol{I}=\boldsymbol{UR}$ 是 $\boldsymbol{H}-\mu\boldsymbol{I}$ 的 QR 分解, 那么 $\tilde{h}_{n,n-1}=0$ 且 $\tilde{h}_{nn}=\mu$.

证明 因为 $\boldsymbol{H}$ 是不可约 Hessenberg 矩阵, 故不论 μ 取何值, $\boldsymbol{H}-\mu\boldsymbol{I}$ 的前 $n-1$ 列总是线性无关的. 如果 $\boldsymbol{UR}=(\boldsymbol{H}-\mu\boldsymbol{I})$ 是 QR 分解, 那么对于 $i=1:n-1$ 有 $r_{ii}\neq 0$. 但如果 $\boldsymbol{H}-\mu\boldsymbol{I}$ 是奇异的, 则 $r_{11}\cdots r_{nn}=0$. 因此 $r_{nn}=0$ 且 $\tilde{H}(n,:)=[0,\cdots,0,\mu]$. □

这个定理告诉我们, 如果运用精确的特征值进行位移, 那么一步迭代就可确切地将矩阵降阶.

7.5.3 单位移策略

现在让我们考虑, 当次对角元素收敛到 0, 在迭代过程中的 μ 的大小也随着 $\lambda(\boldsymbol{A})$ 的改变而改变. 一种好的直觉就是将 h_{nn} 看作沿对角线的最佳近似特征值. 如果每次迭代时, 都以此为位移, 那么就可得到**单位移 QR 迭代法**:

$$\begin{aligned}
&\textbf{for } k=1,2,\cdots\\
&\quad \mu = H(n,n)\\
&\quad H-\mu I = UR \qquad \text{(QR 分解)}\\
&\quad H = RU+\mu I\\
&\textbf{end}
\end{aligned}\tag{7.5.4}$$

如果 $(n,n-1)$ 元收敛到 0, 那么它可能是二次收敛的. 为看到这一点, 我们借用 Stewart (IMC, 第 366 页) 的一个例子. 假设 $\boldsymbol{H}$ 是不可约上 Hessenberg 矩阵,

$$\boldsymbol{H} = \begin{bmatrix} \times & \times & \times & \times & \times \\ \times & \times & \times & \times & \times \\ 0 & \times & \times & \times & \times \\ 0 & 0 & \times & \times & \times \\ 0 & 0 & 0 & \epsilon & h_{nn} \end{bmatrix},$$

运用一步单位移 QR 算法:

$$\begin{aligned} UR &= H - h_{nn}\\ \tilde{H} &= RU + h_{nn}I. \end{aligned}$$

在约化 $\boldsymbol{H}-h_{nn}\boldsymbol{I}$ 的 $n-2$ 步后, 可得

$$H = \begin{bmatrix} \times & \times & \times & \times & \times \\ 0 & \times & \times & \times & \times \\ 0 & 0 & \times & \times & \times \\ 0 & 0 & 0 & a & b \\ 0 & 0 & 0 & \epsilon & 0 \end{bmatrix}.$$

不难证明

$$\tilde{h}_{n,n-1} = -\frac{\epsilon^2 b}{a^2+\epsilon^2}.$$

如果假设 $\epsilon \ll a$，则显然新的 $(n, n-1)$ 元量级为 ϵ^2，这正是我们希望的二次收敛算法.

7.5.4　双位移策略

不幸的是，在迭代过程中，当

$$G = \begin{bmatrix} h_{mm} & h_{mn} \\ h_{nm} & h_{nn} \end{bmatrix}, \qquad m = n-1 \tag{7.5.5}$$

的特征值 a_1 和 a_2 均为复数时，h_{nn} 将是一个误差较大的近似特征值. 故 (7.5.4) 会出现困难就在意料之中.

要避免此困难，可分别用 a_1 和 a_2 做位移进行两次单位移 QR 迭代：

$$\begin{aligned} H - a_1 I &= U_1 R_1, \\ H_1 &= R_1 U_1 + a_1 I, \\ H_1 - a_2 I &= U_2 R_2, \\ H_2 &= R_2 U_2 + a_2 I. \end{aligned} \tag{7.5.6}$$

由上述等式可以证明

$$(U_1 U_2)(R_2 R_1) = M, \tag{7.5.7}$$

其中 M 定义为

$$M = (H - a_1 I)(H - a_2 I). \tag{7.5.8}$$

注意，即使 G 的特征值为复数，M 也为实矩阵，因为

$$M = H^2 - sH + tI,$$

其中

$$\begin{aligned} s &= a_1 + a_2 = h_{mm} + h_{nn} = \mathrm{tr}(G) \in \mathbb{R}, \\ t &= a_1 a_2 = h_{mm} h_{nn} - h_{mn} h_{nm} = \det(G) \in \mathbb{R}. \end{aligned}$$

因此，(7.5.7) 是一个实矩阵的 QR 分解，且存在 $\boldsymbol{U}_1$ 和 $\boldsymbol{U}_2$，使得 $\boldsymbol{Z}=\boldsymbol{U}_1\boldsymbol{U}_2$ 是实正交矩阵. 从而

$$\boldsymbol{H}_2=\boldsymbol{U}_2^{\mathrm{H}}\boldsymbol{H}_1\boldsymbol{U}_2=\boldsymbol{U}_2^{\mathrm{H}}(\boldsymbol{U}_1^{\mathrm{H}}\boldsymbol{H}\boldsymbol{U}_1)\boldsymbol{U}_2=(\boldsymbol{U}_1\boldsymbol{U}_2)^{\mathrm{H}}\boldsymbol{H}(\boldsymbol{U}_1\boldsymbol{U}_2)=\boldsymbol{Z}^{\mathrm{T}}\boldsymbol{H}\boldsymbol{Z}$$

是实矩阵.

不幸的是，舍入误差大多数时候都对 $\boldsymbol{H}_2$ 返回实数域起反向作用. 因此，要使得 $\boldsymbol{H}_2$ 为实矩阵，需要

- 显式形成实矩阵 $\boldsymbol{M}=\boldsymbol{H}^2-s\boldsymbol{H}+t\boldsymbol{I}$,
- 计算实 QR 分解 $\boldsymbol{M}=\boldsymbol{Z}\boldsymbol{R}$,
- 令 $\boldsymbol{H}_2=\boldsymbol{Z}^{\mathrm{T}}\boldsymbol{H}\boldsymbol{Z}$.

但是，因为第一步就需要 $O(n^3)$ 个 flop，所以实践上并不适用.

7.5.5 双隐式位移策略

幸运的是，借助 7.4.5 节中的隐式 Q 定理，只需 $O(n^2)$ 个 flop 便可实现双位移步骤. 特别地，只需 $O(n^2)$ 个 flop 便可实现从 $\boldsymbol{H}$ 到 $\boldsymbol{H}_2$ 的转变，只要做到

- 计算 $\boldsymbol{M}\boldsymbol{e}_1$, 即 $\boldsymbol{M}$ 的第一列;
- 确定 Householder 矩阵 $\boldsymbol{P}_0$，使得 $\boldsymbol{P}_0(\boldsymbol{M}\boldsymbol{e}_1)$ 是 $\boldsymbol{e}_1$ 的倍数;
- 计算 Householder 矩阵 $\boldsymbol{P}_1,\cdots,\boldsymbol{P}_{n-2}$，使得

$$\boldsymbol{Z}_1\ =\ \boldsymbol{P}_0\boldsymbol{P}_1\cdots\boldsymbol{P}_{n-2}$$

蕴涵 $\boldsymbol{Z}_1^{\mathrm{T}}\boldsymbol{H}\boldsymbol{Z}_1$ 是上 Hessenberg 矩阵，且 $\boldsymbol{Z}$ 与 $\boldsymbol{Z}_1$ 的第一列相同.

如上情形，运用隐式 Q 定理可得出结论，如果 $\boldsymbol{Z}^{\mathrm{T}}\boldsymbol{H}\boldsymbol{Z}$ 和 $\boldsymbol{Z}_1^{\mathrm{T}}\boldsymbol{H}\boldsymbol{Z}_1$ 均是不可约上 Hessenberg 矩阵，那么二者在本质上相等. 注意，如果这些 Hessenberg 矩阵是可约矩阵，那么我们可以有效地解耦，简化为解决较小的不可约子问题.

我们看看计算细节. 首先，观察到 $\boldsymbol{M}\boldsymbol{e}_1=[x,\ y,\ z,\ 0,\ \cdots,\ 0]^{\mathrm{T}}$，所以能在 $O(1)$ 个 flop 内确定 $\boldsymbol{P}_0$，其中

$$\begin{aligned}
x&=h_{11}^2+h_{12}h_{21}-sh_{11}+t,\\
y&=h_{21}(h_{11}+h_{22}-s),\\
z&=h_{21}h_{32}.
\end{aligned}$$

因为相似变换 $\boldsymbol{P}_0$ 只是改变了第 1,2,3 行和第 1,2,3 列，我们看到

$$
P_0HP_0=\begin{bmatrix}\times&\times&\times&\times&\times&\times\\\times&\times&\times&\times&\times&\times\\\times&\times&\times&\times&\times&\times\\\times&\times&\times&\times&\times&\times\\0&0&0&\times&\times&\times\\0&0&0&0&\times&\times\end{bmatrix}.
$$

现在，可运用 Householder 矩阵 $P_1,\cdots,P_{n-2}$ 将此矩阵恢复为上 Hessenberg 型. 计算过程如下：

$$
\begin{bmatrix}\times&\times&\times&\times&\times&\times\\\times&\times&\times&\times&\times&\times\\\times&\times&\times&\times&\times&\times\\\times&\times&\times&\times&\times&\times\\0&0&0&\times&\times&\times\\0&0&0&0&\times&\times\end{bmatrix}\xrightarrow{P_1}\begin{bmatrix}\times&\times&\times&\times&\times&\times\\\times&\times&\times&\times&\times&\times\\0&\times&\times&\times&\times&\times\\0&\times&\times&\times&\times&\times\\0&\times&\times&\times&\times&\times\\0&0&0&0&\times&\times\end{bmatrix}\xrightarrow{P_2}
$$

$$
\begin{bmatrix}\times&\times&\times&\times&\times&\times\\\times&\times&\times&\times&\times&\times\\0&\times&\times&\times&\times&\times\\0&0&\times&\times&\times&\times\\0&0&\times&\times&\times&\times\\0&0&\times&\times&\times&\times\end{bmatrix}\xrightarrow{P_3}\begin{bmatrix}\times&\times&\times&\times&\times&\times\\\times&\times&\times&\times&\times&\times\\0&\times&\times&\times&\times&\times\\0&0&\times&\times&\times&\times\\0&0&0&\times&\times&\times\\0&0&0&\times&\times&\times\end{bmatrix}\xrightarrow{P_4}\begin{bmatrix}\times&\times&\times&\times&\times&\times\\\times&\times&\times&\times&\times&\times\\0&\times&\times&\times&\times&\times\\0&0&\times&\times&\times&\times\\0&0&0&\times&\times&\times\\0&0&0&0&\times&\times\end{bmatrix}.
$$

每个 P_k 都是单位矩阵形式，其对角线上某处为 3×3 或 2×2 的 Householder 矩阵，例如

$$
P_1=\begin{bmatrix}1&0&0&0&0&0\\0&\times&\times&\times&0&0\\0&\times&\times&\times&0&0\\0&\times&\times&\times&0&0\\0&0&0&0&1&0\\0&0&0&0&0&1\end{bmatrix},\quad P_2=\begin{bmatrix}1&0&0&0&0&0\\0&1&0&0&0&0\\0&0&\times&\times&\times&0\\0&0&\times&\times&\times&0\\0&0&\times&\times&\times&0\\0&0&0&0&0&1\end{bmatrix},
$$

$$
P_3=\begin{bmatrix}1&0&0&0&0&0\\0&1&0&0&0&0\\0&0&1&0&0&0\\0&0&0&\times&\times&\times\\0&0&0&\times&\times&\times\\0&0&0&\times&\times&\times\end{bmatrix},\quad P_4=\begin{bmatrix}1&0&0&0&0&0\\0&1&0&0&0&0\\0&0&1&0&0&0\\0&0&0&\times&0&0\\0&0&0&\times&\times&\times\\0&0&0&0&\times&\times\end{bmatrix}.
$$

观察到对于 $k=1:n-2$ 有 $\boldsymbol{P}_k\boldsymbol{e}_1=\boldsymbol{e}_1$ 以及 $\boldsymbol{P}_0$ 和 $\boldsymbol{Z}$ 有相同的第一列，故可以应用定理 7.4.3（隐式 Q 定理）. 因此，$\boldsymbol{Z}_1\boldsymbol{e}_1=\boldsymbol{Z}\boldsymbol{e}_1$，并且可以断言，只要上 Hessenberg 矩阵 $\boldsymbol{Z}^{\mathrm{T}}\boldsymbol{H}\boldsymbol{Z}$ 和 $\boldsymbol{Z}_1^{\mathrm{T}}\boldsymbol{H}\boldsymbol{Z}_1$ 均不可约，$\boldsymbol{Z}_1$ 和 $\boldsymbol{Z}$ 在本质上就是相等的.

上述由 $\boldsymbol{H}$ 隐式确定 $\boldsymbol{H}_2$ 是 Francis (1961) 首先提出的，称为 **Francis QR 步**. 完整的 Francis 步算法总结如下.

算法 7.5.1 (Francis QR 步) 给定不可约上 Hessenberg 矩阵 $\boldsymbol{H}\in\mathbb{R}^{n\times n}$，其尾部 2×2 主子矩阵的特征值为 a_1 和 a_2，这个算法用 $\boldsymbol{Z}^{\mathrm{T}}\boldsymbol{H}\boldsymbol{Z}$ 覆盖 $\boldsymbol{H}$，其中 $\boldsymbol{Z}$ 是若干 Householder 矩阵的乘积，且 $\boldsymbol{Z}^{\mathrm{T}}(\boldsymbol{H}-a_1\boldsymbol{I})(\boldsymbol{H}-a_2\boldsymbol{I})$ 是上三角矩阵.

$m=n-1$
{计算 $(H-a_1I)(H-a_2I)$} 的第 1 列
$s=H(m,m)+H(n,n)$
$t=H(m,m)\cdot H(n,n)-H(m,n)\cdot H(n,m)$
$x=H(1,1)\cdot H(1,1)+H(1,2)\cdot H(2,1)-s\cdot H(1,1)+t$
$y=H(2,1)\cdot(H(1,1)+H(2,2)-s)$
$z=H(2,1)\cdot H(3,2)$
for $k=0:n-3$
  $[v,\beta]=\mathsf{house}([x\ y\ z]^{\mathrm{T}})$
  $q=\max\{1,k\}$.
  $H(k+1:k+3,q:n)=(I-\beta vv^{\mathrm{T}})\cdot H(k+1:k+3,q:n)$
  $r=\min\{k+4,n\}$
  $H(1:r,k+1:k+3)=H(1:r,k+1:k+3)\cdot(I-\beta vv^{\mathrm{T}})$
  $x=H(k+2,k+1)$
  $y=H(k+3,k+1)$
  if $k<n-3$
    $z=H(k+4,k+1)$
  end
end
$[v,\beta]=\mathsf{house}([\,x\ y\,]^{\mathrm{T}})$
$H(n-1:n,n-2:n)=(I-\beta vv^{\mathrm{T}})\cdot H(n-1:n,n-2:n)$
$H(1:n,n-1:n)=H(1:n,n-1:n)\cdot(I-\beta vv^{\mathrm{T}})$

这个算法需要 $10n^2$ 个 flop. 如果将 $\boldsymbol{Z}$ 显式计算成一个正交矩阵，则另需 $10n^2$ 个 flop.

7.5.6 完整的计算过程

利用算法 7.4.2 将 $\boldsymbol{A}$ 约化为 Hessenberg 型，然后应用算法 7.5.1 进行迭代，产生一个实 Schur 型，这是求解稠密非对称特征值问题的标准方法. 在迭代过程中，必然要关注 $\boldsymbol{H}$ 的次对角元素，以期发现任何可能的解耦. 如下算法展示了如何实现上述过程：

算法 7.5.2 (QR 算法) 给定 $\boldsymbol{A} \in \mathbb{R}^{n\times n}$ 以及比单位舍入误差更大的容许误差 tol，算法计算实 Schur 标准型 $\boldsymbol{Q}^{\mathrm{T}}\boldsymbol{A}\boldsymbol{Q} = \boldsymbol{T}$. 如果要求出 $\boldsymbol{Q}$ 和 $\boldsymbol{T}$，则将 $\boldsymbol{T}$ 存储于 $\boldsymbol{H}$ 中. 如果只求其特征值，则只需将 $\boldsymbol{T}$ 的对角块存储于 $\boldsymbol{H}$ 的相应位置.

应用算法 7.4.2 计算 Hessenberg 约化

$H = U_0^{\mathrm{T}} A U_0$，其中 $U_0 = P_1 \cdots P_{n-2}$.

只要 Q 是所需的形式 $Q = P_1 \cdots P_{n-2}$.（见 5.1.6 节.）

until $q = n$

令所有满足以下条件的次对角元素为 0：

$|h_{i,i-1}| \leqslant \mathsf{tol}\cdot(|h_{ii}| + |h_{i-1,i-1}|)$.

找到最大的非负数 q 和最小的非负数 p 使得

$$H = \begin{bmatrix} H_{11} & H_{12} & H_{13} \\ 0 & H_{22} & H_{23} \\ 0 & 0 & H_{33} \end{bmatrix} \begin{matrix} p \\ n-p-q \\ q \end{matrix},$$
$$\qquad\qquad \begin{matrix} p & \quad n-p-q & \quad q \end{matrix}$$

其中 H_{33} 是拟上三角矩阵，且 H_{22} 是不可约的.

if $q < n$

对 H_{22} 执行 Francis QR 步： $H_{22} = Z^{\mathrm{T}} H_{22} Z$.

if Q 是所求的

$Q = Q \cdot \mathrm{diag}(I_p, Z, I_q)$

$H_{12} = H_{12} Z$

$H_{23} = Z^{\mathrm{T}} H_{23}$

end

end

end

上三角化 H 中所有特征值为实数的 2×2 对角块，如有必要，累积变换矩阵.

如果要计算 $\boldsymbol{Q}$ 和 $\boldsymbol{T}$，此算法需要 $25n^3$ 个 flop. 如果只计算所求的特征值，那么需要 $10n^3$ 个 flop. 这些 flop 数的统计是很粗略的，基于经验观察，低阶的 1×1 或 2×2 解耦平均仅需两次 Francis 迭代.

QR 算法的各种舍入性质是任何正交矩阵方法所希望的. 通过计算得到的实 Schur 型 $\hat{\boldsymbol{T}}$ 正交相似于 $\boldsymbol{A}$ 的近似矩阵, 即

$$\boldsymbol{Q}^{\mathrm{T}}(\boldsymbol{A}+\boldsymbol{E})\boldsymbol{Q} \;=\; \hat{\boldsymbol{T}},$$

其中 $\boldsymbol{Q}^{\mathrm{T}}\boldsymbol{Q}=\boldsymbol{I}$ 且 $\|\boldsymbol{E}\|_2 \approx \mathbf{u}\|\boldsymbol{A}\|_2$. 因为 $\hat{\boldsymbol{Q}}^{\mathrm{T}}\hat{\boldsymbol{Q}}=\boldsymbol{I}+\boldsymbol{F}$ 且 $\|\boldsymbol{F}\|_2 \approx \mathbf{u}$, 所以求得的 $\hat{\boldsymbol{Q}}$ 也几乎是正交的.

$\hat{\boldsymbol{T}}$ 的特征值顺序有些任意. 但正如我们在 7.6 节中所讨论的, 利用互换两个相对邻对角元素这一简单方法, 即可获得任意顺序.

7.5.7 平衡

最后, 我们提一下, 如果 $\boldsymbol{A}$ 的元素的变化范围较大, 那么在应用 QR 算法之前, 应首先平衡 $\boldsymbol{A}$. 这就需要用 $O(n^2)$ 的计算量计算对角矩阵 $\boldsymbol{D}$, 使得如果

$$\boldsymbol{D}^{-1}\boldsymbol{A}\boldsymbol{D} \;=\; [\,\boldsymbol{c}_1\,|\cdots|\,\boldsymbol{c}_n\,] \;=\; \begin{bmatrix} \boldsymbol{r}_1^{\mathrm{T}} \\ \vdots \\ \boldsymbol{r}_n^{\mathrm{T}} \end{bmatrix},$$

则对于 $i=1:n$ 有 $\|\boldsymbol{r}_i\|_\infty \approx \|\boldsymbol{c}_i\|_\infty$. 其中对角矩阵 $\boldsymbol{D}$ 选择如下形式

$$\boldsymbol{D} \;=\; \mathrm{diag}(\beta^{i_1},\cdots,\beta^{i_n}),$$

其中 β 是浮点基数. 注意, $\boldsymbol{D}^{-1}\boldsymbol{A}\boldsymbol{D}$ 的计算没有舍入误差. 当 $\boldsymbol{A}$ 被平衡后, 计算所得的特征值往往更加精确, 尽管有例外情况发生. 见 Parlett and Reinsch (1969) 以及 Watkins (2006).

习 题

1. 证明: 如果对

$$\boldsymbol{H}=\begin{bmatrix} w & x \\ y & z \end{bmatrix},$$

运行一步单位移 QR 步, 得到 $\bar{\boldsymbol{H}}=\boldsymbol{Q}^{\mathrm{T}}\boldsymbol{H}\boldsymbol{Q}$, 则 $|\bar{h}_{21}| \leqslant |y^2x|/[(w-z)^2+y^2]$.

2. 已知 $\boldsymbol{A}\in\mathbb{R}^{2\times 2}$, 说明如何计算对角矩阵 $\boldsymbol{D}\in\mathbb{R}^{2\times 2}$, 使得 $\|\boldsymbol{D}^{-1}\boldsymbol{A}\boldsymbol{D}\|_F$ 最小.

3. 试解释单位移 QR 步 $\boldsymbol{H}-\mu\boldsymbol{I}=\boldsymbol{U}\boldsymbol{R}$, $\tilde{\boldsymbol{H}}=\boldsymbol{R}\boldsymbol{U}+\mu\boldsymbol{I}$ 是如何隐式执行的. 即说明如何不从 $\boldsymbol{H}$ 的对角线减去 μ, 使得矩阵从 $\boldsymbol{H}$ 变换到 $\tilde{\boldsymbol{H}}$.

4. 设 $\boldsymbol{H}$ 是上 Hessenberg 矩阵, 并应用部分选主元的高斯消去法计算分解 $\boldsymbol{P}\boldsymbol{H}=\boldsymbol{L}\boldsymbol{U}$. (见算法 4.3.4.) 证明: $\boldsymbol{H}_1=\boldsymbol{U}(\boldsymbol{P}^{\mathrm{T}}\boldsymbol{L})$ 是上 Hessenberg 矩阵, 且相似于 $\boldsymbol{H}$. (这是修正 **LR 算法的基础.**)

5. 证明: 如果给定 $\boldsymbol{H}=\boldsymbol{H}_0$, 且由 $\boldsymbol{H}_k-\mu_k\boldsymbol{I}=\boldsymbol{U}_k\boldsymbol{R}_k$, $\boldsymbol{H}_{k+1}=\boldsymbol{R}_k\boldsymbol{U}_k+\mu_k\boldsymbol{I}$ 得到 $\boldsymbol{H}_k$, 则 $(\boldsymbol{U}_1\cdots\boldsymbol{U}_j)(\boldsymbol{R}_j\cdots\boldsymbol{R}_1) \;=\; (\boldsymbol{H}-\mu_1\boldsymbol{I})\cdots(\boldsymbol{H}-\mu_j\boldsymbol{I})$.

7.6 不变子空间计算

已知实 Schur 分解 $Q^{\mathrm{T}}AQ = T$，就可解答几个重要的不变子空间问题. 本节我们将讨论如下问题:

- 计算与 $\lambda(A)$ 的某个子集相对应的特征向量;
- 计算给定不变子空间的规范正交基;
- 用良态相似变换分块对角化 A;
- 计算一组特征向量基，不考虑其条件;
- 计算 A 的近似 Jordan 标准型.

7.3.1 节和 7.3.2 节以及第 8 章和第 10 章讨论稀疏矩阵的特征向量和不变子空间的计算.

7.6.1 用逆迭代计算选定的特征向量

令 $q^{(0)} \in \mathbb{R}^n$ 是单位 2-范数向量，假设 $A - \mu I \in \mathbb{R}^{n\times n}$ 非奇异. 下列算法称为逆迭代.

for $k = 1, 2, \cdots$

  解 $(A - \mu I)z^{(k)} = q^{(k-1)}$.

  $q^{(k)} = z^{(k)}/\| z^{(k)} \|_2$ (7.6.1)

  $\lambda^{(k)} = \left(q^{(k)}\right)^{\mathrm{T}} Aq^{(k)}$

end

逆迭代就是将幂法应用于 $(A - \mu I)^{-1}$.

为了分析 (7.6.1) 的行为，假定 A 有一组特征向量基 $\{x_1, \cdots, x_n\}$，且对于 $i = 1:n$ 有 $Ax_i = \lambda_i x_i$. 如果

$$q^{(0)} = \sum_{i=1}^{n} \beta_i x_i,$$

那么 $q^{(k)}$ 是方向为

$$(A - \mu I)^{-k} q^{(0)} = \sum_{i=1}^{n} \frac{\beta_i}{(\lambda_i - \mu)^k} x_i$$

的单位向量. 显然，如果与其他特征值相比较，μ 更接近 λ_j 且 $\beta_j \neq 0$，则 $q^{(k)}$ 在 x_j 方向的分量较多.

对于 (7.6.1) 来说，其终止准则是残差

$$r^{(k)} = (A - \mu I)q^{(k)}$$

满足

$$\| r^{(k)} \|_\infty \leqslant c\mathbf{u}\| A \|_\infty, \tag{7.6.2}$$

其中 c 是量级为 1 的常数. 因为

$$(\boldsymbol{A}+\boldsymbol{E}_k)\boldsymbol{q}^{(k)} \;=\; \mu\boldsymbol{q}^{(k)}$$

且 $\boldsymbol{E}_k=-\boldsymbol{r}^{(k)}\boldsymbol{q}^{(k)^{\mathrm{T}}}$, 因此 (7.6.2) 使得 μ 和 $\boldsymbol{q}^{(k)}$ 是近似矩阵的精确特征对.

逆迭代可与 Hessenberg 约化以及 QR 算法同时使用.

步骤 1. 计算 Hessenberg 分解 $\boldsymbol{U}_0^{\mathrm{T}}\boldsymbol{A}\boldsymbol{U}_0=\boldsymbol{H}$.

步骤 2. 对 $\boldsymbol{H}$ 应用隐式双位移 Francis 迭代, 不使用累积变换矩阵.

步骤 3. 求已计算出的每个特征值 λ 对应的特征向量 $\boldsymbol{x}$, 对于 $\boldsymbol{A}=\boldsymbol{H},\mu=\lambda$ 应用 (7.6.1) 生成向量 $\boldsymbol{z}$ 使得 $\boldsymbol{H}\boldsymbol{z}\approx\mu\boldsymbol{z}$.

步骤 4. 令 $\boldsymbol{x}=\boldsymbol{U}_0\boldsymbol{z}$.

$\boldsymbol{H}$ 的逆迭代是非常经济的. 首先, 在双 Francis 迭代过程中不用计算累积变换矩阵. 其次, 只需要 $O(n^2)$ 个 flop 就能得到形如 $\boldsymbol{H}-\lambda\boldsymbol{I}$ 的因子矩阵. 再次, 只需一次迭代即可得到一个足够近似的特征向量. 最后, 我们考虑逆迭代中最有趣的一点. 如果 λ 是病态的, 那么 λ 的精确度就非常低. 下面进行验证, 为简单起见, 假设 λ 为实数, 且令

$$\boldsymbol{H}-\lambda\boldsymbol{I} \;=\; \sum_{i=1}^{n}\sigma_i\boldsymbol{u}_i\boldsymbol{v}_i^{\mathrm{T}} \;=\; \boldsymbol{U}\boldsymbol{\Sigma}\boldsymbol{V}^{\mathrm{T}}$$

是 $\boldsymbol{H}-\lambda\boldsymbol{I}$ 的 SVD. 由 7.5.6 节的 QR 算法的舍入性质可知, 存在矩阵 $\boldsymbol{E}\in\mathbb{R}^{n\times n}$, 使得 $\boldsymbol{H}+\boldsymbol{E}-\lambda\boldsymbol{I}$ 是奇异的, 且 $\|\,\boldsymbol{E}\,\|_2\approx\mathbf{u}\|\,\boldsymbol{H}\,\|_2$. 由此可得, $\sigma_n\approx\mathbf{u}\sigma_1$, 且

$$\|\,(\boldsymbol{H}-\hat{\lambda}I)\boldsymbol{v}_n\,\|_2 \;\approx\; \mathbf{u}\sigma_1,$$

即 $\boldsymbol{v}_n$ 是非常好的近似向量. 显然, 如果初始向量 $\boldsymbol{q}^{(0)}$ 有如下展式

$$\boldsymbol{q}^{(0)} \;=\; \sum_{i=1}^{n}\gamma_i\boldsymbol{u}_i,$$

那么

$$\boldsymbol{z}^{(1)}=\sum_{i=1}^{n}\frac{\gamma_i}{\sigma_i}\boldsymbol{v}_i$$

就有“很多” $\boldsymbol{v}_n$ 方向上的分量. 注意, 如果 $s(\lambda)\approx|\boldsymbol{u}_n^{\mathrm{T}}\boldsymbol{v}_n|$ 很小, 那么 $\boldsymbol{z}^{(1)}$ 在 $\boldsymbol{u}_n$ 方向上的分量就相当少. 这也就说明了(凭经验)为什么再来一步逆迭代很难产生更好的近似特征向量, 特别是对病态的 λ 更是如此. 具体细节见 Peters and Wilkinson (1979).

7.6.2 在实 Schur 型中对特征值进行排序

回顾一下，实 Schur 分解提供了不变子空间的相关信息. 如果

$$\boldsymbol{Q}^{\mathrm{T}}\boldsymbol{A}\boldsymbol{Q} = \boldsymbol{T} = \begin{bmatrix} \boldsymbol{T}_{11} & \boldsymbol{T}_{12} \\ \boldsymbol{0} & \boldsymbol{T}_{22} \end{bmatrix}\begin{matrix} p \\ q \end{matrix}$$
$$\quad\quad\quad\quad\quad\quad\quad\quad\quad p \quad\quad q$$

且

$$\lambda(\boldsymbol{T}_{11}) \cap \lambda(\boldsymbol{T}_{22}) = \varnothing,$$

那么 $\boldsymbol{Q}$ 的前 p 列就生成了 $\lambda(\boldsymbol{T}_{11})$ 对应的唯一不变子空间.（见 7.1.4 节.）遗憾的是，Francis 迭代只是给我们一个实 Schur 分解 $\boldsymbol{Q}_F^{\mathrm{T}}\boldsymbol{A}\boldsymbol{Q}_F = \boldsymbol{T}_F$，其特征值在 $\boldsymbol{T}_F$ 的对角线上随机出现. 如果我们要求一个不变子空间上的正交基，而相关的特征值均不在 $\boldsymbol{T}_F$ 的对角线的顶部，那么在求解过程中就会出现一定的问题. 显然，我们需要一种计算正交矩阵 $\boldsymbol{Q}_D$ 的方法，使得 $\boldsymbol{Q}_D^{\mathrm{T}}\boldsymbol{T}_F\boldsymbol{Q}_D$ 是特征值按照适当顺序排列的拟上三角矩阵.

观察 2×2 的情形，就能发现是怎样完成这一过程的. 假设

$$\boldsymbol{Q}_F^{\mathrm{T}}\boldsymbol{A}\boldsymbol{Q}_F = \boldsymbol{T}_F = \begin{bmatrix} \lambda_1 & t_{12} \\ 0 & \lambda_2 \end{bmatrix}, \qquad \lambda_1 \neq \lambda_2,$$

并且我们想颠倒特征值的顺序. 注意

$$\boldsymbol{T}_F\boldsymbol{x} = \lambda_2\boldsymbol{x},$$

其中

$$\boldsymbol{x} = \begin{bmatrix} t_{12} \\ \lambda_2 - \lambda_1 \end{bmatrix}.$$

令 $\boldsymbol{Q}_D$ 是 Givens 旋转，使得 $\boldsymbol{Q}_D^{\mathrm{T}}\boldsymbol{x}$ 的第 2 个分量为 0. 如果

$$\boldsymbol{Q} = \boldsymbol{Q}_F\boldsymbol{Q}_D,$$

那么

$$(\boldsymbol{Q}^{\mathrm{T}}\boldsymbol{A}\boldsymbol{Q})e_1 = \boldsymbol{Q}_D^{\mathrm{T}}\boldsymbol{T}_F(\boldsymbol{Q}_De_1) = \lambda_2\boldsymbol{Q}_D^{\mathrm{T}}(\boldsymbol{Q}_De_1) = \lambda_2 e_1.$$

因为矩阵 $\boldsymbol{A}$ 和 $\boldsymbol{Q}^{\mathrm{T}}\boldsymbol{A}\boldsymbol{Q}$ 有相同的 F-范数，所以后者必有如下形式：

$$\boldsymbol{Q}^{\mathrm{T}}\boldsymbol{A}\boldsymbol{Q} = \begin{bmatrix} \lambda_2 & \pm t_{12} \\ 0 & \lambda_1 \end{bmatrix}.$$

如果 $\boldsymbol{T}$ 在对角线上有 2×2 对角块，那么问题的解决将较为复杂. 具体细节见 Ruhe (1970) 和 Stewart (1976).

如果 T 的对角线上没有 2×2 对角块，通过运用系统地交换相邻特征值对（或者 2×2 对角块），就可以将 $\lambda(A)$ 的任意子集移至 T 对角线的最上方．下面是此种情况的整个实现过程．

算法 7.6.1 给定正交矩阵 $Q\in\mathbb{R}^{n\times n}$、上三角矩阵 $T=Q^{\mathrm{T}}AQ$，以及 $\lambda(A)$ 的子集 $\Delta=\{\lambda_1,\cdots,\lambda_p\}$．算法计算一个正交矩阵 Q_D，使得 $Q_D^{\mathrm{T}}TQ_D=S$ 是上三角矩阵，且 $\{s_{11},\cdots,s_{pp}\}=\Delta$．矩阵 Q 和 T 分别被 QQ_D 和 S 覆盖．

while $\{t_{11},\cdots,t_{pp}\}\neq\Delta$

  for $k=1:n-1$

    if $t_{kk}\notin\Delta$ and $t_{k+1,k+1}\in\Delta$

$$[\,c,\ s\,]=\mathsf{givens}(T(k,k+1),T(k+1,k+1)-T(k,k))$$

$$T(k:k+1,k:n)=\begin{bmatrix} c & s\\ -s & c\end{bmatrix}^{\mathrm{T}}T(k:k+1,k:n)$$

$$T(1:k+1,k:k+1)=T(1:k+1,k:k+1)\begin{bmatrix} c & s\\ -s & c\end{bmatrix}$$

$$Q(1:n,k:k+1)=Q(1:n,k:k+1)\begin{bmatrix} c & s\\ -s & c\end{bmatrix}$$

    end

  end

end

算法需要 $k(12n)$ 个 flop，其中 k 是需要交换的总次数．整数 k 绝不会大于 $(n-p)p$．

通过实 Schur 分解来计算不变子空间是极为稳定的．如果 $\hat{Q}=[\,\hat{q}_1\,|\cdots|\,\hat{q}_n\,]$ 是计算出的正交矩阵 Q，那么 $\|\,\hat{Q}^{\mathrm{T}}\hat{Q}-I\,\|_2\approx\mathbf{u}$，且存在矩阵 E 满足 $\|\,E\,\|_2\approx\mathbf{u}\|\,A\,\|_2$，使得对于 $i=1:p$ 有 $(A+E)\hat{q}_i\in\mathsf{span}\{\hat{q}_1,\cdots,\hat{q}_p\}$．

7.6.3 分块对角化

令

$$T=\begin{bmatrix} T_{11} & T_{12} & \cdots & T_{1q}\\ 0 & T_{22} & \cdots & T_{2q}\\ \vdots & \vdots & \ddots & \vdots\\ 0 & 0 & \cdots & T_{qq}\end{bmatrix}\begin{matrix} n_1\\ n_2\\ \\ n_q\end{matrix} \tag{7.6.3}$$
$$\qquad\qquad n_1\quad\ n_2\qquad\quad\ n_q$$

是某个实 Schur 标准型 $Q^{\mathrm{T}}AQ=T\in\mathbb{R}^{n\times n}$ 的划分，使得 $\lambda(T_{11}),\cdots,\lambda(T_{qq})$ 不相交．由定理 7.1.6 可知，存在矩阵 Y 满足

$$Y^{-1}TY=\mathrm{diag}(T_{11},\cdots,T_{qq}).$$

下面我们给出计算 $\boldsymbol{Y}$ 的实际算法以及 $\boldsymbol{Y}$ 作为上述划分函数的敏感度分析.

划分 $\boldsymbol{I}_n = [\,\boldsymbol{E}_1 \,|\cdots|\, \boldsymbol{E}_q\,]$ 与 $\boldsymbol{T}$ 的相匹配，且定义矩阵 $\boldsymbol{Y}_{ij} \in \mathbb{R}^{n\times n}$ 如下：

$$\boldsymbol{Y}_{ij} \;=\; \boldsymbol{I}_n + \boldsymbol{E}_i\boldsymbol{Z}_{ij}\boldsymbol{E}_j^{\mathrm{T}}, \qquad i<j,\ \boldsymbol{Z}_{ij} \in \mathbb{R}^{n_i\times n_j}.$$

换句话说，除 $\boldsymbol{Z}_{ij}$ 占据 (i,j) 块外，$\boldsymbol{Y}_{ij}$ 看上去就是单位矩阵. 由此可得，如果 $\boldsymbol{Y}_{ij}^{-1}\boldsymbol{T}\boldsymbol{Y}_{ij} = \bar{\boldsymbol{T}} = (\bar{\boldsymbol{T}}_{ij})$，则除了

$$\begin{aligned}
\bar{T}_{ij} &= T_{ii}Z_{ij} - Z_{ij}T_{jj} + T_{ij}, & \\
\bar{T}_{ik} &= T_{ik} - Z_{ij}T_{jk}, & (k = j+1:q),\\
\bar{T}_{kj} &= T_{ki}Z_{ij} + T_{kj}, & (k = 1:i-1)
\end{aligned}$$

外，$\boldsymbol{T}$ 和 $\bar{\boldsymbol{T}}$ 是相同的. 因此，假设我们有算法解 **Sylvester** 方程

$$\boldsymbol{FZ} - \boldsymbol{ZG} \;=\; \boldsymbol{C}, \tag{7.6.4}$$

$\boldsymbol{T}_{ij}$ 就能被零化，其中 $\boldsymbol{F} \in \mathbb{R}^{p\times p}$ 和 $\boldsymbol{G} \in \mathbb{R}^{r\times r}$ 是给定的拟上三角矩阵且 $\boldsymbol{C} \in \mathbb{R}^{p\times r}$.

Bartels and Stewart (1972) 给出解决此问题的方法. 令 $\boldsymbol{C} = [\,\boldsymbol{c}_1 \,|\cdots|\, \boldsymbol{c}_r\,]$ 和 $\boldsymbol{Z} = [\,\boldsymbol{z}_1 \,|\cdots|\, \boldsymbol{z}_r\,]$ 是按列的划分. 如果 $g_{k+1,k} = 0$，那么比较 (7.6.4) 中的列，可得

$$\boldsymbol{F}\boldsymbol{z}_k \;-\; \sum_{i=1}^{k} g_{ik}\boldsymbol{z}_i \;=\; \boldsymbol{c}_k.$$

因此，只要已知 $\boldsymbol{z}_1,\cdots,\boldsymbol{z}_{k-1}$，就可求解关于 $\boldsymbol{z}_k$ 的拟三角方程组

$$(\boldsymbol{F} - g_{kk}\boldsymbol{I})\,\boldsymbol{z}_k \;=\; \boldsymbol{c}_k + \sum_{i=1}^{k-1} g_{ik}\boldsymbol{z}_i.$$

如果 $g_{k+1,k} \neq 0$，那么通过求解 $2p\times 2p$ 方程组

$$\begin{bmatrix} \boldsymbol{F} - g_{kk}\boldsymbol{I} & -g_{mk}\boldsymbol{I} \\ -g_{km}\boldsymbol{I} & \boldsymbol{F} - g_{mm}\boldsymbol{I} \end{bmatrix}\begin{bmatrix} \boldsymbol{z}_k \\ \boldsymbol{z}_m \end{bmatrix} = \begin{bmatrix} \boldsymbol{c}_k \\ \boldsymbol{c}_m \end{bmatrix} + \sum_{i=1}^{k-1}\begin{bmatrix} g_{ik}\boldsymbol{z}_i \\ g_{im}\boldsymbol{z}_i \end{bmatrix} \tag{7.6.5}$$

可同时得到 $\boldsymbol{z}_k$ 和 $\boldsymbol{z}_{k+1}$，其中 $m = k+1$. 按照完全洗牌置换 $(1, p+1, 2, p+2, \cdots, p, 2p)$ 重新排序这些方程，可得能在 $O(p^2)$ 个 flop 内求解的带状方程组. 具体细节见 Bartels and Stewart (1972). 下列算法是 $\boldsymbol{F}$ 和 $\boldsymbol{G}$ 均为三角矩阵时的整个计算过程.

算法 7.6.2 (Bartels-Stewart 算法) 给定 $\boldsymbol{C} \in \mathbb{R}^{p\times r}$，上三角矩阵 $\boldsymbol{F} \in \mathbb{R}^{p\times p}$ 和 $\boldsymbol{G} \in \mathbb{R}^{r\times r}$ 满足 $\lambda(\boldsymbol{F}) \cap \lambda(\boldsymbol{G}) = \varnothing$. 算法用方程 $\boldsymbol{FZ} - \boldsymbol{ZG} = \boldsymbol{C}$ 的解覆盖 $\boldsymbol{C}$.

```
for k = 1 : r
    C(1 : p, k) = C(1 : p, k) + C(1 : p, 1 : k − 1)·G(1 : k − 1, k)
```

由 $(F-G(k,k)I)z=C(1:p,k)$ 可得 z.

$C(1:p,k)=z$

end

这个算法需要 $pr(p+r)$ 个 flop. 将 $\boldsymbol{T}$ 的上对角块按适当顺序化为 0，那么整个矩阵被约化为分块对角形式.

算法 7.6.3 给定正交矩阵 $\boldsymbol{Q}\in\mathbb{R}^{n\times n}$、拟上三角矩阵 $\boldsymbol{T}=\boldsymbol{Q}^{\mathrm{T}}\boldsymbol{A}\boldsymbol{Q}$，且有如 (7.6.3) 的划分. 算法用 $\boldsymbol{QY}$ 覆盖 $\boldsymbol{Q}$，其中 $\boldsymbol{Y}^{-1}\boldsymbol{TY}=\mathrm{diag}(\boldsymbol{T}_{11},\cdots,\boldsymbol{T}_{qq})$.

for $j=2:q$

  for $i=1:j-1$

    运用 Bartels-Stewart 算法解关于 Z 的方程 $T_{ii}Z-ZT_{jj}=-T_{ij}$.

    for $k=j:q$

      $T_{ik}=T_{ik}-ZT_{jk}$

    end

    for $k=i:q$

      $T_{kj}=T_{kj}+T_{ki}Z$

    end

  end

end

本算法所需的 flop 数是 (7.6.3) 中分块尺寸的复杂函数.

实 Schur 型 $\boldsymbol{T}$ 及其在 (7.6.3) 中的划分，决定了在算法 7.6.3 中必须解的 Sylvester 方程的敏感度. 同样，这也影响矩阵 $\boldsymbol{Y}$ 的条件数和分块对角化的整体有用性. 这些依赖的原因在于，方程

$$\boldsymbol{T}_{ii}\boldsymbol{Z}-\boldsymbol{Z}\boldsymbol{T}_{jj} \;=\; -\boldsymbol{T}_{ij} \tag{7.6.6}$$

的计算解 $\hat{\boldsymbol{Z}}$ 的相对误差，满足

$$\frac{\|\hat{\boldsymbol{Z}}-\boldsymbol{Z}\|_F}{\|\boldsymbol{Z}\|_F}\approx \mathbf{u}\frac{\|\boldsymbol{T}\|_F}{\mathsf{sep}(\boldsymbol{T}_{ii},\boldsymbol{T}_{jj})}.$$

具体细节见 Golub, Nash, and Van Loan (1979). 因为

$$\mathsf{sep}(\boldsymbol{T}_{ii},\boldsymbol{T}_{jj}) \;=\; \min_{\boldsymbol{X}\neq\boldsymbol{0}}\frac{\|\boldsymbol{T}_{ii}\boldsymbol{X}-\boldsymbol{X}\boldsymbol{T}_{jj}\|_F}{\|\boldsymbol{X}\|_F}\leqslant \min_{\substack{\lambda\in\lambda(\boldsymbol{T}_{ii})\\ \mu\in\lambda(\boldsymbol{T}_{jj})}}|\lambda-\mu|,$$

所以只要子集 $\lambda(\boldsymbol{T}_{ii})$ 未被完全分离，那么精确度就会受到极大影响. 如果 $\boldsymbol{Z}$ 满足 (7.6.6)，则

$$\|\boldsymbol{Z}\|_F\leqslant\frac{\|\boldsymbol{T}_{ij}\|_F}{\mathsf{sep}(\boldsymbol{T}_{ii},\boldsymbol{T}_{jj})}.$$

因此，如果 $\mathrm{sep}(\boldsymbol{T}_{ii},\boldsymbol{T}_{jj})$ 较小，那么所解得的范数是较大的. 由此，因为矩阵 $\boldsymbol{Y}$ 是矩阵

$$\boldsymbol{Y}_{ij} = \begin{bmatrix} \boldsymbol{I}_{n_i} & \boldsymbol{Z} \\ \boldsymbol{0} & \boldsymbol{I}_{n_j} \end{bmatrix}$$

的乘积，所以算法 7.6.3 中的矩阵 $\boldsymbol{Y}$ 是病态的. 注意，$\kappa_F(\boldsymbol{Y}_{ij}) = n_i^2+n_j^2+\|\boldsymbol{Z}\|_F^2$.

面对这些困难，Bavely and Stewart (1979) 提出一个分块对角化的算法. 在这个算法中，动态地决定 (7.6.3) 中的特征值顺序和分块，使得算法 7.6.3 中所有的矩阵 $\boldsymbol{Z}$ 的范数被界定在容忍范围内. 他们的研究也表明，通过控制 $\boldsymbol{Y}_{ij}$ 的条件数能够控制 $\boldsymbol{Y}$ 的条件数.

7.6.4　特征向量基

如果 (7.6.3) 中的每一块都是 1×1 的，那么在算法 7.6.3 中就产生了一组特征向量基. 与逆迭代法类似，计算出的特征值和特征向量对于某一“邻近”矩阵来说是精确的. 广泛遵循的确定适当的特征向量的经验法则是，如果要求的特征向量少于 25%，就可以使用逆迭代.

然而，我们指出，运用实 Schur 型也可计算选定的特征向量. 假设

$$\boldsymbol{Q}^{\mathrm{T}}\boldsymbol{A}\boldsymbol{Q} = \begin{bmatrix} \boldsymbol{T}_{11} & \boldsymbol{u} & \boldsymbol{T}_{13} \\ \boldsymbol{0} & \lambda & \boldsymbol{v}^{\mathrm{T}} \\ \boldsymbol{0} & \boldsymbol{0} & \boldsymbol{T}_{33} \end{bmatrix} \begin{matrix} k-1 \\ 1 \\ n-k \end{matrix}$$
$$\qquad\qquad\qquad k-1 \quad\ 1 \quad\ n-k$$

是拟上三角矩阵，且 $\lambda \notin \lambda(\boldsymbol{T}_{11})\cup\lambda(\boldsymbol{T}_{33})$. 因此，如果我们解线性方程组 $(\boldsymbol{T}_{11}-\lambda\boldsymbol{I})\boldsymbol{w} = -\boldsymbol{u}$ 和 $(\boldsymbol{T}_{33}-\lambda\boldsymbol{I})^{\mathrm{T}}\boldsymbol{z} = -\boldsymbol{v}$，那么

$$\boldsymbol{x} = \boldsymbol{Q}\begin{bmatrix} \boldsymbol{w} \\ 1 \\ 0 \end{bmatrix} \quad \text{和} \quad \boldsymbol{y} = \boldsymbol{Q}\begin{bmatrix} 0 \\ 1 \\ \boldsymbol{z} \end{bmatrix}$$

分别是相应的右特征向量和左特征向量. 注意，λ 的条件数为

$$1/s(\lambda) = \sqrt{(1+\boldsymbol{w}^{\mathrm{T}}\boldsymbol{w})(1+\boldsymbol{z}^{\mathrm{T}}\boldsymbol{z})}.$$

7.6.5　确定 Jordan 块结构

假设我们已经计算出了实 Schur 分解 $\boldsymbol{A} = \boldsymbol{Q}\boldsymbol{T}\boldsymbol{Q}^{\mathrm{T}}$，确定了“相等”特征值的集合，且计算出了相应的分块对角化 $\boldsymbol{T} = \boldsymbol{Y}\cdot\mathrm{diag}(\boldsymbol{T}_{11},\cdots,\boldsymbol{T}_{qq})\boldsymbol{Y}^{-1}$. 正如我们已经看到的，这个任务十分艰巨. 然而，如果我们要确定每个 $\boldsymbol{T}_{ii}$ 的 Jordan 块结构，

就可能遇到更为艰巨的数值问题. 对这些难点的简要考察是为了说明 Jordan 分解的局限性.

为了清晰起见，假设 $\lambda(\boldsymbol{T}_{ii})$ 是实数. 约化 $\lambda(\boldsymbol{T}_{ii})$ 为 Jordan 型，开始时用形如 $\boldsymbol{C}=\lambda\boldsymbol{I}+\boldsymbol{N}$ 的矩阵代替 $\boldsymbol{T}_{ii}$，其中 $\boldsymbol{N}$ 是 $\boldsymbol{T}_{ii}$ 的严格上三角部分，λ（比如说）是它的特征值的平均值.

回想一下，Jordan 块 $J(\lambda)$ 的维数是使得 $[J(\lambda)-\lambda\boldsymbol{I}]^k=0$ 的最小非负整数 k. 因此，如果对于 $i=0:n$ 有 $p_i=\mathsf{dim}[\mathsf{null}(\boldsymbol{N}^i)]$，那么 p_i-p_{i-1} 等于 $\boldsymbol{C}$ 中维数大于或等于 i 的 Jordan 块的数量. 下面通过一个具体的例子来明晰这个结论，并说明 SVD 在 Jordan 型计算中的角色.

假设 $\boldsymbol{C}$ 是 7×7 矩阵，我们计算所得的 SVD 为 $\boldsymbol{U}_1^{\mathrm{T}}\boldsymbol{N}\boldsymbol{V}_1=\boldsymbol{\Sigma}_1$，且“发现” $\boldsymbol{N}$ 的秩为 3. 如果将奇异值按从小到大顺序排列，那么可得到形如

$$\boldsymbol{N}_1=\begin{bmatrix}\boldsymbol{0} & \boldsymbol{K}\\ \boldsymbol{0} & \boldsymbol{L}\end{bmatrix}\begin{matrix}4\\3\end{matrix}\qquad\begin{matrix}\quad 4 & 3\end{matrix}$$

的矩阵 $\boldsymbol{N}_1=\boldsymbol{V}_1^{\mathrm{T}}\boldsymbol{N}\boldsymbol{V}_1$. 此时，我们知道 λ 的几何重数为 4，即 $\boldsymbol{C}$ 的 Jordan 型有 4 个块（$p_1-p_0=4-0=4$).

现在，设 $\tilde{\boldsymbol{U}}_2^{\mathrm{T}}\boldsymbol{L}\tilde{\boldsymbol{V}}_2=\boldsymbol{\Sigma}_2$ 是 $\boldsymbol{L}$ 的 SVD，我们发现 $\boldsymbol{L}$ 的秩为 1. 如果再次把奇异值按从小到大排列，那么 $\boldsymbol{L}_2=\tilde{\boldsymbol{V}}_2^{\mathrm{T}}\boldsymbol{L}\tilde{\boldsymbol{V}}_2$ 显然有如下结构：

$$\boldsymbol{L}_2=\begin{bmatrix}0 & 0 & a\\ 0 & 0 & b\\ 0 & 0 & c\end{bmatrix}.$$

然而，$\lambda(\boldsymbol{L}_2)=\lambda(\boldsymbol{L})=\{0,0,0\}$，所以 $c=0$. 因此，如果

$$\boldsymbol{V}_2=\mathrm{diag}(\boldsymbol{I}_4,\tilde{\boldsymbol{V}}_2),$$

则 $\boldsymbol{N}_2=\boldsymbol{V}_2^{\mathrm{T}}\boldsymbol{N}_1\boldsymbol{V}_2$ 有如下形式：

$$\boldsymbol{N}_2=\begin{bmatrix}0&0&0&0&\times&\times&\times\\0&0&0&0&\times&\times&\times\\0&0&0&0&\times&\times&\times\\0&0&0&0&\times&\times&\times\\0&0&0&0&0&0&a\\0&0&0&0&0&0&b\\0&0&0&0&0&0&0\end{bmatrix}.$$

除了在上三角块可以产生更多的 0 之外，$\boldsymbol{L}$ 的 SVD 也使我们能够获得 $\boldsymbol{N}^2$ 的零空间维数. 又因为

$$\boldsymbol{N}_1^2 = \begin{bmatrix} \boldsymbol{0} & \boldsymbol{KL} \\ \boldsymbol{0} & \boldsymbol{L}^2 \end{bmatrix} = \begin{bmatrix} \boldsymbol{0} & \boldsymbol{K} \\ \boldsymbol{0} & \boldsymbol{L} \end{bmatrix} \begin{bmatrix} \boldsymbol{0} & \boldsymbol{K} \\ \boldsymbol{0} & \boldsymbol{L} \end{bmatrix}$$

且 $\begin{bmatrix} \boldsymbol{K} \\ \boldsymbol{L} \end{bmatrix}$ 是列满秩的,

$$p_2 = \mathsf{dim}(\mathsf{null}(\boldsymbol{N}^2)) = \mathsf{dim}(\mathsf{null}(\boldsymbol{N}_1^2)) = 4 + \mathsf{dim}(\mathsf{null}(\boldsymbol{L})) = p_1 + 2.$$

至此，我们能得到，$\boldsymbol{C}$ 的 Jordan 型至少有 2 个维数大于等于 2 的块.

最后，显然有 $\boldsymbol{N}_1^3 = \boldsymbol{0}$，由此可得，$\boldsymbol{C}$ 的 Jordan 型有 $p_3 - p_2 = 7 - 6 = 1$ 个维数大于等于 3 的块. 如果定义 $\boldsymbol{V} = \boldsymbol{V}_1\boldsymbol{V}_2$，则可得分解

$$\boldsymbol{V}^{\mathrm{T}}\boldsymbol{C}\boldsymbol{V} = \begin{bmatrix} \lambda & 0 & 0 & 0 & \times & \times & \times \\ 0 & \lambda & 0 & 0 & \times & \times & \times \\ 0 & 0 & \lambda & 0 & \times & \times & \times \\ 0 & 0 & 0 & \lambda & \times & \times & \times \\ 0 & 0 & 0 & 0 & \lambda & 0 & a \\ 0 & 0 & 0 & 0 & 0 & \lambda & b \\ 0 & 0 & 0 & 0 & 0 & 0 & \lambda \end{bmatrix} \begin{matrix} \left.\begin{matrix} \\ \\ \\ \\ \end{matrix}\right\} \text{阶大于等于 1 的有 4 块} \\ \left.\begin{matrix} \\ \\ \end{matrix}\right\} \text{阶大于等于 2 的有 2 块} \\ \} \text{阶大于等于 3 的有 1 块} \end{matrix}$$

反映了 $\boldsymbol{C}$ 的 Jordan 块结构：1 阶的 2 块、2 阶的 1 块、3 阶的 1 块.

为了计算 Jordan 分解必须运用非正交变换. 具体细节我们推荐读者阅读 Golub and Wilkinson (1976)，Kågström and Ruhe (1980a, 1980b)，Demmel (1983).

上述 SVD 的计算充分表明，在每一步计算中，都需要艰难地确定秩. 同时，最后所得的块结构也与秩有关.

习　题

1. 试给出求解实 $n \times n$ 拟上三角方程组 $\boldsymbol{Tx} = \boldsymbol{b}$ 的完整算法.

2. 假设 $\boldsymbol{U}^{-1}\boldsymbol{AU} = \mathrm{diag}(\alpha_1, \cdots, \alpha_m)$, $\boldsymbol{V}^{-1}\boldsymbol{BV} = \mathrm{diag}(\beta_1, \cdots, \beta_n)$. 证明：如果

$$\phi(\boldsymbol{X}) = \boldsymbol{AX} - \boldsymbol{XB},$$

则

$$\lambda(\phi) = \{\, \alpha_i - \beta_j : i = 1:m,\ j = 1:n \,\}.$$

其相应的特征向量是什么? 如何利用这些事实求解 $\boldsymbol{AX} - \boldsymbol{XB} = \boldsymbol{C}$?

3. 证明：如果 $\boldsymbol{Z} \in \mathbb{C}^{p \times q}$，

$$\boldsymbol{Y} = \begin{bmatrix} \boldsymbol{I}_p & \boldsymbol{Z} \\ \boldsymbol{0} & \boldsymbol{I}_q \end{bmatrix},$$

则 $\kappa_2(\boldsymbol{Y}) = [2 + \sigma^2 + \sqrt{4\sigma^2 + \sigma^4}\,]/2$，其中 $\sigma = \|\boldsymbol{Z}\|_2$.

4. 推导 (7.6.5).

5. 设 $\boldsymbol{T} \in \mathbb{R}^{n \times n}$ 是分块上三角矩阵，划分如下：

$$\boldsymbol{T} = \begin{bmatrix} \boldsymbol{T}_{11} & \boldsymbol{T}_{12} & \boldsymbol{T}_{13} \\ \boldsymbol{0} & \boldsymbol{T}_{22} & \boldsymbol{T}_{23} \\ \boldsymbol{0} & \boldsymbol{0} & \boldsymbol{T}_{33} \end{bmatrix}, \quad \boldsymbol{T} \in \mathbb{R}^{n \times n}.$$

如果对角块 $\boldsymbol{T}_{22}$ 是 2×2 矩阵，其特征值是复数，且与 $\lambda(\boldsymbol{T}_{11})$ 和 $\lambda(\boldsymbol{T}_{33})$ 不相交. 试给出计算与 $\boldsymbol{T}_{22}$ 特征值所对应的 2 维实不变子空间的算法.

6. 假设 $\boldsymbol{H} \in \mathbb{R}^{n \times n}$ 是具有复特征值 $\lambda + \mathrm{i}\mu$ 的上 Hessenberg 矩阵. 如何用逆迭代计算 $\boldsymbol{x}, \boldsymbol{y} \in \mathbb{R}^n$，使得 $\boldsymbol{H}(\boldsymbol{x} + \mathrm{i}\boldsymbol{y}) = (\lambda + \mathrm{i}\mu)(\boldsymbol{x} + \mathrm{i}\boldsymbol{y})$? 提示：比较这个等式的实部和虚部，可得到 $2n \times 2n$ 实方程组.

7.7 广义特征值问题

如果 $\boldsymbol{A}, \boldsymbol{B} \in \mathbb{C}^{n \times n}, \lambda \in \mathbb{C}$，则我们将形如 $\boldsymbol{A} - \lambda\boldsymbol{B}$ 的矩阵集称作束. $\boldsymbol{A} - \lambda\boldsymbol{B}$ 的广义特征值是集合

$$\lambda(\boldsymbol{A}, \boldsymbol{B}) = \{ z \in \mathbb{C} : \det(\boldsymbol{A} - z\boldsymbol{B}) = 0 \}$$

中的元素. 如果 $\lambda \in \lambda(\boldsymbol{A}, \boldsymbol{B}), 0 \neq \boldsymbol{x} \in \mathbb{C}^n$ 满足

$$\boldsymbol{A}\boldsymbol{x} = \lambda\boldsymbol{B}\boldsymbol{x}, \tag{7.7.1}$$

那么就称 $\boldsymbol{x}$ 为 $\boldsymbol{A} - \lambda\boldsymbol{B}$ 的特征向量. 寻找 (7.7.1) 的非平凡解的问题就是广义特征值问题. 在本节中，我们将对广义特征值问题的一些数学性质展开研究，并推导出稳定求解的一种方法. 同时，还将简略说明如何通过线性变换将多项式特征值问题转化为等价的广义特征值问题.

7.7.1 背景知识

首先注意到，广义特征值问题存在 n 个特征值当且仅当 $\mathrm{rank}(\boldsymbol{B}) = n$. 如果 $\boldsymbol{B}$ 是秩亏损矩阵，那么 $\lambda(\boldsymbol{A}, \boldsymbol{B})$ 可能是有限集、空集或者无限集：

$$\boldsymbol{A} = \begin{bmatrix} 1 & 2 \\ 0 & 3 \end{bmatrix}, \quad \boldsymbol{B} = \begin{bmatrix} 1 & 0 \\ 0 & 0 \end{bmatrix} \quad \Rightarrow \quad \lambda(\boldsymbol{A}, \boldsymbol{B}) = \{1\},$$

$$\boldsymbol{A} = \begin{bmatrix} 1 & 2 \\ 0 & 3 \end{bmatrix}, \quad \boldsymbol{B} = \begin{bmatrix} 0 & 1 \\ 0 & 0 \end{bmatrix} \quad \Rightarrow \quad \lambda(\boldsymbol{A}, \boldsymbol{B}) = \varnothing,$$

$$A = \begin{bmatrix} 1 & 2 \\ 0 & 0 \end{bmatrix}, \quad B = \begin{bmatrix} 1 & 0 \\ 0 & 0 \end{bmatrix} \quad \Rightarrow \quad \lambda(A, B) = \mathbb{C}.$$

注意，如果 $0 \neq \lambda \in \lambda(A, B)$，那么 $(1/\lambda) \in \lambda(B, A)$. 此外，如果 B 是非奇异矩阵，那么 $\lambda(A, B) = \lambda(B^{-1}A, I) = \lambda(B^{-1}A)$. 由上可得，当 B 是非奇异矩阵时，我们得到了解决 $A - \lambda B$ 问题的以下方法.

步骤 1. 运用（比如）选主元的高斯消去法解关于 C 的方程 $BC = A$.

步骤 2. 运用 QR 算法计算 C 的特征值.

在此方法中，值得注意的是，C 将受到量级为 $\mathbf{u}\| A \|_2 \| B^{-1} \|_2$ 的舍入误差的影响. 如果 B 是病态的，那么就排除了能够精确计算出任何广义特征值的可能性，即使有被认为是良态的特征值. 例如，如果

$$A = \begin{bmatrix} 1.746 & 0.940 \\ 1.246 & 1.898 \end{bmatrix} \quad 且 \quad B = \begin{bmatrix} 0.780 & 0.563 \\ 0.913 & 0.659 \end{bmatrix},$$

那么 $\lambda(A, B) = \{2,\ 1.07 \times 10^6\}$. 用 7 位浮点计算，我们发现 $\lambda(\mathrm{fl}(AB^{-1})) = \{1.562539,\ 1.01 \times 10^6\}$. 较小特征值精度较差，这是因为 $\kappa_2(B) \approx 2 \times 10^6$. 另外，我们发现

$$\lambda(I, \mathrm{fl}(A^{-1}B)) \approx \{2.000001,\ 1.06 \times 10^6\}.$$

因为 $\kappa_2(A) \approx 4$，所以较小特征值的精度得到改善.

这个例子意味着我们需要用其他方法求解广义特征值问题. 其中的一种思想是计算良态矩阵 Q 和 Z，使得矩阵

$$A_1 = Q^{-1}AZ, \qquad B_1 = Q^{-1}BZ \tag{7.7.2}$$

都是标准型. 注意，由

$$Ax = \lambda Bx \quad \Leftrightarrow \quad A_1 y = \lambda B_1 y, \quad x = Zy$$

可得 $\lambda(A, B) = \lambda(A_1, B_1)$. 如果 (7.7.2) 成立且 Q 和 Z 是非奇异矩阵，那么我们就称束 $A - \lambda B$ 和束 $A_1 - \lambda B_1$ 是等价的.

与标准特征问题 $A - \lambda I$ 类似，对标准型要有选择. Jordan 型与 Kronecker 分解类似. 在这个分解中，A_1 和 B_1 均是块对角矩阵，这些块在结构上均相似于 Jordan 块. Kronecker 标准型和 Jordan 型存在着同样的数值问题，但是 Kronecker 标准型给出了 $A - \lambda B$ 的数学性质. 具体细节见 Wilkinson (1978) 以及 Demmel and Kågström (1987).

7.7.2 广义 Schur 分解

从数值角度上看，要求 $\boldsymbol{Q}$ 和 $\boldsymbol{Z}$ 均是酉矩阵. 这就引出了由 Moler and Stewart (1973) 给出的如下分解定理.

定理 7.7.1 (广义 Schur 分解) 如果 $\boldsymbol{A}$ 和 $\boldsymbol{B}$ 都属于 $\mathbb{C}^{n\times n}$，那么存在酉矩阵 $\boldsymbol{Q}$ 和 $\boldsymbol{Z}$ 使得 $\boldsymbol{Q}^{\mathrm{H}}\boldsymbol{A}\boldsymbol{Z}=\boldsymbol{T}$ 和 $\boldsymbol{Q}^{\mathrm{H}}\boldsymbol{B}\boldsymbol{Z}=\boldsymbol{S}$ 都是上三角矩阵. 如果对某个 k 有 t_{kk} 和 s_{kk} 均为 0，则 $\lambda(\boldsymbol{A},\boldsymbol{B})=\mathbb{C}$. 否则，

$$\lambda(\boldsymbol{A},\boldsymbol{B}) \;=\; \{t_{ii}/s_{ii} \;:\; s_{ii}\neq 0\}.$$

证明 设 $\{\boldsymbol{B}_k\}$ 是一列非奇异矩阵，且收敛于 $\boldsymbol{B}$. 对每一个 k，令

$$\boldsymbol{Q}_k^{\mathrm{H}}(\boldsymbol{A}\boldsymbol{B}_k^{-1})\boldsymbol{Q}_k \;=\; \boldsymbol{R}_k$$

为 $\boldsymbol{A}\boldsymbol{B}_k^{-1}$ 的 Schur 分解. 令 $\boldsymbol{Z}_k$ 是一个酉矩阵，使得

$$\boldsymbol{Z}_k^{\mathrm{H}}(\boldsymbol{B}_k^{-1}\boldsymbol{Q}_k) \;=\; \boldsymbol{S}_k^{-1}$$

为上三角矩阵. 因此，$\boldsymbol{Q}_k^{\mathrm{H}}\boldsymbol{A}\boldsymbol{Z}_k=\boldsymbol{R}_k\boldsymbol{S}_k$ 和 $\boldsymbol{Q}_k^{\mathrm{H}}\boldsymbol{B}_k\boldsymbol{Z}_k=\boldsymbol{S}_k$ 都是上三角矩阵. 运用 Bolzano-Weierstrass 定理，我们知道有界序列 $\{(\boldsymbol{Q}_k,\boldsymbol{Z}_k)\}$ 必有收敛子列，即

$$\lim_{i\to\infty}(\boldsymbol{Q}_{k_i},\boldsymbol{Z}_{k_i}) \;=\; (\boldsymbol{Q},\boldsymbol{Z}).$$

容易证明，$\boldsymbol{Q}$ 和 $\boldsymbol{Z}$ 都是酉矩阵且 $\boldsymbol{Q}^{\mathrm{H}}\boldsymbol{A}\boldsymbol{Z}$ 和 $\boldsymbol{Q}^{\mathrm{H}}\boldsymbol{B}\boldsymbol{Z}$ 均为上三角矩阵. 关于 $\lambda(\boldsymbol{A},\boldsymbol{B})$ 的结论，来自于

$$\mathsf{det}(\boldsymbol{A}-\lambda\boldsymbol{B}) \;=\; \mathsf{det}(\boldsymbol{Q}\boldsymbol{Z}^{\mathrm{H}})\prod_{i=1}^{n}(t_{ii}-\lambda s_{ii}).$$

这就完成了定理的证明. □

如果 $\boldsymbol{A}$ 和 $\boldsymbol{B}$ 均为实矩阵，则对应的实 Schur 分解的如下定理是有趣的.

定理 7.7.2 (广义实 Schur 分解) 如果 $\boldsymbol{A}$ 和 $\boldsymbol{B}$ 都属于 $\mathbb{R}^{n\times n}$，则存在正交矩阵 $\boldsymbol{Q}$ 和 $\boldsymbol{Z}$，使得 $\boldsymbol{Q}^{\mathrm{T}}\boldsymbol{A}\boldsymbol{Z}$ 是拟上三角矩阵且 $\boldsymbol{Q}^{\mathrm{T}}\boldsymbol{B}\boldsymbol{Z}$ 是上三角矩阵.

证明 见 Stewart (1972). □

本节的其余部分，我们将关注这个分解的计算以及其数学含义.

7.7.3 敏感度问题

广义 Schur 分解阐释了 $\boldsymbol{A}-\lambda\boldsymbol{B}$ 问题的特征值的敏感度. 显然，如果 s_{ii} 很小，则 $\boldsymbol{A}$ 和 $\boldsymbol{B}$ 的微小变化就能导致特征值 $\lambda_i=t_{ii}/s_{ii}$ 的较大变化. 然而，正如 Stewart (1978) 所述，将这样的特征值视为“病态的”是不合理的. 因为其倒数

$\mu_i = s_{ii}/t_{ii}$ 可能是束 $\mu\boldsymbol{A}-\boldsymbol{B}$ 的非常良态的特征值. 在 Stewart 的分析中，$\boldsymbol{A}$ 和 $\boldsymbol{B}$ 被对称看待，且特征值被看作有序对 (t_{ii}, s_{ii})，而不是商. 利用这个观点，可用弦度来度量特征值的扰动，其中弦度 chord(a,b) 的定义如下：

$$\text{chord}(a,b) = \frac{|a-b|}{\sqrt{1+a^2}\sqrt{1+b^2}}.$$

Stewart 证明了，如果 λ 是 $\boldsymbol{A}-\lambda\boldsymbol{B}$ 的单特征值，且 λ_ϵ 是相应的扰动束 $\tilde{\boldsymbol{A}}-\lambda\tilde{\boldsymbol{B}}$ 的特征值，且 $\|\boldsymbol{A}-\tilde{\boldsymbol{A}}\|_2 \approx \|\boldsymbol{B}-\tilde{\boldsymbol{B}}\|_2 \approx \epsilon$，则

$$\text{chord}(\lambda,\lambda_\epsilon) \leqslant \frac{\epsilon}{\sqrt{(\boldsymbol{y}^{\mathrm{H}}\boldsymbol{A}\boldsymbol{x})^2+(\boldsymbol{y}^{\mathrm{H}}\boldsymbol{B}\boldsymbol{x})^2}} + O(\epsilon^2),$$

其中 $\boldsymbol{x}$ 和 $\boldsymbol{y}$ 都有单位 2-范数，且满足 $\boldsymbol{A}\boldsymbol{x}=\lambda\boldsymbol{B}\boldsymbol{x}$ 和 $\boldsymbol{y}^{\mathrm{H}}\boldsymbol{A}=\lambda\boldsymbol{y}^{\mathrm{H}}\boldsymbol{B}$. 注意，上界中的分母关于 $\boldsymbol{A}$ 和 $\boldsymbol{B}$ 对称. 所以“真正的”病态特征值指的是使这个分母很小的那些特征值.

Wilkinson (1979) 研究了对于某个 k，t_{kk} 和 s_{kk} 都为 0 的特殊情形. 在此情形下，余下的商 t_{ii}/s_{ii} 可以取到任何值.

7.7.4　Hessenberg 三角型

当我们计算矩阵对 $(\boldsymbol{A},\boldsymbol{B})$ 的广义 Schur 分解时，第一步是利用正交变换将 $\boldsymbol{A}$ 化为上 Hessenberg 型、将 $\boldsymbol{B}$ 化为上三角型. 首先，我们确定一个正交矩阵 $\boldsymbol{U}$ 使得 $\boldsymbol{U}^{\mathrm{T}}\boldsymbol{B}$ 是上三角矩阵. 当然，为保持特征值不变，我们必须保证用同一正交矩阵修正 $\boldsymbol{A}$. 让我们以 $n=5$ 的情形为例，追踪一下发生了什么：

$$\boldsymbol{A} \leftarrow \boldsymbol{U}^{\mathrm{T}}\boldsymbol{A} = \begin{bmatrix} \times & \times & \times & \times & \times \\ \times & \times & \times & \times & \times \\ \times & \times & \times & \times & \times \\ \times & \times & \times & \times & \times \\ \times & \times & \times & \times & \times \end{bmatrix}, \quad \boldsymbol{B} \leftarrow \boldsymbol{U}^{\mathrm{T}}\boldsymbol{B} = \begin{bmatrix} \times & \times & \times & \times & \times \\ 0 & \times & \times & \times & \times \\ 0 & 0 & \times & \times & \times \\ 0 & 0 & 0 & \times & \times \\ 0 & 0 & 0 & 0 & \times \end{bmatrix}.$$

接下来，在保持 $\boldsymbol{B}$ 为上三角型的情况下化 $\boldsymbol{A}$ 为上 Hessenberg 型. 首先，用 Givens 旋转变换 $\boldsymbol{Q}_{45}$ 将 a_{51} 化为 0：

$$\boldsymbol{A} \leftarrow \boldsymbol{Q}_{45}^{\mathrm{T}}\boldsymbol{A} = \begin{bmatrix} \times & \times & \times & \times & \times \\ \times & \times & \times & \times & \times \\ \times & \times & \times & \times & \times \\ \times & \times & \times & \times & \times \\ 0 & \times & \times & \times & \times \end{bmatrix}, \quad \boldsymbol{B} \leftarrow \boldsymbol{Q}_{45}^{\mathrm{T}}\boldsymbol{B} = \begin{bmatrix} \times & \times & \times & \times & \times \\ 0 & \times & \times & \times & \times \\ 0 & 0 & \times & \times & \times \\ 0 & 0 & 0 & \times & \times \\ 0 & 0 & 0 & \times & \times \end{bmatrix}.$$

在 $\boldsymbol{B}$ 中，(5,4) 位置产生的非零元素能通过右乘适当的 Givens 旋转 $\boldsymbol{Z}_{45}$ 化为 0：

$$A \leftarrow AZ_{45} = \begin{bmatrix} \times & \times & \times & \times & \times \\ \times & \times & \times & \times & \times \\ \times & \times & \times & \times & \times \\ \times & \times & \times & \times & \times \\ 0 & \times & \times & \times & \times \end{bmatrix}, \quad B \leftarrow BZ_{45} = \begin{bmatrix} \times & \times & \times & \times & \times \\ 0 & \times & \times & \times & \times \\ 0 & 0 & \times & \times & \times \\ 0 & 0 & 0 & \times & \times \\ 0 & 0 & 0 & 0 & \times \end{bmatrix}.$$

类似地，可将 A 中的 (4,1) 位置的元素和 (3,1) 位置的元素化为 0:

$$A \leftarrow Q_{34}^{\mathrm{T}}A = \begin{bmatrix} \times & \times & \times & \times & \times \\ \times & \times & \times & \times & \times \\ \times & \times & \times & \times & \times \\ 0 & \times & \times & \times & \times \\ 0 & \times & \times & \times & \times \end{bmatrix}, \quad B \leftarrow Q_{34}^{\mathrm{T}}B = \begin{bmatrix} \times & \times & \times & \times & \times \\ 0 & \times & \times & \times & \times \\ 0 & 0 & \times & \times & \times \\ 0 & 0 & \times & \times & \times \\ 0 & 0 & 0 & 0 & \times \end{bmatrix},$$

$$A \leftarrow AZ_{34} = \begin{bmatrix} \times & \times & \times & \times & \times \\ \times & \times & \times & \times & \times \\ \times & \times & \times & \times & \times \\ 0 & \times & \times & \times & \times \\ 0 & \times & \times & \times & \times \end{bmatrix}, \quad B \leftarrow BZ_{34} = \begin{bmatrix} \times & \times & \times & \times & \times \\ 0 & \times & \times & \times & \times \\ 0 & 0 & \times & \times & \times \\ 0 & 0 & 0 & \times & \times \\ 0 & 0 & 0 & 0 & \times \end{bmatrix},$$

$$A \leftarrow Q_{23}^{\mathrm{T}}A = \begin{bmatrix} \times & \times & \times & \times & \times \\ \times & \times & \times & \times & \times \\ 0 & \times & \times & \times & \times \\ 0 & \times & \times & \times & \times \\ 0 & \times & \times & \times & \times \end{bmatrix}, \quad B \leftarrow Q_{23}^{\mathrm{T}}B = \begin{bmatrix} \times & \times & \times & \times & \times \\ 0 & \times & \times & \times & \times \\ 0 & \times & \times & \times & \times \\ 0 & 0 & 0 & \times & \times \\ 0 & 0 & 0 & 0 & \times \end{bmatrix},$$

$$A \leftarrow AZ_{23} = \begin{bmatrix} \times & \times & \times & \times & \times \\ \times & \times & \times & \times & \times \\ 0 & \times & \times & \times & \times \\ 0 & \times & \times & \times & \times \\ 0 & \times & \times & \times & \times \end{bmatrix}, \quad B \leftarrow BZ_{23} = \begin{bmatrix} \times & \times & \times & \times & \times \\ 0 & \times & \times & \times & \times \\ 0 & 0 & \times & \times & \times \\ 0 & 0 & 0 & \times & \times \\ 0 & 0 & 0 & 0 & \times \end{bmatrix}.$$

现在，由于 A 的第一列是上 Hessenberg 型，故只要将 a_{52}, a_{42}, a_{53} 化为零，这个约化就完成了. 注意，要将一个 a_{ij} 化为 0，需要两个正交变换——一个用于化 0，另一个恢复 B 的三角形式. 利用 Givens 旋转或者 2×2 修正的 Householder 变换都可以. 综上，我们有如下算法.

算法 7.7.1 (Hessenberg 三角型约化) 给定 $\mathbb{R}^{n\times n}$ 中的两个矩阵 A 和 B，这个算法用上 Hessenberg 矩阵 $Q^{\mathrm{T}}AZ$ 覆盖矩阵 A，用上三角矩阵 $Q^{\mathrm{T}}BZ$ 覆盖矩阵 B，其中 Q 和 Z 都是正交矩阵.

```
用算法 5.2.1 计算 B = QR
  用 Q^T A 覆盖 A, Q^T B 覆盖 B.
for j = 1 : n − 2
```

for $i = n : -1 : j+2$

$\quad [c, s] = \text{givens}(A(i-1, j), A(i, j))$

$\quad A(i-1:i, j:n) = \begin{bmatrix} c & s \\ -s & c \end{bmatrix}^{\mathrm{T}} A(i-1:i, j:n)$

$\quad B(i-1:i, i-1:n) = \begin{bmatrix} c & s \\ -s & c \end{bmatrix}^{\mathrm{T}} B(i-1:i, i-1:n)$

$\quad [c, s] = \text{givens}(-B(i, i), B(i, i-1))$

$\quad B(1:i, i-1:i) = B(1:i, i-1:i) \begin{bmatrix} c & s \\ -s & c \end{bmatrix}$

$\quad A(1:n, i-1:i) = A(1:n, i-1:i) \begin{bmatrix} c & s \\ -s & c \end{bmatrix}$

end

end

这个算法需要大约 $8n^3$ 个 flop. 计算 Q 和 Z 的累积分别需要大约 $4n^3$ 个 flop 和 $3n^3$ 个 flop.

约化 $A - \lambda B$ 为 Hessenberg 三角型可用于一种广义的 QR 迭代, 即下节中所谓的 QZ 迭代的 "前期" 分解.

7.7.5 降阶

不失一般性, 假设在 QZ 迭代中, A 是不可约上 Hessenberg 矩阵、B 是非奇异上三角矩阵. 的第一个条件是显然的, 因为如果 $a_{k+1,k} = 0$ 则

$$A - \lambda B = \begin{bmatrix} A_{11} - \lambda B_{11} & A_{12} - \lambda B_{12} \\ \mathbf{0} & A_{22} - \lambda B_{22} \end{bmatrix} \begin{matrix} k \\ n-k \end{matrix},$$
$$\underbrace{\phantom{A_{11} - \lambda B_{11}}}_{k} \underbrace{\phantom{A_{22} - \lambda B_{22}}}_{n-k}$$

对此, 我们可以求解两个较小的问题 $A_{11} - \lambda B_{11}$ 和 $A_{22} - \lambda B_{22}$. 另外, 如果对某个 k 有 $b_{kk} = 0$, 则可将 A 的 $(n, n-1)$ 位置的元素化为 0, 从而降阶. 举例说明, 假设 $n = 5, k = 3$:

$$A = \begin{bmatrix} \times & \times & \times & \times & \times \\ \times & \times & \times & \times & \times \\ 0 & \times & \times & \times & \times \\ 0 & 0 & \times & \times & \times \\ 0 & 0 & 0 & \times & \times \end{bmatrix}, \quad B = \begin{bmatrix} \times & \times & \times & \times & \times \\ 0 & \times & \times & \times & \times \\ 0 & 0 & 0 & \times & \times \\ 0 & 0 & 0 & \times & \times \\ 0 & 0 & 0 & 0 & \times \end{bmatrix}.$$

用 Givens 旋转可以将 B 的对角线上的零 "向下推" 到 $(5,5)$ 位置:

$$
A \leftarrow Q_{34}^{\mathrm{T}} A = \begin{bmatrix} \times & \times & \times & \times & \times \\ \times & \times & \times & \times & \times \\ 0 & \times & \times & \times & \times \\ 0 & \times & \times & \times & \times \\ 0 & 0 & 0 & \times & \times \end{bmatrix}, \quad B \leftarrow Q_{34}^{\mathrm{T}} B = \begin{bmatrix} \times & \times & \times & \times & \times \\ 0 & \times & \times & \times & \times \\ 0 & 0 & 0 & \times & \times \\ 0 & 0 & 0 & 0 & \times \\ 0 & 0 & 0 & 0 & \times \end{bmatrix},
$$

$$
A \leftarrow A Z_{23} = \begin{bmatrix} \times & \times & \times & \times & \times \\ \times & \times & \times & \times & \times \\ 0 & \times & \times & \times & \times \\ 0 & 0 & \times & \times & \times \\ 0 & 0 & 0 & \times & \times \end{bmatrix}, \quad B \leftarrow B Z_{23} = \begin{bmatrix} \times & \times & \times & \times & \times \\ 0 & \times & \times & \times & \times \\ 0 & 0 & 0 & \times & \times \\ 0 & 0 & 0 & 0 & \times \\ 0 & 0 & 0 & 0 & \times \end{bmatrix},
$$

$$
A \leftarrow Q_{45}^{\mathrm{T}} A = \begin{bmatrix} \times & \times & \times & \times & \times \\ \times & \times & \times & \times & \times \\ 0 & \times & \times & \times & \times \\ 0 & 0 & \times & \times & \times \\ 0 & 0 & \times & \times & \times \end{bmatrix}, \quad B \leftarrow Q_{45}^{\mathrm{T}} B = \begin{bmatrix} \times & \times & \times & \times & \times \\ 0 & \times & \times & \times & \times \\ 0 & 0 & 0 & \times & \times \\ 0 & 0 & 0 & 0 & \times \\ 0 & 0 & 0 & 0 & 0 \end{bmatrix},
$$

$$
A \leftarrow A Z_{34} = \begin{bmatrix} \times & \times & \times & \times & \times \\ \times & \times & \times & \times & \times \\ 0 & \times & \times & \times & \times \\ 0 & 0 & \times & \times & \times \\ 0 & 0 & 0 & \times & \times \end{bmatrix}, \quad B \leftarrow B Z_{34}^{\mathrm{T}} = \begin{bmatrix} \times & \times & \times & \times & \times \\ 0 & \times & \times & \times & \times \\ 0 & 0 & \times & \times & \times \\ 0 & 0 & 0 & 0 & \times \\ 0 & 0 & 0 & 0 & 0 \end{bmatrix},
$$

$$
A \leftarrow A Z_{45} = \begin{bmatrix} \times & \times & \times & \times & \times \\ \times & \times & \times & \times & \times \\ 0 & \times & \times & \times & \times \\ 0 & 0 & \times & \times & \times \\ 0 & 0 & 0 & 0 & \times \end{bmatrix}, \quad B \leftarrow B Z_{45} = \begin{bmatrix} \times & \times & \times & \times & \times \\ 0 & \times & \times & \times & \times \\ 0 & 0 & \times & \times & \times \\ 0 & 0 & 0 & \times & \times \\ 0 & 0 & 0 & 0 & 0 \end{bmatrix}.
$$

这个零追逐技巧是完全通用的，无论零在 B 的对角线的哪个位置，都可将 $a_{n,n-1}$ 化为零.

7.7.6 QZ 步

现在我们来描述 QZ 步，其基本思想是对 A 和 B 做如下变换：

$$
(\bar{A} - \lambda \bar{B}) = \bar{Q}^{\mathrm{T}} (A - \lambda B) \bar{Z},
$$

其中 $\bar{A}$ 是上 Hessenberg 矩阵，$\bar{B}$ 是上三角矩阵，$\bar{Q}$ 和 $\bar{Z}$ 都是正交矩阵，且 $\bar{A}\bar{B}^{-1}$ “本质上”和将 Francis QR 步（算法 7.5.2）显式应用于 $\bar{A}\bar{B}^{-1}$ 所产生的矩阵相同. 要完成这一任务，只要巧妙的使用零追逐技术以及隐式 Q 定理.

令 $M = AB^{-1}$（上 Hessenberg 型），且 v 是矩阵 $(M - aI)(M - bI)$ 的第一列，其中 a 和 b 是 M 的右下角 2×2 子矩阵的特征值. 注意，可在 $O(1)$ 个 flop 内计算出 v. 如果 P_0 是使 $P_0 v$ 为 e_1 的倍数的 Householder 矩阵，则

$$A \leftarrow P_0 A = \begin{bmatrix} \times & \times & \times & \times & \times & \times \\ \times & \times & \times & \times & \times & \times \\ \times & \times & \times & \times & \times & \times \\ 0 & 0 & \times & \times & \times & \times \\ 0 & 0 & 0 & \times & \times & \times \\ 0 & 0 & 0 & 0 & \times & \times \end{bmatrix}, \quad B \leftarrow P_0 B = \begin{bmatrix} \times & \times & \times & \times & \times & \times \\ \times & \times & \times & \times & \times & \times \\ \times & \times & \times & \times & \times & \times \\ 0 & 0 & 0 & \times & \times & \times \\ 0 & 0 & 0 & 0 & \times & \times \\ 0 & 0 & 0 & 0 & 0 & \times \end{bmatrix}.$$

现在的想法是通过“向下推”对角线以下的多余的非零元，将这两个矩阵分别恢复到 Hessenberg 三角型.

为此，我们先确定一对 Householder 矩阵 Z_1 和 Z_2，将 b_{31}, b_{32}, b_{21} 化为零：

$$A \leftarrow AZ_1Z_2 = \begin{bmatrix} \times & \times & \times & \times & \times & \times \\ \times & \times & \times & \times & \times & \times \\ \times & \times & \times & \times & \times & \times \\ \times & \times & \times & \times & \times & \times \\ 0 & 0 & 0 & \times & \times & \times \\ 0 & 0 & 0 & 0 & \times & \times \end{bmatrix}, B \leftarrow BZ_1Z_2 = \begin{bmatrix} \times & \times & \times & \times & \times & \times \\ 0 & \times & \times & \times & \times & \times \\ 0 & 0 & \times & \times & \times & \times \\ 0 & 0 & 0 & \times & \times & \times \\ 0 & 0 & 0 & 0 & \times & \times \\ 0 & 0 & 0 & 0 & 0 & \times \end{bmatrix}.$$

然后，用一个 Householder 矩阵 P_1 将 a_{31} 和 a_{41} 化为零：

$$A \leftarrow P_1 A = \begin{bmatrix} \times & \times & \times & \times & \times & \times \\ \times & \times & \times & \times & \times & \times \\ 0 & \times & \times & \times & \times & \times \\ 0 & \times & \times & \times & \times & \times \\ 0 & 0 & 0 & \times & \times & \times \\ 0 & 0 & 0 & 0 & \times & \times \end{bmatrix}, \quad B \leftarrow P_1 B = \begin{bmatrix} \times & \times & \times & \times & \times & \times \\ 0 & \times & \times & \times & \times & \times \\ 0 & \times & \times & \times & \times & \times \\ 0 & \times & \times & \times & \times & \times \\ 0 & 0 & 0 & 0 & \times & \times \\ 0 & 0 & 0 & 0 & 0 & \times \end{bmatrix}.$$

注意，利用这一步，多余的非零元已从它们的原位置向右下方移动了. 这是 QZ 算法的一个典型步骤. 又，$Q = Q_0 Q_1 \cdots Q_{n-2}$ 与 Q_0 有相同的第一列. 利用初始 Householder 矩阵的确定方式，可以运用隐式 Q 定理，断言 $AB^{-1} = Q^{\mathrm{T}}(AB^{-1})Q$ 确实“本质上”与直接将 Francis 迭代应用于 $M = AB^{-1}$ 所得到的矩阵相同. 综上，我们可得如下算法.

算法 7.7.2 (QZ 步) 给定不可约上 Hessenberg 矩阵 $A \in \mathbb{R}^{n\times n}$ 和非奇异上三角矩阵 $B \in \mathbb{R}^{n\times n}$，本算法用上 Hessenberg 矩阵 $Q^{\mathrm{T}}AZ$ 覆盖 A，用上三角矩阵 $Q^{\mathrm{T}}BZ$ 覆盖 B，其中 Q 和 Z 都是正交矩阵，且 Q 与应用于 AB^{-1} 的算法 7.5.1 中的正交相似变换矩阵有相同的第一列.

令 $M = AB^{-1}$，计算 $(M - aI)(M - bI)e_1 = [x, y, z, 0, \cdots, 0]^{\mathrm{T}}$，

其中 a 和 b 为 M 的右下角 $\times 2$ 的子矩阵的特征值.

for $k = 1 : n-2$

找到 Householder 矩阵 Q_k 使得 $Q_k\begin{bmatrix} x \\ y \\ z \end{bmatrix} = \begin{bmatrix} * \\ 0 \\ 0 \end{bmatrix}$.

$A = \text{diag}(I_{k-1}, Q_k, I_{n-k-2}) \cdot A$

$B = \text{diag}(I_{k-1}, Q_k, I_{n-k-2}) \cdot B$

找到 Householder 矩阵 Z_{k1}

使得 $\left[\, b_{k+2,k} \,\middle|\, b_{k+2,k+1} \,\middle|\, b_{k+2,k+2} \,\right] Z_{k1} = \left[\, 0 \,\middle|\, 0 \,\middle|\, * \,\right]$.

$A = A \cdot \text{diag}(I_{k-1}, Z_{k1}, I_{n-k-2})$

$B = B \cdot \text{diag}(I_{k-1}, Z_{k1}, I_{n-k-2})$

找到 Householder 矩阵 Z_{k2} 使得 $\left[\, b_{k+1,k} \,\middle|\, b_{k+1,k+1} \,\right] Z_{k2} = \left[\, 0 \,\middle|\, * \,\right]$.

$A = A \cdot \text{diag}(I_{k-1}, Z_{k2}, I_{n-k-1})$

$B = B \cdot \text{diag}(I_{k-1}, Z_{k2}, I_{n-k-1})$

$x = a_{k+1,k}$; $y = a_{k+2,k}$

if $k < n-2$

  $z = a_{k+3,k}$

end

end

找到 Householder 矩阵 Q_{n-1} 使得 $Q_{n-1}\begin{bmatrix} x \\ y \end{bmatrix} = \begin{bmatrix} * \\ 0 \end{bmatrix}$.

$A = \text{diag}(I_{n-2}, Q_{n-1}) \cdot A$

$B = \text{diag}(I_{n-2}, Q_{n-1}) \cdot B$.

找到 Householder 矩阵 Z_{n-1} 使得 $\left[\, b_{n,n-1} \,\middle|\, b_{nn} \,\right] Z_{n-1} = \left[\, 0 \,\middle|\, * \,\right]$.

$A = A \cdot \text{diag}(I_{n-2}, Z_{n-1})$

$B = B \cdot \text{diag}(I_{n-2}, Z_{n-1})$

算法需要 $22n^2$ 个 flop. 累积 $\boldsymbol{Q}$ 和 $\boldsymbol{Z}$ 分别需要额外的 $8n^2$ 和 $13n^2$ 个 flop.

7.7.7 完整的 QZ 过程

将一列 QZ 步应用于 Hessenberg 三角型束 $\boldsymbol{A} - \lambda \boldsymbol{B}$，就能将 $\boldsymbol{A}$ 约化为拟三角型. 在这个过程中，需要时刻关注 $\boldsymbol{A}$ 的次对角元和 $\boldsymbol{B}$ 的对角元，在必要时进行解耦. 完整过程如下，源于 Moler and Stewart (1973).

算法 7.7.3 给定 $\boldsymbol{A} \in \mathbb{R}^{n \times n}, \boldsymbol{B} \in \mathbb{R}^{n \times n}$，本算法计算正交矩阵 $\boldsymbol{Q}$ 和 $\boldsymbol{Z}$，使得 $\boldsymbol{Q}^{\mathrm{T}}\boldsymbol{A}\boldsymbol{Z} = \boldsymbol{T}$ 为拟上三角矩阵且 $\boldsymbol{Q}^{\mathrm{T}}\boldsymbol{B}\boldsymbol{Z} = \boldsymbol{S}$ 为上三角矩阵. 用 $\boldsymbol{T}$ 和 $\boldsymbol{S}$ 分别覆盖 $\boldsymbol{A}$ 和 $\boldsymbol{B}$.

利用算法 7.7.1，用 $Q^{\mathrm{T}}AZ$（上 Hessenberg 矩阵）覆盖 A，

用 $Q^{\mathrm{T}}BZ$（上三角矩阵）覆盖 B.

until $q = n$

令所有满足 $|a_{i,i-1}| \leqslant \epsilon(|a_{i-1,i-1}| + |a_{ii}|)$ 的次对角元素为 0.

找到最大非负数 q 和最小非负数 p 使得如果

$$A = \begin{bmatrix} A_{11} & A_{12} & A_{13} \\ 0 & A_{22} & A_{23} \\ 0 & 0 & A_{33} \end{bmatrix} \begin{matrix} p \\ n-p-q \\ q \end{matrix}, \qquad \begin{matrix} p & n-p-q & q \end{matrix}$$

那么 A_{33} 是拟上三角矩阵且 A_{22} 是不可约上 Hessenberg 矩阵.

将 B 恰当划分

$$B = \begin{bmatrix} B_{11} & B_{12} & B_{13} \\ 0 & B_{22} & B_{23} \\ 0 & 0 & B_{33} \end{bmatrix} \begin{matrix} p \\ n-p-q \\ q \end{matrix} \qquad \begin{matrix} p & n-p-q & q \end{matrix}$$

if $q < n$

if B_{22} 是奇异的

化 $a_{n-q,n-q-1}$ 为 0.

else

对 A_{22} 和 B_{22} 应用算法 7.7.2:

$A = \mathrm{diag}(I_p, Q, I_q)^{\mathrm{T}} A{\cdot}\mathrm{diag}(I_p, Z, I_q)$

$B = \mathrm{diag}(I_p, Q, I_q)^{\mathrm{T}} B{\cdot}\mathrm{diag}(I_p, Z, I_q)$

end

end

end

算法需要 $30n^3$ 个 flop. 如果需求得 $\boldsymbol{Q}$，则还需额外的 $16n^3$ 个 flop. 如果需求得 $\boldsymbol{Z}$，则还需额外的 $20n^3$ 个 flop. 这些计算量的估计是基于每个特征值大约需两个 QZ 迭代的经验. 因此，QZ 迭代的收敛性质和 QR 迭代基本相同，但 QZ 算法的速度不受 $\boldsymbol{B}$ 的秩亏损影响.

可以证明，计算所得的 $\boldsymbol{S}$ 和 $\boldsymbol{T}$ 满足：

$$\boldsymbol{Q}_0^{\mathrm{T}}(\boldsymbol{A}+\boldsymbol{E})\boldsymbol{Z}_0 = \boldsymbol{T}, \qquad \boldsymbol{Q}_0^{\mathrm{T}}(\boldsymbol{B}+\boldsymbol{F})\boldsymbol{Z}_0 = \boldsymbol{S},$$

其中 $\boldsymbol{Q}_0$ 和 $\boldsymbol{Z}_0$ 是精确的正交矩阵且 $\|\boldsymbol{E}\|_2 \approx \mathbf{u}\|\boldsymbol{A}\|_2, \|\boldsymbol{F}\|_2 \approx \mathbf{u}\|\boldsymbol{B}\|_2$.

7.7.8 广义不变子空间的计算

我们在 7.6 节中讨论的许多不变子空间计算问题都可以推广到广义特征值问题. 例如，可以利用逆迭代求近似特征向量:

给定 $q^{(0)} \in \mathbb{C}^{n\times n}$.

for $k = 1, 2, \cdots$

  解 $(A - \mu B)z^{(k)} = Bq^{(k-1)}$.

  标准化: $q^{(k)} = z^{(k)}/\| z^{(k)} \|_2$.

  $\lambda^{(k)} = [q^{(k)}]^{\mathrm{H}} Aq^{(k)} \;/\; [q^{(k)}]^{\mathrm{H}} Aq^{(k)}$

end

如果 $\boldsymbol{B}$ 非奇异，则相当于把 (7.6.1) 应用于矩阵 $\boldsymbol{B}^{-1}\boldsymbol{A}$. 一般来说，如果 μ 为由 QZ 算法计算出的特征值，那么只需一次迭代. 通过对 Hessenberg 三角型束进行逆迭代，QZ 迭代过程中的累积变换 $\boldsymbol{Z}$ 的开销可以避免.

相应于单个矩阵的不变子空间的概念，对于束 $\boldsymbol{A} - \lambda\boldsymbol{B}$ 我们有降阶子空间. 特别地，如果子空间 $\{\, \boldsymbol{Ax} + \boldsymbol{By} \,:\, \boldsymbol{x}, \boldsymbol{y} \in S \,\}$ 的维数小于等于 k，我们就说 k 维子空间 $S \subseteq \mathbb{C}^n$ 对束 $\boldsymbol{A} - \lambda\boldsymbol{B}$ 来说是降阶的. 注意，如果

$$\boldsymbol{Q}^{\mathrm{H}}\boldsymbol{AZ} = \boldsymbol{T}, \qquad \boldsymbol{Q}^{\mathrm{H}}\boldsymbol{BZ} = \boldsymbol{S}$$

是 $\boldsymbol{A} - \lambda\boldsymbol{B}$ 的广义 Schur 分解，那么这个广义 Schur 分解中的矩阵 $\boldsymbol{Z}$ 的列就确定一族降阶子空间. 的确，如果

$$\boldsymbol{Q} = [\, \boldsymbol{q}_1 \,|\cdots|\, \boldsymbol{q}_n \,], \qquad \boldsymbol{Z} = [\, \boldsymbol{z}_1 \,|\cdots|\, \boldsymbol{z}_n \,]$$

为列划分，则对于 $k = 1:n$ 有

$$\begin{aligned} \mathsf{span}\{\boldsymbol{Az}_1, \cdots, \boldsymbol{Az}_k\} &\subseteq \mathsf{span}\{\boldsymbol{q}_1, \cdots, \boldsymbol{q}_k\}, \\ \mathsf{span}\{\boldsymbol{Bz}_1, \cdots, \boldsymbol{Bz}_k\} &\subseteq \mathsf{span}\{\boldsymbol{q}_1, \cdots, \boldsymbol{q}_k\}. \end{aligned}$$

降阶子空间的性质及其在扰动下的行为，见 Stewart (1972).

7.7.9 多项式特征值问题的一点说明

比广义特征值问题更一般的是**多项式特征值问题**. 给定矩阵 $\boldsymbol{A}_0, \cdots, \boldsymbol{A}_d \in \mathbb{C}^{n\times n}$，确定 $\lambda \in \mathbb{C}$ 和 $0 \neq \boldsymbol{x} \in \mathbb{C}^n$ 使得

$$P(\lambda)\boldsymbol{x} = 0, \tag{7.7.3}$$

其中 λ **矩阵** $P(\lambda)$ 定义为

$$P(\lambda) = \boldsymbol{A}_0 + \lambda\boldsymbol{A}_1 + \cdots + \lambda^d\boldsymbol{A}_d. \tag{7.7.4}$$

假设 $\boldsymbol{A}_d \neq \boldsymbol{0}$ 且 d 为 $P(\lambda)$ 的**次数**. 多项式特征值问题的理论的较好讨论，见 Lancaster (1966).

将 (7.7.3) 转化为等价的高维的线性特征值问题是可能的. 例如，假设 $d=3$,

$$L(\lambda) = \begin{bmatrix} \boldsymbol{0} & \boldsymbol{0} & \boldsymbol{A}_0 \\ -\boldsymbol{I} & \boldsymbol{0} & \boldsymbol{A}_1 \\ \boldsymbol{0} & -\boldsymbol{I} & \boldsymbol{A}_2 \end{bmatrix} + \lambda \begin{bmatrix} \boldsymbol{I} & \boldsymbol{0} & \boldsymbol{0} \\ \boldsymbol{0} & \boldsymbol{I} & \boldsymbol{0} \\ \boldsymbol{0} & \boldsymbol{0} & \boldsymbol{A}_3 \end{bmatrix}. \tag{7.7.5}$$

如果

$$L(\lambda) \begin{bmatrix} \boldsymbol{u}_1 \\ \boldsymbol{u}_2 \\ \boldsymbol{x} \end{bmatrix} = \begin{bmatrix} \boldsymbol{0} \\ \boldsymbol{0} \\ \boldsymbol{0} \end{bmatrix},$$

则

$$\boldsymbol{0} = \boldsymbol{A}_0\boldsymbol{x} + \lambda\boldsymbol{u}_1 = \boldsymbol{A}_0 + \lambda(\boldsymbol{A}_1\boldsymbol{x} + \lambda\boldsymbol{u}_2) = \boldsymbol{A}_0 + \lambda(\boldsymbol{A}_1\boldsymbol{x} + \lambda(\boldsymbol{A}_2 + \lambda\boldsymbol{A}_3))\boldsymbol{x} = P(\lambda)\boldsymbol{x}.$$

一般地，我们称 $L(\lambda)$ 为 $P(\lambda)$ 的**线性化**，如果存在 $dn \times dn$ 的 λ 矩阵 $S(\lambda)$ 和 $T(\lambda)$，且它们有常数的非零行列式，使得

$$S(\lambda) \begin{bmatrix} P(\lambda) & \boldsymbol{0} \\ \boldsymbol{0} & \boldsymbol{I}_{(d-1)n} \end{bmatrix} T(\lambda) = L(\lambda) \tag{7.7.6}$$

是 1 次的. 利用这些，刚刚对 $\boldsymbol{A} - \lambda\boldsymbol{B}$ 讨论的方法能应用于求特征值和特征向量.

当前的相关研究关注于如何选择 λ 变换 $S(\lambda)$ 和 $T(\lambda)$，使得 $P(\lambda)$ 中的特殊结构能够反映在 $L(\lambda)$ 中. 见 Mackey, Mackey, Mehl, Mehrmann (2006). 其思路在于将 (7.7.6) 看作一个分解，找到确定的变换，产生恰当结构的 $L(\lambda)$. 为了更好地理解这个算法，必然要有对 λ 矩阵进行运算的工具，为此，我们简要检验一下线性化背后的 λ 矩阵运算. 如果

$$P_1(\lambda) = \boldsymbol{A}_1 + \lambda\boldsymbol{A}_2 + \cdots + \lambda^{d-1}\boldsymbol{A}_d,$$

则

$$P(\lambda) = \boldsymbol{A}_0 + \lambda P_1(\lambda).$$

容易验证

$$\begin{bmatrix} \boldsymbol{I}_n & -\lambda\boldsymbol{I}_n \\ \boldsymbol{0} & \boldsymbol{I}_n \end{bmatrix} \begin{bmatrix} \boldsymbol{A}_0 + \lambda P_1(\lambda) & \boldsymbol{0} \\ \boldsymbol{0} & \boldsymbol{I}_n \end{bmatrix} \begin{bmatrix} \boldsymbol{0} & \boldsymbol{I}_n \\ -\boldsymbol{I}_n & P_1(\lambda) \end{bmatrix} = \begin{bmatrix} \lambda\boldsymbol{I}_n & \boldsymbol{A}_0 \\ -\boldsymbol{I}_n & P_1(\lambda) \end{bmatrix}.$$

注意，转换矩阵的行列式为 1，右边的 λ 矩阵是 $d-1$ 次的. 这个过程可以重复. 如果

$$P_2(\lambda) = \boldsymbol{A}_2 + \lambda\boldsymbol{A}_3 + \cdots + \lambda^{d-2}\boldsymbol{A}_d,$$

那么

$$P_1(\lambda) = \boldsymbol{A}_1 + \lambda P_2(\lambda)$$

且

$$\left[\begin{array}{c|cc} \boldsymbol{I}_n & \boldsymbol{0} & \boldsymbol{0} \\ \hline \boldsymbol{0} & \boldsymbol{I}_n & -\lambda\boldsymbol{I}_n \\ \boldsymbol{0} & \boldsymbol{0} & \boldsymbol{I}_n \end{array}\right] \left[\begin{array}{c|cc} \lambda\boldsymbol{I}_n & \boldsymbol{A}_0 & \boldsymbol{0} \\ \hline -\boldsymbol{I}_n & P_1(\lambda) & \boldsymbol{0} \\ \boldsymbol{0} & \boldsymbol{0} & \boldsymbol{I}_n \end{array}\right] \left[\begin{array}{c|cc} \boldsymbol{I}_n & \boldsymbol{0} & \boldsymbol{0} \\ \hline \boldsymbol{0} & \boldsymbol{0} & \boldsymbol{I}_n \\ \boldsymbol{0} & -\boldsymbol{I}_n & P_2(\lambda) \end{array}\right] =$$

$$\left[\begin{array}{c|cc} \lambda\boldsymbol{I}_n & \boldsymbol{0} & \boldsymbol{A}_0 \\ \hline -\boldsymbol{I}_n & \lambda\boldsymbol{I}_n & \boldsymbol{A}_1 \\ \boldsymbol{0} & -\boldsymbol{I}_n & P_2(\lambda) \end{array}\right].$$

注意，右边矩阵的次数为 $d-2$. 如果 $dn \times dn$ 矩阵 $S(\lambda)$ 和 $T(\lambda)$ 定义为:

$$S(\lambda) = \begin{bmatrix} \boldsymbol{I}_n & -\lambda\boldsymbol{I}_n & \boldsymbol{0} & \cdots & \boldsymbol{0} \\ \boldsymbol{0} & \boldsymbol{I}_n & -\lambda\boldsymbol{I}_n & & \vdots \\ \boldsymbol{0} & & \ddots & \ddots & \\ \vdots & & & \boldsymbol{I}_n & -\lambda\boldsymbol{I}_n \\ \boldsymbol{0} & \boldsymbol{0} & \cdots & \boldsymbol{0} & \boldsymbol{I}_n \end{bmatrix}, \quad T(\lambda) = \begin{bmatrix} \boldsymbol{0} & \boldsymbol{0} & \boldsymbol{0} & \cdots & \boldsymbol{I} \\ -\boldsymbol{I}_n & \boldsymbol{0} & & & P_1(\lambda) \\ \boldsymbol{0} & -\boldsymbol{I}_n & \ddots & & \vdots \\ \vdots & & \ddots & \ddots & P_{d-2}(\lambda) \\ \boldsymbol{0} & \boldsymbol{0} & \cdots & -\boldsymbol{I}_n & P_{d-1}(\lambda) \end{bmatrix},$$

其中

$$P_k(\lambda) = \boldsymbol{A}_k + \lambda\boldsymbol{A}_{k+1} + \cdots + \lambda^{d-k}\boldsymbol{A}_d,$$

则通过归纳论证，有

$$S(\lambda)\begin{bmatrix} P(\lambda) & \boldsymbol{0} \\ \boldsymbol{0} & \boldsymbol{I}_{(d-1)n} \end{bmatrix} T(\lambda) = \begin{bmatrix} \lambda\boldsymbol{I}_n & \boldsymbol{0} & \boldsymbol{0} & \cdots & \boldsymbol{A}_0 \\ -\boldsymbol{I}_n & \lambda\boldsymbol{I}_n & & & \boldsymbol{A}_1 \\ \boldsymbol{0} & -\boldsymbol{I}_n & \ddots & & \vdots \\ \vdots & & \ddots & \lambda\boldsymbol{I}_n & \boldsymbol{A}_{d-2} \\ \boldsymbol{0} & \boldsymbol{0} & \cdots & -\boldsymbol{I}_n & \boldsymbol{A}_{d-1} + \lambda\boldsymbol{A}_d \end{bmatrix}.$$

注意, 如果我们应用 QZ 算法解线性化问题，那么需要 $O((dn)^3)$ 个 flop.

习 题

1. 设 $\boldsymbol{A}$ 和 $\boldsymbol{B}$ 都属于 $\mathbb{R}^{n\times n}$ 且

$$\boldsymbol{U}^{\mathrm{T}}\boldsymbol{B}\boldsymbol{V} = \underset{\quad r \quad n-r}{\begin{bmatrix} \boldsymbol{D} & \boldsymbol{0} \\ \boldsymbol{0} & \boldsymbol{0} \end{bmatrix}}\begin{matrix} r \\ n-r \end{matrix}, \quad \boldsymbol{U} = [\,\underset{r}{\boldsymbol{U}_1} \mid \underset{n-r}{\boldsymbol{U}_2}\,], \quad \boldsymbol{V} = [\,\underset{r}{\boldsymbol{V}_1} \mid \underset{n-r}{\boldsymbol{V}_2}\,]$$

是 $\boldsymbol{B}$ 的 SVD，其中 $\boldsymbol{D}$ 是 $r\times r$ 矩阵且 $r = \mathsf{rank}(\boldsymbol{B})$. 证明：如果 $\lambda(\boldsymbol{A},\boldsymbol{B}) = \mathbb{C}$，那么 $\boldsymbol{U}_2^{\mathrm{T}}\boldsymbol{A}\boldsymbol{V}_2$ 是奇异矩阵.

2. 假设 $\boldsymbol{A}$ 和 $\boldsymbol{B}$ 都属于 $\mathbb{R}^{n\times n}$. 试给出一个算法计算正交矩阵 $\boldsymbol{Q}$ 和 $\boldsymbol{Z}$，使得 $\boldsymbol{Q}^{\mathrm{T}}\boldsymbol{AZ}$ 是上 Hessenberg 矩阵且 $\boldsymbol{Z}^{\mathrm{T}}\boldsymbol{BQ}$ 是上三角矩阵.

3. 假设

$$\boldsymbol{A}=\begin{bmatrix}\boldsymbol{A}_{11} & \boldsymbol{A}_{12}\\ \boldsymbol{0} & \boldsymbol{A}_{22}\end{bmatrix} \quad 且 \quad \boldsymbol{B}=\begin{bmatrix}\boldsymbol{B}_{11} & \boldsymbol{B}_{12}\\ \boldsymbol{0} & \boldsymbol{B}_{22}\end{bmatrix},$$

其中 $\boldsymbol{A}_{11},\boldsymbol{B}_{11}\in\mathbb{R}^{k\times k}$, $\boldsymbol{A}_{22},\boldsymbol{B}_{22}\in\mathbb{R}^{j\times j}$. 问在什么情形下，存在

$$\boldsymbol{X}=\begin{bmatrix}\boldsymbol{I}_k & \boldsymbol{X}_{12}\\ \boldsymbol{0} & \boldsymbol{I}_j\end{bmatrix} \quad 和 \quad \boldsymbol{Y}=\begin{bmatrix}\boldsymbol{I}_k & \boldsymbol{Y}_{12}\\ \boldsymbol{0} & \boldsymbol{I}_j\end{bmatrix}$$

使得 $\boldsymbol{Y}^{-1}\boldsymbol{AX}$ 和 $\boldsymbol{Y}^{-1}\boldsymbol{BX}$ 均为块对角矩阵? 这是一个广义 Sylvester 方程问题. 试给出一个当 $\boldsymbol{A}_{11},\boldsymbol{A}_{22},\boldsymbol{B}_{11},\boldsymbol{B}_{22}$ 均为上三角矩阵情形时的算法. 见 Kågström (1994).

4. 假设 $\mu\notin\lambda(\boldsymbol{A},\boldsymbol{B})$. 试给出 $\boldsymbol{A}_1=(\boldsymbol{A}-\mu\boldsymbol{B})^{-1}\boldsymbol{A}$ 和 $\boldsymbol{B}_1=(\boldsymbol{A}-\mu\boldsymbol{B})^{-1}\boldsymbol{B}$ 的特征值和特征向量与 $\boldsymbol{A}-\lambda\boldsymbol{B}$ 的广义特征值和特征向量之间的关系.

5. 广义 Schur 分解与束 $\boldsymbol{A}-\lambda\boldsymbol{A}^{\mathrm{T}}$ 有何关系? 提示: 如果 $\boldsymbol{T}\in\mathbb{R}^{n\times n}$ 是上三角矩阵，那么 $\mathcal{E}_n\boldsymbol{T}\mathcal{E}_n$ 是下三角矩阵，其中 $\mathcal{E}_n$ 是 1.2.11 节中定义的交换置换.

6. 证明:

$$L_1(\lambda)=\begin{bmatrix}\boldsymbol{A}_3+\lambda\boldsymbol{A}_4 & \boldsymbol{A}_2 & \boldsymbol{A}_1 & \boldsymbol{A}_0\\ -\boldsymbol{I}_n & \boldsymbol{0} & \boldsymbol{0} & \boldsymbol{0}\\ \boldsymbol{0} & -\boldsymbol{I}_n & \boldsymbol{0} & \boldsymbol{0}\\ \boldsymbol{0} & \boldsymbol{0} & -\boldsymbol{I}_n & \boldsymbol{0}\end{bmatrix},\quad L_2(\lambda)=\begin{bmatrix}\boldsymbol{A}_3+\lambda\boldsymbol{A}_4 & -\boldsymbol{I}_n & \boldsymbol{0} & \boldsymbol{0}\\ \boldsymbol{A}_2 & \boldsymbol{0} & -\boldsymbol{I}_n & \boldsymbol{0}\\ \boldsymbol{A}_1 & \boldsymbol{0} & \boldsymbol{0} & -\boldsymbol{I}_n\\ \boldsymbol{A}_0 & \boldsymbol{0} & \boldsymbol{0} & \boldsymbol{0}\end{bmatrix}$$

是

$$P(\lambda)=\boldsymbol{A}_0+\lambda\boldsymbol{A}_1+\lambda^2\boldsymbol{A}_2+\lambda^3\boldsymbol{A}_3+\lambda^4\boldsymbol{A}_4$$

的线性化. 给出 $\mathrm{diag}(P(\lambda),\boldsymbol{I}_{3n})$ 到 $L_1(\lambda)$ 和 $L_2(\lambda)$ 的 λ 矩阵变换.

7.8 哈密顿和乘积特征值问题

本节中，我们考虑两种结构化的非对称特征值问题. 哈密顿矩阵特征值问题有其独有的 Schur 分解，正交辛相似转换用于所求的矩阵约化中. 乘积特征值问题需要计算形如 $\boldsymbol{A}_1\boldsymbol{A}_2^{-1}\boldsymbol{A}_3$ 的积的特征值，而实际上形成这个积或者其中的逆. 这些问题的详细背景知识，见 Kressner (NMGS) 和 Watkins (MEP).

7.8.1 哈密顿矩阵特征值问题

1.3.10 节介绍了哈密顿矩阵和辛矩阵的概念. 哈密顿矩阵和辛矩阵中的 2×2 块结构为块矩阵的运算提供了极好的方法，见 1.3 节习题 2 和 2.5 节习题 4. 现在，我们来讨论一些与这些矩阵相关的特征值问题. 给定 n，定义矩阵 $\boldsymbol{J}\in\mathbb{R}^{2n\times 2n}$ 为

$$\boldsymbol{J}=\begin{bmatrix}\boldsymbol{0} & \boldsymbol{I}_n\\ -\boldsymbol{I}_n & \boldsymbol{0}\end{bmatrix}.$$

接下来的工作就是考察表 7.8.1 中展示的结构化的 2×2 块矩阵族.

表 7.8.1 哈密顿和辛矩阵结构

族	定义	形式	
哈密顿矩阵	$JM=(JM)^{\mathrm{T}}$	$M=\begin{bmatrix} A & G \\ F & -A^{\mathrm{T}} \end{bmatrix}$	G 对称矩阵 F 对称矩阵
反哈密顿矩阵	$JN=-(JN)^{\mathrm{T}}$	$N=\begin{bmatrix} A & G \\ F & A^{\mathrm{T}} \end{bmatrix}$	G 反称矩阵 F 反称矩阵
辛矩阵	$JS=S^{-\mathrm{T}}J$	$S=\begin{bmatrix} S_{11} & S_{12} \\ S_{21} & S_{22} \end{bmatrix}$	$S_{11}^{\mathrm{T}}S_{21}$ 对称矩阵 $S_{22}^{\mathrm{T}}S_{12}$ 对称矩阵 $S_{11}^{\mathrm{T}}S_{22}=I+S_{21}^{\mathrm{T}}S_{12}$
正交辛矩阵	$JQ=QJ$	$Q=\begin{bmatrix} Q_1 & Q_2 \\ -Q_2 & Q_1 \end{bmatrix}$	$Q_1^{\mathrm{T}}Q_2$ 对称矩阵 $I=Q_1^{\mathrm{T}}Q_1+Q_2^{\mathrm{T}}Q_2$

我们给出这些矩阵的 4 条重要性质:

(1) 辛相似变换保持哈密顿结构:

$$J(S^{-1}MS) = (JS^{-1}J^{\mathrm{T}})(JMJ^{\mathrm{T}})(JS) = -S^{\mathrm{T}}M^{\mathrm{T}}S^{-\mathrm{T}}J = (J(S^{-1}MS))^{\mathrm{T}}.$$

(2) 哈密顿矩阵的平方是反哈密顿矩阵:

$$JM^2 = (JMJ^{\mathrm{T}})(JM) = -M^{\mathrm{T}}(JM)^{\mathrm{T}} = -M^{2\mathrm{T}}J^{\mathrm{T}} = -(JM^2)^{\mathrm{T}}.$$

(3) 如果 M 是哈密顿矩阵且 $\lambda\in\lambda(M)$,那么 $-\lambda\in\lambda(M)$:

$$M\begin{bmatrix} u \\ v \end{bmatrix} = \lambda\begin{bmatrix} u \\ v \end{bmatrix} \quad\Rightarrow\quad M^{\mathrm{T}}\begin{bmatrix} v \\ -u \end{bmatrix} = -\lambda\begin{bmatrix} v \\ -u \end{bmatrix}.$$

(4) 如果 S 是辛矩阵且 $\lambda\in\lambda(S)$,那么 $1/\lambda\in\lambda(S)$:

$$S\begin{bmatrix} u \\ v \end{bmatrix} = \lambda\begin{bmatrix} u \\ v \end{bmatrix} \quad\Rightarrow\quad S^{\mathrm{T}}\begin{bmatrix} v \\ -u \end{bmatrix} = \frac{1}{\lambda}\begin{bmatrix} v \\ -u \end{bmatrix}.$$

Householder 转换和 Givens 转换的辛矩阵版本在哈密顿矩阵计算中发挥重要作用. 如果 $P=I_n-2vv^{\mathrm{T}}$ 是 Householder 矩阵,那么 $\mathrm{diag}(P,P)$ 是正交辛矩阵. 类似地,如果 $G\in\mathbb{R}^{2n\times 2n}$ 是 i 和 $i+n$ 平面上的 Givens 旋转,那么 G 是正交辛矩阵. 这些矩阵变换的组合能够把矩阵的元素化为零. 例如,Householder-Givens-Householder 变换能够如下化零:

$$\begin{bmatrix} \times \\ \times \\ \times \\ \times \\ \hline \times \\ \times \\ \times \\ \times \end{bmatrix} \xrightarrow{\text{diag}(P_1,P_1)} \begin{bmatrix} \times \\ \times \\ \times \\ \times \\ \hline \times \\ 0 \\ 0 \\ 0 \end{bmatrix} \xrightarrow{G_{1,5}} \begin{bmatrix} \times \\ \times \\ \times \\ \times \\ \hline 0 \\ 0 \\ 0 \\ 0 \end{bmatrix} \xrightarrow{\text{diag}(P_2,P_2)} \begin{bmatrix} \times \\ 0 \\ 0 \\ 0 \\ \hline 0 \\ 0 \\ 0 \\ 0 \end{bmatrix}.$$

对于哈密顿矩阵，这种向量约化可用于产生其结构化 Schur 分解的构造性证明. 假设 λ 是哈密顿矩阵 M 的实特征值，$x \in \mathbb{R}^{2n}$ 是满足 $Mx = \lambda x$ 的单位 2-范数向量. 如果 $Q_1 \in \mathbb{R}^{2n\times 2n}$ 是正交辛矩阵且 $Q_1^{\mathrm{T}}x = e_1$，那么由 $(Q_1^{\mathrm{T}}MQ_1)(Q_1^{\mathrm{T}}x) = \lambda(Q_1^{\mathrm{T}}x)$ 可得

$$Q_1^{\mathrm{T}}MQ_1 = \left[\begin{array}{cccc|cccc} \lambda & \times & \times & \times & \times & \times & \times & \times \\ 0 & \times & \times & \times & \times & \times & \times & \times \\ 0 & \times & \times & \times & \times & \times & \times & \times \\ 0 & \times & \times & \times & \times & \times & \times & \times \\ \hline 0 & 0 & 0 & 0 & -\lambda & 0 & 0 & 0 \\ 0 & \times & \times & \times & \times & \times & \times & \times \\ 0 & \times & \times & \times & \times & \times & \times & \times \\ 0 & \times & \times & \times & \times & \times & \times & \times \end{array}\right].$$

“额外的”零来自 $Q_1^{\mathrm{T}}MQ_1$ 的哈密顿结构. 这个过程也可在 6×6 哈密顿子矩阵（由 2-3-4-6-7-8 行与列组成）重复. 再假设 M 没有纯虚数的特征值，则可以证明存在辛矩阵 Q 使得

$$Q^{\mathrm{T}}MQ = \begin{bmatrix} Q_1 & Q_2 \\ -Q_2 & Q_1 \end{bmatrix}^{\mathrm{T}} \begin{bmatrix} A & F \\ G & -A^{\mathrm{T}} \end{bmatrix} \begin{bmatrix} Q_1 & Q_2 \\ -Q_2 & Q_1 \end{bmatrix} = \begin{bmatrix} T & R \\ 0 & -T^{\mathrm{T}} \end{bmatrix}, \tag{7.8.1}$$

其中 $T \in \mathbb{R}^{n\times n}$ 是拟上三角矩阵. 这就是**实 Hamiltonian-Schur 分解**. 见 Paige and Van Loan (1981)，更一般的情形见 Lin, Mehrmann, and Xu (1999).

哈密顿特征值问题如此重要的原因是它与如下 **Ricatti 代数方程**关系密切：

$$G + XA + A^{\mathrm{T}}X - XFX = 0. \tag{7.8.2}$$

这个二次矩阵问题产生于最优化控制，其对称解使得 $A - FX$ 的特征值在左半开平面上. 适度的假设能够保证矩阵 M 在虚轴上无特征值且 (7.8.1) 中的矩阵 Q_1 是非奇异的. 如果我们比较 (7.8.1) 中 (2,1) 位置的块，那么

$$Q_2^{\mathrm{T}}AQ_1 - Q_2^{\mathrm{T}}FQ_2 + Q_1^{\mathrm{T}}GQ_1 + Q_1^{\mathrm{T}}A^{\mathrm{T}}Q_2 = 0.$$

由 $I_n = Q_1^{\mathrm{T}}Q_1 + Q_2^{\mathrm{T}}Q_2$ 可知 $X = Q_2Q_1^{-1}$ 是对称矩阵且满足 (7.8.2). 由 (7.8.1) 易知 $A - FX = Q_1TQ_1^{-1}$ 且 $A - FX$ 的特征值是 T 的特征值. 故 Ricatti 代数方程的解可由计算 Hamiltonian-Schur 分解以及特征值排序使得 $\lambda(T)$ 在左半平面而得到.

如何计算实 Hamiltonian-Schur 形式呢? 一种想法是将 M 化成某种压缩 Hamiltonian 形式，然后设计保结构的 QR 迭代. 考虑第一个任务，容易计算一个正交辛矩阵 U_0 使得

$$U_0^{\mathrm{T}}MU_0 = \begin{bmatrix} H & R \\ D & -H^{\mathrm{T}} \end{bmatrix}, \tag{7.8.3}$$

其中 $H \in \mathbb{R}^{n\times n}$ 是上 Hessenberg 矩阵且 D 是对角矩阵. 不幸的是，到目前为止我们还未设计出保持这种压缩形式的保结构 QR 迭代. 这种僵局促使人们考虑与反哈密顿矩阵 $N = M^2$ 相关的方法，因为反哈密顿矩阵的 (2,1) 位置的块是反称矩阵且它有零对角线. 辛相似变换保持反哈密顿结构，故容易求得正交辛矩阵 V_0 使得

$$V_0^{\mathrm{T}}M^2V_0 = \begin{bmatrix} H & R \\ 0 & H^{\mathrm{T}} \end{bmatrix}, \tag{7.8.4}$$

其中 H 是上 Hessenberg 矩阵. 如果 $U^{\mathrm{T}}HU = T$ 是 H 的实 Schur 型，且 $Q = V_0 \cdot \mathrm{diag}(U, U)$，那么

$$Q^{\mathrm{T}}M^2Q = \begin{bmatrix} T & U^{\mathrm{T}}RU \\ 0 & T^{\mathrm{T}} \end{bmatrix}$$

是**实反哈密顿 Schur 型**. 见 Van Loan (1984). 但这不能说明 $Q^{\mathrm{T}}MQ$ 是哈密顿 Schur 型. 此外，由于 M 被显式平方，故计算出的小特征值的精度不能保证. 然而，这些小缺陷可以用有效的数值的方法避免，见 Chu, Lie, and Mehrmann (2007) 及其中的参考文献. 有关哈密顿特征值问题的深入研究见 Kressner (NMSE, 第 175–208 页) 和 Watkins (MEP, 第 319–341 页).

7.8.2 乘积特征值问题

应用 SVD 和 QZ，我们可以在不形成乘积或逆的情况下计算出 $A^{\mathrm{T}}A$ 和 $B^{-1}A$ 的特征值. Hamiltonian-Schur 分解的巧妙计算涉及细心地处理 M 与 M 的乘积. 在此小节中，我们将通过探讨各种乘积的分解来深化这一主题. 下面的例子说明了如何计算

$$A = A_3A_2A_1$$

的 Hessenberg 分解，其中 $\boldsymbol{A}_1, \boldsymbol{A}_2, \boldsymbol{A}_3 \in \mathbb{R}^{n\times n}$. 取代显式求出乘积，我们计算正交阵 $\boldsymbol{U}_1, \boldsymbol{U}_2, \boldsymbol{U}_3 \in \mathbb{R}^{n\times n}$ 使得

$$\begin{aligned} \boldsymbol{U}_1^{\mathrm{T}}\boldsymbol{A}_3\boldsymbol{U}_3 &= \boldsymbol{H}_3 \quad &(\text{上 Hessenberg 矩阵}), \\ \boldsymbol{U}_3^{\mathrm{T}}\boldsymbol{A}_2\boldsymbol{U}_2 &= \boldsymbol{T}_2 \quad &(\text{上三角矩阵}), \\ \boldsymbol{U}_2^{\mathrm{T}}\boldsymbol{A}_1\boldsymbol{U}_1 &= \boldsymbol{T}_1 \quad &(\text{上三角矩阵}). \end{aligned} \tag{7.8.5}$$

因此

$$\boldsymbol{U}_1^{\mathrm{T}}\boldsymbol{A}\boldsymbol{U}_1 = (\boldsymbol{U}_1^{\mathrm{T}}\boldsymbol{A}_3\boldsymbol{U}_3)(\boldsymbol{U}_3^{\mathrm{T}}\boldsymbol{A}_2\boldsymbol{U}_2)(\boldsymbol{U}_2^{\mathrm{T}}\boldsymbol{A}_1\boldsymbol{U}_1) = \boldsymbol{H}_3\boldsymbol{T}_2\boldsymbol{T}_1$$

是上 Hessenberg 矩阵. 这一计算过程始于计算 QR 分解

$$\boldsymbol{Q}_2^{\mathrm{T}}\boldsymbol{A}_1 = \boldsymbol{R}_1, \qquad \boldsymbol{Q}_3^{\mathrm{T}}(\boldsymbol{A}_2\boldsymbol{Q}_2) = \boldsymbol{R}_2.$$

如果 $\tilde{\boldsymbol{A}}_3 = \boldsymbol{A}_3\boldsymbol{Q}_3$，那么 $\boldsymbol{A} = \tilde{\boldsymbol{A}}_3\boldsymbol{R}_2\boldsymbol{R}_1$. 接下来就是应用 Givens 变换将 $\tilde{\boldsymbol{A}}_3$ 化为 Hessenberg 型，并利用“扩展追踪”保持已获得的上三角型. 这个过程与将 $\boldsymbol{A} - \lambda\boldsymbol{B}$ 约化成 Hessenberg 三角型类似，见 7.7.4 节.

现在，假设我们要计算 $\boldsymbol{A}$ 的实 Schur 型：

$$\begin{aligned} \boldsymbol{Q}_1^{\mathrm{T}}\boldsymbol{A}_3\boldsymbol{Q}_3 &= \boldsymbol{T}_3 \quad &(\text{上准三角型}), \\ \boldsymbol{Q}_3^{\mathrm{T}}\boldsymbol{A}_2\boldsymbol{Q}_2 &= \boldsymbol{T}_2 \quad &(\text{上三角型}), \\ \boldsymbol{Q}_2^{\mathrm{T}}\boldsymbol{A}_1\boldsymbol{Q}_1 &= \boldsymbol{T}_1 \quad &(\text{上三角型}), \end{aligned} \tag{7.8.6}$$

其中 $\boldsymbol{Q}_1, \boldsymbol{Q}_2, \boldsymbol{Q}_3 \in \mathbb{R}^{n\times n}$ 是正交矩阵. 不失一般性，假设 $\{\boldsymbol{A}_3, \boldsymbol{A}_2, \boldsymbol{A}_1\}$ 是 Hessenberg-三角型-三角型矩阵列. 类似于 QZ 迭代，下一步要做的就是产生一个收敛的三元组：

$$\{\boldsymbol{A}_3^{(k)}, \boldsymbol{A}_2^{(k)}, \boldsymbol{A}_1^{(k)}\} \to \{\boldsymbol{T}_3, \boldsymbol{T}_2, \boldsymbol{T}_1\}, \tag{7.8.7}$$

并且所有迭代都具有 Hessenberg-三角型-三角型结构.

乘积分解 (7.8.5) 和 (7.8.6) 可以作为块循环 3×3 矩阵的结构化分解来构建. 例如，如果

$$\boldsymbol{U} = \begin{bmatrix} \boldsymbol{U}_1 & \boldsymbol{0} & \boldsymbol{0} \\ \boldsymbol{0} & \boldsymbol{U}_2 & \boldsymbol{0} \\ \boldsymbol{0} & \boldsymbol{0} & \boldsymbol{U}_3 \end{bmatrix},$$

那么我们可以重述 (7.8.5)：

$$\boldsymbol{U}^{\mathrm{T}} \begin{bmatrix} \boldsymbol{0} & \boldsymbol{0} & \boldsymbol{A}_3 \\ \boldsymbol{A}_1 & \boldsymbol{0} & \boldsymbol{0} \\ \boldsymbol{0} & \boldsymbol{A}_2 & \boldsymbol{0} \end{bmatrix} U = \begin{bmatrix} \boldsymbol{0} & \boldsymbol{0} & \boldsymbol{H}_3 \\ \boldsymbol{T}_1 & \boldsymbol{0} & \boldsymbol{0} \\ \boldsymbol{0} & \boldsymbol{T}_2 & \boldsymbol{0} \end{bmatrix} = \tilde{\boldsymbol{H}}.$$

对于 $n=4$ 考虑此矩阵的零和非零结构：

$$\tilde{\boldsymbol{H}} = \left[\begin{array}{cccc|cccc|cccc}
0 & 0 & 0 & 0 & 0 & 0 & 0 & 0 & \times & \times & \times & \times \\
0 & 0 & 0 & 0 & 0 & 0 & 0 & 0 & \times & \times & \times & \times \\
0 & 0 & 0 & 0 & 0 & 0 & 0 & 0 & 0 & \times & \times & \times \\
0 & 0 & 0 & 0 & 0 & 0 & 0 & 0 & 0 & 0 & \times & \times \\ \hline
\times & \times & \times & \times & 0 & 0 & 0 & 0 & 0 & 0 & 0 & 0 \\
0 & \times & \times & \times & 0 & 0 & 0 & 0 & 0 & 0 & 0 & 0 \\
0 & 0 & \times & \times & 0 & 0 & 0 & 0 & 0 & 0 & 0 & 0 \\
0 & 0 & 0 & \times & 0 & 0 & 0 & 0 & 0 & 0 & 0 & 0 \\ \hline
0 & 0 & 0 & 0 & \times & \times & \times & \times & 0 & 0 & 0 & 0 \\
0 & 0 & 0 & 0 & 0 & \times & \times & \times & 0 & 0 & 0 & 0 \\
0 & 0 & 0 & 0 & 0 & 0 & \times & \times & 0 & 0 & 0 & 0 \\
0 & 0 & 0 & 0 & 0 & 0 & 0 & \times & 0 & 0 & 0 & 0
\end{array}\right].$$

应用完全洗牌置换 $\mathcal{P}_{34}$（见 1.2.11 节），我们有

$$\mathcal{P}_{34}\tilde{\boldsymbol{H}}\mathcal{P}_{34} = \left[\begin{array}{ccc|ccc|ccc|ccc}
0 & 0 & \times & 0 & 0 & \times & 0 & 0 & \times & 0 & 0 & \times \\
\times & 0 & 0 & \times & 0 & 0 & \times & 0 & 0 & \times & 0 & 0 \\
0 & \times & 0 & 0 & \times & 0 & 0 & \times & 0 & 0 & \times & 0 \\ \hline
0 & 0 & \times & 0 & 0 & \times & 0 & 0 & \times & 0 & 0 & \times \\
0 & 0 & 0 & \times & 0 & 0 & \times & 0 & 0 & \times & 0 & 0 \\
0 & 0 & 0 & 0 & \times & 0 & 0 & \times & 0 & 0 & \times & 0 \\ \hline
0 & 0 & 0 & 0 & 0 & \times & 0 & 0 & \times & 0 & 0 & \times \\
0 & 0 & 0 & 0 & 0 & 0 & \times & 0 & 0 & \times & 0 & 0 \\
0 & 0 & 0 & 0 & 0 & 0 & 0 & \times & 0 & 0 & \times & 0 \\ \hline
0 & 0 & 0 & 0 & 0 & 0 & 0 & 0 & \times & 0 & 0 & \times \\
0 & 0 & 0 & 0 & 0 & 0 & 0 & 0 & 0 & \times & 0 & 0 \\
0 & 0 & 0 & 0 & 0 & 0 & 0 & 0 & 0 & 0 & \times & 0
\end{array}\right].$$

注意，这里出现一个高度结构化的 12×12 上 Hessenberg 矩阵. 这种联系允许我们将乘积 QR 迭代看作保结构的 QR 迭代. 这种联系的细节以及分析与计算，见 Kressner (NMSE, 第 146–174 页) 以及 Watkins (MEP, 第 293–303 页). 我们知道随着“技术”的发展，定义 $\boldsymbol{A}$ 的因子矩阵不是方阵的乘积特征值问题也能被解决. 非奇异方阵因子的逆的逆可以加入其中，例如 $\boldsymbol{A}=\boldsymbol{A}_3\boldsymbol{A}_2^{-1}\boldsymbol{A}_1$.

习 题

1. 辛矩阵的特征值与特征向量有哪些性质?

2. 假设 $\boldsymbol{S}_1,\boldsymbol{S}_2\in\mathbb{R}^{n\times n}$ 均为反称矩阵，令 $\boldsymbol{A}=\boldsymbol{S}_1\boldsymbol{S}_2$. 证明 $\boldsymbol{A}$ 的非零特征值都不是单根. 如何计算这些特征值?

3. 假设下面的对角块是方阵，矩阵

$$\boldsymbol{A} = \begin{bmatrix} \mathbf{0} & \boldsymbol{A}_1 & \mathbf{0} & \mathbf{0} \\ \mathbf{0} & \mathbf{0} & \boldsymbol{A}_2 & \mathbf{0} \\ \mathbf{0} & \mathbf{0} & \mathbf{0} & \boldsymbol{A}_3 \\ \boldsymbol{A}_4 & \mathbf{0} & \mathbf{0} & \mathbf{0} \end{bmatrix}$$

的特征值和特征向量跟 $\tilde{\boldsymbol{A}} = \boldsymbol{A}_1\boldsymbol{A}_2\boldsymbol{A}_3\boldsymbol{A}_4$ 的特征值和特征向量有何关系？

7.9 伪谱

在直观视角下，容易看出为何良态特征向量基是有意义的，因为在很多矩阵问题中用 $\boldsymbol{A}$ 的对角化 $\boldsymbol{X}^{-1}\boldsymbol{A}\boldsymbol{X}$ 代替 $\boldsymbol{A}$ 会使得问题的分析更为简洁．然而，在对特征系统范式的洞察中，需要消除特征向量矩阵病态或不存在的影响．7.6 节讨论的不变子空间计算是解决此问题的一种方法，伪谱是另一种方法．在概述性的本节中，我们将讨论伪谱理论和及其计算背后的基本思想．核心信息是简单的：如果对非正规矩阵进行研究，那么图形化的伪谱分析可以有效地得出特征值/特征向量的可靠程度．

在本节中，我们的呈现方式较之前会有极大的不同．正如我们所见，SVD 计算是伪谱中的一个重要部分．同时，在下一章之前，我们不会详细说明一些重要分解的矩阵算法．然而，刚刚学习过非对称特征问题，本章的最后介绍伪谱的概念是有意义的．此外，利用这个“较早”奠定的基础，我们可以不断考虑各种与伪谱有关的问题，如矩阵指数（9.3 节）、稀疏非对称特征值问题的 Arnoldi 方法（10.5 节）和稀疏非对称线性问题的 GMRES 方法（11.4 节）．

出于普遍性考虑，我们研究非正规复矩阵的伪谱．关于伪谱的概念见 Trefethen and Embree (SAP)．事实上，我们讨论的大部分内容都在这部优秀的著作中有所体现．

7.9.1 动机

在许多情形下，矩阵的特征值都会潜在地说明一些问题．例如，如果

$$\boldsymbol{A} = \begin{bmatrix} \lambda_1 & M \\ 0 & \lambda_2 \end{bmatrix}, \quad M > 0,$$

那么当且仅当 $|\lambda_1| < 1$ 且 $|\lambda_2| < 1$ 时有

$$\lim_{k\to\infty} \| \boldsymbol{A}^k \|_2 = 0.$$

结合引理 7.3.1，结果是需要建立 QR 迭代的收敛性．将该引理应用于这个 2×2 矩阵的例子，可以证明对于任意 $\epsilon > 0$ 有

$$\| \boldsymbol{A}^k \|_2 \leqslant \frac{M}{\epsilon} \left(\rho(\boldsymbol{A}) + \epsilon\right)^k,$$

其中 $\rho(\boldsymbol{A}) = \max\{|\lambda_1|, |\lambda_2|\}$ 是谱半径. 通过使不等式中的 ϵ 足够小，可以得出关于 $\boldsymbol{A}^k$ 渐进性的以下结论.

$$\boxed{\text{如果 } \rho(\boldsymbol{A}) < 1\text{，那么 } \boldsymbol{A}^k \text{ 像 } \rho(\boldsymbol{A})^k \text{ 一样渐进趋于 } 0.} \tag{7.9.1}$$

然而，虽然特征值能够充分预测 $\|\boldsymbol{A}^k\|_2$ 的极限情况，但当 k 较小时，本身并不能告诉我们更多信息. 事实上，如果 $\lambda_1 \neq \lambda_2$，那么利用对角化

$$\boldsymbol{A} = \begin{bmatrix} 1 & M/(\lambda_2 - \lambda_1) \\ 0 & 1 \end{bmatrix} \begin{bmatrix} \lambda_1 & 0 \\ 0 & \lambda_2 \end{bmatrix} \begin{bmatrix} 1 & M/(\lambda_2 - \lambda_1) \\ 0 & 1 \end{bmatrix}^{-1} \tag{7.9.2}$$

可以证明

$$\boldsymbol{A}^k = \left[\begin{array}{c|c} \lambda_1^k & M\sum_{j=0}^{k-1} \lambda_1^{k-1-j}\lambda_2^j \\ \hline 0 & \lambda_2^k \end{array}\right]. \tag{7.9.3}$$

考虑 $\boldsymbol{A}^k$ (1,2) 位置的项，$\boldsymbol{A}^k$ 在衰减开始之前可能增长. 例如，对于

$$\boldsymbol{A} = \begin{bmatrix} 0.999 & 1000 \\ 0.0 & 0.998 \end{bmatrix}$$

考虑 $\|\boldsymbol{A}^k\|_2$ 的大小，见图 7.9.1.

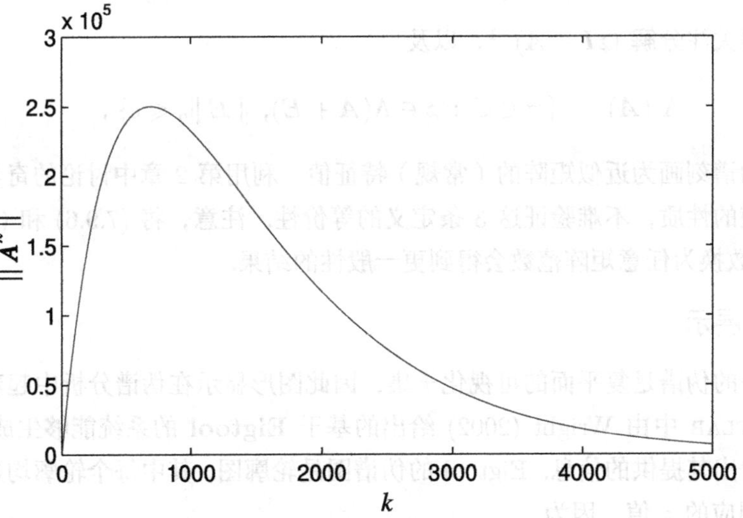

图 7.9.1 尽管 $\rho(\boldsymbol{A}) < 1$，$\|\boldsymbol{A}^k\|_2$ 也可能增长

因此，可以对 (7.9.1) 改进如下.

如果 $\rho(\boldsymbol{A})<1$，那么 $\boldsymbol{A}^k$ 像 $\rho(\boldsymbol{A})^k$ 一样渐进趋于 0.
然而，$\boldsymbol{A}^k$ 可能在指数衰减开始前持续增长. (7.9.4)

这个例子中的病态特征向量矩阵出现在 (7.9.2) 中，刚好指出为何经典特征值分析对于非正规矩阵不适用. **病态特征向量基制造了 $\boldsymbol{A}$ 与其对角化 $\boldsymbol{X}\boldsymbol{A}\boldsymbol{X}^{-1}$ 之间的沟壑**. 伪谱分析与计算缩小了这个沟壑.

7.9.2 定义

伪谱的思想是特征值思想的推广. 谱 $\Lambda(\boldsymbol{A})$ 是所有使得 $\sigma_{min}(\boldsymbol{A}-\lambda\boldsymbol{I})$ 为零的 $z\in\mathbb{C}$ 构成的集合，矩阵 $\boldsymbol{A}\in\mathbb{C}^{n\times n}$ 的 ϵ **伪谱**是复平面的子集，定义为

$$\Lambda_\epsilon(\boldsymbol{A}) = \{z\in\mathbb{C} : \sigma_{\min}(\boldsymbol{A}-\lambda\boldsymbol{I}) \leqslant \epsilon\}. \tag{7.9.5}$$

如果 $\lambda\in\Lambda_\epsilon(\boldsymbol{A})$，那么 λ 就是 $\boldsymbol{A}$ 的 ϵ **伪特征值**. 满足 $\|(\boldsymbol{A}-\lambda\boldsymbol{I})\boldsymbol{v}\|_2=\epsilon$ 的单位 2-范数特征向量 $\boldsymbol{v}$ 就是其相应的 ϵ **伪特征向量**. 注意，如果 $\epsilon=0$，则 $\Lambda_\epsilon(\boldsymbol{A})$ 恰好是 $\boldsymbol{A}$ 的特征值的集合，即 $\Lambda_0(\boldsymbol{A})=\Lambda(\boldsymbol{A})$.

我们提到，由于关心伪谱在一般线性算子中提供的信息，Trefethen and Embree (2005) 在定义 (7.9.5) 中使用严格不等式. 这种区别对矩阵情形无任何影响.

$\Lambda_\epsilon(\cdot)$ 的等价定义包括：

$$\Lambda_\epsilon(\boldsymbol{A}) = \left\{z\in\mathbb{C} : \|(z\boldsymbol{I}-\boldsymbol{A})^{-1}\|_2 \geqslant \frac{1}{\epsilon}\right\}, \tag{7.9.6}$$

其中主要关注**分解** $(z\boldsymbol{I}-\boldsymbol{A})^{-1}$，以及

$$\Lambda_\epsilon(\boldsymbol{A}) = \{z\in\mathbb{C} : z\in\Lambda(\boldsymbol{A}+\boldsymbol{E}), \|\boldsymbol{E}\|_2\leqslant\epsilon\}, \tag{7.9.7}$$

其中把伪谱刻画为近似矩阵的（常规）特征值. 利用第 2 章中讨论的奇异值、2-范数和逆的性质，不难验证这 3 条定义的等价性. 注意，将 (7.9.6) 和 (7.9.7) 中的 2-范数换为任意矩阵范数会得到更一般性的结果.

7.9.3 展示

矩阵的伪谱是复平面的可视化子集，因此图形显示在伪谱分析中起着关键作用. MATLAB 中由 Wright (2002) 给出的基于 **Eigtool** 的系统能够生成伪谱图，很容易看出其提供的信息. Eigtool 的伪谱图是轮廓图，其中每个轮廓均显示与指定 ϵ 值相应的 z 值. 因为

$$\epsilon_1\leqslant\epsilon_2 \quad\Rightarrow\quad \Lambda_{\epsilon_1}\subseteq\Lambda_{\epsilon_2},$$

典型的伪谱图基本上是一个在特征值附近描述函数 $f(z)=\sigma_{\min}(z\boldsymbol{I}-\boldsymbol{A})$ 的地形图.

我们用 3 个由 Eigtool 工具做出的伪谱图作为典型例子进行说明. 第一个例子是 $n\times n$ Kahan 矩阵 $\mathsf{Kah}_n(s)$，例如

$$\mathsf{Kah}_5(s) = \begin{bmatrix} 1 & -c & -c & -c & -c \\ 0 & s & -sc & -sc & -sc \\ 0 & 0 & s^2 & -s^2c & -s^2c \\ 0 & 0 & 0 & s^3 & -s^3c \\ 0 & 0 & 0 & 0 & s^4 \end{bmatrix}, \qquad c^2+s^2=1.$$

回顾我们在 5.4.3 节中使用这些矩阵，证明了列选主元的 QR 方法不能有效地发现矩阵的秩亏损. $\mathsf{Kah}_n(s)$ 的特征值 $\{1,s,s^2,\cdots,s^{n-1}\}$ 对扰动是极其敏感的. 这可由图 7.9.2 中的 $\epsilon=10^{-6}$ 的轮廓图和 $\Lambda(\mathsf{Kah}_n(s))$ 所揭示.

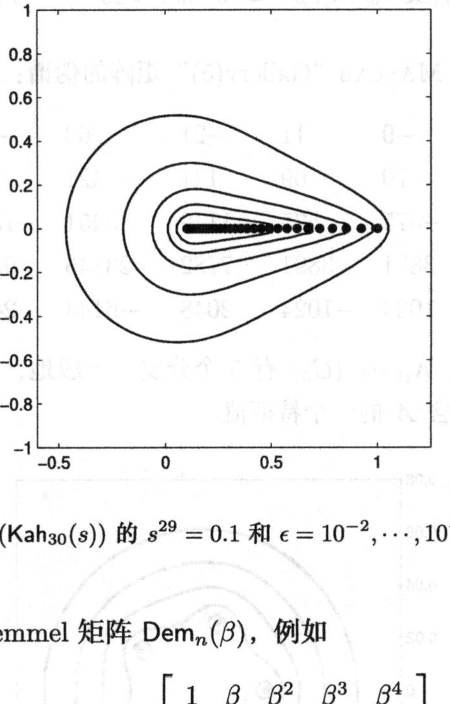

图 7.9.2 $\Lambda_\epsilon(\mathsf{Kah}_{30}(s))$ 的 $s^{29}=0.1$ 和 $\epsilon=10^{-2},\cdots,10^{-6}$ 的轮廓线

第二个例子是 Demmel 矩阵 $\mathsf{Dem}_n(\beta)$，例如

$$\mathsf{Dem}_5(\beta) = -\begin{bmatrix} 1 & \beta & \beta^2 & \beta^3 & \beta^4 \\ 0 & 1 & \beta & \beta^2 & \beta^3 \\ 0 & 0 & 1 & \beta & \beta^2 \\ 0 & 0 & 0 & 1 & \beta \\ 0 & 0 & 0 & 0 & 1 \end{bmatrix}.$$

矩阵 $\mathsf{Dem}_n(\beta)$ 是有缺陷的，其极小的扰动就可将原始特征值变到相对远离虚轴的位置，见图 7.9.3. 此例用来说明习题 13 中的近似性-不稳定性问题.

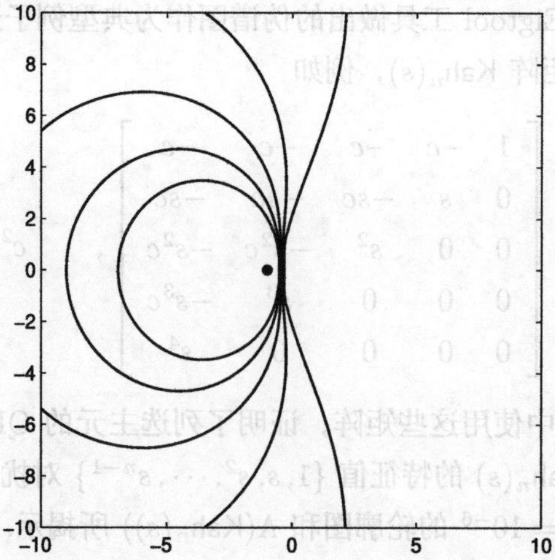

图 7.9.3　$\Lambda_\epsilon(\text{Dem}_{50}(\beta))$, $\beta^{49}=10^8$ 和 $\epsilon=10^{-2},\cdots,10^{-6}$ 的轮廓线

最后一个例子是 MATLAB "Gallery(5)" 矩阵的伪谱：

$$G_5 = \begin{bmatrix} -9 & 11 & -21 & 63 & -252 \\ 70 & -69 & 141 & -421 & 1684 \\ -575 & 575 & -1149 & 3451 & -13801 \\ 3891 & -3891 & 7782 & -23345 & 93365 \\ 1024 & -1024 & 2048 & -6144 & 24572 \end{bmatrix}.$$

注意，在图 7.9.4 中，$\Lambda_{10^{-13.5}}(G_5)$ 有 5 个分支. 一般地，可以证明 $\Lambda_\epsilon(\boldsymbol{A})$ 的每个连通分支都至少包含 $\boldsymbol{A}$ 的一个特征值.

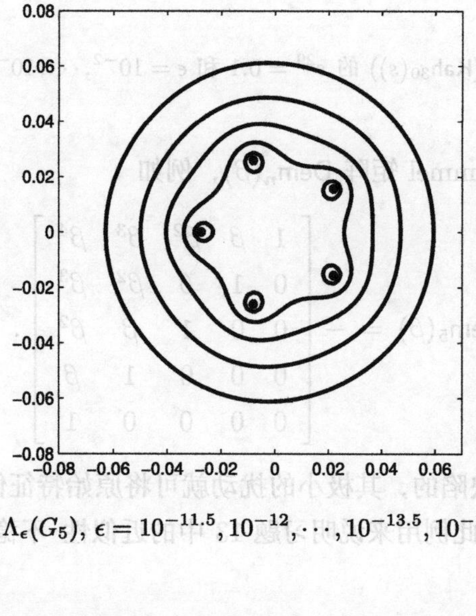

图 7.9.4　$\Lambda_\epsilon(G_5)$, $\epsilon=10^{-11.5},10^{-12},\cdots,10^{-13.5},10^{-14}$ 的轮廓图

7.9.4 一些基本性质

伪谱是复平面的子集，因此我们首先从记号入手快速总结．如果 S_1 和 S_2 都是复平面的子集，那么二者之和 S_1+S_2 定义为

$$S_1+S_2 = \{s : s=s_1+s_2,\ s_1\in S_1,\ s_2\in S_2\}.$$

如果 S_1 由单个复数 α 构成，那么我们把 S_1+S_2 写成 $\alpha+S_2$．如果 S 是复平面的子集，且 β 是一个复数，那么 $\beta\cdot S$ 定义为

$$\beta\cdot S = \{\beta z : z\in S\}.$$

以原点为圆心半径为 ϵ 的圆盘记为：

$$\Delta_\epsilon = \{z : |z| \leqslant \epsilon\}.$$

最后，复数 z_0 到复数集 S 的距离定义为

$$\mathsf{dist}(z_0,S) = \min\{\,|z_0 - z\,| : z\in S\}.$$

我们的第一个结果是关于进行平移和缩放的效果．对于特征值，我们有

$$\Lambda(\alpha\boldsymbol{I}+\beta\boldsymbol{A}) = \alpha+\beta\cdot\Lambda(\boldsymbol{A}).$$

下面的定理为伪谱建立了类似的结论．

定理 7.9.1 *如果* $\alpha,\beta\in\mathbb{C},\boldsymbol{A}\in\mathbb{C}^{n\times n}$，*那么* $\Lambda_{\epsilon|\beta|}(\alpha\boldsymbol{I}+\beta\boldsymbol{A})=\alpha+\beta\cdot\Lambda_\epsilon(\boldsymbol{A})$.

证明 注意

$$\begin{aligned}\Lambda_\epsilon(\alpha\boldsymbol{I}+\boldsymbol{A}) &= \{z : \|(z\boldsymbol{I}-(\alpha\boldsymbol{I}+\boldsymbol{A}))^{-1}\|\geqslant 1/\epsilon\}\\ &= \{z : \|((z-\alpha)\boldsymbol{I}-\boldsymbol{A})^{-1}\|\geqslant 1/\epsilon\}\\ &= \alpha+\{z-\alpha : \|((z-\alpha)\boldsymbol{I}-\boldsymbol{A})^{-1}\|\geqslant 1/\epsilon\}\\ &= \alpha+\{z : \|(z\boldsymbol{I}-\boldsymbol{A})^{-1}\|\geqslant 1/\epsilon\} = \Lambda_\epsilon(\boldsymbol{A})\end{aligned}$$

以及

$$\begin{aligned}\Lambda_{\epsilon|\beta|}(\beta\cdot\boldsymbol{A}) &= \{z : \|(z\boldsymbol{I}-\beta\boldsymbol{A})^{-1}\| \geqslant 1/|\beta|\epsilon\}\\ &= \{z : \|((z/\beta)\boldsymbol{I}-\boldsymbol{A})^{-1}\| \geqslant 1/\epsilon\}\\ &= \beta\cdot\{z/\beta : \|((z/\beta)\boldsymbol{I}-\boldsymbol{A})^{-1}\| \geqslant 1/\epsilon\}\\ &= \beta\cdot\{z : \|(z\boldsymbol{I}-\boldsymbol{A})^{-1}\| \geqslant 1/\epsilon\} = \beta\cdot\Lambda_\epsilon(\boldsymbol{A}).\end{aligned}$$

综合这两个结果，容易证明此定理． □

一般相似变换保持特征值不变，但不保持 ϵ 伪特征值．然而，伪谱有以下简单性质．

定理 7.9.2 如果 $\boldsymbol{B} = \boldsymbol{X}^{-1}\boldsymbol{A}\boldsymbol{X}$，那么 $\Lambda_\epsilon(\boldsymbol{B}) \subseteq \Lambda_{\epsilon\kappa_2(\boldsymbol{X})}(\boldsymbol{A})$.

证明 如果 $z \in \Lambda_\epsilon(\boldsymbol{B})$，那么

$$\frac{1}{\epsilon} \leqslant \| (z\boldsymbol{I} - \boldsymbol{B})^{-1} \| = \| \boldsymbol{X}^{-1}(z\boldsymbol{I} - \boldsymbol{A})^{-1}\boldsymbol{X}^{-1} \| \leqslant \kappa_2(\boldsymbol{X}) \| (z\boldsymbol{I} - \boldsymbol{A})^{-1} \|,$$

由此定理得证. □

推论 7.9.3 如果 $\boldsymbol{X} \in \mathbb{C}^{n\times n}$ 是酉矩阵且 $\boldsymbol{A} \in \mathbb{C}^{n\times n}$，那么 $\Lambda_\epsilon(\boldsymbol{X}^{-1}\boldsymbol{A}\boldsymbol{X}) = \Lambda_\epsilon(\boldsymbol{A})$.

证明 留作练习. □

对角矩阵的 ϵ 伪谱是 ϵ 圆盘的并集.

定理 7.9.4 如果 $\boldsymbol{D} = \text{diag}(\lambda_1, \cdots, \lambda_n)$，那么 $\Lambda_\epsilon(\boldsymbol{D}) = \{\lambda_1, \cdots, \lambda_n\} + \Delta_\epsilon$.

证明 留作练习. □

推论 7.9.5 如果 $\boldsymbol{A} \in \mathbb{C}^{n\times n}$ 是正规矩阵，那么 $\Lambda_\epsilon(\boldsymbol{A}) = \Lambda(\boldsymbol{A}) + \Delta_\epsilon$.

证明 $\boldsymbol{A}$ 是正规矩阵，它有对角 Schur 型 $\boldsymbol{Q}^{\mathrm{H}}\boldsymbol{A}\boldsymbol{Q} = \text{diag}(\lambda_1, \cdots, \lambda_n) = \boldsymbol{D}$，其中 $\boldsymbol{Q}$ 为酉矩阵. 由定理 7.9.4 可证得此推论. □

如果 $\boldsymbol{T} = (\boldsymbol{T}_{ij})$ 是 2×2 块三角矩阵，那么 $\Lambda(\boldsymbol{T}) = \Lambda(\boldsymbol{T}_{11}) \cup \Lambda(\boldsymbol{T}_{22})$. 下面是类似的伪谱情形.

定理 7.9.6 如果

$$\boldsymbol{T} = \begin{bmatrix} \boldsymbol{T}_{11} & \boldsymbol{T}_{12} \\ \boldsymbol{0} & \boldsymbol{T}_{22} \end{bmatrix}$$

且对角块为方阵，那么 $\Lambda_\epsilon(\boldsymbol{T}_{11}) \cup \Lambda_\epsilon(\boldsymbol{T}_{22}) \subseteq \Lambda_\epsilon(\boldsymbol{T})$.

证明 留作练习. □

推论 7.9.7 如果

$$\boldsymbol{T} = \begin{bmatrix} \boldsymbol{T}_{11} & \boldsymbol{0} \\ \boldsymbol{0} & \boldsymbol{T}_{22} \end{bmatrix}$$

且对角块为方阵，那么 $\Lambda_\epsilon(\boldsymbol{T}) = \Lambda_\epsilon(\boldsymbol{T}_{11}) \cup \Lambda_\epsilon(\boldsymbol{T}_{22})$.

证明 留作练习. □

这部分的最后一个特性是将 $(z_0\boldsymbol{I} - \boldsymbol{A})^{-1}$ 与 z_0 到 $\Lambda_\epsilon(\boldsymbol{A})$ 的分离程度建立起联系.

定理 7.9.8 如果 $z_0 \in \mathbb{C}$ 且 $\boldsymbol{A} \in \mathbb{C}^{n\times n}$，那么

$$\text{dist}(z_0, \Lambda_\epsilon(\boldsymbol{A})) \geqslant \frac{1}{\| (z_0\boldsymbol{I} - \boldsymbol{A})^{-1} \|_2} - \epsilon.$$

证明 对于任意 $z \in \Lambda_\epsilon(\boldsymbol{A})$，由推论 2.4.4 和 (7.9.6) 可得

$$\epsilon \geqslant \sigma_{\min}(z\boldsymbol{I}-\boldsymbol{A}) = \sigma_{\min}((z_0\boldsymbol{I}-\boldsymbol{A})-(z-z_0)\boldsymbol{I}) \geqslant \sigma_{\min}(z_0\boldsymbol{I}-\boldsymbol{A}) - |z-z_0|,$$

因此

$$|z-z_0| \geqslant \frac{1}{\|(z_0\boldsymbol{I}-\boldsymbol{A})^{-1}\|} - \epsilon.$$

最小化所有 $z \in \Lambda_{\epsilon(\boldsymbol{A})}$ 即可完成证明. □

7.9.5 计算伪谱

在一个包含（可能有）1000 个 z 值的网格上，生成一个（如上所示的）伪谱轮廓图需要足够精确的 $\sigma_{\min}(z\boldsymbol{I}-\boldsymbol{A})$ 的近似值. 正如我们将在 8.6 节看到的，一个 $n \times n$ 稠密矩阵的完全 SVD 计算需要 $O(n^3)$ 的工作量. 幸运的是，可以采取以下措施将每个网格点计算减少到 $O(n^2)$ 甚至更少.

1. 在 $\sigma_{\min}(z\boldsymbol{I}-\boldsymbol{A})$ 变化缓慢的区域中避免 SVD 计算. 见 Gallestey (1998).
2. 利用定理 7.9.6 对特征值进行排序，使与 $\Lambda(\boldsymbol{T}_{11})$ 对应的不变子空间获得 $(z\boldsymbol{I}-\boldsymbol{A})^{-1}$ 的本质特征. 见 Reddy, Schmid, and Henningson (1993).
3. 再次计算 $\boldsymbol{Q}^{\mathrm{H}}\boldsymbol{A}\boldsymbol{Q}=\boldsymbol{T}$ 的 Schur 分解，并对三角矩阵有效应用 $\sigma_{\min}$ 算法. 见 Lui (1997).

我们对最后一点给出一些说明，因为它与我们在 3.5.4 节中讨论的条件估计问题有很多共同之处. 首先，需要认识到，因为 $\boldsymbol{Q}$ 是酉矩阵，

$$\sigma_{\min}(z\boldsymbol{I}-\boldsymbol{A}) = \sigma_{\min}(z\boldsymbol{I}-\boldsymbol{T}).$$

变换问题的三角型结构使得可在 $O(n^2)$ 个 flop 内得到 $\sigma_{\min}(z\boldsymbol{I}-\boldsymbol{A})$ 的满意估计. 如果 d 是单位 2-范数向量且 $(z\boldsymbol{I}-\boldsymbol{T})\boldsymbol{y}=\boldsymbol{d}$，那么由 $z\boldsymbol{I}-\boldsymbol{T}$ 的 SVD 可得

$$\sigma_{\min}(z\boldsymbol{I}-\boldsymbol{T}) \leqslant \frac{1}{\|\boldsymbol{y}\|_2}.$$

令 $\boldsymbol{u}_{\min}$ 是与 $\sigma_{\min}(z\boldsymbol{I}-\boldsymbol{T})$ 对应的左奇异向量. 如果 $\boldsymbol{d}$ 在 $\boldsymbol{u}_{\min}$ 方向上有大分量，那么

$$\sigma_{\min}(z\boldsymbol{I}-\boldsymbol{T}) \approx \frac{1}{\|\boldsymbol{y}\|_2}.$$

回想一下，算法 3.5.1 是一个廉价的过程，它动态地确定右端向量 $\boldsymbol{d}$，以使给定的三角方程组有大范数的解. 这相当于找一个 $\boldsymbol{d}$ 使其在 $\boldsymbol{u}_{\min}$ 方向上有更多分量. 习题 13 对算法 3.5.1 的一个复 2-范数形式进行了概述. 它可以应用于 $z\boldsymbol{I}-\boldsymbol{T}$ 中，生成的 $\boldsymbol{d}$ 向量可以使用逆迭代思想进行优化，见 Toh and Trefethen (1996) 以及 8.2.2 节. 其他方法见 Wright and Trefethen (2001).

7.9.6　计算 ϵ 伪谱的横坐标和半径

矩阵 $\boldsymbol{A}\in\mathbb{C}^{n\times n}$ 的 ϵ 伪谱的横坐标是 Λ_ϵ 的边界上最右边的点：

$$\alpha_\epsilon(\boldsymbol{A}) \;=\; \max_{z\in\Lambda_\epsilon(\boldsymbol{A})} \operatorname{Re}(z). \tag{7.9.8}$$

同样地，ϵ 伪谱半径是 Λ_ϵ 的边界上的按模最大的点：

$$\rho_\epsilon(\boldsymbol{A}) \;=\; \max_{z\in\Lambda_\epsilon(\boldsymbol{A})} |z|. \tag{7.9.9}$$

这些量出现在动力系统的分析中，其有效迭代算法的估计由 Burke, Lewis, and Overton (2003) 和 Mengi and Overton (2005) 提出．对相关优化程序的完整介绍和分析是基于 Byers (1988) 的研究，超过了本书的范围．然而，其各种交叉问题的核心都是结构化特征值问题．例如，如果 $\mathrm{i}\cdot r$ 是矩阵

$$\boldsymbol{M} = \begin{bmatrix} \mathrm{i}\mathrm{e}^{\mathrm{i}\theta}\boldsymbol{A}^{\mathrm{H}} & -\epsilon\boldsymbol{I} \\ \epsilon\boldsymbol{I} & \mathrm{i}\mathrm{e}^{-\mathrm{i}\theta}\boldsymbol{A} \end{bmatrix} \tag{7.9.10}$$

的特征值，那么 ϵ 是 $\boldsymbol{A}-r\mathrm{e}^{\mathrm{i}\theta}\boldsymbol{I}$ 的奇异值．为了看出这一点，注意到，如果

$$\begin{bmatrix} \mathrm{i}\mathrm{e}^{\mathrm{i}\theta}\boldsymbol{A}^{\mathrm{H}} & -\epsilon\boldsymbol{I} \\ \epsilon\boldsymbol{I} & \mathrm{i}\mathrm{e}^{-\mathrm{i}\theta}\boldsymbol{A} \end{bmatrix}\begin{bmatrix} f \\ g \end{bmatrix} = \mathrm{i}\cdot r\begin{bmatrix} f \\ g \end{bmatrix},$$

那么

$$(\boldsymbol{A}-r\mathrm{e}^{\mathrm{i}\theta}\boldsymbol{I})^{\mathrm{H}}(\boldsymbol{A}-r\mathrm{e}^{\mathrm{i}\theta}\boldsymbol{I})g = \epsilon^2 g.$$

SVD 的复版本 (2.4.4 节) 表明 ϵ 是 $\boldsymbol{A}-r\mathrm{e}^{\mathrm{i}\theta}\boldsymbol{I}$ 的奇异值．可以证明，如果 $\mathrm{i}r_{\max}$ 是 $\boldsymbol{M}$ 的最大纯虚数特征值，那么

$$\epsilon = \sigma_{\min}(\boldsymbol{A}-r_{\max}\mathrm{e}^{\mathrm{i}\theta}\boldsymbol{I})$$

此结果可用于计算 $\{\, r\mathrm{e}^{\mathrm{i}\theta} : R\geqslant 0 \,\}$ 的交点以及 $\Lambda_\epsilon(\boldsymbol{A})$ 的边界．这个计算是计算 ϵ 伪谱半径的关键．见 Mengi and Overton (2005).

7.9.7　矩阵的幂和 ϵ 伪谱半径

在本节的开始，我们用例子

$$\boldsymbol{A} = \begin{bmatrix} 0.999 & 1000 \\ 0.000 & 0.998 \end{bmatrix}$$

展示了即使 $\rho(\boldsymbol{A})<1$，$\|\boldsymbol{A}^k\|_2$ 仍可增大．这种瞬时行为可以运用伪谱半径来预测．事实上，可以推得对于任意 $\epsilon>0$ 有

$$\sup_{k\geqslant 0}\|\boldsymbol{A}^k\|_2 \geqslant \frac{\rho_\epsilon(\boldsymbol{A})-1}{\epsilon}. \tag{7.9.11}$$

见 Trefethen and Embree (SAP, 第 160–161 页). 这就是说，存在跨过单位圆盘的轮廓 $\{z : \| (\|zI - A)^{-1} = 1/\epsilon \}$，瞬时增长就会发生. 对于上述 2×2 的例子，如果 $\epsilon = 10^{-8}$，那么 $\rho_\epsilon(A) \approx 1.0017$，且不等式 (7.9.11) 是说，对某个 k，$\| A^k \|_2 \geqslant 1.7 \times 10^5$. 这些关系的展示如图 7.9.1 所示.

习 题

1. 证明定义 (7.9.5)(7.9.6)(7.9.7) 是等价的.

2. 证明推论 7.9.3.

3. 证明定理 7.9.4.

4. 证明定理 7.9.6.

5. 证明推论 7.9.7.

6. 证明：如果 $A, E \in \mathbb{C}^{n\times n}$，那么 $\Lambda_\epsilon(A+E) \subseteq \Lambda_{\epsilon+\|E\|_2}(A)$.

7. 假设 $\sigma_{\min}(z_1 I - A) = \epsilon_1$ 且 $\sigma_{\min}(z_2 I - A) = \epsilon_2$. 证明：存在实数 μ，使得如果 $z_3 = (1-\mu)z_1 + \mu z_2$，那么 $\sigma_{\min}(z_3 I - A) = (\epsilon_1 + \epsilon_2)/2$.

8. 设 $A \in \mathbb{C}^{n\times n}$ 是正规矩阵, $E \in \mathbb{C}^{n\times n}$ 是非正规矩阵. 陈述并证明关于 $\Lambda_\epsilon(A+E)$ 的定理.

9. 解释定理 7.9.2 与 Bauer-Fike 定理（定理 7.2.2）之间的关系.

10. 定义矩阵 $J \in \mathbb{R}^{2n\times 2n}$ 为

$$J = \begin{bmatrix} 0 & I_n \\ -I_n & 0 \end{bmatrix}.$$

(a) 当 $J^{\mathrm{T}} H J = -H^{\mathrm{T}}$ 时，矩阵 $H \in \mathbb{R}^{2n\times 2n}$ 是哈密顿矩阵. 易证如果 H 是哈密顿矩阵且 $\lambda \in \Lambda(H)$，那么 $-\lambda \in \Lambda(H)$. 如果 $\lambda \in \Lambda_\epsilon(H)$，那么 $-\lambda \in \Lambda_\epsilon(H)$ 成立吗?

(b) 当 $J^{\mathrm{T}} S J = S^{-\mathrm{T}}$ 时, 矩阵 $S \in \mathbb{R}^{2n\times 2n}$ 是辛矩阵. 易证如果 S 是辛矩阵且 $\lambda \in \Lambda(S)$，那么 $1/\lambda \in \Lambda(S)$. 如果 $\lambda \in \Lambda_\epsilon(S)$，那么 $1/\lambda \in \Lambda_\epsilon(S)$ 成立吗?

11. 非对称 Toeplitz 矩阵具有病态的特征系统，因此也具有特殊的伪谱特性. 假设

$$A = \begin{bmatrix} 0 & 1 & \cdots & 0 \\ \alpha & 0 & \ddots & \vdots \\ \vdots & \ddots & \ddots & 1 \\ 0 & \cdots & \alpha & 0 \end{bmatrix}.$$

(a) 构造一个对角矩阵 S 使得 $S^{-1}AS = B$ 是对称三角阵且次对角和上对角线元均为 1.

(b) A 的特征向量矩阵的条件如何?

12. 如果矩阵 $A \in \mathbb{C}^{n\times n}$ 的所有特征值都有负的实部，则称 A 为**稳定矩阵**. 考虑 $\| E \|_2$ 的最小化问题，约束条件为 $A + E$ 在虚轴上有一个特征值. 解释为什么这个优化问题等价于对所有的 $r \in \mathbb{R}$ 最小化 $\sigma_{\min}(\mathrm{i}rI - A)$. 如果 E_* 是 E 的最小化，那么 $\| E \|_2$ 可以看作衡量 A 的稳定性的度量. 请问: A 趋于稳定与 $\alpha_\epsilon(A)$ 有何关系?

13. 这个问题是关于矩阵最小奇异值的粗略估计，一个关键的计算在展示矩阵伪谱的过程中重复执行. 根据 7.9.5 节中的讨论，问题在于估计上三角矩阵的最小奇异值 $U = T - zI$，其中 T 是 $A \in \mathbb{R}^{n\times n}$ 的 Schur 型. 这个情况与 3.5.4 节中的条件估计思想有关. 我们想确定

一个单位 2-范数向量 $\boldsymbol{d}\in\mathbb{C}^n$ 使得 $\boldsymbol{U}\boldsymbol{y}=\boldsymbol{d}$ 的解有较大 2-范数且 $\sigma_{\min}(\boldsymbol{U})\approx 1/\|\,\boldsymbol{y}\,\|_2$.

(a) 假设

$$\boldsymbol{U}=\begin{bmatrix} u_{11} & \boldsymbol{u}^{\mathrm{H}} \\ \boldsymbol{0} & \boldsymbol{U}_1 \end{bmatrix},\qquad \boldsymbol{y}=\begin{bmatrix} \tau \\ \boldsymbol{z} \end{bmatrix},\qquad \boldsymbol{d}=\begin{bmatrix} c \\ s\boldsymbol{d}_1 \end{bmatrix},$$

其中 $u_{11},\tau\in\mathbb{C}$, $\boldsymbol{u},\boldsymbol{z},\boldsymbol{d}_1\in\mathbb{C}^{n-1}$, $\boldsymbol{U}_1\in\mathbb{C}^{(n-1)\times(n-1)}$, $\|\boldsymbol{d}_1\|_2=1$, $\boldsymbol{U}_1\boldsymbol{y}_1=\boldsymbol{d}_1$, $c^2+s^2=1$. 试给出一个算法确定 c 和 s，使得如果 $\boldsymbol{U}\boldsymbol{y}=\boldsymbol{d}$，那么 $\|\,\boldsymbol{y}\,\|_2$ 足够大. 提示：这是一个 2×2 的 SVD 问题.

(b) 应用 (a) 部分，对于 $k=n:-1:1$，找出一种估计 $\sigma_{\min}(U(k:n,k:n))$ 的非递归方法.

第 8 章 对称特征值问题

对称特征值问题具有丰富的数学结构，是数值线性代数中最美观的问题之一. 首先我们要简要地讨论这类问题的数学性质，为接下来的算法构建基础. 在 8.2 节和 8.3 节中，我们给出了各种幂迭代方法，最后的重点集中于 QR 算法的讨论. 在 8.4 节中，我们针对三对角矩阵这一重要情形讨论其算法，包括二分法和分治技术. 在 8.5 节中，我们讨论了 Jacobi 方法，这是最早出现于文献中的矩阵算法之一. 这种技术之所以值得关注，是因为它易于并行计算，并且具有其自身的高精度特性. 在 8.6 节中，详述了奇异值分解的计算，核心算法是对称 QR 迭代法的变形，用于计算双对角矩阵.

在 8.7 节中，我们针对 $\boldsymbol{A}$ 是对称矩阵且 $\boldsymbol{B}$ 是对称正定矩阵这一重要情形，讨论了广义特征值问题 $\boldsymbol{A}\boldsymbol{x} = \lambda\boldsymbol{B}\boldsymbol{x}$，也讨论了广义奇异值分解 $\boldsymbol{A}^{\mathrm{T}}\boldsymbol{A}\boldsymbol{x} = \mu^2\boldsymbol{B}^{\mathrm{T}}\boldsymbol{B}\boldsymbol{x}$. 本节最后简要讨论在对称、反称和正定性条件下的二次特征值问题 $(\lambda^2\boldsymbol{M} + \lambda\boldsymbol{C} + \boldsymbol{K})\boldsymbol{x} = 0$.

阅读说明

本章需要第 1 章至第 3 章以及 5.1 节和 5.2 节的知识. 本章内容有以下依赖关系：

```
8.4 节
  ↑
8.1 节  →  8.2 节  →  8.3 节  →  8.6 节  →  8.7 节
  ↓
8.5 节
```

本章中的许多算法和定理与第 7 章的非对称问题相对应. 然而，除了一些概念和定义外，在阅读第 7 章之前，我们就可以研究对称特征值问题的处理.

补充的参考文献包括 Wilkinson (AEP), Stewart (MAE), Parlett (SEP), Stewart and Sun (MPA).

8.1 性质与分解

本节针对特征值问题的算法分析，我们总结所需的数学知识.

8.1.1 特征值和特征向量

对称性保证了 $\boldsymbol{A}$ 的所有特征值都是实的，并且特征向量构成一个正交基.

定理 8.1.1 (对称 Schur 分解) 如果 $\boldsymbol{A}\in\mathbb{R}^{n\times n}$ 是对称矩阵，那么存在实正交矩阵 $\boldsymbol{Q}$ 使得

$$\boldsymbol{Q}^{\mathrm{T}}\boldsymbol{A}\boldsymbol{Q}=\boldsymbol{\Lambda}=\operatorname{diag}(\lambda_1,\cdots,\lambda_n).$$

此外，对于 $k=1:n$ 有 $\boldsymbol{A}Q(:,k)=\lambda_k Q(:,k)$. 可与定理 7.1.3 相比较.

证明 设 $\lambda_1\in\lambda(\boldsymbol{A})$ 且 $\boldsymbol{x}\in\mathbb{C}^n$ 是 $\boldsymbol{A}\boldsymbol{x}=\lambda_1\boldsymbol{x}$ 对应的单位 2-范数特征向量. 因为 $\lambda_1=\boldsymbol{x}^{\mathrm{H}}\boldsymbol{A}\boldsymbol{x}=\boldsymbol{x}^{\mathrm{H}}\boldsymbol{A}^{\mathrm{H}}\boldsymbol{x}=\overline{\boldsymbol{x}^{\mathrm{H}}\boldsymbol{A}\boldsymbol{x}}=\overline{\lambda_1}$，所以 $\lambda_1\in\mathbb{R}$. 因此，我们可以假定 $\boldsymbol{x}\in\mathbb{R}^n$. 设 $\boldsymbol{P}_1\in\mathbb{R}^{n\times n}$ 是 Householder 矩阵，使得 $\boldsymbol{P}_1^{\mathrm{T}}\boldsymbol{x}=\boldsymbol{e}_1=I_n(:,1)$. 由 $\boldsymbol{A}\boldsymbol{x}=\lambda_1\boldsymbol{x}$ 可得 $(\boldsymbol{P}_1^{\mathrm{T}}\boldsymbol{A}\boldsymbol{P}_1)\boldsymbol{e}_1=\lambda\boldsymbol{e}_1$. 这说明 $\boldsymbol{P}_1^{\mathrm{T}}\boldsymbol{A}\boldsymbol{P}_1$ 的第一列是 $\boldsymbol{e}_1$ 的倍数. 但是，由于 $\boldsymbol{P}_1^{\mathrm{T}}\boldsymbol{A}\boldsymbol{P}_1$ 是对称矩阵，它一定有如下形式

$$\boldsymbol{P}_1^{\mathrm{T}}\boldsymbol{A}\boldsymbol{P}_1=\begin{bmatrix}\lambda_1 & \mathbf{0}\\ \mathbf{0} & \boldsymbol{A}_1\end{bmatrix},$$

其中 $\boldsymbol{A}_1\in\mathbb{R}^{(n-1)\times(n-1)}$ 是对称矩阵. 根据归纳法，我们可以假定存在正交矩阵 $\boldsymbol{Q}_1\in\mathbb{R}^{(n-1)\times(n-1)}$ 使得 $\boldsymbol{Q}_1^{\mathrm{T}}\boldsymbol{A}_1\boldsymbol{Q}_1=\boldsymbol{\Lambda}_1$. 令

$$\boldsymbol{Q}=\boldsymbol{P}_1\begin{bmatrix}1 & \mathbf{0}\\ \mathbf{0} & \boldsymbol{Q}_1\end{bmatrix}\quad 且\quad \boldsymbol{\Lambda}=\begin{bmatrix}\lambda_1 & \mathbf{0}\\ \mathbf{0} & \boldsymbol{\Lambda}_1\end{bmatrix},$$

并比较矩阵方程 $\boldsymbol{A}\boldsymbol{Q}=\boldsymbol{Q}\boldsymbol{\Lambda}$ 中的列，即得本定理. □

我们使用 $\lambda_k(\boldsymbol{A})$ 表示对称矩阵 $\boldsymbol{A}$ 的第 k 大特征值，即

$$\lambda_n(\boldsymbol{A})\leqslant\cdots\leqslant\lambda_2(\boldsymbol{A})\leqslant\lambda_1(\boldsymbol{A}).$$

由 2-范数的正交性不变性可得 $\boldsymbol{A}$ 的奇异值为 $\{|\lambda_1(\boldsymbol{A})|,\cdots,|\lambda_n(\boldsymbol{A})|\}$，且

$$\|\boldsymbol{A}\|_2=\max\{|\lambda_1(\boldsymbol{A})|,|\lambda_n(\boldsymbol{A})|\}.$$

对称矩阵的特征值对二次型 $\boldsymbol{x}^{\mathrm{T}}\boldsymbol{A}\boldsymbol{x}/\boldsymbol{x}^{\mathrm{T}}\boldsymbol{x}$ 具有极小极大性质.

定理 8.1.2 (Courant-Fischer 极小极大定理) 如果 $\boldsymbol{A}\in\mathbb{R}^{n\times n}$ 是对称矩阵，那么对于 $k=1:n$ 有

$$\lambda_k(\boldsymbol{A})=\max_{\dim(S)=k}\ \min_{0\neq\boldsymbol{y}\in S}\frac{\boldsymbol{y}^{\mathrm{T}}\boldsymbol{A}\boldsymbol{y}}{\boldsymbol{y}^{\mathrm{T}}\boldsymbol{y}}.$$

证明 令 $Q^{\mathrm{T}}AQ = \mathrm{diag}(\lambda_i)$ 是 Schur 分解，且 $\lambda_k = \lambda_k(A)$, $Q = [q_1|\cdots|q_n]$. 定义

$$S_k = \mathsf{span}\{q_1, \cdots, q_k\}$$

是与 $\lambda_1, \cdots, \lambda_k$ 相对应的不变子空间. 容易证明

$$\max_{\dim(S)=k} \min_{0\neq y\in S} \frac{y^{\mathrm{T}}Ay}{y^{\mathrm{T}}y} \geqslant \min_{0\neq y\in S_k} \frac{y^{\mathrm{T}}Ay}{y^{\mathrm{T}}y} = q_k^{\mathrm{T}}Aq_k = \lambda_k(A).$$

要建立反向不等式，令 S 是任意 k 维子空间，注意它必与维数为 $n-k+1$ 的子空间 $\mathsf{span}\{q_k, \cdots, q_n\}$ 有交集. 如果 $y_* = \alpha_k q_k + \cdots + \alpha_n q_n$ 在这个交集中，那么

$$\min_{0\neq y\in S} \frac{y^{\mathrm{T}}Ay}{y^{\mathrm{T}}y} \leqslant \frac{y_*^{\mathrm{T}}Ay_*}{y_*^{\mathrm{T}}y_*} \leqslant \lambda_k(A).$$

因为这个不等式适用于所有 k 维子空间，因此

$$\max_{\dim(S)=k} \min_{0\neq y\in S} \frac{y^{\mathrm{T}}Ay}{y^{\mathrm{T}}y} \leqslant \lambda_k(A),$$

从而完成了定理的证明. □

注意，如果 $A \in \mathbb{R}^{n\times n}$ 是对称正定矩阵，那么 $\lambda_n(A) > 0$.

8.1.2 特征值的敏感度

对称矩阵特征问题的一个重要的求解方法涉及产生正交矩阵序列 $\{Q_k\}$ 满足矩阵 $Q_k^{\mathrm{T}}AQ_k$ 逐步地“更加对角化”. 自然产生的问题是，矩阵的对角元如何较好地近似其特征值?

定理 8.1.3 (Gershgorin 定理) 假设 $A \in \mathbb{R}^{n\times n}$ 是对称矩阵且 $Q \in \mathbb{R}^{n\times n}$ 是正交矩阵. 如果 $Q^{\mathrm{T}}AQ = D + F$，其中 $D = \mathrm{diag}(d_1, \cdots, d_n)$ 且 F 有零对角元，那么

$$\lambda(A) \subseteq \bigcup_{i=1}^{n} [d_i - r_i, d_i + r_i],$$

其中对于 $i = 1:n$ 有 $r_i = \sum_{j=1}^{n} |f_{ij}|$. 可与定理 7.2.1 相比较.

证明 假设 $\lambda \in \lambda(A)$，不失一般性，假定对于 $i = 1:n$ 有 $\lambda \neq d_i$. 因为 $(D - \lambda I) + F$ 是奇异矩阵，根据引理 2.3.3，对于某个 k 有 $1 \leqslant k \leqslant n$，得

$$1 \leqslant \|(D - \lambda I)^{-1}F\|_\infty = \sum_{j=1}^{n} \frac{|f_{kj}|}{|d_k - \lambda|} = \frac{r_k}{|d_k - \lambda|},$$

这意味着 $\lambda \in [d_k - r_k, d_k + r_k]$. □

接下来的结果表明，如果 $\boldsymbol{A}$ 被对称矩阵 $\boldsymbol{E}$ 扰动，那么它的特征值的改变不超过 $\|\boldsymbol{E}\|_F$.

定理 8.1.4 (Wielandt-Hoffman 定理) 如果 $\boldsymbol{A}$ 和 $\boldsymbol{A}+\boldsymbol{E}$ 都是 $n\times n$ 对称矩阵，那么

$$\sum_{i=1}^{n}(\lambda_i(\boldsymbol{A}+\boldsymbol{E})-\lambda_i(\boldsymbol{A}))^2 \leqslant \|\boldsymbol{E}\|_F^2 .$$

证明 见 Wilkinson (AEP, 第 104–108 页)、Stewart and Sun (MPT, 第 189–191 页) 或 Lax (1997, 第 134–136 页). □

定理 8.1.5 如果 $\boldsymbol{A}$ 和 $\boldsymbol{A}+\boldsymbol{E}$ 都是 $n\times n$ 对称矩阵，那么

$$\lambda_k(\boldsymbol{A})+\lambda_n(\boldsymbol{E}) \leqslant \lambda_k(\boldsymbol{A}+\boldsymbol{E}) \leqslant \lambda_k(\boldsymbol{A})+\lambda_1(\boldsymbol{E}), \qquad k=1:n.$$

证明 这可由极小极大定理证明. 详细情况见 Wilkinson (AEP, 第 101–102 页) 或 Stewart and Sun (MPT, 第 203 页). □

推论 8.1.6 如果 $\boldsymbol{A}$ 和 $\boldsymbol{A}+\boldsymbol{E}$ 都是 $n\times n$ 对称矩阵，那么对于 $k=1:n$ 有

$$|\lambda_k(\boldsymbol{A}+\boldsymbol{E})-\lambda_k(\boldsymbol{A})| \leqslant \|\boldsymbol{E}\|_2.$$

证明 观察得，对于 $k=1:n$ 有

$$|\lambda_k(\boldsymbol{A}+\boldsymbol{E})-\lambda_k(\boldsymbol{A})| \leqslant \max\{|\lambda_n(\boldsymbol{E})|,|\lambda_1(\boldsymbol{E})|\} = \|\boldsymbol{E}\|_2. \quad \square$$

根据极小极大性质还可以得到两个重要的扰动结果.

定理 8.1.7 (交错性质) 如果 $\boldsymbol{A}\in\mathbb{R}^{n\times n}$ 是对称矩阵且 $\boldsymbol{A}_r = A(1:r,1:r)$，那么对于 $r=1:n-1$ 有

$$\lambda_{r+1}(\boldsymbol{A}_{r+1}) \leqslant \lambda_r(\boldsymbol{A}_r) \leqslant \lambda_r(\boldsymbol{A}_{r+1}) \leqslant \cdots \leqslant \lambda_2(\boldsymbol{A}_{r+1}) \leqslant \lambda_1(\boldsymbol{A}_r) \leqslant \lambda_1(\boldsymbol{A}_{r+1}).$$

证明 见 Wilkinson (AEP, 第 103–104 页). □

定理 8.1.8 假设 $\boldsymbol{B}=\boldsymbol{A}+\tau\boldsymbol{c}\boldsymbol{c}^{\mathrm{T}}$，其中 $\boldsymbol{A}\in\mathbb{R}^{n\times n}$ 是对称矩阵，$\boldsymbol{c}\in\mathbb{R}^n$ 有单位 2-范数且 $\tau\in\mathbb{R}$. 如果 $\tau\geqslant 0$，那么

$$\lambda_i(\boldsymbol{B})\in[\lambda_i(\boldsymbol{A}),\ \lambda_{i-1}(\boldsymbol{A})], \qquad i=2:n,$$

如果 $\tau\leqslant 0$，那么

$$\lambda_i(\boldsymbol{B}) \in [\lambda_{i+1}(\boldsymbol{A}),\lambda_i(\boldsymbol{A})], \qquad i=1:n-1 .$$

在任何一种情况下，都存在满足 $m_1+\cdots+m_n=1$ 的非负数 $m_1,\cdots,m_n$ 使得

$$\lambda_i(\boldsymbol{B})=\lambda_i(\boldsymbol{A})+m_i\tau, \qquad i=1:n.$$

证明 见 Wilkinson (AEP, 第 94–97 页). 另见习题 8. □

8.1.3 不变子空间

如果 $S \subseteq \mathbb{R}^n$ 且 $\boldsymbol{x} \in S \Rightarrow \boldsymbol{A}\boldsymbol{x} \in S$，那么 S 称为 $\boldsymbol{A} \in \mathbb{R}^{n\times n}$ 的一个不变子空间. 注意，如果 $\boldsymbol{x} \in \mathbb{R}^n$ 是 $\boldsymbol{A}$ 的特征向量，那么 $S = \mathsf{span}\{\boldsymbol{x}\}$ 是 1 维不变子空间. 不变子空间用于“分解”特征值问题，并在许多方法中有重大应用. 下面的定理解释了原因.

定理 8.1.9 假设 $\boldsymbol{A} \in \mathbb{R}^{n\times n}$ 是对称矩阵，且

$$\boldsymbol{Q} = [\, \underset{r}{\boldsymbol{Q}_1} \mid \underset{n-r}{\boldsymbol{Q}_2} \,]$$

是正交矩阵. 如果 $\mathsf{ran}(\boldsymbol{Q}_1)$ 是不变子空间，那么

$$\boldsymbol{Q}^{\mathrm{T}}\boldsymbol{A}\boldsymbol{Q} = \boldsymbol{D} = \begin{bmatrix} \boldsymbol{D}_1 & \boldsymbol{0} \\ \boldsymbol{0} & \boldsymbol{D}_2 \end{bmatrix}\begin{matrix} r \\ n-r \end{matrix} \quad (\text{列: } r,\ n-r) \tag{8.1.1}$$

且 $\lambda(\boldsymbol{A}) = \lambda(\boldsymbol{D}_1) \cup \lambda(\boldsymbol{D}_2)$. 可与引理 7.1.2 相比较.

证明 如果

$$\boldsymbol{Q}^{\mathrm{T}}\boldsymbol{A}\boldsymbol{Q} = \begin{bmatrix} \boldsymbol{D}_1 & \boldsymbol{E}_{21}^{\mathrm{T}} \\ \boldsymbol{E}_{21} & \boldsymbol{D}_2 \end{bmatrix},$$

那么由 $\boldsymbol{A}\boldsymbol{Q} = \boldsymbol{Q}\boldsymbol{D}$ 有 $\boldsymbol{A}\boldsymbol{Q}_1 - \boldsymbol{Q}_1\boldsymbol{D}_1 = \boldsymbol{Q}_2\boldsymbol{E}_{21}$. 由于 $\mathsf{ran}(\boldsymbol{Q}_1)$ 是不变子空间，$\boldsymbol{Q}_2\boldsymbol{E}_{21}$ 的列向量也都在 $\mathsf{ran}(\boldsymbol{Q}_1)$ 中，因此与 $\boldsymbol{Q}_2$ 的列向量垂直. 所以

$$\boldsymbol{0} = \boldsymbol{Q}_2^{\mathrm{T}}(\boldsymbol{A}\boldsymbol{Q}_1 - \boldsymbol{Q}_1\boldsymbol{D}_1) = \boldsymbol{Q}_2^{\mathrm{T}}\boldsymbol{Q}_2\boldsymbol{E}_{21} = \boldsymbol{E}_{21}.$$

从而 (8.1.1) 成立. 易证

$$\mathsf{det}(\boldsymbol{A} - \lambda\boldsymbol{I}_n) = \mathsf{det}(\boldsymbol{Q}^{\mathrm{T}}\boldsymbol{A}\boldsymbol{Q} - \lambda\boldsymbol{I}_n) = \mathsf{det}(\boldsymbol{D}_1 - \lambda\boldsymbol{I}_r)\cdot\mathsf{det}(\boldsymbol{D}_2 - \lambda\boldsymbol{I}_{n-r}),$$

这就得到了 $\lambda(\boldsymbol{A}) = \lambda(\boldsymbol{D}_1) \cup \lambda(\boldsymbol{D}_2)$. □

不变子空间的扰动敏感度依赖于相关特征值与谱中的其他特征值的分离程度. 两个对称矩阵 $\boldsymbol{B}$ 和 $\boldsymbol{C}$ 的特征值的分离度的恰当度量由

$$\mathsf{sep}(\boldsymbol{B}, \boldsymbol{C}) = \min_{\substack{\lambda\in\lambda(\boldsymbol{B}) \\ \mu\in\lambda(\boldsymbol{C})}} |\lambda - \mu| \tag{8.1.2}$$

给出. 由此定义，我们有下述定理.

定理 8.1.10 假设 A 和 $A+E$ 都是 $n \times n$ 对称矩阵，且

$$Q = [\underset{r}{Q_1} | \underset{n-r}{Q_2}]$$

是正交矩阵，使得 $\operatorname{ran}(Q_1)$ 是 A 的不变子空间. 对矩阵 $Q^T A Q$ 和 $Q^T E Q$ 进行如下划分：

$$Q^T A Q = \begin{bmatrix} D_1 & 0 \\ 0 & D_2 \end{bmatrix} \begin{matrix} r \\ n-r \end{matrix}, \quad Q^T E Q = \begin{bmatrix} E_{11} & E_{21}^T \\ E_{21} & E_{22} \end{bmatrix} \begin{matrix} r \\ n-r \end{matrix}$$
$$\quad\; \underset{r}{\;} \;\; \underset{n-r}{\;} \qquad\qquad\quad \underset{r}{\;} \;\; \underset{n-r}{\;}$$

如果 $\operatorname{sep}(D_1, D_2) > 0$ 且

$$\|E\|_F \leqslant \frac{\operatorname{sep}(D_1, D_2)}{5},$$

那么存在一个满足

$$\|P\|_F \leqslant \frac{4}{\operatorname{sep}(D_1, D_2)} \|E_{21}\|_F$$

的矩阵 $P \in \mathbb{R}^{(n-r) \times r}$，使得 $\hat{Q}_1 = (Q_1 + Q_2 P)(I + P^T P)^{-1/2}$ 的列构成 $A + E$ 的一个不变子空间的一组正交基. 可与定理 7.2.4 相比较.

证明 此定理是 Stewart(1973) 中定理 4.11 的稍微修改. 矩阵 $(I + P^T P)^{-1/2}$ 是 $I + P^T P$ 的平方根的逆. 见 4.2.4 节. □

推论 8.1.11 如果定理的条件成立，那么

$$\operatorname{dist}(\operatorname{ran}(Q_1), \operatorname{ran}(\hat{Q}_1)) \leqslant \frac{4}{\operatorname{sep}(D_1, D_2)} \|E_{21}\|_F.$$

可与推论 7.2.5 相比较.

证明 可用 SVD 证明，我们有

$$\|P(I + P^T P)^{-1/2}\|_2 \leqslant \|P\|_2 \leqslant \|P\|_F. \tag{8.1.3}$$

由 $Q_2^T \hat{Q}_1 = P(I + P^T P)^{-1/2}$ 可得

$$\begin{aligned}\operatorname{dist}(\operatorname{ran}(Q_1), \operatorname{ran}(\hat{Q}_1)) &= \|Q_2^T \hat{Q}_1\|_2 = \|P(I + P^H P)^{-1/2}\|_2 \\ &\leqslant \|P\|_2 \leqslant 4 \|E_{21}\|_F / \operatorname{sep}(D_1, D_2).\end{aligned}$$

□

因此，$\operatorname{sep}(D_1, D_2)$ 的倒数可作为度量不变子空间 $\operatorname{ran}(Q_1)$ 敏感度的条件数. 扰动对单特征向量的影响非常重要，对此情形，我们特殊化以上结论.

定理 8.1.12 假设 A 和 $A+E$ 都是 $n\times n$ 对称矩阵，且

$$Q = [\, \underset{1}{q_1} \mid \underset{n-1}{Q_2} \,]$$

是正交矩阵，其中 q_1 是 A 的特征向量. 将 $Q^{\mathrm{T}}AQ$ 和 $Q^{\mathrm{T}}EQ$ 划分如下：

$$Q^{\mathrm{T}}AQ = \begin{bmatrix} \lambda & 0 \\ 0 & D_2 \end{bmatrix} \begin{matrix} 1 \\ n-1 \end{matrix}, \qquad Q^{\mathrm{T}}EQ = \begin{bmatrix} \epsilon & e^{\mathrm{T}} \\ e & E_{22} \end{bmatrix} \begin{matrix} 1 \\ n-1 \end{matrix}.$$
$$\qquad\quad\ 1 \quad n-1 \qquad\qquad\qquad\qquad\qquad 1 \quad n-1$$

如果

$$d = \min_{\mu\in\lambda(D_2)} |\lambda-\mu| > 0,$$

$$\|E\|_F \leqslant \frac{d}{5},$$

那么存在 $p\in\mathbb{R}^{n-1}$ 且

$$\|p\|_2 \leqslant \frac{4}{d}\|e\|_2$$

使得 $\hat{q}_1 = (q_1+Q_2p)/\sqrt{1+p^{\mathrm{T}}p}$ 是 $A+E$ 的单位 2-范数特征向量. 此外，

$$\mathsf{dist}(\mathsf{span}\{q_1\}, \mathsf{span}\{\hat{q}_1\}) = \sqrt{1-(q_1^{\mathrm{T}}\hat{q}_1)^2} \leqslant \frac{4}{d}\|e\|_2.$$

可与推论 7.2.6 相比较.

证明 对于 $r=1$ 应用定理 8.1.10 和推论 8.1.11，并且注意到，如果 $D_1=(\lambda)$，那么 $d=\mathsf{sep}(D_1,D_2)$. □

8.1.4 近似不变子空间

如果 $Q_1\in\mathbb{R}^{n\times r}$ 的列线性无关，并且对于某个 $S\in\mathbb{R}^{r\times r}$ 残差矩阵 $R=AQ_1-Q_1S$ 较小，那么 Q_1 的列向量定义了一个近似不变子空间. 当有了这样一个矩阵时，让我们看看 A 的特征系统有何特点.

定理 8.1.13 假设 $A\in\mathbb{R}^{n\times n}$ 和 $S\in\mathbb{R}^{r\times r}$ 都是对称矩阵且

$$AQ_1 - Q_1S = E_1,$$

其中 $Q_1\in\mathbb{R}^{n\times r}$ 满足 $Q_1^{\mathrm{T}}Q_1=I_r$. 那么存在 $\mu_1,\cdots,\mu_r\in\lambda(A)$ 使得对于 $k=1:r$ 有

$$|\mu_k-\lambda_k(S)| \leqslant \sqrt{2}\,\|E_1\|_2.$$

证明　令 $Q_2 \in \mathbb{R}^{n\times(n-r)}$ 是任意矩阵，使得 $Q = [\, Q_1 \,|\, Q_2 \,]$ 是正交矩阵. 可以推出

$$Q^{\mathrm{T}}AQ = \begin{bmatrix} S & 0 \\ 0 & Q_2^{\mathrm{T}}AQ_2 \end{bmatrix} + \begin{bmatrix} Q_1^{\mathrm{T}}E_1 & E_1^{\mathrm{T}}Q_2 \\ Q_2^{\mathrm{T}}E_1 & 0 \end{bmatrix} \equiv B + E.$$

应用推论 8.1.6 可得，对于 $k = 1:n$ 有 $|\lambda_k(A) - \lambda_k(B)| \leqslant \| E \|_2$. 由于 $\lambda(S) \subseteq \lambda(B)$，所以存在 $\mu_1, \cdots, \mu_r \in \lambda(A)$ 使得对于 $k = 1:r$ 有 $|\mu_k - \lambda_k(S)| \leqslant \| E \|_2$. 注意到对于任意 $x \in \mathbb{R}^r$ 和 $y \in \mathbb{R}^{n-r}$ 有

$$\left\| E \begin{bmatrix} x \\ y \end{bmatrix} \right\|_2 \leqslant \| E_1 x \|_2 + \| E_1^{\mathrm{T}} Q_2 y \|_2 \leqslant \| E_1 \|_2 \| x \|_2 + \| E_1 \|_2 \| y \|_2,$$

易知 $\| E \|_2 \leqslant \sqrt{2} \| E_1 \|_2$ 成立，定理得证. □

定理 8.1.13 中的特征值的界取决于 $\| AQ_1 - Q_1 S \|_2$. 给定 A 和 Q_1，以下定理指示如何选择 S 以便在 F - 范数中将此数量最小化.

定理 8.1.14　如果 $A \in \mathbb{R}^{n\times n}$是对称矩阵且 $Q_1 \in \mathbb{R}^{n\times r}$ 有正交的列，那么

$$\min_{S \in \mathbb{R}^{r\times r}} \| AQ_1 - Q_1 S \|_F = \| (I - Q_1 Q_1^{\mathrm{T}}) A Q_1 \|_F,$$

此时 $S = Q_1^{\mathrm{T}} A Q_1$.

证明　令 $Q_2 \in \mathbb{R}^{n\times(n-r)}$ 使得 $Q = [\, Q_1, \; Q_2 \,]$ 是正交矩阵. 对于任意 $S \in \mathbb{R}^{r\times r}$，我们有

$$\| AQ_1 - Q_1 S \|_F^2 = \| Q^{\mathrm{T}} A Q_1 - Q^{\mathrm{T}} Q_1 S \|_F^2 = \| Q_1^{\mathrm{T}} A Q_1 - S \|_F^2 + \| Q_2^{\mathrm{T}} A Q_1 \|_F^2.$$

很明显，$S = Q_1^{\mathrm{T}} A Q_1$ 使上式达到极小. □

这个结论使我们能从任何一个 r 维子空间 $\mathrm{ran}(Q_1)$ 中选取 r 个“最佳的”近似于特征值特征向量的集合.

定理 8.1.15　假设 $A \in \mathbb{R}^{n\times n}$ 是对称矩阵且 $Q_1 \in \mathbb{R}^{n\times r}$ 满足 $Q_1^{\mathrm{T}} Q_1 = I_r$. 如果

$$Z^{\mathrm{T}}(Q_1^{\mathrm{T}} A Q_1) Z = \mathrm{diag}(\theta_1, \cdots, \theta_r) = D$$

是 $Q_1^{\mathrm{T}} A Q_1$ 的 Schur 分解，且 $Q_1 Z = [\, y_1 \,|\cdots|\, y_r \,]$，那么对于 $k = 1:r$ 有

$$\| A y_k - \theta_k y_k \|_2 = \| (I - Q_1 Q_1^{\mathrm{T}}) A Q_1 Z e_k \|_2 \leqslant \| (I - Q_1 Q_1^{\mathrm{T}}) A Q_1 \|_2.$$

证明　易证

$$A y_k - \theta_k y_k = A Q_1 Z e_k - Q_1 Z D e_k = (A Q_1 - Q_1 (Q_1^{\mathrm{T}} A Q_1)) Z e_k.$$

再两边取范数，即得定理. □

在定理 8.1.15 中，θ_k 称为 **Ritz 值**，$\boldsymbol{y}_k$ 称为 **Ritz 向量**，$(\theta_k, \boldsymbol{y}_k)$ 称为 **Ritz 对**.

如果我们削弱 $\boldsymbol{q}_1$ 的列是正交的假设，那么定理的有用性得到了增强. 正如可以预料的那样，其界会随着正交性的损失而恶化.

定理 8.1.16 假设 $\boldsymbol{A} \in \mathbb{R}^{n\times n}$ 是对称矩阵且

$$\boldsymbol{A}\boldsymbol{X}_1 - \boldsymbol{X}_1\boldsymbol{S} = \boldsymbol{F}_1,$$

其中 $\boldsymbol{X}_1 \in \mathbb{R}^{n\times r}$ 且 $\boldsymbol{S} = \boldsymbol{X}_1^{\mathrm{T}}\boldsymbol{A}\boldsymbol{X}_1$. 如果

$$\| \boldsymbol{X}_1^{\mathrm{T}}\boldsymbol{X}_1 - \boldsymbol{I}_r \|_2 = \tau < 1, \tag{8.1.4}$$

那么存在 $\mu_1, \cdots, \mu_r \in \lambda(A)$ 使得对于 $k = 1:r$ 有

$$|\mu_k - \lambda_k(\boldsymbol{S})| \leqslant \sqrt{2}\,(\| \boldsymbol{F}_1 \|_2 + \tau(2+\tau)\| \boldsymbol{A} \|_2).$$

证明 对于具有正交列的任何 $\boldsymbol{Q} \in \mathbb{R}^{n\times r}$，定义 $\boldsymbol{E}_1 \in \mathbb{R}^{n\times r}$ 如下

$$\boldsymbol{E}_1 = \boldsymbol{A}\boldsymbol{Q} - \boldsymbol{Q}\boldsymbol{S}.$$

由此得出

$$\boldsymbol{E}_1 = \boldsymbol{A}(\boldsymbol{Q} - \boldsymbol{X}_1) - (\boldsymbol{Q} - \boldsymbol{X}_1)\boldsymbol{S} + \boldsymbol{F}_1,$$

所以

$$\| \boldsymbol{E}_1 \|_2 \leqslant \| \boldsymbol{F}_1 \|_2 + \| \boldsymbol{Q} - \boldsymbol{X} \|_2 \| \boldsymbol{A} \|_2 \left(1 + \| \boldsymbol{X}_1 \|_2^2\right). \tag{8.1.5}$$

注意

$$\| \boldsymbol{X}_1 \|_2^2 = \| \boldsymbol{X}_1^{\mathrm{T}}\boldsymbol{X}_1 \|_2 \leqslant \| \boldsymbol{X}^{\mathrm{T}}\boldsymbol{X}_1 - \boldsymbol{I}_r \|_2 + \| \boldsymbol{I}_r \|_2 = 1 + \tau. \tag{8.1.6}$$

令 $\boldsymbol{U}^{\mathrm{T}}\boldsymbol{X}_1\boldsymbol{V} = \boldsymbol{\Sigma} = \mathrm{diag}(\sigma_1, \cdots, \sigma_r)$ 是 $\boldsymbol{X}_1$ 的窄 SVD. 根据 (8.1.4) 有

$$\| \boldsymbol{\Sigma}^2 - \boldsymbol{I}_r \|_2 = \tau,$$

因此 $1 - \sigma_r^2 = \tau$. 这意味着

$$\| \boldsymbol{Q} - \boldsymbol{X}_1 \|_2 = \| \boldsymbol{U}(\boldsymbol{I}_r - \boldsymbol{\Sigma})\boldsymbol{V}^{\mathrm{T}} \|_2 = \| \boldsymbol{I}_r - \boldsymbol{\Sigma} \|_2 = 1 - \sigma_r \leqslant 1 - \sigma_r^2 = \tau. \tag{8.1.7}$$

将 (8.1.6) 和 (8.1.7) 代入 (8.1.5)，并利用定理 8.1.13，即得定理. □

8.1.5 惯性定理

对称矩阵 $\boldsymbol{A}$ 的惯性是非负整数三元组 (m,z,p)，其中 m, z 和 p 分别是负的、零和正的特征值的个数.

定理 8.1.17 (Sylvester 惯性定理) 如果 $\boldsymbol{A}\in\mathbb{R}^{n\times n}$ 是对称矩阵，$\boldsymbol{X}\in\mathbb{R}^{n\times n}$ 非奇异，那么 $\boldsymbol{A}$ 和 $\boldsymbol{X}^{\mathrm{T}}\boldsymbol{A}\boldsymbol{X}$ 有相同的惯性.

证明 假设对于某个 r 有 $\lambda_r(\boldsymbol{A})>0$，且定义子空间 $\boldsymbol{S}_0\subseteq\mathbb{R}^n$ 为

$$S_0 \;=\; \mathsf{span}\{\boldsymbol{X}^{-1}\boldsymbol{q}_1,\cdots,\boldsymbol{X}^{-1}\boldsymbol{q}_r\},\qquad \boldsymbol{q}_i\neq\boldsymbol{0},$$

其中对于 $i=1:r$ 有 $\boldsymbol{A}\boldsymbol{q}_i=\lambda_i(\boldsymbol{A})\boldsymbol{q}_i$. 由 $\lambda_r(\boldsymbol{X}^{\mathrm{T}}\boldsymbol{A}\boldsymbol{X})$ 的极小极大性质得

$$\lambda_r(\boldsymbol{X}^{\mathrm{T}}\boldsymbol{A}\boldsymbol{X}) \;=\; \max_{\dim(S)=r}\;\min_{\boldsymbol{y}\in S}\;\frac{\boldsymbol{y}^{\mathrm{T}}(\boldsymbol{X}^{\mathrm{T}}\boldsymbol{A}\boldsymbol{X})\boldsymbol{y}}{\boldsymbol{y}^{\mathrm{T}}\boldsymbol{y}} \;\geqslant\; \min_{\boldsymbol{y}\in S_0}\;\frac{\boldsymbol{y}^{\mathrm{T}}(\boldsymbol{X}^{\mathrm{T}}\boldsymbol{A}\boldsymbol{X})\boldsymbol{y}}{\boldsymbol{y}^{\mathrm{T}}\boldsymbol{y}}.$$

因为

$$\boldsymbol{y}\in\mathbb{R}^n \;\Rightarrow\; \frac{\boldsymbol{y}^{\mathrm{T}}(\boldsymbol{X}^{\mathrm{T}}\boldsymbol{X})\boldsymbol{y}}{\boldsymbol{y}^{\mathrm{T}}\boldsymbol{y}} \;\geqslant\; \sigma_n(\boldsymbol{X})^2,\;\; \boldsymbol{y}\in S_0 \;\Rightarrow\; \frac{\boldsymbol{y}^{\mathrm{T}}(\boldsymbol{X}^{\mathrm{T}}\boldsymbol{A}\boldsymbol{X})\boldsymbol{y}}{\boldsymbol{y}^{\mathrm{T}}(\boldsymbol{X}^{\mathrm{T}}\boldsymbol{X})\boldsymbol{y}} \;\geqslant\; \lambda_r(\boldsymbol{A}),$$

所以，得

$$\lambda_r(\boldsymbol{X}^{\mathrm{T}}\boldsymbol{A}\boldsymbol{X}) \;\geqslant\; \min_{\boldsymbol{y}\in S_0}\;\left\{\frac{\boldsymbol{y}^{\mathrm{T}}(\boldsymbol{X}^{\mathrm{T}}\boldsymbol{A}\boldsymbol{X})\boldsymbol{y}}{\boldsymbol{y}^{\mathrm{T}}(\boldsymbol{X}^{\mathrm{T}}\boldsymbol{X})\boldsymbol{y}}\;\frac{\boldsymbol{y}^{\mathrm{T}}(\boldsymbol{X}^{\mathrm{T}}\boldsymbol{X})\boldsymbol{y}}{\boldsymbol{y}^{\mathrm{T}}\boldsymbol{y}}\right\} \;\geqslant\; \lambda_r(\boldsymbol{A})\sigma_n(\boldsymbol{X})^2.$$

交换 $\boldsymbol{A}$ 与 $\boldsymbol{X}^{\mathrm{T}}\boldsymbol{A}\boldsymbol{X}$ 的位置可类似推出

$$\lambda_r(\boldsymbol{A}) \;\geqslant\; \lambda_r(\boldsymbol{X}^{\mathrm{T}}\boldsymbol{A}\boldsymbol{X})\sigma_n(\boldsymbol{X}^{-1})^2 \;=\; \frac{\lambda_r(\boldsymbol{X}^{\mathrm{T}}\boldsymbol{A}\boldsymbol{X})}{\sigma_1(\boldsymbol{X})^2}.$$

这表明 $\lambda_r(\boldsymbol{A})$ 和 $\lambda_r(\boldsymbol{X}^{\mathrm{T}}\boldsymbol{A}\boldsymbol{X})$ 有相同的符号，这样我们知道 $\boldsymbol{A}$ 和 $\boldsymbol{X}^{\mathrm{T}}\boldsymbol{A}\boldsymbol{X}$ 有相同个数的正特征值. 如果将此结果应用到 $-\boldsymbol{A}$，就得到 $\boldsymbol{A}$ 和 $\boldsymbol{X}^{\mathrm{T}}\boldsymbol{A}\boldsymbol{X}$ 有相同个数的负特征值. 显然，这两个矩阵的零特征值个数也一样. □

形如 $\boldsymbol{A}\to\boldsymbol{X}^{\mathrm{T}}\boldsymbol{A}\boldsymbol{X}$ 的变换（其中 $\boldsymbol{X}$ 是非奇异矩阵）称为合同变换. 因此，对称矩阵的合同变换保持惯性不变.

习　题

1. 不用本节的任何结论，证明 2×2 对称矩阵的特征值一定为实数.

2. 计算 $\boldsymbol{A}=\begin{bmatrix}1&2\\2&3\end{bmatrix}$ 的 Schur 分解.

3. 证明 Hermite 矩阵（$\boldsymbol{A}^{\mathrm{H}}=\boldsymbol{A}$）的特征值为实数. 对本节的每一定理及推论，陈述和证明关于 Hermite 矩阵的相应结论. 当 $\boldsymbol{A}$ 是反称矩阵时，有什么类似结论？提示：如果 $\boldsymbol{A}^{\mathrm{T}}=-\boldsymbol{A}$，则 $\mathrm{i}\boldsymbol{A}$ 为 Hermite 矩阵.

4. 证明：如果 $\boldsymbol{X} \in \mathbb{R}^{n\times r}$, $r \leqslant n$, $\|\boldsymbol{X}^{\mathrm{T}}\boldsymbol{X}-\boldsymbol{I}\|_2=\tau<1$，则 $\sigma_{\min}(\boldsymbol{X}) \geqslant 1-\tau$.

5. 假设 $\boldsymbol{A}, \boldsymbol{E} \in \mathbb{R}^{n\times n}$ 都是对称矩阵，并考虑 Schur 分解 $\boldsymbol{A}+t\boldsymbol{E}=\boldsymbol{QDQ}^{\mathrm{T}}$，其中我们假设 $\boldsymbol{Q}=Q(t)$ 和 $\boldsymbol{D}=D(t)$ 是关于 $t\in\mathbb{R}$ 的连续可微函数. 证明 $\dot{\boldsymbol{D}}(t)=\mathrm{diag}(Q(t)^{\mathrm{T}}\boldsymbol{E}Q(t))$，其中右端矩阵是 $Q(t)^{\mathrm{T}}\boldsymbol{E}Q(t)$ 的对角部分. 通过在等式两边同时从 0 到 1 积分并取 F-范数，即可证明

$$\|D(1)-D(0)\|_F \leqslant \int_0^1 \|\mathrm{diag}(Q(t)^{\mathrm{T}}\boldsymbol{E}Q(t)\|_F\,\mathrm{d}t \leqslant \|\boldsymbol{E}\|_F.$$

6. 证明定理 8.1.5.

7. 证明定理 8.1.7.

8. 利用方阵的迹是其特征值之和的事实证明定理 8.1.8.

9. 证明:如果 $\boldsymbol{B}\in\mathbb{R}^{m\times m}$ 和 $\boldsymbol{C}\in\mathbb{R}^{n\times n}$ 都是对称矩阵,则 $\mathrm{sep}(\boldsymbol{B},\boldsymbol{C})=\min\|\boldsymbol{BX}-\boldsymbol{XC}\|_F$，其中极小值是对所有 $\boldsymbol{X}\in\mathbb{R}^{m\times n}$ 考查的.

10. 证明不等式 (8.1.3).

11. 假设 $\boldsymbol{A}\in\mathbb{R}^{n\times n}$ 是对称矩阵，$\boldsymbol{C}\in\mathbb{R}^{n\times r}$ 列满秩且 $r\ll n$. 应用定理 8.1.8 找到 $\boldsymbol{A}+\boldsymbol{CC}^{\mathrm{T}}$ 的特征值与 $\boldsymbol{A}$ 的特征值之间的关系.

12. 给出计算如下问题的算法：

$$\min_{\substack{\mathrm{rank}(\boldsymbol{S})=1\\ \boldsymbol{S}=\boldsymbol{S}^{\mathrm{T}}}} \|\boldsymbol{A}-\boldsymbol{S}\|_F.$$

注意，如果 $\boldsymbol{S}\in\mathbb{R}^{n\times n}$ 是对称秩 1 矩阵，那么对于某个 $\boldsymbol{v}\in\mathbb{R}^n$ 有 $\boldsymbol{S}=\boldsymbol{vv}^{\mathrm{T}}$ 或 $\boldsymbol{S}=-\boldsymbol{vv}^{\mathrm{T}}$.

13. 给出计算如下问题的算法：

$$\min_{\substack{\mathrm{rank}(\boldsymbol{S})=2\\ \boldsymbol{S}=-\boldsymbol{S}^{\mathrm{T}}}} \|\boldsymbol{A}-\boldsymbol{S}\|_F.$$

14. 给出一个实 3×3 正规矩阵的例子，其元素为整数，既不对称正交，也不反称.

8.2 幂迭代

假设 $\boldsymbol{A}\in\mathbb{R}^{n\times n}$ 为对称矩阵，$\boldsymbol{U}_0\in\mathbb{R}^{n\times n}$ 为正交矩阵. 考虑下列 QR 迭代:

$T_0 = U_0^{\mathrm{T}}AU_0$

for $k=1,2,\cdots$

$$T_{k-1} = U_kR_k \quad (\text{QR 分解}) \tag{8.2.1}$$

$$T_k = R_kU_k$$

end

由于 $\boldsymbol{T}_k=\boldsymbol{R}_k\boldsymbol{U}_k=\boldsymbol{U}_k^{\mathrm{T}}(\boldsymbol{U}_k\boldsymbol{R}_k)\boldsymbol{U}_k=\boldsymbol{U}_k^{\mathrm{T}}\boldsymbol{T}_{k-1}\boldsymbol{U}_k$，由归纳法可知

$$\boldsymbol{T}_k = (\boldsymbol{U}_0\boldsymbol{U}_1\cdots\boldsymbol{U}_k)^{\mathrm{T}}\boldsymbol{A}(\boldsymbol{U}_0\boldsymbol{U}_1\cdots\boldsymbol{U}_k). \tag{8.2.2}$$

因此，每个 T_k 都正交相似于 A. 而且，T_k 几乎总是收敛到对角型，所以可以说 (8.2.1) 几乎总是收敛到 A 的 Schur 分解. 为了构建这一重要结果，我们首先考虑幂迭代法和正交迭代法.

8.2.1　幂法

给定一个 2-范数单位向量 $q^{(0)} \in \mathbb{R}^n$，幂法产生如下向量序列 $q^{(k)}$：

$$
\begin{aligned}
&\textbf{for } k = 1, 2, \cdots \\
&\quad z^{(k)} = Aq^{(k-1)} \\
&\quad q^{(k)} = z^{(k)} / \| z^{(k)} \|_2 \\
&\quad \lambda^{(k)} = [q^{(k)}]^{\mathrm{T}} A q^{(k)} \\
&\textbf{end}
\end{aligned}
\tag{8.2.3}
$$

如果 $q^{(0)}$ 不是"秩亏损"的，且 A 的最大模特征值是唯一的，那么 $q^{(k)}$ 收敛到一个特征向量.

定理 8.2.1 假设 $A \in \mathbb{R}^{n\times n}$ 为对称矩阵且

$$Q^{\mathrm{T}} A Q = \mathrm{diag}(\lambda_1, \cdots, \lambda_n),$$

其中 $Q = [\, q_1 \,|\cdots|\, q_n \,]$ 是正交矩阵且 $|\lambda_1| > |\lambda_2| \geqslant \cdots \geqslant |\lambda_n|$. 令 $q^{(k)}$ 是由 (8.2.3) 得到的，且定义 $\theta_k \in [0, \pi/2]$ 如下：

$$\cos(\theta_k) = \left| q_1^{\mathrm{T}} q^{(k)} \right|.$$

如果 $\cos(\theta_0) \neq 0$，则对于 $k = 0, 1, \cdots$ 有

$$|\sin(\theta_k)| \leqslant \tan(\theta_0) \left| \frac{\lambda_2}{\lambda_1} \right|^k, \tag{8.2.4}$$

$$|\lambda^{(k)} - \lambda_1| \leqslant \max_{2\leqslant i\leqslant n} |\lambda_1 - \lambda_i| \tan(\theta_0)^2 \left| \frac{\lambda_2}{\lambda_1} \right|^{2k}. \tag{8.2.5}$$

证明　由迭代的定义可知 $q^{(k)}$ 是 $A^k q^{(0)}$ 倍数，所以

$$|\sin(\theta_k)|^2 = 1 - \left(q_1^{\mathrm{T}} q^{(k)} \right)^2 = 1 - \left(\frac{q_1^{\mathrm{T}} A^k q^{(0)}}{\| A^k q^{(0)} \|_2} \right)^2.$$

如果 $q^{(0)}$ 有特征向量展式 $q^{(0)} = a_1 q_1 + \cdots + a_n q_n$，那么

$$
\begin{aligned}
|a_1| &= |q_1^{\mathrm{T}} q^{(0)}| = \cos(\theta_0) \neq 0, \\
a_1^2 &+ \cdots + a_n^2 = 1,
\end{aligned}
$$

$$A^k q^{(0)} = a_1\lambda_1^k q_1 + a_2\lambda_2^k q_2 + \cdots + a_n\lambda_n^k q_n.$$

因此

$$|\sin(\theta_k)|^2 = 1 - \frac{a_1^2\lambda_1^{2k}}{\sum_{i=1}^n a_i^2\lambda_i^{2k}} = \frac{\sum_{i=2}^n a_i^2\lambda_i^{2k}}{\sum_{i=1}^n a_i^2\lambda_i^{2k}} \leqslant \frac{\sum_{i=2}^n a_i^2\lambda_i^{2k}}{a_1^2\lambda_1^{2k}}$$

$$= \frac{1}{a_1^2}\sum_{i=2}^n a_i^2\left(\frac{\lambda_i}{\lambda_1}\right)^{2k} \leqslant \frac{1}{a_1^2}\left(\sum_{i=2}^n a_i^2\right)\left(\frac{\lambda_2}{\lambda_1}\right)^{2k}$$

$$= \frac{1-a_1^2}{a_1^2}\left(\frac{\lambda_2}{\lambda_1}\right)^{2k} = \tan(\theta_0)^2\left(\frac{\lambda_2}{\lambda_1}\right)^{2k}.$$

这就证明了 (8.2.4). 同理,

$$\lambda^{(k)} = \left[q^{(k)}\right]^{\mathrm{T}} A q^{(k)} = \frac{\left[q^{(0)}\right]^{\mathrm{T}} A^{2k+1} q^{(0)}}{\left[q^{(0)}\right]^{\mathrm{T}} A^{2k} q^{(0)}} = \frac{\sum_{i=1}^n a_i^2\lambda_i^{2k+1}}{\sum_{i=1}^n a_i^2\lambda_i^{2k}},$$

于是

$$\left|\lambda^{(k)} - \lambda_1\right| = \left|\frac{\sum_{i=2}^n a_i^2\lambda_i^{2k}(\lambda_i - \lambda_1)}{\sum_{i=1}^n a_i^2\lambda_i^{2k}}\right| \leqslant \max_{2\leqslant i\leqslant n} |\lambda_1 - \lambda_i| \cdot \frac{1}{a_1^2} \cdot \sum_{i=2}^n a_i^2\left(\frac{\lambda_i}{\lambda_1}\right)^{2k}$$

$$\leqslant \max_{2\leqslant i\leqslant n} |\lambda_1 - \lambda_n| \cdot \tan(\theta_0)^2 \cdot \left(\frac{\lambda_2}{\lambda_1}\right)^{2k},$$

这就证明了定理. □

利用定理 8.1.13 可以得到幂法的可计算误差界. 如果

$$\| A q^{(k)} - \lambda^{(k)} q^{(k)} \|_2 = \delta,$$

那么存在 $\lambda \in \lambda(A)$ 使得 $|\lambda^{(k)} - \lambda| \leqslant \sqrt{2}\,\delta$.

8.2.2 逆迭代

如果用 $(\boldsymbol{A}-\lambda\boldsymbol{I})^{-1}$ 代替幂法 (8.2.3) 中的 $\boldsymbol{A}$，那么就得到**逆迭代法**. 如果 λ 非常接近 $\boldsymbol{A}$ 的一个单特征值，那么 $\boldsymbol{q}^{(k)}$ 在相应的特征向量方向上相比于 $\boldsymbol{q}^{(k-1)}$ 丰富得多:

$$\left.\begin{array}{l}\boldsymbol{x}=\sum_{i=1}^{n}a_i\boldsymbol{q}_i\\ \boldsymbol{A}\boldsymbol{q}_i=\lambda_i\boldsymbol{q}_i,\ i=1:n\end{array}\right\}\quad\Rightarrow\quad(\boldsymbol{A}-\lambda\boldsymbol{I})^{-1}\boldsymbol{x}=\sum_{i=1}^{n}\frac{a_i}{\lambda_i-\lambda}\boldsymbol{q}_i.$$

因此，如果 λ 相当接近一个分离良好的特征值 λ_j，那么逆迭代将产生越来越强的 $\boldsymbol{q}_j$ 方向的分量. 注意，逆迭代在每一步都要求求解系数矩阵为 $\boldsymbol{A}-\lambda\boldsymbol{I}$ 的线性方程组.

8.2.3 Rayleigh 商迭代

假设 $\boldsymbol{A}\in\mathbb{R}^{n\times n}$ 是对称矩阵且 $\boldsymbol{x}$ 是给定的非零 n 维向量. 一个简单的求导发现

$$\lambda=r(\boldsymbol{x})\equiv\frac{\boldsymbol{x}^{\mathrm{T}}\boldsymbol{A}\boldsymbol{x}}{\boldsymbol{x}^{\mathrm{T}}\boldsymbol{x}}$$

使得 $\|(\boldsymbol{A}-\lambda\boldsymbol{I})\boldsymbol{x}\|_2$ 达到极小.（也见定理 8.1.14.）标量 $r(\boldsymbol{x})$ 称为 $\boldsymbol{x}$ 的 **Rayleigh 商**. 显然，如果 $\boldsymbol{x}$ 是近似的特征向量，则 $r(\boldsymbol{x})$ 是对应的特征值的一个较好估计. 把这个思想与逆迭代相结合，给定 $\boldsymbol{x}_0\neq 0$，就得到所谓的 **Rayleigh 商迭代**.

for $k=0,1,\cdots$
  $\mu_k=r(x_k)$
  解 $(A-\mu_kI)z_{k+1}=x_k$ 得 z_{k+1} (8.2.6)
  $x_{k+1}=z_{k+1}/\|z_{k+1}\|_2$
end

Rayleigh 商迭代几乎总是收敛的，当它收敛时，收敛速度是三次的. 我们在 $n=2$ 的情况下演示这一点. 不失一般性，假定 $\boldsymbol{A}=\mathrm{diag}(\lambda_1,\lambda_2)$，其中 $\lambda_1>\lambda_2$. 记 $\boldsymbol{x}_k$ 为

$$\boldsymbol{x}_k=\begin{bmatrix}c_k\\ s_k\end{bmatrix},\qquad c_k^2+s_k^2=1.$$

可以得出 (8.2.6) 中的 $\mu_k=\lambda_1c_k^2+\lambda_2s_k^2$ 且

$$z_{k+1}=\frac{1}{\lambda_1-\lambda_2}\begin{bmatrix}c_k/s_k^2\\ -s_k/c_k^2\end{bmatrix}.$$

计算表明

$$c_{k+1} = \frac{|c_k|^3}{\sqrt{c_k^6 + s_k^6}}, \qquad s_{k+1} = \frac{|s_k|^3}{\sqrt{c_k^6 + s_k^6}}. \tag{8.2.7}$$

从这些方程可以看出，当 $|c_k| \neq |s_k|$ 时 $\boldsymbol{x}_k$ 立方收敛到 $\text{span}\{\boldsymbol{e}_1\}$ 或 $\text{span}\{\boldsymbol{e}_2\}$. 与 Rayleigh 商迭代的实现相关的细节可以在 Parlett(1974) 中找到.

8.2.4 正交迭代法

幂法的直接推广是用于计算高维不变子空间. 令 r 是满足 $1 \leqslant r \leqslant n$ 的给定整数. 给定具有正交列的 $n\times r$ 矩阵 $\boldsymbol{Q}_0$，正交迭代法生成的矩阵序列 $\{\boldsymbol{Q}_k\} \subseteq \mathbb{R}^{n\times r}$ 如下.

$$\begin{aligned}
&\textbf{for } k = 1, 2, \cdots \\
&\quad Z_k = AQ_{k-1} \\
&\quad Q_kR_k = Z_k \qquad \text{（QR 分解）} \\
&\textbf{end}
\end{aligned} \tag{8.2.8}$$

注意，如果 $r = 1$，那么这就是幂法. 此外，序列 $\{\boldsymbol{Q}_k\boldsymbol{e}_1\}$ 正是由初始向量 $\boldsymbol{q}^{(0)} = \boldsymbol{Q}_0\boldsymbol{e}_1$ 的幂迭代产生的向量序列.

为了分析 (8.2.8) 的行为，假设

$$\boldsymbol{Q}^{\mathrm{T}}\boldsymbol{A}\boldsymbol{Q} = \boldsymbol{D} = \text{diag}(\lambda_i), \qquad |\lambda_1| \geqslant |\lambda_2| \geqslant \cdots \geqslant |\lambda_n| \tag{8.2.9}$$

是 $\boldsymbol{A} \in \mathbb{R}^{n\times n}$ 的 Schur 分解. 对 $\boldsymbol{Q}$ 和 $\boldsymbol{D}$ 做如下划分:

$$\boldsymbol{Q} = [\, \underset{r}{\boldsymbol{Q}_\alpha} \,|\, \underset{n-r}{\boldsymbol{Q}_\beta} \,], \qquad \boldsymbol{D} = \begin{array}{c} \left[\begin{array}{cc} \boldsymbol{D}_1 & \boldsymbol{0} \\ \boldsymbol{0} & \boldsymbol{D}_2 \end{array}\right] \begin{array}{l} r \\ n-r \end{array} \\ \begin{array}{cc} r & n-r \end{array} \end{array}. \tag{8.2.10}$$

如果 $|\lambda_r| > |\lambda_{r+1}|$，那么

$$\boldsymbol{D}_r(\boldsymbol{A}) = \mathsf{ran}(\boldsymbol{Q}_\alpha)$$

是维数为 r 的主不变子空间. 它是与特征值 $\lambda_1, \cdots, \lambda_r$ 对应的唯一不变子空间.

下面的定理表明，在合理的假设下，由 (8.2.8) 生成的子空间 $\mathsf{ran}(\boldsymbol{Q}_k)$ 收敛到 $D_r(\boldsymbol{A})$，其速率与 $|\lambda_{r+1}/\lambda_r|^k$ 成正比.

定理 8.2.2 对于 $n \geqslant 2$，令 $A \in \mathbb{R}^{n\times n}$ 的 Schur 分解由 (8.2.9) 和 (8.2.10) 给出. 假设 $|\lambda_r| > |\lambda_{r+1}|$ 且 d_k 的定义如下：

$$d_k = \mathsf{dist}(D_r(\boldsymbol{A}), \mathsf{ran}(\boldsymbol{Q}_k)), \qquad k \geqslant 0.$$

如果

$$d_0 < 1, \tag{8.2.11}$$

那么由 (8.2.8) 生成的矩阵 $\boldsymbol{Q}_k$ 满足

$$d_k \leqslant \left|\frac{\lambda_{r+1}}{\lambda_r}\right|^k \frac{d_0}{\sqrt{1-d_0^2}}. \tag{8.2.12}$$

可与定理 7.3.1 相比较.

证明　我们在开始时提到，条件 (8.2.11) 意味着在 $\boldsymbol{Q}_0$ 的列生成的空间中没有向量垂直于 $D_r(\boldsymbol{A})$.

利用归纳法可以证明 (8.2.8) 中的矩阵 $\boldsymbol{Q}_k$ 满足

$$\boldsymbol{A}^k\boldsymbol{Q}_0 = \boldsymbol{Q}_k(\boldsymbol{R}_k\cdots\boldsymbol{R}_1).$$

这是 $\boldsymbol{A}^k\boldsymbol{q}_0$ 的 QR 分解，当替换 Schur 分解 (8.2.9) 和 (8.2.10) 时，我们得到

$$\begin{bmatrix} \boldsymbol{D}_1^k & \boldsymbol{0} \\ \boldsymbol{0} & \boldsymbol{D}_2^k \end{bmatrix}\begin{bmatrix} \boldsymbol{Q}_\alpha^{\mathrm{T}}\boldsymbol{Q}_0 \\ \boldsymbol{Q}_\beta^{\mathrm{T}}\boldsymbol{Q}_0 \end{bmatrix} = \begin{bmatrix} \boldsymbol{Q}_\alpha^{\mathrm{T}}\boldsymbol{Q}_k \\ \boldsymbol{Q}_\beta^{\mathrm{T}}\boldsymbol{Q}_k \end{bmatrix}(\boldsymbol{R}_k\cdots\boldsymbol{R}_1).$$

如果矩阵 $\boldsymbol{V}_k$ 和 $\boldsymbol{W}_k$ 定义如下：

$$\begin{aligned} \boldsymbol{V}_k &= \boldsymbol{Q}_\alpha^{\mathrm{T}}\boldsymbol{Q}_0, \\ \boldsymbol{W}_k &= \boldsymbol{Q}_\beta^{\mathrm{T}}\boldsymbol{Q}_0, \end{aligned}$$

那么

$$\boldsymbol{D}_1^k\boldsymbol{V}_0 = \boldsymbol{V}_k(\boldsymbol{R}_k\cdots\boldsymbol{R}_1), \tag{8.2.13}$$

$$\boldsymbol{D}_2^k\boldsymbol{W}_0 = \boldsymbol{W}_k(\boldsymbol{R}_k\cdots\boldsymbol{R}_1). \tag{8.2.14}$$

因为

$$\begin{bmatrix} \boldsymbol{V}_k \\ \boldsymbol{W}_k \end{bmatrix} = \begin{bmatrix} \boldsymbol{Q}_\alpha^{\mathrm{T}}\boldsymbol{Q}_k \\ \boldsymbol{Q}_\beta^{\mathrm{T}}\boldsymbol{Q}_k \end{bmatrix} = [\boldsymbol{Q}_\alpha \mid \boldsymbol{Q}_\beta]^{\mathrm{T}}\boldsymbol{Q}_k = \boldsymbol{Q}^{\mathrm{T}}\boldsymbol{Q}_k,$$

由细形式的 CS 分解（定理 2.5.2）得出

$$1 = \sigma_{\min}(\boldsymbol{V}_k)^2 + \sigma_{\max}(\boldsymbol{W}_k)^2 = \sigma_{\min}(\boldsymbol{V}_k)^2 + d_k^2.$$

其结果是

$$\sigma_{\min}(\boldsymbol{V}_0)^2 = 1 - \sigma_{\max}(\boldsymbol{W}_0)^2 = 1 - d_0^2 > 0.$$

由 (8.2.13) 可知 $\boldsymbol{V}_k$ 和 $(\boldsymbol{R}_k\cdots\boldsymbol{R}_1)$ 是非奇异矩阵. 利用这个等式和 (8.2.14)，我们得到

$$\boldsymbol{W}_k = \boldsymbol{D}_2^k\boldsymbol{W}_0(\boldsymbol{R}_k\cdots\boldsymbol{R}_1)^{-1} = \boldsymbol{D}_2^k\boldsymbol{W}_0(\boldsymbol{D}_1^k\boldsymbol{V}_0)^{-1}\boldsymbol{V}_k = \boldsymbol{D}_2^k(\boldsymbol{W}_0\boldsymbol{V}_0^{-1})\boldsymbol{D}_1^{-k}\boldsymbol{V}_k,$$

因此

$$d_k = \| \boldsymbol{W}_k \|_2 \leqslant \| \boldsymbol{D}_2^k \|_2 \cdot \| \boldsymbol{W}_0 \|_2 \cdot \| \boldsymbol{V}_0^{-1} \|_2 \cdot \| \boldsymbol{D}_1^{-k} \|_2 \cdot \| \boldsymbol{V}_k \|_2$$
$$\leqslant |\lambda_{r+1}|^k \cdot d_0 \cdot \frac{1}{\sqrt{1-d_0^2}} \cdot \frac{1}{|\lambda_r|^k}.$$

□

8.2.5 QR 迭代

考虑一下，如果我们在 $r = n$ 的情况下应用正交迭代法 (8.2.8) 会发生什么情况. 令 $\boldsymbol{Q}^{\mathrm{T}}\boldsymbol{A}\boldsymbol{Q} = \mathrm{diag}(\lambda_1, \cdots, \lambda_n)$ 是 Schur 分解并假定

$$|\lambda_1| > |\lambda_2| > \cdots > |\lambda_n|.$$

如果 $\boldsymbol{Q} = [\, \boldsymbol{q}_1 \,|\cdots|\, \boldsymbol{q}_n \,]$, $\boldsymbol{Q}_k = [\, \boldsymbol{q}_1^{(k)} \,|\cdots|\, \boldsymbol{q}_n^{(k)} \,]$ 且对于 $i = 1:n-1$ 有

$$\mathsf{dist}(D_i(\boldsymbol{A}), \mathsf{span}\{\boldsymbol{q}_1^{(0)}, \cdots, \boldsymbol{q}_i^{(0)}\}) < 1, \tag{8.2.15}$$

那么定理 8.2.2 的结论是：对于 $i = 1:n-1$ 有

$$\mathsf{dist}(\mathsf{span}\{\boldsymbol{q}_1^{(k)}, \cdots, \boldsymbol{q}_i^{(k)}\}, \mathsf{span}\{\boldsymbol{q}_1, \cdots, \boldsymbol{q}_i\}) = O\left(\left|\frac{\lambda_{i+1}}{\lambda_i}\right|^k\right).$$

这意味着由

$$\boldsymbol{T}_k = \boldsymbol{Q}_k^{\mathrm{T}}\boldsymbol{A}\boldsymbol{Q}_k$$

定义的矩阵 $\boldsymbol{T}_k$ 收敛于对角矩阵. 因此可以说，正交迭代法计算 Schur 分解的条件是：$r = n$，且原始迭代 $\boldsymbol{Q}_0 \in \mathbb{R}^{n\times n}$ 在 (8.2.11) 的意义上不是秩亏损的.

QR 迭代是通过考虑如何直接从其 $\boldsymbol{T}_{k-1}$ 计算矩阵 $\boldsymbol{T}_k$. 一方面，我们从 (8.2.8) 和 $\boldsymbol{T}_{k-1}$ 的定义，得

$$\boldsymbol{T}_{k-1} = \boldsymbol{Q}_{k-1}^{\mathrm{T}}\boldsymbol{A}\boldsymbol{Q}_{k-1} = \boldsymbol{Q}_{k-1}^{\mathrm{T}}(\boldsymbol{A}\boldsymbol{Q}_{k-1}) = (\boldsymbol{Q}_{k-1}^{\mathrm{T}}\boldsymbol{Q}_k)\boldsymbol{R}_k.$$

另一方面

$$\boldsymbol{T}_k = \boldsymbol{Q}_k^{\mathrm{T}}\boldsymbol{A}\boldsymbol{Q}_k = (\boldsymbol{Q}_k^{\mathrm{T}}\boldsymbol{A}\boldsymbol{Q}_{k-1})(\boldsymbol{Q}_{k-1}^{\mathrm{T}}\boldsymbol{Q}_k) = \boldsymbol{R}_k(\boldsymbol{Q}_{k-1}^{\mathrm{T}}\boldsymbol{Q}_k).$$

因此，$\boldsymbol{T}_k$ 是通过计算 $\boldsymbol{T}_{k-1}$ 的 QR 分解来确定的，然后将这些分解因子按反向顺序相乘. 这正是 (8.2.1) 中所做的.

注意，一步 QR 迭代需要 $O(n^3)$ 个 flop. 此外，由于收敛只是线性的（当收敛存在时），很明显，用此方法来计算 Schur 分解是非常昂贵的. 幸运的是，这些实际困难能够被克服，这一点将在下一节中给出.

习 题

1. 假设 $\boldsymbol{A}_0 \in \mathbb{R}^{n\times n}$ 是对称正定矩阵，考虑下列迭代:

for $k = 1, 2, \cdots$
  $A_{k-1} = G_k G_k^{\mathrm{T}}$ （Cholesky 分解）
  $A_k = G_k^{\mathrm{T}} G_k$
end

(a) 证明上面定义的迭代是有意义的.

(b) 证明如果 $a \geqslant c$ 且

$$\boldsymbol{A}_0 = \begin{bmatrix} a & b \\ b & c \end{bmatrix}$$

有特征值 $\lambda_1 \geqslant \lambda_2 > 0$，则 $\boldsymbol{A}_k$ 收敛到 $\operatorname{diag}(\lambda_1, \lambda_2)$.

2. 证明 (8.2.7).

3. 假设 $\boldsymbol{A} \in \mathbb{R}^{n\times n}$ 是对称矩阵且定义函数 $f: \mathbb{R}^{n+1} \to \mathbb{R}^{n+1}$ 为

$$f\left(\begin{bmatrix} \boldsymbol{x} \\ \lambda \end{bmatrix}\right) = \begin{bmatrix} \boldsymbol{A}\boldsymbol{x} - \lambda\boldsymbol{x} \\ (\boldsymbol{x}^{\mathrm{T}}\boldsymbol{x} - 1)/2 \end{bmatrix},$$

其中 $\boldsymbol{x} \in \mathbb{R}^n$ 且 $\lambda \in \mathbb{R}$. 假设 $\boldsymbol{x}_+$ 和 λ_+ 是在 $\boldsymbol{x}_c$ 和 λ_c 定义的“当前点”上将牛顿法应用到 f 上产生的. 假设 $\|\boldsymbol{x}_c\|_2 = 1$, $\lambda_c = \boldsymbol{x}_c^{\mathrm{T}}\boldsymbol{A}\boldsymbol{x}_c$，给出 $\boldsymbol{x}_+$ 和 λ_+ 的表达式.

8.3 对称 QR 算法

对称 QR 迭代 (8.2.1) 可以通过两种方式提高效率. 首先，我们说明如何计算出一个正交矩阵 $\boldsymbol{U}_0$，使得 $\boldsymbol{U}_0^{\mathrm{T}}\boldsymbol{A}\boldsymbol{U}_0 = \boldsymbol{T}$ 是三对角矩阵. 通过这种约化，由 (8.2.1) 生成的迭代都是三对角矩阵，并且这将每步的计算量减少到 $O(n^2)$. 另外，引入移位的思想，利用这种技术，使其约化以立方速度收敛到对角形式. 这比在 8.2.5 节中讨论的非对角元以速度 $|\lambda_{i+1}/\lambda_i|^k$ 化为零要优越得多.

8.3.1 约化为三对角型

如果 $\boldsymbol{A}$ 是对称矩阵，那么可以找到正交矩阵 $\boldsymbol{Q}$ 使得

$$\boldsymbol{Q}^{\mathrm{T}}\boldsymbol{A}\boldsymbol{Q} = \boldsymbol{T} \tag{8.3.1}$$

是三对角矩阵. 我们其称为**三对角分解**，作为对数据的一种压缩，表示其向对角化迈出了非常大的一步.

我们展示如何用 Householder 矩阵计算 (8.3.1). 假设已经确定 Householder 矩阵 $\boldsymbol{P}_1, \cdots, \boldsymbol{P}_{k-1}$，使得如果

$$\boldsymbol{A}_{k-1} = (\boldsymbol{P}_1 \cdots \boldsymbol{P}_{k-1})^{\mathrm{T}}\boldsymbol{A}(\boldsymbol{P}_1 \cdots \boldsymbol{P}_{k-1}),$$

那么

$$
\boldsymbol{A}_{k-1} = \begin{bmatrix} \boldsymbol{B}_{11} & \boldsymbol{B}_{12} & \boldsymbol{0} \\ \boldsymbol{B}_{21} & \boldsymbol{B}_{22} & \boldsymbol{B}_{23} \\ \boldsymbol{0} & \boldsymbol{B}_{32} & \boldsymbol{B}_{33} \end{bmatrix} \begin{matrix} k-1 \\ 1 \\ n-k \end{matrix}
\\ \qquad\qquad\quad k-1 \qquad 1 \qquad n-k
$$

的前 $k-1$ 列为三对角矩阵. 如果 $\tilde{\boldsymbol{P}}_k$ 是使得 $\tilde{\boldsymbol{P}}_k\boldsymbol{B}_{32}$ 是 $I_{n-k}(:,1)$ 的倍数的 $(n-k)$ 阶 Householder 矩阵，且 $\boldsymbol{P}_k = \mathrm{diag}(\boldsymbol{I}_k, \tilde{\boldsymbol{P}}_k)$，那么

$$
\boldsymbol{A}_k = \boldsymbol{P}_k\boldsymbol{A}_{k-1}\boldsymbol{P}_k = \begin{bmatrix} \boldsymbol{B}_{11} & \boldsymbol{B}_{12} & \boldsymbol{0} \\ \boldsymbol{B}_{21} & \boldsymbol{B}_{22} & \boldsymbol{B}_{23}\tilde{\boldsymbol{P}}_k \\ \boldsymbol{0} & \tilde{\boldsymbol{P}}_k\boldsymbol{B}_{32} & \tilde{\boldsymbol{P}}_k\boldsymbol{B}_{33}\tilde{\boldsymbol{P}}_k \end{bmatrix} \begin{matrix} k-1 \\ 1 \\ n-k \end{matrix}
\\ \qquad\qquad\qquad\qquad k-1 \qquad 1 \qquad n-k
$$

的第一个 $k \times k$ 主子矩阵是三对角矩阵. 显然，如果 $\boldsymbol{U}_0 = \boldsymbol{P}_1 \cdots \boldsymbol{P}_{n-2}$，那么 $\boldsymbol{U}_0^{\mathrm{T}}\boldsymbol{A}\boldsymbol{U}_0 = \boldsymbol{T}$ 是三对角矩阵.

在计算 $\boldsymbol{A}_k$ 时，重要的一点是在形成矩阵 $\tilde{\boldsymbol{P}}_k\boldsymbol{B}_{33}\tilde{\boldsymbol{P}}_k$ 的过程中利用对称性. 具体而言，假设 $\tilde{\boldsymbol{P}}_k$ 有如下形式

$$
\tilde{\boldsymbol{P}}_k = \boldsymbol{I} - \beta\boldsymbol{v}\boldsymbol{v}^{\mathrm{T}}, \qquad \beta = 2/\boldsymbol{v}^{\mathrm{T}}\boldsymbol{v}, \quad \boldsymbol{0} \neq \boldsymbol{v} \in \mathbb{R}^{n-k}.
$$

注意，如果 $\boldsymbol{p} = \beta\boldsymbol{B}_{33}\boldsymbol{v}$ 且 $\boldsymbol{w} = \boldsymbol{p} - (\beta\boldsymbol{p}^{\mathrm{T}}\boldsymbol{v}/2)\boldsymbol{v}$，那么

$$
\tilde{\boldsymbol{P}}_k\boldsymbol{B}_{33}\tilde{\boldsymbol{P}}_k = \boldsymbol{B}_{33} - \boldsymbol{v}\boldsymbol{w}^{\mathrm{T}} - \boldsymbol{w}\boldsymbol{v}^{\mathrm{T}}.
$$

因为只需要计算这个矩阵的上三角部分，我们发现从 $\boldsymbol{A}_{k-1}$ 到 $\boldsymbol{A}_k$ 的变换只需 $4(n-k)^2$ 个 flop 即可完成.

算法 8.3.1 (Householder 三对角化) 给定对称矩阵 $\boldsymbol{A} \in \mathbb{R}^{n\times n}$，本算法用 $\boldsymbol{T} = \boldsymbol{Q}^{\mathrm{T}}\boldsymbol{A}\boldsymbol{Q}$ 覆盖 $\boldsymbol{A}$，其中 $\boldsymbol{T}$ 是三对角矩阵且 $\boldsymbol{Q} = \boldsymbol{H}_1 \cdots \boldsymbol{H}_{n-2}$ 是 Householder 变换的乘积.

for $k = 1 : n-2$

  $[v, \beta] = \mathsf{house}(A(k+1:n, k))$

  $p = \beta A(k+1:n, k+1:n)v$

  $w = p - (\beta p^{\mathrm{T}}v/2)v$

  $A(k+1, k) = \| A(k+1:n, k) \|_2$; $A(k, k+1) = A(k+1, k)$

  $A(k+1:n, k+1:n) = A(k+1:n, k+1:n) - vw^{\mathrm{T}} - wv^{\mathrm{T}}$

end

在计算秩 2 修正时利用了对称性，这个算法需要 $4n^3/3$ 个 flop. 矩阵 $\boldsymbol{Q}$ 以分解形式存储在 $\boldsymbol{A}$ 的次对角线部分中. 如果需要显式地求出 $\boldsymbol{Q}$，那么还需要 $4n^3/3$ 个 flop.

注意，如果 $\boldsymbol{T}$ 有零次对角元，那么这个特征问题分裂成一对较小的特征问题. 特别是，如果 $t_{k+1,k}=0$，那么

$$\lambda(\boldsymbol{T}) \;=\; \lambda(T(1:k,1:k)) \cup \lambda(T(k+1:n,k+1:n)).$$

如果 $\boldsymbol{T}$ 没有零次对角元，那么它就称为**不可约矩阵**.

令 $\hat{\boldsymbol{T}}$ 表示由算法 8.3.1 获得的 $\boldsymbol{T}$ 的计算结果. 可以证明，$\hat{\boldsymbol{T}}=\tilde{\boldsymbol{Q}}^{\mathrm{T}}(\boldsymbol{A}+\boldsymbol{E})\tilde{\boldsymbol{Q}}$，其中 $\tilde{\boldsymbol{Q}}$ 是精确正交的，且 $\boldsymbol{E}$ 是满足 $\|\boldsymbol{E}\|_F \leqslant c\mathbf{u}\|\boldsymbol{A}\|_F$ 的对称矩阵，其中 c 是一个小常数. 见 Wilkinson (AEP, 第 297 页).

8.3.2　三对角分解的性质

我们证明关于三对角分解的两个定理，它们都对之后的内容起着关键的作用. 第一个定理把 (8.3.1) 与某类 **Krylov 矩阵**的 QR 因子分解联系起来. Krylov 矩阵具有如下形式：

$$K(\boldsymbol{A},\boldsymbol{v},k)=\left[\,\boldsymbol{v}\mid \boldsymbol{A}\boldsymbol{v}\mid\cdots\mid \boldsymbol{A}^{k-1}\boldsymbol{v}\,\right],\qquad \boldsymbol{A}\in\mathbb{R}^{n\times n},\ \boldsymbol{v}\in\mathbb{R}^{n}.$$

定理 8.3.1 如果 $\boldsymbol{Q}^{\mathrm{T}}\boldsymbol{A}\boldsymbol{Q}=\boldsymbol{T}$ 是对称矩阵 $\boldsymbol{A}\in\mathbb{R}^{n\times n}$ 的三对角分解，那么 $\boldsymbol{Q}^{\mathrm{T}}K(\boldsymbol{A},Q(:,1),n)=\boldsymbol{R}$ 是上三角矩阵. 如果 $\boldsymbol{R}$ 是非奇异矩阵，那么 $\boldsymbol{T}$ 是不可约矩阵. 如果 $\boldsymbol{R}$ 是奇异矩阵，k 是使得 $r_{kk}=0$ 的最小指标，那么 k 也是使得 $t_{k,k-1}$ 为零的最小指标. 可与定理 7.4.3 相比较.

证明　很明显，如果 $\boldsymbol{q}_1=Q(:,1)$，那么

$$\begin{aligned}\boldsymbol{Q}^{\mathrm{T}}K(\boldsymbol{A},Q(:,1),n) &= \left[\,\boldsymbol{Q}^{\mathrm{T}}\boldsymbol{q}_1 \mid (\boldsymbol{Q}^{\mathrm{T}}\boldsymbol{A}\boldsymbol{Q})(\boldsymbol{Q}^{\mathrm{T}}\boldsymbol{q}_1)\mid\cdots\mid(\boldsymbol{Q}^{\mathrm{T}}\boldsymbol{A}\boldsymbol{Q})^{n-1}(\boldsymbol{Q}^{\mathrm{T}}\boldsymbol{q}_1)\,\right]\\ &= \left[\,\boldsymbol{e}_1\mid \boldsymbol{T}\boldsymbol{e}_1\mid\cdots\mid \boldsymbol{T}^{n-1}\boldsymbol{e}_1\,\right]=\boldsymbol{R}\end{aligned}$$

是上三角矩阵，其中 $r_{11}=1$ 且对于 $i=2:n$ 有 $r_{ii}=t_{21}t_{32}\cdots t_{i,i-1}$. 显然，如果 $\boldsymbol{R}$ 是非奇异矩阵，那么 $\boldsymbol{T}$ 是不可约矩阵. 如果 $\boldsymbol{R}$ 是奇异矩阵，且 r_{kk} 是它的第一个零对角元，那么 $k\geqslant 2$ 且 $t_{k,k-1}$ 是第一个零次对角元. □

下一个结果显示，一旦指定 $Q(:,1)$，$\boldsymbol{Q}$ 本质上是唯一的.

定理 8.3.2 (隐式 Q 定理) 假设 $\boldsymbol{Q}=[\,\boldsymbol{q}_1\mid\cdots\mid\boldsymbol{q}_n\,]$ 和 $\boldsymbol{V}=[\,\boldsymbol{v}_1\mid\cdots\mid\boldsymbol{v}_n\,]$ 都是正交矩阵，且 $\boldsymbol{Q}^{\mathrm{T}}\boldsymbol{A}\boldsymbol{Q}=\boldsymbol{T}$ 和 $\boldsymbol{V}^{\mathrm{T}}\boldsymbol{A}\boldsymbol{V}=\boldsymbol{S}$ 都是三对角矩阵，其中 $\boldsymbol{A}\in\mathbb{R}^{n\times n}$ 是对称矩阵. 令 k 是使得 $t_{k+1,k}=0$ 的最小正整数，规定当 $\boldsymbol{T}$ 不可约时 $k=n$. 如果 $\boldsymbol{v}_1=\boldsymbol{q}_1$，那么对于 $i=2:k$ 有 $\boldsymbol{v}_i=\pm\boldsymbol{q}_i$ 且 $|t_{i,i-1}|=|s_{i,i-1}|$. 此外，如果 $k<n$，那么 $s_{k+1,k}=0$. 可与定理 7.4.2 相比较.

证明 定义正交矩阵 $\boldsymbol{W}=\boldsymbol{Q}^{\mathrm{T}}\boldsymbol{V}$，并观察到 $W(:,1)=I_n(:,1)=\boldsymbol{e}_1$ 且 $\boldsymbol{W}^{\mathrm{T}}\boldsymbol{T}\boldsymbol{W}=\boldsymbol{S}$. 根据定理 8.3.1，$\boldsymbol{W}^{\mathrm{T}}\cdot K(\boldsymbol{T},\boldsymbol{e}_1,k)$ 是列满秩的上三角矩阵. 但是，$K(\boldsymbol{T},\boldsymbol{e}_1,k)$ 是上三角矩阵，因此，由窄 QR 分解的本质上的唯一性，$W(:,1:k)=I_n(:,1:k)\cdot\mathrm{diag}(\pm1,\cdots,\pm1)$. 这就是说，对于 $i=1:k$ 有 $Q(:,i)=\pm V(:,i)$. 关于子对角元的讨论来自于对于 $i=1:n-1$ 有 $t_{i+1,i}=Q(:,i+1)^{\mathrm{T}}\boldsymbol{A}Q(:,i)$ 和 $s_{i+1,i}=V(:,i+1)^{\mathrm{T}}\boldsymbol{A}V(:,i)$. □

8.3.3 QR 迭代与三对角矩阵

我们快速陈述与 QR 迭代和三对角矩阵相关的 4 个事实. 可以直接检验.

- **保持形式.** 如果 $\boldsymbol{T}=\boldsymbol{Q}\boldsymbol{R}$ 是对称三对角矩阵 $\boldsymbol{T}\in\mathbb{R}^{n\times n}$ 的 QR 分解，那么 $\boldsymbol{Q}$ 的下带宽为 1，$\boldsymbol{R}$ 的上带宽为 2，因此 $\boldsymbol{T}_+=\boldsymbol{R}\boldsymbol{Q}=\boldsymbol{Q}^{\mathrm{T}}(\boldsymbol{Q}\boldsymbol{R})\boldsymbol{Q}=\boldsymbol{Q}^{\mathrm{T}}\boldsymbol{T}\boldsymbol{Q}$ 也是对称三对角矩阵.
- **位移.** 如果 $s\in\mathbb{R}$ 且 $\boldsymbol{T}-s\boldsymbol{I}=\boldsymbol{Q}\boldsymbol{R}$ 是 QR 分解，那么 $\boldsymbol{T}_+=\boldsymbol{R}\boldsymbol{Q}+s\boldsymbol{I}=\boldsymbol{Q}^{\mathrm{T}}\boldsymbol{T}\boldsymbol{Q}$ 也是三对角矩阵. 这称为**位移 QR 步**.
- **完全位移.** 如果 $\boldsymbol{T}$ 是不可约矩阵，那么不管 s 取何值，$\boldsymbol{T}-s\boldsymbol{I}$ 的前 $n-1$ 列都是线性无关的. 因此，如果 $s\in\lambda(\boldsymbol{T})$ 且 $\boldsymbol{Q}\boldsymbol{R}=\boldsymbol{T}-s\boldsymbol{I}$ 是 QR 分解，那么 $r_{nn}=0$ 且 $\boldsymbol{T}_+=\boldsymbol{R}\boldsymbol{Q}+s\boldsymbol{I}$ 的最后一列等于 $sI_n(:,n)=se_n$.
- **运输量.** 如果 $\boldsymbol{T}\in\mathbb{R}^{n\times n}$ 是三对角矩阵，那么它的 QR 分解可以通过应用如下 $n-1$ 个 Givens 旋转来计算.

  for $k=1:n-1$

  $\quad [c,s]=\mathsf{givens}(t_{kk},t_{k+1,k})$

  $\quad m=\min\{k+2,n\}$

  $$T(k:k+1,k:m)=\begin{bmatrix} c & s\\ -s & c\end{bmatrix}^{\mathrm{T}} T(k:k+1,k:m)$$

  end

  这需要 $O(n)$ 个 flop. 如果这些旋转矩阵需要累积计算，那么需要 $O(n^2)$ 个 flop.

8.3.4 显式单移位 QR 迭代

如果 s 是一个很好的近似特征值，那么我们希望 $(n,n-1)$ 位置的元素在做位移为 s 的一次 QR 后会变小. 这就是如下迭代中的思想：

$T=U_0^{\mathrm{T}}AU_0$　　（三对角）

for $k=0,1,\cdots$

　决定实位移 μ. (8.3.2)

$$T-\mu I = UR \quad \text{（QR 分解）}$$
$$T = RU + \mu I$$

end

如果

$$T = \begin{bmatrix} a_1 & b_1 & & \cdots & 0 \\ b_1 & a_2 & \ddots & & \vdots \\ & \ddots & \ddots & \ddots & \\ \vdots & & \ddots & \ddots & b_{n-1} \\ 0 & \cdots & & b_{n-1} & a_n \end{bmatrix},$$

那么位移的一个合理选择是 $\mu = a_n$. 但是，更有效的选择是

$$T(n-1:n, n-1:n) = \begin{bmatrix} a_{n-1} & b_{n-1} \\ b_{n-1} & a_n \end{bmatrix}$$

的更接近于 a_n 的特征值. 这就是所谓的 **Wilkinson 位移**，定义如下

$$\mu = a_n + d - \operatorname{sign}(d)\sqrt{d^2 + b_{n-1}^2}, \tag{8.3.3}$$

其中 $d = (a_{n-1} - a_n)/2$. Wilkinson (1968) 证明了 (8.3.2) 在任这两种位移方式都是立方收敛的，但给出了优先选择 (8.3.3) 的启发式理由.

8.3.5　隐式位移

可以执行从 $\boldsymbol{T}$ 到 $\boldsymbol{T}_+ = \boldsymbol{RU} + \mu\boldsymbol{I} = \boldsymbol{U}^{\mathrm{T}}\boldsymbol{TU}$ 的变换，而无须显式地形成矩阵 $\boldsymbol{T} - \mu\boldsymbol{I}$. 当位移比某个 a_i 大得多时，这是具有优势的. 假设已经计算出 $c = \cos(\theta)$ 和 $s = \sin(\theta)$ 使得

$$\begin{bmatrix} c & s \\ -s & c \end{bmatrix}^{\mathrm{T}} \begin{bmatrix} a_1 - \mu \\ b_1 \end{bmatrix} = \begin{bmatrix} \times \\ 0 \end{bmatrix}.$$

如果令 $\boldsymbol{G}_1 = G(1, 2, \theta)$，那么 $\boldsymbol{G}_1\boldsymbol{e}_1 = \boldsymbol{U}\boldsymbol{e}_1$ 且

$$\boldsymbol{T} \leftarrow \boldsymbol{G}_1^{\mathrm{T}}\boldsymbol{T}\boldsymbol{G}_1 = \begin{bmatrix} \times & \times & + & 0 & 0 & 0 \\ \times & \times & \times & 0 & 0 & 0 \\ + & \times & \times & \times & 0 & 0 \\ 0 & 0 & \times & \times & \times & 0 \\ 0 & 0 & 0 & \times & \times & \times \\ 0 & 0 & 0 & 0 & \times & \times \end{bmatrix}.$$

因此，我们可以应用隐式 Q 定理，计算旋转 $\boldsymbol{G}_2, \cdots, \boldsymbol{G}_{n-1}$，满足如果 $\boldsymbol{Z} = \boldsymbol{G}_1\boldsymbol{G}_2\cdots\boldsymbol{G}_{n-1}$，那么 $\boldsymbol{Z}\boldsymbol{e}_1 = \boldsymbol{G}_1\boldsymbol{e}_1 = \boldsymbol{U}\boldsymbol{e}_1$ 和 $\boldsymbol{Z}^{\mathrm{T}}\boldsymbol{T}\boldsymbol{Z}$ 是三对角矩阵. 注意，$\boldsymbol{Z}$ 和

$\boldsymbol{U}$ 的第一列是相同的，只要我们对于 $i=2:n-1$ 将 $\boldsymbol{G}_i$ 取为 $\boldsymbol{G}_i=G(i,i+1,\theta_i)$. 但是，此 $\boldsymbol{G}_i$ 形式可用于将不想要的非零元 "+" 从矩阵 $\boldsymbol{G}_1^{\mathrm{T}}\boldsymbol{T}\boldsymbol{G}_1$ 中剔除，如下所示：

$$\xrightarrow{G_2}\begin{bmatrix}\times&\times&0&0&0&0\\\times&\times&\times&+&0&0\\0&\times&\times&\times&0&0\\0&+&\times&\times&\times&0\\0&0&0&\times&\times&\times\\0&0&0&0&\times&\times\end{bmatrix}\xrightarrow{G_3}\begin{bmatrix}\times&\times&0&0&0&0\\\times&\times&\times&0&0&0\\0&\times&\times&\times&+&0\\0&0&\times&\times&\times&0\\0&0&+&\times&\times&\times\\0&0&0&0&\times&\times\end{bmatrix}$$

$$\xrightarrow{G_4}\begin{bmatrix}\times&\times&0&0&0&0\\\times&\times&\times&0&0&0\\0&\times&\times&\times&0&0\\0&0&\times&\times&\times&+\\0&0&0&\times&\times&\times\\0&0&0&+&\times&\times\end{bmatrix}\xrightarrow{G_5}\begin{bmatrix}\times&\times&0&0&0&0\\\times&\times&\times&0&0&0\\0&\times&\times&\times&0&0\\0&0&\times&\times&\times&0\\0&0&0&\times&\times&\times\\0&0&0&0&\times&\times\end{bmatrix}.$$

因此，由隐式 Q 定理可以看出，由这种追零技术产生的三对角矩阵 $\boldsymbol{Z}^{\mathrm{T}}\boldsymbol{T}\boldsymbol{Z}$ 与显式方法得到的三对角矩阵 $\boldsymbol{T}$ 本质上是相同的.（我们可以假设问题中的所有三对角矩阵都是不可约的，否则问题可以分解.）

注意，在追零的任何阶段，在三对角带外只有一个非零元. 在修正 $\boldsymbol{T}\leftarrow\boldsymbol{G}_k^{\mathrm{T}}\boldsymbol{T}\boldsymbol{G}_k$ 的过程中，该非零元向下移动，如下所示：

$$\begin{bmatrix}1&0&0&0\\0&c&s&0\\0&-s&c&0\\0&0&0&1\end{bmatrix}^{\mathrm{T}}\begin{bmatrix}a_k&b_k&z_k&0\\b_k&a_p&b_p&0\\z_k&b_p&a_q&b_q\\0&0&b_q&a_r\end{bmatrix}\begin{bmatrix}1&0&0&0\\0&c&s&0\\0&-s&c&0\\0&0&0&1\end{bmatrix}=\begin{bmatrix}a_k&b_k&0&0\\b_k&a_p&b_p&z_p\\0&b_p&a_q&b_q\\0&z_p&b_q&a_r\end{bmatrix},$$

其中 $(p,q,r)=(k+1,k+2,k+3)$. 一旦从方程 $b_ks+z_kc=0$ 确定了 c 和 s，则需要大约 26 个 flop 来执行此修正. 总的来说，我们得到以下算法.

算法 8.3.2 (带 Wilkinson 位移的隐式对称 QR 法) 给定不可约的对称三对角矩阵 $\boldsymbol{T}\in\mathbb{R}^{n\times n}$，本算法用 $\boldsymbol{Z}^{\mathrm{T}}\boldsymbol{T}\boldsymbol{Z}$ 覆盖 $\boldsymbol{T}$，其中 $\boldsymbol{Z}=\boldsymbol{G}_1\cdots\boldsymbol{G}_{n-1}$ 是 Givens 旋转的乘积，满足 $\boldsymbol{Z}^{\mathrm{T}}(\boldsymbol{T}-\mu\boldsymbol{I})$ 是上三角矩阵，μ 是 $\boldsymbol{T}$ 的右下角的 2×2 主子矩阵的特征值且最接近 t_{nn}.

$d=(t_{n-1,n-1}-t_{nn})/2$

$\mu=t_{nn}-t_{n,n-1}^2\Big/\left(d+\mathrm{sign}(d)\sqrt{d^2+t_{n,n-1}^2}\right)$

$x=t_{11}-\mu$

$z = t_{21}$
for $k = 1 : n-1$
  $[\,c, s\,] = \text{givens}(x, z)$
  $T = G_k^{\mathrm{T}} T G_k$，其中 $G_k = G(k, k+1, \theta)$
  if $k < n-1$
    $x = t_{k+1,k}$
    $z = t_{k+2,k}$
  end
end

算法需要大约 $30n$ 个 flop 和 n 个平方根. 如果给定的正交矩阵 $\boldsymbol{Q}$ 被 $\boldsymbol{Q}\boldsymbol{G}_1 \cdots \boldsymbol{G}_{n-1}$ 覆盖，那么还需要 $6n^2$ 个 flop. 当然，在任何实际计算中，三对角矩阵 $\boldsymbol{T}$ 将存储在一对 n 维向量中，而不是存储在 $n \times n$ 数组中.

算法 8.3.2 是对称 QR 算法的基础，也是计算稠密对称矩阵 Schur 分解的标准方法.

算法 8.3.3 (对称 QR 算法) 给定对称矩阵 $\boldsymbol{A} \in \mathbb{R}^{n \times n}$ 和比舍入误差单位大的容许误差 tol，本算法计算近似对称 Schur 分解 $\boldsymbol{Q}^{\mathrm{T}}\boldsymbol{A}\boldsymbol{Q} = \boldsymbol{D}$. $\boldsymbol{A}$ 被三对角分解覆盖.

使用算法 8.3.1，计算三对角化
  $T = (P_1 \cdots P_{n-2})^{\mathrm{T}} A (P_1 \cdots P_{n-2})$
  设 $D = T$，如果需要 Q，那么其形式为 $Q = P_1 \cdots P_{n-2}$.（见 5.1.6 节.）
until $q = n$
  对于 $i = 1 : n-1$，设 $d_{i+1,i}$ 和 $d_{i,i+1}$ 为零，如果
    $|d_{i+1,i}| = |d_{i,i+1}| \leqslant \text{tol}\,(|d_{ii}| + |d_{i+1,i+1}|)$
  找到最大的 q 和最小的 p，使得如果

$$D = \begin{bmatrix} D_{11} & 0 & 0 \\ 0 & D_{22} & 0 \\ 0 & 0 & D_{33} \end{bmatrix} \begin{matrix} p \\ n-p-q \\ q \end{matrix}, \qquad \text{列块大小 } p,\ n-p-q,\ q$$

  那么 D_{33} 是对角的，D_{22} 是不可约的.
  if $q < n$
    对 D_{22} 应用算法 8.3.2：
      $D = \text{diag}(I_p, Z, I_q)^{\mathrm{T}} \cdot D \cdot \text{diag}(I_p, Z, I_q)$

　　　如果需要 q，那么 $Q = Q\cdot\text{diag}(I_p, Z, I_q)$.

　　end

end

如果 $\boldsymbol{Q}$ 没有累积，那么该算法需要大约 $4n^3/3$ 个 flop，如果 $\boldsymbol{Q}$ 是累积的，那么需要大约 $9n^3$ 个 flop.

通过算法 8.3.3 计算出来的特征值 $\hat{\lambda}_i$ 是接近 $\boldsymbol{A}$ 的一个矩阵的精确特征值：

$$\boldsymbol{Q}_0^{\mathrm{T}}(\boldsymbol{A}+\boldsymbol{E})\boldsymbol{Q}_0 = \text{diag}(\hat{\lambda}_i), \qquad \boldsymbol{Q}_0^{\mathrm{T}}\boldsymbol{Q}_0 = \boldsymbol{I}, \qquad \|\boldsymbol{E}\|_2 \approx \mathbf{u}\|\boldsymbol{A}\|_2.$$

使用推论 8.1.6，我们知道在

$$|\hat{\lambda}_i - \lambda_i| \approx \mathbf{u}\|\boldsymbol{A}\|_2$$

的意义下，每个 $\hat{\lambda}_i$ 的绝对误差很小. 如果 $\hat{\boldsymbol{Q}} = [\,\hat{\boldsymbol{q}}_1 \,|\cdots|\, \hat{\boldsymbol{q}}_n\,]$ 是计算出的正交特征向量构成的矩阵，那么 $\hat{\boldsymbol{q}}_i$ 的精度取决于 λ_i 与谱中其元素的分离度. 见定理 8.1.12.

如果我们要计算所有特征值和部分特征向量，那么在算法 8.3.3 中不积累 $\boldsymbol{Q}$ 将是更廉价的. 取而代之的，可以通过 $\boldsymbol{T}$ 的逆迭代求所需的特征向量. 见 8.2.2 节. 通常只要一步就可以得到很好的特征向量，甚至可以用随机的初始向量.

如果只需要几个特征值和特征向量，那么 8.4 节中的特殊技术是合适的.

8.3.6 与 Rayleigh 商迭代的联系

认识 Rayleigh 商迭代与对称 QR 算法之间的联系是很有趣的. 假设我们把后者应用于三对角矩阵 $\boldsymbol{T} \in \mathbb{R}^{n\times n}$，其中位移 $\sigma = \boldsymbol{e}_n^{\mathrm{T}}\boldsymbol{T}\boldsymbol{e}_n = t_{nn}$. 如果 $\boldsymbol{T}-\sigma\boldsymbol{I} = \boldsymbol{Q}\boldsymbol{R}$，那么我们得到 $\boldsymbol{T}_+ = \boldsymbol{R}\boldsymbol{Q} + \sigma\boldsymbol{I}$. 从等式 $(\boldsymbol{T}-\sigma\boldsymbol{I})\boldsymbol{Q} = \boldsymbol{R}^{\mathrm{T}}$ 可以看出

$$(\boldsymbol{T}-\sigma\boldsymbol{I})\boldsymbol{q}_n = r_{nn}\boldsymbol{e}_n,$$

其中 $\boldsymbol{q}_n$ 是正交矩阵 $\boldsymbol{Q}$ 的最后一列. 因此，如果我们以 $\boldsymbol{x}_0 = \boldsymbol{e}_n$ 应用 (8.2.6)，那么 $\boldsymbol{x}_1 = \boldsymbol{q}_n$.

8.3.7 Ritz 加速的正交迭代法

回想一下 8.2.4 节，正交迭代涉及矩阵与矩阵乘积和 QR 分解：

$Z_k = A\tilde{Q}_{k-1},$

$\tilde{Q}_k R_k = Z_k$　　（QR 分解）

定理 8.1.14 说，我们可以通过令 $\boldsymbol{S}$ 等于

$$\boldsymbol{S}_k = \tilde{\boldsymbol{Q}}_k^{\mathrm{T}}\boldsymbol{A}\tilde{\boldsymbol{Q}}_k$$

使得 $\| A\tilde{Q}_k - \tilde{Q}_k S \|_F$ 最小化. 如果 $U_k^{\mathrm{T}} S_k U_k = D_k$ 是 $S_k \in \mathbb{R}^{r\times r}$ 的 Schur 分解且 $Q_k = \tilde{Q}_k U_k$，那么以最小化残差的角度看，

$$\| AQ_k - Q_k D_k \|_F = \| A\tilde{Q}_k - \tilde{Q}_k S_k \|_F$$

显示了 k 步之后 Q_k 的列最佳基. 这就定义了 **Ritz** 加速思想：

$$\begin{aligned}
&\text{给定} Q_0 \in \mathbb{R}^{n\times r} \quad \text{满足 } Q_0^{\mathrm{T}} Q_0 = I_r \\
&\textbf{for } k = 1, 2, \cdots \\
&\quad Z_k = AQ_{k-1} \\
&\quad \tilde{Q}_k R_k = Z_k \qquad (\text{QR 分解}) \\
&\quad S_k = \tilde{Q}_k^{\mathrm{T}} A \tilde{Q}_k \\
&\quad U_k^{\mathrm{T}} S_k U_k = D_k \qquad (\text{Schur 分解}) \\
&\quad Q_k = \tilde{Q}_k U_k \\
&\textbf{end}
\end{aligned} \tag{8.3.4}$$

可以证明，如果

$$D_k = \operatorname{diag}(\theta_1^{(k)}, \cdots, \theta_r^{(k)})], \qquad |\theta_1^{(k)}| \geqslant \cdots \geqslant |\theta_r^{(k)}|,$$

那么

$$|\theta_i^{(k)} - \lambda_i(A)| = O\left(\left|\frac{\lambda_{r+1}}{\lambda_i}\right|^k\right), \qquad i = 1:r.$$

记得定理 8.2.2 说 $\tilde{Q}_k^{\mathrm{T}} A \tilde{Q}_k$ 的特征值收敛为速率 $|\lambda_{r+1}/\lambda_r|^k$. 因此，Ritz 值有更快速的收敛. 详情见 Stewart (1969).

习　题

1. 假设 λ 是对称三对角矩阵 T 的特征值. 证明：如果 λ 的代数重数为 k，那么 T 的次对角元中至少 $k-1$ 个为零.

2. 假设 A 是带宽为 p 的对称矩阵. 证明：如果我们执行带位移 QR 步 $A - \mu I = QR$, $A = RQ + \mu I$，那么 A 具有带宽 p.

3. 令

$$A = \begin{bmatrix} w & x \\ x & z \end{bmatrix}$$

是实矩阵，假设我们执行带位移 QR 步：$A - zI = UR$, $\tilde{A} = RU + zI$. 证明

$$\tilde{A} = \begin{bmatrix} \tilde{w} & \tilde{x} \\ \tilde{x} & \tilde{z} \end{bmatrix},$$

其中

$$\tilde{w} = w + x^2(w-z)/[(w-z)^2+x^2],$$
$$\tilde{z} = z - x^2(w-z)/[(w-z)^2+x^2],$$
$$\tilde{x} = -x^3/[(w-z)^2+x^2].$$

4. 假设 $\boldsymbol{A} \in \mathbb{C}^{n\times n}$ 是 Hermite 矩阵. 说明如何构造酉矩阵 $\boldsymbol{Q}$ 使得 $\boldsymbol{Q}^{\mathrm{H}}\boldsymbol{AQ} = \boldsymbol{T}$ 是对称三对角实矩阵.

5. 证明：如果 $\boldsymbol{A} = \boldsymbol{B} + \mathrm{i}\boldsymbol{C}$ 是 Hermite 矩阵，那么

$$\boldsymbol{M} = \begin{bmatrix} \boldsymbol{B} & -\boldsymbol{C} \\ \boldsymbol{C} & \boldsymbol{B} \end{bmatrix}$$

是对称矩阵. 把 $\boldsymbol{A}$ 和 $\boldsymbol{M}$ 的特征值和特征向量联系起来.

6. 当 $\boldsymbol{A}$ 存储在两个 n 维向量中时，重写算法 8.3.2，并说明计算所需的 flop 量.

7. 假设 $\boldsymbol{A} = \boldsymbol{S} + \sigma\boldsymbol{uu}^{\mathrm{T}}$，其中 $\boldsymbol{S} \in \mathbb{R}^{n\times n}$ 是反称矩阵（$\boldsymbol{S}^{\mathrm{T}} = -\boldsymbol{S}$），$\boldsymbol{u} \in \mathbb{R}^n$ 具有单位 2-范数且 $\sigma \in \mathbb{R}$. 说明如何计算正交矩阵 $\boldsymbol{Q}$ 使得 $\boldsymbol{Q}^{\mathrm{T}}\boldsymbol{AQ}$ 是三对角矩阵且 $\boldsymbol{Q}^{\mathrm{T}}\boldsymbol{u} = \boldsymbol{e}_1$.

8. 假设

$$\boldsymbol{C} = \begin{bmatrix} \boldsymbol{0} & \boldsymbol{B}^{\mathrm{T}} \\ \boldsymbol{B} & \boldsymbol{0} \end{bmatrix},$$

其中 $\boldsymbol{B} \in \mathbb{R}^{n\times n}$ 是上双对角矩阵. 确定一个完美置换 $\boldsymbol{P} \in \mathbb{R}^{2n\times 2n}$ 使得 $\boldsymbol{T} = \boldsymbol{PCP}^{\mathrm{T}}$ 是具有零对角元的三对角矩阵.

8.4 三对角问题的更多方法

在这一节中，我们发展了对称三对角特征问题的特殊方法. 三对角形式

$$\boldsymbol{T} = \begin{bmatrix} \alpha_1 & \beta_1 & & \cdots & 0 \\ \beta_1 & \alpha_2 & \ddots & & \vdots \\ & \ddots & \ddots & \ddots & \\ \vdots & & \ddots & \ddots & \beta_{n-1} \\ 0 & \cdots & & \beta_{n-1} & \alpha_n \end{bmatrix} \tag{8.4.1}$$

可以通过 Householder 约化（见 8.3.1 节）获得. 然而，对称三对角特征问题在许多情况下会自然出现.

我们首先讨论二分法，当需要求特征系统的选定部分时，这个方法是有趣的. 接着介绍了一种分而治之算法，该算法能以易于并行处理的方式获得满对称的 Schur 分解.

8.4.1 二分法求特征值

设 $\boldsymbol{T}_r$ 表示 (8.4.1) 中矩阵 $\boldsymbol{T}$ 的 $r\times r$ 顺序主子矩阵. 对于 $r=1:n$，定义多项式 $p_r(x)$ 为

$$p_r(x)=\det(\boldsymbol{T}_r-x\boldsymbol{I}).$$

一个简单的行列式展开表明，对于 $r=2:n$，如果令 $p_0(x)=1$，则有

$$p_r(x) \;=\; (\alpha_r-x)p_{r-1}(x)-\beta_{r-1}^2 p_{r-2}(x). \tag{8.4.2}$$

由于 $p_n(x)$ 的值可以在 $O(n)$ 个 flop 内计算出，所以用二分法找出其根是可行的. 例如，如果 tol 是一个小的正常数，$p_n(y)\cdot p_n(z)<0$, $y<z$，那么迭代

```
while |y − z| > tol·(|y| + |z|)
    x = (y + z)/2
    if p_n(x)·p_n(y) < 0
        z = x
    else
        y = x
    end
end
```

保证终止，且以 $(y+z)/2$ 近似 $p_n(x)$ 的零点，即 $\boldsymbol{T}$ 的近似特征值. 此迭代线性收敛，误差在每一步大约减半.

8.4.2 Sturm 序列方法

对于某个指定的 k，有时需要计算 $\boldsymbol{T}$ 的第 k 大特征值. 这可以使用二分法和以下经典结果来有效地完成.

定理 8.4.1 (Sturm 序列的性质) 如果 (8.4.1) 中的三对角矩阵的次对角元非零，那么 $\boldsymbol{T}_{r-1}$ 的特征值严格分离 $\boldsymbol{T}_r$ 的特征值：

$$\lambda_r(\boldsymbol{T}_r)<\lambda_{r-1}(\boldsymbol{T}_{r-1})<\lambda_{r-1}(\boldsymbol{T}_r)<\cdots<\lambda_2(\boldsymbol{T}_r)<\lambda_1(\boldsymbol{T}_{r-1})<\lambda_1(\boldsymbol{T}_r).$$

此外，如果 $a(\lambda)$ 表示序列

$$\{\,p_0(\lambda),\,p_1(\lambda),\cdots,\,p_n(\lambda)\,\}$$

中符号变化个数，那么 $a(\lambda)$ 等于 $\boldsymbol{T}$ 的小于 λ 的特征值的个数. 多项式 $p_r(x)$ 由 (8.4.2) 定义，我们规定如果 $p_r(\lambda)=0$ 则 $p_r(\lambda)$ 与 $p_{r-1}(\lambda)$ 有相反的符号.

证明 由定理 8.1.7 可知 $\boldsymbol{T}_{r-1}$ 的特征值弱分离 $\boldsymbol{T}_r$ 的特征值. 为了证明严格分离, 假设对某个 r 和 μ 有 $p_r(\mu) = p_{r-1}(\mu) = 0$. 由 (8.4.2) 以及假定的矩阵 $\boldsymbol{T}$ 的不可约性, 有

$$p_0(\mu) = p_1(\mu) = \cdots = p_r(\mu) = 0,$$

这是一个矛盾. 因此, 必有严格的分离. 关于 $a(\lambda)$ 的这个结论由 Wilkinson (AEP, 第 300–301 页) 给出. □

假设我们希望计算 $\lambda_k(\boldsymbol{T})$. 由 Gershgorin 定理（定理 8.1.3）可知 $\lambda_k(\boldsymbol{T}) \in [y, z]$, 其中

$$y = \min_{1 \leqslant i \leqslant n} a_i - |b_i| - |b_{i-1}|, \qquad z = \max_{1 \leqslant i \leqslant n} a_i + |b_i| + |b_{i-1}|,$$

且令 $b_0 = b_n = 0$. 用 $[y, z]$ 作为初始区间, 从 Sturm 序列的性质可以清楚地看出迭代

$$
\begin{aligned}
&\textbf{while } |z-y| > \mathbf{u}(|y|+|z|)\\
&\quad x = (y+z)/2\\
&\quad \textbf{if } a(x) \geqslant n-k\\
&\qquad z = x\\
&\quad \textbf{else}\\
&\qquad y = x\\
&\quad \textbf{end}\\
&\textbf{end}
\end{aligned}
\tag{8.4.3}
$$

生成一个子区间序列, 其长度重复减半, 但始终包含 $\lambda_k(\boldsymbol{T})$.

在执行 (8.4.3) 期间, 获得关于其他特征值位置的信息. 通过系统地跟踪这一信息, 就有可能为计算 $\lambda(\boldsymbol{T})$ 的连续子集（例如 $\{\lambda_k(\boldsymbol{T}), \lambda_{k+1}(\boldsymbol{T}), \cdots, \lambda_{k+j}(\boldsymbol{T})\}$）设计一个有效的方案. 见 Barth, Martin, and Wilkinson (1967).

如果期望选择一般对称矩阵 $\boldsymbol{A}$ 的特征值, 那么必须先计算三对角化 $\boldsymbol{T} = \boldsymbol{U}_0^{\mathrm{T}} \boldsymbol{A} \boldsymbol{U}_0$, 然后才能应用上述二分法. 这可以使用算法 8.3.1 或 10.2 节中讨论的 Lanczos 算法来完成. 在这两种情况下, 由于三对角方程组可以用 $O(n)$ 个 flop 来求解, 所以通过逆迭代可以很容易地找到相应的特征向量. 见 4.3.6 节和 8.2.2 节.

在原始矩阵 $\boldsymbol{A}$ 已经具有三对角形式的应用中, 无论特征值本身有多大, 用二分法计算出的特征值的相对误差很小. 这与三对角 QR 迭代相反, 其计算出的特征值 $\tilde{\lambda}_i$ 只能保证具有较小的绝对误差: $|\tilde{\lambda}_i - \lambda_i(\boldsymbol{T})| \approx \mathbf{u}\|\boldsymbol{T}\|_2$.

最后, 利用 $\mathrm{LDL}^{\mathrm{T}}$ 分解（见 4.3.6 节）和 Sylvester 惯性定理（定理 8.1.17）, 可以计算对称矩阵的具体特征值. 如果

$$\boldsymbol{A} - \mu \boldsymbol{I} = \boldsymbol{L}\boldsymbol{D}\boldsymbol{L}^{\mathrm{T}}, \qquad \boldsymbol{A} = \boldsymbol{A}^{\mathrm{T}} \in \mathbb{R}^{n \times n}$$

是 $\boldsymbol{A}-\mu\boldsymbol{I}$ 的 $\mathrm{LDL^T}$ 分解，$\boldsymbol{D}=\mathrm{diag}(d_1,\cdots,d_n)$，那么负的 d_i 的数量等于小于 μ 的 $\lambda_i(\boldsymbol{A})$ 的数量. 见 Parlett(SEP, 第 46 页).

8.4.3　对角矩阵和秩 1 矩阵的特征问题

对于对称三对角特征问题，我们给出的下一个方法需要能够有效地计算形式为 $\boldsymbol{D}+\rho\boldsymbol{z}\boldsymbol{z}^{\mathrm{T}}$ 的矩阵的特征值和特征向量，其中 $\boldsymbol{D}\in\mathbb{R}^{n\times n}$ 是对角矩阵，$\boldsymbol{z}\in\mathbb{R}^n$ 且 $\rho\in\mathbb{R}$. 这个问题本身就很重要，关键的计算取决于以下两个结果.

引理 8.4.2 假设 $\boldsymbol{D}=\mathrm{diag}(d_1,\cdots,d_n)\in\mathbb{R}^{n\times n}$ 且

$$d_1>\cdots>d_n.$$

假设 $\rho\neq 0, \boldsymbol{z}\in\mathbb{R}^n$ 没有零分量. 如果

$$(\boldsymbol{D}+\rho\boldsymbol{z}\boldsymbol{z}^{\mathrm{T}})\boldsymbol{v} = \lambda\boldsymbol{v},\qquad \boldsymbol{v}\neq\boldsymbol{0}.$$

那么 $\boldsymbol{z}^{\mathrm{T}}\boldsymbol{v}\neq 0$ 且 $\boldsymbol{D}-\lambda\boldsymbol{I}$ 是非奇异矩阵.

证明　如果 $\lambda\in\lambda(\boldsymbol{D})$，那么对某个 i 有 $\lambda=d_i$，因此

$$0=\boldsymbol{e}_i^{\mathrm{T}}[(\boldsymbol{D}-\lambda\boldsymbol{I})\boldsymbol{v}+\rho(\boldsymbol{z}^{\mathrm{T}}\boldsymbol{v})\boldsymbol{z}] = \rho(\boldsymbol{z}^{\mathrm{T}}\boldsymbol{v})z_i.$$

由于 ρ 和 z_i 是非零的，从而 $0=\boldsymbol{z}^{\mathrm{T}}\boldsymbol{v}$ 且 $\boldsymbol{D}\boldsymbol{v}=\lambda\boldsymbol{v}$. 但 $\boldsymbol{D}$ 具有不同的特征值，因此 $\boldsymbol{v}\in\mathrm{span}\{\boldsymbol{e}_i\}$. 这意味着 $0=\boldsymbol{z}^{\mathrm{T}}\boldsymbol{v}=z_i$，这是一个矛盾. 因此，$\boldsymbol{D}$ 和 $\boldsymbol{D}+\rho\boldsymbol{z}\boldsymbol{z}^{\mathrm{T}}$ 没有相同的特征值且 $\boldsymbol{z}^{\mathrm{T}}\boldsymbol{v}\neq 0$. □

定理 8.4.3 假设 $\boldsymbol{D}=\mathrm{diag}(d_1,\cdots,d_n)\in\mathbb{R}^{n\times n}$ 且对角元满足 $d_1>\cdots>d_n$. 假定 $\rho\neq 0$ 且 $\boldsymbol{z}\in\mathbb{R}^n$ 没有零分量. 如果 $\boldsymbol{V}\in\mathbb{R}^{n\times n}$ 是正交矩阵，使得

$$\boldsymbol{V}^{\mathrm{T}}(\boldsymbol{D}+\rho\boldsymbol{z}\boldsymbol{z}^{\mathrm{T}})\boldsymbol{V}=\mathrm{diag}(\lambda_1,\cdots,\lambda_n)$$

且 $\lambda_1\geqslant\cdots\geqslant\lambda_n$, $\boldsymbol{V}=[\,\boldsymbol{v}_1\,|\cdots|\,\boldsymbol{v}_n\,]$，那么

(a) λ_i 是 $f(\lambda)=1+\rho\boldsymbol{z}^{\mathrm{T}}(\boldsymbol{D}-\lambda\boldsymbol{I})^{-1}\boldsymbol{z}$ 的 n 个零点.

(b) 如果 $\rho>0$，则 $\lambda_1>d_1>\lambda_2>\cdots>\lambda_n>d_n$.
　如果 $\rho<0$，则 $d_1>\lambda_1>d_2>\cdots>d_n>\lambda_n$.

(c) 特征向量 $\boldsymbol{v}_i$ 是 $(\boldsymbol{D}-\lambda_i\boldsymbol{I})^{-1}\boldsymbol{z}$ 的倍数.

证明　如果 $(\boldsymbol{D}+\rho\boldsymbol{z}\boldsymbol{z}^{\mathrm{T}})\boldsymbol{v}=\lambda\boldsymbol{v}$，那么

$$(\boldsymbol{D}-\lambda\boldsymbol{I})\boldsymbol{v}+\rho(\boldsymbol{z}^{\mathrm{T}}\boldsymbol{v})\boldsymbol{z}=0. \tag{8.4.4}$$

从引理 8.4.2 可知 $\boldsymbol{D}-\lambda\boldsymbol{I}$ 是非奇异矩阵. 因此

$$\boldsymbol{v} \in \mathsf{span}\{(\boldsymbol{D}-\lambda\boldsymbol{I})^{-1}\boldsymbol{z}\}.$$

从而 (c) 成立. 此外, 如果在等式 (8.4.4) 的两边同时乘以 $\boldsymbol{z}^{\mathrm{T}}(\boldsymbol{D}-\lambda\boldsymbol{I})^{-1}$, 我们得到

$$(\boldsymbol{z}^{\mathrm{T}}\boldsymbol{v})\cdot\left(1+\rho\boldsymbol{z}^{\mathrm{T}}(\boldsymbol{D}-\lambda\boldsymbol{I})^{-1}\boldsymbol{z}\right) = 0.$$

由引理 8.4.2 可得 $\boldsymbol{z}^{\mathrm{T}}\boldsymbol{v}\neq 0$, 这表明, 如果 $\lambda\in\lambda(\boldsymbol{D}+\rho\boldsymbol{z}\boldsymbol{z}^{\mathrm{T}})$, 那么 $f(\lambda)=0$. 我们必须证明 f 的所有零点都是 $\boldsymbol{D}+\rho\boldsymbol{z}\boldsymbol{z}^{\mathrm{T}}$ 的特征值, 并且交错关系 (b) 成立.

为了做到这一点, 我们更仔细地研究方程

$$f(\lambda) = 1+\rho\left(\frac{z_1^2}{d_1-\lambda}+\cdots+\frac{z_n^2}{d_n-\lambda}\right),$$

$$f'(\lambda) = \rho\left(\frac{z_1^2}{(d_1-\lambda)^2}+\cdots+\frac{z_n^2}{(d_n-\lambda)^2}\right).$$

注意, f 在其两极点之间是单调的. 这使我们可以得出这样的结论: 如果 $\rho>0$, 那么 f 恰好有 n 个根, 下面的每个区间里各有一个

$$(d_n,d_{n-1}),\cdots,(d_2,d_1),\ (d_1,\infty).$$

如果 $\rho<0$, 那么 f 恰好有 n 个根, 下面的每个区间里各有一个

$$(-\infty,d_n),(d_n,d_{n-1}),\cdots,(d_2,d_1).$$

因此, 在这两种情况下, f 的零点恰好都是 $\boldsymbol{D}+\rho\boldsymbol{v}\boldsymbol{v}^{\mathrm{T}}$ 的特征值. □

这个定理表明,为了计算 $\boldsymbol{V}$,我们必须使用牛顿型程序找到 f 的根 $\lambda_1,\cdots,\lambda_n$,然后对于 $i=1:n$ 通过标准化向量 $(\boldsymbol{D}-\lambda_i\boldsymbol{I})^{-1}\boldsymbol{z}$ 来计算 $\boldsymbol{V}$ 的列. 即使有重复的 d_i 和零 z_i, 也可以得到同样的求解计划.

定理 8.4.4 如果 $\boldsymbol{D}=\mathrm{diag}(d_1,\cdots,d_n)$ 且 $\boldsymbol{z}\in\mathbb{R}^n$, 则存在正交矩阵 $\boldsymbol{V}_1$ 使得如果 $\boldsymbol{V}_1^{\mathrm{T}}\boldsymbol{D}\boldsymbol{V}_1 = \mathrm{diag}(\mu_1,\cdots,\mu_n)$ 且 $\boldsymbol{w}=\boldsymbol{V}_1^{\mathrm{T}}\boldsymbol{z}$ 那么

$$\mu_1>\mu_2>\cdots>\mu_r\geqslant\mu_{r+1}\geqslant\cdots\geqslant\mu_n,$$

对于 $i=1:r$ 有 $w_i\neq 0$, 对于 $i=r+1:n$ 有 $w_i=0$.

证明 基于两个基本运算, 我们给出了一个构造性证明. 首先处理有重复的对角元情形, 然后处理 $\boldsymbol{z}$ 向量有一个零分量的情况.

假设对某个 $i < j$ 有 $d_i = d_j$. 令 $G(i,j,\theta)$ 是 (i,j) 平面上的 Givens 旋转，满足 $G(i,j,\theta)^{\mathrm{T}}\boldsymbol{z}$ 的第 j 个分量为零. 不难证明 $G(i,j,\theta)^{\mathrm{T}}\boldsymbol{D}\,G(i,j,\theta) = \boldsymbol{D}$. 因此，如果存在重复的 d_i，则可以使 $\boldsymbol{z}$ 的一个分量为零.

如果 $z_i = 0, z_j \neq 0$ 且 $i < j$，那么令 $\boldsymbol{P}$ 是交换单位矩阵的 i 列和 j 列而得到的置换. 从而可得 $\boldsymbol{P}^{\mathrm{T}}\boldsymbol{D}\boldsymbol{P}$ 是对角矩阵且 $(\boldsymbol{P}^{\mathrm{T}}\boldsymbol{z})_i \neq 0, (\boldsymbol{P}^{\mathrm{T}}\boldsymbol{z})_j = 0$. 因此，我们可以将所有的零 z_i 置换到“底部”.

显然，这两种操作的重复使用，就能得到所需的规范结构. 正交矩阵 $\boldsymbol{V}_1$ 是该过程所需的旋转的乘积. □

请参阅 Barlow (1993) 和其中的参考资料，以了解我们上述求解程序.

8.4.4 分而治之方法

现在给出一种计算 Schur 分解的分而治之方法. 考虑

$$\boldsymbol{Q}^{\mathrm{T}}\boldsymbol{T}\boldsymbol{Q} = \boldsymbol{\Lambda} = \mathrm{diag}(\lambda_1, \cdots, \lambda_n), \qquad \boldsymbol{Q}^{\mathrm{T}}\boldsymbol{Q} = \boldsymbol{I}, \tag{8.4.5}$$

其中 $\boldsymbol{T}$ 是三对角矩阵. 该方法涉及 (a)“撕裂”$\boldsymbol{T}$ 成两部分，(b) 计算这两个部分的 Schur 分解，(c) 将这两个半 Schur 分解组合成所需的完整 Schur 分解. 整个算法由 Dongarra and Sorensen (1987) 给出，适用于并行计算.

我们首先展示 $\boldsymbol{T}$ 如何在秩 1 修正后被“撕”成两半. 为了简单起见，假设 $n = 2m$ 且 $\boldsymbol{T} \in \mathbb{R}^{n\times n}$ 由 (8.4.1) 给出. 定义 $\boldsymbol{v} \in \mathbb{R}^n$ 如下

$$\boldsymbol{v} = \begin{bmatrix} \boldsymbol{e}_m^{(m)} \\ \theta\,\boldsymbol{e}_1^{(m)} \end{bmatrix}, \qquad \theta \in \{-1, +1\}. \tag{8.4.6}$$

注意，对于所有 $\rho \in \mathbb{R}$，除“中间 4 个”元素外，矩阵 $\tilde{\boldsymbol{T}} = \boldsymbol{T} - \rho\boldsymbol{v}\boldsymbol{v}^{\mathrm{T}}$ 与 $\boldsymbol{T}$ 相同：

$$\tilde{T}(m:m+1, m:m+1) = \begin{bmatrix} \alpha_m - \rho & \beta_m - \rho\theta \\ \beta_m - \rho\,\theta & \alpha_{m+1} - \rho\,\theta^2 \end{bmatrix}.$$

如果令 $\rho\,\theta = \beta_m$，那么

$$\boldsymbol{T} = \begin{bmatrix} \boldsymbol{T}_1 & \boldsymbol{0} \\ \boldsymbol{0} & \boldsymbol{T}_2 \end{bmatrix} + \rho\boldsymbol{v}\boldsymbol{v}^{\mathrm{T}},$$

其中

$$\boldsymbol{T}_1 = \begin{bmatrix} \alpha_1 & \beta_1 & & \cdots & 0 \\ \beta_1 & \alpha_2 & \ddots & & \vdots \\ & \ddots & \ddots & \ddots & \\ \vdots & & \ddots & \ddots & \beta_{m-1} \\ 0 & \cdots & & \beta_{m-1} & \tilde{\alpha}_m \end{bmatrix}, \quad \boldsymbol{T}_2 = \begin{bmatrix} \tilde{\alpha}_{m+1} & \beta_{m+1} & & \cdots & 0 \\ \beta_{m+1} & \alpha_{m+2} & \ddots & & \vdots \\ & \ddots & \ddots & \ddots & \\ \vdots & & \ddots & \ddots & \beta_{n-1} \\ 0 & \cdots & & \beta_{n-1} & \alpha_n \end{bmatrix},$$

且 $\tilde{a}_m = a_m - \rho$, $\tilde{a}_{m+1} = a_{m+1} - \rho\theta^2$.

现在，假设我们有 $m \times m$ 正交矩阵 $\boldsymbol{Q}_1$ 和 $\boldsymbol{Q}_2$ 使得 $\boldsymbol{Q}_1^{\mathrm{T}}\boldsymbol{T}_1\boldsymbol{Q}_1 = \boldsymbol{D}_1$ 和 $\boldsymbol{Q}_2^{\mathrm{T}}\boldsymbol{T}_2\boldsymbol{Q}_2 = \boldsymbol{D}_2$ 都是对角矩阵. 如果令

$$\boldsymbol{U} = \begin{bmatrix} \boldsymbol{Q}_1 & \boldsymbol{0} \\ \boldsymbol{0} & \boldsymbol{Q}_2 \end{bmatrix},$$

那么

$$\boldsymbol{U}^{\mathrm{T}}\boldsymbol{T}\boldsymbol{U} = \boldsymbol{U}^{\mathrm{T}}\left(\begin{bmatrix} \boldsymbol{T}_1 & \boldsymbol{0} \\ \boldsymbol{0} & \boldsymbol{T}_2 \end{bmatrix} + \rho\boldsymbol{v}\boldsymbol{v}^{\mathrm{T}}\right)\boldsymbol{U} = \boldsymbol{D} + \rho\boldsymbol{z}\boldsymbol{z}^{\mathrm{T}},$$

其中

$$\boldsymbol{D} = \begin{bmatrix} \boldsymbol{D}_1 & \boldsymbol{0} \\ \boldsymbol{0} & \boldsymbol{D}_2 \end{bmatrix}$$

是对角矩阵且

$$\boldsymbol{z} = \boldsymbol{U}^{\mathrm{T}}\boldsymbol{v} = \begin{bmatrix} \boldsymbol{Q}_1^{\mathrm{T}}\boldsymbol{e}_m \\ \theta\boldsymbol{Q}_2^{\mathrm{T}}\boldsymbol{e}_1 \end{bmatrix}.$$

通过对这些等式的比较，我们可以看出，要有效地组合这两个半 Schur 分解，就需要快速而稳定地计算出正交矩阵 $\boldsymbol{V}$ 使得

$$\boldsymbol{V}^{\mathrm{T}}(\boldsymbol{D} + \rho\boldsymbol{z}\boldsymbol{z}^{\mathrm{T}})\boldsymbol{V} = \boldsymbol{\Lambda} = \mathrm{diag}(\lambda_1, \cdots, \lambda_n).$$

对此，我们在 8.4.3 节讨论过.

8.4.5 并行实现

在经历了撕裂和组合操作之后，我们现在可以演示如何并行实现整个过程. 为了清晰起见，假设对于某个正整数 N 有 $n = 8N$，并且做 3 层撕裂. 见图 8.4.1. 指标标记在二叉树上，在每个节点上，三对角矩阵 $T(b)$ 的 Schur 分解通过三对角矩阵 $T(b0)$ 和 $T(b1)$ 的特征系统得到. 例如，$N \times N$ 矩阵 $T(110)$ 和 $T(111)$ 的特征系统组合成 $2N \times 2N$ 三对角矩阵 $T(11)$ 的特征系统. 这个结构易于并行计算，原因是与树中的每个层次相关联的撕裂/组合都是独立的.

8.4.6 三对角矩阵反特征值问题

鉴于对称三角矩阵有丰富的结构特征，我们可以进一步思考**反特征值问题**. 假定 $\lambda_1, \cdots, \lambda_n$ 和 $\tilde{\lambda}_1, \cdots, \tilde{\lambda}_{n-1}$ 是给定的实数，满足以下条件

$$\lambda_1 > \tilde{\lambda}_1 > \lambda_2 > \cdots > \lambda'_{n-1} > \tilde{\lambda}_{n-1} > \lambda_n. \tag{8.4.7}$$

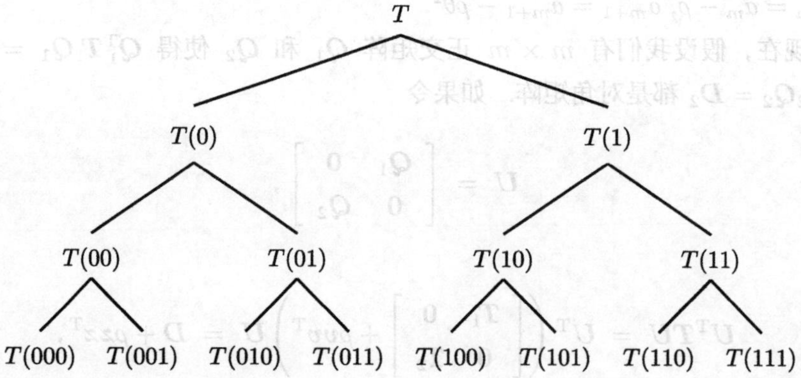

图 8.4.1　分而治之框架

目的是计算出一个对称三对角矩阵 $\boldsymbol{T} \in \mathbb{R}^{n\times n}$ 使得

$$\lambda(\boldsymbol{T}) = \{\lambda_1, \cdots, \lambda_n\}, \tag{8.4.8}$$

$$\lambda(T(2:n,2:n)) = \{\tilde{\lambda}_1, \cdots, \tilde{\lambda}_{n-1}\}. \tag{8.4.9}$$

反特征值问题出现在许多应用中，通常涉及计算具有特定谱性质的矩阵．综述见 Chu and Golub (2005)．我们的例子取自 Golub (1973)．

我们所考虑的问题可以描述为具有正交变换约束的 Householder 三对角化问题．定义

$$\boldsymbol{\Lambda} = \mathrm{diag}(\lambda_1, \cdots, \lambda_n),$$

且令 $\boldsymbol{Q}$ 是使得 $\boldsymbol{Q}^{\mathrm{T}}\boldsymbol{\Lambda}\boldsymbol{Q} = \boldsymbol{T}$ 是三对角矩阵的正交矩阵．有无限多种可能的矩阵 $\boldsymbol{Q}$ 满足这个条件，在每种情况下，矩阵 $\boldsymbol{T}$ 都满足 (8.4.8)．现在的挑战是选择 $\boldsymbol{Q}$ 使得 (8.4.9) 也成立．回想一下，由隐式 Q 定理（定理 8.3.2），三对角矩阵 $\boldsymbol{Q}$ 本质上是由其第一列决定的．因此，如果我们能够找到一种方法计算 $Q(:,1)$ 使得 (8.4.9) 成立，问题就解决了．

该方法的出发点是认识到 $T(2:n,2:n)$ 的特征值是在约束条件 $\boldsymbol{x}^{\mathrm{T}}\boldsymbol{x} = 1$ 和 $\boldsymbol{e}_1^{\mathrm{T}}\boldsymbol{x} = 0$ 下 $\boldsymbol{x}^{\mathrm{T}}\boldsymbol{T}\boldsymbol{x}$ 的稳定值．为了刻画这些稳定值，我们使用拉格朗日乘数法，并将其化为

$$\phi(\boldsymbol{x}, \lambda, \mu) = \boldsymbol{x}^{\mathrm{T}}\boldsymbol{T}\boldsymbol{x} - \lambda(\boldsymbol{x}^{\mathrm{T}}\boldsymbol{x} - 1) + 2\mu\boldsymbol{x}^{\mathrm{T}}\boldsymbol{e}_1$$

的梯度的零点，从而 $(\boldsymbol{T} - \lambda\boldsymbol{I})\boldsymbol{x} = -\mu\boldsymbol{e}_1$．因为 λ 是 $T(2:n,2:n)$ 的特征值而不是 $\boldsymbol{T}$ 的特征值，所以

$$\boldsymbol{x} = -\mu(\boldsymbol{T} - \lambda\boldsymbol{I})^{-1}\boldsymbol{e}_1.$$

因为 $e_1^{\mathrm{T}}x=0$，所以

$$0 = e_1^{\mathrm{T}}(T-\lambda I)^{-1}e_1 = e_1^{\mathrm{T}}(Q^{\mathrm{T}}\Lambda Q-\lambda I)^{-1}e_1 = \sum_{i=1}^{n}\frac{d_i^2}{\lambda_i-\lambda}, \tag{8.4.10}$$

其中

$$Q(:,1) = \begin{bmatrix} d_1 \\ \vdots \\ d_n \end{bmatrix}. \tag{8.4.11}$$

通过将等式 (8.4.10) 的两边乘以 $(\lambda_1-\lambda)\cdots(\lambda_n-\lambda)$，可以得出 $\tilde{\lambda}_1,\cdots,\tilde{\lambda}_{n-1}$ 是

$$p(\lambda) = \sum_{i=1}^{n} d_i^2 \prod_{\substack{j=1\\ j\neq i}}^{n}(\lambda_j-\lambda)$$

的零点. 由此，对某个标量 α 有

$$p(\lambda) = \alpha\cdot\prod_{j=1}^{n-1}(\tilde{\lambda}_j-\lambda).$$

通过比较 $p(\lambda)$ 在每个表达式中 λ^{n-1} 的系数，并注意 (8.4.11) 中 $d_1^2+\cdots+d_n^2=1$，我们得到 $\alpha=1$. 从等式

$$\sum_{i=1}^{n} d_i^2 \prod_{\substack{j=1\\ j\neq i}}^{n}(\lambda_j-\lambda) = \prod_{j=1}^{n-1}(\tilde{\lambda}_j-\lambda)$$

立刻可得

$$d_k^2 = \prod_{j=1}^{n-1}(\tilde{\lambda}_j-\lambda_k) \Bigg/ \prod_{\substack{j=1\\ j\neq k}}^{n}(\lambda_j-\lambda_k), \qquad k=1:n. \tag{8.4.12}$$

由 (8.4.7) 容易看出右边的数是正的，因此 (8.4.11) 可以用来确定 $d=Q(:,1)$ 的分量至多相差 ±1 因子. 一旦该向量可用，我们就可以确定所需的三对角矩阵 T，如下所示.

步骤 1. 设 P 是使得 $Pd=\pm1$ 的 Householder 矩阵，并令 $A=P^{\mathrm{T}}\Lambda P$.

步骤 2. 通过算法 8.3.1 计算三对角矩阵 $Q_1^{\mathrm{T}}AQ_1=T$ 并从实现中观察到 $Q_1(:,1)=e_1$.

步骤 3. 令 $Q=PQ_1$.

因此 $Q(:,1)=P(Q_1e_1)=Pe_1=\pm d$. 此时符号并不重要.

习 题

1. 假设 λ 是对称三对角矩阵 $\boldsymbol{T}$ 的特征值. 证明：如果 λ 的代数重数为 k，那么 $\boldsymbol{T}$ 至少有 $k-1$ 个次对角元为零.
2. 给出一种算法来确定 (8.4.6) 中的 ρ 和 θ，使得 $\theta \in \{-1,1\}$ 且 $\min\{|a_m-\rho|, |a_{m+1}-\rho|\}$ 最大化.
3. 令 $p_r(\lambda) = \det(T(1:r,1:r) - \lambda \boldsymbol{I}_r)$，其中 $\boldsymbol{T}$ 由 (8.4.1) 给出. 导出计算 $p_n'(\lambda)$ 的递归算法，并使用它开发一个牛顿迭代，使该迭代可以计算 $\boldsymbol{T}$ 的特征值.
4. 如果 $\boldsymbol{T}$ 是正定矩阵，那么 8.4.4 节中的矩阵 $\boldsymbol{T}_1$ 和 $\boldsymbol{T}_2$ 也是正定矩阵吗?
5. 假设 $\boldsymbol{A} = \boldsymbol{S} + \sigma \boldsymbol{u}\boldsymbol{u}^{\mathrm{T}}$，其中 $\boldsymbol{S} \in \mathbb{R}^{n\times n}$ 是反称矩阵，$\boldsymbol{u} \in \mathbb{R}^n$, $\sigma \in \mathbb{R}$. 说明如何计算正交矩阵 $\boldsymbol{Q}$ 使得 $\boldsymbol{Q}^{\mathrm{T}}\boldsymbol{A}\boldsymbol{Q} = \boldsymbol{T} + \sigma e_1 e_1^{\mathrm{T}}$，其中 $\boldsymbol{T}$ 是三对角反称矩阵.
6. 假设 λ 是不可约对称三对角矩阵 $\boldsymbol{T} \in \mathbb{R}^{n\times n}$ 的给定特征值. 说明如何从方程 $\boldsymbol{T}\boldsymbol{x} = \lambda \boldsymbol{x}$ 计算 $x(1:n-1)$ 使得 $x_n = 1$.
7. 验证 (8.4.12) 右边的数是正的.
8. 假设

$$\boldsymbol{A} = \begin{bmatrix} \boldsymbol{D} & \boldsymbol{v} \\ \boldsymbol{v}^{\mathrm{T}} & d_n \end{bmatrix},$$

其中 $\boldsymbol{D} = \mathrm{diag}(d_1, \cdots, d_{n-1})$ 有互不相同的对角元，$\boldsymbol{v} \in \mathbb{R}^{n-1}$ 无零元.

(a) 证明：如果 $\lambda \in \lambda(\boldsymbol{A})$，那么 $\boldsymbol{D} - \lambda \boldsymbol{I}_{n-1}$ 是非奇异矩阵.

(b) 证明：如果 $\lambda \in \lambda(\boldsymbol{A})$，那么 λ 是

$$f(\lambda) = \lambda + \sum_{k=1}^{n-1} \frac{v_k^2}{d_k - \lambda} - d_n$$

的零点.

8.5 Jacobi 方法

求解对称特征值问题的系列 Jacobi 方法由于其固有的并行性，目前引起了人们的关注. 这些方法的工作方式是执行一个正交相似修正序列 $\boldsymbol{A} \leftarrow \boldsymbol{Q}^{\mathrm{T}}\boldsymbol{A}\boldsymbol{Q}$，其属性是每个新 $\boldsymbol{A}$ 虽然是满的，但比其前一个“更具对角性”. 最终，非对角线元足够小，可以视为零.

在研究 Jacobi 方法背后的基本思想后，我们开发了一个并行 Jacobi 方法的程序.

8.5.1 Jacobi 思想

Jacobi 方法的思想是系统地减小

$$\mathsf{off}(\boldsymbol{A}) = \sqrt{\sum_{i=1}^{n}\sum_{\substack{j=1\\ j\neq i}}^{n} a_{ij}^2},$$

即非对角元素的 F-范数. 做这件事的工具是如下形式的旋转变换:

$$J(p,q,\theta) = \begin{bmatrix} 1 & \cdots & 0 & \cdots & 0 & \cdots & 0 \\ \vdots & \ddots & \vdots & & \vdots & & \vdots \\ 0 & \cdots & c & \cdots & s & \cdots & 0 \\ \vdots & & \vdots & \ddots & \vdots & & \vdots \\ 0 & \cdots & -s & \cdots & c & \cdots & 0 \\ \vdots & & \vdots & & \vdots & \ddots & \vdots \\ 0 & \cdots & 0 & \cdots & 0 & \cdots & 1 \end{bmatrix} \begin{matrix} \\ \\ p \\ \\ q \\ \\ \\ \end{matrix},$$

$$\qquad\qquad\qquad\qquad p \qquad\quad q$$

我们称之为 **Jacobi 旋转**. Jacobi 旋转与 Givens 旋转没什么差别, 见 5.1.8 节. 为了向发明人致敬, 我们在本节中对此做了名称的更改.

Jacobi 特征值计算过程的基本步骤是: (i) 选择满足 $1 \leqslant p < q \leqslant n$ 的指标对 (p,q); (ii) 计算余弦-正弦对 (c,s), 使得

$$\begin{bmatrix} b_{pp} & b_{pq} \\ b_{qp} & b_{qq} \end{bmatrix} = \begin{bmatrix} c & s \\ -s & c \end{bmatrix}^{\mathrm{T}} \begin{bmatrix} a_{pp} & a_{pq} \\ a_{qp} & a_{qq} \end{bmatrix} \begin{bmatrix} c & s \\ -s & c \end{bmatrix} \tag{8.5.1}$$

是对角矩阵; (iii) 用 $\boldsymbol{B} = \boldsymbol{J}^{\mathrm{T}}\boldsymbol{A}\boldsymbol{J}$ 覆盖 $\boldsymbol{A}$, 其中 $\boldsymbol{J} = J(p,q,\theta)$. 观察到矩阵 $\boldsymbol{B}$ 与 $\boldsymbol{A}$ 除了 p 和 q 这两行两列外是相同的. 此外, 由于 F-范数在正交变换下保持不变, 我们发现

$$a_{pp}^2 + a_{qq}^2 + 2a_{pq}^2 \;=\; b_{pp}^2 + b_{qq}^2 + 2b_{pq}^2 \;=\; b_{pp}^2 + b_{qq}^2.$$

由此得出

$$\begin{aligned} \mathsf{off}(\boldsymbol{B})^2 \;&=\; \|\,\boldsymbol{B}\,\|_F^2 - \sum_{i=1}^n b_{ii}^2 \;=\; \|\,\boldsymbol{A}\,\|_F^2 - \sum_{i=1}^n a_{ii}^2 \;+\; (a_{pp}^2 + a_{qq}^2 - b_{pp}^2 - b_{qq}^2) \\ &=\; \mathsf{off}(\boldsymbol{A})^2 - 2a_{pq}^2\,. \end{aligned} \tag{8.5.2}$$

在这个意义下, 执行每一个 Jacobi 步骤后, 矩阵 $\boldsymbol{A}$ 就向对角形式靠近一步.

在讨论如何选择指标对 (p,q) 之前, 让我们看一下与 (p,q) 子问题相关的实际计算.

8.5.2 2×2 对称 Schur 分解

对 (8.5.1) 对角化, 就是说

$$0 \;=\; b_{pq} \;=\; a_{pq}(c^2 - s^2) + (a_{pp} - a_{qq})cs. \tag{8.5.3}$$

如果 $a_{pq}=0$，那么我们只需令 $c=1$ 和 $s=0$. 否则，定义

$$\tau = \frac{a_{qq}-a_{pp}}{2a_{pq}} \quad 且 \quad t = s/c,$$

并从 (8.5.3) 中得出结论：$t=\tan(\theta)$ 是如下二次方程的解：

$$t^2+2\tau t-1=0\,.$$

事实证明，选择两个根中较小的是很重要的：

$$t_{\min} = \begin{cases} 1/(\tau+\sqrt{1+\tau^2}) & 如果\ \tau \geqslant 0, \\ 1/(\tau-\sqrt{1+\tau^2}) & 如果\ \tau < 0. \end{cases}$$

这意味着旋转角满足 $|\theta| \leqslant \pi/4$，并且具有最大化 c 的效果：

$$c = 1/\sqrt{1+t_{\min}^2}, \qquad s = t_{\min}\,c\,.$$

这反过来又将 $\boldsymbol{A}$ 与修正 $\boldsymbol{B}$ 的差的范数最小化：

$$\|\,\boldsymbol{B}-\boldsymbol{A}\,\|_F^2 \;=\; 4(1-c)\sum_{\substack{i=1\\ i\neq p,q}}^{n}(a_{ip}^2+a_{iq}^2) \;+\; 2a_{pq}^2/c^2.$$

我们将 2×2 的计算情况总结如下：

算法 8.5.1 给定 $n\times n$ 对称矩阵 $\boldsymbol{A}$ 以及满足 $1\leqslant p<q\leqslant n$ 的整数 p 和 q，算法计算余弦-正弦对 (c,s)，使得 $\boldsymbol{B}=J(p,q,\theta)^{\mathrm{T}}\boldsymbol{A}J(p,q,\theta)$ 蕴涵 $b_{pq}=b_{qp}=0$.

```
function [c, s] = symSchur2(A, p, q)
  if A(p,q) ≠ 0
    τ = (A(q,q) − A(p,p))/(2A(p,q))
    if τ ⩾ 0
      t = 1/(τ + √(1 + τ²))
    else
      t = 1/(τ − √(1 + τ²))
    end
    c = 1/√(1 + t²), s = tc
  else
    c = 1, s = 0
  end
```

8.5.3 经典 Jacobi 算法

正如我们前面提到的，当 (p,q) 子问题得到解决时，仅更改了 p 和 q 这两行和两列. 一旦 symSchur2 确定了 2×2 旋转，那么利用对称性，修正 $\boldsymbol{A}\leftarrow J(p,q,\theta)^{\mathrm{T}}\boldsymbol{A}J(p,q,\theta)$ 能在 $6n$ 个 flop 内实现.

如何选择指标 p 和 q? 从最大限度地减小 (8.5.2) 中的 $\mathsf{off}(\boldsymbol{A})$ 的角度来看，选择 (p,q) 使得 a_{pq}^2 最大化是合理的. 这正是经典 **Jacobi 算法**的基础.

算法 8.5.2 (经典 Jacobi 算法) 给定对称矩阵 $\boldsymbol{A}\in\mathbb{R}^{n\times n}$ 及容许误差 tol，算法用 $\boldsymbol{V}^{\mathrm{T}}\boldsymbol{A}\boldsymbol{V}$ 覆盖 $\boldsymbol{A}$，其中 $\boldsymbol{V}$ 是正交矩阵且 $\mathsf{off}(\boldsymbol{V}^{\mathrm{T}}\boldsymbol{A}\boldsymbol{V})\leqslant \mathsf{tol}\cdot\|\boldsymbol{A}\|_F$.

$V = I_n$, $\delta = \mathsf{tol}\cdot\|A\|_F$
while $\mathsf{off}(A)>\delta$
  选择 (p,q) 使得 $|a_{pq}|=\max_{i\neq j}|a_{ij}|$
  $[c,\ s] = \mathsf{symSchur2}(A,p,q)$
  $A = J(p,q,\theta)^{\mathrm{T}}A\,J(p,q,\theta)$
  $V = VJ(p,q,\theta)$
end

因为 $|a_{pq}|$ 是最大的非对角线元，所以

$$\mathsf{off}(\boldsymbol{A})^2 \leqslant N(a_{pq}^2+a_{qp}^2),$$

其中

$$N = \frac{n(n-1)}{2}.$$

根据 (8.5.2)，有

$$\mathsf{off}(\boldsymbol{B})^2 \leqslant \left(1-\frac{1}{N}\right)\mathsf{off}(\boldsymbol{A})^2.$$

由归纳法，如果 $\boldsymbol{A}^{(k)}$ 表示第 k 次 Jacobi 修正后的矩阵 $\boldsymbol{A}$，那么

$$\mathsf{off}(\boldsymbol{A}^{(k)})^2 \leqslant \left(1-\frac{1}{N}\right)^k\mathsf{off}(\boldsymbol{A}^{(0)})^2.$$

这意味着经典 Jacobi 过程以线性速度收敛.

然而，这个方法的渐近收敛速度明显优于线性收敛速度. Schonhage (1964) 和 van Kempen (1966) 证明了，对于足够大的 k，存在常数 c 使得

$$\mathsf{off}(\boldsymbol{A}^{(k+N)}) \leqslant c\cdot\mathsf{off}(\boldsymbol{A}^{(k)})^2,$$

即它是二次收敛的. Henrici (1958) 的一篇早期论文为 $\boldsymbol{A}$ 具有不同特征值的特例建立了同样的结果. 在 Jacobi 迭代的收敛理论中，其关键是 $|\theta|\leqslant\pi/4$. 另外，这

可以进一步地排除交换几乎收敛的对角元素的可能性. 这是根据 (8.5.1) 导出的公式 $b_{pp} = a_{pp} - ta_{pq}$ 和 $b_{qq} = a_{qq} + ta_{pq}$ 以及定义 $t = \sin(\theta)/\cos(\theta)$ 得到的.

通常将 N 次 Jacobi 修正称为一次扫描. 因此，经过足够数量迭代，在每次扫描后检查 $\mathsf{off}(\boldsymbol{A})$，就会观察到二次收敛的结果.

没有严格的理论可以预测对 $\mathsf{off}(\boldsymbol{A})$ 实现指定的约化所需的扫描数. 然而，Brent and Luk (1985) 直观地认为，扫描次数正比于 $\log(n)$，这似乎是实际情况.

8.5.4　按行循环算法

经典 Jacobi 方法的问题在于，修正涉及 $O(n)$ 个 flop，而对最优 (p, q) 的搜索需要 $O(n^2)$ 个 flop. 解决这种不平衡的一种方法是先解决一系列子问题. 一个合理的可能性是以逐行的方式分步求解所有的子问题. 例如，如果 $n = 4$，我们的循环如下：

$$(p, q) = (1,2), (1,3), (1,4), (2,3), (2,4), (3,4), (1,2), \cdots.$$

这种排序方案称为**按行循环**，相应的算法如下.

算法 8.5.3 (循环 Jacobi 算法)　给定对称矩阵 $\boldsymbol{A} \in \mathbb{R}^{n\times n}$ 和容许误差 tol，算法用 $\boldsymbol{V}^{\mathrm{T}}\boldsymbol{A}\boldsymbol{V}$ 覆盖 $\boldsymbol{A}$，其中 $\boldsymbol{V}$ 是正交矩阵且 $\mathsf{off}(\boldsymbol{V}^{\mathrm{T}}\boldsymbol{A}\boldsymbol{V}) \leqslant \mathsf{tol}\cdot\|\boldsymbol{A}\|_F$.

```
V = I_n,  δ = tol · ‖ A ‖_F
while off(A) > δ
  for p = 1 : n − 1
    for q = p + 1 : n
      [c, s] = symSchur2(A, p, q)
      A = J(p, q, θ)^T A J(p, q, θ)
      V = V J(p, q, θ)
    end
  end
end
```

循环 Jacobi 算法也是二次收敛的，见 Wilkinson (1962) 和 van Kempen (1966). 然而，由于它不需要非对角线的搜索，所以它比最初版本的 Jacobi 算法要快得多.

8.5.5　误差分析

使用 Wilkinson 误差分析可以证明，如果算法 8.5.3 需要 r 次扫描，那么对于 $\boldsymbol{A}$ 的特征值 λ_i 的某个排序，以及最后计算出的对角元 $d_1, \cdots, d_n$，有

$$\sum_{i=1}^{n}(d_i - \lambda_i)^2 \leqslant (\mathsf{tol} + k_r\mathbf{u})\,\|\boldsymbol{A}\|_F.$$

这里的参数 k_r 在一定程度上依赖于 r.

虽然循环 Jacobi 方法是二次收敛的，但它与对称 QR 算法相比一般不具有竞争性. 例如，如果我们只计算 flop 数，那么 Jacobi 方法的 2 次扫描大致相当于用带积累变换的完全 QR 约化成对角型的 flop 数. 然而，对于较小的 n 来说，这一差别并不是很大. 此外，如果已知一个近似特征向量矩阵 $\boldsymbol{V}$，那么 $\boldsymbol{V}^{\mathrm{T}}\boldsymbol{A}\boldsymbol{V}$ 几乎是对角矩阵，Jacobi 方法可以用于这种情况，但此时不能利用 QR 方法.

Jacobi 方法的另一个有趣的特点是，如果 $\boldsymbol{A}$ 是正定矩阵，它可以计算出具有较小相对误差的特征值. 为了解这一点，请注意，上面引用的 Wilkinson 分析以及 8.1 节中的扰动理论确保计算出的特征值 $\hat{\lambda}_1 \geqslant \cdots \geqslant \hat{\lambda}_n$ 满足

$$\frac{|\hat{\lambda}_i - \lambda_i(\boldsymbol{A})|}{\lambda_i(\boldsymbol{A})} \approx \mathbf{u}\frac{\|\boldsymbol{A}\|_2}{\lambda_i(\boldsymbol{A})} \leqslant \mathbf{u}\,\kappa_2(\boldsymbol{A}).$$

然而，Demmel and Veselić (1992) 的精细分量误差分析表明在正定情况下有

$$\frac{|\hat{\lambda}_i - \lambda_i(\boldsymbol{A})|}{\lambda_i(\boldsymbol{A})} \approx \mathbf{u}\,\kappa_2(\boldsymbol{D}^{-1}\boldsymbol{A}\boldsymbol{D}^{-1}), \tag{8.5.4}$$

其中 $\boldsymbol{D} = \mathrm{diag}(\sqrt{a_{11}}, \cdots, \sqrt{a_{nn}})$，这通常是一个更小的近似界. 建立这一结果的关键是一些新的扰动理论，如果 $\boldsymbol{A}_+$ 是从当前矩阵 $\boldsymbol{A}_c$ 计算出的 Jacobi 修正，那么 $\boldsymbol{A}_+$ 的特征值相对接近 (8.5.4) 意义下的 $\boldsymbol{A}_c$ 的特征值. 为了使整个过程在实践中发挥作用，终止标准不是基于比较 off($\boldsymbol{A}$) 与 $\mathbf{u}\|\boldsymbol{A}\|_F$，而是基于相对于 $\mathbf{u}\sqrt{a_{ii}a_{jj}}$ 来说每个 $|a_{ij}|$ 的大小.

8.5.6 分块 Jacobi 算法

通常情况下，我们需要在 p 个处理器的机器上求解 $n \gg p$ 的对称特征值问题. 在这种情况下，Jacobi 算法的分块版本可能是合适的. 上述过程的分块形式是直接的. 假设 $n = rN$，我们把 $n \times n$ 矩阵 $\boldsymbol{A}$ 划分如下：

$$\boldsymbol{A} = \begin{bmatrix} \boldsymbol{A}_{11} & \cdots & \boldsymbol{A}_{1N} \\ \vdots & & \vdots \\ \boldsymbol{A}_{N1} & \cdots & \boldsymbol{A}_{NN} \end{bmatrix},$$

其中每个 $\boldsymbol{A}_{ij}$ 是 $r \times r$ 矩阵. 在分块 Jacobi 过程中，(p, q) 子问题涉及计算 $2r \times 2r$ 的 Schur 分解

$$\begin{bmatrix} \boldsymbol{V}_{pp} & \boldsymbol{V}_{pq} \\ \boldsymbol{V}_{qp} & \boldsymbol{V}_{qq} \end{bmatrix}^{\mathrm{T}} \begin{bmatrix} \boldsymbol{A}_{pp} & \boldsymbol{A}_{pq} \\ \boldsymbol{A}_{qp} & \boldsymbol{A}_{qq} \end{bmatrix} \begin{bmatrix} \boldsymbol{V}_{pp} & \boldsymbol{V}_{pq} \\ \boldsymbol{V}_{qp} & \boldsymbol{V}_{qq} \end{bmatrix} = \begin{bmatrix} \boldsymbol{D}_{pp} & \boldsymbol{0} \\ \boldsymbol{0} & \boldsymbol{D}_{qq} \end{bmatrix},$$

然后，将由 V_{ij} 组成的分块 Jacobi 旋转应用于 A. 如果我们称这个分块旋转为 V，那么容易证明

$$\mathrm{off}(V^{\mathrm{T}}AV)^2 = \mathrm{off}(A)^2 - \left(2\|A_{pq}\|_F^2 + \mathrm{off}(A_{pp})^2 + \mathrm{off}(A_{qq})^2\right).$$

分块 Jacobi 方法有许多有趣的计算情形. 例如，有几种求解子问题的方法，而且选择似乎很关键. 见 Bischof (1987).

8.5.7　关于并行排序的一个注记

求解对称特征值问题的分块 Jacobi 方法具有固有的并行性，引起了广泛的关注. 关键的观察是，如果四个指标 i_1, j_1, i_2, j_2 是互不相同的，那么 (i_1, j_1) 子问题独立于 (i_2, j_2) 子问题. 此外，如果我们将 A 看作 $2m \times 2m$ 分块矩阵，那么就有可能将非对角指标对划分为 $2m-1$ 个旋转集，每个集合中都有 m 个不冲突的子问题.

直观化这个过程的一个好方法就是想象一场有 $2m$ 个选手的国际象棋锦标赛，要求每个人都必须和其他人恰好比赛一次. 假设 $m = 4$. 在“第一轮”中，选手 1 对选手 2，选手 3 对选手 4，选手 5 对选手 6，选手 7 对选手 8. 因此，有如下所示的 4 桌比赛：

1	3	5	7
2	4	6	8

.

这对应于第 1 个旋转集：

$$rot.set(1) = \{(1,2),(3,4),(5,6),(7,8)\}.$$

要设置第 2 轮到第 7 轮比赛，选手 1 不动，选手 2 到 8 以如下旋转的方式从一个桌子移动到另一个：

1	2	3	5
4	6	8	7

$$rot.set(2) = \{(1,4),(2,6),(3,8),(5,7)\},$$

1	4	2	3
6	8	7	5

$$rot.set(3) = \{(1,6),(4,8),(2,7),(3,5)\},$$

1	6	4	2
8	7	5	3

$$rot.set(4) = \{(1,8),(6,7),(4,5),(2,3)\},$$

1	8	6	4
7	5	3	2

$$rot.set(5) = \{(1,7),(5,8),(3,6),(2,4)\},$$

1	7	8	6
5	3	2	4

$$rot.set(6) = \{(1,5),(3,7),(2,8),(4,6)\},$$

1	5	7	8
3	2	4	6

$$rot.set(7) = \{(1,3),(2,5),(4,7),(6,8)\}.$$

按照这个顺序，7 个旋转集定义了 28 种可能的非对角线对的并行排序.

对于一般的 m，多处理器实现将涉及并行求解每个旋转集内的子问题. 虽然子问题旋转的生成是独立的，但是进行块相似变换修正需要一定的同步运算.

习　　题

1. 令标量 γ 与矩阵

$$\boldsymbol{A} = \begin{bmatrix} w & x \\ x & z \end{bmatrix}$$

都已给定. 需要计算一个正交矩阵

$$\boldsymbol{J} = \begin{bmatrix} c & s \\ -s & c \end{bmatrix}$$

使得 $\boldsymbol{J}^{\mathrm{T}}\boldsymbol{A}\boldsymbol{J}$ 的 (1,1) 元等于 γ. 证明：这一要求引出了方程

$$(w-\gamma)\tau^2 - 2x\tau + (z-\gamma) = 0,$$

其中 $\tau = c/s$. 验证：如果 γ 满足 $\lambda_2 \leqslant \gamma \leqslant \lambda_1$，那么这个二次式有实根，其中 λ_1 和 λ_2 都是 $\boldsymbol{A}$ 的特征值.

2. 令 $\boldsymbol{A} \in \mathbb{R}^{n\times n}$ 是对称矩阵. 给出一个算法计算分解

$$\boldsymbol{Q}^{\mathrm{T}}\boldsymbol{A}\boldsymbol{Q} = \gamma \boldsymbol{I} + \boldsymbol{F},$$

其中 $\boldsymbol{Q}$ 是 Jacobi 旋转的乘积，$\gamma = \mathrm{tr}(\boldsymbol{A})/n$，且 $\boldsymbol{F}$ 有零对角元. 讨论 $\boldsymbol{Q}$ 的唯一性.

3. 给出如下矩阵的 Jacobi 程序：(a) 反称矩阵，(b) 复 Hermite 矩阵.

4. 将 $n\times n$ 实对称矩阵 $\boldsymbol{A}$ 划分如下

$$\boldsymbol{A} = \begin{bmatrix} a & \boldsymbol{v}^{\mathrm{T}} \\ \boldsymbol{v} & \boldsymbol{A}_1 \end{bmatrix} \begin{matrix} 1 \\ n-1 \end{matrix}.$$
$$\qquad\quad\ \ 1 \quad n-1$$

令 $\boldsymbol{Q}$ 是 HouseHolder 矩阵，使得如果 $\boldsymbol{B} = \boldsymbol{Q}^{\mathrm{T}}\boldsymbol{A}\boldsymbol{Q}$，那么 $B(3:n,1) = \boldsymbol{0}$. 令 $\boldsymbol{J} = J(1,2,\theta)$ 已确定，使得如果 $\boldsymbol{C} = \boldsymbol{J}^{\mathrm{T}}\boldsymbol{B}\boldsymbol{J}$，那么 $c_{12} = 0,\ c_{11} \geqslant c_{22}$. 证明 $c_{11} \geqslant a + \|\boldsymbol{v}\|_2$. La Budde (1964) 提出了一种基于这个 Householder-Jacobi 计算的对称特征值问题的算法.

5. 在实现循环 Jacobi 算法时，如果 a_{pq} 的模小于某个与扫描相关的小参数，那么跳过约化 a_{pq} 是明智的，因为在 off($\boldsymbol{A}$) 中的净减少是不值得考虑的. 这导致了所谓的**阈值 Jacobi 方法**. Jacobi 算法的这个变形的细节见 Wilkinson (AEP，第 277 页). 证明：适当的阈值可以保证算法的收敛性.

6. 给定正整数 m，令 $M = (2m-1)m$. 开发一个算法，计算整数向量 $\boldsymbol{i}, \boldsymbol{j} \in \mathbb{R}^M$，使得 $(i_1, j_1), \cdots, (i_M, j_M)$ 定义并行排序.

8.6 计算 SVD

如果 $U^{\mathrm{T}}AV = B$ 是 $A \in \mathbb{R}^{m\times n}$ 的双对角分解，那么 $V^{\mathrm{T}}(A^{\mathrm{T}}A)V = B^{\mathrm{T}}B$ 是对称矩阵 $A^{\mathrm{T}}A \in \mathbb{R}^{n\times n}$ 的三对角分解. 因此，算法 5.4.2 (Householder 双对角化) 与算法 8.3.1 (Householder 三对角化) 之间有着密切的联系. 在本节中，我们进一步讨论这一点，并证明存在一个与对称三对角 QR 迭代相对应的双对角 SVD 过程. 在进入细节之前，我们将列出一些与算法相关的 SVD 的重要性质.

8.6.1 与对称特征值问题的联系

矩阵 A 的奇异值分解与对称矩阵

$$S_1 = A^{\mathrm{T}}A, \qquad S_2 = AA^{\mathrm{T}}, \qquad S_3 = \begin{bmatrix} 0 & A^{\mathrm{T}} \\ A & 0 \end{bmatrix}$$

的 Schur 分解之间有着重要的联系. 事实上，如果

$$U^{\mathrm{T}}AV = \mathrm{diag}(\sigma_1, \cdots, \sigma_n)$$

是 $A \in \mathbb{R}^{m\times n}$ $(m \geqslant n)$ 的 SVD，那么

$$V^{\mathrm{T}}(A^{\mathrm{T}}A)V = \mathrm{diag}(\sigma_1^2, \cdots, \sigma_n^2) \in \mathbb{R}^{n\times n}, \tag{8.6.1}$$

$$U^{\mathrm{T}}(AA^{\mathrm{T}})U = \mathrm{diag}(\sigma_1^2, \cdots, \sigma_n^2, \underbrace{0, \cdots, 0}_{m-n}) \in \mathbb{R}^{m\times m}. \tag{8.6.2}$$

此外，如果

$$U = [\, \underset{n}{U_1} \,|\, \underset{m-n}{U_2} \,]$$

并且定义正交矩阵 $Q \in \mathbb{R}^{(m+n)\times(m+n)}$ 如下

$$Q = \frac{1}{\sqrt{2}}\begin{bmatrix} V & V & 0 \\ U_1 & -U_1 & \sqrt{2}\,U_2 \end{bmatrix},$$

那么

$$Q^{\mathrm{T}}\begin{bmatrix} 0 & A^{\mathrm{T}} \\ A & 0 \end{bmatrix}Q = \mathrm{diag}(\sigma_1, \cdots, \sigma_n, -\sigma_1, \cdots, -\sigma_n, \underbrace{0, \cdots, 0}_{m-n}). \tag{8.6.3}$$

这些与对称特征问题的联系，使我们能发展前面各节的数学和算法结果，使其适应奇异值问题. 这部分内容很好的参考资料包括 Lawson and Hanson (SLS) 以及 Stewart and Sun (MPT).

8.6.2 扰动理论与性质

我们首先根据 8.1 节的定理建立 SVD 的扰动结果. 回想一下, $\sigma_i(\boldsymbol{A})$ 表示 $\boldsymbol{A}$ 的第 i 大奇异值.

定理 8.6.1 如果 $\boldsymbol{A} \in \mathbb{R}^{m\times n}$, 那么对于 $k = 1 : \min\{m,n\}$ 有

$$\sigma_k(\boldsymbol{A}) = \min_{\dim(S)=n-k+1} \max_{\substack{\boldsymbol{x}\in S\\ \boldsymbol{y}\in\mathbb{R}^m}} \frac{\boldsymbol{y}^{\mathrm{T}}\boldsymbol{A}\boldsymbol{x}}{\|\boldsymbol{x}\|_2\|\boldsymbol{y}\|_2} = \max_{\dim(S)=k} \min_{\boldsymbol{x}\in S} \frac{\|\boldsymbol{A}\boldsymbol{x}\|_2}{\|\boldsymbol{x}\|_2}.$$

在这个表达式中, S 是 $\mathbb{R}^n$ 的子空间.

证明 最右边的等式来自于将定理 8.1.2 应用于 $\boldsymbol{A}^{\mathrm{T}}\boldsymbol{A}$. 证明的其余部分见 Xiang (2006). □

推论 8.6.2 如果 $\boldsymbol{A}, \boldsymbol{A}+\boldsymbol{E}$ 都属于 $\mathbb{R}^{m\times n}$ 且 $m \geqslant n$, 那么对于 $k=1:n$ 有

$$|\sigma_k(\boldsymbol{A}+\boldsymbol{E}) - \sigma_k(\boldsymbol{A})| \leqslant \sigma_1(\boldsymbol{E}) = \|\boldsymbol{E}\|_2.$$

证明 定义 $\tilde{\boldsymbol{A}}$ 和 $\tilde{\boldsymbol{E}}$ 如下:

$$\tilde{\boldsymbol{A}} = \begin{bmatrix} \boldsymbol{0} & \boldsymbol{A}^{\mathrm{T}} \\ \boldsymbol{A} & \boldsymbol{0} \end{bmatrix}, \qquad \tilde{\boldsymbol{A}}+\tilde{\boldsymbol{E}} = \begin{bmatrix} \boldsymbol{0} & (\boldsymbol{A}+\boldsymbol{E})^{\mathrm{T}} \\ \boldsymbol{A}+\boldsymbol{E} & \boldsymbol{0} \end{bmatrix}. \tag{8.6.4}$$

将推论 8.1.6 中的 $\boldsymbol{A}$ 替换为 $\tilde{\boldsymbol{A}}$, $\boldsymbol{A}+\boldsymbol{E}$ 替换为 $\tilde{\boldsymbol{A}}+\tilde{\boldsymbol{E}}$, 即得到此推论. □

推论 8.6.3 对于 $m \geqslant n$, 令 $\boldsymbol{A} = [\, a_1 \,|\cdots|\, a_n \,] \in \mathbb{R}^{m\times n}$ 是一个列划分. 如果 $\boldsymbol{A}_r = [\, a_1 \,|\cdots|\, a_r \,]$, 那么对于 $r = 1 : n-1$ 有

$$\sigma_1(\boldsymbol{A}_{r+1}) \geqslant \sigma_1(\boldsymbol{A}_r) \geqslant \sigma_2(\boldsymbol{A}_{r+1}) \geqslant \cdots \geqslant \sigma_r(\boldsymbol{A}_{r+1}) \geqslant \sigma_r(\boldsymbol{A}_r) \geqslant \sigma_{r+1}(\boldsymbol{A}_{r+1}).$$

证明 将推论 8.1.7 应用于 $\boldsymbol{A}^{\mathrm{T}}\boldsymbol{A}$. □

下一个结果是关于奇异值的 Wielandt-Hoffman 定理:

定理 8.6.4 如果 $\boldsymbol{A}$ 和 $\boldsymbol{A}+\boldsymbol{E}$ 都属于 $\mathbb{R}^{m\times n}$ 且 $m \geqslant n$, 那么

$$\sum_{k=1}^{n} (\sigma_k(\boldsymbol{A}+\boldsymbol{E}) - \sigma_k(\boldsymbol{A}))^2 \leqslant \|\boldsymbol{E}\|_F^2.$$

证明 应用定理 8.1.4, 将 $\boldsymbol{A}$ 和 $\boldsymbol{E}$ 替换为 (8.6.4) 中定义的矩阵 $\tilde{\boldsymbol{A}}$ 和 $\tilde{\boldsymbol{E}}$. □

对于 $\boldsymbol{A} \in \mathbb{R}^{m\times n}$, 如果 $\boldsymbol{x} \in S, \boldsymbol{y} \in T$ 意味着 $\boldsymbol{A}\boldsymbol{x} \in T$ 且 $\boldsymbol{A}^{\mathrm{T}}\boldsymbol{y} \in S$, 我们称 k 维子空间 $S \subseteq \mathbb{R}^n$ 和 $T \subseteq \mathbb{R}^m$ **构成奇异子空间对**. 下面的定理是关于奇异子空间对的扰动的.

定理 8.6.5 对于 $m \geqslant n$, 给定 $\boldsymbol{A}, \boldsymbol{E} \in \mathbb{R}^{m\times n}$, 假定 $\boldsymbol{V} \in \mathbb{R}^{n\times n}$ 和 $\boldsymbol{U} \in \mathbb{R}^{m\times m}$ 都是正交矩阵. 假设

$$\boldsymbol{V} = [\,\underset{r}{\boldsymbol{V}_1} \mid \underset{n-r}{\boldsymbol{V}_2}\,], \qquad \boldsymbol{U} = [\,\underset{r}{\boldsymbol{U}_1} \mid \underset{m-r}{\boldsymbol{U}_2}\,],$$

且 $\operatorname{ran}(\boldsymbol{V}_1)$ 和 $\operatorname{ran}(\boldsymbol{U}_1)$ 构成 $\boldsymbol{A}$ 的奇异子空间对. 令

$$\boldsymbol{U}^{\mathrm{T}}\boldsymbol{A}\boldsymbol{V} = \begin{bmatrix} \boldsymbol{A}_{11} & \boldsymbol{0} \\ \boldsymbol{0} & \boldsymbol{A}_{22} \end{bmatrix} \begin{matrix} r \\ m-r \end{matrix}, \qquad \boldsymbol{U}^{\mathrm{T}}\boldsymbol{E}\boldsymbol{V} = \begin{bmatrix} \boldsymbol{E}_{11} & \boldsymbol{E}_{12} \\ \boldsymbol{E}_{21} & \boldsymbol{E}_{22} \end{bmatrix} \begin{matrix} r \\ m-r \end{matrix},$$
$$\qquad\qquad r \quad n-r \qquad\qquad\qquad\qquad r \quad n-r$$

假设

$$\delta = \min_{\substack{\sigma\in\sigma(\boldsymbol{A}_{11}) \\ \gamma\in\sigma(\boldsymbol{A}_{22})}} |\sigma - \gamma| > 0.$$

如果

$$\|\boldsymbol{E}\|_F \leqslant \frac{\delta}{5}.$$

那么存在满足

$$\left\| \begin{bmatrix} \boldsymbol{Q} \\ \boldsymbol{P} \end{bmatrix} \right\|_F \leqslant 4\frac{\|\boldsymbol{E}\|_F}{\delta}$$

的矩阵 $\boldsymbol{P} \in \mathbb{R}^{(n-r)\times r}$ 和 $\boldsymbol{Q} \in \mathbb{R}^{(m-r)\times r}$, 使得 $\operatorname{ran}(\boldsymbol{V}_1 + \boldsymbol{V}_2\boldsymbol{Q})$ 和 $\operatorname{ran}(\boldsymbol{U}_1 + \boldsymbol{U}_2\boldsymbol{P})$ 是 $\boldsymbol{A}+\boldsymbol{E}$ 的奇异子空间对.

证明 见 Stewart (1973, 定理 6.4). □

粗略地说，这个定理是说 $\boldsymbol{A}$ 中的 $O(\epsilon)$ 变化使奇异子空间发生 ϵ/δ 量级的变化，其中 δ 度量了相关奇异值的分离度.

8.6.3 SVD 算法

我们现在演示如何使用 QR 算法的一个变形来计算 $\boldsymbol{A} \in \mathbb{R}^{m\times n}$ 的 SVD，其中 $m \geqslant n$. 初步来看，这似乎是直接的. 等式 (8.6.1) 建议我们按以下方式进行.

步骤 1. 形成 $\boldsymbol{C} = \boldsymbol{A}^{\mathrm{T}}\boldsymbol{A}$.

步骤 2. 使用对称 QR 算法计算 $\boldsymbol{V}_1^{\mathrm{T}}\boldsymbol{C}\boldsymbol{V}_1 = \operatorname{diag}(\sigma_i^2)$.

步骤 3. 把列选主元 QR 算法应用于 $\boldsymbol{A}\boldsymbol{V}_1$，获得 $\boldsymbol{U}^{\mathrm{T}}(\boldsymbol{A}\boldsymbol{V}_1)\boldsymbol{\Pi} = \boldsymbol{R}$.

由于 $\boldsymbol{R}$ 有正交列，因此 $\boldsymbol{U}^{\mathrm{T}}\boldsymbol{A}(\boldsymbol{V}_1\boldsymbol{\Pi})$ 是对角矩阵. 但是，正如我们在 5.3.2 节看到的，$\boldsymbol{A}^{\mathrm{T}}\boldsymbol{A}$ 的形成会导致信息的丢失. 因为原始矩阵 $\boldsymbol{A}$ 是用来计算 $\boldsymbol{U}$ 的，这种情况并不是很糟糕.

Golub and Kahan (1965) 描述了一种较好的计算奇异值的方法. 他们的技术把隐式对称 QR 算法应用于 $\boldsymbol{A}^{\mathrm{T}}\boldsymbol{A}$，同时计算 $\boldsymbol{U}$ 和 $\boldsymbol{V}$. 第一步是使用算法 5.4.2 将 $\boldsymbol{A}$ 约化为上双对角形式：

$$\boldsymbol{U}_B^{\mathrm{T}}\boldsymbol{A}\boldsymbol{V}_B = \begin{bmatrix} \boldsymbol{B} \\ \boldsymbol{0} \end{bmatrix}, \qquad \boldsymbol{B} = \begin{bmatrix} d_1 & f_1 & & \cdots & 0 \\ 0 & d_2 & \ddots & & \vdots \\ & \ddots & \ddots & \ddots & \\ \vdots & & \ddots & \ddots & f_{n-1} \\ 0 & \cdots & & 0 & d_n \end{bmatrix} \in \mathbb{R}^{n\times n}.$$

因此，剩下的问题是计算 $\boldsymbol{B}$ 的 SVD. 为此，考虑将隐式移位 QR 步骤（算法 8.3.2）应用于三对角矩阵 $\boldsymbol{T} = \boldsymbol{B}^{\mathrm{T}}\boldsymbol{B}$.

步骤 1. 计算

$$T(m:n,m:n) = \begin{bmatrix} d_m^2 + f_{m-1}^2 & d_m f_m \\ d_m f_m & d_n^2 + f_m^2 \end{bmatrix}, \qquad m = n-1$$

的接近于 $d_n^2 + f_m^2$ 的特征值 λ.

步骤 2. 计算 $c_1 = \cos(\theta_1)$ 和 $s_1 = \sin(\theta_1)$ 使得

$$\begin{bmatrix} c_1 & s_1 \\ -s_1 & c_1 \end{bmatrix}^{\mathrm{T}} \begin{bmatrix} d_1^2 - \lambda \\ d_1 f_1 \end{bmatrix} = \begin{bmatrix} \times \\ 0 \end{bmatrix},$$

并且令 $\boldsymbol{G}_1 = G(1,2,\theta_1)$.

步骤 3. 计算 Givens 旋转 $\boldsymbol{G}_2,\cdots,\boldsymbol{G}_{n-1}$，使得如果 $\boldsymbol{Q} = \boldsymbol{G}_1\cdots\boldsymbol{G}_{n-1}$，那么 $\boldsymbol{Q}^{\mathrm{T}}\boldsymbol{T}\boldsymbol{Q}$ 是三对角矩阵且 $\boldsymbol{Q}\boldsymbol{e}_1 = \boldsymbol{G}_1\boldsymbol{e}_1$.

注意，这些计算需要显式的 $\boldsymbol{B}^{\mathrm{T}}\boldsymbol{B}$，正如所见，从数值的角度来看这是不明智的.

取而代之的，假设我们直接将上面的 Givens 旋转 $\boldsymbol{G}_1$ 应用于 $\boldsymbol{B}$. 举例说明 n=6 的情况，我们有

$$\boldsymbol{B} \leftarrow \boldsymbol{B}\boldsymbol{G}_1 = \begin{bmatrix} \times & \times & 0 & 0 & 0 & 0 \\ + & \times & \times & 0 & 0 & 0 \\ 0 & 0 & \times & \times & 0 & 0 \\ 0 & 0 & 0 & \times & \times & 0 \\ 0 & 0 & 0 & 0 & \times & \times \\ 0 & 0 & 0 & 0 & 0 & \times \end{bmatrix}.$$

然后，我们可以确定 Givens 旋转 $\boldsymbol{U}_1, \boldsymbol{V}_2, \boldsymbol{U}_2, \cdots, \boldsymbol{V}_{n-1}$ 和 $\boldsymbol{U}_{n-1}$，以便将不想要的非零元素沿着双对角线向下移动：

$$B \leftarrow U_1^{\mathrm{T}} B = \begin{bmatrix} \times & \times & + & 0 & 0 & 0 \\ 0 & \times & \times & 0 & 0 & 0 \\ 0 & 0 & \times & \times & 0 & 0 \\ 0 & 0 & 0 & \times & \times & 0 \\ 0 & 0 & 0 & 0 & \times & \times \\ 0 & 0 & 0 & 0 & 0 & \times \end{bmatrix}, \quad B \leftarrow B V_2 = \begin{bmatrix} \times & \times & 0 & 0 & 0 & 0 \\ 0 & \times & \times & 0 & 0 & 0 \\ 0 & + & \times & \times & 0 & 0 \\ 0 & 0 & 0 & \times & \times & 0 \\ 0 & 0 & 0 & 0 & \times & \times \\ 0 & 0 & 0 & 0 & 0 & \times \end{bmatrix},$$

$$B \leftarrow U_2^{\mathrm{T}} B = \begin{bmatrix} \times & \times & 0 & 0 & 0 & 0 \\ 0 & \times & \times & + & 0 & 0 \\ 0 & 0 & \times & \times & 0 & 0 \\ 0 & 0 & 0 & \times & \times & 0 \\ 0 & 0 & 0 & 0 & \times & \times \\ 0 & 0 & 0 & 0 & 0 & \times \end{bmatrix}, \quad B \leftarrow B V_3 = \begin{bmatrix} \times & \times & 0 & 0 & 0 & 0 \\ 0 & \times & \times & 0 & 0 & 0 \\ 0 & 0 & \times & \times & 0 & 0 \\ 0 & 0 & + & \times & \times & 0 \\ 0 & 0 & 0 & 0 & \times & \times \\ 0 & 0 & 0 & 0 & 0 & \times \end{bmatrix},$$

如此等等. 这个进程终止时得到新的双对角矩阵 $\tilde{B}$ 与矩阵 B 的关系如下：

$$\tilde{B} = (U_{n-1}^{\mathrm{T}} \cdots U_1^{\mathrm{T}}) B (G_1 V_2 \cdots V_{n-1}) = \tilde{U}^{\mathrm{T}} B \tilde{V}.$$

对于 $i = 2 : n-1$，每个 V_i 具有形式 $V_i = G(i, i+1, \theta_i)$，由此得出 $\bar{V} e_1 = Q e_1$. 根据隐式 Q 定理，我们可以断定 $\bar{V}$ 和 Q 本质上是相同的. 因此，通过直接处理双对角矩阵 B，可以隐式地实现从 T 到 $\bar{T} = \bar{B}^{\mathrm{T}} \bar{B}$ 的转换.

当然，要使这些结论成立，就必须要求处理的三对角矩阵是不可约的. 由于 $B^{\mathrm{T}} B$ 的次对角元的形式为 $d_i f_i$，因此很明显，我们必须搜索双对角带上的零元. 如果对于某个 k 有 f_k=0，那么

$$B = \begin{bmatrix} B_1 & 0 \\ 0 & B_2 \end{bmatrix} \begin{matrix} k \\ n-k \end{matrix}, \qquad \begin{matrix} k & n-k \end{matrix}$$

并且将原 SVD 问题分解为两个较小的问题，分别涉及矩阵 B_1 和矩阵 B_2. 如果对于某个 $k < n$ 有 $d_k = 0$，那么左乘 Givens 变换序列可以使 f_k 为零. 例如，如果 $n = 6, k = 3$，那么通过行旋转平面 (3, 4)(3, 5)(3, 6)，我们可以使整个第 3 行为零:

$$B = \begin{bmatrix} \times & \times & 0 & 0 & 0 & 0 \\ 0 & \times & \times & 0 & 0 & 0 \\ 0 & 0 & 0 & \times & 0 & 0 \\ 0 & 0 & 0 & \times & \times & 0 \\ 0 & 0 & 0 & 0 & \times & \times \\ 0 & 0 & 0 & 0 & 0 & \times \end{bmatrix} \xrightarrow{(3,4)} \begin{bmatrix} \times & \times & 0 & 0 & 0 & 0 \\ 0 & \times & \times & 0 & 0 & 0 \\ 0 & 0 & 0 & 0 & + & 0 \\ 0 & 0 & 0 & \times & \times & 0 \\ 0 & 0 & 0 & 0 & \times & \times \\ 0 & 0 & 0 & 0 & 0 & \times \end{bmatrix}$$

$$\xrightarrow{(3,5)}\begin{bmatrix} \times & \times & 0 & 0 & 0 & 0 \\ 0 & \times & \times & 0 & 0 & 0 \\ 0 & 0 & 0 & 0 & 0 & + \\ 0 & 0 & 0 & \times & \times & 0 \\ 0 & 0 & 0 & 0 & \times & \times \\ 0 & 0 & 0 & 0 & 0 & \times \end{bmatrix}\xrightarrow{(3,6)}\begin{bmatrix} \times & \times & 0 & 0 & 0 & 0 \\ 0 & \times & \times & 0 & 0 & 0 \\ 0 & 0 & 0 & 0 & 0 & 0 \\ 0 & 0 & 0 & \times & \times & 0 \\ 0 & 0 & 0 & 0 & \times & \times \\ 0 & 0 & 0 & 0 & 0 & \times \end{bmatrix}.$$

如果 $d_n=0$，那么最后一列可以用平面 $(n-1,n),(n-2,n),\cdots,(1,n)$ 的列旋转来化零. 因此，如果 $f_1\cdots f_{n-1}=0$ 或 $d_1\cdots d_n=0$，那么可以解耦. 综合起来，我们得到了算法 8.3.2 的如下 SVD 形式.

算法 8.6.1 (Golub-Kahan SVD 步骤) 给定双对角矩阵 $\boldsymbol{B}\in\mathbb{R}^{m\times n}$，其对角线或上对角线没有零，算法用双对角矩阵 $\bar{\boldsymbol{B}}=\bar{\boldsymbol{U}}^{\mathrm{T}}\boldsymbol{B}\bar{\boldsymbol{V}}$ 覆盖 $\boldsymbol{B}$，其中 $\bar{\boldsymbol{U}}$ 和 $\bar{\boldsymbol{V}}$ 都是正交矩阵，$\bar{\boldsymbol{V}}$ 本质上是应用算法 8.3.2 于 $\boldsymbol{T}=\boldsymbol{B}^{\mathrm{T}}\boldsymbol{B}$ 得到的正交矩阵.

设 μ 是 $T=B^{\mathrm{T}}B$ 的尾部 2×2 子矩阵的更接近 t_{nn} 的特征值.

$y=t_{11}-\mu$

$z=t_{12}$

for $k=1:n-1$

  确定 $c=\cos(\theta)$ 和 $s=\sin(\theta)$ 使得

$$\begin{bmatrix} y & z \end{bmatrix}\begin{bmatrix} c & s \\ -s & c \end{bmatrix}=\begin{bmatrix} * & 0 \end{bmatrix}.$$

  $B\ =\ B\cdot G(k,k+1,\theta)$

  $y=b_{kk}$

  $z\ =\ b_{k+1,k}$

  确定 $c=\cos(\theta)$ 和 $s=\sin(\theta)$ 使得

$$\begin{bmatrix} c & s \\ -s & c \end{bmatrix}^{\mathrm{T}}\begin{bmatrix} y \\ z \end{bmatrix}=\begin{bmatrix} * \\ 0 \end{bmatrix}.$$

  $B=G(k,k+1,\theta)^{\mathrm{T}}B$

  if $k<n-1$

    $y=b_{k,k+1}$

    $z=b_{k,k+2}$

  end

end

这个算法的一个有效实现是在向量 $d(1:n)$ 和 $f(1:n-1)$ 中分别存储 $\boldsymbol{B}$ 的对角元和上对角元，这需要 $30n$ 个 flop 和 $2n$ 个平方根运算. 累积 $\boldsymbol{U}$ 需要 $6mn$ 个 flop. 累积 $\boldsymbol{V}$ 需要 $6n^2$ 个 flop.

通常，经过上述几次 SVD 迭代之后，上对角元 f_{n-1} 变得可以忽略不计. 确定 $\boldsymbol{B}$ 带中的元是微小的标准的通常形式是

$$\begin{aligned}|f_i| &\leqslant \mathsf{tol}\cdot(\,|d_i| + |d_{i+1}|\,),\\ |d_i| &\leqslant \mathsf{tol}\cdot\|\,\boldsymbol{B}\,\|,\end{aligned}$$

其中 tol 是单位舍入的一个小倍数，$\|\cdot\|$ 是一些方便计算的范数. 结合算法 5.4.2（双对角化）、算法 8.6.1 和前面提到的分解计算，得出以下算法.

算法 8.6.2 (SVD 算法)　给定 $\boldsymbol{A}\in\mathbb{R}^{m\times n}\,(m\geqslant n)$ 和单位舍入的一个小倍数 ϵ，算法用 $\boldsymbol{U}^{\mathrm{T}}\boldsymbol{A}\boldsymbol{V}=\boldsymbol{D}+\boldsymbol{E}$ 覆盖 $\boldsymbol{A}$，其中 $\boldsymbol{U}\in\mathbb{R}^{m\times m}$ 和 $\boldsymbol{V}\in\mathbb{R}^{n\times n}$ 是正交矩阵，$\boldsymbol{D}\in\mathbb{R}^{m\times n}$ 是对角矩阵，$\boldsymbol{E}$ 满足 $\|\,\boldsymbol{E}\,\|_2\approx\mathbf{u}\|\,\boldsymbol{A}\,\|_2$.

使用算法 5.4.2 计算双对角化.

$$\begin{bmatrix} B\\ 0\end{bmatrix}\leftarrow (U_1\cdots U_n)^{\mathrm{T}}A(V_1\cdots V_{n-2}).$$

util $q=n$

　对于 $i=1:n-1$，如果 $|b_{i,i+1}|\leqslant\epsilon(|b_{ii}|+|b_{i+1,i+1}|)$，那么令 $b_{i,i+1}$ 为零.

　找到最大的 q 和最小的 p，使得如果

$$B=\begin{bmatrix} B_{11} & 0 & 0\\ 0 & B_{22} & 0\\ 0 & 0 & B_{33}\end{bmatrix}\begin{matrix} p\\ n-p-q\\ q\end{matrix},$$

$$\qquad\quad p\qquad n-p-q\qquad q$$

　　那么 B_{33} 是对角矩阵，且 B_{22} 具有非零的上对角线.

　if $q<n$

　　if B_{22} 中的任何对角元为零，那么

　　　同一行中的上对角元化为零.

　　else

　　　将算法 8.6.1 应用到 B_{22}.

　　　$B=\mathrm{diag}(I_p,U,I_{q+m-n})^{\mathrm{T}}B\,\mathrm{diag}(I_p,V,I_q)$

　　end

　end

end

这个算法所需的工作量取决于所需的 SVD 的多少. 例如，在解 LS 问题时，不需要显式形成 $\boldsymbol{U}^{\mathrm{T}}$，而只是将算法应用于 b. 在其他应用中，只需要矩阵 $\boldsymbol{U}_1=U(:,1:n)$. 影响算法 8.6.2 工作量的另一个方面涉及我们在 5.4.9 节中讨论的对 $\boldsymbol{R}$

双对角化思想. 回想一下，除非 $\boldsymbol{A}$ 是“几乎方形的”，否则通过 QR 方法将 $\boldsymbol{A}$ 约化为三角形式和双对角化之前都需要工作量. 如果在 SVD 中使用 $\boldsymbol{R}$ 双对角化，那么我们将整个过程称为 ***R*-SVD**. 表 8.6.1 总结了与各种可能性相关的工作量. 通过比较此表中的数据（仅作为工作量的近似估计），我们得出结论：除非 $m \approx n$，否则 R-SVD 方法是更有效的.

表 8.6.1 各种 SVD 相关的算法的工作量

需要计算	Golub-Reinsch SVD	*R*-SVD
$\boldsymbol{\Sigma}$	$4mn^2 - 4n^3/3$	$2mn^2 + 2n^3$
$\boldsymbol{\Sigma}, \boldsymbol{V}$	$4mn^2 + 8n^3$	$2mn^2 + 11n^3$
$\boldsymbol{\Sigma}, \boldsymbol{U}$	$4m^2n + 8mn^2$	$4m^2n + 13n^3$
$\boldsymbol{\Sigma}, \boldsymbol{U}_1$	$14mn^2 - 2n^3$	$6mn^2 + 11n^3$
$\boldsymbol{\Sigma}, \boldsymbol{U}, \boldsymbol{V}$	$4m^2n + 8mn^2 + 9n^3$	$4m^2n + 22n^3$
$\boldsymbol{\Sigma}, \boldsymbol{U}_1, \boldsymbol{V}$	$14mn^2 + 8n^3$	$6mn^2 + 20n^3$

8.6.4 Jacobi SVD 算法

用 8.5 节中的 Jacobi 算法来求解 SVD 问题是很简单的. 我们不是求解 2×2 对称特征问题，而是求解一系列 2×2 SVD 问题. 因此，对于给定的指标对 (p,q)，我们计算一对旋转使得下式成立

$$\begin{bmatrix} c_1 & s_1 \\ -s_1 & c_1 \end{bmatrix}^{\mathrm{T}} \begin{bmatrix} a_{pp} & a_{pq} \\ a_{qp} & a_{qq} \end{bmatrix} \begin{bmatrix} c_2 & s_2 \\ -s_2 & c_2 \end{bmatrix} = \begin{bmatrix} d_p & 0 \\ 0 & d_q \end{bmatrix}.$$

见习题 5. 这个算法称为**双边 Jacobi 算法**，因为每次修正都涉及左乘和右乘.

单边 Jacobi 算法涉及系一列成对的列正交化. 对给定的指标 (p,q)，确定 Jacobi 旋转 $J(p,q,\theta)$ 使得 $\boldsymbol{A}J(p,q,\theta)$ 的 p 列和 q 列是互相正交的. 见习题 8. 注意，这对应于对 $\boldsymbol{A}^{\mathrm{T}}\boldsymbol{A}$ 中的 (p,q) 元和 (q,p) 元进行零化. 一旦 $\boldsymbol{AV}$ 具有足够的正交列，SVD 的其余部分（$\boldsymbol{U}$ 和 $\boldsymbol{\Sigma}$）就会从列倍乘得到：$\boldsymbol{AV} = \boldsymbol{U\Sigma}$.

习 题

1. 假设 $m \geqslant n$，利用 $\boldsymbol{A} \in \mathbb{R}^{m\times n}$ 的奇异向量，给出以下矩阵的特征向量的公式.

$$\boldsymbol{S} = \begin{bmatrix} \boldsymbol{0} & \boldsymbol{A}^{\mathrm{T}} \\ \boldsymbol{A} & \boldsymbol{0} \end{bmatrix}$$

2. 给出 $\boldsymbol{A} = \boldsymbol{B} + \mathrm{i}\boldsymbol{C}\,(\boldsymbol{B},\boldsymbol{C} \in \mathbb{R}^{m\times n})$ 与以下矩阵的奇异值和奇异向量之间的关系.

$$\tilde{\boldsymbol{A}} = \begin{bmatrix} \boldsymbol{B} & -\boldsymbol{C} \\ \boldsymbol{C} & \boldsymbol{B} \end{bmatrix}$$

3. 假设 $B \in \mathbb{R}^{n\times n}$ 是上双对角矩阵，其中对角元为 $d(1:n)$ 且上对角元为 $f(1:n-1)$. 叙述并证明定理 8.3.1 的奇异值分解形式.

4. 假设 $n=2m$，给定三对角反称矩阵 $S \in \mathbb{R}^{n\times n}$. 证明：存在一个置换 $P \in \mathbb{R}^{n\times n}$ 使得

$$P^{\mathrm{T}}SP = \begin{bmatrix} \mathbf{0} & -B^{\mathrm{T}} \\ B & \mathbf{0} \end{bmatrix},$$

其中 $B \in \mathbb{R}^{m\times m}$. 描述 B 的结构，并说明如何通过 B 的 SVD 计算 S 的特征值和特征向量. 对 $n=2m+1$ 考虑上述问题.

5. (a) 令

$$C = \begin{bmatrix} w & x \\ y & z \end{bmatrix}$$

是实矩阵. 给出计算 c 和 s 的稳定算法，其中 $c^2+s^2=1$ 使得

$$B = \begin{bmatrix} c & s \\ -s & c \end{bmatrix} C$$

是对称矩阵.

(b) 将 (a) 与算法 8.5.1 相结合，获得计算 C 的 SVD 的稳定算法.

(c) 上面的 (b) 部分可用于开发一种 Jacobi 型的算法，用于计算 $A \in \mathbb{R}^{n\times n}$ 的 SVD. 对于给定的 (p,q) 且 $p<q$，确定 Jacobi 变换 $J(p,q,\theta_1)$ 和 $J(p,q,\theta_2)$，使得如果

$$B = J(p,q,\theta_1)^{\mathrm{T}} A J(p,q,\theta_2),$$

那么 $b_{pq}=b_{qp}=0$. 证明：

$$\mathsf{off}(B)^2 = \mathsf{off}(A)^2 - a_{pq}^2 - a_{qp}^2.$$

(d) 考虑应用于 $A \in \mathbb{R}^{n\times n}$ 的逐行循环 Jacobi SVD 过程的一次扫描：

```
for p = 1 : n-1
    for q = p+1 : n
        A = J(p,q,θ1)^T A J(p,q,θ2)
    end
end
```

假设在 (p,q) 修正后，选择 Jacobi 旋转矩阵使得 $a_{pq}=a_{qp}=0$. 证明：如果 A 在扫描开始时是上（下）三角矩阵，那么在完成扫描后它是下（上）三角矩阵. 见 Kogbetliantz (1955).

(e) 如何利用这些 Jacobi 思想计算长方矩阵的 SVD?

6. 设 x 和 y 属于 $\mathbb{R}^m$，并定义正交矩阵 Q 为

$$Q = \begin{bmatrix} c & s \\ -s & c \end{bmatrix}.$$

给出一个计算 c 和 s 的稳定算法，使得 $[x \mid y]Q$ 的列是互相正交的.

8.7 对称广义特征值问题

本节主要是关于我们在 7.7 节中考虑的广义特征值问题的对称结构对的情形. 在**对称正定问题**中, 我们寻求如下问题的非平凡解

$$\boldsymbol{Ax} = \lambda \boldsymbol{Bx}, \tag{8.7.1}$$

其中 $\boldsymbol{A} \in \mathbb{R}^{n\times n}$ 是对称矩阵, $\boldsymbol{B} \in \mathbb{R}^{n\times n}$ 是对称正定矩阵. **广义奇异值问题**具有以下形式

$$\boldsymbol{A}^{\mathrm{T}}\boldsymbol{Ax} = \mu^2 \boldsymbol{B}^{\mathrm{T}}\boldsymbol{Bx}, \tag{8.7.2}$$

其中 $\boldsymbol{A} \in \mathbb{R}^{m_1\times n}, \boldsymbol{B} \in \mathbb{R}^{m_2\times n}$. 通过令 $\boldsymbol{B} = \boldsymbol{I}_n$, 我们看到这些问题分别是对称特征值问题和奇异值问题的推广.

8.7.1 对称正定广义特征值问题

对称正定对 $(\boldsymbol{A}, \boldsymbol{B})$ 的**广义特征值**记为 $\lambda(\boldsymbol{A}, \boldsymbol{B})$, 定义如下:

$$\lambda(\boldsymbol{A}, \boldsymbol{B}) = \{\, \lambda \mid \det(\boldsymbol{A} - \lambda\boldsymbol{B}) = 0 \,\}.$$

如果 $\lambda \in \lambda(\boldsymbol{A}, \boldsymbol{B})$ 且 $\boldsymbol{x}$ 是满足 $\boldsymbol{Ax} = \lambda\boldsymbol{Bx}$ 的非零向量, 那么 $\boldsymbol{x}$ 是一个**广义特征向量**.

利用合同变换, 对称正定问题可以转化为与其等价的对称正定问题:

$$\boldsymbol{A} - \lambda\boldsymbol{B} \text{ 是奇异矩阵} \quad \Leftrightarrow \quad (\boldsymbol{X}^{\mathrm{T}}\boldsymbol{AX}) - \lambda(\boldsymbol{X}^{\mathrm{T}}\boldsymbol{BX}) \text{ 是奇异矩阵}$$

因此, 如果 $\boldsymbol{X}$ 是非奇异矩阵, 那么 $\lambda(\boldsymbol{A}, \boldsymbol{B}) = \lambda(\boldsymbol{X}^{\mathrm{T}}\boldsymbol{AX}, \boldsymbol{X}^{\mathrm{T}}\boldsymbol{BX})$.

对于对称正定对 $(\boldsymbol{A}, \boldsymbol{B})$, 可以选择一个非奇异实矩阵 $\boldsymbol{X}$ 使得 $\boldsymbol{X}^{\mathrm{T}}\boldsymbol{AX}$ 和 $\boldsymbol{X}^{\mathrm{T}}\boldsymbol{BX}$ 都是对角矩阵. 这来自于如下定理.

定理 8.7.1 *假设 $\boldsymbol{A}$ 和 $\boldsymbol{B}$ 都是 $n \times n$ 对称矩阵, 并定义 $C(\mu)$ 为*

$$C(\mu) = \mu\boldsymbol{A} + (1-\mu)\boldsymbol{B}, \qquad \mu \in \mathbb{R}. \tag{8.7.3}$$

如果存在 $\mu \in [0, 1]$ 使得 $C(\mu)$ 是非负定矩阵且

$$\mathrm{null}(C(\mu)) = \mathrm{null}(\boldsymbol{A}) \cap \mathrm{null}(\boldsymbol{B}),$$

那么存在非奇异矩阵 $\boldsymbol{X}$ 使得 $\boldsymbol{X}^{\mathrm{T}}\boldsymbol{AX}$ 和 $\boldsymbol{X}^{\mathrm{T}}\boldsymbol{BX}$ 都是对角矩阵.

证明 选择 $\mu \in [0, 1]$ 使得 $C(\mu)$ 是非负定矩阵, 满足 $\mathrm{null}(C(\mu)) = \mathrm{null}(\boldsymbol{A}) \cap \mathrm{null}(\boldsymbol{B})$. 设

$$\boldsymbol{Q}_1^{\mathrm{T}} C(\mu) \boldsymbol{Q}_1 = \begin{bmatrix} \boldsymbol{D} & \boldsymbol{0} \\ \boldsymbol{0} & \boldsymbol{0} \end{bmatrix}, \qquad \boldsymbol{D} = \mathrm{diag}(d_1, \cdots, d_k),\ d_i > 0$$

是 $C(\mu)$ 的 Schur 分解，并定义 $\boldsymbol{X}_1 = \boldsymbol{Q}_1 \cdot \text{diag}(\boldsymbol{D}^{-1/2}, \boldsymbol{I}_{n-k})$. 如果

$$\boldsymbol{A}_1 = \boldsymbol{X}_1^{\mathrm{T}} \boldsymbol{A} \boldsymbol{X}_1, \qquad \boldsymbol{B}_1 = \boldsymbol{X}_1^{\mathrm{T}} \boldsymbol{B} \boldsymbol{X}_1, \qquad \boldsymbol{C}_1 = \boldsymbol{X}_1^{\mathrm{T}} C(\mu) \boldsymbol{X}_1,$$

那么

$$\boldsymbol{C}_1 = \begin{bmatrix} \boldsymbol{I}_k & \boldsymbol{0} \\ \boldsymbol{0} & \boldsymbol{0} \end{bmatrix} = \mu \boldsymbol{A}_1 + (1-\mu) \boldsymbol{B}_1.$$

因为

$$\mathsf{span}\{\boldsymbol{e}_{k+1}, \cdots, \boldsymbol{e}_n\} = \mathsf{null}(\boldsymbol{C}_1) = \mathsf{null}(\boldsymbol{A}_1) \cap \mathsf{null}(\boldsymbol{B}_1),$$

所以 $\boldsymbol{A}_1$ 和 $\boldsymbol{B}_1$ 具有以下块结构：

$$\boldsymbol{A}_1 = \begin{bmatrix} \boldsymbol{A}_{11} & \boldsymbol{0} \\ \boldsymbol{0} & \boldsymbol{0} \end{bmatrix} \begin{matrix} k \\ n-k \end{matrix}, \qquad \boldsymbol{B}_1 = \begin{bmatrix} \boldsymbol{B}_{11} & \boldsymbol{0} \\ \boldsymbol{0} & \boldsymbol{0} \end{bmatrix} \begin{matrix} k \\ n-k \end{matrix}.$$
$$\qquad\quad k \quad n-k \qquad\qquad\qquad\qquad k \quad n-k$$

此外，$\boldsymbol{I}_k = \mu \boldsymbol{A}_{11} + (1-\mu) \boldsymbol{B}_{11}$.

假设 $\mu \neq 0$. 因此，如果 $\boldsymbol{Z}^{\mathrm{T}} \boldsymbol{B}_{11} \boldsymbol{Z} = \text{diag}(b_1, \cdots, b_k)$ 是 $\boldsymbol{B}_{11}$ 的 Schur 分解，令

$$\boldsymbol{X} = \boldsymbol{X}_1 \cdot \text{diag}(\boldsymbol{Z}, \boldsymbol{I}_{n-k}),$$

那么

$$\boldsymbol{X}^{\mathrm{T}} \boldsymbol{B} \boldsymbol{X} = \text{diag}(b_1, \cdots, b_k, 0, \cdots, 0) \equiv \boldsymbol{D}_B,$$

$$\boldsymbol{X}^{\mathrm{T}} \boldsymbol{A} \boldsymbol{X} = \frac{1}{\mu} \boldsymbol{X}^{\mathrm{T}} \left(C(\mu) - (1-\mu) \boldsymbol{B} \right) \boldsymbol{X} = \frac{1}{\mu} \left(\begin{bmatrix} \boldsymbol{I}_k & \boldsymbol{0} \\ \boldsymbol{0} & \boldsymbol{0} \end{bmatrix} - (1-\mu) \boldsymbol{D}_B \right) \equiv \boldsymbol{D}_A.$$

另外，如果 $\mu = 0$，那么令 $\boldsymbol{Z}^{\mathrm{T}} \boldsymbol{A}_{11} \boldsymbol{Z} = \text{diag}(a_1, \cdots, a_k)$ 是 $\boldsymbol{A}_{11}$ 的 Schur 分解，并设 $\boldsymbol{X} = \boldsymbol{X}_1 \text{diag}(\boldsymbol{Z}, \boldsymbol{I}_{n-k})$. 在这种情况下很容易验证 $\boldsymbol{X}^{\mathrm{T}} \boldsymbol{A} \boldsymbol{X}$ 和 $\boldsymbol{X}^{\mathrm{T}} \boldsymbol{B} \boldsymbol{X}$ 都是对角矩阵. □

通常，定理 8.7.1 中的条件是满足的，因为 $\boldsymbol{A}$ 或 $\boldsymbol{B}$ 都是正定矩阵.

推论 8.7.2 如果 $\boldsymbol{A} - \lambda \boldsymbol{B} \in \mathbb{R}^{n \times n}$ 是对称正定矩阵，那么存在非奇异矩阵

$$\boldsymbol{X} = [\, \boldsymbol{x}_1 \,|\, \cdots \,|\, \boldsymbol{x}_n \,]$$

使得

$$\boldsymbol{X}^{\mathrm{T}} \boldsymbol{A} \boldsymbol{X} = \text{diag}(a_1, \cdots, a_n),$$
$$\boldsymbol{X}^{\mathrm{T}} \boldsymbol{B} \boldsymbol{X} = \text{diag}(b_1, \cdots, b_n).$$

此外，对于 $i = 1:n$ 有 $\boldsymbol{A}\boldsymbol{x}_i = \lambda_i \boldsymbol{B} \boldsymbol{x}_i$，其中 $\lambda_i = a_i / b_i$.

证明 通过在定理 8.7.1 中令 $\mu = 0$，我们看到对称正定对可以同时对角化. 其余部分很容易被证明. □

Stewart (1979) 给出了满足

$$c(\boldsymbol{A}, \boldsymbol{B}) = \min_{\|\boldsymbol{x}\|_2 = 1} (\boldsymbol{x}^{\mathrm{T}} \boldsymbol{A} \boldsymbol{x})^2 + (\boldsymbol{x}^{\mathrm{T}} \boldsymbol{B} \boldsymbol{x})^2 > 0 \tag{8.7.4}$$

的对称束 $\boldsymbol{A} - \lambda \boldsymbol{B}$ 的扰动理论. 标量 $c(\boldsymbol{A}, \boldsymbol{B})$ 称为束 $\boldsymbol{A} - \lambda \boldsymbol{B}$ 的 **Crawford 数**.

定理 8.7.3 假设 $\boldsymbol{A} - \lambda \boldsymbol{B}$ 是 $n \times n$ 对称正定束，其特征值满足

$$\lambda_1 \geqslant \lambda_2 \geqslant \cdots \geqslant \lambda_n.$$

假设 $\boldsymbol{E}_A$ 和 $\boldsymbol{E}_B$ 都是 $n \times n$ 对称矩阵，满足

$$\epsilon^2 = \| \boldsymbol{E}_A \|_2^2 + \| \boldsymbol{E}_B \|_2^2 < c(\boldsymbol{A}, \boldsymbol{B}),$$

那么 $(\boldsymbol{A} + \boldsymbol{E}_A) - \lambda(\boldsymbol{B} + \boldsymbol{E}_B)$ 是对称正定矩阵，其特征值

$$\mu_1 \geqslant \cdots \geqslant \mu_n$$

满足对于 $i = 1:n$ 有

$$|\arctan(\lambda_i) - \arctan(\mu_i)| \leqslant \arctan(\epsilon / c(\boldsymbol{A}, \boldsymbol{B})).$$

证明 见 Stewart (1979). □

8.7.2 同时约化 A 和 B

关于算法问题，我们首先提出一种利用 Cholesky 分解和对称 QR 算法求解对称正定问题的方法.

算法 8.7.1 给定 $\boldsymbol{A} = \boldsymbol{A}^{\mathrm{T}} \in \mathbb{R}^{n \times n}$ 和 $\boldsymbol{B} = \boldsymbol{B}^{\mathrm{T}} \in \mathbb{R}^{n \times n}$，且 $\boldsymbol{B}$ 是正定矩阵，本算法计算非奇异矩阵 $\boldsymbol{X}$ 使得 $\boldsymbol{X}^{\mathrm{T}} \boldsymbol{A} \boldsymbol{X} = \mathrm{diag}(a_1, \cdots, a_n)$ 且 $\boldsymbol{X}^{\mathrm{T}} \boldsymbol{B} \boldsymbol{X} = \boldsymbol{I}_n$.

使用算法 4.2.2 计算 Cholesky 分解 $B = GG^{\mathrm{T}}$.

计算 $C = G^{-1} A G^{-\mathrm{T}}$.

使用对称 QR 算法计算 Schur 分解

  $Q^{\mathrm{T}} C Q = \mathrm{diag}(a_1, \cdots, a_n)$.

令 $X = G^{-\mathrm{T}} Q$.

这个算法需要大约 $14n^3$ 个 flop. 在实际实现中，$\boldsymbol{A}$ 可以被矩阵 $\boldsymbol{C}$ 覆盖. 见 Martin and Wilkinson (1968). 注意

$$\lambda(\boldsymbol{A},\boldsymbol{B})=\lambda(\boldsymbol{A},\boldsymbol{G}\boldsymbol{G}^{\mathrm{T}})=\lambda(\boldsymbol{G}^{-1}\boldsymbol{A}\boldsymbol{G}^{-\mathrm{T}},\boldsymbol{I})=\lambda(\boldsymbol{C})=\{a_1,\cdots,a_n\}.$$

如果 $\hat{a}_i$ 是由算法 8.7.1 计算出的特征值，那么可以证明

$$\hat{a}_i\in\lambda(\boldsymbol{G}^{-1}\boldsymbol{A}\boldsymbol{G}^{-\mathrm{T}}+\boldsymbol{E}_i),$$

其中

$$\|\,\boldsymbol{E}_i\,\|_2\approx\mathbf{u}\|\,\boldsymbol{A}\,\|_2\|\,\boldsymbol{B}^{-1}\,\|_2.$$

因此，如果 $\boldsymbol{B}$ 是病态矩阵，那么即使 a_i 是条件良好的广义特征值，$\hat{a}_i$ 也可能受到舍入误差的严重影响. 当然，问题是，在这种情况下，矩阵 $\boldsymbol{C}=\boldsymbol{G}^{-1}\boldsymbol{A}\boldsymbol{G}^{-\mathrm{T}}$ 可能有一些非常大的元，这是因为 $\boldsymbol{B}$ 是病态的，从而 $\boldsymbol{G}$ 也是病态的. 这个困难是可以克服的，可以用 $\boldsymbol{V}\boldsymbol{D}^{-1/2}$ 代替算法 8.7.1 中的矩阵 $\boldsymbol{G}$，其中 $\boldsymbol{V}^{\mathrm{T}}\boldsymbol{B}\boldsymbol{V}=\boldsymbol{D}$ 是 $\boldsymbol{B}$ 的 Schur 分解. 如果 $\boldsymbol{D}$ 的对角元是从最小到最大排序的，那么 $\boldsymbol{C}$ 中较大的元集中在左上角. 然后，就可以计算出 $\boldsymbol{C}$ 的小特征值，而不会产生过多的舍入误差（或者说直观上是这样的）. 进一步的讨论见 Wilkinson (AEP, 第 337–338 页).

算法 8.7.1 中的矩阵 $\boldsymbol{X}$ 的条件有时可以通过用 $\boldsymbol{A}$ 和 $\boldsymbol{B}$ 的适当凸组合替换 $\boldsymbol{B}$ 来改进. 修正对的特征值与原始矩阵的特征值之间的联系在定理 8.7.1 的证明中得到了详细的说明.

与算法 8.7.1 有关的其他困难涉及 $\boldsymbol{G}^{-1}\boldsymbol{A}\boldsymbol{G}^{-\mathrm{T}}$ 通常是满的，即使 $\boldsymbol{A}$ 和 $\boldsymbol{B}$ 是稀疏的. 这是一个严重的问题，因为在实践中产生的许多对称正定问题都是大而稀疏的. Crawford (1973) 展示了当 $\boldsymbol{A}$ 和 $\boldsymbol{B}$ 是带状矩阵时如何有效地实现算法 8.7.1. 然而，除了这种情况外，对于大型稀疏对称正定问题，同时对角化方法是不可行的. 第 10 章讨论了替代策略.

8.7.3　其他方法

前几节中提出的许多对称特征值方法都有对称正定形式的推广. 例如，Rayleigh 商迭代 (8.2.6) 可以推广如下：

给定满足 $\|\,x_0\,\|_2=1$ 的 x_0

for $k=0,1,\cdots$

　　$\mu_k\;=\;x_k^{\mathrm{T}}Ax_k/x_k^{\mathrm{T}}Bx_k$　　(8.7.5)

　　求解 $(A-\mu_kB)z_{k+1}=Bx_k$ 得到 z_{k+1}.

　　$x_{k+1}=z_{k+1}/\|\,z_{k+1}\,\|_2$

end

这个迭代背后的主要思想是

$$\lambda = \frac{\boldsymbol{x}^{\mathrm{T}}\boldsymbol{A}\boldsymbol{x}}{\boldsymbol{x}^{\mathrm{T}}\boldsymbol{B}\boldsymbol{x}} \tag{8.7.6}$$

最小化

$$f(\lambda) = \| \boldsymbol{A}\boldsymbol{x} - \lambda \boldsymbol{B}\boldsymbol{x} \|_{B}, \tag{8.7.7}$$

其中 $\|\cdot\|_B$ 由 $\|\boldsymbol{z}\|_B^2 = \boldsymbol{z}^{\mathrm{T}}\boldsymbol{B}^{-1}\boldsymbol{z}$ 定义. (8.7.5) 的数学性质类似于 (8.2.6). 它的适用性取决于形式为 $(\boldsymbol{A} - \mu\boldsymbol{B})\boldsymbol{z} = \boldsymbol{x}$ 的方程组是否容易求解. 广义正交迭代的情况也是类似的:

给定满足 $Q_0^{\mathrm{T}}Q_0 = I_p$ 的 $Q_0 \in \mathbb{R}^{n\times p}$

for $k = 1, 2, \cdots$ (8.7.8)

  求解 $BZ_k = AQ_{k-1}$ 得到 Z_k

  $Z_k = Q_kR_k$ (QR 分解, $Q_k \in \mathbb{R}^{n\times p}$, $R_k \in \mathbb{R}^{p\times p}$)

end

这在数学上等价于 (7.3.6) 中 $\boldsymbol{A}$ 被 $\boldsymbol{B}^{-1}\boldsymbol{A}$ 取代. 它的实用性很大程度上取决于形式为 $\boldsymbol{B}\boldsymbol{z} = \boldsymbol{y}$ 的线性方程组有多容易求解.

8.7.4 广义奇异值问题

我们现在把注意力转向 6.1.6 节中引入的广义奇异值分解. 这种分解关注两个长方矩阵 $\boldsymbol{A}$ 和 $\boldsymbol{B}$ 的同时对角化, 且假设它们具有相同的列数. 我们在这里重新描述这个分解, 简化为 $\boldsymbol{A}$ 和 $\boldsymbol{B}$ 至少有与列相同的行数. 这个假设是不必要的, 但是它可以帮助我们消除 GSVD 算法的复杂性.

定理 8.7.4 (高矩形情形) 如果 $\boldsymbol{A} \in \mathbb{R}^{m_1\times n}$和 $\boldsymbol{B} \in \mathbb{R}^{m_2\times n}$ 至少有与列相同的行数, 那么存在正交矩阵 $\boldsymbol{U}_1 \in \mathbb{R}^{m_1\times m_1}$、正交矩阵 $\boldsymbol{U}_2 \in \mathbb{R}^{m_2\times m_2}$ 和非奇异矩阵 $\boldsymbol{X} \in \mathbb{R}^{n\times n}$ 使得

$$\begin{aligned} \boldsymbol{U}_1^{\mathrm{T}}\boldsymbol{A}\boldsymbol{X} &= \mathrm{diag}(\alpha_1, \cdots, \alpha_n), \\ \boldsymbol{U}_2^{\mathrm{T}}\boldsymbol{B}\boldsymbol{X} &= \mathrm{diag}(\beta_1, \cdots, \beta_n). \end{aligned}$$

证明 见定理 6.1.1. □

矩阵对 $(\boldsymbol{A}, \boldsymbol{B})$ 的广义奇异值定义如下

$$\sigma(\boldsymbol{A}, \boldsymbol{B}) = \{\alpha_1/\beta_1, \cdots, \alpha_n/\beta_n\}.$$

我们给 $\boldsymbol{X}, \boldsymbol{U}_1, \boldsymbol{U}_2$ 的列分别命名. $\boldsymbol{X}$ 的列称为右广义奇异向量, $\boldsymbol{U}_1$ 的列称为左 $\boldsymbol{A}$ 广义奇异向量, $\boldsymbol{U}_2$ 的列称为左 $\boldsymbol{B}$ 广义奇异向量. 注意, 对于 $k = 1:n$ 有

$$\begin{aligned} \boldsymbol{A}\boldsymbol{X}(:,k) &= \alpha_k U_1(:,k), \\ \boldsymbol{B}\boldsymbol{X}(:,k) &= \beta_k U_2(:,k). \end{aligned}$$

矩阵对 $(\boldsymbol{A},\boldsymbol{B})$ 的 GSVD 与“对称正定”束 $\boldsymbol{A}^{\mathrm{T}}\boldsymbol{A}-\lambda\boldsymbol{B}^{\mathrm{T}}\boldsymbol{B}$ 之间有联系. 因为

$$\boldsymbol{X}^{\mathrm{T}}(\boldsymbol{A}^{\mathrm{T}}\boldsymbol{A} - \lambda\boldsymbol{B}^{\mathrm{T}}\boldsymbol{B})\boldsymbol{X} = \boldsymbol{D}_A^{\mathrm{T}}\boldsymbol{D}_A - \lambda\boldsymbol{D}_B^{\mathrm{T}}\boldsymbol{D}_B = \mathrm{diag}(\alpha_k^2-\lambda\beta_k^2),$$

所以 $(\boldsymbol{A},\boldsymbol{B})$ 的右广义奇异向量是 $\boldsymbol{A}^{\mathrm{T}}\boldsymbol{A}-\lambda\boldsymbol{B}^{\mathrm{T}}\boldsymbol{B}$ 的广义特征向量，而 $\boldsymbol{A}^{\mathrm{T}}\boldsymbol{A}-\lambda\boldsymbol{B}^{\mathrm{T}}\boldsymbol{B}$ 的特征值是 $(\boldsymbol{A},\boldsymbol{B})$ 的广义奇异值的平方.

所有这些关于 GSVD 的事实，通过设 $\boldsymbol{B}=\boldsymbol{I}_n$ 就变为熟悉的 SVD 情形. 例如，如果 $\boldsymbol{B}=\boldsymbol{I}_n$，那么我们可以设 $\boldsymbol{X}=\boldsymbol{U}_2$ 且 $\boldsymbol{U}_1^{\mathrm{T}}\boldsymbol{A}\boldsymbol{X}=\boldsymbol{D}_A$ 是 SVD.

我们提到，$(\boldsymbol{A},\boldsymbol{B})$ 的广义奇异值是

$$\phi_{A,B}(\boldsymbol{x}) = \frac{\|\boldsymbol{A}\boldsymbol{x}\|_2}{\|\boldsymbol{B}\boldsymbol{x}\|_2}$$

的稳定值，右广义奇异向量是相应的稳定向量. 左 $\boldsymbol{A}$ 和左 $\boldsymbol{B}$ 广义奇异向量是相应于商 $\|\boldsymbol{y}\|_2/\|\boldsymbol{x}\|_2$ 的稳定向量，其约束条件为

$$\boldsymbol{A}^{\mathrm{T}}\boldsymbol{x}=\boldsymbol{B}^{\mathrm{T}}\boldsymbol{y},\qquad \boldsymbol{x}\perp \mathsf{null}(\boldsymbol{A}^{\mathrm{T}}),\qquad \boldsymbol{y}\perp \mathsf{null}(\boldsymbol{A}^{\mathrm{T}}).$$

见 Chu, Funderlic, and Golub (1997).

GSVD 的扰动理论的发展，见 Sun (1983, 1998, 2000)，Paige (1984)，Li(1990).

8.7.5 用 CS 分解计算 GSVD

我们在定理 6.1.1 中关于 GSVD 的证明是构造性的，并利用了 CS 分解. 在实践中，通过 CS 分解计算 GSVD 是一种可行的策略.

算法 8.7.2 (GSVD (高满秩情形)) 假设 $\boldsymbol{A}\in\mathbb{R}^{m_1\times n}$ 和 $\boldsymbol{B}\in\mathbb{R}^{m_2\times n}$，其中 $m_1\geqslant n$, $m_2\geqslant n$ 且 $\mathsf{null}(\boldsymbol{A})\cap\mathsf{null}(\boldsymbol{B})=\varnothing$. 本算法计算正交矩阵 $\boldsymbol{U}_1\in\mathbb{R}^{m_1\times m_1}$、正交矩阵 $\boldsymbol{U}_2\in\mathbb{R}^{m_2\times m_2}$、非奇异矩阵 $\boldsymbol{X}\in\mathbb{R}^{n\times n}$、对角矩阵 $\boldsymbol{D}_A\in\mathbb{R}^{m_1\times n}$ 和对角矩阵 $\boldsymbol{D}_B\in\mathbb{R}^{m_1\times n}$，使得 $\boldsymbol{U}_1^{\mathrm{T}}\boldsymbol{A}\boldsymbol{X}=\boldsymbol{D}_A$ 且 $\boldsymbol{U}_2^{\mathrm{T}}\boldsymbol{B}\boldsymbol{X}=\boldsymbol{D}_B$.

计算 QR 分解

$$\begin{bmatrix} A \\ B \end{bmatrix} = \begin{bmatrix} Q_1 \\ Q_2 \end{bmatrix} R.$$

计算 CS 分解

$$\begin{aligned} U_1^{\mathrm{T}}Q_1V &= D_A = \mathrm{diag}(\alpha_1,\cdots,\alpha_n), \\ U_2^{\mathrm{T}}Q_2V &= D_B = \mathrm{diag}(\beta_1,\cdots,\beta_n). \end{aligned}$$

求解 $RX=V$ 得到 X.

假设 $\mathsf{null}(\boldsymbol{A})\cap\mathsf{null}(\boldsymbol{B})=\varnothing$ 不是必需的. 见 Van Loan (1985). 无论如何，矩阵 $\boldsymbol{X}$ 的条件是一个影响精度的问题. 然而，我们指出，不需要显式计算矩阵 $\boldsymbol{X}=\boldsymbol{V}\boldsymbol{R}^{-1}$

的列就可以计算指定的右广义奇异向量子空间. 例如, 假设我们希望计算子空间 $S = \text{span}\{\boldsymbol{x}_1, \cdots \boldsymbol{x}_k\}$ 的一个正交基, 其中 $\boldsymbol{x}_i = X(:,i)$. 如果我们计算正交矩阵 $\boldsymbol{Z}$ 和上三角矩阵 $\boldsymbol{T}$ 使得 $\boldsymbol{T}\boldsymbol{Z}^{\mathrm{T}} = \boldsymbol{V}^{\mathrm{T}}\boldsymbol{R}$, 那么

$$\boldsymbol{Z}\boldsymbol{T}^{-1} = \boldsymbol{R}^{-1}\boldsymbol{V} = \boldsymbol{X}$$

且 $S = \text{span}\{\boldsymbol{z}_1, \cdots \boldsymbol{z}_k\}$, 其中 $\boldsymbol{z}_i = Z(:,i)$. 关于 $\boldsymbol{Z}$ 和 $\boldsymbol{T}$ 的计算见 5.2 节习题 2.

8.7.6 计算 CS 分解

初步看来, 计算 CS 分解似乎很容易. 毕竟, 它只是需要一族 SVD. 然而, 有一些复杂的数值问题需要解决. 为了建立对此的理解, 我们逐步研究 Van Loan (1985) 为该算法开发的 “窄” 情形, 其中

$$\boldsymbol{Q} = \left[\begin{array}{c} \boldsymbol{Q}_1 \\ \hline \boldsymbol{Q}_2 \end{array}\right] = \left[\begin{array}{ccccc} \times & \times & \times & \times & \times \\ \times & \times & \times & \times & \times \\ \times & \times & \times & \times & \times \\ \times & \times & \times & \times & \times \\ \times & \times & \times & \times & \times \\ \hline \times & \times & \times & \times & \times \\ \times & \times & \times & \times & \times \\ \times & \times & \times & \times & \times \\ \times & \times & \times & \times & \times \\ \times & \times & \times & \times & \times \end{array}\right].$$

在精确的算法中, 目标是计算 5×5 正交矩阵 $\boldsymbol{U}_1, \boldsymbol{U}_2, \boldsymbol{V}$ 使得

$$\begin{aligned} \boldsymbol{U}_1^{\mathrm{T}}\boldsymbol{Q}_1\boldsymbol{V} &= \boldsymbol{C} = \text{diag}(c_1, c_2, c_3, c_4, c_5), \\ \boldsymbol{U}_2^{\mathrm{T}}\boldsymbol{Q}_2\boldsymbol{V} &= \boldsymbol{S} = \text{diag}(s_1, s_2, s_3, s_4, s_5). \end{aligned}$$

我们使用浮点数努力计算与工作精度正交的矩阵 $\hat{\boldsymbol{U}}_1, \hat{\boldsymbol{U}}_2, \hat{\boldsymbol{V}}$, 这些矩阵将 $\boldsymbol{Q}_1$ 和 $\boldsymbol{Q}_2$ 转换为几乎对角形式:

$$\text{fl}(\hat{\boldsymbol{U}}_1^{\mathrm{T}}\boldsymbol{Q}_1\hat{\boldsymbol{V}}) = \text{diag}(\hat{c}_k) + \boldsymbol{E}_1, \qquad \|\boldsymbol{E}_1\| \approx \mathbf{u}, \tag{8.7.9}$$

$$\text{fl}(\hat{\boldsymbol{U}}_2^{\mathrm{T}}\boldsymbol{Q}_2\hat{\boldsymbol{V}}) = \text{diag}(\hat{s}_k) + \boldsymbol{E}_2, \qquad \|\boldsymbol{E}_2\| \approx \mathbf{u}. \tag{8.7.10}$$

在下面的内容中, 很明显 $\boldsymbol{U}_1, \boldsymbol{U}_2, \boldsymbol{V}$ 的计算版本与工作精度是正交的, 因为它们是数值良态的 QR 分解和 SVD 的组合. 这里的挑战是确认 (8.7.9) 和 (8.7.10).

我们从计算 SVD 开始

$$\boldsymbol{U}_2^{\mathrm{T}}\boldsymbol{Q}_1\boldsymbol{V} = \boldsymbol{S},$$

其次是 QR 分解

$$U_1 R = Q_1 V.$$

用 $\boldsymbol{S}$ 覆盖 $\boldsymbol{Q}_2$、$\boldsymbol{R}$ 覆盖 $\boldsymbol{Q}_1$，得

$$\boldsymbol{Q} = \left[\begin{array}{ccccc} r_{11} & r_{12} & r_{13} & r_{14} & r_{15} \\ \epsilon_{21} & r_{22} & r_{23} & r_{24} & r_{25} \\ \epsilon_{31} & \epsilon_{32} & r_{33} & r_{34} & r_{35} \\ \epsilon_{41} & \epsilon_{42} & \epsilon_{43} & r_{44} & r_{45} \\ \epsilon_{51} & \epsilon_{52} & \epsilon_{53} & \epsilon_{54} & r_{55} \\ \hline s_1 & \delta_{12} & \delta_{13} & \delta_{14} & \delta_{25} \\ \delta_{21} & s_2 & \delta_{23} & \delta_{24} & \delta_{25} \\ \delta_{31} & \delta_{32} & s_3 & \delta_{34} & \delta_{35} \\ \delta_{41} & \delta_{42} & \delta_{43} & s_4 & \delta_{45} \\ \delta_{51} & \delta_{52} & \delta_{53} & \delta_{54} & s_5 \end{array}\right] \qquad \begin{array}{l} \epsilon_{ij} = O(\mathbf{u}), \\ \\ \\ \\ \\ \delta_{ij} = O(\mathbf{u}), \end{array}$$

由于该矩阵的列与机器精度是正交的，因此

$$|r_{11} r_{1j}| \approx \mathbf{u}, \qquad j = 2:5.$$

注意，如果 $|r_{11}| = O(1)$，那么我们可以得出对于 $j = 2:5$ 有 $|r_{1j}| \approx \mathbf{u}$. 在这种情况下，比如，如果 $s_1 \leqslant 1/\sqrt{2}$，那么

$$|r_{11}| \approx \sqrt{1 - s_1^2} \geqslant \frac{1}{\sqrt{2}}.$$

考虑到这一点，假设奇异值 $s_1, \cdots, s_5$ 从小到大排序，并且

$$0 \leqslant s_1 \leqslant s_2 \leqslant \frac{1}{\sqrt{2}} < s_3 \leqslant s_4 \leqslant s_5. \tag{8.7.11}$$

使用 $\boldsymbol{Q}$ 列的近似正交性，我们得出结论：

$$\boldsymbol{Q} = \left[\begin{array}{cc|ccc} c_1 & \epsilon_{12} & \epsilon_{13} & \epsilon_{14} & \epsilon_{15} \\ \epsilon_{21} & c_2 & \epsilon_{23} & \epsilon_{24} & \epsilon_{25} \\ \hline \epsilon_{31} & \epsilon_{32} & r_{33} & r_{34} & r_{35} \\ \epsilon_{41} & \epsilon_{42} & \epsilon_{43} & r_{44} & r_{45} \\ \epsilon_{51} & \epsilon_{52} & \epsilon_{53} & \epsilon_{54} & r_{55} \\ \hline\hline s_1 & \delta_{12} & \delta_{13} & \delta_{14} & \delta_{25} \\ \delta_{21} & s_2 & \delta_{23} & \delta_{24} & \delta_{25} \\ \hline \delta_{31} & \delta_{32} & s_3 & \delta_{34} & \delta_{35} \\ \delta_{41} & \delta_{42} & \delta_{43} & s_4 & \delta_{45} \\ \delta_{51} & \delta_{52} & \delta_{53} & \delta_{54} & s_5 \end{array}\right] \qquad \begin{array}{l} \epsilon_{ij} = O(\mathbf{u}), \\ \\ \\ \\ \\ \delta_{ij} = O(\mathbf{u}). \end{array}$$

注意

$$|r_{34}| \approx \frac{\mathbf{u}}{|r_{33}|} \approx \frac{\mathbf{u}}{\sqrt{1-s_3^2}}.$$

由于 s_3 可以接近 1，我们不能保证 r_{34} 足够小．类似的结论适用于 r_{35} 和 r_{45}.

为了纠正这一点，我们计算 $Q(3:5,3:5)$ 的 SVD，注意在第 3 行到第 5 行中应用 $\boldsymbol{U}$ 矩阵，并在第 3 列到第 5 列中应用 $\boldsymbol{V}$ 矩阵．这就给出了

$$\boldsymbol{Q} = \left[\begin{array}{cc|ccc} c_1 & \epsilon_{12} & \epsilon_{13} & \epsilon_{14} & \epsilon_{15} \\ \epsilon_{21} & c_2 & \epsilon_{23} & \epsilon_{24} & \epsilon_{25} \\ \hline \epsilon_{31} & \epsilon_{32} & c_3 & \epsilon_{34} & \epsilon_{35} \\ \epsilon_{41} & \epsilon_{42} & \epsilon_{43} & c_4 & \epsilon_{45} \\ \epsilon_{51} & \epsilon_{52} & \epsilon_{53} & \epsilon_{54} & c_5 \\ \hline\hline s_1 & \delta_{12} & \delta_{13} & \delta_{14} & \delta_{25} \\ \delta_{21} & s_2 & \delta_{23} & \delta_{24} & \delta_{25} \\ \hline \delta_{31} & \delta_{32} & t_{33} & t_{34} & t_{35} \\ \delta_{41} & \delta_{42} & t_{43} & t_{44} & t_{45} \\ \delta_{51} & \delta_{52} & t_{53} & t_{54} & t_{55} \end{array}\right] \qquad \begin{array}{l} \epsilon_{ij} = O(\mathbf{u}), \\ \\ \\ \delta_{ij} = O(\mathbf{u}). \end{array}$$

因此，通过对角化 $\boldsymbol{Q}_1$ 的 (2,2) 块，我们填充了 $\boldsymbol{Q}_2$ 的 (2,2) 块．但是，如果计算 $Q(8:10,3:5)$ 的 QR 分解，并在第 8 行到第 10 行之间应用正交因子，那么我们就可以得到

$$\boldsymbol{Q} = \left[\begin{array}{cc|ccc} c_1 & \epsilon_{12} & \epsilon_{13} & \epsilon_{14} & \epsilon_{15} \\ \epsilon_{21} & c_2 & \epsilon_{23} & \epsilon_{24} & \epsilon_{25} \\ \hline \epsilon_{31} & \epsilon_{32} & c_3 & \epsilon_{34} & \epsilon_{35} \\ \epsilon_{41} & \epsilon_{42} & \epsilon_{43} & c_4 & \epsilon_{45} \\ \epsilon_{51} & \epsilon_{52} & \epsilon_{53} & \epsilon_{54} & c_5 \\ \hline\hline s_1 & \delta_{12} & \delta_{13} & \delta_{14} & \delta_{25} \\ \delta_{21} & s_2 & \delta_{23} & \delta_{24} & \delta_{25} \\ \hline \delta_{31} & \delta_{32} & t_{33} & t_{34} & t_{35} \\ \delta_{41} & \delta_{42} & \delta_{43} & t_{44} & t_{45} \\ \delta_{51} & \delta_{52} & \delta_{53} & \delta_{54} & t_{55} \end{array}\right] \qquad \begin{array}{l} \epsilon_{ij} = O(\mathbf{u}), \\ \\ \\ \delta_{ij} = O(\mathbf{u}). \end{array}$$

利用 $\boldsymbol{Q}$ 的近似正交性以及 c_3, c_4 和 c_5 均小于 $1/\sqrt{2}$ 的事实，我们可以得出（比如）

$$|t_{34}| \approx O\left(\frac{\mathbf{u}}{|t_{33}|}\right) \approx O\left(\frac{\mathbf{u}}{\sqrt{1-c_3^2}}\right) = O(\mathbf{u}).$$

使用类似的讨论，我们可以得出 t_{35} 和 t_{45} 都是 $O(\mathbf{u})$ 的. 因此，修正 $\boldsymbol{Q}_1$ 和 $\boldsymbol{Q}_2$ 是在所需误差范围内是对角的，因此 (8.7.9) 和 (8.7.10) 成立.

8.7.7 Kogbetliantz 方法

Paige (1986) 提出了一种基于 Kogbetliantz Jacobi SVD 法的计算 GSVD 的方法. 在每一步，一个 2×2 的 GSVD 问题被解决，我们简要地验证一个计算. 假设 $\boldsymbol{F}$ 和 $\boldsymbol{G}$ 是 2×2 矩阵且 $\boldsymbol{G}$ 是非奇异矩阵. 如果

$$\boldsymbol{U}_1^{\mathrm{T}}(\boldsymbol{F}\boldsymbol{G}^{-1})\boldsymbol{U}_2 = \boldsymbol{\Sigma} = \begin{bmatrix} \sigma_1 & 0 \\ 0 & \sigma_2 \end{bmatrix}$$

是 $\boldsymbol{F}\boldsymbol{G}^{-1}$ 的 SVD，那么 $\sigma(\boldsymbol{F},\boldsymbol{G}) = \{\sigma_1,\sigma_2\}$ 且

$$\boldsymbol{U}_1^{\mathrm{T}}\boldsymbol{F} = (\boldsymbol{U}_2^{\mathrm{T}}\boldsymbol{G})\boldsymbol{\Sigma}.$$

这说明 $\boldsymbol{U}_1^{\mathrm{T}}\boldsymbol{F}$ 的行与相应的行 $\boldsymbol{U}_2^{\mathrm{T}}\boldsymbol{G}$ 并行. 因此，如果 $\boldsymbol{Z}$ 是正交矩阵，使得 $\boldsymbol{U}_2^{\mathrm{T}}\boldsymbol{G}\boldsymbol{Z} = \boldsymbol{G}_1$ 是上三角矩阵，那么 $\boldsymbol{U}_1^{\mathrm{T}}\boldsymbol{F}\boldsymbol{Z} = \boldsymbol{F}_1$ 也是上三角矩阵. 在 Paige 算法中，这些 2×2 的计算与 Kogbetliantz 程序的关键三角形式产生了共鸣. 此外，$\boldsymbol{A}$ 和 $\boldsymbol{B}$ 的输入矩阵分别被修正，其中只涉及正交变换. 虽然，有些计算非常精细，但整个过程相当于将 Kogbetliantz 隐式地应用于矩阵 $\boldsymbol{A}\boldsymbol{B}^{-1}$.

8.7.8 SVD 的其他推广

我们所说的“广义奇异值分解”有时称为**商奇异值分解**或 **QSVD**. 这种分解的一个关键特征是，它分别变换输入矩阵 $\boldsymbol{A}$ 和 $\boldsymbol{B}$，使广义奇异值和向量有时被隐式地利用.

结果表明，还有其他方法推广 SVD. 在**乘积奇异值分解**问题中，我们给定 $\boldsymbol{A}\in\mathbb{R}^{m\times n_1}$ 和 $\boldsymbol{B}\in\mathbb{R}^{m\times n_2}$，求 $\boldsymbol{A}^{\mathrm{T}}\boldsymbol{B}$ 的 SVD. 挑战是计算 $\boldsymbol{U}^{\mathrm{T}}(\boldsymbol{A}^{\mathrm{T}}\boldsymbol{B})\boldsymbol{V} = \boldsymbol{\Sigma}$ 而不实际形成 $\boldsymbol{A}^{\mathrm{T}}\boldsymbol{B}$，因为该运算可能导致信息的严重丢失. 见 Drmač (1998, 2000).

受限奇异值分解涉及三个矩阵，从变分的角度出发是最好的. 如果 $\boldsymbol{A}\in\mathbb{R}^{m\times n}$，$\boldsymbol{B}\in\mathbb{R}^{m\times q}$，$\boldsymbol{C}\in\mathbb{R}^{n\times p}$，那么三元组 $\{\boldsymbol{A},\boldsymbol{B},\boldsymbol{C}\}$ 的受限奇异值是

$$\psi_{A,B,C}(\boldsymbol{x},\boldsymbol{y}) = \frac{\boldsymbol{y}^{\mathrm{T}}\boldsymbol{A}\boldsymbol{x}}{\|\boldsymbol{B}\boldsymbol{y}\|_2\|\boldsymbol{C}\boldsymbol{x}\|_2}$$

的稳定值. 见 Zha (1991)，De Moor and Golub (1991)，Chu, De Lathauwer, and De Moor (2000). 与矩阵乘积的 SVD 一样，挑战是在不形成矩阵的逆和乘积的情况下计算所需的量.

所有这些思想都可以推广到矩阵链情形. 例如，计算乘积 $\boldsymbol{A} = \boldsymbol{A}_1\boldsymbol{A}_2\cdots\boldsymbol{A}_k$ 的 SVD 而不显式生成矩阵 $\boldsymbol{A}$. 见 De Moor and Zha (1991) 以及 De Moor and Van Dooren (1992).

8.7.9 关于二次特征值问题的一个注记

在 7.7.9 节讨论的多项式特征值问题的基础上，简要考虑二次式

$$\left(\lambda^2 \boldsymbol{M} + \lambda \boldsymbol{C} + \boldsymbol{K}\right) \boldsymbol{x} = 0, \qquad \boldsymbol{M}, \boldsymbol{C}, \boldsymbol{K} \in \mathbb{R}^{n\times n} \tag{8.7.12}$$

的一些结构. 更多的细节，推荐参考 Tisseur and Meerbergen (2001) 的出色研究.

注意，(8.7.12) 中的特征值是二次方程

$$(\boldsymbol{x}^{\mathrm{H}} \boldsymbol{M} \boldsymbol{x})\lambda^2 + (\boldsymbol{x}^{\mathrm{H}} \boldsymbol{C} \boldsymbol{x})\lambda + (\boldsymbol{x}^{\mathrm{H}} \boldsymbol{K} \boldsymbol{x}) = 0 \tag{8.7.13}$$

的解. 因此

$$\lambda = \frac{-(\boldsymbol{x}^{\mathrm{H}} \boldsymbol{C} \boldsymbol{x}) \pm \sqrt{(\boldsymbol{x}^{\mathrm{H}} \boldsymbol{C} \boldsymbol{x})^2 - 4(\boldsymbol{x}^{\mathrm{H}} \boldsymbol{M} \boldsymbol{x})(\boldsymbol{x}^{\mathrm{H}} \boldsymbol{K} \boldsymbol{x})}}{2(\boldsymbol{x}^{\mathrm{H}} \boldsymbol{M} \boldsymbol{x})}, \tag{8.7.14}$$

其中假定 $\boldsymbol{x}^{\mathrm{H}} \boldsymbol{M} \boldsymbol{x} \neq 0$. (8.7.12) 的线性化包括

$$\begin{bmatrix} \boldsymbol{0} & \boldsymbol{N} \\ \boldsymbol{K} & \boldsymbol{C} \end{bmatrix} \begin{bmatrix} \boldsymbol{x} \\ \boldsymbol{u} \end{bmatrix} = \lambda \begin{bmatrix} \boldsymbol{N} & \boldsymbol{0} \\ \boldsymbol{0} & -\boldsymbol{M} \end{bmatrix} \begin{bmatrix} \boldsymbol{x} \\ \boldsymbol{u} \end{bmatrix}, \tag{8.7.15}$$

$$\begin{bmatrix} -\boldsymbol{K} & \boldsymbol{0} \\ \boldsymbol{0} & \boldsymbol{N} \end{bmatrix} \begin{bmatrix} \boldsymbol{x} \\ \boldsymbol{u} \end{bmatrix} = \lambda \begin{bmatrix} \boldsymbol{C} & \boldsymbol{M} \\ \boldsymbol{N} & \boldsymbol{0} \end{bmatrix} \begin{bmatrix} \boldsymbol{x} \\ \boldsymbol{u} \end{bmatrix}, \tag{8.7.16}$$

其中 $\boldsymbol{N} \in \mathbb{R}^{n\times n}$ 是非奇异矩阵.

在许多应用中，$\boldsymbol{M}$ 和 $\boldsymbol{C}$ 是对称正定矩阵，$\boldsymbol{K}$ 是对称半正定矩阵. 从 (8.7.14) 可以看出，在这种情况下特征值的实部不是正数. 如果在 (8.7.15) 中令 $\boldsymbol{N} = \boldsymbol{K}$，那么得到以下广义特征值问题：

$$\begin{bmatrix} \boldsymbol{0} & \boldsymbol{K} \\ \boldsymbol{K} & \boldsymbol{C} \end{bmatrix} \begin{bmatrix} \boldsymbol{x} \\ \boldsymbol{u} \end{bmatrix} = \lambda \begin{bmatrix} \boldsymbol{K} & \boldsymbol{0} \\ \boldsymbol{0} & -\boldsymbol{M} \end{bmatrix} \begin{bmatrix} \boldsymbol{x} \\ \boldsymbol{u} \end{bmatrix}.$$

这不是一个对称正定问题. 但是，如果过阻尼条件

$$\min_{\boldsymbol{x}^{\mathrm{T}} \boldsymbol{x} = 1} (\boldsymbol{x}^{\mathrm{T}} \boldsymbol{C} \boldsymbol{x})^2 - 4(\boldsymbol{x}^{\mathrm{T}} \boldsymbol{M} \boldsymbol{x})(\boldsymbol{x}^{\mathrm{T}} \boldsymbol{K} \boldsymbol{x}) = \gamma^2 > 0$$

成立，那么可以证明存在标量 $\mu > 0$ 使得

$$\boldsymbol{A}(\mu) = \begin{bmatrix} \mu \boldsymbol{K} & \boldsymbol{K} \\ \boldsymbol{K} & \boldsymbol{C} - \mu \boldsymbol{M} \end{bmatrix}$$

是正定矩阵. 定理 8.7.1 表明 (8.7.16) 可以用合同变换对角化. 见 Veselić (1993).

在陀螺系统分析中出现的二次特征值问题的性质是：$M = M^{\mathrm{T}}$（正定矩阵），$K = K^{\mathrm{T}}, C = -C^{\mathrm{T}}$. 从 (8.7.14) 容易地看出其特征值都是纯虚数. 对于这个问题，我们进行结构性线性化

$$\begin{bmatrix} \mathbf{0} & -K \\ M & \mathbf{0} \end{bmatrix} \begin{bmatrix} u \\ x \end{bmatrix} = \lambda \begin{bmatrix} M & C \\ \mathbf{0} & M \end{bmatrix} \begin{bmatrix} u \\ x \end{bmatrix}.$$

注意，这是哈密顿/反哈密顿广义特征值问题.

在二次 Palindomic 问题中，$K = M^{\mathrm{T}}, C = C^{\mathrm{T}}$，特征值以倒数对形式出现. 即如果 $Q(\lambda)$ 是奇异的，那么 $Q(1/\lambda)$ 也是奇异的. 此外，我们有线性化

$$\begin{bmatrix} M^{\mathrm{T}} & M^{\mathrm{T}} \\ C - M & M^{\mathrm{T}} \end{bmatrix} \begin{bmatrix} y \\ z \end{bmatrix} = \lambda \begin{bmatrix} -M & M^{\mathrm{T}} - C \\ -M & -M \end{bmatrix} \begin{bmatrix} y \\ z \end{bmatrix}. \tag{8.7.17}$$

注意，如果这个等式成立，那么

$$(\lambda^2 M + \lambda C + M^{\mathrm{T}})(y + z) = 0. \tag{8.7.18}$$

关于结构多项式特征值问题线性化的系统处理，见 Mackey, Mackey, Mehl, and Mehrmann (2006).

习　题

1. 假设 $A \in \mathbb{R}^{n\times n}$ 是对称矩阵，$G \in \mathbb{R}^{n\times n}$ 是下三角非奇异矩阵. 给出计算 $C = G^{-1}AG^{-\mathrm{T}}$ 的有效算法.

2. 假设 $A \in \mathbb{R}^{n\times n}$ 是对称矩阵，$B \in \mathbb{R}^{n\times n}$ 是对称正定矩阵. 给出一种利用 Cholesky 分解和对称 QR 算法计算 AB 的特征值的算法.

3. 给出如下广义特征值问题的特征值和特征向量与 $\mathsf{ran}(A)$ 和 $\mathsf{ran}(B)$ 之间的主角和向量之间的关系

$$\begin{bmatrix} \mathbf{0} & A^{\mathrm{T}}B \\ B^{\mathrm{T}}A & \mathbf{0} \end{bmatrix} \begin{bmatrix} y \\ z \end{bmatrix} = \sigma \begin{bmatrix} A^{\mathrm{T}}A & \mathbf{0} \\ \mathbf{0} & B^{\mathrm{T}}B \end{bmatrix} \begin{bmatrix} y \\ z \end{bmatrix}.$$

4. 如果 C 是可对角化的实矩阵，那么存在对称矩阵 A 和 B 且 B 非奇异，使得 $C = AB^{-1}$. 这表明对称束 $A - \lambda B$ 本质上是通用的.

5. 如果 A 和 B 都是对称非负定矩阵，说明如何将 $Ax = \lambda Bx$ 问题转化为广义奇异值问题.

6. 给定 $Y \in \mathbb{R}^{n\times n}$，说明如何计算 HouseHolder 矩阵 $H_2, \cdots, H_n$ 使得 $YH_n \cdots H_2 = T$ 是上三角矩阵. 提示：零化 H_k 的第 k 行.

7. 假设

$$\begin{bmatrix} \mathbf{0} & A \\ A^{\mathrm{T}} & \mathbf{0} \end{bmatrix} \begin{bmatrix} y \\ z \end{bmatrix} = \lambda \begin{bmatrix} B_1 & \mathbf{0} \\ \mathbf{0} & B_2 \end{bmatrix} \begin{bmatrix} y \\ z \end{bmatrix},$$

其中 $A \in \mathbb{R}^{m\times n}$, $B_1 \in \mathbb{R}^{m\times m}$, $B_2 \in \mathbb{R}^{n\times n}$. 假设 B_1 和 B_2 都是正定矩阵，其 Cholesky 三角形分别是 G_1 和 G_2. 这个问题的广义特征值与 $G_1^{-1}AG_2^{-\mathrm{T}}$ 的奇异值的关系是什么?

8. 假设 $\boldsymbol{A}$ 和 $\boldsymbol{B}$ 都是对称正定矩阵. 说明如何使用 Cholesky 分解和 CS 分解计算 $\lambda(\boldsymbol{A},\boldsymbol{B})$ 和相应的特征向量.

9. 考虑以下问题

$$\min_{\substack{\boldsymbol{x}^{\mathrm{T}}\boldsymbol{B}\boldsymbol{x}=\beta^2\\ \boldsymbol{x}^{\mathrm{T}}\boldsymbol{C}\boldsymbol{x}=\gamma^2}} \|\boldsymbol{A}\boldsymbol{x}-\boldsymbol{b}\|_2, \qquad \boldsymbol{A}\in\mathbb{R}^{m\times n},\ \boldsymbol{b}\in\mathbb{R}^m,\ \boldsymbol{B},\boldsymbol{C}\in\mathbb{R}^{n\times n}.$$

假定 $\boldsymbol{B}$ 和 $\boldsymbol{C}$ 都是正定矩阵，$\boldsymbol{Z}\in\mathbb{R}^{n\times n}$ 是非奇异矩阵，$\boldsymbol{Z}^{\mathrm{T}}\boldsymbol{B}\boldsymbol{Z}=\mathrm{diag}(\lambda_1,\cdots,\lambda_n)$ 且 $\boldsymbol{Z}^{\mathrm{T}}\boldsymbol{C}\boldsymbol{Z}=\boldsymbol{I}_n$. 假设 $\lambda_1\geqslant\cdots\geqslant\lambda_n$.

(a) 证明：除非 $\lambda_n\leqslant\beta^2/\gamma^2\leqslant\lambda_1$，否则可行的 $\boldsymbol{x}$ 的集合为空.

(b) 使用 $\boldsymbol{z}$，说明如何将两个约束条件问题转换为单一约束条件问题

$$\min_{\boldsymbol{y}^{\mathrm{T}}\boldsymbol{W}\boldsymbol{y}=\beta^2-\lambda_n\gamma^2} \|\tilde{\boldsymbol{A}}\boldsymbol{x}-\boldsymbol{b}\|_2,$$

其中 $\boldsymbol{W}=\mathrm{diag}(\lambda_1,\cdots,\lambda_n)-\lambda_n\boldsymbol{I}$.

10. 证明 (8.7.17) 蕴涵 (8.7.18).

第 9 章 矩阵函数

在许多应用领域，计算自变量为一个 $n \times n$ 方阵 $\boldsymbol{A}$ 的函数 $f(\boldsymbol{A})$ 是常见问题. 粗略地说，如果标量函数 $f(z)$ 定义在 $\lambda(\boldsymbol{A})$ 上，那么在 $f(z)$ 的表达式中以 $\boldsymbol{A}$ 代替 z，就定义了 $f(\boldsymbol{A})$. 例如，如果 $f(z) = (1+z)/(1-z)$ 且 $1 \notin \lambda(\boldsymbol{A})$，那么 $f(\boldsymbol{A}) = (\boldsymbol{I}+\boldsymbol{A})(\boldsymbol{I}-\boldsymbol{A})^{-1}$.

当 f 为超越函数时，函数的计算变得非常有趣. 在这种更复杂的情形中，一种方法是计算 $\boldsymbol{A}$ 的特征值分解 $\boldsymbol{A} = \boldsymbol{Y}\boldsymbol{B}\boldsymbol{Y}^{-1}$，并利用公式 $f(\boldsymbol{A}) = \boldsymbol{Y}f(\boldsymbol{B})\boldsymbol{Y}^{-1}$. 如果 $\boldsymbol{B}$ 是充分简单的，$f(\boldsymbol{B})$ 一般可以直接计算，在 9.1 节中利用 Jordan 分解与 Schur 分解展示了这一点.

处理矩阵函数的另一种方法是，用一个容易计算的函数 $g(\boldsymbol{A})$ 来逼近 $f(\boldsymbol{A})$. 比如说，g 可以取 f 的泰勒级数的某个截断. 在 9.2 节中，给出了矩阵函数的这些逼近的误差界.

在 9.3 节中，我们讨论了一个特殊的但很重要的问题，即计算矩阵指数 $\mathrm{e}^{\boldsymbol{A}}$. 矩阵符号差、平方根、对数以及与极分解等有关问题在 9.4 节中阐述.

阅读说明

阅读本章需掌握第 3 章和第 7 章的知识. 本章中的各节之间有如下关系：

$$
\begin{array}{ccccc}
9.1\text{ 节} & \rightarrow & 9.2\text{ 节} & \rightarrow & 9.3\text{ 节} \\
 & & \downarrow & & \\
 & & 9.4\text{ 节} & &
\end{array}
$$

补充的参考文献包括 Horn and Johnson (TMA) 和 Higham (FOM). $f(\boldsymbol{A})$ 与向量相乘的问题在 10.2 节中处理.

9.1 特征值方法

这里有一些矩阵函数的例子：

$$
\begin{aligned}
p(\boldsymbol{A}) &= \boldsymbol{I} + \boldsymbol{A}, \\
r(\boldsymbol{A}) &= \left(\boldsymbol{I} - \frac{\boldsymbol{A}}{2}\right)^{-1}\left(\boldsymbol{I} + \frac{\boldsymbol{A}}{2}\right), \qquad 2 \notin \lambda(\boldsymbol{A}),
\end{aligned}
$$

$$\mathrm{e}^{\boldsymbol{A}} = \sum_{k=0}^{\infty} \frac{\boldsymbol{A}^k}{k!}.$$

很明显，它们是以下数值函数的矩阵情形.

$$\begin{aligned} p(z) &= 1+z, \\ r(z) &= (1-(z/2))^{-1}(1+(z/2)), \qquad 2 \neq z, \\ \mathrm{e}^z &= \sum_{k=0}^{\infty} \frac{z^k}{k!}. \end{aligned}$$

对于给定的一个 $n \times n$ 矩阵 $\boldsymbol{A}$，我们首先要做的就是定义函数 $f(\boldsymbol{A})$，把 $\boldsymbol{A}$ 代入到 f 中去. 然而，为了以后算法的更精确，我们需要更精确的定义. 有几种等价的方式来定义矩阵函数. 参见 Higham (FOM, 1.2 节). 考虑到常见性和简单性，我们把利用约当标准型 (JCF) 给出的定义作为“基本”定义.

9.1.1 基于约当标准型的定义

假设 $\boldsymbol{A} \in \mathbb{C}^{n \times n}$，令

$$\boldsymbol{A} = \boldsymbol{X} \cdot \mathrm{diag}(\boldsymbol{J}_1, \cdots, \boldsymbol{J}_q) \cdot \boldsymbol{X}^{-1} \tag{9.1.1}$$

是其约当标准型，其中

$$\boldsymbol{J}_i = \begin{bmatrix} \lambda_i & 1 & \cdots & \cdots & 0 \\ 0 & \lambda_i & 1 & \cdots & \vdots \\ \vdots & \ddots & \ddots & \ddots & \vdots \\ \vdots & \vdots & \ddots & \ddots & 1 \\ 0 & \cdots & \cdots & 0 & \lambda_i \end{bmatrix} \in \mathbb{C}^{n_i \times n_i}, \qquad i = 1:q. \tag{9.1.2}$$

矩阵函数 $f(\boldsymbol{A})$ 定义如下

$$f(\boldsymbol{A}) = \boldsymbol{X} \cdot \mathrm{diag}(\boldsymbol{F}_1, \cdots, \boldsymbol{F}_q) \cdot \boldsymbol{X}^{-1} \tag{9.1.3}$$

其中

$$\boldsymbol{F}_i = \begin{bmatrix} f(\lambda_i) & f^{(1)}(\lambda_i) & \cdots & \cdots & \dfrac{f^{(n_i-1)}(\lambda_i)}{(n_i-1)!} \\ 0 & f(\lambda_i) & \ddots & \cdots & \vdots \\ \vdots & \vdots & \ddots & \ddots & \vdots \\ \vdots & \vdots & \vdots & \ddots & f^{(1)}(\lambda_i) \\ 0 & \cdots & \cdots & \cdots & f(\lambda_i) \end{bmatrix}, \qquad i = 1:q, \tag{9.1.4}$$

假设所需要的导数都是存在的.

9.1.2　泰勒级数表示

如果 f 可以表示成 $\boldsymbol{A}$ 的谱的泰勒级数，那么 $f(\boldsymbol{A})$ 就能表示成 $\boldsymbol{A}$ 的同样的泰勒级数. 为了完善这个想法，假设 f 在 $z_0 \in \mathbb{C}$ 的邻域内解析，且对于某个 $r > 0$，我们有

$$f(z) = \sum_{k=0}^{\infty} \frac{f^{(k)}(z_0)}{k!}(z - z_0)^k, \quad |z - z_0| < r. \tag{9.1.5}$$

我们的第一个结论是将其应用到只有一个约当块的情形.

引理 9.1.1 假设 $\boldsymbol{B} \in \mathbb{C}^{m\times m}$ 是一个约当块，且 $\boldsymbol{B} = \lambda \boldsymbol{I}_m + \boldsymbol{E}$，其中 $\boldsymbol{E}$ 是严格上双对角部分. 给定 (9.1.5)，如果 $|\lambda - z_0| < r$，那么

$$f(\boldsymbol{B}) = \sum_{k=0}^{\infty} \frac{f^{(k)}(z_0)}{k!}(\boldsymbol{B} - z_0\boldsymbol{I}_m)^k.$$

证明 注意，$\boldsymbol{E}$ 的方幂是高度结构化的，即

$$\boldsymbol{E} = \begin{bmatrix} 0 & 1 & 0 & 0 \\ 0 & 0 & 1 & 0 \\ 0 & 0 & 0 & 1 \\ 0 & 0 & 0 & 0 \end{bmatrix}, \quad \boldsymbol{E}^2 = \begin{bmatrix} 0 & 0 & 1 & 0 \\ 0 & 0 & 0 & 1 \\ 0 & 0 & 0 & 0 \\ 0 & 0 & 0 & 0 \end{bmatrix}, \quad \boldsymbol{E}^3 = \begin{bmatrix} 0 & 0 & 0 & 1 \\ 0 & 0 & 0 & 0 \\ 0 & 0 & 0 & 0 \\ 0 & 0 & 0 & 0 \end{bmatrix}.$$

用克罗内克符号表示，即如果 $0 \leqslant p \leqslant m-1$，那么 $[\boldsymbol{E}^p]_{ij} = (\delta_{i,j-p})$. 根据 (9.1.4)，有

$$f(\boldsymbol{B}) = \sum_{p=0}^{m-1} f^{(p)}(\lambda)\frac{\boldsymbol{E}^p}{p!}. \tag{9.1.6}$$

另外，如果 $p > m$，那么 $\boldsymbol{E}^p = 0$. 因此，对于任何的 $k \geqslant 0$，我们有

$$\begin{aligned}(\boldsymbol{B} - z_0\boldsymbol{I})^k &= ((\lambda - z_0)\boldsymbol{I} + \boldsymbol{E})^k = \sum_{p=0}^{k} \frac{k(k-1)\cdots(k-p+1)}{p!} \cdot (\lambda - z_0)^{k-p} \cdot \boldsymbol{E}^p \\ &= \sum_{p=0}^{\min\{k,m-1\}} \left[\frac{d^p}{d\lambda^p}(\lambda - z_0)^k\right] \frac{\boldsymbol{E}^p}{p!}.\end{aligned}$$

如果 N 是非负整数，那么

$$\sum_{k=0}^{N} \frac{f^{(k)}(z_0)}{k!}(\boldsymbol{B} - z_0\boldsymbol{I})^k = \sum_{p=0}^{\min\{k,m-1\}} \frac{d^p}{d\lambda^p}\left(\sum_{k=0}^{N} \frac{f^{(k)}(z_0)}{k!}(\lambda - z_0)^k\right)\frac{\boldsymbol{E}^p}{p!}.$$

对 N 取极限，同时应用 (9.1.6) 和 $f(z)$ 泰勒级数表示，就得到引理. □

类似的结论适用于一般的矩阵.

定理 9.1.2 如果 f 有泰勒级数表示 (9.1.5)，且对任意的 $\lambda \in \lambda(\boldsymbol{A})$ 都有 $|\lambda - z_0| < r$，其中 $\boldsymbol{A} \in \mathbb{C}^{n\times n}$，那么

$$f(\boldsymbol{A}) = \sum_{k=0}^{\infty} \frac{f^{(k)}(z_0)}{k!}(\boldsymbol{A} - z_0\boldsymbol{I})^k.$$

证明 令 $\boldsymbol{A}$ 的约当标准型已由 (9.1.1) 和 (9.1.2) 给出. 从引理 9.1.1，我们有

$$f(\boldsymbol{J}_i) = \sum_{k=0}^{\infty} \alpha_k(\boldsymbol{J}_i - z_0\boldsymbol{I})^k, \qquad \alpha_k = \frac{f^{(k)}(z_0)}{k!},$$

其中 $i = 1:q$. 由定义 (9.1.3) 和 (9.1.4)，我们可以得到

$$\begin{aligned} f(\boldsymbol{A}) &= \boldsymbol{X} \cdot \mathrm{diag}\left(\sum_{k=0}^{\infty} \alpha_k(\boldsymbol{J}_1 - z_0\boldsymbol{I}_{n_1})^k, \cdots, \sum_{k=0}^{\infty} \alpha_k(\boldsymbol{J}_q - z_0\boldsymbol{I}_{n_q})^k\right) \cdot \boldsymbol{X}^{-1} \\ &= \boldsymbol{X} \cdot \left(\sum_{k=0}^{\infty} \alpha_k(\boldsymbol{J} - z_0\boldsymbol{I}_n)^k\right) \cdot \boldsymbol{X}^{-1} \\ &= \sum_{k=0}^{\infty} \alpha_k\left(\boldsymbol{X}(\boldsymbol{J} - z_0\boldsymbol{I}_n)\boldsymbol{X}^{-1}\right)^k = \sum_{k=0}^{\infty} \alpha_k(\boldsymbol{A} - z_0\boldsymbol{I}_n)^k, \end{aligned}$$

这就完成了定理的证明. □

有简单泰勒级数所定义的重要矩阵函数包括：

$$\begin{aligned} \exp(\boldsymbol{A}) &= \sum_{k=0}^{\infty} \frac{\boldsymbol{A}^k}{k!}, \\ \log(\boldsymbol{I} - \boldsymbol{A}) &= \sum_{k=1}^{\infty} \frac{\boldsymbol{A}^k}{k}, \qquad |\lambda| < 1,\ \lambda \in \lambda(\boldsymbol{A}), \\ \sin(\boldsymbol{A}) &= \sum_{k=0}^{\infty} (-1)^k \frac{\boldsymbol{A}^{2k+1}}{(2k+1)!}, \\ \cos(\boldsymbol{A}) &= \sum_{k=0}^{\infty} (-1)^k \frac{\boldsymbol{A}^{2k}}{(2k)!}. \end{aligned}$$

对于本节和下节，可以清晰地看到，我们只考虑有泰勒级数表示的矩阵函数. 在这种情况下，很容易验证：

$$\boldsymbol{A}f(\boldsymbol{A}) = f(\boldsymbol{A})\boldsymbol{A}, \tag{9.1.7}$$

$$f(\boldsymbol{X}^{-1}\boldsymbol{A}\boldsymbol{X}) = \boldsymbol{X}^{-1}f(\boldsymbol{A})\boldsymbol{X}. \tag{9.1.8}$$

9.1.3 特征向量方法

如果 $\boldsymbol{A}\in\mathbb{C}^{n\times n}$ 是对角型的，能特别容易地用其特征值和特征向量给出 $f(\boldsymbol{A})$.

推论 9.1.3 如果 $\boldsymbol{A}\in\mathbb{C}^{n\times n}$, $\boldsymbol{A}=\boldsymbol{X}\cdot\text{diag}(\lambda_1,\cdots,\lambda_n)\cdot\boldsymbol{X}^{-1}$，且 $f(\boldsymbol{A})$ 是有定义的，那么

$$f(\boldsymbol{A}) = \boldsymbol{X}\cdot\text{diag}(f(\lambda_1),\cdots,f(\lambda_n))\cdot\boldsymbol{X}^{-1}. \tag{9.1.9}$$

证明 因为每个约当块都是 1×1 的，这个结果就是定理 9.1.2 的一个较容易的推论. □

不幸的是，如果这个特征向量矩阵是病态的，那么通过 (9.1.8) 计算 $f(\boldsymbol{A})$ 会引入量级为 $\mathbf{u}\,\kappa_2(\boldsymbol{X})$ 的舍入误差，原因是要解包含特征向量矩阵 $\boldsymbol{X}$ 的线性方程组. 例如，如果

$$\boldsymbol{A} = \begin{bmatrix} 1+10^{-5} & 1 \\ 0 & 1-10^{-5} \end{bmatrix},$$

那么任何特征向量矩阵都是

$$\boldsymbol{X} = \begin{bmatrix} 1 & -1 \\ 0 & 2(1-10^{-5}) \end{bmatrix}$$

的列加权，其 2-范数条件数的量级 10^5. 利用精度为 $\mathbf{u}\approx 10^{-7}$ 的计算机计算，我们发现

$$\text{fl}\left(\boldsymbol{X}^{-1}\text{diag}(\exp(1+10^{-5}),\exp(1-10^{-5}))\boldsymbol{X}\right) = \begin{bmatrix} 2.718307 & 2.750000 \\ 0.000000 & 2.718254 \end{bmatrix}$$

然而

$$\mathrm{e}^{\boldsymbol{A}} = \begin{bmatrix} 2.718309 & 2.718282 \\ 0.000000 & 2.718255 \end{bmatrix}.$$

这个例子说明在计算矩阵函数时，应该避免病态相似变换. 另外，如果 $\boldsymbol{A}$ 是一个正规矩阵，那么它有一个非常良态的特征向量矩阵. 在这种情况中，通过对角化计算 $f(\boldsymbol{A})$ 是可推荐的策略.

9.1.4 Schur 分解方法

利用 Schur 分解方法处理矩阵函数问题可以避免用约当方法带来的一些困难. 如果 $\boldsymbol{A}=\boldsymbol{Q}\boldsymbol{T}\boldsymbol{Q}^{\mathrm{H}}$ 是 $\boldsymbol{A}$ 的 Schur 分解，那么由 (9.1.8)，有

$$f(\boldsymbol{A}) = \boldsymbol{Q}f(\boldsymbol{T})\boldsymbol{Q}^{\mathrm{H}}.$$

为了让它有效，我们需要一个计算上三角矩阵函数的算法. 不幸的是，关于 $f(\boldsymbol{T})$ 的显式表示是很复杂的.

定理 9.1.4 设 $\boldsymbol{T} = (t_{ij})$ 是 $n \times n$ 上三角矩阵，且 $\lambda_i = t_{ii}$，假定 $f(\boldsymbol{T})$ 是有定义的. 如果 $f(\boldsymbol{T}) = (f_{ij})$，那么，当 $i > j$ 时有 $f_{ij} = 0$，当 $i = j$ 时有 $f_{ij} = f(\lambda_i)$，对于所有的 $i < j$ 有

$$f_{ij} = \sum_{(s_0,\cdots,s_k)\in S_{ij}} t_{s_0,s_1} t_{s_1,s_2} \cdots t_{s_{k-1},s_k} f[\lambda_{s_0},\cdots,\lambda_{s_k}], \tag{9.1.10}$$

其中 S_{ij} 是以 i 开始以 j 结束的严格递增整数列的集合，并且 $f[\lambda_{s_0},\cdots,\lambda_{s_k}]$ 是 f 在 $\{\lambda_{s_0},\cdots,\lambda_{s_k}\}$ 的 k 阶均差.

证明 参见 Descloux (1963)，Davis (1973) 或者 Van Loan (1975). □

举例说明这个定理，如果

$$T = \begin{bmatrix} \lambda_1 & t_{12} & t_{13} \\ 0 & \lambda_2 & t_{23} \\ 0 & 0 & \lambda_3 \end{bmatrix}$$

那么

$$f(T) = \begin{bmatrix} f(\lambda_1) & t_{12}\cdot\dfrac{f(\lambda_2)-f(\lambda_1)}{\lambda_2-\lambda_1} & F_{13} \\ 0 & f(\lambda_2) & t_{23}\cdot\dfrac{f(\lambda_3)-f(\lambda_2)}{\lambda_3-\lambda_2} \\ 0 & 0 & f(\lambda_3) \end{bmatrix},$$

其中

$$F_{13} = t_{13}\cdot\frac{f(\lambda_3)-f(\lambda_1)}{\lambda_3-\lambda_1} + t_{12}t_{23}\cdot\frac{\dfrac{f(\lambda_3)-f(\lambda_2)}{\lambda_3-\lambda_2} - \dfrac{f(\lambda_2)-f(\lambda_1)}{\lambda_2-\lambda_1}}{\lambda_3-\lambda_1}.$$

当我们没有对角化条件时，上三角元变得复杂了. 另外，如果我们显式地使用 (9.1.10) 去求 $f(\boldsymbol{T})$，那么需要 $O(2^n)$ 个 flop. 然而，Parlett (1974) 发现了计算矩阵 $\boldsymbol{F} = f(\boldsymbol{T})$ 的严格上三角部分的漂亮递归方法，它仅需要 $2n^3/3$ 个 flop，其能由可交换方程 $\boldsymbol{FT} = \boldsymbol{TF}$ 来导出. 事实上，通过在方程中比较 (i,j) 元，我们发现

$$\sum_{k=i}^{j} f_{ik}t_{kj} = \sum_{k=i}^{j} t_{ik}f_{kj}, \qquad j > i,$$

另外，如果 t_{ii} 和 t_{jj} 是不同的，那么

$$f_{ij} = t_{ij}\frac{f_{jj}-f_{ii}}{t_{jj}-t_{ii}} + \sum_{k=i+1}^{j-1} \frac{t_{ik}f_{kj}-f_{ik}t_{kj}}{t_{jj}-t_{ii}}. \tag{9.1.11}$$

通过这个，我们可以得到 f_{ij} 是矩阵 $\boldsymbol{F}$ 中的左边和下边的邻近元素的线性组合. 例如，f_{25} 依赖于 $f_{22}, f_{23}, f_{24}, f_{55}, f_{45}$ 和 f_{35}. 因此，$\boldsymbol{F}$ 的整个上三角部分可以计算出来了，从对角元 $\text{diag}(f(t_{11}), \cdots, f(t_{nn}))$ 开始，就能逐步计算出每条上对角线. 完整的算法如下.

算法 9.1.1 (Schur-Parlett) 算法计算出矩阵函数 $\boldsymbol{F} = f(\boldsymbol{T})$，其中 $\boldsymbol{T}$ 是上三角矩阵且特征值互不相同，f 定义在 $\lambda(\boldsymbol{T})$ 上.

```
for i = 1 : n
    f_ii = f(t_ii)
end
for p = 1 : n − 1
    for i = 1 : n − p
        j = i + p
        s = t_ij(f_jj − f_ii)
        for k = i + 1 : j − 1
            s = s + t_ik f_kj − f_ik t_kj
        end
        f_ij = s/(t_jj − t_ii)
    end
end
```

这个算法需要 $2n^3/3$ 个 flop. 假设 $\boldsymbol{A} = \boldsymbol{QTQ}^{\mathrm{H}}$ 是 $\boldsymbol{A}$ 的 Schur 分解，$f(\boldsymbol{A}) = \boldsymbol{QFQ}^{\mathrm{H}}$，其中 $\boldsymbol{F} = f(\boldsymbol{T})$. 显然，计算 $f(\boldsymbol{A})$ 的大多数工作量都花在 Schur 分解上了，除非函数 f 的计算代价极其昂贵.

9.1.5 分块 Schur-Parlett 方法

如果矩阵 $\boldsymbol{A}$ 有相近的或多重特征值，那么与算法 9.1.1 相应的均差就会成问题，在这个情况下，建议用算法 9.1.1 的分块形式. 基于 Parlett (1974) 的结果，我们大致介绍一下这样的一个算法. 第一步是在 Schur 分解中选择一个恰当的 $\boldsymbol{Q}$，使得聚集的特征值对应于划分对角块

$$\boldsymbol{T} = \begin{bmatrix} \boldsymbol{T}_{11} & \boldsymbol{T}_{12} & \cdots & \boldsymbol{T}_{1p} \\ \boldsymbol{0} & \boldsymbol{T}_{22} & \cdots & \boldsymbol{T}_{2p} \\ \vdots & \vdots & \ddots & \vdots \\ \boldsymbol{0} & \boldsymbol{0} & \cdots & \boldsymbol{T}_{pp} \end{bmatrix}$$

的对角块，其中 $\lambda(\boldsymbol{T}_{ii}) \cap \lambda(\boldsymbol{T}_{jj}) = \varnothing$. 本步骤中的计算，可采用 7.6 节中的方法. 适当的划分矩阵 $\boldsymbol{F} = f(\boldsymbol{T})$ 为

$$\boldsymbol{F} = \begin{bmatrix} \boldsymbol{F}_{11} & \boldsymbol{F}_{12} & \cdots & \boldsymbol{F}_{1p} \\ \boldsymbol{0} & \boldsymbol{F}_{22} & \cdots & \boldsymbol{F}_{2p} \\ \vdots & \vdots & \ddots & \vdots \\ \boldsymbol{0} & \boldsymbol{0} & \cdots & \boldsymbol{F}_{pp} \end{bmatrix},$$

注意，

$$\boldsymbol{F}_{ii} = f(\boldsymbol{T}_{ii}), \qquad i = 1 : p.$$

因为 $\boldsymbol{T}_{ii}$ 的特征值很聚集，那么这些计算就需要特殊的方法. 在下节中，我们将讨论几种方法. 一旦知道了 $\boldsymbol{F}$ 的对角块，$\boldsymbol{F}$ 的严格上三角中的块也可以递归算出，就像所有的块都是标量一样. 为了导出这些递归方程，对 $i < j$，我们等同 $\boldsymbol{FT} = \boldsymbol{TF}$ 中的 (i, j) 块，可得 (9.1.11) 的如下推广：

$$\boldsymbol{F}_{ij}\boldsymbol{T}_{jj} - \boldsymbol{T}_{ii}\boldsymbol{F}_{ij} = \boldsymbol{T}_{ij}\boldsymbol{F}_{jj} - \boldsymbol{F}_{ii}\boldsymbol{T}_{ij} + \sum_{k=i+1}^{j-1} (\boldsymbol{T}_{ik}\boldsymbol{F}_{kj} - \boldsymbol{F}_{ik}\boldsymbol{T}_{kj}). \tag{9.1.12}$$

这是一个 Sylvester 方程组，如果每次算出 $\boldsymbol{F}$ 的一个上对角块 $\boldsymbol{F}_{ij}$，则未知元就是块 $\boldsymbol{F}_{ij}$ 的元素，并且右端是已知的. 它可以用 Bartels-Stewart 算法 (算法 7.6.2) 来求解. 更多的细节参见 Higham (FOM, 第 9 章).

9.1.6 矩阵函数的敏感度

Schur 分解算法是否能避免特征向量矩阵在病态矩阵下对角化方法的缺陷呢？两种解法的适当比较需要理解应用于 $f(\boldsymbol{A})$ 问题条件数的概念. 为此，在矩阵 $\boldsymbol{A} \in \mathbb{C}^{n\times n}$给定时，我们定义如下 f 的相应条件数：

$$\text{cond}_{\text{rel}}(f, \boldsymbol{A}) = \lim_{\epsilon \to 0} \sup_{\|\boldsymbol{E}\| \leqslant \epsilon \|\boldsymbol{A}\|} \frac{\| f(\boldsymbol{A} + \boldsymbol{E}) - f(\boldsymbol{A}) \|}{\epsilon \| f(\boldsymbol{A}) \|}.$$

这个量本质上是映射 $\boldsymbol{A} \to f(\boldsymbol{A})$ 的 **Fréchet** 导数的范数，并且已经有各种各样的直接方法来估计它的值. 事实证明，在实现中，分块 Schur-Parlett 算法通常是在如下意义下是比较稳定的：

$$\frac{\| \hat{\boldsymbol{F}} - f(\boldsymbol{A}) \|}{\| f(\boldsymbol{A}) \|} \approx \mathbf{u} \cdot \text{cond}_{\text{rel}}(f, \boldsymbol{A})$$

其中 $\hat{\boldsymbol{F}}$ 为 $f(\boldsymbol{A})$ 的计算值. 当特征向量的矩阵是病态的时候，对角化方法就不是这样的了. 更多的细节参见 Higham (FOM, 第 3 章).

习 题

1. 假设

$$A = \begin{bmatrix} \lambda & \mu_1 \\ \mu_2 & \lambda \end{bmatrix}, \qquad \mu_1\mu_2 < 0.$$

使用幂级数的定义来表示 $\exp(A), \sin(A)$ 和 $\cos(A)$.

2. 改写算法 9.1.1, 使得逐列计算 $f(T)$.

3. 假设 $A = X\mathrm{diag}(\lambda_i)X^{-1}$，其中 $X = [\, x_1 \,|\cdots|\, x_n \,]$, $X^{-1} = [\, y_1 \,|\cdots|\, y_n \,]^{\mathrm{H}}$. 证明：如果 $f(A)$ 有定义，那么

$$f(A) = \sum_{k=1}^{n} f(\lambda_i) x_i y_i^{\mathrm{H}}.$$

4. 证明：

$$T = \begin{bmatrix} T_{11} & T_{12} \\ 0 & T_{22} \end{bmatrix}\begin{matrix} p \\ q \end{matrix} \Rightarrow f(T) = \begin{bmatrix} F_{11} & F_{12} \\ 0 & F_{22} \end{bmatrix}\begin{matrix} p \\ q \end{matrix}$$
$$\qquad\qquad p \quad\;\; q \qquad\qquad\qquad\qquad\quad p \quad\;\; q$$

其中 $F_{11} = f(T_{11})$ 且 $F_{22} = f(T_{22})$. 假定 $f(T)$ 有定义.

9.2 逼近法

我们首先讨论一类看起来不涉及特征值的计算矩阵函数的方法. 这类方法的基本思想是，如果 $g(z)$ 在 $\lambda(A)$ 上逼近 $f(z)$，那么 $g(A)$ 逼近 $f(A)$，例如

$$\mathrm{e}^{A} \approx I + A + \frac{A^2}{2!} + \cdots + \frac{A^q}{q!}.$$

首先我们用矩阵函数的 Jordan 表示和 Schur 表示来估计 $\|\, f(A) - g(A) \,\|$ 的界. 然后，我们讨论矩阵多项式的计算.

9.2.1 Jordan 分析

矩阵函数的 Jordan 表示 (定理 9.1.2) 可以用来计算 $f(A)$ 的近似表示 $g(A)$ 的误差界.

定理 9.2.1 假设

$$A = X \cdot \mathrm{diag}(J_1, \cdots, J_q) \cdot X^{-1}$$

是 $A \in \mathbb{C}^{n\times n}$ 的 Jordan 标准型（JCF），其中对 $i = 1:q$,

$$J_i = \begin{bmatrix} \lambda_i & 1 & \cdots & \cdots & 0 \\ 0 & \lambda_i & 1 & \vdots & \vdots \\ \vdots & \vdots & \ddots & \ddots & \vdots \\ \vdots & \vdots & \vdots & \ddots & 1 \\ 0 & \cdots & \cdots & \cdots & \lambda_i \end{bmatrix}, \qquad n_i \times n_i,$$

如果 $g(z)$ 和 $f(z)$ 在包含 $\lambda(\boldsymbol{A})$ 的开集上都是解析的，那么

$$\| f(\boldsymbol{A}) - g(\boldsymbol{A}) \|_2 \leqslant \kappa_2(\boldsymbol{X}) \max_{\substack{1\leqslant i\leqslant p \\ 0\leqslant r\leqslant n_i-1}} n_i \frac{\left|f^{(r)}(\lambda_i) - g^{(r)}(\lambda_i)\right|}{r!}.$$

证明 定义 $h(z) = f(z) - g(z)$，有

$$\| f(\boldsymbol{A}) - g(\boldsymbol{A}) \|_2 = \| \boldsymbol{X}\mathrm{diag}(h(\boldsymbol{J}_1), \cdots, h(\boldsymbol{J}_q))\boldsymbol{X}^{-1} \|_2 \leqslant \kappa_2(\boldsymbol{X}) \max_{1\leqslant i\leqslant q} \| h(\boldsymbol{J}_i) \|_2.$$

应用定理 9.1.2 和等式 (2.3.8)，可得

$$\| h(\boldsymbol{J}_i) \|_2 \leqslant n_i \max_{0\leqslant r\leqslant n_i-1} \frac{|h^{(r)}(\lambda_i)|}{r!}$$

由此可知定理成立. □

9.2.2 Schur 分析

如果我们使用 Schur 分解 $\boldsymbol{A} = \boldsymbol{QTQ}^{\mathrm{H}}$ 而不是 Jordan 分解，那么 $\boldsymbol{T}$ 的严格上三角部分的范数与 $f(\boldsymbol{A})$ 和 $g(\boldsymbol{A})$ 的距离有关.

定理 9.2.2 设 $\boldsymbol{A} \in \mathbb{C}^{n\times n}$ 的 Schur 分解是 $\boldsymbol{Q}^{\mathrm{H}}\boldsymbol{AQ} = \boldsymbol{T} = \mathrm{diag}(\lambda_i) + \boldsymbol{N}$，其中 $\boldsymbol{N}$ 是 $\boldsymbol{T}$ 的严格上三角部分. 如果 $f(z)$ 和 $g(z)$ 在一个内部包含 $\lambda(\boldsymbol{A})$ 的闭凸集 Ω 上解析，那么

$$\| f(\boldsymbol{A}) - g(\boldsymbol{A}) \|_F \leqslant \sum_{r=0}^{n-1} \delta_r \frac{\| \, |\boldsymbol{N}|^r \, \|_F}{r!},$$

其中

$$\delta_r = \sup_{z\in\Omega} \left|f^{(r)}(z) - g^{(r)}(z)\right|.$$

证明 令 $h(z) = f(z) - g(z)$，并且 $\boldsymbol{H} = (h_{ij}) = h(\boldsymbol{A})$. 记 $S_{ij}^{(r)}$ 为所有满足 $s_0 = i, s_r = j$ 的严格递增整数序列集 $(s_0, \cdots, s_r)$. 注意到

$$S_{ij} = \bigcup_{r=1}^{j-i} S_{ij}^{(r)},$$

所以由定理 9.1.3 可知，对于所有的 $i<j$ 有

$$h_{ij}=\sum_{r=1}^{j-1}\sum_{s\in S_{ij}^{(r)}} n_{s_0,s_1}n_{s_1,s_2}\cdots n_{s_{r-1},s_r}h\left[\lambda_{s_0},\cdots,\lambda_{s_r}\right].$$

现在，因为 Ω 是凸的，h 是解析的，我们有

$$\left|h\left[\lambda_{s_0},\cdots,\lambda_{s_r}\right]\right| \leqslant \sup_{z\in\Omega}\frac{\left|h^{(r)}(z)\right|}{r!}=\frac{\delta_r}{r!}. \tag{9.2.1}$$

另外，如果 $|N|^r=(n_{ij}^{(r)})$, $r\geqslant 1$，那么可证

$$n_{ij}^{(r)}=\begin{cases}0, & j<i+r,\\ \displaystyle\sum_{s\in S_{ij}^{(r)}}\left|n_{s_0,s_1}n_{s_1,s_2}\cdots n_{s_{r-1},s_r}\right|, & j\geqslant i+r.\end{cases} \tag{9.2.2}$$

在 h_{ij} 的表达式两边取绝对值，然后利用 (9.2.1) 和 (9.2.2)，可知定理成立. □

Jordan 和 Schur 分解方法的误差界可能会出现明显差异. 例如，如果

$$\boldsymbol{A}=\begin{bmatrix}-0.01 & 1 & 1\\ 0 & 0 & 1\\ 0 & 0 & 0.01\end{bmatrix}.$$

如果 $f(z)=\mathrm{e}^z$, $g(z)=1+z+z^2/2$，无论是对于 F-范数，还是对于 2-范数，我们都有 $\|f(\boldsymbol{A})-g(\boldsymbol{A})\|\approx 10^{-5}$. 因为 $\kappa_2(\boldsymbol{X})\approx 10^7$，用定理 9.2.1 估计的误差为 $O(1)$，比较保守. 另外，用 Schur 分解的估计误差为 $O(10^{-2})$.

定理 9.2.1 和定理 9.2.2 告诉我们，非正规矩阵函数的近似问题比标量函数的要复杂的多. 特别地，我们看到，如果 $\boldsymbol{A}$ 的特征系统是病态的，并且（或者）$\boldsymbol{A}$ 偏离正规状态较大，那么 $g(\boldsymbol{A})$ 逼近 $f(\boldsymbol{A})$ 的误差界可能就要超过 $|f(z)-g(z)|$ 在 $\lambda(\boldsymbol{A})$ 的最大值. 虽然，近似方法避免了特征值的计算，但其受 $\boldsymbol{A}$ 的特征结构的影响. 这就需要伪谱分析.

9.2.3　泰勒逼近

一种逼近矩阵函数（例如 $\mathrm{e}^{\boldsymbol{A}}$）的常用方法是截断其泰勒级数. 下面的定理界定了用截断泰勒级数近似矩阵函数时产生的误差.

定理 9.2.3 如果在包含 $\boldsymbol{A}\in\mathbb{C}^{n\times n}$ 的特征值的开圆盘内，$f(z)$ 的泰勒级数展开为

$$f(z)=\sum_{k=0}^{\infty}\alpha_k z^k,$$

那么

$$\| f(\boldsymbol{A}) - \sum_{k=0}^{q} \alpha_k \boldsymbol{A}^k \|_2 \leqslant \frac{n}{(q+1)!} \max_{0 \leqslant s \leqslant 1} \| \boldsymbol{A}^{q+1} f^{(q+1)}(\boldsymbol{A}s) \|_2.$$

证明 在下式中定义矩阵 $\boldsymbol{E}(s)$,

$$f(\boldsymbol{A}s) = \sum_{k=0}^{q} \alpha_k (\boldsymbol{A}s)^k + \boldsymbol{E}(s), \quad 0 \leqslant s \leqslant 1. \tag{9.2.3}$$

如果 $f_{ij}(s)$ 是 $f(\boldsymbol{A}s)$ 中的 (i,j) 元，那么它必然是解析的，所以

$$f_{ij}(s) = \left(\sum_{k=0}^{q} \frac{f_{ij}^{(k)}(0)}{k!} s^k \right) + \frac{f_{ij}^{(q+1)}(\varepsilon_{ij})}{(q+1)!} s^{q+1}, \tag{9.2.4}$$

其中 ε_{ij} 满足 $0 \leqslant \varepsilon_{ij} \leqslant s \leqslant 1$.

比较 (9.2.3) 和 (9.2.4) 中 s 的幂，可知矩阵 $\boldsymbol{E}(s)$ 的 (i,j) 元 $e_{ij}(s)$ 有如下形式

$$e_{ij}(s) = \frac{f_{ij}^{(q+1)}(\varepsilon_{ij})}{(q+1)!} s^{q+1}.$$

现在，$f_{ij}^{(q-1)}(s)$ 为矩阵 $\boldsymbol{A}^{q+1} f^{(q+1)}(\boldsymbol{A}s)$ 的 (i,j) 元，因此

$$|e_{ij}(s)| \leqslant \max_{0 \leqslant s \leqslant 1} \frac{f_{ij}^{(q+1)}(s)}{(q+1)!} \leqslant \max_{0 \leqslant s \leqslant 1} \frac{\| \boldsymbol{A}^{q+1} f^{(q+1)}(\boldsymbol{A}s) \|_2}{(q+1)!}.$$

应用 (2.3.8) 式，即得定理的结论. □

我们注意到，通过细致分析，上界中的因数 n 可以去掉. 见 Mathias (1993).

实践中，取泰勒展开式中的更多项，并不能提高结果的精度. 例如，如果

$$\boldsymbol{A} = \begin{bmatrix} -49 & 24 \\ -64 & 31 \end{bmatrix},$$

那么可得

$$\mathrm{e}^{\boldsymbol{A}} = \begin{bmatrix} -0.735759 & 0.0551819 \\ -1.471518 & 1.103638 \end{bmatrix}.$$

当 $q = 59$ 时，定理 9.2.3 表明误差界为

$$\left\| \mathrm{e}^{\boldsymbol{A}} - \sum_{k=0}^{q} \frac{\boldsymbol{A}^k}{k!} \right\|_2 \leqslant \frac{n}{(q+1)!} \max_{0 \leqslant s \leqslant 1} \left\| \boldsymbol{A}^{q+1} \mathrm{e}^{\boldsymbol{A}s} \right\|_2 \leqslant 10^{-60}.$$

然而，如果 $\mathbf{u} \approx 10^{-7}$，那么我们发现

$$\mathrm{fl}\left(\sum_{k=0}^{59} \frac{\boldsymbol{A}^k}{k!}\right) = \begin{bmatrix} -22.25880 & -1.4322766 \\ -61.49931 & -3.474280 \end{bmatrix}.$$

问题在于部分和中有一些很大的元素．例如，在 $\boldsymbol{I} + \boldsymbol{A} + \cdots + \boldsymbol{A}^{17}/17!$ 中，有的元素竟达到 10^7 量级，但是计算机的精度也近似这个量级，所以舍入误差比解的范数要大得多．

例子说明了用截断的泰勒级数来逼近矩阵函数的一个众所周知的不足——其只有在原点附近才有效．有时候，通过尺度变换可克服这一点．例如，重复应用倍角公式：

$$\cos(2\boldsymbol{A}) = 2\cos(\boldsymbol{A})^2 - \boldsymbol{I}, \qquad \sin(2\boldsymbol{A}) = 2\sin(\boldsymbol{A})\cos(\boldsymbol{A}),$$

一个矩阵的正弦和余弦函数可以由 $\cos(\boldsymbol{A}/2^k)$ 和 $\sin(\boldsymbol{A}/2^k)$ 的泰勒近似来建立：

```
S_0 = sin(A/2^k) 的泰勒近似
C_0 = cos(A/2^k) 的泰勒近似
for j = 1 : k
    S_j = 2 S_{j-1} C_{j-1}
    C_j = 2 C_{j-1}^2 - I
end
```

这里 k 是一个适当选取的正整数，比如 $\| \boldsymbol{A} \|_\infty \approx 2^k$．参阅 Serbin and Blalock (1979)，Higham and Smith (2003)，Hargreaves and Higham (2005).

9.2.4　计算矩阵多项式

因为在超越矩阵函数的逼近中经常涉及计算多项式，所以有必要详细讨论多项式

$$p(\boldsymbol{A}) \;=\; b_0\boldsymbol{I} + b_1\boldsymbol{A} + \cdots + b_q\boldsymbol{A}^q$$

的计算，其中 $b_0, \cdots, b_q \in \mathbb{R}$ 是已知的实数．最明显的办法是用 Horner 算法．

算法 9.2.1　给定矩阵 $\boldsymbol{A}$ 和向量 $\boldsymbol{b}(0:q)$，下面的算法计算多项式 $\boldsymbol{F} = \boldsymbol{b}_q\boldsymbol{A}^q + \cdots + \boldsymbol{b}_1\boldsymbol{A} + \boldsymbol{b}_0\boldsymbol{I}$.

```
F = b_q A + b_{q-1} I
for k = q-2 : -1 : 0
    F = AF + b_k I
end
```

这需要 $q-1$ 次矩阵乘法．然而，和标量的情况不一样，这种求和过程并不是最优的．为了看到原因，假设 $q = 9$，观察到

$$p(\boldsymbol{A})=\boldsymbol{A}^3(\boldsymbol{A}^3(\boldsymbol{b}_9\boldsymbol{A}^3+(\boldsymbol{b}_8\boldsymbol{A}^2+\boldsymbol{b}_7\boldsymbol{A}+\boldsymbol{b}_6\boldsymbol{I}))+(\boldsymbol{b}_5\boldsymbol{A}^2+\boldsymbol{b}_4\boldsymbol{A}+\boldsymbol{b}_3\boldsymbol{I}))+\boldsymbol{b}_2\boldsymbol{A}^2+\boldsymbol{b}_1\boldsymbol{A}+\boldsymbol{b}_0\boldsymbol{I}.$$

因此，只用到四次矩阵乘法就可以算出 $\boldsymbol{F}=p(\boldsymbol{A})$：

$$\begin{aligned}
A_2 &= A^2,\\
A_3 &= AA_2,\\
F_1 &= b_9A_3+b_8A_2+b_7A+b_6I,\\
F_2 &= A_3F_1+b_5A_2+b_4A+b_3I,\\
F &= A_3F_2+b_2A_2+b_1A+b_0I.
\end{aligned}$$

一般来说，若 s 是满足 $1\leqslant s\leqslant\sqrt{q}$ 的任意整数，则

$$p(\boldsymbol{A})=\sum_{k=0}^{r}\boldsymbol{B}_k\cdot(\boldsymbol{A}^s)^k,\qquad r=\text{floor}(q/s),\tag{9.2.5}$$

其中

$$\boldsymbol{B}_k=\begin{cases}\boldsymbol{b}_{sk+s-1}\boldsymbol{A}^{s-1}+\cdots+\boldsymbol{b}_{sk+1}\boldsymbol{A}+\boldsymbol{b}_{sk}\boldsymbol{I}, & k=0:r-1,\\[2ex] \boldsymbol{b}_q\boldsymbol{A}^{q-sr}+\cdots+\boldsymbol{b}_{sr+1}\boldsymbol{A}+\boldsymbol{b}_{sr}\boldsymbol{I}, & k=r.\end{cases}$$

一旦算出 $\boldsymbol{A}^2,\cdots,\boldsymbol{A}^s$, Horner 规则可用于 (9.2.5), 所以 $p(\boldsymbol{A})$ 可以只用 $s+r-1$ 次矩阵乘法算出. 当 $s=\text{floor}(\sqrt{q})$ 时，矩阵乘法次数接近最小. Stockmeyer (1973) 讨论了这一技巧. Van Loan (1978) 给出了不用存储 $\boldsymbol{A}^2,\cdots,\boldsymbol{A}^s$ 就能实现这一方法的技巧.

9.2.5 计算矩阵的幂

一个矩阵的幂的问题值得特别注意. 假设要计算 $\boldsymbol{A}^{13}$，注意到 $\boldsymbol{A}^4=(\boldsymbol{A}^2)^2$, $\boldsymbol{A}^8=(\boldsymbol{A}^4)^2$，那么 $\boldsymbol{A}^{13}=\boldsymbol{A}^8\boldsymbol{A}^4\boldsymbol{A}$，只需 5 次矩阵乘法就可以完成这一计算. 对于一般情况，我们有以下算法.

算法 9.2.2 (2 次幂法) 算法计算 $\boldsymbol{F}=\boldsymbol{A}^s$，其中 $\boldsymbol{A}\in\mathbb{R}^{n\times n}$，$s$ 为正整数.

设 $s=\sum\limits_{k=0}^{t}\beta_k2^k$ 为 s 的 2 的次幂展开，$\beta_t\neq 0$

$Z=A$; $q=0$

while $\beta_q=0$

  $Z=Z^2$; $q=q+1$

end

$F=Z$

for $k=q+1:t$

$$
\begin{aligned}
&\quad Z = Z^2 \\
&\quad \textbf{if } \beta_k \neq 0 \\
&\quad\quad F = FZ \\
&\quad \textbf{end} \\
&\textbf{end}
\end{aligned}
$$

这个算法最多需要 2 floor$[\log_2(s)]$ 次矩阵乘法. 如果 s 是 2 的幂, 那么只需要 $\log_2(s)$ 次矩阵乘法.

9.2.6 矩阵函数的积分

本节我们对参数化矩阵函数的积分给出几个注解. 假设 $\boldsymbol{A} \in \mathbb{R}^{n\times n}$, 且 $f(\boldsymbol{A}t)$ 对所有的 $t \in [a,b]$ 有定义. 利用合适的求积公式, 我们能近似地说,

$$\boldsymbol{F} = \int_a^b f(\boldsymbol{A}t)\,\mathrm{d}t \quad \Longleftrightarrow \quad [\boldsymbol{F}]_{ij} = \int_a^b [\,f(\boldsymbol{A}t)]_{ij}\,\mathrm{d}t.$$

例如, 应用 Simpson 公式, 有

$$\boldsymbol{F} \approx \tilde{\boldsymbol{F}} = \frac{h}{3}\sum_{k=0}^{m} w_k f(\boldsymbol{A}(a+kh)) \tag{9.2.6}$$

其中 m 为偶数, $h = (b-a)/m$, 且

$$w_k = \begin{cases} 1, & k = 0,\ m, \\ 4, & k \text{ 是奇数}, \\ 2, & k \text{ 是偶数且 } k \neq 0,\ m. \end{cases}$$

如果 $(d^4/dz^4)f(zt) = f^{(4)}(zt)$ 在 $t \in [a,b]$ 上连续, 且 $f^{(4)}(\boldsymbol{A}t)$ 在同一区间上有定义, 那么可证 $\tilde{\boldsymbol{F}} = \boldsymbol{F} + \boldsymbol{E}$, 其中

$$\|\,\boldsymbol{E}\,\|_2 \leqslant \frac{nh^4(b-a)}{180}\max_{a\leqslant t\leqslant b}\|\,f^{(4)}(\boldsymbol{A}t)\,\|_2. \tag{9.2.7}$$

用 f_{ij} 和 e_{ij} 分别表示 $\boldsymbol{F}$ 和 $\boldsymbol{E}$ 的 (i,j) 元, 在上述假设下, 应用 Simpson 公式的标准误差界可得

$$|e_{ij}| \leqslant \frac{h^4(b-a)}{180}\max_{a\leqslant t\leqslant b}|e_i^{\mathrm{T}} f^{(4)}(\boldsymbol{A}t)e_j|.$$

因此不等式 (9.2.7) 成立, 这是因为 $\|\,\boldsymbol{E}\,\|_2 \leqslant n\max|e_{ij}|$ 且

$$\max_{a\leqslant t\leqslant b}|e_i^{\mathrm{T}} f^{(4)}(\boldsymbol{A}t)e_j| \leqslant \max_{a\leqslant t\leqslant b}\|\,f^{(4)}(\boldsymbol{A}t)\,\|_2.$$

当然, 在 (9.2.6) 的实际应用中, 函数 $f(\boldsymbol{A}(a+kh))$ 一般要用逼近的方法来估计. 因此, 整体误差包括逼近 $f(\boldsymbol{A}(a+kh)$ 所带来的误差和 Simpson 公式本身所的误差.

9.2.7 关于柯西积分公式的一点说明

另一种定义一个矩阵 $\boldsymbol{C}\in\mathbb{C}^{n\times n}$ 的函数的方法是利用柯西积分定理. 假设 $f(z)$ 在包含 $\lambda(\boldsymbol{A})$ 的 Γ 的内部以及边界上解析. 我们定义矩阵函数 $f(\boldsymbol{A})$ 为

$$f(\boldsymbol{A}) \;=\; \frac{1}{2\pi \mathrm{i}}\oint_{\Gamma} f(z)(z\boldsymbol{I}-\boldsymbol{A})^{-1}\,\mathrm{d}z. \tag{9.2.8}$$

积分是在每个元素的基础上定义的:

$$f(\boldsymbol{A}) \;=\; (f_{kj}) \quad\Longrightarrow\quad f_{kj} \;=\; \frac{1}{2\pi \mathrm{i}}\oint_{\Gamma} f(z)e_k^{\mathrm{T}}(z\boldsymbol{I}-\boldsymbol{A})^{-1}e_j\,\mathrm{d}z.$$

注意 $(z\boldsymbol{I}-\boldsymbol{A})^{-1}$ 在 Γ 上解析，并且 $f(z)$ 在 $\lambda(\boldsymbol{A})$ 的邻域内解析，所以 $f(\boldsymbol{A})$ 是可定义的. 使用求积公式和其他工具，Hale, Higham, and Trefethen (2007) 展示了这种性质怎样在实践中用来计算某类矩阵函数.

习 题

1. 验证 (9.2.2).
2. 证明：如果 $\|\boldsymbol{A}\|_2<1$，那么 $\log(\boldsymbol{I}+\boldsymbol{A})$ 存在并且满足

$$\|\log(\boldsymbol{I}+\boldsymbol{A})\|_2 \leqslant \|\boldsymbol{A}\|_2/(1-\|\boldsymbol{A}\|_2).$$

3. 使用定理 9.2.3，界定下面的近似求解中的误差:

$$\sin(\boldsymbol{A}) \;\approx\; \sum_{k=0}^{q}(-1)^k\frac{\boldsymbol{A}^{2k+1}}{(2k+1)!}, \qquad \cos(\boldsymbol{A}) \;\approx\; \sum_{k=0}^{q}(-1)^k\frac{\boldsymbol{A}^{2k}}{(2k)!}.$$

4. 设 $\boldsymbol{A}\in\mathbb{R}^{n\times n}$ 是非奇异的，给定 $\boldsymbol{X}_0\in\mathbb{R}^{n\times n}$，定义迭代

$$\boldsymbol{X}_{k+1}=\boldsymbol{X}_k(2\boldsymbol{I}-\boldsymbol{A}\boldsymbol{X}_k).$$

这是 Newton 法应用于函数 $f(x)=a-(1/x)$ 的矩阵版本. 使用 SVD 分析这个迭代. 迭代收敛于 $\boldsymbol{A}^{-1}$ 吗? 讨论 $\boldsymbol{X}_0$ 的选择.

5. 假设 $\boldsymbol{A}\in\mathbb{R}^{2\times 2}$.
   (a) 求标量 α 和 β 使得 $\boldsymbol{A}^4=\alpha\boldsymbol{I}+\beta\boldsymbol{A}$.
   (b) 给出 α_k 和 β_k 的递推公式，使得对于 $k\geqslant 2$ 有 $\boldsymbol{A}^k=\alpha_k\boldsymbol{I}+\beta_k\boldsymbol{A}$.

9.3 矩阵指数

计算中最频繁遇到的矩阵函数之一是指数函数

$$\mathrm{e}^{\boldsymbol{A}t} \;=\; \sum_{k=0}^{\infty}\frac{(\boldsymbol{A}t)^k}{k!}.$$

人们给出了计算 $\mathrm{e}^{\boldsymbol{A}t}$ 的大量算法，但正如 Moler and Van Loan (1978) 的文章以及 Moler and Van Loan (2003) 的后续研究中指出的，大多数算法的数值质量令

人怀疑. 为了说明计算的困难之处，我们提出了一种基于 Padé 逼近法的"缩放和平方"的方法. 对该方法的简要分析涉及 $e^{\boldsymbol{A}t}$ 扰动理论，以及非正态分布下特征分析的不足.

9.3.1　Padé 逼近法

接着 9.2 节的讨论，如果 $g(z) \approx e^z$，那么 $g(\boldsymbol{A}) \approx e^{\boldsymbol{A}}$. 为此，一个非常有用的近似就是如下定义的 Padé 函数：

$$R_{pq}(z) \;=\; D_{pq}(z)^{-1}N_{pq}(z),$$

其中

$$N_{pq}(z) \;=\; \sum_{k=0}^{p} \frac{(p+q-k)!p!}{(p+q)!k!(p-k)!}z^k,$$

$$D_{pq}(z) \;=\; \sum_{k=0}^{q} \frac{(p+q-k)!q!}{(p+q)!k!(q-k)!}(-z)^k.$$

注意，

$$R_{p0}(z) \;=\; 1+z+\cdots+z^p/p!$$

是 p 阶泰勒多项式.

不幸的是，Padé 近似只是在原点附近比较有效，正如下式所示：

$$e^{\boldsymbol{A}} = R_{pq}(\boldsymbol{A}) + \frac{(-1)^q}{(p+q)!}\boldsymbol{A}^{p+q+1}D_{pq}(\boldsymbol{A})^{-1}\int_0^1 u^p(1-u)^q e^{\boldsymbol{A}(1-u)}du. \tag{9.3.1}$$

然而，这个问题可以利用

$$e^{\boldsymbol{A}} \;=\; (e^{\boldsymbol{A}/m})^m$$

这一事实来解决. 特别地，我们可以将 $\boldsymbol{A}$ 乘以 m，使得 $\boldsymbol{F}_{pq} = R_{pq}(\boldsymbol{A}/m)$ 是 $e^{\boldsymbol{A}/m}$ 的一个适当的精确近似. 然后使用算法 9.2.2 来计算 $\boldsymbol{F}_{pq}^m$. 如果 m 是 2 的幂，那么这就相当于重复平方，所以效率很高. 整个过程的成功与否取决于

$$\boldsymbol{F}_{pq} \;=\; \left(R_{pq}\left(\frac{\boldsymbol{A}}{2^j}\right)\right)^{2^j}$$

近似的准确性. Moler and Van Loan (1978) 证明了，如果

$$\frac{\|\,\boldsymbol{A}\,\|_\infty}{2^j} \leqslant \frac{1}{2},$$

那么就会存在一个 $\boldsymbol{E} \in \mathbb{R}^{n\times n}$，使得 $\boldsymbol{F}_{pq} = e^{\boldsymbol{A}+\boldsymbol{E}}$, $\boldsymbol{AE} = \boldsymbol{EA}$ 且

$$\|\,\boldsymbol{E}\,\|_\infty \;\leqslant\; \varepsilon(p,q)\|\,\boldsymbol{A}\,\|_\infty,$$

其中

$$\varepsilon(p,q) \;=\; 2^{3-(p+q)}\frac{p!q!}{(p+q)!(p+q+1)!}.$$

利用这些结果很容易建立不等式

$$\frac{\|\,\mathrm{e}^{\boldsymbol{A}}-\boldsymbol{F}_{pq}\,\|_\infty}{\|\,\mathrm{e}^{\boldsymbol{A}}\,\|_\infty} \;\leqslant\; \epsilon(p,q)\|\,\boldsymbol{A}\,\|_\infty \mathrm{e}^{\epsilon(p,q)\|\boldsymbol{A}\|_\infty}.$$

参数 p 和 q 可以根据一定的相对误差容忍度确定. 由于 $\boldsymbol{F}_{pq}$ 大约需要 $j+\max\{p,q\}$ 次矩阵乘法，所以设 $p=q$ 是有意义的，因为对于给定的工作量，这个选择最小化了 $\epsilon(p,q)$. 总之，我们有如下算法.

算法 9.3.1 (缩放和平方) 给定 $\delta>0$, $\boldsymbol{A}\in\mathbb{R}^{n\times n}$，下面的算法计算 $\boldsymbol{F}=\mathrm{e}^{\boldsymbol{A}+\boldsymbol{E}}$，其中 $\|\,\boldsymbol{E}\,\|_\infty\leqslant\delta\|\,\boldsymbol{A}\,\|_\infty$.

$j=\max\{\,0\,,\,1+\text{floor}(\log_2(\|\,A\,\|_\infty))\,\}$
$A \;=\; A/2^j$
设 q 是使得 $\epsilon(q,q)\leqslant\delta$ 的最小非负整数
$D=I, N=I, X=I, c=1$
for $k=1:q$
  $c \;=\; c\cdot(q-k+1)/((2q-k+1)k)$
  $X=AX,\ N=N+c\cdot X,\ D=D+(-1)^k c\cdot X$
end
用高斯消去法解 $DF=N$ 求出 F
for $k=1:j$
  $F \;=\; F^2$
end

这个算法需要约 $2(q+j+1/3)n^3$ 个 flop. Ward (1977) 对其舍入误差特性进行了分析. 有关进一步的分析和算法改进，请参见 Higham (2005)，Al-Mohy and Higham (2009).

9.2.4 节中的特殊的 Horner 技术可用于加速计算 $\boldsymbol{D}=D_{qq}(\boldsymbol{A})$ 和 $\boldsymbol{N}=N_{qq}(\boldsymbol{A})$. 例如，如果 $q=8$，我们得到 $N_{qq}(\boldsymbol{A})=\boldsymbol{U}+\boldsymbol{A}\boldsymbol{V}, D_{qq}(\boldsymbol{A})=\boldsymbol{U}-\boldsymbol{A}\boldsymbol{V}$，其中

$$\boldsymbol{U} \;=\; c_0\boldsymbol{I}+c_2\boldsymbol{A}^2+(c_4\boldsymbol{I}+c_6\boldsymbol{A}^2+c_8\boldsymbol{A}^4)\boldsymbol{A}^4,$$
$$\boldsymbol{V} = c_1\boldsymbol{I}+c_3\boldsymbol{A}^2+(c_5\boldsymbol{I}+c_7\boldsymbol{A}^2)\boldsymbol{A}^4.$$

显然，$\boldsymbol{N}$ 和 $\boldsymbol{D}$ 可以通过 5 次矩阵乘法来计算，而不是算法 9.3.1 要求的 7 次.

9.3.2　扰动理论

在存在舍入误差时，算法 9.3.1 是稳定的么？要回答这个问题，我们需要理解矩阵指数对 $\boldsymbol{A}$ 的扰动的敏感度. 指数矩阵函数的丰富结构，使我们能够比一般矩阵函数更详细地描述 $\mathrm{e}^{\boldsymbol{A}}$ 问题的条件数.（见 9.1.6 节.）

讨论的起点是初值问题

$$\dot{X}(t) = \boldsymbol{A}X(t), \qquad X(0) = \boldsymbol{I},$$

其中 $\boldsymbol{A}, X(t) \in \mathbb{R}^{n\times n}$. 这个方程的唯一解为 $X(t) = \mathrm{e}^{\boldsymbol{A}t}$，利用矩阵指数的特征，建立恒等式

$$\mathrm{e}^{(\boldsymbol{A}+\boldsymbol{E})t} - \mathrm{e}^{\boldsymbol{A}t} = \int_0^t \mathrm{e}^{\boldsymbol{A}(t-s)}\boldsymbol{E}\mathrm{e}^{(\boldsymbol{A}+\boldsymbol{E})s}ds.$$

由此，可得

$$\frac{\|\,\mathrm{e}^{(\boldsymbol{A}+\boldsymbol{E})t} - \mathrm{e}^{\boldsymbol{A}t}\,\|_2}{\|\,\mathrm{e}^{\boldsymbol{A}t}\,\|_2} \leqslant \frac{\|\,\boldsymbol{E}\,\|_2}{\|\,\mathrm{e}^{\boldsymbol{A}t}\,\|_2}\int_0^t \|\,\mathrm{e}^{\boldsymbol{A}(t-s)}\,\|_2\,\|\,\mathrm{e}^{(\boldsymbol{A}+\boldsymbol{E})s}\,\|_2 ds.$$

如果我们对被积函数中出现的指数的范数进行限定，就会得到进一步的简化. 一种简化方法是 Schur 分解. 如果 $\boldsymbol{Q}^{\mathrm{H}}\boldsymbol{A}\boldsymbol{Q} = \mathrm{diag}(\lambda_i) + \boldsymbol{N}$ 是 $\boldsymbol{A} \in \mathbb{C}^{n\times n}$ 的 Schur 分解，那么可以证明

$$\|\,\mathrm{e}^{\boldsymbol{A}t}\,\|_2 \leqslant \mathrm{e}^{\alpha(\boldsymbol{A})tM_S(t)}, \tag{9.3.2}$$

其中

$$\alpha(\boldsymbol{A}) = \max\{\mathsf{Re}(\lambda) : \lambda \in \lambda(\boldsymbol{A})\} \tag{9.3.3}$$

是谱的横坐标，并且

$$M_S(t) = \sum_{k=0}^{n-1}\frac{\|\,\boldsymbol{N}t\,\|_2^k}{k!}.$$

稍加计算，即可证明

$$\frac{\|\,\mathrm{e}^{(\boldsymbol{A}+\boldsymbol{E})t} - \mathrm{e}^{\boldsymbol{A}t}\,\|_2}{\|\,\mathrm{e}^{\boldsymbol{A}t}\,\|_2} \leqslant t\|\,\boldsymbol{E}\,\|_2 M_S(t)^2\exp(tM_S(t)\|\,\boldsymbol{E}\,\|_2).$$

注意，$M_S(t) \equiv 1$ 当且仅当 $\boldsymbol{A}$ 是正规的，这表明如果 $\boldsymbol{A}$ 是正规的，那么矩阵指数的问题是“良性的”. 这个问题通过最大指数矩阵条件数 $\nu(\boldsymbol{A},t)$ 加以证明，其定义为

$$\nu(\boldsymbol{A},t) = \max_{\|\boldsymbol{E}\|\leqslant 1}\left\|\int_0^t \mathrm{e}^{\boldsymbol{A}(t-s)}\boldsymbol{E}\mathrm{e}^{\boldsymbol{A}s}ds\right\|_2 \frac{\|\,\boldsymbol{A}\,\|_2}{\|\,\mathrm{e}^{\boldsymbol{A}t}\,\|_2}.$$

Van Loan (1977) 对于给定的 t 讨论了 $\boldsymbol{A} \to \mathrm{e}^{\boldsymbol{A}t}$ 这个问题的敏感度，存在矩阵 $\boldsymbol{E}$，使得

$$\frac{\|\,\mathrm{e}^{(\boldsymbol{A}+\boldsymbol{E})t} - \mathrm{e}^{\boldsymbol{A}t}\,\|_2}{\|\,\mathrm{e}^{\boldsymbol{A}t}\,\|_2} \approx \nu(\boldsymbol{A},t)\frac{\|\,\boldsymbol{E}\,\|_2}{\|\,\boldsymbol{A}\,\|_2}.$$

因此，如果 $\nu(\boldsymbol{A},t)$ 很大，$\boldsymbol{A}$ 的一个小变化就可以引起 $\mathrm{e}^{\boldsymbol{A}t}$ 相对较大的变化. 不幸的是，$\nu(\boldsymbol{A},t)$ 很大，很难精确描述这些 $\boldsymbol{A}$.（这与线性方程问题 $\boldsymbol{Ax}=\boldsymbol{b}$ 形成了对比，其中 $\boldsymbol{A}$ 被巧妙地用 SVD 表示.）然而，我们可以说明的是，$\nu(\boldsymbol{A},t)\geqslant t\|\boldsymbol{A}\|_2$，并且对于所有非负的 t，等号成立当且仅当矩阵 $\boldsymbol{A}$ 是正规的.

9.3.3 伪谱

再多考虑一下非正规矩阵的影响，我们从 9.2 节的分析知道，近似 $\mathrm{e}^{\boldsymbol{A}t}$ 不仅仅涉及 $\lambda(\boldsymbol{A})$ 上的近似 e^{zt}. 另一条主线是，在 $\mathrm{e}^{\boldsymbol{A}t}$ 问题中，特征值不能"讲述完整故事"，谱横坐标 (9.3.3) 不能预测与时间的函数 $\|\mathrm{e}^{\boldsymbol{A}t}\|_2$ 的大小. 如果 $\boldsymbol{A}$ 是正规的，那么

$$\|\mathrm{e}^{\boldsymbol{A}t}\|_2=\mathrm{e}^{\alpha(\boldsymbol{A})t}. \tag{9.3.4}$$

因此，如果 $\mathrm{e}^{\boldsymbol{A}t}$ 的特征值都位于左半平面上，那么存在均匀衰减. 但是，如果 $\boldsymbol{A}$ 是非正规的，那么 $\mathrm{e}^{\boldsymbol{A}t}$ 在衰变之前可以增长. 看一下 2×2 的例子

$$\boldsymbol{A}=\begin{bmatrix}-1 & 1000\\ 0 & -1\end{bmatrix} \quad\Longleftrightarrow\quad \mathrm{e}^{\boldsymbol{A}t}=\mathrm{e}^{-t}\begin{bmatrix}1 & 1000\cdot t\\ 0 & 1\end{bmatrix} \tag{9.3.5}$$

图 9.3.1 清楚地说明了这一点.

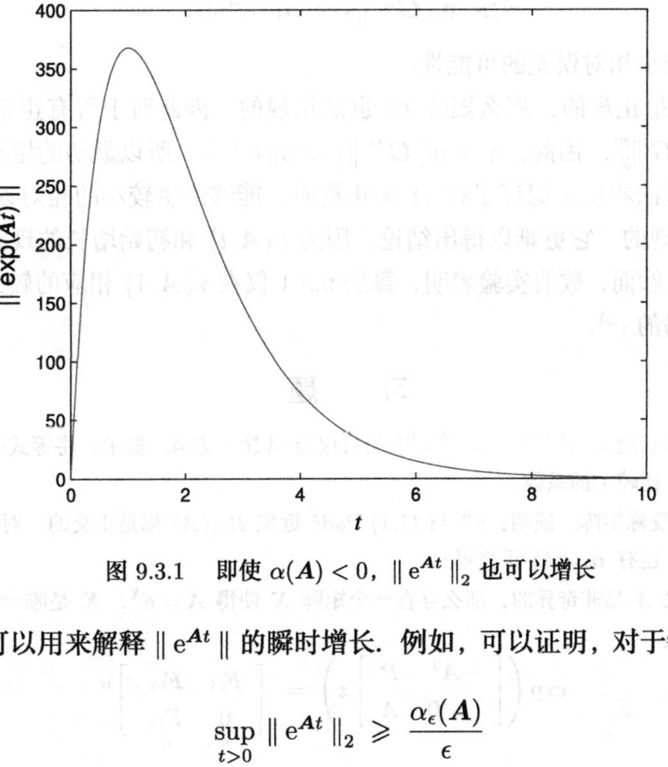

图 9.3.1 即使 $\alpha(\boldsymbol{A})<0$，$\|\mathrm{e}^{\boldsymbol{A}t}\|_2$ 也可以增长

伪谱可以用来解释 $\|\mathrm{e}^{\boldsymbol{A}t}\|$ 的瞬时增长. 例如，可以证明，对于每一个 $\epsilon>0$，有

$$\sup_{t>0}\|\mathrm{e}^{\boldsymbol{A}t}\|_2\geqslant\frac{\alpha_\epsilon(\boldsymbol{A})}{\epsilon} \tag{9.3.6}$$

其中 $\alpha_\epsilon(\boldsymbol{A})$ 是在 (7.9.8) 中引入的 ϵ 伪谱横坐标：

$$\alpha_\epsilon(\boldsymbol{A}) = \sup_{z\in\Lambda_\epsilon(\boldsymbol{A})} \mathrm{Re}(z).$$

对于 (9.3.5) 中的 2×2 矩阵，可以证明 $\alpha_{0.01}(\boldsymbol{A})/0.01 \approx 216$，与图 9.3.1 的增长曲线一致. 更多伪谱信息及 $\|\,\mathrm{e}^{\boldsymbol{A}t}\,\|_2$ 的性质，参见 Trefethen and Embree (SAP, 第 15 章).

9.3.4　一些稳定性问题

利用这个讨论，我们开始考虑算法 9.3.1 的稳定性. 如果 $\boldsymbol{A}$ 是一个矩阵，它的指数在衰减之前增长，那么在平方过程中就会出现一个潜在的困难. 如果

$$\boldsymbol{G} = R_{qq}\left(\frac{\boldsymbol{A}}{2^j}\right) \approx \mathrm{e}^{\boldsymbol{A}/2^j},$$

那么可以看出，量级为

$$\gamma = \mathbf{u}\|\,\boldsymbol{G}^2\,\|_2\cdot\|\,\boldsymbol{G}^4\,\|_2\cdot\|\,\boldsymbol{G}^8\,\|_2\cdots\|\,\boldsymbol{G}^{2^{j-1}}\,\|_2$$

的舍入误差会影响计算出的 $\boldsymbol{G}^{2^j}$. 如果 $\|\,\mathrm{e}^{\boldsymbol{A}t}\,\|_2$ 有一个实质性的初始增长，那么可能的情况为

$$\gamma \gg \mathbf{u}\|\,\boldsymbol{G}^{2^j}\,\|_2 \approx \mathbf{u}\|\,\mathrm{e}^{\boldsymbol{A}}\,\|_2,$$

从而排除了较小相对误差的可能性.

如果 $\boldsymbol{A}$ 是正规的，那么矩阵 $\boldsymbol{G}$ 也是正规的，因此对于所有正整数 m，有 $\|\,\boldsymbol{G}^m\,\|_2 = \|\,\boldsymbol{G}\,\|_2^m$. 因此，$\gamma \approx \mathbf{u}\|\,\boldsymbol{G}^{2^j}\,\|_2 \approx \mathbf{u}\|\,\mathrm{e}^{\boldsymbol{A}}\,\|_2$，所以最初的增长问题就消失了. 这个算法本质上保证了在 $\boldsymbol{A}$ 为正规时，能够产生较小的相对误差. 另外，当 $\boldsymbol{A}$ 是非正规的，它更难以得出结论，因为 $\nu(\boldsymbol{A},t)$ 和初始增长的现象之间的联系尚不清楚. 然而，数值实验表明，算法 9.3.1 仅在 $v(\boldsymbol{A},1)$ 相应的较大时，不能产生相对精确的 $\mathrm{e}^{\boldsymbol{A}}$.

习　题

1. 证明：对任意的 t，$\mathrm{e}^{(\boldsymbol{A}+\boldsymbol{B})t} = \mathrm{e}^{\boldsymbol{A}t}\mathrm{e}^{\boldsymbol{B}t}$ 当且仅当 $\boldsymbol{AB} = \boldsymbol{BA}$. 提示：将等式两边表示为 t 的幂级数，比较 t 的系数.
2. 假设 $\boldsymbol{A}$ 是反称矩阵. 证明：$\mathrm{e}^{\boldsymbol{A}}$ 与 (1,1) Padé 近似 $R_{11}(\boldsymbol{A})$ 都是正交的. 对于 p 和 q 的其他取值，还有 $R_{pq}(\boldsymbol{A})$ 正交吗?
3. 证明：如果 $\boldsymbol{A}$ 是非奇异的，那么存在一个矩阵 $\boldsymbol{X}$ 使得 $\boldsymbol{A} = \mathrm{e}^{\boldsymbol{X}}$. $\boldsymbol{X}$ 是唯一的吗?
4. 证明：如果

$$\exp\left(\begin{bmatrix} -\boldsymbol{A}^{\mathrm{T}} & \boldsymbol{P} \\ \boldsymbol{0} & \boldsymbol{A} \end{bmatrix} z\right) = \begin{bmatrix} \boldsymbol{F}_{11} & \boldsymbol{F}_{12} \\ \boldsymbol{0} & \boldsymbol{F}_{22} \end{bmatrix}\begin{matrix} n \\ n \end{matrix}$$
$$\qquad\qquad\qquad\qquad\qquad\qquad\qquad\qquad\qquad\qquad\quad n \qquad\ n$$

那么

$$F_{22}^{\mathrm{T}} F_{12} = \int_0^z e^{A^{\mathrm{T}} t} P e^{At} dt.$$

5. 给出一个算法，计算 e^{A}，其中 $A = uv^{\mathrm{T}}$, $u, v \in \mathbb{R}^n$.

6. 假设 $A \in \mathbb{R}^{n\times n}$, $v \in \mathbb{R}^n$ 有单位 2-范数，定义函数 $\phi(t) = \| e^{At} v \|_2^2/2$，证明：

$$\dot{\phi}(t) \leqslant \mu(A)\phi(t)$$

其中 $\mu(A) = \lambda_1((A + A^{\mathrm{T}})/2)$. 推导出结论

$$\| e^{At} \|_2 \leqslant e^{\mu(A)t},$$

其中 $t \geqslant 0$.

7. 假设 $A \in \mathbb{R}^{n\times n}$ 的非对角元素是负的，且其列的和是零. 证明：对任意的 t，$F = \exp(At)$ 的元是非负的，且其列的和是 1.

9.4 矩阵符号、平方根和对数

矩阵对数问题是矩阵指数问题的逆问题. 不必惊讶，确实存在 9.3.1 节中提到过的缩放和平方过程的逆，其涉及重复使用矩阵平方根. 因此, 在讨论 $\log(A)$ 之前需要理解 $\sqrt{A}$ 的意义. 反过来这又与矩阵符号函数和极分解有关.

9.4.1 矩阵符号函数

对于所有不在虚轴上的 $z \in \mathbb{C}$，定义符号函数 $\mathrm{sign}(\cdot)$ 如下，

$$\mathrm{sign}(z) = \begin{cases} -1, & \text{如果 } \mathrm{Re}(z) < 0, \\ +1, & \text{如果 } \mathrm{Re}(z) > 0. \end{cases}$$

矩阵的符号函数有特别简单的形式. 假设 $A \in \mathbb{C}^{n\times n}$ 没有纯虚数的特征值，并且 JCF 为 $A = XJX^{-1}$，使得其分块顺序为

$$J = \begin{bmatrix} J_1 & 0 \\ 0 & J_2 \end{bmatrix} \begin{matrix} m_1 \\ m_2 \end{matrix}, \qquad \begin{matrix} m_1 & m_2 \end{matrix}$$

其中 $J_1 \in \mathbb{C}^{m_1\times m_1}$ 的特征值位于左半开平面上，$J_2 \in \mathbb{C}^{m_2\times m_2}$ 的特征值位于右半开平面上. 注意，符号函数的所有导数均为零，由定理 9.1.1，可得

$$\mathrm{sign}(A) = X \begin{bmatrix} \mathrm{sign}(J_1) & 0 \\ 0 & \mathrm{sign}(J_2) \end{bmatrix} X^{-1} = X \begin{bmatrix} -I_{m_1} & 0 \\ 0 & I_{m_2} \end{bmatrix} X^{-1}.$$

利用划分

$$X = \underset{\qquad m_1 \quad m_2}{[\, X_1 \,|\, X_2 \,]} \qquad X^{-\mathrm{H}} = \underset{\qquad m_1 \quad m_2}{[\, Y_1 \,|\, Y_2 \,]},$$

可以得出

$$\operatorname{sign}(\boldsymbol{A}) = \boldsymbol{X}_2\boldsymbol{Y}_2^{\mathrm{H}} - \boldsymbol{X}_1\boldsymbol{Y}_1^{\mathrm{H}}$$

$$\boldsymbol{I}_n = \boldsymbol{X}_1\boldsymbol{Y}_1^{\mathrm{H}} + \boldsymbol{X}_2\boldsymbol{Y}_2^{\mathrm{H}}$$

所以

$$\boldsymbol{X}_2\boldsymbol{Y}_2^{\mathrm{H}} = \frac{1}{2}(\boldsymbol{I}_n + \operatorname{sign}(\boldsymbol{A})).$$

假设将列选主元的 QR 方法应用于秩为 m_2 的矩阵：

$$\frac{1}{2}(\boldsymbol{I}_n + \operatorname{sign}(\boldsymbol{A}))\boldsymbol{\Pi} = \boldsymbol{QR}.$$

因此 $(Q(:,1:m_2)) = \operatorname{ran}(\boldsymbol{X}_2)$，即 $\boldsymbol{A}$ 的右半平面上的特征值对应的不变子空间. 因此，$\operatorname{sign}(\boldsymbol{A})$ 的近似产生了近似不变子空间的信息.

已经提出了许多计算 $\operatorname{sign}(\boldsymbol{A})$ 的迭代方法. 事实是，$\operatorname{sign}(z)$ 是 $g(z) = z^2 - 1$ 的零点，意味着如下牛顿迭代

$$z_{k+1} = z_k - \frac{g(z_k)}{g'(z_k)} = \frac{1}{2}\left(z_k + \frac{1}{z_k}\right)$$

的矩阵情形，即，

$S_0 = A$

for $k = 0, 1, \cdots$　　(9.4.1)

　$S_{k+1} = \left(S_k + S_k^{-1}\right)/2$

end

可以证明这个迭代过程是适定的，收敛到 $\operatorname{sign}(\boldsymbol{A})$，其中假设 $\boldsymbol{A}$ 在虚轴上没有特征值.

注意，如果 $a + b\mathrm{i}$ 是 $\boldsymbol{S}_k$ 的一个特征值，那么

$$\frac{1}{2}\left(a + b\mathrm{i} + \frac{1}{a + b\mathrm{i}}\right) = \frac{a}{2}\left(1 + \frac{1}{a^2 + b^2}\right) + \frac{b}{2}\left(1 - \frac{1}{a^2 + b^2}\right)\mathrm{i}$$

为 $\boldsymbol{S}_{k+1}$ 的一个特征值. 因此，如果 $\boldsymbol{S}_k$ 是非奇异的，那么 $\boldsymbol{S}_{k+1}$ 也是非奇异的. 因此，由归纳法得出 (9.4.1) 是适定的. 此外，由于在迭代过程中特征值不能穿过虚轴"跳跃"，所以 $\operatorname{sign}(\boldsymbol{S}_k) = \operatorname{sign}(\boldsymbol{A})$.

为了证明 $\boldsymbol{S}_k$ 收敛于 $\boldsymbol{S} = \operatorname{sign}(\boldsymbol{A})$，我们首先有 $\boldsymbol{S}\boldsymbol{S}_k = \boldsymbol{S}_k\boldsymbol{S}$，因为它们都是 $\boldsymbol{A}$ 的有理函数. 利用这个可交换的结果和恒等式 $\boldsymbol{S}^2 = \boldsymbol{I}$，很容易得出

$$\boldsymbol{S}_{k+1} - \boldsymbol{S} = \frac{1}{2}\boldsymbol{S}_k^{-1}(\boldsymbol{S}_k - \boldsymbol{S})^2, \tag{9.4.2}$$

$$\boldsymbol{S}_{k+1} + \boldsymbol{S} = \frac{1}{2}\boldsymbol{S}_k^{-1}(\boldsymbol{S}_k + \boldsymbol{S})^2. \tag{9.4.3}$$

如果 $\boldsymbol{M}$ 是一个矩阵并定义了 $\operatorname{sign}(\boldsymbol{M})$，那么 $\boldsymbol{M} + \operatorname{sign}(\boldsymbol{M})$ 是非奇异的，因为它的特征值的形式为 $\lambda + \operatorname{sign}(\lambda)$，显然不等于零. 因此，矩阵

$$\boldsymbol{S}_k+\boldsymbol{S} \;=\; \boldsymbol{S}_k+\operatorname{sign}(\boldsymbol{A}) \;=\; \boldsymbol{S}_k+\operatorname{sign}(\boldsymbol{S}_k)$$

是非奇异的. 通过等式 (9.4.2) 和 (9.4.3)，可得出以下结论，如果

$$\boldsymbol{G}_k=(\boldsymbol{S}_k-\boldsymbol{S})(\boldsymbol{S}_k+\boldsymbol{S})^{-1}, \tag{9.4.4}$$

那么 $\boldsymbol{G}_{k+1}=\boldsymbol{G}_k^2$. 由归纳可得 $\boldsymbol{G}_k=\boldsymbol{G}_0^{2^k}$. 如果 $\lambda\in\lambda(\boldsymbol{A})$，那么

$$\mu \;=\; \frac{\lambda-\operatorname{sign}(\lambda)}{\lambda+\operatorname{sign}(\lambda)}$$

是 $\boldsymbol{G}_0=(\boldsymbol{A}-\boldsymbol{S})(\boldsymbol{A}+\boldsymbol{S})^{-1}$ 的一个特征值. 由引理 7.3.2 可得 $|\mu|<1$，又 $\boldsymbol{G}_k\to 0$，所以

$$\boldsymbol{S}_k \;=\; \boldsymbol{S}(\boldsymbol{I}+\boldsymbol{G}_k)(\boldsymbol{I}-\boldsymbol{G}_k)^{-1} \;\to\; \boldsymbol{S}.$$

在 (9.4.2) 中取范数，可得收敛的速度是二次的：

$$\|\,\boldsymbol{S}_{k+1}-\boldsymbol{S}\,\| \;\leqslant\; \frac{1}{2}\|\,\boldsymbol{S}_k^{-1}\,\|\cdot\|\,\boldsymbol{S}_k-\boldsymbol{S}\,\|^2.$$

在实践中需要考虑该方法的总体效率，因为每次迭代需要 $O(n^3)$ 个 flop. 为了解决这个问题，已经提出了几个对于基本迭代 (9.4.1) 的改进. 一种思想是引入牛顿近似

$$\boldsymbol{S}_k^{-1}\approx\boldsymbol{S}_k(2\boldsymbol{I}-\boldsymbol{S}_k^2).$$

(见习题 1.) 使用这个估算代替 (9.4.1) 中实际的逆，给出修正步骤

$$\boldsymbol{S}_{k+1}=\frac{1}{2}\left(\boldsymbol{S}_k+\boldsymbol{S}_k(2\boldsymbol{I}-\boldsymbol{S}_k^2)\right) \;=\; \frac{1}{2}\boldsymbol{S}_k(3\boldsymbol{I}-\boldsymbol{S}_k^2). \tag{9.4.5}$$

这被称为**牛顿-舒尔茨迭代**. 另一个想法是引入比例因子：

$$\boldsymbol{S}_{k+1}=\frac{1}{2}\left((\mu_k\boldsymbol{S}_k)+(\mu_k\boldsymbol{S}_k)^{-1}\right). \tag{9.4.6}$$

对于 μ_k 的有趣的选择包括 $|\det(\boldsymbol{S}_k)|^{1/n}$，$\sqrt{\rho(\boldsymbol{S}_k^{-1})/\rho(\boldsymbol{S}_k)}$ 和 $\sqrt{\|\,\boldsymbol{S}_k^{-1}\,\|\|\,\boldsymbol{S}_k\,\|}$，其中 $\rho(\cdot)$ 是谱半径. 关于矩阵符号函数和相关稳定性问题的有效计算，见 Kenney and Laub (1991, 1992)，Higham (2007)，Higham (FOM, 第 5 章).

9.4.2 矩阵的平方根

如果基础函数有多个分支，$f(\boldsymbol{A})$ 问题会产生歧义. 例如，如果 $f(x)=\sqrt{x}$ 且

$$\boldsymbol{A} \;=\; \begin{bmatrix} 4 & 10 \\ 0 & 9 \end{bmatrix},$$

那么

$$\boldsymbol{A} = \begin{bmatrix} 2 & 2 \\ 0 & 3 \end{bmatrix}^2 = \begin{bmatrix} -2 & 10 \\ 0 & 3 \end{bmatrix}^2 = \begin{bmatrix} -2 & -2 \\ 0 & -3 \end{bmatrix}^2 = \begin{bmatrix} 2 & -10 \\ 0 & -3 \end{bmatrix}^2,$$

这表明至少有 4 种 $\sqrt{\boldsymbol{A}}$ 的合理选择. 为了澄清这种情况，如果 (a) $\boldsymbol{F}^2 = \boldsymbol{A}$, (b) $\boldsymbol{F}$ 的特征值有正实部，我们称 $\boldsymbol{F}$ 是 $\boldsymbol{A}$ 的**主平方根**. 用 $\boldsymbol{A}^{1/2}$ 来记这个矩阵.

类似于标量平方根的牛顿迭代，$x_{k+1} = (x_k + a/x_k)/2$，我们有

$X_0 = A$

for $k = 0, 1, \cdots$ (9.4.7)

$\quad X_{k+1} = \left(X_k + X_k^{-1}A\right)/2$

end

注意，这个迭代和牛顿符号迭代 (9.4.1) 之间的相似性. 事实上，通过在 (9.4.7) 中替换 $\boldsymbol{X}_k = \boldsymbol{A}^{1/2}\boldsymbol{S}_k$，就得到 $\boldsymbol{A}^{1/2}$ 的牛顿符号迭代. 根据已知的 (9.4.1) 可得，其全局收敛，且局部二次收敛.

将牛顿符号迭代应用于矩阵

$$\tilde{\boldsymbol{A}} = \begin{bmatrix} \boldsymbol{0} & \boldsymbol{A} \\ \boldsymbol{I} & \boldsymbol{0} \end{bmatrix},$$

揭示了矩阵符号问题与矩阵平方根问题之间的另一种联系. 记这个迭代为 $\tilde{\boldsymbol{S}}_k$. 通过归纳法，可得 $\tilde{\boldsymbol{S}}_k$ 的形式为

$$\tilde{\boldsymbol{S}}_k = \begin{bmatrix} \boldsymbol{0} & \boldsymbol{X}_k \\ \boldsymbol{Y}_k & \boldsymbol{0} \end{bmatrix}.$$

通过设 $\boldsymbol{X}_0 = \boldsymbol{A}$ 和 $\boldsymbol{Y}_0 = \boldsymbol{I}$，可知对于 $k = 0$ 这是正确的. 再看其是否适用于 $k > 0$，观察到

$$\tilde{\boldsymbol{S}}_{k+1} = \frac{1}{2}\left(\tilde{\boldsymbol{S}}_k + \tilde{\boldsymbol{S}}_k^{-1}\right) = \frac{1}{2}\left(\begin{bmatrix} \boldsymbol{0} & \boldsymbol{X}_k \\ \boldsymbol{Y}_k & \boldsymbol{0} \end{bmatrix} + \begin{bmatrix} \boldsymbol{0} & \boldsymbol{Y}_k^{-1} \\ \boldsymbol{X}_k^{-1} & \boldsymbol{0} \end{bmatrix}\right),$$

因此

$$\boldsymbol{X}_{k+1} = \left(\boldsymbol{X}_k + \boldsymbol{Y}_k^{-1}\right)/2, \qquad \boldsymbol{Y}_{k+1} = \left(\boldsymbol{Y}_k + \boldsymbol{X}_k^{-1}\right)/2. \tag{9.4.8}$$

由归纳法还可证明

$$\boldsymbol{X}_k = \boldsymbol{A}\boldsymbol{Y}_k, \quad k = 0, 1, \cdots, \tag{9.4.9}$$

所以

$$\boldsymbol{X}_{k+1} = \left(\boldsymbol{X}_k + \boldsymbol{A}\boldsymbol{X}_k^{-1}\right)/2, \qquad \boldsymbol{Y}_{k+1} = \left(\boldsymbol{Y}_k + \boldsymbol{A}^{-1}\boldsymbol{Y}_k^{-1}\right)/2. \tag{9.4.10}$$

因此 $\boldsymbol{X}_k \to \boldsymbol{A}^{1/2}, \boldsymbol{Y}_k \to \boldsymbol{A}^{-1/2}$，且建立了如下等式：

$$\operatorname{sign}\left(\begin{bmatrix} \boldsymbol{0} & \boldsymbol{A} \\ \boldsymbol{I} & \boldsymbol{0} \end{bmatrix}\right) = \begin{bmatrix} \boldsymbol{0} & \boldsymbol{A}^{1/2} \\ \boldsymbol{A}^{-1/2} & \boldsymbol{0} \end{bmatrix}.$$

等式 (9.4.8) 定义的 **Denman-Beavers** 迭代比 (9.4.7) 的数值性质更好. 上述和其它矩阵平方根算法的分析，参见 Meini (2004)，Higham (FOM, 第 6 章)，Higham (2008).

9.4.3 极分解

如果 $z = a + b\mathrm{i} \in \mathbb{C}$ 是一个非零复数，那么它的极坐标表示的因子形式为 $z = \mathrm{e}^{\mathrm{i}\theta} r$，其中 $r = \sqrt{a^2 + b^2}$, $\mathrm{e}^{\mathrm{i}\theta} = \cos(\theta) + \mathrm{i}\sin(\theta)$，且 $(\cos(\theta), \sin(\theta)) = (a/r, b/r)$. 矩阵的**极分解**与其类似.

定理 9.4.1 (极分解) *如果 $\boldsymbol{A} \in \mathbb{R}^{m\times n}$，且 $m \geqslant n$，那么存在一个有正交列的矩阵 $\boldsymbol{U} \in \mathbb{R}^{m\times n}$ 和一个对称半正定矩阵 $\boldsymbol{P} \in \mathbb{R}^{n\times n}$，使得 $\boldsymbol{A} = \boldsymbol{U}\boldsymbol{P}$.*

证明 假设 $\boldsymbol{U}_A^{\mathrm{T}} \boldsymbol{A} \boldsymbol{V}_A = \boldsymbol{\Sigma}_A$ 是 $\boldsymbol{A}$ 的窄 SVD. 很容易得出，如果 $\boldsymbol{U} = \boldsymbol{U}_A \boldsymbol{V}_A^{\mathrm{T}}$ 且 $\boldsymbol{P} = \boldsymbol{V}_A \boldsymbol{\Sigma}_A \boldsymbol{V}_A^{\mathrm{T}}$，那么 $\boldsymbol{A} = \boldsymbol{U}\boldsymbol{P}$，且 $\boldsymbol{U}$ 和 $\boldsymbol{P}$ 具有所需的性质. □

我们称 $\boldsymbol{U}$ 为**正交极因子**，$\boldsymbol{P}$ 为**对称极因子**. 注意到 $\boldsymbol{P} = (\boldsymbol{A}^{\mathrm{T}}\boldsymbol{A})^{1/2}$，如果 $\mathsf{rank}(\boldsymbol{A}) = n$，那么 $\boldsymbol{U} = \boldsymbol{A}(\boldsymbol{A}^{\mathrm{T}}\boldsymbol{A})^{-1/2}$. 极分解的一个重要应用是正交 Procrustes 问题（见 6.4.1 节）.

已经提出了计算正交极因子的各种迭代方法. 非奇异情况下的二次收敛的牛顿迭代，通过重复平均其转置的逆来实施：

$X_0 = A$ （假设 $A \in \mathbb{R}^{n\times n}$ 是非奇异的）
for $k = 0, 1, \cdots$ (9.4.11)
  $X_{k+1} = \left(X_k + X_k^{-\mathrm{T}}\right)/2$
end

为了证明这个迭代是适定的，假设对于某些 k，矩阵 $\boldsymbol{X}_k$ 是非奇异的，$\boldsymbol{X}_k = \boldsymbol{U}_k\boldsymbol{P}_k$ 是它的极分解. 因此

$$\boldsymbol{X}_{k+1} = \frac{1}{2}\left(\boldsymbol{X}_k + \boldsymbol{X}_k^{-\mathrm{T}}\right) = \frac{1}{2}\left(\boldsymbol{U}_k\boldsymbol{P}_k + \boldsymbol{U}_k\boldsymbol{P}_k^{-1}\right) = \boldsymbol{U}_k\left(\frac{\boldsymbol{P}_k + \boldsymbol{P}_k^{-1}}{2}\right). \tag{9.4.12}$$

由于正定矩阵与其逆矩阵的平均也是正定的，因此 $\boldsymbol{X}_{k+1}$ 是非奇异的. 由归纳法表明，(9.4.11) 是适定的，并且 $\boldsymbol{P}_k$ 满足

$$\boldsymbol{P}_{k+1} = (\boldsymbol{P}_k + \boldsymbol{P}_k^{-1})/2, \qquad \boldsymbol{P}_0 = \boldsymbol{P}.$$

这正是牛顿符号迭代 (9.4.1)，起始矩阵 $\boldsymbol{P}_0 = \boldsymbol{P}$. 由于

$$\| \boldsymbol{X}_k - \boldsymbol{U} \|_2 = \| \boldsymbol{U}(\boldsymbol{P}_k - \boldsymbol{I}) \|_2 = \| \boldsymbol{P}_k - \boldsymbol{I} \|_2$$

且 $\boldsymbol{P}_k \to \text{sign}(\boldsymbol{P}) = \boldsymbol{I}$ 是二次收敛的，所以 (9.4.11) 中的 $\boldsymbol{X}_k$ 矩阵二次收敛到 $\boldsymbol{U}$.

长方矩阵的推广和 (9.4.11) 中的各种加速方法，参见 Higham (1986)，Higham and Schreiber (1990)，Gander (1990)，Kenney and Laub (1992). 在这方面，矩阵符号函数（再次）是推导算法的一个方便的工具. 注意，如果 $\boldsymbol{A} = \boldsymbol{U}_A \boldsymbol{\Sigma}_A \boldsymbol{V}_A^{\mathrm{T}}$ 是 $\boldsymbol{A} \in \mathbb{R}^{n\times n}$ 的 SVD，并且

$$\boldsymbol{Q} = \frac{1}{\sqrt{2}} \begin{bmatrix} \boldsymbol{U}_A & \boldsymbol{0} \\ \boldsymbol{0} & \boldsymbol{V}_A \end{bmatrix} \begin{bmatrix} \boldsymbol{I}_n & \boldsymbol{I}_n \\ \boldsymbol{I}_n & -\boldsymbol{I}_n \end{bmatrix},$$

那么 $\boldsymbol{Q}$ 是正交的，并且

$$\boldsymbol{Q}^{\mathrm{T}} \begin{bmatrix} \boldsymbol{0} & \boldsymbol{A} \\ \boldsymbol{A}^{\mathrm{T}} & \boldsymbol{0} \end{bmatrix} \boldsymbol{Q} = \begin{bmatrix} \boldsymbol{\Sigma}_A & \boldsymbol{0} \\ \boldsymbol{0} & -\boldsymbol{\Sigma}_A \end{bmatrix}.$$

因此

$$\text{sign}\left(\begin{bmatrix} \boldsymbol{0} & \boldsymbol{A} \\ \boldsymbol{A}^{\mathrm{T}} & \boldsymbol{0} \end{bmatrix} \right) = \boldsymbol{Q} \begin{bmatrix} \boldsymbol{I}_n & \boldsymbol{0} \\ \boldsymbol{0} & -\boldsymbol{I}_n \end{bmatrix} \boldsymbol{Q}^{\mathrm{T}} = \begin{bmatrix} \boldsymbol{0} & \boldsymbol{U} \\ \boldsymbol{U}^{\mathrm{T}} & \boldsymbol{0} \end{bmatrix},$$

其中 $\boldsymbol{U} = \boldsymbol{U}_A \boldsymbol{V}_A^{\mathrm{T}}$ 是 $\boldsymbol{A}$ 的正交极因子.

对极分解已较好地发展出了扰动理论. 由 Li and Sun (2003) 得出非奇异矩阵的例子表明，非奇异矩阵 $\boldsymbol{A}, \tilde{\boldsymbol{A}} \in \mathbb{R}^{n\times n}$ 的正交极因子 $\boldsymbol{U}$ 和 $\tilde{\boldsymbol{U}}$ 满足

$$\| \boldsymbol{U} - \tilde{\boldsymbol{U}} \|_F \leqslant \frac{4\| \boldsymbol{A} - \tilde{\boldsymbol{A}} \|_F}{\sigma_{n-1}(\boldsymbol{A}) + \sigma_n(\boldsymbol{A}) + \sigma_{n-1}(\tilde{\boldsymbol{A}}) + \sigma_n(\tilde{\boldsymbol{A}})}.$$

9.4.4　矩阵对数

给出 $\boldsymbol{A} \in \mathbb{R}^{n\times n}$，矩阵方程 $\mathrm{e}^{\boldsymbol{X}} = \boldsymbol{A}$ 的解是 $\boldsymbol{A}$ 的对数. 注意，如果 $\boldsymbol{X} = \log(\boldsymbol{A})$，那么 $\boldsymbol{X} + 2k\pi\mathrm{i}$ 也是一个对数. 为了消除这种歧义，将主对数定义如下，如果 $\boldsymbol{A} \in \mathbb{R}^{n\times n}$ 的实特征值都是正的，那么有唯一一个实矩阵 $\boldsymbol{X}$ 满足 $\mathrm{e}^{\boldsymbol{X}} = \boldsymbol{A}$，且其特征值满足 $\lambda(\boldsymbol{X}) \subset \{ z \in \mathbb{C} : -\pi < \mathsf{Im}(z) < \pi \}$.

当然，9.2 节中基于特征值的方法适用于 $\log(\boldsymbol{A})$ 问题. 我们讨论一种类似于算法 9.3.1 的近似方法，即指数矩阵的缩放和平方法.

与指数函数一样，对数函数也有许多不同的具有计算意义的级数展开式，最简单的是麦克劳林展式：

$$\log(\boldsymbol{A}) \approx M_q(\boldsymbol{A}) = \sum_{k=1}^{q} (-1)^{k+1} \frac{(\boldsymbol{A} - \boldsymbol{I})^k}{k}.$$

要应用此公式，必须有 $\rho(\boldsymbol{A}-\boldsymbol{I})<1$，其中 $\rho(\cdot)$ 是谱半径.

对于 $\log(x)$ 的 Gregory 级数展开可得有理近似：

$$\log(\boldsymbol{A}) \approx G_q(\boldsymbol{A}) = -2\sum_{k=0}^{q}\frac{1}{2k+1}\left((\boldsymbol{I}-\boldsymbol{A})(\boldsymbol{I}+\boldsymbol{A})^{-1}\right)^{2k+1}.$$

要使其收敛，$\boldsymbol{A}$ 特征值的实部必须是正的.

对角 Padé 近似值也很有趣. 例如，(3,3) Padé 近似由以下公式给出：

$$\log(\boldsymbol{A}) \approx r_{33}(\boldsymbol{A}) = D(\boldsymbol{A})^{-1}N(\boldsymbol{A}),$$

其中

$$\begin{aligned} D(\boldsymbol{A}) &= 60\boldsymbol{I}+90(\boldsymbol{A}-\boldsymbol{I})+36(\boldsymbol{A}-\boldsymbol{I})^2+3(\boldsymbol{A}-\boldsymbol{I})^3, \\ N(\boldsymbol{A}) &= 60(\boldsymbol{A}-\boldsymbol{I})+60(\boldsymbol{A}-\boldsymbol{I})^2+11(\boldsymbol{A}-\boldsymbol{I})^3. \end{aligned}$$

为了使这种类型的近似有效，矩阵 $\boldsymbol{A}$ 必须足够接近单位矩阵. 重复平方根是实现这一点的一种方法：

```
k = 0
A_0 = A
while || A − I || > tol
   k = k + 1
   A_k = A_{k−1}^{1/2}
end
```

可以用 Denman-Beavers 迭代 (9.4.8) 来计算矩阵平方根. 如果下一步使用一个适当选择的 Pade 近似来计算 $\boldsymbol{F} \approx \log(\boldsymbol{A}_k)$，那么 $\log(\boldsymbol{A}) = 2^k\log(\boldsymbol{A}_k) \approx 2^k\boldsymbol{F}$. 此解法称为**反向缩放平方法**. 这个程序的正确实施涉及许多细节，请读者参见，Cheng, Higham, Kenney, Laub (2001), Higham (2001) 和 Higham (FOM, 第 11 章).

习　题

1. 当牛顿迭代被用来寻找 $f(x)=1/x-a$ 的根时，它是什么样子的？开发一个逆自由牛顿迭代用于求解矩阵方程 $\boldsymbol{X}^{-1}=\boldsymbol{A}$.
2. 证明：如果 (9.4.6) 中 $\mu_k>0$，那么 $\text{sign}(\boldsymbol{S}_{k+1})=\text{sign}(\boldsymbol{S}_k)$.
3. 证明：$\text{sign}(\boldsymbol{A})=\boldsymbol{A}(\boldsymbol{A}^2)^{-1/2}$.
4. 验证等式 (9.4.9).
5. 在 Denman-Beavers 迭代法 (9.4.8) 中，定义 $\boldsymbol{M}_k=\boldsymbol{X}_k\boldsymbol{Y}_k$，给出 $\boldsymbol{M}_{k+1}$ 的计算方法.

6. 证明：如果将牛顿平方根迭代法 (9.4.9) 应用于对称正定矩阵 $\boldsymbol{A}$ 中，那么对于所有 k，$\boldsymbol{A}_k - \boldsymbol{A}_{k+1}$ 都是正定矩阵.

7. 假设 $\boldsymbol{A}$ 是正规的. $e^{\boldsymbol{A}}$ 的极因子与 $\boldsymbol{S} = (\boldsymbol{A} - \boldsymbol{A}^{\mathrm{T}})/2$ 和 $\boldsymbol{T} = (\boldsymbol{A} + \boldsymbol{A}^{\mathrm{T}})/2$ 有什么联系?

8. 证明：非奇异矩阵的极分解是唯一的. 提示：如果 $\boldsymbol{A} = \boldsymbol{U}_1\boldsymbol{P}_1$ 和 $\boldsymbol{A} = \boldsymbol{U}_2\boldsymbol{P}_2$ 是两个极分解，那么 $\boldsymbol{U}_2^{\mathrm{T}}\boldsymbol{U}_1 = \boldsymbol{P}_2\boldsymbol{P}_1^{-1}$ 和 $\boldsymbol{U}_1^{\mathrm{T}}\boldsymbol{U}_2 = \boldsymbol{P}_1\boldsymbol{P}_2^{-1}$ 有相同的特征值.

9. 给出一个实 2×2 矩阵闭形式的极分解表达式 $\boldsymbol{A} = \boldsymbol{U}\boldsymbol{P}$. 在什么情况下 $\boldsymbol{U}$ 是一个旋转矩阵?

10. 给出 $\log(\boldsymbol{Q})$ 的一个闭形式表达式，其中 $\boldsymbol{Q}$ 是一个 2×2 旋转矩阵.

11. 给出 $\boldsymbol{A} \in \mathbb{R}^{m \times n}$ 且 $m < n$ 的极分解.

12. 假设 $\boldsymbol{A}$ 是 $n \times n$ 对称正定矩阵.

    (a) 证明：存在唯一的对称正定矩阵 $\boldsymbol{X}$，使得 $\boldsymbol{A} = \boldsymbol{X}^2$.

    (b) 证明：如果 $\boldsymbol{X}_0 = \boldsymbol{I}$ 并且

    $$\boldsymbol{X}_{k+1} = (\boldsymbol{X}_k + \boldsymbol{A}\boldsymbol{X}_k^{-1})/2,$$

    那么 $\boldsymbol{X}_k \to \sqrt{\boldsymbol{A}}$ 二次收敛，其中 $\sqrt{\boldsymbol{A}}$ 表示 (a) 中的矩阵 $\boldsymbol{X}$.

13. 假设 $\boldsymbol{A}$ 是对称正定矩阵. 证明：初值问题

    $$\ddot{\boldsymbol{X}}(t) = -\boldsymbol{A}\boldsymbol{X}(t), \quad \boldsymbol{X}(0) = \boldsymbol{C}_1,\ \dot{\boldsymbol{X}}(0) = \boldsymbol{C}_2$$

    的解是

    $$\boldsymbol{X}(t) \ = \ \boldsymbol{C}_1\cos(t\sqrt{\boldsymbol{A}}) + \boldsymbol{C}_2\sqrt{\boldsymbol{A}^{-1}}\sin(t\sqrt{\boldsymbol{A}}).$$

第 10 章　大型稀疏特征值问题

Lanczos 方法计算与给定的对称矩阵 $\boldsymbol{A}$ 正交的一列局部三对角化矩阵. 如果 $\boldsymbol{A}$ 是大型稀疏矩阵，这种方法特别有效，因为它不用 8.2 节中给出的 Householder 方法去修正，而只是简单地依赖于矩阵与向量的乘法. 同等重要的是，在迭代过程中，$\boldsymbol{A}$ 的最大、最小特征值出现的相当早. 基于此，当我们只需要求 $\boldsymbol{A}$ 的最大或者最小及其相应的特征向量时，该方法非常有用.

在 10.1 节中，我们导出了 Lanczos 方法，并给出了其确切的算法，包括其特殊的收敛性质. 核心问题是讨论其与初始向量产生的 Krylov 子空间会之间的联系. 在 10.2 节中，我们指出高斯求积与 Lanczos 方法之间的联系，这可用于估计形如 $\boldsymbol{u}^{\mathrm{T}} f(\boldsymbol{A}) \boldsymbol{u}$ 的表达式，其中 $f(\boldsymbol{A})$ 是一个大型稀疏对称正定矩阵 $\boldsymbol{A}$ 的函数. 不幸的是，舍入误差使“数学书中”给出的 Lanczos 算法很难实际应用. 这就有必要想出各种“解决方案”，这些都在 10.3 节中讨论. 在 10.4 节中，详细阐述了基于 Golub-Kahan 双对角化的稀疏 SVD 方法. 我们还介绍了随机 SVD 的思想. 最后两节讨论更困难的非对称问题. Arnoldi 迭代是一种像 Lanczos 方法一样的 Krylov 子空间迭代. 为了使其有效，有必要从其产生的 Hessenberg 矩阵序列中提取有价值的“重启信息”. 这将与非对称 Lanczos 方法一起在 10.5 节中讨论. 在最后一节中，我们推导了 Jacobi-Davidson 方法，它结合了带有 Rayleigh-Ritz 加细的牛顿思想.

阅读说明

学习本章需要熟悉第 5 章、第 7 章和第 8 章. 本章各节之间的关系如下:

$$
\begin{array}{ccccccc}
10.1\text{ 节} & \rightarrow & 10.3\text{ 节} & \rightarrow & 10.5\text{ 节} & \rightarrow & 10.6\text{ 节} \\
\downarrow & & \downarrow & & & & \\
10.2\text{ 节} & & 10.4\text{ 节} & & & &
\end{array}
$$

本章的主要参考文献有 Parlett (SEP), Stewart (MAE), Watkins (MEP), Chatelin (EOM), Cullum and Willoughby (LALSE), Meurant (LCG), Saad (NMLE), Kressner (NMSE)，以及 `EIG_TEMPLATES`.

10.1　对称 Lanczos 方法

设 $\boldsymbol{A} \in \mathbb{R}^{n\times n}$ 为大型稀疏对称矩阵，假设需要求出它的少数几个最大或最小的特征值．特征值在谱的两端，我们就称其为**极特征值**．这个问题可用 Lanczos (1950) 提出的方法解决．这个方法产生一列三对角矩阵 $\boldsymbol{T}_k \in \mathbb{R}^{k\times k}$，其极特征值越来越好地近似 $\boldsymbol{A}$ 的极特征值. 本节中，我们推导这个方法并研究其相应的算法.

为了引入 Lanczos 算法的思想，我们先来回顾一下 8.2.1 节中讨论过的幂法的不足之处．回想一下，幂法可以用来求出最大特征值 λ_1 和相应的特征向量 $\boldsymbol{x}_1$. 然而，幂法的收敛速度是由 $|\lambda_2/\lambda_1|^k$ 决定的，其中 λ_2 是绝对值第二大的特征值. 如果这两个特征值相差不大，幂法就会很慢．此外，这没有利用“以前的经验”，对初始向量 $\boldsymbol{v}^{(0)}$ 运行 k 步以后，其已经访问了由 $\boldsymbol{A}\boldsymbol{v}^{(0)},\cdots,\boldsymbol{A}^k\boldsymbol{v}^{(0)}$ 所确定的方向．然而，为了得出 $\boldsymbol{x}_1$ 的最优估计不去寻找这些向量生成的线性空间，而去处理 $\boldsymbol{A}^k\boldsymbol{v}^{(0)}$．带有 Ritz 加速的正交迭代法（8.3.7 节）确实解决其中的一些问题，但它也对先前的迭代有一定的忽视．我们需要的是“从经验中学习”并利用先前已经计算出的矩阵向量积的一种方法，Lanczos 方法符合这一要求.

10.1.1　Krylov 子空间

导出 Lanczos 算法的方式有很多种. 为了使它惊人的收敛性不会来得太突然，我们倾向于利用求 Rayleigh 商

$$r(\boldsymbol{x}) = \frac{\boldsymbol{x}^{\mathrm{T}}\boldsymbol{A}\boldsymbol{x}}{\boldsymbol{x}^{\mathrm{T}}\boldsymbol{x}}, \qquad \boldsymbol{x} \neq \boldsymbol{0}$$

的优化问题来引入．由定理 8.1.2 可知，$r(\boldsymbol{x})$ 的最大值与最小值分别为 $\lambda_1(\boldsymbol{A})$ 与 $\lambda_n(\boldsymbol{A})$．假设 $\{\boldsymbol{q}_i\} \subseteq \mathbb{R}^n$ 是正交向量，定义标量 M_k 和 m_k 分别为

$$M_k = \lambda_1(\boldsymbol{Q}_k^{\mathrm{T}}\boldsymbol{A}\boldsymbol{Q}_k) = \max_{\boldsymbol{y}\neq\boldsymbol{0}} \frac{\boldsymbol{y}^{\mathrm{T}}(\boldsymbol{Q}_k^{\mathrm{T}}\boldsymbol{A}\boldsymbol{Q}_k)\boldsymbol{y}}{\boldsymbol{y}^{\mathrm{T}}\boldsymbol{y}} = \max_{\|\boldsymbol{y}\|_2=1} r(\boldsymbol{Q}_k\boldsymbol{y}) \leqslant \lambda_1(\boldsymbol{A}),$$

$$m_k = \lambda_k(\boldsymbol{Q}_k^{\mathrm{T}}\boldsymbol{A}\boldsymbol{Q}_k) = \min_{\boldsymbol{y}\neq\boldsymbol{0}} \frac{\boldsymbol{y}^{\mathrm{T}}(\boldsymbol{Q}_k^{\mathrm{T}}\boldsymbol{A}\boldsymbol{Q}_k)\boldsymbol{y}}{\boldsymbol{y}^{\mathrm{T}}\boldsymbol{y}} = \min_{\|\boldsymbol{y}\|_2=1} r(\boldsymbol{Q}_k\boldsymbol{y}) \geqslant \lambda_n(\boldsymbol{A}),$$

其中 $\boldsymbol{Q}_k = [\,\boldsymbol{q}_1\,|\cdots|\,\boldsymbol{q}_k\,]$．因为

$$\mathsf{ran}(\boldsymbol{Q}_1) \subset \mathsf{ran}(\boldsymbol{Q}_2) \subset \cdots \subset \mathsf{ran}(\boldsymbol{Q}_n) = \mathbb{R}^n$$

所以

$$M_1 \leqslant M_2 \leqslant \cdots \leqslant M_n = \lambda_1(\boldsymbol{A}),$$
$$m_1 \geqslant m_2 \geqslant \cdots \geqslant m_n = \lambda_n(\boldsymbol{A}).$$

因此，提出的优化框架将最大程度收敛．但是，问题是如何产生 $\boldsymbol{q}$ 向量使得 M_k 与 m_k 在 k 等于 n 之前就有高质量的估计.

为了找到合适的 $\boldsymbol{q}_k$，考虑梯度：

$$\nabla r(\boldsymbol{x}) = \frac{2}{\boldsymbol{x}^{\mathrm{T}}\boldsymbol{x}}(\boldsymbol{A}\boldsymbol{x} - r(\boldsymbol{x})\boldsymbol{x}). \tag{10.1.1}$$

假设 $\boldsymbol{u}_k \in \mathrm{span}\{\boldsymbol{q}_1, \cdots, \boldsymbol{q}_k\}$ 满足 $M_k = r(\boldsymbol{u}_k)$. 如果 $\nabla r(\boldsymbol{u}_k) = 0$，则 $(r(\boldsymbol{u}_k), \boldsymbol{u}_k)$ 是 $\boldsymbol{A}$ 的特征对. 如果不是，M_{k+1} 变得尽可能大以便来选择下一个实验向量 $\boldsymbol{q}_{k+1}$，使得

$$\nabla r(\boldsymbol{u}_k) \in \mathrm{span}\{\boldsymbol{q}_1, \cdots, \boldsymbol{q}_{k+1}\}. \tag{10.1.2}$$

这是因为 $r(\boldsymbol{x})$ 在梯度 $\nabla r(\boldsymbol{x})$ 方向上增长的最快. 这个方法能在很大程度上保证 M_{k+1} 大于 M_k. 同理，如果 $\boldsymbol{v}_k \in \mathrm{span}\{\boldsymbol{q}_1, \cdots, \boldsymbol{q}_k\}$ 满足 $r(\boldsymbol{v}_k) = m_k$，那么要求

$$\nabla r(\boldsymbol{v}_k) \in \mathrm{span}\{\boldsymbol{q}_1, \cdots, \boldsymbol{q}_{k+1}\} \tag{10.1.3}$$

是有意义的，因为 $r(\boldsymbol{x})$ 在负梯度方向 $-\nabla r(\boldsymbol{x})$ 下降最快.

注意，对于任何 $\boldsymbol{x} \in \mathbb{R}^n$，我们有

$$\nabla r(\boldsymbol{x}) \in \mathrm{span}\{\boldsymbol{x}, \boldsymbol{A}\boldsymbol{x}\}.$$

因为向量 $\boldsymbol{u}_k$ 与 $\boldsymbol{v}_k$ 都属于 $\mathrm{span}\{\boldsymbol{q}_1, \cdots, \boldsymbol{q}_k\}$，如果

$$\mathrm{span}\{\boldsymbol{q}_1, \cdots, \boldsymbol{q}_k\} = \mathrm{span}\{\boldsymbol{q}_1, \boldsymbol{A}\boldsymbol{q}_1, \cdots, \boldsymbol{A}^{k-1}\boldsymbol{q}_1\},$$

那么可同时满足 (10.1.2) 和 (10.1.3). 这就说明，可以选取 $\boldsymbol{q}_{k+1}$ 使得

$$\mathrm{span}\{\boldsymbol{q}_1, \cdots, \boldsymbol{q}_{k+1}\} = \mathrm{span}\{\boldsymbol{q}_1, \boldsymbol{A}\boldsymbol{q}_1, \cdots, \boldsymbol{A}^{k-1}\boldsymbol{q}_1, \boldsymbol{A}^k\boldsymbol{q}_1\},$$

于是导致计算 **Krylov** 子空间

$$\mathcal{K}(\boldsymbol{A}, \boldsymbol{q}_1, k) = \mathrm{span}\{\boldsymbol{q}_1, \boldsymbol{A}\boldsymbol{q}_1, \cdots, \boldsymbol{A}^{k-1}\boldsymbol{q}_1\}$$

的标准正交基问题. 这恰好是 8.3.2 节中碰到的 Krylov 矩阵

$$K(\boldsymbol{A}, \boldsymbol{q}_1, k) = \left[\, \boldsymbol{q}_1 \,|\, \boldsymbol{A}\boldsymbol{q}_1 \,|\, \boldsymbol{A}^2\boldsymbol{q}_1 \,|\cdots|\, \boldsymbol{A}^{k-1}\boldsymbol{q}_1 \,\right]$$

的值域. 注意，$\mathcal{K}(\boldsymbol{A}, \boldsymbol{q}_1, k)$ 恰恰是幂法“眺望”的子空间，因为它仅仅在 $\boldsymbol{A}^{k-1}\boldsymbol{q}_1$ 的方向上搜索.

10.1.2 三对角化

为了找到 Krylov 子空间的一组标准正交基，我们利用矩阵 $\boldsymbol{A}$ 的三对角化与 $K(\boldsymbol{A}, \boldsymbol{q}_1, n)$ 的 QR 分解之间的关系. 根据 8.3.2 节，如果 $\boldsymbol{Q}^{\mathrm{T}}\boldsymbol{A}\boldsymbol{Q} = \boldsymbol{T}$ 是三对角矩阵且 $\boldsymbol{Q}\boldsymbol{Q}^{\mathrm{T}} = \boldsymbol{I}_n$，那么

$$K(\boldsymbol{A}, \boldsymbol{q}_1, n) = \boldsymbol{Q}\boldsymbol{Q}^{\mathrm{T}}K(\boldsymbol{A}, \boldsymbol{q}_1, n) = \boldsymbol{Q}\left[\, \boldsymbol{e}_1 \,|\, \boldsymbol{T}\boldsymbol{e}_1 \,|\, \boldsymbol{T}^2\boldsymbol{e}_1 \,|\cdots|\, \boldsymbol{T}^{n-1}\boldsymbol{e}_1 \,\right]$$

是 $K(\boldsymbol{A},\boldsymbol{q}_1,n)$ 的 QR 分解，其中 $\boldsymbol{e}_1$ 和 $\boldsymbol{q}_1$ 分别是 $\boldsymbol{I}_n$ 和 $\boldsymbol{Q}$ 的第一列. 因此，用第一列为 $\boldsymbol{q}_1$ 的正交矩阵来三对角化矩阵 $\boldsymbol{A}$ 就能有效地生成 $\boldsymbol{Q}$ 的列.

可用 8.3.1 节中讨论过的 Householder 三对角化来达到这一目的. 然而，当 $\boldsymbol{A}$ 是大型稀疏矩阵时，这一方法是不可取的，因为 Householder 相似变换会破坏矩阵的稀疏性. 其结果是，在约化的过程中将产生无法接受的大型稠密矩阵. 这意味着我们要直接计算三对角矩阵 $\boldsymbol{T}=\boldsymbol{Q}^{\mathrm{T}}\boldsymbol{A}\boldsymbol{Q}$ 的元素. 为此目的，对 $\boldsymbol{Q}$ 作如下列表示

$$\boldsymbol{Q} = [\,\boldsymbol{q}_1\,|\cdots|\,\boldsymbol{q}_n\,],$$

并且设

$$\boldsymbol{T} = \begin{bmatrix} \alpha_1 & \beta_1 & & \cdots & 0 \\ \beta_1 & \alpha_2 & \ddots & & \vdots \\ & \ddots & \ddots & \ddots & \\ \vdots & & \ddots & \ddots & \beta_{n-1} \\ 0 & \cdots & & \beta_{n-1} & \alpha_n \end{bmatrix}.$$

比较矩阵方程 $\boldsymbol{AQ}=\boldsymbol{QT}$ 两边的列，对 $k=1:n-1$，我们得到

$$\boldsymbol{A}\boldsymbol{q}_k = \beta_{k-1}\boldsymbol{q}_{k-1}+\alpha_k\boldsymbol{q}_k+\beta_k\boldsymbol{q}_{k+1}, \quad (\beta_0\boldsymbol{q}_0\equiv \boldsymbol{0}),$$

根据 $\boldsymbol{q}$ 向量的正交性，可得

$$\alpha_k = \boldsymbol{q}_k^{\mathrm{T}}\boldsymbol{A}\boldsymbol{q}_k.$$

（得出此结论另一个方法是 $\boldsymbol{T}_{ij}=\boldsymbol{q}_i^{\mathrm{T}}\boldsymbol{A}\boldsymbol{q}_j$.）此外，如果向量 $\boldsymbol{r}_k$ 定义为

$$\boldsymbol{r}_k = (\boldsymbol{A}-\alpha_k\boldsymbol{I})\boldsymbol{q}_k-\beta_{k-1}\boldsymbol{q}_{k-1}$$

且非零，那么

$$\boldsymbol{q}_{k+1} = \boldsymbol{r}_k/\beta_k$$

其中

$$\beta_k = \pm\|\,\boldsymbol{r}_k\,\|_2.$$

若 $\boldsymbol{r}_k=\boldsymbol{0}$, 则迭代停止，但我们（正如我们将看到的那样）已得到关于不变子空间的有价值的信息.

通过整理上述迭代公式的顺序，并设 $\boldsymbol{q}_1\in\mathbb{R}^n$ 是一个给定的单位向量，我们得到所谓的 Lanczos 迭代算法的“0 版本”.

算法 10.1.1 (Lanczos 三对角化) 给定对称矩阵 $\boldsymbol{A}\in\mathbb{R}^{n\times n}$ 和一个单位 2-范数向量 $\boldsymbol{q}_1\in\mathbb{R}^n$，下面的算法计算具有正交列的矩阵 $\boldsymbol{Q}_k=[\boldsymbol{q}_1|\cdots|\boldsymbol{q}_k]$ 和三

对角矩阵 $\boldsymbol{T}_k \in \mathbb{R}^{k\times k}$，使得 $\boldsymbol{AQ}_k = \boldsymbol{Q}_k\boldsymbol{T}_k$. $\boldsymbol{T}_k$ 的对角线和上对角线元素分别是 $\alpha_1,\cdots,\alpha_k$ 和 $\beta_1,\cdots,\beta_{k-1}$. 整数 k 满足 $1 \leqslant k \leqslant n$.

$k = 0,\ \beta_0 = 1,\ q_0 = 0,\ r_0 = q_1$
while $k = 0$ or $\beta_k \neq 0$
  $q_{k+1} = r_k/\beta_k$
  $k = k+1$
  $\alpha_k = q_k^{\mathrm{T}} A q_k$
  $r_k = (A - \alpha_k I)q_k - \beta_{k-1}q_{k-1}$
  $\beta_k = \| r_k \|_2$
end

不失一般性，在上述算法中取 β_k 为正数. 向量 q_k 称为 **Lanczos 向量**. 有比算法 10.1.1 更好的数值方法来组织 Lanczos 向量的计算，见 10.3.1 节.

10.1.3 终止与误差界

当 $\boldsymbol{q}_1$ 包含在一个真不变子空间中时，完全对角化之前 Lanczos 迭代就会终止. 这是 Lanczos 方法的几个数学性质之一，我们将其概括为如下定理.

定理 10.1.1 Lanczos 迭代（算法 10.1.1）进行到第 $k = m$ 步为止，其中

$$m = \operatorname{rank}(K(\boldsymbol{A}, \boldsymbol{q}_1, n)).$$

此外，对所有的 $k = 1:m$，有

$$\boldsymbol{AQ}_k = \boldsymbol{Q}_k\boldsymbol{T}_k + \boldsymbol{r}_k\boldsymbol{e}_k^{\mathrm{T}}, \tag{10.1.4}$$

其中 $\boldsymbol{Q}_k = [\,\boldsymbol{q}_1 \,|\cdots|\, \boldsymbol{q}_k\,]$ 有正交列，且张成 $\mathcal{K}(\boldsymbol{A}, \boldsymbol{q}_1, k)$, $\boldsymbol{e}_k = \boldsymbol{I}_n(:,k)$，并且

$$\boldsymbol{T}_k = \begin{bmatrix} \alpha_1 & \beta_1 & & \cdots & 0 \\ \beta_1 & \alpha_2 & \ddots & & \vdots \\ & \ddots & \ddots & \ddots & \\ \vdots & & \ddots & \ddots & \beta_{k-1} \\ 0 & \cdots & & \beta_{k-1} & \alpha_k \end{bmatrix}. \tag{10.1.5}$$

证明 通过对 k 进行归纳来证明. 当 $k = 1$ 时，显然成立. 假设对某个 $k > 1$，迭代产生具有正交列的矩阵 $\boldsymbol{Q}_k = [\,\boldsymbol{q}_1 \,|\cdots|\, \boldsymbol{q}_k\,]$，使得

$$\operatorname{ran}(\boldsymbol{Q}_k) = \mathcal{K}(\boldsymbol{A}, \boldsymbol{q}_1, k).$$

由算法 10.1.1 很容易得到等式 (10.1.4) 成立，所以

$$\boldsymbol{Q}_k^{\mathrm{T}}\boldsymbol{A}\boldsymbol{Q}_k = \boldsymbol{T}_k + \boldsymbol{Q}_k^{\mathrm{T}}\boldsymbol{r}_k\boldsymbol{e}_k^{\mathrm{T}}. \tag{10.1.6}$$

假设整数 i 和 j 满足 $1 \leqslant i \leqslant j \leqslant k$. 从等式

$$\boldsymbol{q}_j^{\mathrm{T}}\boldsymbol{A}\boldsymbol{q}_i = \boldsymbol{q}_j^{\mathrm{T}}(\beta_{i-1}\boldsymbol{q}_{i-1} + \alpha_i\boldsymbol{q}_i + \beta_i\boldsymbol{q}_{i+1}) = \beta_{i-1}\boldsymbol{q}_j^{\mathrm{T}}\boldsymbol{q}_{i-1} + \alpha_i\boldsymbol{q}_j^{\mathrm{T}}\boldsymbol{q}_i + \beta_i\boldsymbol{q}_j^{\mathrm{T}}\boldsymbol{q}_{i+1}$$

和归纳假设 $\boldsymbol{Q}_k^{\mathrm{T}}\boldsymbol{Q}_k = \boldsymbol{I}_k$，我们得到

$$\boldsymbol{q}_i^{\mathrm{T}}\boldsymbol{A}\boldsymbol{q}_j = \boldsymbol{q}_j^{\mathrm{T}}\boldsymbol{A}\boldsymbol{q}_i = \begin{cases} 0, & i < j-1, \\ \beta_{j-1}, & i = j-1, \\ \alpha_j, & i = j. \end{cases}$$

从而 $\boldsymbol{Q}_k^{\mathrm{T}}\boldsymbol{A}\boldsymbol{Q}_k = \boldsymbol{T}_k$，再由 (10.1.6)，得 $\boldsymbol{Q}_k^{\mathrm{T}}\boldsymbol{r}_k = \boldsymbol{0}$.

如果 $\boldsymbol{r}_k \neq \boldsymbol{0}$，那么 $\boldsymbol{q}_{k+1} = \boldsymbol{r}_k/\|\boldsymbol{r}_k\|_2$ 与 $\boldsymbol{q}_1, \cdots, \boldsymbol{q}_k$ 均正交. 所以 $\boldsymbol{q}_{k+1} \notin \mathcal{K}(\boldsymbol{A}, \boldsymbol{q}_1, k)$ 且

$$\boldsymbol{q}_{k+1} \in \mathsf{span}\{\boldsymbol{A}\boldsymbol{q}_k,\ \boldsymbol{q}_k,\ \boldsymbol{q}_{k-1}\} \subseteq \mathcal{K}(\boldsymbol{A},\ \boldsymbol{q}_1,\ k+1).$$

因此 $\boldsymbol{Q}_{k+1}^{\mathrm{T}}\boldsymbol{Q}_{k+1} = \boldsymbol{I}_{k+1}$ 且

$$\mathsf{ran}(\boldsymbol{Q}_{k+1}) = \mathcal{K}(\boldsymbol{A}, \boldsymbol{q}_1, k+1).$$

另外，如果 $\boldsymbol{r}_k = \boldsymbol{0}$，那么 $\boldsymbol{A}\boldsymbol{Q}_k = \boldsymbol{Q}_k\boldsymbol{T}_k$. 这就是说 $\mathsf{ran}(\boldsymbol{Q}_k) = \mathcal{K}(\boldsymbol{A}, \boldsymbol{q}_1, k)$ 相对于 $\boldsymbol{A}$ 是不变的，所以 $k = m = \mathsf{rank}(K(\boldsymbol{A}, \boldsymbol{q}_1, n))$. □

在 Lanczos 迭代中，遇到一个零 β_k 是好事，因为它表明已计算出一个精确的不变子空间. 然而，很小的 β 出现之前，有价值近似不变子空间的信息就会出现. 显然，从三对角矩阵 $\boldsymbol{T}_k$ 和由 $\boldsymbol{Q}_k$ 的列生成的 Krylov 子空间中能得到更多的信息.

10.1.4 Ritz 近似

根据 8.1.4 节，如果 S 是 $\mathbb{R}^n$ 的子空间，对于任意 $\boldsymbol{w} \in S$ 都有 $\boldsymbol{w}^{\mathrm{T}}(\boldsymbol{A}\boldsymbol{y} - \theta\boldsymbol{y}) = \boldsymbol{0}$，我们说 $(\theta, \boldsymbol{y})$ 是 S 相对于 $\boldsymbol{A} \in \mathbb{R}^{n\times n}$ 的 Ritz 对. 如果 $S = \mathcal{K}(\boldsymbol{A}, \boldsymbol{q}_1, k)$，则可用 Lanczos 方法来计算 Ritz 值和向量. 设

$$\boldsymbol{S}_k^{\mathrm{T}}\boldsymbol{T}_k\boldsymbol{S}_k = \boldsymbol{\Theta}_k = \mathrm{diag}(\theta_1, \cdots, \theta_k) \tag{10.1.7}$$

是三对角矩阵 $\boldsymbol{T}_k$ 的 Schur 分解. 如果

$$\boldsymbol{Y}_k = [\,\boldsymbol{y}_1 \,|\cdots|\, \boldsymbol{y}_k\,] = \boldsymbol{Q}_k\boldsymbol{S}_k \in \mathbb{R}^{n\times k},$$

那么对任意 $i=1:k$，$(\theta_i,\boldsymbol{y}_i)$ 是 Ritz 对，因为

$$\boldsymbol{Q}_k^{\mathrm{T}}(\boldsymbol{A}\boldsymbol{Y}_k-\boldsymbol{Y}_k\boldsymbol{\Theta}_k) = (\boldsymbol{Q}_k^{\mathrm{T}}\boldsymbol{A}\boldsymbol{Q}_k)\boldsymbol{S}_k - \boldsymbol{Q}_k^{\mathrm{T}}(\boldsymbol{Q}_k\boldsymbol{S}_k)\boldsymbol{\Theta}_k = \boldsymbol{T}_k\boldsymbol{S}_k-\boldsymbol{S}_k\boldsymbol{\Theta}_k = \boldsymbol{0}.$$

8.1 节中的两个定理涉及 Ritz 近似值而且和 Lanczos 方法有关. 定理 8.1.14 告诉我们，要对所有 $k\times k$ 矩阵 $\boldsymbol{B}$，最小化 $\|\boldsymbol{A}\boldsymbol{Q}_k-\boldsymbol{Q}_k\boldsymbol{B}\|_2$，就要令 $\boldsymbol{B}=\boldsymbol{T}_k=\boldsymbol{Q}_k^{\mathrm{T}}\boldsymbol{A}\boldsymbol{Q}_k$. 因此，$\theta_i$ 是三对角化的“最可能矩阵”的特征值. 定理 8.1.15 可以给出 $\|\boldsymbol{A}\boldsymbol{y}_i-\theta_i\boldsymbol{y}_i\|_2$ 的界. 然而，我们实际上可以做得更好. 利用 (10.1.6)，我们有

$$\boldsymbol{A}\boldsymbol{y}_i-\theta_i\boldsymbol{y}_i = (\boldsymbol{A}\boldsymbol{Q}_k-\boldsymbol{Q}_k\boldsymbol{T}_k)\boldsymbol{S}_k\boldsymbol{e}_i = \boldsymbol{r}_k(\boldsymbol{e}_k^{\mathrm{T}}\boldsymbol{S}_k\boldsymbol{e}_i)$$

且满足

$$\|\boldsymbol{A}\boldsymbol{y}_i-\theta_i\boldsymbol{y}_i\|_2 = |\beta_k|\,|s_{ki}|. \tag{10.1.8}$$

注意，$\boldsymbol{S}_k$ 是正交的且 $|s_{ki}|\leqslant 1$.

我们可以用 (10.1.8) 来得到可计算误差界限. 如果 $\boldsymbol{E}$ 是秩 1 矩阵

$$\boldsymbol{E}=-s_{ki}\cdot\boldsymbol{r}_k\boldsymbol{y}_i^{\mathrm{T}},$$

那么

$$(\boldsymbol{A}+\boldsymbol{E})\boldsymbol{y}_i = \theta_i\boldsymbol{y}_i.$$

由推论 8.1.6 可知，对于 $i=1k$ 有

$$\min_{\mu\in\lambda(A)}|\theta_i-\mu| \leqslant |\beta_k|\,|s_{ki}|.$$

Golub (1974) 描述了秩 1 扰动矩阵 $\boldsymbol{E}$ 的构造. 用 Lanczos 三对角化来计算 $\boldsymbol{A}\boldsymbol{Q}_k=\boldsymbol{Q}_k\boldsymbol{T}_k+\boldsymbol{r}_k\boldsymbol{e}_k^{\mathrm{T}}$，再令 $\boldsymbol{E}=\tau\boldsymbol{w}\boldsymbol{w}^{\mathrm{T}}$，其中 $\tau=\pm1$ 且 $\boldsymbol{w}=a\boldsymbol{q}_k+b\boldsymbol{r}_k$. 可得

$$(\boldsymbol{A}+\boldsymbol{E})\boldsymbol{Q}_k = \boldsymbol{Q}_k(\boldsymbol{T}_k+\tau a^2\boldsymbol{e}_k\boldsymbol{e}_k^{\mathrm{T}})+(1+\tau ab)\boldsymbol{r}_k\boldsymbol{e}_k^{\mathrm{T}}.$$

如果 $0=1+\tau ab$，则

$$\tilde{\boldsymbol{T}}_k = \boldsymbol{T}_k+\tau a^2\boldsymbol{e}_k\boldsymbol{e}_k^{\mathrm{T}}$$

是三对角矩阵且其特征值和 $\boldsymbol{A}+\boldsymbol{E}$ 的特征值相等. 通过定理 8.1.8，可得区间 $[\lambda_i(\tilde{\boldsymbol{T}}_k),\lambda_{i-1}(\tilde{\boldsymbol{T}}_k)]$ 包含 $\boldsymbol{A}$ 的特征值，其中 $i=2:k$. 这些区间大小取决于 τa^2 的选择. 设 λ 是矩阵 $\boldsymbol{A}$ 的近似特征值，可以选择 τa^2 使得

$$\det(\tilde{\boldsymbol{T}}_k-\lambda\boldsymbol{I}_k) = (\alpha_k+\tau a^2-\lambda)p_{k-1}(\lambda)-\beta_{k-1}^2p_{k-2}(\lambda)=0,$$

其中可以用 3 项递推 (8.4.2) 来算出多项式 $p_i(x)=\det(\boldsymbol{T}_i-x\boldsymbol{I}_i)$ 在 λ 处的值.（假设 $p_{k-1}(\lambda)\neq 0$.）Lehmann (1963) 和 Householder (1968) 讨论了用近似特征值 λ 表示近似矩阵 $\boldsymbol{A}+\boldsymbol{E}$ 的精确特征值的思想.

10.1.5 收敛性理论

前面的讨论指出通过 Lanczos 算法如何估计特征值，但它没有揭露作为 k 的函数的 $\boldsymbol{T}_k$ 的近似精度. Kaniel, Paige 和 Saad 等数学家已经发展了这方面的结果，以下定理就是其研究结果之一.

定理 10.1.2 设 $\boldsymbol{A}$ 为 $n\times n$ 对称矩阵，其 Schur 分解为

$$\boldsymbol{Z}^{\mathrm{T}}\boldsymbol{A}\boldsymbol{Z}=\mathrm{diag}(\lambda_1,\cdots,\lambda_n),\quad \lambda_1\geqslant\cdots\geqslant\lambda_n,\quad \boldsymbol{Z}=\left[\,\boldsymbol{z}_1\,\middle|\,\cdots\,\middle|\,\boldsymbol{z}_n\,\right]. \tag{10.1.9}$$

设 $\boldsymbol{T}_k$ 为执行 Lanczos 迭代（算法 10.1.1）第 k 步后得到的三对角矩阵 (10.1.5). 如果 $\theta_1=\lambda_1(\boldsymbol{T}_k)$，则

$$\lambda_1\ \geqslant\ \theta_1\ \geqslant\ \lambda_1\ -\ (\lambda_1-\lambda_n)\left(\frac{\tan(\phi_1)}{c_{k-1}(1+2\rho_1)}\right)^2,$$

其中 $\cos(\phi_1)=|\boldsymbol{q}_1^{\mathrm{T}}\boldsymbol{z}_1|$,

$$\rho_1\ =\ \frac{\lambda_1-\lambda_2}{\lambda_2-\lambda_n}, \tag{10.1.10}$$

且 $c_{k-1}(x)$ 是 $k-1$ 次 Chebyshev 多项式.

证明 由定理 8.1.2 可知，

$$\theta_1=\max_{\boldsymbol{y}\neq\boldsymbol{0}}\frac{\boldsymbol{y}^{\mathrm{T}}\boldsymbol{T}_k\boldsymbol{y}}{\boldsymbol{y}^{\mathrm{T}}\boldsymbol{y}}=\max_{\boldsymbol{y}\neq\boldsymbol{0}}\frac{(\boldsymbol{Q}_k\boldsymbol{y})^{\mathrm{T}}\boldsymbol{A}(\boldsymbol{Q}_k\boldsymbol{y})}{(\boldsymbol{Q}_k\boldsymbol{y})^{\mathrm{T}}(\boldsymbol{Q}_k\boldsymbol{y})}=\max_{\boldsymbol{0}\neq\boldsymbol{w}\in\mathcal{K}(\boldsymbol{A},\boldsymbol{q}_1,k)}\frac{\boldsymbol{w}^{\mathrm{T}}\boldsymbol{A}\boldsymbol{w}}{\boldsymbol{w}^{\mathrm{T}}\boldsymbol{w}}.$$

由于对所有非零的 $\boldsymbol{w}$，λ_1 是 $\boldsymbol{w}^{\mathrm{T}}\boldsymbol{A}\boldsymbol{w}/\boldsymbol{w}^{\mathrm{T}}\boldsymbol{w}$ 的最大值，故 $\theta_1\leqslant\lambda_1$. 为了得到 θ_1 的下界，考虑下式：

$$\theta_1\ =\ \max_{p\in\mathbb{P}_{k-1}}\frac{\boldsymbol{q}_1^{\mathrm{T}}p(\boldsymbol{A})\boldsymbol{A}p(\boldsymbol{A})\boldsymbol{q}_1}{\boldsymbol{q}_1^{\mathrm{T}}p(\boldsymbol{A})^2\boldsymbol{q}_1},$$

其中 $\mathbb{P}_{k-1}$ 是所有次数为 $k-1$ 的多项式组成的集合，$p(x)$ 是放大多项式. 给出特征向量的展开式 $\boldsymbol{q}_1=d_1\boldsymbol{z}_1+\cdots+d_n\boldsymbol{z}_n$，其中 $d_i=\boldsymbol{q}_1^{\mathrm{T}}\boldsymbol{z}_i$，从而

$$\frac{\boldsymbol{q}_1^{\mathrm{T}}p(\boldsymbol{A})\boldsymbol{A}\,p(\boldsymbol{A})\boldsymbol{q}_1}{\boldsymbol{q}_1^{\mathrm{T}}p(\boldsymbol{A})^2\boldsymbol{q}_1}=\frac{\displaystyle\sum_{i=1}^n d_i^2\,p(\lambda_i)^2\lambda_i}{\displaystyle\sum_{i=1}^n d_i^2\,p(\lambda_i)^2}\geqslant\frac{\lambda_1 d_1^2\,p(\lambda_1)^2+\lambda_n\delta^2}{d_1^2\,p(\lambda_1)^2+\delta^2}=\lambda_1-\frac{(\lambda_1-\lambda_n)\delta^2}{d_1^2\,p(\lambda_1)^2+\delta^2}$$

其中

$$\delta^2=\sum_{i=2}^n d_i^2\,p(\lambda_i)^2.$$

如果我们选取多项式 p 使得它在 $x=\lambda_1$ 的值比在其他特征值 $\lambda_2,\cdots,\lambda_n$ 上的值大得多，我们就能得到 Ritz 值 θ_1 的一个较好下界. 一种好的选取是，令

$$p(x) = c_{k-1}\left(-1+2\frac{x-\lambda_n}{\lambda_2-\lambda_n}\right),$$

其中 $c_{k-1}(z)$ 是第 $k-1$ 个 Chebyshev 多项式，它由下列递推公式产生:

$$c_k(z) = 2zc_{k-1}(z)-c_{k-2}(z), \qquad c_0=1,\ c_1=z.$$

这些多项式在区间 $[-1,1]$ 上的上界为 1, 但在区间以外增长的很快. 用这种方式定义的 $p(x)$ 满足 $|p(\lambda_i)|\leqslant 1$，其中 $i=2:n$ 且 $p(\lambda_1)=c_{k-1}(1+2\rho_1)$, 其中 ρ_1 由 (10.1.10) 定义. 因此

$$\delta^2 \leqslant \sum_{i=2}^{n} d_i^2 = 1-d_1^2,$$

从而

$$\theta_1 \geqslant \lambda_1-(\lambda_1-\lambda_n)\frac{1-d_1^2}{d_1^2}\frac{1}{(c_{k-1}(1+2\rho_1))^2}.$$

注意 $\tan(\phi_1)^2=(1-d_1^2)/d_1^2$，上式即为所求下界. □

类似地，一个适用于求 $\boldsymbol{T}_k$ 最小特征值的问题就变为简单的推论.

推论 10.1.3 采用上述定理中的记号，如果 $\theta_k=\lambda_k(\boldsymbol{T}_k)$，则

$$\lambda_n \leqslant \theta_k \leqslant \lambda_n+(\lambda_1-\lambda_n)\left(\frac{\tan(\phi_n)}{c_{k-1}(1+2\rho_n)}\right)^2$$

其中

$$\rho_n = \frac{\lambda_{n-1}-\lambda_n}{\lambda_1-\lambda_{n-1}},$$

且 $\cos(\phi_n)=\boldsymbol{q}_1^{\mathrm{T}}\boldsymbol{z}_n$.

证明 在定理 10.1.2 中用 $-\boldsymbol{A}$ 替换 $\boldsymbol{A}$ 即可. □

证明定理 10.1.2 的核心思想是把放大多项式 $p(x)$ 转换为 Chebyshev 多项式，那么 $p(\boldsymbol{A})\boldsymbol{q}_1$ 放大了 $\boldsymbol{q}_1$ 在特征向量 $\boldsymbol{z}_1$ 方向上的分量. 类似的想法可以用来获得内部 Ritz 值 θ_i 的误差界. 然而，这个结果并不令人满意，因为新的放大多项式涉及 Chebyshev 多项式 c_{k-i} 和多项式 $(x-\lambda_1)\cdots(x-\lambda_{i-1})$ 之积. 至于细节，参见 Kaniel (1966) and Paige (1971)，也见 Saad (1980)，其改进了估计的界. 主要定理如下.

定理 10.1.4 采用定理 10.1.2 中的记号，如果 $1\leqslant i\leqslant k$ 且 $\theta_i=\lambda_i(T_k)$, 则

$$\lambda_i \geqslant \theta_i \geqslant \lambda_i - (\lambda_1-\lambda_n)\left(\frac{\kappa_i\tan(\phi_i)}{c_{k-i}(1+2\rho_i)}\right)^2,$$

其中

$$\rho_i = \frac{\lambda_i-\lambda_{i+1}}{\lambda_{i+1}-\lambda_n}, \qquad \kappa_i = \prod_{j=1}^{i-1}\frac{\theta_j-\lambda_n}{\theta_j-\lambda_i}, \qquad \cos(\phi_i)=|\boldsymbol{q}_1^{\mathrm{T}}\boldsymbol{z}_i|.$$

证明　见 Saad (NMLE, p. 201)　□

由于 κ_i 因子和 Chebyshev 放大多项式次数的减小，很明显，随着 i 的增加，界会恶化.

10.1.6　幂法与 Lanczos 方法的比较

将 θ_1 与相应的幂法的估计值 λ_1 进行比较是建设性的.（见 8.2.1 节）为清晰起见，假定在 Schur 分解 (10.1.7) 中 $\lambda_1 \geqslant \cdots \geqslant \lambda_n \geqslant 0$. 对 $\boldsymbol{q}_1$ 进行 $k-1$ 步迭代后，得到方向

$$\boldsymbol{v} = \boldsymbol{A}^{k-1}\boldsymbol{q}_1 = \sum_{i=1}^{n} d_i \lambda_i^{k-1} \boldsymbol{z}_i$$

上的一个向量，且有一个特征值估计

$$\gamma_1 = \frac{\boldsymbol{v}^{\mathrm{T}}\boldsymbol{A}\boldsymbol{v}}{\boldsymbol{v}^{\mathrm{T}}\boldsymbol{v}}.$$

通过在定理 10.1.2 的证明中，令 $p(x) = x^{k-1}$，易得

$$\lambda_1 \geqslant \gamma_1 \geqslant \lambda_1 - (\lambda_1 - \lambda_n)\tan(\phi_1)^2 \left(\frac{\lambda_2}{\lambda_1}\right)^{2(k-1)}. \tag{10.1.11}$$

因此，我们可以通过

$$L_{k-1} \equiv \frac{1}{\left[c_{k-1}\left(2\dfrac{\lambda_1}{\lambda_2} - 1\right)\right]^2} \geqslant \frac{1}{[c_{k-1}(1+2\rho_1)]^2}$$

和

$$R_{k-1} = \left(\frac{\lambda_2}{\lambda_1}\right)^{2(k-1)}$$

比较 θ_1 和 γ_1 下界的质量. 表 10.1.1 给出了 k 与 λ_2/λ_1 各种值时的比较. Lanczos 估计的优越性是不证自明的. 这并不奇怪，因为 θ_1 是 $r(\boldsymbol{x}) = \boldsymbol{x}^{\mathrm{T}}\boldsymbol{A}\boldsymbol{x}/\boldsymbol{x}^{\mathrm{T}}\boldsymbol{x}$ 对 $\mathcal{K}(\boldsymbol{A}, \boldsymbol{q}_1, k)$ 中所有元素取最大值，而 $\gamma_1 = r(\boldsymbol{v})$ 只是对应 $\mathcal{K}(\boldsymbol{A}, \boldsymbol{q}_1, k)$ 中的一特定的值，即 $\boldsymbol{v} = \boldsymbol{A}^{k-1}\boldsymbol{q}_1$.

表 10.1.1　L_{k-1}/R_{k-1}

λ_1/λ_2	$k=5$	$k=10$	$k=15$	$k=20$	$k=25$
1.50	$\frac{1.1\times10^{-4}}{3.9\times10^{-2}}$	$\frac{2.0\times10^{-10}}{6.8\times10^{-4}}$	$\frac{3.9\times10^{-16}}{1.2\times10^{-5}}$	$\frac{7.4\times10^{-22}}{2.0\times10^{-7}}$	$\frac{1.4\times10^{-27}}{3.5\times10^{-9}}$
1.10	$\frac{2.7\times10^{-2}}{4.7\times10^{-1}}$	$\frac{5.5\times10^{-5}}{1.8\times10^{-1}}$	$\frac{1.1\times10^{-7}}{6.9\times10^{-2}}$	$\frac{2.1\times10^{-10}}{2.7\times10^{-2}}$	$\frac{4.2\times10^{-13}}{1.0\times10^{-2}}$
1.01	$\frac{5.6\times10^{-1}}{9.2\times10^{-1}}$	$\frac{1.0\times10^{-1}}{8.4\times10^{-1}}$	$\frac{1.5\times10^{-2}}{7.6\times10^{-1}}$	$\frac{2.0\times10^{-3}}{6.9\times10^{-1}}$	$\frac{2.8\times10^{-4}}{6.2\times10^{-1}}$

习 题

1. 设 $A \in \mathbb{R}^{n\times n}$ 为反称矩阵，试推导一个计算反称三对角矩阵 T_m 的 Lanczos 型算法，使得 $AQ_m = Q_m T_m$，其中 $Q_m^{\mathrm{T}} Q_m = I_m$.
2. 设 $A \in \mathbb{R}^{n\times n}$ 为对称矩阵，定义函数 $r(x) = x^{\mathrm{T}}Ax/x^{\mathrm{T}}x$. 令 $S \subseteq \mathbb{R}^n$ 是一子空间，且对于任何 $x \in S$ 都有 $\nabla r(x) \in S$. 证明：S 是 A 的不变子空间.
3. 证明：如果对称矩阵 $A \in \mathbb{R}^{n\times n}$ 有一多重特征值，则 Lanczos 方法提前结束.
4. 证明：定理 10.1.1 中的指标 m 是包含向量 q_1 的 A 的最小不变子空间的维数.
5. 已知 $A \in \mathbb{R}^{n\times n}$ 是对称矩阵，考虑以下问题：确定正交序列 $q_1, q_2, \cdots$，使得一旦 $Q_k = [\,q_1 \,|\cdots|\, q_k\,]$ 是已知的，就能选择 q_{k+1} 使得 $\mu_k = \|(I - Q_{k+1}Q_{k+1}^{\mathrm{T}})AQ_k\|_F$ 达到最小. 证明：如果 $\mathrm{span}\{q_1, \cdots, q_k\} = \mathcal{K}(A, q_1, k)$，则可选取 q_{k+1} 使得 $\mu_k = 0$. 解释这一优化问题如何导出 Lanczos 迭代.
6. 设 $A \in \mathbb{R}^{n\times n}$是对称矩阵，我们希望计算出它的最大特征值. 令 η 为一近似特征向量，$\alpha = \eta^{\mathrm{T}}A\eta/\eta^{\mathrm{T}}\eta$ 且 $z = A\eta - \alpha\eta$. (a) 证明：区间 $[\alpha-\delta, \alpha+\delta]$ 必定包含 A 的特征向量，其中 $\delta = \|z\|_2/\|\eta\|_2$. (b) 考虑新的近似 $\bar{\eta} = a\eta + bz$，确定实数 a 和 b，使得 $\bar{\alpha} = \bar{\eta}^{\mathrm{T}}A\bar{\eta}/\bar{\eta}^{\mathrm{T}}\bar{\eta}$ 最大. (c) 阐述上述计算与 Lanczos 算法前两步的关系.
7. 设 $T \in \mathbb{R}^{n\times n}$ 为三对角对称矩阵且 $v \in \mathbb{R}^n$. 说明如何（原则上）利用 Lanczos 算法需要 $O(n^2)$ 个 flop 计算正交矩阵 $Q \in \mathbb{R}^{n\times n}$，使得 $Q^{\mathrm{T}}(T + vv^{\mathrm{T}})Q = \tilde{T}$ 也是三对角化的.

10.2 Lanczos 方法、求积和近似

为了加深对 Lanczos 方法的理解，建立起它与应用数学的其他领域之间密切联系的意识，我们来研究一个有趣的有广泛实践意义的逼近问题. 设 $A \in \mathbb{R}^{n\times n}$ 是特征值位于区间 $[a, b]$ 的一个大型稀疏对称正定矩阵. 令 $f(\lambda)$ 是定义于 $[a, b]$ 的光滑函数. 给定 $u \in \mathbb{R}^n$，我们的目标是找到适当的下界 b 和上界 B，使得

$$b \leqslant u^{\mathrm{T}} \cdot f(A) \cdot u \leqslant B. \tag{10.2.1}$$

在我们给出的方法中，这个界是某个积分的 Gauss 求积的估计值，且这个估计需要 Lanczos 方法产生的三对角矩阵的特征值和特征向量.

$u^{\mathrm{T}}f(A)u$ 估计问题在矩阵计算中有着广泛的应用. 例如，设 $\hat{x}$ 是对称正定方程组 $Ax = b$ 的近似解，并且我们已经计算了残差 $r = b - A\hat{x}$. 注意，如果 $x_* = A^{-1}b$ 且 $f(\lambda) = 1/\lambda^2$，则

$$\|x_* - \hat{x}\|_2^2 = (x_* - \hat{x})^{\mathrm{T}}(x_* - \hat{x}) = (A^{-1}(b - A\hat{x}))^{\mathrm{T}}(A^{-1}(b - A\hat{x})) = r^{\mathrm{T}}f(A)r.$$

因此，如果我们有 $u^{\mathrm{T}}f(A)u$ 估值方法，则我们可以从残差界限中获得 $Ax = b$ 的误差界限.

为了深入了解本节内容，我们建议读者阅读 Golub 和 Meurant（2010）的论文. 我们的介绍很简短而且非正式，只强调了线性代数的重点.

10.2.1 问题重述

看不到积分，那么为什么 (10.2.1) 会涉及求积呢，这就很困惑了. 关键是把 $\boldsymbol{u}^{\mathrm{T}}f(\boldsymbol{A})\boldsymbol{u}$ 看作 Riemann-Stieltjes *积分*. 一般地，给定一个适当的被积函数 $f(x)$ 和权函数 $w(x)$，Riemann-Stieltjes 积分

$$I(f) = \int_a^b f(x)\mathrm{d}w(x)$$

是形式为

$$S_N = \sum_{\mu=1}^{N} f(c_\mu)(w(x_\mu) - w(x_{\mu+1}))$$

的和的极限，其中 $a = x_N < \cdots < x_1 = b$ 且 $x_{\mu+1} \leqslant c_\mu \leqslant x_\mu$. 注意，如果 w 是定义在 $[a,b]$ 的分段常函数，则 S_N 的唯一非零项从"w-跳起"的子区间中产生. 例如，设 $a = \lambda_n < \lambda_2 < \cdots < \lambda_1 = b$ 且

$$w(\lambda) = \begin{cases} w_{n+1}, & \lambda < a, \\ w_\mu, & \lambda_\mu \leqslant \lambda < \lambda_{\mu-1}, \quad \mu = 2:n, \\ w_1, & b \leqslant \lambda, \end{cases} \tag{10.2.2}$$

其中 $0 \leqslant w_{n+1} \leqslant \cdots \leqslant w_1$. 通过观察当 $N \to \infty$ 时 S_N 的变化，我们得到

$$\int_a^b f(\lambda)\mathrm{d}w(\lambda) = \sum_{\mu=1}^{n} (w_\mu - w_{\mu+1}) \cdot f(\lambda_\mu). \tag{10.2.3}$$

我们现在来解释为什么 $\boldsymbol{u}^{\mathrm{T}}f(\boldsymbol{A})\boldsymbol{u}$ 是一个"隐藏的"Riemann-Stieltjes 积分. 令

$$\boldsymbol{A} = \boldsymbol{X}\boldsymbol{\Lambda}\boldsymbol{X}^{\mathrm{T}}, \quad \boldsymbol{\Lambda} = \mathrm{diag}(\lambda_1, \cdots, \lambda_n), \tag{10.2.4}$$

是 $\boldsymbol{A}$ 的 Schur 分解，满足 $\lambda_n \leqslant \cdots \leqslant \lambda_1$. 从而

$$\boldsymbol{u}^{\mathrm{T}}f(\boldsymbol{A})\boldsymbol{u} = (\boldsymbol{X}^{\mathrm{T}}\boldsymbol{u})^{\mathrm{T}} \cdot f(\boldsymbol{\Lambda}) \cdot (\boldsymbol{X}^{\mathrm{T}}\boldsymbol{u}) = \sum_{\mu=1}^{n} [\boldsymbol{X}^{\mathrm{T}}\boldsymbol{u}]_\mu^2 \cdot f(\lambda_\mu).$$

如果我们在 (10.2.2) 中，令

$$w_\mu = [\boldsymbol{X}^{\mathrm{T}}\boldsymbol{u}]_\mu^2 + \cdots + [\boldsymbol{X}^{\mathrm{T}}\boldsymbol{u}]_n^2, \quad \mu = 1:n+1, \tag{10.2.5}$$

那么 (10.2.3) 就会变成

$$\int_a^b f(\lambda)\mathrm{d}w(\lambda) = \sum_{\mu=1}^{n} [\boldsymbol{X}^{\mathrm{T}}\boldsymbol{u}]_\mu^2 \cdot f(\lambda_\mu) = \boldsymbol{u}^{\mathrm{T}}f(\boldsymbol{A})\boldsymbol{u}. \tag{10.2.6}$$

我们的计划是用高斯求积来近似这个积分.

10.2.2 高斯型求积方法与界

给定一个与精度相关的参数 k、区间 $[a,b]$ 和权函数 $w(\lambda)$，这个积分的高斯型求积方法

$$I(f) = \int_a^b f(\lambda)\,\mathrm{d}w(\lambda)$$

涉及 f 在区间 $[a,b]$ 上取值的线性组合. 计算值的点称为节点，系数称为权，由此确定了一个满足要求的 k 次多项式. 请看下面四个例子.

1. **Gauss.** 计算权 $w_1,\cdots,w_k$ 和节点 $t_1,\cdots,t_k$，使得如果

$$I_G(f) = \sum_{i=1}^{k} w_i f(t_i), \tag{10.2.7}$$

则 $I(f)=I_G(f)$ 对所有次数少于或等于 $2k-1$ 的多项式 f 都成立.

2. **Gauss-Radau(a).** 计算权 $w_a, w_1,\cdots,w_k$ 和节点 $t_1,\cdots,t_k$，使得如果

$$I_{GR(a)}(f) = w_a f(a) + \sum_{i=1}^{k} w_i f(t_i), \tag{10.2.8}$$

则 $I(f)=I_{GR(a)}(f)$ 对所有次数少于或等于 $2k$ 的多项式 f 都成立.

3. **Gauss-Radau(b).** 计算权 $w_b, w_1,\cdots,w_k$ 和节点 $t_1,\cdots,t_k$，使得如果

$$I_{GR(b)}(f) = w_b f(b) + \sum_{i=1}^{k} w_i f(t_i), \tag{10.2.9}$$

则 $I(f)=I_{GR(b)}(f)$ 对所有次数少于或等于 $2k$ 的多项式 f 都成立.

4. **Gauss-Lobatto.** 计算权 $w_a, w_b, w_1,\cdots,w_k$ 和节点 $t_1,\cdots,t_k$，使得如果

$$I_{GL}(f) = w_a f(a) + w_b f(b) + \sum_{i=1}^{k} w_i f(t_i), \tag{10.2.10}$$

则 $I(f)=I_{GL}(f)$ 对所有次数少于或等于 $2k+1$ 的多项式 f 都成立.

以上方法中的每一条都有明确的误差. 可以看到

$$\int_a^b f(\lambda)\mathrm{d}w(\lambda) = \begin{cases} I_G(f) & +\ R_G(f), \\ I_{GR(a)}(f) & +\ R_{GR(a)}(f), \\ I_{GR(b)}(f) & +\ R_{GR(b)}(f), \\ I_{GL}(f) & +\ R_{GG}(f), \end{cases}$$

其中

$$
\begin{aligned}
R_G(f) &= \frac{f^{(2k)}(\eta)}{(2k)!}\int_a^b\left[\prod_{i=1}^{k}(\lambda-t_i)\right]^2 \mathrm{d}w(\lambda), & a<\eta<b,\\
R_{GR(a)}(f) &= \frac{f^{(2k+1)}(\eta)}{(2k+1)!}\int_a^b(\lambda-a)\left[\prod_{i=1}^{k}(\lambda-t_i)\right]^2 \mathrm{d}w(\lambda), & a<\eta<b,\\
R_{GR(b)}(f) &= \frac{f^{(2k+1)}(\eta)}{(2k+1)!}\int_a^b(\lambda-b)\left[\prod_{i=1}^{k}(\lambda-t_i)\right]^2 \mathrm{d}w(\lambda), & a<\eta<b,\\
R_{GL}(f) &= \frac{f^{(2k+2)}(\eta)}{(2k+2)!}\int_a^b(\lambda-a)(\lambda-b)\left[\prod_{i=1}^{k}(\lambda-t_i)\right]^2 \mathrm{d}w(\lambda), & a<\eta<b.
\end{aligned}
$$

如果余项中的导数在区间 $[a,b]$ 不改变符号，那么这个方法可以产生界. 例如，如果 $f(\lambda)=1/\lambda^2$ 且 $0<a<b$，则 $f^{(2k)}$ 是正的，$f^{(2k+1)}$ 是负的，我们有

$$
I_G(f) \leqslant \int_a^b f(\lambda)\mathrm{d}w(\lambda) \leqslant I_{GR(a)}(f).
$$

利用这个策略，我们通过恰当的选择和估计来确定上下界. 为了实现这一点，必须了解 f 的更高阶导数的变化，并且所需的规则必须是可计算的.

10.2.3 与三对角的联系

结果表明，一个给定高斯求积规则的计算涉及一个三对角矩阵及其特征值和特征向量. 为了开发一种基于这一联系的策略，我们需要有关正交多项式和高斯求积的 3 个事实.

事实 1. 给定 $[a,b]$ 和 $w(\lambda)$，存在一系列多项式 $p_0(\lambda), p_1(\lambda), \cdots$ 满足

$$
\int_a^b p_i(\lambda)\,p_j(\lambda)\,\mathrm{d}w(\lambda) = \begin{cases} 1, & \text{如果 } i=j, \\ 0, & \text{如果 } i\neq j, \end{cases}
$$

其中 $p_k(\cdot)$ 的次数是 k 且 $k\geqslant 0$. 在不考虑 ±1 的因子的前提下，这些多项式是唯一的，它们满足 3 项递推

$$
\gamma_k p_k(\lambda) = (\lambda-w_k)p_{k-1}(\lambda)-\gamma_{k-1}p_{k-2}(\lambda),
$$

其中 $p_{-1}(\lambda)\equiv 0$ 且 $p_0(\lambda)\equiv 1$.

事实 2. $p_k(\lambda)$ 的零点是如下三对角矩阵的特征值

$$\boldsymbol{T}_k = \begin{bmatrix} \omega_1 & \gamma_1 & 0 & \cdots & 0 \\ \gamma_1 & \omega_2 & \ddots & & \vdots \\ 0 & \ddots & \ddots & \ddots & 0 \\ \vdots & & \ddots & \omega_{k-1} & \gamma_{k-1} \\ 0 & \cdots & 0 & \gamma_{k-1} & \omega_k \end{bmatrix}.$$

因为 γ_i 非零，由定理 8.4.1 可知这些特征值是互不相同的.

事实 3. 如果

$$\boldsymbol{S}^{\mathrm{T}}\boldsymbol{T}_k\boldsymbol{S} = \operatorname{diag}(\theta_1, \cdots, \theta_k) \tag{10.2.11}$$

是 $\boldsymbol{T}_k$ 的 Schur 分解，那么高斯规则 (10.2.7) 的节点和权可由 $t_i = \theta_i$ 和 $w_i = s_{1i}^2$ 给出，其中 $i = 1:k$. 换句话说，

$$I_G(f) = \sum_{i=1}^{k} s_{1i}^2 \cdot f(\theta_i). \tag{10.2.12}$$

因此唯一要做的问题是如何得出 $\boldsymbol{T}_k$，使得其能够定义 (10.2.6) 中的高斯规则.

10.2.4 高斯求积和 Lanczos 方法

如果通过初始向量 $\boldsymbol{q}_1 = \boldsymbol{u}/\|\boldsymbol{u}\|_2$ 来应用对称 Lanczos 方法（算法 10.1.1），那么这个方法得到的三对角矩阵正是我们需要用来计算 $I_G(f)$ 的.

我们首先将 Lanczos 方法与一系列正交多项式联系起来. 回忆 10.1.1 节，第 k 个 Lanczos 向量 $\boldsymbol{q}_k$ 属于 Krylov 子空间 $\mathcal{K}(\boldsymbol{A}, \boldsymbol{q}_1, k)$. 对于某个 k 次多项式，有 $\boldsymbol{q}_k = p_k(\boldsymbol{A})\boldsymbol{q}_1$. 根据算法 10.1.1，可得

$$\beta_k\boldsymbol{q}_{k+1} = (\boldsymbol{A} - \alpha_k\boldsymbol{I})\boldsymbol{q}_k - \beta_{k-1}\boldsymbol{q}_{k-1},$$

其中 $\beta_0\boldsymbol{q}_0 \equiv \boldsymbol{0}$，所以

$$\beta_k p_{k+1}(\boldsymbol{A})\boldsymbol{q}_1 = (\boldsymbol{A} - \alpha_k\boldsymbol{I})p_k(\boldsymbol{A})\boldsymbol{q}_1 - \beta_{k-1}p_{k-1}(\boldsymbol{A})\boldsymbol{q}_1.$$

由此，我们得出这些多项式满足 3 项递推：

$$\beta_k p_{k+1}(\lambda) = (\lambda - \alpha_k)p_k(\lambda) - \beta_{k-1}^2 p_{k-1}(\lambda). \tag{10.2.13}$$

这些多项式在（10.2.5）中的权函数下正交于 $\boldsymbol{u}^{\mathrm{T}}f(\boldsymbol{A})\boldsymbol{u}$. 为了得到这个结论，注意

$$\int_a^b p_i(\lambda)p_j(\lambda)\mathrm{d}w(\lambda) = \sum_{\mu=1}^{n}[\boldsymbol{X}^{\mathrm{T}}\boldsymbol{u}]_\mu^2 \cdot p_i(\lambda_\mu) \cdot p_j(\lambda_\mu)$$

$$
\begin{aligned}
&= (\boldsymbol{X}^{\mathrm{T}}\boldsymbol{u})^{\mathrm{T}}\left(p_i(\boldsymbol{\Lambda})\cdot p_j(\boldsymbol{\Lambda})\right)\cdot(\boldsymbol{X}^{\mathrm{T}}\boldsymbol{u})\\
&= \boldsymbol{u}^{\mathrm{T}}\left(\boldsymbol{X}\cdot p_i(\boldsymbol{\Lambda})\cdot\boldsymbol{X}^{\mathrm{T}}\right)\left(\boldsymbol{X}\cdot p_j(\boldsymbol{\Lambda})\cdot\boldsymbol{X}^{\mathrm{T}}\right)\boldsymbol{u}\\
&= \boldsymbol{u}^{\mathrm{T}}\left(p_i(\boldsymbol{A})p_j(\boldsymbol{A})\right)\boldsymbol{u}\\
&= (p_i(\boldsymbol{A})\boldsymbol{u})^{\mathrm{T}}(p_j(\boldsymbol{A})\boldsymbol{u}) = \|\,\boldsymbol{u}\,\|_2^2\,\boldsymbol{q}_i^{\mathrm{T}}\boldsymbol{q}_j = 0.
\end{aligned}
$$

结合 (10.2.13) 和事实 1–3，结果告诉我们可以如下产生 $\boldsymbol{u}^{\mathrm{T}}f(\boldsymbol{A})\boldsymbol{u}$ 的近似 $\sigma = I_G(f)$.

步骤 1. 由初始向量 $\boldsymbol{q}_1=\boldsymbol{u}/\|\,\boldsymbol{u}\,\|_2$，用 Lanczos 方法来计算部分三对角化 $\boldsymbol{A}\boldsymbol{Q}_k=\boldsymbol{Q}_k\boldsymbol{T}_k+\boldsymbol{r}_k\boldsymbol{e}_k^{\mathrm{T}}$.（见 (10.1.4)）

步骤 2. 计算 Schur 分解 $\boldsymbol{S}^{\mathrm{T}}\boldsymbol{T}_k\boldsymbol{S}=\mathrm{diag}(\theta_1,\cdots,\theta_k)$.

步骤 3. 令 $\|\,\boldsymbol{u}\,\|_2^2\sigma=s_{11}^2f(\theta_1)+\cdots+s_{1k}^2f(\theta_k)$.

这个过程的更严格的推导过程，请参见 Golub and Welsch (1969).

10.2.5 计算 Gauss-Radau 规则

回忆 (10.2.1)，我们对上下界感兴趣．根据 10.2.2 节末尾的注释，我们需要技术来估计其他高斯求积规则．通过演示，我们说明了如何计算 (10.2.8) 中定义的 $I_{GR(a)}$．由高斯求积理论，如果要计算出 $I_G(f)$，需要运行 k 步 Lanczos 方法. 因此，我们必须定义 $\tilde{\alpha}_{k+1}$，使得如果

$$
\tilde{\boldsymbol{T}}_{k+1} = \left[\begin{array}{cccccc|c}
\alpha_1 & \beta_1 & 0 & \cdots & 0 & & 0\\
\beta_1 & \alpha_2 & \ddots & & \vdots & & \vdots\\
0 & \ddots & \ddots & \ddots & \vdots & & \vdots\\
\vdots & & \ddots & \alpha_{k-1} & \beta_{k-1} & & 0\\
0 & \cdots & & \beta_{k-1} & \alpha_k & & \beta_k\\
\hline
0 & \cdots & \cdots & 0 & \beta_k & & \tilde{\alpha}_{k+1}
\end{array}\right],
$$

则 $a\in\lambda(\tilde{\boldsymbol{T}}_{k+1})$．通过考虑等式的上半部分和下半部分

$$
\tilde{\boldsymbol{T}}_{k+1}\begin{bmatrix} x\\ -1\end{bmatrix} = a\begin{bmatrix} x\\ -1\end{bmatrix},\qquad x\in\mathbb{R}^k,
$$

很容易证明 $\tilde{\alpha}_{k+1}=a+\beta_k^2\boldsymbol{e}_k^{\mathrm{T}}(\boldsymbol{T}_k-a\boldsymbol{I}_k)^{-1}\boldsymbol{e}_k$ 成立.

10.2.6 总体框架

现在可以使用所有必要的方法来获得 (10.2.1) 中足够精确的上界和下界．在算法 10.1.1 中循环的底部，我们使用当前的三对角化（或改进版）来计算下界规

则的节点和权重. 这个规则是用来评价得到的 b 的. 同样, 我们用当前的三对角化 (或者改进版) 计算上界规则的节点和权重. 这个规则是用来评价得到的 B 的. 算法 10.1.1 中的 **while** 循环显然可以重新设计, 使其在 $B-b$ 足够小时立即终止.

习　题

1. Chebyschev 多项式由递归 $p_k(x) = 2xp_{k-1}(x) - p_{k-2}(x)$ 生成, 在 $[-1,1]$ 上关于权 $w(x) = (1-x^2)^{-1/2}$ 正交. $p_k(x)$ 的零点是什么?

2. 用 10.2.5 节中的方法, 说明如何计算 $I_{GR(b)}$ 和 $I_{GL}(f)$.

10.3 实用 Lanczos 方法

舍入误差严重影响 Lanczos 迭代的效果. 其根本的困难在于 Lanczos 向量之间会失去正交性, 这个现象会扰乱算法的终止问题, 并且使得矩阵 $\boldsymbol{A}$ 的特征值和三对角矩阵 $\boldsymbol{T}_k$ 的特征值之间的关系复杂化. 这一点以及具有完美稳定性 Householder 三对角化方法的出现, 说明了为什么 Lanczos 方法在 20 世纪 50 年代和 60 年代被数值分析专家所忽视. 然而, 随着需要解决大型稀疏矩阵特征值问题的压力, 以及 Paige (1971) 计算观点的提出, 情况发生了根本转变. 人们又开始对此方法产生兴趣, 通常 Lanczos 方法只用比 n 少很多的迭代次数就能得到两端特征值的很好近似值, 这使其作为稀疏矩阵技巧极具吸引力, 而非 Householder 方法的"竞争者".

要成功的实现 Lanczos 迭代, 涉及的算法远不止迭代算法 10.1.1 那样简单. 在本节中, 我们简要给出几种使 Lanczos 方法实际可行的实用思想.

10.3.1 存储与运算实现

仔细重写定理 10.1.1, 且利用公式:

$$\alpha_k = \boldsymbol{q}_k^{\mathrm{T}}(\boldsymbol{A}\boldsymbol{q}_k - \beta_{k-1}\boldsymbol{q}_{k-1}),$$

则整个 Lanczos 算法可用一对 n 维向量的存储量来实现:

$$
\begin{aligned}
&w = q_1,\ v = Aw,\ \alpha_1 = w^{\mathrm{T}}v,\ v = v - \alpha_1 w,\ \beta_1 = \| v \|_2,\ k = 1\\
&\textbf{while } \beta_k \neq 0\\
&\quad \textbf{for } i = 1:n\\
&\qquad t = w_i,\ w_i = v_i/\beta_k,\ v_i = -\beta_k t\\
&\quad \textbf{end}\\
&\quad v = v + Aw\\
&\quad k = k+1,\ \alpha_k = w^{\mathrm{T}}v,\ v = v - \alpha_k w,\ \beta_k = \| v \|_2\\
&\textbf{end}
\end{aligned}
\qquad (10.3.1)
$$

在循环体的末尾，数组 w 存储 $\boldsymbol{q}_k$，v 存储残差向量 $\boldsymbol{r}_k = \boldsymbol{A}\boldsymbol{q}_k - \alpha_k\boldsymbol{q}_k - \beta_{k-1}\boldsymbol{q}_{k-1}$. 有关各种 Lanczos 实现及其数值特性的讨论，参见 Paige (1972). 注意，在整个过程中没有修改 $\boldsymbol{A}$，这就是此方法对大型稀疏矩阵如此有用的原因.

如果 $\boldsymbol{A}$ 平均每行有 ν 个非零元，那么在每一个 Lanczos 步骤中大约涉及 $(2\nu+8)n$ 个 flop. 终止时，$\boldsymbol{T}_k$ 的特征值可以使用对称三对角 QR 算法或 8.5 节的任何一种特殊方法（如二分法）得到. Lanczos 向量是在 n 维向量 w 中生成的. 如果需要特征向量，那么必须保存 Lanczos 向量. 通常，它们存储在辅助存储单元中.

10.3.2 误差性质

要开发一个实用的 Lanczos 程序，需要利用 Paige (1971, 1976, 1980) 提出的基本误差分析. 本节中提出的几个修正 Lanczos 算法是对他的结果进行检验的最好途径.

算法迭代进行 j 步后，我们得到由计算出的 Lanczos 向量组成的矩阵 $\hat{\boldsymbol{Q}}_k = \left[\, \hat{\boldsymbol{q}}_1 \,\middle|\, \cdots \,\middle|\, \hat{\boldsymbol{q}}_k \,\right]$ 及相应的三对角矩阵

$$\hat{\boldsymbol{T}}_k = \begin{bmatrix} \hat{\alpha}_1 & \hat{\beta}_1 & & \cdots & 0 \\ \hat{\beta}_1 & \hat{\alpha}_2 & \ddots & & \vdots \\ & \ddots & \ddots & \ddots & \\ \vdots & & \ddots & \ddots & \hat{\beta}_{k-1} \\ 0 & \cdots & & \hat{\beta}_{k-1} & \hat{\alpha}_k \end{bmatrix}.$$

Paige (1971, 1976) 证明了，如果 $\hat{\boldsymbol{r}}_k$ 是 $\boldsymbol{r}_k$ 的计算值，那么

$$\boldsymbol{A}\hat{\boldsymbol{Q}}_k \;=\; \hat{\boldsymbol{Q}}_k\hat{\boldsymbol{T}}_k + \hat{\boldsymbol{r}}_k\boldsymbol{e}_k^{\mathrm{T}} + \boldsymbol{E}_k \tag{10.3.2}$$

其中

$$\|\,\boldsymbol{E}_k\,\|_2 \;\approx\; \mathbf{u}\|\,\boldsymbol{A}\,\|_2. \tag{10.3.3}$$

这说明在计算精度的意义下，能够满足方程 $\boldsymbol{A}\boldsymbol{Q}_k = \boldsymbol{Q}_k\boldsymbol{T}_k + \boldsymbol{r}_k\boldsymbol{e}_k^{\mathrm{T}}$.

不幸的是，$\hat{\boldsymbol{q}}_i$ 之间的正交性远没有上面的结果那样好.（正规性不是问题，因为 Lanczos 向量的计算值本质上具有单位长度.）如果 $\hat{\beta}_k = \mathrm{fl}(\|\,\hat{\boldsymbol{r}}_k\,\|_2)$，计算 $\hat{\boldsymbol{q}}_{k+1} = \mathrm{fl}(\hat{\boldsymbol{r}}_k/\hat{\beta}_k)$，则通过简单的分析可得到

$$\hat{\beta}_k\hat{\boldsymbol{q}}_{k+1} \approx \hat{\boldsymbol{r}}_k + \boldsymbol{w}_k,$$

其中

$$\|\,\boldsymbol{w}_k\,\|_2 \approx \mathbf{u}\|\,\hat{\boldsymbol{r}}_k\,\|_2 \approx \mathbf{u}\|\,\boldsymbol{A}\,\|_2.$$

因此，我们可推导出，对于 $i=1:k$ 有

$$|\hat{\boldsymbol{q}}_{k+1}^{\mathrm{T}}\hat{\boldsymbol{q}}_i| \approx \frac{|\hat{\boldsymbol{r}}_k^{\mathrm{T}}\hat{\boldsymbol{q}}_i| + \mathbf{u}\|\boldsymbol{A}\|_2}{|\hat{\beta}_k|}.$$

换句话说，当 $\hat{\beta}_k$ 很小时，可能会出现与正交性很大的偏离，既使在 $\hat{\boldsymbol{r}}_k^{\mathrm{T}}\hat{\boldsymbol{Q}}_k=0$ 这一理想情况下也如此. $\hat{\beta}_k$ 很小意味着 $\hat{\boldsymbol{r}}_k$ 的计算将有抵消. 我们要强调的是，正交性的丧失正是由这种一个或者多个抵消所引起的，而不是舍入误差积累的结果.

稍后我们将给出 Paige 分析的更多细节. 现在只说在实际中总是会失去正交性，从而明显破坏 $\hat{\boldsymbol{T}}_k$ 的特征值的质量. 这可通过 (10.3.2) 和定理 8.1.16 来量化. 特别地，如果我们令

$$\boldsymbol{F}_1=\hat{\boldsymbol{r}}_k\boldsymbol{e}_k^{\mathrm{T}}+\boldsymbol{E}_k, \qquad \boldsymbol{X}_1=\hat{\boldsymbol{Q}}_k, \qquad \boldsymbol{S}=\hat{\boldsymbol{T}}_k,$$

并且假定

$$\tau=\|\hat{\boldsymbol{Q}}_k^{\mathrm{T}}\hat{\boldsymbol{Q}}_k-\boldsymbol{I}_k\|_2$$

满足 $\tau<1$，那么对于 $i=1:k$，存在 $\mu_1,\cdots,\mu_k\in\lambda(\boldsymbol{A})$ 使得

$$|\mu_i-\lambda_i(\boldsymbol{T}_k)| \leqslant \sqrt{2}\,(\|\hat{\boldsymbol{r}}_k\|_2+\|\boldsymbol{E}_k\|_2+\tau(2+\tau)\|\boldsymbol{A}\|_2).$$

控制因子 τ 的一个明显方法是把新计算的 Lanczos 向量与以前的 Lanczos 向量正交化. 这种思想直接导致了我们的第一个“实用”Lanczos 算法.

10.3.3 完全再正交化的 Lanczos 方法

给定 $\boldsymbol{r}_0,\cdots,\boldsymbol{r}_{k-1}\in\mathbb{R}^n$，并假定已计算出 Householder 矩阵 $\boldsymbol{H}_0,\cdots,\boldsymbol{H}_{k-1}$，使得 $(\boldsymbol{H}_0\cdots\boldsymbol{H}_{k-1})^{\mathrm{T}}\left[\ \boldsymbol{r}_0\ \middle|\ \cdots\ \middle|\ \boldsymbol{r}_{k-1}\ \right]$ 为上三角矩阵. 用 $\left[\ \boldsymbol{q}_1\ \middle|\ \cdots\ \middle|\ \boldsymbol{q}_k\ \right]$ 表示 Householder 矩阵乘积 $(\boldsymbol{H}_0\cdots\boldsymbol{H}_{k-1})$ 的前 k 列. 现在，假定给出向量 $\boldsymbol{r}_k\in\mathbb{R}^n$，我们希望在下述方向上计算出一单位向量 $\boldsymbol{q}_{k+1}$：

$$\boldsymbol{w} = \boldsymbol{r}_k-\sum_{i=1}^{k}(\boldsymbol{q}_i^{\mathrm{T}}\boldsymbol{r}_k)\boldsymbol{q}_i \in \mathsf{span}\{\boldsymbol{q}_1,\cdots,\boldsymbol{q}_k\}^{\perp}.$$

如果给定 Householder 矩阵 $\boldsymbol{H}_k$，使得 $(\boldsymbol{H}_0\cdots\boldsymbol{H}_k)^{\mathrm{T}}\left[\ \boldsymbol{r}_0\ \middle|\ \cdots\ \middle|\ \boldsymbol{r}_k\ \right]$ 为上三角矩阵，那么 $\boldsymbol{H}_0\cdots\boldsymbol{H}_k$ 的第 $k+1$ 列就是我们所需要的单位向量.

如果我们把这些 Householder 计算合并到 Lanczos 过程，那么就可得到与机器精度正交的 Lanczos 向量：

给定的单位向量 $r_0=q_1$

确定 Householder 矩阵 H_0，使得 $H_0r_0=e_1$.

for $k=1:n-1$

$\alpha_k = q_k^{\mathrm{T}} A q_k$

$$r_k = (A - \alpha_k I)q_k - \beta_{k-1}q_{k-1}, \qquad (\beta_0 q_0 \equiv 0) \tag{10.3.4}$$

$w = (H_{k-1}\cdots H_0)r_k$

确定 Householder 矩阵 H_k，使得 $H_k w = [w_1, \cdots, w_k, \beta_k, 0, \cdots, 0]^{\mathrm{T}}$.

$q_{k+1} = H_0 \cdots H_k e_{k+1}$

end

这是一个完全再正交化 Lanczos 算法的例子. 用 Householder 矩阵来加强正交性的思想，请见 Golub, Underwood, and Wilkinson (1972). 由 (10.3.4) 计算出的 $\hat{\boldsymbol{q}}_i$ 与运算精确解正交，这一点可从 Householder 矩阵的误差性质中看出. 注意，由 $\boldsymbol{q}_{k+1}$ 的定义，$\beta_k = 0$ 是没有影响的. 由于这一原因，算法可安全地运行到 $k = n - 1$.（然而，在实际中，算法在一个小得多的 k 值就会终止.）

当然，无论 (10.3.4) 如何实现，只存储 Householder 向量 $\boldsymbol{v}_k$，而不会显式地形成相应的矩阵乘积. 因为 $\boldsymbol{H}_k(1:k, 1:k) = \boldsymbol{I}_k$，我们没有必要计算 (10.3.4) 中 $\boldsymbol{w}$ 向量的前 k 个分量，因为其实并没有用到它们.（实际上这些分量为零.）不幸的是，在完全再正交化的计算中，这些措施的经济意义不大. 因为在 Lanczos 算法的第 k 步，计算 Householder 矩阵会增加 $O(kn)$ 个 flop. 此外，为了计算 $\boldsymbol{q}_{k+1}$，也要用到相应于 $\boldsymbol{H}_0, \cdots, \boldsymbol{H}_k$ 的 Householder 向量. 当 n 和 k 很大时，这通常意味着无法接受的数据传输量.

因此，完全再正交化要付出很高的代价. 幸运的是，对此还有更加有效的算法，但这需要我们更加深入了解正交性是怎样失去的.

10.3.4 选择性再正交化

Paige (1971) 误差分析的一个惊人的且令人啼笑皆非的结论是：正交性的丢失与 Ritz 对的收敛性是密不可分的. 确切地说，假定对称的 $\hat{\boldsymbol{T}}_k$ 用于 QR 算法，得到 Ritz 值的计算解 $\hat{\theta}_1, \cdots, \hat{\theta}_k$ 和一个由特征向量组成的几乎正交的矩阵 $\hat{\boldsymbol{S}}_k = (\hat{s}_{pq})$. 如果

$$\hat{\boldsymbol{Y}}_k = \left[\ \hat{\boldsymbol{y}}_1 \ \middle|\ \cdots \ \middle|\ \hat{\boldsymbol{y}}_k\ \right] = \mathrm{fl}(\hat{\boldsymbol{Q}}_k \hat{\boldsymbol{S}}_k),$$

则对于 $i = 1:k$，我们有

$$|\hat{\boldsymbol{q}}_{k+1}^{\mathrm{T}} \hat{\boldsymbol{y}}_i| \approx \frac{\mathbf{u}\| \boldsymbol{A} \|_2}{|\hat{\beta}_k|\,|\hat{s}_{ki}|}, \tag{10.3.5}$$

$$\| \boldsymbol{A}\hat{y}_i - \hat{\theta}_i \hat{y}_i \|_2 \approx |\hat{\beta}_k|\,|\hat{s}_{ki}|. \tag{10.3.6}$$

也就是说，最新计算出的 Lanczos 向量 $\hat{\boldsymbol{q}}_{k+1}$ 倾向于在任何已收敛的 Ritz 向量的方向上，含有非平凡的但不需要的非零分量. 因此，我们不去将 $\hat{\boldsymbol{q}}_{k+1}$ 与以前所有

计算出的 Lanczos 向量正交化，而是通过让它与一个小得多的由收敛的 Ritz 向量组成的集合正交，以达到同样的效果.

Parlett and Scott (1979) 讨论了用这种途径来加强正交性的实现问题. 在他们的格式中，称其为**选择性再正交化**，一个计算的 Ritz 对 $\{\hat{\theta}, \hat{\boldsymbol{y}}\}$ 被称为是"好的"，如果它满足

$$\| \boldsymbol{A}\hat{\boldsymbol{y}} - \hat{\theta}\hat{\boldsymbol{y}} \|_2 \leqslant \sqrt{\mathbf{u}}\| \boldsymbol{A} \|_2 .$$

一旦 $\hat{\boldsymbol{q}}_{k+1}$ 已被算出，把它对每个"好的" Ritz 向量正交化. 这比完全重新正交化要经济得多，因为至少一开始，好的 Ritz 向量比 Lanczos 向量少得多.

一种实现选择性再正交化的途径是在每一步对角化 $\hat{\boldsymbol{T}}_k$，并根据 (10.3.5) 和 (10.3.6) 来检验 $\hat{s}_{ki}$. 对于大的 k，一种更有效的方式是用以下结果来估计正交性丢失的度量 $\| \boldsymbol{I}_k - \hat{\boldsymbol{Q}}_k^{\mathrm{T}}\hat{\boldsymbol{Q}}_k \|_2$.

引理 10.3.1 假定 $\boldsymbol{S}_+ = [\,\boldsymbol{S}\ \boldsymbol{d}\,]$，其中 $\boldsymbol{S} \in \mathbb{R}^{n\times k}$, $\boldsymbol{d} \in \mathbb{R}^n$. 如果

$$\| \boldsymbol{I}_k - \boldsymbol{S}^{\mathrm{T}}\boldsymbol{S} \|_2 \leqslant \mu \qquad\qquad |1 - \boldsymbol{d}^{\mathrm{T}}\boldsymbol{d}| \leqslant \delta,$$

则

$$\| \boldsymbol{I}_{k+1} - \boldsymbol{S}_+^{\mathrm{T}}\boldsymbol{S}_+ \|_2 \leqslant \mu_+,$$

其中

$$\mu_+ = \frac{1}{2}\left(\mu + \delta + \sqrt{(\mu-\delta)^2 + 4\| \boldsymbol{S}^{\mathrm{T}}\boldsymbol{d} \|_2^2}\right).$$

证明 参见 Kahan and Parlett (1974) 或者 Parlett and Scott (1979). □

因此，当我们已知 $\| \boldsymbol{I}_k - \hat{\boldsymbol{Q}}_k^{\mathrm{T}}\hat{\boldsymbol{Q}}_k \|_2$ 的界时，就可以对 $\boldsymbol{S} = \hat{\boldsymbol{Q}}_k$ 和 $\boldsymbol{d} = \hat{\boldsymbol{q}}_{k+1}$ 应用以上引理，得出 $\| \boldsymbol{I}_{k+1} - \hat{\boldsymbol{Q}}_{k+1}^{\mathrm{T}}\hat{\boldsymbol{Q}}_{k+1} \|_2$ 的界.（在这种情形，$\delta \approx \mathbf{u}$，并且假定 $\hat{\boldsymbol{q}}_{k+1}$ 已对当前好的 Ritz 向量集正交化了）. 不需要利用 $\hat{\boldsymbol{q}}_1, \cdots, \hat{\boldsymbol{q}}_k$，而只通过简单迭代就可估计出 $\hat{\boldsymbol{Q}}_k^{\mathrm{T}}\hat{\boldsymbol{q}}_{k+1}$ 的范数. 额外的开销是很小的，而且当估计界显示已失去正交性时，就要考虑扩大好的 Ritz 向量的集合. 那么仅在此后，将 $\hat{\boldsymbol{T}}_k$ 对角化.

10.3.5 幽灵特征值问题

在设法构造一个不涉及任何强迫正交性的可行 Lanczos 算法方面，已付出了巨大的努力. 这方面研究集中在"幽灵"特征值问题. 这是指 $\hat{T}_k$ 的多重特征值，它们对应于 $\boldsymbol{A}$ 的单重特征值. 当失去与收敛的 Ritz 向量的正交性后，迭代本质上自身重新开始，所以会出现这些多重特征值.（打个比方，在正交迭代 (8.2.8) 中，如果忘记正交化，想象一下会发生什么情况.）

Cullum and Willoughby (1979) 以及 Parlett and Reid (1981) 讨论了鉴别和处理这些幽灵特征值的问题. 在需要 $\boldsymbol{A}$ 的所有特征值的应用中，这是一个十分紧迫的问题，因为上述正交化过程代价过高导致无法实现.

即使 $\boldsymbol{A}$ 有一个真正的多重特征值，Lanczos 迭代出现困难也是意料之中的. 这是因为 $\hat{\boldsymbol{T}}_k$ 是不可约的，而不可约的三对角矩阵不可能有多重特征值. 接下来的实用 Lanczos 算法就是要绕过这一困难展开.

10.3.6　分块 Lanczos 方法

就像简单的幂法有分块块形式一样，Lanczos 算法也有分块形式. 假定 $n = rp$，考虑以下分解：

$$\boldsymbol{Q}^{\mathrm{T}}\boldsymbol{A}\boldsymbol{Q} \;=\; \bar{\boldsymbol{T}} \;=\; \begin{bmatrix} \boldsymbol{M}_1 & \boldsymbol{B}_1^{\mathrm{T}} & & \cdots & \boldsymbol{0} \\ \boldsymbol{B}_1 & \boldsymbol{M}_2 & \ddots & & \vdots \\ & \ddots & \ddots & \ddots & \\ \vdots & & \ddots & \ddots & \boldsymbol{B}_{r-1}^{\mathrm{T}} \\ \boldsymbol{0} & \cdots & & \boldsymbol{B}_{r-1} & \boldsymbol{M}_r \end{bmatrix}, \tag{10.3.7}$$

其中

$$\boldsymbol{Q} \;=\; [\,\boldsymbol{X}_1\,|\cdots|\,\boldsymbol{X}_r\,], \qquad \boldsymbol{X}_i \in \mathbb{R}^{n\times p}$$

是互相正交的，每一个 $\boldsymbol{M}_i \in \mathbb{R}^{p\times p}$ 为上三角矩阵. 比较 $\boldsymbol{A}\boldsymbol{Q} = \boldsymbol{Q}\bar{\boldsymbol{T}}$ 两边的分块，对于 $k = 1:r$，假设 $\boldsymbol{X}_0\boldsymbol{B}_0^{\mathrm{T}} \equiv \boldsymbol{0}$ 且 $\boldsymbol{X}_{r+1}\boldsymbol{B}_r \equiv \boldsymbol{0}$，可得

$$\boldsymbol{A}\boldsymbol{X}_k \;=\; \boldsymbol{X}_{k-1}\boldsymbol{B}_{k-1}^{\mathrm{T}} + \boldsymbol{X}_k\boldsymbol{M}_k + \boldsymbol{X}_{k+1}\boldsymbol{B}_k.$$

从 $\boldsymbol{Q}$ 的正交性，对于 $k = 1:r$，我们有

$$\boldsymbol{M}_k \;=\; \boldsymbol{X}_k^{\mathrm{T}}\boldsymbol{A}\boldsymbol{X}_k.$$

此外，如果定义

$$\boldsymbol{R}_k \;=\; \boldsymbol{A}\boldsymbol{X}_k - \boldsymbol{X}_k\boldsymbol{M}_k - \boldsymbol{X}_{k-1}\boldsymbol{B}_{k-1}^{\mathrm{T}} \;\in\; \mathbb{R}^{n\times p},$$

则

$$\boldsymbol{X}_{k+1}\boldsymbol{B}_k = \boldsymbol{R}_k$$

是 $\boldsymbol{R}_k$ 的 QR 分解. 这些关系式暗示我们可用如下方法产生 (10.3.7) 中的分块三角矩阵 $\bar{\boldsymbol{T}}$：

$$
\begin{aligned}
&\text{给定}X_1 \in \mathbb{R}^{n\times p}\text{满足 } X_1^{\mathrm{T}}X_1 = I_p\\
&M_1 = X_1^{\mathrm{T}}AX_1\\
&\textbf{for } k = 1:r-1 \qquad\qquad\qquad\qquad\qquad\qquad\qquad\qquad\qquad (10.3.8)\\
&\quad R_k = AX_k - X_kM_k - X_{k-1}B_{k-1}^{\mathrm{T}} \qquad (X_0B_0^{\mathrm{T}} \equiv 0)\\
&\quad X_{k+1}B_k = R_k \qquad (\,R_k \text{ 的 QR 分解})\\
&\quad M_{k+1} = X_{k+1}^{\mathrm{T}}AX_{k+1}\\
&\textbf{end}
\end{aligned}
$$

在第 k 次循环的开始，我们有

$$
\boldsymbol{A}\,[\,\boldsymbol{X}_1\,|\cdots|\,\boldsymbol{X}_k\,] \;=\; [\,\boldsymbol{X}_1\,|\cdots|\,\boldsymbol{X}_k\,]\,\bar{\boldsymbol{T}}_k \;+\; \boldsymbol{R}_k\left[\,\mathbf{0}\,\middle|\,\cdots\,\middle|\,\mathbf{0}\,\middle|\,\boldsymbol{I}_p\,\right], \tag{10.3.9}
$$

其中

$$
\bar{\boldsymbol{T}}_k \;=\; \begin{bmatrix} \boldsymbol{M}_1 & \boldsymbol{B}_1^{\mathrm{T}} & & \cdots & \mathbf{0} \\ \boldsymbol{B}_1 & \boldsymbol{M}_2 & \ddots & & \vdots \\ & \ddots & \ddots & \ddots & \\ \vdots & & \ddots & \ddots & \boldsymbol{B}_{k-1}^{\mathrm{T}} \\ \mathbf{0} & \cdots & & \boldsymbol{B}_{k-1} & \boldsymbol{M}_k \end{bmatrix}.
$$

利用与定理 10.1.1 的证明类似的方式，可以证明只要所有的 $\boldsymbol{R}_k$ 都不是秩亏损的，则 $\boldsymbol{X}_k$ 是相互正交的. 然而，如果对某个 k，有 $\mathrm{rank}(\boldsymbol{R}_k) < p$，那么可选择 $\boldsymbol{X}_{k+1}$ 的列，使得对于 $i=1:k$ 有 $\boldsymbol{X}_{k+1}^{\mathrm{T}}X_i = 0$. 参见 Golub and Underwood (1977).

因为 $\bar{\boldsymbol{T}}_k$ 的带宽为 p，所以用 Schwartz (1968) 的算法可有效地把它划为三对角矩阵. 一旦这个三对角形式被获得，用对称 QR 算法或者 8.4 节中的任何一种特殊方法，即可得到 Ritz 值. 为了明智的决定何时用分块 Lanczos 方法，知道块的维数怎样影响 Ritz 值的收敛是必要的. 定理 10.1.2 的如下推广阐明了这一问题.

定理 10.3.2 设 $\boldsymbol{A}$ 是 $n\times n$ 对称矩阵，其 Schur 分解为

$$
\boldsymbol{Z}^{\mathrm{T}}\boldsymbol{A}\boldsymbol{Z} \;=\; \mathrm{diag}(\lambda_1,\cdots,\lambda_n),\quad \lambda_1 \geqslant \cdots \geqslant \lambda_n,\quad \boldsymbol{Z} \;=\; \left[\,\boldsymbol{z}_1\,\middle|\,\cdots\,\middle|\,\boldsymbol{z}_n\,\right].
$$

假定 $\mu_1 \geqslant \cdots \geqslant \mu_p$ 是 (10.3.8) 进行 k 步后得到的矩阵 $\bar{\boldsymbol{T}}_k$ 的 p 个最大特征值. 假定 $\boldsymbol{Z}_1 = \left[\,\boldsymbol{z}_1\,\middle|\,\cdots\,\middle|\,\boldsymbol{z}_p\,\right]$ 且

$$
0 \;<\; \cos(\phi_p) \;=\; \sigma_p(\boldsymbol{Z}_1^{\mathrm{T}}\boldsymbol{X}_1)
$$

为 $\boldsymbol{Z}_1^{\mathrm{T}}\boldsymbol{X}_1$ 的最小奇异值. 则对于 $i=1:p$ 有

$$
\lambda_i \;\geqslant\; \mu_i \;\geqslant\; \lambda_i \;-\; (\lambda_1-\lambda_n)\left(\frac{\tan(\theta_p)}{c_{k-1}\,(1+2\rho_i)}\right)^2,
$$

其中

$$\rho_i = \frac{\lambda_i - \lambda_{p+1}}{\lambda_{p+1} - \lambda_n},$$

$c_{k-1}(z)$ 为 $k-1$ 次 Chebyshev 多项式.

证明 参见 Underwood (1975)，并与定理 10.1.2 做比较. □

把上述定理中的 $\boldsymbol{A}$ 换成 $-\boldsymbol{A}$，对 $\bar{\boldsymbol{T}}_k$ 的最小特征值可得到类似的结果. 根据这个定理和 (10.3.8)，我们总结如下

- 随着 p 的增加，Ritz 值的误差界得到改善；
- 计算 $\bar{\boldsymbol{T}}_k$ 的特征值的工作量与 kp^2 成正比；
- 块的维数应至少与任意需要计算特征值之最大重数一样大.

Scott (1979) 详细讨论了在这些因素下如何决定块的维数. 我们提到正交性的丢失同样困扰着分块 Lanczos 算法. 然而，前面介绍的强迫正交性的所有技巧都可推广到分块的情形.

10.3.7 重启的分块 Lanczos 算法

可以用迭代的方式应用分块 Lanczos 算法 (10.3.8) 来计算 $\boldsymbol{A}$ 的选定特征值. 为了阐明思想，假定我们要计算 p 个最大的特征值. 如果给定矩阵 $\boldsymbol{X}_1 \in \mathbb{R}^{n\times p}$ 是列正交的，我们可用下面的方式计算：

步骤 1. 通过分块 Lanczos 算法，产生 $\boldsymbol{X}_2, \cdots, \boldsymbol{X}_s \in \mathbb{R}^{n\times p}$.

步骤 2. 形成 $sp\times sp$ 的带宽为 p 对角矩阵 $\boldsymbol{T}_s\,[\boldsymbol{X}_1|\cdots|\boldsymbol{X}_s]^{\mathrm{T}}\boldsymbol{A}\,[\boldsymbol{X}_1|\cdots|\boldsymbol{X}_s]$.

步骤 3. 计算正交矩阵 $\boldsymbol{U} = [\boldsymbol{u}_1|\cdots|\boldsymbol{u}_{sp}]$，使得 $\boldsymbol{U}^{\mathrm{T}}\bar{\boldsymbol{T}}_s U = \mathrm{diag}(\theta_1, \cdots, \theta_{sp})$，$\theta_1 \geqslant \cdots \geqslant \theta_{sp}$.

步骤 4. 令 $\boldsymbol{X}_1^{(\mathrm{new})} = [\,\boldsymbol{X}_1\,|\cdots|\,\boldsymbol{X}_s\,]\,[\,\boldsymbol{u}_1\,|\cdots|\,\boldsymbol{u}_p\,]$.

这就是 **s 步 Lanczos 算法**的块形式，Cullum and Donath (1974) 以及 Underwood (1975) 对其作了广泛的分析. 同样的思想也可用来计算 $\boldsymbol{A}$ 的几个最小的特征值或最大最小特征值的混合情形，见 Cullum (1978). 参数 s 和 p 的选取依赖于存储限制，以及前面讨论块的大小时提到的几个因素. 随着好的 Ritz 向量的出现，块的维数 p 可能减小. 然而这要求强迫与已收敛向量的正交.

习 题

1. 重新排列 (10.3.4) 和 (10.3.8)，使每次迭代都需要一个矩阵与向量的乘积.

2. 在 (10.3.8) 中，如果 $\mathrm{rank}(R_k) < p$，那么象空间 $\mathrm{ran}([\,\boldsymbol{X}_1\,|\cdots|\,\boldsymbol{X}_k\,])$ 含有 $\boldsymbol{A}$ 的特征向量吗?

10.4 大型稀疏 SVD 方法

在 8.6.1 节中，我们讨论了 SVD 问题和对称特征值问题之间的联系. 鉴于这个讨论，不难想到有一个 Lanczos 方法可以计算大型稀疏长方矩阵 $\boldsymbol{A}$ 的选定奇异值和向量. 基本思想是产生一个与 $\boldsymbol{A}$ 正交等价的双对角矩阵 $\boldsymbol{B}$. 我们已在 5.4 节介绍了如何利用 Householder 变换完成这件事. 然而，为了避免大而稠密的子矩阵，Lanczos 方法直接生成双对角线元.

10.4.1 Golub-Kahan 上双对角化

设 $\boldsymbol{A} \in \mathbb{R}^{m\times n}$，且 $m \geqslant n$，由 5.4.8 节可知，存在正交的 $\boldsymbol{U} \in \mathbb{R}^{m\times m}$ 和 $\boldsymbol{V} \in \mathbb{R}^{n\times n}$，使得

$$\boldsymbol{U}^{\mathrm{T}}\boldsymbol{A}\boldsymbol{V} = \boldsymbol{B} = \left[\begin{array}{ccccc} \alpha_1 & \beta_1 & \cdots & \cdots & 0 \\ 0 & \alpha_2 & \beta_2 & \cdots & \vdots \\ \vdots & \ddots & \ddots & \ddots & \vdots \\ \vdots & & 0 & \alpha_{n-1} & \beta_{n-1} \\ 0 & \cdots & \cdots & 0 & \alpha_n \\ \hline \multicolumn{5}{c}{0} \end{array}\right]. \tag{10.4.1}$$

因为 $\boldsymbol{A}$ 和 $\boldsymbol{B}$ 是相互正交的，它们有相同的奇异值.

类似于 10.1.1 节中对称 Lanczos 方法的推导，我们采用一种适用于稀疏矩阵的友好方法来确定 $\boldsymbol{B}$ 的对角线和上对角线. 挑战是避开与 Householder 双对角化方法（算法 5.4.2）相应的完全的中间矩阵. 我们期望在完全双对角化完成之前就提取出好的奇异值/向量信息.

核心是从矩阵方程 $\boldsymbol{A}\boldsymbol{V} = \boldsymbol{U}\boldsymbol{B}$ 和 $\boldsymbol{A}^{\mathrm{T}}\boldsymbol{U} = \boldsymbol{V}\boldsymbol{B}^{\mathrm{T}}$ 中构建对 α 和 β 有用的方法. 给定如下列划分

$$\boldsymbol{U} = \left[\, \boldsymbol{u}_1 \,|\, \cdots \,|\, \boldsymbol{u}_m \,\right], \qquad \boldsymbol{V} = \left[\, \boldsymbol{v}_1 \,|\, \cdots \,|\, \boldsymbol{v}_n \,\right],$$

对于 $k = 1:n$，我们有

$$\boldsymbol{A}\boldsymbol{v}_k = \alpha_k \boldsymbol{u}_k + \beta_{k-1}\boldsymbol{u}_{k-1}, \tag{10.4.2}$$

$$\boldsymbol{A}^{\mathrm{T}}\boldsymbol{u}_k = \alpha_k \boldsymbol{v}_k + \beta_k \boldsymbol{v}_{k+1}, \tag{10.4.3}$$

其中 $\beta_0\boldsymbol{u}_0 \equiv \boldsymbol{0}$, $\beta_n\boldsymbol{v}_{n+1} \equiv \boldsymbol{0}$. 定义向量

$$\boldsymbol{r}_k = \boldsymbol{A}\boldsymbol{v}_k - \beta_{k-1}\boldsymbol{u}_{k-1}, \tag{10.4.4}$$

$$p_k \;=\; A^{\mathrm{T}}u_k - \alpha_k v_k. \tag{10.4.5}$$

根据 (10.4.2) (10.4.4) 和这些 $\boldsymbol{u}$ 向量的正交性，我们有

$$\begin{aligned}\alpha_k \;&=\; \pm\| \boldsymbol{r}_k \|_2,\\ \boldsymbol{u}_k \;&=\; \boldsymbol{r}_k/\alpha_k, \qquad (\alpha_k \neq 0).\end{aligned}$$

注意，若 $\alpha_k = 0$，则由 (10.4.1) 可知，$A(:,1:k)$ 是秩亏的．类似地，我们可以从 (10.4.3) 和 (10.4.5)，得出

$$\begin{aligned}\beta_k \;&=\; \pm\| \boldsymbol{p}_k \|_2,\\ \boldsymbol{v}_{k+1} \;&=\; \boldsymbol{p}_k/\beta_k, \qquad (\beta_k \neq 0).\end{aligned}$$

如果 $\beta_k = 0$，则从方程 $\boldsymbol{AV} = \boldsymbol{UB}$ 和 $\boldsymbol{A}^{\mathrm{T}}\boldsymbol{U} = \boldsymbol{VB}^{\mathrm{T}}$，得到

$$\boldsymbol{AU}(:,1:k) \;=\; \boldsymbol{V}(:,1:k)\boldsymbol{B}(1:k,1:k), \tag{10.4.6}$$

$$\boldsymbol{A}^{\mathrm{T}}\boldsymbol{V}(:,1:k) \;=\; \boldsymbol{U}(:,1:k)\boldsymbol{B}(1:k,1:k)^{\mathrm{T}}, \tag{10.4.7}$$

因此

$$\boldsymbol{A}^{\mathrm{T}}\boldsymbol{AV}(:,1:k) \;=\; \boldsymbol{V}(:,1:k)\,\boldsymbol{B}(1:k,1:k)^{\mathrm{T}}\boldsymbol{B}(1:k,1:k).$$

所以 $\sigma(B(1:k,1:k)) \subseteq \sigma(\boldsymbol{A})$.

上述方程经过适当的排序，在数学上定义了长方矩阵对角化的 Golub-Kahan 方法.

算法 10.4.1 (Golub-Kahan 双对角化) 给定一个列满秩的矩阵 $\boldsymbol{A} \in \mathbb{R}^{m\times n}$ 和单位 2- 范数向量 $\boldsymbol{v}_c \in \mathbb{R}^n$，对于某个 $k\,(1 \leqslant k \leqslant n)$，以下算法计算了分解 (10.4.6) 和 (10.4.7)． $\boldsymbol{V}$ 的第一列是 $\boldsymbol{v}_c$.

$k = 0,\ p_0 = v_c,\ \beta_0 = 1,\ u_0 = 0$

while $\beta_k \neq 0$

　$v_{k+1} = p_k/\beta_k$

　$k = k + 1$

　$r_k = Av_k - \beta_{k-1}u_{k-1}$

　$\alpha_k = \| r_k \|_2$

　$u_k = r_k/\alpha_k$

　$p_k = A^{\mathrm{T}}u_k - \alpha_k v_k$

　$\beta_k = \| p_k \|_2$

end

这个算法由 Golub and Kahan (1965) 首次给出. 如果 $\boldsymbol{V}_k = [\,\boldsymbol{v}_1\,|\cdots|\,\boldsymbol{v}_k\,]$, $\boldsymbol{U}_k = [\,\boldsymbol{u}_1\,|\cdots|\,\boldsymbol{u}_k\,]$, 且

$$\boldsymbol{B}_k = \begin{bmatrix} \alpha_1 & \beta_1 & \cdots & \cdots & 0 \\ 0 & \alpha_2 & \beta_2 & \cdots & \vdots \\ \vdots & \ddots & \ddots & \ddots & 0 \\ \vdots & & 0 & \alpha_{k-1} & \beta_{k-1} \\ 0 & \cdots & 0 & 0 & \alpha_k \end{bmatrix}, \tag{10.4.8}$$

则经过 k 次循环后, 有

$$\boldsymbol{A}\boldsymbol{V}_k = \boldsymbol{U}_k\boldsymbol{B}_k, \tag{10.4.9}$$

$$\boldsymbol{A}^{\mathrm{T}}\boldsymbol{U}_k = \boldsymbol{V}_k\boldsymbol{B}_k^{\mathrm{T}} + \boldsymbol{p}_k\boldsymbol{e}_k^{\mathrm{T}}, \tag{10.4.10}$$

假设 $\alpha_k > 0$, 则得到

$$\mathsf{span}\{\boldsymbol{v}_1,\cdots,\boldsymbol{v}_k\} = \mathcal{K}(\boldsymbol{A}^{\mathrm{T}}\boldsymbol{A},\boldsymbol{v}_c,k\}, \tag{10.4.11}$$

$$\mathsf{span}\{\boldsymbol{u}_1,\cdots,\boldsymbol{u}_k\} = \mathcal{K}(\boldsymbol{A}\boldsymbol{A}^{\mathrm{T}},\boldsymbol{A}\boldsymbol{v}_c,k\}. \tag{10.4.12}$$

因此, 应用 10.1.5 节中的对称 Lanczos 收敛理论, 可知能很快得到 $\boldsymbol{A}$ 的较大奇异值的良好近似, 而对较小的奇异值通常问题较多, 特别是其聚集在原点附近时. 进一步的讨论, 请参见 Luk (1978), Golub, Luk, and Overton (1981), Björck (NMLS, 7.6 节).

10.4.2 Ritz 近似

Ritz 思想可用于从矩阵 $\boldsymbol{U}_k$, $\boldsymbol{V}_k$ 和 $\boldsymbol{B}_k$ 中提取近似奇异值和向量. 我们只计算 SVD

$$\boldsymbol{F}_k^{\mathrm{T}}\boldsymbol{B}_k\boldsymbol{G}_k = \boldsymbol{\Gamma} = \mathrm{diag}(\gamma_1,\cdots,\gamma_k), \tag{10.4.13}$$

形成矩阵

$$\boldsymbol{Y}_k = \boldsymbol{V}_k\boldsymbol{G}_k = [\,\boldsymbol{y}_1\,|\cdots|\,\boldsymbol{y}_k\,],$$

$$\boldsymbol{Z}_k = \boldsymbol{U}_k\boldsymbol{F}_k = [\,\boldsymbol{z}_1\,|\cdots|\,\boldsymbol{z}_k\,].$$

根据 (10.4.9), (10.4.10) 和 (10.4.13), 得

$$\boldsymbol{A}\boldsymbol{Y}_k = \boldsymbol{Z}_k\boldsymbol{\Gamma},$$

$$\boldsymbol{A}^{\mathrm{T}}Z_k = \boldsymbol{Y}_k\boldsymbol{\Gamma} + \boldsymbol{p}_k\boldsymbol{e}_k^{\mathrm{T}}\boldsymbol{F}_k,$$

所以，对于 $i=1:k$，我们有

$$\begin{aligned} \boldsymbol{A}\boldsymbol{y}_i &= \gamma_i \boldsymbol{z}_i, & (10.4.14)\\ \boldsymbol{A}^{\mathrm{T}}\boldsymbol{z}_i &= \gamma_i \boldsymbol{y}_i + [\boldsymbol{F}_k]_{ki}\cdot \boldsymbol{p}_k. & (10.4.15)\end{aligned}$$

所以 $\boldsymbol{A}^{\mathrm{T}}\boldsymbol{A}\boldsymbol{y}_i=\gamma_i^2\boldsymbol{z}_i+[\boldsymbol{F}_k]_{ki}\cdot\boldsymbol{p}_k$，因此 $\{\gamma_i,\boldsymbol{y}_i\}$ 是 $\boldsymbol{A}^{\mathrm{T}}\boldsymbol{A}$ 相对于 $\mathrm{ran}(\boldsymbol{V}_k)$ 的 Ritz 对.

10.4.3　三对角化与双对角化的联系

在 8.6.1 节中，我们介绍了矩阵 $\boldsymbol{A}\in\mathbb{R}^{m\times n}$的 SVD 和对称矩阵

$$\boldsymbol{C} = \begin{bmatrix} \boldsymbol{0} & \boldsymbol{A} \\ \boldsymbol{A}^{\mathrm{T}} & \boldsymbol{0} \end{bmatrix}. \tag{10.4.16}$$

的 Schur 分解之间存在一种联系. 特别地，如果 σ 是 $\boldsymbol{A}$ 的一个奇异值，则 σ 和 $-\sigma$ 都是 $\boldsymbol{C}$ 的特征值，相应的奇异向量" 构成了" 相应的特征向量. 同样地，一个给定的 $\boldsymbol{A}$ 的双对角化可以与 $\boldsymbol{C}$ 的三对角化有关. 假设 $m\geqslant n$，且

$$[\boldsymbol{U}_1\,|\,\boldsymbol{U}_2]^{\mathrm{T}}\boldsymbol{A}\boldsymbol{V} = \begin{bmatrix} \tilde{\boldsymbol{B}} \\ \boldsymbol{0} \end{bmatrix}, \qquad \tilde{\boldsymbol{B}}\in\mathbb{R}^{n\times n}$$

是 $\boldsymbol{A}$ 的双对角化，其中 $\boldsymbol{U}_1\in\mathbb{R}^{m\times n},\boldsymbol{U}_2\in\mathbb{R}^{m\times(m-n)},\boldsymbol{V}\in\mathbb{R}^{n\times n}$. 注意,

$$\boldsymbol{Q} = \begin{bmatrix} \boldsymbol{U} & \boldsymbol{0} \\ \boldsymbol{0} & \boldsymbol{V} \end{bmatrix}$$

是正交的，且

$$\tilde{\boldsymbol{T}} = \boldsymbol{Q}^{\mathrm{T}}\boldsymbol{C}\boldsymbol{Q} = \begin{bmatrix} \boldsymbol{0} & \tilde{\boldsymbol{B}} \\ \tilde{\boldsymbol{B}}^{\mathrm{T}} & \boldsymbol{0} \end{bmatrix}.$$

这个矩阵可以对称地置换成三对角形式. 例如，在 4×3 的情况下，如果 $\boldsymbol{P}=I_7(:,[5\,1\,6\,2\,7\,3\,4])$，则重新排序的 $\tilde{\boldsymbol{T}}\to\boldsymbol{P}\tilde{\boldsymbol{T}}\boldsymbol{P}^{\mathrm{T}}$ 具有下列形式

$$\left[\begin{array}{cccc|ccc} 0&0&0&0&\alpha_1&\beta_1&0\\ 0&0&0&0&0&\alpha_2&\beta_2\\ 0&0&0&0&0&0&\alpha_3\\ 0&0&0&0&0&0&0\\ \hline \alpha_1&0&0&0&0&0&0\\ \beta_1&\alpha_2&0&0&0&0&0\\ 0&\beta_2&\alpha_3&0&0&0&0 \end{array}\right] \to \begin{bmatrix} 0&\alpha_1&0&0&0&0&0\\ \alpha_1&0&\beta_1&0&0&0&0\\ 0&\beta_1&0&\alpha_2&0&0&0\\ 0&0&\alpha_2&0&\beta_2&0&0\\ 0&0&0&\beta_2&0&\alpha_3&0\\ 0&0&0&0&\alpha_3&0&0\\ 0&0&0&0&0&0&0 \end{bmatrix}.$$

这就意味着，Golub-Kahan 双对角化（算法 10.4.1）和 Lanczos 三对角化（算法 10.1.1）存在有趣的联系. 我们把算法 10.4.1 应用到具有初始向量 $\boldsymbol{v}_c$ 的矩阵 $\boldsymbol{A} \in \mathbb{R}^{m\times n}$ 中. 假设程序运行了 k 步，并且产生了 (10.4.8) 中的双对角矩阵 $\boldsymbol{B}_k$. 如果我们应用算法 10.1.1 于由 (10.4.16) 定义的且具有初始向量

$$\boldsymbol{q}_1 = \begin{bmatrix} \boldsymbol{0} \\ \boldsymbol{v}_c \end{bmatrix} \in \mathbb{R}^{m+n} \tag{10.4.17}$$

的矩阵 $\boldsymbol{C}$. 则经过 $2k$ 步后，产生的三对角矩阵有零主对角线，且次对角线如下给出 $[\,\alpha_1,\ \beta_1,\ \alpha_2,\ \beta_2,\ \cdots,\ \alpha_{k-1},\ \beta_{k-1},\ \alpha_k\,]$.

10.4.4 Paige-Saunders 下双对角化

在 11.4.2 节中，我们介绍了如何利用 Golub-Kahan 双对角化解决稀疏线性方程组和最小二乘问题. 在这个内容中，将看到**下双对角化**是更有用的：

$$\boldsymbol{U}^{\mathrm{T}}\boldsymbol{A}\boldsymbol{V} = \boldsymbol{B} = \left[\begin{array}{ccccc} \alpha_1 & 0 & \cdots & \cdots & 0 \\ \beta_2 & \alpha_2 & 0 & \cdots & \vdots \\ \vdots & \beta_3 & \ddots & \ddots & \vdots \\ \vdots & & \ddots & \alpha_{n-1} & 0 \\ 0 & \cdots & \cdots & \beta_n & \alpha_n \\ 0 & \cdots & \cdots & 0 & \beta_{n+1} \\ \hline \multicolumn{5}{c}{0} \end{array}\right]. \tag{10.4.18}$$

按照 Golub-Kahan 双对角化的推导过程，我们比较方程 $\boldsymbol{A}^{\mathrm{T}}\boldsymbol{U} = \boldsymbol{V}\boldsymbol{B}^{\mathrm{T}}$ 和 $\boldsymbol{A}\boldsymbol{V} = \boldsymbol{U}\boldsymbol{B}$ 两边的列. 如果 $\boldsymbol{U} = [\,\boldsymbol{u}_1\,|\cdots|\,\boldsymbol{u}_m\,]$ 和 $\boldsymbol{V} = [\,\boldsymbol{v}_1\,|\cdots|\,\boldsymbol{v}_n\,]$ 是列划分，我们定义 $\beta_1\boldsymbol{v}_0 \equiv \boldsymbol{0}$, $\alpha_{n+1}\boldsymbol{v}_{n+1} \equiv \boldsymbol{0}$，则对于 $k = 1:n$，有 $\boldsymbol{A}^{\mathrm{T}}\boldsymbol{u}_k = \beta_k\boldsymbol{v}_{k-1} + \alpha_k\boldsymbol{v}_k$ 和 $\boldsymbol{A}\boldsymbol{v}_k = \alpha_k\boldsymbol{u}_k + \beta_{k+1}\boldsymbol{u}_{k+1}$. 把剩下的推导留作练习，我们得到如下结果.

算法 10.4.2 (Paige-Saunders 双对角化) 给定一个矩阵 $\boldsymbol{A} \in \mathbb{R}^{m\times n}$，其中 $A(1:n,1:n)$ 是非奇异的，给定一个单位 2-范数向量 $\boldsymbol{u}_c \in \mathbb{R}^n$，下面的算法计算了分解 $AV(:,1:k) = U(:,1:k+1)B(1:k+1,1:k)$，其中 $\boldsymbol{U}, \boldsymbol{V}$ 和 $\boldsymbol{B}$ 由 (10.4.18) 给出. $\boldsymbol{U}$ 的第 1 列为 $\boldsymbol{u}_c$，k 为整数且满足 $1 \leqslant k \leqslant n$.

$k = 1$, $p_0 = u_c$, $\beta_1 = 1$, $v_0 = 0$
while $\beta_k > 0$
  $u_k = p_{k-1}/\beta_k$
  $r_k = A^{\mathrm{T}}u_k - \beta_k v_{k-1}$

$$
\begin{aligned}
&\quad \alpha_k = \| r_k \|_2 \\
&\quad v_k = r_k/\alpha_k \\
&\quad p_k = Av_k - \alpha_k u_k \\
&\quad \beta_{k+1} = \| p_k \|_2 \\
&\quad k = k+1 \\
&\textbf{end}
\end{aligned}
$$

经过 k 次循环，可得

$$AV(:,1:k) = U(:,1:k)B(1:k,1:k) + \boldsymbol{p}_k \boldsymbol{e}_k^{\mathrm{T}}, \tag{10.4.19}$$

其中 $\boldsymbol{e}_k = I_k(:,k)$. 更多细节请见 Paige and Saunders (1982). 其中的双对角化和应用于 $[\,\boldsymbol{b}\,|\,\boldsymbol{A}]$ 的 Golub-Kahan 双对角化是等价的.

10.4.5 关于随机低秩近似的说明

从难以想象的大数据集中提取信息的需求促使了涉及随机化矩阵方法的发展. 其思想是发展矩阵近似方法，因为它们依赖于给定矩阵的有限的随机抽样，所以计算速度非常快. 为了对这种日益重要的大规模矩阵计算范式进行简要介绍，我们考虑计算给定矩阵 $\boldsymbol{A} \in \mathbb{R}^{m\times n}$ 的秩 k 近似值问题. 为了更清楚地说明问题，我们假设 $k \leqslant \mathrm{rank}(\boldsymbol{A})$. 回忆，如果 $\boldsymbol{A} = \tilde{\boldsymbol{Z}}\tilde{\boldsymbol{\Sigma}}\tilde{\boldsymbol{Y}}^{\mathrm{T}}$ 是 $\boldsymbol{A}$ 的 SVD，则

$$\tilde{\boldsymbol{A}}_k = \tilde{\boldsymbol{Z}}_1\tilde{\boldsymbol{\Sigma}}_1\tilde{\boldsymbol{Y}}_1^{\mathrm{T}} = \tilde{\boldsymbol{Z}}_1\tilde{\boldsymbol{Z}}_1^{\mathrm{T}}\boldsymbol{A}, \tag{10.4.20}$$

其中 $\tilde{\boldsymbol{Z}}_1 = \tilde{Z}(:,1:k)$, $\tilde{\boldsymbol{\Sigma}}_1 = \tilde{\Sigma}(1:k,1:k)$，且 $\tilde{\boldsymbol{Y}}_1 = \tilde{Y}(:,1:k)$ 是用 2-范数或 F-范数来衡量时，与 $\boldsymbol{A}$ 最接近的秩 k 矩阵. 我们假设 $\boldsymbol{A}$ 非常大以至于刚刚讨论过的 Krylov 方法是不切实际的.

Drineas, Kannan, and Mahoney (2006c) 提出了一种方法，该方法将难处理的 $\tilde{\boldsymbol{A}}_k$ 近似为秩为 k 矩阵，其形式为

$$\boldsymbol{A}_k = \boldsymbol{CUR}, \qquad \boldsymbol{C} \in \mathbb{R}^{m\times c}, \boldsymbol{U} \in \mathbb{R}^{c\times r}, \boldsymbol{R} \in \mathbb{R}^{r\times n}, k \leqslant c,\ k \leqslant r, \tag{10.4.21}$$

其中矩阵 $\boldsymbol{C}$ 和 $\boldsymbol{R}$ 由从 $\boldsymbol{A}$ 中随意选取的值组成. 整数 c 和 r 是此方法中的参数. 这里的 CUR 分解 (10.4.21)很好地说明了矩阵中随机抽样的概念和概率误差界的思想.

CUR 方法中的第一步是确定 $\boldsymbol{C}$. 这个矩阵的每一列都是从 $\boldsymbol{A}$ 的列按比例随机选取的:

确定列概率 $q_j = \| A(:,j) \|_2 / \| A \|_F^2,\ j = 1:n$.

for $t = 1:c$

以概率 q_α 随机挑选 $col(t) \in \{1,2,\cdots,n\}$，$col(t)=\alpha$.

$C(:,t) = A(:,col(t))/\sqrt{c\, q_{col(t)}}$

end

从而 $\boldsymbol{C} = A(:,col)\boldsymbol{D}_C$，其中 $\boldsymbol{D}_C \in \mathbb{R}^{c\times c}$ 为一个对角概率矩阵.

类似地构造矩阵 $\boldsymbol{R}$. 这个矩阵的每一行都是从 $\boldsymbol{A}$ 的行中按比例随机选择的：

确定行概率 $p_i = \| A(i,:) \|_2 / \| A \|_F^2$, $i = 1:m$.

for $t = 1:r$

以概率 p_α 随机选择 $row(t) \in \{1,2,\cdots,m\}$ $row(t)=\alpha$.

$R(t,:) = A(row(t),:)/\sqrt{r\, p_{row(t)}}$

end

矩阵 $\boldsymbol{R}$ 满足 $\boldsymbol{R} = \boldsymbol{D}_R A(row,:)$，其中 $\boldsymbol{D}_R \in \mathbb{R}^{r\times r}$是对角概率矩阵.

下一步是选择一个秩 k 矩阵 $\boldsymbol{U}$，使得 $\boldsymbol{A}_k = \boldsymbol{CUR}$ 接近于最佳的秩 k 近似 $\tilde{\boldsymbol{A}}_k$. 在 CUR 方法中，这里需要 SVD

$$\boldsymbol{C} = \boldsymbol{Z\Sigma Y}^{\mathrm{T}} = \boldsymbol{Z}_1\boldsymbol{\Sigma}_1\boldsymbol{Y}_1^{\mathrm{T}} + \boldsymbol{Z}_2\boldsymbol{\Sigma}_2\boldsymbol{Y}_2,$$

其中 $\boldsymbol{Z}_1 = Z(:,1:k)$, $\boldsymbol{\Sigma}_1 = \Sigma(1:k,1:k)$，且 $\boldsymbol{Y}_1 = Y(:,1:k)$. 那么矩阵 $\boldsymbol{U}$ 如下给出

$$\boldsymbol{U} = \boldsymbol{\Phi\Psi}^{\mathrm{T}},\quad \boldsymbol{\Phi} = \boldsymbol{Y}_1\boldsymbol{\Sigma}_1^{-2}\boldsymbol{Y}_1^{\mathrm{T}},\ \boldsymbol{\Psi} = \boldsymbol{D}_R C(row,:).$$

有了这些定义，简单的计算就能证明

$$\boldsymbol{C\Phi} = \boldsymbol{Z}_1\boldsymbol{\Sigma}_1^{-1}\boldsymbol{Y}_1^{\mathrm{T}}, \tag{10.4.22}$$

$$\boldsymbol{\Psi}^{\mathrm{T}}\boldsymbol{R} = \left(\boldsymbol{D}_R(Z_1(row,:)\boldsymbol{\Sigma}_1\boldsymbol{Y}_1^{\mathrm{T}} + Z_2(row,:)\boldsymbol{\Sigma}_2\boldsymbol{Y}_2^{\mathrm{T}})\right)^{\mathrm{T}} \boldsymbol{D}_R A(row,:), \tag{10.4.23}$$

$$\boldsymbol{CUR} = (\boldsymbol{C\Phi})(\boldsymbol{\Psi R}) = \boldsymbol{Z}_1\left(\boldsymbol{D}_R Z_1(row,:)\right)\left(\boldsymbol{D}_R A(row,:)\right). \tag{10.4.24}$$

一种严重依赖于选择概率 $\{\boldsymbol{q}_i\}$ 和 $\{\boldsymbol{p}_i\}$ 的分析可知，$\mathrm{ran}(\boldsymbol{Z}_1) \approx \mathrm{ran}(\tilde{\boldsymbol{Z}}_1)$，且 $(\boldsymbol{D}_R Z_1(row,:))^{\mathrm{T}}(\boldsymbol{D}_R A(row,:)) \approx \boldsymbol{Z}_1^{\mathrm{T}}\boldsymbol{A}$. 通过与 (10.4.20) 对比，可知 $\boldsymbol{CUR} \approx \boldsymbol{Z}_1\boldsymbol{Z}_1^{\mathrm{T}}\boldsymbol{A} \approx \tilde{\boldsymbol{Z}}_1\tilde{\boldsymbol{Z}}_1^{\mathrm{T}}\boldsymbol{A} = \tilde{\boldsymbol{A}}_k$. 此外给定 $\epsilon > 0, \delta > 0$ 和 k，可以选择参数 r 和 c，使得不等式

$$\| \boldsymbol{A} - \boldsymbol{CUR} \|_F \leqslant \| \boldsymbol{A} - \tilde{\boldsymbol{A}}_k \|_F + \epsilon \| \boldsymbol{A} \|_F$$

成立的概率为 $1-\delta$. r 和 c 的下界反向依赖 ϵ 和 δ，由 Drineas, Kannan, and Mahoney (2006c) 给出.

习　题

1. 验证等式 (10.4.6)(10.4.7)(10.4.9)(10.4.10).

2. 对应于 (10.3.1)，开发一个算法 10.4.1 的实现程序，要求其中涉及最少的向量计算.

3. 证明：如果 $\text{rank}(\boldsymbol{A}) = n$，则 (10.4.18) 中的双对角矩阵 $\boldsymbol{B}$ 的对角线上没有零.

4. 证明 (10.4.19). 如果算法 10.4.2 中 $\beta_{k+1} = 0$，那么关于 $U(:, 1:k)$ 和 $V(:, 1:k)$ 你能得到什么?

5. 类似于 (10.4.11)–(10.4.12)，证明：对于算法 10.4.2，我们可得到

$$\text{span}\{\boldsymbol{v}_1, \cdots, \boldsymbol{v}_k\} = \mathcal{K}(\boldsymbol{A}^{\mathrm{T}}\boldsymbol{A}, \boldsymbol{A}^{\mathrm{T}}\boldsymbol{u}_c, k), \qquad \text{span}\{\boldsymbol{u}_1, \cdots, \boldsymbol{u}_k\} = \mathcal{K}(\boldsymbol{A}\boldsymbol{A}^{\mathrm{T}}, \boldsymbol{u}_c, k).$$

6. 假定 $\boldsymbol{C}$ 和 $\boldsymbol{q}_1$ 分别由 (10.4.16) 和 (10.4.17) 定义. (a) 证明：

$$\mathcal{K}(\boldsymbol{C}, \boldsymbol{q}_1, 2k) = \text{span}\left\{ \begin{bmatrix} \boldsymbol{0} \\ \boldsymbol{v}_c \end{bmatrix}, \begin{bmatrix} \boldsymbol{A}\boldsymbol{v}_c \\ \boldsymbol{0} \end{bmatrix}, \begin{bmatrix} \boldsymbol{0} \\ \boldsymbol{A}^{\mathrm{T}}\boldsymbol{A}\boldsymbol{v}_c \end{bmatrix}, \cdots, \begin{bmatrix} \boldsymbol{0} \\ (\boldsymbol{A}^{\mathrm{T}}\boldsymbol{A})^{k-1}\boldsymbol{v}_c \end{bmatrix}, \begin{bmatrix} \boldsymbol{A}(\boldsymbol{A}^{\mathrm{T}}\boldsymbol{A})^{k-1}\boldsymbol{v}_c \\ \boldsymbol{0} \end{bmatrix} \right\}.$$

(b) 严格证明 10.4.3 节中关于 $\boldsymbol{T}_{2k}$ 次对角线的陈述. (c) 当利用 Paige-SaundersState 双对角化时，阐述并证明类似的结果.

7. 验证等式 (10.4.22)–(10.4.24).

10.5　非对称问题的 Krylov 方法

如果 $\boldsymbol{A}$ 是非对称的，则通常不存在正交三对角化 $\boldsymbol{Q}^{\mathrm{T}}\boldsymbol{A}\boldsymbol{Q} = \boldsymbol{T}$. 对此，有两个方法可以计算. Arnoldi 方法涉及正交 $\boldsymbol{Q}$ 的逐列生成，使得 $\boldsymbol{Q}^{\mathrm{T}}\boldsymbol{A}\boldsymbol{Q} = \boldsymbol{H}$ 是 7.4 节中的 Hessenberg 约化. 非对称 Lanczos 方法计算矩阵 $\boldsymbol{Q}$ 和 $\boldsymbol{P}$ 的列，使得 $\boldsymbol{P}^{\mathrm{T}}\boldsymbol{A}\boldsymbol{Q} = \boldsymbol{T}$ 是三对角化的，且 $\boldsymbol{P}^{\mathrm{T}}\boldsymbol{Q} = \boldsymbol{I}$. 本节我们来讨论基于这些思想的方法，其适用于大型稀疏不对称特征值的问题.

10.5.1　基本 Arnoldi 过程

把 Lanczos 过程推广到到非对称矩阵的一种方法，归功于 Arnoldi (1951)，其利用了 Hessenberg 约化 $\boldsymbol{Q}^{\mathrm{T}}\boldsymbol{A}\boldsymbol{Q} = \boldsymbol{H}$. 特别地，如果 $\boldsymbol{Q} = [\,\boldsymbol{q}_1 \,|\cdots|\, \boldsymbol{q}_n\,]$，比较 $\boldsymbol{A}\boldsymbol{Q} = \boldsymbol{Q}\boldsymbol{H}$ 两边的列，则

$$\boldsymbol{A}\boldsymbol{q}_k = \sum_{i=1}^{k+1} h_{ik}\boldsymbol{q}_i, \qquad 1 \leqslant k \leqslant n-1.$$

分离出和式中的最后一项，可得

$$h_{k+1,k}\boldsymbol{q}_{k+1} = \boldsymbol{A}\boldsymbol{q}_k - \sum_{i=1}^{k} h_{ik}\boldsymbol{q}_i \equiv \boldsymbol{r}_k,$$

其中，对于 $i = 1:k$ 有 $h_{ik} = \boldsymbol{q}_i^{\mathrm{T}}\boldsymbol{A}\boldsymbol{q}_k$. 因此，如果 $\boldsymbol{r}_k \neq 0$, 则 $\boldsymbol{q}_{k+1}$ 通过下式来确定:

$$\boldsymbol{q}_{k+1} = \boldsymbol{r}_k / h_{k+1,k},$$

其中 $h_{k+1,k} = \| \boldsymbol{r}_k \|_2$. 上述方程定义了 Arnoldi 算法，非常类似于已知的对称 Lanczos 算法（算法 10.1.1），其具体形式如下.

算法 10.5.1 (Arnoldi 算法) 如果 $\boldsymbol{A} \in \mathbb{R}^{n\times n}$, $\boldsymbol{q}_1 \in \mathbb{R}^n$ 具有单位 2-范数，则下列算法计算矩阵 $\boldsymbol{Q}_t = [\boldsymbol{q}_1, \cdots, \boldsymbol{q}_t] \in \mathbb{R}^{n\times t}$，其具有正交列，存在上 Hessenberg 矩阵 $\boldsymbol{H}_t = (h_{ij}) \in \mathbb{R}^{t\times t}$ 满足 $\boldsymbol{A}\boldsymbol{Q}_t = \boldsymbol{Q}_t\boldsymbol{H}_t$，$t$ 为整数且满足 $1 \leqslant t \leqslant n$.

```
k = 0, r_0 = q_1, h_10 = 1
while (h_{k+1,k} ≠ 0)
    q_{k+1} = r_k/h_{k+1,k}
    k = k + 1
    r_k = Aq_k
    for i = 1 : k
        h_ik = q_i^T r_k
        r_k = r_k − h_ik q_i
    end
    h_{k+1,k} = ‖ r_k ‖_2
end
t = k
```

$\boldsymbol{q}_k$ 称为 Arnoldi 向量，它们构成了 Krylov 子空间 $\mathcal{K}(\boldsymbol{A}, \boldsymbol{q}_1, k)$ 的一组标准正交基：

$$\mathsf{span}\{\boldsymbol{q}_1, \cdots, \boldsymbol{q}_k\} = \mathsf{span}\{\boldsymbol{q}_1, \boldsymbol{A}\boldsymbol{q}_1, \cdots, \boldsymbol{A}^{k-1}\boldsymbol{q}_1\}. \tag{10.5.1}$$

迭代 k 步以后，算法可由以下等式来概括：

$$\boldsymbol{A}\boldsymbol{Q}_k = \boldsymbol{Q}_k\boldsymbol{H}_k + \boldsymbol{r}_k\boldsymbol{e}_k^{\mathrm{T}}, \tag{10.5.2}$$

其中 $\boldsymbol{Q}_k = [\,\boldsymbol{q}_1 \,|\cdots|\, \boldsymbol{q}_k\,]$, $\boldsymbol{e}_k = \boldsymbol{I}_k(:,k)$,

$$\boldsymbol{H}_k = \begin{bmatrix} h_{11} & h_{12} & \cdots & \cdots & h_{1k} \\ h_{21} & h_{22} & \cdots & \cdots & h_{2k} \\ 0 & h_{32} & \ddots & & \vdots \\ \vdots & & \ddots & \ddots & \vdots \\ 0 & \cdots & \cdots & h_{k,k-1} & h_{kk} \end{bmatrix}.$$

如果 $\boldsymbol{Q}_k \in \mathbb{R}^{n\times k}$ 具有正交列，$\boldsymbol{H}_k \in \mathbb{R}^{k\times k}$ 为上 Hessenberg 矩阵，$\boldsymbol{Q}_k^{\mathrm{T}}\boldsymbol{r}_k = 0$，则形式 (10.5.2) 的任何分解都是 k **步 Arnoldi 分解**.

如果 $\boldsymbol{y} \in \mathbb{R}^k$ 为 $\boldsymbol{H}_k$ 的 2-范数单位特征向量，且 $\boldsymbol{H}_k\boldsymbol{y} = \lambda\boldsymbol{y}$，则从 (10.5.2) 可得

$$(\boldsymbol{A} - \lambda\boldsymbol{I})\boldsymbol{x} = (\boldsymbol{e}_k^{\mathrm{T}}\boldsymbol{y})\boldsymbol{r}_k,$$

其中 $\boldsymbol{x} = \boldsymbol{Q}_k\boldsymbol{y}$. 因为 $\boldsymbol{r}_k \in \mathcal{K}(\boldsymbol{A}, \boldsymbol{q}_1, k)^{\perp}$，所以 $(\lambda, \boldsymbol{x})$ 是 $\boldsymbol{A}$ 相对于 $\mathcal{K}(\boldsymbol{A}, \boldsymbol{q}_1, k)$ 的 Ritz 对. 注意，如果 $\boldsymbol{v} = (\boldsymbol{e}_k^{\mathrm{T}}\boldsymbol{y})\boldsymbol{r}_k$，则

$$(\boldsymbol{A} + \boldsymbol{E})\boldsymbol{x} = \lambda\boldsymbol{x},$$

其中 $\boldsymbol{E} = -\boldsymbol{v}\boldsymbol{x}^{\mathrm{T}}, \| \boldsymbol{E} \|_2 = |\boldsymbol{y}_k| \| \boldsymbol{r}_k \|_2$. 回忆，在非对称情况下，计算附近矩阵的特征值不意味着它接近一个精确的特征值.

Wilkinson (AEP, 第 382 页) 讨论了 Arnoldi 迭代的一些数值属性. 基于 Arnoldi 的实用特征解的历史始于 Saad (1980). 该方法区别于对称 Lanczos 过程的两个特点是:

- 在第 k 步要用到 Arnoldi 向量 $\boldsymbol{q}_1, \cdots, \boldsymbol{q}_k$，且 $\boldsymbol{q}_{k+1}$ 的计算需要 $O(kn)$ 个 flop，但不包括矩阵向量积 $\boldsymbol{A}\boldsymbol{q}_k$. 因此，当产生一长串 Arnoldi 向量时，要付出很高的代价.
- 两端的特征值信息不像对称情况下那样容易获得. 另外，没有非对称的 Kaniel-Paige-Saad 收敛理论.

这些事实表明，在使用 Arnoldi 方法时，应当反复地、仔细地选择重新开始以及控制最大迭代. 我们在 10.3.7 节中阐述了与分块 Lanczos 算法有关的类似方法.

10.5.2 重启的 Arnoldi 方法

考虑 Arnoldi 算法进行 m 步后，从 Arnoldi 向量 $\boldsymbol{q}_1, \cdots, \boldsymbol{q}_m$ 的生成空间中选取一个新的初始向量 $\boldsymbol{q}_+$，再重新运行 Arnoldi 算法. 由 Krylov 关系 (10.5.1) 可知，对某个某个 $m-1$ 次的多项式，$\boldsymbol{q}_+$ 有如下形式:

$$\boldsymbol{q}_+ = p(\boldsymbol{A})\boldsymbol{q}_1.$$

用 $\boldsymbol{A}$ 的特征值和特征向量来考察 $p(\boldsymbol{A})$ 的作用是有指导意义的. 为清晰起见，设 $\boldsymbol{A} \in \mathbb{R}^{n \times n}$ 是三对角化的. 对于 $i = 1:n$ 有 $\boldsymbol{A}\boldsymbol{z}_i = \lambda_i\boldsymbol{z}_i$，如果 $\boldsymbol{q}_1$ 有特征向量展开式:

$$\boldsymbol{q}_1 = a_1\boldsymbol{z}_1 + \cdots + a_n\boldsymbol{z}_n,$$

那么 $\boldsymbol{q}_+$ 是

$$\boldsymbol{z} \;=\; a_1 p(\lambda_1)\boldsymbol{z}_1 + \cdots + a_n p(\lambda_n)\boldsymbol{z}_n$$

的标量倍. 注意，如果 $p(\lambda_\alpha) \gg p(\lambda_\beta)$，则相对而言，$\boldsymbol{q}_+$ 在方向 $\boldsymbol{z}_\alpha$ 比在 $\boldsymbol{z}_\beta$ 方向好的多. 更一般地，通过仔细选择 $p(\lambda)$，我们可以设计 $\boldsymbol{q}_+$，使得它在某些特征向

量方向上的分量被强调，而在其他特征向量方向上的分量不予强调. 例如，如果

$$p(\lambda) = c\cdot(\lambda-\mu_1)(\lambda-\mu_2)\cdots(\lambda-\mu_p), \tag{10.5.3}$$

其中 c 为常数，则在方向

$$\boldsymbol{z} = c\cdot\sum_{k=1}^{n} a_k\left(\prod_{i=1}^{p}(\lambda_k-\mu_i)\right)\boldsymbol{z}_k$$

上，$\boldsymbol{q}_+$ 为单位向量. 如果 λ_β 接近“过滤值” $\mu_1,\cdots,\mu_p$ 中的一个，而 λ_α 却不是，则相对于 $\boldsymbol{z}_\alpha$ 而言，$\boldsymbol{z}_\beta$ 就没有被强调. 因此，从 $\mathcal{K}(\boldsymbol{A},\boldsymbol{q}_1,m)$ 中选取一个好的重新开始向量 $\boldsymbol{q}_+$，就是挑选一多项式“过滤器”，用来除去谱中不需要的部分. 对此，已给出了基于已计算的 Ritz 向量的许多不同实用方法. 见 Saad (1980, 1984, 1992).

10.5.3 隐性重启

我们描述由 Sorensen（1992）给出的 Arnoldi 重启方法，该方法使用带位移的 QR 迭代隐性地确定“过滤”多项式 (10.5.3).（见 7.5.2 节）设 $\boldsymbol{H}_c\in\mathbb{R}^{m\times m}$ 为上 Hessenberg 矩阵，$\mu_1,\cdots,\mu_p$ 为标量，矩阵 $\boldsymbol{H}_+$ 由带位移的 QR 迭代生成:

$H^{(0)} = H_c$

for $i=0:p$

  $H^{(i-1)}-\mu_i I = V_i R_i$ (Givens QR) (10.5.4)

  $H^{(i)} = R_i V_i + \mu_i I$

end

$H_+ = H^{(p)}$

回想 7.4.2 节，每一个 $\boldsymbol{H}^{(i)}$ 都是上 Hessenberg 矩阵. 此外，如果

$$\boldsymbol{V} = \boldsymbol{V}_1\cdots\boldsymbol{V}_p, \tag{10.5.5}$$

则

$$\boldsymbol{H}_+ = \boldsymbol{V}^{\mathrm{T}}\boldsymbol{H}_c\boldsymbol{V}. \tag{10.5.6}$$

下列结果证明“过滤”多项式 (10.5.3) 与 (10.5.4) 有关.

定理 10.5.1 如果 $\boldsymbol{V}=\boldsymbol{V}_1\cdots\boldsymbol{V}_p$ 和 $\boldsymbol{R}=\boldsymbol{R}_p\cdots\boldsymbol{R}_1$ 是由 (10.5.4) 定义的，则

$$\boldsymbol{VR} = (\boldsymbol{H}_c-\mu_1\boldsymbol{I})\cdots(\boldsymbol{H}_c-\mu_p\boldsymbol{I}). \tag{10.5.7}$$

证明 利用归纳法，我们注意到，如果 $p=1$，这个定理显然是正确的. 如果 $\tilde{\boldsymbol{V}}=\boldsymbol{V}_1\cdots\boldsymbol{V}_{p-1}$，$\tilde{\boldsymbol{R}}=\boldsymbol{R}_{p-1}\cdots\boldsymbol{R}_1$，则

$$\boldsymbol{VR} = \tilde{\boldsymbol{V}}(\boldsymbol{V}_p\boldsymbol{R}_p)\tilde{\boldsymbol{R}} = \tilde{\boldsymbol{V}}(\boldsymbol{H}^{(p-1)}-\mu_p\boldsymbol{I})\tilde{\boldsymbol{R}} = \tilde{\boldsymbol{V}}(\tilde{\boldsymbol{V}}^{\mathrm{T}}\boldsymbol{H}_c\tilde{\boldsymbol{V}}-\mu_p\boldsymbol{I})\tilde{\boldsymbol{R}}$$

$$= (\boldsymbol{H}_c - \mu_p \boldsymbol{I})\tilde{\boldsymbol{V}}\tilde{\boldsymbol{R}} = (\boldsymbol{H}_c - \mu_p \boldsymbol{I})(\boldsymbol{H}_c - \mu_1 \boldsymbol{I}) \cdots (\boldsymbol{H}_c - \mu_{p-1}\boldsymbol{I}),$$

其中，我们用到了 $\boldsymbol{H}^{(p-1)} = \tilde{\boldsymbol{V}}^{\mathrm{T}}\boldsymbol{H}_c\tilde{\boldsymbol{V}}$ 这一事实. □

注意，(10.5.7) 中的矩阵 $\boldsymbol{R}$ 是上三对角矩阵，因此，有

$$V(:,1) = p(\boldsymbol{H}_c)\boldsymbol{e}_1,$$

其中 $p(\lambda)$ 是“过滤”多项式 (10.5.3)，$c = 1/R(1,1)$.

现在，假设我们已经运行了 m 步具有初始向量 $\boldsymbol{q}_1$ 的 Arnoldi 迭代. Arnoldi 分解 (10.5.2) 是说，我们得到上 Hessenberg 矩阵 $\boldsymbol{H}_c \in \mathbb{R}^{m\times m}$ 和具有正交列的矩阵 $\boldsymbol{Q}_c \in \mathbb{R}^{n\times m}$，使得

$$\boldsymbol{A}\boldsymbol{Q}_c = \boldsymbol{Q}_c\boldsymbol{H}_c + \boldsymbol{r}_c\boldsymbol{e}_m^{\mathrm{T}}. \tag{10.5.8}$$

注意，$Q_c(:,1) = \boldsymbol{q}_1$，$\boldsymbol{r}_c \in \mathbb{R}^n$ 满足 $\boldsymbol{Q}_c^{\mathrm{T}}\boldsymbol{r}_c = \boldsymbol{0}$. 如果我们把 (10.5.4) 应用于 $\boldsymbol{H}_c$，那么利用 (10.5.5) 和 (10.5.6)，前面的 Arnoldi 分解转换为

$$\boldsymbol{A}\boldsymbol{Q}_+ = \boldsymbol{Q}_+\boldsymbol{H}_+ + \boldsymbol{r}_c\boldsymbol{e}_m^{\mathrm{T}}\boldsymbol{V}, \tag{10.5.9}$$

其中

$$\boldsymbol{Q}_+ = \boldsymbol{Q}_c\boldsymbol{V}.$$

如果 $\boldsymbol{q}_+$ 是这个矩阵的第一列，则

$$\boldsymbol{q}_+ = Q_+(:,1) = \boldsymbol{Q}_c V(:,1) = c\cdot \boldsymbol{Q}_c(\boldsymbol{H}_c - \mu_1\boldsymbol{I})\cdots(\boldsymbol{H}_c - \mu_p\boldsymbol{I})\boldsymbol{e}_1.$$

根据等式 (10.5.8)，对任意 $\mu \in \mathbb{R}$，有

$$(\boldsymbol{A} - \mu\boldsymbol{I})\boldsymbol{Q}_c\boldsymbol{e}_1 = \boldsymbol{Q}_c(\boldsymbol{H}_c - \mu\boldsymbol{I})\boldsymbol{e}_1,$$

所以

$$\boldsymbol{q}_+ = c(\boldsymbol{A} - \mu_1\boldsymbol{I})\cdots(\boldsymbol{A} - \mu_p\boldsymbol{I})\boldsymbol{Q}_c\boldsymbol{e}_1 = p(\boldsymbol{A})\boldsymbol{q}_1.$$

这就为重复重启提供了以下框架.

Repeat:

令初始向量为 q_1，运行 m 步 Arnoldi 迭代
  得到 $Q_c \in \mathbb{R}^{n\times m}$, $H_c \in \mathbb{R}^{m\times m}$.
确定过滤值 $\mu_1, \cdots, \mu_p$. (10.5.10)
运行 p 步带位移的 QR 迭代 (10.5.4)，得到
  Hessenberg 矩阵 H_+ 和正交矩阵 V.
用 Q_cV 的第一列替换 q_1.

然而我们可以做得更好. 在 (10.5.4) 中产生的每一个正交矩阵 $\boldsymbol{V}_1, \cdots, \boldsymbol{V}_p$ 都是上 Hessenberg 矩阵.（这很容易从算法 5.2.5 中给出的 Givens 旋转结构中推导出来.）因此，$\boldsymbol{V}$ 有更小的带宽，所以 $V(m, 1:m-p-1) = \boldsymbol{0}$. 根据 (10.5.9)，如果 $j = m - p$，则

$$\boldsymbol{A}Q_+(:,1:j) = Q_+(:,1:j)H_+(1:j,1:j) + v_{mj}\boldsymbol{r}_c\boldsymbol{e}_j + H_+(j+1,j)Q_+(:,j+1)$$

是一个 j 步 Arnoldi 分解. 换句话说，我们进行 $j+1$ 步初始向量为 $\boldsymbol{q}_+$ 的 Arnoldi 分解. 没有必要从第 1 步开始重新启动. 这使我们对 (10.5.10) 做如下修正.

令初始向量为 q_1, 运行 m 步 Arnoldi 迭代，得到
  $Q_c \in \mathbb{R}^{n\times m}$, $H_c \in \mathbb{R}^{m\times m}$, $r_c \in \mathbb{R}^n$ 使得 $AQ_c = Q_cH_c + r_ce_m^{\mathrm{T}}$.
Repeat:
  确定过滤值 $\mu_1, \cdots, \mu_p$.
  对 H_c 运行 p 步带位移的 QR 迭代 (10.5.4)
    得到 $H_+ \in \mathbb{R}^{m\times m}$, $V = (v_{ij}) \in \mathbb{R}^{m\times m}$.
  用 Q_cV 的前 j 列替换 Q_c.
  用 $H_+(1:j,1:j)$ 替换 H_c.
  用 $v_{mj}r_c + H_+(j+1,j)Q_+(:,j+1)$ 替换 r_c.
  从 $AQ_c = Q_cH_c + r_ce_j^{\mathrm{T}} + H_cQ_c$ 开始，运行 $j+1,\cdots,j+p=m$ 步
    Arnoldi 迭代，得到 $AQ_m = Q_mH_m + r_me_m^{\mathrm{T}} + H_mQ_m$.
  令 $Q_c = Q_m$, $H_c = H_m$, $r_c = r_m$.

根据 10.5.2 节的内容，过滤值 $\mu_1, \cdots, \mu_p$ 应该从 $\boldsymbol{A}$ 的“不需要的”特征值附近选取. 在这方面，可以根据 $m \times m$ Hessenberg 矩阵 $\boldsymbol{H}_+$ 的特征值来形成有用的格式. 例如，假设目标是找出 $\boldsymbol{A}$ 的绝对值最小的三个特征值. 如果 $p = m - 3$ 且 $\lambda(\boldsymbol{H}_+) = \{\tilde{\lambda}_1, \cdots, \tilde{\lambda}_m\}$，其中 $|\tilde{\lambda}_1| \geqslant \cdots \geqslant |\tilde{\lambda}_m|$，则对于 $i = 1:p$ 令 $\mu_i = \tilde{\lambda}_i$ 是合理的.

隐性重启的 Arnoldi 迭代具有许多吸引人的特性，有关实现细节和进一步分析，请参见 Lehoucq and Sorensen (1996)，Morgan (1996)，以及由 Lehoucq, Sorensen, and Yang (1998) 编写的 ARPACK 手册.

10.5.4 Krylov-Schur 算法

Stewart (2001) 提出的另一种重启程序依赖于一个精心安排的 Hessenberg 矩阵 $\boldsymbol{H}_m$ 的 Schur 分解，其中矩阵 $\boldsymbol{H}_m$ 是运行 m 步 Arnoldi 迭代后生成的. 假设我们已经算出

$$\boldsymbol{A}\boldsymbol{Q}_m = \boldsymbol{Q}_m\boldsymbol{H}_m + \boldsymbol{r}_m\boldsymbol{e}_m^{\mathrm{T}},$$

且 $m = j + p$，其中 j 是我们希望计算的 $\boldsymbol{A}$ 的特征值的个数. 令

$$\boldsymbol{U}^{\mathrm{T}}\boldsymbol{H}_m\boldsymbol{U} = \begin{bmatrix} \boldsymbol{T}_{11} & \boldsymbol{T}_{12} \\ \boldsymbol{0} & \boldsymbol{T}_{22} \end{bmatrix}$$

是 $\boldsymbol{A}$ 的 Schur 分解，假设特征值已经被排序，使得 $\boldsymbol{T}_{11}\in\mathbb{R}^{j\times j}$ 的特征值是重要的，而 $\boldsymbol{T}_{22}\in\mathbb{R}^{p\times p}$的特征值不重要.（为了清楚起见，我们忽略了复特征值的可能性.）上述的 Arnoldi 分解转化为

$$\boldsymbol{A}\boldsymbol{Q}_+ \;=\; \boldsymbol{Q}_+\boldsymbol{T} \;+\; \boldsymbol{r}_c\boldsymbol{e}_m^{\mathrm{T}}\boldsymbol{U},$$

其中 $\boldsymbol{Q}_+=\boldsymbol{Q}_m\boldsymbol{U}$. 由此得出

$$\boldsymbol{A}Q_+(:,1:j) \;=\; Q_+(:,1:j)\boldsymbol{T}_{11}+\boldsymbol{r}_m\boldsymbol{u}^{\mathrm{T}},$$

其中 $\boldsymbol{u}^{\mathrm{T}}=U(m,1:j)$. 能够确定一个正交矩阵 $\boldsymbol{Z}\in\mathbb{R}^{j\times j}$，使得 $\boldsymbol{Z}^{\mathrm{T}}\boldsymbol{T}_{11}\boldsymbol{Z}$ 是上 Hessenberg 矩阵，$\boldsymbol{Z}^{\mathrm{T}}\boldsymbol{u}=\tau\boldsymbol{e}_j$.（见习题 2）由此得出

$$\boldsymbol{A}\left(\boldsymbol{Q}_+\boldsymbol{Z}\right) \;=\; \left(\boldsymbol{Q}_+\boldsymbol{Z}\right)\left(\boldsymbol{Z}^{\mathrm{T}}\boldsymbol{T}_{11}\boldsymbol{Z}\right) \;+\; \boldsymbol{r}_c\left(\boldsymbol{Z}^{\mathrm{T}}\boldsymbol{u}\right)^{\mathrm{T}}$$

是一个 j 步 Arnoldi 分解. 然后，我们令 $\boldsymbol{Q}_j,\boldsymbol{H}_j,\boldsymbol{r}_j$ 分别为 $\boldsymbol{Q}_+\boldsymbol{Z},\boldsymbol{Z}^{\mathrm{T}}\boldsymbol{T}_{11}\boldsymbol{Z},\tau\boldsymbol{r}_m$，并且执行 Arnoldi 迭代运行 $j+1$ 到 $j+p=m$ 步. 有关更详细的讨论，请参阅 Stewart (MAE，第 5 章) 和 Watkins (FMC，第 9 章).

10.5.5　非对称 Lanczos 三对角化

另一种推广对称 Lanczos 方法的做法是用一般的相似变换将 $\boldsymbol{A}$ 化为三对角形式. 假定 $\boldsymbol{A}\in\mathbb{R}^{n\times n}$，存在非奇异矩阵 $\boldsymbol{Q}$，使得

$$\boldsymbol{Q}^{-1}\boldsymbol{A}\boldsymbol{Q} \;=\; \boldsymbol{T} \;=\; \begin{bmatrix} \alpha_1 & \gamma_1 & & \cdots & 0 \\ \beta_1 & \alpha_2 & \ddots & & \vdots \\ & \ddots & \ddots & \ddots & \\ \vdots & & \ddots & \ddots & \gamma_{n-1} \\ 0 & \cdots & & \beta_{n-1} & \alpha_n \end{bmatrix}.$$

利用如下列划分

$$\begin{aligned} \boldsymbol{Q} \;&=\; \left[\,\boldsymbol{q}_1\,|\cdots|\,\boldsymbol{q}_n\,\right], \\ \boldsymbol{Q}^{-\mathrm{T}} \;&=\; \tilde{\boldsymbol{Q}} \;=\; \left[\,\tilde{\boldsymbol{q}}_1\,|\cdots|\,\tilde{\boldsymbol{q}}_n\,\right], \end{aligned}$$

比较等式 $\boldsymbol{A}\boldsymbol{Q}=\boldsymbol{Q}\boldsymbol{T}$ 和 $\boldsymbol{A}^{\mathrm{T}}\tilde{\boldsymbol{Q}}=\tilde{\boldsymbol{Q}}\boldsymbol{T}^{\mathrm{T}}$ 两边的列，我们发现对于 $k=1:n-1$ 有

$$\begin{aligned} \boldsymbol{A}\boldsymbol{q}_k \;&=\; \gamma_{k-1}\boldsymbol{q}_{k-1}+\alpha_k\boldsymbol{q}_k+\beta_k\boldsymbol{q}_{k+1}, \qquad \gamma_0\boldsymbol{q}_0\equiv\boldsymbol{0}, \\ \boldsymbol{A}^{\mathrm{T}}\tilde{\boldsymbol{q}}_k \;&=\; \beta_{k-1}\tilde{\boldsymbol{q}}_{k-1}+\alpha_k\tilde{\boldsymbol{q}}_k+\gamma_k\tilde{\boldsymbol{q}}_{k+1}, \qquad \beta_0\tilde{\boldsymbol{q}}_0\equiv\boldsymbol{0}, \end{aligned}$$

这些方程满足双正交性条件

$$\tilde{\boldsymbol{Q}}^{\mathrm{T}}\boldsymbol{Q} = \boldsymbol{I}_n,$$

这意味着

$$\begin{aligned}\alpha_k &= \tilde{\boldsymbol{q}}_k^{\mathrm{T}}\boldsymbol{A}\boldsymbol{q}_k,\\ \beta_k\boldsymbol{q}_{k+1} \equiv \boldsymbol{r}_k &= (\boldsymbol{A}-\alpha_k\boldsymbol{I})\boldsymbol{q}_k - \gamma_{k-1}\boldsymbol{q}_{k-1},\\ \gamma_k\tilde{\boldsymbol{q}}_{k+1} \equiv \tilde{\boldsymbol{r}}_k &= (\boldsymbol{A}-\alpha_k\boldsymbol{I})^{\mathrm{T}}\tilde{\boldsymbol{q}}_k - \beta_{k-1}\tilde{\boldsymbol{q}}_{k-1}.\end{aligned}$$

在选择缩放因子 β_k 和 γ_k 的过程中，有一定的自由度. 注意到

$$1 = \tilde{\boldsymbol{q}}_{k+1}^{\mathrm{T}}\boldsymbol{q}_{k+1} = (\tilde{\boldsymbol{r}}_k/\gamma_k)^{\mathrm{T}}(\boldsymbol{r}_k/\beta_k).$$

因此，一旦确定了 β_k，则得到 γ_k 如下

$$\gamma_k = \tilde{\boldsymbol{r}}_k^{\mathrm{T}}\boldsymbol{r}_k/\beta_k.$$

选择 β_k 为“标准形式” $\beta_k = \|\,\boldsymbol{r}_k\,\|_2$，就得到以下算法.

给定 2-范数单位向量 $q_1, \tilde{q}_1$，且 $\tilde{q}_1^{\mathrm{T}}q_1 \neq 0$
$k=0,\ q_0=0,\ r_0=q_1,\ \tilde{q}_0=0,\ s_0=\tilde{q}_1$
while $(r_k \neq 0)$ and $(\tilde{r}_k \neq 0)$ and $(\tilde{r}_k^{\mathrm{T}}r_k \neq 0)$
  $\beta_k = \|\,r_k\,\|_2$
  $\gamma_k = \tilde{r}_k^{\mathrm{T}}r_k/\beta_k$
  $q_{k+1} = r_k/\beta_k$
  $\tilde{q}_{k+1} = \tilde{r}_k/\gamma_k$
  $k = k+1$ (10.5.11)
  $\alpha_k = \tilde{q}_k^{\mathrm{T}}Aq_k$
  $r_k = (A-\alpha_k I)q_k - \gamma_{k-1}q_{k-1}$
  $\tilde{r}_k = (A-\alpha_k I)^{\mathrm{T}}\tilde{q}_k - \beta_{k-1}\tilde{q}_{k-1}$
end

如果

$$\boldsymbol{T}_k = \begin{bmatrix} \alpha_1 & \gamma_1 & & \cdots & 0\\ \beta_1 & \alpha_2 & \ddots & & \vdots\\ & \ddots & \ddots & \ddots & \\ \vdots & & \ddots & \ddots & \gamma_{k-1}\\ 0 & \cdots & & \beta_{k-1} & \alpha_k \end{bmatrix},$$

则上述循环的底部可概括为以下等式:

$$\boldsymbol{A}\,[\,\boldsymbol{q}_1\,|\cdots|\,\boldsymbol{q}_k\,] \;=\; [\,\boldsymbol{q}_1\,|\cdots|\,\boldsymbol{q}_k\,]\,\boldsymbol{T}_k \;+\; \boldsymbol{r}_k\boldsymbol{e}_k^{\mathrm{T}}, \tag{10.5.12}$$

$$\boldsymbol{A}^{\mathrm{T}}\,[\,\tilde{\boldsymbol{q}}_1\,|\cdots|\,\tilde{\boldsymbol{q}}_k\,] \;=\; [\,\tilde{\boldsymbol{q}}_1\,|\cdots|\,\tilde{\boldsymbol{q}}_k\,]\,\boldsymbol{T}_k^{\mathrm{T}} + \tilde{\boldsymbol{r}}_k\boldsymbol{e}_k^{\mathrm{T}}. \tag{10.5.13}$$

如果 $\boldsymbol{r}_k = \boldsymbol{0}$，则循环结束，$\mathrm{span}\{\boldsymbol{q}_1, \cdots, \boldsymbol{q}_k\}$ 为 $\boldsymbol{A}$ 的一不变子空间. 如果 $\tilde{\boldsymbol{r}}_k = \boldsymbol{0}$，则循环也结束，$\mathrm{span}\{\tilde{\boldsymbol{q}}_1, \cdots, \tilde{\boldsymbol{q}}_k\}$ 为 $\boldsymbol{A}^{\mathrm{T}}$ 的一不变子空间. 然而，当这些条件不成立且 $\tilde{\boldsymbol{r}}_k^{\mathrm{T}}\boldsymbol{r}_k = 0$ 时，三对角化过程将终止，得不到任何不变子空间的信息. 这种情况称为**严重失败**. 对于此问题的早期讨论，请参见 Wilkinson (AEP，第 389 页).

10.5.6 "向前看"技巧

检验算法 (10.5.11) 的块形式中的严重失败现象是很有趣的. 为了简单起见，假定 $\boldsymbol{A} \in \mathbb{R}^{n\times n}$，$n = rp$. 考虑我们想要的分解 $\tilde{\boldsymbol{Q}}^{\mathrm{T}}\boldsymbol{Q} = \boldsymbol{I}_n$：

$$\tilde{\boldsymbol{Q}}^{\mathrm{T}}\boldsymbol{A}\boldsymbol{Q} = \begin{bmatrix} \boldsymbol{M}_1 & \boldsymbol{C}_1^{\mathrm{T}} & & \cdots & \boldsymbol{0} \\ \boldsymbol{B}_1 & \boldsymbol{M}_2 & \ddots & & \vdots \\ & \ddots & \ddots & \ddots & \\ \vdots & & \ddots & \ddots & \boldsymbol{C}_{r-1}^{\mathrm{T}} \\ \boldsymbol{0} & \cdots & & \boldsymbol{B}_{r-1} & \boldsymbol{M}_r \end{bmatrix}, \tag{10.5.14}$$

其中每一块都是 $p\times p$ 矩阵. 设 $\boldsymbol{Q} = [\,\boldsymbol{Q}_1\,|\cdots|\,\boldsymbol{Q}_r\,]$ 和 $\tilde{\boldsymbol{Q}} = [\,\tilde{\boldsymbol{Q}}_1\,|\cdots|\,\tilde{\boldsymbol{Q}}_r\,]$ 分别是 $\boldsymbol{Q}$ 和 $\tilde{\boldsymbol{Q}}$ 恰当的分块形式. 比较 $\boldsymbol{A}\boldsymbol{Q} = \boldsymbol{Q}\boldsymbol{T}$ 和 $\boldsymbol{A}^{\mathrm{T}}\tilde{\boldsymbol{Q}} = \tilde{\boldsymbol{Q}}\boldsymbol{T}^{\mathrm{T}}$ 两边对应的列块，可得

$$\begin{aligned} \boldsymbol{Q}_{k+1}\boldsymbol{B}_k &= \boldsymbol{A}\boldsymbol{Q}_k - \boldsymbol{Q}_k\boldsymbol{M}_k - \boldsymbol{Q}_{k-1}\boldsymbol{C}_{k-1}^{\mathrm{T}} \;\equiv\; \boldsymbol{R}_k, \\ \tilde{\boldsymbol{Q}}_{k+1}\boldsymbol{C}_k &= \boldsymbol{A}^{\mathrm{T}}\tilde{\boldsymbol{Q}}_k - \tilde{\boldsymbol{Q}}_k\boldsymbol{M}_k^{\mathrm{T}} - \tilde{\boldsymbol{Q}}_{k-1}\boldsymbol{B}_{k-1}^{\mathrm{T}} \;\equiv\; \boldsymbol{S}_k. \end{aligned}$$

注意

$$\boldsymbol{M}_k = \tilde{\boldsymbol{Q}}_k^{\mathrm{T}}\boldsymbol{A}\boldsymbol{Q}_k.$$

如果 $\boldsymbol{S}_k^{\mathrm{T}}\boldsymbol{R}_k = \boldsymbol{C}_k^{\mathrm{T}}\tilde{\boldsymbol{Q}}_{k+1}^{\mathrm{T}}\boldsymbol{Q}_{k+1}\boldsymbol{B}_k \in \mathbb{R}^{p\times p}$ 非奇异，我们计算 $\boldsymbol{B}_k, \boldsymbol{C}_k \in \mathbb{R}^{p\times p}$，使得

$$\boldsymbol{C}_k^{\mathrm{T}}\boldsymbol{B}_k = \boldsymbol{S}_k^{\mathrm{T}}\boldsymbol{R}_k,$$

则

$$\boldsymbol{Q}_{k+1} \;=\; \boldsymbol{R}_k\boldsymbol{B}_k^{-1}, \tag{10.5.15}$$

$$\tilde{\boldsymbol{Q}}_{k+1} \;=\; \boldsymbol{S}_k\boldsymbol{C}_k^{-1} \tag{10.5.16}$$

满足 $\tilde{\boldsymbol{Q}}_{k+1}^{\mathrm{T}}\boldsymbol{Q}_{k+1} = \boldsymbol{I}_p$. 当 $\boldsymbol{S}_k^{\mathrm{T}}\boldsymbol{R}_k$ 奇异时，就会出现严重失败现象.

一种解决 (10.5.11) 中严重失败问题的方式，是寻找形如 (10.5.14) 的一个分解，其分块的大小能动态地被确定. 粗略地讲，在这个过程中，矩阵 $\boldsymbol{Q}_{k+1}$ 和 $\tilde{\boldsymbol{Q}}_{k+1}$ 在特殊递推下逐列的构建，这些递推也用于计算非奇异的矩阵 $\tilde{\boldsymbol{Q}}_{k+1}^{\mathrm{T}}\boldsymbol{Q}_{k+1}$. 能够安排这些计算，使得对所有的 $i=1:k$，都有双正交性条件 $\tilde{\boldsymbol{Q}}_i^{\mathrm{T}}\boldsymbol{Q}_{k+1}=\boldsymbol{0}$ 和 $\boldsymbol{Q}_i^{\mathrm{T}}\tilde{\boldsymbol{Q}}_{k+1}=\boldsymbol{0}$.

这种形式的方法属于一种称为*向前看* Lanczos 方法族. 向前看步的长度是其产生的 $\boldsymbol{Q}_{k+1}$ 和 $\tilde{\boldsymbol{Q}}_{k+1}$ 的宽度. 如果这种宽度为 1，则可利采用通常的分块 Lanczos 步. 长度为 2 的向前步的讨论，见 Parlett, Taylor, and Liu (1985). 这些数学家也提出了**无可救药的失败的概念**. Freund, Gutknecht, and Nachtigal (1993) 总结了一般情形，并给出了实现细节. 浮点运算需要处理"近似"严重失败的情形. 在实际计算中，每个 2×2 的或更大的 $\boldsymbol{M}_k$ 都对应于近似严重失败的这一情形.

习　题

1. 回顾定理 10.1.1 如何在算法 10.1.1 中建立 Lanczos 向量的正交性，对算法 10.5.1 中的 Arnoldi 向量，陈述并证明一个类似的定理.
2. 证明：如果 $\boldsymbol{C}\in\mathbb{R}^{j\times j}$, $\boldsymbol{u}\in\mathbb{R}^{j}$，则存在正交矩阵 $\boldsymbol{Z}\in\mathbb{R}^{n\times n}$，使得 $\boldsymbol{Z}^{\mathrm{T}}\boldsymbol{A}\boldsymbol{Z}=\boldsymbol{H}$ 为上 Hessenberg 矩阵，且 $\boldsymbol{Z}$ 的最后一列为 $\boldsymbol{u}$ 的倍数. 提示：计算 Householder 矩阵 $\boldsymbol{P}$，使得 $\boldsymbol{P}\boldsymbol{u}$ 是 $\boldsymbol{e}_j$ 的倍数. 然后，通过生成一系列 Householder 修正 $\boldsymbol{C}=\boldsymbol{P}_i^{\mathrm{T}}\boldsymbol{C}\boldsymbol{P}$，把 $\boldsymbol{C}=\boldsymbol{P}^{\mathrm{T}}\boldsymbol{C}\boldsymbol{P}$ 约化为上 Hessenberg 矩阵形式，其中对于 $i=1:n-2$, $C(n-i+1,1:n-i-1)$ 被零化.
3. 给出一个初始向量的例子，使得非对称 Lanczos 迭代 (10.5.11) 在没有得到任何不变子空间的信息的情况下中断. 利用矩阵

$$\boldsymbol{A}=\begin{bmatrix}1 & 6 & 2\\ 3 & 0 & 2\\ 1 & 3 & 5\end{bmatrix}.$$

4. 假设 $\boldsymbol{H}\in\mathbb{R}^{n\times n}$ 是上 Hessenberg 矩阵. 讨论如何计算一个单位上三角矩阵 $\boldsymbol{U}$，使得 $\boldsymbol{H}\boldsymbol{U}=\boldsymbol{U}\boldsymbol{T}$，其中 $\boldsymbol{T}$ 是三对角矩阵.
5. 证明：在非对称情形中，求特征值的 QR 算法不能保持三对角结构.

10.6 Jacobi-Davidson 方法及相关方法

我们以对 Jacobi-Davidson 方法的简要讨论结束这一章，这是一个包含了几个重要思想的综合解法. 我们的出发点是将特征值问题重新表述为一个非线性方程组问题，这种方法使我们能够应用牛顿型方法. 这以一种自然的方式引出了 Jacobi 方法，它可以用来计算具有强对角优的对称矩阵的特征值-特征向量对. 这种类型的特征问题出现在量子化学中，Davidson (1975) 正是通过它成功地推广了 Jacobi 方法. 它构建了（非 krylov）嵌套的子空间序列，并且包含 Ritz 近似. 通过将 Davidson 修正限制在当前子空间的正交补上，我们得到由 Sleijpen and van der Vorst (1996) 提出的 Jacobi-Davidson 方法. 他们的方法不需要对称或对角优势. 因此，就抽象而言，本节的阐述从一般开始，然后到具体情况，最后再回到一般情形. 一直以来，我们都是以实用的算法问题为驱动. 我们的表述中，借鉴了 Sorensen (2002) 和 Stewart (MAE, 第 404–420 页) 中对 Jacobi-Davidson 方法的深刻论述.

我们提到，要充分理解 Jacobi-Davidson 方法及其多功能性，需要理解下一章. 这是因为该方法的一个关键步骤需要求一个大型稀疏线性方程组的近似解，并且预处理的迭代求解通常也会发挥作用. 参见 11.5 节.

10.6.1 近似牛顿方法

考虑 $n\times n$ 特征值问题 $\boldsymbol{Ax}=\lambda\boldsymbol{x}$，如何改进近似特征对 $\{\boldsymbol{x}_c,\lambda_c\}$. 注意，如果

$$\boldsymbol{A}(\boldsymbol{x}_c+\delta\boldsymbol{x}_c) = (\lambda_c+\delta\lambda_c)(\boldsymbol{x}_c+\delta\boldsymbol{x}_c),$$

则

$$(\boldsymbol{A}-\lambda_c\boldsymbol{I})\,\delta\boldsymbol{x}_c - \delta\lambda_c\boldsymbol{x}_c = -\boldsymbol{r}_c + \delta\lambda_c\cdot\delta\boldsymbol{x}_c, \tag{10.6.1}$$

其中

$$\boldsymbol{r}_c = \boldsymbol{Ax}_c - \lambda_c\boldsymbol{x}_c$$

为当前残差. 忽略二阶项 $\delta\lambda_c\cdot\delta\boldsymbol{x}_c$，我们得到 $\delta\boldsymbol{x}_c$ 和 $\delta\lambda_c$ 的如下校正:

$$(\boldsymbol{A}-\lambda_c\boldsymbol{I})\,\delta\boldsymbol{x}_c - \delta\lambda_c\boldsymbol{x}_c = -\boldsymbol{r}_c. \tag{10.6.2}$$

这是一个欠定的非线性方程组，令 $\delta\boldsymbol{x}_c=-\boldsymbol{x}_c$, $\delta\lambda_c=0$，可以得到一个很无趣的解. 为了避免出现这种情况，我们添加一个约束条件，使得如果

$$\begin{bmatrix}\boldsymbol{x}_+\\ \lambda_+\end{bmatrix} = \begin{bmatrix}\boldsymbol{x}_c\\ \lambda_c\end{bmatrix} + \begin{bmatrix}\delta\boldsymbol{x}_c\\ \delta\lambda_c\end{bmatrix}, \tag{10.6.3}$$

那么新特征向量近似值是非零的. 完成这件事的方法之一是要求

$$\boldsymbol{w}^{\mathrm{T}}\boldsymbol{x}_+ = 1,$$

其中 $\boldsymbol{w}\in\mathbb{R}^n$ 是适当选择的非零向量. 有两种可能性，其一为 $\boldsymbol{w}=\boldsymbol{x}$，迫使 $\boldsymbol{x}_+$ 有单位 2-范数；另一个为 $\boldsymbol{w}=\boldsymbol{e}_1$，迫使它的第一个分量为 1. 无论如何，如果 $\boldsymbol{x}_c$ 关于 $\boldsymbol{w}$ 也是标准化的，则

$$\boldsymbol{w}^{\mathrm{T}}\delta\boldsymbol{x}_c = \boldsymbol{w}^{\mathrm{T}}(\boldsymbol{x}_+-\boldsymbol{x}_c) = 0. \tag{10.6.4}$$

将 (10.6.2) 和 (10.6.4) 组合成一个矩阵-向量方程，可得

$$\begin{bmatrix} \boldsymbol{A}-\lambda_c \boldsymbol{I} & -\boldsymbol{x}_c \\ \boldsymbol{w}^{\mathrm{T}} & 0 \end{bmatrix} \begin{bmatrix} \delta \boldsymbol{x}_c \\ \delta \lambda_c \end{bmatrix} = -\begin{bmatrix} \boldsymbol{r}_c \\ 0 \end{bmatrix}. \tag{10.6.5}$$

这正是 Jacobian 方程，如果牛顿法被用来求以下函数的零点

$$F\left(\begin{bmatrix} \boldsymbol{x} \\ \lambda \end{bmatrix}\right) = \begin{bmatrix} \boldsymbol{A}\boldsymbol{x}-\lambda \boldsymbol{x} \\ \boldsymbol{w}^{\mathrm{T}}\boldsymbol{x}-1 \end{bmatrix}.$$

其解很容易化为:

$$\delta\lambda_c = \frac{\boldsymbol{w}^{\mathrm{T}}(\boldsymbol{A}-\lambda_c\boldsymbol{I})^{-1}\boldsymbol{r}_c}{\boldsymbol{w}^{\mathrm{T}}(\boldsymbol{A}-\lambda_c\boldsymbol{I})^{-1}\boldsymbol{x}_c}, \tag{10.6.6}$$

$$\delta\boldsymbol{x}_c = -(\boldsymbol{A}-\lambda_c\boldsymbol{I})^{-1}(\boldsymbol{r}_c - \delta\lambda_c\boldsymbol{x}_c). \tag{10.6.7}$$

不幸的是，如果矩阵 $\boldsymbol{A}$ 很大而且稀疏，所需的线性方程求解是有问题的，这提示我们考虑近似牛顿法.

近似牛顿法背后的思想是用一个更容易解的、近似的 Jacobian 型方程组来代替 Jacobian 方程组. 在我们的问题中，一种方法是用矩阵 $\boldsymbol{M}$ 来近似 $\boldsymbol{A}$，前提是形式为 $(\boldsymbol{M}-\lambda_c\boldsymbol{I})\boldsymbol{z}=\boldsymbol{r}$ 的方程组是“容易”解的. 如果 $\boldsymbol{N}=\boldsymbol{M}-\boldsymbol{A}$，则 (10.6.5) 转化为

$$\begin{bmatrix} \boldsymbol{M}-\lambda_c \boldsymbol{I} & -\boldsymbol{x}_c \\ \boldsymbol{w}^{\mathrm{T}} & 0 \end{bmatrix} \begin{bmatrix} \delta \boldsymbol{x}_c \\ \delta \lambda_c \end{bmatrix} = -\begin{bmatrix} \boldsymbol{r}_c - \boldsymbol{N}\cdot\delta\boldsymbol{x}_c \\ 0 \end{bmatrix}.$$

接着谈近似牛顿法的思想,让我们舍弃不方便的 $\boldsymbol{N}\cdot\delta\boldsymbol{x}_c$ 项(右端中的一部分). 这就剩下方程组

$$\begin{bmatrix} \boldsymbol{M}-\lambda_c \boldsymbol{I} & -\boldsymbol{x}_c \\ \boldsymbol{w}^{\mathrm{T}} & 0 \end{bmatrix} \begin{bmatrix} \delta \boldsymbol{x}_c \\ \delta \lambda_c \end{bmatrix} = -\begin{bmatrix} \boldsymbol{r}_c \\ 0 \end{bmatrix}, \tag{10.6.8}$$

和以下便于计算的校正:

$$\delta\lambda_c = \frac{\boldsymbol{w}^{\mathrm{T}}(\boldsymbol{M}-\lambda_c\boldsymbol{I})^{-1}\boldsymbol{r}_c}{\boldsymbol{w}^{\mathrm{T}}(\boldsymbol{M}-\lambda_c\boldsymbol{I})^{-1}\boldsymbol{x}_c}, \tag{10.6.9}$$

$$\delta\boldsymbol{x}_c = -(\boldsymbol{M}-\lambda_c\boldsymbol{I})^{-1}(\boldsymbol{r}_c - \delta\lambda_c\boldsymbol{x}_c). \tag{10.6.10}$$

当然，在牛顿方法中，我们舍弃了一些项，有失去二次收敛的风险. 因此，一个近似牛顿方法的设计必须平衡近似 Jacobian 求解过程的效率与可能降低的收敛速度. 关于这种特征值问题的极好讨论，请参见 Stewart (MAE, 第 396–404 页).

10.6.2　Jacobi 正交分量校正法

现在，假定

$$\boldsymbol{A} = \begin{bmatrix} \alpha & \boldsymbol{c}^{\mathrm{T}} \\ \boldsymbol{c} & \boldsymbol{A}_1 \end{bmatrix}, \qquad \alpha \in \mathbb{R},\ \boldsymbol{c} \in \mathbb{R}^{n-1},\ \boldsymbol{A}_1 \in \mathbb{R}^{(n-1)\times(n-1)} \tag{10.6.11}$$

是对称的，并且具有强对角优势．假设 α 是对角线上绝对值最大的元素．我们的目标是计算 λ（接近 α）和 $\boldsymbol{z} \in \mathbb{R}^{n-1}$，使得

$$\begin{bmatrix} \alpha & \boldsymbol{c}^{\mathrm{T}} \\ \boldsymbol{c} & \boldsymbol{A}_1 \end{bmatrix} \begin{bmatrix} 1 \\ \boldsymbol{z} \end{bmatrix} = \lambda \begin{bmatrix} 1 \\ \boldsymbol{z} \end{bmatrix}. \tag{10.6.12}$$

因为有对角优势假设，所寻找的特征向量通过令其第一个分量为 1 而被很好地正规化是没有危险的．$\delta\boldsymbol{x}_c$, $\boldsymbol{x}_c$ 以及 $\boldsymbol{x}_+$ 的划分如下：

$$\delta\boldsymbol{x}_c = \begin{bmatrix} \delta\mu_c \\ \delta\boldsymbol{z}_c \end{bmatrix}, \qquad \boldsymbol{x}_c = \begin{bmatrix} 1 \\ \boldsymbol{z}_c \end{bmatrix}, \qquad \boldsymbol{x}_+ = \begin{bmatrix} 1 \\ \boldsymbol{z}_+ \end{bmatrix}.$$

将 (10.6.11) 和 $\boldsymbol{w} = \boldsymbol{e}_1$ 代入 Jacobian 方程组 (10.6.5)，我们得到

$$\left[\begin{array}{c|cc} \alpha - \lambda_c & \boldsymbol{c}^{\mathrm{T}} & -1 \\ \boldsymbol{c} & \boldsymbol{A}_1 - \lambda_c \boldsymbol{I} & -\boldsymbol{z}_c \\ \hline 1 & 0 & 0 \end{array}\right] \left[\begin{array}{c} \delta\mu_c \\ \hline \delta\boldsymbol{z}_c \\ \delta\lambda_c \end{array}\right] = -\left[\begin{array}{c} \alpha + \boldsymbol{c}^{\mathrm{T}}\boldsymbol{z}_c - \lambda_c \\ (\boldsymbol{A}_1 - \lambda_c \boldsymbol{I})\boldsymbol{z}_c + \boldsymbol{c} \\ \hline 0 \end{array}\right],$$

即，

$$\begin{bmatrix} \boldsymbol{A}_1 - \lambda_c \boldsymbol{I} & -\boldsymbol{z}_c \\ \boldsymbol{c}^{\mathrm{T}} & -1 \end{bmatrix} \begin{bmatrix} \delta\boldsymbol{z}_c \\ \delta\lambda_c \end{bmatrix} = -\begin{bmatrix} (\boldsymbol{A}_1 - \lambda_c \boldsymbol{I})\boldsymbol{z}_c + \boldsymbol{c} \\ \alpha + \boldsymbol{c}^{\mathrm{T}}\boldsymbol{z}_c - \lambda_c \end{bmatrix}. \tag{10.6.13}$$

如果用牛顿法计算下式的零点，很容易证明这就是 Jacobian 方程组．

$$f\left(\begin{bmatrix} \boldsymbol{z} \\ \lambda \end{bmatrix}\right) = \begin{bmatrix} \alpha & \boldsymbol{c}^{\mathrm{T}} \\ \boldsymbol{c} & \boldsymbol{A}_1 \end{bmatrix} \begin{bmatrix} 1 \\ \boldsymbol{z} \end{bmatrix} - \lambda \begin{bmatrix} 1 \\ \boldsymbol{z} \end{bmatrix}.$$

如果 $\boldsymbol{A}_1 = \boldsymbol{M}_1 - \boldsymbol{N}_1$，则 (10.6.13) 可以重新排列成：

$$\begin{aligned} (\boldsymbol{M}_1 - \lambda_c \boldsymbol{I})\boldsymbol{z}_+ &= -\boldsymbol{c} + \boldsymbol{N}_1\boldsymbol{z}_c + \{\delta\lambda_c \cdot \boldsymbol{z}_c + \boldsymbol{N}_1 \cdot \delta\boldsymbol{z}_c\}, \\ \lambda_+ &= \alpha + \boldsymbol{c}^{\mathrm{T}}\boldsymbol{z}_+. \end{aligned}$$

Jacobi 正交分量校正方法（JOCC 方法）是通过忽略大括号括起来的项来定义的，取 $\boldsymbol{M}_1$ 为矩阵 $\boldsymbol{A}_1$ 的对角线部分：

$$
\begin{aligned}
&\lambda_1=\alpha,\ z_1=0_{n-1},\ \rho_1=\|\,c\,\|_2,\ k=1\\
&\textbf{while}\ \rho_k>\text{tol}\\
&\quad (M_1-\lambda_k I)z_{k+1} \ =\ -c+\ N_1 z_k\\
&\quad \lambda_{k+1}\ =\ \alpha+c^{\mathrm{T}}z_{k+1}\\
&\quad k=k+1\\
&\quad \rho_k\ =\ \|\,A_1 z_k-\lambda_k z_k+c\,\|_2\\
&\textbf{end}
\end{aligned}
\tag{10.6.14}
$$

这个方法的名字是基于近似特征向量的修正

$$
\boldsymbol{x}_k\ =\ \begin{bmatrix} 1\\ \boldsymbol{z}_k \end{bmatrix}
$$

都与 $\boldsymbol{e}_1$ 正交. 事实上，从 (10.6.14) 可以清楚地得到，每个残差

$$
\boldsymbol{r}_k=(\boldsymbol{A}-\lambda_k\boldsymbol{I})\boldsymbol{x}_k
$$

都与 $\boldsymbol{e}_1$ 正交. 的第一分量都为零:

$$
\boldsymbol{r}_k\ =\ \begin{bmatrix} \alpha & \boldsymbol{c}^{\mathrm{T}}\\ \boldsymbol{c} & \boldsymbol{A}_1 \end{bmatrix}\begin{bmatrix} 1\\ \boldsymbol{z}_k \end{bmatrix}-\lambda_k\begin{bmatrix} 1\\ \boldsymbol{z}_k \end{bmatrix}=\begin{bmatrix} 0\\ (\boldsymbol{A}_1-\lambda_k\boldsymbol{I})\boldsymbol{z}_k+\boldsymbol{c} \end{bmatrix}. \tag{10.6.15}
$$

因此，(10.6.14) 中的终止准则是基于残差的大小.

Jacobi 试图将此方法与他的对角化过程一起用于对称特征值问题. 正如 8.5 节中所讨论的，在经过足够多的步骤后，矩阵 $\boldsymbol{A}$ 非常接近于对角化. 此时，可以在 $\boldsymbol{PAP}^{\mathrm{T}}$ 修正之后调用 JOCC 迭代 (10.6.14)，以最大化 (1,1) 元素.

10.6.3 Davidson 方法

与 JOCC 迭代一样,Davidson 方法适用于对称对角占优特征值问题 (10.6.12). 然而，它涉及更复杂的残差向量的处理. 为了给出主要思想，令 $\boldsymbol{M}$ 为 $\boldsymbol{A}$ 的对角线部分，并用 (10.6.15) 将 JOCC 迭代重写如下:

$x_1=e_1,\ \lambda_1=x_1^{\mathrm{T}}Ax_1,\ r_1=Ax_1-\lambda_1x_1,\ V_1=[\,e_1\,],\ k=1$

while $\|\,r_k\,\|>\text{tol}$

  求解残差修正方程:

  $(M-\lambda_k I)\delta v_k\ =\ -r_k.$

计算一个改进的特征对 $\{\lambda_{k+1},x_{k+1}\}$ 使得 $r_{k+1}\in\mathrm{ran}(V_1)^{\perp}$:
$\delta x_k\ =\ \delta v_k,\ x_{k+1}=x_k+\delta x_k,\ \lambda_{k+1}\ =\ \lambda_k+c^{\mathrm{T}}\delta x_k$

  $k=k+1$

$r_k = Ax_k - \lambda_k x_k$

end

Davidson 方法使用 Ritz 近似来确保 $\boldsymbol{r}_k$ 与 $\boldsymbol{e}_1$ 和 $\delta\boldsymbol{v}_1, \cdots, \delta\boldsymbol{v}_{k-1}$ 正交．为了实现这一点，上述方框中内容将替换为：

$$\begin{array}{|l|}\hline \text{展开当前子空间 } \mathrm{ran}(V_k): \\ \quad s_{k+1} \;=\; (I - V_k V_k^{\mathrm{T}})\delta v_k \\ \quad v_{k+1} \;=\; s_{k+1}/\| s_{k+1} \|_2,\; V_{k+1} = [V_k \mid v_{k+1}] \\ \text{计算一个改进的特征对 } \{\lambda_{k+1}, x_{k+1}\} \text{ 使得 } r_{k+1} \in \mathrm{ran}(V_{k+1})^{\perp}: \\ \quad (V_{k+1}^{\mathrm{T}} A V_{k+1}) t_{k+1} \;=\; \theta_{k+1} t_{k+1} \qquad \text{（一个选定的 Ritz 对）} \\ \quad \lambda_{k+1} = \theta_{k+1},\; x_{k+1} = V_{k+1} t_{k+1} \\ \hline \end{array} \tag{10.6.16}$$

有许多与此方法相关的重要问题．首先，$\boldsymbol{V}_k$ 是一个具有标准正交列的 $n \times k$ 矩阵．$\boldsymbol{V}_k$ 到 $\boldsymbol{V}_{k+1}$ 的变换可以通过修改的 Gram-Schmidt 过程有效地进行．当然，如果 k 太大，那么可能需要使用 $\boldsymbol{v}_k$ 作为初始向量重新启动进程．

因为 $\boldsymbol{r}_k = \boldsymbol{A}\boldsymbol{x}_k - \lambda_k \boldsymbol{x}_k = \boldsymbol{A}(\boldsymbol{V}_k \boldsymbol{t}_k) - \theta_k(\boldsymbol{V}_k \boldsymbol{t}_k)$，从而

$$\boldsymbol{V}_k^{\mathrm{T}} \boldsymbol{r}_k = (\boldsymbol{V}_k^{\mathrm{T}} \boldsymbol{A} \boldsymbol{V}_k)\boldsymbol{t}_k - \theta_k \boldsymbol{t}_k = \boldsymbol{0},$$

即 $\boldsymbol{r}_k$ 与所求的 $\boldsymbol{V}_k$ 的值域正交．

我们提到，Davidson 算法可以通过允许 $\boldsymbol{M}$ 更接近 $\boldsymbol{A}$（不仅仅是其对角线部分）来推广．细节请参见 Crouzeix, Philippe, and Sadkane (1994).

10.6.4　Jacobi-Davidson 方法

不同于 Davidson 方法，其通过强制校正 $\delta\boldsymbol{x}_c$ 使其与 $\boldsymbol{e}_1$ 正交，Jacobi-Davidson 方法是让 $\delta\boldsymbol{x}_c$ 与当前的特征向量近似值 $\boldsymbol{x}_c$ 正交．这个想法在一个有利可图的、未经探索的方向上扩展当前的搜索空间．为了看到计算所涉及的内容并与牛顿法相联系，我们考虑对 (10.6.5) 进行的以下修正：

$$\begin{bmatrix} \boldsymbol{A} - \lambda_c \boldsymbol{I} & -\boldsymbol{x}_c \\ \boldsymbol{x}_c^{\mathrm{T}} & 0 \end{bmatrix} \begin{bmatrix} \delta\boldsymbol{x}_c \\ \delta\lambda_c \end{bmatrix} = -\begin{bmatrix} \boldsymbol{r}_c \\ 0 \end{bmatrix} \tag{10.6.17}$$

注意，这是一个与下列函数相关的 Jacobian 方程组

$$F\left(\begin{bmatrix} \boldsymbol{x} \\ \lambda \end{bmatrix}\right) = \begin{bmatrix} \boldsymbol{A}\boldsymbol{x} - \lambda\boldsymbol{x} \\ (\boldsymbol{x}^{\mathrm{T}}\boldsymbol{x} - 1)/2 \end{bmatrix},$$

其中给定 $\boldsymbol{x}_c^{\mathrm{T}}\boldsymbol{x}_c = 1$．如果 $\boldsymbol{x}_c$ 是标准化的，$\lambda_c = \boldsymbol{x}_c^{\mathrm{T}}\boldsymbol{A}\boldsymbol{x}_c$，则根据 (10.6.17) 有

$$\begin{aligned}(\boldsymbol{I}-\boldsymbol{x}_c\boldsymbol{x}_c^{\mathrm{T}})(\boldsymbol{A}-\lambda_c\boldsymbol{I})(\boldsymbol{I}-\boldsymbol{x}_c\boldsymbol{x}_c^{\mathrm{T}})\delta\boldsymbol{x}_c &= -(\boldsymbol{I}-\boldsymbol{x}_c\boldsymbol{x}_c^{\mathrm{T}})(\boldsymbol{r}_c-\delta\lambda_c\boldsymbol{x}_c)\\ &= -(\boldsymbol{I}-\boldsymbol{x}_c\boldsymbol{x}_c^{\mathrm{T}})\boldsymbol{r}_c\\ &= -(\boldsymbol{I}-\boldsymbol{x}_c\boldsymbol{x}_c^{\mathrm{T}})(\boldsymbol{A}\boldsymbol{x}_c-\lambda_c\boldsymbol{x}_c)\\ &= -(\boldsymbol{I}-\boldsymbol{x}_c\boldsymbol{x}_c^{\mathrm{T}})\boldsymbol{A}\boldsymbol{x}_c\\ &= -(\boldsymbol{A}\boldsymbol{x}_c-\lambda_c\boldsymbol{x}_c) = -\boldsymbol{r}_c.\end{aligned}$$

因此，修正 $\delta\boldsymbol{x}_c$ 可由解如下投影方程组完成

$$(\boldsymbol{I}-\boldsymbol{x}_c\boldsymbol{x}_c^{\mathrm{T}})(\boldsymbol{A}-\lambda_c\boldsymbol{I})(\boldsymbol{I}-\boldsymbol{x}_c\boldsymbol{x}_c^{\mathrm{T}})\delta\boldsymbol{x}_c = -\boldsymbol{r}_c, \tag{10.6.18}$$

其约束条件为 $\boldsymbol{x}_c^{\mathrm{T}}\delta\boldsymbol{x}_c=0$.

在 Jacobi-Davidson 方法中，近似投影方程组被用于扩展当前子空间. 与 Davidson 算法相比，除了通过解 $(\boldsymbol{M}-\lambda_c\boldsymbol{I})\delta\boldsymbol{v}_k=-\boldsymbol{r}_k$ 来确定 $\delta\boldsymbol{v}_k$ 外，(10.6.16) 中的所有内容都保持不变，我们解

$$(\boldsymbol{I}-\boldsymbol{x}_k\boldsymbol{x}_k^{\mathrm{T}})(\boldsymbol{M}-\lambda_k\boldsymbol{I})(\boldsymbol{I}-\boldsymbol{x}_k\boldsymbol{x}_k^{\mathrm{T}})\delta\boldsymbol{v}_k = -\boldsymbol{r}_k, \tag{10.6.19}$$

其约束条件为 $\boldsymbol{x}_k^{\mathrm{T}}\delta\boldsymbol{v}_k=0$. 由此产生的方法允许更大的灵活性. 初始单位向量 $\boldsymbol{x}_1$ 可以是任意的，第 11 章的各种迭代方法可以应用于 (10.6.19). 有关细节，请参见 Sleijpen and van der Vorst (1996) 以及 Sorensen (2002).

Jacobi-Davidson 方法既可以用于解对称特征值问题，也可以解非对称特征值问题，其重要性还在于将稀疏 $\boldsymbol{A}\boldsymbol{x}=\boldsymbol{b}$ 方法引入稀疏 $\boldsymbol{A}\boldsymbol{x}=\lambda\boldsymbol{x}$ 问题. 它可以被看作一个近似的牛顿迭代，它被 Ritz 计算“引导”到感兴趣的特征对. 由于保持了不断扩展的标准正交基，重新启动在 Arnoldi 方法 (见 10.5 节) 中起着关键作用.

10.6.5 跟踪最小算法

我们简要地讨论跟踪最小算法，它可用于计算 $n\times n$ 对称正定问题 $\boldsymbol{A}\boldsymbol{x}=\lambda\boldsymbol{B}\boldsymbol{x}$ 的 k 个最小特征值与相应的特征向量. 它与 Jacobi-Davidson 方法相似. 首先要认识到，如果 $\boldsymbol{V}_{\mathrm{opt}}\in\mathbb{R}^{n\times k}$ 解

$$\min_{\boldsymbol{V}^{\mathrm{T}}\boldsymbol{B}\boldsymbol{V}=\boldsymbol{I}_k} \mathrm{tr}(\boldsymbol{V}^{\mathrm{T}}\boldsymbol{A}\boldsymbol{V}),$$

则对于 $j=1:k$，所求的特征值/特征向量可通过 $\boldsymbol{V}_{\mathrm{opt}}^{\mathrm{T}}\boldsymbol{A}\boldsymbol{V}_{\mathrm{opt}}=\mathrm{diag}(\mu_1,\cdots,\mu_k)$ 和 $\boldsymbol{A}\boldsymbol{V}_{\mathrm{opt}}(:,j)=\mu_j\boldsymbol{B}\boldsymbol{V}_{\mathrm{opt}}(:,j)$ 得出. 这个方法生成一个 $\boldsymbol{V}$ 矩阵序列，每个矩阵都满足 $\boldsymbol{V}^{\mathrm{T}}\boldsymbol{B}\boldsymbol{V}=\boldsymbol{I}_k$. 从 $\boldsymbol{V}_c$ 到 $\boldsymbol{V}_+$ 的转化需要解投影方程组

$$(\boldsymbol{I}-\boldsymbol{Q}_c\boldsymbol{Q}_c^{\mathrm{T}})\boldsymbol{A}(\boldsymbol{I}-\boldsymbol{Q}_c\boldsymbol{Q}_c^{\mathrm{T}})\boldsymbol{Z}_c = \boldsymbol{A}\boldsymbol{V}_c,$$

其中 $\boldsymbol{Z}_c \in \mathbb{R}^{n\times k}$，且 $\boldsymbol{QR} = \boldsymbol{BV}_c$ 是窄 QR 分解. 这个方程组类似于中心的 Jacobi-Davidson 修正方程组 (10.6.19)，可以使用适当的预条件共轭梯度迭代来求解. 有关细节，请参见 Sameh and Wisniewski (1982) 以及 Sameh and Tong (2000).

习　题

1. 假设 $\boldsymbol{A}$ 为上 Hessenberg 矩阵，如何解 (10.6.1)?

2. 假设

$$\boldsymbol{A} = \begin{bmatrix} \alpha & b \\ b & \boldsymbol{D}+\boldsymbol{E} \end{bmatrix}$$

是 $n\times n$ 对称矩阵，$\boldsymbol{D}$ 是 $A(2:n,2:n)$ 的对角线，特征值间距 $\delta = \lambda_1(\boldsymbol{A}) - \lambda_2(\boldsymbol{A})$ 是正数. b 和 $\boldsymbol{E}$ 要多小才能使 $(\boldsymbol{D}+\boldsymbol{E}) - \alpha\boldsymbol{I}$ 对角占优? 应用定理 8.1.4.

第 11 章 大型稀疏线性方程组问题

本章主要研究线性方程组和最小二乘问题，当矩阵太大且稀疏时，我们必须考虑稠密的分解因子策略. 基本的挑战是在没有标准的二维数组表示的情况下，矩阵元素和存储单元之间的对应关系是 1 : 1.

有时，可以通过使用稀疏矩阵数据结构和仔细重排方程和未知元，来控制因子分解过程中非零项的填充，从而实际计算 LU, Cholesky, QR 因子分解. 这种方法叫作**直接法**，也是 11.1 节的主要内容. 我们的任务很简单，就是接触一些重点和应用广泛的部分. 更深入的部分还需更多的理论和基于实现的洞察力.

本章其余部分关注的是**迭代法**这一结构. 这其中的算法是产生一个向量序列，并以合理的速度收敛到真实解. 矩阵 $\boldsymbol{A}$ 只在矩阵/向量乘法中"出现". 在 11.2 节中，我们将通过一些经典的迭代：Jacobi 迭代、Gauss-Seidel 迭代、逐次超松弛迭代和 Chebyshev 半迭代，来介绍这一策略. 来自 4.8.3 节的离散泊松问题被用来强化这一思想的应用.

接下来的两节，处理 Krylov 子空间方法. 在 11.3 节中，我们导出了求解对称正定线性方程组的共轭梯度法，推导过程用到了 Lanczos 方法、最速下降法以及嵌套子空间序列的优化思想. 11.4 节讨论对称不定线性方程组、一般方程组和最小二乘问题的相关方法.

通常，Krylov 子空间方法只有在有效**预处理**的前提下才能成功. 给定一个 $\boldsymbol{Ax}=\boldsymbol{b}$ 问题，要求矩阵 $\boldsymbol{M}$ 有以下两个特性：具备矩阵 $\boldsymbol{A}$ 的关键性质，线性方程组 $\boldsymbol{Mz}=\boldsymbol{r}$ 易求解. 在 11.5 节和 11.6 节中，有几个主要的预处理，专用于网格粗化或多重网格结构问题.

阅读说明

对 LU 分解、Cholesky 分解和 QR 分解有基本的理解是必要的. 特征值理论和矩阵函数在解 $\boldsymbol{Ax}=\boldsymbol{b}$ 的迭代分析中有着突出的作用. Krylov 方法也会用到第 10 章中介绍的 Lanczos 迭代和 Arnoldi 迭代. 本章各节之间有如下的联系：

11.2 节　$\rightarrow$　11.3 节　$\rightarrow$　11.4 节　$\rightarrow$　11.5 节
　$\downarrow$
11.6 节

11.1 节独立于其他各节. Axelsson (ISM), Greenbaum (IMSL), Saad (ISPLA) 和 van der Vorst (IMK) 的书提供了知识背景. 软件模板 `LIN_TEMPLATES` (1993) 对于主要迭代方法的简洁表示和在选择合适方法时提供的指导非常有用.

11.1 直接法

在本节，我们将研究直接法，目标是围绕 Cholesky 分解、QR 分解和 LU 分解修正来公式化求解过程. 所有这些核心主题，Davis (2006) 都有充分详尽的描述，其中包括顺序控制填充的重要性、与图论的联系，以及如何在稀疏矩阵中合理运用.

注意，在 4.3 节和 4.5 节中讨论过的带状矩阵方法就是稀疏矩阵直接法的一个例子.

11.1.1 表示

数据结构在稀疏矩阵计算中起着重要的作用. 通常，一个实向量用于存储矩阵的非零元，一个或两个整数向量用于指定它们的位置. 压缩列表示法可以很好地说明这一点. 用网格点表示稀疏模式，假定

$\boldsymbol{A}$ =

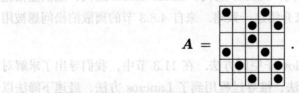

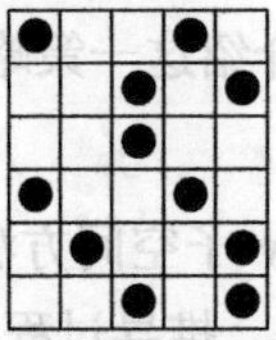

.

压缩列表示法在实向量中逐列存储非零元素. 如果 $\boldsymbol{A}$ 是一个矩阵，那么我们用 $A.val$ 来记这个向量. 例如

$A.val$ =											
	a_{11}	a_{41}	a_{52}	a_{23}	a_{33}	a_{63}	a_{14}	a_{44}	a_{25}	a_{55}	a_{65}

$A.val$ 中每列开始的位置用整数向量 $A.c$ 表示：

$A.c$ =						
	1	3	4	7	9	12

所以, 如果 $k = A.c(j) : A.c(j+1)-1$，那么 $v = A.val(k)$ 是由 $A(:,j)$ 的非零分量构成的向量. 依照惯例，$A.c$ 的最后一个分量存储 $\mathsf{nnz}(\boldsymbol{A})+1$，其中

$$\mathsf{nnz}(\boldsymbol{A}) \;=\; \boldsymbol{A}\text{ 中的非零元个数}.$$

$A(:,1),\cdots,A(:,n)$ 中非零向量的行指标用整数向量 $A.r$ 表示. 例如

$A.r =$

1	4	5	2	3	6	1	4	2	5	6

.

一般地，如果 $k = A.c(j) : A.c(j+1)-1$，则 $A.val(k) = A(A.r(k), j)$.

$A.r$ 和浮点向量 $A.val$ 所需的存储量相当. 索引向量是区分稀疏矩阵和传统稠密矩阵计算的代表之一.

11.1.2 运算与分配

以压缩列格式考虑矩阵 $\boldsymbol{A}$ 的 gaxpy 运算 $\boldsymbol{y} = \boldsymbol{y} + \boldsymbol{A}\boldsymbol{x}$. 如果 $\boldsymbol{A} \in \mathbb{R}^{m\times n}$ 以及稠密向量 $\boldsymbol{y} \in \mathbb{R}^m$ 和 $\boldsymbol{x} \in \mathbb{R}^n$ 均被正常存储，那么

$$\begin{aligned} &\textbf{for } j = 1:n \\ &\quad k = A.c(j) : A.c(j+1)-1 \\ &\quad y(A.r(k)) = y(A.r(k)) + A.val(k)\cdot x(j) \\ &\textbf{end} \end{aligned} \tag{11.1.1}$$

把 $\boldsymbol{y}$ 用 $\boldsymbol{y} + \boldsymbol{A}\boldsymbol{x}$ 覆盖. 很容易证明需要 $2\cdot\text{nnz}(\boldsymbol{A})$ 个 flop. 关于内存访问，$\boldsymbol{x}$ 被顺序引用，$\boldsymbol{y}$ 被随机引用，$\boldsymbol{A}$ 通过 $A.r$ 和 $A.c$ 被引用.

这里的另一个例子体现了内存分配问题. 考虑外积修正 $\boldsymbol{A} = \boldsymbol{A} + \boldsymbol{u}\boldsymbol{v}^{\mathrm{T}}$，其中 $\boldsymbol{A} \in \mathbb{R}^{m\times n}$, $\boldsymbol{u} \in \mathbb{R}^m$ 和 $\boldsymbol{v} \in \mathbb{R}^n$ 均以压缩列格式存储. 一般地，修正后的 $\boldsymbol{A}$ 比原来的 $\boldsymbol{A}$ 有更多非零元，例如

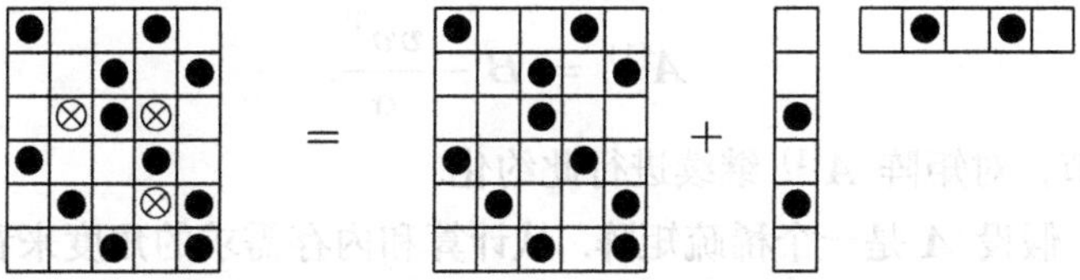

因此，不像稠密矩阵计算那样，我们只是简单地用 $\boldsymbol{A} + \boldsymbol{u}\boldsymbol{v}^{\mathrm{T}}$ 覆盖 $\boldsymbol{A}$，而不考虑附加存储，现在由于要存储结果，我们必须对 $\boldsymbol{A}$ 增加内存分配. 而且，累积新的非零元的 $A.val$ 和 $A.r$ 的扩充会占用很多内存. 另外，如果我们能够预测 $\boldsymbol{A} + \boldsymbol{u}\boldsymbol{v}^{\mathrm{T}}$ 的稀疏结构，并且以此分配存储空间，那么修正能更有效地被执行. 这相当于把零存储在注定要变为非零的位置，例如

$A.val =$

a_{11}	a_{41}	0	a_{52}	a_{23}	a_{33}	a_{63}	a_{14}	0	a_{44}	0	a_{25}	a_{55}	a_{65}

,

$A.c =$

1	3	5	8	12	15

,

$A.r =$

1	4	3	5	2	3	6	1	3	4	5	2	5	6

.

有了这个假设，外积修正可以如下进行:

$$\begin{aligned} &\textbf{for } \beta = 1:\text{nnz}(v) \\ &\quad j = v.r(\beta) \\ &\quad \alpha = 1 \end{aligned}$$

```
        for ℓ = A.c(j) : A.c(j+1) − 1
            if α ⩽ nnz(u) && A.r(ℓ) = u.r(α)                          (11.1.2)
                A.val(ℓ) = A.val(ℓ) + u.val(α) · v.val(β)
                α = α + 1
            end
        end
    end
```

注意，存储 a_{ij} 的 $A.val(\ell)$，只有在 $\boldsymbol{u}_i\boldsymbol{v}_j$ 非零时才被修正. 指标 α 代表 $\boldsymbol{u}$ 的非零元个数，并且在每次访问后增加.

通常情况下，稀疏矩阵计算过程的整体成功，很大程度上取决于它如何有效地预测和执行填充现象.

11.1.3　排序、填充和 Cholesky 分解

Cholesky 外积方法中的第一步涉及如下分解的计算

$$\boldsymbol{A}=\begin{bmatrix}\alpha & \boldsymbol{v}^{\mathrm{T}}\\ \boldsymbol{v} & \boldsymbol{B}\end{bmatrix}=\begin{bmatrix}\sqrt{\alpha} & \boldsymbol{0}\\ \boldsymbol{v}/\sqrt{\alpha} & \boldsymbol{I}\end{bmatrix}\begin{bmatrix}1 & \boldsymbol{0}\\ \boldsymbol{0} & \boldsymbol{A}^{(1)}\end{bmatrix}\begin{bmatrix}\sqrt{\alpha} & \boldsymbol{v}^{\mathrm{T}}/\sqrt{\alpha}\\ \boldsymbol{0} & \boldsymbol{I}\end{bmatrix},\tag{11.1.3}$$

其中

$$\boldsymbol{A}^{(1)}=\boldsymbol{B}-\frac{\boldsymbol{v}\boldsymbol{v}^{\mathrm{T}}}{\alpha}.\tag{11.1.4}$$

回忆 4.2 节，对矩阵 $\boldsymbol{A}^{(1)}$ 继续进行此约化.

现在，假设 $\boldsymbol{A}$ 是一个稀疏矩阵. 从计算和内存需求的角度来看，我们对 $\boldsymbol{A}^{(1)}$ 的稀疏性更感兴趣. 因为 $\boldsymbol{B}$ 是稀疏的，从而问题就取决于向量 $\boldsymbol{v}$ 的稀疏性. 这里有两个例子说明了其中的风险在哪里：

例 1:

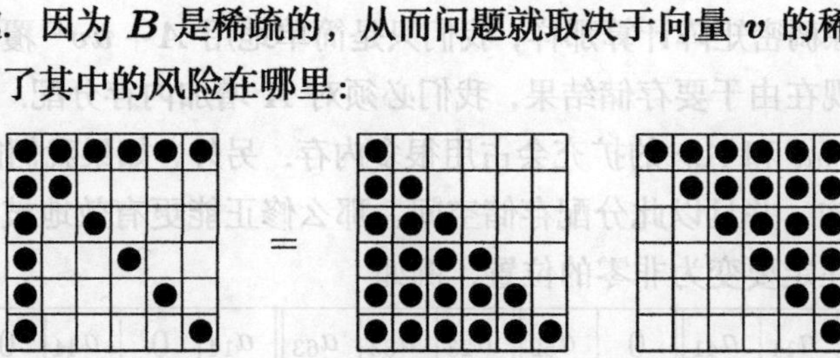

例 2:

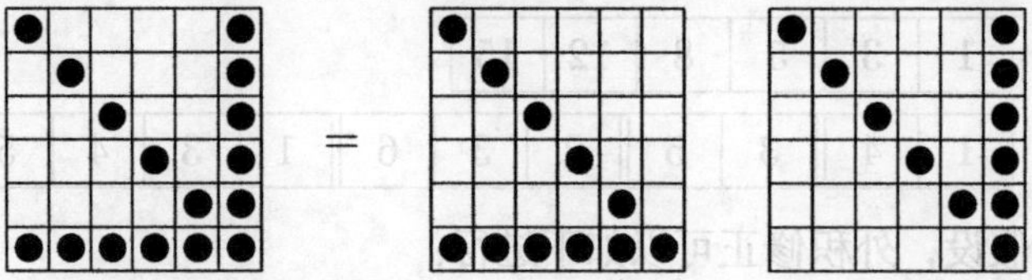

在例 1 中，第一步，稠密的向量 $\boldsymbol{v}$ 形成一个满的 $\boldsymbol{A}^{(1)}$. 所有的稀疏性都消失了，其余步骤本质上执行的是稠密矩阵的 Cholesky 分解. 例 2 是幸运的情况. 第一步向量 $\boldsymbol{v}$ 是稀疏的，修正的矩阵 $\boldsymbol{A}^{(1)}$ 和 $\boldsymbol{A}$ 有相同的“箭头”结构. 注意，例 2

可以通过例 1 的形如 $\boldsymbol{PAP}^{\mathrm{T}}$ 的重排而获得，其中 $\boldsymbol{P}=I_n(:,n:-1:1))$. 这就产生了**稀疏 Cholesky 挑战**：

稀疏 Cholesky 挑战
给定对称正定矩阵 $\boldsymbol{A}\in\mathbb{R}^{n\times n}$，有效确定 $1:n$ 的一个排列 p，使得如果 $\boldsymbol{P}=I_n(:,p)$，则 $A(p,p)=\boldsymbol{PAP}^{\mathrm{T}}=\boldsymbol{GG}^{\mathrm{T}}$ 中的 Cholesky 因子接近最佳的稀疏矩阵.

寻找一个使 nnz($\boldsymbol{G}$) 确实最小化的 $\boldsymbol{P}$ 是一个可怕的组合问题，因此不是一个可行的选择. 幸运的是，有几种基于启发式的实用程序可以用来确定一个较好的重排置换 $\boldsymbol{P}$. 这包括 (1) Cuthill-McKee 排序，(2) 最小度排序，(3) 嵌套解剖排序. 然而，在我们讨论这些方法之前，需要给出来自图论中的几个概念.

11.1.4 图与稀疏矩阵

这有一个稀疏对称矩阵 $\boldsymbol{A}$ 和它的邻接图 $\mathcal{G}_A$：

$\boldsymbol{A}=$

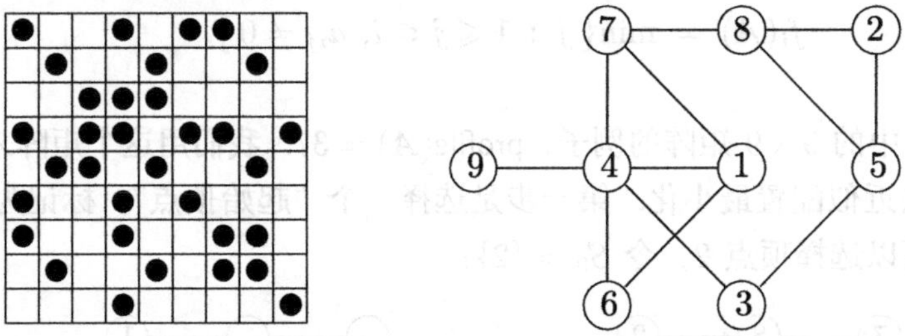

(11.1.5)

在对称矩阵的邻接图中，每行就是一个顶点，按行号编号. 如果非对角元 a_{ij} 是非零的，那么顶点 i 和 j 之间有一个边. 通常，**图**$\mathcal{G}(V,E)$ 是**顶点集** V 和**边集** E 的组合，例如

$$V=\{1,2,3,4,5,6,7,8,9\},$$

$$E=\{(1,4),(1,6),(1,7),(2,5),(2,8),(3,4),(3,5),(4,6),(4,7),(4,9),(5,8),(7,8)\}.$$

对称矩阵的邻接图是**无向图**. 这意味着边 (i,j) 和边 (j,i) 没有什么不同. 如果 $\boldsymbol{P}$ 是置换矩阵，那么除顶点标记以外，$\boldsymbol{A}$ 和 $\boldsymbol{PAP}^{\mathrm{T}}$ 的邻接图看起来一样.

如果两个顶点 i 和 j 之间有一条边相连，那么就称这两个顶点是**相邻的**. 一个顶点的**邻接集**就是与该顶点相邻的点构成的集合，并且该集合的基数称为是这个顶点的**度**. 对于上面的例子，我们有

顶点	1	2	3	4	5	6	7	8	9
度	3	2	2	5	3	2	3	3	1

图论是一门强有力的语言，有助于稀疏矩阵分解的推理. 特别重要的是使用图论知识来预测结构，这对于设计有效的修正算法是至关重要的. 关于这些主题，比

我们下面提供的要深刻得多的理解，参见 George and Liu (1981), Duff, Erisman, and Reid (1986) 以及 Davis (2006).

11.1.5 Cuthill-McKee 排序

由于带状是易于处理的一种稀疏形式，因此通过把 $\tilde{A} = PAP^{\mathrm{T}}$ 变成“尽可能的带状”来节省内存，会很自然地达到稀疏 Cholesky 挑战这一主题. 然而，11.1.3 节例 2 的做法是有限制的. 配置最小化是诱导 G 的良好稀疏性的一种较好的方法. 对称矩阵 $A \in \mathbb{R}^{n\times n}$ 的配置定义为

$$\text{profile}(A) = n + \sum_{i=1}^{n}(i - f_i(A)),$$

此时，配置指标 $f_1(A), \cdots, f_n(A)$ 由下式给出

$$f_i(A) = \min\{\, j : 1 \leqslant j \leqslant i,\ a_{ij} \neq 0\,\}. \tag{11.1.6}$$

对于 (11.1.5) 中的 9×9 矩阵的例子，$\text{profile}(A) = 37$. 我们用这个矩阵来说明一种启发式方法近似配置最小化. 第一步是选择一个“起始顶点”，标记为顶点 1. 同理，我们可以选择顶点 2，令 $S_0 = \{2\}$:

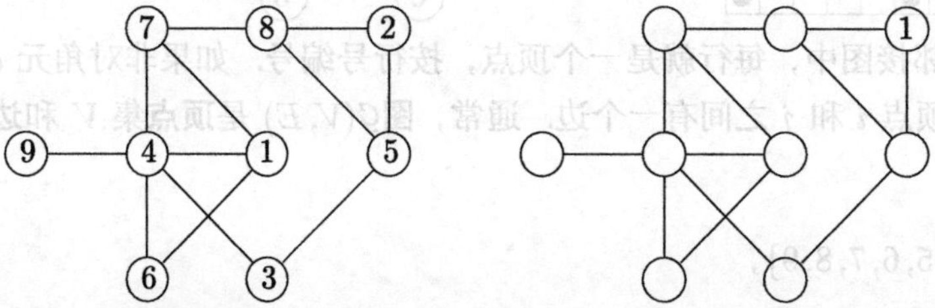

原始 $\mathcal{G}_A$　　　　标记：S_0

我们继续标记其余顶点，如下所示：

标记 S_0 的相邻顶点，并构成 S_1.
标记与 S_1 中的顶点相邻的但未被标记过的顶点，并构成 S_2.
标记与 S_2 中的顶点相邻的但未被标记过的顶点，并构成 S_3.
以此类推.

对上面的例子，如果遵循这种方法，那么 $S_1 = \{8,5\}$, $S_2 = \{7,3\}$, $S_3 = \{1,4\}$, $S_4 = \{6,9\}$. 这些都是顶点 2 的水平集，下面是它们一个接一个被确定的过程：

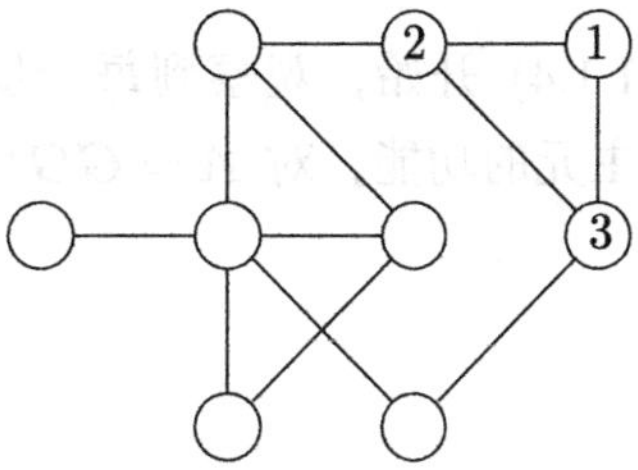

标记：S_0, S_1

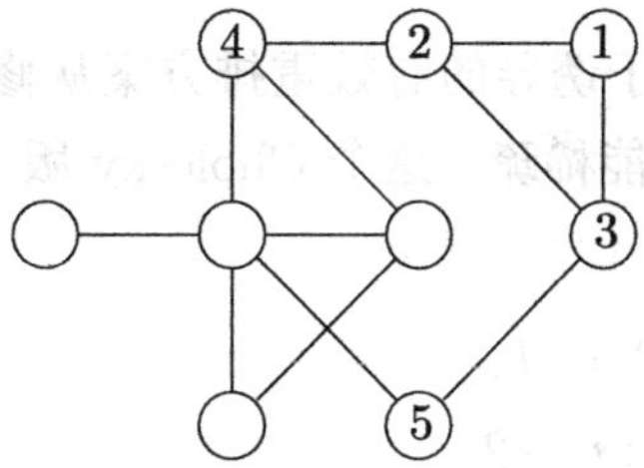

标记：S_0, S_1, S_2

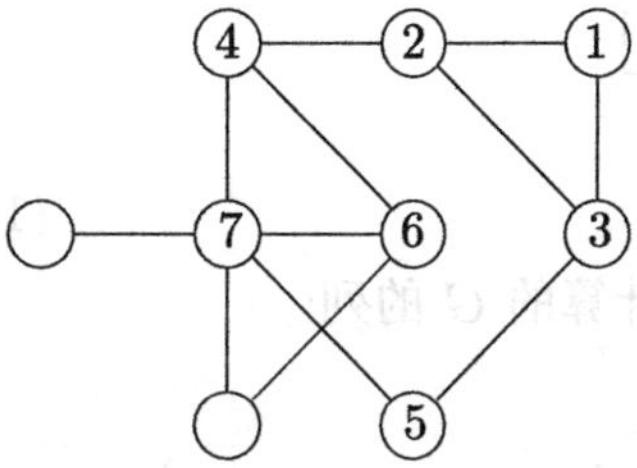

标记：S_0, S_1, S_2, S_3

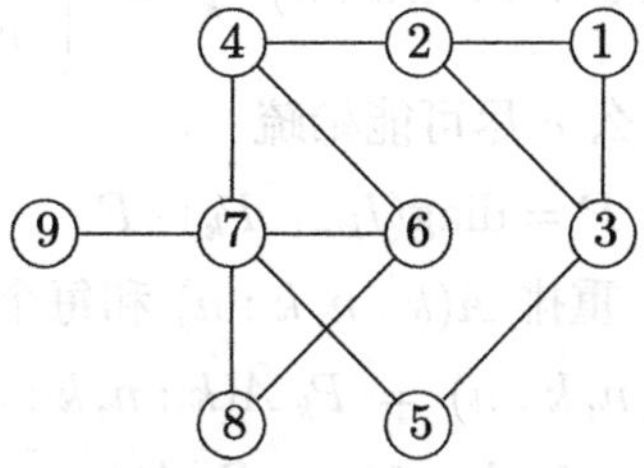

标记：S_0, S_1, S_2, S_3, S_4

通过“连接”这些水平集，我们可以得到 Cuthill-McKee 重排：

p :	2	8	5	7	3	1	4	6	9
	S_0	S_1		S_2		S_3		S_4	

观察由此排序诱导的带状结构：

$A(p,p) =$ 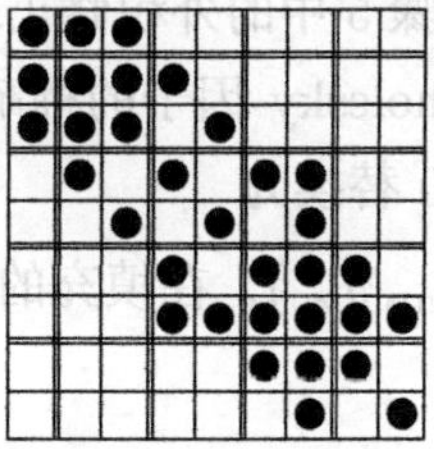 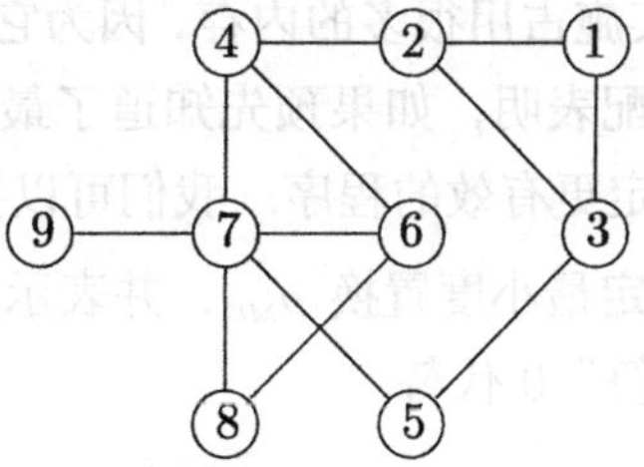

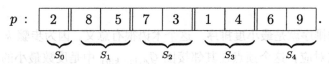

(11.1.7)

记住，profile$(A(p,p)) = 25$. 而且，$A(p,p)$ 是一个 5×5 分块三对角矩阵，其方形对角块的阶数等于水平集 $S_0,\cdots,S_4$ 的基数. 这就说明了，为什么 S_0 最好的选择是“远离”相邻点的顶点. 这样的顶点会有一个相对较多的水平集，这意味着生成的块三对角矩阵 $A(p,p)$ 会有更多的对角块. 从启发式的角度来看，这些块将更小，从而形成更紧密的配置. 关这个主题的讨论以及反向 **Cuthill-McKee 排序** $p(n:-1:1)$ 在 Cholesky 分解的过程中通常导致填充量减少的原因，参见 George and Liu (1981, 第 4 章).

11.1.6　最小度排序

另一个易于诱导的有效重排方案从修正 (11.1.4) 开始，观察到每一步的向量 $\boldsymbol{v}$ 应该尽可能稀疏. 这个 Cholesky 版本有选主元的功能，对 $\boldsymbol{A}=\boldsymbol{G}\boldsymbol{G}^{\mathrm{T}}$ 实现这一过程如下.

步骤 0. $P = I_n$

for $k=1:n-2$

　步骤 1. 选择置换$P_k \in \mathbb{R}^{(n-k+1)\times(n-k+1)}$, 使得如果

$$P_k\, A(k:n,k:n)\, P_k^{\mathrm{T}} \;=\; \begin{bmatrix} \alpha & v^{\mathrm{T}} \\ v & B \end{bmatrix}$$

　　那么 v 尽可能稀疏

　步骤 2. $P = \mathrm{diag}(I_{k-1}, P_k)\cdot P$　　(11.1.8)

　步骤 3. 重排 $A(k:n,k:n)$ 和每个先前计算的 G 的列:

$$A(k:n,k:n) \;=\; P_k\, A(k:n,k:n)\, P_k^{\mathrm{T}}$$
$$A(k:n,1:k-1) \;=\; P_k\, A(k:n,1:k-1)$$

　步骤 4. 计算 $G(k:n,k)$:　$A(k:n,k) \;=\; A(k:n,k)/\sqrt{A(k,k)}$

　步骤 5. 计算 $A^{(k)}$

$$A(k+1:n,k+1:n) = A(k+1:n,k+1:n) - A(k+1:n,k)A(k+1:n,k)^{\mathrm{T}}$$

end

这个过程中的排序就是**最小度排序**. 这个术语很有意义，因为步骤 k 中的主元行与一个顶点相对应，这个顶点在其邻接图 $\mathcal{G}_{A(k:n,k:n)}$ 中是度数最小的. 注意，这是接近稀疏 Cholesky 挑战的一种启发式方法.

(11.1.8) 的实施占用很多的内存，因为它涉及步骤 5 中的外积修正. 11.1.2 节所讨论的内存分配表明，如果预先知道了最小度 Cholesky 因子的稀疏结构，那么我们就可以制定更有效的程序. 我们可以把步骤 0 替换为

步骤 0′. 确定最小度置换 p_{MD}，并表示为 $A(p_{MD},p_{MD})$，在填充的位置用“占位符”0 代替.

这会使得步骤 1–3 不再必要，并且避免了步骤 5 中的内存请求. 另外，可能出现的待解决的一系列问题，都有相同的稀疏结构. 在这种情况下，单个步骤 0′ 用于整个问题，从而分摊所占内存. 事实证明，已经制定了非常有效的 0′ 程序. 基本思想围绕着两个事实展开，这两个事实完全刻画了 $\boldsymbol{A}=\boldsymbol{G}\boldsymbol{G}^{\mathrm{T}}$ 中 Cholesky 因子的稀疏性:

事实 1. 如果 $j\leqslant i$ 且 a_{ij} 是非零的，那么 g_{ij} 是非零的（假设没有数值抵消）.

事实 2. 如果 $k < j < i$ 且 g_{ik} 和 g_{jk} 都是非零的，那么 g_{ij} 是非零的（假设没有数值抵消）. 参见 Parter (1961).

需要假设没有数值抵消，这是因为 G 中的元可能是“幸运的零”. 例如，事实 1 遵循公式

$$g_{ij} = \left(a_{ij} - \sum_{k=1}^{j-1} g_{ik}g_{jk}\right) \Big/ g_{jj},$$

并且假设其中的和式不等于 a_{ij}.

事实 1 和事实 2 的系统使用确定了 G 的稀疏结构，它是复杂的，涉及消去树的构建. 来自 Davis (2006, 第 4 章) 的例子给出了详细表示：

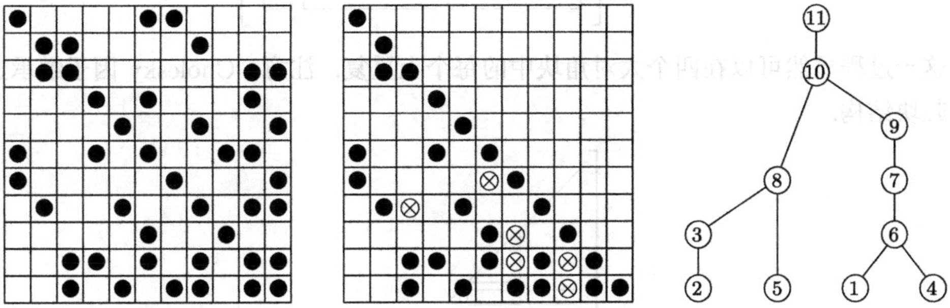

矩阵 $\boldsymbol{A}$　　　　$\boldsymbol{A}$ 的 Cholesky 因子　　　　$\boldsymbol{A}$ 的消去树

由事实 2，“$\otimes$”是非零元. 例如，由于 g_{61} 和 g_{71} 是非零的，所以 g_{76} 是非零的. 消去树捕获了关键位置信息. 通常，顶点 i 的父顶点标记的是第 i 列中第一个非零次对角元的行号. 通过对这类信息进行编码，可以使用消去树来回答与填充相关的各种路径图问题. 此外，叶顶点对应的那些列可以在并行计算中独立消去.

11.1.7 嵌套解剖排序

我们已经知道了一种确定序列 $\boldsymbol{P}_0$ 的方法，使得 $\boldsymbol{P}_0\boldsymbol{A}\boldsymbol{P}_0^{\mathrm{T}}$ 有如下所示的块结构：

$$\boldsymbol{P}_0\boldsymbol{A}\boldsymbol{P}_0^{\mathrm{T}} = \begin{bmatrix} \boldsymbol{A}_1 & \boldsymbol{0} & \boldsymbol{C}_1 \\ \boldsymbol{0} & \boldsymbol{A}_2 & \boldsymbol{C}_2 \\ \boldsymbol{C}_1^{\mathrm{T}} & \boldsymbol{C}_2^{\mathrm{T}} & \boldsymbol{S} \end{bmatrix} =$$

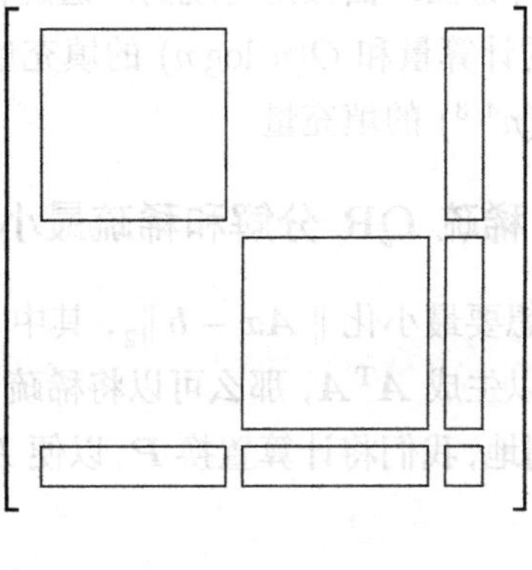

.

通过示意图，我们说明了“A_1 和 A_2 是方的且有大致相同尺寸，C_1 和 C_2 是非常瘦的”. 我们把这个做法称为“成功的解剖”. 假设 $P_{11}A_1P_{11}^{\mathrm{T}}$ 和 $P_{22}A_2P_{22}^{\mathrm{T}}$ 也是成功的解剖. 如果 $P = \mathrm{diag}(P_{11}, P_{22}, I) \cdot P_0$，则

$PAP^{\mathrm{T}} =$

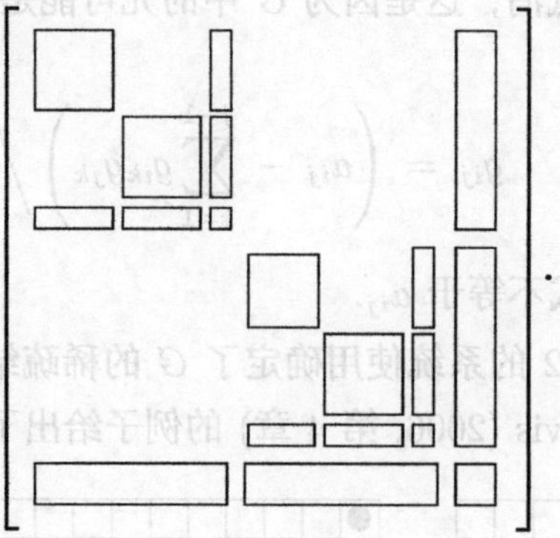

这一过程显然可以在四个大对角块中的每个上重复. 注意，Cholesky 因子继承递归块结构.

$G =$

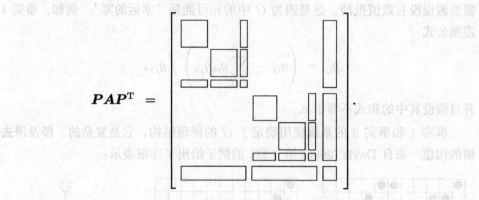

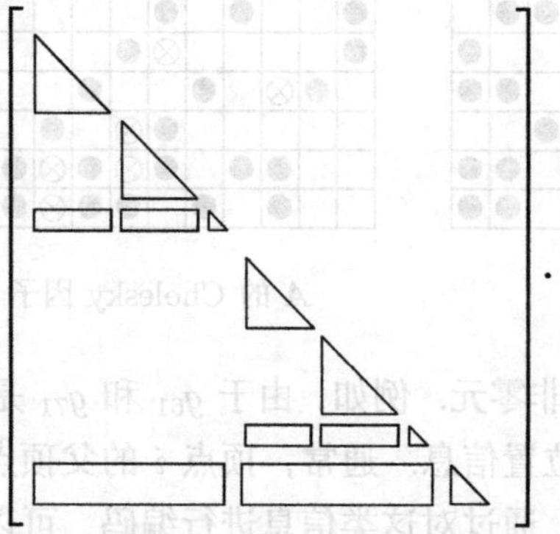

最后，生成的排序是**嵌套解剖排序**的一个示例. 这些顺序是填充-还原的，并且在与网格法相关的椭圆偏微分方程问题上非常有效. 见 George and Liu (1981, 第 8 章). 用图论的语言来说，为给定的解剖找到一个成功的排列，其行为等价于找到 $\mathcal{G}(A)$ 的一个好的顶点切割. Davis (2006, 第 128–130 页) 描述了实现这个过程的几种方法. 回报是可观的. 通过标准的离散化，许多二维问题其求解需要 $O(n^{3/2})$ 的计算量和 $O(n\log n)$ 的填充量. 对于三维问题，通常需要 $O(n^2)$ 的计算量和 $O(n^{4/3})$ 的填充量.

11.1.8 稀疏 QR 分解和稀疏最小二乘问题

我们想要最小化 $\| Ax - b \|_2$，其中 $A \in \mathbb{R}^{m\times n}$ 是列满秩的并且是稀疏的. 如果我们可以生成 $A^{\mathrm{T}}A$，那么可以将稀疏 Cholesky 技术应用于正规方程 $A^{\mathrm{T}}Ax = A^{\mathrm{T}}b$. 特别地，我们将计算置换 P，以便 $P(A^{\mathrm{T}}A)P^{\mathrm{T}}$ 具有足够的稀疏 Cholesky 因

子. 然而，除了正规方程的缺陷外，即使 $\boldsymbol{A}$ 是稀疏的，矩阵 $\boldsymbol{A}^{\mathrm{T}}\boldsymbol{A}$ 也可能是稠密的.（考虑 $\boldsymbol{A}$ 有稠密行的情况.）

如果我们更愿意采用 QR 分解方法，那么重排 $\boldsymbol{A}$ 的列仍然是有意义的. 因为，如果 $\boldsymbol{A}\boldsymbol{P}^{\mathrm{T}} = \boldsymbol{Q}\boldsymbol{R}$ 是 $\boldsymbol{A}\boldsymbol{P}^{\mathrm{T}}$ 的瘦 QR 分解，那么

$$\boldsymbol{P}(\boldsymbol{A}^{\mathrm{T}}\boldsymbol{A})\boldsymbol{P}^{\mathrm{T}} = \boldsymbol{R}^{\mathrm{T}}\boldsymbol{R},$$

即，$\boldsymbol{R}^{\mathrm{T}}$ 是 $\boldsymbol{P}(\boldsymbol{A}^{\mathrm{T}}\boldsymbol{A})\boldsymbol{P}^{\mathrm{T}}$ 的 Cholesky 因子. 然而，这就需要围绕填充和 $\boldsymbol{Q}$ 矩阵提出一些严肃的问题. 假设 $\boldsymbol{Q}$ 是由 Householder QR 分解确定的. 尽管选择了 $\boldsymbol{P}$，最终的矩阵 $\boldsymbol{R}$ 是相当稀疏的，中间 Householder 修正 $\boldsymbol{A} = \boldsymbol{H}_k\boldsymbol{A}$ 往往有高水平的填充. 由此得出的结论是，$\boldsymbol{Q}$ 总是几乎稠密的. 如果 $m \gg n$，这可能会造成本质上的停止显示，从而产生了**稀疏 QR 挑战**：

稀疏 QR 挑战
给定一个稀疏矩阵 $\boldsymbol{A} \in \mathbb{R}^{m\times n}$，有效确定 $1:n$ 的一个置换 p，使得如果 $\boldsymbol{P} = I_n(:,p)$，则瘦 QR 分解 $A(:,p) = \boldsymbol{A}\boldsymbol{P}^{\mathrm{T}} = \boldsymbol{Q}\boldsymbol{R}$ 中的 $\boldsymbol{R}$ 因子接近最佳稀疏. 使用正交变换，由 $A(:,p)$. 确定 $\boldsymbol{R}$.

在我们展示如何解决这个挑战之前，先确定它与稀疏最小二乘问题的相关性. 如果 $\boldsymbol{A}\boldsymbol{P}^{\mathrm{T}} = \boldsymbol{Q}\boldsymbol{R}$ 是 $A(:,p)$ 的瘦 QR 分解，那么正规方程组 $\boldsymbol{A}^{\mathrm{T}}\boldsymbol{b} = \boldsymbol{A}^{\mathrm{T}}\boldsymbol{A}\boldsymbol{x}_{LS}$ 转化为

$$\boldsymbol{P}(\boldsymbol{A}^{\mathrm{T}}\boldsymbol{b}) = (\boldsymbol{P}(\boldsymbol{A}^{\mathrm{T}}\boldsymbol{A})\boldsymbol{P}^{\mathrm{T}})\boldsymbol{P}\boldsymbol{x}_{LS} = \boldsymbol{R}^{\mathrm{T}}\boldsymbol{R}\boldsymbol{P}\boldsymbol{x}_{LS}.$$

用 QR 生成的 Cholesky 因子解正规方程构成了**半正规方程**的最小二乘法. 注意，不必计算 $\boldsymbol{Q}$. 如果接下来是一个迭代改进的步骤，那么可以说明计算出的 $\boldsymbol{x}_{LS}$ 和通过 QR 因子分解得到的最小二乘解一样精确. 下面是整体解法结构.

步骤 1. 确定 $\boldsymbol{P}$ 使 $\boldsymbol{P}(\boldsymbol{A}^{\mathrm{T}}\boldsymbol{A})\boldsymbol{P}^{\mathrm{T}}$ 的 Cholesky 因子是稀疏的.

步骤 2. 在瘦 QR 分解 $\boldsymbol{A}\boldsymbol{P}^{\mathrm{T}} = \boldsymbol{Q}\boldsymbol{R}$ 中仔细计算矩阵 $\boldsymbol{R}$.

步骤 3. 解：$\boldsymbol{R}^{\mathrm{T}}\boldsymbol{y}_0 = \boldsymbol{P}(\boldsymbol{A}^{\mathrm{T}}\boldsymbol{b}), \boldsymbol{R}\boldsymbol{z}_0 = \boldsymbol{y}_0, \boldsymbol{x}_0 = \boldsymbol{P}^{\mathrm{T}}\boldsymbol{z}_0$.

步骤 4. 改进：$\boldsymbol{r} = \boldsymbol{b} - \boldsymbol{A}\boldsymbol{x}_0, \boldsymbol{R}^{\mathrm{T}}\boldsymbol{y}_1 = \boldsymbol{P}(\boldsymbol{A}^{\mathrm{T}}\boldsymbol{r}), \boldsymbol{R}\boldsymbol{z}_1 = \boldsymbol{y}_1,$

$$\boldsymbol{e} = \boldsymbol{P}^{\mathrm{T}}\boldsymbol{z}_1, \boldsymbol{x}_{LS} = \boldsymbol{x}_0 + \boldsymbol{e}.$$

要理解步骤 3 和步骤 4，将 $\boldsymbol{x}_0$ 视为由于正规方程的缺陷而不被接受的误差. 注意 $\boldsymbol{A}^{\mathrm{T}}\boldsymbol{A}\boldsymbol{x}_0 = \boldsymbol{A}^{\mathrm{T}}\boldsymbol{b} - \boldsymbol{A}^{\mathrm{T}}\boldsymbol{r}$ 且 $\boldsymbol{A}^{\mathrm{T}}\boldsymbol{A}\boldsymbol{e} = \boldsymbol{A}^{\mathrm{T}}\boldsymbol{r}$，我们得到

$$\boldsymbol{A}^{\mathrm{T}}\boldsymbol{A}(\boldsymbol{x}_0 + \boldsymbol{e}) = \boldsymbol{A}^{\mathrm{T}}\boldsymbol{b} - \boldsymbol{A}^{\mathrm{T}}\boldsymbol{r} + \boldsymbol{A}^{\mathrm{T}}\boldsymbol{r} = \boldsymbol{A}^{\mathrm{T}}\boldsymbol{b}.$$

关于半正规方程方法的详细分析，见 Björck (1987).

让我们回到稀疏 QR 分解和使用正交变换对 $\boldsymbol{R}$ 的有效计算. 从 5.2.5 节开始回忆，使用 Givens 旋转方法，在化零顺序方面有相当大的灵活性. 一次将 $\boldsymbol{A} \in \mathbb{R}^{m\times n}$ 的一行化零的方法可以组织如下.

for $i = 2:m$

  for $j = 1:\min\{i-1, n\}$

    if $a_{ij} \neq 0$

      计算 G 的 Givens 旋转, 得到 $G\begin{bmatrix} a_{jj} \\ a_{ij} \end{bmatrix} = \begin{bmatrix} \times \\ 0 \end{bmatrix}$

$$\text{修正:} \begin{bmatrix} a_{jj} & \cdots & a_{jn} \\ a_{ij} & \cdots & a_{in} \end{bmatrix} = G \begin{bmatrix} a_{jj} & \cdots & a_{jn} \\ a_{ij} & \cdots & a_{in} \end{bmatrix} \tag{11.1.9}$$

    end

  end

end

指标 i 是旋转为当前矩阵 $\boldsymbol{R}$ 的行号. 下面是一个示例，演示了如果 $i > n$，则 j-循环如何实现该过程:

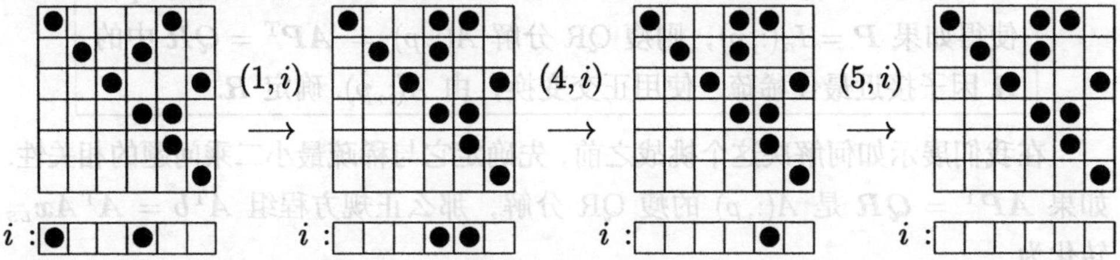

注意，旋转可以在 $\boldsymbol{R}$ 和当前归零的行中引入填充. 我们已经提出了各种行排序的策略，用来“沿路”最小化填充到最终矩阵 $\boldsymbol{R}$ 的填充. 参见 George and Heath (1980) 以及 Björck (NMLS, 第 244 页). 例如，在解决 (11.1.9) 之前，可以对行进行排列，以便每行中的第一个非零元不会位于前一行中第一个非零的左侧. 第一个非零元出现在同一列中的行可以根据最后一个非零元的位置进行排序.

11.1.9 稀疏 LU 分解

对 $\boldsymbol{A} \in \mathbb{R}^{n\times n}$ 选主元 LU 分解的第一步是计算分解

$$\boldsymbol{PAQ}^{\mathrm{T}} = \begin{bmatrix} \alpha & \boldsymbol{w}^{\mathrm{T}} \\ \boldsymbol{v} & \boldsymbol{B} \end{bmatrix} = \begin{bmatrix} 1 & \boldsymbol{0} \\ \boldsymbol{v}/\alpha & \boldsymbol{I}_{n-1} \end{bmatrix} \begin{bmatrix} \alpha & \boldsymbol{w}^{\mathrm{T}} \\ 0 & \boldsymbol{A}^{(1)} \end{bmatrix}, \tag{11.1.10}$$

其中 $\boldsymbol{P}$ 和 $\boldsymbol{Q}$ 是置换矩阵，且

$$\boldsymbol{A}^{(1)} = \boldsymbol{B} - \frac{1}{\alpha}\boldsymbol{v}\boldsymbol{w}^{\mathrm{T}}. \tag{11.1.11}$$

在 3.4 节中，我们讨论了 $\boldsymbol{P}$ 和 $\boldsymbol{Q}$ 的各种选择. 稳定性是首要问题，所有的问题都围绕着使主元 α 足够大而展开. 如果 $\boldsymbol{A}$ 是稀疏矩阵，则除了稳定性之外，我们还必须关注 $\boldsymbol{A}^{(1)}$ 的稀疏性. 为了平衡稳定性和稀疏性，我们定义**稀疏 LU 挑战**:

稀疏 LU 挑战
给定一个矩阵 $\boldsymbol{A} \in \mathbb{R}^{n\times n}$，有效确定 $1:n$ 的置换 p 和 q，使得如果 $\boldsymbol{P} = I_n(:,p)$ 且 $\boldsymbol{Q} = I_n(:,q)$，则分解 $A(p,q) = \boldsymbol{PAQ}^{\mathrm{T}} = \boldsymbol{LU}$ 是相当稳定的，三角因子 $\boldsymbol{L}$ 和 $\boldsymbol{U}$ 接近最佳稀疏.

为了应对挑战，我们必须在以下两种极端策略之间进行计算.

- 最大稳定性，通过选择 $\boldsymbol{P}$ 和 $\boldsymbol{Q}$，使得 $|\alpha| = \max |a_{ij}|$.
- 最大稀疏性，通过选择 $\boldsymbol{P}$ 和 $\boldsymbol{Q}$，使得 $\mathsf{nnz}(\boldsymbol{A}^{(1)})$ 最小化.

Markowitz 选主元提供了实现这一想法的结构框架. 给出一个**阈值参数** τ，满足 $0 \leqslant \tau \leqslant 1$，在形式 (11.1.10) 的每一步选择 $\boldsymbol{P}$ 和 $\boldsymbol{Q}$ 使得 $\mathsf{nnz}(\boldsymbol{A}^{(1)})$ 在限制条件 $|\alpha| \geqslant \tau|\boldsymbol{v}_i|\,(i=1:n-1)$ 下达到最小化. 小的 τ 值会危及稳定性，但会创造更多机会来控制填充. 通常的折衷值为 $\tau = 1/10$.

有时，从对角线中选主元是有好处的，即令 $\boldsymbol{P} = \boldsymbol{Q}$. 当矩阵 $\boldsymbol{A}$ **结构对称**时，就会出现这种情况. 如果 a_{ij} 和 a_{ji} 均为零或者均不为零，那么矩阵 $\boldsymbol{A}$ 称为结构对称的. 对称矩阵的行（或列）被扩大倍数后所得矩阵就是结构对称的. 从 (11.1.10) 和 (11.1.11) 容易看出，如果 $\boldsymbol{A}$ 是结构对称的，且 $\boldsymbol{P} = \boldsymbol{Q}$，那么 $\boldsymbol{A}^{(1)}$ 也是结构对称的. 如果 Markowitz 策略是“安全的”，则可以将其推广到对角主元情形. 如果某个对角元与其列中其他元相比足够大，那么能够选择 $\boldsymbol{P}$ 使 $[PAP^{\mathrm{T}}]_{11}$ 是该元并保持结构对称. 否则, 用 PAQ^{T} 修正，把足够大的非对角元素放到 (1,1) 位置.

习 题

1. 假设 $\boldsymbol{T}$ 以压缩列格式存储，给出一种求解上三角问题 $\boldsymbol{Tx} = \boldsymbol{b}$ 的算法.

2. 如果同时考虑指标和浮点运算次数，稀疏外积修正 (11.1.2) 是一个 $O(\mathsf{nnz}(\boldsymbol{u}) \cdot \mathsf{nnz}(\boldsymbol{v}))$ 的计算吗?

3. 以 (11.1.5) 为例，如果 $S_0 = \{9\}$，所产生的配置是什么? $S_0 = \{4\}$ 呢?

4. 证明: Cuthill-McKee 排序将 $\boldsymbol{A}$ 排列成块三对角形式，第 k 个对角块的大小为 $r \times r$，其中 r 是 S_{k-1} 的基数.

5. (a) 如果将反向 Cuthill-McKee 排序应用于 11.1.5 节的例子，结果配置是什么?

(b) 对于 (11.1.5) 中的矩阵，其消去树是什么?

6. 证明: 如果 $\boldsymbol{G}$ 是 $\boldsymbol{A}$ 的 Cholesky 因子，且元 $g_{ij} \neq 0$，那么 $j \geqslant f_i$，其中 f_i 由 (11.1.6) 所定义. 推断出 $\mathsf{nnz}(\boldsymbol{G}) \leqslant \mathsf{profile}(\boldsymbol{A})$.

7. 说明半正规方程的方法如何有效地用于 $\|\,\boldsymbol{Mx} - \boldsymbol{d}\,\|_2$ 的最小化，其中

$$\boldsymbol{M} = \begin{bmatrix} \boldsymbol{A}_1 & \boldsymbol{0} & \boldsymbol{0} & \boldsymbol{C}_1 \\ \boldsymbol{0} & \boldsymbol{A}_2 & \boldsymbol{0} & \boldsymbol{C}_2 \\ \boldsymbol{0} & \boldsymbol{0} & \boldsymbol{A}_3 & \boldsymbol{C}_3 \end{bmatrix}, \quad \boldsymbol{d} = \begin{bmatrix} \boldsymbol{b}_1 \\ \boldsymbol{b}_2 \\ \boldsymbol{b}_3 \end{bmatrix},$$

其中对于 $i = 1:3$ 有 $\boldsymbol{A}_i \in \mathbb{R}^{m\times n}$, $\boldsymbol{C}_i \in \mathbb{R}^{m\times p}$, $\boldsymbol{b}_i \in \mathbb{R}^m$. 假设 $\boldsymbol{M}$ 是列满秩的且 $m > n+p$. 提示：计算 Q-瘦 QR 分解 $[\boldsymbol{A}_i\ \boldsymbol{C}_i]\,(i=1:3)$.

11.2　经典迭代法

求解 $\boldsymbol{A}\boldsymbol{x} = \boldsymbol{b}$ 问题的迭代法是生成一个收敛到解 $\boldsymbol{x} = \boldsymbol{A}^{-1}\boldsymbol{b}$ 的近似解序列 $\{\boldsymbol{x}^{(k)}\}$. 通常，只在矩阵与向量相乘时才会用到矩阵 $\boldsymbol{A}$，当 $\boldsymbol{A}$ 是大型稀疏矩阵时，这一算法结构更有吸引力. 迭代法的关键指标包括收敛速度、每步的计算量、所需存储量和内存访问模式. 本节中，我们给出几种经典的迭代方法，讨论它们的实际运算，并证明了几个代表性的定理，以展示其算法特性.

11.2.1　Jacobi 迭代和 Gauss-Seidel 迭代

对于 $\boldsymbol{A}\boldsymbol{x} = \boldsymbol{b}$ 问题，最简单的迭代法是 Jacobi 迭代. 以 3×3 矩阵为例看看这一方法，可以将 $\boldsymbol{A}\boldsymbol{x} = \boldsymbol{b}$ 改写为：

$$
\begin{aligned}
x_1 &= (b_1 - a_{12}x_2 - a_{13}x_3)/a_{11},\\
x_2 &= (b_2 - a_{21}x_1 - a_{23}x_3)/a_{22},\\
x_3 &= (b_3 - a_{31}x_1 - a_{32}x_2)/a_{33}.
\end{aligned}
$$

假设 $\boldsymbol{x}^{(k-1)}$ 是 $\boldsymbol{x} = \boldsymbol{A}^{-1}\boldsymbol{b}$ 的一个“当前”近似解. 则产生新的近似解 $\boldsymbol{x}^{(k)}$ 的一种很自然的方法是计算

$$
\begin{aligned}
x_1^{(k)} &= (b_1 - a_{12}x_2^{(k-1)} - a_{13}x_3^{(k-1)})/a_{11},\\
x_2^{(k)} &= (b_2 - a_{21}x_1^{(k-1)} - a_{23}x_3^{(k-1)})/a_{22},\\
x_3^{(k)} &= (b_3 - a_{31}x_1^{(k-1)} - a_{32}x_2^{(k-1)})/a_{33}.
\end{aligned}
\tag{11.2.1}
$$

显然，要想这个方法能执行，$\boldsymbol{A}$ 的对角线上必须都是非零元. 对于一般的 n，我们有

for $i = 1:n$

$$
x_i^{(k)} = \left(b_i - \sum_{j=1}^{i-1} a_{ij}x_j^{(k-1)} - \sum_{j=i+1}^{n} a_{ij}x_j^{(k-1)}\right)\Bigg/ a_{ii}
\tag{11.2.2}
$$

end

注意，在计算 $x_i^{(k)}$ 时，没有充分利用最新求得的特别元. 例如，尽管 $x_1^{(k)}$ 已经计算出来了，但计算 $x_2^{(k)}$ 只是用了上一步的 $x_1^{(k-1)}$. 如果修改 Jacobi 迭代过程，使得每次都使用已经计算出的解的分量的最新估计值，那么就得到了 Gauss-Seidel 迭代：

for $i = 1 : n$

$$x_i^{(k)} = \left(b_i - \sum_{j=1}^{i-1} a_{ij} x_j^{(k)} - \sum_{j=i+1}^{n} a_{ij} x_j^{(k-1)} \right) \Big/ a_{ii} \tag{11.2.3}$$

end

和 Jacobi 迭代一样，要想这个迭代能执行，对角元 $a_{11}, \cdots, a_{nn}$ 必须都是非零的.

对于上面两种迭代，从 $x^{(k-1)}$ 到 $x^{(k)}$ 的求解，可以用矩阵 $\boldsymbol{A}$ 的严格下三角、对角和严格上三角部分来简明地描述. 这三个部分矩阵分别记为 $\boldsymbol{L}_A$、$\boldsymbol{D}_A$ 和 $\boldsymbol{U}_A$，例如

$$\boldsymbol{L}_A = \begin{bmatrix} 0 & 0 & 0 \\ a_{21} & 0 & 0 \\ a_{31} & a_{32} & 0 \end{bmatrix}, \boldsymbol{D}_A = \begin{bmatrix} a_{11} & 0 & 0 \\ 0 & a_{22} & 0 \\ 0 & 0 & a_{33} \end{bmatrix}, \boldsymbol{U}_A = \begin{bmatrix} 0 & a_{12} & a_{13} \\ 0 & 0 & a_{23} \\ 0 & 0 & 0 \end{bmatrix}.$$

显而易见，Jacobi 迭代的步骤 (11.2.2) 具有形式

$$\boldsymbol{M}_{\mathrm{J}} \boldsymbol{x}^{(k)} = \boldsymbol{N}_{\mathrm{J}} \boldsymbol{x}^{(k-1)} + \boldsymbol{b}, \tag{11.2.4}$$

其中 $\boldsymbol{M}_{\mathrm{J}} = \boldsymbol{D}_A$, $\boldsymbol{N}_J = -(\boldsymbol{L}_A + \boldsymbol{U}_A)$. 另外，Gauss-Seidel 迭代的步骤 (11.2.3) 定义为

$$\boldsymbol{M}_{\mathrm{GS}} \boldsymbol{x}^{(k)} = \boldsymbol{N}_{\mathrm{GS}} \boldsymbol{x}^{(k-1)} + \boldsymbol{b}, \tag{11.2.5}$$

其中 $\boldsymbol{M}_{\mathrm{GS}} = (\boldsymbol{D}_A + \boldsymbol{L}_A)$, $\boldsymbol{N}_{\mathrm{GS}} = -\boldsymbol{U}_A$.

11.2.2 分块形式

Jacobi 迭代和 Gauss-Seidel 迭代显然有分块形式. 例如，如果 $\boldsymbol{A}$ 是一个 3×3 的稀疏分块矩阵，分成非奇异方形对角块，则方程组

$$\begin{bmatrix} \boldsymbol{A}_{11} & \boldsymbol{A}_{12} & \boldsymbol{A}_{13} \\ \boldsymbol{A}_{21} & \boldsymbol{A}_{22} & \boldsymbol{A}_{23} \\ \boldsymbol{A}_{31} & \boldsymbol{A}_{32} & \boldsymbol{A}_{33} \end{bmatrix} \begin{bmatrix} \boldsymbol{x}_1 \\ \boldsymbol{x}_2 \\ \boldsymbol{x}_3 \end{bmatrix} = \begin{bmatrix} \boldsymbol{b}_1 \\ \boldsymbol{b}_2 \\ \boldsymbol{b}_3 \end{bmatrix}$$

可以重写为:

$$\begin{aligned} \boldsymbol{A}_{11}\boldsymbol{x}_1 &= \boldsymbol{b}_1 - \boldsymbol{A}_{12}\boldsymbol{x}_2 - \boldsymbol{A}_{13}\boldsymbol{x}_3, \\ \boldsymbol{A}_{22}\boldsymbol{x}_2 &= \boldsymbol{b}_2 - \boldsymbol{A}_{21}\boldsymbol{x}_1 - \boldsymbol{A}_{23}\boldsymbol{x}_3, \\ \boldsymbol{A}_{33}\boldsymbol{x}_3 &= \boldsymbol{b}_3 - \boldsymbol{A}_{31}\boldsymbol{x}_1 - \boldsymbol{A}_{32}\boldsymbol{x}_2. \end{aligned}$$

由此，我们得到分块 Jacobi 迭代

$$\boldsymbol{A}_{11}\boldsymbol{x}_1^{(k)} = \boldsymbol{b}_1 - \boldsymbol{A}_{12}\boldsymbol{x}_2^{(k-1)} - \boldsymbol{A}_{13}\boldsymbol{x}_3^{(k-1)},$$

$$\begin{aligned} A_{22}x_2^{(k)} &= b_2 - A_{21}x_1^{(k-1)} - A_{23}x_3^{(k-1)}, \\ A_{33}x_3^{(k)} &= b_3 - A_{31}x_1^{(k-1)} - A_{32}x_2^{(k-1)}, \end{aligned}$$

和分块 Gauss-Seidel 迭代

$$\begin{aligned} A_{11}x_1^{(k)} &= b_1 - A_{12}x_2^{(k-1)} - A_{13}x_3^{(k-1)}, \\ A_{22}x_2^{(k)} &= b_2 - A_{21}x_1^{(k)} - A_{23}x_3^{(k-1)}, \\ A_{33}x_3^{(k)} &= b_3 - A_{31}x_1^{(k)} - A_{32}x_2^{(k)}. \end{aligned}$$

根据这两种迭代，迭代法的 $x_i^{(k)}$ 作为线性方程组的解. 这些问题可以直接用 LU 分解或 Cholesky 分解求解，也可以通过迭代法近似求解. 当然，为了使这项工作有意义，对角块必须是非奇异的.

11.2.3　矩阵分裂和迭代收敛性

求解 $Ax = b$ 的很多迭代方法都可以表示为

$$Mx^{(k)} = Nx^{(k-1)} + b, \tag{11.2.6}$$

其中 $A = M - N$ 是 A 的一个分裂且 $x^{(0)}$ 是初始向量. 为了使迭代可行，当 M 作为系数矩阵时，其对应的线性方程组一定要容易求解. 在 Jacobi 迭代中，M 是对角矩阵；在 Gauss-Seidel 迭代中，M 是下三角矩阵.

能够证明，相应于 (11.2.6) 的收敛速度取决于迭代矩阵

$$G = M^{-1}N$$

的特征值. 从方程 $Mx = Nx + b$ 减去 (11.2.6)，我们得到

$$M(x^{(k)} - x) = N(x^{(k-1)} - x).$$

因此，在给定步骤的误差和上一步的误差之间有一个简单的联系. 确实，如果

$$e^{(k)} = x^{(k)} - x,$$

则

$$e^{(k)} = M^{-1}Ne^{(k-1)} = Ge^{(k-1)} = G^k e^{(0)}. \tag{11.2.7}$$

一切取决于当 $k \to \infty$ 时 G^k 的行为. 对于一些范数，如果 $\| G \| < 1$，那么可以保证收敛，因为

$$\| e^{(k)} \| = \| G^k e^{(0)} \| \leqslant \| G^k \| \| e^{(0)} \| \leqslant \| G \|^k \| e^{(0)} \|.$$

然而，G 的最大特征值决定了 G^k 的渐近行为. 例如，如果

$$G = \begin{bmatrix} \lambda & \alpha \\ 0 & \lambda \end{bmatrix},$$

那么

$$G^k = \begin{bmatrix} \lambda^k & \alpha\lambda^{k-1} \\ 0 & \lambda^k \end{bmatrix}. \tag{11.2.8}$$

我们得出，当且仅当 G 的特征值 λ 满足 $|\lambda| < 1$ 时 $G^k \to 0$. 回忆 (7.1.1) 中谱半径的定义：

$$\rho(C) \;=\; \max\{\, |\lambda| \;:\; \lambda \in \lambda(C)\,\}.$$

下列定理说明了 $\rho(M^{-1}N)$ 的大小与 (11.2.6) 的收敛性之间的联系.

定理 11.2.1 设 $A = M - N$ 是非奇异矩阵 $A \in \mathbb{R}^{n\times n}$ 的分裂. 假定 M 是非奇异的，那么对于任何 n 维初始向量 $x^{(0)}$，迭代 (11.2.6) 收敛到 $x = A^{-1}b$ 当且仅当 $\rho(G) < 1$，其中 $G = M^{-1}N$.

证明 由 (11.2.7) 可知，$G^k \to 0$ 当且仅当 $\rho(G) < 1$. 如果 $Gx = \lambda x$，则 $G^k x = \lambda^k x$. 因此，如果 $G^k \to 0$，那么必有 $|\lambda| < 1$，即 G 的谱半径必小于 1.

假设 $\rho(G) < 1$，令 $G = QTQ^{\rm H}$ 是其 Schur 分解. 如果 $D = \mathrm{diag}(t_{11}, \cdots, t_{nn})$ 且 $E = A - D$，那么由 (7.3.15) 可得

$$\|\, G^k \,\|_2 \;\leqslant\; (1+\mu)^{n-1}\left(\rho(G) + \frac{\|\, E \,\|_F}{1+\mu}\right)^k,$$

其中 μ 为任意非负实数. 很明显，我们可以选择参数使其上界收敛到零. 例如，如果 G 是正规的，那么 $E = 0$，我们可以令 $\mu = 0$. 否则，如果

$$\mu \;=\; \frac{2\|\, E \,\|_2}{1 - \rho(G)},$$

那么很容易验证

$$\|\, G^k \,\|_2 \;\leqslant\; \left(1 + \frac{2\|\, E \,\|_F}{1-\rho(G)}\right)^{n-1}\left(\frac{1+\rho(G)}{2}\right)^k, \tag{11.2.9}$$

这就保证了收敛，因为 $1 + \rho(G) < 2$. □

2×2 的例子 (11.2.8) 和不等式 (11.2.9) 提示我们，对于非正规矩阵的幂，谱半径并不能给出所有信息. 实际上，如果 G 是非正规的，那么 G^k（和误差 $\|\, x^{(k)} - x \,\|$）有可能大幅增长. 在 7.9.6 节中引入的 ϵ-伪谱半径，提供了对这种情况的更深入了解.

总结到目前为止我们所学到的，如果对形式 (11.2.6) 的方法感兴趣，有两个至关重要的问题需要关注：

- 分裂得到的 $A = M - N$ 必须使线性方程组 $Mz = d$ 易求解.
- 找到保证 $\rho(M^{-1}N) < 1$ 的方式.

为了满足第二个要求，我们陈述并证明了一对适用于 Jacobi 迭代和 Gauss-Seidel 迭代的收敛结果.

11.2.4　对角占优和 Jacobi 迭代

确定迭代矩阵 G 的谱半径小于 1 的一种方法是，对于某个范数 $\|G\| < 1$，这个不等式能够确保 G 的所有特征值都在单位圆内. 作为此类分析的一个例子，考虑将 Jacobi 迭代应用于严格对角占优线性方程组的情况. 回忆 4.1.1 节，此时的矩阵 $A \in \mathbb{R}^{n\times n}$ 满足

$$\sum_{\substack{j=1\\ j\neq i}}^{n} |a_{ij}| < |a_{ii}|, \qquad i = 1:n.$$

定理 11.2.2 如果 $A \in \mathbb{R}^{n\times n}$ 严格对角占优，则 Jacobi 迭代 (11.2.4) 收敛于 $x = A^{-1}b$.

证明 因为 $G_{\mathrm{J}} = -D_A^{-1}(L_A + U_A)$，所以

$$\|G_{\mathrm{J}}\|_\infty = \|D_A^{-1}(L_A + U_A)\|_\infty = \max_{1\leqslant i\leqslant n} \sum_{\substack{j=1\\ j\neq i}}^{n} \left|\frac{a_{ij}}{a_{ii}}\right| < 1.$$

因为 A 的所有特征值都不大于 $\|A\|_\infty$，所以定理得证. □

通常，越对角占优，收敛速度就越快，但也有反例，见习题 3.

11.2.5　正定性和 Gauss-Seidel 迭代

为了证明 Gauss-Seidel 迭代对于对称正定矩阵是收敛的，需要对谱半径做更复杂的讨论.

定理 11.2.3 如果 $A \in \mathbb{R}^{n\times n}$ 是对称正定矩阵，则对于任意 $x^{(0)}$，Gauss-Seidel 迭代 (11.2.5) 收敛.

证明 我们必须验证 $G_{\mathrm{GS}} = -(D_A + L_A)^{-1}L_A^{\mathrm{T}}$ 的特征值都在单位圆内. 这个矩阵与如下矩阵有相同的特征值

$$G = D_A^{1/2} G_{\mathrm{GS}} D_A^{-1/2} = -(I + L)^{-1}L^{\mathrm{T}},$$

其中 $L = D_A^{-1/2} L_A D_A^{-1/2}$. 如果

$$-(I + L)^{-1}L^{\mathrm{T}}v = \lambda v, \qquad v^{\mathrm{H}}v = 1,$$

则 $-\boldsymbol{v}^{\mathrm{H}}\boldsymbol{L}^{\mathrm{H}}\boldsymbol{v} = \lambda(1+\boldsymbol{v}^{\mathrm{H}}\boldsymbol{L}\boldsymbol{v})$. 如果 $\boldsymbol{v}^{\mathrm{H}}\boldsymbol{L}\boldsymbol{v} = a+bi$，则

$$|\lambda|^2 = \left|\frac{-a+bi}{1+a+bi}\right|^2 = \frac{a^2+b^2}{1+2a+a^2+b^2}.$$

然而，由于 $\boldsymbol{D}_A^{-1/2}\boldsymbol{A}\boldsymbol{D}_A^{-1/2} = \boldsymbol{I}+\boldsymbol{L}+\boldsymbol{L}^{\mathrm{T}}$ 是正定的，不难证明 $0 < 1+\boldsymbol{v}^{\mathrm{H}}\boldsymbol{L}\boldsymbol{v} + \boldsymbol{v}^{\mathrm{H}}\boldsymbol{L}^{\mathrm{T}}\boldsymbol{v} = 1+2a$，因此 $|\lambda| < 1$. □

我们提到要使 $\rho(\boldsymbol{M}_{\mathrm{GS}}^{-1}\boldsymbol{N}_{\mathrm{GS}})$ 的界小于 1，需要有关 $\boldsymbol{A}$ 的附加信息. 所需的分析非常复杂.

11.2.6 模型问题的讨论

将 Jacobi 迭代和 Gauss-Seidel 迭代应用于对称正定线性方程组

$$(\boldsymbol{I}_{n_1}\otimes\boldsymbol{T}_{n_2} + \boldsymbol{T}_{n_1}\otimes\boldsymbol{I}_{n_2})\boldsymbol{u} = \boldsymbol{b} \tag{11.2.10}$$

是有意义的，其中

$$\boldsymbol{T}_m = \begin{bmatrix} 2 & -1 & \cdots & 0 \\ -1 & 2 & \ddots & \vdots \\ \vdots & \ddots & \ddots & -1 \\ 0 & \cdots & -1 & 2 \end{bmatrix} \in \mathbb{R}^{m\times m}. \tag{11.2.11}$$

在矩形网格上离散泊松方程就产生这种结构的方程组，见 4.8.3 节. 回想一下，将解向量看作双下标是很方便的. 与网格点 (i,j) 相应的未知元是 $U(i,j)$. 当解方程组时，$U(i,j)$ 的值是东、西、南、北“相邻网格”上的值的平均值. 边界值是已知且固定的，这就允许我们将 (11.2.10) 重新化为 2 维数组的平均问题:

> 给定 $U(0:n_1+1, 0:n_2+1)$，其顶行和底行、最左列和最右列有固定值，确定 $U(1:n_1, 1:n_2)$，使得对于 $i=1:n_1$，$j=1:n_2$ 有
>
> $$U(i,j) = \frac{U(i,j-1)+U(i,j+1)+U(i-1,j)+U(i+1,j)}{4}.$$

从这个角度看，解释 Jacobi 迭代和 Gauss-Seidel 迭代容易得多. 例如，修正

```
V = U
for i = 1 : n1
  for j = 1 : n2
    U(i,j) = (V(i-1,j) + V(i,j+1) + V(i+1,j) + V(i,j-1))/4
  end
end
```

是对应 Jacobi 迭代的一步，而

```
for i = 1 : n_1
    for j = 1 : n_2
        U(i,j) = (U(i-1,j) + U(i,j+1) + U(i+1,j) + U(i,j-1))/4
    end
end
```

对应于 Gauss-Seidel 迭代. 这两种方法的组织都反映了矩阵结构：矩阵 $\boldsymbol{A}$ 根本看不见！我们简单地利用了块级的 Kronecker 结构和三对角矩阵的 1-2-1 结构.

Jacobi 迭代过程通常比 Gauss-Seidel 迭代更容易向量化和/或并行化，我们正在考虑的模型问题的数组修正观点使我们很容易理解这其中的原因. $U(1:n_1, 1:n_2)$ 的 Jacobi 修正是一个矩阵平均：

$$\frac{U(1:n_1,0:n_2-1)+U(2:n_1+1,1:n_2)+U(1:n_1,2:n_2+1)+U(0:n_1-1,1:n_2)}{4}.$$

在如此高的层次上，用 Gauss-Seidel 方法的最新估计描述修正变得更加困难.

现在我们来分析谱半径 $\rho(\boldsymbol{M}_{\mathrm{J}}^{-1}\boldsymbol{N}_{\mathrm{J}})$. 通过 $\boldsymbol{T}_m$ 的特征值的闭型表达式可以确定这个重要的量. 注意

$$\mathcal{T}_m = 2\boldsymbol{I} - \boldsymbol{E}_m,$$

其中

$$\boldsymbol{E}_m = \begin{bmatrix} 0 & 1 & \cdots & 0 \\ 1 & 0 & \ddots & \vdots \\ \vdots & \ddots & \ddots & 1 \\ 0 & \cdots & 1 & 0 \end{bmatrix}.$$

由

$$\boldsymbol{A} = \boldsymbol{I}_{n_1}\otimes\mathcal{T}_{n_2} + \boldsymbol{T}_{n_1}\otimes\boldsymbol{I}_{n_2} = 4\boldsymbol{I}_{n_1n_2} - (\boldsymbol{I}_{n_1}\otimes\boldsymbol{E}_{n_2}) - (\boldsymbol{E}_{n_1}\otimes\boldsymbol{I}_{n_2}), \tag{11.2.12}$$

Jacobi 分裂 $\boldsymbol{A} = \boldsymbol{M}_{\mathrm{J}} - \boldsymbol{N}_{\mathrm{J}}$ 如下

$$\begin{aligned} \boldsymbol{M}_{\mathrm{J}} &= 4\boldsymbol{I}_{n_1n_2}, \\ \boldsymbol{N}_{\mathrm{J}} &= (\boldsymbol{I}_{n_1}\otimes\boldsymbol{E}_{n_2}) + (\boldsymbol{E}_{n_1}\otimes\boldsymbol{I}_{n_2}). \end{aligned}$$

使用我们在 4.8.6 节中讨论的快速特征系统的结果，显然

$$\boldsymbol{S}_m^{-1}\boldsymbol{E}_m\boldsymbol{S}_m = \boldsymbol{D}_m = \mathrm{diag}(\mu_1^{(m)},\cdots,\mu_m^{(m)}), \tag{11.2.13}$$

其中 $\boldsymbol{S}_m$ 是正弦变换矩阵 $[\boldsymbol{S}_m]_{kj} = \sin(kj\pi/(m+1))$，且

$$\mu_k^{(m)} = 2\cos\left(\frac{k\pi}{m+1}\right), \qquad k = 1:m. \tag{11.2.14}$$

从而

$$(\boldsymbol{S}_{n_1} \otimes \boldsymbol{S}_{n_2})^{-1}\left(\boldsymbol{M}_{\text{J}}^{-1}\boldsymbol{N}_{\text{J}}\right)(\boldsymbol{S}_{n_1} \otimes \boldsymbol{S}_{n_2}) \;=\; (\boldsymbol{I}_{n_1} \otimes \boldsymbol{D}_{n_2} \;+\; \boldsymbol{D}_{n_1} \otimes \boldsymbol{I}_{n_2})\,/4.$$

使用对角矩阵的 Kronecker 结构和 (11.2.14)，易证

$$\rho(\boldsymbol{M}_{\text{J}}^{-1}\boldsymbol{N}_{\text{J}}) \;=\; \frac{2\cos(\pi/(n_1+1)) + 2\cos(\pi/(n_2+1))}{4}. \tag{11.2.15}$$

注意, 随着 n_1 和 n_2 的增大，这个量接近 1.

作为关于模型问题的最后一个练习，我们使用它的特殊结构来开发一个有趣的替代迭代. 由 (11.2.12)，我们能写出 $\boldsymbol{A} = \boldsymbol{M}_x - \boldsymbol{N}_x$，其中

$$\boldsymbol{M}_x \;=\; 4\boldsymbol{I}_{n_1n_2} \;-\; (\boldsymbol{I}_{n_1} \otimes \boldsymbol{E}_{n_2}), \qquad \boldsymbol{N}_x \;=\; (\boldsymbol{E}_{n_1} \otimes \boldsymbol{I}_{n_2}).$$

同样，$\boldsymbol{A} = \boldsymbol{M}_y - \boldsymbol{N}_y$，其中

$$\boldsymbol{M}_y \;=\; 4\boldsymbol{I}_{n_1n_2} \;-\; (\boldsymbol{E}_{n_1} \otimes \boldsymbol{I}_{n_2}), \qquad \boldsymbol{N}_y \;=\; (\boldsymbol{I}_{n_1} \otimes \boldsymbol{E}_{n_2}).$$

这两个分裂可以配对，以产生以下从 $\boldsymbol{u}^{(k-1)}$ 到 $\boldsymbol{u}^{(k)}$ 的变换:

$$\begin{aligned} \boldsymbol{M}_x\boldsymbol{v}^{(k)} \;&=\; \boldsymbol{N}_x\boldsymbol{u}^{(k-1)} + \boldsymbol{b}, \\ \boldsymbol{M}_y\boldsymbol{u}^{(k)} \;&=\; \boldsymbol{N}_y\boldsymbol{v}^{(k)} + \boldsymbol{b}. \end{aligned} \tag{11.2.16}$$

每个步骤都有一个基于偏微分方程的自然解释，见 4.8.4 节. 第一步对应于将每个网格点的南北值视为固定值, 第二步对应于将每个网格点的东西值视为固定值. 最终迭代是一个**交替方向迭代**的例子. 见 Varga (1962, 第 7 章). 由

$$\boldsymbol{u}^{(k)} - \boldsymbol{x} \;=\; (\boldsymbol{M}_y^{-1}\boldsymbol{N}_y)(\boldsymbol{v}^{(k)} - \boldsymbol{x}) \;=\; (\boldsymbol{M}_y^{-1}\boldsymbol{N}_y)(\boldsymbol{M}_x^{-1}\boldsymbol{N}_x)(\boldsymbol{u}^{(k-1)} - \boldsymbol{x})$$

可得 $\boldsymbol{e}^{(k)} \;=\; \boldsymbol{G}^k\boldsymbol{e}^{(0)}$，其中

$$\begin{aligned} \boldsymbol{G} \;&=\; (\boldsymbol{M}_y^{-1}\boldsymbol{N}_y)(\boldsymbol{M}_x^{-1}\boldsymbol{N}_x) \\ &=\; (4\boldsymbol{I}_{n_1n_2} - \boldsymbol{E}_{n_1} \otimes \boldsymbol{I}_{n_2})^{-1}(\boldsymbol{I}_{n_1} \otimes \boldsymbol{E}_{n_2})(4\boldsymbol{I}_{n_1n_2} - \boldsymbol{I}_{n_1} \otimes \boldsymbol{E}_{n_2})^{-1}(\boldsymbol{E}_{n_1} \otimes \boldsymbol{I}_{n_2}). \end{aligned}$$

利用 (11.2.13) 和 (11.2.14)，易得

$$(\boldsymbol{S}_{n_1} \otimes \boldsymbol{S}_{n_2})^{-1}\boldsymbol{G}(\boldsymbol{S}_{n_1} \otimes \boldsymbol{S}_{n_2}) =$$

$$(4\boldsymbol{I}_{n_1n_2} - \boldsymbol{D}_{n_1} \otimes \boldsymbol{I}_{n_2})^{-1}(\boldsymbol{I}_{n_1} \otimes \boldsymbol{D}_{n_2})(4\boldsymbol{I}_{n_1n_2} - \boldsymbol{I}_{n_1} \otimes \boldsymbol{D}_{n_2})^{-1}(\boldsymbol{D}_{n_1} \otimes \boldsymbol{I}_{n_2})$$

是对角的，且

$$\rho(\boldsymbol{G}) \;=\;=\; \frac{\cos(\pi/(n_1+1))\cos(\pi/(n_2+1))}{(2-\cos(\pi/(n_1+1))(2-\cos(\pi/(n_2+1))} \;<\; 1. \tag{11.2.17}$$

11.2.7　SOR 和对称 SOR

Gauss-Seidel 迭代因为它的简洁而受欢迎. 不幸的是，如果 $\boldsymbol{M}_{\text{GS}}^{-1}\boldsymbol{N}_{\text{GS}}$ 的谱半径接近于 1，那么收敛会很慢. 为了解决这个问题，我们考虑参数化分裂 $\boldsymbol{A} = \boldsymbol{M}_\omega - \boldsymbol{N}_\omega$，其中

$$\boldsymbol{M}_\omega = \frac{1}{\omega}\boldsymbol{D}_A + \boldsymbol{L}_A \qquad \boldsymbol{N}_\omega = \left(\frac{1}{\omega} - 1\right)\boldsymbol{D}_A + \boldsymbol{U}_A. \tag{11.2.18}$$

定义逐次超松弛迭代（SOR）如下：

$$\left(\frac{1}{\omega}\boldsymbol{D}_A + \boldsymbol{L}_A\right)\boldsymbol{x}^{(k)} = \left(\left(\frac{1}{\omega} - 1\right)\boldsymbol{D}_A + \boldsymbol{U}_A\right)\boldsymbol{x}^{(k-1)} + \boldsymbol{b}. \tag{11.2.19}$$

在分量级别上，我们有

for $i = 1:n$

$$x_i^{(k)} = \omega\left(b_i - \sum_{j=1}^{i-1} a_{ij}x_j^{(k)} - \sum_{j=i+1}^{n} a_{ij}x_j^{(k-1)}\right)\Big/ a_{ii} + (1-\omega)x_i^{(k-1)}$$

end

注意，当 $\omega = 1$ 时，这就是 Gauss-Seidel 迭代. 这个方法的思想是选择 ω，使得 $\rho(M_\omega^{-1}N_\omega)$ 最小化. Young (1971) 发展了此方法如何实施的具体理论. 关于这个理论的一个很好的总结，见 Greenbaum (IMSL, 第 149 页).

注意，在 SOR 步骤中，$\boldsymbol{x}$ 是从上到下修正. 我们可以很容易地从下到上修正：

for $i = n:-1:1$

$$x_i^{(k)} = \omega\left(b_i - \sum_{j=1}^{i-1} a_{ij}x_j^{(k-1)} - \sum_{j=i+1}^{n} a_{ij}x_j^{(k)}\right)\Big/ a_{ii} + (1-\omega)\cdot x_i^{(k-1)}$$

end

这就定义了向后逐次超松弛迭代（向后 SOR 迭代）：

$$\left(\frac{1}{\omega}D_A + U_A\right)x^{(k)} = \left(\left(\frac{1}{\omega} - 1\right)D_A + L_A\right)x^{(k-1)} + b. \tag{11.2.20}$$

注意，这个计算可以在 (11.2.19) 中交换 $\boldsymbol{L}$ 和 $\boldsymbol{U}$ 得到.

如果 $\boldsymbol{A}$ 是对称矩阵 ($\boldsymbol{U}_A = \boldsymbol{L}_A^{\mathrm{T}}$)，那么组合向前和向后修正就得到对称逐次超松弛迭代 (SSOR)：

$$\left(\frac{1}{\omega}\boldsymbol{D}_A + \boldsymbol{L}_A\right)y^{(k)} = \left(\left(\frac{1}{\omega} - 1\right)\boldsymbol{D}_A - \boldsymbol{L}_A^{\mathrm{T}}\right)\boldsymbol{x}^{(k-1)} + \boldsymbol{b}, \tag{11.2.21}$$

$$\left(\frac{1}{\omega}\boldsymbol{D}_A + \boldsymbol{L}_A^{\mathrm{T}}\right)x^{(k)} = \left(\left(\frac{1}{\omega} - 1\right)\boldsymbol{D}_A - \boldsymbol{L}_A\right)\boldsymbol{y}^{(k)} + \boldsymbol{b}. \tag{11.2.22}$$

显然，如果

$$\boldsymbol{M}_{\text{SSOR}} = \frac{\omega}{2-\omega}\left(\frac{1}{\omega}\boldsymbol{D}_A + \boldsymbol{L}_A\right)\boldsymbol{D}_A^{-1}\left(\frac{1}{\omega}\boldsymbol{D}_A + \boldsymbol{L}_A^{\mathrm{T}}\right) \tag{11.2.23}$$

则从 $\boldsymbol{x}^{(k-1)}$ 到 $\boldsymbol{x}^{(k)}$ 的变换，如下给出

$$\boldsymbol{x}^{(k)} = \boldsymbol{x}^{(k-1)} + \boldsymbol{M}_{\text{SSOR}}^{-1}(\boldsymbol{b} - \boldsymbol{A}\boldsymbol{x}^{(k-1)}). \tag{11.2.24}$$

注意，当 $0<\omega<2$ 时，$\boldsymbol{M}_{SSOR}$ 有定义且是对称的. 如果 $\boldsymbol{A}$ 的对角元都是正数，则 $\boldsymbol{M}_{SSOR}$ 是正定的. 当 $\boldsymbol{A}$ 是对称正定矩阵时，下面的结果表明 SSOR 收敛.

定理 11.2.4 *假设 SSOR 方法 (11.2.21) 和 (11.2.22) 应用于对称正定问题 $\boldsymbol{A}\boldsymbol{x}=\boldsymbol{b}$，且 $0<\omega<2$. 如果*

$$\boldsymbol{M}_\omega = \frac{1}{\omega}\boldsymbol{D}_A + \boldsymbol{L}_A, \quad \boldsymbol{N}_\omega = \left(\frac{1}{\omega}-1\right)\boldsymbol{D}_A - \boldsymbol{L}_A^{\mathrm{T}}, \quad \boldsymbol{G} = \boldsymbol{M}_\omega^{-\mathrm{T}}\boldsymbol{N}_\omega^{\mathrm{T}}\boldsymbol{M}_\omega^{-1}\boldsymbol{N}_\omega,$$

则 $\boldsymbol{G}$ 有实特征值 $\rho(\boldsymbol{G})<1$，且

$$(\boldsymbol{x}^{(k)} - \boldsymbol{x}) = \boldsymbol{G}^k(\boldsymbol{x}^{(0)} - \boldsymbol{x}). \tag{11.2.25}$$

证明 由 (11.2.21) 和 (11.2.22)，可得

$$\begin{aligned} \boldsymbol{y}^{(k)} - \boldsymbol{x} &= \boldsymbol{M}_\omega^{-1}\boldsymbol{N}_\omega(\boldsymbol{x}^{(k-1)} - \boldsymbol{x}), \\ \boldsymbol{x}^{(k)} - \boldsymbol{x} &= \boldsymbol{M}_\omega^{-\mathrm{T}}\boldsymbol{N}_\omega^{\mathrm{T}}(\boldsymbol{y}^{(k)} - \boldsymbol{x}), \end{aligned}$$

由此易证 (11.2.25). 因为 $\boldsymbol{D}$ 是对角元都是正数的对角矩阵，存在对角矩阵 $\boldsymbol{D}_1$ 使得 $\boldsymbol{D}=\boldsymbol{D}_1^2$. 如果 $\boldsymbol{L}_1 = \boldsymbol{D}_1^{-1}\boldsymbol{L}\boldsymbol{D}_1^{-1}$ 且 $\boldsymbol{G}_1 = \boldsymbol{D}_1\boldsymbol{G}\boldsymbol{D}_1^{-1}$，则经过一些小操作，我们有

$$\boldsymbol{G}_1 = (\boldsymbol{I}+\omega\boldsymbol{L}_1^{\mathrm{T}})^{-1}(\boldsymbol{I}+\omega\boldsymbol{L}_1)^{-1}((1-\omega)\boldsymbol{I}-\omega\boldsymbol{L}_1)((1-\omega)\boldsymbol{I}-\omega\boldsymbol{L}_1^{\mathrm{T}}).$$

我们能证明，如果 $\lambda\in\lambda(\boldsymbol{G}_1)$，则 $0\leqslant\lambda<1$. 如果 $\boldsymbol{G}_1\boldsymbol{v}=\lambda\boldsymbol{v}$，则

$$((1-\omega)\boldsymbol{I}-\omega\boldsymbol{L}_1)((1-\omega)\boldsymbol{I}-\omega\boldsymbol{L}_1^{\mathrm{T}})\boldsymbol{v} = \lambda(\boldsymbol{I}+\omega\boldsymbol{L}_1)(\boldsymbol{I}+\omega\boldsymbol{L}_1^{\mathrm{T}})\boldsymbol{v}.$$

这是广义奇异值问题，见 8.7.4 节. 由此可知 λ 是非负实数. 设 $\boldsymbol{v}\in\mathbb{R}^n$ 有单位 2-范数，易得

$$\lambda = \frac{\|(1-\omega)\boldsymbol{v}-\omega\boldsymbol{L}_1^{\mathrm{T}}\boldsymbol{v}\|_2^2}{\|\boldsymbol{v}+\omega\boldsymbol{L}_1^{\mathrm{T}}\boldsymbol{v}\|_2^2} = 1-\omega(2-\omega)\frac{1+2\boldsymbol{v}^{\mathrm{T}}\boldsymbol{L}_1^{\mathrm{T}}\boldsymbol{v}}{\|\boldsymbol{v}+\omega\boldsymbol{L}_1^{\mathrm{T}}\boldsymbol{v}\|_2^2}. \tag{11.2.26}$$

为了完成证明，注意 $1+2\boldsymbol{v}^{\mathrm{T}}\boldsymbol{L}_1^{\mathrm{T}}\boldsymbol{v} = (\boldsymbol{D}_1^{-1}\boldsymbol{v})^{\mathrm{T}}\boldsymbol{A}(\boldsymbol{D}_1^{-1}\boldsymbol{v})$ 且这个量是正的. 根据假设，$\omega(2-\omega)>0$，所以 $\lambda<1$. □

对称 SOR 方法的最初分析见 Young (1970).

11.2.8 Chebyshev 半迭代方法

另一种提高迭代收敛速度的方法是利用 Chebyshev 多项式. 假设 $\boldsymbol{x}^{(1)},\cdots,\boldsymbol{x}^{(k)}$ 是由迭代 $\boldsymbol{M}\boldsymbol{x}^{(j+1)}=\boldsymbol{N}\boldsymbol{x}^{(j)}+\boldsymbol{b}$ 产生的, 我们希望确定系数 $\nu_j(k)$, $j=0:k$, 使得

$$\boldsymbol{y}^{(k)} = \sum_{j=0}^{k}\nu_j(k)\boldsymbol{x}^{(j)} \tag{11.2.27}$$

表示 $\boldsymbol{x}^{(k)}$ 改进. 如果 $\boldsymbol{x}^{(0)}=\cdots=\boldsymbol{x}^{(k)}=\boldsymbol{x}$, 则可以合理地认为 $\boldsymbol{y}^{(k)}=\boldsymbol{x}$. 如果多项式

$$p_k(z) = \sum_{j=0}^{k}\nu_j(k)z^j$$

满足 $p_k(1)=1$, 则它就满足这个标准, 且

$$\boldsymbol{y}^{(k)}-\boldsymbol{x} = \sum_{j=0}^{k}\nu_j(k)(\boldsymbol{x}^{(j)}-\boldsymbol{x}) = \sum_{j=0}^{k}\nu_j(k)(\boldsymbol{M}^{-1}\boldsymbol{N})^j\boldsymbol{e}^{(0)} = p_k(\boldsymbol{G})\boldsymbol{e}^{(0)},$$

其中 $\boldsymbol{G}=\boldsymbol{M}^{-1}\boldsymbol{N}$. 通过在这个等式中取范数, 我们得到

$$\|\,\boldsymbol{y}^{(k)}-\boldsymbol{x}\,\|_2 \leqslant \|\,p_k(\boldsymbol{G})\,\|_2\,\|\,\boldsymbol{e}^{(0)}\,\|_2. \tag{11.2.28}$$

这表明如果我们找到一个多项式 $p_k(\cdot)$ 满足 (a) 次数为 k (b) $p_k(1)=1$ (c) 能最小化上界, 那么就可以构造一个改进的近似解.

为了实现这一想法, 简单起见, 假设 $\boldsymbol{G}$ 是对称矩阵. [如果不是这样的话, 仍然有其他的方法, 见 Manteuffel (1977).] 令

$$\boldsymbol{S}^{\mathrm{T}}\boldsymbol{G}\boldsymbol{S} = \mathrm{diag}(\lambda_1,\cdots,\lambda_n) = \boldsymbol{\Lambda}$$

是 $\boldsymbol{G}$ 的 Schur 分解, 假设

$$-1<\alpha\leqslant\lambda_n\leqslant\cdots\leqslant\lambda_1\leqslant\beta<1, \tag{11.2.29}$$

其中 α 和 β 是已知估计. 那么

$$\|\,p_k(\boldsymbol{G})\,\|_2 = \|\,p_k(\boldsymbol{\Lambda})\,\|_2 = \max_{\lambda_i\in\lambda(\boldsymbol{A})}|p_k(\lambda_i)| \leqslant \max_{\alpha\leqslant\lambda\leqslant\beta}|p_k(\lambda)|.$$

k 次 Chebyshev 多项式 $c_k(\cdot)$ 用来选择 $p_k(\cdot)$. 我们需要一个多项式, 在 $p_k(1)=1$ 的约束下, 其在 $[\alpha,\beta]$ 上的值很小. 回忆 10.1.5 节的讨论, Chebyshev 多项式在 $[-1,+1]$ 上以 1 为界, 但是其值在这个范围之外非常大. 因此, 如果

$$\mu = -1+2\frac{1-\alpha}{\beta-\alpha} = 1+2\frac{1-\beta}{\beta-\alpha},$$

则多项式

$$p_k(z) = c_k\left(-1+2\frac{z-\alpha}{\beta-\alpha}\right)\Big/c_k(\mu)$$

满足 $p_k(1)=1$ 且在 $[\alpha,\beta]$ 上以 $1/|c_k(\mu)|$ 为界. 由 $p_k(z)$ 的定义和不等式 (11.2.28), 可知

$$\|\boldsymbol{y}^{(k)}-\boldsymbol{x}\|_2 \leqslant \frac{\|\boldsymbol{x}-\boldsymbol{x}^{(0)}\|_2}{|c_k(\mu)|}.$$

μ 的值越大，收敛的加速就越快.

为了使整个过程有效，我们需要一个比 (11.2.27) 更有效的方法来计算 $\boldsymbol{y}^{(k)}$. 随着 k 的增加，向量 $\boldsymbol{x}^{(0)},\cdots,\boldsymbol{x}^{(k)}$ 的重复利用是不可能的. 幸运的是，利用 Chebyshev 多项式中的 3 项递推公式，可导出 $\boldsymbol{y}^{(k)}$ 的 3 项递推计算公式. 为简单起见，假设 (11.2.29) 中的 $\alpha=-\beta$，并给定 $\boldsymbol{x}^{(0)}\in\mathbb{R}^n$. 下面是使用加速迭代 $\boldsymbol{M}\boldsymbol{x}^{(j+1)}=\boldsymbol{N}\boldsymbol{x}^{(j)}+\boldsymbol{b}$ 的过程：

$c_0 = 1; c_1 = 1/\beta$
$y^{(0)} = x^{(0)},\ My^{(1)} = Ny^{(0)}+b,\ r^{(1)} = b-Ay^{(1)},\ k=1$
while $\| r^{(k)} \| > tol$
  $c_{k+1} = (2/\beta)c_k - c_{k-1}$
  $\omega_{k+1} = 1 + c_{k-1}/c_{k+1}$
  $Mz^{(k)} = r^{(k)}$
  $y^{(k+1)} = y^{(k-1)} + \omega_{k+1}\left(y^{(k)}+z^{(k)}-y^{(k-1)}\right)$
  $k = k+1$
  $r^{(k)} = b - Ay^{(k)}$
end

注意 $\boldsymbol{y}^{(0)}=\boldsymbol{x}^{(0)}$ 且 $\boldsymbol{y}^{(1)}=\boldsymbol{x}^{(1)}$，但此后 $\boldsymbol{x}^{(k)}$ 不参与运算. 为了使加速有效，我们需要 (11.2.29) 中好的下界和上界，但有时很难确定. Golub and Varga (1961) 以及 Varga (1962, 第 5 章) 全面分析了这种方法.

习 题

1. 证明：对 2×2 对称正定矩阵，Jacobi 迭代收敛.

2. 证明：若 $\boldsymbol{A}=\boldsymbol{M}-\boldsymbol{N}$ 是奇异矩阵，即使 $\boldsymbol{M}$ 是非奇异矩阵，也不可能有 $\rho(\boldsymbol{M}^{-1}\boldsymbol{N})<1$.

3. (由 R.S. Varga 提供) 假设

$$\boldsymbol{A}_1 = \begin{bmatrix} 1 & -1/2 \\ -1/2 & 1 \end{bmatrix}, \qquad \boldsymbol{A}_2 = \begin{bmatrix} 1 & -3/4 \\ -1/12 & 1 \end{bmatrix}.$$

令 $\boldsymbol{J}_1$ 和 $\boldsymbol{J}_2$ 分别是相应的 Jacobi 迭代矩阵. 证明：$\rho(\boldsymbol{J}_1)>\rho(\boldsymbol{J}_2)$，并反驳如下结论：对角元占优程度越大，Jacobi 迭代收敛的速度越快.

4. 假设 $A = T_{n_1} \otimes I_{n_2} \otimes I_{n_3} + I_{n_1} \otimes T_{n_2} \otimes I_{n_3} + I_{n_1} \otimes I_{n_2} \otimes T_{n_3}$. 如果将 Jacobi 迭代应用于问题 $Au = b$，那么相应迭代矩阵的谱半径是多少?

5. 与矩阵 $A = I_{n_1} \otimes T_{n_2} + T_{n_1} \otimes I_{n_2}$ 相应的 5 点 "格式"，所求的 $U(i,j)$ 是其 4 个相邻点 $U(i-1,j)$, $U(i,j+1)$, $U(i+1,j)$, $U(i,j-1)$ 的平均值. 设计一个 9 点格式，其中 $U(i,j)$ 是其 8 个相邻点的平均值.

(a) 利用 Kronecker 积描述产生的矩阵.

(b) 如果用 Jacobi 迭代求解 $Au = b$，则相应迭代矩阵的谱半径是多少?

6. 考虑线性方程组 $(I_{n_1} \otimes \mathcal{T}_{n_2} + \mathcal{T}_{n_1} \otimes I_{n_2})x = b$ 的分块 Jacobi 迭代，如果对角块是 $n_2 \times n_2$ 的，那么迭代矩阵的谱半径是多少?

7. 证明 (11.2.13) 和 (11.2.14).

8. 证明 (11.2.15).

9. 证明 (11.2.17).

10. 证明 (11.2.23) 和 (11.2.24).

11. 考虑 2×2 矩阵

$$A = \begin{bmatrix} 1 & \rho \\ -\rho & 1 \end{bmatrix}.$$

(a) 在什么情况下 $\rho(M_{\mathrm{GS}}^{-1} N_{\mathrm{GS}}) < 1$?

(b) ω 在什么范围时 $\rho(M_\omega^{-1} N_\omega) < 1$? 使得 $\rho(M_\omega^{-1} N_\omega)$ 最小化的 ω 值是多少?

(c) 对矩阵

$$A = \begin{bmatrix} I_n & S \\ -S^{\mathrm{T}} & I_n \end{bmatrix}$$

回答问题 (a) 和 (b)，其中 $S \in \mathbb{R}^{n \times n}$. 提示：利用 S 的 SVD 分解.

12. 我们想求解方程 $A = f$，其中 $A \neq A^{\mathrm{T}}$. 对于模型问题，考虑下列方程的有限差分逼近:

$$-u'' + \sigma u' = 0, \qquad 0 < x < 1,$$

其中 $u(0) = 10$, $u(1) = 10\mathrm{e}^{\sigma}$. 得到的差分方程为

$$-u_{i-1} + 2u_i - u_{i+1} + R(u_{i+1} - u_{i-1}) = 0, \qquad i = 1:n,$$

其中 $R = \sigma h/2$, $u_0 = 10$, $u_{n+1} = 10e^{\sigma}$. 数 R 应当小于 1. 令 $M = (A + A^{\mathrm{T}})/2$, $N = (A^{\mathrm{T}} - A)/2$，则 $M^{-1}N$ 的谱半径是多少?

13. 考虑迭代

$$y^{(k+1)} = \omega(By^{(k)} + d - y^{(k-1)}) + y^{(k-1)},$$

其中 B 的 Schur 分解为 $Q^{\mathrm{T}}BQ = \mathrm{diag}(\lambda_1, \cdots, \lambda_n)$, $\lambda_1 \geqslant \cdots \geqslant \lambda_n$. 假设 $x = Bx + d$.

(a) 导出关于 $e^{(k)} = y^{(k)} - x$ 的方程.

(b) 假设 $y^{(1)} = By^{(0)} + d$，证明 $e^{(k)} = p_k(B)e^{(0)}$，其中，当 k 为偶数时 p_k 为偶次多项式，当 k 为奇数时 p_k 为奇次多项式.

(c) 令 $f^{(k)} = Q^{\mathrm{T}}e^{(k)}$，对于 $j = 1:n$，导出关于 $f_j^{(k)}$ 的差分方程，对于一般的 $f_j^{(0)}$ 和 $f_j^{(1)}$ 确定准确解.

(d) 说明如何选取最优的 ω.

14. 我们想求解线性最小二乘问题 $\min\| Ax - b \|_2$，其中 $A \in \mathbb{R}^{m\times n}$, $\text{rank}(A) = r \leqslant n$, $b \in \mathbb{R}^m$. 考虑迭代格式

$$Mx_{i+1} = Nx_i + A^{\text{T}}b,$$

其中 $M = (A^{\text{T}}A + \lambda W)$, $N = \lambda W$, $\lambda > 0$，$W \in \mathbb{R}^{n\times n}$ 是对称正定矩阵.

(a) 证明 $M^{-1}N$ 可对角化，并且当 $\text{rank}(A) = n$ 时有 $\rho(M^{-1}N) < 1$.

(b) 假设 $x_0 = 0$ 且 $\| v \|_W = \left(v^{\text{T}}Wv\right)^{-1/2}$ 是 "W-范数". 证明：无论 A 的秩为多少，迭代 x_i 都收敛到最小二乘问题的极小 W-范数解.

(c) 证明：如果 $\text{rand}(A) = n$，则 $\| x_{LS} - x_{i+1} \|_W \leqslant \| x_{LS} - x_i \|_W$.

(d) 给出

$$M = \begin{bmatrix} A \\ \sqrt{\lambda}F \end{bmatrix}$$

的 QR 分解，其中 $W = FF^{\text{T}}$ 是 W 的 Cholesky 分解，说明实现迭代的过程.

15. (a) 假设 $T \in \mathbb{R}^{n\times n}$ 是三对角矩阵，且对于 $i = 1:n-1$ 有 $t_{i,i+1}t_{i+1,i} > 0$. 证明存在对角矩阵 $D \in \mathbb{R}^{n\times n}$ 使得 $S = DTD^{-1}$ 是对称矩阵.

(b) 对于未知数 $u_1, \cdots, u_n$，考虑线性方程组

$$-u_{i-1} + 2u_i - u_{i+1} + \frac{\sigma h}{2}(u_{i+1} - u_i) = f_i, \qquad i = 1:n.$$

假设 $u_0 \equiv \alpha$, $u_{n+1} \equiv \beta$, $\sigma > 0$, $h > 0$，利用 (a)，在什么条件下三对角矩阵 T 是对称的?

(c) 给出 Jacobi 迭代矩阵的特征值的表达式.

11.3 共轭梯度法

SOR 方法、Chebyshev 半迭代法以及相关方法的难点在于它们都依赖于参数，而适当地选取这些参数有时是很困难的. 例如，在 Chebyshev 加速格式中要很好地估计迭代矩阵 $M^{-1}N$ 的最大和最小特征值. 如果这个矩阵没有充分好的结构，那么这会是一个非常具有挑战性的问题. 在本节和后面，我们将给出各种 Krylov 子空间方法，它们能避免这种困难.

我们以著名的 Hestenes and Stieffel (1952) 共轭梯度（CG）法开始，它可以应用于对称正定方程组. 有几种方式能引出和推导该技术，我们的方法涉及最速下降法、Krylov 子空间法、Lanczos 方法和三对角问题求解的方法. 在发展了 CG 过程的 Lanczos 实现之后，我们建立了它与 Hestenes-Stieffel 公式的等价关系.

关于指标记号的简要说明. 在上一节中，大多数方法都建立在 (i, j) 层次，故需用上标来表示向量迭代. 从现在起，本章中的推导可以在向量层次进行，下标用于表示向量迭代，因此我们用 $\{x_k\}$ 而不是 $\{x^{(k)}\}$.

11.3.1 优化问题

假设 $\boldsymbol{A} \in \mathbb{R}^{n\times n}$ 是一个对称正定矩阵，$\boldsymbol{b} \in \mathbb{R}^n$，我们要计算出

$$\boldsymbol{A}\boldsymbol{x} = \boldsymbol{b} \tag{11.3.1}$$

的解 $\boldsymbol{x}_*$. 注意这个问题等价于解优化问题

$$\min_{\boldsymbol{x} \in \mathbb{R}^n} \phi(\boldsymbol{x}) \tag{11.3.2}$$

其中

$$\phi(\boldsymbol{x}) = \frac{1}{2}\boldsymbol{x}^{\mathrm{T}}\boldsymbol{A}\boldsymbol{x} - \boldsymbol{x}^{\mathrm{T}}\boldsymbol{b}. \tag{11.3.3}$$

这是因为 ϕ 是凸的且它的梯度由下式给出

$$\nabla\phi(\boldsymbol{x}) = \boldsymbol{A}\boldsymbol{x} - \boldsymbol{b}.$$

因此，如果 $\boldsymbol{x}_c$ 是 ϕ 的近似极小值，则 $\boldsymbol{x}_c$ 可以被看成 $\boldsymbol{A}\boldsymbol{x} = \boldsymbol{b}$ 的近似解. 为了使它精确，我们定义 A-范数为

$$\|\boldsymbol{v}\|_A = \sqrt{\boldsymbol{v}^{\mathrm{T}}\boldsymbol{A}\boldsymbol{v}}. \tag{11.3.4}$$

因为

$$\phi(\boldsymbol{x}_c) = \frac{1}{2}\boldsymbol{x}_c^{\mathrm{T}}\boldsymbol{A}\boldsymbol{x}_c - \boldsymbol{x}_c^{\mathrm{T}}\boldsymbol{b} = \frac{1}{2}(\boldsymbol{x}_c - \boldsymbol{x}_*)\boldsymbol{A}(\boldsymbol{x}_c - \boldsymbol{x}_*) - \frac{1}{2}\boldsymbol{b}^{\mathrm{T}}\boldsymbol{A}^{-1}\boldsymbol{b}$$

且 $\phi(\boldsymbol{x}_*) = -\boldsymbol{b}^{\mathrm{T}}\boldsymbol{A}^{-1}\boldsymbol{b}/2$，所以

$$\phi(\boldsymbol{x}_c) = \frac{1}{2}\|\boldsymbol{x}_c - \boldsymbol{x}_*\|_A^2 + \phi(\boldsymbol{x}_*). \tag{11.3.5}$$

因此，产生 ϕ 的更好近似极小值的迭代序列就是产生 A-范数下 $\boldsymbol{A}\boldsymbol{x} = \boldsymbol{b}$ 的更好近似解的迭代序列.

11.3.2 最速下降法

我们通过使用精确线性搜索最速下降法，考虑 ϕ 的极小值. 在这个方法中，通过沿负梯度方向（即最快下降方向）搜索改进了近似极小值 $\boldsymbol{x}_c$. 特别地，改进的近似极小值 $\boldsymbol{x}_+$ 由

$$\boldsymbol{x}_+ = \boldsymbol{x}_c - \mu_c\boldsymbol{g}_c$$

给出，其中 $\boldsymbol{g}_c = \boldsymbol{A}\boldsymbol{x}_c - \boldsymbol{b}$ 是当前梯度，且 μ_c 是

$$\min_{\mu \in \boldsymbol{R}} \phi(\boldsymbol{x}_c - \mu\boldsymbol{g}_c) \tag{11.3.6}$$

的解. 这就是精确线性搜索过程. 易证

$$\mu_c = \frac{\boldsymbol{g}_c^{\mathrm{T}}\boldsymbol{g}_c}{\boldsymbol{g}_c^{\mathrm{T}}\boldsymbol{A}\boldsymbol{g}_c}$$

且

$$\phi(\boldsymbol{x}_+) = \phi(\boldsymbol{x}_c) - \frac{1}{2}\cdot\frac{(\boldsymbol{g}_c^{\mathrm{T}}\boldsymbol{g}_c)^2}{\boldsymbol{r}_c^{\mathrm{T}}\boldsymbol{A}\boldsymbol{r}_c}. \tag{11.3.7}$$

因此，如果 $\boldsymbol{r}_c \neq \boldsymbol{0}$，那么目标函数降低了. 为了建立这个方法的全局收敛，定义

$$\kappa_c = \frac{\boldsymbol{g}_c^{\mathrm{T}}\boldsymbol{A}\boldsymbol{g}_c}{\boldsymbol{g}_c^{\mathrm{T}}\boldsymbol{g}_c}\cdot\frac{\boldsymbol{g}_c^{\mathrm{T}}\boldsymbol{A}^{-1}\boldsymbol{g}_c}{\boldsymbol{g}_c^{\mathrm{T}}\boldsymbol{g}_c},$$

观察到 $\boldsymbol{g}_c^{\mathrm{T}}\boldsymbol{A}^{-1}\boldsymbol{g}_c = 2\phi(\boldsymbol{x}_c) + \boldsymbol{b}^{\mathrm{T}}\boldsymbol{A}^{-1}\boldsymbol{b}$ 和

$$\phi(\boldsymbol{x}_+) = \phi(\boldsymbol{x}_c) - \frac{1}{2}\frac{1}{\kappa_c}\boldsymbol{g}_c^{\mathrm{T}}\boldsymbol{A}^{-1}\boldsymbol{g}_c = \phi(\boldsymbol{x}_c) - \frac{1}{\kappa_c}\left(\phi(\boldsymbol{x}_c) + \frac{1}{2}\boldsymbol{b}^{\mathrm{T}}\boldsymbol{A}^{-1}\boldsymbol{b}\right). \tag{11.3.8}$$

如果 $\lambda_{\max}(\boldsymbol{A})$ 和 $\lambda_{\min}(\boldsymbol{A})$ 分别是 $\boldsymbol{A}$ 的最大和最小特征值，则有

$$\kappa_c = \frac{\boldsymbol{g}_c^{\mathrm{T}}\boldsymbol{A}\boldsymbol{g}_c}{\boldsymbol{g}_c^{\mathrm{T}}\boldsymbol{g}_c}\cdot\frac{\boldsymbol{g}_c^{\mathrm{T}}\boldsymbol{A}^{-1}\boldsymbol{g}_c}{\boldsymbol{g}_c^{\mathrm{T}}\boldsymbol{g}_c} \leqslant \frac{\lambda_{\max}(\boldsymbol{A})}{\lambda_{\min}(\boldsymbol{A})} = \kappa_2(\boldsymbol{A}).$$

如果从 (11.3.8) 的两边减去 $\phi(\boldsymbol{x}_*) = -(\boldsymbol{b}^{\mathrm{T}}\boldsymbol{A}^{-1}\boldsymbol{b})/2$，再利用 (11.3.5)，那么我们得到

$$\|\,\boldsymbol{x}_+ - \boldsymbol{x}_*\,\|_A^2 \leqslant \left(1 - \frac{1}{\kappa_2(\boldsymbol{A})}\right)\|\,\boldsymbol{x}_c - \boldsymbol{x}_*\,\|_A^2. \tag{11.3.9}$$

通过归纳得出，采用精确线搜索的最速下降法是全局收敛的.

算法 11.3.1 (精确线性搜索最速下降法)

给定对称正定矩阵 $\boldsymbol{A} \in \mathbb{R}^{n\times n}$, $\boldsymbol{b} \in \mathbb{R}^n$, $\boldsymbol{A}\boldsymbol{x}_0 \approx \boldsymbol{b}$，以及终止误差限 τ，以下算法生成 $\boldsymbol{x} \in \mathbb{R}^n$，使得 $\|\,\boldsymbol{A}\boldsymbol{x} - \boldsymbol{b}\,\|_2 \leqslant \tau$.

$x = x_0,\ g = Ax - b$

while $\|\,g\,\|_2 > \tau$

  $\mu = (g^{\mathrm{T}}g)/(g^{\mathrm{T}}Ag),\ x = x - \mu g,\ g = Ax - b$

end

不幸的是，以 $(1 - 1/\kappa_2(\boldsymbol{A}))^{k/2}$ 刻画的收敛速度通常不够好，除非 $\boldsymbol{A}$ 是极其适定的.

11.3.3 子空间方法

我们可以通过每一步都扩大搜索空间的维数来改进最速下降法，因此引入了仿射空间的概念. 形式上，如果 $\boldsymbol{v} \in \mathbb{R}^n$，且 $S \subseteq \boldsymbol{R}^n$ 是一个子空间，则

$$\boldsymbol{v} + S = \{\,\boldsymbol{x}\,|\,\boldsymbol{x} = \boldsymbol{v} + \boldsymbol{s},\ \boldsymbol{s} \in S\,\}$$

是一个**仿射空间**. 注意，在算法 11.3.1 中，步骤 k 的优化是在仿射空间 $\boldsymbol{x}_k + \text{span}\{\nabla\phi(\boldsymbol{x}_k)\}$ 上进行的.

给出 $\boldsymbol{A}\boldsymbol{x}_0 \approx \boldsymbol{b}$，我们的计划是生成一个嵌套子空间序列

$$S_1 \subset S_2 \subset S_3 \subset \cdots$$

满足 $\dim(S_k) = k$，依次按步解问题

$$\min_{\boldsymbol{x} \in \boldsymbol{x}_0 + S_k} \phi(\boldsymbol{x}). \tag{11.3.10}$$

如果 $\boldsymbol{x}_k$ 是步骤 k 的极小化，则由于嵌套，我们有 $\phi(\boldsymbol{x}_1) \geqslant \phi(\boldsymbol{x}_2) \geqslant \cdots \geqslant \phi(\boldsymbol{x}_n) = \phi(\boldsymbol{x}_*)$. 因为 $S_n = \boldsymbol{R}^n$，立即得到 $\boldsymbol{x}_* = \boldsymbol{A}^{-1}\boldsymbol{b}$. 当 n 非常大时，即使这是一个有限步骤的解决方案，也可能没有吸引力. 面临的问题是寻找一个能提升 ϕ 值下降速度的子空间序列，因此，我们可以在 $k = n$ 之前终止迭代.

考虑到这一目标，注意到在 $\boldsymbol{x}_k$ 处函数 ϕ 以负梯度方向最快地下降. 因此，选择 S_{k+1} 是有意义的，使得它包括 $\boldsymbol{x}_k$ 和梯度 $\boldsymbol{g}_k = \nabla\phi(\boldsymbol{x}_k) = \boldsymbol{A}\boldsymbol{x}_k - \boldsymbol{b}$. 这个方法确保 $\boldsymbol{x}_{k+1}$ 至少和以下最速下降法的结果一样精确：

$$\min_{\boldsymbol{x} \in \boldsymbol{x}_0 + S_{k+1}.} \phi(\boldsymbol{x}) = \phi(\boldsymbol{x}_{k+1}) \leqslant \min_{\mu \in \boldsymbol{R}} \phi(\boldsymbol{x}_k - \mu \boldsymbol{g}_k). \tag{11.3.11}$$

如果 $\boldsymbol{x}_0$ 是初始估计值，我们定义 $\boldsymbol{g}_0 = \boldsymbol{A}\boldsymbol{x}_0 - \boldsymbol{b}$，那么当 $\nabla\phi(\boldsymbol{x}_k) \in \text{span}\{\boldsymbol{x}_k, \boldsymbol{A}\boldsymbol{x}_k\}$ 时，满足这一要求的唯一方式是令

$$S_k = \mathcal{K}(\boldsymbol{A}, \boldsymbol{g}_0, k) = \text{span}\{\boldsymbol{g}_0, \boldsymbol{A}\boldsymbol{g}_0, \boldsymbol{A}^2\boldsymbol{g}_0, \cdots, \boldsymbol{A}^{k-1}\boldsymbol{g}_0\}.$$

我们可以用 Lanczos 方法 (10.1) 来生成这些 Krylov 子空间.

11.3.4 最速下降法：第一版

回忆 Lanczos 迭代 (算法 10.1.1) 的第 k 步后，我们生成了列正交矩阵

$$\boldsymbol{Q}_k = [\, \boldsymbol{q}_1 \,|\cdots|\, \boldsymbol{q}_k \,] \in \mathbb{R}^{n\times k},$$

三对角矩阵

$$\boldsymbol{T}_k = \begin{bmatrix} \alpha_1 & \beta_1 & & \cdots & 0 \\ \beta_1 & \alpha_2 & \ddots & & \vdots \\ & \ddots & \ddots & \ddots & \\ \vdots & & \ddots & \ddots & \beta_{k-1} \\ 0 & \cdots & & \beta_{k-1} & \alpha_k \end{bmatrix}, \tag{11.3.12}$$

向量 $\boldsymbol{r}_k \in \mathrm{ran}(\boldsymbol{Q}_k)^{\perp}$，使得

$$\boldsymbol{A}\boldsymbol{Q}_k = \boldsymbol{Q}_k\boldsymbol{T}_k + \boldsymbol{r}_k\boldsymbol{e}_k^{\mathrm{T}}. \tag{11.3.13}$$

注意三对角矩阵

$$\boldsymbol{Q}_k^{\mathrm{T}}\boldsymbol{A}\boldsymbol{Q}_k = \boldsymbol{T}_k$$

是正定的. 如果我们令 $\boldsymbol{q}_1 = \boldsymbol{r}_0/\beta_0, \boldsymbol{r}_0 = \boldsymbol{b} - \boldsymbol{A}\boldsymbol{x}_0 = -\boldsymbol{g}_0, \beta_0 = \|\,\boldsymbol{r}_0\,\|_2$，那么通过 Lanczos 方法解决优化问题 (11.3.10) 特别简单. 因为 $\boldsymbol{Q}_k$ 列生成 $S_k = \mathcal{K}(\boldsymbol{A}, \boldsymbol{g}_0, k)$, $\boldsymbol{x}_0 + S_k$ 上 ϕ 的极小化等价于在向量 $\boldsymbol{y} \in \mathbb{R}^k$ 上 $\phi(\boldsymbol{x}_0 + \boldsymbol{Q}_k\boldsymbol{y})$ 的极小化.

当

$$\begin{aligned}\phi(\boldsymbol{x}_0 + \boldsymbol{Q}_k\boldsymbol{y}) &= \tfrac{1}{2}(\boldsymbol{x}_0 + \boldsymbol{Q}_k\boldsymbol{y})^{\mathrm{T}}\boldsymbol{A}(\boldsymbol{x}_0 + \boldsymbol{Q}_k\boldsymbol{y}) - (\boldsymbol{x}_0 + \boldsymbol{Q}_k\boldsymbol{y})^{\mathrm{T}}\boldsymbol{b}\\ &= \tfrac{1}{2}\boldsymbol{y}^{\mathrm{T}}(\boldsymbol{Q}_k^{\mathrm{T}}\boldsymbol{A}\boldsymbol{Q}_k)\boldsymbol{y} - \boldsymbol{y}^{\mathrm{T}}(\boldsymbol{Q}_k^{\mathrm{T}}\boldsymbol{r}_0) + \phi(\boldsymbol{x}_0)\end{aligned}$$

且 $\beta_0\boldsymbol{Q}_k(:,1) = \boldsymbol{r}_0$ 时，极小值 $\boldsymbol{y}_k$ 满足

$$\boldsymbol{T}_k\boldsymbol{y}_k = \boldsymbol{Q}_k^{\mathrm{T}}\boldsymbol{r}_0 = \beta_0\boldsymbol{e}_1,$$

并得到 $\boldsymbol{x}_k = \boldsymbol{x}_0 + \boldsymbol{Q}_k\boldsymbol{y}_k$. 在算法 10.1.1 的基础上，得出了共轭梯度（CG）法的初步版本：

$k = 0,\ r_0 = b - Ax_0,\ \beta_0 = \|\,r_0\,\|_2,\ q_0 = 0$
while $\beta_k \neq 0$
  $q_{k+1} = r_k/\beta_k$
  $k = k+1$
  $\alpha_k = q_k^{\mathrm{T}}Aq_k$ (11.3.14)
  $T_ky_k = \beta_0e_1$
  $x_k = Q_ky_k$
  $r_k = (A - \alpha_kI)q_k - \beta_{k-1}q_{k-1}$
  $\beta_k = \|\,r_k\,\|_2$
end
$x_* = x_k$

现在，这个公式不适用于大规模问题，因为 $\boldsymbol{x}_k$ 是作为一个显式的 $n \times k$ 矩阵与向量的积计算的，这需要访问所有以前计算过的 Lanczos 向量. 但是，在我们为 $\boldsymbol{x}_k$ 开发出平滑递归之前，绕过这个问题，建立一些与迭代相关的重要性质.

定理 11.3.1 如果 k_* 是包含 $\boldsymbol{r}_0$ 的最小不变子空间的维数，那么共轭梯度迭代 (11.3.14) 以 $\boldsymbol{x}_{k_*} = \boldsymbol{x}_*$ 终止.

证明 如果 $\mathcal{K}(\boldsymbol{A},\boldsymbol{q}_1,k)$ 是不变子空间，由定理 10.1.1 可知 Lanczos 迭代在生成 $\boldsymbol{q}_k$ 后终止. 如果 $\boldsymbol{q}_1=\boldsymbol{r}_0/\|\boldsymbol{r}_0\|_2$，则一定生成 $\boldsymbol{q}_{k_*}$，否则 $\boldsymbol{r}_0$ 将包含在维数小于 k_* 的不变子空间中. 由于我们可以将 $\boldsymbol{r}_0$ 写成 k_* 个特征向量的线性组合，因此 Krylov 矩阵 $[\boldsymbol{r}_0\,|\,\boldsymbol{A}\boldsymbol{r}_0\,|\,\boldsymbol{A}^2\boldsymbol{r}_0\,|\cdots|\,\boldsymbol{A}^{k_*}\boldsymbol{r}_0]$ 的秩为 k_*. 这意味着 (11.3.14) 中的 $\beta_{k_*}=0$，因此迭代以 $\boldsymbol{x}_*=\boldsymbol{x}_{k_*}$ 终止. □

一个重要的结论是，如果矩阵 $\boldsymbol{A}$ 是单位矩阵的低阶扰动，则可以提前终止.

推论 11.3.2 假设 $\boldsymbol{U}\in\mathbb{R}^{n\times r}$ 和 $\boldsymbol{D}\in\mathbb{R}^{r\times r}$ 是对称矩阵，且 $r<n$. 如果 $\boldsymbol{A}=\boldsymbol{I}_n+\boldsymbol{U}\boldsymbol{D}\boldsymbol{U}^{\mathrm{T}}$ 是正定矩阵，共轭梯度迭代 (11.3.14) 应用于 $\boldsymbol{A}\boldsymbol{x}=\boldsymbol{b}$ 问题，则计算 $\boldsymbol{x}_*$ 最多需要 $r+1$ 个迭代.

证明 如果 $\boldsymbol{v}\in\mathbb{R}^n$ 在 $\boldsymbol{U}^{\mathrm{T}}$ 的核子空间中，则 $\boldsymbol{A}\boldsymbol{v}=\boldsymbol{v}$ 且 $\lambda=1$ 是 $\boldsymbol{A}$ 的特征值，其重数至少为 $n-r$. 由此可知 $\boldsymbol{A}$ 不可能有超过 $r+1$ 个不同的特征值，因此，$\boldsymbol{r}_0$ 包含在维数为 $r+1$ 的不变子空间中. □

回想一下，我们对 (11.3.14) 的推导是从改进最速下降法开始的. CG 方法不是通过沿 $\nabla\phi(\boldsymbol{x}_{k-1})$ 方向的一维搜索来确定 $\boldsymbol{x}_k$，而是通过搜索包含 $\nabla\phi(\boldsymbol{x}_{k-1})$ 的 Krylov 子空间来确定 $\boldsymbol{x}_k$. 结果是 CG 步骤至少和最速下降法步骤一样好，正如下面的定理所示.

定理 11.3.3 如果 $\boldsymbol{x}_*$ 是对称正定线性方程组 $\boldsymbol{A}\boldsymbol{x}=\boldsymbol{b}$ 的解，$\boldsymbol{x}_k$ 和 $\boldsymbol{x}_{k+1}$ 由 CG 方法 (11.3.14) 生成，则

$$\|\boldsymbol{x}_{k+1}-\boldsymbol{x}_*\|_{A}\leqslant\left(1-\frac{1}{\kappa_2(\boldsymbol{A})}\right)^{1/2}\cdot\|\boldsymbol{x}_k-\boldsymbol{x}_*\|_{A}.$$

证明 令 (11.3.9) 中的 $\boldsymbol{x}_c=\boldsymbol{x}_k$，给出

$$\|\boldsymbol{x}_+-\boldsymbol{x}_*\|_{A}\leqslant\left(1-\frac{1}{\kappa_2(\boldsymbol{A})}\right)^{1/2}\|\boldsymbol{x}_k-\boldsymbol{x}_*\|_{A},$$

其中 $\boldsymbol{x}_+$ 最速下降代替了 $\boldsymbol{x}_c$. 通过不等式 (11.3.11)，我们有 $\|\boldsymbol{x}_{k+1}-\boldsymbol{x}_*\|_{A}\leqslant\|\boldsymbol{x}_+-\boldsymbol{x}_*\|_{A}$. □

关于这些数学结果如何影响实际情况的细节见 11.5 节. 现在，我们继续对该方法进行精确的算术推导.

11.3.5 最速下降法：第二版

返回到 (11.3.14) 中 CG 方法的初始版本，我们得到了与三对角解 $\boldsymbol{T}_k\boldsymbol{y}_k=\beta_0\boldsymbol{e}_1$ 和矩阵与向量之积 $\boldsymbol{x}_k=\boldsymbol{Q}_k\boldsymbol{y}_k$ 相关的细节. 为了使整个实现对大型稀疏矩阵 $\boldsymbol{A}$ 有吸引力，我们需要一种计算 $\boldsymbol{x}_k$ 的方法，而不必访问 Lanczos 向量

$q_1, \cdots, q_k$. 当三对角矩阵 $T_k = Q_k^{\mathrm{T}} A Q_k$ 正定时，就会有一个 LDL^{T} 分解. 通过比较 $T_k = L_k D_k L_k^{\mathrm{T}}$ 中的系数，其中

$$L_k = \begin{bmatrix} 1 & 0 & 0 & 0 \\ \ell_1 & 1 & 0 & 0 \\ \vdots & \ddots & \ddots & \vdots \\ 0 & \cdots & \ell_{k-1} & 1 \end{bmatrix}, \qquad D_k = \begin{bmatrix} d_1 & 0 & \cdots & 0 \\ 0 & d_2 & & \vdots \\ \vdots & & \ddots & 0 \\ 0 & \cdots & 0 & d_k \end{bmatrix},$$

我们发现

$$\begin{aligned}
&d_1 = \alpha_1 \\
&\textbf{for } i = 2:k \\
&\quad \ell_{i-1} = \beta_{i-1}/d_{i-1} \\
&\quad d_i = \alpha_i - \ell_{i-1}\beta_{i-1} \\
&\textbf{end}
\end{aligned} \tag{11.3.15}$$

给定这个分解，我们观察到，如果 $v_k \in \mathbb{R}^k$ 是

$$L_k D_k v_k = \beta_0 e_1 \tag{11.3.16}$$

的解，则 $L_k^{\mathrm{T}} y_k = v_k$. 如果 $C_k \in \mathbb{R}^{n\times k}$满足

$$C_k L_k^{\mathrm{T}} = Q_k, \tag{11.3.17}$$

则

$$x_k = x_0 + Q_k y_k = x_0 + C_k L_k^{\mathrm{T}} y_k = x_0 + C_k v_k. \tag{11.3.18}$$

这是不切实际的方法，因为矩阵 C_k 是满的，涉及所有的 Lanczos 向量. 然而，C_{k-1} 和 C_k 之间、v_{k-1} 和 v_k 之间有一些简单的联系，可以用来将 (11.3.18) 转换成一个非常方便的求 x_k 的修正方法. 考虑下双对角矩阵 (11.3.16), 例如,

$$\left[\begin{array}{ccc|c} d_1 & 0 & 0 & 0 \\ d_1\ell_1 & d_2 & 0 & 0 \\ 0 & d_2\ell_2 & d_3 & 0 \\ \hline 0 & 0 & d_3\ell_3 & d_4 \end{array}\right] \left[\begin{array}{c} \nu_1 \\ \nu_2 \\ \nu_3 \\ \hline \nu_4 \end{array}\right] = \left[\begin{array}{c} \beta_0 \\ 0 \\ 0 \\ \hline 0 \end{array}\right].$$

我们得出

$$v_k = \left[\begin{array}{c} \nu_1 \\ \vdots \\ \nu_{k-1} \\ \hline \nu_k \end{array}\right] = \left[\begin{array}{c} v_{k-1} \\ \hline \nu_k \end{array}\right], \tag{11.3.19}$$

其中

$$\nu_k = \begin{cases} \beta_0/d_1 & \text{如果 } k=1 \\ -d_{k-1}\ell_{k-1}\nu_{k-1}/d_k & \text{如果 } k>1 \end{cases}. \tag{11.3.20}$$

接下来，我们考虑方程 (11.3.17) 的列划分，例如，

$$\left[\ \boldsymbol{c}_1 \mid \boldsymbol{c}_2 \mid \boldsymbol{c}_3 \mid \boldsymbol{c}_4\ \right] \begin{bmatrix} 1 & \ell_1 & 0 & 0 \\ 0 & 1 & \ell_2 & 0 \\ 0 & 0 & 1 & \ell_3 \\ 0 & 0 & 0 & 1 \end{bmatrix} = \left[\ \boldsymbol{q}_1 \mid \boldsymbol{q}_2 \mid \boldsymbol{q}_3 \mid \boldsymbol{q}_4\ \right].$$

由此我们得到

$$\boldsymbol{C}_k = \left[\ \boldsymbol{C}_{k-1} \mid \boldsymbol{c}_k\ \right], \tag{11.3.21}$$

其中

$$\boldsymbol{c}_k = \begin{cases} \boldsymbol{q}_1 & \text{如果 } k=1 \\ \boldsymbol{q}_k - \ell_{k-1}\boldsymbol{c}_{k-1} & \text{如果 } k>1 \end{cases}. \tag{11.3.22}$$

由 (11.3.19) 和 (11.3.21)，可得

$$\boldsymbol{x}_k = \boldsymbol{x}_0 + \boldsymbol{C}_k\boldsymbol{v}_k = \boldsymbol{x}_0 + \boldsymbol{C}_{k-1}\boldsymbol{v}_{k-1} + \nu_k\boldsymbol{c}_k = \boldsymbol{x}_{k-1} + \nu_k\boldsymbol{c}_k.$$

这正是我们需要的 $\boldsymbol{x}_k$ 的递推公式，使得公式 (11.3.18) 对大型稀疏线性方程组具有吸引力. 将此表达式与 (11.3.20) 和 (11.3.22) 结合，我们得到 (11.3.14) 的如下修正.

算法 11.3.2 (共轭梯度法：Lanczos 版本) 如果 $\boldsymbol{A} \in \mathbb{R}^{n\times n}$ 是对称正定矩阵，$\boldsymbol{b} \in \mathbb{R}^n$，且 $\boldsymbol{A}\boldsymbol{x}_0 \approx \boldsymbol{b}$，则本算法计算的 $\boldsymbol{x}_* \in \mathbb{R}^n$，使得 $\boldsymbol{A}\boldsymbol{x}_* = \boldsymbol{b}$.

```
k = 0, r_0 = b − Ax_0, β_0 = ‖ r_0 ‖_2, q_0 = 0, c_0 = 0
while β_k ≠ 0
    q_{k+1} = r_k/β_k
    k = k + 1
    α_k = q_k^T A q_k
    if k = 1
        d_1 = α_1, ν_1 = β_0/d_1
        c_k = q_1
    else
        ℓ_{k−1} = β_{k−1}/d_{k−1}, d_k = α_k − β_{k−1}ℓ_{k−1}, ν_k = −β_{k−1}ν_{k−1}/d_k
        c_k = q_k − ℓ_{k−1}c_{k−1}
```

end

$x_k = x_{k-1} + \nu_k c_k$

$r_k = Aq_k - \alpha_k q_k - \beta_{k-1} q_{k-1}$

$\beta_k = \| r_k \|_2$

end

$x_* = x_k$

每一次迭代涉及一个矩阵与向量之积，需要大约 $13n$ 个 flop. 正如我们在 11.3.8 节中讨论的，它可以用少数长度为 n 的存储数组来实现.

11.3.6 梯度是共轭的

我们对 CG 迭代中出现的梯度和搜索方向进行一些观察. 首先，证明梯度

$$\boldsymbol{g}_k = \boldsymbol{A}\boldsymbol{x}_k - \boldsymbol{b} = \nabla\phi(\boldsymbol{x}_k)$$

是相互正交的，这一事实解释了该算法的名称的由来.

定理 11.3.4 如果 $\boldsymbol{x}_1, \cdots, \boldsymbol{x}_k$ 由算法 11.3.2 生成，则对于所有满足 $1 \leqslant i < j \leqslant k$ 的 i 和 j，都有 $\boldsymbol{g}_i^{\mathrm{T}}\boldsymbol{g}_j = 0$. 另外，$\boldsymbol{g}_k = \nu_k \boldsymbol{r}_k$，其中 ν_k 和 $\boldsymbol{r}_k$ 由本算法决定.

证明 部分三对角化 (11.3.13)，我们可以写出

$$\boldsymbol{g}_k = \boldsymbol{A}\boldsymbol{x}_k - \boldsymbol{b} = \boldsymbol{A}(\boldsymbol{x}_0 + \boldsymbol{Q}_k\boldsymbol{y}_k) - \boldsymbol{b} = -\boldsymbol{r}_0 + (\boldsymbol{Q}_k\boldsymbol{T}_k + \boldsymbol{r}_k\boldsymbol{e}_k^{\mathrm{T}})\boldsymbol{y}_k.$$

由于 $\boldsymbol{Q}_k\boldsymbol{T}_k\boldsymbol{y}_k = \beta_0\boldsymbol{Q}_k\boldsymbol{e}_1 = \boldsymbol{r}_0$，则

$$\boldsymbol{g}_k = (\boldsymbol{e}_k^{\mathrm{T}}\boldsymbol{y}_k)\boldsymbol{r}_k.$$

当每个 $\boldsymbol{r}_i$ 是 $\boldsymbol{q}_{i+1}$ 的倍数时，$\boldsymbol{g}_i$ 是相互正交的. 为了证明 $\boldsymbol{g}_k = \nu_k\boldsymbol{r}_k$，我们必须验证 $\boldsymbol{e}_k^{\mathrm{T}}\boldsymbol{y}_k = \nu_k$. 由等式

$$\boldsymbol{T}_k\boldsymbol{y}_k = (\boldsymbol{L}_k\boldsymbol{D}_k)(\boldsymbol{L}_k^{\mathrm{T}}\boldsymbol{y}_k) = \beta_0\boldsymbol{e}_1,$$

我们知道 $\boldsymbol{L}_k^{\mathrm{T}}\boldsymbol{y}_k = \boldsymbol{v}_k$，其中 $(\boldsymbol{L}_k\boldsymbol{D}_k)\boldsymbol{v}_k = \beta_0\boldsymbol{e}_1$. 为了完成证明，回忆 (11.3.19)，$\nu_k$ 是 $\boldsymbol{v}_k$ 的底部元素，再利用 $\boldsymbol{L}_k^{\mathrm{T}}$ 是单位上对角矩阵的事实. □

搜索方向 $\boldsymbol{c}_1, \cdots, \boldsymbol{c}_k$ 满足不同的正交性.

定理 11.3.5 如果 $\boldsymbol{c}_1, \cdots, \boldsymbol{c}_k$ 由算法 11.3.2 生成，则对于所有满足 $1 \leqslant i < j \leqslant k$ 的 i 和 j，有

$$\boldsymbol{c}_i^{\mathrm{T}}\boldsymbol{A}\boldsymbol{c}_j = \begin{cases} 0, & \text{如果 } i \neq j, \\ d_j, & \text{如果 } i = j. \end{cases}$$

证明 由于 $\boldsymbol{Q}_k=\boldsymbol{C}_k\boldsymbol{L}_k^{\mathrm{T}}$ 和 $\boldsymbol{T}_k=\boldsymbol{Q}_k^{\mathrm{T}}\boldsymbol{A}\boldsymbol{Q}_k$，我们有

$$\boldsymbol{T}_k = \boldsymbol{L}_k(\boldsymbol{C}_k^{\mathrm{T}}\boldsymbol{A}\boldsymbol{C}_k)\boldsymbol{L}_k^{\mathrm{T}}.$$

但是 $\boldsymbol{T}_k=\boldsymbol{L}_k\boldsymbol{D}_k\boldsymbol{L}_k^{\mathrm{T}}$，所以由 $\boldsymbol{LDL}^{\mathrm{T}}$ 分解的唯一性，我们有

$$\boldsymbol{D}_k=\boldsymbol{C}_k^{\mathrm{T}}\boldsymbol{A}\boldsymbol{C}_k.$$

列划分 $\boldsymbol{C}_k=[\boldsymbol{c}_1\,|\cdots|\,\boldsymbol{c}_k]$ 表明 $\boldsymbol{c}_i^{\mathrm{T}}\boldsymbol{A}\boldsymbol{c}_j = [\boldsymbol{D}_k]_{ij}$. □

这个定理告诉我们搜索方向 $\boldsymbol{c}_1,\cdots,\boldsymbol{c}_k$ 是 A 共轭.

11.3.7 Hestenes-Stiefel 公式

前面的结果允许我们重写算法 11.3.2，以避免显式引用 Lanczos 向量和正在进行的 $\boldsymbol{LDL}^{\mathrm{T}}$ 分解中的项. 此外，可以用线性方程组的残差 $\boldsymbol{b}-\boldsymbol{A}\boldsymbol{x}_k$ 来制定终止准则，而不是用更模糊的"Lanczos 残差向量"$(\boldsymbol{A}-\alpha_k\boldsymbol{I})\boldsymbol{q}_k-\beta_{k-1}\boldsymbol{q}_{k-1}$. 关键思想是把 $\boldsymbol{c}_k$ 看作搜索方向，把 ρ_k 看作步长，并认识到这些量是可以缩放的. 考虑到算法 11.3.2 中的搜索方向的修正

$$\boldsymbol{c}_k=\boldsymbol{q}_k-\ell_{k-1}\boldsymbol{c}_{k-1}.$$

当 $\boldsymbol{q}_k$ 是 $\boldsymbol{g}_{k-1}$ 的倍数时，我们发现

(搜索方向 k) $=$ $\boldsymbol{g}_{k-1}$ $+$ 标量 $\times$ (搜索方向 $k-1$)

如果我们把它写为

$$\boldsymbol{p}_k = \boldsymbol{g}_{k-1}+\tau_{k-1}\boldsymbol{p}_{k-1}, \tag{11.3.23}$$

则由

$$\boldsymbol{A}\boldsymbol{p}_k=\boldsymbol{A}\boldsymbol{g}_{k-1}+\tau_{k-1}\boldsymbol{A}\boldsymbol{p}_{k-1}$$

和定理 11.3.5 有

$$\tau_{k-1} = -\frac{\boldsymbol{p}_{k-1}\boldsymbol{A}\boldsymbol{g}_{k-1}}{\boldsymbol{p}_{k-1}^{\mathrm{T}}\boldsymbol{A}\boldsymbol{p}_{k-1}}, \tag{11.3.24}$$

$$\boldsymbol{p}_k^{\mathrm{T}}\boldsymbol{A}\boldsymbol{g}_{k-1} = \boldsymbol{p}_k^{\mathrm{T}}\boldsymbol{A}\boldsymbol{p}_k. \tag{11.3.25}$$

当 $\boldsymbol{p}_k$ 是 $\boldsymbol{c}_k$ 的倍数时，在算法 11.3.2 中，对于某些标量 μ_k，修正公式 $\boldsymbol{x}_k=\boldsymbol{x}_{k-1}+\rho_k\boldsymbol{c}_k$ 的形式是

$$\boldsymbol{x}_k = \boldsymbol{x}_{k-1}-\mu_k\boldsymbol{p}_k.$$

通过在等式两边应用 $\boldsymbol{A}$，再减去 $\boldsymbol{b}$，我们得到

$$\boldsymbol{g}_k = \boldsymbol{g}_{k-1}-\mu_k\boldsymbol{A}\boldsymbol{p}_k.$$

利用定理 11.3.4 和等式 11.3.25，我们发现

$$\mu_k = \frac{\boldsymbol{g}_{k-1}^{\mathrm{T}}\boldsymbol{g}_{k-1}}{\boldsymbol{g}_{k-1}^{\mathrm{T}}\boldsymbol{A}\boldsymbol{p}_k} = \frac{\boldsymbol{g}_{k-1}^{\mathrm{T}}\boldsymbol{g}_{k-1}}{\boldsymbol{p}_k^{\mathrm{T}}\boldsymbol{A}\boldsymbol{p}_k}.$$

由等式 $\boldsymbol{g}_{k-1} = \boldsymbol{g}_{k-2} - \mu_{k-1}\boldsymbol{A}\boldsymbol{p}_{k-1}$ 和 $\boldsymbol{g}_{k-1}^{\mathrm{T}}\boldsymbol{g}_{k-2} = 0$，有

$$\begin{aligned}\boldsymbol{g}_{k-1}^{\mathrm{T}}\boldsymbol{g}_{k-1} &= -\mu_{k-1}\boldsymbol{g}_{k-1}^{\mathrm{T}}\boldsymbol{A}\boldsymbol{p}_{k-1},\\ \boldsymbol{g}_{k-2}^{\mathrm{T}}\boldsymbol{g}_{k-2} &= \mu_{k-1}\boldsymbol{g}_{k-2}^{\mathrm{T}}\boldsymbol{A}\boldsymbol{p}_{k-1} = \mu_{k-1}\boldsymbol{p}_{k-1}^{\mathrm{T}}\boldsymbol{A}\boldsymbol{p}_{k-1}.\end{aligned}$$

将这些等式代入 (11.3.24)，得

$$\tau_{k-1} = \frac{\boldsymbol{g}_{k-1}^{\mathrm{T}}\boldsymbol{g}_{k-1}}{\boldsymbol{g}_{k-2}^{\mathrm{T}}\boldsymbol{g}_{k-2}}.$$

通过利用 $\boldsymbol{p}_k$, $\boldsymbol{x}_k$, $\boldsymbol{g}_k$, μ_k 和 τ_{k-1}，并将 $\boldsymbol{r}_k$ 重新定义为残差 $\boldsymbol{b} - \boldsymbol{A}\boldsymbol{x}_k = -\boldsymbol{g}_k$，我们改写算法 11.3.2 如下.

算法 11.3.3 (共轭梯度法：Hestenes-Stiefel 版) 如果 $\boldsymbol{A} \in \mathbb{R}^{n\times n}$ 是对称正定矩阵，$\boldsymbol{b} \in \mathbb{R}^n$，$\boldsymbol{A}\boldsymbol{x}_0 \approx \boldsymbol{b}$，则本算法计算 $\boldsymbol{x}_* \in \mathbb{R}^n$ 使得 $\boldsymbol{A}\boldsymbol{x}_* = \boldsymbol{b}$.

$k = 0$, $r_0 = b - Ax_0$
while $\| r_k \|_2 > 0$
    $k = k + 1$
    if $k = 1$
        $p_k = r_0$
    else
        $\tau_{k-1} = (r_{k-1}^{\mathrm{T}}r_{k-1}) \,/\, (r_{k-2}^{\mathrm{T}}r_{k-2})$
        $p_k = r_{k-1} + \tau_{k-1}p_{k-1}$
    end
    $\mu_k = (r_{k-1}^{\mathrm{T}}r_{k-1})/(p_k^{\mathrm{T}}Ap_k)$
    $x_k = x_{k-1} + \mu_k p_k$
    $r_k = r_{k-1} - \mu_k Ap_k$
end
$x_* = x_k$

这个形式本质上是 Hestenes and Stieffel (1952) 描述的形式.

11.3.8 一些实际细节

舍入误差会导致残差之间的正交性有所损失，并且在浮点中不能保证有限终止. 有关这一事实的广泛分析，参见 Meurant (LCG). 因此，有一个基于（例如）

$\| \boldsymbol{r}_k \| = \| \boldsymbol{b} - \boldsymbol{A}\boldsymbol{x}_k \|$ 的大小的终止标准是有意义的. 仔细考虑并注意所需的向量工作空间，我们得到算法 11.3.3 的以下更实用的版本.

$$
\begin{aligned}
& k = 0,\ x = x_0,\ r = b - Ax,\ \rho_c = r^{\mathrm{T}} r,\ \delta = \mathsf{tol} \cdot \| b \|_2 \\
& \textbf{while } \sqrt{\rho_c} > \delta \\
& \quad k = k + 1 \\
& \quad \textbf{if } k = 1 \\
& \quad\quad p = r \\
& \quad \textbf{else} \\
& \quad\quad \tau = \rho_c / \rho_-,\ p = r + \tau p \\
& \quad \textbf{end} \\
& \quad w = Ap \\
& \quad \mu = \rho_c / p^{\mathrm{T}} w,\ x = x + \mu p,\ r = r - \mu w,\ \rho_- = \rho_c,\ \rho_c = r^{\mathrm{T}} r \\
& \textbf{end}
\end{aligned}
\tag{11.3.26}
$$

因此，一个 CG 步骤需要一个矩阵与向量的积、三个 saxpy 和两个内积，需要四个长度为 n 的数组. 注意，如果 $\boldsymbol{x}_c$ 是最后迭代，$\boldsymbol{x}_*$ 是精确解，则

$$
\| \boldsymbol{x}_c - \boldsymbol{x}_* \| = \| \boldsymbol{A}^{-1}(\boldsymbol{b} - \boldsymbol{A}\boldsymbol{x}_c) \|_2 \leqslant \mathsf{tol} \cdot \| \boldsymbol{A}^{-1} \|_2 \| \boldsymbol{b} \|_2 \leqslant \mathsf{tol} \cdot \kappa_2(\boldsymbol{A}) \| \boldsymbol{x}_* \|.
$$

因此，停止准则确保了由 tol 和条件数的乘积所限定的相对误差.

在实践中，最好在 k 接近 n 之前终止迭代. Trefethen and Bau (NLA, 第 299 页) 表明

$$
\| \boldsymbol{x} - \boldsymbol{x}_k \|_{A} \leqslant 2 \| \boldsymbol{x} - \boldsymbol{x}_0 \|_{A} \left(\frac{\sqrt{\kappa_2(\boldsymbol{A})} - 1}{\sqrt{\kappa_2(\boldsymbol{A})} + 1} \right)^k. \tag{11.3.27}
$$

当然，上界无望接近 1 并不需要太多的条件数，因此，这个结果自身并不能提供提前退出的希望. 然而，正如我们在 11.5 节中所看到的，有一种方式可以诱导快速收敛，即将该方法应用于等价的 "预处理" 方程组，可由（11.3.27）或推论 11.3.2 给出.

11.3.9　共轭梯度法应用于 $\boldsymbol{A}^{\mathrm{T}}\boldsymbol{A}$ 和 $\boldsymbol{A}\boldsymbol{A}^{\mathrm{T}}$

有两种显然的方式可以将非对称问题 $\boldsymbol{A}\boldsymbol{x} = \boldsymbol{b}$ 转化成等价的对称正定问题:

$$
\boldsymbol{A}\boldsymbol{x} = \boldsymbol{b} \equiv \begin{cases} \boldsymbol{A}^{\mathrm{T}}\boldsymbol{A}\boldsymbol{x} = \boldsymbol{A}^{\mathrm{T}}\boldsymbol{b}, \\ \boldsymbol{A}\boldsymbol{A}^{\mathrm{T}}\boldsymbol{y} = \boldsymbol{b},\ \boldsymbol{x} = \boldsymbol{A}^{\mathrm{T}}\boldsymbol{y}. \end{cases}
$$

每个转换都创造了应用共轭梯度法的机会.

如果应用 CG 方法于 $\boldsymbol{A}^{\mathrm{T}}\boldsymbol{A}\boldsymbol{x} = \boldsymbol{A}^{\mathrm{T}}\boldsymbol{b}$ 问题，那么在第 k 步中，在仿射空间

$$
\boldsymbol{S}_k = \boldsymbol{x}_0 + \mathcal{K}(\boldsymbol{A}^{\mathrm{T}}\boldsymbol{A}, \boldsymbol{A}^{\mathrm{T}}\boldsymbol{r}_0, k) \tag{11.3.28}
$$

上（其中 $\boldsymbol{r}_0=\boldsymbol{b}-\boldsymbol{A}\boldsymbol{x}_0$）产生一个使

$$\phi_{\boldsymbol{A}^{\mathrm{T}}\boldsymbol{A}}(\boldsymbol{x}) \;=\; \tfrac{1}{2}\boldsymbol{x}^{\mathrm{T}}(\boldsymbol{A}^{\mathrm{T}}\boldsymbol{A})\boldsymbol{x}-\boldsymbol{x}^{\mathrm{T}}(\boldsymbol{A}^{\mathrm{T}}\boldsymbol{b}) \;=\; \tfrac{1}{2}\|\,\boldsymbol{A}\boldsymbol{x}-\boldsymbol{b}\,\|_2^2-\tfrac{1}{2}\boldsymbol{b}^{\mathrm{T}}\boldsymbol{b}$$

极小化的向量 $\boldsymbol{x}_k$. 这个算法就是**共轭梯度法方程残差法** (CGNR).

如果我们应用 CG 方法于"$\boldsymbol{y}$ 问题" $\boldsymbol{A}\boldsymbol{A}^{\mathrm{T}}\boldsymbol{y}=\boldsymbol{b}$，那么第 k 步中，在仿射空间 $\boldsymbol{y}_0+\mathcal{K}(\boldsymbol{A}\boldsymbol{A}^{\mathrm{T}},\boldsymbol{r}_0,k)$ 上（其中 $\boldsymbol{r}_0=\boldsymbol{b}-\boldsymbol{A}\boldsymbol{x}_0$）产生一个使

$$\phi_{\boldsymbol{A}\boldsymbol{A}^{\mathrm{T}}}(\boldsymbol{y}) \;=\; \tfrac{1}{2}\boldsymbol{y}^{\mathrm{T}}\boldsymbol{A}\boldsymbol{A}^{\mathrm{T}}\boldsymbol{y}-\boldsymbol{y}^{\mathrm{T}}\boldsymbol{b} \;=\; \tfrac{1}{2}\|\,\boldsymbol{A}^{\mathrm{T}}\boldsymbol{y}-\boldsymbol{A}^{-1}\boldsymbol{b}\,\|_2^2 \;-\; \tfrac{1}{2}\boldsymbol{b}^{\mathrm{T}}(\boldsymbol{A}\boldsymbol{A}^{\mathrm{T}})^{-1}\boldsymbol{b}$$

极小化的向量 $\boldsymbol{y}_k$. 令 $\boldsymbol{x}_k=\boldsymbol{A}^{\mathrm{T}}\boldsymbol{y}_k$，这就是说，在 (11.3.28) 中所定义的仿射空间中，$\boldsymbol{x}=\boldsymbol{x}_k$ 使 $\|\,\boldsymbol{x}-\boldsymbol{x}_*\,\|_2$ 极小化. 这个方法叫作**共轭梯度法方程误差法**（CGNE 法），也就是著名的 **Craig 法**.

为了实现 CGNR 和 CGNE，需要对算法 11.3.3 中的 CG 修正公式进行简单的修改. 我们在表 11.3.1 中列出了三种方法的初始化和修正. 注意，CGNR 和 CGNE 需要 $\boldsymbol{A}$ 时间向量和 $\boldsymbol{A}^{\mathrm{T}}$ 时间向量. Saad (IMSLS, 第 251–254 页) 和 Greenbaum (IMSL, 第 7 章) 详细介绍了与这些方法相关的条件数的平方. 如果 $\boldsymbol{A}$ 是长方矩阵，则可以使用 CGNR 方法. 因此，它为解决稀疏、满秩、最小二乘问题提供了一个法方程结构. 参见 Björck (SLE, 第 288–293 页) 的讨论和分析. CGNE 法也可以应用于矩形问题，但是方程组必须是相容的.

表 11.3.1 共轭梯度法 (CG)、共轭梯度法方程残差法 (CGNR)、共轭梯度法方程误差法 (CGNE) 的初始化和修正公式. 下标"c"表示"当前"，下标"+"表示"下一个"

CG	CGNR	CGNE
$\boldsymbol{r}_c=\boldsymbol{b}-\boldsymbol{A}\boldsymbol{x}_0$ $\boldsymbol{p}_c=\boldsymbol{r}_c$	$\boldsymbol{r}_c=\boldsymbol{b}-\boldsymbol{A}\boldsymbol{x}_0,\ \boldsymbol{z}_c=\boldsymbol{A}^{\mathrm{T}}\boldsymbol{r}_c$ $\boldsymbol{p}_c=\boldsymbol{z}_c$	$\boldsymbol{r}_c=\boldsymbol{b}-\boldsymbol{A}\boldsymbol{x}_c$ $\boldsymbol{p}_c=\boldsymbol{A}^{\mathrm{T}}\boldsymbol{r}_c$
$\mu=\dfrac{\boldsymbol{r}_c^{\mathrm{T}}\boldsymbol{r}_c}{\boldsymbol{p}_c^{\mathrm{T}}\boldsymbol{A}\boldsymbol{p}_c}$	$\mu=\dfrac{\boldsymbol{z}_c^{\mathrm{T}}\boldsymbol{z}_c}{(\boldsymbol{A}\boldsymbol{p}_c)^{\mathrm{T}}(\boldsymbol{A}\boldsymbol{p}_c)}$	$\mu=\dfrac{\boldsymbol{r}_c^{\mathrm{T}}\boldsymbol{r}_c}{\boldsymbol{p}_c^{\mathrm{T}}\boldsymbol{p}_c}$
$\boldsymbol{x}_+=\boldsymbol{x}_c+\mu\boldsymbol{p}_c$	$\boldsymbol{x}_+=\boldsymbol{x}_c+\mu\boldsymbol{p}_c$	$\boldsymbol{x}_+=\boldsymbol{x}_c+\mu\boldsymbol{p}_c$
$\boldsymbol{r}_+=\boldsymbol{r}_c-\mu\boldsymbol{A}\boldsymbol{p}_c$	$\boldsymbol{r}_+=\boldsymbol{r}_c-\mu\boldsymbol{A}\boldsymbol{p}_c,\ \boldsymbol{z}_+=\boldsymbol{A}^{\mathrm{T}}\boldsymbol{r}_+$	$\boldsymbol{r}_+=\boldsymbol{r}_c-\mu\boldsymbol{A}\boldsymbol{p}_c$
$\tau=\dfrac{\boldsymbol{r}_+^{\mathrm{T}}\boldsymbol{r}_+}{\boldsymbol{r}_c^{\mathrm{T}}\boldsymbol{r}_c}$	$\tau=\dfrac{\boldsymbol{z}_+^{\mathrm{T}}\boldsymbol{z}_+}{\boldsymbol{z}_c^{\mathrm{T}}\boldsymbol{z}_c}$	$\tau=\dfrac{\boldsymbol{r}_+^{\mathrm{T}}\boldsymbol{r}_+}{\boldsymbol{r}_c^{\mathrm{T}}\boldsymbol{r}_c}$
$\boldsymbol{p}_+=\boldsymbol{r}_++\tau\boldsymbol{p}_c$	$\boldsymbol{p}_+=\boldsymbol{z}_++\tau\boldsymbol{p}_c$	$\boldsymbol{p}_+=\boldsymbol{A}^{\mathrm{T}}\boldsymbol{r}_++\tau\boldsymbol{p}_c$

习 题

1. 为了实施本节每个算法，需要多少 n 维向量?

2. 设 α_i 和 β_i 是由算法 11.3.2 定义的. 当执行算法 11.3.3 中的迭代时，那些三对角元素是如何产生的?

3. 推导出表 11.3.1 所示的 CGNR 和 CGNE 方法的修正公式.

4. 证明：如果算法 11.3.3 中的 while 循环条件更改为

$$\| \boldsymbol{r}_k \| > \mathsf{tol}\,(\| \boldsymbol{A} \| \| \boldsymbol{x}_k \| + \| \boldsymbol{b} \|),$$

则该算法能精确求解与 tol 有关的类似 $\boldsymbol{A}\boldsymbol{x} = \boldsymbol{b}$ 问题.

11.4 其他 Krylov 方法

共轭梯度法可以视为对称 Lanczos 过程和 $\boldsymbol{L}\boldsymbol{D}\boldsymbol{L}^{\mathrm{T}}$ 分解巧妙搭配. "巧妙"指的是递归，这使得从 $\boldsymbol{x}_{k-1}$ 到 $\boldsymbol{x}_k$ 的变换是经济的. 在这一节中，我们将超越对称正定方程组，并为更一般的问题提出相同的范例：

$$\left(\begin{array}{c}\text{Krylov}\\ \text{过程}\end{array}\right) + \left(\begin{array}{c}\text{矩阵}\\ \text{分解}\end{array}\right) + \left(\begin{array}{c}\text{巧妙的}\\ \text{递归}\end{array}\right) = \left(\begin{array}{c}\text{稀疏}\\ \text{矩阵法}\end{array}\right).$$

我们将简单讨论一些问题的求解方法，包括对称不定问题（MINRES, SYMMLQ）、最小二乘问题（LSQR, LSMR）和方阵的 $\boldsymbol{A}\boldsymbol{x} = \boldsymbol{b}$ 问题（GMRES, QMR, BiCG, CGS, BiCGStab）. 也涉及 Lanczos 迭代、Arnoldi 迭代和非对称 Lanczos 迭代. 我们的目标是研究这些方法背后的主要思想. 更深入的洞察、直观实践和分析，参见 Saad (ISPLA), Greenbaum (IMSL), van der Vorst (IMK), Freund, Golub, and Nachtigal (1992) 以及 `LIN_TEMPLATES`.

11.4.1 对称方程组的 MINRES 法和 SYMMLQ 法

假设 $\boldsymbol{A} \in \mathbb{R}^{n\times n}$ 是对称不定矩阵，即 $\lambda_{\min}(\boldsymbol{A}) < 0 < \lambda_{\max}(\boldsymbol{A})$. 这导致我们不能将 $\boldsymbol{A}\boldsymbol{x} = \boldsymbol{b}$ 问题重新定义为与 $\phi(\boldsymbol{x}) = \boldsymbol{x}^{\mathrm{T}}\boldsymbol{A}\boldsymbol{x}/2 - \boldsymbol{x}^{\mathrm{T}}\boldsymbol{b}$ 相关的最小化问题. 实际上，这个函数没有下界. 如果 $\boldsymbol{A}\boldsymbol{x} = \lambda_{\min}\boldsymbol{x}$，则当 α 变大时 $\phi(\alpha\boldsymbol{x}) = \alpha^2\lambda_{\min} - \alpha\boldsymbol{x}^{\mathrm{T}}\boldsymbol{b}$ 接近 $-\infty$.

这就建议我们切换到一个更可行的目标函数. 我们不采用在仿射空间 $\boldsymbol{x}_0 + \mathcal{K}(\boldsymbol{A}, \boldsymbol{r}_0, k)$ 上最小化 ϕ 的 CG 方法，而是在每个步骤中求解

$$\min_{\boldsymbol{x}\in\boldsymbol{x}_0+\mathcal{K}(\boldsymbol{A},\boldsymbol{r}_0,k)} \| \boldsymbol{b} - \boldsymbol{A}\boldsymbol{x} \|_2. \tag{11.4.1}$$

正如在 CG 方法中，我们使用 Lanczos 过程生成 Krylov 子空间，令 $\boldsymbol{q}_1 = \boldsymbol{r}_0/\beta_0$，其中 $\boldsymbol{r}_0 = \boldsymbol{b} - \boldsymbol{A}\boldsymbol{x}_0$ 且 $\beta_0 = \| \boldsymbol{g}_0 \|_2$. k 步后，我们有

$$\boldsymbol{A}\boldsymbol{Q}_k = \boldsymbol{Q}_k\boldsymbol{T}_k + \beta_k\boldsymbol{q}_{k+1}\boldsymbol{e}_k^{\mathrm{T}}.$$

即

$$AQ_k = Q_{k+1}H_k, \tag{11.4.2}$$

其中 $H_k \in \mathbb{R}^{k+1\times k}$ 是 Hessenberg 矩阵

$$H_k = \left[\begin{array}{ccccc} \alpha_1 & \beta_2 & \cdots & \cdots & 0 \\ \beta_1 & \alpha_2 & \ddots & & 0 \\ \vdots & \ddots & \ddots & & \vdots \\ \vdots & & & \ddots & \beta_{k-1} \\ 0 & \cdots & \cdots & \beta_{k-1} & \alpha_k \\ \hline 0 & \cdots & \cdots & 0 & \beta_k \end{array}\right]. \tag{11.4.3}$$

记 $x = x_0 + Q_k y$ 并回忆 $\mathrm{ran}(Q_k) = \mathcal{K}(A, r_0, k)$，我们发现优化 (11.4.1) 涉及对于所有的 $y \in \mathbb{R}^k$ 最小化

$$\| A(x_0 + Q_k y) - b \|_2 = \| Q_{k+1}H_k y - (b - Ax_0) \|_2 = \| H_k y - \beta_0 e_1 \|_2.$$

我们利用 5.2.6 节的提示和 Givens QR 分解程序来解决这个问题. 假设 $G_1, \cdots, G_k$ 是 Givens 旋转，使得

$$G_k^{\mathrm{T}} \cdots G_1^{\mathrm{T}} H_k = \left[\begin{array}{c} R_k \\ \hline 0 \end{array}\right], \qquad R_k \in \mathbb{R}^{k\times k}$$

是上三角矩阵. 如果

$$G_k^{\mathrm{T}} \cdots G_1^{\mathrm{T}} (\beta_0 e_1) = \left[\begin{array}{c} p_k \\ \hline \rho_k \end{array}\right], \qquad p_k \in \mathbb{R}^k,$$

$y_k \in \mathbb{R}^k$ 是 $R_k y_k = p_k$ 的解，那么 $x_k = x_0 + Q_k y_k$ 是 (11.4.1) 的解，且残差的范数由 $\| b - Ax_k \|_2 = |\rho_k|$ 给出. 在执行第 k 步 Lanczos 之后用 $O(1)$ 个 flop 实现

$$\{H_{k-1}, R_{k-1}, p_{k-1}, \rho_{k-1}\} \quad \to \quad \{H_k, R_k, p_k, \rho_k\}$$

变换. Givens 旋转 G_k 可以由 β_k 和 $[R_{k-1}]_{k-1,k-1}$ 决定. 注意，在 $k-1$ 步之后，我们已经得到了 R_k 的前 $k-2$ 行和 p_k 的前 $k-2$ 个元素. 矩阵 R_k 有上带宽 2，所以确定 y_k 的三角方程组可以由 $O(k)$ 个 flop 解出. 因此，计算 $x_k = x_0 + Q_k y_k$ 的每一步都是不必要的. 另外，通过涉及 Q_k 和 H_k 的 QR 分解的递归，可以用 $O(n)$ 个 flop 求出从 x_{k-1} 到 x_k 的变换.（这与 11.3.5 节的 CG 对应，相当于 LDL^{T} 加上 Q_k 递归）无论哪种方法，都不需要在每个步骤中访问所有 Lanczos 向量. Paige and Saunders (1975) 给出了 MINRES 法的正确实现.

上述作者也提出了利用三对角矩阵 $\boldsymbol{T}_k$ 的 **LQ 因子分解**的另一种方法. 我们模拟 11.3.4 节 CG 推导的 (11.3.14). 然而，三对角方程组

$$\boldsymbol{T}_k\boldsymbol{y}_k = \beta_0\boldsymbol{e}_1 \tag{11.4.4}$$

是有问题的，因为 $\boldsymbol{T}_k$ 不再是正定的. 这就意味着 $\mathrm{LDL}^{\mathrm{T}}$ 分解及其相关的递归使用起来不再安全.

解决这个问题的方法是处理矩阵方程 $\boldsymbol{A}\boldsymbol{Q}_{k-1} = \boldsymbol{Q}_k\boldsymbol{H}_{k-1}$ 的转置. 设 $\boldsymbol{x}_k = \boldsymbol{x}_0 + \boldsymbol{Q}_k\boldsymbol{y}_k$，其中 $\boldsymbol{y}_k$ 是以下 $k-1\times k$ 欠定方程组的最小范数解

$$\boldsymbol{H}_{k-1}^{\mathrm{T}}\boldsymbol{y}_k = \beta_0\boldsymbol{e}_1. \tag{11.4.5}$$

它来自于 $\boldsymbol{r}_0 = \beta_0\boldsymbol{Q}_{k-1}\boldsymbol{e}_1$, $\boldsymbol{r}_k = \boldsymbol{r}_0 - \boldsymbol{A}\boldsymbol{Q}_{k-1}\boldsymbol{y}_k$ 和 $\boldsymbol{Q}_{k-1}^{\mathrm{T}}\boldsymbol{A} = \boldsymbol{H}_{k-1}^{\mathrm{T}}\boldsymbol{Q}_k^{\mathrm{T}}$，即

$$\boldsymbol{Q}_{k-1}^{\mathrm{T}}\boldsymbol{r}_k = \beta_0\boldsymbol{e}_1 - \boldsymbol{H}_{k-1}^{\mathrm{T}}\boldsymbol{y}_k = 0.$$

因此，残差 $k = \boldsymbol{b} - \boldsymbol{A}\boldsymbol{x}_k$ 与 $\boldsymbol{q}_1, \cdots, \boldsymbol{q}_{k-1}$ 正交. 注意，欠定方程组 (11.4.5) 是行满秩的，$\boldsymbol{y}_k$ 可以通过 Givens 旋转下三角矩阵确定，例如

$$\begin{bmatrix} \alpha_1 & \beta_1 & 0 & 0 & 0 \\ \beta_1 & \alpha_2 & \beta_2 & 0 & 0 \\ 0 & \beta_2 & \alpha_3 & \beta_3 & 0 \\ 0 & 0 & \beta_3 & \alpha_4 & \beta_4 \end{bmatrix} \boldsymbol{G}_1\boldsymbol{G}_2\boldsymbol{G}_3\boldsymbol{G}_4 = \left[\begin{array}{cccc|c} \times & 0 & 0 & 0 & 0 \\ \times & \times & 0 & 0 & 0 \\ \times & \times & \times & 0 & 0 \\ 0 & \times & \times & \times & 0 \end{array}\right] = \left[\begin{array}{c|c} \boldsymbol{L}_4 & 0 \end{array}\right].$$

这就是 LQ 因子分解，通常我们有

$$\boldsymbol{H}_{k-1}^{\mathrm{T}}\boldsymbol{G}_1\cdots\boldsymbol{G}_{k-1} = \left[\begin{array}{c|c} \boldsymbol{L}_{k-1} & 0 \end{array}\right]$$

其中 $\boldsymbol{L}_{k-1}$ 是下三角矩阵.（这就是 $\boldsymbol{H}_{k-1}$ 的 Givens QR 分解的转置.）如果 $\boldsymbol{w}_{k-1} \in \mathbb{R}^{k-1}$ 是非奇异方程组 $\boldsymbol{L}_{k-1}\boldsymbol{w}_{k-1} = \beta_0\boldsymbol{e}_1$ 的解，则

$$\boldsymbol{y}_k = \boldsymbol{G}_1\cdots\boldsymbol{G}_{k-1}\begin{bmatrix} \boldsymbol{w}_{k-1} \\ 0 \end{bmatrix}.$$

$\boldsymbol{L}_{k-1}$ 的特殊结构（其下带宽等于 2）和 Givens 旋转序列，使得实现从 $\boldsymbol{x}_k$ 到 $\boldsymbol{x}_{k+1}$ 的变换不需要访问所有 Lanczos 向量. 总之，这些思想定义了 Paige and Saunders (1975) 中的 SYMMLQ 法.

11.4.2 最小二乘问题的 LSQR 法和 LSMR 法

我们展示了如何使用 10.4.4 节描述的 Paige-Saunders 下双对角化过程来解决稀疏最小二乘问题 $\min\| \boldsymbol{A}\boldsymbol{x} - \boldsymbol{b} \|_2$. 实际上，如果应用算法 10.4.2 于 $\boldsymbol{u}_1 =$

$\boldsymbol{r}_0/\beta_0$，其中 $\boldsymbol{r}_0 = \boldsymbol{b} - \boldsymbol{A}\boldsymbol{x}_0$ 且 $\beta_0 = \|\, \boldsymbol{r}_0 \,\|_2$，那么在 k 步之后，我们有如下形式的特殊分解

$$\boldsymbol{A}\boldsymbol{V}_k = \boldsymbol{U}_k\boldsymbol{B}_k + \boldsymbol{p}_k\boldsymbol{e}_k^{\mathrm{T}}$$

的部分因子分解，其中 $\boldsymbol{V} = [\, \boldsymbol{v}_1 \,|\cdots|\, \boldsymbol{v}_k \,] \in \mathbb{R}^{n\times k}$ 有标准正交列，$\boldsymbol{U} = [\, \boldsymbol{u}_1 \,|\cdots|\, \boldsymbol{u}_k \,] \in \mathbb{R}^{m\times k}$ 有标准正交列，$\boldsymbol{B}_k \in \mathbb{R}^{k\times k}$ 是下双对角矩阵. 如果 $\boldsymbol{p}_k \in \mathbb{R}^m$ 非零，则我们可以写出

$$\boldsymbol{A}\boldsymbol{V}_k = \boldsymbol{U}_{k+1}\tilde{\boldsymbol{B}}_k,$$

其中 $\tilde{\boldsymbol{B}}_k \in \mathbb{R}^{k+1\times k}$ 由下式给出

$$\tilde{\boldsymbol{B}}_k = \left[\begin{array}{ccccc} \alpha_1 & 0 & \cdots & \cdots & 0 \\ \beta_1 & \alpha_2 & \ddots & & 0 \\ \vdots & \ddots & & & \vdots \\ \vdots & & & \ddots & 0 \\ 0 & \cdots & \cdots & \beta_{k-1} & \alpha_k \\ \hline 0 & \cdots & \cdots & 0 & \beta_k \end{array}\right]. \tag{11.4.6}$$

可以证明 $\mathrm{span}\{\boldsymbol{v}_1,\cdots,\boldsymbol{v}_k\} = \mathcal{K}(\boldsymbol{A}^{\mathrm{T}}\boldsymbol{A}, \boldsymbol{A}^{\mathrm{T}}\boldsymbol{r}_0, k)$. 在 Paige and Saunders (1982) 的 LSQR 方法中，第 k 个近似最小值 $\boldsymbol{x}_k$ 解决问题

$$\min_{\boldsymbol{x}\in\boldsymbol{x}_0+\mathcal{K}(\boldsymbol{A}^{\mathrm{T}}\boldsymbol{A},\boldsymbol{A}^{\mathrm{T}}\boldsymbol{r}_0,k)} \|\, \boldsymbol{A}\boldsymbol{x} - \boldsymbol{b} \,\|_2. \tag{11.4.7}$$

因此，$\boldsymbol{x}_k = \boldsymbol{x}_0 + \boldsymbol{V}_k\boldsymbol{y}_k$，其中 $\boldsymbol{y}_k \in \mathbb{R}^k$ 是

$$\|\, \boldsymbol{A}(\boldsymbol{x}_0 + \boldsymbol{V}_k\boldsymbol{y}) - \boldsymbol{b} \,\|_2 = \|\, \boldsymbol{U}_{k+1}\tilde{\boldsymbol{B}}_k\boldsymbol{y} - (\boldsymbol{b} - \boldsymbol{A}\boldsymbol{x}_0) \,\|_2 = \|\, \tilde{\boldsymbol{B}}_k\boldsymbol{y} - \beta_0\boldsymbol{e}_1 \,\|_2$$

的最小值. Givens QR 方法可以用来解决这个问题，就像上面 MINRES 中使用的一样. 假设

$$\boldsymbol{G}_k^{\mathrm{T}}\cdots\boldsymbol{G}_1^{\mathrm{T}}\tilde{\boldsymbol{B}}_k = \left[\begin{array}{c} \boldsymbol{R}_k \\ \hline 0 \end{array}\right], \qquad \boldsymbol{G}_k^{\mathrm{T}}\cdots\boldsymbol{G}_1^{\mathrm{T}}(\beta_1\boldsymbol{e}_1) = \left[\begin{array}{c} \boldsymbol{p}_k \\ \hline \rho_k \end{array}\right],$$

其中 $G_1,\cdots,G_k$ 是 Givens 旋转，$R_k \in \mathbb{R}^{k\times k}$ 是上三角矩阵，$p_k \in \mathbb{R}^k$, $\rho_k \in \mathbb{R}$. 那么，y_k 解了 $R_k y = p_k$，且

$$x_k = x_0 + V_k y_k = x_0 + W_k p_k$$

其中 $\boldsymbol{W}_k = \boldsymbol{V}_k\boldsymbol{R}_k^{-1}$. 可以通过包含 $\boldsymbol{W}_k$ 最后一列的简单递归由 $\boldsymbol{x}_{k-1}$ 计算 $\boldsymbol{x}_k$. 总的来说，我们得到了 Paige and Saunders (1982) 的 LSQR 方法. 它只需要几个存储向量就可以实现.

LSMR 方法提供了 LSQR 方法的一种替代，并且在数学上等价于把 MINRES 应用于正规方程 $\boldsymbol{A}^{\mathrm{T}}\boldsymbol{A}\boldsymbol{x}=\boldsymbol{A}^{\mathrm{T}}\boldsymbol{b}$. 就像 LSQR 方法一样，这种方法可以用于解决最小二乘问题、正则最小二乘问题、欠定方程组和正方不对称方程组. 向量 $\boldsymbol{r}_k=\boldsymbol{b}-\boldsymbol{A}\boldsymbol{x}_k$ 和 $\boldsymbol{A}^{\mathrm{T}}\boldsymbol{r}_k$ 的 2- 范数单调递减，允许提前终止. 详见 Fong and Saunders (2011).

11.4.3 一般 $\boldsymbol{A}\boldsymbol{x}=\boldsymbol{b}$ 的 GMRES 方法

Paige-Saunders MINRES 方法 (11.4.1) 基于 Lanczos 技巧，可以用来解决对称 $\boldsymbol{A}\boldsymbol{x}=\boldsymbol{b}$ 问题. 在 $\boldsymbol{x}_0+\mathcal{K}(\boldsymbol{A},\boldsymbol{b},k)$ 上，第 k 个迭代 $\boldsymbol{x}_k$ 使得 $\|\boldsymbol{A}\boldsymbol{x}-\boldsymbol{b}\|_2$ 最小化. 现在，我们提出了一个基于 Arnoldi 的迭代，它可以做相同的事情，且可应用于一般线性方程组. 这种方法称为**一般最小残差法**（GMRES 法），源于 Saad and Shultz (1986).

Arnoldi 迭代（算法 10.5.1）的 k 步之后，利用 (10.5.2)，易于确认

$$\boldsymbol{A}\boldsymbol{Q}_k=\boldsymbol{Q}_{k+1}\tilde{\boldsymbol{H}}_k, \tag{11.4.8}$$

其中

$$\boldsymbol{Q}_{k+1}=[\,\boldsymbol{Q}_k\mid\boldsymbol{q}_{k+1}\,]$$

的列向量是标准正交 Arnoldi 向量，上 Hessenberg 矩阵 $\tilde{\boldsymbol{H}}_k$ 由下式给出

$$\tilde{\boldsymbol{H}}_k=\begin{bmatrix} h_{11} & h_{12} & \cdots & \cdots & h_{1k}\\ h_{21} & h_{22} & \cdots & \cdots & h_{2k}\\ 0 & \ddots & \ddots & & \vdots\\ \vdots & & \ddots & \ddots & \vdots\\ 0 & \cdots & \cdots & h_{k,k-1} & h_{kk}\\ 0 & \cdots & \cdots & 0 & h_{k+1,k}\end{bmatrix}\in\mathbb{R}^{k+1\times k}.$$

而且，如果 $\boldsymbol{q}_1=\boldsymbol{r}_0/\beta_0$，其中 $\boldsymbol{r}_0=\boldsymbol{b}-\boldsymbol{A}\boldsymbol{x}_0$ 且 $\beta_0=\|\boldsymbol{r}_0\|_2$，则

$$\mathrm{span}\{\boldsymbol{q}_1,\cdots,\boldsymbol{q}_k\}=\mathcal{K}(\boldsymbol{A},\boldsymbol{r}_0,k).$$

在步骤 k 中，GMRES 方法需要在仿射空间 $\boldsymbol{x}_0+\mathcal{K}(\boldsymbol{A},\boldsymbol{r}_0,k)$ 上求 $\|\boldsymbol{A}\boldsymbol{x}-\boldsymbol{b}\|_2$ 的最小值. 当用 MINRES 方法时，我们必须找到一个向量 $\boldsymbol{y}\in\mathbb{R}^k$ 使得

$$\|\boldsymbol{A}(\boldsymbol{x}_0+\boldsymbol{Q}_k\boldsymbol{y})-\boldsymbol{b}\|_2=\|\boldsymbol{Q}_{k+1}\tilde{\boldsymbol{H}}_k\boldsymbol{y}-(\boldsymbol{b}-\boldsymbol{A}\boldsymbol{x}_0)\|_2=\|\tilde{\boldsymbol{H}}_k\boldsymbol{y}-\beta_0\boldsymbol{e}_1\|_2$$

最小化. 如果 $\boldsymbol{y}_k$ 是这个 $(k+1)\times k$ 最小二乘问题的解，则第 k 步 GMRES 迭代由 $\boldsymbol{x}_k=\boldsymbol{x}_0+\boldsymbol{Q}_k\boldsymbol{y}_k$ 给出. 注意，如果 Givens 旋转 $\boldsymbol{G}_1,\cdots,\boldsymbol{G}_k$ 已经确定，使得

$$\boldsymbol{G}_k^{\mathrm{T}}\cdots\boldsymbol{G}_1^{\mathrm{T}}\tilde{\boldsymbol{H}}_k=\left[\frac{\boldsymbol{R}_k}{0}\right],\qquad R_k\in\mathbb{R}^{k\times k} \tag{11.4.9}$$

是上三角矩阵，我们令

$$\boldsymbol{G}_k^{\mathrm{T}} \cdots \boldsymbol{G}_1^{\mathrm{T}}(\beta_0 \boldsymbol{e}_1) = \left[\begin{array}{c} \boldsymbol{p}_k \\ \hline \rho_k \end{array}\right], \tag{11.4.10}$$

其中 $\boldsymbol{p}_k \in \mathbb{R}^k$ 且 $\rho_k \in \mathbb{R}$，则 $\boldsymbol{R}_k \boldsymbol{y}_k = \boldsymbol{p}_k$ 且

$$|\rho_k| = \| \boldsymbol{A}\boldsymbol{x}_k - \boldsymbol{b} \|_2.$$

变换

$$\{\boldsymbol{R}_{k-1}, \boldsymbol{p}_{k-1}, \rho_{k-1}\} \to \{\boldsymbol{R}_k, \boldsymbol{p}_k, \rho_k\}$$

是一个特别简单的修正，涉及生成单个旋转 $\boldsymbol{G}_k$ 和恒等式 $\boldsymbol{R}_{k-1} = \boldsymbol{R}_k(1:k-1, 1:k-1)$ 与 $\boldsymbol{p}_k(1:k-1) = \boldsymbol{p}_{k-1}$.

作为处理大型稀疏线性方程组的方法，GMRES 方法继承了通常的 Arnoldi 关注点：$\boldsymbol{H}(1:k+1,k)$ 的计算需要 $O(kn)$ 个 flop，并访问所有以前计算的 Arnoldi 向量. 因此，有必要构建以下的重启策略，m 步 GMRES 块的构建：

算法 11.4.2 ($\boldsymbol{m}$ 步 GMRES) 如果 $\boldsymbol{A} \in \mathbb{R}^{n\times n}$ 是非奇异矩阵，$\boldsymbol{b} \in \mathbb{R}^n$，$\boldsymbol{A}\boldsymbol{x}_0 \approx \boldsymbol{b}$，$m$ 是正迭代极限，则这个算法可以计算 $\tilde{\boldsymbol{x}} \in \mathbb{R}^n$，其中 $\tilde{\boldsymbol{x}}$ 是 $\tilde{\boldsymbol{x}}$ 的解或在仿射空间 $\boldsymbol{x}_0 + \mathcal{K}(\boldsymbol{A}, \boldsymbol{r}_0, m)$ 上使得 $\| \boldsymbol{A}\boldsymbol{x} - \boldsymbol{b} \|_2$ 最小化，其中 $\boldsymbol{r}_0 = \boldsymbol{b} - \boldsymbol{A}\boldsymbol{x}_0$.

$k = 0$, $r_0 = b - Ax_0$, $\beta_0 = \| r_0 \|_2$

while $(\beta_k > 0)$ 且 $k < m$

  $q_{k+1} = r_k/\beta_k$

  $k = k+1$

  $r_k = Aq_k$

  for $i = 1:k$

    $h_{ik} = q_i^{\mathrm{T}} r_k$ (11.4.11)

    $r_k = r_k - h_{ik} q_i$

  end

  $\beta_k = \| r_k \|_2$

  $h_{k+1,k} = \beta_k$

  应用 $G_1, \cdots, G_{k-1}$ 于 $H(1:k,k)$, 确定 G_k, R_k, p_k, 和 ρ_k

end

解出 $R_k y_k = p_k$, 令 $\tilde{x} = x_0 + Q_k y_k$

如果 $\tilde{\boldsymbol{x}}$ 不够好，那么当新的 $\boldsymbol{x}_0$ 设为 $\tilde{\boldsymbol{x}}$ 时，可以重复该过程. 与这一知识结构相关的许多重要实施细节，参见 Saad (IMSLA, 第 164–184 页) 和 van der Vorst (IMK, 第 65–84 页).

11.4.4　从多项式角度优化

在我们提出下一组方法之前，将 Krylov 子空间与多项式逼近联系起来是有指导意义的. 假设 $Q_k \in \mathbb{R}^{n\times k}$ 的列向量张成 $\mathcal{K}(A, q_1, k)$. 如果 $y \in \mathbb{R}^k$，则存在次数小于等于 $k-1$ 的多项式 φ，使得 $Q_k y = \varphi(A)q_1$. 这是因为对于一些非奇异矩阵 $B \in \mathbb{R}^{k\times k}$ 有

$$Q_k \;=\; [\,q_1 \,|\, Aq_1 \,|\, \cdots, |\, A^{k-1}q_1\,]\,B.$$

所以如果 $\alpha = By$，则

$$Q_k y \;=\; [q_1 \,|\, Aq_1 \,|\cdots|\, A^{k-1}q_1]\alpha \;=\; (\alpha_1 I + \alpha_2 A + \cdots + \alpha_k A^{k-1})q_1.$$

因此，GMRES（以及 MINRES）优化可以重新表述为一个多项式优化问题. 如果 $\mathbb{P}_k$ 表示所有 k 次多项式的集合，则我们有

$$\begin{aligned}\min_{x\in x_0+\mathcal{K}(A,r_0,k)} \|\, b - Ax \,\|_2 &= \min_{\varphi\in\mathbb{P}_{k-1}} \|\, b - A(x_0 + \varphi(A))r_0 \,\|_2\\ &= \min_{\varphi\in\mathbb{P}_{k-1}} \|\, (I - A\cdot\varphi(A))r_0 \,\|_2\\ &= \min_{\psi\in\mathbb{P}_k,\psi(0)=1} \|\, \psi(A)r_0 \,\|_2\,.\end{aligned}$$

这一观点在分析各种 Krylov 子空间方法时起到了重要作用，也可以用来提出替代策略.

11.4.5　一般 $Ax = b$ 问题的 BiCG 法、CGS 法、BiCGstab 法和 QMR 法

就像 Arnoldi 迭代得出了 GMRES 一样，非对称 Lanczos 方法 (10.5.11) 得出了我们要提出的下一组方法. 假设我们利用 $q_1 = r_0/\beta_0$, $r_0 = b - Ax_0$, $\beta_0 = \|\, r_0 \,\|_2$ 和 $r_0^{\mathrm{T}}\tilde{r}_0 \neq 0$ 完成了 (10.5.11) 的 k 个步骤. 这意味着部分分解

$$AQ_k \;=\; Q_k T_k \;+\; r_k e_k^{\mathrm{T}}, \qquad \tilde{Q}_k^{\mathrm{T}} r_k = 0, \tag{11.4.12}$$

$$A^{\mathrm{T}}\tilde{Q}_k \;=\; \tilde{Q}_k T_k^{\mathrm{T}} \;+\; \tilde{r}_k e_k^{\mathrm{T}}, \qquad Q_k^{\mathrm{T}}\tilde{r}_k = 0, \tag{11.4.13}$$

其中

$$\begin{aligned} Q_k &= [\,q_1 \,|\cdots|\, q_k\,], & \mathrm{ran}(Q_k) &= \mathcal{K}(A, r_0, k),\\ \tilde{Q}_k &= [\,\tilde{q}_1 \,|\cdots|\, \tilde{q}_k\,], & \mathrm{ran}(\tilde{Q}_k) &= \mathcal{K}(A^{\mathrm{T}}, \tilde{r}_0, k).\end{aligned}$$

另外，$\tilde{Q}_k^{\mathrm{T}} Q_k = I_k$，$\tilde{Q}_k^{\mathrm{T}} A Q_k = T_k \in \mathbb{R}^{k\times k}$ 是三对角矩阵，向量 q_{k+1} 和 $\tilde{q}_{k+1}$ 与标量 β_k 和 τ_k 满足

$$\beta_k q_{k+1} \;=\; r_k, \qquad \tau_k \tilde{q}_{k+1} \;=\; \tilde{r}_k,$$

并且可以通过访问 $\boldsymbol{Q}_k$ 和 $\tilde{\boldsymbol{Q}}_k$ 的最后两列来生成.

在**双共轭梯度法**（**BiCG**）的步骤 k 中，产生了迭代 $\boldsymbol{x}_k = \boldsymbol{x}_0 + \boldsymbol{Q}_k\boldsymbol{y}_k$，其中 $\boldsymbol{y}_k \in \mathbb{R}^k$ 是 $k \times k$ 三对角方程组

$$\boldsymbol{T}_k\boldsymbol{y}_k = \tilde{\boldsymbol{Q}}_k^{\mathrm{T}}\boldsymbol{r}_0$$

的解. 由此得出

$$\tilde{\boldsymbol{Q}}_k^{\mathrm{T}}(\boldsymbol{b} - \boldsymbol{A}\boldsymbol{x}_k) = \tilde{\boldsymbol{Q}}_k^{\mathrm{T}}(\boldsymbol{b} - \boldsymbol{A}(\boldsymbol{x}_0 + \boldsymbol{Q}_k\boldsymbol{y}_k)) = \tilde{\boldsymbol{Q}}_k^{\mathrm{T}}\boldsymbol{r}_0 - \boldsymbol{T}_k\boldsymbol{y}_k = 0.$$

因此，和 $\boldsymbol{x}_k$ 相关的残差与 $\tilde{\boldsymbol{Q}}_k$ 的值域正交.

假设 $\boldsymbol{T}_k$ 有一个 LU 分解 $\boldsymbol{T}_k = \boldsymbol{L}_k\boldsymbol{U}_k$，注意 $\boldsymbol{L}_k$ 是单位下双对角矩阵，$\boldsymbol{U}_k$ 是上双对角矩阵. 由此得出

$$\boldsymbol{x}_k = \boldsymbol{x}_0 + \boldsymbol{Q}_k\boldsymbol{T}_k^{-1}\tilde{\boldsymbol{Q}}_k^{\mathrm{T}}\boldsymbol{r}_0 = (\boldsymbol{Q}_k\boldsymbol{U}_k^{-1})(\boldsymbol{L}_k^{-1}(\tilde{\boldsymbol{Q}}_k^{\mathrm{T}}\boldsymbol{r}_0)).$$

与如何推导 CG 算法类似，我们可以在矩阵 $(\boldsymbol{Q}_k\boldsymbol{U}_k^{-1})$ 和它的原型之间以及向量 $(\boldsymbol{L}_k^{-1}(\tilde{\boldsymbol{Q}}_k^{\mathrm{T}}\boldsymbol{r}_0))$ 和它的原型之间建立简单的联系. 最终结果表 11.4.1 中介绍的通过简单递归生成 $\boldsymbol{x}_k$ 的过程. 我们提到，由于 BiCG 方法依赖于非对称 Lanczos 过程，因此它受到严重破坏. 然而，根据 10.5.6 节中讨论的前瞻性思想，有可能克服其中的一些困难. 注意，当 $\boldsymbol{A}$ 是对称正定矩阵且 $\tilde{\boldsymbol{r}}_0 = \boldsymbol{r}_0$ 时，BiCG 简化为 CG. 观察 $\boldsymbol{r}$ 与 $\tilde{\boldsymbol{r}}$ 修正和 $\boldsymbol{p}$ 与 $\tilde{\boldsymbol{p}}$ 修正之间的相似性.

BiCG 方法的消极方面是它需要处理 $\boldsymbol{A}$ 乘向量和 $\boldsymbol{A}^{\mathrm{T}}$ 乘向量.（在一些应用里，后者是一个挑战.）**共轭梯度平方法**（CGS 法）避开了这个问题，并且有一些有趣的收敛性. 该方法的推导使用了我们在前一节中叙述的多项式观点. 由表 11.4.1 容易得出结论：经过 k 个步骤后，得到 k 次多项式 ψ_k 和 φ_k，使得

$$\begin{aligned} \boldsymbol{r}_k &= \psi_k(\boldsymbol{A})\boldsymbol{r}_0, & \boldsymbol{p}_k &= \varphi_k(\boldsymbol{A})\boldsymbol{r}_0, \\ \tilde{\boldsymbol{r}}_k &= \psi_k(\boldsymbol{A}^{\mathrm{T}})\tilde{r}_0, & \tilde{\boldsymbol{p}}_k &= \varphi_k(\boldsymbol{A}^{\mathrm{T}})\tilde{\boldsymbol{r}}_0, \end{aligned} \tag{11.4.14}$$

且 $\psi_k(0) = \varphi_k(0) = 1$. 这使我们能够以只涉及 $\boldsymbol{A}$ 乘向量的方式来描述表达式，如 $\tilde{\boldsymbol{r}}_k^{\mathrm{T}}\boldsymbol{r}_k$ 和 $\tilde{\boldsymbol{p}}_k^{\mathrm{T}}\boldsymbol{A}\boldsymbol{p}_k$：

$$\begin{aligned} \tilde{\boldsymbol{r}}_k^{\mathrm{T}}\boldsymbol{r}_k &= \left(\psi_k(\boldsymbol{A}^{\mathrm{T}})\tilde{\boldsymbol{r}}_0\right)^{\mathrm{T}}\left(\psi_k(\boldsymbol{A})\boldsymbol{r}_0\right) &= \tilde{\boldsymbol{r}}_0^{\mathrm{T}}\left(\psi_k^2(\boldsymbol{A})\boldsymbol{r}_0\right), \\ \tilde{\boldsymbol{p}}_k^{\mathrm{T}}\boldsymbol{A}\boldsymbol{p}_k &= \left(\varphi_k(\boldsymbol{A}^{\mathrm{T}})\tilde{\boldsymbol{r}}_0\right)^{\mathrm{T}}\boldsymbol{A}\left(\varphi_k(\boldsymbol{A})\boldsymbol{r}_0\right) &= \tilde{\boldsymbol{r}}_0^{\mathrm{T}}\left(\boldsymbol{A}\varphi_k^2(\boldsymbol{A})\boldsymbol{r}_0\right). \end{aligned}$$

可以在多项式 $\{\psi_k\}$ 和 $\{\varphi_k\}$ 之间建立简单的递归，以便利用变换

$$\begin{aligned} \boldsymbol{r}_{k-1} &= \psi_{k-1}^2(\boldsymbol{A})\boldsymbol{r}_0 \to \psi_k^2(\boldsymbol{A})\boldsymbol{r}_0 = \boldsymbol{r}_k, \\ \boldsymbol{p}_{k-1} &= \varphi_{k-1}^2(\boldsymbol{A})\boldsymbol{r}_0 \to \varphi_k^2(\boldsymbol{A})\boldsymbol{r}_0 = \boldsymbol{p}_k. \end{aligned}$$

表 11.4.1 双共轭梯度(BiCG)法、共轭梯度平方(CGS)法和双共轭梯度稳定(BiCGstab)法的初始化和修正公式. 下标“c”表示“当前”，下标“+”表示“下一个”

BiCG	CGS	BiCGstab
$\boldsymbol{r}_0=\boldsymbol{b}-\boldsymbol{A}\boldsymbol{x}_0$	$\boldsymbol{r}_0=\boldsymbol{b}-\boldsymbol{A}\boldsymbol{x}_0$	$\boldsymbol{r}_0=\boldsymbol{b}-\boldsymbol{A}\boldsymbol{x}_0$
$\tilde{\boldsymbol{r}}_0^{\mathrm{T}}\boldsymbol{r}_0\neq 0$	$\tilde{\boldsymbol{r}}_0^{\mathrm{T}}\boldsymbol{r}_0\neq 0$	$\tilde{\boldsymbol{r}}_0^{\mathrm{T}}\boldsymbol{r}_0\neq 0$
$\boldsymbol{x}_c=\boldsymbol{x}_0$	$\boldsymbol{x}_c=\boldsymbol{x}_0$	$\boldsymbol{x}_c=\boldsymbol{x}_0$
$\boldsymbol{p}_c=\boldsymbol{r}_c=\boldsymbol{r}_0$	$\boldsymbol{p}_c=\boldsymbol{r}_c=\boldsymbol{r}_0$	$\boldsymbol{p}_c=\boldsymbol{r}_c=\boldsymbol{r}_0$
$\tilde{\boldsymbol{p}}_c=\tilde{\boldsymbol{r}}_c=\tilde{\boldsymbol{r}}_0$	$\boldsymbol{u}_c=\boldsymbol{r}_c$	
$\mu=\dfrac{\tilde{\boldsymbol{r}}_c^{\mathrm{T}}\boldsymbol{r}_c}{\tilde{\boldsymbol{p}}_c^{\mathrm{T}}\boldsymbol{A}\boldsymbol{p}_c}$	$\mu=\dfrac{\tilde{\boldsymbol{r}}_0^{\mathrm{T}}\boldsymbol{r}_c}{\tilde{\boldsymbol{r}}_0^{\mathrm{T}}\boldsymbol{A}\boldsymbol{p}_c}$	$\mu=\dfrac{\tilde{\boldsymbol{r}}_0^{\mathrm{T}}\boldsymbol{r}_c}{\tilde{\boldsymbol{r}}_0^{\mathrm{T}}\boldsymbol{A}\boldsymbol{p}_c}$
$\boldsymbol{x}_+=\boldsymbol{x}_c+\mu\boldsymbol{p}_c$	$\boldsymbol{q}_c=\boldsymbol{u}_c-\mu\boldsymbol{A}\boldsymbol{p}_c$	$\boldsymbol{s}_c=\boldsymbol{r}_c-\mu\boldsymbol{A}\boldsymbol{p}_c$
$\boldsymbol{r}_+=\boldsymbol{r}_c-\mu\boldsymbol{A}\boldsymbol{p}_c$	$\boldsymbol{x}_+=\boldsymbol{x}_c+\mu(\boldsymbol{u}_c+\boldsymbol{q}_c)$	$\omega=\dfrac{\boldsymbol{s}_c^{\mathrm{T}}\boldsymbol{A}\boldsymbol{s}_c}{(\boldsymbol{A}\boldsymbol{s}_c)^{\mathrm{T}}(\boldsymbol{A}\boldsymbol{s}_c)}$
$\tilde{\boldsymbol{r}}_+=\tilde{\boldsymbol{r}}_c-\mu\boldsymbol{A}^{\mathrm{T}}\tilde{\boldsymbol{p}}_c$	$\boldsymbol{r}_+=\boldsymbol{r}_c-\mu\boldsymbol{A}(\boldsymbol{u}_c+\boldsymbol{q}_c)$	$\boldsymbol{x}_+=\boldsymbol{x}_c+\mu\boldsymbol{p}_c+\omega\boldsymbol{s}_c$
$\tau=\dfrac{\tilde{\boldsymbol{r}}_+^{\mathrm{T}}\boldsymbol{r}_+}{\tilde{\boldsymbol{r}}_c^{\mathrm{T}}\boldsymbol{r}_c}$	$\tau=\dfrac{\tilde{\boldsymbol{r}}_0^{\mathrm{T}}\boldsymbol{r}_+}{\tilde{\boldsymbol{r}}_0^{\mathrm{T}}\boldsymbol{r}_c}$	$\boldsymbol{r}_+=\boldsymbol{s}_c-\omega\boldsymbol{A}\boldsymbol{s}_c$
$\boldsymbol{p}_+=\boldsymbol{r}_++\tau\boldsymbol{p}_c$	$\boldsymbol{u}_+=\boldsymbol{r}_++\tau\boldsymbol{q}_c$	$\tau=\dfrac{(\tilde{\boldsymbol{r}}_0^{\mathrm{T}}\boldsymbol{r}_+)\mu}{(\tilde{\boldsymbol{r}}_0^{\mathrm{T}}\boldsymbol{r}_c)\omega}$
$\tilde{\boldsymbol{p}}_+=\tilde{\boldsymbol{r}}_++\tau\tilde{\boldsymbol{p}}_c$	$\boldsymbol{p}_+=\boldsymbol{u}_++\tau(\boldsymbol{q}_c+\tau\boldsymbol{p}_c)$	$\boldsymbol{p}_+=\boldsymbol{r}_++\tau(\boldsymbol{p}_c-\omega\boldsymbol{A}\boldsymbol{p}_c)$

这就引出了 Sonneveld (1989) 中的**共轭梯度平方法**. 它产生迭代 $\boldsymbol{x}_k$，其残差 $\boldsymbol{r}_k$ 满足 $\boldsymbol{r}_k=\psi_k(\boldsymbol{A})^2\boldsymbol{r}_0$. 注意，由表 11.4.1，修正依赖仅涉及 $\boldsymbol{A}$ 的矩阵与向量的乘积. 由于 BiCG 涉及残差多项式 ψ_k 的平方，该方法在工作时通常优于 BiCG（即 $\|\psi_k(\boldsymbol{A})^2\boldsymbol{r}_0\|_2\ll\|\psi_k(\boldsymbol{A})\boldsymbol{r}_0\|_2$）. 由此类推，当用 BiCG 存在困难时，它通常表现不佳.

第 3 个求解 $\boldsymbol{A}\boldsymbol{x}=\boldsymbol{b}$ 的方法是 van der Vorst (1992) 中的 **BiCGstab 法**. 产生残差满足

$$\boldsymbol{r}_k=(1-\omega_k\boldsymbol{A})\cdots(1-\omega_1\boldsymbol{A})\psi_k(\boldsymbol{A})\boldsymbol{r}_0$$

的迭代 $\boldsymbol{x}_k$ 来解决问题时，BiCG 的行为有时存在不稳定. 其中 ψ_k 是由 (11.4.14) 定义的 BiCG 残差多项式. 在步骤 k 中选择参数 ω_k，使给定 $\omega_1,\cdots,\omega_{k-1}$ 的 $\|\boldsymbol{r}_k\|_2$ 和向量 $\psi_k(\boldsymbol{A})\boldsymbol{r}_0$ 最小化. 表 11.4.1 给出了与此相关的无转置方法的计算.

建立在非对称 Lanczos 过程上的另一迭代是 Freund and Nachtigal (1991) 中的**准最小残差法**(QMR). 在 BiCG 中,第 k 步迭代有 $\boldsymbol{x}_k = \boldsymbol{x}_0+\boldsymbol{Q}_k\boldsymbol{y}_k$ 的形式,其中 $\boldsymbol{Q}_k$ 由 (11.4.12) 规定. 这个等式可改写为 $\boldsymbol{A}\boldsymbol{Q}_k = \boldsymbol{Q}_{k+1}\tilde{\boldsymbol{T}}_k$, 其中 $\tilde{\boldsymbol{T}}_k \in \mathbb{R}^{k+1\times k}$ 是三对角矩阵. 由此得出,如果 $\boldsymbol{q}_1 = \boldsymbol{r}_0/\beta_0$,其中 $\boldsymbol{r}_0 = \boldsymbol{b}-\boldsymbol{A}\boldsymbol{x}_0$ 且 $\beta_0 = \|\,\boldsymbol{r}_0\,\|_2$,则

$$\boldsymbol{b} - \boldsymbol{A}(\boldsymbol{x}_0 + \boldsymbol{Q}_k y) \;=\; \boldsymbol{r}_0 - \boldsymbol{A}\boldsymbol{Q}_k\boldsymbol{y} \;=\; \boldsymbol{r}_0 - \boldsymbol{Q}_{k+1}\tilde{\boldsymbol{T}}_k\boldsymbol{y} \;=\; \boldsymbol{Q}_{k+1}(\beta_0\boldsymbol{e}_1 - \tilde{\boldsymbol{T}}_k\boldsymbol{y}).$$

在 QMR 中，选择 $\boldsymbol{y}$ 使 $\|\,\beta_0\boldsymbol{e}_1 - \tilde{\boldsymbol{T}}_k\boldsymbol{y}\,\|_2$ 最小化. 注意，GMRES 也能做到相同的效果，因为在 Arnoldi 中，$\boldsymbol{Q}_{k+1}$ 有标准正交列.

习 题

1. 假设长度为 n 的内积或 saxpy 的计算成本是一个单位. 设 $\boldsymbol{A} \in \mathbb{R}^{n\times n}$，$\boldsymbol{A}$ 和 $\boldsymbol{A}^{\mathrm{T}}$ 的矩阵与向量相乘分别消耗 α 单元和 β 单元. 比较每次迭代中 BiCG 法、CGS 法和 BiCGstab 法的成本.
2. 假设给出了 $\boldsymbol{A} \in \mathbb{R}^{n\times n}$ 和 $\boldsymbol{v} \in \mathbb{R}^n$，如何选择 ω 使 $\|\,(\boldsymbol{I} - \omega\boldsymbol{A})\boldsymbol{v}\,\|_2$ 最小化?
3. 给出计算 $\psi_k(a)$ 的算法，其中 $a \in \mathbb{R}$ 和 ψ_k 由 (11.4.14) 定义.

11.5 预处理

通常,如果 $\boldsymbol{A} \in \mathbb{R}^{n\times n}$ “近似单位矩阵”,则 $\boldsymbol{A}\boldsymbol{x} = \boldsymbol{b}$ 的 Krylov 子空间方法收敛更快,预处理可以看作获得这个条件的方式. 一个矩阵可以通过几种方式来近似为单位矩阵. 例如,如果 $\boldsymbol{A}$ 是对称正定矩阵,满足 $\boldsymbol{A} \approx \boldsymbol{I}+\Delta\boldsymbol{A}$, $\mathsf{rank}(\Delta\boldsymbol{A}) = k_* \ll n$,则定理 11.3.1 加上直觉告诉我们，在 k_* 步之后，CG 方法会产生一个很好的近似解. 本节，我们验证几种主要预处理方法，并简要地讨论它们的一些关键性质. 我们的目标是了解设计或调用一个好的预处理程序需要什么——这是在许多问题设定中一项必备的技能. 这一内容的更深入讨论，参见 Saad (IMSLS), Greenbaum (IMSL), van der Vorst (IMK) 和 `LIN_TEMPLATES`.

11.5.1 基本思想

设 $\boldsymbol{M} = \boldsymbol{M}_1\boldsymbol{M}_2$ 是非奇异矩阵，考虑线性方程组 $\tilde{\boldsymbol{A}}\tilde{\boldsymbol{x}} = \tilde{\boldsymbol{b}}$，其中

$$\tilde{\boldsymbol{A}} = \boldsymbol{M}_1^{-1}\boldsymbol{A}\boldsymbol{M}_2^{-1}, \qquad \tilde{\boldsymbol{b}} = \boldsymbol{M}_1^{-1}\boldsymbol{b}.$$

注意，如果 $\boldsymbol{M}$ 近似于 $\boldsymbol{A}$，则 $\tilde{\boldsymbol{A}}$ 近似于 $\boldsymbol{I}$. 建议使用恰当选择的 Krylov 程序处理这一过程，然后通过解 $\boldsymbol{M}_2\boldsymbol{x} = \tilde{\boldsymbol{x}}$，确定 $\boldsymbol{x}$. 矩阵 $\boldsymbol{M}$ 叫作**预处理矩阵**，其结构必然有两个准则:

准则 1. $\boldsymbol{M}$ 必须抓住 $\boldsymbol{A}$ 的本质，如果 $\boldsymbol{M} \approx \boldsymbol{A}$，则我们有 $\boldsymbol{I} \approx \boldsymbol{M}_1^{-1}\boldsymbol{A}\boldsymbol{M}_2^{-1} = \tilde{\boldsymbol{A}}$.（$\boldsymbol{M}$ 的逆也有类似性质，更恰当地说，$\boldsymbol{M}^{-1}$ 抓住 $\boldsymbol{A}^{-1}$ 的本质.）

准则 2. 涉及矩阵 $\boldsymbol{M}_1$ 和 $\boldsymbol{M}_2$ 的线性方程组容易求解，因为 Krylov 过程包括 $(\boldsymbol{M}_1^{-1}\boldsymbol{A}\boldsymbol{M}_2^{-1})$ 与向量的乘积.

有一个好的预处理意味着更少的迭代. 然而，迭代的成本是问题，与构建 $\boldsymbol{M}_1$ 和 $\boldsymbol{M}_2$ 相关的开销也是问题. 因此，对预处理的热情取决于如下不等式的强度

$$\begin{pmatrix}\text{建立}\\ \boldsymbol{M}\\ \text{成本}\end{pmatrix}+\begin{pmatrix}\text{单个}\\ \tilde{\boldsymbol{A}}\text{-迭代}\\ \text{成本}\end{pmatrix}\cdot\begin{pmatrix}\tilde{\boldsymbol{A}}\\ \text{迭代的}\\ \text{数量}\end{pmatrix}<\begin{pmatrix}\text{单个}\\ \boldsymbol{A}\text{-迭代}\\ \text{成本}\end{pmatrix}\cdot\begin{pmatrix}\boldsymbol{A}\\ \text{迭代的}\\ \text{数量}\end{pmatrix}.$$

有几种方式可使预处理矩阵 $\boldsymbol{M}$ 抓住 $\boldsymbol{A}$ 的本质. 差 $\boldsymbol{A}-\boldsymbol{M}$ 要有较小的范数或者是低秩的. 更一般地，如果

$$\boldsymbol{A} = \big[\text{友好/重要的部分}\big] + \big[\text{麻烦的/更小的部分}\big],$$

那么，重要的部分是受准则 2 约束的预处理矩阵的明显候选部分. 例如，如果 $\boldsymbol{A}$ 是对称正定矩阵，则它的对角线可以作为一个便于计算的重要部分.

11.5.2　预处理 CG 法和 GMRES 法

在逐步讨论线性方程组的各种预处理方法之前，我们展示在预处理程序的存在下，CG 迭代和 GMRES 迭代是如何转换的. 有关其他预处理 Krylov 方法的详细信息，见 LIN_TEMPLATES.

设 $\boldsymbol{M}\in\mathbb{R}^{n\times n}$ 是对称正定矩阵，我们把它看作对称正定线性方程组 $\boldsymbol{A}\boldsymbol{x}=\boldsymbol{b}$ 的预处理矩阵. 回忆 4.2.4 节，有唯一的对称正定矩阵 $\boldsymbol{C}$ 使得 $\boldsymbol{M}=\boldsymbol{C}^2$. 如果

$$\tilde{\boldsymbol{A}} = \boldsymbol{C}^{-1}\boldsymbol{A}\boldsymbol{C}^{-1},\qquad \tilde{\boldsymbol{b}}=\boldsymbol{C}^{-1}\boldsymbol{b},$$

则我们可以应用 CG 法于对称正定线性方程组 $\tilde{\boldsymbol{A}}\tilde{\boldsymbol{x}}=\tilde{\boldsymbol{b}}$ 解出 $\boldsymbol{A}\boldsymbol{x}=\boldsymbol{b}$，从而解出 $\boldsymbol{C}\boldsymbol{x}=\tilde{\boldsymbol{x}}$. 要使这成为一种实用的策略，当它应用于这个带“波浪线”问题时，我们必须能够有效地执行 CG 法. 参考表 11.3.1，这时的 CG 修正公式为：

$$\begin{aligned}
\mu &= (\tilde{r}_c^{\mathrm{T}}\tilde{r}_c)\,/\,(\tilde{p}_c^{\mathrm{T}}\tilde{A}\tilde{p}_c),\\
\tilde{x}_+ &= \tilde{x}_c-\mu\,\tilde{p}_c,\\
\tilde{r}_+ &= \tilde{r}_c+\mu\tilde{A}\tilde{p}_c,\\
\tau &= (\tilde{r}_+^{\mathrm{T}}\tilde{r}_+)\,/\,(\tilde{r}_c^{\mathrm{T}}\tilde{r}_c),\\
\tilde{p}_+ &= \tilde{r}_c+\tau\,\tilde{p}_c.
\end{aligned}\tag{11.5.1}$$

通常，$\tilde{\boldsymbol{A}}$ 是稠密的，所以如果要达到适当的效率水平，我们必须清楚地重新制定这五个步骤. 注意，如果 $\boldsymbol{x}_c=\boldsymbol{C}^{-1}\tilde{\boldsymbol{x}}_c$ 且 $\boldsymbol{r}_c=\boldsymbol{b}-\boldsymbol{A}\boldsymbol{x}_c$，则

$$\tilde{\boldsymbol{r}}_c=\tilde{\boldsymbol{b}}-\tilde{\boldsymbol{A}}\tilde{\boldsymbol{x}}_c=\boldsymbol{C}^{-1}(\boldsymbol{b}-\boldsymbol{A}\boldsymbol{x}_c)=\boldsymbol{C}^{-1}\boldsymbol{r}_c.$$

通过将该公式与 $\tilde{\boldsymbol{r}}_+ = \boldsymbol{C}^{-1}\boldsymbol{r}_+$ 和 $\tilde{\boldsymbol{A}}$ 的定义代入 (11.5.1)，我们得到

$$\mu = (r_c^{\mathrm{T}} M^{-1} r_c) \,/\, (C^{-1}\tilde{p}_c)^{\mathrm{T}} A (C^{-1}\tilde{p}_c),$$

$$Cx_+ = Cx_c - \mu\tilde{p}_c,$$

$$C^{-1}r_+ = C^{-1}r_c + \mu C^{-1}AC^{-1}\tilde{p}_c,$$

$$\tau = (r_+^{\mathrm{T}} M^{-1} r_+) \,/\, (r_c^{\mathrm{T}} M^{-1} r_c),$$

$$\tilde{p}_+ = C^{-1}r_c + \tau\tilde{p}_c.$$

如果定义 $\boldsymbol{p}_c = \boldsymbol{C}^{-1}\tilde{\boldsymbol{p}}_c$，令 $\boldsymbol{z}_c = \boldsymbol{M}^{-1}\boldsymbol{r}_c$，则这会转换为

解 $Mz_c = r_c$,

$$\mu = (r_c^{\mathrm{T}} z_c) \,/\, (p_c^{\mathrm{T}} A p_c),$$

$$x_+ = x_c - \mu p_c,$$

$$r_+ = r_c + \mu A p_c\ ,$$

$$\tau = (r_+^{\mathrm{T}} z_+) \,/\, (r_c^{\mathrm{T}} z_c),$$

$$p_+ = z_c + \tau p_c,$$

我们得到了**预处理共轭梯度法（PCG）**. 注意，平方根矩阵 $\boldsymbol{C} = \boldsymbol{M}^{1/2}$ 在 PCG 的推导中占有重要地位，其作用最终只能通过预处理矩阵 $\boldsymbol{C} = \boldsymbol{M}^{1/2}$ 来体会.

算法 11.5.1 (预处理共轭梯度) 如果 $\boldsymbol{A} \in \mathbb{R}^{n\times n}$ 和 $\boldsymbol{M} \in \mathbb{R}^{n\times n}$ 都是对称正定矩阵，$\boldsymbol{b} \in \mathbb{R}^n$, $\boldsymbol{A}\boldsymbol{x}_0 \approx \boldsymbol{b}$，则本算法计算 $x_* \in \mathbb{R}^n$，使得 $\boldsymbol{A}\boldsymbol{x}_* = \boldsymbol{b}$.

```
k = 0, r_0 = b − A x_0, [解 M z_0 = r_0]
while ‖ r_k ‖_2 > 0
    k = k + 1
    if k = 1
        p_k = z_0
    else
        τ = (r_{k−1}^T z_{k−1}) / (r_{k−2}^T z_{k−2})
        p_k = z_{k−1} + τ p_{k−1}
    end
    μ = (r_{k−1}^T z_{k−1})/(p_k^T A p_k)
    x_k = x_{k−1} − μ p_k
    r_k = r_{k−1} − μ A p_k
    [解 M z_k = r_k]
end
x_* = x_k
```

为了突出 PCG 和 CG (算法 11.3.2) 的区别，我们称 $\boldsymbol{M}\boldsymbol{z}=\boldsymbol{r}$ **为预处理线性方程组**. 由此可知，与 PCG 迭代相关的工作量本质上是 CG 迭代工作量与求解预处理线性方程组的工作量之和. 可以看出，对于所有的 $i\neq j$，残差和搜索方向满足

$$\boldsymbol{r}_j^{\mathrm{T}}\boldsymbol{M}^{-1}\boldsymbol{r}_i = 0, \qquad \boldsymbol{p}_j^{\mathrm{T}}(\boldsymbol{C}^{-1}\boldsymbol{A}\boldsymbol{C}^{-1})\boldsymbol{p}_i = 0. \tag{11.5.2}$$

我们现在把注意力转到预处理一般最小残差法. 想法是应用这个方法于线性方程组 $(\boldsymbol{M}^{-1}\boldsymbol{A})\boldsymbol{x}=(\boldsymbol{M}^{-1}\boldsymbol{b})$. 以这种方式修正算法 11.4.2，将生成以下过程.

算法 11.5.2 (预处理 m 步 GMRES) 如果 $\boldsymbol{A}\in\mathbb{R}^{n\times n}$ 和 $\boldsymbol{M}\in\mathbb{R}^{n\times n}$ 都是非奇异矩阵，$\boldsymbol{b}\in\mathbb{R}^n$, $\boldsymbol{A}\boldsymbol{x}_0\approx\boldsymbol{b}$，且 m 为正的迭代上限数，则这个算法计算 $\tilde{\boldsymbol{x}}\in\mathbb{R}^n$，其中 $\tilde{\boldsymbol{x}}$ 是 $\boldsymbol{A}\boldsymbol{x}=\boldsymbol{b}$ 的解或在仿射空间 $\boldsymbol{x}_0+\mathcal{K}(\boldsymbol{M}^{-1}\boldsymbol{A},\boldsymbol{M}^{-1}\boldsymbol{r}_0,m)$（其中 $\boldsymbol{r}_0=\boldsymbol{b}-\boldsymbol{A}\boldsymbol{x}_0$）上最小化 $\|\boldsymbol{M}^{-1}(\boldsymbol{A}\boldsymbol{x}-\boldsymbol{b})\|_2$.

```
k = 0, r_0 = b − Ax_0, [解 Mz_0 = r_0], β_0 = ‖ z_0 ‖_2
while (β_k > 0) 且 k < m)
    q_{k+1} = z_k/β_k
    k = k + 1
    [解 Mz_k = Aq_k]
    for i = 1 : k
        h_{ik} = q_i^T z_k
        z_k = z_k − h_{ik} q_i
    end
    β_k = ‖ z_k ‖_2, h_{k+1,k} = β_k
    应用 G_1, ···, G_{k−1} 于 H(1 : k, k)，确定 G_k, R_k, p_k, ρ_k.
end
解 R_k y_k = p_k 且令 x̃ = x_0 + Q_k y_k.
```

注意，在这个公式中 $\rho_k=\|\boldsymbol{M}^{-1}(\boldsymbol{b}-\boldsymbol{A}\boldsymbol{x}_k)\|_2$.

11.5.3 Jacobi 预处理矩阵和 SSOR 预处理矩阵

我们现在开始看主要的预处理策略. 由于一些策略有助于激励其他策略，所以表示顺序是教学法式的. 它既不表示相对重要性，也不反映对预处理演变的研究.

假设 $\boldsymbol{A}\in\mathbb{R}^{n\times n}$ 是对角占优或正定的，对于这样一个矩阵，对角线可以说明大部分情况，因此考虑最简单的预处理是有一定意义的：

$$\boldsymbol{M}=\mathrm{diag}(a_{11},\cdots,a_{nn}).$$

对角线预处理叫作 **Jacobi 预处理**. 回忆 11.2.2 节，Jacobi 方法基于分裂 $\boldsymbol{A}=\boldsymbol{M}-\boldsymbol{N}$，其中 $\boldsymbol{M}$ 是 $\boldsymbol{A}$ 的对角线. 实际上，对于形如 $\boldsymbol{M}\boldsymbol{x}_+=\boldsymbol{N}\boldsymbol{x}_c+\boldsymbol{b}$ 的任何迭代，我们可以把 $\boldsymbol{M}$ 当作预处理矩阵. 要求

$$\rho(\boldsymbol{M}^{-1}\boldsymbol{N}) \;=\; \rho(\boldsymbol{M}^{-1}(\boldsymbol{M}-\boldsymbol{A})) \;=\; \rho(\boldsymbol{I}-\boldsymbol{M}^{-1}\boldsymbol{A}) \;<\; 1$$

使得 $\boldsymbol{M}^{-1}$ 必须“近似于” $\boldsymbol{A}^{-1}$ 的一种方式. 关于这点，对于某些对称正定线性方程组，SSOR 预处理

$$\boldsymbol{M}=(\boldsymbol{D}-\omega\boldsymbol{L})\boldsymbol{D}^{-1}(\boldsymbol{D}-\omega\boldsymbol{L})^{\mathrm{T}}$$

是有吸引力的. 注意，此时 $\boldsymbol{M}$ 也是对称正定矩阵，所以它可以在 PCG 中使用.

如果 $\boldsymbol{A}=(A_{ij})$ 是 $p\times p$ 分块矩阵，(块)对角占优或正定，则分块 Jacobi 预处理矩阵 $\boldsymbol{M}=\mathrm{diag}(A_{11},\cdots,A_{pp})$ 有时是一个自然选择.

11.5.4 Normwise-Near 预处理矩阵

有时，$\boldsymbol{A}$ 接近一个有快速求解算法的数据稀疏矩阵. 对称 Toeplitz 线性方程组的循环预处理是一个很好的例子. 对于 $a\in\mathbb{R}^n$，定义 Toeplitz 矩阵 $T(a)\in\mathbb{R}^{n\times n}$ 和循环矩阵 $C(a)\in\mathbb{R}^{n\times n}$ 如下

$$T(a)\;=\;\begin{bmatrix} a_0 & a_1 & a_2 & a_3 \\ a_1 & a_0 & a_1 & a_2 \\ a_2 & a_1 & a_0 & a_1 \\ a_3 & a_2 & a_1 & a_0 \end{bmatrix},\qquad C(a)\;=\;\begin{bmatrix} a_0 & a_1 & a_2 & a_3 \\ a_3 & a_0 & a_1 & a_2 \\ a_2 & a_3 & a_0 & a_1 \\ a_1 & a_2 & a_3 & a_0 \end{bmatrix},\qquad (n=4).$$

假设我们确定了 $\tilde{a}$ 使得 $\|\,T(a)-C(\tilde{a})\,\|_F$ 最小化. 可以得出这样一个例子，$\boldsymbol{M}=C(\tilde{a})$ 抓住了 $T(a)$ 的本质，所以有可能作为 Toeplitz 线性方程组 $T(a)\boldsymbol{x}=\boldsymbol{b}$ 的预处理. 回忆 4.8.2 节，循环线性方程组可以用快速傅里叶变换以 $n\log n$ 次乘法求解. Toeplitz 线性方程组的预处理由 Chan (1988) 提出.

由于它们的重要性，有大量的工作涉及 Toeplitz 线性方程组的预处理. 源于 Chan and Strang (1989) 的思想是设 $\boldsymbol{M}=C(\tilde{a})$，其中

$$\tilde{a}\;=\;\begin{bmatrix} a(0:m) \\ a(m{-}1:{-}1:0) \end{bmatrix},$$

其中假设 $n=2m$ 且 $\boldsymbol{A}=T(a)$ 是正定的. 直觉告诉我们，$\boldsymbol{A}$ 的中心对角线携带大部分信息，因此它们定义的预处理 $C(\tilde{a})$ 是有意义的.

11.5.5 稀疏近似逆预处理矩阵

取代"确定 $\boldsymbol{M}$ 使得 $\|\boldsymbol{A}-\boldsymbol{M}\|_F$ 较小"，我们可以通过选择 $\boldsymbol{M}^{-1}$ 来处理准则 1，使得 $\|\boldsymbol{A}\boldsymbol{M}^{-1}-\boldsymbol{I}\|_F$ 较小. 这是稀疏近似逆预处理的思想. 为了精确地描述近似的本质，我们定义算子 $\mathsf{sp}(\cdot)$. 对于任意 $\boldsymbol{T}\in\mathbb{R}^{n\times n}$，定义 $\mathsf{sp}(\boldsymbol{T})\in\mathbb{R}^{n\times n}$ 如下

$$[\,\mathsf{sp}(\boldsymbol{T})\,]_{ij}=\begin{cases}1, & \text{如果 } t_{ij}\neq 0,\\ 0, & \text{其他情形.}\end{cases}$$

设 $\boldsymbol{Z}\in\mathbb{R}^{n\times n}$ 是只含有 0 和 1 的 $n\times n$ 矩阵，具有可控的稀疏模式，我们解约束最小二乘问题

$$\min_{\mathsf{sp}(\boldsymbol{T})\,=\,\boldsymbol{Z}}\ \|\boldsymbol{A}\boldsymbol{T}-\boldsymbol{I}\|_F.$$

此约束要求 $\boldsymbol{T}$ 与 $\boldsymbol{Z}$ 具有相同的零-非零结构. 因此，预处理矩阵 $\boldsymbol{M}$ 是通过它的逆 $\boldsymbol{M}^{-1}=\boldsymbol{T}$ 指定的. 这种预处理设计的一个额外好处是方程组 $\boldsymbol{M}\boldsymbol{z}=\boldsymbol{r}$ 可以通过矩阵向量乘法 $\boldsymbol{z}=\boldsymbol{T}\boldsymbol{r}$ 求解. 从并行计算的角度来看，这正是预处理方法具有吸引力的原因. 而且，$\boldsymbol{T}$ 的实际列可以并行计算，因为它们彼此无关.

重要的是，要认识到 $T(:,k)$ 是 $\|\boldsymbol{A}\tau-\boldsymbol{e}_k\|_2$ 的约束极小值. 令 $cols$ 为 $1:n$ 的子向量，并指定 $T(:,k)$ 的非零分量.（这些指标由 $Z(:,k)$ 决定.）设 $rows$ 为 $1:n$ 的子集，它标记 $A(:,cols)$ 中的非零行. 如果 τ 是（通常非常小的）LS 问题

$$\min\|A(rows,cols)\tau-e_k(rows)\|_2$$

的解，则除 $T(rows,k)=\tau$ 以外 $T(:,k)$ 等于 0. 我们提到稀疏模式 $\boldsymbol{Z}$ 可以动态确定. 例如，完成以上 k 列的计算之后，可以轻松地扩展 col，以在 $T(:,k)$ 中包含更多的非零元素. 见 Grote and Huckle (1997). 修正 QR 分解是这些方法的一部分.

11.5.6 多项式预处理矩阵

假设 $\boldsymbol{A}=\boldsymbol{M}_1-\boldsymbol{N}_1$ 是一个分裂，$\rho(\boldsymbol{G})<1$，其中 $\boldsymbol{G}=\boldsymbol{M}_1^{-1}\boldsymbol{N}_1$. 因为 $\boldsymbol{A}=\boldsymbol{M}_1(\boldsymbol{I}-\boldsymbol{G})$，所以

$$\boldsymbol{A}^{-1}=(\boldsymbol{I}-\boldsymbol{G})^{-1}\boldsymbol{M}_1^{-1}=\left(\sum_{k=0}^{\infty}\boldsymbol{G}^k\right)\boldsymbol{M}_1^{-1}.$$

这就提出了另一种生成预处理的方法，该预处理的逆矩阵类似于 $\boldsymbol{A}$ 的逆矩阵. 我们简单地截断无穷级数：

$$\boldsymbol{M}^{-1}=\left(\sum_{k=0}^{m}\boldsymbol{G}^k\right)\boldsymbol{M}_1^{-1}$$

从而

$$\boldsymbol{z} = \left(\boldsymbol{I}+\boldsymbol{G}+\boldsymbol{G}^2+\cdots \boldsymbol{G}^m\right)\boldsymbol{M}_1^{-1}\boldsymbol{r}$$

是 $\boldsymbol{Mz}=\boldsymbol{r}$ 的解. 而且，有一种简单的方法去计算这个向量:

$z_c = 0$

for $k = 1:m$

  $M_1 z_+ = N_1 z_c + r$

  $z_c = z_+$

end

$z = z_c$

这个方法工作的原因，我们注意 $\boldsymbol{z}_+ = \boldsymbol{G}\boldsymbol{z}_c + \boldsymbol{d}$，其中 $\boldsymbol{M}_1\boldsymbol{d}=\boldsymbol{r}$，并应用归纳法:

$$\boldsymbol{z}_+ = \boldsymbol{G}\boldsymbol{z}_c + \boldsymbol{d} = \boldsymbol{G}\left(\boldsymbol{I}+\boldsymbol{G}+\cdots+\boldsymbol{G}^{k-1}\right)\boldsymbol{d}+\boldsymbol{d} = \left(\boldsymbol{I}+\boldsymbol{G}+\cdots\boldsymbol{G}^{k}\right)\boldsymbol{d}.$$

因此，$\boldsymbol{Mz}=\boldsymbol{r}$ 的计算需要 m 步 $\boldsymbol{M}_1\boldsymbol{z}_+ = \boldsymbol{N}_1\boldsymbol{z}_c+\boldsymbol{r}$ 迭代.

在多项式预处理模式中，$\boldsymbol{M}^{-1}\boldsymbol{Ax}=\boldsymbol{M}^{-1}\boldsymbol{b}$ 代替了给定的线性方程组 $\boldsymbol{Ax}=\boldsymbol{b}$，其中预处理矩阵 $\boldsymbol{M}$ 定义为

$$\boldsymbol{M}^{-1} = p(\boldsymbol{M}_1^{-1}\boldsymbol{A})\boldsymbol{M}_1^{-1}. \tag{11.5.3}$$

这里，p 是一个多项式，$\boldsymbol{M}_1$ 本身是预处理，例如，$\boldsymbol{A}$ 的对角线. 在以上例子中，p 由参数 m 和选择的 $\boldsymbol{M}_1$ 确定.

我们提到，设计一个好的多项式预处理有几种更成熟的方式. 为了清晰起见，运用 (11.5.3) 中的 $\boldsymbol{M}_1=\boldsymbol{I}$，目标是使得 $p(\boldsymbol{A})$ 近似于 $\boldsymbol{A}^{-1}$，即，我们想要 $\boldsymbol{I}\approx p(\boldsymbol{A})\boldsymbol{A}$. 注意，$\boldsymbol{I}-p(\boldsymbol{A})\boldsymbol{A}=q(\boldsymbol{A})$，其中 $q(z)=1-zp(z)$，所以挑战是找到 $q\in \boldsymbol{P}_{m+1}$，满足 $q(0)=1$ 且 $q(\boldsymbol{A})$ 是小的. 有几种方式能处理实践中的优化问题，见 Ashby, Manteuffel, and Otto (1992) 以及 Saad (1985).

11.5.7 再谈 PCG

多项式预处理讨论指出了经典迭代与预处理共轭梯度算法之间的一个重要联系. 许多迭代法的基本步骤是

$$\boldsymbol{x}_k = \boldsymbol{x}_{k-2}+\omega_k(\gamma_{k-1}\boldsymbol{z}_{k-1}+\boldsymbol{x}_{k-1}-\boldsymbol{x}_{k-2}), \tag{11.5.4}$$

其中 $\boldsymbol{M}\boldsymbol{z}_{k-1} = \boldsymbol{r}_{k-1} = \boldsymbol{b}-\boldsymbol{A}\boldsymbol{x}_{k-1}$. 例如，如果令 $\omega_k=1$, $\gamma_k=1$，则

$$\boldsymbol{x}_k = \boldsymbol{M}^{-1}(\boldsymbol{b}-\boldsymbol{A}\boldsymbol{x}_{k-1})+\boldsymbol{x}_{k-1}, \tag{11.5.5}$$

即，$\boldsymbol{M}\boldsymbol{x}_k = \boldsymbol{N}\boldsymbol{x}_{k-1}+\boldsymbol{b}$，其中 $\boldsymbol{A}=\boldsymbol{M}-\boldsymbol{N}$. 根据 Concus, Golub, and O'Leary (1976)，也可以利用形式 (11.5.4) 的中心步骤构造预处理 CG 法:

$x_{-1}=0;\ k=0;\ r_0=b-Ax_0$
while $r_k\neq 0$
  $k=k+1$
  求 $Mz_{k-1}=r_{k-1}$ 的解 z_{k-1}

  $\gamma_{k-1}=z_{k-1}^{\mathrm{T}}Mz_{k-1}/z_{k-1}^{\mathrm{T}}Az_{k-1}$
  if $k=1$
    $\omega_1=1$
  else

$$\omega_k=\left(1-\frac{\gamma_{k-1}}{\gamma_{k-2}}\frac{z_{k-1}^{\mathrm{T}}Mz_{k-1}}{z_{k-2}^{\mathrm{T}}Mz_{k-2}}\frac{1}{\omega_{k-1}}\right)^{-1}$$

  end
  $x_k=x_{k-2}+\omega_k(\gamma_{k-1}z_{k-1}+x_{k-1}-x_{k-2})$
  $r_k=b-Ax_k$
end
$x=x_k$

所以，我们可以把这个迭代中的标量 ω_k 和 γ_k 看作加速迭代 $\boldsymbol{M}\boldsymbol{x}_k=\boldsymbol{N}\boldsymbol{x}_{k-1}+\boldsymbol{b}$ 收敛的加速参数. 因此，只要 $\boldsymbol{M}$（预处理矩阵）是对称正定矩阵，任何基于分裂 $\boldsymbol{A}=\boldsymbol{M}-\boldsymbol{N}$ 的迭代方法都可以由共轭梯度算法加速.

11.5.8 不完全 Cholesky 预处理矩阵

假设 $\boldsymbol{A}\in\mathbb{R}^{n\times n}$ 是对称正定矩阵，我们考虑 PCG 法，因为 $\boldsymbol{A}$ 的 Cholesky 因子 $\boldsymbol{G}$ 比 $\boldsymbol{A}$ 的下三角部分有更多的非零元素. 对于预处理矩阵的自然想法是令 $\boldsymbol{M}=\boldsymbol{H}\boldsymbol{H}^{\mathrm{T}}$，其中 $\boldsymbol{H}$ 是充分稀疏下三角矩阵，使得如果

$$\boldsymbol{R}=\boldsymbol{H}\boldsymbol{H}^{\mathrm{T}}-\boldsymbol{A}\tag{11.5.6}$$

则

$$a_{ij}\neq 0\ \Rightarrow\ r_{ij}=0.\tag{11.5.7}$$

这意味着对于所有非零元素 a_{ij} 有 $[\boldsymbol{H}\boldsymbol{H}^{\mathrm{T}}]_{ij}=a_{ij}$. 从这个意义上讲，$\boldsymbol{M}=\boldsymbol{H}\boldsymbol{H}^{\mathrm{T}}$ 抓住了 $\boldsymbol{A}$ 的本质. 为了阐明所说的“充分稀疏”$\boldsymbol{H}$ 矩阵的含义，我们指定一组次对角指标对 P，并令

$$(i,j)\in P\ \Rightarrow\ h_{ij}=0.\tag{11.5.8}$$

给定 P，任一满足 (11.5.6)–(11.5.8) 的矩阵 $\boldsymbol{H}$ 是 $\boldsymbol{A}$ 的不完全 Cholesky 因子.

结果是，给定 P，不总是能计算出 $\boldsymbol{H}$. 为了看到问题所在，考虑 Cholesky 分解的外积修正. 回忆 4.2 节，它涉及以下因子分解的重复应用

$$\begin{bmatrix} \alpha & \boldsymbol{v}^{\mathrm{T}} \\ \boldsymbol{v} & \boldsymbol{B} \end{bmatrix} = \begin{bmatrix} \sqrt{\alpha} & \boldsymbol{0} \\ \boldsymbol{w} & \boldsymbol{I}_{n-1} \end{bmatrix} \begin{bmatrix} 1 & \boldsymbol{0} \\ \boldsymbol{0} & \boldsymbol{A}_1 \end{bmatrix} \begin{bmatrix} \sqrt{\alpha} & \boldsymbol{w}^{\mathrm{T}} \\ \boldsymbol{0} & \boldsymbol{I}_{n-1} \end{bmatrix}, \tag{11.5.9}$$

其中 $\boldsymbol{w} = \boldsymbol{v}/\sqrt{\alpha}$ 且 $\boldsymbol{A}_1 = \boldsymbol{B} - \boldsymbol{w}\boldsymbol{w}^{\mathrm{T}}$. 实际上，如果 $\boldsymbol{G}_1$ 是 $\boldsymbol{A}_1$ 的 Cholesky 因子，则

$$\boldsymbol{G} = \begin{bmatrix} \sqrt{\alpha} & \boldsymbol{0} \\ \boldsymbol{w} & \boldsymbol{G}_1 \end{bmatrix}$$

是 $\boldsymbol{A}$ 的 Cholesky 因子. 现在，设 $\boldsymbol{Z} \in \mathbb{R}^{n\times n}$ 是仅含 0 和 1 的矩阵，当且仅当 $(i,j) \in P$ 时 $z_{ij} = z_{ji} = 0$. 为了确保关于 P 的不完全 Cholesky 因子的存在性，我们需要保证下面的递归函数工作:

function $H = \mathsf{incChol}(A, Z, n)$
  if $n = 1$
    $H = \sqrt{A}$
  else
    $\alpha = A(1,1),\ v = A(2:n,1),\ B = A(2:n,2:n)$
    $w = (v/\sqrt{\alpha})\ .*\ Z(2:n,1)$
    $A_1 = (B - ww^{\mathrm{T}})\ .*\ Z(2:n,2:n),\ H_1 = \mathsf{incChol}(A_1, Z(2:n,2:n), n-1)$
    $H = \begin{bmatrix} \sqrt{\alpha} & 0 \\ w & H_1 \end{bmatrix}$
  end

如果矩阵 $\boldsymbol{Z}$ 的元素都是 1，则这是 Cholesky 因子分解的递归形式.（令算法 4.2.4 中的 $\boldsymbol{r} = \boldsymbol{1}$）. 事实上，在 $\boldsymbol{w}$ 和 $\boldsymbol{A}_1$ 的计算中，它都是带有强制零元的 Cholesky. 易证如果算法运行到完成，则等式 (11.5.6)(11.5.7)(11.5.8) 被满足. 保证这种情况发生的一种方法是证明 $\boldsymbol{A}_1$ 是正定矩阵. 当 $\boldsymbol{A}$ 是 **Stieltjes 矩阵**时，事实证明是这样的. 如果 $\boldsymbol{A} \in \mathbb{R}^{n\times n}$ 是对称正定矩阵，且非对角元素是非正的，则称 $\boldsymbol{A}$ 为 Stieltjes 矩阵. 这个性质在许多应用中都存在. 例如，4.8.3 节的模型问题的矩阵是 Stieltjes 矩阵. 记号 $\boldsymbol{C} \geqslant 0$ 表示矩阵 $\boldsymbol{C}$ 的元素都是非负的，我们得到，如果 $\boldsymbol{A}$ 是 Stieltjes 矩阵则 $\boldsymbol{A}^{-1} \geqslant 0$.

引理 11.5.1 如果 $\boldsymbol{A} \in \mathbb{R}^{n\times n}$ 是 Stieltjes 矩阵，则 $\boldsymbol{A}^{-1} \geqslant 0$.

证明 令 $\boldsymbol{A} = \boldsymbol{D} - \boldsymbol{E}$，其中 $\boldsymbol{D}$ 和 $-\boldsymbol{E}$ 分别是其对角和非对角部分. 因为 $\boldsymbol{A} = \boldsymbol{D}^{1/2}(\boldsymbol{I} - \boldsymbol{F})\boldsymbol{D}^{1/2}$，从而 $\boldsymbol{F} = \boldsymbol{D}^{-1/2}\boldsymbol{E}\boldsymbol{D}^{-1/2}$ 的谱半径满足 $\rho(\boldsymbol{F}) < 1$. 因此

$$A^{-1} = D^{-1/2}\left(\sum_{k=0}^{\infty} F^k\right) D^{-1/2}$$

的元素显然是非负的. □

下面的结果正是我们需要的，用来确保函数 incChol 不会崩溃.

定理 11.5.2 如果

$$A = \begin{bmatrix} \alpha & v^{\mathrm{T}} \\ v & B \end{bmatrix}, \quad \alpha \in \mathbb{R},\ v \in \mathbb{R}^{n-1},\ B \in \mathbb{R}^{(n-1)\times(n-1)},$$

是 Stieltjes 矩阵，$\tilde{v} \in \mathbb{R}^{n-1}$ 是通过将 v 的分量子集设为零获得的，则

$$\tilde{B} = B - \frac{\tilde{v}\tilde{v}^{\mathrm{T}}}{\alpha}$$

是一个 Stieltjes 矩阵.

证明 因为 $\tilde{v} \leqslant 0$ 且

$$\tilde{b}_{ij} = b_{ij} - \frac{\tilde{v}_i \tilde{v}_j}{\alpha},$$

显然 $\tilde{B} = \left(\tilde{b}_{ij}\right)$ 的非对角线元素是非正的. 我们的任务是证明 $\tilde{B}$ 是正定的.

由于 A 是正定矩阵，如果

$$x = \frac{1}{\sqrt{\alpha}}\begin{bmatrix} 1 \\ -B^{-1}v \end{bmatrix},$$

则

$$0 < x^{\mathrm{T}}Ax = 1 - \frac{v^{\mathrm{T}}B^{-1}v}{\alpha}.$$

因为 $B^{-1} \geqslant 0$ 且 $v \leqslant 0$，我们有 $\tilde{v}^{\mathrm{T}}B^{-1}\tilde{v} \leqslant v^{\mathrm{T}}B^{-1}v$，所以

$$\gamma \equiv 1 - \frac{\tilde{v}^{\mathrm{T}}B^{-1}\tilde{v}}{\alpha} \geqslant 1 - \frac{v^{\mathrm{T}}B^{-1}v}{\alpha} > 0.$$

利用 Sherman-Morrison 公式

$$\tilde{B}^{-1} = \left(B - \frac{\tilde{v}\tilde{v}^{\mathrm{T}}}{\alpha}\right)^{-1} = B^{-1} + \frac{1}{\gamma}B^{-1}\frac{\tilde{v}\tilde{v}^{\mathrm{T}}}{\alpha}B^{-1},$$

我们证明了 $\tilde{B}$ 是正定的. □

这个定理的变形可以在著名论文 Meijerink and van der Vorst (1977) 中找到.

到目前为止，我们已经讨论了位置上不完全 Cholesky. 不完全因子的稀疏模式是通过集合 P 预先确定的，不依赖 A 中的值. 另一种方法是使用删除公差

$\tau > 0$，用于确定"潜在的"h_{ij} 是否设为零. 作为这个策略的例子，计算 incChol 中的矩阵 $\boldsymbol{A}_1$ 如下：

$$[A_1]_{ij} = \begin{cases} 0, & \text{如果 } |b_{ij} - w_i w_j| < \tau\sqrt{b_{ii}b_{jj}}, \\ b_{ij} - w_i w_j, & \text{如果 } |b_{ij} - w_i w_j| \geqslant \tau\sqrt{b_{ii}b_{jj}}. \end{cases}$$

其思想是如果不重要的元素在相对意义上是小的，就在修正中删除它们. 在选择 τ 时必须小心，以免引起不可接受的填充水平.（τ 的更大值减少填充.）删除公差法是值上不完全 Cholesky 的一个例子.

Lin and Moré (1999) 描述了一种策略，其结合了位置上不完全 Cholesky 和值上不完全 Cholesky 的最好特征. 回忆一下，在 gaxpy Cholesky（4.2.5 节）中，三角因子 $\boldsymbol{G}$ 被逐列计算. 其思想是适应程序使 $H(j:n,j)$ 最多有 $N_j + p$ 个非零元素，其中 N_j 是 $A(j:n,j)$ 中非零元素的数量，且 p 是非负整数：

for $j = 1:n$
  $v(j:n) = A(j:n,j) - H(j:n,1:j-1)H(j,1:j-1)^{\mathrm{T}}$
  $H(j,j) = \sqrt{v(j)}$
  $N_j = A(j:n,j)$ 中非零元素的个数
  设 $v(j+1:n)$ 的每个元素为零,$v(j+1:n)$ 不是 $|v(j:n)|$ 中的
    最大项 $N_j + p$
  $H(j+1:n,j) = v(j+1:n)/H(j,j)$
end

因此，$\boldsymbol{H}$ 的非零元素个数的上界是 $pn + N_1 + \cdots + N_n$. 因此，可以根据可用内存来设置 p 的值. 注意，$H(j:n,j)$ 被定义为 $v(j:n)$ 中"最重要的"元素. 这个向量的 gaxpy 运算是稀疏 gaxpy，利用这种结构至关重要.

已经深入研究过不完全因子分解思想. 研究主题包括推广到 LU 分解、稳定性以及增加对角线"量"以保证存在性. 特别重要的是 ILU(ℓ) 预处理矩阵的开发，它通过限定允许修正的 a_{ij} 的次数来控制填充. 见 Benzi (2002).

11.5.9 不完全分块预处理矩阵

不完全因子分解思想可以应用于分块层面. 例如，对于分块对称正定矩阵 $\boldsymbol{A} = (A_{ij})$，如果 A_{ij} 是 0，则通过强制 H_{ij} 为 0 可以得到不完全分块 Cholesky 因子 $\boldsymbol{H} = (H_{ij})$. 然而，如果个体 A_{ij} 本身是稀疏的，则存在另一个机会水平，因为可能需要对 H_{ij} 的稀疏结构施加约束.

为了在一个简单熟悉的环境中说明这一点，让我们建立一个块三对角矩阵的不完全 Cholesky 分解，该矩阵的对角块是三对角矩阵，其次对角块和上对角块

是对角矩阵.（4.8.3 节的模型问题涉及的矩阵有这种结构.）由

$$A = \begin{bmatrix} A_1 & E_1^{\mathrm{T}} & 0 \\ E_1 & A_2 & E_2^{\mathrm{T}} \\ 0 & E_2 & A_3 \end{bmatrix} = \begin{bmatrix} G_1 & 0 & 0 \\ F_1 & G_2 & 0 \\ 0 & F_2 & G_3 \end{bmatrix} \begin{bmatrix} G_1^{\mathrm{T}} & F_1^{\mathrm{T}} & 0 \\ 0 & G_2^{\mathrm{T}} & F_2^{\mathrm{T}} \\ 0 & 0 & G_3^{\mathrm{T}} \end{bmatrix},$$

如果 A 是 $p \times p$ 分块矩阵，对这里的 G_k 和 F_k，其方法如下.

$$\begin{aligned} & G_1 G_1^{\mathrm{T}} = A_1 \\ & \textbf{for } k = 1:p-1 \\ & \quad F_k = E_k G_k^{-\mathrm{T}} \\ & \quad G_{k+1} G_{k+1}^{\mathrm{T}} = A_{k+1} - E_k (G_k G_k^{\mathrm{T}})^{-1} E_k^{\mathrm{T}} \\ & \textbf{end} \end{aligned}$$

除 G_1 之外，所有的 Cholesky 因子块都是稠密的. 解决这一困难的一种方法是用适当选择的三对角近似 Λ_k 代替 $(G_k G_k^{\mathrm{T}})^{-1}$：

$$\begin{aligned} & \tilde{G}_1 \tilde{G}_1^{\mathrm{T}} = A_1 \\ & \textbf{for } k = 1:p-1 \\ & \quad \tilde{F}_k = E_k \tilde{G}_k^{-\mathrm{T}} \\ & \quad \tilde{G}_{k+1} \tilde{G}_{k+1}^{\mathrm{T}} = A_{k+1} - E_k \Lambda_k E_k^{\mathrm{T}} \\ & \textbf{end} \end{aligned} \tag{11.5.10}$$

注意，利用这种方法，每个 $\tilde{G}_k$ 都是下双对角矩阵. $\tilde{F}_k$ 是满矩阵，但是，为了解决涉及不完全因子的线性方程组，它们不必实际形成. 例如，

$$\begin{bmatrix} \tilde{G}_1 & 0 & 0 \\ \tilde{F}_1 & \tilde{G}_2 & 0 \\ 0 & \tilde{F}_2 & \tilde{G}_3 \end{bmatrix} \begin{bmatrix} w_1 \\ w_2 \\ w_3 \end{bmatrix} = \begin{bmatrix} r_1 \\ r_2 \\ r_3 \end{bmatrix}, \qquad \begin{aligned} \tilde{G}_1 w_1 &= r_1, \\ \tilde{G}_2 w_2 &= r_2 - E_1 \tilde{G}_1^{-\mathrm{T}} w_1, \\ \tilde{G}_3 w_3 &= r_3 - E_2 \tilde{G}_2^{-\mathrm{T}} w_2. \end{aligned}$$

每个 w_k 需要一个 $\tilde{G}_k$ 线性方程组的解和一个 $\tilde{G}_k^{\mathrm{T}}$ 线性方程组的解.

仍然存在选择 $\Lambda_1, \cdots, \Lambda_{p-1}$ 的问题. 中心问题是如何确定一个对称三对角矩阵 Λ，使得如果 $T \in \mathbb{R}^{m \times m}$ 是对称正定三对角矩阵，则 $\Lambda \approx T^{-1}$. 可能性包括：

- 设 $\Lambda = \mathrm{diag}(1/t_{11}, \cdots, 1/t_{mm})$.
- 令 Λ 为 T^{-1} 的三对角部分，$O(m)$ 的计算量. 见习题 5.
- 设 $\Lambda = U^{\mathrm{T}} U$，其中 U 是 K^{-1} 的下双对角部分，其中 $T = KK^{\mathrm{T}}$ 是 Cholesky 分解. 这是 $O(m)$ 的计算量. 见习题 6.

这些近似值和与预处理矩阵相关的含义的讨论，见 Concus, Golub, and Meurant (1985).

11.5.10 鞍点方程组预处理

2×2 分块非奇异矩阵的形式为

$$\boldsymbol{K} = \begin{bmatrix} \boldsymbol{A} & \boldsymbol{B}_1^{\mathrm{T}} \\ \boldsymbol{B}_2 & -\boldsymbol{C} \end{bmatrix}\begin{bmatrix} \boldsymbol{x} \\ \boldsymbol{y} \end{bmatrix} = \begin{bmatrix} \boldsymbol{f} \\ \boldsymbol{g} \end{bmatrix},$$

其中 $\boldsymbol{A}\in\mathbb{R}^{n\times n}$是半正定矩阵，$\boldsymbol{C}\in\mathbb{R}^{m\times m}$是对称正定矩阵，半正定是鞍点问题的一个例子. 平衡系统（见 4.4.6 节）是一种特殊情况.

具有鞍点结构的问题出现在许多应用中，并且有许多解决方案框架. 各种特殊情况为预处理创造了多种可能性. 例如，如果 $\boldsymbol{A}$ 是非奇异矩阵且 $\boldsymbol{C}=0$，则

$$\begin{bmatrix} \boldsymbol{A} & \boldsymbol{B}_1 \\ \boldsymbol{B}_2^{\mathrm{T}} & \boldsymbol{0} \end{bmatrix} = \begin{bmatrix} \boldsymbol{I} & \boldsymbol{0} \\ \boldsymbol{B}_2^{\mathrm{T}}\boldsymbol{A}^{-1} & \boldsymbol{I} \end{bmatrix}\begin{bmatrix} \boldsymbol{A} & \boldsymbol{0} \\ \boldsymbol{0} & \boldsymbol{S} \end{bmatrix}\begin{bmatrix} \boldsymbol{I} & \boldsymbol{A}^{-1}\boldsymbol{B}_1 \\ \boldsymbol{0} & \boldsymbol{I} \end{bmatrix}, \quad \boldsymbol{S} = -\boldsymbol{B}_2^{\mathrm{T}}\boldsymbol{A}^{-1}\boldsymbol{B}_1.$$

可能的预处理矩阵包括

$$\boldsymbol{M} = \begin{bmatrix} \tilde{\boldsymbol{A}} & \boldsymbol{0} \\ \boldsymbol{0} & \tilde{\boldsymbol{S}} \end{bmatrix} \text{或} \begin{bmatrix} \tilde{\boldsymbol{A}} & \boldsymbol{B}_1 \\ \boldsymbol{0} & \boldsymbol{S} \end{bmatrix} \text{或} \begin{bmatrix} \tilde{\boldsymbol{A}} & \boldsymbol{0} \\ \boldsymbol{B}_2^{\mathrm{T}} & \tilde{\boldsymbol{S}} \end{bmatrix}\begin{bmatrix} \boldsymbol{I} & \tilde{\boldsymbol{A}}^{-1}\boldsymbol{B}_1 \\ \boldsymbol{0} & \boldsymbol{I} \end{bmatrix},$$

其中 $\tilde{\boldsymbol{A}}\approx\boldsymbol{A}$ 且 $\tilde{\boldsymbol{S}}\approx\boldsymbol{S}$.

如果 $\boldsymbol{A}$ 和 $\boldsymbol{C}$ 是正定矩阵，$\boldsymbol{H}_1=(\boldsymbol{A}+\boldsymbol{A}^{\mathrm{T}})/2$, $\boldsymbol{H}_2=(\boldsymbol{A}-\boldsymbol{A}^{\mathrm{T}})/2$, $\boldsymbol{B}=\boldsymbol{B}_1=\boldsymbol{B}_2$，则

$$\begin{bmatrix} \boldsymbol{A} & \boldsymbol{B} \\ -\boldsymbol{B}^{\mathrm{T}} & \boldsymbol{C} \end{bmatrix} = \begin{bmatrix} \boldsymbol{H}_1 & \boldsymbol{0} \\ \boldsymbol{0} & \boldsymbol{C} \end{bmatrix} + \begin{bmatrix} \boldsymbol{H}_2 & \boldsymbol{B} \\ -\boldsymbol{B}^{\mathrm{T}} & \boldsymbol{0} \end{bmatrix} \equiv \boldsymbol{K}_1 + \boldsymbol{K}_2$$

是对称正定/反称分裂. 已经证明基于

$$\boldsymbol{M} = (\alpha\boldsymbol{I}+\boldsymbol{K}_2)^{-1}(\alpha\boldsymbol{I}-\boldsymbol{K}_1)(\alpha\boldsymbol{I}+\boldsymbol{K}_1)^{-1}(\alpha\boldsymbol{I}-\boldsymbol{K}_2)$$

的预处理矩阵（其中 $\alpha>0$）是有效的. 鞍点问题研究的更多细节参见 Benzi, Golub, and Liesen (2005). 注意，以上方法是特殊的 ILU 方法.

11.5.11 区域分解预处理矩阵

区域分解是一个结构，可用于设计由离散化边值问题（BVP）引出的 $\boldsymbol{Ax}=\boldsymbol{b}$ 问题的预处理矩阵. 以下是该方法蕴涵的主要思想.

步骤 1. 将给定的“复杂”BVP 区域 Ω 表示为较小的、“更简单的”子区域 $\Omega_1,\cdots,\Omega_s$ 的并.

步骤 2. 在每个子区域上，考虑离散化 BVP 的“近似”. 可以推测，这些子问题更容易解决，因为它们更小，且具有便于计算的友好几何形状.

步骤 3. 建立子区域矩阵问题之外的预处理矩阵 M，注意未知数的排序和子区域解彼此之间和整体解如何相互关联.

在 Dirichlet 边界条件下，我们考虑 L 形区域 Ω 的泊松问题 $\Delta u = f$，由此展示这个方法.（适用于矩形区域的离散化和求解过程见 4.8.4 节.）

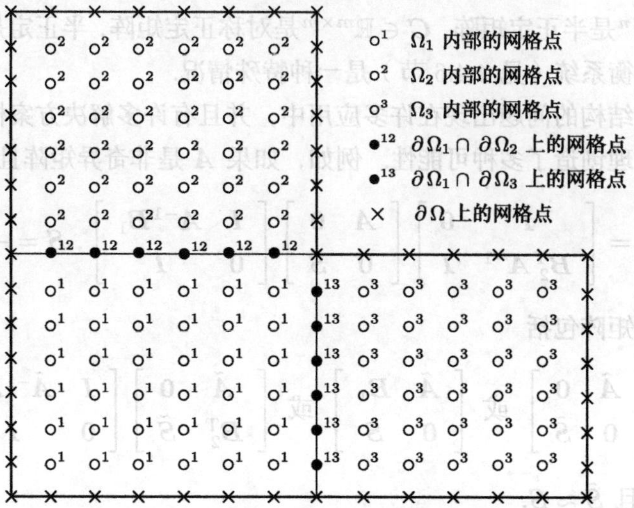

图 11.5.1　不重叠子区域结构

参考图 11.5.1，我们将 Ω 细分为三个不重叠的矩形子区域 $\Omega_1, \Omega_2, \Omega_3$. 这个划分的结果是，有 5 "种" 网格点（和未知数）. 在适当的顺序下，将导出分块线性方程组，其形式为

$$\boldsymbol{A}\boldsymbol{u} = \begin{bmatrix} \boldsymbol{A}_1 & \boldsymbol{0} & \boldsymbol{0} & \boldsymbol{B} & \boldsymbol{C} \\ \boldsymbol{0} & \boldsymbol{A}_2 & \boldsymbol{0} & \boldsymbol{D} & \boldsymbol{0} \\ \boldsymbol{0} & \boldsymbol{0} & \boldsymbol{A}_3 & \boldsymbol{0} & \boldsymbol{E} \\ \boldsymbol{F} & \boldsymbol{H} & \boldsymbol{0} & \boldsymbol{Q}_4 & \boldsymbol{0} \\ \boldsymbol{G} & \boldsymbol{0} & \boldsymbol{K} & \boldsymbol{0} & \boldsymbol{Q}_5 \end{bmatrix} \begin{bmatrix} \boldsymbol{u}_{\circ^1} \\ \boldsymbol{u}_{\circ^2} \\ \boldsymbol{u}_{\circ^3} \\ \boldsymbol{u}_{\bullet^{12}} \\ \boldsymbol{u}_{\bullet^{13}} \end{bmatrix} = \begin{bmatrix} \boldsymbol{f}_{\circ^1} \\ \boldsymbol{f}_{\circ^2} \\ \boldsymbol{f}_{\circ^3} \\ \boldsymbol{f}_{\bullet^{12}} \\ \boldsymbol{f}_{\bullet^{13}} \end{bmatrix} = \boldsymbol{f}, \qquad (11.5.11)$$

其中 $\boldsymbol{A}_1, \boldsymbol{A}_2, \boldsymbol{A}_3$ 具有 4.8.4 节中遇到的离散拉普拉斯结构. 我们的符号很直观：$\boldsymbol{u}_{\bullet^{12}}$ 是与 $\bullet^{12}$ 网格点相关的未知向量. 注意，$\boldsymbol{A}$ 可以分解为

$$\boldsymbol{A} = \begin{bmatrix} \boldsymbol{I} & \boldsymbol{0} & \boldsymbol{0} & \boldsymbol{0} & \boldsymbol{0} \\ \boldsymbol{0} & \boldsymbol{I} & \boldsymbol{0} & \boldsymbol{0} & \boldsymbol{0} \\ \boldsymbol{0} & \boldsymbol{0} & \boldsymbol{I} & \boldsymbol{0} & \boldsymbol{0} \\ \boldsymbol{F}\boldsymbol{A}_1^{-1} & \boldsymbol{H}\boldsymbol{A}_2^{-1} & \boldsymbol{0} & \boldsymbol{I} & \boldsymbol{0} \\ \boldsymbol{G}\boldsymbol{A}_1^{-1} & \boldsymbol{0} & \boldsymbol{K}\boldsymbol{A}_3^{-1} & \boldsymbol{0} & \boldsymbol{I} \end{bmatrix} \begin{bmatrix} \boldsymbol{A}_1 & \boldsymbol{0} & \boldsymbol{0} & \boldsymbol{B} & \boldsymbol{C} \\ \boldsymbol{0} & \boldsymbol{A}_2 & \boldsymbol{0} & \boldsymbol{D} & \boldsymbol{0} \\ \boldsymbol{0} & \boldsymbol{0} & \boldsymbol{A}_3 & \boldsymbol{0} & \boldsymbol{E} \\ \boldsymbol{0} & \boldsymbol{0} & \boldsymbol{0} & \boldsymbol{S}_4 & \boldsymbol{0} \\ \boldsymbol{0} & \boldsymbol{0} & \boldsymbol{0} & \boldsymbol{0} & \boldsymbol{S}_5 \end{bmatrix} = \boldsymbol{L}\boldsymbol{U},$$

其中 S_4 和 S_5 是 Schur 补

$$\begin{aligned} S_4 &= Q_4 - FA_1^{-1}B - HA_2^{-1}D, \\ S_5 &= Q_5 - GA_1^{-1}C - KA_3^{-1}E. \end{aligned}$$

如果不是因为这些典型地昂贵又稠密的块，那么可以通过 LU 因子分解非常高效地解出线性方程组 $Au = f$. 幸运的是，处理不确定的 Schur 补有许多种方法，见 Saad (IMSLE, 第 456–465 页). 利用适当的近似

$$\tilde{S}_4 \approx S_4, \qquad \tilde{S}_5 \approx S_5,$$

我们得到了一个分块 ILU 预处理矩阵，其形式为 $M = LU_M$，其中

$$U_M = \begin{bmatrix} A_1 & 0 & 0 & B & C \\ 0 & A_2 & 0 & D & 0 \\ 0 & 0 & A_3 & 0 & E \\ 0 & 0 & 0 & \tilde{S}_4 & 0 \\ 0 & 0 & 0 & 0 & \tilde{S}_5 \end{bmatrix}.$$

在足够的结构下，快速泊松求解可用于 L-求解，此时 U_M 求解的效率将取决于 Schur 补近似的性质.

尽管这个例子很简单，但是它突出了**不重叠区域离散预处理矩阵**（如 M）所蕴涵的重要思想. 边界块对角方程组必能解，其中 (a) 每个对角块与一个子区域相关联，(b) 边界相对较“窄”，因为在整个区域的划分中，区域耦合未知数通常比未知数总数少一个数量级. (b) 的一个推论是 $A - M$ 的秩比较小且这转化为在 Krylov 环境中的快速收敛. 由于完全分离的子区域计算，有很大机会进行并行计算. 见 Bjorstad, Gropp, and Smith (1996).

重叠子区域有类似的方法，继续用相同的例子来说明主要思想. 图 11.5.2 表明将相同的 L 形区域划分为三个重叠的子区域. 在适当的顺序下，我们得到一个分块线性方程组，其形式为

$$Au = \begin{bmatrix} A_1 & 0 & 0 & B_1 & 0 & C_1 & 0 \\ 0 & A_2 & 0 & 0 & B_2 & 0 & 0 \\ 0 & 0 & A_3 & 0 & 0 & 0 & C_2 \\ F_1 & 0 & 0 & Q_4 & D & 0 & 0 \\ 0 & F_2 & 0 & H & \tilde{Q}_4 & 0 & 0 \\ G_1 & 0 & 0 & 0 & 0 & Q_5 & E \\ 0 & 0 & G_2 & 0 & 0 & K & \tilde{Q}_5 \end{bmatrix} \begin{bmatrix} u_{\circ 1} \\ u_{\circ 2} \\ u_{\circ 3} \\ u_{\bullet 12} \\ u_{\bullet 21} \\ u_{\bullet 13} \\ u_{\bullet 31} \end{bmatrix} = \begin{bmatrix} f_{\circ 1} \\ f_{\circ 2} \\ f_{\circ 3} \\ f_{\bullet 12} \\ f_{\bullet 21} \\ f_{\bullet 13} \\ f_{\bullet 31} \end{bmatrix} = f.$$

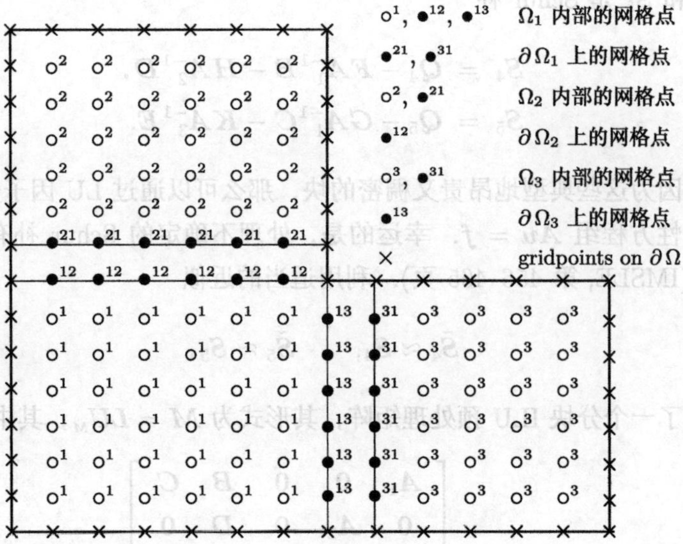

图 11.5.2　重叠的 Schwarz 结构

在乘法 **Schwarz** 方法中，我们循环通过子区域，改善途中的内部未知元. 例如，固定其他未知元，对 Ω_1 内部的未知元，我们解

$$\begin{bmatrix} \boldsymbol{A}_1 & \boldsymbol{B}_1 & \boldsymbol{C}_1 \\ \boldsymbol{F}_1 & \boldsymbol{Q}_4 & \boldsymbol{0} \\ \boldsymbol{G}_1 & \boldsymbol{0} & \boldsymbol{Q}_5 \end{bmatrix} \begin{bmatrix} \boldsymbol{u}_{\circ^1} \\ \boldsymbol{u}_{\bullet^{12}} \\ \boldsymbol{u}_{\bullet^{13}} \end{bmatrix} = \begin{bmatrix} \boldsymbol{f}_{\circ^1} \\ \boldsymbol{f}_{\bullet^{12}} \\ \boldsymbol{f}_{\bullet^{13}} \end{bmatrix} - \begin{bmatrix} \boldsymbol{0} \\ \boldsymbol{D}\boldsymbol{u}_{\bullet^{21}} \\ \boldsymbol{E}\boldsymbol{u}_{\bullet^{31}} \end{bmatrix}.$$

修正 $u_{\circ^1}$, $u_{\bullet^{12}}$ 和 $u_{\bullet^{13}}$ 之后, 对 Ω_2 内部的未知元，我们解

$$\begin{bmatrix} \boldsymbol{A}_2 & \boldsymbol{B}_2 \\ \boldsymbol{F}_2 & \tilde{\boldsymbol{Q}}_4 \end{bmatrix} \begin{bmatrix} \boldsymbol{u}_{\circ^2} \\ \boldsymbol{u}_{\bullet^{21}} \end{bmatrix} = \begin{bmatrix} \boldsymbol{f}_{\circ^2} \\ \boldsymbol{f}_{\bullet^{21}} \end{bmatrix} - \begin{bmatrix} \boldsymbol{0} \\ \boldsymbol{H}\boldsymbol{u}_{\bullet^{12}} \end{bmatrix},$$

并且修正 $\boldsymbol{u}_{\circ^2}$ 和 $\boldsymbol{u}_{\bullet^{21}}$. 最后，求解 Ω_3 内部的未知元，并通过解以下方程得到改进的形式

$$\begin{bmatrix} \boldsymbol{A}_3 & \boldsymbol{C}_2 \\ \boldsymbol{G}_2 & \tilde{\boldsymbol{Q}}_5 \end{bmatrix} \begin{bmatrix} \boldsymbol{u}_{\circ^3} \\ \boldsymbol{u}_{\bullet^{31}} \end{bmatrix} = \begin{bmatrix} \boldsymbol{f}_{\circ^3} \\ \boldsymbol{f}_{\bullet^{31}} \end{bmatrix} - \begin{bmatrix} \boldsymbol{0} \\ \boldsymbol{K}\boldsymbol{u}_{\bullet^{13}} \end{bmatrix}.$$

这就完成了乘法 Schwarz 的一个循环. 与 Gauss-Seidel 相似，当前解的最新值用于三个子区域解中的每一个. 在加法 **Schwarz** 方法中，解向量 $\boldsymbol{u}$ 在最后一个子区域求解后才被修正. 从并行计算的角度来看，这种 Jacobi 型的方法具有一定的优势.

对于乘法或加法，可以通过形式

$$u^{(\text{new})} = u^{(\text{old})} + M^{-1}(f - Au^{(\text{old})})$$

将 $u^{(\text{new})}$ 和 $u^{(\text{old})}$ 联系起来，这就打开了通往一系列新预处理技术的大门. 子区域的几何结构及其重叠程度直接影响效率. 简单的几何形状可以为快速子区域求解开辟一条道路. 重叠促进子区域间的信息流动，但导致了更复杂的预处理矩阵. 对于区域分解思想的深入回顾，见 Saad (IMSLE, 第 451–493 页).

习　题

1. 验证 (11.5.2).
2. 设 $H \in \mathbb{R}^{n\times n}$ 是大型稀疏上 Hessenberg 矩阵，我们想要解出 $Hx = b$. 注意 $H([2:n1],:)$ 具有 $R + e_n v^{\mathrm{T}}$ 的形式，其中 R 是上三角矩阵且 $v \in \mathbb{R}^n$. 说明两个迭代中，原则上如何使用预处理矩阵 R 的 GMRES 来解线性方程组.
3. 证明：如果 $P = \{(4,1), (3,2)\}$，则

$$A = \begin{bmatrix} 1 & 1 & 3 & 0 \\ 1 & 2 & 0 & 3 \\ 3 & 0 & 19 & -8 \\ 0 & 3 & -8 & 11 \end{bmatrix} = \begin{bmatrix} 1 & 0 & 0 & 0 \\ 1 & 1 & 0 & 0 \\ 3 & -3 & 1 & 0 \\ 0 & 3 & 1 & 1 \end{bmatrix} \begin{bmatrix} 1 & 1 & 3 & 0 \\ 0 & 1 & -3 & 3 \\ 0 & 0 & 1 & 1 \\ 0 & 0 & 0 & 1 \end{bmatrix}$$

没有不完全 Cholesky 分解.
4. 证明：在执行 **incChol** 时，等式 (11.5.6)–(11.5.8) 不变.
5. 设 $T \in \mathbb{R}^{m\times m}$ 是对称三角正定矩阵. 存在 $u, v \in \mathbb{R}^m$ 使得对于所有的 i 和 j

$$[T^{-1}]_{ij} = u_i v_j$$

满足 $1 \leqslant j < i < m$. 给出计算 u 和 v 的一个 $O(m)$ 算法.
6. 设 $B \in \mathbb{R}^{m\times m}$ 是非奇异下双对角矩阵. 给出计算 B^{-1} 的下双对角部分的一个 $O(m)$ 算法.
7. 考虑 (11.5.10) 的计算. 设 $A_1, \cdots, A_p$ 是带宽为 q 的对称矩阵，$E_1, \cdots, E_{p-1}$ 的上带宽为 0、下带宽为 r. 如果 $G_1, \cdots, G_p$ 的下带宽为 q，那么对 $A_1, \cdots, A_p$ 有多少的带宽限制是必要的?
8. 这个问题提供了对乘法 Schwarz 和加法 Schwarz 框架的进一步了解. 考虑分块三对角矩阵

$$Au = \begin{bmatrix} A_{11} & A_{12} & 0 \\ A_{21} & A_{22} & A_{23} \\ 0 & A_{31} & A_{33} \end{bmatrix} \begin{bmatrix} u_1 \\ u_2 \\ u_3 \end{bmatrix} = \begin{bmatrix} f_1 \\ f_2 \\ f_3 \end{bmatrix} = f,$$

其中假设 A_{22} 比 A_{11} 和 A_{33} 小得多. 设近似解 $u^{(k)}$ 通过以下乘法 Schwarz 修正程序改进为 $u^{(k+1)}$：

$$\begin{bmatrix} A_{11} & A_{12} \\ A_{21} & A_{22} \end{bmatrix} \begin{bmatrix} \Delta_1^{(k)} \\ \tilde{\Delta}_2^{(k)} \end{bmatrix} = \begin{bmatrix} f_1 \\ f_2 \end{bmatrix} - \begin{bmatrix} A_{11} & A_{12} & 0 \\ A_{21} & A_{22} & A_{23} \end{bmatrix} \begin{bmatrix} u_1^{(k)} \\ u_2^{(k)} \\ u_3^{(k)} \end{bmatrix},$$

$$\begin{bmatrix} A_{22} & A_{23} \\ A_{32} & A_{33} \end{bmatrix} \begin{bmatrix} \boldsymbol{\Delta}_2^{(k)} \\ \boldsymbol{\Delta}_3^{(k)} \end{bmatrix} = \begin{bmatrix} f_2 \\ f_3 \end{bmatrix} - \begin{bmatrix} A_{21} & A_{22} & A_{23} \\ 0 & A_{32} & A_{33} \end{bmatrix} \begin{bmatrix} u_1^{(k)} + \boldsymbol{\Delta}_1^{(k)} \\ u_2^{(k)} + \tilde{\boldsymbol{\Delta}}_2^{(k)} \\ u_3^{(k)} \end{bmatrix},$$

$$\begin{bmatrix} u_1^{(k+1)} \\ u_2^{(k+1)} \\ u_3^{(k+1)} \end{bmatrix} = \begin{bmatrix} u_1^{(k)} \\ u_2^{(k)} \\ u_3^{(k)} \end{bmatrix} + \begin{bmatrix} \boldsymbol{\Delta}_1^{(k)} \\ \boldsymbol{\Delta}_2^{(k)} \\ \boldsymbol{\Delta}_3^{(k)} \end{bmatrix}.$$

(a) 确定矩阵 M 使得 $u^{(k+1)} = u^{(k)} + M^{-1}(f - Au^{(k)})$.

(b) 再次利用加法 Schwarz 修正:

$$\begin{bmatrix} A_{11} & A_{12} \\ A_{21} & A_{22} \end{bmatrix} \begin{bmatrix} \boldsymbol{\Delta}_1^{(k)} \\ \tilde{\boldsymbol{\Delta}}_2^{(k)} \end{bmatrix} = \begin{bmatrix} f_1 \\ f_2 \end{bmatrix} - \begin{bmatrix} A_{11} & A_{12} & 0 \\ A_{21} & A_{22} & A_{23} \end{bmatrix} \begin{bmatrix} u_1^{(k)} \\ u_2^{(k)} \\ u_3^{(k)} \end{bmatrix},$$

$$\begin{bmatrix} A_{22} & A_{23} \\ A_{32} & A_{33} \end{bmatrix} \begin{bmatrix} \boldsymbol{\Delta}_2^{(k)} \\ \boldsymbol{\Delta}_3^{(k)} \end{bmatrix} = \begin{bmatrix} f_2 \\ f_3 \end{bmatrix} - \begin{bmatrix} A_{21} & A_{22} & A_{23} \\ 0 & A_{32} & A_{33} \end{bmatrix} \begin{bmatrix} u_1^{(k)} \\ u_2^{(k)} \\ u_3^{(k)} \end{bmatrix},$$

$$\begin{bmatrix} u_1^{(k+1)} \\ u_2^{(k+1)} \\ u_3^{(k+1)} \end{bmatrix} = \begin{bmatrix} u_1^{(k)} \\ u_2^{(k)} \\ u_3^{(k)} \end{bmatrix} + \begin{bmatrix} \boldsymbol{\Delta}_1^{(k)} \\ \tilde{\boldsymbol{\Delta}}_2 + \boldsymbol{\Delta}_2^{(k)} \\ \boldsymbol{\Delta}_3^{(k)} \end{bmatrix}.$$

更深入的讨论见 Greenbaum (IMSL, 第 198–201 页).

11.6 多重网格法

设 $A^h u^h = b^h$ 是线性方程组，来自椭圆边值问题在结构网格上的离散化，例如 4.8.3 节和 4.8.4 节讨论的离散泊松问题. 上标“h”提示我们，线性方程组的大小取决于网格的细度，即网格点之间的间距.

多重网格的思想是利用“细网格”解 u^h 与较小的“粗网格”解 u^{2h} 之间的关系. 给定当前近似解 u_c^h，整体方法涉及以下策略的递归应用:

预光滑化. 利用 $u_0^h = u_c^h$，执行 p_1 步适当迭代方法 $u_k^h = Gu_{k-1}^h + c$，生成 u_c^h 的误差光滑化形式 u_p^h.

步骤 1. 计算当前细网格残差 $r^h = b^h - A^h u_{p_1}^h$. 这个向量将在某些特征向量方向上突出，并且几乎与其他向量正交.

步骤 2. 把 $r^h \in \mathbb{R}^n$ 变为 $r^{2h} \in \mathbb{R}^m$，定义与 $2h$ 对应的粗网格上细网格残差的向量. 这将涉及一个平均过程.

步骤 3. 求解更小的粗网格校正方程组 $A^{2h} z^{2h} = r^{2h}$.

步骤 4. 把 $z^{2h} \in \mathbb{R}^m$ 变为 $z^h \in \mathbb{R}^n$，在细网格上定义校正向量. 这会涉及插值.

步骤 5. 修正 u_c^h 为 $u_+^h = u_c^h + z^h$.

后光滑化. 利用 $\boldsymbol{u}_0^h = \boldsymbol{u}_+^h$，执行 p_2 步适当迭代方法 $\boldsymbol{u}_k^h = \boldsymbol{G}\boldsymbol{u}_{k-1}^h + \boldsymbol{c}$，生成 $\boldsymbol{u}_+^h$ 的误差光滑形式 $\boldsymbol{u}_{++}^h = \boldsymbol{u}_r^h$.

我们的计划是使用 4.8.3 节介绍的一维模型问题来讨论与该范例相关的关键问题. 针对预光滑和后光滑两个步骤提出了加权 Jacobi 方法. 它的性质表明了步骤 1 中的特征向量性质. 在定义了与步骤 2 和步骤 4 相关的映射 $\boldsymbol{r}^h \to \boldsymbol{r}^{2h}$ 和 $\boldsymbol{z}^{2h} \to \boldsymbol{z}^h$ 之后，我们解释了步骤 5 修正有更优解的原因.

递归通过步骤 3 进入运算，因为我们可以将相同的解法应用于较小的相似方程组 $\boldsymbol{A}^{2h}\boldsymbol{z}^{2h} = \boldsymbol{r}^{2h}$. 正是通过这种递归，我们得到了整个多重网格方法：$4h$ 网格问题有助于解决 $2h$ 网格问题，$8h$ 网格问题有助于解决 $4h$ 网格问题，等等. 根据实现情况，这个过程既可以用于预处理，也可以完全解决顶级 $\boldsymbol{A}^h\boldsymbol{u}^h = \boldsymbol{b}^h$ 问题.

Brandt (1977) 最早提出多重网格法，Briggs, Henson, and McCormick (2000) 提供了多重网格法的出色介绍. 更简短的说明见 Strang (2007, 第 571–585 页)、Greenbaum (IMSL, 第 183–197 页)、Saad (IMSLA, 第 407–450 页)、Demmel (ANLA, 第 331–347 页).

11.6.1 模型问题和矩阵 $\boldsymbol{A}^h$ 和 $\boldsymbol{Q}^h$

思考以下问题：寻找一个 $[0,1]$ 上的函数 $u(x)$ 满足

$$\frac{\mathrm{d}^2u(x)}{\mathrm{d}x^2} = F(x), \qquad u(0) = u(1) = 0. \tag{11.6.1}$$

我们的目标是对 $x = h, 2h, \cdots, nh$，利用 4.8.3 节提到的离散方法来求 (11.6.1) 的近似解. 本节假定

$$n = 2^k - 1, \qquad m = 2^{k-1} - 1, \qquad h = 1/2^k.$$

这就导致线性方程组

$$\boldsymbol{A}^h\boldsymbol{u}^h = \boldsymbol{b}^h, \tag{11.6.2}$$

其中 $\boldsymbol{b}^h \in \mathbb{R}^n$，而 $\boldsymbol{A}^h \in \mathbb{R}^{n\times n}$ 定义为

$$\boldsymbol{A}^h = \frac{1}{h^2}\begin{bmatrix} 2 & -1 & \cdots & \cdots & 0 \\ -1 & 2 & \ddots & & \vdots \\ \vdots & \ddots & \ddots & \ddots & \vdots \\ \vdots & & \ddots & \ddots & -1 \\ 0 & 0 & \cdots & -1 & 2 \end{bmatrix}. \tag{11.6.3}$$

注意，$\boldsymbol{A}^h$ 是在 (4.8.7) 中定义的矩阵 $\mathcal{T}_n^{DD}$ 的倍数. 它有完全已知的 Schur 分解

$$(\boldsymbol{Q}^h)^{\mathrm{T}}\boldsymbol{A}^h\boldsymbol{Q}^h = \boldsymbol{\Lambda}^h = \mathrm{diag}(\lambda^h), \tag{11.6.4}$$

其中特征值 $\lambda^h \in \mathbb{R}^n$ 对应的向量如下

$$\lambda_j^h = \frac{4}{h^2} \cdot \sin^2\left(\frac{j\pi}{2(n+1)}\right), \qquad j = 1:n, \tag{11.6.5}$$

且正交特征向量矩阵 $\boldsymbol{Q}^h = \left[\ \boldsymbol{q}_1 \mid \cdots \mid \boldsymbol{q}_n\ \right]$ 如下给出

$$\boldsymbol{q}_j = \sqrt{\frac{2}{n+1}} \begin{bmatrix} \sin(\theta_j) \\ \vdots \\ \sin(n\theta_j) \end{bmatrix}, \qquad \theta_j = \frac{j\pi}{n+1}. \tag{11.6.6}$$

这个向量的分量涉及函数 $\sin(j\pi x)$ 的抽样. 当 j 增大时，这个函数不断振荡，促使我们把特征向量一分为二. 当 $1 \leqslant j \leqslant m$ 时，我们把 $\boldsymbol{q}_j$ 看作低频特征向量；当 $j > m$ 时，我们把 $\boldsymbol{q}_j$ 看作高频特征向量.

为了促进随后的分治方法的推导，我们确定了一些与 $\boldsymbol{Q}^h$ 和 $\boldsymbol{\Lambda}^h$ 相关的关键形式. 如果

$$\boldsymbol{S}^h = \mathrm{diag}(s_1^2, \cdots, s_m^2), \qquad s_j = \sin\left(\frac{j\pi}{2(n+1)}\right), \tag{11.6.7}$$

$$\boldsymbol{C}^h = \mathrm{diag}(c_1^2, \cdots, c_m^2), \qquad c_j = \cos\left(\frac{j\pi}{2(n+1)}\right), \tag{11.6.8}$$

则

$$\boldsymbol{\Lambda}^h = \frac{4}{h^2}\begin{bmatrix} \boldsymbol{S}^h & 0 & 0 \\ 0 & 1/2 & 0 \\ 0 & 0 & \mathcal{E}_m \boldsymbol{C}^h \mathcal{E}_m \end{bmatrix}, \tag{11.6.9}$$

其中 $\mathcal{E}_m$ 是 $m \times m$ 交换置换. 关于 $\boldsymbol{Q}^h$，它存储了 $m \times m$ 的 $\boldsymbol{Q}^{2h}$ 的缩放副本：

$$\boldsymbol{Q}^h(2:2:2m,:) = \left[\ \boldsymbol{Q}^{2h} \mid \boldsymbol{0} \mid -\boldsymbol{Q}^{2h}\mathcal{E}_m\ \right]/\sqrt{2}. \tag{11.6.10}$$

这些结果来自定义 (11.6.5)–(11.6.8) 和三角恒等式.

11.6.2　加权 Jacobi 法的阻尼误差

多重网格算法的关键是**光滑迭代**的作用. 这里“光滑”指的是一种迭代方法，该方法尤其成功地抑制了误差的高频特征向量分量. 为了解释这个过程，我们介绍**加权 Jacobi 法**. 如果 $\boldsymbol{L} = \mathrm{tril}(\boldsymbol{A}, -1)$, $\boldsymbol{D} = \mathrm{diag}(a_{ii})$, $\boldsymbol{U} = \mathrm{triu}(\boldsymbol{A}, 1)$，则该法的迭代定义为

$$\boldsymbol{u}^{(k)} = \boldsymbol{G}\boldsymbol{u}^{(k-1)} + \boldsymbol{c},$$

其中 $\boldsymbol{c} = \omega \boldsymbol{D}^{-1}\boldsymbol{b}$, $\boldsymbol{G} = (1-\omega)\boldsymbol{I} - \omega\boldsymbol{D}^{-1}(\boldsymbol{L}+\boldsymbol{U})$，并且假设 ω 是满足 $0 < \omega \leqslant 1$ 的自由参数. 注意，如果 $\omega = 1$，则该方法就是简单的 Jacobi 迭代 (11.2.2). 也可以使用其他迭代，但加权 Jacobi 法简单，充分说明了多重网格中光滑化的作用.

如果我们应用加权 Jacobi 法于 (11.6.2)，则易证迭代矩阵如下

$$\boldsymbol{G}^{h,\omega} = \boldsymbol{I}_n - \frac{\omega h^2}{2}\boldsymbol{A}^h. \tag{11.6.11}$$

通过使用 (11.6.4) 和 (11.6.5)，我们发现它的 Schur 分解为

$$(\boldsymbol{Q}^h)^{\mathrm{T}}\boldsymbol{G}^{h,\omega}\boldsymbol{Q}^h = \mathrm{diag}(\tau^{h,\omega}), \qquad \tau_j^{h,\omega} = 1 - 2\omega\sin^2\left(\frac{j\pi}{2(n+1)}\right). \tag{11.6.12}$$

由此得出 $\rho(\boldsymbol{G}^{h,\omega}) < 1$, 因为我们假设 $0 < \omega \leqslant 1$, 这就保证了收敛. 显式 Schur 分解使我们能够在给定初始向量 $\boldsymbol{u}_0^h$ 的情况下，跟踪每个特征向量方向上的误差:

$$\boldsymbol{u}_0^h - \boldsymbol{u}^h = \sum_{j=1}^{n}\alpha_j\cdot\boldsymbol{q}_j \Rightarrow (\boldsymbol{u}_p^h - \boldsymbol{u}^h) = (\boldsymbol{G}^{h,\omega})^p(\boldsymbol{u}_0^h - \boldsymbol{u}^h) = \sum_{j=1}^{n}\alpha_j\cdot(\tau_j^{h,\omega})^p\cdot\boldsymbol{q}_j.$$

因此, 特征向量 $\boldsymbol{q}_j$ 方向上的误差分量趋于 0，如 $|\tau_j^{h,\omega}|^p$. 这些量的收敛速度取决于 ω，并随 j 而变化. 我们现在问，是否存在一种明智的方法来选择 ω 的值，使得在每个特征向量方向上误差快速减小?

假设 $n \gg 1$, 并考虑 (11.6.12). 我们发现，对于小的 j，无论 ω 取何值，$\tau_j^{h,\omega}$ 都接近 1. 另外，我们可以通过选择一个较小的 ω，将”大的 j “特征值移向原点. 这些定性观察表明，我们可以选择 ω 来极小化

$$\mu(\omega) = \max\{\,|\tau_{m+1}^{h,\omega}|, \cdots, |\tau_n^{h,\omega}|\,\}.$$

换句话说，应选择 ω 来促进高频特征向量方向的快速阻尼. 由于与低频特征向量相关的阻尼率受 ω 的选择影响较小，因此没有被优化. 因为

$$-1 < \tau_n^{h,\omega} < \cdots < \tau_{m+1}^{h,\omega} < \cdots < \tau_1^{h,\omega} < 1,$$

易见最佳的 ω 应使 $\tau_{m+1}^{h,\omega}$ 和 $\tau_n^{h,\omega}$ 的大小相等、符号相反，即

$$-1 + 2\omega\sin^2\left(\frac{n\pi}{2(n+1)}\right) = -\left(-1 + 2\omega\sin^2\left(\frac{(m+1)\pi}{2(n+1)}\right)\right).$$

这本质上可通过设 $\omega_{opt} = 2/3$ 来解决. 在这种选择下，$\mu(2/3) = 1/3$，所以

$$\left(\begin{array}{c}\text{高频方向上}\\ \text{第 } p \text{ 次迭代误差}\end{array}\right) \leqslant \left(\frac{1}{3}\right)^p \left(\begin{array}{c}\text{高频方向上}\\ \text{初始向量误差}\end{array}\right).$$

11.6.3 细和粗网格之间的交互作用

假设对于某个适度的 p 值，我们使用加权 Jacobi 迭代得到 $\boldsymbol{A}^h\boldsymbol{u}^h=\boldsymbol{b}^h$ 的一个近似解 $\boldsymbol{u}_p^h$. 可以通过 $\boldsymbol{A}^h\boldsymbol{z}=\boldsymbol{r}^h=\boldsymbol{b}^h-\boldsymbol{A}^h\boldsymbol{u}_p^h$ 的近似解来估计它的误差. 从上一节的讨论中，我们知道残差 $\boldsymbol{r}^h=\boldsymbol{A}^h(\boldsymbol{u}^h-\boldsymbol{u}_p^h)$ 主要存在于低频特征向量中. 因为 $\boldsymbol{r}^h$ 是平滑的，因此从一个网格点到下一个网格点没有发生太多的变化，它在粗网格上是很好的近似. 这表明通过解 $\boldsymbol{A}^h\boldsymbol{z}=\boldsymbol{r}^h$ 的粗网格形式，我们可能得到 $\boldsymbol{u}_p^h$ 的误差的很好近似. 为此，我们需要详细说明在交互网格时如何转换向量. 注意，在细网格上，网格点 $2j$ 是粗网格点 j：

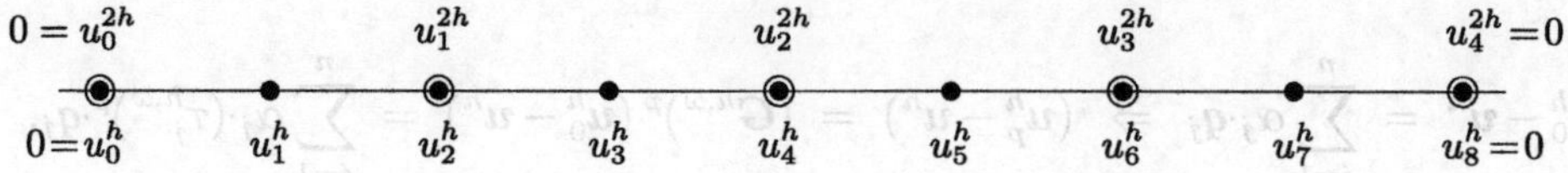

为了指出从细网格（有 $n=2^k-1$ 个网格点）到粗网格（有 $m=2^{k-1}-1$ 个网格点）的值，我们使用一个 $m\times m$ **限制矩阵** $\boldsymbol{R}_h^{2h}$. 同理，为了由粗网格值生成细网格值，我们使用一个 $n\times m$ **延伸矩阵** $\boldsymbol{P}_{2h}^h$. 在正式定义这些矩阵之前，我们展示当 $n=7$ 且 $m=3$ 的情况：

$$\boldsymbol{R}_h^{2h}=\frac{1}{4}\begin{bmatrix}1&2&1&0&0&0&0\\0&0&1&2&1&0&0\\0&0&0&0&1&2&1\end{bmatrix},\qquad \boldsymbol{P}_{2h}^h=\frac{1}{2}\begin{bmatrix}1&0&0\\2&0&0\\1&1&0\\0&2&0\\0&1&1\\0&0&2\\0&0&1\end{bmatrix}.\tag{11.6.13}$$

很容易发现这些选择背后的直觉. 运算 $\boldsymbol{u}^{2h}=\boldsymbol{R}_h^{2h}\boldsymbol{u}^h$ 取细网格向量，并对周围的偶数指标分量使用加权平均，生成粗网格向量：

$$\begin{bmatrix}u_1^{2h}\\u_2^{2h}\\u_3^{2h}\end{bmatrix}=\boldsymbol{R}_h^{2h}\begin{bmatrix}u_1^h\\u_2^h\\u_3^h\\u_4^h\\u_5^h\\u_6^h\\u_7^h\end{bmatrix}=\begin{bmatrix}(u_1^h+2u_2^h+u_3^h)/4\\(u_3^h+2u_4^h+u_5^h)/4\\(u_5^h+2u_6^h+u_7^h)/4\end{bmatrix}.$$

利用平均相邻的粗网格值延伸矩阵生成”缺少的“细网格值的过程是：

$$\begin{bmatrix} u_1^h \\ u_2^h \\ u_3^h \\ u_4^h \\ u_5^h \\ u_6^h \\ u_7^h \end{bmatrix} = \boldsymbol{P}_{2h}^h \begin{bmatrix} u_1^{2h} \\ u_2^{2h} \\ u_3^{2h} \end{bmatrix} = \begin{bmatrix} (u_0^{2h}+u_1^{2h})/2 \\ u_1^{2h} \\ (u_1^{2h}+u_2^{2h})/2 \\ u_2^{2h} \\ (u_2^{2h}+u_3^{2h})/2 \\ u_3^{2h} \\ (u_3^{2h}+u_4^{2h})/2 \end{bmatrix}.$$

特殊的结束条件是有意义的，因为我们假设模型问题的解在端点处为零.

对于一般的 $n = 2^k - 1$ 和 $m = 2^{k-1} - 1$，我们定义矩阵 $\boldsymbol{R}_h^{2h} \in \mathbb{R}^{m \times n}$ 和 $\boldsymbol{P}_{2h}^h \in \mathbb{R}^{n \times m}$ 如下

$$\boldsymbol{R}_h^{2h} = \frac{1}{4}\boldsymbol{B}^h(2:2:2m,:), \qquad \boldsymbol{P}_{2h}^h = \frac{1}{2}\boldsymbol{B}^h(:,2:2:2m), \tag{11.6.14}$$

其中

$$\boldsymbol{B}^h = 4\boldsymbol{I}_n - h^2\boldsymbol{A}^h. \tag{11.6.15}$$

从以下例子能清楚地看出这个矩阵的偶数指标的列与 $\boldsymbol{P}_{2h}^h$ 和 $\boldsymbol{R}_h^{2h}$ 之间的联系：

$$\boldsymbol{B}^h = \begin{bmatrix} 2&1&0&0&0&0&0 \\ 1&2&1&0&0&0&0 \\ 0&1&2&1&0&0&0 \\ 0&0&1&2&1&0&0 \\ 0&0&0&1&2&1&0 \\ 0&0&0&0&1&2&1 \\ 0&0&0&0&0&1&2 \end{bmatrix}, \qquad (n=7).$$

在定义了约束和延拓算子的情况下，$WJ(k, u_0)$ 表示对 $\boldsymbol{A}^h\boldsymbol{u} = \boldsymbol{b}^h$ 应用加权 Jacobi 迭代的第 k 次迭代，其中初始向量为 $\boldsymbol{u}_0$，我们可以精确地得到 2 网格多重网格的以下结构.

$$
\begin{aligned}
\textbf{预光滑化}:&\quad u_{p_1}^h = WJ(p_1, u_c^h),\\
\textbf{细网格残差}:&\quad r^h = b^h - A^h u_{p_1}^h,\\
\textbf{限定}:&\quad r^{2h} = R_h^{2h} r^h,\\
\textbf{粗网格修正}:&\quad A^{2h} z^{2h} = r^{2h},\\
\textbf{延伸}:&\quad z^h = P_{2h}^h z^{2h},\\
\textbf{修正}:&\quad u_+^h = u_c^h + z^h,\\
\textbf{后光滑化}:&\quad u_{++}^h = WJ(p_2, u_+^h).
\end{aligned}
\tag{11.6.16}
$$

通过组合中间的五个方程，我们发现

$$
\boldsymbol{u}_+^h = \boldsymbol{u}_p^h + \boldsymbol{P}_{2h}^h (\boldsymbol{A}^{2h})^{-1} \boldsymbol{R}_h^{2h} \boldsymbol{A}^h (\boldsymbol{u}^h - \boldsymbol{u}_{p_1}^h),
$$

所以

$$
(\boldsymbol{u}_+^h - \boldsymbol{u}^h) = \boldsymbol{E}_h (\boldsymbol{u}_{p_1}^h - \boldsymbol{u}^h), \tag{11.6.17}
$$

其中

$$
\boldsymbol{E}^h = \boldsymbol{I}_n - \boldsymbol{P}_{2h}^h (\boldsymbol{A}^{2h})^{-1} \boldsymbol{R}_h^{2h} \boldsymbol{A}^h \tag{11.6.18}
$$

可以被认为是 2 网格误差运算. 考虑加权 Jacobi 光滑步骤的阻尼，我们有

$$
(\boldsymbol{u}_p^h - \boldsymbol{u}^h) = (\boldsymbol{G}^h)^p (\boldsymbol{u}_c^h - \boldsymbol{u}^h), \qquad p \in \{p_1, p_2\},
$$

其中 $\boldsymbol{G}^h = \boldsymbol{G}^{h,2/3}$ 是最佳 ω 迭代矩阵. 由此，我们得出

$$
(\boldsymbol{u}_{++}^h - \boldsymbol{u}^h) = (\boldsymbol{G}^h)^{p_2} \boldsymbol{E}^h (\boldsymbol{G}^h)^{p_1} (\boldsymbol{u}_c^h - \boldsymbol{u}^h). \tag{11.6.19}
$$

为了看到误差分量是如何减小的，我们需要了解 $\boldsymbol{E}^h$ 对特征向量 $\boldsymbol{q}_1, \cdots, \boldsymbol{q}_n$ 的作用. 以下引理对进行此分析至关重要.

引理 11.6.1 如果 $n = 2^k - 1$ 且 $m = 2^{k-1} - 1$，则

$$
(\boldsymbol{Q}^h)^{\mathrm{T}} \boldsymbol{P}_{2h}^h \boldsymbol{Q}^{2h} = \sqrt{2} \begin{bmatrix} \boldsymbol{C}^h \\ \boldsymbol{0} \\ -\mathcal{E}_m \boldsymbol{S}^h \end{bmatrix}, \quad (\boldsymbol{Q}^{2h})^{\mathrm{T}} \boldsymbol{R}_h^{2h} \boldsymbol{Q}^h = \sqrt{\frac{1}{2}} \begin{bmatrix} \boldsymbol{C}^h \\ \boldsymbol{0} \\ -\mathcal{E}_m \boldsymbol{S}^h \end{bmatrix}^{\mathrm{T}}, \tag{11.6.20}
$$

其中对角矩阵 $\boldsymbol{S}^h$ 和 $\boldsymbol{C}^h$ 的定义见 (11.6.7) 和 (11.6.8).

证明 由 (11.6.4)(11.6.9)(11.6.15)，我们有

$$
(\boldsymbol{Q}^h)^{\mathrm{T}} \boldsymbol{B}^h \boldsymbol{Q}^h = 4\boldsymbol{I}_n - h^2 \boldsymbol{\Lambda}^h = 4 \begin{bmatrix} \boldsymbol{C}^h & \boldsymbol{0} & \boldsymbol{0} \\ \boldsymbol{0} & 1/2 & \boldsymbol{0} \\ \boldsymbol{0} & \boldsymbol{0} & \mathcal{E}_m \boldsymbol{S}^h \mathcal{E}_m \end{bmatrix} \equiv \boldsymbol{D}^h.
$$

定义指标向量 $idx = 2:2:2m$. 因为 $(\boldsymbol{Q}^h)^{\mathrm{T}}\boldsymbol{B}^h = \boldsymbol{D}^h(\boldsymbol{Q}^h)^{\mathrm{T}}$，由 (11.6.10) 有

$$(\boldsymbol{Q}^h)^{\mathrm{T}}B^h(:,idx) = \boldsymbol{D}^h Q^h(idx,:)^{\mathrm{T}} = \sqrt{\frac{1}{2}}\boldsymbol{D}^h \begin{bmatrix} \boldsymbol{I}_m \\ \boldsymbol{0} \\ -\mathcal{E}_m \end{bmatrix} (\boldsymbol{Q}^{2h})^{\mathrm{T}}.$$

因此，

$$(\boldsymbol{Q}^h)^{\mathrm{T}}B^h(:,idx)\boldsymbol{Q}^{2h} = \frac{4}{\sqrt{2}}\begin{bmatrix} \boldsymbol{C}^h & \boldsymbol{0} & \boldsymbol{0} \\ \boldsymbol{0} & 1/2 & \boldsymbol{0} \\ \boldsymbol{0} & \boldsymbol{0} & \mathcal{E}_m\boldsymbol{S}^h\mathcal{E}_m \end{bmatrix}\begin{bmatrix} \boldsymbol{I}_m \\ \boldsymbol{0} \\ -\mathcal{E}_m \end{bmatrix} = \frac{4}{\sqrt{2}}\begin{bmatrix} \boldsymbol{C}^h \\ \boldsymbol{0} \\ -\mathcal{E}_m\boldsymbol{S}^h \end{bmatrix}.$$

又 $\boldsymbol{P}_{2h}^h = B^h(:,idx)/2$ 且 $\boldsymbol{R}_h^{2h} = B^h(:,idx)^{\mathrm{T}}/4$，从而引理成立. □

通过这些对角形分解，我们得到 $\boldsymbol{E}^h$ 的结构.

定理 11.6.2 如果 $n = 2^k - 1$ 且 $m = 2^{k-1} - 1$，则

$$\boldsymbol{E}^h\boldsymbol{Q}^h = \boldsymbol{Q}^h\begin{bmatrix} \boldsymbol{S}^h & \boldsymbol{0} & \boldsymbol{C}^h\mathcal{E}_m \\ \boldsymbol{0} & 1 & \boldsymbol{0} \\ \mathcal{E}_m\boldsymbol{S}^h & \boldsymbol{0} & \mathcal{E}_m\boldsymbol{C}^h\mathcal{E}_m \end{bmatrix}. \tag{11.6.21}$$

证明 由 (11.6.18)，有

$$\begin{aligned}&(\boldsymbol{Q}^h)^{\mathrm{T}}\boldsymbol{E}^h\boldsymbol{Q}^h \\ &= \boldsymbol{I}_n - ((\boldsymbol{Q}^h)^{\mathrm{T}}\boldsymbol{P}_{2h}^h\boldsymbol{Q}^{2h})((\boldsymbol{Q}^{2h})^{\mathrm{T}}\boldsymbol{A}^{2h}\boldsymbol{Q}^{2h})^{-1}((\boldsymbol{Q}^{2h})^{\mathrm{T}}\boldsymbol{R}_h^{2h}\boldsymbol{Q}^h)((\boldsymbol{Q}^h)^{\mathrm{T}}\boldsymbol{A}^h\boldsymbol{Q}^h).\end{aligned}$$

将 (11.6.4)(11.6.9)(11.6.20) 和

$$(\boldsymbol{Q}^{2h})^{\mathrm{T}}\boldsymbol{A}^{2h}\boldsymbol{Q}^{2h} = \frac{1}{2h^2}(\boldsymbol{I}_m - \sqrt{\boldsymbol{C}^h})$$

代入该方程并使用三角恒等式，即得证. □

分块矩阵 (11.6.21) 的形式为

$$\begin{bmatrix} \boldsymbol{S}^h & \boldsymbol{0} & \boldsymbol{C}^h\mathcal{E}_m \\ \boldsymbol{0} & 1 & \boldsymbol{0} \\ \mathcal{E}_m\boldsymbol{S}^h & \boldsymbol{0} & \mathcal{E}_m\boldsymbol{C}^h\mathcal{E}_m \end{bmatrix} = \left[\begin{array}{ccc|c|ccc} s_1^2 & 0 & 0 & 0 & 0 & 0 & c_1^2 \\ 0 & s_2^2 & 0 & 0 & 0 & c_2^2 & 0 \\ 0 & 0 & s_3^2 & 0 & c_3^2 & 0 & 0 \\ \hline 0 & 0 & 0 & 1 & 0 & 0 & 0 \\ \hline 0 & 0 & s_3^2 & 0 & c_3^2 & 0 & 0 \\ 0 & s_2^2 & 0 & 0 & 0 & c_2^2 & 0 \\ s_1^2 & 0 & 0 & 0 & 0 & 0 & c_1^2 \end{array}\right], \quad (n = 7),$$

由此易见

$$\begin{aligned} \boldsymbol{E}^h\boldsymbol{q}_j &= s_j^2(q_j+q_{n-j+1}), \qquad j=1:m, \\ \boldsymbol{E}^h\boldsymbol{q}_{m+1} &= q_{m+1}, \\ \boldsymbol{E}^h\boldsymbol{q}_{n-j+1} &= c_j^2(q_j+q_{n-j+1}), \qquad j=1:m. \end{aligned} \tag{11.6.22}$$

这能使我们在误差等式 (11.6.19) 中检查特征向量分量，因为由 11.6.2 节，我们也可得到 $\boldsymbol{G}^h\boldsymbol{q}_j=\tau_j\boldsymbol{q}_j$，其中 $\tau_j=\tau_j^{h,2/3}$. 因此，如果初始误差具有特征向量展开式

$$\boldsymbol{u}_c^h-\boldsymbol{u}^h=\underbrace{\sum_{j=1}^m\alpha_j q_j}_{\text{低频}}+\underbrace{\alpha_{m+1}q_{m+1}+\sum_{j=1}^m\alpha_{n-j+1}q_{n-j+1}}_{\text{高频}},$$

我们执行 (11.6.16)，则 $\boldsymbol{u}_{++}^h$ 中的误差为

$$\boldsymbol{u}_{++}^h-\boldsymbol{u}^h=\sum_{j=1}^m\tilde{\alpha}_j q_j+\tilde{\alpha}_{m+1}q_{m+1}+\sum_{j=1}^m\tilde{\alpha}_{n-j+1}q_{n-j+1},$$

其中

$$\begin{aligned} \tilde{\alpha}_j &= \left(\alpha_j\,\tau_j^{p_1}\,s_j^2+\alpha_{n-j+1}\,\tau_{n-j+1}^{p_1}\,c_j^2\right)\tau_j^{p_2}, \qquad j=1:m, \\ \tilde{\alpha}_{m+1} &= \alpha_{m+1}\,\tau_{m+1}^{p_1+p_2}, \\ \tilde{\alpha}_{n-j+1} &= \left(\alpha_j\,\tau_j^{p_1}\,s_j^2+\alpha_{n-j+1}\,\tau_{n-j+1}^{p_1}\,c_j^2\right)\tau_{n-j+1}^{p_2}, \quad j=1:m. \end{aligned}$$

重要的是要了解这些表达式中的阻尼因子．通过加权 Jacobi 迭代，对于 $j=1:m$ 有 $|\tau_{n-j+1}|\leqslant 1/3$．由 (11.6.7) 中 s_j 的定义，我们也有 $s_j^2\leqslant 1/2$．从 $\tilde{\alpha}$ 可以看出，高频误差通过细网格平滑得到很好的抑制，低频误差通过粗网格运算而衰减．这种相互作用加上 s_j 和 τ_{n-j+1} 的界不依赖于 n 这一事实，使得多重网格法有强大生命力．

11.6.4　V 循环和其他递归策略

如果 (11.6.16) 中的粗网格问题可以递归求解，则给出 $\boldsymbol{A}^h\boldsymbol{u}_c^h\approx\boldsymbol{b}^h$，我们可以将整个过程概述如下：

function $u_{++}^h=\mathsf{mgV}(u_c^h,b^h,h)$

if $h\geqslant h_{\max}$

　$u_{++}^h = WJ(u_c^h,p_0)$　　(例如)

else

$$
\begin{aligned}
u_{p_1}^h &= WJ(u_c^h, p_1) \\
r^h &= b^h - A^h u_{p_1}^h \\
r^{2h} &= R_h^{2h} r^h \\
z^{2h} &= \mathsf{mgV}(0, r^{2h}, 2h) \\
u_+^h &= u_p^h + P_{2h}^h z^{2h} \\
u_{++}^h &= WJ(u_+^c, p_2)
\end{aligned}
$$

end

基本情况 ($h \geqslant h_{\max}$) 定义了"足够粗"的网格点间距参数 $h_{\max}$，并且可以通过各种方式获得该水平上（可能小的）线性方程组的解. 如果 $h_{\max} = 16h$，则图 11.6.1 描述了称为 V 循环的情况. 使用五个网格，该过程在求解校正方程之前循环四次. 这是在 $16h$ 网格上完成的. 之后，通过四个层次向上映射校正，最终生成一个顶层 h 网格问题的解法.

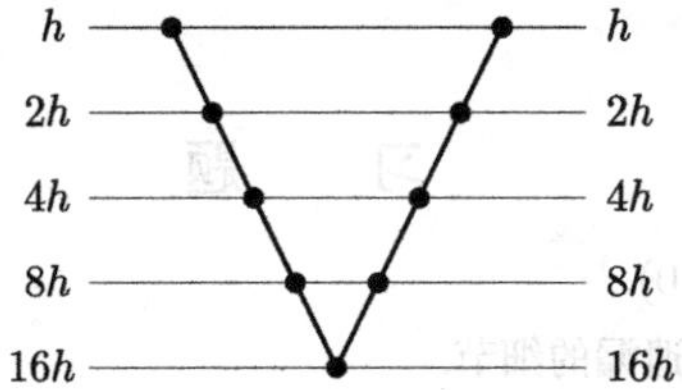

图 11.6.1 一个 V 循环

对 mgV 的检验表明，V 循环涉及 $O(n)$ 的 flop 数，这暗示了多重网格法是非常有效的. 复杂度评估中的 n 系数取决于迭代参数 p_0, p_1 和 p_2. 然而，误差阻尼率与 n 无关，这意味着这些控制参数不受问题大小的影响.

我们所描述的 V 循环只是多重网格求解过程中网格间移动的几种策略之一. **完全多重网格**的模式如图 11.6.2 所示. 在这里，使用粗网格系统来获得其细网格邻域的起始值，然后执行 V 循环以获得改进. 重复该过程.

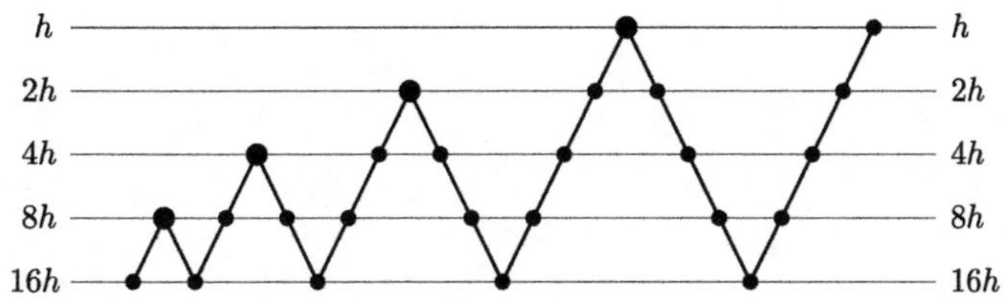

图 11.6.2 完全多重网格

11.6.5 丰富的设计空间

多重网格结构具有丰富的选择，从我们简单的模型问题处理来看，其中一些选择并不明显. 对于复杂域上的一般椭圆边值问题，如果要使整个过程有效，需要做出以下几个关键决策.

- 确定如何从细网格中提取粗网格，例如，每个坐标方向上的每个其他网格点或仅一个坐标方向上的每个其他网格点.
- 确定正确的限制和延长运算.
- 确定正确的光滑，例如，(分块的) 加权 Jacobi 迭代或加权 Gauss-Seidel 迭代.
- 确定预光滑和后光滑的步骤数量.
- 确定递归的深度和“形状”，即参与网格的数量和访问顺序.
- 确定一个基本情况策略，即底层线性方程组应该精确地或近似地求解.

在如此多的实现参数下，可以对多重网格结构进行调整，以解决非常广泛的问题，这是不足为奇的.

习 题

1. 证明 (11.6.9) 和 (11.6.10).
2. 补充定理 11.6.2 证明中遗漏的细节.
3. 利用 (11.6.21)，确定矩阵 E^h 的 SVD.
4. 矩形上 Dirichlet 边界条件的二维泊松问题中的 P_{2h}^h 和 R_h^{2h} 类比是什么? 在这种情况下，矩阵 E^h 是什么样的? 陈述并证明引理 11.6.1 和定理 11.6.2 的类似版本.

第 12 章　特殊问题

最后一章突出的主题包括数据稀疏化、低秩近似、结构开发、表示的重要性、大规模问题. 12.1 节重新讨论了（不对称的）Toeplitz 方程组，并展示了如何通过巧妙的运用数据稀疏表示来开发快速稳定的方法. 这种思想可以推广到其他类型的结构矩阵. 对于低秩非对角块矩阵，12.2 节开发了 $O(N)$ 阶的方法，这也是表示法的核心.

接下来的三节构成一个系列. 12.3 节（克罗内克积）有广泛用途，在 12.4 和 12.5 节能够看到克罗内克积在张量计算领域的重要应用. 最后两节共同提供了对张量计算这一快速发展领域的简要介绍.

阅读说明

在本章中，有以下依赖关系：

3.1–3.4 节、4.7 节	→	12.1 节					5.1–5.3 节
3.1–3.4 节、5.1–5.3 节	→	12.2 节					↓
1.4 节	→	12.3 节	→	12.4 节	→		12.5 节

这个结构图也显示了学习每个主题所需要的预备知识.

12.1　移秩结构线性方程组

如果 $\boldsymbol{A} \in \mathbb{R}^{n\times n}$ 的秩为 r，那么它有一个形为 $\boldsymbol{U}\boldsymbol{V}^{\mathrm{T}}$（非唯一）的乘积表示，其中 $\boldsymbol{U}, \boldsymbol{V} \in \mathbb{R}^{n\times r}$. 注意，如果 $r \ll n$，那么这个乘积表示要比显式表示编码每个 a_{ij} 紧凑得多. 除了存储上明显的节约，乘积表示还支持快速计算. 如果能够充分利用乘积表示，那么 $n\times n$ 矩阵与矩阵的乘积 $\boldsymbol{AB} = \boldsymbol{U}(\boldsymbol{V}^{\mathrm{T}}\boldsymbol{B})$ 的计算量是 $O(n^2r)$ 的而不是 $O(n^3)$ 的. 同样，利用 Sherman-Morrison-Woodbury 公式求解形为 $(\boldsymbol{I}+\boldsymbol{U}\boldsymbol{V}^{\mathrm{T}})\boldsymbol{x} = \boldsymbol{b}$ 的线性方程组，其计算量是 $O(nr+r^3)$ 的而不是 $O(n^3)$ 的. 在这两种情形选择都很简单：使用 $\boldsymbol{U}$ 和 $\boldsymbol{V}$ 计算，而不是它们的显式乘积 $\boldsymbol{U}\boldsymbol{V}^{\mathrm{T}}$.

本节继续讨论用“低秩”方法表示柯西、Toeplitz、Hankel 矩阵，以及它们的一些推广. 稀疏矩阵表示支持快速稳定的线性方程组求解. 关键思想是将高斯消去的核心显式秩 1 修正转化为等价的、经济的修正表示. 我们的表示来自于 Gohberg, Kailath, and Olshevsky (1995) 和 Gu (1998).

12.1.1 位移秩

如果 $\boldsymbol{F}, \boldsymbol{G} \in \mathbb{R}^{n\times n}$，且 Sylvester 映射

$$\boldsymbol{X} \to \boldsymbol{F}\boldsymbol{X} - \boldsymbol{X}\boldsymbol{G} \tag{12.1.1}$$

是非奇异的，那么 $\boldsymbol{A} \in \mathbb{R}^{n\times n}$ 的 $\{F, G\}$-位移秩定义为

$$\mathsf{rank}_{\{F,G\}}(\boldsymbol{A}) = \mathsf{rank}(\boldsymbol{F}\boldsymbol{A} - \boldsymbol{A}\boldsymbol{G}). \tag{12.1.2}$$

回忆 7.6.3 节可知，如果 $\lambda(\boldsymbol{F}) \cup \lambda(\boldsymbol{G}) = \varnothing$，那么 Sylvester 映射是非奇异的. 注意，如果 $\mathsf{rank}_{\{F,G\}}(\boldsymbol{A}) = r$，那么我们可以写出

$$\boldsymbol{F}\boldsymbol{A} - \boldsymbol{A}\boldsymbol{G} = \boldsymbol{R}\boldsymbol{S}^{\mathrm{T}}, \qquad \boldsymbol{R}, \boldsymbol{S} \in \mathbb{R}^{n\times r}. \tag{12.1.3}$$

矩阵 $\boldsymbol{R}$ 和 $\boldsymbol{S}$ 分别是相应于 $\boldsymbol{F}$ 和 $\boldsymbol{G}$ 的 $\boldsymbol{A}$ 的生成元，这一称谓是有意义的，因为我们可以通过这个方程来生成 $\boldsymbol{A}$（或 $\boldsymbol{A}$ 的一部分）. 如果 $r \ll n$，那么 $\boldsymbol{R}$ 和 $\boldsymbol{S}$ 定义了 $\boldsymbol{A}$ 的一个数据稀疏的表示. 当然，为了使这个表示有价值，$\boldsymbol{F}$ 和 $\boldsymbol{G}$ 必须足够简单，使得通过 (12.1.3) 重构 $\boldsymbol{A}$ 成本低廉.

12.1.2 柯西型矩阵

如果 $\boldsymbol{\omega} \in \mathbb{R}^n$, $\boldsymbol{\lambda} \in \mathbb{R}^n$，且 $\omega_k \neq \lambda_j$ 对任意的 k 和 j 都成立，那么，由

$$a_{kj} = \frac{1}{\omega_k - \lambda_j}$$

定义的 $n \times n$ 矩阵 $\boldsymbol{A} = (a_{kj})$ 称为柯西矩阵. 注意，如果

$$\boldsymbol{\Omega} = \mathrm{diag}(\omega_1, \cdots, \omega_n), \qquad \boldsymbol{\Lambda} = \mathrm{diag}(\lambda_1, \cdots, \lambda_n),$$

那么

$$[\boldsymbol{\Omega}\boldsymbol{A} - \boldsymbol{A}\boldsymbol{\Lambda}]_{kj} = \frac{\omega_k}{\omega_k - \lambda_j} - \frac{\lambda_j}{\omega_k - \lambda_j} = 1.$$

如果 $\boldsymbol{e} \in \mathbb{R}^n$ 是所有分量都为 1 的向量，那么

$$\boldsymbol{\Omega}\boldsymbol{A} - \boldsymbol{A}\boldsymbol{\Lambda} = \boldsymbol{e}\boldsymbol{e}^{\mathrm{T}},$$

因此 $\mathsf{rank}_{\{\Omega,\Lambda\}}(\boldsymbol{A}) = 1$.

更一般地，如果 $\boldsymbol{R} \in \mathbb{R}^{n\times r}$ 和 $\boldsymbol{S} \in \mathbb{R}^{n\times r}$ 的秩都为 r，则任何满足

$$\boldsymbol{\Omega}\boldsymbol{A} - \boldsymbol{A}\boldsymbol{\Lambda} = \boldsymbol{R}\boldsymbol{S}^{\mathrm{T}} \tag{12.1.4}$$

的矩阵 $\boldsymbol{A}$ 称为柯西型矩阵. 这意味着

$$a_{kj} = \frac{\boldsymbol{r}_k^{\mathrm{T}} \boldsymbol{s}_j}{\omega_k - \lambda_j},$$

其中

$$\boldsymbol{R}^{\mathrm{T}} = \left[\ \boldsymbol{r}_1 \ \middle|\ \cdots\ \middle|\ \boldsymbol{r}_n\ \right], \qquad \boldsymbol{S}^{\mathrm{T}} = \left[\ \boldsymbol{s}_1 \ \middle|\ \cdots\ \middle|\ \boldsymbol{s}_n\ \right]$$

是列划分. 注意, $\boldsymbol{R}$ 和 $\boldsymbol{S}$ 是相应于 $\boldsymbol{\Omega}$ 和 $\boldsymbol{\Lambda}$ 的生成元, 从 (12.1.4) 重构矩阵元 a_{kj} 需要 $O(r)$ 个 flop.

12.1.3 结构的明显丧失

设

$$\boldsymbol{A} = \begin{bmatrix} \alpha & \boldsymbol{g}^{\mathrm{T}} \\ \boldsymbol{f} & \boldsymbol{B} \end{bmatrix}, \qquad \alpha \in \mathbb{R},\ \boldsymbol{f}, \boldsymbol{g} \in \mathbb{R}^{n-1},\ \boldsymbol{B} \in \mathbb{R}^{(n-1)\times(n-1)},$$

并假定 $\alpha \neq 0$. 高斯消除的第一步得出

$$\boldsymbol{A}_1 = \boldsymbol{B} - \frac{1}{\alpha}\boldsymbol{f}\boldsymbol{g}^{\mathrm{T}}$$

以及分解

$$\boldsymbol{A} = \begin{bmatrix} 1 & \boldsymbol{0} \\ \boldsymbol{f}/\alpha & \boldsymbol{I}_{n-1} \end{bmatrix} \begin{bmatrix} \alpha & \boldsymbol{g}^{\mathrm{T}} \\ \boldsymbol{0} & \boldsymbol{A}_1 \end{bmatrix}.$$

给定 $\boldsymbol{A}$ 是柯西矩阵, 让我们检查一下 $\boldsymbol{A}_1$ 的结构. 如果 $n = 4$ 并且 $a_{kj} = 1/(\omega_k - \lambda_j)$, 那么

$$\boldsymbol{A}_1 = \begin{bmatrix} \dfrac{1}{\omega_2-\lambda_2} & \dfrac{1}{\omega_2-\lambda_3} & \dfrac{1}{\omega_2-\lambda_4} \\ \dfrac{1}{\omega_3-\lambda_2} & \dfrac{1}{\omega_3-\lambda_3} & \dfrac{1}{\omega_3-\lambda_4} \\ \dfrac{1}{\omega_4-\lambda_2} & \dfrac{1}{\omega_4-\lambda_3} & \dfrac{1}{\omega_4-\lambda_4} \end{bmatrix} - \begin{bmatrix} \dfrac{\omega_1-\lambda_1}{\omega_2-\lambda_1} \\ \dfrac{\omega_1-\lambda_1}{\omega_3-\lambda_1} \\ \dfrac{\omega_1-\lambda_1}{\omega_4-\lambda_1} \end{bmatrix} \begin{bmatrix} \dfrac{1}{\omega_1-\lambda_2} \\ \dfrac{1}{\omega_1-\lambda_3} \\ \dfrac{1}{\omega_1-\lambda_4} \end{bmatrix}^{\mathrm{T}}.$$

如果我们选择使用 $\boldsymbol{A}$ 的显式表示，那么对于一般的 n，即使它是高度结构化的，这个修正涉及 $O(n)$ 的数据量，需要 $O(n^2)$ 的工作量. 更糟的是，分解过程中的所有后续步骤本质上都是处理一般矩阵，需要 $O(n^3)$ 的 LU 分解计算.

12.1.4 位移秩和秩 1 修正

如果我们用修正数据稀疏表示的转换来代替从 $\boldsymbol{A}$ 到 $\boldsymbol{A}_1$ 的转换，情况会好得多. 开发一个柯西型矩阵的快速 LU 分解的关键是认识到秩 1 修正保持位移秩. 下面的结果让这一切成为可能.

定理 12.1.1 设 $\boldsymbol{A}\in\mathbb{R}^{n\times n}$ 满足

$$\boldsymbol{\Omega A} - \boldsymbol{A\Lambda} = \boldsymbol{RS}^{\mathrm{T}} \tag{12.1.5}$$

其中 $\boldsymbol{R},\boldsymbol{S}\in\mathbb{R}^{n\times r}$，且

$$\boldsymbol{\Omega} = \mathrm{diag}(\omega_1,\cdots,\omega_n), \qquad \boldsymbol{\Lambda} = \mathrm{diag}(\lambda_1,\cdots,\lambda_n)$$

没有相同的对角元. 如果

$$\boldsymbol{A} = \begin{bmatrix} \alpha & \boldsymbol{g}^{\mathrm{T}} \\ \boldsymbol{f} & \boldsymbol{B} \end{bmatrix}, \qquad \boldsymbol{R} = \begin{bmatrix} \boldsymbol{r}_1^{\mathrm{T}} \\ \boldsymbol{R}_1 \end{bmatrix}, \qquad \boldsymbol{S} = \begin{bmatrix} \boldsymbol{s}_1^{\mathrm{T}} \\ \boldsymbol{S}_1 \end{bmatrix}$$

是合适的划分，$\alpha\neq 0$，且

$$\boldsymbol{\Omega}_1 = \mathrm{diag}(\omega_2,\cdots,\omega_n), \qquad \boldsymbol{\Lambda}_1 = \mathrm{diag}(\lambda_2,\cdots,\lambda_n),$$

那么

$$\boldsymbol{\Omega}_1\boldsymbol{A}_1 - \boldsymbol{A}_1\boldsymbol{\Lambda}_1 = \tilde{\boldsymbol{R}}_1\tilde{\boldsymbol{S}}_1^{\mathrm{T}}, \tag{12.1.6}$$

其中

$$\boldsymbol{A}_1 = \boldsymbol{B} - \frac{\boldsymbol{f}\boldsymbol{g}^{\mathrm{T}}}{\alpha}, \qquad \tilde{\boldsymbol{R}}_1 = \boldsymbol{R}_1 - \frac{1}{\alpha}\boldsymbol{f}\boldsymbol{r}_1^{\mathrm{T}}, \qquad \tilde{\boldsymbol{S}}_1 = \boldsymbol{S}_1 - \frac{1}{\alpha}\boldsymbol{g}\boldsymbol{s}_1^{\mathrm{T}}.$$

证明 通过比较 (12.1.5) 中的分块，我们有

$$(1,1): (\omega_1-\lambda_1)\alpha = \boldsymbol{r}_1^{\mathrm{T}}\boldsymbol{s}_1, \qquad (1,2): \boldsymbol{g}^{\mathrm{T}}\boldsymbol{\Lambda}_1 = \omega_1\boldsymbol{g}^{\mathrm{T}} - \boldsymbol{r}_1^{\mathrm{T}}\boldsymbol{S}_1^{\mathrm{T}},$$

$$(2,1): \boldsymbol{\Omega}_1\boldsymbol{f} = \boldsymbol{R}_1\boldsymbol{s}_1 + \lambda_1\boldsymbol{f}, \qquad (2,2): \boldsymbol{\Omega}_1\boldsymbol{B} - \boldsymbol{B}\boldsymbol{\Lambda}_1 = \boldsymbol{R}_1\boldsymbol{S}_1^{\mathrm{T}},$$

因此

$$\begin{aligned}
\boldsymbol{\Omega}_1\boldsymbol{A}_1 - \boldsymbol{A}_1\boldsymbol{\Lambda}_1 &= \boldsymbol{\Omega}_1\left(\boldsymbol{B} - \frac{1}{\alpha}\boldsymbol{f}\boldsymbol{g}^{\mathrm{T}}\right) - \left(\boldsymbol{B} - \frac{1}{\alpha}\boldsymbol{f}\boldsymbol{g}^{\mathrm{T}}\right)\boldsymbol{\Lambda}_1 \\
&= (\boldsymbol{\Omega}_1\boldsymbol{B} - \boldsymbol{B}\boldsymbol{\Lambda}_1) - \frac{1}{\alpha}\left((\boldsymbol{\Omega}_1\boldsymbol{f})\boldsymbol{g}^{\mathrm{T}} - \boldsymbol{f}(\boldsymbol{g}^{\mathrm{T}}\boldsymbol{\Lambda}_1)\right) \\
&= \boldsymbol{R}_1\boldsymbol{S}_1^{\mathrm{T}} - \frac{1}{\alpha}\left((\boldsymbol{R}_1\boldsymbol{s}_1 + \lambda_1\boldsymbol{f})\boldsymbol{g}^{\mathrm{T}} - \boldsymbol{f}(\omega_1\boldsymbol{g}^{\mathrm{T}} - \boldsymbol{r}_1^{\mathrm{T}}\boldsymbol{S}_1^{\mathrm{T}})\right) \\
&= \boldsymbol{R}_1\boldsymbol{S}_1^{\mathrm{T}} - \frac{1}{\alpha}\left((\boldsymbol{R}_1\boldsymbol{s}_1)\boldsymbol{g}^{\mathrm{T}} + \boldsymbol{f}(\boldsymbol{r}_1^{\mathrm{T}}\boldsymbol{S}_1^{\mathrm{T}}) - \frac{\boldsymbol{r}_1^{\mathrm{T}}\boldsymbol{s}_1}{\alpha}\boldsymbol{f}\boldsymbol{g}^{\mathrm{T}}\right) \\
&= \left(\boldsymbol{R}_1 - \frac{1}{\alpha}\boldsymbol{f}\boldsymbol{r}_1^{\mathrm{T}}\right)\left(\boldsymbol{S}_1 - \frac{1}{\alpha}\boldsymbol{g}\boldsymbol{s}_1^{\mathrm{T}}\right)^{\mathrm{T}} = \tilde{\boldsymbol{R}}_1\tilde{\boldsymbol{S}}_1^{\mathrm{T}}.
\end{aligned}$$

这就证实了 (12.1.6)，完成了定理的证明. □

这个定理说明了

$$\mathsf{rank}_{\{\Omega,\Lambda\}}(\boldsymbol{A}) \leqslant r \quad\Rightarrow\quad \mathsf{rank}_{\{\Omega_1,\Lambda_1\}}(\boldsymbol{A}_1) \leqslant r.$$

这表明，修正 $\boldsymbol{A}$ 的显式表示得到 $\boldsymbol{A}_1$ 需要 $O(n^2)$ 个 flop，然而，用 $\boldsymbol{A}$ 的修正表示 $\{\boldsymbol{\Omega},\boldsymbol{\Lambda},\boldsymbol{R},\boldsymbol{S}\}$ 来得到 $\boldsymbol{A}_1$ 的表示 $\{\boldsymbol{\Omega}_1,\boldsymbol{\Lambda}_1,\tilde{\boldsymbol{R}}_1,\tilde{\boldsymbol{S}}_1\}$ 只需要 $O(nr)$ 个 flop.

12.1.5 柯西型矩阵的快速 LU 分解

基于定理 12.1.1，我们可以为柯西型矩阵设计一个快速分解程序. 如果 $\boldsymbol{A}$ 满足 (12.1.5) 且有 LU 分解，那么它可以用如下定义的函数 LUdisp 来计算:

算法 12.1.1 如果 $\omega \in \mathbb{R}^n$ 和 $\boldsymbol{\lambda} \in \mathbb{R}^n$ 没有相同的分量，$\boldsymbol{R}, \boldsymbol{S} \in \mathbb{R}^{n\times r}$ 且 $\boldsymbol{\Omega A} - \boldsymbol{A\Lambda} = \boldsymbol{RS}^{\mathrm{T}}$，其中 $\boldsymbol{\Omega} = \mathrm{diag}(\omega_1, \cdots, \omega_n)$ 且 $\boldsymbol{\Lambda} = \mathrm{diag}(\lambda_1, \cdots, \lambda_n)$，那么，下面的函数计算 LU 分解 $\boldsymbol{A} = \boldsymbol{LU}$.

function $[L, U]$ = $\mathsf{LUdisp}(\omega, \lambda, R, S, n)$
$r_1^{\mathrm{T}} = R(1,:)$, $R_1 = R(2:n,:)$
$s_1^{\mathrm{T}} = S(1,:)$, $S_1 = S(2:n,:)$
if $n = 1$
  $L = 1$
  $U = r_1^{\mathrm{T}} s_1/(\omega_1 - \lambda_1)$
else
  $a = (Rs_1)\ ./\ (\omega - \lambda_1)$
  $\alpha = a_1$
  $f = a(2:n)$
  $g = (S_1 r_1)\ ./\ (\omega_1 - \lambda(2:n))$
  $\tilde{R}_1 = R_1 - f r_1^{\mathrm{T}}/\alpha$
  $\tilde{S}_1 = S_1 - g s_1^{\mathrm{T}}/\alpha$
  $[L_1, U_1]$ = $\mathsf{LUdisp}(\omega(2:n), \lambda(2:n), \tilde{R}_1, \tilde{S}_1, n-1)$

$$L = \begin{bmatrix} 1 & 0 \\ f/\alpha & L_1 \end{bmatrix}$$

$$U = \begin{bmatrix} \alpha & g^{\mathrm{T}} \\ 0 & U_1 \end{bmatrix}$$

end

非递归版本的结构如下:

设 $\boldsymbol{R}^{(1)}$ 和 $\boldsymbol{S}^{(1)}$ 分别为相应于 $\mathrm{diag}(\boldsymbol{\omega})$ 和 $\mathrm{diag}(\boldsymbol{\lambda})$ 的 $\boldsymbol{A} = \boldsymbol{A}^{(1)}$ 的生成元.
for $k = 1:n-1$
  用 $\omega(k:n)$, $\lambda(k:n)$, $\boldsymbol{R}^{(k)}$, $\boldsymbol{S}^{(k)}$ 去计算下式的第一行和第一列

$$\boldsymbol{A}^{(k)} = \begin{bmatrix} \alpha & \boldsymbol{g}^{\mathrm{T}} \\ \boldsymbol{f} & \boldsymbol{B} \end{bmatrix}.$$

$L(k+1:n,k)=f/\alpha,\ U(k,k)=\alpha,\ U(k,k+1:n)=g^{\mathrm{T}}$

确定 $\boldsymbol{A}^{(k+1)}=\boldsymbol{B}-\boldsymbol{f}\boldsymbol{g}^{\mathrm{T}}/\alpha$ 分别相应于 $\mathrm{diag}(\omega(k:n))$ 和 $\mathrm{diag}(\lambda(k:n))$ 的生成元 $\boldsymbol{R}^{(k+1)}$ 和 $\boldsymbol{S}^{(k+1)}$.

end

$U(n,n)=R^{(n)}\cdot S^{(n)}/(\omega_n-\lambda_n)$

仔细的计算表明需要 $2n^2r$ 个 flop.

12.1.6 选主元

如果在递归过程中出现一个小的 α，刚刚开发的程序就会有数值上的困难. 为了防止这种情况发生，我们展示如何采用一种选主元策略. 假设 $\boldsymbol{A}\in\mathbb{R}^{n\times n}$ 是柯西型矩阵，满足位移方程

$$\boldsymbol{\Omega A}\ -\ \boldsymbol{A\Lambda}\ =\ \boldsymbol{RS}^{\mathrm{T}},$$

其中 $\boldsymbol{\Omega}$ 和 $\boldsymbol{\Lambda}$ 都是对角矩阵，$\boldsymbol{R}$ 和 $\boldsymbol{S}$ 都是 $n\times r$ 矩阵. 如果 $\boldsymbol{P}$ 和 $\boldsymbol{Q}$ 是 $n\times n$ 置换，那么

$$(\boldsymbol{P\Omega P}^{\mathrm{T}}(\boldsymbol{PAQ}^{\mathrm{T}})\ -\ (\boldsymbol{PAQ}^{\mathrm{T}})(\boldsymbol{Q\Lambda Q}^{\mathrm{T}})\ =\ (\boldsymbol{PR})(\boldsymbol{QS})^{\mathrm{T}}.$$

这表明

$$\tilde{\boldsymbol{A}}=\boldsymbol{PAQ}^{\mathrm{T}}$$

是柯西型矩阵，它有生成元

$$\tilde{\boldsymbol{R}}=\boldsymbol{PR},\qquad \tilde{\boldsymbol{S}}=\boldsymbol{QS},$$

相应的对角矩阵为

$$\tilde{\boldsymbol{\Omega}}=\boldsymbol{P\Omega P}^{\mathrm{T}},\qquad \tilde{\boldsymbol{\Lambda}}=\boldsymbol{Q}\Lambda\boldsymbol{Q}^{\mathrm{T}}.$$

因此，很容易追踪位移表示中的行和列置换：

$$\boldsymbol{A}\ \rightarrow\ \boldsymbol{PAQ}^{\mathrm{T}},\ \ \equiv\ \ \{\boldsymbol{\Omega},\boldsymbol{\Lambda},\boldsymbol{R},\boldsymbol{S}\}\ \rightarrow\{\boldsymbol{P\Omega P}^{\mathrm{T}},\boldsymbol{Q\Lambda Q}^{\mathrm{T}},\boldsymbol{PR},\boldsymbol{QS}\}.$$

利用这一点，在 LUdisp 中合并部分选主元是一件简单的事情，带有分解 $\boldsymbol{PA}=\boldsymbol{LU}$.

算法 12.1.2 如果 $\boldsymbol{\omega}\in\mathbb{R}^n$ 和 $\boldsymbol{\lambda}\in\mathbb{R}^n$ 不含相同的分量，$\boldsymbol{R},\boldsymbol{S}\in\mathbb{R}^{n\times r}$ 且 $\boldsymbol{\Omega A}-\boldsymbol{A\Lambda}=\boldsymbol{RS}^{\mathrm{T}}$，那么下面的函数计算带选主元的分解 $\boldsymbol{PA}=\boldsymbol{LU}$，其中 $\boldsymbol{\Omega}=\mathrm{diag}(\omega_1,\cdots,\omega_n)$, $\boldsymbol{\Lambda}=\mathrm{diag}(\lambda_1,\cdots,\lambda_n)$.

function $[L, U, P] = \mathsf{LUdispPiv}(\omega, \lambda, R, S, n)$

用 $R = \begin{bmatrix} r_1^{\mathrm{T}} \\ R_1 \end{bmatrix}$ 和 $S = \begin{bmatrix} s_1^{\mathrm{T}} \\ S_1 \end{bmatrix}$ 定义 r_1, R_1, s_1, S_1.

if $n = 1$

  $L = 1$

  $U = r_1^{\mathrm{T}} s_1 / (\omega_1 - \lambda_1)$

else

  $a = (Rs_1) ./ (\omega - \lambda_1)$

  确定置换 $P \in \mathbb{R}^{n \times n}$ 使得 $[Pa]_1$ 最大化，

    修正: $a = Pa$, $R = PR$, $\omega = P\omega$.

  $\alpha = a_1$

  $f = a(2:n)$

  $g = (S_1 r_1) ./ (\omega_1 - \lambda(2:n))$

  $\tilde{R}_1 = R_1 - f r_1^{\mathrm{T}} / \alpha$

  $\tilde{S}_1 = S_1 - g s_1^{\mathrm{T}} / \alpha$

  $[L_1, U_1, P_1] = \mathsf{LUdispPiv}(\omega(2:n), \lambda(2:n), \tilde{R}_1, \tilde{S}_1, n-1)$

  $L = \begin{bmatrix} 1 & 0 \\ P_1 f/\alpha & L_1 \end{bmatrix}$

  $U = \begin{bmatrix} \alpha & g^{\mathrm{T}} \\ 0 & U_1 \end{bmatrix}$

  $P = \begin{bmatrix} 1 & 0 \\ 0 & P_1 \end{bmatrix} P$

end

递归调用的处理基于如下事实：如果

$$\boldsymbol{PA} = \begin{bmatrix} \alpha & \boldsymbol{g}^{\mathrm{T}} \\ \boldsymbol{f} & \boldsymbol{B} \end{bmatrix} = \begin{bmatrix} 1 & \boldsymbol{0} \\ \boldsymbol{f}/\alpha & \boldsymbol{I}_{n-1} \end{bmatrix} \begin{bmatrix} \alpha & \boldsymbol{g}^{\mathrm{T}} \\ \boldsymbol{0} & \boldsymbol{A}_1 \end{bmatrix}, \qquad \boldsymbol{A}_1 = \boldsymbol{B} - \frac{1}{\alpha} \boldsymbol{f} \boldsymbol{g}^{\mathrm{T}},$$

且 $\boldsymbol{P}_1 \boldsymbol{A}_1 = \boldsymbol{L}_1 \boldsymbol{U}_1$，那么

$$\begin{bmatrix} 1 & \boldsymbol{0} \\ \boldsymbol{0} & \boldsymbol{P}_1 \end{bmatrix} \boldsymbol{PA} = \begin{bmatrix} 1 & \boldsymbol{0} \\ \boldsymbol{P}_1 \boldsymbol{f}/\alpha & \boldsymbol{L}_1 \end{bmatrix} \begin{bmatrix} \alpha & \boldsymbol{g}^{\mathrm{T}} \\ \boldsymbol{0} & \boldsymbol{U}_1 \end{bmatrix}.$$

关于 LUdispPiv 的实施细节及其稳定性的证明，见 Gu (1998).

12.1.7　Toeplitz 型矩阵和 Hankel 型矩阵

回顾 4.7 节，Toeplitz 矩阵沿每一条对角线都是常数. 例如，给定 $\boldsymbol{c}\in\mathbb{R}^{n-1}$, $\tau\in\mathbb{R}$, $\boldsymbol{r}\in\mathbb{R}^{n-1}$，矩阵 $\boldsymbol{T}\in\mathbb{R}^{n\times n}$ 定义为

$$t_{ij} = \begin{cases} c_{i-j} & \text{如果 } i>j, \\ \tau & \text{如果 } i=j, \\ r_{j-i} & \text{如果 } j>i, \end{cases}$$

那么 $\boldsymbol{T}$ 是 Toeplitz 矩阵. 例如

$$\boldsymbol{T} = \begin{bmatrix} \tau & r_1 & r_2 & r_3 & r_4 \\ c_1 & \tau & r_1 & r_2 & r_3 \\ c_2 & c_1 & \tau & r_1 & r_2 \\ c_3 & c_2 & c_1 & \tau & r_1 \\ c_4 & c_3 & c_2 & c_1 & \tau \end{bmatrix}.$$

要揭示 Toeplitz 矩阵的低位移秩结构，我们定义矩阵 $\boldsymbol{Z}_\phi$ 和 $\boldsymbol{Y}_{\gamma,\delta}$，以 $n=5$ 为例:

$$\boldsymbol{Z}_\phi = \begin{bmatrix} 0&0&0&0&\phi \\ 1&0&0&0&0 \\ 0&1&0&0&0 \\ 0&0&1&0&0 \\ 0&0&0&1&0 \end{bmatrix}, \qquad \boldsymbol{Y}_{\gamma,\delta} = \begin{bmatrix} \gamma&1&0&0&0 \\ 1&0&1&0&0 \\ 0&1&0&1&0 \\ 0&0&1&0&1 \\ 0&0&0&1&\delta \end{bmatrix}. \tag{12.1.7}$$

可以看出

$$\boldsymbol{Z}_1\boldsymbol{T} - \boldsymbol{T}\boldsymbol{Z}_{-1} = \begin{bmatrix} \times&\times&\times&\times&\times \\ 0&0&0&0&\times \\ 0&0&0&0&\times \\ 0&0&0&0&\times \\ 0&0&0&0&\times \end{bmatrix}, \quad \mathsf{rank}_{\{\boldsymbol{Z}_1,\boldsymbol{Z}_{-1}\}}(\boldsymbol{T}) \leqslant 2, \tag{12.1.8}$$

$$\boldsymbol{Y}_{00}\boldsymbol{T} - \boldsymbol{T}\boldsymbol{Y}_{11} = \begin{bmatrix} \times&\times&\times&\times&\times \\ \times&0&0&0&\times \\ \times&0&0&0&\times \\ \times&0&0&0&\times \\ \times&\times&\times&\times&\times \end{bmatrix}, \quad \mathsf{rank}_{\{\boldsymbol{Y}_{00},\boldsymbol{Y}_{11}\}}(\boldsymbol{T}) \leqslant 4. \tag{12.1.9}$$

此外，$\lambda(\boldsymbol{Z}_{-1})\cup\lambda(\boldsymbol{Z}_1)=\varnothing$ 且 $\lambda(\boldsymbol{Y}_{00})\cup\lambda(\boldsymbol{Y}_{11})=\varnothing$.

Hankel 矩阵沿其每一条反对角线是常数，例如，

$$
\boldsymbol{H} = \begin{bmatrix} c_4 & c_3 & c_2 & c_1 & \tau \\ c_3 & c_2 & c_1 & \tau & r_1 \\ c_2 & c_1 & \tau & r_1 & r_2 \\ c_1 & \tau & r_1 & r_2 & r_3 \\ \tau & r_1 & r_2 & r_3 & r_4 \end{bmatrix}.
$$

注意，如果 $\boldsymbol{H} \in \mathbb{R}^{n\times n}$ 是 Hankel 矩阵，那么 $\mathcal{E}_n\boldsymbol{H}$ 是 Toeplitz 矩阵，从而 Hankel 矩阵和 Toeplitz 矩阵有相似的位移秩性质也就不足为奇了.

$$
\boldsymbol{Z}_1^{\mathrm{T}}\boldsymbol{H} - \boldsymbol{H}\boldsymbol{Z}_{-1} = \begin{bmatrix} 0 & 0 & 0 & 0 & \times \\ 0 & 0 & 0 & 0 & \times \\ 0 & 0 & 0 & 0 & \times \\ 0 & 0 & 0 & 0 & \times \\ \times & \times & \times & \times & \times \end{bmatrix}, \ \mathsf{rank}_{\{\boldsymbol{Z}_1^{\mathrm{T}},\boldsymbol{Z}_{-1}\}}(\boldsymbol{H}) \leqslant 2, \tag{12.1.10}
$$

$$
\boldsymbol{Y}_{00}\boldsymbol{H} - \boldsymbol{H}\boldsymbol{Y}_{11} = \begin{bmatrix} \times & \times & \times & \times & \times \\ \times & 0 & 0 & 0 & \times \\ \times & 0 & 0 & 0 & \times \\ \times & 0 & 0 & 0 & \times \\ \times & \times & \times & \times & \times \end{bmatrix}, \ \mathsf{rank}_{\{\boldsymbol{Y}_{00},\boldsymbol{Y}_{11}\}}(\boldsymbol{H}) \leqslant 4. \tag{12.1.11}
$$

从 (12.1.9) 和 (12.1.11) 可以看出，如果 $\boldsymbol{A} = \boldsymbol{T} + \boldsymbol{H}$ 是 Toeplitz 矩阵和 Hankel 矩阵之和，那么 $\mathsf{rank}_{\{\boldsymbol{Y}_{00},\boldsymbol{Y}_{11}\}}(\boldsymbol{A}) \leqslant 4$.

Toeplitz 矩阵、Hankel 矩阵、Toeplitz 与 Hankel 的和矩阵可以通过低位移秩的思想推广. 类似于我们如何定义 (12.1.4) 中的柯西型矩阵，假设 $\boldsymbol{R} \in \mathbb{R}^{n\times r}$，$\boldsymbol{S} \in \mathbb{R}^{n\times r}$ 且 $r \ll n$，我们有如下定义：

$$
\left\{ \begin{array}{l} \boldsymbol{Z}_1\boldsymbol{A} - \boldsymbol{A}\boldsymbol{Z}_{-1} = \boldsymbol{R}\boldsymbol{S}^{\mathrm{T}} \\ \boldsymbol{Z}_1^{\mathrm{T}}\boldsymbol{A} - \boldsymbol{A}\boldsymbol{Z}_{-1} = \boldsymbol{R}\boldsymbol{S}^{\mathrm{T}} \\ \boldsymbol{Y}_{00}\boldsymbol{A} - \boldsymbol{A}\boldsymbol{Y}_{11} = \boldsymbol{R}\boldsymbol{S}^{\mathrm{T}} \end{array} \right\} \text{ 意味着 } \boldsymbol{A} \text{ 是 } \left\{ \begin{array}{l} \text{Toeplitz 型矩阵} \\ \text{Hankel 型矩阵} \\ \text{Toeplitz 与 Hankel 和型矩阵} \end{array} \right\}.
$$

我们的下一个任务是展示具有任何这些性质的线性方程组都可以被有效地转换成一个柯西型方程组，并以 $O(n^2r)$ 的计算量求解.

12.1.8 快速求解与转换成柯西型

设

$$
\boldsymbol{F}\boldsymbol{A} - \boldsymbol{A}\boldsymbol{G} = \boldsymbol{R}\boldsymbol{S}^{\mathrm{T}}, \qquad \boldsymbol{A},\boldsymbol{F},\boldsymbol{G} \in \mathbb{R}^{n\times n},\ \boldsymbol{R},\boldsymbol{S} \in \mathbb{R}^{n\times r},\ r \ll n,
$$

$\boldsymbol{F}$ 和 $\boldsymbol{G}$ 是可对角化的：

$$\boldsymbol{X}_{F}^{-1}\boldsymbol{F}\boldsymbol{X}_{F} = \operatorname{diag}(\omega_1,\cdots,\omega_n) = \boldsymbol{\Omega},$$
$$\boldsymbol{X}_{G}^{-1}\boldsymbol{G}\boldsymbol{X}_{G} = \operatorname{diag}(\lambda_1,\cdots,\lambda_n) = \boldsymbol{\Lambda}.$$

为了清晰起见，我们假设 $\boldsymbol{F}$ 和 $\boldsymbol{G}$ 有实特征值. 由

$$(\boldsymbol{X}_{F}^{-1}\boldsymbol{F}\boldsymbol{X}_{F})(\boldsymbol{X}_{F}^{-1}\boldsymbol{A}\boldsymbol{X}_{G}) - (\boldsymbol{X}_{F}^{-1}\boldsymbol{A}\boldsymbol{X}_{G})(\boldsymbol{X}_{G}^{-1}\boldsymbol{G}\boldsymbol{X}_{F}) = (\boldsymbol{X}_{F}^{-1}\boldsymbol{R})(\boldsymbol{X}_{G}^{\mathrm{T}}\boldsymbol{S})^{\mathrm{T}}$$

有

$$\boldsymbol{\Omega}\tilde{\boldsymbol{A}} - \tilde{\boldsymbol{A}}\boldsymbol{\Lambda} = \tilde{\boldsymbol{R}}\tilde{\boldsymbol{S}}^{\mathrm{T}},$$

其中 $\tilde{\boldsymbol{A}} = \boldsymbol{X}_{F}^{-1}\boldsymbol{A}\boldsymbol{X}_{G}$, $\tilde{\boldsymbol{R}} = \boldsymbol{X}_{F}^{-1}\boldsymbol{R}$, $\tilde{\boldsymbol{S}} = \boldsymbol{X}_{G}^{\mathrm{T}}\boldsymbol{S}$. 因此, $\tilde{\boldsymbol{A}}$ 是柯西型矩阵，并且我们可以按如下方式着手求解给定的线性方程组 $\boldsymbol{A}\boldsymbol{x} = \boldsymbol{b}$:

步骤 1. 计算 $\tilde{R} = X_{F}^{-1}R$, $\tilde{S} = X_{G}^{\mathrm{T}}S$, $\tilde{b} = X_{F}^{-1}b$ 和 $\tilde{A} = X_{F}^{-1}AX_{G}$.
步骤 2. 用算法 12.1.2 计算 $P\tilde{A} = LU$.
步骤 3. 用 $P\tilde{A} = LU$ 解 $\tilde{A}\tilde{x} = \tilde{b}$.
步骤 4. 计算 $x = X_{G}\tilde{x}$.

除非矩阵 $\boldsymbol{F}$ 和 $\boldsymbol{G}$ 有快速的特征系（见 4.8 节），否则这将不会是一个吸引人的框架. 幸运的是，矩阵 $\boldsymbol{Z}_1$, $\boldsymbol{Z}_{-1}$, $\boldsymbol{Y}_{00}$, $\boldsymbol{Y}_{11}$ 有特殊结构. 例如，

$$\mathcal{S}_n^{\mathrm{T}}\boldsymbol{Y}_{00}\mathcal{S}_n = 2\cdot\operatorname{diag}\left(\cos\left(\frac{\pi}{n+1}\right),\cdots,\cos\left(\frac{n\pi}{n+1}\right)\right), \tag{12.1.12}$$

$$\mathcal{C}_n^{\mathrm{T}}\boldsymbol{Y}_{11}\mathcal{C}_n = 2\cdot\operatorname{diag}\left(1,\cos\left(\frac{\pi}{n}\right),\cdots,\cos\left(\frac{(n-1)\pi}{n}\right)\right), \tag{12.1.13}$$

其中 $\mathcal{S}_n$ 是正弦变换（DST-I）矩阵

$$[\mathcal{S}_n]_{kj} = \sqrt{\frac{2}{n+1}}\cdot\sin\left(\frac{kj\pi}{n+1}\right),$$

$\mathcal{C}_n$ 是余弦变换（DCT-II）矩阵

$$[\mathcal{C}_n]_{kj} = \sqrt{\frac{2}{n}}\cdot\cos\left(\frac{(2k-1)(j-1)\pi}{2n}\right)q_j, \qquad q_j = \begin{cases} 1/\sqrt{2} & \text{如果 } j=1, \\ 1 & \text{如果 } j>1. \end{cases}$$

这使得像 $\mathcal{S}_n\boldsymbol{R}$ 和 $\mathcal{C}_n^{\mathrm{T}}\boldsymbol{S}$ 这样的乘积可以用 $O(rn\log n)$ 个 flop 来计算. 简而言之，上述框架中的步骤 3 是整个过程中计算量最大的，它涉及 $O(n^2r)$ 的工作量. 详见 Gohberg, Kailath, and Olshevsky (1995) 和 Gu (1998).

习 题

1. 参考 (12.1.8) 和 (12.1.9).

(a) 证明：如果 $\boldsymbol{Z}_1\boldsymbol{X}-\boldsymbol{X}\boldsymbol{Z}_{-1}=0$ 则 $\boldsymbol{X}=0$.

(b) 证明：如果 $\boldsymbol{Y}_{00}\boldsymbol{X}-\boldsymbol{X}\boldsymbol{Y}_{11}=0$ 则 $\boldsymbol{X}=0$.

2. 开发算法 12.1.2 的一个非递归版本.

3. (a) 如果 $\boldsymbol{T}\in\mathbb{R}^{n\times n}$ 是 Toeplitz 矩阵，如何计算 $\boldsymbol{R},\boldsymbol{S}\in\mathbb{R}^{n\times 2}$ 使得 $\boldsymbol{Z}_1\boldsymbol{T}-\boldsymbol{T}\boldsymbol{Z}_{-1}=\boldsymbol{R}\boldsymbol{S}^{\mathrm{T}}$?

(b) 假设 $\boldsymbol{R},\boldsymbol{S}\in\mathbb{R}^{n\times r}$ 和 $\boldsymbol{T}\in\mathbb{R}^{n\times n}$ 满足 $\boldsymbol{Z}_1\boldsymbol{T}-\boldsymbol{T}\boldsymbol{Z}_{-1}=\boldsymbol{R}\boldsymbol{S}^{\mathrm{T}}$. 给出一个计算 $\boldsymbol{u}=T(:,1)$ 和 $\boldsymbol{v}=T(1,:)^{\mathrm{T}}$ 的算法.

4. (a) 如果 $\boldsymbol{T}\in\mathbb{R}^{n\times n}$ 是 Toeplitz 矩阵，如何计算 $\boldsymbol{R},\boldsymbol{S}\in\mathbb{R}^{n\times 4}$ 使得 $\boldsymbol{Y}_{00}\boldsymbol{T}-\boldsymbol{T}\boldsymbol{Y}_{11}=\boldsymbol{R}\boldsymbol{S}^{\mathrm{T}}$?

(b) 假设 $\boldsymbol{R},\boldsymbol{S}\in\mathbb{R}^{n\times r}$ 和 $\boldsymbol{T}\in\mathbb{R}^{n\times n}$ 满足 $\boldsymbol{Y}_{00}\boldsymbol{T}-\boldsymbol{T}\boldsymbol{Y}_{11}=\boldsymbol{R}\boldsymbol{S}^{\mathrm{T}}$. 给出一个计算 $\boldsymbol{u}=T(:,1)$ 和 $\boldsymbol{v}=T(1,:)^{\mathrm{T}}$ 的算法.

5. 验证 (12.1.13).

6. 证明：如果 $\boldsymbol{A}\in\mathbb{R}^{n\times n}$ 定义为

$$a_{ij}=\int_a^b\cos(k\theta)\cos(j\theta)d\theta,$$

那么 $\boldsymbol{A}$ 就是 Hankel 矩阵与 Toeplitz 矩阵的和. 提示：利用恒等式

$$\cos(u+v)=\cos(u)\cos(v)-\sin(u)\sin(v).$$

12.2 结构化秩问题

就像稀疏矩阵有很多零元素一样，**结构化秩矩阵**有很多低秩的子矩阵. 例如，所有非对角块都有单位秩. 在本节中，我们研究一些重要的结构化秩矩阵问题，并指出如何通过数据稀疏表示来快速求解这些问题. 为了避免复杂的记号，我们采用小的 n 阶矩阵来举例. 读者如果希望更详细、更严谨的了解这方面的内容，可以参考由 Vandebril、Van Barel 和 Mastronardi（2008）撰写的两卷著作.

12.2.1 半可分矩阵

如果矩阵 $\boldsymbol{A}\in\mathbb{R}^{n\times n}$ 的每个无“交叉”对角线的块的秩为 1 或 0，则称为**半可分矩阵**. 这意味着

$$j_2\leqslant i_1 \text{ 或 } i_2\leqslant j_1 \ \Rightarrow\ \mathsf{rank}(A(i_1:i_2,j_1:j_2))\leqslant 1 \tag{12.2.1}$$

半可分矩阵中的秩 1 块完全包含在其上三角部分或下三角部分中，例如

$$\begin{bmatrix} \times & \times & a_{13} & a_{14} & \times & \times \\ \times & \times & a_{23} & a_{24} & \times & \times \\ \times & \times & a_{33} & a_{34} & \times & \times \\ \times & \times & \times & \times & \times & \times \\ a_{51} & a_{52} & \times & \times & \times & \times \\ a_{61} & a_{62} & \times & \times & \times & \times \end{bmatrix},\qquad \begin{array}{l}\mathsf{rank}(A(1:3,3:4))\leqslant 1,\\ \mathsf{rank}(A(5:6,1:2))\leqslant 1.\end{array}$$

半可分矩阵具有数据稀疏性，利用其结构可以节省运算. 例如，我们将表明，对于半可分的矩阵 $\boldsymbol{A}$，其 $\boldsymbol{A}=\boldsymbol{LU}$ 分解和 $\boldsymbol{A}=\boldsymbol{QR}$ 分解只需要 $O(n)$ 个 flop 计算和 $O(n)$ 个 flop 表示.

半可分矩阵的一个重要例子是单位双对角矩阵的逆矩阵. 给定 $\boldsymbol{r}\in\mathbb{R}^{n-1}$，我们定义 $B(\boldsymbol{r})\in\mathbb{R}^{n\times n}$ 如下

$$B(\boldsymbol{r}) = \begin{bmatrix} 1 & -r_1 & 0 & 0 & 0 \\ 0 & 1 & -r_2 & 0 & 0 \\ 0 & 0 & 1 & -r_3 & 0 \\ 0 & 0 & 0 & 1 & -r_4 \\ 0 & 0 & 0 & 0 & 1 \end{bmatrix}. \tag{12.2.2}$$

观察其如下逆矩阵可知，从上三角部分提取的任何子矩阵的秩都为 1.

$$B(\boldsymbol{r})^{-1} = \begin{bmatrix} 1 & r_1 & r_1r_2 & r_1r_2r_3 & r_1r_2r_3r_4 \\ 0 & 1 & r_2 & r_2r_3 & r_2r_3r_4 \\ 0 & 0 & 1 & r_3 & r_3r_4 \\ 0 & 0 & 0 & 1 & r_4 \\ 0 & 0 & 0 & 0 & 1 \end{bmatrix}. \tag{12.2.3}$$

如果已经定义 $\boldsymbol{x}\in\mathbb{R}^n$和 $\boldsymbol{r}=x(2:n)\,./\,x(1:n-1)$，那么

$$B(\boldsymbol{r})^{\mathrm{T}}\boldsymbol{x} = \boldsymbol{x}_1\boldsymbol{e}_1.$$

这样，矩阵 $B(\boldsymbol{r})$ 就可以（在原则上）用来把零引入向量.

12.2.2　拟半可分矩阵

Givens 旋转的某些乘积结果显示出秩的结构，但我们在更广泛的意义下关注这个关键事实. 如果 $\boldsymbol{\alpha},\boldsymbol{\beta},\boldsymbol{\gamma},\boldsymbol{\delta}\in\mathbb{R}^{n-1}$，并且对于 $k=1:n-1$ 有

$$\boldsymbol{M}_k = \mathrm{diag}(\boldsymbol{I}_{k-1},\tilde{\boldsymbol{M}}_k,\boldsymbol{I}_{n-k-1}), \qquad \tilde{\boldsymbol{M}}_k = \begin{bmatrix} \alpha_k & \beta_k \\ \gamma_k & \delta_k \end{bmatrix}$$

那么矩阵 $\boldsymbol{M}=\boldsymbol{M}_1\cdots\boldsymbol{M}_{n-1}$ 完全由下式给出

$$\boldsymbol{M}=\boldsymbol{M}_1\boldsymbol{M}_2\boldsymbol{M}_3\boldsymbol{M}_4 = \begin{bmatrix} \alpha_1 & \beta_1\alpha_2 & \beta_1\beta_2\alpha_3 & \beta_1\beta_2\beta_3\alpha_4 & \beta_1\beta_2\beta_3\beta_4 \\ \gamma_1 & \delta_1\alpha_2 & \delta_1\beta_2\alpha_3 & \delta_1\beta_2\beta_3\alpha_4 & \delta_1\beta_2\beta_3\beta_4 \\ 0 & \gamma_2 & \delta_2\alpha_3 & \delta_2\beta_3\alpha_4 & \delta_2\beta_3\beta_4 \\ 0 & 0 & \gamma_3 & \delta_3\alpha_4 & \delta_3\beta_4 \\ 0 & 0 & 0 & \gamma_4 & \delta_4 \end{bmatrix}. \tag{12.2.4}$$

上述矩阵的每个无“相交”对角线的块的秩为 1 或 0，称其为**拟半可分矩阵**. 如果 $\boldsymbol{A}$ 是拟半可分矩阵，那么

$$j_2 < i_1 \text{ 或 } i_2 < j_1 \;\Rightarrow\; \mathsf{rank}(A(i_1:i_2, j_1:j_2)) \leqslant 1. \tag{12.2.5}$$

通过与 (12.2.1) 进行比较，可以清楚地看出，半可分矩阵一定是拟半可分矩阵.

12.2.3 两种表示方法

在运用拟半可分矩阵计算时，MATLAB 的 tril 和 triu 表示法非常方便. 如果 $\boldsymbol{A} \in \mathbb{R}^{m\times n}$，则当 $j = i+k$ 时 a_{ij} 位于第 k 条对角线上. 令 $\boldsymbol{A}$ 的第 k 条对角线以上的元素都为零得到矩阵 $\boldsymbol{B} = \mathsf{tril}(\boldsymbol{A}, k)$，令 $\boldsymbol{A}$ 的第 k 条对角线以下的元素都为零得到矩阵 $\boldsymbol{B} = \mathsf{triu}(\boldsymbol{A}, k)$. 如果 $k = 0$, 那么我们简写为 $\mathsf{tril}(\boldsymbol{A})$ 和 $\mathsf{triu}(\boldsymbol{A})$. 我们也使用符号 $\mathsf{diag}(\boldsymbol{d})$ 来表示对角矩阵 $\mathrm{diag}(d_1, \cdots, d_n)$，其中 $\boldsymbol{d} \in \mathbb{R}^n$. 注意，如果 $\boldsymbol{u}, \boldsymbol{v}, \boldsymbol{d}, \boldsymbol{p}, \boldsymbol{q} \in \mathbb{R}^n$，那么矩阵

$$\boldsymbol{A} \;=\; \mathsf{tril}(\boldsymbol{u}\boldsymbol{v}^{\mathrm{T}}, -1) \;+\; \mathsf{diag}(\boldsymbol{d}) \;+\; \mathsf{triu}(\boldsymbol{p}\boldsymbol{q}^{\mathrm{T}}, 1) \tag{12.2.6}$$

是拟半可分矩阵，例如

$$\boldsymbol{A} \;=\; \begin{bmatrix} d_1 & p_1q_2 & p_1q_3 & p_1q_4 & p_1q_5 \\ u_2v_1 & d_2 & p_2q_3 & p_2q_4 & p_2q_5 \\ u_3v_1 & u_3v_2 & d_3 & p_3q_4 & p_3q_5 \\ u_4v_1 & u_4v_2 & u_4v_3 & d_4 & p_4q_5 \\ u_5v_1 & u_5v_2 & u_5v_3 & u_5v_4 & d_5 \end{bmatrix}.$$

如果 $\boldsymbol{d} = \boldsymbol{u} \,.\!* \boldsymbol{v} = \boldsymbol{p} \,.\!* \boldsymbol{q}$, 那么这个矩阵是半可分矩阵. 式 (12.2.6) 称为**生成元表示**.

不是每个拟半可分矩阵都有生成元表示. 例如，如果 $\boldsymbol{A} = B(\boldsymbol{r})$ 且 $\boldsymbol{r}$ 有非零元，那么就不可能找到 $\boldsymbol{u}, \boldsymbol{v}, \boldsymbol{d}, \boldsymbol{p}, \boldsymbol{q} \in \mathbb{R}^n$ 使得 (12.2.6) 成立. 为了弥补这一缺陷，我们使用以下事实：

$$\begin{pmatrix} \text{拟半可分} \\ \text{矩阵} \end{pmatrix} .* \begin{pmatrix} \text{拟半可分} \\ \text{矩阵} \end{pmatrix} = \begin{pmatrix} \text{拟半可分} \\ \text{矩阵} \end{pmatrix}, \tag{12.2.7}$$

并以一对反双对角因子修饰 (12.2.6). 可以证明，如果 $\boldsymbol{A} \in \mathbb{R}^{n\times n}$ 是拟半可分矩阵，那么存在 $\boldsymbol{u}, \boldsymbol{v}, \boldsymbol{d}, \boldsymbol{p}, \boldsymbol{q} \in \mathbb{R}^n$ 和 $\boldsymbol{t}, \boldsymbol{r} \in \mathbb{R}^{n-1}$ 使得

$$\begin{aligned} \boldsymbol{A} \;&=\; \mathsf{tril}(\boldsymbol{u}\boldsymbol{v}^{\mathrm{T}}, -1) \,.\!*\, B(\boldsymbol{t})^{-\mathrm{T}} \;+\; \mathsf{diag}(\boldsymbol{d}) \;+\; \mathsf{triu}(\boldsymbol{p}\boldsymbol{q}^{\mathrm{T}}, 1) \,.\!*\, B(\boldsymbol{r})^{-1} \\ &\equiv\; \mathbf{S}(\boldsymbol{u}, \boldsymbol{v}, \boldsymbol{t}, \boldsymbol{d}, \boldsymbol{p}, \boldsymbol{q}, \boldsymbol{r}), \end{aligned} \tag{12.2.8}$$

例如，

$$A=\begin{bmatrix} d_1 & p_1r_1q_2 & p_1r_1r_2q_3 & p_1r_1r_2r_3q_4 & p_1r_1r_2r_3r_4q_5 \\ u_2t_1v_1 & d_2 & p_2r_2q_3 & p_2r_2r_3q_4 & p_2r_2r_3r_4q_5 \\ u_3t_2t_1v_1 & u_3t_2v_2 & d_3 & p_3r_3q_4 & p_3r_3r_4q_5 \\ u_4t_3t_2t_1v_1 & u_4t_3t_2v_2 & u_4t_3v_3 & d_4 & p_4r_4q_5 \\ u_5t_4t_3t_2t_1v_1 & u_5t_4t_3t_2v_2 & u_5t_4t_3v_3 & u_5t_4v_4 & d_5 \end{bmatrix}.$$

我们称 (12.2.8) 为**拟半可分表示**，它有许多重要的特殊用途. 如果 $\boldsymbol{d}=\boldsymbol{u}.*\boldsymbol{v}=\boldsymbol{p}.*\boldsymbol{q}$, 那么 $\boldsymbol{A}$ 是半可分矩阵. 如果 $\boldsymbol{t}=\boldsymbol{r}=\boldsymbol{1}_{n-1}$，那么 $\boldsymbol{A}$ 可用生成元表示. 如果 $\boldsymbol{u}=\boldsymbol{q}, \boldsymbol{v}=\boldsymbol{p}, \boldsymbol{t}=\boldsymbol{r}$，那么 $\boldsymbol{A}$ 是对称矩阵. 这个表示也适用于**半可分对角结构**，此时的矩阵 $\mathrm{S}(\boldsymbol{u},\boldsymbol{v},\boldsymbol{t},\boldsymbol{d},\boldsymbol{p},\boldsymbol{q},\boldsymbol{r})$ 满足 $\boldsymbol{d}$ 是任意的且 $\boldsymbol{u}.*\boldsymbol{v}=\boldsymbol{p}.*\boldsymbol{q}$. 这里有一些涉及半可分、拟半可分和对角半可分矩阵与其逆相关的事实.

事实 1. 如果 $\boldsymbol{A}$ 是非奇异三对角矩阵，那么 $\boldsymbol{A}^{-1}$ 是半可分矩阵. 此外，如果次对角线和上对角线元都不是零，那么 $\boldsymbol{A}^{-1}$ 可用生成元表示.

事实 2. 如果 $\boldsymbol{A}$ 是非奇异拟半可分矩阵，那么 $\boldsymbol{A}^{-1}$ 也是非奇异拟半可分矩阵.

事实 3. 如果 $\boldsymbol{A}=\boldsymbol{D}+\boldsymbol{S}$ 是非奇异矩阵，其中 $\boldsymbol{D}$ 是非奇异对角矩阵且 $\boldsymbol{S}$ 是半可分矩阵，那么 $\boldsymbol{A}^{-1}=\boldsymbol{D}^{-1}+\boldsymbol{S}_1$，其中 $\boldsymbol{S}_1$ 是半可分矩阵.

我们在 4.3.8 节遇到过与第一个事实相关的内容.

12.2.4 三角型半可分矩阵的计算

半可分的下、上三角矩阵也可以写成如下形式：

$$\boldsymbol{L}\text{ 下三角型半可分矩阵}\Rightarrow \boldsymbol{L}=\mathrm{S}(\boldsymbol{u},\boldsymbol{v},\boldsymbol{t},\boldsymbol{u}.*\boldsymbol{v},\boldsymbol{0},\boldsymbol{0},\boldsymbol{0})=\mathsf{tril}(\boldsymbol{u}\boldsymbol{v}^{\mathrm{T}}).*B(\boldsymbol{t})^{-\mathrm{T}},$$

$$\boldsymbol{U}\text{ 上三角型半可分矩阵}\Rightarrow \boldsymbol{U}=\mathrm{S}(\boldsymbol{0},\boldsymbol{0},\boldsymbol{0},\boldsymbol{p}.*\boldsymbol{q},\boldsymbol{p},\boldsymbol{q},\boldsymbol{r})=\mathsf{triu}(\boldsymbol{p}\boldsymbol{q}^{\mathrm{T}}).*B(\boldsymbol{r})^{-1}.$$

具有这种结构的矩阵运算可以非常有效地进行. 考虑矩阵与向量的乘积

$$\boldsymbol{y}=\left(\mathsf{triu}(\boldsymbol{p}\boldsymbol{q}^{\mathrm{T}}).*B(\boldsymbol{r})^{-1}\right)\boldsymbol{x}, \tag{12.2.9}$$

其中 $\boldsymbol{x},\boldsymbol{y},\boldsymbol{p},\boldsymbol{q}\in\mathbb{R}^n$ 且 $\boldsymbol{r}\in\mathbb{R}^{n-1}$. 这个计算的形式为

$$\begin{bmatrix} p_1q_1 & p_1r_1q_2 & p_1r_1r_2q_3 & p_1r_1r_2r_3q_4 \\ 0 & p_2q_2 & p_2r_2q_3 & p_2r_2r_3q_4 \\ 0 & 0 & p_3q_3 & p_3r_3q_4 \\ 0 & 0 & 0 & p_4q_4 \end{bmatrix}\begin{bmatrix} x_1 \\ x_2 \\ x_3 \\ x_4 \end{bmatrix}=\begin{bmatrix} y_1 \\ y_2 \\ y_3 \\ y_4 \end{bmatrix}.$$

通过合并 $\boldsymbol{q}$ 与 $\boldsymbol{x}$ 并提出 $\boldsymbol{p}$，我们看到

$$\operatorname{diag}(p_1,p_2,p_3,p_4)\begin{bmatrix} 1 & r_1 & r_1r_2 & r_1r_2r_3 \\ 0 & 1 & r_2 & r_2r_3 \\ 0 & 0 & 1 & r_3 \\ 0 & 0 & 0 & 1 \end{bmatrix}\begin{bmatrix} q_1x_1 \\ q_2x_2 \\ q_3x_3 \\ q_4x_4 \end{bmatrix} = \begin{bmatrix} y_1 \\ y_2 \\ y_3 \\ y_4 \end{bmatrix}.$$

换句话说，(12.2.9) 等价于

$$\boldsymbol{y} = \boldsymbol{p}\,.\!*\left(B(\boldsymbol{r})^{-1}\,(\boldsymbol{q}\,.\!*\,\boldsymbol{x})\right).$$

给定 $\boldsymbol{x}$，因为双对角方程组求解计算量是 $O(n)$，显然这里也是 $O(n)$ 的计算量. 实际上，计算 $\boldsymbol{y}$ 只需要 $4n$ 个 flop.

注意，如果 $\boldsymbol{y}$ 由 (12.2.9) 给出，而 $\boldsymbol{p}$ 和 $\boldsymbol{q}$ 有非零分量，那么我们同样可以用 $\boldsymbol{x} = (B(\boldsymbol{r})\,(\boldsymbol{y}./\boldsymbol{p}))./\boldsymbol{q}$ 快速求解 $\boldsymbol{x}$.

12.2.5 半可分矩阵的 LU 分解

假设 $\boldsymbol{A} = \mathbf{S}(\boldsymbol{u},\boldsymbol{v},\boldsymbol{t},\boldsymbol{u}\,.\!*\,\boldsymbol{v},\boldsymbol{p},\boldsymbol{q},\boldsymbol{r})$ 是具有 LU 分解的 $n\times n$ 半可分矩阵. 事实证明，$\boldsymbol{L}$ 和 $\boldsymbol{U}$ 都是半可分矩阵，它们各自的表示需用 $O(n)$ 的计算量：

for $k = n-1:-1:1$

  使用 A 的表示，确定 τ_k 使得如果 $\tilde{A} = M_kA$，其中

$$M_k = \operatorname{diag}(I_{k-1},\tilde{M}_k,I_{n-k-1}), \qquad \tilde{M}_k = \begin{bmatrix} 1 & 0 \\ -\tau_k & 1 \end{bmatrix},$$

  那么 $\tilde{A}(k+1,1:k)$ 为零 (12.2.10)

  通过修正 A 的表示式来计算修正 $A = M_kA$

end

$U = A$

注意，如果 $\boldsymbol{M} = \boldsymbol{M}_1\cdots\boldsymbol{M}_{n-1}$，那么 $\boldsymbol{MA} = \boldsymbol{U}$ 且 $\boldsymbol{M} = B(\boldsymbol{\tau})$，其中 $\boldsymbol{\tau} = [\tau_1,\cdots,\tau_{n-1}]^{\mathrm{T}}$. 因此，如果 $\boldsymbol{L} = \boldsymbol{M}^{-1}$，那么由 (12.2.4) 可知 $\boldsymbol{L}$ 是半可分矩阵，且 $\boldsymbol{A} = \boldsymbol{LU}$. 挑战在于证明修正 $\boldsymbol{A} = \boldsymbol{M}_k\boldsymbol{A}$ 将保持半可分性.

为了理解这一内容，假设 $n = 6$，并且我们已经计算了 $\boldsymbol{M}_5$ 和 $\boldsymbol{M}_4$，因此

$$\boldsymbol{M}_4\boldsymbol{M}_5\boldsymbol{A} = \left[\begin{array}{cccc|cc} \times & \times & \times & \times & \times & \times \\ \times & \times & \times & \times & \times & \times \\ \lambda & \lambda & \lambda & \mu & \mu & \mu \\ \lambda & \lambda & \lambda & \mu & \mu & \mu \\ \hline 0 & 0 & 0 & 0 & \times & \times \\ 0 & 0 & 0 & 0 & 0 & \times \end{array}\right] = \mathbf{S}(\boldsymbol{u},\boldsymbol{v},\boldsymbol{t},\boldsymbol{u}\,.\!*\,\boldsymbol{v},\boldsymbol{p},\boldsymbol{q},\boldsymbol{r})$$

是半可分矩阵. 注意，λ 块和 μ 块如下

$$\begin{bmatrix} \lambda & \lambda & \lambda \\ \lambda & \lambda & \lambda \end{bmatrix} = \begin{bmatrix} u_3t_2t_1v_1 & u_3t_2v_2 & u_3v_3 \\ u_4t_3t_2t_1v_1 & u_4t_3t_2v_2 & u_4t_3v_3 \end{bmatrix},$$

$$\begin{bmatrix} \mu & \mu & \mu \\ \mu & \mu & \mu \end{bmatrix} = \begin{bmatrix} p_3r_3q_4 & p_3r_3r_4q_5 & p_3r_3r_4r_5q_6 \\ p_4q_4 & p_4r_4q_5 & p_4r_4r_5q_6 \end{bmatrix}.$$

因此，如果

$$\tilde{M}_3 = \begin{bmatrix} 1 & 0 \\ -\tau_3 & 1 \end{bmatrix},$$

那么

$$\tilde{M}_3\begin{bmatrix} \lambda & \lambda & \lambda \\ \lambda & \lambda & \lambda \end{bmatrix} = \begin{bmatrix} u_3t_2t_1v_1 & u_3t_2v_2 & u_3v_3 \\ (u_4t_3-\tau_3u_3)t_2t_1v_1 & (u_4t_3-\tau_3u_3)t_2v_2 & (u_4t_3-\tau_3u_3)v_3 \end{bmatrix},$$

$$\tilde{M}_3\begin{bmatrix} \mu & \mu & \mu \\ \mu & \mu & \mu \end{bmatrix} = \begin{bmatrix} p_3r_3q_4 & p_3r_3r_4q_5 & p_3r_3r_4r_5q_6 \\ (p_4-\tau_3p_3r_3)q_4 & (p_4-\tau_3p_3r_3)r_4q_5 & (p_4-\tau_3p_3r_3)r_4r_5q_6 \end{bmatrix}.$$

如果 $u_3 \neq 0$, $\tau_3 = u_4t_3/u_3$，并且我们执行更新

$$u_4 = 0, \qquad p_4 = p_4 - \tau_3p_3r_3,$$

那么

$$M_3M_4M_5A = \begin{bmatrix} \times & \times & \times & \times & \times & \times \\ \times & \times & \times & \times & \times & \times \\ \lambda & \lambda & \lambda & \mu & \mu & \mu \\ 0 & 0 & 0 & \tilde{\mu} & \tilde{\mu} & \tilde{\mu} \\ 0 & 0 & 0 & 0 & \times & \times \\ 0 & 0 & 0 & 0 & 0 & \times \end{bmatrix} = \mathbf{S}(\boldsymbol{u},\boldsymbol{v},\boldsymbol{t},\boldsymbol{u}\,.\!*\,\boldsymbol{v},\boldsymbol{p},\boldsymbol{q},\boldsymbol{r})$$

仍然是半可分矩阵.（上方波浪线表示修正后的元素.）我们从这个例子中找到模式，得到如下计算量为 $O(n)$ 的半可分矩阵的 LU 分解方法.

算法 12.2.1 假设 $\boldsymbol{u},\boldsymbol{v},\boldsymbol{p},\boldsymbol{q} \in \mathbb{R}^n$ 满足 $\boldsymbol{u}\,.\!*\,\boldsymbol{v} = \boldsymbol{p}\,.\!*\,\boldsymbol{q}$，并且 $\boldsymbol{t},\boldsymbol{r} \in \mathbb{R}^{n-1}$. 如果 $\boldsymbol{A} = \mathbf{S}(\boldsymbol{u},\boldsymbol{t},\boldsymbol{v},\boldsymbol{u}\,.\!*\,\boldsymbol{v},\boldsymbol{p},\boldsymbol{r},\boldsymbol{q})$ 有 LU 分解，那么下面的算法计算 $\tilde{\boldsymbol{p}} \in \mathbb{R}^n$ 和 $\boldsymbol{\tau} \in \mathbb{R}^{n-1}$，使得如果 $\boldsymbol{L} = B(\boldsymbol{\tau})^{-\mathrm{T}}$ 且 $\boldsymbol{U} = \mathsf{triu}(\tilde{\boldsymbol{p}}\boldsymbol{q}^{\mathrm{T}})\,.\!*\,B(\boldsymbol{r})^{-1}$，那么 $\boldsymbol{A} = \boldsymbol{L}\boldsymbol{U}$.

for $k = n-1:-1:1$

  $\tau_k = t_ku_{k+1}/u_k$

  $\tilde{p}_{k+1} = p_{k+1} - p_k\tau_kr_k$

end

$\tilde{p}_1 = p_1$

这个算法需要大约 $5n$ 个 flop. 结合上一节中关于三角型半可分矩阵的说明，我们看到半可分方程组 $\boldsymbol{Ax}=\boldsymbol{b}$ 可以用 $O(n)$ 的计算量解出: $\boldsymbol{A}=\boldsymbol{LU}$, $\boldsymbol{Ly}=\boldsymbol{b}$, $\boldsymbol{Ux}=\boldsymbol{y}$. 注意，算法 12.2.1 中的向量 $\boldsymbol{\tau}$ 和 $\tilde{\boldsymbol{p}}$ 由下式给出

$$\begin{aligned}\boldsymbol{\tau} &= (u(2:n).*\boldsymbol{t})./u(1:n-1),\\ \tilde{\boldsymbol{p}} &= \begin{bmatrix} p_1 \\ p(2:n)-p(1:n-1).*\boldsymbol{\tau}.*\boldsymbol{r}\end{bmatrix}.\end{aligned}$$

选主元可以引入算法 12.2.1 中，以确保对于 $k=n-1:-1:1$ 有 $|\tau_k|\leqslant 1$. 在步骤 k 的开头，如果 $|u_k|<|u_{k+1}|$，那么交换第 k 行和第 $k+1$ 行. 这个交换是通过修正当前 $\boldsymbol{A}$ 的拟半可分表示来实现的. 最终结果是一个 $O(n)$ 的约化，形式为 $\boldsymbol{M}_1\cdots\boldsymbol{M}_{n-1}\boldsymbol{A}=\boldsymbol{U}$，其中 $\boldsymbol{U}$ 是上三角型拟半可分矩阵，$\boldsymbol{M}_k=\mathrm{diag}(\boldsymbol{I}_{k-1},\tilde{\boldsymbol{M}}_k\tilde{\boldsymbol{P}}_k,\boldsymbol{I}_{n-k-1})$，其中

$$\tilde{\boldsymbol{P}}_k=\begin{bmatrix}1&0\\0&1\end{bmatrix} \text{ 或 } \begin{bmatrix}0&1\\1&0\end{bmatrix}.$$

进一步和细节和 $\boldsymbol{A}$ 是拟半可分情况的讨论，详见 Vandebril, Van Barel, and Mastronardi (2008, 第 165–170 页).

12.2.6 Givens 向量表示

半可分矩阵的 QR 分解也是一个 $O(n)$ 的计算. 为了引出算法，我们通过一个简单的特例，展示结构化秩 Givens 修正思想. 在这个过程中，我们会发现另一种可以用来表示半可分矩阵的方法.

假设 $\boldsymbol{A}_L\in\mathbb{R}^{n\times n}$ 是下三角型半可分矩阵，且 $\boldsymbol{a}\in\mathbb{R}^n$ 是它的第一列. 我们可以利用 $n-1$ 个 Givens 旋转把这个列约化为 $\boldsymbol{e}_1$ 的倍数，例如

$$\begin{bmatrix}c_1&s_1&0&0\\-s_1&c_1&0&0\\0&0&1&0\\0&0&0&1\end{bmatrix}\begin{bmatrix}1&0&0&0\\0&c_2&s_2&0\\0&-s_2&c_2&0\\0&0&0&1\end{bmatrix}\begin{bmatrix}1&0&0&0\\0&1&0&0\\0&0&c_3&s_3\\0&0&-s_3&c_3\end{bmatrix}\begin{bmatrix}a_1\\a_2\\a_3\\a_4\end{bmatrix}=\begin{bmatrix}v_1\\0\\0\\0\end{bmatrix}.$$

把旋转移到等式右边，我们看到

$$A_L(:,1)=\begin{bmatrix}a_1\\a_2\\a_3\\a_4\end{bmatrix}=v_1\begin{bmatrix}c_1\\c_2s_1\\c_3s_2s_1\\s_3s_2s_1\end{bmatrix}.$$

因为这是一个半可分矩阵的第一列, 所以不难看出存在"权重" $v_2, \cdots, v_n$, 使得

$$A_L = \begin{bmatrix} c_1v_1 & 0 & 0 & 0 \\ c_2s_1v_1 & c_2v_2 & 0 & 0 \\ c_3s_2s_1v_1 & c_3s_2v_2 & c_3v_3 & 0 \\ s_3s_2s_1v_1 & s_3s_2v_2 & s_3v_3 & v_4 \end{bmatrix} = B(s)^{-\mathrm{T}} \,.\!*\, \mathsf{tril}(cv^{\mathrm{T}}) \qquad (12.2.11)$$

其中

$$v = \begin{bmatrix} v_1 \\ v_2 \\ v_3 \\ v_4 \end{bmatrix}, \quad c = \begin{bmatrix} c_1 \\ c_2 \\ c_3 \\ 1 \end{bmatrix}, \quad s = \begin{bmatrix} s_1 \\ s_2 \\ s_3 \end{bmatrix}.$$

式 (12.2.11) 是三角型半可分矩阵的 Givens 向量表示的一个例子. 它由余弦向量、正弦向量和权向量组成. 通过"转置"的思想，我们可以类似地表示上三角型半可分矩阵. 这样，对于一般的半可分矩阵 A，我们可以写成

$$A = A_L + A_U,$$

其中

$$\begin{aligned} A_L &= \mathsf{tril}(A) &&= B(s_L)^{-\mathrm{T}} \,.\!*\, \mathsf{tril}(c_L v_L^{\mathrm{T}}), \\ A_U &= \mathsf{triu}(A,1) &&= B(s_U)^{-1} \,.\!*\, \mathsf{triu}(v_U c_U^{\mathrm{T}},1), \end{aligned}$$

其中 c_L, s_L, v_L(c_U, s_U, v_U) 是相应于下（上）三角部分的余弦、正弦和权向量. 关于这一表述的性质和应用的详细情况，见 Vandebril and Van Barel (2005).

12.2.7　半可分矩阵的 QR 分解

半可分矩阵 $A \in \mathbb{R}^{n\times n}$ 的 QR 分解中的矩阵 Q 的形式非常简单. 实际上，它是 Givens 旋转 $Q^{\mathrm{T}} = G_1 \cdots G_{n-1}$ 的乘积，其中底部的余弦-正弦对确切定义了 A_L 的 Givens 表示. 要了解这一点，考虑怎样更容易地计算 A_L 的 QR 分解:

$$\begin{bmatrix} 1 & 0 & 0 & 0 \\ 0 & 1 & 0 & 0 \\ 0 & 0 & c_3 & s_3 \\ 0 & 0 & -s_3 & c_3 \end{bmatrix} \begin{bmatrix} c_1v_1 & 0 & 0 & 0 \\ c_2s_1v_1 & c_2v_2 & 0 & 0 \\ c_3s_2s_1v_1 & c_3s_2v_2 & c_3v_3 & 0 \\ s_3s_2s_1v_1 & s_3s_2v_2 & s_3v_3 & v_4 \end{bmatrix} = \begin{bmatrix} c_1v_1 & 0 & 0 & 0 \\ c_2s_1v_1 & c_2v_2 & 0 & 0 \\ s_2s_1v_1 & s_2v_2 & v_3 & s_3v_4 \\ 0 & 0 & 0 & c_3v_4 \end{bmatrix},$$

$$\begin{bmatrix} 1 & 0 & 0 & 0 \\ 0 & c_2 & s_2 & 0 \\ 0 & -s_2 & c_2 & 0 \\ 0 & 0 & 0 & 1 \end{bmatrix} \begin{bmatrix} c_1v_1 & 0 & 0 & 0 \\ c_2s_1v_1 & c_2v_2 & 0 & 0 \\ s_2s_1v_1 & s_2v_2 & v_3 & s_3v_4 \\ 0 & 0 & 0 & c_3v_4 \end{bmatrix} = \begin{bmatrix} c_1v_1 & 0 & 0 & 0 \\ s_1v_1 & v_2 & s_2v_3 & s_2s_3v_4 \\ 0 & 0 & c_2v_3 & c_2s_3v_4 \\ 0 & 0 & 0 & c_3v_4 \end{bmatrix},$$

$$\begin{bmatrix} c_1 & s_1 & 0 & 0 \\ -s_1 & c_1 & 0 & 0 \\ 0 & 0 & 1 & 0 \\ 0 & 0 & 0 & 1 \end{bmatrix} \begin{bmatrix} c_1v_1 & 0 & 0 & 0 \\ s_1v_1 & v_2 & s_2v_3 & s_2s_3v_4 \\ 0 & 0 & c_2v_3 & c_2s_3v_4 \\ 0 & 0 & 0 & c_3v_4 \end{bmatrix} = \begin{bmatrix} v_1 & s_1v_2 & s_1s_2v_3 & s_1s_2s_3v_4 \\ 0 & c_1v_2 & c_1s_2v_3 & c_1s_2s_3v_4 \\ 0 & 0 & c_2v_3 & c_2s_3v_4 \\ 0 & 0 & 0 & c_3v_4 \end{bmatrix}.$$

一般来说，如果 $\mathsf{tril}(\boldsymbol{A}) = B(\boldsymbol{s})^{-\mathrm{T}} .* \mathsf{tril}(\boldsymbol{c}\boldsymbol{v}^{\mathrm{T}})$ 是一个 Givens 向量表示，并且

$$\boldsymbol{Q}^{\mathrm{T}} = \boldsymbol{G}_1 \cdots \boldsymbol{G}_{n-1}, \tag{12.2.12}$$

其中对于 $k = 1:n-1$ 有

$$\boldsymbol{G}_k = \mathrm{diag}(\boldsymbol{I}_{k-1}, \tilde{\boldsymbol{G}}_k, \boldsymbol{I}_{n-k-1}), \qquad \tilde{\boldsymbol{G}}_k = \begin{bmatrix} c_k & s_k \\ -s_k & c_k \end{bmatrix}, \tag{12.2.13}$$

那么

$$\boldsymbol{Q}^{\mathrm{T}}\mathsf{tril}(\boldsymbol{A}) = \boldsymbol{R}_L = \mathsf{triu}((\mathcal{D}_n\boldsymbol{c})\boldsymbol{v}^{\mathrm{T}}) .* B(\boldsymbol{s})^{-1}. \tag{12.2.14}$$

（回忆 1.2.11 节，$\mathcal{D}_n$ 是下移置换.）因为 $\boldsymbol{Q}^{\mathrm{T}}$ 是上 Hessenberg 矩阵，所以

$$\boldsymbol{Q}^{\mathrm{T}}\mathsf{triu}(\mathsf{A}, 1) = \boldsymbol{R}_U$$

也是上三角矩阵. 因此

$$\boldsymbol{Q}^{\mathrm{T}}\boldsymbol{A} = \boldsymbol{Q}^{\mathrm{T}}(\boldsymbol{A}_L + \boldsymbol{A}_U) = \boldsymbol{R}_L + \boldsymbol{R}_U = \boldsymbol{R}$$

是 $\boldsymbol{A}$ 的 QR 分解. 不幸的是，从解 $\boldsymbol{A}\boldsymbol{x} = \boldsymbol{b}$ 的角度来看，这不是 $\boldsymbol{R}$ 的有用的 $O(n)$ 的表示，因为当我们试图解 $(\boldsymbol{R}_L + \boldsymbol{R}_U)\boldsymbol{x} = \boldsymbol{Q}^{\mathrm{T}}\boldsymbol{b}$ 的时候引入了求和运算.

幸运的是，有一种更方便的方法可以对 $\boldsymbol{R}$ 编码. 为清晰起见，假设 $\boldsymbol{A}$ 有生成元表示

$$\boldsymbol{A} = \mathsf{tril}(\boldsymbol{u}\boldsymbol{v}^{\mathrm{T}}) + \mathsf{triu}(\boldsymbol{p}\boldsymbol{q}^{\mathrm{T}}), \tag{12.2.15}$$

其中 $\boldsymbol{u}, \boldsymbol{v}, \boldsymbol{p}, \boldsymbol{q} \in \mathbb{R}^n$ 且 $\boldsymbol{u} .* \boldsymbol{v} = \boldsymbol{p} .* \boldsymbol{q}$. 我们证明 $\boldsymbol{R}$ 是秩 2 矩阵的上三角部分，即

$$\boldsymbol{R} = \mathsf{triu}(\boldsymbol{f}\boldsymbol{g}^{\mathrm{T}} + \boldsymbol{h}\boldsymbol{q}^{\mathrm{T}}), \qquad \boldsymbol{f}, \boldsymbol{g}, \boldsymbol{h} \in \mathbb{R}^n. \tag{12.2.16}$$

这意味着从 $\boldsymbol{R}$ 的上三角部分提取的任何子矩阵的秩都小于等于 2.

从 (12.2.15)，我们看到 $\boldsymbol{A}$ 的第一列是 $\boldsymbol{u}$ 的倍数. 由此，(12.2.12) 中定义的 $\boldsymbol{Q}$ 的 Givens 旋转来自于向量：

$$\boldsymbol{G}_1 \cdots \boldsymbol{G}_{n-1}\boldsymbol{u} = \begin{bmatrix} \tilde{u}_1 \\ 0 \\ \vdots \\ 0 \end{bmatrix}.$$

假设 $n=6$，并且我们计算了 $\boldsymbol{G}_5, \boldsymbol{G}_4, \boldsymbol{G}_3$ 使得 $\boldsymbol{A}^{(3)}=\boldsymbol{G}_3\boldsymbol{G}_4\boldsymbol{G}_5 A$ 有形式

$$\boldsymbol{A}^{(3)}=\begin{bmatrix} u_1v_1 & p_1q_2 & p_1q_3 & p_1q_4 & p_1q_5 & p_1q_6 \\ u_2v_1 & u_2v_2 & p_2q_3 & p_2q_4 & p_2q_5 & p_2q_6 \\ \tilde{u}_3v_1 & \tilde{u}_3v_2 & \tilde{f}_3g_3+\tilde{h}_3q_3 & \tilde{f}_3g_4+\tilde{h}_3q_4 & \tilde{f}_3g_5+\tilde{h}_3q_5 & \tilde{f}_3g_6+\tilde{h}_3q_6 \\ 0 & 0 & 0 & f_4g_4+h_4q_4 & f_4g_5+h_4q_5 & f_4g_6+h_4q_6 \\ 0 & 0 & 0 & 0 & f_5g_5+h_5q_5 & f_5g_6+h_5q_6 \\ 0 & 0 & 0 & 0 & 0 & f_6g_6+h_6q_6 \end{bmatrix}.$$

接下来，我们计算余弦-正弦对 (c_2,s_2)，使得

$$\tilde{\boldsymbol{G}}_2\begin{bmatrix} u_2 \\ \tilde{u}_3 \end{bmatrix}=\begin{bmatrix} c_2 & s_2 \\ -s_2 & c_2 \end{bmatrix}\begin{bmatrix} u_2 \\ \tilde{u}_3 \end{bmatrix}=\begin{bmatrix} \tilde{u}_2 \\ 0 \end{bmatrix}.$$

因为对于 $j=3:6$ 有

$$\begin{bmatrix} c_2 & s_2 \\ -s_2 & c_2 \end{bmatrix}\begin{bmatrix} p_2q_j \\ \tilde{f}_3g_j+\tilde{h}_3q_j \end{bmatrix}=\begin{bmatrix} c_2p_2+s_2\tilde{h}_3 \\ -s_2p_2+c_2\tilde{h}_3 \end{bmatrix}q_j+\begin{bmatrix} s_2\tilde{f}_3 \\ c_2\tilde{f}_3 \end{bmatrix}g_j,$$

从而 $\boldsymbol{A}^{(2)}=\boldsymbol{G}_2\boldsymbol{A}^{(3)}=\operatorname{diag}(1,\tilde{\boldsymbol{G}}_2,\boldsymbol{I}_3)\boldsymbol{A}^{(3)}$ 有形式

$$\boldsymbol{A}^{(2)}=\begin{bmatrix} u_1v_1 & p_1q_2 & p_1q_3 & p_1q_4 & p_1q_5 & p_1q_6 \\ \tilde{u}_2v_1 & \tilde{f}_2g_2+\tilde{h}_2q_2 & \tilde{f}_2g_3+\tilde{h}_2q_3 & \tilde{f}_2g_4+\tilde{h}_2q_4 & \tilde{f}_2g_5+\tilde{h}_2q_5 & \tilde{f}_2g_6+\tilde{h}_2q_6 \\ 0 & 0 & f_3g_3+h_3q_3 & f_3g_4+h_3q_4 & f_3g_5+h_3q_5 & f_3g_6+h_3q_6 \\ 0 & 0 & 0 & f_4g_4+h_4q_4 & f_4g_5+h_4q_5 & f_4g_6+h_4q_6 \\ 0 & 0 & 0 & 0 & f_5g_5+h_5q_5 & f_5g_6+h_5q_6 \\ 0 & 0 & 0 & 0 & 0 & f_6g_6+h_6q_6 \end{bmatrix},$$

其中

$$\tilde{f}_2=s_2\tilde{f}_3,\quad f_3=c_2\tilde{f}_3,\quad \tilde{h}_2=c_2p_2+s_2\tilde{h}_3,\quad h_3=-s_2p_2+c_2\tilde{h}_3.$$

考虑从 $\boldsymbol{A}^{(3)}$ 到 $\boldsymbol{A}^{(2)}$ 变换和 Givens 旋转 $\boldsymbol{G}_2$ 的过渡，我们得出结论 $\left[A^{(2)}\right]_{22}=\tilde{u}_2v_2$. 因为这必须等于 $\tilde{f}_2g_2+\tilde{h}_2q_2$，我们得出

$$g_2=\frac{\tilde{u}_2v_2-\tilde{h}_2q_2}{\tilde{f}_2}.$$

从这个例子可以推断，做一定的假设可以保证除数不为零，我们得到了下面的 QR 分解过程.

算法 12.2.2 假设 $\boldsymbol{u},\boldsymbol{v},\boldsymbol{p},\boldsymbol{q}$ 都是 n 维向量，满足 $\boldsymbol{u}*\boldsymbol{v}=\boldsymbol{p}*\boldsymbol{q}$ 且 $u_n\neq 0$. 如果 $\boldsymbol{A}=\mathsf{tril}(\boldsymbol{u}\boldsymbol{v}^{\mathrm{T}})+\mathsf{triu}(\boldsymbol{p}\boldsymbol{q}^{\mathrm{T}},1)$，那么算法计算余弦-正弦对 $(c_1,s_1),\cdots,(c_{n-1},s_{n-1})$ 和向量 $\boldsymbol{f},\boldsymbol{g},\boldsymbol{h}\in\mathbb{R}^n$，使得如果 $\boldsymbol{Q}$ 由 (12.2.12)(12.2.13) 定义，那么 $\boldsymbol{Q}^{\mathrm{T}}\boldsymbol{A}=\boldsymbol{R}=\mathsf{triu}(\boldsymbol{f}\boldsymbol{g}^{\mathrm{T}}+\boldsymbol{h}\boldsymbol{q}^{\mathrm{T}})$.

$\tilde{u}_n = u_n,\ \tilde{f}_n=u_n,\ g_n=v_n,\ h_n=0$

for $k=n-1:-1:1$

确定 c_k 和 s_k 使得 $\begin{bmatrix} c_k & s_k \\ -s_k & c_k \end{bmatrix}\begin{bmatrix} u_k \\ \tilde{u}_{k+1} \end{bmatrix}=\begin{bmatrix} \tilde{u}_k \\ 0 \end{bmatrix}$.

$\tilde{f}_k=s_k\tilde{f}_{k+1},\ f_{k+1}=c_k\tilde{f}_{k+1}$

$\begin{bmatrix} h_k \\ h_{k+1} \end{bmatrix}=\begin{bmatrix} c_k & s_k \\ -s_k & c_k \end{bmatrix}\begin{bmatrix} p_k \\ h_{k+1} \end{bmatrix}$

$g_k = (u_kv_k-h_kq_k)/\tilde{f}_k$

end

$f_1 = \tilde{f}_1$

考虑条件 $u_n\neq 0$，很容易用归纳法证明

$$\tilde{f}_k = s_k\cdots s_{n-1}u_n.$$

这些 s_k 是非零的，因为 $|\tilde{u}_k|=\|u(k:n)\|_2\neq 0$. 这个算法需要 $O(n)$ 个 flop 和 $O(n)$ 的储存量. 我们强调有比算法 12.2.2 更好的方法实现半可分矩阵的 QR 分解. 见 Van Camp, Mastronardi, and Van Barel (2004). 如上所述，我们的目标是表明围绕 Givens 旋转如何来组织结构化秩矩阵的分解. 同样，拟半可分矩阵、半可分对角矩阵的有效 QR 分解也是存在的.

我们提到，形如 $\mathsf{triu}(\boldsymbol{f}\boldsymbol{g}^{\mathrm{T}}+\boldsymbol{h}\boldsymbol{q}^{\mathrm{T}})\boldsymbol{x}=\boldsymbol{y}$ 的 $n\times n$ 方程组可以用 $O(n)$ 的计算量求解. 归纳一下基于如下形式的划分

$$\begin{bmatrix} f_kg_k+h_kq_k & f_k\tilde{g}^{\mathrm{T}}+h_1\tilde{q}^{\mathrm{T}} \\ 0 & \tilde{f}\tilde{g}^{\mathrm{T}}+\tilde{h}\tilde{q}^{\mathrm{T}} \end{bmatrix}\begin{bmatrix} x_k \\ \tilde{x} \end{bmatrix}=\begin{bmatrix} y_k \\ \tilde{y} \end{bmatrix},$$

其中所有带“波浪线”的向量都属于 $\mathbb{R}^{n-k}$. 如果 $\tilde{\boldsymbol{x}}$, $\alpha=\tilde{\boldsymbol{g}}^{\mathrm{T}}\tilde{\boldsymbol{x}}$ 和 $\tilde{\boldsymbol{q}}^{\mathrm{T}}\tilde{\boldsymbol{x}}$ 是可用的，那么 x_k、修正 $\alpha=\alpha+g_kx_k$ 和 $\beta=\beta+q_kx_k$ 需要 $O(1)$ 个 flop.

12.2.8 其他结构化秩类

我们简要说一下应用中出现的其他几种结构化秩矩阵. 快速 LU 分解和 QR 分解在每种情况下都存在.

如果 p 和 q 是非负整数，满足

$$
\begin{aligned}
j_2 < i_1 + p \quad &\Rightarrow \quad \mathsf{rank}(A(i_1 : i_2, j_1 : j_2)) \leqslant p, \\
i_2 > j_1 + q \quad &\Rightarrow \quad \mathsf{rank}(A(i_1 : i_2, j_1 : j_2)) \leqslant q,
\end{aligned}
$$

则称矩阵 $\boldsymbol{A}$ 是 $\{p, q\}$ **半可分矩阵**. 例如，如果 $\boldsymbol{A}$ 是 $\{2,3\}$ 半可分矩阵，则

$$
\boldsymbol{A} = \begin{bmatrix}
\times & \times & \times & \times & \times & \times & \times \\
a_{21} & a_{22} & a_{23} & \times & \times & \times & \times \\
a_{31} & a_{32} & a_{33} & a_{34} & a_{35} & a_{36} & a_{37} \\
a_{41} & a_{42} & a_{43} & a_{44} & a_{45} & a_{46} & a_{47} \\
\times & \times & \times & a_{54} & a_{55} & a_{56} & a_{57} \\
\times & \times & \times & a_{64} & a_{65} & a_{66} & a_{67} \\
\times & \times & \times & a_{74} & a_{75} & a_{76} & a_{77}
\end{bmatrix} \Rightarrow \begin{array}{l} \mathsf{rank}(A(2:4, 1:3)) \leqslant 2, \\ \mathsf{rank}(A(3:7, 4:7)) \leqslant 3. \end{array}
$$

一般情况下，如果存在 $\boldsymbol{U}, \boldsymbol{V} \in \mathbb{R}^{n \times p}$ 和 $\boldsymbol{P}, \boldsymbol{Q} \in \mathbb{R}^{n \times q}$ 使得

$$
\begin{aligned}
\mathsf{tril}(\boldsymbol{A}, p-1) &= \mathsf{tril}(\boldsymbol{U}\boldsymbol{V}^{\mathrm{T}}, p-1), \\
\mathsf{triu}(\boldsymbol{A}, -q+1) &= \mathsf{triu}(\boldsymbol{P}\boldsymbol{Q}^{\mathrm{T}}, -q+1),
\end{aligned}
$$

则称 $\boldsymbol{A}$ 是 $\{p, q\}$ **生成元可表示矩阵**. 如果这样的矩阵是非奇异的，那么 $\boldsymbol{A}^{-1}$ 的下带宽为 p、上带宽为 q. 如果 $\{p, q\}$ 半可分矩阵 $\boldsymbol{A}$ 的秩 p 块来自 $\mathsf{tril}(\boldsymbol{A})$、秩 q 块来自 $\mathsf{triu}(\boldsymbol{A})$，那么 $\boldsymbol{A}$ 属于**广义 $\{p, q\}$ 半可分矩阵类**. 如果 $\{p, q\}$ 半可分矩阵 $\boldsymbol{A}$ 的秩 p 块来自 $\mathsf{tril}(\boldsymbol{A}, -1)$、秩 q 块来自 $\mathsf{triu}(\boldsymbol{A}, 1)$，那么 A 属于**广义 $\{p, q\}$ 拟半可分矩阵类**. 一个顺序半可分矩阵是一个有如下形式的分块矩阵：

$$
\boldsymbol{A} = \begin{bmatrix}
\boldsymbol{D}_1 & \boldsymbol{P}_1\boldsymbol{Q}_2^{\mathrm{T}} & \boldsymbol{P}_1\boldsymbol{R}_2\boldsymbol{Q}_3^{\mathrm{T}} & \boldsymbol{P}_1\boldsymbol{R}_2\boldsymbol{R}_3\boldsymbol{Q}_4^{\mathrm{T}} \\
\boldsymbol{U}_2\boldsymbol{V}_1^{\mathrm{T}} & \boldsymbol{D}_2 & \boldsymbol{P}_2\boldsymbol{Q}_3^{\mathrm{T}} & \boldsymbol{P}_2\boldsymbol{R}_3\boldsymbol{Q}_4^{\mathrm{T}} \\
\boldsymbol{U}_3\boldsymbol{T}_2\boldsymbol{V}_1^{\mathrm{T}} & \boldsymbol{U}_3\boldsymbol{V}_2^{\mathrm{T}} & \boldsymbol{D}_3 & \boldsymbol{P}_3\boldsymbol{Q}_4^{\mathrm{T}} \\
\boldsymbol{U}_4\boldsymbol{T}_3\boldsymbol{T}_2\boldsymbol{V}_1^{\mathrm{T}} & \boldsymbol{U}_4\boldsymbol{T}_3\boldsymbol{V}_2^{\mathrm{T}} & \boldsymbol{U}_4\boldsymbol{V}_3^{\mathrm{T}} & \boldsymbol{D}_4
\end{bmatrix}. \tag{12.2.17}
$$

见 Dewilde and van der Veen (1997) 和 Chandrasekaran et al. (2005). 这些块可以是矩形的，这样就可以处理带有这种结构的最小二乘问题.

具有**分层秩结构**的矩阵是基于低秩形式，以递归的 2×2 分块出现.（1 级递归有 2×2 的块矩阵，其对角线是 2×2 块矩阵.）非对角线的块的低秩表示形式之间可能存在各种联系. 分层半可分矩阵类具有特别丰富和可利用的结构，是重要的一类矩阵，见 Xia (2012).

12.2.9 半可分特征值问题与方法

也存在与特征值相关的各种双边快速分解方法. 例如, 如果 $\boldsymbol{A} \in \mathbb{R}^{n\times n}$ 是对称半可分对角矩阵, 那么就能以 $O(n^2)$ 个 flop 计算三对角化 $\boldsymbol{Q}^{\mathrm{T}}\boldsymbol{A}\boldsymbol{Q} = \boldsymbol{T}$. 这里的正交矩阵 $\boldsymbol{Q}$ 是 Givens 旋转的乘积, 其中的每一个都参与高度结构化修正. 见 Mastronardi, Chandrasekaran, and Van Huffel (2001).

对于一般的矩阵问题也有一些有趣的方法, 这些方法涉及在求解过程中引入半可分结构. Van Barel, Vanberghen, and Van Dooren (2010) 通过转换成半可分结构来处理乘积 SVD 问题. 例如, 首先计算与 $\boldsymbol{A} = \boldsymbol{A}_1\boldsymbol{A}_2$ 的 SVD 正交的矩阵 $\boldsymbol{U}_1, \boldsymbol{U}_2$ 和 $\boldsymbol{U}_3$, 使得 $(\boldsymbol{U}_1^{\mathrm{T}}\boldsymbol{A}_1\boldsymbol{U}_2)(\boldsymbol{U}_2^{\mathrm{T}}\boldsymbol{A}_2\boldsymbol{U}_3) = \boldsymbol{T}$ 是上三角半可分矩阵. Vanberghen, Vandebril, and Van Barel (2008) 展示了如何计算正交的 $\boldsymbol{Q}, \boldsymbol{Z} \in \mathbb{R}^{n\times n}$, 使得 $\boldsymbol{Q}^{\mathrm{T}}\boldsymbol{B}\boldsymbol{Z} = \boldsymbol{R}$ 为上三角矩阵, 且 $\boldsymbol{Q}^{\mathrm{T}}\boldsymbol{A}\boldsymbol{Z} = \boldsymbol{L}$ 满足 $\mathsf{tril}(\boldsymbol{L})$ 为半可分矩阵. 也已经将约化等效的 $\boldsymbol{L} - \lambda\boldsymbol{R}$ 的方法推广到 Schur 形式.

12.2.10 正交上 Hessenberg 矩阵的特征值

我们用一个具有拟可分结构的特征值问题来结束本节. 假设 $\boldsymbol{H} \in \mathbb{R}^{n\times n}$ 是正交上 Hessenberg 矩阵. 我们的目标是计算 $\lambda(\boldsymbol{H})$. 注意, 每个特征值都在单位圆上. 不失一般性, 我们可以假设次对角元是非零的.

如果 n 是奇数, 那么它一定有实特征值, 因为一个实矩阵的复特征值是以共轭对出现的. 在这种情况下, 可以通过仔细地使用特征向量方程式 $\boldsymbol{H}\boldsymbol{x} = \boldsymbol{x}$ (或 $\boldsymbol{H}\boldsymbol{x} = -\boldsymbol{x}$) 来简化问题. 因此, 我们可以假设 n 是偶数.

对于 $1 \leqslant k \leqslant n-1$, 反射 $\boldsymbol{G}_k \in \mathbb{R}^{n\times n}$ 定义如下

$$\boldsymbol{G}_k \;=\; \boldsymbol{G}(\phi_k) \;=\; \mathrm{diag}\left(\boldsymbol{I}_{k-1}, R(\phi_k), \boldsymbol{I}_{n-k-1}\right),$$

其中

$$R(\phi_k) \;=\; \begin{bmatrix} -\cos(\phi_k) & \sin(\phi_k) \\ \sin(\phi_k) & \cos(\phi_k) \end{bmatrix}, \qquad 0 < \phi_k < \pi.$$

这些变换可以用来表示 $\boldsymbol{H}$ 的 QR 分解. 实际上, 正如 5.2.6 节描述的 Givens 过程, 我们可以计算 $\boldsymbol{G}_1, \cdots, \boldsymbol{G}_{n-1}$, 使得

$$\boldsymbol{G}_{n-1}\cdots\boldsymbol{G}_1\boldsymbol{H} \;=\; \boldsymbol{G}_n \;\equiv\; \mathrm{diag}(1, \cdots, 1, -c_n).$$

矩阵 $\boldsymbol{G}_n$ 是 "$\boldsymbol{R}$" 矩阵. 因为正交上三角矩阵必定是对角矩阵, 所以 $\boldsymbol{G}_n$ 是对角矩阵. 因为矩阵的行列式是其特征值的乘积, c_n 的值要么是 $+1$, 要么是 -1. 如果 $c_n = -1$, 那么 $\mathsf{det}(\boldsymbol{H}) = -1$, 这反过来暗示 $\boldsymbol{H}$ 具有实的特征值, 我们可以将问题简化. 因此, 可以假设

$$\boldsymbol{H} \;=\; \boldsymbol{G}_1\cdots\boldsymbol{G}_n, \qquad \boldsymbol{G}_n = \mathrm{diag}(1, \cdots, 1, -1), \qquad n = 2m, \qquad (12.2.18)$$

我们的目的是计算

$$\lambda(\boldsymbol{H}) = \{\cos(\theta_1) \pm \mathrm{i}\cdot\sin(\theta_1), \cdots, \cos(\theta_m) \pm \mathrm{i}\cdot\sin(\theta_m)\}. \tag{12.2.19}$$

注意 (12.2.4) 和 (12.2.18) 告诉我们 $\boldsymbol{H}$ 是拟半可分矩阵.

Ammar, Gragg, and Reichel (1986) 提出了一个有趣的 $O(n^2)$ 的方法，通过构造一对 $m\times m$ 的双对角 SVD 问题来计算所需的特征值. 需要以下三个事实.

事实 1. $\boldsymbol{H}$ 与 $\tilde{\boldsymbol{H}} = \boldsymbol{H}_o\boldsymbol{H}_e$ 相似，其中

$$\begin{aligned} \boldsymbol{H}_o &= \boldsymbol{G}_1\boldsymbol{G}_3\cdots\boldsymbol{G}_{n-1} = \mathrm{diag}(R(\phi_1), R(\phi_3), \cdots, R(\phi_{n-1})), \\ \boldsymbol{H}_e &= \boldsymbol{G}_2\boldsymbol{G}_4\cdots\boldsymbol{G}_n \quad = \mathrm{diag}(1, R(\phi_2), R(\phi_4), \cdots, R(\phi_{n-2}), -1). \end{aligned}$$

事实 2. 矩阵

$$\boldsymbol{C} = \frac{\boldsymbol{H}_o + \boldsymbol{H}_e}{2}, \qquad \boldsymbol{S} = \frac{\boldsymbol{H}_o - \boldsymbol{H}_e}{2}$$

是对称三对角矩阵. 此外，它们的特征值如下

$$\begin{aligned} \lambda(\boldsymbol{C}) &= \{\pm\cos(\theta_1/2), \cdots, \pm\cos(\theta_m/2)\}, \\ \lambda(\boldsymbol{S}) &= \{\pm\sin(\theta_1/2), \cdots, \pm\sin(\theta_m/2)\}. \end{aligned}$$

事实 3. 如果

$$\begin{aligned} \boldsymbol{Q}_o &= \mathrm{diag}(R(\phi_1/2), R(\phi_3/2), \cdots, R(\phi_{n-1}/2)), \\ \boldsymbol{Q}_e &= \mathrm{diag}(1, R(\phi_2/2), R(\phi_4/2), \cdots, R(\phi_{n-2}/2), -1), \end{aligned}$$

那么对矩阵进行完美的洗牌置换

$$\boldsymbol{C}^{(1)} = \boldsymbol{Q}_o\boldsymbol{C}\boldsymbol{Q}_e, \qquad \boldsymbol{S}^{(1)} = \boldsymbol{Q}_o\boldsymbol{S}\boldsymbol{Q}_e$$

揭示了一对 $m\times m$ 双对角矩阵 $\boldsymbol{B}_C$ 和 $\boldsymbol{B}_S$ 具有性质

$$\begin{aligned} \sigma(\boldsymbol{B}_C) &= \{\cos(\theta_1/2), \cdots, \cos(\theta_m/2)\}, \\ \sigma(\boldsymbol{B}_S) &= \{\sin(\theta_1/2), \cdots, \sin(\theta_m/2)\}. \end{aligned}$$

一旦建立了双对角矩阵 $\boldsymbol{B}_C$ 和 $\boldsymbol{B}_S$（需要 $O(n)$ 的运算量），它们的奇异值就可以通过 Golub-Kahan SVD 算法计算. 角度 θ_k 可以如下准确地确定，当 $0 < \theta_k < \pi/2$ 时 $\sin(\theta_k/2)$，否则 $\cos(\theta_k/2)$. 详见 Ammar, Gragg, and Reichel (1986).

习 题

1. 严格证明 $B(r)^{-1}$ 是半可分矩阵.
2. 证明：当且仅当对于适当选择的向量 $\boldsymbol{u}$, $\boldsymbol{v}$, $\boldsymbol{t}$, $\boldsymbol{d}$, $\boldsymbol{p}$, $\boldsymbol{r}$, $\boldsymbol{q}$ 有 $\boldsymbol{A}=\mathbf{S}(\boldsymbol{u},\boldsymbol{t},\boldsymbol{v},\boldsymbol{d},\boldsymbol{p},\boldsymbol{r},\boldsymbol{q})$ 时，$\boldsymbol{A}$ 是拟半可分矩阵.
3. 在 $\boldsymbol{A}=\mathbf{S}(\boldsymbol{u},\boldsymbol{v},\boldsymbol{t},\boldsymbol{d},\boldsymbol{p},\boldsymbol{q},\boldsymbol{r})$ 的情况下，执行 $n\times n$ 矩阵向量积 $\boldsymbol{y}=\boldsymbol{A}\boldsymbol{x}$ 需要多少个 flop?
4. 参考 (12.2.4)，确定 $\boldsymbol{u}$, $\boldsymbol{v}$, $\boldsymbol{t}$, $\boldsymbol{d}$, $\boldsymbol{p}$, $\boldsymbol{q}$, $\boldsymbol{r}$，使得 $\boldsymbol{M}=\mathbf{S}(\boldsymbol{u},\boldsymbol{v},\boldsymbol{t},\boldsymbol{d},\boldsymbol{p},\boldsymbol{q},\boldsymbol{r})$.
5. 假设 $\mathbf{S}(\boldsymbol{u},\boldsymbol{v},\boldsymbol{t},\boldsymbol{d},\boldsymbol{v},\boldsymbol{u},\boldsymbol{t})$ 是对称正定半可分矩阵. 证明它的 Cholesky 因子是半可分矩阵，给出一个计算其拟半可分表示的算法.
6. 验证 12.2.3 节中的 3 个事实.
7. 给出求解上三角方法组 $\boldsymbol{T}\boldsymbol{x}=\boldsymbol{y}$ 的一个快速算法，其中矩阵 $\boldsymbol{T}=\mathrm{diag}(\boldsymbol{d})+\mathsf{triu}(\boldsymbol{p}\boldsymbol{q}^{\mathrm{T}},1)\ .*\ B(\boldsymbol{r})^{-1}$，且 $\boldsymbol{p},\boldsymbol{q},\boldsymbol{d},\boldsymbol{y}\in\mathbb{R}^n$, $\boldsymbol{r}\in\mathbb{R}^{n-1}$.
8. 验证 (12.2.7).
9. 证明 (12.2.14).
10. 假设 $\boldsymbol{A}$ 是 $N\times N$ 分块矩阵，其顺序可分结构如 (12.2.17) 所示. 假设每个块都是 $m\times m$ 的. 给出计算 $\boldsymbol{y}=\boldsymbol{A}\boldsymbol{x}$ 的快速算法，其中 $\boldsymbol{x}\in\mathbb{R}^{Nm}$.
11. 可以证明

$$\boldsymbol{A}=\begin{bmatrix}\boldsymbol{A}_1 & \boldsymbol{B}_1^{\mathrm{T}} & \boldsymbol{0} & \boldsymbol{0}\\ \boldsymbol{B}_1 & \boldsymbol{A}_2 & \boldsymbol{B}_2^{\mathrm{T}} & \boldsymbol{0}\\ \boldsymbol{0} & \boldsymbol{B}_2 & \boldsymbol{A}_3 & \boldsymbol{B}_3^{\mathrm{T}}\\ \boldsymbol{0} & \boldsymbol{0} & \boldsymbol{B}_3 & \boldsymbol{A}_4\end{bmatrix}\quad\Rightarrow\quad \boldsymbol{A}^{-1}=\begin{bmatrix}\boldsymbol{U}_1\boldsymbol{V}_1^{\mathrm{T}} & \boldsymbol{V}_1\boldsymbol{U}_2^{\mathrm{T}} & \boldsymbol{V}_1\boldsymbol{U}_3^{\mathrm{T}} & \boldsymbol{V}_1\boldsymbol{U}_4^{\mathrm{T}}\\ \boldsymbol{U}_2\boldsymbol{V}_1^{\mathrm{T}} & \boldsymbol{U}_2\boldsymbol{V}_2^{\mathrm{T}} & \boldsymbol{V}_2\boldsymbol{U}_3^{\mathrm{T}} & \boldsymbol{V}_2\boldsymbol{U}_4^{\mathrm{T}}\\ \boldsymbol{U}_3\boldsymbol{V}_1^{\mathrm{T}} & \boldsymbol{U}_3\boldsymbol{V}_2^{\mathrm{T}} & \boldsymbol{U}_3\boldsymbol{V}_3^{\mathrm{T}} & \boldsymbol{V}_3\boldsymbol{U}_4^{\mathrm{T}}\\ \boldsymbol{U}_4\boldsymbol{V}_1^{\mathrm{T}} & \boldsymbol{U}_4\boldsymbol{V}_2^{\mathrm{T}} & \boldsymbol{U}_4\boldsymbol{V}_3^{\mathrm{T}} & \boldsymbol{U}_4\boldsymbol{V}_4^{\mathrm{T}}\end{bmatrix},$$

假设 $\boldsymbol{A}$ 是对称正定矩阵，$\boldsymbol{B}_i$ 是非奇异矩阵. 给出计算 $\boldsymbol{U}_1,\cdots,\boldsymbol{U}_4$ 和 $\boldsymbol{V}_1,\cdots,\boldsymbol{V}_4$ 的算法.
12. 假设 $\boldsymbol{a},\boldsymbol{b},\boldsymbol{f},\boldsymbol{g}\in\mathbb{R}^n$ 且 $\boldsymbol{A}=\mathsf{triu}(\boldsymbol{a}\boldsymbol{b}^{\mathrm{T}}+\boldsymbol{f}\boldsymbol{g}^{\mathrm{T}})$ 是非奇异矩阵. (a) 给定 $\boldsymbol{x}\in\mathbb{R}^n$，说明如何有效地计算 $\boldsymbol{y}=\boldsymbol{A}\boldsymbol{x}$. (b) 给定 $\boldsymbol{y}\in\mathbb{R}^n$，说明如何计算 $\boldsymbol{x}\in\mathbb{R}^n$ 使得 $\boldsymbol{A}\boldsymbol{x}=\boldsymbol{y}$. (c) 给定 $\boldsymbol{y},\boldsymbol{d}\in\mathbb{R}^n$，说明如何计算 $\boldsymbol{x}$ 使得 $\boldsymbol{y}=(\boldsymbol{A}+\boldsymbol{D})\boldsymbol{x}$，假设 $\boldsymbol{D}=\mathrm{diag}(\boldsymbol{d})$ 和 $\boldsymbol{A}+\boldsymbol{D}$ 都是非奇异矩阵.
13. 对于 $n=8$ 验证 12.2.10 节中的 3 个事实.
14. 说明通过计算 $(\boldsymbol{A}+\boldsymbol{A}^{\mathrm{T}})/2$ 和 $(\boldsymbol{A}-\boldsymbol{A}^{\mathrm{T}})/2$ 的 Schur 分解如何来计算正交矩阵 $\boldsymbol{A}\in\mathbb{R}^{n\times n}$ 的特征值.

12.3 克罗内克积的计算

克罗内克积（KP）有丰富的代数结构，支持广泛的快速、实用的算法. 它还提供了矩阵计算和张量计算之间的桥梁. 这一节从这个角度来概述它最重要的一些特性. 回忆一下我们在 1.3.6 节中引入的 KP 问题，以及在 1.3.7 节和 1.3.8 节中学习的一些有关性质. 我们在 1.4 节中讨论了快速变换方法，在 4.8.4 节中针对二维泊松问题给出了其重要的应用.

12.3.1 基本性质

克罗内克积被应用于结构化的分块矩阵的计算. 1.3.6–1.3.8 节已经给出了它的基本性质，包括

$$\begin{array}{llcl} \text{转置:} & (\boldsymbol{B}\otimes\boldsymbol{C})^{\mathrm{T}} & = & \boldsymbol{B}^{\mathrm{T}}\otimes\boldsymbol{C}^{\mathrm{T}}, \\ \text{逆:} & (\boldsymbol{B}\otimes\boldsymbol{C})^{-1} & = & \boldsymbol{B}^{-1}\otimes\boldsymbol{C}^{-1}, \\ \text{乘积:} & (\boldsymbol{B}\otimes\boldsymbol{C})(\boldsymbol{D}\otimes\boldsymbol{F}) & = & \boldsymbol{BD}\otimes\boldsymbol{CF}, \\ \text{结合律:} & \boldsymbol{B}\otimes(\boldsymbol{C}\otimes\boldsymbol{D}) & = & (\boldsymbol{B}\otimes\boldsymbol{C})\otimes\boldsymbol{D}. \end{array}$$

注意，一般来说，$\boldsymbol{B}\otimes\boldsymbol{C}\neq\boldsymbol{C}\otimes\boldsymbol{B}$，但如果 $\boldsymbol{B}\in\mathbb{R}^{m_1\times n_1}$，$\boldsymbol{C}\in\mathbb{R}^{m_2\times n_2}$，那么

$$\boldsymbol{P}(\boldsymbol{B}\otimes\boldsymbol{C})\boldsymbol{Q}^{\mathrm{T}} = \boldsymbol{C}\otimes\boldsymbol{B}, \tag{12.3.1}$$

其中 $\boldsymbol{P} = \mathcal{P}_{m_1,m_2}$ 和 $\boldsymbol{Q} = \mathcal{P}_{n_1,n_2}$ 是完全洗牌置换，见 1.2.11 节.

关于结构化矩阵的克罗内克积，如果 $\boldsymbol{B}$ 是稀疏矩阵，则 $\boldsymbol{B}\otimes\boldsymbol{C}$ 在块级别上有相同的稀疏形式. 如果 $\boldsymbol{B}$ 和 $\boldsymbol{C}$ 都是置换矩阵，那么 $\boldsymbol{B}\otimes\boldsymbol{C}$ 也是置换矩阵. 实际上，如果 p 和 q 分别是 $1:m$ 和 $1:n$ 的排列，那么

$$\boldsymbol{I}_m(\boldsymbol{p},:)\otimes\boldsymbol{I}_n(\boldsymbol{q},:) = \boldsymbol{I}_{mn}(\boldsymbol{w},:), \quad \boldsymbol{w} = (\boldsymbol{1}_m\otimes\boldsymbol{q}) + n\cdot(\boldsymbol{p}-\boldsymbol{1}_m)\otimes\boldsymbol{1}_n. \tag{12.3.2}$$

我们也有

$$\begin{array}{rcl} (\text{正交矩阵})\otimes(\text{正交矩阵}) & = & (\text{正交矩阵}), \\ (\text{随机矩阵})\otimes(\text{随机矩阵}) & = & (\text{随机矩阵}), \\ (\text{对称正定矩阵})\otimes(\text{对称正定矩阵}) & = & (\text{对称正定矩阵}). \end{array}$$

正定性来自

$$\left.\begin{array}{l} \boldsymbol{B} = \boldsymbol{G}_B\boldsymbol{G}_B^{\mathrm{T}} \\ \boldsymbol{C} = \boldsymbol{G}_C\boldsymbol{G}_C^{\mathrm{T}} \end{array}\right. \Rightarrow \boldsymbol{B}\otimes\boldsymbol{C} = \boldsymbol{G}_B\boldsymbol{G}_B^{\mathrm{T}}\otimes\boldsymbol{G}_C\boldsymbol{G}_C^{\mathrm{T}} = (\boldsymbol{G}_B\otimes\boldsymbol{G}_C)(\boldsymbol{G}_B\otimes\boldsymbol{G}_C)^{\mathrm{T}}.$$

换句话说，$\boldsymbol{B}\otimes\boldsymbol{C}$ 的 Cholesky 因子是 $\boldsymbol{B}$ 与 $\boldsymbol{C}$ 的 Cholesky 因子的克罗内克积. 类似的结果适用于正方的 LU 和 QR 分解：

$$\left.\begin{array}{l} \boldsymbol{P}_B\boldsymbol{B} = \boldsymbol{L}_B\boldsymbol{U}_B \\ \boldsymbol{P}_C\boldsymbol{C} = \boldsymbol{L}_C\boldsymbol{U}_C \end{array}\right\} \Rightarrow (\boldsymbol{P}_B\otimes\boldsymbol{P}_C)(\boldsymbol{B}\otimes\boldsymbol{C}) = (\boldsymbol{L}_B\otimes\boldsymbol{L}_C)(\boldsymbol{U}_B\otimes\boldsymbol{U}_C),$$

$$\left.\begin{array}{l} \boldsymbol{B} = \boldsymbol{Q}_B\boldsymbol{R}_B \\ \boldsymbol{C} = \boldsymbol{Q}_C\boldsymbol{R}_C \end{array}\right\} \Rightarrow \boldsymbol{B}\otimes\boldsymbol{C} = (\boldsymbol{Q}_B\otimes\boldsymbol{Q}_C)(\boldsymbol{R}_B\otimes\boldsymbol{R}_C).$$

需要注意的是，如果 $\boldsymbol{B}$ 和/或 $\boldsymbol{C}$ 的行数多于列数，那么对于上三角矩阵 $\boldsymbol{R}_B$ 和 $\boldsymbol{R}_C$ 也有同样的结果. 在这种情况下，$\boldsymbol{R}_B\otimes\boldsymbol{R}_C$ 的行置换被要求是三角形式的.

另外，如果 $\boldsymbol{B}\boldsymbol{P}_B = \boldsymbol{Q}_B\boldsymbol{R}_B$ 和 $\boldsymbol{C}\boldsymbol{P}_C = \boldsymbol{Q}_C\boldsymbol{R}_C$ 是窄 QR 分解，那么

$$(\boldsymbol{B}\otimes\boldsymbol{C})(\boldsymbol{P}_B\otimes\boldsymbol{P}_C) = (\boldsymbol{Q}_B\otimes\boldsymbol{Q}_C)(\boldsymbol{R}_B\otimes\boldsymbol{R}_C)$$

是 $\boldsymbol{B}\otimes\boldsymbol{C}$ 的窄 QR 分解.

$\boldsymbol{B}\otimes\boldsymbol{C}$ 的特征值和奇异值分别是 $\boldsymbol{B}$ 与 $\boldsymbol{C}$ 的特征值之积和奇异值之积:

$$\begin{aligned}\lambda(\boldsymbol{B}\otimes\boldsymbol{C}) &= \{\,\beta_i\gamma_j : \beta_i\in\lambda(\boldsymbol{B}),\ \gamma_j\in\lambda(\boldsymbol{C})\,\},\\ \sigma(\boldsymbol{B}\otimes\boldsymbol{C}) &= \{\,\beta_i\gamma_j : \beta_i\in\sigma(\boldsymbol{B}),\ \gamma_j\in\sigma(\boldsymbol{C})\,\}.\end{aligned}$$

这些结果是下列分解的推论:

$$\left.\begin{aligned}\boldsymbol{Q}_B^{\mathrm{H}}\boldsymbol{B}\boldsymbol{Q}_B &= \boldsymbol{T}_B\\ \boldsymbol{Q}_C^{\mathrm{H}}\boldsymbol{C}\boldsymbol{Q}_C &= \boldsymbol{T}_C\end{aligned}\right\}\Rightarrow\ (\boldsymbol{Q}_B\otimes\boldsymbol{Q}_C)^{\mathrm{H}}(\boldsymbol{B}\otimes\boldsymbol{C})(\boldsymbol{Q}_B\otimes\boldsymbol{Q}_C) = \boldsymbol{T}_B\otimes\boldsymbol{T}_C, \tag{12.3.3}$$

$$\left.\begin{aligned}\boldsymbol{U}_B^{\mathrm{H}}\boldsymbol{B}\boldsymbol{V}_B &= \boldsymbol{\Sigma}_B\\ \boldsymbol{U}_C^{\mathrm{H}}\boldsymbol{C}\boldsymbol{V}_C &= \boldsymbol{\Sigma}_C\end{aligned}\right\}\Rightarrow\ (\boldsymbol{U}_B\otimes\boldsymbol{U}_C)^{\mathrm{H}}(\boldsymbol{B}\otimes\boldsymbol{C})(\boldsymbol{V}_B\otimes\boldsymbol{V}_C) = \boldsymbol{\Sigma}_B\otimes\boldsymbol{\Sigma}_C. \tag{12.3.4}$$

注意，如果 $\boldsymbol{B}\boldsymbol{y} = \beta\boldsymbol{y}$ 且 $\boldsymbol{C}\boldsymbol{z} = \gamma\boldsymbol{z}$，那么 $(\boldsymbol{B}\otimes\boldsymbol{C})(\boldsymbol{y}\otimes\boldsymbol{z}) = \beta\gamma(\boldsymbol{y}\otimes\boldsymbol{z})$. 从 (12.3.3) 和 (12.3.4) 还可得出其他的性质，包括

$$\begin{aligned}\mathsf{rank}(\boldsymbol{B}\otimes\boldsymbol{C}) &= \mathsf{rank}(\boldsymbol{B})\cdot\mathsf{rank}(\boldsymbol{C}),\\ \mathsf{det}(\boldsymbol{B}\otimes\boldsymbol{C}) &= \mathsf{det}(\boldsymbol{B})^n\cdot\mathsf{det}(\boldsymbol{C})^m, \qquad \boldsymbol{B}\in\mathbb{R}^{m\times m},\ \boldsymbol{C}\in\mathbb{R}^{n\times n},\\ \mathsf{tr}(\boldsymbol{B}\otimes\boldsymbol{C}) &= \mathsf{tr}(\boldsymbol{B})\cdot\mathsf{tr}(\boldsymbol{C}),\\ \|\,\boldsymbol{B}\otimes\boldsymbol{C}\,\|_F &= \|\,\boldsymbol{B}\,\|_F\cdot\|\,\boldsymbol{C}\,\|_F,\\ \|\,\boldsymbol{B}\otimes\boldsymbol{C}\,\|_2 &= \|\,\boldsymbol{B}\,\|_2\cdot\|\,\boldsymbol{C}\,\|_2.\end{aligned}$$

要了解更多的有关 KP 问题，请参阅 Horn and Johnson (TMA).

12.3.2 Tracy-Singh 积

我们可以把两个矩阵 $\boldsymbol{B} = (b_{ij})$ 和 $\boldsymbol{C} = (c_{ij})$ 的克罗内克积看作所有可能的乘积 $b_{ij}c_{k\ell}$ 的规则放置，例如

$$\left[\begin{array}{c|c} b_{11} & b_{12}\\ b_{21} & b_{22}\end{array}\right]\otimes\left[\begin{array}{cc} c_{11} & c_{12}\\ c_{21} & c_{22}\end{array}\right] = \left[\begin{array}{cc|cc} b_{11}c_{11} & b_{11}c_{12} & b_{12}c_{11} & b_{12}c_{12}\\ b_{11}c_{21} & b_{11}c_{22} & b_{12}c_{21} & b_{12}c_{22}\\ \hline b_{21}c_{11} & b_{21}c_{12} & b_{22}c_{11} & b_{22}c_{12}\\ b_{21}c_{21} & b_{21}c_{22} & b_{22}c_{21} & b_{22}c_{22}\end{array}\right].$$

但是，两个分块矩阵 $\boldsymbol{B}=(\boldsymbol{B}_{ij})$ 和 $\boldsymbol{C}=(\boldsymbol{C}_{ij})$ 的克罗内克积不是所有可能的块形式的克罗内克积 $\boldsymbol{B}_{ij}\otimes\boldsymbol{B}_{k\ell}$ 的对应放置：

$$\begin{bmatrix}\boldsymbol{B}_{11} & \boldsymbol{B}_{12}\\ \boldsymbol{B}_{21} & \boldsymbol{B}_{22}\end{bmatrix}\otimes\begin{bmatrix}\boldsymbol{C}_{11} & \boldsymbol{C}_{12}\\ \boldsymbol{C}_{21} & \boldsymbol{C}_{22}\end{bmatrix}\neq\left[\begin{array}{cc|cc}\boldsymbol{B}_{11}\boldsymbol{C}_{11} & \boldsymbol{B}_{11}\boldsymbol{C}_{12} & \boldsymbol{B}_{12}\boldsymbol{C}_{11} & \boldsymbol{B}_{12}\boldsymbol{C}_{12}\\ \boldsymbol{B}_{11}\boldsymbol{C}_{21} & \boldsymbol{B}_{11}\boldsymbol{C}_{22} & \boldsymbol{B}_{12}\boldsymbol{C}_{21} & \boldsymbol{B}_{12}\boldsymbol{C}_{22}\\ \hline \boldsymbol{B}_{21}\boldsymbol{C}_{11} & \boldsymbol{B}_{21}\boldsymbol{C}_{12} & \boldsymbol{B}_{22}\boldsymbol{C}_{11} & \boldsymbol{B}_{22}\boldsymbol{C}_{12}\\ \boldsymbol{B}_{21}\boldsymbol{C}_{21} & \boldsymbol{B}_{21}\boldsymbol{C}_{22} & \boldsymbol{B}_{22}\boldsymbol{C}_{21} & \boldsymbol{B}_{22}\boldsymbol{C}_{22}\end{array}\right].$$

右边的矩阵是 Tracy-Singh 积的例子. 形式上，如果我们有如下分块

$$\boldsymbol{B}=\begin{bmatrix}\boldsymbol{B}_{11} & \cdots & \boldsymbol{B}_{1,N_1}\\ \vdots & \ddots & \vdots\\ \boldsymbol{B}_{M_1,1} & \cdots & \boldsymbol{B}_{M_1,N_1}\end{bmatrix}\quad \boldsymbol{C}=\begin{bmatrix}\boldsymbol{C}_{11} & \cdots & \boldsymbol{C}_{1,N_2}\\ \vdots & \ddots & \vdots\\ \boldsymbol{C}_{M_2,1} & \cdots & \boldsymbol{C}_{M_2,N_2}\end{bmatrix},\tag{12.3.5}$$

其中 $\boldsymbol{B}_{ij}\in\mathbb{R}^{m_1\times n_1}$ 且 $\boldsymbol{C}_{ij}\in\mathbb{R}^{m_2\times n_2}$，那么 Tracy-Singh 积是一个 $M_1\times N_1$ 分块矩阵 $\boldsymbol{B}\underset{\mathbf{TS}}{\otimes}\boldsymbol{C}$，其 (i,j) 块如下

$$[\,\boldsymbol{B}\underset{\mathbf{TS}}{\otimes}\boldsymbol{C}\,]_{ij}=\begin{bmatrix}\boldsymbol{B}_{ij}\otimes\boldsymbol{C}_{11} & \cdots & \boldsymbol{B}_{ij}\otimes\boldsymbol{C}_{1,N_2}\\ \vdots & \ddots & \vdots\\ \boldsymbol{B}_{ij}\otimes\boldsymbol{C}_{M_2,1} & \cdots & \boldsymbol{B}_{ij}\otimes\boldsymbol{C}_{M_2,N_2}\end{bmatrix}.$$

参见 Tracy and Singh (1972). 给定 (12.3.5)，可用 (12.3.1) 表示为

$$\boldsymbol{B}\underset{\mathbf{TS}}{\otimes}\boldsymbol{C}=\boldsymbol{P}(\boldsymbol{B}\otimes\boldsymbol{C})\boldsymbol{Q}^{\mathrm{T}},\tag{12.3.6}$$

其中

$$\boldsymbol{P}=(\boldsymbol{I}_{M_1M_2}\otimes\mathcal{P}_{m_2,m_1})(\boldsymbol{I}_{M_1}\otimes\mathcal{P}_{m_1,M_2m_2}),\tag{12.3.7}$$

$$\boldsymbol{Q}=(\boldsymbol{I}_{N_1N_2}\otimes\mathcal{P}_{n_2,n_1})(\boldsymbol{I}_{N_1}\otimes\mathcal{P}_{n_1,N_2n_2}).\tag{12.3.8}$$

12.3.3 Hadamard 积和 Khatri-Rao 积

$\boldsymbol{B}\otimes\boldsymbol{C}$ 有两个特别重要的子矩阵. **Hadamard 积**是逐点积：

$$\boldsymbol{B}\underset{\mathbf{HAD}}{\otimes}\boldsymbol{C}=\boldsymbol{B}.*\boldsymbol{C}.$$

因此, 如果 $\boldsymbol{B}\in\mathbb{R}^{m\times n}$ 且 $\boldsymbol{C}\in\mathbb{R}^{m\times n}$，那么

$$\begin{bmatrix}b_{11} & b_{12}\\ b_{21} & b_{22}\\ b_{31} & b_{32}\end{bmatrix}\underset{\mathbf{HAD}}{\otimes}\begin{bmatrix}c_{11} & c_{12}\\ c_{21} & c_{22}\\ c_{31} & c_{32}\end{bmatrix}=\begin{bmatrix}b_{11}c_{11} & b_{12}c_{12}\\ b_{21}c_{21} & b_{22}c_{22}\\ b_{31}c_{31} & b_{32}c_{32}\end{bmatrix}.$$

与之相似的是 **Khatri-Rao** 积. 如果 $\boldsymbol{B} = (\boldsymbol{B}_{ij})$ 且 $\boldsymbol{C} = (\boldsymbol{C}_{ij})$ 都是 $m \times n$ 分块矩阵，那么

$$B \underset{\mathbf{KR}}{\otimes} C \;=\; (A_{ij}), \qquad A_{ij} = B_{ij} \otimes C_{ij},$$

例如

$$\begin{bmatrix} \boldsymbol{B}_{11} & \boldsymbol{B}_{12} \\ \boldsymbol{B}_{21} & \boldsymbol{B}_{22} \\ \boldsymbol{B}_{31} & \boldsymbol{B}_{32} \end{bmatrix} \underset{\mathbf{KR}}{\otimes} \begin{bmatrix} \boldsymbol{C}_{11} & \boldsymbol{C}_{12} \\ \boldsymbol{C}_{21} & \boldsymbol{C}_{22} \\ \boldsymbol{C}_{31} & \boldsymbol{C}_{32} \end{bmatrix} = \begin{bmatrix} \boldsymbol{B}_{11} \otimes \boldsymbol{C}_{11} & \boldsymbol{B}_{12} \otimes \boldsymbol{C}_{12} \\ \boldsymbol{B}_{21} \otimes \boldsymbol{C}_{21} & \boldsymbol{B}_{22} \otimes \boldsymbol{C}_{22} \\ \boldsymbol{B}_{31} \otimes \boldsymbol{C}_{31} & \boldsymbol{B}_{32} \otimes \boldsymbol{C}_{32} \end{bmatrix}.$$

Khatri-Rao 积的一个特别重要的例子是基于列的划分：

$$\left[\, b_1 \,\middle|\, \cdots \,\middle|\, b_n \,\right] \underset{\mathbf{KR}}{\otimes} \left[\, c_1 \,\middle|\, \cdots \,\middle|\, c_n \,\right] \;=\; \left[\, b_1 \otimes c_1 \,\middle|\, \cdots \,\middle|\, b_n \otimes c_n \,\right].$$

有关 Khatri-Rao 积的更多细节，请参见 Smilde, Bro, and Geladi (2004).

12.3.4 向量和重塑运算

在克罗内克积的使用中，矩阵有时被视为向量，向量有时也被视为矩阵. 为了准确地描述这些重塑，我们提醒读者注意 1.3.7 节中定义的 vec 和 reshape 运算. 如果 $\boldsymbol{X} \in \mathbb{R}^{m \times n}$，则 $\mathsf{vec}(\boldsymbol{X})$ 是"堆叠" $\boldsymbol{X}$ 的列所得到的 $nm \times 1$ 向量：

$$\mathsf{vec}(\boldsymbol{X}) \;=\; \begin{bmatrix} X(:,1) \\ \vdots \\ X(:,n) \end{bmatrix}.$$

如果 $\boldsymbol{B} \in \mathbb{R}^{m_1 \times n_1}$, $\boldsymbol{C} \in \mathbb{R}^{m_2 \times n_2}$, $\boldsymbol{X} \in \mathbb{R}^{n_1 \times m_2}$，那么

$$\boldsymbol{Y} = \boldsymbol{C}\boldsymbol{X}\boldsymbol{B}^{\mathrm{T}} \;\Leftrightarrow\; \mathsf{vec}(\boldsymbol{Y}) \;=\; (\boldsymbol{B} \otimes \boldsymbol{C}) \cdot \mathsf{vec}(\boldsymbol{X}). \tag{12.3.9}$$

注意矩阵方程

$$\boldsymbol{F}_1 \boldsymbol{X} \boldsymbol{G}_1^{\mathrm{T}} + \cdots + \boldsymbol{F}_p \boldsymbol{X} \boldsymbol{G}_p^{\mathrm{T}} \;=\; \boldsymbol{C} \tag{12.3.10}$$

等价于

$$(\boldsymbol{G}_1 \otimes \boldsymbol{F}_1 + \cdots + \boldsymbol{G}_p \otimes \boldsymbol{F}_p)\, \mathsf{vec}(\boldsymbol{X}) \;=\; \mathsf{vec}(\boldsymbol{C}). \tag{12.3.11}$$

参见 Lancaster (1970), Vetter (1975)，以及我们在 7.6.3 节中关于分块对角化的讨论.

reshape 运算将一个向量转化为矩阵. 如果 $\boldsymbol{a} \in \mathbb{R}^{mn}$，那么

$$\boldsymbol{A} \;=\; \mathsf{reshape}(\boldsymbol{a}, m, n) \in \mathbb{R}^{m \times n} \quad\Leftrightarrow\quad \mathsf{vec}(\boldsymbol{A}) \;=\boldsymbol{a}.$$

因此，如果 $\boldsymbol{u} \in \mathbb{R}^m$ 且 $\boldsymbol{v} \in \mathbb{R}^n$，那么 $\mathsf{reshape}(\boldsymbol{v} \otimes \boldsymbol{u}, m, n) = \boldsymbol{u}\boldsymbol{v}^{\mathrm{T}}$.

12.3.5 向量、完全洗牌和转置

矩阵转置与完全洗牌之间存在着重要的联系. 特别地, 如果 $\boldsymbol{A}\in\mathbb{R}^{q\times r}$, 那么

$$\mathsf{vec}(\boldsymbol{A}^{\mathrm{T}}) \;=\; \mathcal{P}_{r,q}\mathsf{vec}(\boldsymbol{A}). \tag{12.3.12}$$

这种矩阵转置的公式提供了一个方便的方法来解释大规模的、多路转置算法, 这些算法用于 $\boldsymbol{A}\in\mathbb{R}^{q\times r}$ 太大而无法全部装入到快速内存时. 在这种情况下, 转换必须分阶段进行, 整个过程对应于 $\mathcal{P}_{r,q}$ 的分解. 例如, 如果

$$\mathcal{P}_{r,q} = \boldsymbol{\Gamma}_t\cdots\boldsymbol{\Gamma}_1, \tag{12.3.13}$$

其中每个 $\boldsymbol{\Gamma}_k$ 是"数据移动友好"的置换, 那么 $\boldsymbol{B}=\boldsymbol{A}^{\mathrm{T}}$ 可以用 t 个数据通道来计算:

$$
\begin{aligned}
&a \;=\; \mathsf{vec}(A)\\
&\textbf{for } k=1:t\\
&\quad a \;=\; \Gamma_k a\\
&\text{end}\\
&B = \mathsf{reshape}(a,q,r)
\end{aligned}
$$

我们的想法是选择一个分解 (12.3.13), 使得第 k 次运算后数据运动, 即 $a\leftarrow\boldsymbol{\Gamma}_k a$ 与底层内存层次结构调和, 也即这些块可以嵌入缓存中, 等等. 例如, 假设我们指派 $\boldsymbol{A}^{\mathrm{T}}$ 至 $\boldsymbol{B}$, 其中

$$\boldsymbol{A} = \begin{bmatrix}\boldsymbol{A}_1\\ \vdots\\ \boldsymbol{A}_r\end{bmatrix}, \qquad \boldsymbol{A}_k\in\mathbb{R}^{q\times q}.$$

假设 $\boldsymbol{A}$ 是按列存储的, 这意味着 $\boldsymbol{A}_i$ 在内存中是不连续的. 要完成这个计算, 假设每个块都适合缓存, 但整个 $\boldsymbol{A}$ 并不适合. 这里是 $\mathcal{P}_{rq,q}$ 的 2 次分解:

$$\mathcal{P}_{q,rq} \;=\; \boldsymbol{\Gamma}_2\boldsymbol{\Gamma}_1 \;=\; (\boldsymbol{I}_r\otimes\mathcal{P}_{q,q})\,(\mathcal{P}_{r,q}\otimes\boldsymbol{I}_q)\,.$$

如果 $\tilde{\boldsymbol{a}}=\boldsymbol{\Gamma}_1\mathsf{vec}(\boldsymbol{A})$, 那么

$$\mathsf{reshape}(\tilde{\boldsymbol{a}},q,rq) \;=\; \Big[\;\boldsymbol{A}_1\;\Big|\;\cdots\;\Big|\;\boldsymbol{A}_r\;\Big].$$

换句话说, 在第一次通过数据后, 我们计算了 $\boldsymbol{A}$ 的块转置. ($\boldsymbol{A}_i$ 现在在内存中是连续的.) 为了完成任务, 我们必须转置所有的块. 如果 $\boldsymbol{b}=\boldsymbol{\Gamma}_2\tilde{\boldsymbol{a}}$, 那么

$$\boldsymbol{B} \;=\; \mathsf{reshape}(\boldsymbol{b},q,rq) \;=\; \Big[\;\boldsymbol{A}_1^{\mathrm{T}}\;\Big|\;\cdots\;\Big|\;\boldsymbol{A}_r^{\mathrm{T}}\;\Big].$$

有关完全洗牌分解和多路矩阵转置算法的更多细节, 请参见 Van Loan (FFT).

12.3.6 克罗内克积的 SVD

给定 $\boldsymbol{A} \in \mathbb{R}^{m\times n}$，其中 $m = m_1m_2, n = n_1n_2$. 对于这些整数分解，最佳克罗内克积（NKP）问题涉及最小化

$$\phi(\boldsymbol{B},\boldsymbol{C}) = \|\, \boldsymbol{A} - \boldsymbol{B}\otimes\boldsymbol{C} \,\|_F, \tag{12.3.14}$$

其中 $\boldsymbol{B} \in \mathbb{R}^{m_1\times n_1}$ 且 $\boldsymbol{C} \in \mathbb{R}^{m_2\times n_2}$. Van Loan and Pitsianis (1992) 展示了如何用 $\boldsymbol{A}$ 的置换的奇异值分解来解决 NKP 问题. 用一个小例子表达主要思想，假设 $m_1 = 3$ 且 $n_1 = m_2 = n_2 = 2$，通过仔细思考所定义 ϕ 的平方和，我们看到

$$\phi(\boldsymbol{B},\boldsymbol{C}) = \left\| \left[\begin{array}{cc|cc} a_{11} & a_{12} & a_{13} & a_{14} \\ a_{21} & a_{22} & a_{23} & a_{24} \\ \hline a_{31} & a_{32} & a_{33} & a_{34} \\ a_{41} & a_{42} & a_{43} & a_{44} \\ \hline a_{51} & a_{52} & a_{53} & a_{54} \\ a_{61} & a_{62} & a_{63} & a_{64} \end{array}\right] - \begin{bmatrix} b_{11} & b_{12} \\ b_{21} & b_{22} \\ b_{31} & b_{32} \end{bmatrix} \otimes \begin{bmatrix} c_{11} & c_{12} \\ c_{21} & c_{22} \end{bmatrix} \right\|_F$$

$$= \left\| \begin{bmatrix} a_{11} & a_{21} & a_{12} & a_{22} \\ a_{31} & a_{41} & a_{32} & a_{42} \\ a_{51} & a_{61} & a_{52} & a_{62} \\ a_{13} & a_{23} & a_{14} & a_{24} \\ a_{33} & a_{43} & a_{34} & a_{44} \\ a_{53} & a_{63} & a_{54} & a_{64} \end{bmatrix} - \begin{bmatrix} b_{11} \\ b_{21} \\ b_{31} \\ b_{12} \\ b_{22} \\ b_{32} \end{bmatrix} \begin{bmatrix} c_{11} & c_{21} & c_{12} & c_{22} \end{bmatrix} \right\|_F.$$

用 $\mathcal{R}(\boldsymbol{A})$ 表示前面的 6×4 矩阵，并观察到

$$\mathcal{R}(\boldsymbol{A}) = \begin{bmatrix} \mathsf{vec}(\boldsymbol{A}_{11})^{\mathrm{T}} \\ \mathsf{vec}(\boldsymbol{A}_{21})^{\mathrm{T}} \\ \mathsf{vec}(\boldsymbol{A}_{31})^{\mathrm{T}} \\ \mathsf{vec}(\boldsymbol{A}_{12})^{\mathrm{T}} \\ \mathsf{vec}(\boldsymbol{A}_{22})^{\mathrm{T}} \\ \mathsf{vec}(\boldsymbol{A}_{32})^{\mathrm{T}} \end{bmatrix}.$$

因此

$$\phi(\boldsymbol{B},\boldsymbol{C}) = \|\ \mathcal{R}(\boldsymbol{A}) - \mathsf{vec}(\boldsymbol{B})\mathsf{vec}(\boldsymbol{C})^{\mathrm{T}}\ \|_F,$$

所以最小化 ϕ 等价于寻找一个最接近 $\mathcal{R}(\boldsymbol{A})$ 的秩 1 矩阵. 这个问题有一个简单的 SVD 解决方案. 根据定理 2.4.8，如果

$$\boldsymbol{U}^{\mathrm{T}}\mathcal{R}(\boldsymbol{A})\boldsymbol{V} = \boldsymbol{\Sigma} \tag{12.3.15}$$

是 $\mathcal{R}(\boldsymbol{A})$ 的 SVD，那么优化 $\boldsymbol{B}$ 和 $\boldsymbol{C}$ 定义为

$$\mathsf{vec}(\boldsymbol{B}_{\text{opt}}) = \sqrt{\sigma_1}\, U(:,1), \quad \mathsf{vec}(\boldsymbol{C}_{\text{opt}}) = \sqrt{\sigma_1}\, V(:,1).$$

系数是任意的. 实际上，如果 $\boldsymbol{B}_{\text{opt}}$ 和 $\boldsymbol{C}_{\text{opt}}$ 解了 NKP 问题，且 $\alpha \neq 0$，那么 $\alpha \cdot \boldsymbol{B}_{\text{opt}}$ 和 $(1/\alpha) \cdot \boldsymbol{C}_{\text{opt}}$ 也是最优的.

一般情况下，如果

$$\boldsymbol{A} = \begin{bmatrix} \boldsymbol{A}_{11} & \cdots & \boldsymbol{A}_{1,n_1} \\ \vdots & \ddots & \vdots \\ \boldsymbol{A}_{m_1,1} & \cdots & \boldsymbol{A}_{m_1,n_1} \end{bmatrix}, \tag{12.3.16}$$

其中每个 $\boldsymbol{A}_{ij} \in \mathbb{R}^{m_2 \times n_2}$，那么 $\mathcal{R}(\boldsymbol{A}) \in \mathbb{R}^{m_1 n_1 \times m_2 n_2}$ 的定义是

$$\mathcal{R}(\boldsymbol{A}) = \begin{bmatrix} \tilde{\boldsymbol{A}}_1 \\ \vdots \\ \tilde{\boldsymbol{A}}_{n_1} \end{bmatrix}, \quad \tilde{\boldsymbol{A}}_j = \begin{bmatrix} \mathsf{vec}(\boldsymbol{A}_{1j})^{\mathrm{T}} \\ \vdots \\ \mathsf{vec}(\boldsymbol{A}_{m_1,j})^{\mathrm{T}} \end{bmatrix}.$$

$\mathcal{R}(\boldsymbol{A})$ 的 SVD 可以被“重塑”为 $\boldsymbol{A}$ 的一个特殊 SVD 型展开.

定理 12.3.1 (克罗内克积的 SVD) 如果 $\boldsymbol{A} \in \mathbb{R}^{m_1 m_2 \times n_1 n_2}$ 根据 (12.3.16) 分块，并且

$$\mathcal{R}(\boldsymbol{A}) = \boldsymbol{U\Sigma V}^{\mathrm{T}} = \sum_{k=1}^{r} \boldsymbol{\sigma}_k \cdot \boldsymbol{u}_k \boldsymbol{v}_k^{\mathrm{T}} \tag{12.3.17}$$

是 $\mathcal{R}(\boldsymbol{A})$ 的 SVD，其中 $\boldsymbol{u}_k = U(:,k)$, $\boldsymbol{v}_k = V(:,k)$, $\boldsymbol{\sigma}_k = \Sigma(k,k)$，那么

$$\boldsymbol{A} = \sum_{k=1}^{r} \boldsymbol{\sigma}_k \cdot \boldsymbol{U}_k \otimes \boldsymbol{V}_k, \tag{12.3.18}$$

其中 $\boldsymbol{U}_k = \mathsf{reshape}(\boldsymbol{u}_k, m_1, n_1)$, $\boldsymbol{V}_k = \mathsf{reshape}(\boldsymbol{v}_k, m_2, n_2)$.

证明 根据 (12.3.18)，我们必须证明

$$\boldsymbol{A}_{ij} = \sum_{k=1}^{r} \boldsymbol{\sigma}_k \cdot U_k(i,j) \cdot \boldsymbol{V}_k.$$

但这从 (12.3.17) 可马上得到，即对于所有的 i 和 j 有

$$\mathsf{vec}(\boldsymbol{A}_{ij})^{\mathrm{T}} = \sum_{k=1}^{r} \boldsymbol{\sigma}_k \cdot \boldsymbol{U}_k(i,j) \boldsymbol{v}_k^{\mathrm{T}}.$$ □

定理中的整数 r 是给定的分块 (12.3.16) 中 $\boldsymbol{A}$ 的克罗内克积秩. 注意，如果 $\tilde{r} \leqslant r$，那么

$$\boldsymbol{A}_{\tilde{r}} = \sum_{k=1}^{\tilde{r}} \boldsymbol{\sigma}_k \boldsymbol{U}_k \otimes \boldsymbol{V}_k \tag{12.3.19}$$

在 F-范数意义下是最接近 $\boldsymbol{A}$ 的矩阵，那它就是 $\tilde{r}$ 个克罗内克积之和. 如果 $\boldsymbol{A}$ 是大型而稀疏的，$\tilde{r}$ 较小，那么 Lanzcos SVD 迭代可以有效地计算所需的 $\mathcal{R}(\boldsymbol{A})$ 的奇异值和向量. 见 10.4 节.

12.3.7 约束 NKP 问题

如果 $\boldsymbol{A}$ 是结构化的，那么有时解 NKP 问题的 $\boldsymbol{B}$ 和 $\boldsymbol{C}$ 矩阵也有类似结构. 例如，如果 $\boldsymbol{A}$ 是对称正定矩阵，那么 $\boldsymbol{B}_{\text{opt}}$ 和 $\boldsymbol{C}_{\text{opt}}$ 也是对称正定矩阵（如果适当地正规化）. 同样，如果 $\boldsymbol{A}$ 是非负矩阵，那么最优的 $\boldsymbol{B}$ 和 $\boldsymbol{C}$ 也可以选择为非负矩阵. 以上这些和其他结构化的 NKP 问题的讨论，参见 Van Loan and Pitsianis (1992).

我们提到，下面的问题

$$\min_{\boldsymbol{B},\boldsymbol{C}\ \text{Toeplitz}} \|\boldsymbol{A}-\boldsymbol{B}\otimes\boldsymbol{C}\|_F, \qquad \boldsymbol{B}\in\mathbb{R}^{m\times m}, \boldsymbol{C}\in\mathbb{R}^{n\times n},$$

就变成了如下形式的约束最近的秩 1 问题

$$\min_{\substack{\boldsymbol{F}^{\mathrm{T}}\text{vec}(\boldsymbol{B})=0\\ \boldsymbol{G}^{\mathrm{T}}\text{vec}(\boldsymbol{C})=0}} \|\mathcal{A}-\boldsymbol{b}\boldsymbol{c}^{\mathrm{T}}\|_F,$$

其中 $\boldsymbol{F}^{\mathrm{T}}$ 和 $\boldsymbol{G}^{\mathrm{T}}$ 的零空间分别定义了 $m\times m$ 和 $n\times n$ Toeplitz 矩阵的向量空间. 这个问题可以通过计算 $\boldsymbol{F}$ 和 $\boldsymbol{G}$ 的 QR 分解，然后再计算一个降维的 SVD 来解决.

12.3.8 计算最近的 $\boldsymbol{X}\otimes\boldsymbol{X}$

假设 $\boldsymbol{A}\in\mathbb{R}^{m^2\times m^2}$，我们要找到 $\boldsymbol{X}\in\mathbb{R}^{m\times m}$ 使得

$$\phi_{\text{sym}}(\boldsymbol{X}) = \|\boldsymbol{A}-\boldsymbol{X}\otimes\boldsymbol{X}\|_F$$

最小化. 正如在 NKP 问题上所做的那样，我们可以把这个问题重塑为最近的对称秩 1 问题：

$$\phi_{\text{sym}}(\boldsymbol{X}) = \|\mathcal{R}(\boldsymbol{A}) - \text{vec}(\boldsymbol{X})\cdot\text{vec}(\boldsymbol{X})^{\mathrm{T}}\|_F. \tag{12.3.20}$$

结果表明，解 $\boldsymbol{X}_{\text{opt}}$ 是一个与 $\mathcal{R}(\boldsymbol{A})$ 的对称部分相关的特征向量的重塑.

引理 12.3.2 假设 $\boldsymbol{M}\in\mathbb{R}^{n\times n}$ 且 $\boldsymbol{Q}^{\mathrm{T}}\boldsymbol{T}\boldsymbol{Q}=\text{diag}(\alpha_1,\cdots,\alpha_n)$ 是 $\boldsymbol{T}=(\boldsymbol{M}+\boldsymbol{M}^{\mathrm{T}})/2$ 的 Schur 分解. 如果

$$|\alpha_k| = \max\{|\alpha_1|,\cdots,|\alpha_n|\},$$

那么这个问题

$$\min_{\substack{Z = Z^{\mathrm{T}} \\ \mathrm{rank}(Z) = 1}} \| M - Z \|_F$$

的解是 $Z_{\mathrm{opt}} = \alpha_k q_k q_k^{\mathrm{T}}$，其中 $q_k = Q(:, k)$.

证明　见习题 11. □

12.3.9　计算最近的 $X \otimes Y - Y \otimes X$

假设 $A \in \mathbb{R}^{n\times n}$, $n = m^2$，我们希望找到 $X, Y \in \mathbb{R}^{m\times m}$ 使得

$$\phi_{\mathrm{skew}}(X, Y) = \| A - (X \otimes Y - Y \otimes X) \|_F$$

最小化. 可以证明

$$\phi_{\mathrm{skew}}(X) = \| \mathcal{R}(A) - (\mathrm{vec}(X)\cdot\mathrm{vec}(Y)^{\mathrm{T}} - \mathrm{vec}(Y)\cdot\mathrm{vec}(X)^{\mathrm{T}} \|_F. \tag{12.3.21}$$

利用以下引理可以确定最优的 X 和 Y.

引理 12.3.3　假设 $M \in \mathbb{R}^{n\times n}$ 的反称部分为 $S = (M - M^{\mathrm{T}})/2$. 如果

$$S[\, u \mid v \,] = [\, u \mid v \,] \begin{bmatrix} 0 & \mu \\ -\mu & 0 \end{bmatrix}, \quad u, v \in \mathbb{R}^n,$$

满足 $\mu = \rho(S)$, $\| u \|_2 = \| v \|_2 = 1$, $u^{\mathrm{T}} v = 0$，那么在所有的秩 2 反称矩阵 $Z \in \mathbb{R}^{n\times n}$ 中，$Z_{\mathrm{opt}} = \mu\left(uv^{\mathrm{T}} - vu^{\mathrm{T}}\right)$ 使得 $\| M - Z \|_F$ 达到最小化.

证明　见习题 12. □

12.3.10　关于多重克罗内克积的一些评论

3 个或 3 个以上矩阵的克罗内克积能得到一个具有递归块结构的矩阵. 例如，

$$B \otimes C \otimes D = \begin{bmatrix} b_{11} & b_{12} \\ b_{21} & b_{22} \end{bmatrix} \otimes \begin{bmatrix} c_{11} & c_{12} & c_{13} & c_{14} \\ c_{21} & c_{22} & c_{23} & c_{24} \\ c_{31} & c_{32} & c_{33} & c_{34} \\ c_{41} & c_{42} & c_{43} & c_{44} \end{bmatrix} \otimes \begin{bmatrix} d_{11} & d_{12} & d_{13} \\ d_{21} & d_{22} & d_{23} \\ d_{31} & d_{32} & d_{33} \end{bmatrix}$$

是 2×2 分块矩阵，其中的每一个元是 4×4 分块矩阵，此时的每一个元又是一个 3×3 矩阵.

克罗内克积可以看作数据稀疏表示. 如果 $A = B_1 \otimes B_2$，且每个 B 是 $m\times m$ 矩阵，那么可以用 $2m^2$ 个数编码一个有 m^4 个元素的矩阵. 对于多重克罗内克

积，其数据稀疏性更显著. 如果 $\boldsymbol{A}=\boldsymbol{B}_1\otimes\cdots\otimes\boldsymbol{B}_p$，且 $\boldsymbol{B}_i\in\mathbb{R}^{m\times m}$，那么 pm^2 个数能够完全描述一个有 m^{2p} 个元素的矩阵 $\boldsymbol{A}$.

当涉及多重克罗内克积，且划分的矩阵在维度上不同时，运算顺序是重要的. 假设对于 $i=1:p$ 有 $\boldsymbol{B}_i\in\mathbb{R}^{m_i\times n_i}$，且 $\boldsymbol{M}_i=m_1\cdots m_i$, $\boldsymbol{N}_i=n_1\cdots n_i$. 矩阵与向量积

$$\boldsymbol{y}=(\boldsymbol{B}_1\otimes\cdots\boldsymbol{B}_p)\boldsymbol{x}\qquad \boldsymbol{x}\in\mathbb{R}^{N_p}$$

可以在许多不同的顺序下进行计算，相关的 flop 数可以有很大的差异. 寻找最优排序是一个动态编程问题，涉及对计算的递归分析，如

$$\begin{aligned}&\mathsf{reshape}(\boldsymbol{y},\boldsymbol{M}_p/\boldsymbol{M}_i,\boldsymbol{M}_i)=\\&\qquad(\boldsymbol{B}_{i+1}\otimes\cdots\otimes\boldsymbol{B}_p)\cdot\mathsf{reshape}(\boldsymbol{x},\boldsymbol{N}_p/\boldsymbol{N}_i,\boldsymbol{N}_i)\cdot(\boldsymbol{B}_1\otimes\cdots\otimes\boldsymbol{B}_i)^{\mathrm{T}}.\end{aligned}$$

习　题

1. 证明 (12.3.1) 和 (12.3.2).

2. 假设矩阵 $\boldsymbol{A}_1,\cdots,\boldsymbol{A}_N\in\mathbb{R}^{m\times n}$. 给定 $\boldsymbol{y}\in\mathbb{R}^m$, $\boldsymbol{x}\in\mathbb{R}^m$, $\boldsymbol{b}\in\mathbb{R}^N$，用矩阵与向量的积表示

$$f(\boldsymbol{x},\boldsymbol{y})=\sum_{k=1}^{N}(\boldsymbol{y}^{\mathrm{T}}\boldsymbol{A}_k\boldsymbol{x}-\boldsymbol{b}_k)^2.$$

3. $(\boldsymbol{B}\otimes\boldsymbol{C})\boldsymbol{x}\approx\boldsymbol{b}$ 的总体最小二乘解需要计算增广矩阵 $\boldsymbol{M}=[\boldsymbol{B}\otimes\boldsymbol{C}\,|\,\boldsymbol{b}]$ 的最小奇异值及相应的右奇异向量. 利用数据矩阵的克罗内克结构，给出实现这一目标的有效程序.

4. 说明如何在约束条件 $(\boldsymbol{B}_1\otimes\boldsymbol{B}_2)\boldsymbol{x}=\boldsymbol{g}$ 下最小化 $\|\,(\boldsymbol{A}_1\otimes\boldsymbol{A}_2)\boldsymbol{x}-\boldsymbol{f}\,\|$. 假设 $\boldsymbol{A}_1$ 和 $\boldsymbol{A}_2$ 的行数多于列数，并且 $\boldsymbol{B}_1$ 和 $\boldsymbol{B}_2$ 的列数多于行数. 另外，假设这 4 个矩阵中的每一个都是满秩的. 见 Barrlund (1998).

5. 假设 $\boldsymbol{B}\in\mathbb{R}^{n\times n}$ 和 $\boldsymbol{C}\in\mathbb{R}^{m\times m}$ 都是不对称正定矩阵. 是否可以推断 $\boldsymbol{B}\otimes\boldsymbol{C}$ 是正定的?

6. 假设 $\boldsymbol{B}\in\mathbb{R}^{m_B\times n_B}$ 和 $\boldsymbol{C}\in\mathbb{R}^{m_C\times n_C}$ 满足 $m_B\geqslant n_B$, $m_C\geqslant n_C$，说明如何从 $\boldsymbol{B}$ 和 $\boldsymbol{C}$ 的正规化 SVD 构造 $\boldsymbol{B}\otimes\boldsymbol{C}$ 的正规化 SVD.

7. 假设 $\boldsymbol{A},\boldsymbol{B},\boldsymbol{C}\in\mathbb{R}^{n\times n}$ 是对称正定的，说明如何解线性方程组 $(\boldsymbol{A}\otimes\boldsymbol{B}\otimes\boldsymbol{C})\boldsymbol{x}=\boldsymbol{d}$.

8. (a) 给定 $\boldsymbol{A}\in\mathbb{R}^{mn\times mn}$ 和 $\boldsymbol{B}\in\mathbb{R}^{m\times m}$，如何计算 $\boldsymbol{X}\in\mathbb{R}^{n\times n}$ 使得下式最小化?

$$\phi_B(\boldsymbol{X})=\|\,\boldsymbol{A}-\boldsymbol{B}\otimes\boldsymbol{X}\,\|_F.$$

(b) 给定 $\boldsymbol{A}\in\mathbb{R}^{mn\times mn}$ 和 $\boldsymbol{C}\in\mathbb{R}^{n\times n}$，如何计算 $\boldsymbol{X}\in\mathbb{R}^{m\times m}$ 使得下式最小化?

$$\phi_C(\boldsymbol{X})=\|\,\boldsymbol{A}-\boldsymbol{X}\otimes\boldsymbol{C}\,\|_F.$$

9. 求矩阵 $\boldsymbol{A}=\boldsymbol{I}_n\otimes\mathcal{T}_m^{DD}+\mathcal{T}_n^{DD}\otimes\boldsymbol{I}_n$ 的最近的克罗内克积，$\mathcal{T}_k^{DD}$ 的定义见 (4.8.7).

10. 如果 $\boldsymbol{A}\in\mathbb{R}^{mn\times mn}$ 是对称三对角矩阵，说明如何最小化 $\|\,\boldsymbol{A}-\boldsymbol{B}\otimes\boldsymbol{C}\,\|_F$，约束条件为 $\boldsymbol{B}\in\mathbb{R}^{m\times m}$ 和 $\boldsymbol{C}\in\mathbb{R}^{n\times n}$ 都是对称三对角矩阵.

11. 证明引理 12.3.2. 提示：证明

$$\| M-\alpha x x^{\mathrm{T}} \|_F^2=\| M \|_F^2-2\alpha x^{\mathrm{T}} T x+\alpha^2,$$

其中 $T=(M+M^{\mathrm{T}})/2$.

12. 证明引理 12.3.3. 提示：证明

$$\| M-(x y^{\mathrm{T}}-y x^{\mathrm{T}}) \|_F^2=\| M \|_F^2+2\| x \|_2^2\| y \|_2^2-2(x^{\mathrm{T}} y)^2-4 x^{\mathrm{T}} S y,$$

其中 $S=(M-M^{\mathrm{T}})/2$ 并使用 S 的实 Schur 形式.

13. 对于对称矩阵 $S\in\mathbb{R}^{n\times n}$，对称向量运算定义为

$$S=\left[\begin{array}{ccc} s_{11} & s_{12} & s_{13} \\ s_{21} & s_{22} & s_{23} \\ s_{31} & s_{32} & s_{33} \end{array}\right] \Rightarrow \operatorname{svec}(S)=\left[\begin{array}{cccccc} s_{11} & \sqrt{2}\, s_{21} & \sqrt{2}\, s_{31} & s_{22} & \sqrt{2}\, s_{32} & s_{33} \end{array}\right]^{\mathrm{T}}.$$

对于对称的 $X\in\mathbb{R}^{n\times n}$ 和任意 $B, C\in\mathbb{R}^{n\times n}$，对称克罗内克积定义为

$$(B \underset{\mathbf{SYM}}{\otimes} C)\cdot\operatorname{svec}(X)=\operatorname{svec}\left(\frac{1}{2}\left(C X B^{\mathrm{T}}+B X C^{\mathrm{T}}\right)\right).$$

对于 $n=3$ 的情形，证明存在具有正交列的矩阵 $P\in\mathbb{R}^{9\times 6}$ 使得 $P^{\mathrm{T}}(B\otimes C)P=B \underset{\mathbf{SYM}}{\otimes} C$. 见 Vandenberge and Boyd (1996).

14. 双交替积定义为

$$B \underset{\mathbf{BI}}{\otimes} C=\frac{1}{2}(B\otimes C+C\otimes B).$$

如果 $B=I, C=A$，那么它是 $AX+XA^{\mathrm{T}}=H$ 的解，其中 H 是对称或反称的，揭示 A 的特征值的位置. 见 Govaerts (2000). 给定矩阵 M，说明如何计算最接近 M 的双交替积.

15. 给定 $f\in\mathbb{R}^q$ 和 $g_i\in\mathbb{R}^{\rho_i}$ $(i=1:m)$，确定置换 P 使得

$$P\left(f\otimes\left[\begin{array}{c} g_1 \\ \vdots \\ g_m \end{array}\right]\right)=\left[\begin{array}{c} f\otimes g_1 \\ \vdots \\ f\otimes g_m \end{array}\right].$$

提示：当 B 和 C 都是向量时，(12.3.1) 表示了什么？

12.4　张量展开和缩并

一个 d 阶张量 $\mathcal{A}\in\mathbb{R}^{n_1\times\cdots\times n_d}$ 是一个实 d 维数组 $\mathcal{A}(1:n_1,\cdots,1:n_d)$，其中第 k 个 模态中的指标范围是从 1 到 n_k. 低阶的例子包括：标量 (0 阶)、向量 (1 阶) 和矩阵 (2 阶). 3 阶张量可以视为“数据魔方”，尽管每个模态的维度不一

定相等. 例如，对于一个 $m \times n$ 图像，$\mathcal{A} \in \mathbb{R}^{m\times n\times 3}$ 可能存储红、绿、蓝像素数据，即 3 个矩阵的"堆叠". 在许多应用中，张量用于捕获点晶格上的多元函数，例如, $\mathcal{A}(i,j,k,\ell) \approx f(w_i, x_j, y_k, z_\ell)$. 函数 f 可以是复杂的偏微分方程的解，也可以是从某个高维空间的输入值到实验获得的测量值的一般映射.

因为张量的维度较高，所以张量比矩阵更难推理. 记号在张量计算中非常重要，它一直都极其重要，其中含有下标向量和深层嵌套求和规则. 在本节中，我们检验了一些基本的张量运算，并给出了一种可以用来对其方便描述的矩阵型表示法. 其中，克罗内克积是核心.

非常好的背景参考资料包括 De Lathauwer (1997)、Smilde, Bro, and Geladi (2004) 以及 Kolda and Bader (2009).

12.4.1 展开和缩并：初步观察

展开一个张量就是系统地将它的元素排列成一个矩阵. [①] 这里是一个 $2\times 2\times 3\times 4$ 张量的一种展开:

$$
A = \left[\begin{array}{cc|cc|cc|cc}
a_{1111} & a_{1211} & a_{1112} & a_{1212} & a_{1113} & a_{1213} & a_{1114} & a_{1214} \\
a_{2111} & a_{2211} & a_{2112} & a_{2212} & a_{2113} & a_{2213} & a_{2114} & a_{2214} \\
\hline
a_{1121} & a_{1221} & a_{1122} & a_{1222} & a_{1123} & a_{1223} & a_{1124} & a_{1224} \\
a_{2121} & a_{2221} & a_{2122} & a_{2222} & a_{2123} & a_{2223} & a_{2124} & a_{2224} \\
\hline
a_{1131} & a_{1231} & a_{1132} & a_{1232} & a_{1133} & a_{1233} & a_{1134} & a_{1234} \\
a_{2131} & a_{2231} & a_{2132} & a_{2232} & a_{2133} & a_{2233} & a_{2134} & a_{2234}
\end{array}\right].
$$

4 阶张量是有趣的，因为它们与分块矩阵有关系. 实际上，具有同样大小的块的分块矩阵 $A = (A_{k\ell})$ 可以看作一个 4 阶张量 $\mathcal{A} = (a_{ijk\ell})$，其中 $[A_{k\ell}]_{ij} = a_{ijk\ell}$.

在张量计算中，展开有着重要的作用，原因如下: (1) 张量之间的运算经常可以重塑为展开之间的矩阵计算. (2) 对于张量问题的迭代多重线性优化方法通常每一步涉及一个或更多的展开. (3) 在张量数据集中隐藏的结构有时可以通过在其展开中发现的模式来解释. 基于这些原因，开发具有张量展开的计算工具是很重要的，因为它们可以作为矩阵计算和张量计算之间的桥梁.

张量之间的运算通常涉及指标向量和深层嵌套循环. 例如，这里有一个类似矩阵乘法的张量计算，它由两个 4 阶张量来产生第 3 个 4 阶张量:

for $i_1 = 1:n$
  for $i_2 = 1:n$
    for $i_3 = 1:n$

① 这个过程有时称为张量平坦化或者张量矩阵化.

　　　　for $i_4 = 1:n$

$$\mathcal{C}(i_1,i_2,i_3,i_4) = \sum_{p=1}^{n}\sum_{q=1}^{n}\mathcal{A}(i_1,p,i_3,q)\mathcal{B}(p,i_2,q,i_4) \tag{12.4.1}$$

　　　　end

　　　end

　　end

　end

这是张量缩并的一个例子. 张量缩并本质上是重塑的、多重指标的矩阵乘法，其计算代价是非常大的.（上面的例子需要 $O(n^6)$ 个 flop.）在模拟中，出现 $O(n^d)$ 的缩并越来越普遍. 为了成功地利用高性能矩阵计算的"传统"，对张量缩并及其组织方式有一种直觉理解是很重要的.

12.4.2　记号和定义

如果 $\mathcal{A} \in \mathbb{R}^{n_1\times\cdots\times n_d}$，$\mathbf{i} = (i_1,\cdots,i_d)$，且 $1 \leqslant i_k \leqslant n_k$, $k = 1:d$，那么

$$\mathcal{A}(\mathbf{i}) \equiv \mathcal{A}(i_1,\cdots,i_k).$$

向量 $\mathbf{i}$ 是一个下标向量. 粗体用于表示下标向量①，而书法体用于表示张量. 对于低阶张量，我们有时使用矩阵式下标，例如：$\mathcal{A} = (a_{ijk\ell})$. 有时用 $\mathcal{A}([\,\mathbf{i}\;\mathbf{j}\,])$ 记 $\mathcal{A}(\mathbf{i},\mathbf{j})$ 是有意义的. 因此

$$\mathcal{A}([\,2\,5\,3\,4\,7\,]) = \mathcal{A}(2,5,3,4,7) = a_{25347} = a_{253,47} = \mathcal{A}([2,5,3],[4,7])$$

显示了我们可以指出张量元素的几种方法.

我们扩展 MATLAB 的冒号符号以标识子张量. 如果 $\mathbf{L}$ 和 $\mathbf{R}$ 是同维的下标向量，那么 $\mathbf{L} \leqslant \mathbf{R}$ 意味着对于所有 k 有 $L_k \leqslant R_k$. 所有元素为 1 的长为 d 的下标向量用 $\mathbf{1}_d$ 表示. 如果能够从上下文知道维度，那么我们只写 $\mathbf{1}$. 假设 $\mathcal{A} \in \mathbb{R}^{n_1\times\cdots\times n_d}$ 且 $\mathbf{n} = [\,n_1,\cdots,n_d\,]$. 如果 $\mathbf{1} \leqslant \mathbf{L} \leqslant \mathbf{R} \leqslant \mathbf{n}$，那么 $\mathcal{A}(\mathbf{L}:\mathbf{R})$ 表示子张量

$$\mathcal{B} = \mathcal{A}(L_1:R_1,\cdots,L_d:R_d).$$

正如可以从一个 2 阶张量中提取一个 1 阶张量，例如，$A(:,k)$，我们可以从给定的张量中提取一个较低阶的张量. 因此，如果 $\mathcal{A} \in \mathbb{R}^{2\times3\times4\times5}$，那么

(i) $\mathcal{B} = \mathcal{A}(1,:,2,4) \in \mathbb{R}^3 \quad \Rightarrow \quad \mathcal{B}(i_2) = \mathcal{A}(1,i_2,2,4)$,

(ii) $\mathcal{B} = \mathcal{A}(1,:,2,:) \in \mathbb{R}^{3\times5} \quad \Rightarrow \quad \mathcal{B}(i_2,i_4) = \mathcal{A}(1,i_2,2,i_4)$,

(iii) $\mathcal{B} = \mathcal{A}(:,:,2,:) \in \mathbb{R}^{2\times3\times5} \quad \Rightarrow \quad \mathcal{B}(i_1,i_2,i_4) = \mathcal{A}(i_1,i_2,2,i_4)$.

① 在本节和下节中，遵循原书记号，用粗正体（而不是粗斜体）表示下标向量. ——编者注

像 (i) 这样的 1 阶提取叫作**纤维**. 像 (ii) 这样的 2 阶提取叫作**切片**. 如 (iii) 的更一般提取称为**子张量**.

采用多重指标求和符号是很方便的. 如果 $\mathbf{n}$ 是长为 d 的指标向量，那么

$$\sum_{\mathbf{i}=1}^{\mathbf{n}} \equiv \sum_{i_1=1}^{n_1} \cdots \sum_{i_d=1}^{n_d}.$$

因此, 如果 $\mathcal{A} \in \mathbb{R}^{n_1 \times \cdots \times n_d}$，那么其 F - 范数如下

$$\| \mathcal{A} \|_F = \sqrt{\sum_{\mathbf{i}=1}^{\mathbf{n}} \mathcal{A}(\mathbf{i})^2}\,.$$

12.4.3 张量的 Vec 运算

与矩阵一样，vec(·) 算子将张量变为列向量，例如

$$\mathcal{A} \in \mathbb{R}^{2\times 3\times 2} \implies \text{vec}(\mathcal{A}) = \left[\begin{array}{c} \mathcal{A}(:,1,1) \\ \hline \mathcal{A}(:,2,1) \\ \hline \mathcal{A}(:,3,1) \\ \hline \mathcal{A}(:,1,2) \\ \hline \mathcal{A}(:,2,2) \\ \hline \mathcal{A}(:,3,2) \end{array}\right] = \left[\begin{array}{c} a_{111} \\ a_{211} \\ \hline a_{121} \\ a_{221} \\ \hline a_{131} \\ a_{231} \\ \hline a_{112} \\ a_{212} \\ \hline a_{122} \\ a_{222} \\ \hline a_{132} \\ a_{232} \end{array}\right].$$

形式上，如果 $\mathcal{A} \in \mathbb{R}^{n_1 \times \cdots \times n_d}$，那么

$$\text{vec}(\mathcal{A}) = \begin{bmatrix} \text{vec}(\mathcal{A}^{(1)}) \\ \vdots \\ \text{vec}(\mathcal{A}^{(n_d)}) \end{bmatrix}, \tag{12.4.2}$$

其中，对于 $k = 1:n_d$，定义 $\mathcal{A}^{(k)} \in \mathbb{R}^{n_1 \times \cdots \times n_{d-1}}$ 为

$$\mathcal{A}^{(k)}(i_1, \cdots, i_{d-1}) = \mathcal{A}(i_1, \cdots, i_{d-1}, k). \tag{12.4.3}$$

或者，如果我们定义整数值函数 col 为

$$\text{col}(\mathbf{i}, \mathbf{n}) = i_1 + (i_2 - 1)n_1 + (i_3 - 1)n_1 n_2 + \cdots + (i_d - 1)n_1 \cdots n_{d-1}, \tag{12.4.4}$$

那么 $a = \text{vec}(\mathcal{A})$ 表示为

$$a(\text{col}(\mathbf{i}, \mathbf{n})) = \mathcal{A}(\mathbf{i}), \qquad \mathbf{1} \leqslant \mathbf{i} \leqslant \mathbf{n}. \tag{12.4.5}$$

12.4.4 张量转置

如果 $\mathcal{A} \in \mathbb{R}^{n_1 \times n_2 \times n_3}$，则有 $6 = 3!$ 种可能的转置，记为 $\mathcal{A}^{<[i\,j\,k]>}$，其中 $[i\,j\,k]$ 是 $[1\,2\,3]$ 的排列：

$$\mathcal{B} = \left\{ \begin{array}{c} \mathcal{A}^{<[1\,2\,3]>} \\ \mathcal{A}^{<[1\,3\,2]>} \\ \mathcal{A}^{<[2\,1\,3]>} \\ \mathcal{A}^{<[2\,3\,1]>} \\ \mathcal{A}^{<[3\,1\,2]>} \\ \mathcal{A}^{<[3\,2\,1]>} \end{array} \right\} \Longrightarrow \left\{ \begin{array}{c} b_{ijk} \\ b_{ikj} \\ b_{jik} \\ b_{jki} \\ b_{kij} \\ b_{kji} \end{array} \right\} = a_{ijk}.$$

这些转置可以用完全洗牌和 vec 运算来定义. 例如，如果 $\mathcal{B} = \mathcal{A}^{<[3\,2\,1]>}$，那么 $\text{vec}(\mathcal{B}) = (\mathcal{P}_{n_1,n_2} \otimes I_{n_3})\mathcal{P}_{n_1 n_2, n_3} \cdot \text{vec}(\mathcal{A})$.

一般情况下，如果 $\mathcal{A} \in \mathbb{R}^{n_1 \times \cdots \times n_d}$ 且 $\mathbf{p} = [p_1, \cdots, p_d]$ 是指标向量 $1:d$ 的一个排列，那么 $\mathcal{A}^{<\mathbf{p}>} \in \mathbb{R}^{n_{p_1} \times \cdots \times n_{p_d}}$ 是 $\mathcal{A}$ 的 $\mathbf{p}$ 转置，定义为

$$\mathcal{A}^{<\mathbf{p}>}(j_{p_1}, \cdots, j_{p_d}) = \mathcal{A}(j_1, \cdots, j_d), \qquad 1 \leqslant j_k \leqslant n_k,\ k = 1:d,$$

即

$$\mathcal{A}^{<\mathbf{p}>}(\mathbf{j}(\mathbf{p})) = \mathcal{A}(\mathbf{j}), \qquad \mathbf{1} \leqslant \mathbf{j} \leqslant \mathbf{n}.$$

更多关于张量转置的讨论，参见 Ragnarsson and Van Loan (2012).

12.4.5 模态展开

回忆一下，一个张量展开就是一个其元素来自于这个张量的矩阵. 特别重要的是模态展开. 如果 $\mathcal{A} \in \mathbb{R}^{n_1 \times \cdots \times n_d}$ 且 $N = n_1 \cdots n_d$，那么它的模 k 展开是一个 $n_k \times (N/n_k)$ 矩阵，其列是模 k 纤维. 为了说明这点，这里对 $\mathcal{A} \in \mathbb{R}^{4 \times 3 \times 2}$ 进行 3 种模态的展开：

$$\mathcal{A}_{(1)} = \begin{bmatrix} a_{111} & a_{121} & a_{131} & a_{112} & a_{122} & a_{132} \\ a_{211} & a_{221} & a_{231} & a_{212} & a_{222} & a_{232} \\ a_{311} & a_{321} & a_{331} & a_{312} & a_{322} & a_{332} \\ a_{411} & a_{421} & a_{431} & a_{412} & a_{422} & a_{432} \end{bmatrix},$$

$$\mathcal{A}_{(2)} = \begin{bmatrix} a_{111} & a_{211} & a_{311} & a_{411} & a_{112} & a_{212} & a_{312} & a_{412} \\ a_{121} & a_{221} & a_{321} & a_{421} & a_{122} & a_{222} & a_{322} & a_{422} \\ a_{131} & a_{231} & a_{331} & a_{431} & a_{132} & a_{232} & a_{332} & a_{432} \end{bmatrix},$$

$$\mathcal{A}_{(3)} = \begin{bmatrix} a_{111} & a_{211} & a_{311} & a_{411} & a_{121} & a_{221} & a_{321} & a_{421} & a_{131} & a_{231} & a_{331} & a_{431} \\ a_{112} & a_{212} & a_{312} & a_{412} & a_{122} & a_{222} & a_{322} & a_{422} & a_{132} & a_{232} & a_{332} & a_{432} \end{bmatrix}.$$

我们根据“vec”的顺序选择左到右的纤维. 为了精确起见，如果 $\mathcal{A} \in \mathbb{R}^{n_1\times\cdots\times n_d}$，那么它的模 k 展开 $\mathcal{A}_{(k)}$ 的完全定义为

$$\mathcal{A}_{(k)}(i_k, \mathsf{col}(\tilde{\mathbf{i}}_k, \tilde{\mathbf{n}})) = \mathcal{A}(\mathbf{i}), \tag{12.4.6}$$

其中 $\tilde{\mathbf{i}}_k = [i_1, \cdots, i_{k-1}, i_{k+1}, \cdots, i_d]$, $\tilde{\mathbf{n}}_k = [n_1, \cdots, n_{k-1}, n_{k+1}, \cdots, n_d]$. $\mathcal{A}_{(k)}$ 的行相应于 $\mathcal{A}$ 的子张量. 特别地，我们可以把 $\mathcal{A}_{(k)}(q,:)$ 恒等于 $(d-1)$ 阶张量 $\mathcal{A}^{(q)}$，其定义为 $\mathcal{A}^{(q)}(\tilde{\mathbf{i}}_k) = \mathcal{A}_{(k)}(q, \mathrm{col}(\tilde{\mathbf{i}}_k), \tilde{\mathbf{n}}_k)$.

12.4.6 更一般的展开

一般来说，$\mathcal{A} \in \mathbb{R}^{n_1\times\cdots\times n_d}$ 的展开是通过选择一组行模和一组列模来定义的. 例如，如果 $\mathcal{A} \in \mathbb{R}^{2\times3\times2\times2\times3}$, $\mathbf{r} = 1:3$, $\mathbf{c} = 4:5$，那么

$$\mathcal{A}_{\mathbf{r}\times\mathbf{c}} = \begin{array}{c} \begin{array}{cccccc} (1,1) & (2,1) & (1,2) & (2,2) & (1,3) & (2,3) \end{array} \\ \begin{bmatrix} a_{111,11} & a_{111,21} & a_{111,12} & a_{111,22} & a_{111,13} & a_{111,23} \\ a_{211,11} & a_{211,21} & a_{211,12} & a_{211,22} & a_{211,13} & a_{211,23} \\ a_{121,11} & a_{121,21} & a_{121,12} & a_{121,22} & a_{121,13} & a_{121,23} \\ a_{221,11} & a_{221,21} & a_{221,12} & a_{221,22} & a_{221,13} & a_{221,23} \\ a_{131,11} & a_{131,21} & a_{131,12} & a_{131,22} & a_{131,13} & a_{131,23} \\ a_{231,11} & a_{231,21} & a_{231,12} & a_{231,22} & a_{231,13} & a_{231,23} \\ a_{112,11} & a_{112,21} & a_{112,12} & a_{112,22} & a_{112,13} & a_{112,23} \\ a_{212,11} & a_{212,21} & a_{212,12} & a_{212,22} & a_{212,13} & a_{212,23} \\ a_{122,11} & a_{122,21} & a_{122,12} & a_{122,22} & a_{122,13} & a_{122,23} \\ a_{222,11} & a_{222,21} & a_{222,12} & a_{222,22} & a_{222,13} & a_{222,23} \\ a_{132,11} & a_{132,21} & a_{132,12} & a_{132,22} & a_{132,13} & a_{132,23} \\ a_{232,11} & a_{232,21} & a_{232,12} & a_{232,22} & a_{232,13} & a_{232,23} \end{bmatrix} \end{array} \begin{array}{c} \\ (1,1,1) \\ (2,1,1) \\ (1,2,1) \\ (2,2,1) \\ (1,3,1) \\ (2,3,1) \\ (1,1,2) \\ (2,1,2) \\ (1,2,2) \\ (2,2,2) \\ (1,3,2) \\ (2,3,2) \end{array}. \tag{12.4.7}$$

一般情况下，设 $\mathbf{p}$ 为 $1:d$ 的一个排列，行模和列模定义如下

$$\mathbf{r} = \mathbf{p}(1:e), \qquad \mathbf{c} = \mathbf{p}(e+1:d),$$

其中 $0 \leqslant e \leqslant d$. 此划分定义了一个 $n_{p_1} \cdots n_{p_e}$ 行 $n_{p_{e+1}} \cdots n_{p_d}$ 列矩阵 $\mathcal{A}_{\mathbf{r}\times\mathbf{c}}$，其元素定义为

$$\mathcal{A}_{\mathbf{r}\times\mathbf{c}}(\,\mathsf{col}(\mathbf{i},\mathbf{n}(\mathbf{r}))\,,\,\mathsf{col}(\mathbf{j},\mathbf{n}(\mathbf{c})))\;=\;\mathcal{A}(\mathbf{i},\mathbf{j}). \tag{12.4.8}$$

重要的特殊情况包括模态展开

$$\mathbf{r}=[\,k\,]\,,\;\mathbf{c}=[1,\cdots,k-1,k+1,\cdots,d] \quad\Longrightarrow\quad \mathcal{A}_{\mathbf{r}\times\mathbf{c}}\;=\;\mathcal{A}_{(k)}$$

和 vec 运算

$$\mathbf{r}=1:d\,,\;\mathbf{c}=[\,\varnothing\,] \quad\Longrightarrow\quad \mathcal{A}_{\mathbf{r}\times\mathbf{c}}\;=\;\mathsf{vec}(\mathcal{A}).$$

12.4.7 外积

张量 $\mathcal{B}\in\mathbb{R}^{m_1\times\cdots\times m_f}$ 与张量 $\mathcal{C}\in\mathbb{R}^{n_1\times\cdots\times n_g}$ 的外积是 $(f+g)$ 阶张量 $\mathcal{A}$，定义为

$$\mathcal{A}(\mathbf{i},\mathbf{j})\;=\;\mathcal{B}(\mathbf{i})\circ\mathcal{C}(\mathbf{j}),\qquad \mathbf{1}\leqslant\mathbf{i}\leqslant\mathbf{m}\,,\;\mathbf{1}\leqslant\mathbf{j}\leqslant\mathbf{n}.$$

多重外积可以类似地定义，例如

$$\mathcal{A}\;=\;\mathcal{B}\circ\mathcal{C}\circ\mathcal{D} \qquad\Longrightarrow\qquad \mathcal{A}(\mathbf{i},\mathbf{j},\mathbf{k})=\mathcal{B}(\mathbf{i})\cdot\mathcal{C}(\mathbf{j})\cdot\mathcal{D}(\mathbf{k}).$$

注意，如果 $\mathcal{B}$ 和 $\mathcal{C}$ 是 2 阶张量（矩阵），那么

$$\mathcal{A}=\mathcal{B}\circ\mathcal{C}\quad\Rightarrow\quad \mathcal{A}(i_1,i_2,j_1,j_2)\;=\;\mathcal{B}(i_1,i_2)\cdot\mathcal{C}(j_1,j_2)$$

且

$$\mathcal{A}_{[\,3\,1\,]\times[\,4\,2\,]}\;=\;B\otimes C.$$

因此，两个矩阵的克罗内克积对应于它们作为张量时的外积.

12.4.8 秩 1 张量

1 阶张量（向量）之间的外积特别重要. 如果存在向量 $z^{(1)},\cdots,z^{(d)}\in\mathbb{R}^{n_k}$ 使得

$$\mathcal{A}(\mathbf{i})\;=\;z^{(1)}(i_1)\cdots z^{(d)}(i_d),\qquad \mathbf{1}\leqslant\mathbf{i}\leqslant\mathbf{n},$$

我们就称 $\mathcal{A}\in\mathbb{R}^{n_1\times\cdots\times n_d}$ 是一个秩 1 张量. 用一个小例子澄清这个定义，并揭示其与克罗内克积的联系：

$$\mathcal{A}=\begin{bmatrix}u_1\\u_2\end{bmatrix}\circ\begin{bmatrix}v_1\\v_2\\v_3\end{bmatrix}\circ\begin{bmatrix}w_1\\w_2\end{bmatrix}\quad\Longleftrightarrow\quad\begin{bmatrix}a_{111}\\a_{211}\\a_{121}\\a_{221}\\a_{131}\\a_{231}\\a_{112}\\a_{212}\\a_{122}\\a_{222}\\a_{132}\\a_{232}\end{bmatrix}=\begin{bmatrix}u_1v_1w_1\\u_2v_1w_1\\u_1v_2w_1\\u_2v_2w_1\\u_1v_3w_1\\u_2v_3w_1\\u_1v_1w_2\\u_2v_1w_2\\u_1v_2w_2\\u_2v_2w_2\\u_1v_3w_2\\u_2v_3w_2\end{bmatrix}=w\otimes v\otimes u.$$

秩 1 张量的模态展开是高度结构化的．对于上述示例，我们有

$$\mathcal{A}_{(1)}=\begin{bmatrix}u_1v_1w_1 & u_1v_2w_1 & u_1v_3w_1 & u_1v_1w_2 & u_1v_2w_2 & u_1v_3w_2\\ u_2v_1w_1 & u_2v_2w_1 & u_2v_3w_1 & u_2v_1w_2 & u_2v_2w_2 & u_2v_3w_2\end{bmatrix}=u\otimes(w\otimes v)^{\mathrm{T}},$$

$$\mathcal{A}_{(2)}=\begin{bmatrix}u_1v_1w_1 & u_2v_1w_1 & u_1v_1w_2 & u_2v_1w_2\\ u_1v_2w_1 & u_2v_2w_1 & u_1v_2w_2 & u_2v_2w_2\\ u_1v_3w_1 & u_2v_3w_1 & u_1v_3w_2 & u_2v_3w_2\end{bmatrix}=v\otimes(w\otimes u)^{\mathrm{T}},$$

$$\mathcal{A}_{(3)}=\begin{bmatrix}u_1v_1w_1 & u_2v_1w_1 & u_1v_2w_1 & u_2v_2w_1 & u_1v_3w_1 & u_2v_3w_1\\ u_1v_1w_2 & u_2v_1w_2 & u_1v_2w_2 & u_2v_2w_2 & u_1v_3w_2 & u_2v_3w_2\end{bmatrix}=w\otimes(v\otimes u)^{\mathrm{T}}.$$

一般来说，如果对于 $k=1:d$ 有 $z^{(k)}\in\mathbb{R}^{n_k}$ 且

$$\mathcal{A}\;=\;z^{(1)}\circ\cdots\circ z^{(d)}\in\mathbb{R}^{n_1\times\cdots\times n_d},$$

那么它的模态展开都是秩 1 矩阵：

$$\mathcal{A}_{(k)}\;=\;z^{(k)}\cdot\left(z^{(d)}\otimes\cdots z^{(k+1)}\otimes z^{(k-1)}\otimes\cdots z^{(1)}\right)^{\mathrm{T}}. \tag{12.4.9}$$

对于秩 1 张量的一般展开，如果 $\mathbf{p}$ 是 $1:d$ 的一个排列，$\mathbf{r}=\mathbf{p}(1:e)$ 且 $\mathbf{c}=\mathbf{p}(e+1:d)$，那么

$$\mathcal{A}_{\mathbf{r}\times\mathbf{c}}\;=\;\left(z^{(p_e)}\circ\cdots\circ z^{(p_1)}\right)\left(z^{(p_d)}\circ\cdots\circ z^{(p_{e+1})}\right)^{\mathrm{T}}. \tag{12.4.10}$$

最后，我们提到，任何张量都可以表示为秩 1 张量的和

$$\mathcal{A}\in\mathbb{R}^{n_1\times\cdots\times n_d}\quad\Longrightarrow\quad\mathcal{A}=\sum_{\mathbf{i}=\mathbf{1}}^{\mathbf{n}}\mathcal{A}(\mathbf{i})\,I_{n_1}(:,i_1)\circ\cdots\circ I_{n_d}(:,i_d).$$

12.5 节的一个重要主题就是找到比这更有用的秩 1 张量的和！

12.4.9　张量缩并和矩阵乘法

让我们回到在 12.4.1 节中引入的张量缩并的概念. 第一要务是证明两个张量之间的缩并本质上是一对适当选择的展开之间的矩阵乘法. 这是一个有用的关系，因为便于推导出高性能的计算.

考虑计算

$$\mathcal{A}(i,j,\alpha_3,\alpha_4,\beta_3,\beta_4,\beta_5) \;=\; \sum_{k=1}^{n_2} \mathcal{B}(i,k,\alpha_3,\alpha_4)\cdot\mathcal{C}(k,j,\beta_3,\beta_4,\beta_5) \qquad (12.4.11)$$

的问题，其中

$$\begin{aligned}\mathcal{A} &= \mathcal{A}(1:n_1,1:m_2,1:n_3,1:n_4,1:m_3,1:m_4,1:m_5),\\ \mathcal{B} &= \mathcal{B}(1:n_1,1:n_2,1:n_3,1:n_4),\\ \mathcal{C} &= \mathcal{C}(1:m_1,1:m_2,1:m_3,1:m_4,1:m_5),\end{aligned}$$

且 $n_2=m_1$. 指标 k 是一个缩并指标. 这个例子表明在一个缩并中，输出张量的阶可以比任何一个输入张量的阶大得多，这一事实可能会引起存储问题. 例如，在 (12.4.11) 中，如果 $n_1=\cdots=n_4=r$ 且 $m_1=\cdots=m_5=r$，那么 $\mathcal{B}$ 和 $\mathcal{C}$ 是 $O(r^5)$ 的，而输出张量 $\mathcal{A}$ 是 $O(r^7)$ 的.

缩并 (12.4.11) 是一族相关的矩阵与矩阵乘法. 实际上，在切片水平上我们有

$$\mathcal{A}(:,:,\alpha_3,\alpha_4,\beta_3,\beta_4,\beta_5) \;=\; \mathcal{B}(:,:,\alpha_3,\alpha_4)\cdot\mathcal{C}(:,:,\beta_3,\beta_4,\beta_5).$$

每个 $\mathcal{A}$ 切片都是一个 $n_1\times m_2$ 矩阵，即一个 $n_1\times n_2$ 的 $\mathcal{B}$ 切片和一个 $m_1\times m_2$ 的 $\mathcal{C}$ 切片的乘积.

一个缩并中的和可能不止有一个模态. 为了说明这一点，假设

$$\begin{aligned}\mathcal{B} &= \mathcal{B}(1:m_1,1:m_2,1:t_1,1:t_2),\\ \mathcal{C} &= \mathcal{C}(1:t_1,1:t_2,1:n_1,1:n_2,1:n_3),\end{aligned}$$

并定义 $\mathcal{A}=\mathcal{A}(1:m_1,1:m_2,1:n_1,1:n_2,1:n_3)$ 为

$$\mathcal{A}(i_1,i_2,j_1,j_2,j_3) = \sum_{k_1=1}^{t_1}\sum_{k_2=1}^{t_2}\mathcal{B}(i_1,i_2,k_1,k_2)\cdot\mathcal{C}(k_1,k_2,j_1,j_2,j_3). \qquad (12.4.12)$$

注意，这种“矩阵型”计算是如何用多指标表示的:

$$\mathcal{A}(\mathbf{i},\mathbf{j}) \;=\; \sum_{\mathbf{k}=\mathbf{1}}^{\mathbf{t}}\mathcal{B}(\mathbf{i},\mathbf{k})\cdot\mathcal{C}(\mathbf{k},\mathbf{j}), \qquad \mathbf{1}\leqslant\mathbf{i}\leqslant\mathbf{m},\ \mathbf{1}\leqslant\mathbf{j}\leqslant\mathbf{n}. \qquad (12.4.13)$$

这一公式的一个附带好处是，它与下列 $\mathcal{A}$ 的矩阵乘法形式有联系:

$$\mathcal{A}_{[1\,2]\times[3\,4\,5]} \;=\; \mathcal{B}_{[1\,2]\times[3\,4]}\cdot\mathcal{C}_{[1\,2]\times[3\,4\,5]}.$$

从将整体运算的角度看，示例 (12.4.12) 中的缩并指标位置可以方便地视为两个张量展开的乘积. 但是，为了计算这个矩阵乘法，没有必要将 $\mathcal{B}$ 的指标都放在"右边"，而把 $\mathcal{C}$ 的指标都放在"左边". 例如，假设

$$\begin{aligned}\mathcal{B} &= \mathcal{B}(1:t_2, 1:m_1, 1:t_1, 1:m_2),\\ \mathcal{C} &= \mathcal{C}(1:n_2, 1:t_2, 1:n_3, 1:t_1, 1:n_1),\end{aligned}$$

我们要计算张量 $\mathcal{A} = \mathcal{A}(1:m_1, 1:m_2, 1:n_1, 1:n_2, 1:n_3)$，定义如下

$$\mathcal{A}(i_2, j_3, j_1, i_1, j_2) = \sum_{k_1=1}^{t_1}\sum_{k_2=1}^{t_2} \mathcal{B}(k_2, i_1, k_1, i_2) \cdot \mathcal{C}(j_2, k_2, j_3, k_1, j_1).$$

可以证明这种计算等价于

$$\mathcal{A}_{[\,4\,1\,]\times[\,3\,5\,2\,]} = \mathcal{B}_{[\,2\,4\,]\times[\,3\,1\,]} \cdot \mathcal{C}_{[\,4\,2\,]\times[\,5\,1\,3\,]}.$$

隐藏在这些公式后面的是重要的实现选择，估计相应的内存访问开销. 是否需要建立显式的展开？是否有特别好的数据结构可以降低数据传输的成本？等等. 因为它们的维度较高，组织张量缩并的方法通常比进行矩阵乘法的方法多得多.

12.4.10 模态积

一个非常简单但重要的缩并族就是模态积. 这些缩并含有一个张量、一个矩阵和一个模态. 特别地，如果 $\mathcal{S} \in \mathbb{R}^{n_1\times\cdots\times n_d}$，$M \in \mathbb{R}^{m_k\times n_k}$ 且 $1 \leqslant k \leqslant d$，则 $\mathcal{A}$ 是 $\mathcal{S}$ 和 M 的模 k 乘积，满足

$$\mathcal{A}_{(k)} = M \cdot \mathcal{S}_{(k)}. \tag{12.4.14}$$

我们把这个运算记为

$$\mathcal{A} = \mathcal{S} \times_k M,$$

注意

$$\mathcal{A}(\alpha_1, \cdots, \alpha_{k-1}, i, \alpha_{k+1}, \cdots, \alpha_d) = \sum_{j=1}^{n_k} M(i, j) \cdot \mathcal{S}(\alpha_1, \cdots, \alpha_{k-1}, j, \alpha_{k+1}, \cdots, \alpha_d)$$

和

$$\mathsf{vec}(\mathcal{A}) = \left(I_{n_{k+1}\cdots n_d} \otimes M \otimes I_{n_1\cdots n_{k-1}}\right) \cdot \mathsf{vec}(\mathcal{S}) \tag{12.4.15}$$

是等价的. $\mathcal{S}$ 中的每个模 k 纤维都被乘以矩阵 M.

利用 (12.4.15) 和关于克罗内克积的基本事实，很容易证明

$$(\mathcal{S} \times_k F) \times_j G = (\mathcal{S} \times_j G) \times_k F, \tag{12.4.16}$$

$$(\mathcal{S} \times_k F) \times_k G = \mathcal{S} \times_k (FG), \tag{12.4.17}$$

这里假定运算中所有的维数都是匹配的.

12.4.11 多重线性积

假设给定一个 4 阶张量 $\mathcal{S} \in \mathbb{R}^{n_1 \times n_2 \times n_3 \times n_4}$ 和 4 个矩阵

$$M_1 \in \mathbb{R}^{m_1 \times n_1}, \quad M_2 \in \mathbb{R}^{m_2 \times n_2}, \quad M_3 \in \mathbb{R}^{m_3 \times n_3}, \quad M_4 \in \mathbb{R}^{m_4 \times n_4}.$$

计算

$$\mathcal{A}(\mathbf{i}) = \sum_{\mathbf{j}=1}^{\mathbf{n}} \mathcal{S}(\mathbf{j}) \cdot M_1(i_1, j_1) \cdot M_2(i_2, j_2) \cdot M_3(i_3, j_3) \cdot M_4(i_4, j_4) \tag{12.4.18}$$

相当于

$$\mathsf{vec}(\mathcal{A}) = (M_4 \otimes M_3 \otimes M_2 \otimes M_1)\, \mathsf{vec}(\mathcal{S}). \tag{12.4.19}$$

这就是多重线性积的一个 4 阶例子. 如下表所示, 多重线性积是一系列缩并, 每个都是模态积:

$a^{(0)} = \mathsf{vec}(S)$	$\mathcal{A}^{(0)} = \mathcal{S}$
$a^{(1)} = (I_{n_4} \otimes I_{n_3} \otimes I_{n_2} \otimes M_1)\, a^{(0)}$	$\mathcal{A}^{(1)}_{(1)} = M_1\, \mathcal{A}^{(0)}_{(1)}$　(模 1 积)
$a^{(2)} = (I_{n_4} \otimes I_{n_3} \otimes M_2 \otimes I_{m_1})\, a^{(1)}$	$\mathcal{A}^{(2)}_{(2)} = M_2\, \mathcal{A}^{(1)}_{(2)}$　(模 2 积)
$a^{(3)} = (I_{n_4} \otimes M_3 \otimes I_{m_2} \otimes I_{m_1})\, a^{(2)}$	$\mathcal{A}^{(3)}_{(3)} = M_3\, \mathcal{A}^{(2)}_{(3)}$　(模 3 积)
$a^{(4)} = (M_4 \otimes I_{m_3} \otimes I_{m_2} \otimes I_{m_1})\, a^{(3)}$	$\mathcal{A}^{(4)}_{(4)} = M_4\, \mathcal{A}^{(3)}_{(4)}$　(模 4 积)
$\mathsf{vec}(\mathcal{A}) = a^{(4)}$	$\mathcal{A} = \mathcal{A}^{(4)}$

左边的列指定了以克罗内克积形式进行的运算, 而右边的列则显示了 4 个所需的模态积. 这个例子表明, 模 k 计算可以系列化为

$$\mathcal{A} = \mathcal{S} \times_1 M_1 \times_2 M_2 \times_3 M_3 \times_4 M_4,$$

它们的顺序是无关紧要的, 例如

$$\mathcal{A} = \mathcal{S} \times_4 M_4 \times_1 M_1 \times_2 M_2 \times_3 M_3.$$

这来自于 (12.4.16).

因为这些会用在 12.5 节中, 我们在下面的定理中总结出多重线性积的两个关键性质.

定理 12.4.1 假设 $\mathcal{S}\in\mathbb{R}^{n_1\times\cdots\times n_d}$，并且对于 $k=1:d$ 有 $M_k\in\mathbb{R}^{m_k\times n_k}$. 如果张量 $\mathcal{A}\in\mathbb{R}^{m_1\times\cdots\times m_d}$ 是多重线性积

$$\mathcal{A} \;=\; \mathcal{S}\times_1 M_1\times_2 M_2\cdots\times_d M_d,$$

那么

$$\mathcal{A}_{(k)} \;=\; M_k\cdot\mathcal{S}_{(k)}\cdot(M_d\otimes\cdots\otimes M_{k+1}\otimes M_{k-1}\otimes\cdots\otimes M_1)^{\mathrm{T}}.$$

如果 $M_1,\cdots,M_d$ 都是非奇异的，那么 $\mathcal{S} \;=\; \mathcal{A}\times_1 M_1^{-1}\times_2 M_2^{-1}\cdots\times_d M_d^{-1}$.

证明 证明涉及等式 (12.4.16) 和 (12.4.17)，以及在 $A_{(k)}$ 中的模 k 纤维的 vec 排序. □

12.4.12 空间与时间

我们以 Baumgartner et al. (2005) 的一个例子结束本章，这个例子强调了运算顺序的重要性，以及当一系列缩并发生时，时间和空间的取舍可能是什么样子的. 假设 $\mathcal{A},\mathcal{B},\mathcal{C},\mathcal{D}$ 都是 $N\times N\times N\times N$ 张量，则 $\mathcal{S}$ 定义如下：

```
for i = 1₄ : N
    s = 0
    for k = 1₆ : N
        s = s + A(i₁, k₁, i₂, k₂) · B(i₂, k₃, k₄, k₅) · C(k₆, k₄, i₄, k₂) · D(k₁, k₆, k₃, k₅)
    end
    S(i) = s
end
```

这是一个 $O(N^{10})$ 的计算. 另外，如果我们能负担得起另外一对 $N\times N\times N\times N$ 数组，那么工作量就会减为 $O(N^6)$. 要看到这一点，为了清楚起见，假设我们有一个函数 $\mathcal{F}=\mathsf{Contract1}(\mathcal{G},\mathcal{H})$ 计算缩并

$$\mathcal{F}(\alpha_1,\alpha_2,\alpha_3,\alpha_4) \;=\; \sum_{\beta_1=1}^{N}\sum_{\beta_2=1}^{N}\mathcal{G}(\alpha_1,\beta_1,\alpha_2,\beta_2)\cdot\mathcal{H}(\alpha_3,\alpha_4,\beta_1,\beta_2),$$

一个函数 $\mathcal{F}=\mathsf{Contract2}(\mathcal{G},\mathcal{H})$ 计算缩并

$$\mathcal{F}(\alpha_1,\alpha_2,\alpha_3,\alpha_4) \;=\; \sum_{\beta_1=1}^{N}\sum_{\beta_2=1}^{N}\mathcal{G}(\alpha_1,\beta_1,\alpha_2,\beta_2)\cdot\mathcal{H}(\beta_2,\beta_1,\alpha_3,\alpha_4),$$

一个函数 $\mathcal{F}=\mathsf{Contract3}(\mathcal{G},\mathcal{H})$ 计算缩并

$$\mathcal{F}(\alpha_1,\alpha_2,\alpha_3,\alpha_4) \;=\; \sum_{\beta_1=1}^{N}\sum_{\beta_2=1}^{N}\mathcal{G}(\alpha_2,\beta_1,\alpha_4,\beta_2)\cdot\mathcal{H}(\alpha_1\beta_1,\alpha_3,\beta_2).$$

这些 4 阶缩并的每一个都需要 $O(N^6)$ 个 flop. 利用括号中建议的常用子表达式

$$((\mathcal{B}(i_2,k_3,k_4,k_5)\cdot\mathcal{D}(k_1,k_6,k_3,k_5))\cdot\mathcal{C}(k_6,k_4,i_4,k_2))\cdot\mathcal{A}(i_1,k_1,i_2,k_2),$$

我们得出了 $O(N^6)$ 的张量 $\mathcal{S}$:

$$\mathcal{T}_1 = \mathsf{Contract1}(\mathcal{B},\mathcal{D})$$
$$\mathcal{T}_2 = \mathsf{Contract2}(\mathcal{T}_1,\mathcal{C})$$
$$\mathcal{S} = \mathsf{Contract3}(\mathcal{T}_2,\mathcal{A})$$

当然，在矩阵计算中经常会出现时间和空间的权衡. 然而，在张量水平上风险通常更高，可选择的权衡方式成指数增长. 因此，能够自动规划出受计算机系统限制的最佳执行方案是令人感兴趣的. 详见 Baumgartner et al. (2005).

习 题

1. 解释为什么 (12.4.1) 可视为分块矩阵乘法. 提示：将这三个矩阵中的每一个都看作带有 $n\times n$ 块的 $n\times n$ 分块矩阵.

2. 证明：vec 定义的 (12.4.2) 和 (12.4.3) 等价于 vec 的定义 (12.4.4) 和 (12.4.5).

3. 张量 $\mathcal{A}\in\mathbb{R}^{n_1\times\cdots\times n_d}$ 中有多少个纤维? 多少切片?

4. 证明定理 12.4.1.

5. 假设 $\mathcal{A}\in\mathbb{R}^{n_1\times\cdots\times n_d}$, $\mathcal{B}=\mathcal{A}^{<\mathbf{p}>}$，其中 $\mathbf{p}$ 是 $1:d$ 的排列. 确定一个置换矩阵 P 使得 $\mathcal{B}_{(k)}=\mathcal{A}_{(\mathbf{p}(k))}P$.

6. 假设 $\mathcal{A}\in\mathbb{R}^{n_1\times\cdots\times n_d}$, $N=n_1\cdots n_d$, 并且 $\mathbf{p}$ 是 $1:d$ 的排列，满足只交换一个指标对，例如 [1 4 3 2 5]. 确定一个置换矩阵 $P\in\mathbb{R}^{N\times N}$，使得如果 $\mathcal{B}=\mathcal{A}^{<\mathbf{p}>}$，那么 $\mathsf{vec}(\mathcal{B}) = P\cdot\mathsf{vec}(\mathcal{A})$.

7. 假设 $\mathcal{A}\in\mathbb{R}^{n_1\times\cdots\times n_d}$，且 $\mathcal{A}_{(k)}$ 对某个 k 的秩为 1. 是否可以认为 $\mathcal{A}$ 是一个秩 1 张量?

8. 参考 (12.4.18). 给出一个 $\mathcal{S}$ 的展开 $\boldsymbol{S}$ 和 $\mathcal{A}$ 的一个展开 $\boldsymbol{A}$，使得 $\boldsymbol{A}=(M_1\otimes M_3)\boldsymbol{S}(M_2\otimes M_4)$.

9. 假设 $\mathcal{A}\in\mathbb{R}^{n_1\times\cdots\times n_d}$，并且 $\mathbf{p}$ 和 $\mathbf{q}$ 都是 $1:d$ 的排列. 对于 $\mathbf{r}$，给出一个公式，使得 $(\mathcal{A}^{<\mathbf{p}>})^{<\mathbf{q}>}=\mathcal{A}^{<\mathbf{r}>}$.

12.5 张量分解和迭代

分解在矩阵计算中有三种作用. 首先，它可以用来将给定的问题转换成等价的易于解决的问题；其次，它可以暴露 a_{ij} 间隐藏的关系；最后，它可以打开数据稀疏近似计算的大门. 张量分解的作用是相似的，在本节中，我们展示一些重要的例子. 矩阵 SVD 在整个过程中起着突出的作用. 其目的是用一个具有启发性的（希望是短的）秩 1 张量之和来近似或表示给定的张量. 优化问题在本质上是多线性的，并适合于交替最小二乘法. 这些方法对除一个未知数之外的所有变量运算，并通过一些可跟踪的线性优化策略改进自由变量. 有趣的矩阵计算在这个过程中产生，这是我们讨论的焦点. 有关更完整的张量分解、性质和算法的研究，参见 Kolda and Bader (2009). 我们在这几页中的目的只是简单地给出与其中一些方法相关的“内循环”线性代数的快速浏览，并对这一日益重要的高维科学计算领域建立直觉.

我们需要大量使用克罗内克积和张量展开. 因此，本节以 12.3 节和 12.4 节为基础. 我们使用 3 阶张量来讨论，但随时总结类似的关于一般阶张量的定理和算法.

12.5.1 高阶 SVD

让我们来考虑 $\boldsymbol{A} \in \mathbb{R}^{m\times n}$ 的 SVD，不以形式

$$\boldsymbol{A} = \boldsymbol{U\Sigma V}^{\mathrm{T}} = \sum_{i=1}^{n} \boldsymbol{\sigma}_i \boldsymbol{u}_i \boldsymbol{v}_i^{\mathrm{T}} \tag{12.5.1}$$

展开，而是思考 $\boldsymbol{U}^{\mathrm{T}}\boldsymbol{A} = \boldsymbol{\Sigma V}^{\mathrm{T}}$. 矩阵 $\boldsymbol{U}$ 结构化了 $\boldsymbol{U}^{\mathrm{T}}\boldsymbol{A}$ 的行，使它们互相正交，其范数单调递减：

$$\boldsymbol{U}^{\mathrm{T}}\boldsymbol{A} = \begin{bmatrix} \boldsymbol{\sigma}_1\boldsymbol{v}_1^{\mathrm{T}} \\ \vdots \\ \boldsymbol{\sigma}_n\boldsymbol{v}_n^{\mathrm{T}} \end{bmatrix}. \tag{12.5.2}$$

通过考虑以下问题可以看出这种结构的最优化：

$$\max_{\boldsymbol{Q}^{\mathrm{T}}\boldsymbol{Q}=\boldsymbol{I}_r} \| \boldsymbol{Q}^{\mathrm{T}}\boldsymbol{A} \|_F, \qquad \boldsymbol{Q} \in \mathbb{R}^{m\times r}. \tag{12.5.3}$$

容易验证，其最大值是 $\boldsymbol{\sigma}_1^2 + \cdots + \boldsymbol{\sigma}_r^2$，并且可以通过令 $\boldsymbol{Q} = U(:, 1:r)$ 得到. 从获得尽可能多的“块”到变换后 $\boldsymbol{A}$ 的顶部的角度来看，左奇异向量矩阵做了最好的工作. 这就是 SVD 所做的——它关注这些块并支持一个有启发性的秩 1 展开.

现在，假设 $\mathcal{A} \in \mathbb{R}^{n_1\times n_2\times n_3}$，并考虑以下 SVD 的三个模态，每一个都有展开：

$$\boldsymbol{U}_1^{\mathrm{T}}\mathcal{A}_{(1)} = \boldsymbol{\Sigma}_1\boldsymbol{V}_1^{\mathrm{T}}, \quad \boldsymbol{U}_2^{\mathrm{T}}\mathcal{A}_{(2)} = \boldsymbol{\Sigma}_2\boldsymbol{V}_2^{\mathrm{T}}, \quad \boldsymbol{U}_3^{\mathrm{T}}\mathcal{A}_{(3)} = \boldsymbol{\Sigma}_3\boldsymbol{V}_3^{\mathrm{T}}. \tag{12.5.4}$$

这就定义了三个独立的模态乘积：

$$\mathcal{B}^{(1)} = \mathcal{A}\times_1 \boldsymbol{U}_1, \qquad \mathcal{B}^{(2)} = \mathcal{A}\times_2 \boldsymbol{U}_2, \qquad \mathcal{B}^{(3)} = \mathcal{A}\times_3 \boldsymbol{U}_3. \tag{12.5.5}$$

使用定理 12.4.1，我们有以下的展开：

$$\mathcal{B}_{(1)}^{(1)} = \boldsymbol{\Sigma}_1\boldsymbol{V}_1^{\mathrm{T}}(\boldsymbol{U}_3\otimes\boldsymbol{U}_2)^{\mathrm{T}},\ \mathcal{B}_{(2)}^{(2)} = \boldsymbol{\Sigma}_2\boldsymbol{V}_2^{\mathrm{T}}(\boldsymbol{U}_3\otimes\boldsymbol{U}_1)^{\mathrm{T}},\ \mathcal{B}_{(3)}^{(3)} = \boldsymbol{\Sigma}_1\boldsymbol{V}_1^{\mathrm{T}}(\boldsymbol{U}_2\otimes\boldsymbol{U}_1)^{\mathrm{T}}.$$

注意，每个矩阵都有与 (12.5.1) 中显示的相同的奇异值“分级”．回顾 12.4.5 节可知，展开的行是子张量，容易证明：

$$
\begin{aligned}
\| \mathcal{B}^{(1)}(i\,,:\,,:) \|_F &= \sigma_i(\mathcal{A}_{(1)}), \qquad i = 1:n_1, \\
\| \mathcal{B}^{(2)}(:\,,i\,,:) \|_F &= \sigma_i(\mathcal{A}_{(2)}), \qquad i = 1:n_2, \\
\| \mathcal{B}^{(3)}(:\,,:\,,i) \|_F &= \sigma_i(\mathcal{A}_{(3)}), \qquad i = 1:n_3.
\end{aligned}
$$

如果把这三个模态乘积组合成一个单多重线性积，我们得到

$$\mathcal{S} = \mathcal{A}\times_1 \boldsymbol{U}_1^{\mathrm{T}} \times_2 \boldsymbol{U}_2^{\mathrm{T}} \times_3 \boldsymbol{U}_3^{\mathrm{T}}.$$

因为 $\boldsymbol{U}_i$ 是正交的，应用定理 12.4.1，可以得到

$$\mathcal{A} = \mathcal{S}\times_1 \boldsymbol{U}_1 \times_2 \boldsymbol{U}_2 \times_3 \boldsymbol{U}_3.$$

这是由 De Lathauwer, De Moor, and Vandewalle (2000) 给出的**高阶奇异值分解**（HOSVD）．我们在下面的定理中总结了它的一些重要性质．

定理 12.5.1 (HOSVD) 如果 $\mathcal{A} \in \mathbb{R}^{n_1\times\cdots\times n_d}$ 且

$$\mathcal{A}_{(k)} = \boldsymbol{U}_k \boldsymbol{\Sigma}_k \boldsymbol{V}_k^{\mathrm{T}}, \qquad k = 1:d$$

是其模态展开的 SVD，那么它的 HOSVD 如下：

$$\mathcal{A} = \mathcal{S}\times_1 \boldsymbol{U}_1 \times_2 \boldsymbol{U}_2 \cdots \times_d \boldsymbol{U}_d, \tag{12.5.6}$$

其中 $\mathcal{S} = \mathcal{A}\times_1 \boldsymbol{U}_1^{\mathrm{T}} \times_2 \boldsymbol{U}_2^{\mathrm{T}} \cdots \times_d \boldsymbol{U}_d^{\mathrm{T}}$．公式 (12.5.6) 等价于

$$\mathcal{A} = \sum_{\mathbf{j}=\mathbf{1}}^{\mathbf{n}} \mathcal{S}(\mathbf{j}) \cdot U_1(:, j_1) \circ \cdots \circ U_d(:, j_d), \tag{12.5.7}$$

$$\mathcal{A}(\mathbf{i}) = \sum_{\mathbf{j}=\mathbf{1}}^{\mathbf{n}} \mathcal{S}(\mathbf{j}) \cdot U_1(i_1, j_1) \cdots U_d(i_d, j_d), \tag{12.5.8}$$

$$\mathsf{vec}(\mathcal{A}) = (\boldsymbol{U}_d \otimes \cdots \otimes \boldsymbol{U}_1) \cdot \mathsf{vec}(\mathcal{S}). \tag{12.5.9}$$

而且，对于 $k = 1:d$ 有

$$\| \mathcal{S}_{(k)}(i,:) \|_F = \sigma_i(\boldsymbol{A}_{(k)}), \qquad i = 1:\mathsf{rank}(\boldsymbol{A}_{(k)}). \tag{12.5.10}$$

证明 我们将 (12.5.7)–(12.5.9) 的验证留给读者．为了确立 (12.5.10)，注意

$$
\begin{aligned}
\mathcal{S}_{(k)} &= \boldsymbol{U}_k^{\mathrm{T}} \mathcal{A}_{(k)} (\boldsymbol{U}_d \otimes \cdots \otimes \boldsymbol{U}_{k+1} \otimes \boldsymbol{U}_{k-1} \otimes \cdots \otimes \boldsymbol{U}_1) \\
&= \boldsymbol{\Sigma}_k \boldsymbol{V}_k^{\mathrm{T}} (\boldsymbol{U}_d \otimes \cdots \otimes \boldsymbol{U}_{k+1} \otimes \boldsymbol{U}_{k-1} \otimes \cdots \otimes \boldsymbol{U}_1).
\end{aligned}
$$

由此可见，$S_{(k)}$ 的行相互正交，并且 $\mathcal{A}_{(k)}$ 的奇异值是这些行的 2-范数．□

在 HOSVD 中，张量 $\mathcal{S}$ 称为**核心张量**．注意，它不是对角线．然而，不等式 (12.5.10) 告诉我们，$\mathcal{S}$ 中的值往往随着与 $(1,1,\cdots,1)$ 元“距离”的增加而变小．

12.5.2 截断的高阶 SVD 和多重线性秩

如果 $\mathcal{A} \in \mathbb{R}^{n_1\times\cdots\times n_d}$，则它的多重线性秩是模态展开秩的向量:

$$\mathsf{rank}_*(\mathcal{A}) = \left[\,\mathsf{rank}(\mathcal{A}_{(1)}),\cdots,\mathsf{rank}(\mathcal{A}_{(d)})\right].$$

注意，HOSVD 中的求和上界可以用 $\mathbf{rank}_*(\mathcal{A})$ 代替. 例如，(12.5.7) 变成

$$\mathcal{A} = \sum_{\mathbf{j}=\mathbf{1}}^{\mathsf{rank}_*(\mathcal{A})} \mathcal{S}(\mathbf{j})U_1(:,j_1)\circ\cdots\circ U_d(:,j_d).$$

这就给出了一个低秩近似的方法. 如果 $\mathbf{r} \leqslant \mathsf{rank}_*(\mathcal{A})$ 在至少一个分量中是不等的，那么我们可以把

$$\mathcal{A}^{(\mathbf{r})} = \sum_{\mathbf{j}=\mathbf{1}}^{\mathbf{r}} \mathcal{S}(\mathbf{j})U_1(:,j_1)\circ\cdots\circ U_d(:,j_d)$$

作为 $\mathcal{A}$ 的一个截断 **HOSVD** 近似. 可以证明

$$\|\,\mathcal{A} - \mathcal{A}^{(\mathbf{r})}\,\|_F^2 \leqslant \min_{1\leqslant k\leqslant d} \sum_{i=r_k+1}^{\mathsf{rank}(\mathcal{A}_{(k)})} \sigma_i(\boldsymbol{A}_{(k)})^2. \tag{12.5.11}$$

12.5.3 Tucker 近似问题

假设 $\mathcal{A} \in \mathbb{R}^{n_1\times n_2\times n_3}$，并假定 $\mathbf{r} \leqslant \mathbf{rank}_*(\mathcal{A})$ 在至少一个分量中是不等的. 受矩阵 SVD 的最优性启发，让我们考虑以下的优化问题:

$$\min_{\mathcal{X}} \|\,\mathcal{A}-\mathcal{X}\,\|_F \tag{12.5.12}$$

使得

$$\mathcal{X} = \sum_{\mathbf{j}=\mathbf{1}}^{\mathbf{r}} \mathcal{S}(\mathbf{j})\cdot U_1(:,j_1)\circ U_2(:,j_2)\circ U_3(:,j_3). \tag{12.5.13}$$

我们称之为 **Tucker 近似问题**. 不幸的是，截断的 HOSVD 张量 $\mathcal{A}^{(\mathbf{r})}$ 并不是 Tucker 近似问题的解，这促使我们开发一个合适的优化策略.

明确地说，给定 $\mathcal{A}$ 和 $\mathbf{r}$，寻找一个 $r_1\times r_2\times r_3$ 核心张量 $\mathcal{S}$ 和具有正交列的矩阵 $\boldsymbol{U}_1 \in \mathbb{R}^{n_1\times r_1}$, $\boldsymbol{U}_2 \in \mathbb{R}^{n_2\times r_2}$, $\boldsymbol{U}_3 \in \mathbb{R}^{n_3\times r_3}$，使得 (12.5.13) 定义的张量是 (12.5.12) 的解. 使用定理 12.4.1，我们知道

$$\|\,\mathcal{A}-\mathcal{X}\,\|_F = \|\,\mathsf{vec}(\mathcal{A}) - (\boldsymbol{U}_3\otimes\boldsymbol{U}_2\otimes\boldsymbol{U}_1)\cdot\mathsf{vec}(\mathcal{S})\,\|_2.$$

由于 $\boldsymbol{U}_3\otimes\boldsymbol{U}_2\otimes\boldsymbol{U}_1$ 有正交列，因此对于任何三模态 $\{\boldsymbol{U}_1,\boldsymbol{U}_2,\boldsymbol{U}_3\}$"最佳" $\mathcal{S}$ 是

$$\mathcal{S}=\left(\boldsymbol{U}_3^{\mathrm{T}}\otimes\boldsymbol{U}_2^{\mathrm{T}}\otimes\boldsymbol{U}_1^{\mathrm{T}}\right)\cdot\mathsf{vec}(\mathcal{A}).$$

这样，我们就可以从搜索空间中移除 $\mathcal{S}$，简单地寻找 $\boldsymbol{U}=\boldsymbol{U}_3\otimes\boldsymbol{U}_2\otimes\boldsymbol{U}_1$ 使得

$$\|\left(\boldsymbol{I}-\boldsymbol{U}\boldsymbol{U}^{\mathrm{T}}\right)\cdot\mathsf{vec}(\mathcal{A})\|_F^2=\|\mathsf{vec}(\mathcal{A})\|_F^2-\|\boldsymbol{U}^{\mathrm{T}}\cdot\mathsf{vec}(\mathcal{A})\|_F^2$$

最小化．换句话说，确定 $\boldsymbol{U}_1,\boldsymbol{U}_2,\boldsymbol{U}_3$ 使得

$$\|\left(\boldsymbol{U}_3^{\mathrm{T}}\otimes\boldsymbol{U}_2^{\mathrm{T}}\otimes\boldsymbol{U}_1^{\mathrm{T}}\right)\cdot\mathsf{vec}(\mathcal{A})\|_F=\begin{cases}\|\boldsymbol{U}_1^{\mathrm{T}}\cdot\boldsymbol{A}_{(1)}\cdot(\boldsymbol{U}_3\otimes\boldsymbol{U}_2)\|_F\\\|\boldsymbol{U}_2^{\mathrm{T}}\cdot\boldsymbol{A}_{(2)}\cdot(\boldsymbol{U}_3\otimes\boldsymbol{U}_1)\|_F\\\|\boldsymbol{U}_3^{\mathrm{T}}\cdot\boldsymbol{A}_{(3)}\cdot(\boldsymbol{U}_2\otimes\boldsymbol{U}_1)\|_F\end{cases}$$

最大化．通过固定三个矩阵 $\{\boldsymbol{U}_1,\boldsymbol{U}_2,\boldsymbol{U}_3\}$ 中的任意两个，我们可以通过求解形如 (12.5.3) 的优化问题来改进第三个．这就给出了以下方法：

Repeat:

关于 U_1，最大化 $\|U_1^{\mathrm{T}}\cdot A_{(1)}\cdot(U_3\otimes U_2)\|_F$，其中利用

SVD $\mathcal{A}_{(1)}\cdot(U_3\otimes U_2)=\tilde{U}_1\Sigma_1V_1^{\mathrm{T}}$．令 $U_1=\tilde{U}_1(:,1:r_1)$.

关于 U_2，最大化 $\|U_2^{\mathrm{T}}\cdot A_{(2)}\cdot(U_3\otimes U_1)\|_F$，其中利用

SVD $\mathcal{A}_{(2)}\cdot(U_3\otimes U_1)=\tilde{U}_2\Sigma_2V_2^{\mathrm{T}}$．令 $U_2=\tilde{U}_2(:,1:r_2)$.

关于 U_3，最大化 $\|U_3^{\mathrm{T}}\cdot A_{(3)}\cdot(U_2\otimes U_1)\|_F$，其中利用

SVD $\mathcal{A}_{(3)}\cdot(U_2\otimes U_1)=\tilde{U}_3\Sigma_3V_3^{\mathrm{T}}$．令 $U_3=\tilde{U}_3(:,1:r_3)$.

这是交替最小二乘法的一个例子．对于 d 阶张量，执行每个步骤有 d 个优化：

Repeat:
for $k=1:d$
计算 SVD:
$\mathcal{A}_{(k)}\left(U_d\otimes\cdots\otimes U_{k+1}\otimes U_{k-1}\otimes\cdots\otimes U_1\right)=\tilde{U}_k\Sigma_kV_k^{\mathrm{T}}$.
$U_k=\tilde{U}_k(:,1:r_k)$
end

这本质上就是 **Tucker 方法**．有关这个非线性迭代的实现细节，参见 De Lathauwer, De Moor, and Vandewalle (2000b), Smilde, Bro, and Geladi (2004, 第 119–123 页)，Kolda and Bader (2009).

12.5.4 CP 近似问题

矩阵的 SVD 有一个很好的性质，那就是秩 1 展开中的"核心矩阵"是对角矩阵. 对于张量，这是不正确的，其计算要利用 Tucker 表示. 但是，如果我们喜欢"对角性"而不是正交性，那么就有另一种来自矩阵 SVD 的方法. 给定 $\mathcal{X} \in \mathbb{R}^{n_1 \times n_2 \times n_3}$ 和整数 r，我们考虑问题

$$\min_{\mathcal{X}} \| \mathcal{A} - \mathcal{X} \|_F \tag{12.5.14}$$

使得

$$\mathcal{X} = \sum_{j=1}^{r} \lambda_j \cdot F(:,j) \circ G(:,j) \circ H(:,j), \tag{12.5.15}$$

其中 $\boldsymbol{F} \in \mathbb{R}^{n_1 \times r}, \boldsymbol{G} \in \mathbb{R}^{n_2 \times r}, \boldsymbol{H} \in \mathbb{R}^{n_3 \times r}$. 这是 **CP 近似问题**的一个例子. 我们假设 $\boldsymbol{F}, \boldsymbol{G}, \boldsymbol{H}$ 的列都有单位 2-范数.

张量的模态展开 (12.5.15) 通过 12.3.3 节中定义的 Khatri-Rao 乘积得到了清晰的刻画. 如果

$$\boldsymbol{F} = [\, \boldsymbol{f}_1 \mid \cdots \mid \boldsymbol{f}_r \,], \quad \boldsymbol{G} = [\, \boldsymbol{g}_1 \mid \cdots \mid \boldsymbol{g}_r \,], \quad \boldsymbol{H} = [\, \boldsymbol{h}_1 \mid \cdots \mid \boldsymbol{h}_r \,],$$

那么

$$\begin{aligned}
\mathcal{X}_{(1)} &= \sum_{j=1}^{r} \lambda_j \cdot \boldsymbol{f}_j \otimes (\boldsymbol{h}_j \otimes \boldsymbol{g}_j)^{\mathrm{T}} = \boldsymbol{F} \cdot \mathrm{diag}(\lambda_j) \cdot (\boldsymbol{H} \odot \boldsymbol{G})^{\mathrm{T}}, \\
\mathcal{X}_{(2)} &= \sum_{j=1}^{r} \lambda_j \cdot \boldsymbol{g}_j \otimes (\boldsymbol{h}_j \otimes \boldsymbol{f}_j)^{\mathrm{T}} = \boldsymbol{G} \cdot \mathrm{diag}(\lambda_j) \cdot (\boldsymbol{H} \odot \boldsymbol{F})^{\mathrm{T}}, \\
\mathcal{X}_{(3)} &= \sum_{j=1}^{r} \lambda_j \cdot \boldsymbol{h}_j \otimes (\boldsymbol{g}_j \otimes \boldsymbol{f}_j)^{\mathrm{T}} = \boldsymbol{H} \cdot \mathrm{diag}(\lambda_j) \cdot (\boldsymbol{G} \odot \boldsymbol{F})^{\mathrm{T}}.
\end{aligned}$$

这些结果来自上一节. 例如

$$\begin{aligned}
\mathcal{X}_{(1)} &= \sum_{j=1}^{r} \lambda_j \, (\boldsymbol{f}_j \circ \boldsymbol{g}_j \circ \boldsymbol{h}_j)_{(1)} = \sum_{j=1}^{r} \lambda_j \boldsymbol{f}_j (\boldsymbol{h}_j \otimes \boldsymbol{g}_j)^{\mathrm{T}} \\
&= \left[\, \lambda_1 \boldsymbol{f}_1 \,\middle|\, \cdots \,\middle|\, \lambda_r \boldsymbol{f}_r \,\right] \left[\, \boldsymbol{h}_1 \otimes \boldsymbol{g}_1 \,\middle|\, \cdots \,\middle|\, \boldsymbol{h}_r \otimes \boldsymbol{g}_r \,\right]^{\mathrm{T}} = \boldsymbol{F} \cdot \mathrm{diag}(\lambda_j) \cdot (\boldsymbol{H} \odot \boldsymbol{G})^{\mathrm{T}}.
\end{aligned}$$

注意

$$\| \mathcal{A} - \mathcal{X} \|_F = \| \mathcal{A}_{(1)} - \mathcal{X}_{(1)} \|_F = \| \mathcal{A}_{(2)} - \mathcal{X}_{(2)} \|_F = \| \mathcal{A}_{(3)} - \mathcal{X}_{(3)} \|_F,$$

我们看到 CP 近似问题可以通过将下列任何一个表达式最小化来求解:

$$\| \mathcal{A}_{(1)} - \mathcal{X}_{(1)} \|_F = \| \mathcal{A}_{(1)} - \boldsymbol{F} \cdot \mathrm{diag}(\lambda_j) \cdot (\boldsymbol{H} \odot \boldsymbol{G})^{\mathrm{T}} \|_F, \tag{12.5.16}$$

$$\| \mathcal{A}_{(2)} - \mathcal{X}_{(2)} \|_F = \| \mathcal{A}_{(2)} - \boldsymbol{G} \cdot \text{diag}(\lambda_j) \cdot (\boldsymbol{H} \odot \boldsymbol{F})^{\text{T}} \|_F, \tag{12.5.17}$$

$$\| \mathcal{A}_{(3)} - \mathcal{X}_{(3)} \|_F = \| \mathcal{A}_{(3)} - \boldsymbol{H} \cdot \text{diag}(\lambda_j) \cdot (\boldsymbol{G} \odot \boldsymbol{F})^{\text{T}} \|_F. \tag{12.5.18}$$

这是一个多重线性最小二乘问题．但是，观察到如果固定 (12.5.16) 中的 λ, H, G，那么 $\| \mathcal{A}_{(1)} - \mathcal{X}_{(1)} \|_F$ 关于 $\boldsymbol{F}$ 是线性的．类似的结果适用于 (12.5.17) 和 (12.5.18)，我们就有以下交替的最小二乘最小化方法．

Repeat:

令 $\tilde{F}$ 最小化 $\| \mathcal{A}_{(1)} - \tilde{F} \cdot (H \odot G)^{\text{T}} \|_F$，

并且对 $j = 1:r$ 置 $\lambda_j = \| \tilde{F}(:,j) \|_2$ 和 $F(:,j) = \tilde{F}(:,j)/\lambda_j$.

令 $\tilde{G}$ 最小化 $\| \mathcal{A}_{(2)} - \tilde{G} \cdot (H \odot F)^{\text{T}} \|_F$，

并且对 $j = 1:r$ 置 $\lambda_j = \| \tilde{G}(:,j) \|_2$ 和 $G(:,j) = \tilde{G}(:,j)/\lambda_j$.

令 $\tilde{H}$ 最小化 $\| \mathcal{A}_{(3)} - \tilde{H} \cdot (G \odot F)^{\text{T}} \|_F$，

并且对 $j = 1:r$ 置 $\lambda_j = \| \tilde{H}(:,j) \|_2$ 和 $H(:,j) = \tilde{H}(:,j)/\lambda_j$.

对 $\boldsymbol{F}, \boldsymbol{G}, \boldsymbol{H}$ 的修正计算是高度结构化的线性最小二乘问题．中心计算涉及如下形式的线性最小二乘问题

$$\min \| (\boldsymbol{B} \odot \boldsymbol{C})\boldsymbol{z} - \boldsymbol{d} \|_2, \tag{12.5.19}$$

其中 $\boldsymbol{B} \in \mathbb{R}^{p_B \times q}$, $\boldsymbol{C} \in \mathbb{R}^{p_C \times q}$, $\boldsymbol{d} \in \mathbb{R}^{p_B p_C}$．这是典型的“高瘦”LS 问题．如果我们形成 Khatri-Rao 积，并以通常的方式使用 QR 分解，那么需要 $O(p_B p_C q^2)$ 个 flop 来计算 z．另外，对应于 (12.5.19) 的正规方程组为

$$\big((\boldsymbol{B}^{\text{T}}\boldsymbol{B}) .* (\boldsymbol{C}^{\text{T}}\boldsymbol{C})\big)\, \boldsymbol{z} = (\boldsymbol{B} \odot \boldsymbol{C})^{\text{T}} \boldsymbol{d}, \tag{12.5.20}$$

它可以通过需要 $O((p_B + p_C)q^2)$ 个 flop 的 Cholesky 分解来计算并求解．

对于一般张量 $\mathcal{A} \in \mathbb{R}^{n_1 \times \cdots \times n_d}$，每次有 d 个最小二乘问题要求解．特别的，给定 $\mathcal{A}$ 和 r，CP 近似问题涉及寻找具有单位 2-范数列的矩阵

$$\boldsymbol{F}^{(k)} = [\boldsymbol{f}_1^{(k)} \mid \cdots \mid \boldsymbol{f}_r^{(k)}] \in \mathbb{R}^{n_k \times r}, \qquad k = 1:d$$

和一个向量 $\boldsymbol{\lambda} \in \mathbb{R}^r$，使得如果

$$\mathcal{X} = \sum_{j=1}^{r} \lambda_j \boldsymbol{f}_j^{(1)} \circ \cdots \circ \boldsymbol{f}_j^{(d)}, \tag{12.5.21}$$

那么 $\| \mathcal{A} - \mathcal{X} \|_F$ 是最小的．注意到

$$\mathcal{X}_{(k)} = \boldsymbol{F}^{(k)} \text{diag}(\boldsymbol{\lambda}) \left(\boldsymbol{F}^{(d)} \odot \cdots \odot \boldsymbol{F}^{(k+1)} \odot \boldsymbol{F}^{(k-1)} \odot \cdots \odot \boldsymbol{F}^{(1)}\right)^{\text{T}},$$

我们得到以下迭代过程．

Repeat:

  for $k = 1 : d$

    关于 $\tilde{F}^{(k)}$，最小化

$$\| \mathcal{A}_{(k)} - \tilde{F}^{(k)} \left(F^{(d)} \odot \cdots \odot F^{(k+1)} \odot F^{(k-1)} \odot \cdots \odot F^{(1)} \right)^{\mathrm{T}} \|_F$$

    for $j = 1 : r$

$$\lambda_j = \| \tilde{F}_{(k)}(:, j) \|_2$$

$$F^{(k)}(:, j) = \tilde{F}_k(:, j) / \lambda_j$$

    end

  end

这就是 **CANDECOMP/PARAFAC 方法**. 有关这个非线性迭代的实现细节，参见 Smilde, Bro, and Geladi (2004, 第 113–119 页) 以及 Kolda and Bader (2009).

12.5.5 张量秩

在 CP 近似问题中，r 的选择给我们带来了张量秩这个复杂的问题. 如果

$$\mathcal{A} = \sum_{j=1}^{r} \lambda_j \boldsymbol{f}_j^{(1)} \circ \cdots \circ \boldsymbol{f}_j^{(d)},$$

而且没有较短的秩 1 之和存在，那么我们说 $\mathcal{A}$ 是一个秩 r 的张量. 因此，我们看到 CP 近似问题就是求出最佳秩 r 近似. 使用 CP 方法来发现张量的秩是有问题的，因为有如下困难.

困难 1. 张量秩问题是 NP 难题. 详见 Hillar and Lim (2012).

困难 2. 对于 $n_1 \times \cdots \times n_d$ 张量，其可以达到的最大的秩称为**最大秩**. 没有像求最小值 $\min\{n_1, \cdots, n_d\}$ 这样的简单公式. 实际上，最大秩只在少数特殊情况下为人所知.

困难 3. 如果 $\mathbb{R}^{n_1 \times \cdots \times n_d}$ 中的秩 k 张量的集合有正测度，那么 k 是一个**典型秩**. $n_1 \times \cdots \times n_d$ 空间可以有一个以上的典型秩. 例如，随机 $2 \times 2 \times 2$ 张量，假设 a_{ijk} 符合平均值为 0、方差为 1 的正态分布，则其秩为 2 的概率是 0.79，而秩为 3 的概率是 0.21. $2 \times 2 \times 2$ 情形的详细分析，见 de Silva and Lim (2008) 以及 Martin (2011).

困难 4. 特定张量在实数域上的秩可能不同于它在复数域上的秩.

困难 5. 存在可以用低秩张量以任意精度近似的张量. 这样的张量称为**退化的张量**.

困难 6. 如果

$$\mathcal{X}_r = \sum_{j=1}^{r+1} \lambda_j U_1(:,j) \circ \cdots \circ U_d(:,j)$$

是 $\mathcal{A}$ 的最佳秩 $(r+1)$ 近似，那么它并不遵循

$$\mathcal{X}_{r+1} = \sum_{j=1}^{r} \lambda_j \hat{U}_1(:,j) \circ \cdots \circ \hat{U}_d(:,j)$$

是 $\mathcal{A}$ 的最佳秩 r 近似这一结果. 例子见 Kolda (2003). 除去最佳秩 1 近似甚至可以提高秩！见 Stegeman and Comon (2009).

关于张量秩及其计算的意义，见 Kolda and Bader (2009). 阐明与张量秩相关的微妙之处的例子可以在 de Silva and Lim (2008) 的论文中找到.

12.5.6　张量奇异值：变分法

矩阵 $\boldsymbol{A} \in \mathbb{R}^{n_1 \times n_2}$ 的奇异值是

$$\psi_A(\boldsymbol{u},\boldsymbol{v}) = \frac{\boldsymbol{u}^{\mathrm{T}}\boldsymbol{A}\boldsymbol{v}}{\|\boldsymbol{u}\|_2\|\boldsymbol{v}\|_2} = \frac{\sum_{i_1=1}^{n_1}\sum_{i_2=1}^{n_2} A(i_1,i_2)u(i_1)v(i_2)}{\|\boldsymbol{u}\|_2\|\boldsymbol{v}\|_2} \tag{12.5.22}$$

的稳定值，而相应的稳定向量就是对应的奇异向量. 这可以通过观察梯度方程 $\nabla\psi(\boldsymbol{u},\boldsymbol{v}) = 0$ 得到. 实际上，如果 $\boldsymbol{u}$ 和 $\boldsymbol{v}$ 是单位向量，那么这个方程有形式

$$\nabla\psi_A(\boldsymbol{u},\boldsymbol{v}) = \begin{bmatrix} \boldsymbol{A}\boldsymbol{v} - \psi_A(\boldsymbol{u},\boldsymbol{v})\boldsymbol{u} \\ \boldsymbol{A}^{\mathrm{T}}\boldsymbol{u} - \psi_A(\boldsymbol{u},\boldsymbol{v})\boldsymbol{v} \end{bmatrix} = 0.$$

矩阵奇异值和向量的这种变分特征可以推广到张量，见 Lim (2005). 假设 $\mathcal{A} \in \mathbb{R}^{n_1 \times n_2 \times n_3}$，并定义

$$\psi_{\mathcal{A}}(\boldsymbol{u}_1,\boldsymbol{u}_2,\boldsymbol{u}_3) = \frac{\sum_{\mathbf{i}=\mathbf{1}}^{\mathbf{n}} \mathcal{A}(\mathbf{i}) \cdot u_1(i_1)\,u_2(i_2)\,u_3(i_3)}{\|\boldsymbol{u}_1\|_2\|\boldsymbol{u}_2\|_2\|\boldsymbol{u}_3\|_2}$$

其中 $\boldsymbol{u}_1 \in \mathbb{R}^{n_1}$, $\boldsymbol{u}_2 \in \mathbb{R}^{n_2}$, $\boldsymbol{u}_3 \in \mathbb{R}^{n_3}$，容易证明

$$\psi_{\mathcal{A}}(\boldsymbol{u}_1,\boldsymbol{u}_2,\boldsymbol{u}_3) = \begin{cases} \boldsymbol{u}_1^{\mathrm{T}}\mathcal{A}_{(1)}(\boldsymbol{u}_3 \otimes \boldsymbol{u}_2) \,/\, (\|\boldsymbol{u}_1\|_2\|\boldsymbol{u}_2\|_2\|\boldsymbol{u}_3\|_2), \\ \boldsymbol{u}_2^{\mathrm{T}}\mathcal{A}_{(2)}(\boldsymbol{u}_3 \otimes \boldsymbol{u}_1) \,/\, (\|\boldsymbol{u}_1\|_2\|\boldsymbol{u}_2\|_2\|\boldsymbol{u}_3\|_2), \\ \boldsymbol{u}_3^{\mathrm{T}}\mathcal{A}_{(3)}(\boldsymbol{u}_2 \otimes \boldsymbol{u}_1) \,/\, (\|\boldsymbol{u}_1\|_2\|\boldsymbol{u}_2\|_2\|\boldsymbol{u}_3\|_2). \end{cases}$$

如果 $\boldsymbol{u}_1, \boldsymbol{u}_2, \boldsymbol{u}_3$ 是单位向量，那么方程 $\nabla\psi_{\mathcal{A}} = 0$ 为

$$\nabla\psi_{\mathcal{A}} = \begin{bmatrix} \mathcal{A}_{(1)}(\boldsymbol{u}_3 \otimes \boldsymbol{u}_2) \\ \mathcal{A}_{(2)}(\boldsymbol{u}_3 \otimes \boldsymbol{u}_1) \\ \mathcal{A}_{(3)}(\boldsymbol{u}_2 \otimes \boldsymbol{u}_1) \end{bmatrix} - \psi_{\mathcal{A}}(\boldsymbol{u}_1, \boldsymbol{u}_2, \boldsymbol{u}_3) \begin{bmatrix} \boldsymbol{u}_1 \\ \boldsymbol{u}_2 \\ \boldsymbol{u}_3 \end{bmatrix} = 0.$$

如果我们可以满足这个方程，那么就称 $\psi_{\mathcal{A}}(\boldsymbol{u}_1, \boldsymbol{u}_2, \boldsymbol{u}_3)$ 为张量 $\mathcal{A}$ 的奇异值. 如果对这个非线性方程组取分量方式，就会得到下面的迭代过程.

repeat:

$$\begin{aligned} \tilde{u}_1 &= \mathcal{A}_{(1)}(u_3 \otimes u_2), \quad u_1 = \tilde{u}_1/\| \tilde{u}_1 \|_2 \\ \tilde{u}_2 &= \mathcal{A}_{(2)}(u_3 \otimes u_1), \quad u_2 = \tilde{u}_2/\| \tilde{u}_2 \|_2 \\ \tilde{u}_3 &= \mathcal{A}_{(3)}(u_2 \otimes u_1), \quad u_3 = \tilde{u}_3/\| \tilde{u}_3 \|_2 \\ \sigma &= \psi(u_1, u_2, u_3) \end{aligned}$$

这可以认为是高阶的幂迭代. 通过与 $\mathbf{r} = [1, 1, \cdots, 1]$ 的 Tucker 近似问题比较，我们看到它是计算最近的秩 1 张量的一种方法.

12.5.7 对称张量特征值：变分法

如果 $\boldsymbol{C} \in \mathbb{R}^{N \times N}$ 是对称的，那么它的特征值是

$$\phi_C(\boldsymbol{x}) = \frac{\boldsymbol{x}^{\mathrm{T}}\boldsymbol{C}\,\boldsymbol{x}}{\boldsymbol{x}^{\mathrm{T}}\boldsymbol{x}} = \frac{\sum_{i_1=1}^{N}\sum_{i_2=1}^{N} C(i_1, i_2)x(i_1)x(i_2)}{\boldsymbol{x}^{\mathrm{T}}\boldsymbol{x}} \tag{12.5.23}$$

的稳定值，而对应的稳定向量是特征向量. 这可以从 ϕ_C 的梯度为零中得到.

如果我们要将这个概念推广到张量，那么需要定义对称张量. 一个 d 阶张量 $\mathcal{C} \in \mathbb{R}^{N \times \cdots \times N}$ 称为对称张量，如果对于 $1:d$ 的任何排列 $\mathbf{p}$ 都有

$$\mathcal{C}(\mathbf{i}) = \mathcal{C}(\mathbf{i}(\mathbf{p})), \qquad \mathbf{1} \leqslant \mathbf{i} \leqslant N.$$

对于 $d = 3$ 的情况，这意味着对于所有满足 $1 \leqslant i \leqslant N, 1 \leqslant j \leqslant N, 1 \leqslant k \leqslant N$ 的 i, j, k 都有 $c_{ijk} = c_{ikj} = c_{jik} = c_{jki} = c_{kij} = c_{kji}$.

容易推广 (12.5.23) 到对称张量的情况. 如果 $\mathcal{C} \in \mathbb{R}^{N \times N \times N}$是对称的，$x \in \mathbb{R}^N$，那么我们定义 $\phi_{\mathcal{C}}$ 如下：

$$\phi_{\mathcal{C}}(\boldsymbol{x}) = \frac{\sum_{\mathbf{i}=1}^{\mathbf{N}} \mathcal{C}(\mathbf{i}) \cdot x(i_1)\,x(i_2)\,x(i_3)}{\| \boldsymbol{x} \|_2^3} = \frac{\boldsymbol{x}^{\mathrm{T}}\mathcal{C}_{(1)}(\boldsymbol{x} \otimes \boldsymbol{x})}{\| \boldsymbol{x} \|_2^3}. \tag{12.5.24}$$

注意，如果 $\mathcal{C}$ 是对称张量，那么它的所有模态展开都是相同的. 满足 $\| \boldsymbol{x} \|_2 = 1$ 的等式 $\nabla \phi_{\mathcal{C}}(\boldsymbol{x}) = 0$ 有形式

$$\nabla \phi_{\mathcal{C}}(\boldsymbol{x}) = \mathcal{C}_{(1)}(\boldsymbol{x} \otimes \boldsymbol{x}) - \phi_{\mathcal{C}}(\boldsymbol{x}) \cdot \boldsymbol{x} = 0.$$

如果这成立，那么我们将 $\phi_{\mathcal{C}}(x)$ 称为张量 $\mathcal{C}$ 的一个特征值，这个概念由 Lim (2005) 和 Li (2005) 给出. Kolda and Mayo (2012) 提出了一个有趣的方法来解这个非线性问题. 它涉及运算序列

$$\tilde{\boldsymbol{x}} = \mathcal{C}_{(1)}(\boldsymbol{x} \otimes \boldsymbol{x}) + \alpha \boldsymbol{x}, \qquad \lambda = \| \tilde{\boldsymbol{x}} \|_2, \qquad \boldsymbol{x} = \tilde{\boldsymbol{x}}/\lambda,$$

其中位移参数 α 被确定以保证迭代的凸性和最终的收敛性. 关于对称张量特征值问题和可用以求解该问题的各种幂迭代的进一步讨论，见 Zhang and Golub (2001) 以及 Kofidis and Regalia (2002).

12.5.8　张量网络、张量列和维数灾难

在许多应用中，张量分解及其近似被用来发现有关高维数据集的性质. 在其他环境中，它们用于处理维数灾难，即与需要 $O(n^d)$ 个计算量或存储的相关问题. 而“大的 n”在矩阵计算中存在问题，“大的 d”通常是大规模张量计算的一个困难标志. 例如，如果 $n_1 = \cdots = n_{1000} = 2$，那么（目前）不可能显式存储一个 $n_1 \times \cdots \times n_{1000}$ 张量. 一般来说，如果相关运算量和存储量的指数为 d，那么 d 阶张量问题的求解就会遇到维数灾难.

正是在这种背景下，数据稀疏张量逼近变得越来越重要. 构建高阶、数据稀疏张量的一种方法是将一组低阶张量与相对较小的一组缩并连接起来. 这就是所谓的张量网络. 在张量网络中，节点是低阶张量，边是缩并. 展示这种主要思想的一个特例是张量列 (TT) 表示，我们用一个 5 阶的例子来说明. 给定低阶张量的“运输工具”

$$\begin{aligned}
\mathcal{G}_1 &: \ n_1 \times r_1, \\
\mathcal{G}_2 &: \ r_1 \times n_2 \times r_2, \\
\mathcal{G}_3 &: \ r_2 \times n_3 \times r_3, \\
\mathcal{G}_4 &: \ r_3 \times n_4 \times r_4, \\
\mathcal{G}_5 &: \ r_4 \times n_5,
\end{aligned}$$

定义 5 阶张量列 $\mathcal{T}$ 如下

$$\mathcal{T}(\mathbf{i}) = \sum_{\mathbf{k}=1}^{\mathbf{r}} \mathcal{G}_1(i_1, k_1)\mathcal{G}_2(k_1, i_2, k_2)\mathcal{G}_3(k_2, i_3, k_3)\mathcal{G}_4(k_3, i_4, k_4)\mathcal{G}_5(k_4, i_5). \tag{12.5.25}$$

从例子中可以明显看出这个模式. 第一个和最后一个运输工具都是矩阵，中间的都是 3 阶张量. 相邻的运输工具由一个缩并连接. 见图 12.5.1.

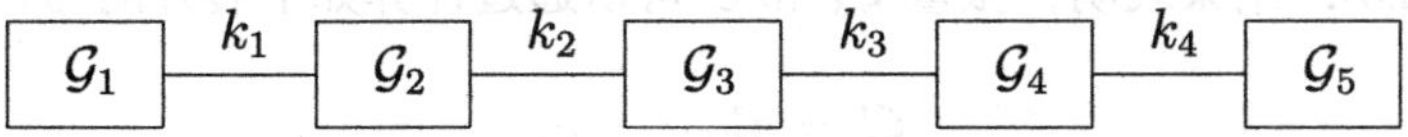

图 12.5.1 (12.5.25) 中的 5 阶张量列

要了解通过其运输工具表示的 d 阶张量列 $\mathcal{T} \in \mathbb{R}^{n_1 \times \cdots \times n_d}$ 的数据稀缺性，假设 $n_1 = \cdots = n_d = n$ 且 $r_1 = \cdots = r_{d-1} = r \ll n$. 由此可见，$TT$ 表示需要 $O(dr^2n)$ 内存，这比显式表示所需要的 n^d 存储要少得多.

我们给出了一个用数据稀疏张量列来近似给定张量的框架. 第一件事实证明任何张量 $\mathcal{A}$ 都有一个 TT 表示形式，这可由归纳法验证. 为了深入了解证明，我们考虑一个 5 阶的例子. 假设 $\mathcal{A} \in \mathbb{R}^{n_1 \times \cdots \times n_5}$ 是张量

$$\mathcal{B}(i_1, i_2, k_2) = \sum_{k_1=1}^{r_1} \mathcal{G}_1(i_1, k_1)\mathcal{G}_2(k_1, i_2, k_2)$$

和张量 $\mathcal{C}$ 的缩并，其结果如下

$$\mathcal{A}(i_1, i_2, i_3, i_4, i_5) = \sum_{k_2=1}^{r_2} \mathcal{B}(i_1, i_2, k_2)\mathcal{C}(k_2, i_3, i_4, i_5).$$

如果我们能把 $\mathcal{C}$ 表达为如下形式的缩并

$$\mathcal{C}(k_2, i_3, i_4, i_5) = \sum_{k_3=1}^{r_3} \mathcal{G}_3(k_2, i_3, k_3)\tilde{\mathcal{C}}(k_3, i_4, i_5), \tag{12.5.26}$$

那么

$$\begin{aligned}
\mathcal{A}(i_1, i_2, i_3, i_4, i_5) &= \sum_{k_2=1}^{r_2}\sum_{k_3=1}^{r_3} \mathcal{B}(i_1, i_2, k_2)\mathcal{G}_3(k_2, i_3, k_3)\tilde{\mathcal{C}}(k_3, i_4, i_5) \\
&= \sum_{k_3=1}^{r_3}\left(\sum_{k_2=1}^{r_2} \mathcal{B}(i_1, i_2, k_2)\mathcal{G}_3(k_2, i_3, k_3)\right)\tilde{\mathcal{C}}(k_3, i_4, i_5) \\
&= \sum_{k_3=1}^{r_3} \tilde{\mathcal{B}}(i_1, i_2, i_3, k_3)\tilde{\mathcal{C}}(k_3, i_4, i_5),
\end{aligned}$$

其中

$$\tilde{\mathcal{B}}(i_1, i_2, i_3, k_3) = \sum_{k_1=1}^{r_1}\sum_{k_2=1}^{r_2} \mathcal{G}_1(i_1, k_1)\mathcal{G}_2(k_1, i_2, k_2)\mathcal{G}_3(k_2, i_3, k_3).$$

这个例子，给出了从 $\mathcal{A}$ 写成 $\mathcal{B}$ 和 $\mathcal{C}$ 的缩并到 $\tilde{\mathcal{B}}$ 和 $\tilde{\mathcal{C}}$ 的缩并的过渡，展示了如何对此组织一个正式的证明，即任何张量都有 TT 表示．唯一剩下的问题是"分解"(12.5.26)．结果表明，张量 $\mathcal{G}_3$ 和 $\tilde{\mathcal{C}}$ 可以通过计算如下展开的 SVD 来确定：

$$\boldsymbol{C} = \mathcal{C}_{[1\,2]\times[3\,4]}.$$

事实上，如果 $\mathsf{rank}(\boldsymbol{C}) = r_3$，且 $\boldsymbol{C} = \boldsymbol{U}_3\boldsymbol{\Sigma}_3\boldsymbol{V}_3^{\mathrm{T}}$ 是 $\boldsymbol{\Sigma}_3 \in \mathbb{R}^{r_3\times r_3}$ 的 SVD，那么可以证明 (12.5.26) 成立，此时我们如下定义 $\mathcal{G}_3 \in \mathbb{R}^{r_2\times n_3\times r_3}$ 和 $\tilde{\mathcal{C}} \in \mathbb{R}^{r_3\times n_4\times n_5}$：

$$\begin{aligned}\mathsf{vec}(\mathcal{G}_3) &= \mathsf{vec}(\boldsymbol{U}_3), &(12.5.27)\\ \mathsf{vec}(\tilde{\mathcal{C}}) &= \mathsf{vec}(\boldsymbol{\Sigma}_3\boldsymbol{V}_3^{\mathrm{T}}). &(12.5.28)\end{aligned}$$

从这个 $d = 5$ 的讨论，可得到由 Oseledets and Tyrtyshnikov (2009) 提出的如下程序，计算张量列表示

$$\mathcal{A}(\mathbf{i}) = \sum_{\mathbf{k}(1:d-1)}^{\mathbf{r}(1:d-1)} \mathcal{G}_1(i_1,k_1)\mathcal{G}_2(k_1,i_2,k_2)\cdots\mathcal{G}_{d-1}(k_{d-2},i_{d-1},k_{d-1})\mathcal{G}_d(k_{d-1},i_d)$$

对任何给定的 $\mathcal{A} \in \mathbb{R}^{n_1\times\cdots\times n_d}$ 成立：

$M_1 = \mathcal{A}_{(1)}$
奇异值分解：$M_1 = U_1\Sigma_1V_1^{\mathrm{T}}$，其中 $\Sigma_1 \in \mathbb{R}^{r_1\times r_1}$ 且 $r_1 = \mathsf{rank}(M_1)$
$\mathcal{G}_1 = U_1$
for $k = 2:d-1$
  $M_k = \mathsf{reshape}(\Sigma_{k-1}V_{k-1}^{\mathrm{T}}, r_{k-1}n_k, n_{k+1}\cdots n_d)$ (12.5.29)
  SVD: $M_k = U_k\Sigma_kV_k^{\mathrm{T}}$，其中 $\Sigma_k \in \mathbb{R}^{r_k\times r_k}$ 且 $r_k = \mathsf{rank}(M_k)$
  通过 $\mathsf{vec}(\mathcal{G}_k) = \mathsf{vec}(U_k)$ 定义$\mathcal{G}_k \in \mathbb{R}^{r_{k-1}\times n_k\times r_k}$
end
$\mathcal{G}_d = \Sigma_{d-1}V_{d-1}^{\mathrm{T}}$

和 HOSVD 一样, 它涉及在展开时执行 SVD 序列．

以目前的形式，(12.5.29) 一般不会产生数据稀疏表示．例如，如果 $d = 5$，$n_1 = \cdots = n_5 = n$，$M_1, \cdots, M_4$ 是满秩的，那么 $r_1 = n, r_2 = n^2, r_3 = n^2, r_4 = n$．在这种情况下，$TT$ 表示需要与显式表示相同的 $O(n^5)$ 个存储单元．

要实现数据稀疏的张量序列逼近，矩阵 $\boldsymbol{U}_k$ 和 $\boldsymbol{\Sigma}_k\boldsymbol{V}_k^{\mathrm{T}}$ 对应的要"更窄"，需要恰当的选择，且计算量上要经济．因此，r_k 需要被（小得多的）$\tilde{r}_k$ 所取代．近似张量列含有小于 $d(n_1+\cdots+n_d)\cdot(\max\tilde{r}_k)$ 个数．假设 $\max\tilde{r}_k$ 不依赖于模态维数，这种近似克服了维数灾难．有关计算细节、成功应用的例子以及 $M_1, \cdots, M_{d-1}$ 的低秩近似，见 Oseledets and Tyrtyshnikov (2009).

习 题

1. 假设 $a \in \mathbb{R}^{n_1 n_2 n_3}$. 说明如何计算 $f \in \mathbb{R}^{n_1}$ 和 $g \in \mathbb{R}^{n_2}$，使得在给定 $h \in \mathbb{R}^{n_3}$ 的情况下 $\| a - h \otimes g \otimes f \|_2$ 最小化. 提示：这是一个 SVD 问题.

2. 给定 $\mathcal{A} \in \mathbb{R}^{n_1 \times n_2 \times n_3}$，其元素都是正数，说明如何确定 $\mathcal{B} = f \circ g \circ h \in \mathbb{R}^{n_1 \times n_2 \times n_3}$，使得以下函数最小化：

$$\phi(f, g, h) \;=\; \sum_{\mathbf{i}=1}^{\mathbf{n}} \left|\log(\mathcal{A}(\mathbf{i})) \;-\; \log(\mathcal{B}(\mathbf{i}))\right|^2 .$$

3. 证明：张量 $\mathcal{A}$ 的任何展开的秩都不大于 $\mathsf{rank}(\mathcal{A})$.

4. 基于列选主元的 QR 分解 (QRP) $\mathcal{A}_{(k)} P_k = Q_k R_k$, $k = 1:d$ 给出张量 $\mathcal{A} \in \mathbb{R}^{n_1 \times \cdots \times n_d}$ 的 HOQRP 分解. 核心张量有什么特殊性质?

5. 证明 (12.5.11).

6. 证明 (12.5.14) 和 (12.5.15) 等价于最小化 $\| \mathsf{vec}(\mathcal{X}) \;=\; (H \odot G \odot F)\lambda \|_2$.

7. 线性方程组 (12.5.20) 的 Cholesky 分解需要多少个 flop?

8. 对称的 $3 \times 3 \times 3$ 张量可以有多少个不同的值?

9. 假设 $\mathcal{A} \in \mathbb{R}^{N \times N \times N \times N}$ 满足

$$\mathcal{A}(i_1, i_2, i_3, i_4) = \mathcal{A}(i_2, i_1, i_3, i_4) = \mathcal{A}(i_1, i_2, i_4, i_3) = \mathcal{A}(i_3, i_4, i_1, i_2).$$

注意，$\mathcal{A}_{[1\,3] \times [2\,4]} = (A_{ij})$ 是有 $N \times N$ 个大小为 $N \times N$ 的块的分块矩阵. 证明：$A_{ij} = A_{ji}$ 且 $A_{ij}^{\mathrm{T}} = A_{ij}$.

10. 开发 12.5.6 节中出现的迭代的 d 阶版本. 每次迭代需要多少个 flop?

11. 证明：如果 $\mathcal{G}_3$ 和 $\tilde{\mathcal{C}}$ 由 (12.5.27) 和 (12.5.28) 定义，那么 (12.5.26) 成立.

索　　引

C

D

H

K

Q

R

S

T